国外计算机科学教材系列

现代控制工程

（第五版）

Modern Control Engineering

Fifth Edition

［美］　Katsuhiko Ogata　著

卢伯英　佟明安　译

U0216590

電子工業出版社

Publishing House of Electronics Industry

北京·BEIJING

内 容 简 介

本书为自动控制系统的经典教材,详细介绍了连续控制系统(包括电气系统、机械系统、流体动力系统和热力系统)的数学模型建模方法,动态系统的瞬态和稳态分析方法,根轨迹分析和设计方法,频率域的分析和设计方法,以及 PID 控制器和变形 PID 控制器的设计方法;同时还比较详细地介绍了现代控制理论中的核心内容,即状态空间分析和设计方法。最后还简要地介绍了 20 世纪 80 年代至 90 年代发展起来的称为“后现代控制理论”的鲁棒控制系统。全书自始至终贯穿了用 MATLAB 工具分析和设计各类控制系统问题。

本书可作为高等学校工科(电气、机械、航空航天、化工等)高年级学生自动控制系统课程的教材,也可供与自动控制系统知识相关的教师、研究生、科研和工程技术人员参考。

Authorized translation from the English language edition, entitled Modern Control Engineering, Fifth Edition, 9780136156734 by Katsuhiko Ogata, published by Pearson Education, Inc., Copyright ⓒ 2010 by Pearson Education, Inc. All rights reserved. No part of this book may be reproduced or transmitted in any form or by any means, electronic or mechanical, including photocopying, recording or by any information storage retrieval system, without permission from Pearson Education, Inc.

CHINESE SIMPLIFIED language edition published by PEARSON EDUCATION ASIA LTD., and PUBLISHING HOUSE OF ELECTRONICS INDUSTRY. Copyright ⓒ 2017.

版权贸易合同登记号　图字:01-2009-7067

图书在版编目(CIP)数据

现代控制工程:第五版/(美)尾形克彦(Katsuhiko Ogata)著;卢伯英,佟明安译.
北京:电子工业出版社,2017.5
书名原文:Modern Control Engineering, Fifth Edition
国外计算机科学教材系列
ISBN 978-7-121-31453-7

I.①现… II.①尾… ②卢… ③佟… III.①现代控制理论-高等学校-教材 IV.①O231

中国版本图书馆 CIP 数据核字(2017)第 094426 号

策划编辑:马　岚
责任编辑:马　岚
印　　刷:保定市中画美凯印刷有限公司
装　　订:保定市中画美凯印刷有限公司
出版发行:电子工业出版社
　　　　　北京市海淀区万寿路 173 信箱　邮编　100036
开　　本:787×1092　1/16　印张:42.75　字数:1231 千字
版　　次:2000 年 5 月第 1 版(原著第 3 版)
　　　　　2017 年 5 月第 3 版(原著第 5 版)
印　　次:2022 年 11 月第 7 次印刷
定　　价:149.00 元

凡所购买电子工业出版社图书有缺损问题,请向购买书店调换。若书店售缺,请与本社发行部联系,联系及邮购电话:(010)88254888,88258888。

质量投诉请发邮件至 zlts@phei.com.cn,盗版侵权举报请发邮件至 dbqq@phei.com.cn。

本书咨询联系方式:classic-series-info@phei.com.cn。

译　者　序

Modern Control Engineering 是美国明尼苏达大学 Ogata 教授撰写的一部控制系统的国际通用教材。它可以作为大学工科高年级本科生或研究生用的控制系统教材。该书第一版曾于 1976 年在我国由译者翻译成中文，并由科学出版社出版发行。该书首次成功地将 20 世纪 40～50 年代发展起来的经典控制理论，与 20 世纪 60～70 年代发展起来的现代控制理论融为一体，形成了一部新型的控制系统教材。由于其内容新颖、丰富，物理概念阐述得比较清楚，联系实际广泛、密切，并配有大量的例题和习题，所以受到了读者的欢迎。随后，译者又先后对该书第二版至第四版进行了翻译。该书第二版的特点是增加了极点配置、状态观测器和控制系统的计算机仿真研究内容，并且于 1993 年由中国台湾地区儒林图书有限公司出版发行繁体中文版。第三版和第四版分别于 2000 年和 2003 年由电子工业出版社出版发行。第三版的特点是融入了 MATLAB 应用的内容。第四版的特点是删去了李雅普诺夫稳定性分析，增加了二自由度控制的内容，并且扩展了 MATLAB 的应用范围。

该书第五版于 2010 年初问世，译者受电子工业出版社之约，为能有机会将该书新版译成中文而感到荣幸。与第四版相比，第五版在内容上进行了较大的修订。首先，删减了一些人们比较熟悉的内容，如信号流图和拉普拉斯变换等，并且将原书的 12 章精简到了 10 章，突出了控制系统中的特色内容；其次，进一步充实和完善了 MATLAB 应用方面的内容；第三，增加了 20 世纪末发展起来的所谓“后现代控制理论”的内容，作为代表，初步介绍了鲁棒控制理论及 H 无穷大控制概念；最后，应当指出，第五版继承了前版本的原有特点。

Modern Control Engineering 于 20 世纪 70 年代初问世，至今已历经 40 年。由于作者对该书的不断修订和更新，该书在国际上一直受到好评。该书已被翻译成中、法、俄、日、西班牙等多种文字出版。并且，据作者统计，早在 20 世纪末，世界上已有 100 多所大学将该书选为控制系统教材，是一本名副其实的国际通用教材。该书 1976 年在我国翻译出版以来，多年来一直受到众多读者的欢迎。为了满足市场需求，到 2007 年为止，该书第一版至第四版的累计印刷次数已达 15 次之多。

译者在翻译过程中，保留了原书的部分书写规则，对书中的重要定理和公式进行了推导和验证，修正了发现的错误和疏漏之处。

本书第 1 章至第 8 章及附录部分由北京航空航天大学卢伯英教授翻译，第 9 章和第 10 章由西北工业大学佟明安教授翻译，卢伯英教授对全书进行了统一审校。

本书在翻译过程中得到了罗维铭、肖顺达、章再贻、张英娟、李雅萍等教授的支持和帮助，译者在此向他们表示衷心感谢。

由于译者水平有限，难免有错误与不当之处，敬请读者批评指正。

前　言

本书介绍了控制系统分析和设计中的一些重要概念。读者将会发现,这是一本清晰易懂,适用于高等院校控制系统课程的教科书。它是为学习电气、机械、航空航天或化学工程的大学高年级学生编写的。读者在学习本书之前,应具备下列预备知识:微分方程方面的基础课程,拉普拉斯变换,向量矩阵分析,电路分析,力学和热力学基础。

在这一版中,本书进行了下列主要修订:

- 增加了利用 MATLAB 求控制系统对各种输入量响应的内容。
- 证明了利用 MATLAB 实现计算最佳化方法的有效性。
- 全书增加了一些新的例题。
- 删去了前一版中较次要的材料,以便为更重要的主题提供必要的空间。书中删去了信号流图,也删去了拉普拉斯变换一章,但新增了拉普拉斯变换表及利用 MATLAB 的部分分式展开(分别见附录 A 和附录 B)。
- 在附录 C 中,提供了对向量矩阵分析的简短概括。这将有助于读者求解 $n \times n$ 矩阵的逆矩阵,而这种求解有可能包含在控制系统的分析和设计中。

本书的这一版编排成 10 章。其内容可以概括如下。第 1 章是对控制系统的简介。第 2 章涉及控制系统的数学模型,并且介绍了非线性数学模型的线性化方法。第 3 章导出了机械系统和电系统的数学模型。第 4 章讨论流体系统(诸如液位系统、气动系统和液压系统)和热力系统的数学模型。

第 5 章处理控制系统的瞬态响应和稳态分析,广泛采用 MATLAB 获取瞬态响应曲线。为了进行控制系统的稳定性分析,本章介绍了劳斯稳定判据和赫尔维茨稳定判据。

第 6 章讨论了控制系统的根轨迹分析和设计,包括正反馈系统和条件稳定系统。关于用 MATLAB 绘制根轨迹,在本章中进行了详细讨论。本章还包括了利用根轨迹法设计超前、滞后和滞后-超前校正装置。

第 7 章讨论控制系统的频率响应分析和设计,并且以容易理解的方式,介绍了奈奎斯特稳定判据。用来进行超前、滞后和滞后-超前校正装置设计的伯德图法,也在本章中进行了介绍。

第 8 章涉及基本的和变形的 PID 控制器。本章详细地讨论了为获得 PID 控制器的最佳参数值,特别是为满足阶跃响应特性的要求而采用的计算方法。

第 9 章介绍控制系统的状态空间分析。本章详细地讨论了可控性和可观测性概念。

第 10 章涉及控制系统的状态空间设计。讨论包括极点配置、状态观测器和二次型最佳控制。本章最后对鲁棒控制系统进行了初步讨论。

本书的编排有助于学生逐步地理解控制理论。在知识的介绍过程中,精心地避开了高深的数学论证。书中也提供了一些命题的证明,这些证明过程有助于深入理解书中介绍的主要内容。

从战略角度出发,本书在提供例题方面做出了特别努力,从而使读者能够更清楚地理解书中讨论的主题。此外,除第 1 章以外,每一章后面都提供了一些有解答的习题(A 类题),建议读者认真地学习所有这些带有解答的习题,这将有助于读者深入地理解所讨论的课题。另外,除第 1 章以外，在每一章的后面还提供了许多待解的习题，这些待解的习题(B 类题)可以作为课后作业或者测验题。

如果本书作为一学期的课程教材(共计约 56 学时)，则书中的大部分内容都可以讲授，只需根据情况略去部分内容。由于书中包括大量例题和带解答的习题(A 类题)，它可以回答读者可能产生的许多问题，所以对于希望学习控制理论基础知识的实际工程人员，本书也可以作为自学教材。

我衷心感谢本书这一版的评阅人，美国康奈尔大学的 Mark Campbell，亚利桑那大学的 Henry Sodano 和艾奥瓦大学的 Atul G. Kelkar。最后，我要对副编辑 Alice Dworkin 女士、高级总编辑 Scott Disanno 先生及所有参与这项出版计划的人们，表示诚挚的谢意，感谢他们为本书迅速和高质量的出版所做的工作。

Katsuhiko Ogata

尊敬的老师：

您好！

为了确保您及时有效地申请培生整体教学资源，请您务必完整填写如下表格，加盖学院的公章后传真给我们，我们将会在 2-3 个工作日内为您处理。

请填写所需教辅的开课信息：

采用教材				□中文版 □英文版 □双语版	
作　者			出版社		
版　次			**ISBN**		
课程时间	始于　　年　月　日		学生人数		
	止于　　年　月　日		学生年级	□专科　　　　□本科 **1/2** 年级 □研究生　　　□本科 **3/4** 年级	

请填写您的个人信息：

学　　校			
院系/专业			
姓　　名		职　　称	□助教 □讲师 □副教授 □教授
通信地址/邮编			
手　　机		电　　话	
传　　真			
official email(必填) (eg:XXX@ruc.edu.cn)		**email** (eg:XXX@163.com)	
是否愿意接受我们定期的新书讯息通知：　　□是　　　□否			

系 / 院主任：＿＿＿＿＿＿＿＿＿＿＿（签字）

（系 / 院办公室章）

＿＿＿年＿＿＿月＿＿＿日

资源介绍：

—教材、常规教辅（PPT、教师手册、题库等）资源：请访问www.pearsonhighered.com/educator；　　（免费）

—MyLabs/Mastering 系列在线平台：适合老师和学生共同使用；访问需要 Access Code；　　（付费）

100013　北京市东城区北三环东路 36 号环球贸易中心 D 座 1208 室
电话：（8610）57355003　　传真：（8610）58257961

Please send this form to：

目　　录

第1章 控制系统简介

1.1 引言

现在经常采用的控制理论,是经典控制理论(又称传统控制理论),现代控制理论和鲁棒控制理论。本书在经典控制理论和现代控制理论的基础上,提供了控制系统分析和设计的广泛的处理方法。在第 10 章中,包含了对鲁棒控制理论的简单介绍。

自动控制在任何工程和科学领域都是必不可少的。在宇宙飞船,机器人系统,现代制造系统,以及包括温度、压力、湿度、流量等任何工业操作过程中,自动控制都是其重要的组成部分。因此,大多数工程技术人员和科学工作者,都需要熟悉自动控制理论和实践知识。

本书是为高等院校的高年级学生编写的一本控制系统教科书。书中包括了所有必须的基础知识。与拉普拉斯变换和向量矩阵分析有关的基础知识,在附录中分别进行了介绍。

1.1.1 控制理论和实践发展史的简单回顾

18 世纪,詹姆斯·瓦特(James Watt)为控制蒸汽机速度而设计的离心调节器,是自动控制领域的第一项重大成果。在控制理论发展初期,做出过重大贡献的众多学者中有迈纳斯基(Minorsky)、黑曾(Hazen)和奈奎斯特(Nyquist)。1922 年,迈纳斯基研制出船舶操纵自动控制器,并且证明了如何从描述系统的微分方程中确定系统的稳定性。1932 年,奈奎斯特提出了一种相当简便的方法,根据对稳态正弦输入的开环响应,确定闭环系统的稳定性。1934 年,黑曾提出了用于位置控制系统的伺服机构的概念,讨论了可以精确跟踪变化的输入信号的继电式伺服机构。

20 世纪 40 年代,频率响应法,特别是由伯德[Bode]提出的伯德图法,为工程技术人员设计满足性能要求的线性闭环控制系统,提供了一种可行的方法。20 世纪 40 年代和 50 年代,许多工业控制系统采用 PID 控制器去控制压力、温度等。20 世纪 40 年代初,齐格勒(Ziegler)和尼柯尔斯(Nichols)提出了用来调整 PID 控制器的法则,称为齐格勒-尼柯尔斯调整法则。20 世纪 40 年代末到 50 年代初,伊凡思(Evans)提出并完善了根轨迹法。

频率响应法和根轨迹法是经典控制理论的核心。由这两种方法设计出来的系统是稳定的,并且或多或少地满足一组独立的性能要求。一般来说,这些系统是令人满意的,但它不是某种意义上的最佳系统。从 20 世纪 50 年代末期开始,控制系统设计问题的重点从设计许多可行系统中的一种系统,转变到设计在某种意义上的一种最佳系统。

具有多输入和多输出的现代设备变得越来越复杂,因此需要大量方程来描述现代控制系统。经典控制理论只涉及单输入、单输出系统,对于多输入、多输出系统就无能为力了。大约从 1960 年开始,数字计算机的出现为复杂系统的时域分析提供了可能性。因此,利用状态变量、基于时域分析的现代控制理论应运而生,从而适应了现代设备日益增加的复杂性,同时也满足了军事、空间技术和工业应用领域对精确度、质量和成本方面的严格要求。

从 1960 年到 1980 年这段时间内,不论是确定性系统和随机系统的最优控制,还是复杂系统的自适应和学习控制,都得到了充分的研究。从 20 世纪 80 年代至今,现代控制理论的进展集中于鲁棒控制及相关的课题。

现代控制理论是建立在微分方程组时域分析基础上的。因为这种理论基于实际控制系统的模型，所以现代控制理论使得控制系统的设计变得比较简单。但是，这种系统的稳定性，对实际系统与其模型之间的误差比较敏感。这意味着当把根据模型设计出的控制器应用到实际系统时，系统可能会不稳定。为了避免发生这种情况，我们通过首先设置可能的误差范围，然后设计控制器，使系统的误差保持在设定的范围内，这样设计出的控制系统就能保持稳定。基于这种原理的设计方法，称为鲁棒控制理论。这种理论把频率响应法和时域响应法两者结合到了一起。这种方法是一种数学上很复杂的方法。

因为这种理论要求具有研究生水平的数学背景，所以本书中鲁棒控制理论的内容只局限于初步知识。对鲁棒控制理论的详细内容感兴趣的读者，可以到正规的高等院校选学研究生水平的控制课程。

1.1.2　定义

在讨论控制系统之前，我们必须对一些基本术语加以定义。

(1)被控变量和控制信号或操作变量

被控变量是一种被测量和被控制的量值或状态。控制信号或操作变量是一种由控制器改变的量值或状态，它将影响被控变量的值。通常，被控变量是系统的输出量。控制意味着对系统的被控变量的值进行测量，并且使控制信号作用于系统，以修正或限制测量值对期望值的偏离。

在研究控制工程时，为了描述控制系统，我们需要定义一些附加的术语。

(2)对象

它可能是一个设备，多数由一些机器零件有机地组合在一起，其作用是完成一种特定的操作。在本书中，我们称任何被控物体(如一种机械装置，一个加热炉，一台化学反应器或者一架航天器)为一个对象。

(3)过程

麦里亚-韦伯斯特(*Merriam-Webster*)字典对过程的定义是：一种自然的逐渐进行的运行或发展，其特征是，有一系列逐渐的变化，以相对固定的方式相继发生在运行或发展过程中，并且最后导致一种特定的结果或目标；或者也可以定义为：人为的或自发的连续进行的运行状态，这种运行状态由一系列被控制的动作和一直进行到某一特定结果或目标的有规则的运动构成。在本书中，我们称任何被控制的运行状态为过程，具体的如化学过程、经济学过程和生物学过程。

(4)系统

系统是一些部件的组合，这些部件组合在一起，完成一定的任务。系统不限于物理系统。系统的概念可以应用于抽象的动态现象，如在经济学中遇到的一些现象。因此，"系统"这个词，应当理解为包含了物理学、生物学和经济学等方面的系统。

(5)扰动

扰动是一种对系统的输出量产生不利影响的信号。如果扰动产生在系统的内部，则称之为内部扰动；反之，当扰动产生在系统的外部时，则称之为外部扰动。外部扰动是系统的输入量。

(6)反馈控制

反馈控制是这样一种控制，它能够在存在扰动的情况下，力图减小系统的输出量与某种参考输入量之间的偏差，并且其工作原理正是基于这种偏差的。这里所说的扰动仅仅指不可预测的扰动，因为对于可预测的扰动，或者已知的扰动，总是可以在系统内部加以补偿。

1.2　控制系统举例

本节将介绍一些控制系统的例子。

1.2.1　速度控制系统

在图 1.1 所示的原理图中,展示了发动机的瓦特式速度调节器的基本原理。允许进入发动机内的燃料数量,根据希望的发动机速度与实际的发动机速度之差进行调整。

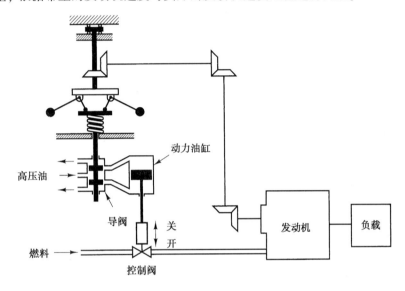

图 1.1　速度控制系统

该系统的工作过程陈述如下:速度调节器的调节原理是当工作于希望的速度时,高压油将不进入动力油缸的任何一侧。如果由于扰动而使实际速度下降到低于希望值,则速度调节器的离心力下降,导致控制阀向下移动,从而对发动机的燃料供应增多,发动机的速度增大,直至达到希望的速度时为止。另一方面,如果发动机的速度增大,以至于超过了希望的速度值,则速度调节器的离心力增大,从而导致控制阀向上移动。这样就会减少燃料供应,导致发动机的速度减慢,直至达到希望的速度时为止。

在这个速度控制系统中,控制对象(被控系统)是发动机,而被控变量是发动机的速度。希望速度与实际速度之间的差形成误差信号,作用到对象(发动机)上的控制信号(燃料的数量)为驱动信号,对被控变量起干扰作用的外部输入量称为扰动量。不能预测的负载变化就是一种扰动量。

1.2.2　温度控制系统

图 1.2 表示了电炉温度控制系统的原理。电炉内的温度由温度计测量,温度计是一个模拟装置。模拟量温度通过模数转换器转变为数字量温度,数字量温度通过接口设备传送到控制器。这个数字量温度与编程输入温度进行比较,如果存在某种差别(误差),控制器就会通过接口、放大器和继电器向加热器发送信号,从而使炉温达到要求的温度。

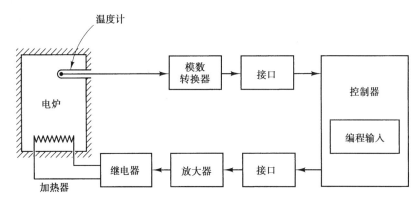

图 1.2   电炉温度控制系统

1.2.3   业务系统

一个业务系统可以由许多部门组成,分配给每个部门的任务代表系统中的一个动态元件。为了保证系统正常运行,在这类系统中必须建立对每一个部门完成任务情况的反馈通报方法。为了减小系统中不希望的时间延误,必须使各个业务部门之间的相互牵连达到最小。这种相互牵连越小,工作信息和资料的传递就越顺利。

业务系统是一个闭环系统。该系统的合理设计,将会减少必要的管理控制。应当指出,业务人员或资料的短缺、通信的中断和人员的失误等是这类系统中的扰动量。

为了进行适当的管理,有必要建立基于统计学基础的良好估计系统,通过采用超前或"预测"的方法,可以改善这类系统的性能,这是众所周知的事实。

为了用控制理论改善这类系统的性能,必须采用相当简单的一组方程,用于表示系统中各组成部门的动态特性。

虽然导出各组成部门的数学表达式的确是一项困难的任务,但是将最佳化技术应用到业务系统中去,确实能使业务系统的性能获得重大改进。

作为例子,考虑一个工程组织系统,它由下列主要部门组成:管理部门、研究和开发部门、样品设计部门、样品试验部门、产品设计和绘图部门、制造和装配部门以及产品检验部门。这些部门互相联系在一起,共同完成一项工程任务。

通过将系统简化为必需的最基本的组成部分(这些组成部分可以提供必要的分析资料),并且通过简单的方程表示每一个组成部分的动态特性,就可以对系统进行分析(这种系统的动态特性可以根据完成工作的顺序与时间之间的关系来确定)。

功能方框图可以利用方框和互连信号线画出来,其中方框表示系统运行的功能行为,互连信号线表示系统运行的信息或产品输出。图 1.3 是这个系统的一种可能的方框图。

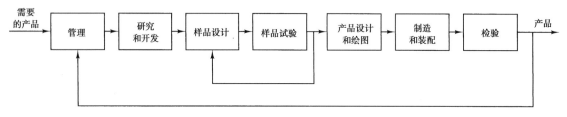

图 1.3   工程组织系统方框图

1.2.4　鲁棒控制系统

设计控制系统的第一步，是获得对象或控制目标的数学模型。实际上，任何我们要控制的对象的模型，在建模过程中都将包含误差。这就是说，实际的对象与在控制系统设计中采用的模型是不同的。

为了保证根据模型设计出的控制器能够令人满意地进行工作，当这个控制器与实际的对象一同使用时，一种合适的方法是从一开始便假设，在实际对象和它的数学模型之间存在着不确定因素或者误差，并且在控制系统的设计过程中包含着这种不确定因素或者误差。根据这种方法设计出来的控制系统，就称为鲁棒控制系统。

假设我们要控制的实际对象是 $\tilde{G}(s)$，并且假设实际对象的数学模型是 $G(s)$，即

$$\tilde{G}(s) = \text{实际对象模型，它含有不确定因素 } \Delta(s)$$
$$G(s) = \text{用于设计控制系统的名义对象模型}$$

$\tilde{G}(s)$ 和 $G(s)$ 可以用乘法因子联系如下：

$$\tilde{G}(s) = G(s)[1 + \Delta(s)]$$

或者用加法因子联系如下：

$$\tilde{G}(s) = G(s) + \Delta(s)$$

或者表示成其他形式。

因为不确定因素或者误差 $\Delta(s)$ 的精确描述是未知的，所以我们采用 $\Delta(s)$ 的估计，并且在控制器的设计中，利用这个估计及 $W(s)$。$W(s)$ 是纯量传递函数，使得

$$\|\Delta(s)\|_\infty < \|W(s)\|_\infty = \max_{0 \leq \omega \leq \infty} |W(j\omega)|$$

式中，$\|W(s)\|_\infty$ 是 $|W(j\omega)|$ 在 $0 \leq \omega \leq \infty$ 时的最大值，并且被称为 $W(s)$ 的 H 无穷大范数。

利用小增益定理，这里可以把设计步骤归结为确定控制器 $K(s)$，使其满足下列不等式关系：

$$\left\| \frac{W(s)}{1 + K(s)G(s)} \right\|_\infty < 1$$

式中，$G(s)$ 是设计过程中采用模型的传递函数，$K(s)$ 是控制器的传递函数，而 $W(s)$ 则选定为与 $\Delta(s)$ 近似的传递函数。在大多数实际情况中，必须满足一个以上的这种不等式，其中包含 $G(s)$，$K(s)$ 和 $W(s)$。例如，为了保证鲁棒稳定性和鲁棒性能，可以要求满足两个不等式，比如

$$\left\| \frac{W_m(s)K(s)G(s)}{1 + K(s)G(s)} \right\|_\infty < 1 \quad \text{针对鲁棒稳定性}$$

$$\left\| \frac{W_s(s)}{1 + K(s)G(s)} \right\|_\infty < 1 \quad \text{针对鲁棒性能}$$

这些不等式是在 10.9 节中导出的。在许多不同的鲁棒控制系统中，有许多不同的此类不等式需要予以满足。鲁棒稳定性意味着控制器 $K(s)$，保证包括系统和实际对象的一组系统中的所有系统的内部稳定性。鲁棒性能则意味着一组系统中的所有系统都能满足规定的性能。本书中讨论的所有控制系统对象，都假设是精确知道，10.9 节讨论的对象除外。在 10.9 节中介绍了鲁棒控制理论的初步知识。

1.3　闭环控制和开环控制

1.3.1　反馈控制系统

能对输出量与参考输入量进行比较,并且将它们的偏差作为控制手段,以保持两者之间预定关系的系统,称为反馈控制系统。室温控制系统就是反馈控制系统的一个例子。通过测量实际室温,并且将其与参考温度(希望的温度)进行比较,温度调节器就会按照某种方式,将加温或冷却设备打开或关闭,从而将室温保持在人们感到舒适的水平上,且与外界条件无关。

反馈控制系统不限于工程系统,在各种不同的非工程领域,同样存在着反馈控制系统。例如,人体本身就是一种高级反馈控制系统,人体的体温和血压都是通过生理反馈的方式保持常态的。事实上,反馈具有非常重要的作用:它使得人体对外界干扰相当不敏感,从而使人体在变化的环境中仍能正常活动。

1.3.2　闭环控制系统

反馈控制系统通常属于闭环控制系统。在实践中,反馈控制和闭环控制这两个术语常常交换使用。在闭环控制系统中,作为输入信号与反馈信号(反馈信号可以是输出信号本身,也可以是输出信号的函数及其导数和/或其积分)之差的作用误差信号被传送到控制器,以便减小误差,并且使系统的输出达到希望的值。闭环控制这个术语,总是意味着采用反馈控制作用,减小系统误差。

1.3.3　开环控制系统

系统的输出量对控制作用没有影响的系统,称为开环控制系统。换句话说,在开环控制系统中,既不需要对输出量进行测量,也不需要将输出量反馈到系统的输入端,与输入量进行比较。洗衣机就是开环控制系统的一个实例。在洗衣机中,浸泡、洗涤和漂清过程都是按照一种时基顺序进行的,洗衣机不必对输出信号,即衣服的清洁程度进行测量。

在任何开环控制系统中,均无须将输出量与参考输入量进行比较。因此,对于每一个参考输入量,有一个固定的工作状态与之对应。这样,系统的精确度便取决于标定的精确度。当出现扰动时,开环系统便不能完成既定任务了。在实践中,只有当输入量与输出量之间的关系已知,并且既不存在内部扰动,也不存在外部扰动时,才能采用开环控制系统。显然,这种系统不是反馈控制系统。应当指出,沿时基运行的任何控制系统都是开环系统。例如,采用时基信号运行的交通管制,是开环控制的另一个例子。

1.3.4　闭环与开环控制系统的比较

闭环控制系统的优点是采用了反馈,因而使系统的响应对外部干扰和内部系统的参数变化均相当不敏感。这样,对于给定的控制对象,有可能采用不太精密且成本较低的元件构成精确的控制系统。在开环情况下,就不可能做到这一点。

从稳定性的角度出发,开环控制系统比较容易建造,因为对开环系统来说,稳定性不是主要问题。但是另一方面,在闭环控制系统中,稳定性则始终是一个重要问题,因为闭环系统往往会引起过调误差,从而导致系统进行等幅振荡或变幅振荡。

应当强调指出,当系统的输入量能预先知道,并且不存在任何扰动时,采用开环控制比较合适。只有当存在着无法预计的扰动和(或)系统中元件的参数存在着无法预计的变化时,闭环控制系统才具有优越性。还应当指出，系统输出功率的大小在某种程度上确定了控制系统的成本、质量和尺寸。闭环控制系统中采用的元件数量比相应的开环控制系统多，因此闭环控制系统的成本和功率通常比较高。为了减小系统所需要的功率，在可能的情况下，应当采用开环控制。将开环控制与闭环控制适当地结合在一起，通常比较经济，并且能够获得满意的综合系统性能。

本书中介绍的大多数控制系统分析和设计，涉及的都是闭环控制系统。但是在一定的情况下（如不存在干扰，或者输出不易测量），开环控制系统可能是希望采用的系统。因此，有必要对采用开环控制系统的优、缺点进行概括。

开环控制系统的主要优点如下：

1. 构造简单，维护容易。
2. 成本比相应的闭环系统低。
3. 不存在稳定性问题。
4. 当输出量难以测量，或者出于成本考虑难以精确地测量输出量时，采用开环控制系统比较合适（例如在洗衣机系统中，要提供一种测量洗衣机输出品质，即衣服的清洁程度的装置，必将成本很高）。

开环控制系统的主要缺点如下：

1. 扰动和标定尺度的变化将引起误差，从而有可能使系统的输出量偏离希望的值。
2. 为了保持必要的输出品质，需要随时对标定尺度进行修正。

1.4　控制系统的设计和校正

本书将讨论控制系统设计和校正的基本问题。校正的目的是改善系统的动态特性，以满足给定的性能指标。在本书中，用来进行控制系统设计和校正的方法是根轨迹法，频率响应法和状态空间法。这种控制系统的设计和校正，将在第 6 章、第 7 章、第 9 章和第 10 章中进行介绍。基于 PID 的控制系统设计中的校正方法，将在第 8 章中进行介绍。

在控制系统的实际设计中，是采用电子、气动或液压校正装置中的哪一种，在一定程度上取决于控制对象的性质。例如，如果被控对象中包含易燃流体，则应当选择气动元件（包括校正装置和执行机构）。以防止产生火花。但是，如果不存在发生火灾的危险，则电子校正装置最常采用（事实上，我们常常把非电气信号转换成电气信号，因为后者传输简单，精确度高，可靠性大，并且容易校正等）。

1.4.1　性能指标

设计控制系统的目的，是为了完成某项特定的工作。对控制系统的要求，通常以性能指标的形式给出。性能指标可以以瞬态响应要求（诸如阶跃响应中的最大过调量和调整时间）和稳态要求（诸如在跟踪斜坡输入信号时的稳态误差）的形式给出。控制系统的性能指标，必须在设计过程开始以前给出。

在通常的设计问题中，性能指标（它与精确度、相对稳定性和响应速度有关）可以用一些精确的数值形式给出。但是在另外一些情况下，可能一部分性能指标以精确的数值形式给出，另外一部分性能指标以定性说明的方式给出。在目前情况下，在设计过程中，可能需要对性能指标进行修改，因为给定的性能指标有可能永远也得不到满足（由于一些要求是矛盾的），或者导致设计出的系统造价很高。

一般来说，性能指标不应当比完成给定的任务所需要的指标更高。在给定的控制系统中，如果稳态工作精确度是最为重要的，就不必对系统瞬态响应的性能指标提出过分严格的要求，因为过高的性能指标需要昂贵的元件予以支持。应当记住，确切地阐明性能指标，是控制系统设计中的一个最重要的组成部分。因为在此基础上，对于给定的任务，才能够设计出最佳的控制系统。

1.4.2　系统的校正

为了使系统获得满意的性能，对系统进行调整时，首先应当调整增益值。但是，在大多数实际情况下，只调整增益并不能使系统的性能得到充分的改变，以满足给定的性能指标。正如通常的情况那样，随着增益值的增大，系统的稳态性能得到改善，但是稳定性却随之变坏，甚至有可能造成系统不稳定。因此，需要对系统进行再设计(通过改变系统结构，或在系统中加进附加的装置元件)，以改变系统的总体性能，使系统的性能满足要求。这种再设计，即在系统中加进适当的装置，称为校正。为达到满足性能指标的目的而加进系统中的装置，称为校正装置。校正装置弥补了原系统的性能缺陷。

1.4.3　设计步骤

在控制系统的设计过程中，我们要建立控制系统的数学模型，并且调整校正装置的参数。这时，最花费时间的工作是在每次调整参数后，用分析的方法对系统性能指标进行检查。因此，设计人员应当采用 MATLAB 或其他可以利用的计算机软件包，以避免检查过程中必需的繁重的数值计算工作。

一旦得到了满意的数学模型，设计者就应当着手建造样机，并且进行开环系统试验。如果闭环的绝对稳定性可以得到保证，设计者就可以把回路闭合起来，对该闭环系统的性能进行试验。因为忽略了元件中的负载效应、非线性因素和分布参数等，这些因素在初步设计阶段均未予以考虑，所以样机系统的实际性能可能与理论上的预测结果不尽相同。因此，第一次设计可能无法满足所有的性能要求。设计者必须调整系统参数，并且修改样机，直到系统满足性能指标为止。在这个过程中，人们必须对每一次试探进行分析，并且把分析结果结合进下次试探中。设计者必须检查最终设计出的系统对性能指标的满足情况，同时还要查看系统的可靠性和经济性。

1.5　本书概况

本书共分为 10 章，每一章的内容可以概括如下。

第 1 章介绍了本书的基础知识。

第 2 章讨论控制系统的数学模型，它是用线性微分方程描述的。这一章还导出了微分方程系统的状态空间表达式。利用 MATLAB 进行了数学模型转换，从传递函数转换成状态空间方程，或者进行相反的转换。本书详细地讨论了线性系统。如果任何系统的数学模型是非线性的，那么在应用本书中提供的理论之前，必须先将其线性化。在这一章中，介绍了对非线性数学模型进行线性化的方法。

第 3 章讨论各种各样的机械和电气系统的数学模型，这些系统常常在控制系统中出现。

第 4 章讨论出现在控制系统中的各种流体系统和热力系统。这里的流体系统包括液位系统、气动系统和液压系统、热力系统，诸如温度控制系统，也在这里进行了讨论。控制工程技术人员必须熟悉所有这些在本章中讨论的系统。

第 5 章介绍以传递函数定义的控制系统的瞬态响应和稳态响应分析，详细地介绍了怎样用 MATLAB 方法进行瞬态和稳态响应分析。对于用 MATLAB 方法获得三维图形，也进行了介绍。在本章中还包括了基于劳斯稳定判据的稳定性分析，并且简单讨论了赫尔维茨稳定判据。

第 6 章讨论控制系统分析和设计的根轨迹法。它是一种根据闭环系统开环极点和零点的位置信息，在某一参数(通常为增益)从零变化到无穷大时，确定所有闭环极点位置的图解方法。这种方法是 20 世纪 50 年代，由 W. R. 伊凡思研究出来的。近年来，利用 MATLAB 可以容易而且迅速地产生根轨迹。本章在产生根轨迹图时，既介绍了手工方法，也介绍了采用 MATLAB 的方法。利用超前校正装置、滞后校正装置和滞后-超前校正装置，本章详细讨论了控制系统设计的内容。

第 7 章介绍了控制系统分析和设计的频率响应法。这是一种最古老的控制系统分析和设计方法，是 20 世纪 40 ~ 50 年代由奈奎斯特、伯德、尼柯尔斯和黑曽等人研究出来的。这一章详细地介绍了利用超前校正技术、滞后校正技术和滞后-超前校正技术，进行控制系统设计的频率响应法。在状态空间法得到普及之前，频率响应法是最常采用的分析和设计方法。但是，因为用来设计鲁棒控制系统的 H 无穷大控制已经得到普及，所以频率响应法再次受到人们欢迎。

第 8 章讨论 PID 控制器和变形 PID 控制器，诸如多自由度 PID 控制器。PID 控制器有三个参数，即比例增益、积分增益和微分增益。在工业控制系统中，有半数以上的控制器采用了 PID 控制器。PID 控制器的性能取决于这三个参数的相对大小。确定这三个参数的相对大小，称为 PID 控制器的调节。

早在 1942 年，齐格勒和尼柯尔斯就提出了所谓"齐格勒-尼柯尔斯调节法则"。此后，又有许多调节法则被提出来。近年来，PID 控制器的产品都有其自身的调节法则。在这一章中，我们将介绍一种计算机最佳化方法，它利用 MATLAB 确定三个参数，以满足给定的瞬态响应特性。这种方法可以扩展为确定三个参数，以满足任何给定的特性。

第 9 章介绍了状态空间方程的基本分析。由卡尔曼(Kalman)提出的可控性和可观测性概念，作为现代控制理论中的最重要概念，在本章内进行了充分的讨论。在本章内，还详细地推导出了状态空间方程的解。

第 10 章讨论了控制系统状态空间设计。这一章首先讨论极点配置问题和状态观测器。在控制工程中，常常希望建立一种意味深长的性能指标，并且试图使其变成最小(或者使其变成最大，这要视具体情况而定)。如果性能指标选择得具有明显的物理意义，那么这种方法对于确定最佳控制变量就相当有用。这一章讨论了二次型最佳调节器问题，这里采用的性能指标是状态变量和控制变量的二次函数的积分。积分限是从 $t = 0$ 到 $t = \infty$。最后，作为本章的结束，简单地讨论了鲁棒控制系统。

第2章　控制系统的数学模型

本章要点

本章 2.1 节介绍动态系统数学模型的初步知识。2.2 节介绍传递函数和脉冲响应函数。2.3 节介绍自动控制系统。2.4 节讨论状态空间模型的概念。2.5 节介绍动态系统的状态空间表达式。2.6 节讨论用 MATLAB 进行数学模型变换。2.7 节介绍非线性数学模型的线性化。

2.1　引言

在研究控制系统时，读者必须能够建立动态系统的数学模型，并且会分析系统的动态特性。动态系统的数学模型是一组方程式，它精确地或至少相当好地表示了系统的动态特性。应当指出，对于给定的系统，数学模型不是唯一的，一个系统可以用不同的方式表示。因此，对于人们的不同观点，一个系统可以具有许多种数学模型。

许多系统，不管它们是机械的、电气的、热力的，还是经济学的、生物学的，其动态特性都可以用微分方程来描述。这些微分方程可以通过利用支配具体系统的物理学定律，例如机械系统中的牛顿定律和电气系统中的基尔霍夫定律来得到。必须牢记，导出一个合理的数学模型是整个分析过程中最重要的工作。

本书自始至终假设，因果律适用于所研究的系统。这意味着系统当前的输出(即 $t = 0$ 时的输出)与过去的输入量(即 $t < 0$ 时的输入量)有关，但是与未来的输入量(即 $t > 0$ 时的输入量)无关。

2.1.1　数学模型

数学模型可以有多种形式。随着具体系统和具体条件的不同，一种数学模型可能比另一种更合适。例如，在最佳控制问题中，采用状态空间表达式比较有利。另一方面，在单输入、单输出的线性定常系统的瞬态响应或频率响应分析中，采用传递函数表达式可能比其他方法更为方便。一旦获得了系统的数学模型，就可以采用各种分析方法和计算机工具对系统进行分析和综合。

2.1.2　简化性和精确性

在建立数学模型时，必须在模型的简化性与分析结果的精确性之间做出折中考虑。在推导合理的简化数学模型时，我们发现常常需要忽略系统的一些固有物理特性。特别是当采用线性集总参数数学模型(即常微分方程)时，总是需要忽略物理系统中可能存在的一定的非线性因素和分布参数(即导致偏微分方程的因素)。如果这些被忽略掉的因素对响应的影响比较小，那么数学模型的分析结果与物理系统的实验研究结果将很好地吻合。

一般来说，在求解一个新问题时，常常需要建立一个简化模型，以对问题的解有一般的了解。然后再建立比较完善的数学模型，并用来对系统进行比较精确的分析。

必须清楚地认识到，线性集总参数模型只是在低频范围工作时才合适。当频率相当高时，由于被忽略的分布参数特性可能变成系统动态特性中的重要因素，所以仍作为集总参数模型来研究是不恰当的。例如，在低频范围工作时，弹簧的质量可以忽略，但是在高频范围工作时，弹簧的质量却可能变成系统的重要性质。在这种情况下，数学模型会包含着相当大的误差，鲁棒控制理论可能适用于这种情况。第 10 章将会介绍鲁棒控制理论。

2.1.3　线性系统

如果系统满足叠加原理，则称其为线性系统。叠加原理表明，两个不同的作用函数同时作用于系统的响应，等于两个作用函数单独作用的响应之和。因此，线性系统对几个输入量同时作用的响应可以一个一个地处理，然后对响应结果进行叠加。由于这一原理，使我们有可能由一些单解构造出线性微分方程的复杂解。

在动态系统的实验研究中，如果输入量和输出量成正比，则意味着满足叠加原理，因而可以把系统看成线性系统。

2.1.4　线性定常系统和线性时变系统

如果微分方程的系数是常数，或者仅仅是自变量的函数，则该微分方程是线性的。由线性定常集总参数元件构成的动态系统，可以用线性定常（常系数）微分方程描述，这类系统称为线性定常（或线性常系数）系统。如果描述系统的微分方程的系数是时间的函数，则称这类系统为线性时变系统。宇宙飞船控制系统就是时变控制系统的一个例子（宇宙飞船的质量随着燃料的消耗而变化）。

2.2　传递函数和脉冲响应函数

在控制理论中，为了表示能够用线性常微分方程描述的元件或系统的输入-输出关系，经常要应用所谓的传递函数。本节首先定义传递函数，然后导出一种微分方程系统的传递函数，最后讨论脉冲响应函数。

2.2.1　传递函数

线性微分方程系统的传递函数定义为：在全部初始条件为零的假设下，输出量（响应函数）的拉普拉斯变换与输入量（驱动函数）的拉普拉斯变换之比。

考虑由下列微分方程描述的线性定常系统：

$$a_0 \overset{(n)}{y} + a_1 \overset{(n-1)}{y} + \cdots + a_{n-1}\dot{y} + a_n y$$

$$= b_0 \overset{(m)}{x} + b_1 \overset{(m-1)}{x} + \cdots + b_{m-1}\dot{x} + b_m x \qquad (n \geq m)$$

式中，y 为系统输出量，x 为系统输入量。在全部初始条件为零时，输出量与输入量的拉普拉斯变换之比，就是这个系统的传递函数。

$$传递函数 = G(s) = \frac{\mathscr{L}[输出量]}{\mathscr{L}[输入量]}\bigg|_{零初始条件}$$

$$= \frac{Y(s)}{X(s)} = \frac{b_0 s^m + b_1 s^{m-1} + \cdots + b_{m-1}s + b_m}{a_0 s^n + a_1 s^{n-1} + \cdots + a_{n-1}s + a_n}$$

利用传递函数的概念，可以用以 s 为变量的代数方程表示系统的动态特性。如果传递函数的分母中 s 的最高阶次为 n，则称系统为 n 阶系统。

2.2.2　传递函数的说明

传递函数概念的适用范围限于线性常微分方程系统。当然,在这类系统的分析和设计中,传递函数方法的应用是很广泛的。下面我们将列出有关传递函数的一些重要说明(在下列各项说明中涉及的均为线性常微分方程描述的系统)。

1. 系统的传递函数是一种数学模型,它表示联系输出变量与输入变量的微分方程的一种运算方法。
2. 传递函数是系统本身的一种属性,它与输入量或驱动函数的大小和性质无关。
3. 传递函数包含联系输入量与输出量所必需的单位,但是它不提供有关系统物理结构的任何信息(许多物理上完全不同的系统,可以具有相同的传递函数)。
4. 如果系统的传递函数已知,则可以针对各种不同形式的输入量,研究系统的输出或响应,以便掌握系统的性质。
5. 如果不知道系统的传递函数,则可以通过引入已知输入量并研究系统输出量的实验方法,确定系统的传递函数。系统的传递函数一旦被确定,就能够对系统的动态特性进行充分描述,它不同于对系统的物理描述。

2.2.3　卷积积分

对于线性定常系统,其传递函数 $G(s)$ 为

$$G(s) = \frac{Y(s)}{X(s)}$$

式中,$X(s)$ 为输入量的拉普拉斯变换,$Y(s)$ 为输出量的拉普拉斯变换,并且假设所有初始条件均为零。由此可见,输出量 $Y(s)$ 可以写成 $G(s)$ 与 $X(s)$ 的乘积,即

$$Y(s) = G(s)X(s) \qquad (2.1)$$

注意,复域内的乘法等效于时域内的卷积(见附录 A),所以方程(2.1)的拉普拉斯反变换可以由下列卷积积分得到:

$$y(t) = \int_0^t x(\tau)g(t-\tau)\,\mathrm{d}\tau$$
$$= \int_0^t g(\tau)x(t-\tau)\,\mathrm{d}\tau$$

式中,当 $t < 0$ 时,$g(t) = 0$ 且 $x(t) = 0$。

2.2.4　脉冲响应函数

考虑当初始条件等于零时,线性定常系统在单位脉冲输入量作用下的输出(响应)。因为单位脉冲函数的拉普拉斯变换为 1,所以系统输出量的拉普拉斯变换为

$$Y(s) = G(s) \qquad (2.2)$$

对方程(2.2)给出的输出量进行拉普拉斯反变换,可以得到系统的脉冲响应。$G(s)$ 的拉普拉斯反变换,即

$$\mathscr{L}^{-1}[G(s)] = g(t)$$

称为脉冲响应函数,函数 $g(t)$ 也称为系统的权函数。

因此，脉冲响应函数 $g(t)$ 是当初始条件为零时，线性定常系统对单位脉冲输入的响应，该函数的拉普拉斯变换就是传递函数。所以，线性定常系统的传递函数和脉冲响应函数包含关于系统动态特性的相同信息。于是，通过用脉冲输入信号激励系统并测量系统的响应，能够获得有关系统动态特性的全部信息(实际上，与数值较大的系统时间常数相比，持续时间很短的脉冲输入信号可以看成脉冲输入信号)。

2.3　自动控制系统

控制系统可以由许多元件组成。为了表明每一元件在系统中的功能，在控制工程中常常用到方框图的概念。本节首先说明什么是方框图，然后讨论自动控制系统的初步知识，包括各种控制作用。最后介绍获得物理系统方框图的方法，并讨论简化方框图的技术。

2.3.1　方框图

系统的方框图是系统中每个元件的功能和信号流向的图解表示，表明系统中各种元件之间的相互关系。方框图不同于纯抽象的数学表达式，它的优点是能够更真实地表明实际系统中的信号流动情况。

在方框图中，通过功能方框，可以将所有的系统变量相互联系起来。功能方框，简称方框，是描述加到方框上的输入信号的一种数学运算符号。运算结果以输出量表示。元件的传递函数通常写进相应的方框中，并以标明信号流向的箭头将其连接起来。信号只能沿着箭头方向通过。因此，控制系统的方框图清楚地表示了它的单向特性。

图 2.1 所示为一个方框图单元。指向方框的箭头表示输入，从方框出来的箭头表示输出。在这些箭头上标明了相应的信号。

从方框出来的输出信号的因次，等于输入信号的因次与方框中传递函数因次的乘积。

用方框图表示系统的优点是：只要依据信号的流向将各个元件的方框连接起来，就能够容易地组成整个系统的方框图，还可以通过方框图评价每一元件对系统总体性能的影响。

总之，方框图比物理系统本身更容易体现系统的函数功能。方框图包含了与系统动态特性有关的信息，但是它不包括与系统物理结构有关的任何信息。因此，许多完全不同和根本无关的系统可以用同一个方框图来表示。

在方框图中没有明显地表示出系统的主能源，而且对于给定的系统来说，方框图也不是唯一的。由于分析的角度不同，对于同一个系统可以画出许多不同的方框图。

2.3.1.1　相加点

参考图 2.2，图中带"×"的圆是加法运算符号。每个箭头上的加号或减号表示信号是相加还是相减的，进行相加或相减的量应具有相同的因次和相同的单位。

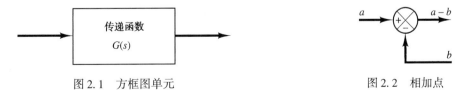

图 2.1　方框图单元　　　　　　　　　　　图 2.2　相加点

2.3.1.2　分支点

分支点是这样一种点，在该点上来自方框的信号将同时流向其他方框或相加点。

2.3.2　闭环系统的方框图

　　图2.3是一个闭环系统方框图的例子。输出量 $C(s)$ 被反馈到相加点，并且在相加点上与参考输入量 $R(s)$ 进行比较。系统的闭环性质在图上清楚地表示出来。在这种情况下，方框的输出量 $C(s)$ 等于方框的输入量 $E(s)$ 乘以传递函数 $G(s)$。任何线性控制系统都可以用由方框、相加点和分支点组成的方框图来表示。

　　当输出量被反馈到相加点与输入量进行比较时，必须把输出信号转变成与输入信号相同的形式。例如，在温度控制系统中，输出信号通常为被控温度。具有温度因次的输出信号，在与输入信号进行比较之前，必须先转变为力或位置，或者电压。这种转变由反馈元件完成，反馈元件的传递函数为 $H(s)$，如图2.4所示。反馈元件的作用是在输出量与输入量进行比较之前改变输出量(在大多数情况下，反馈元件是一个传感器，它测量被控对象的输出量。传感器的输出量与系统的输入量进行比较，并形成作用误差信号)。在本例中，反馈到相加点与输入量进行比较的反馈信号是 $B(s) = H(s)C(s)$。

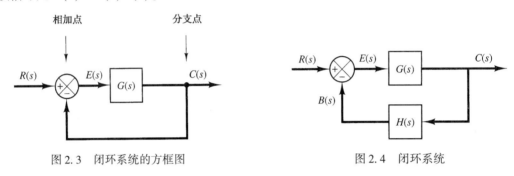

图2.3　闭环系统的方框图　　　　　　　　图2.4　闭环系统

2.3.3　开环传递函数和前向传递函数

　　参考图2.4，反馈信号 $B(s)$ 与作用误差信号 $E(s)$ 之比称为开环传递函数，即

$$开环传递函数 = \frac{B(s)}{E(s)} = G(s)H(s)$$

　　输出量 $C(s)$ 与作用误差信号 $E(s)$ 之比称为前向传递函数，于是

$$前向传递函数 = \frac{C(s)}{E(s)} = G(s)$$

如果反馈传递函数 $H(s)$ 等于1，则开环传递函数和前向传递函数是相同的。

2.3.4　闭环传递函数

　　对于图2.4所示的系统，输出量 $C(s)$ 和输入量 $R(s)$ 之间的关系如下：因为

$$C(s) = G(s)E(s)$$
$$E(s) = R(s) - B(s)$$
$$= R(s) - H(s)C(s)$$

从上式中消去 $E(s)$，得到

$$C(s) = G(s)\big[R(s) - H(s)C(s)\big]$$

即

$$\frac{C(s)}{R(s)} = \frac{G(s)}{1 + G(s)H(s)} \tag{2.3}$$

联系 $C(s)$ 与 $R(s)$ 的传递函数称为闭环传递函数, 该传递函数将闭环系统的动态特性与前向通路元件和反馈通路元件的动态特性联系在一起。

由方程(2.3), 可以求得 $C(s)$ 为

$$C(s) = \frac{G(s)}{1 + G(s)H(s)} R(s)$$

因此, 闭环系统的输出量显然取决于闭环传递函数和输入量的性质。

2.3.5　用 MATLAB 求串联、并联和反馈(闭环)传递函数

在控制系统分析中, 经常需要计算串联传递函数、并联连接传递函数和反馈连接(闭环)传递函数。MATLAB 具有一些方便的命令, 用来求解串联、并联和反馈(闭环)传递函数。

假设有两个元件 $G_1(s)$ 和 $G_2(s)$, 它们以不同的方式进行连接, 如图 2.5(a) 至图 2.5(c)所示, 其中

$$G_1(s) = \frac{\text{num1}}{\text{den1}}, \qquad G_2(s) = \frac{\text{num2}}{\text{den2}}$$

为了求解串联系统、并联系统或反馈(闭环)系统的传递函数, 可以采用下列命令:

[num, den] = series(num1,den1,num2,den2)

[num, den] = parallel(num1,den1,num2,den2)

[num, den] = feedback(num1,den1,num2,den2)

作为一个例子, 考虑下列情况:

$$G_1(s) = \frac{10}{s^2 + 2s + 10} = \frac{\text{num1}}{\text{den1}}, \qquad G_2(s) = \frac{5}{s + 5} = \frac{\text{num2}}{\text{den2}}$$

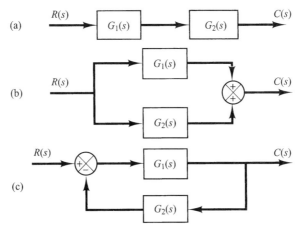

图 2.5　(a) 串联系统; (b) 并联系统; (c) 反馈(闭环)系统

MATLAB 程序 2.1 给出了针对 $G_1(s)$ 和 $G_2(s)$ 中每一个排列的 $C(s)/R(s) = \text{num/den}$。应当指出, 下列命令:

printsys(num,den)

显示了所讨论系统的 num/den,即传递函数 $C(s)/R(s)$。

```
MATLAB程序2.1

num1 = [10];
den1 = [1  2  10];
num2 = [5];
den2 = [1  5];
[num, den] = series(num1,den1,num2,den2);
printsys(num,den)

num/den =

                50
        ─────────────────────
        s^3 + 7s^2 + 20s + 50

[num, den] = parallel(num1,den1,num2,den2);
printsys(num,den)

num/den =

          5s^2 + 20s + 100
        ─────────────────────
        s^3 + 7s^2 + 20s + 50

[num, den] = feedback(num1,den1,num2,den2);
printsys(num,den)

num/den =

               10s + 50
        ──────────────────────
        s^3 + 7s^2 + 20s + 100
```

2.3.6 自动控制器

自动控制器将被控对象输出量的实际值与参考输入量(要求的值)进行比较,确定出偏差,并产生控制信号,以便使偏差减小到零或很小的值。自动控制器产生控制信号的方式,称为控制作用。图 2.6 是一种工业控制系统方框图,它是由自动控制器、执行器、被控对象和传感器(测量元件)组成的。控制器检测出功率通常很低的作用误差信号,并且将其放大到足够高的水平。自动控制器的输出传送至执行器,例如传送至电动机、液压马达、气动马达或阀(执行器是一种动力装置,它根据控制信号的要求,产生被控对象的输入量,从而使输出信号趋近于参考输入信号)。

传感器或测量元件,是一种将输出变量转变为另一种适当变量的装置,这里所说的适当变量如位移、压力或电压等,可以用来将输出量与参考输入信号进行比较。这种元件位于闭环系统的反馈通道上。控制器的设定值必须转变为参考输入量,并且应当与来自传感器或测量元件的反馈信号具有相同的单位。

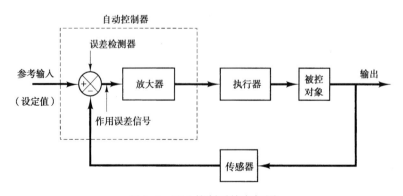

图 2.6   工业控制系统方框图

2.3.7 工业控制器分类

大多数工业控制器可以根据其控制作用分类如下：

1. 双位或开-关控制器
2. 比例控制器
3. 积分控制器
4. 比例-加-积分控制器
5. 比例-加-微分控制器
6. 比例-加-积分-加-微分控制器

大多数控制器采用电或者加压的流体，如油或空气作为能源。因此，控制器也可以根据其工作时采用的能源种类进行分类，例如区分为气动控制器、液压控制器或电子控制器。采用何种控制器必须取决于被控对象的性质和工作条件，包括要考虑到诸如安全性、成本、可用性、可靠性、精度、质量和尺寸。

2.3.8 双位或开-关控制作用

在双位控制系统中，作用元件只有两个固定的位置，在大多数情况下这两个位置就是简单的开和关。双位或开-关控制是相当简单而且便宜的一种控制，所以在工业和家用控制系统中的应用非常广泛。

设控制器的输出信号为 $u(t)$，并设作用误差信号为 $e(t)$。在双位控制中，根据作用误差信号是正或者负，信号 $u(t)$ 将保持为最大值或最小值，于是有

$$u(t) = U_1, \quad e(t) > 0$$
$$= U_2, \quad e(t) < 0$$

式中，U_1 和 U_2 是常数。最小值 U_2 通常为零或为 $-U_1$。双位控制器通常为电气装置，而且电磁阀被广泛地应用在这种控制器中。具有很高增益的气动比例控制器，可以作为双位控制器，并且有时被称为气动双位控制器。

图 2.7(a) 和图 2.7(b) 表示了双位或开-关控制器方框图。在开关动作之前作用误差信号必须移动的范围称为差动间隙。在图 2.7(b) 中表示了这个差动间隙，这个差动间隙使控制器的输出 $u(t)$ 保持其原有值，直到误差信号变得稍大于零值时为止。在某些情况下，差动间隙是由不希望的摩擦和空运转造成的。但是，相当多的情况是人们故意提供的，其目的是为了防止开-关机构的频繁运作。

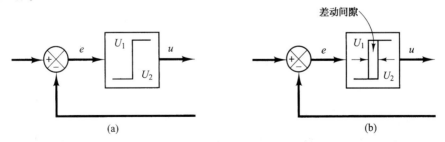

图 2.7 (a) 开-关控制器方框图；(b) 带差动间隙的开-关控制器方框图

考虑图 2.8(a) 所示的液位控制系统，图 2.8(a) 中的电磁阀如图 2.8(b) 所示，它用来控制输入流量。这个阀或处于打开位置，或处于关闭位置。借助于这种双位控制，水的输入流量或为正

的常量,或为零值。如图 2.9 所示,输出信号在两个极限值之间连续变动,以便使执行元件从一个固定位置运动到另一个固定位置。应当指出,输出曲线沿着两条指数曲线中的一条变动。在两条指数曲线中,一条相当于充水曲线,而另一条则相当于放水曲线。这种在两个极限位置之间的输出振荡,是系统在双位控制下的典型响应特性。

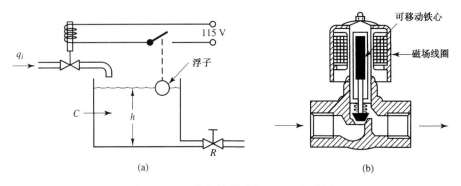

图 2.8　(a) 液位控制系统;(b) 电磁阀

由图 2.9 可以看出,通过减小差动间隙,可以减小输出振荡的振幅。但是,减小差动间隙会增加每分钟内的开关转换次数,从而降低了元件的有效寿命。因此差动间隙的大小,必须由所需的精确度和元件的寿命等因素来确定。

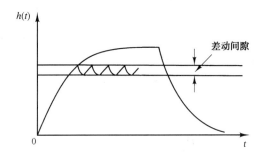

图 2.9　图 2.8(a) 所示系统中液位 $h(t)$ 与 t 之间的关系曲线

2.3.9　比例控制作用

对于具有比例控制作用的控制器,控制器的输出量 $u(t)$ 与作用误差信号 $e(t)$ 之间的关系为

$$u(t) = K_p e(t)$$

或者表示成拉普拉斯变换量的形式:

$$\frac{U(s)}{E(s)} = K_p$$

式中,K_p 称为比例增益。

无论是哪种实际机构,也无论是哪种形式的操作功率,比例控制器实际上都是一个增益可调的放大器。

2.3.10　积分控制作用

在具有积分控制作用的控制器中,控制器输出量 $u(t)$ 的值,是以一个与作用误差信号 $e(t)$ 成正比的速率而变化的。也就是说,

$$\frac{\mathrm{d}u(t)}{\mathrm{d}t} = K_i e(t)$$

即
$$u(t) = K_i \int_0^t e(t)\,\mathrm{d}t$$

式中，K_i 为可调常数。积分控制器的传递函数为
$$\frac{U(s)}{E(s)} = \frac{K_i}{s}$$

2.3.11 比例-加-积分控制作用

比例-加-积分控制器的控制作用，可以由下式定义：
$$u(t) = K_p e(t) + \frac{K_p}{T_i} \int_0^t e(t)\,\mathrm{d}t$$

即控制器的传递函数为
$$\frac{U(s)}{E(s)} = K_p\left(1 + \frac{1}{T_i s}\right)$$

式中，T_i 称为积分时间常数。

2.3.12 比例-加-微分控制作用

比例-加-微分控制器的控制作用由下式定义：
$$u(t) = K_p e(t) + K_p T_d \frac{\mathrm{d}e(t)}{\mathrm{d}t}$$

其传递函数为
$$\frac{U(s)}{E(s)} = K_p(1 + T_d s)$$

式中，T_d 称为微分时间常数。

2.3.13 比例-加-积分-加-微分控制作用

比例控制作用、积分控制作用和微分控制作用的组合，称为比例-加-积分-加-微分控制作用。
这种组合作用具有三种单独控制作用各自的优点。具有这种组合作用的控制器方程为
$$u(t) = K_p e(t) + \frac{K_p}{T_i} \int_0^t e(t)\,\mathrm{d}t + K_p T_d \frac{\mathrm{d}e(t)}{\mathrm{d}t}$$

其传递函数为
$$\frac{U(s)}{E(s)} = K_p\left(1 + \frac{1}{T_i s} + T_d s\right)$$

式中，K_p 为比例增益，T_i 为积分时间常数，T_d 为微分时间常数。图 2.10 为比例-加-积分-加-微
分控制器的方框图。

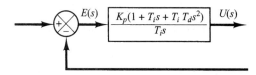

2.10 比例-加-积分-加-微分控制器方框图

2.3.14 扰动作用下的闭环系统

图 2.11 表示了一个扰动作用下的闭环系统。当两个输入量(参考输入量和扰动量)同时作用
于线性定常系统时，可以对每一个输入量进行单独处理。将与每一个输入量单独作用时相应的

输出量进行叠加,即可得到系统的总输出量。每一个输入量加进系统的方式,用相加点上的加号或减号来表示。

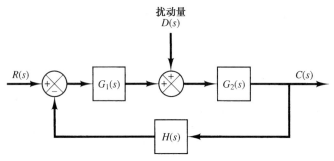

图 2.11　扰动作用下的闭环系统

现在来讨论图 2.11 所示的系统。在研究扰动量 $D(s)$ 对系统的影响时,我们可以假设参考输入量为零,然后计算只在扰动量作用下的响应 $C_D(s)$。该响应可以由下式求得:

$$\frac{C_D(s)}{D(s)} = \frac{G_2(s)}{1 + G_1(s)G_2(s)H(s)}$$

另一方面,在研究系统对参考输入量 $R(s)$ 的响应时,可以假设扰动量等于零。这时,系统对参考输入量 $R(s)$ 的响应 $C_R(s)$ 可以由下式求得:

$$\frac{C_R(s)}{R(s)} = \frac{G_1(s)G_2(s)}{1 + G_1(s)G_2(s)H(s)}$$

将上述两个单独的响应相加,可以得到参考输入量和扰动量同时作用下的响应。换句话说,当参考输入量 $R(s)$ 和扰动量 $D(s)$ 同时作用于系统时,系统的响应 $C(s)$ 为

$$C(s) = C_R(s) + C_D(s)$$
$$= \frac{G_2(s)}{1 + G_1(s)G_2(s)H(s)}\left[G_1(s)R(s) + D(s)\right]$$

现在研究当 $|G_1(s)H(s)| \gg 1$ 和 $|G_1(s)G_2(s)H(s)| \gg 1$ 时的情况。在这种情况下,闭环传递函数 $C_D(s)/D(s)$ 几乎等于零,因此扰动的影响被抑制。这正是闭环系统的一个优点。

另一方面,当 $G_1(s)G_2(s)H(s)$ 的增益增大时,闭环传递函数 $C_R(s)/R(s)$ 趋近于 $1/H(s)$。这表明,当 $|G_1(s)G_2(s)H(s)| \gg 1$ 时,闭环传递函数 $C_R(s)/R(s)$ 将与 $G_1(s)$ 和 $G_2(s)$ 无关,而只与 $H(s)$ 成反比关系。因此,$G_1(s)$ 和 $G_2(s)$ 的变化不影响闭环传递函数 $C_R(s)/R(s)$,这是闭环系统的另一个优点。很容易看出,任何闭环系统,当反馈传递函数 $H(s) = 1$ 时,系统的输入量与输出量将趋于相等。

2.3.15　画方框图的步骤

在绘制系统的方框图时,首先应列写描述每一个元件动态特性的方程式。然后,假设初始条件等于零,对这些方程式进行拉普拉斯变换,并将每一个拉普拉斯变换方程分别表示成方框的形式。最后,将这些方框单元结合在一起,构成完整的方框图。

下面以图 2.12(a)表示的 RC 电路为例,进行具体研究。这个电路的方程是

$$i = \frac{e_i - e_o}{R} \tag{2.4}$$

$$e_o = \frac{\int i\,\mathrm{d}t}{C} \tag{2.5}$$

在零初始条件下，方程(2.4)和方程(2.5)的拉普拉斯变换为

$$I(s) = \frac{E_i(s) - E_o(s)}{R} \tag{2.6}$$

$$E_o(s) = \frac{I(s)}{Cs} \tag{2.7}$$

方程(2.6)表示加法运算，相应的方框图如图 2.12(b)所示。代表方程(2.7)的方框图如图 2.12(c)所示。将这两个单元的方框图结合在一起，就可以得到图 2.12(d)所示的系统的完整方框图。

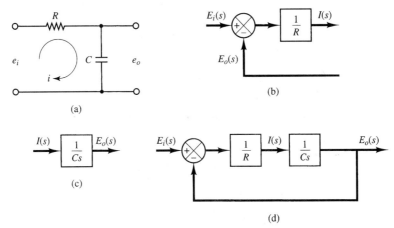

图 2.12　(a)RC电路；(b)代表方程(2.6)的方框图；(c)代表方程(2.7)的方框图；(d) RC电路的方框图

2.3.16　方框图的简化

应当强调指出，只有当方框的输出量不受其后的方框影响时，才能够把它们串联连接。如果在某些元件之间存在着负载效应，则必须将这些元件归并为一个单一的方框。

任意数量的代表无负载效应元件的串联方框，可以用一个单一的方框代替，它的传递函数就等于各个单独的传递函数的乘积。

一个包含许多反馈回路的复杂方框图，通过逐步地重新排列和整理可以得到简化。这种通过重新排列方框图实现的简化，可以大大地减少其后在数学分析中的工作量。但是，当方框图简化后，新方框内的传递函数却变得更复杂了，因为产生了新的极点和零点。

例 2.1　考虑图 2.13(a)中表示的系统。试对该系统的方框图进行简化。

将包含 H_2 的负反馈回路的相加点移到包含 H_1 的正反馈回路外面，得到图 2.13(b)。消去正反馈回路，得到图 2.13(c)。然后消去包含 H_2/G_1 的回路，得到图 2.13(d)。最后消去反馈回路，得到图 2.13(e)。

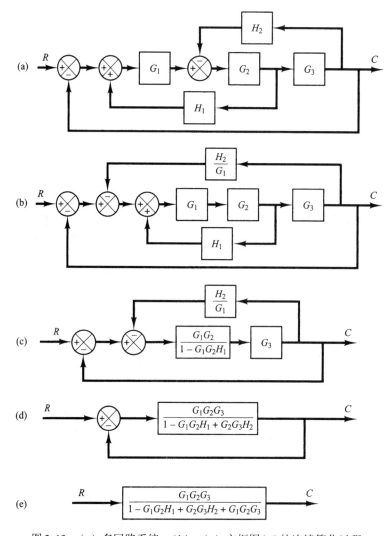

图 2.13　(a) 多回路系统；(b)~(e) 方框图 (a) 的连续简化过程

　　闭环传递函数 $C(s)/R(s)$ 的分子, 等于前向通路中传递函数的乘积。$C(s)/R(s)$ 的分母则等于

$$1 + \sum (\text{每一个回路的传递函数的乘积})$$

$$= 1 + \left(-G_1 G_2 H_1 + G_2 G_3 H_2 + G_1 G_2 G_3 \right)$$

$$= 1 - G_1 G_2 H_1 + G_2 G_3 H_2 + G_1 G_2 G_3$$

正反馈回路在分母中是负项。

2.4　状态空间模型

　　本节将介绍控制系统状态空间分析的基本知识。

2.4.1　现代控制理论

　　工程系统正朝着更加复杂的方向发展, 这主要是由于复杂的任务和高精度的要求所引起的。复杂系统可能具有多输入量和多输出量, 并且可能是时变的。由于需要满足控制系统性能提出的日益严格的要求, 系统的复杂程度越来越大, 并且要求能够方便地用大型计算机对系统进行处理。一种对复杂控制系统进行分析和设计的新方法，即现代控制理论，大约从 1960 年开始发展起来。这种新方法是建立在状态概念之上的。状态本身并不是一个新概念，在很长一段时间内，它已经存在于经典动力学和其他一些领域中。

2.4.2　现代控制理论与传统控制理论的比较

现代控制理论与传统控制理论形成鲜明的对照，前者适用于多输入、多输出系统，系统可以是线性的或非线性的，也可以是定常的或时变的；后者则仅仅适用于线性、定常、单输入、单输出系统。此外，现代控制理论本质上是一种时域方法和频域方法（在一定情况下，例如 H 无穷大控制），而传统控制理论则是一种复频域方法。在介绍现代控制理论之前，我们需要定义状态、状态变量、状态向量和状态空间。

2.4.3　状态

动态系统的状态是系统的最小一组变量（称为状态变量），只要知道了在 $t = t_0$ 时的这样一组变量和 $t \geq t_0$ 时的输入量，就能够完全确定系统在任何时间 $t \geq t_0$ 时的行为。

应当指出，状态这个概念决不限于在物理系统中应用。它还适用于生物学系统、经济学系统、社会学系统和其他一些系统。

2.4.4　状态变量

动态系统的状态变量是确定动态系统的最小一组变量。如果至少需要 n 个变量 x_1, x_2, $\cdots$, x_n 才能完全描述动态系统的行为（即一旦给出 $t \geq t_0$ 时的输入量，并且给定 $t = t_0$ 时的初始状态，就可以完全确定系统的未来状态），则这 n 个变量就是一组状态变量。

状态变量未必是物理上可测量的或可观察的量。某些不代表物理量的变量，它们既不可测量，又不可观察，但是却可以被选为状态变量。这种在选择状态变量方面的自由性，是状态空间法的一个优点。但是从实用角度来讲，如果有可能，选择容易测量的量作为状态变量毕竟比较方便，因为最佳控制律需要反馈所有具有适当加权的状态变量。

2.4.5　状态向量

如果完全描述一个给定系统的行为需要 n 个状态变量，那么这 n 个状态变量可以看成向量 **x** 的 n 个分量，该向量就称为状态向量。状态向量是这样一种向量，一旦 $t = t_0$ 时的状态给定，并且给出 $t \geq t_0$ 时的输入量 $u(t)$，则任意时间 $t \geq t_0$ 时的系统状态 $\mathbf{x}(t)$ 便可以唯一地确定。

2.4.6　状态空间

设 x_1, x_2, $\cdots$, x_n 为状态变量，那么由 x_1 轴、x_2 轴、$\cdots$、x_n 轴所组成的 n 维空间称为状态空间。任何状态都可以用状态空间中的一点来表示。

2.4.7　状态空间方程

在状态空间分析中涉及三种类型的变量，它们包含在动态系统的模型中。这三种变量是输入变量、输出变量和状态变量。在 2.5 节中将会看到，对于一个给定的系统，其状态空间表达式不是唯一的。但是，对于同一系统的任何一种不同的状态空间表达式而言，其状态变量的数量是相同的。

动态系统必定包含着记忆元件，它在 $t \geqslant t_1$ 时能够记忆输入量的值。因为在连续时间控制系统中，积分器作为记忆装置，所以这些积分器的输出量可以看成变量，这些变量确定了动态系统的内部状态。因此，积分器的输出量可以作为状态变量。能够完全确定系统动态特性的状态变量数目，等于系统中包含的积分器数目。

假设多输入、多输出系统中包含 n 个积分器，又设系统中有 r 个输入量 $u_1(t)$，$u_2(t)$，$\cdots$，$u_r(t)$ 和 m 个输出量 $y_1(t)$，$y_2(t)$，$\cdots$，$y_m(t)$。定义积分器的 n 个输出量为状态变量 $x_1(t)$，$x_2(t)$，$\cdots$，$x_n(t)$。于是可以用下列方程描述系统：

$$\begin{aligned}
\dot{x}_1(t) &= f_1(x_1, x_2, \cdots, x_n; u_1, u_2, \cdots, u_r; t) \\
\dot{x}_2(t) &= f_2(x_1, x_2, \cdots, x_n; u_1, u_2, \cdots, u_r; t) \\
&\vdots \\
\dot{x}_n(t) &= f_n(x_1, x_2, \cdots, x_n; u_1, u_2, \cdots, u_r; t)
\end{aligned} \tag{2.8}$$

系统的输出量 $y_1(t)$，$y_2(t)$，$\cdots$，$y_m(t)$ 可以表示为

$$\begin{aligned}
y_1(t) &= g_1(x_1, x_2, \cdots, x_n; u_1, u_2, \cdots, u_r; t) \\
y_2(t) &= g_2(x_1, x_2, \cdots, x_n; u_1, u_2, \cdots, u_r; t) \\
&\vdots \\
y_m(t) &= g_m(x_1, x_2, \cdots, x_n; u_1, u_2, \cdots, u_r; t)
\end{aligned} \tag{2.9}$$

如果定义

$$\mathbf{x}(t) = \begin{bmatrix} x_1(t) \\ x_2(t) \\ \vdots \\ x_n(t) \end{bmatrix}, \quad \mathbf{f}(\mathbf{x}, \mathbf{u}, t) = \begin{bmatrix} f_1(x_1, x_2, \cdots, x_n; u_1, u_2, \cdots, u_r; t) \\ f_2(x_1, x_2, \cdots, x_n; u_1, u_2, \cdots, u_r; t) \\ \vdots \\ f_n(x_1, x_2, \cdots, x_n; u_1, u_2, \cdots, u_r; t) \end{bmatrix},$$

$$\mathbf{y}(t) = \begin{bmatrix} y_1(t) \\ y_2(t) \\ \vdots \\ y_m(t) \end{bmatrix}, \quad \mathbf{g}(\mathbf{x}, \mathbf{u}, t) = \begin{bmatrix} g_1(x_1, x_2, \cdots, x_n; u_1, u_2, \cdots, u_r; t) \\ g_2(x_1, x_2, \cdots, x_n; u_1, u_2, \cdots, u_r; t) \\ \vdots \\ g_m(x_1, x_2, \cdots, x_n; u_1, u_2, \cdots, u_r; t) \end{bmatrix}, \quad \mathbf{u}(t) = \begin{bmatrix} u_1(t) \\ u_2(t) \\ \vdots \\ u_r(t) \end{bmatrix}$$

则方程(2.8)和方程(2.9)变成

$$\dot{\mathbf{x}}(t) = \mathbf{f}(\mathbf{x}, \mathbf{u}, t) \tag{2.10}$$

$$\mathbf{y}(t) = \mathbf{g}(\mathbf{x}, \mathbf{u}, t) \tag{2.11}$$

方程(2.10)为状态方程，方程(2.11)则为输出方程。如果向量函数 $\mathbf{f}$ 和(或) $\mathbf{g}$ 中显含时间 t，则系统称为时变系统。

如果方程(2.10)和方程(2.11)围绕着运行状态进行线性化，则有下列线性化状态方程和输出方程：

$$\dot{\mathbf{x}}(t) = \mathbf{A}(t)\mathbf{x}(t) + \mathbf{B}(t)\mathbf{u}(t) \tag{2.12}$$

$$\mathbf{y}(t) = \mathbf{C}(t)\mathbf{x}(t) + \mathbf{D}(t)\mathbf{u}(t) \tag{2.13}$$

式中，$\mathbf{A}(t)$ 称为状态矩阵，$\mathbf{B}(t)$ 称为输入矩阵，$\mathbf{C}(t)$ 称为输出矩阵，$\mathbf{D}(t)$ 称为直接传输矩阵(在 2.7 节中，将详细讨论非线性系统围绕其运行状态线性化的问题)。方程(2.12)和方程(2.13)的方框图表示如图 2.14 所示。

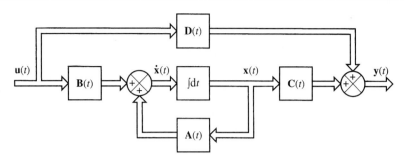

图 2.14　在状态空间内表示的线性连续时间控制系统的方框图

如果向量函数 **f** 和 **g** 不显含时间 t，则称该系统为定常系统。在这种情况下，方程（2.12）和方程（2.13）可以简化为

$$\dot{\mathbf{x}}(t) = \mathbf{A}\mathbf{x}(t) + \mathbf{B}\mathbf{u}(t) \qquad (2.14)$$

$$\dot{\mathbf{y}}(t) = \mathbf{C}\mathbf{x}(t) + \mathbf{D}\mathbf{u}(t) \qquad (2.15)$$

方程（2.14）是线性定常系统的状态方程，方程（2.15）是同一系统的输出方程。本书将主要涉及由方程（2.14）和方程（2.15）描述的系统。

下面举例说明如何导出状态方程和输出方程。

例 2.2　考虑图 2.15 所示的机械系统。假设系统是线性的。外力 $u(t)$ 是系统的输入量，质量的位移 $y(t)$ 是系统的输出量。位移 $y(t)$ 从无外力作用时的平衡位置开始计算。该系统是一个单输入、单输出系统。

由图 2.15 可以得到系统方程

$$m\ddot{y} + b\dot{y} + ky = u \qquad (2.16)$$

这是一个二阶系统，意味着该系统包括两个积分器。我们定义状态变量 $x_1(t)$ 和 $x_2(t)$ 为

$$x_1(t) = y(t)$$
$$x_2(t) = \dot{y}(t)$$

于是得到

$$\dot{x}_1 = x_2$$
$$\dot{x}_2 = \frac{1}{m}(-ky - b\dot{y}) + \frac{1}{m}u$$

即

$$\dot{x}_1 = x_2 \qquad (2.17)$$

$$\dot{x}_2 = -\frac{k}{m}x_1 - \frac{b}{m}x_2 + \frac{1}{m}u \qquad (2.18)$$

输出方程为

$$y = x_1 \qquad (2.19)$$

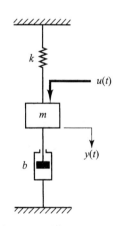

图 2.15　机械系统

若采用向量矩阵表示，则方程（2.17）和方程（2.18）可以写成

$$\begin{bmatrix} \dot{x}_1 \\ \dot{x}_2 \end{bmatrix} = \begin{bmatrix} 0 & 1 \\ -\dfrac{k}{m} & -\dfrac{b}{m} \end{bmatrix} \begin{bmatrix} x_1 \\ x_2 \end{bmatrix} + \begin{bmatrix} 0 \\ \dfrac{1}{m} \end{bmatrix} u \qquad (2.20)$$

输出方程(2.19)可以写成

$$y = \begin{bmatrix} 1 & 0 \end{bmatrix} \begin{bmatrix} x_1 \\ x_2 \end{bmatrix} \tag{2.21}$$

方程(2.20)是上述系统的状态方程,方程(2.21)则是上述系统的输出方程。方程(2.20)和方程(2.21)可以写成标准形式:

$$\dot{\mathbf{x}} = \mathbf{Ax} + \mathbf{B}u$$
$$y = \mathbf{Cx} + Du$$

式中,

$$\mathbf{A} = \begin{bmatrix} 0 & 1 \\ -\dfrac{k}{m} & -\dfrac{b}{m} \end{bmatrix}, \quad \mathbf{B} = \begin{bmatrix} 0 \\ \dfrac{1}{m} \end{bmatrix}, \quad \mathbf{C} = \begin{bmatrix} 1 & 0 \end{bmatrix}, \quad D = 0$$

图2.16是该系统的方框图。注意,积分器的输出为状态变量。

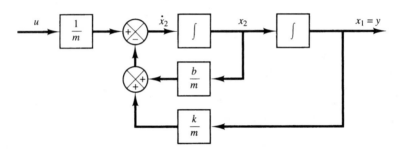

图2.16　图2.15所示机械系统的方框图

2.4.8　传递函数与状态空间方程之间的关系

下面证明如何从状态空间方程导出单输入、单输出系统的传递函数。

设我们要研究的系统的传递函数为

$$\frac{Y(s)}{U(s)} = G(s) \tag{2.22}$$

该系统在状态空间中可以用下列方程表示:

$$\dot{\mathbf{x}} = \mathbf{Ax} + \mathbf{B}u \tag{2.23}$$
$$y = \mathbf{Cx} + Du \tag{2.24}$$

式中,$\mathbf{x}$ 为状态向量,u 为输入量,y 为输出量。方程(2.23)和方程(2.24)的拉普拉斯变换为

$$s\mathbf{X}(s) - \mathbf{x}(0) = \mathbf{AX}(s) + \mathbf{B}U(s) \tag{2.25}$$
$$Y(s) = \mathbf{CX}(s) + DU(s) \tag{2.26}$$

因为前面已经把传递函数定义为:在零初始条件下,输出量的拉普拉斯变换与输入量的拉普拉斯变换之比,所以我们假设在方程(2.25)中,$\mathbf{x}(0)$ 等于零。于是得到

$$s\mathbf{X}(s) - \mathbf{AX}(s) = \mathbf{B}U(s)$$

即

$$(s\mathbf{I} - \mathbf{A})\mathbf{X}(s) = \mathbf{B}U(s)$$

用 $(s\mathbf{I} - \mathbf{A})^{-1}$ 前乘上述方程两边, 得到

$$\mathbf{X}(s) = (s\mathbf{I} - \mathbf{A})^{-1}\mathbf{B}U(s) \tag{2.27}$$

把方程 (2.27) 代入方程 (2.26), 得到

$$Y(s) = \big[\mathbf{C}(s\mathbf{I} - \mathbf{A})^{-1}\mathbf{B} + D\big]U(s) \tag{2.28}$$

将方程 (2.28) 与方程 (2.22) 进行比较, 可以看出

$$G(s) = \mathbf{C}(s\mathbf{I} - \mathbf{A})^{-1}\mathbf{B} + D \tag{2.29}$$

这就是以 $\mathbf{A}$、$\mathbf{B}$、$\mathbf{C}$ 和 D 的形式表示的系统的传递函数表达式。

应当指出, 方程 (2.29) 的右边包含 $(s\mathbf{I} - \mathbf{A})^{-1}$, 因此 $G(s)$ 可以写成

$$G(s) = \frac{Q(s)}{|s\mathbf{I} - \mathbf{A}|}$$

式中, $Q(s)$ 是一个以 s 为变量的多项式。注意, $|s\mathbf{I} - \mathbf{A}|$ 等于 $G(s)$ 的特征多项式。换句话说, $\mathbf{A}$ 的特征值与 $G(s)$ 的极点是相同的。

例 2.3　再次考虑 2.15 所示的机械系统, 该系统的状态空间方程已由方程 (2.20) 和方程 (2.21) 给出。下面将根据状态空间方程, 求系统的传递函数。

将 $\mathbf{A}$、$\mathbf{B}$、$\mathbf{C}$ 和 D 代入方程 (2.29), 得到

$$G(s) = \mathbf{C}(s\mathbf{I} - \mathbf{A})^{-1}\mathbf{B} + D$$

$$= \begin{bmatrix} 1 & 0 \end{bmatrix} \left\{ \begin{bmatrix} s & 0 \\ 0 & s \end{bmatrix} - \begin{bmatrix} 0 & 1 \\ -\dfrac{k}{m} & -\dfrac{b}{m} \end{bmatrix} \right\}^{-1} \begin{bmatrix} 0 \\ \dfrac{1}{m} \end{bmatrix} + 0$$

$$= \begin{bmatrix} 1 & 0 \end{bmatrix} \begin{bmatrix} s & -1 \\ \dfrac{k}{m} & s + \dfrac{b}{m} \end{bmatrix}^{-1} \begin{bmatrix} 0 \\ \dfrac{1}{m} \end{bmatrix}$$

因为 (参考附录 C 有关 2×2 矩阵求逆的内容)

$$\begin{bmatrix} s & -1 \\ \dfrac{k}{m} & s + \dfrac{b}{m} \end{bmatrix}^{-1} = \frac{1}{s^2 + \dfrac{b}{m}s + \dfrac{k}{m}} \begin{bmatrix} s + \dfrac{b}{m} & 1 \\ -\dfrac{k}{m} & s \end{bmatrix}$$

所以

$$G(s) = \begin{bmatrix} 1 & 0 \end{bmatrix} \frac{1}{s^2 + \dfrac{b}{m}s + \dfrac{k}{m}} \begin{bmatrix} s + \dfrac{b}{m} & 1 \\ -\dfrac{k}{m} & s \end{bmatrix} \begin{bmatrix} 0 \\ \dfrac{1}{m} \end{bmatrix}$$

$$= \frac{1}{ms^2 + bs + k}$$

这就是系统的传递函数, 该传递函数还可以从方程 (2.16) 得到。

2.4.9　传递矩阵

下面讨论多输入、多输出系统。假设系统有 r 个输入量 u_1, u_2, $\cdots$, u_r 和 m 个输出量 y_1, y_2, $\cdots$, y_m, 定义

$$\mathbf{y} = \begin{bmatrix} y_1 \\ y_2 \\ \vdots \\ y_m \end{bmatrix}, \quad \mathbf{u} = \begin{bmatrix} u_1 \\ u_2 \\ \vdots \\ u_r \end{bmatrix}$$

则传递矩阵 $\mathbf{G}(s)$ 将输出量 $\mathbf{Y}(s)$ 与输入量 $\mathbf{U}(s)$ 联系起来，即

$$\mathbf{Y}(s) = \mathbf{G}(s)\mathbf{U}(s)$$

其中，$\mathbf{G}(s)$ 的表达式由下式给出：

$$\mathbf{G}(s) = \mathbf{C}(s\mathbf{I} - \mathbf{A})^{-1}\mathbf{B} + \mathbf{D}$$

这个方程的推导过程与方程(2.29)的推导过程相同。因为输入向量 $\mathbf{u}$ 为 r 维，输出向量 $\mathbf{y}$ 为 m，所以传递矩阵 $\mathbf{G}(s)$ 是一个 $m \times r$ 矩阵。

2.5 纯量微分方程系统的状态空间表达式

由有限个具有集总参数的元件组成的动态系统，可以用常微分方程描述，其中以时间为自变量。若采用向量矩阵符号，则 n 阶微分方程可以用一阶向量矩阵微分方程表示。如果向量的 n 个元素是一组状态变量，则向量矩阵微分方程称为状态方程。本节将介绍求连续系统状态空间表达式的方法。

2.5.1 线性微分方程作用函数中不包含导数项的 n 阶系统的状态空间表达式

考虑下列 n 阶系统：

$$\overset{(n)}{y} + a_1\overset{(n-1)}{y} + \cdots + a_{n-1}\dot{y} + a_n y = u \tag{2.30}$$

如果知道 $y(0)$，$\dot{y}(0)$，$\cdots$，$\overset{(n-1)}{y}(0)$ 和 $t \geqslant 0$ 时的输入量 $u(t)$，就可以完全确定系统未来的行为。我们可将 $y(t)$，$\dot{y}(t)$，$\cdots$，$\overset{(n-1)}{y}(t)$ 作为 n 个状态变量的集合(从数学意义上讲，这种状态变量的选取方法是很方便的。但是实际上，由于在任何一种实际情况中都存在固有的噪声效应，所以高阶微分项是不精确的。因此，这种状态变量的选择方法是不理想的)。

假设

$$x_1 = y$$
$$x_2 = \dot{y}$$
$$\vdots$$
$$x_n = \overset{(n-1)}{y}$$

则方程(2.30)可以写成

$$\dot{x}_1 = x_2$$
$$\dot{x}_2 = x_3$$
$$\vdots$$
$$\dot{x}_{n-1} = x_n$$
$$\dot{x}_n = -a_n x_1 - \cdots - a_1 x_n + u$$

即

$$\dot{\mathbf{x}} = \mathbf{A}\mathbf{x} + \mathbf{B}u \tag{2.31}$$

式中，

$$\mathbf{x} = \begin{bmatrix} x_1 \\ x_2 \\ \vdots \\ x_n \end{bmatrix}, \quad \mathbf{A} = \begin{bmatrix} 0 & 1 & 0 & \cdots & 0 \\ 0 & 0 & 1 & \cdots & 0 \\ \vdots & \vdots & \vdots & & \vdots \\ 0 & 0 & 0 & \cdots & 1 \\ -a_n & -a_{n-1} & -a_{n-2} & \cdots & -a_1 \end{bmatrix}, \quad \mathbf{B} = \begin{bmatrix} 0 \\ 0 \\ \vdots \\ 0 \\ 1 \end{bmatrix}$$

输出量可以由下式确定：

$$y = \begin{bmatrix} 1 & 0 & \cdots & 0 \end{bmatrix} \begin{bmatrix} x_1 \\ x_2 \\ \vdots \\ x_n \end{bmatrix}$$

即

$$y = \mathbf{Cx} \tag{2.32}$$

式中，

$$\mathbf{C} = \begin{bmatrix} 1 & 0 & \cdots & 0 \end{bmatrix}$$

注意方程(2.24)中的 D 这时为零。一阶微分方程(2.31)是状态方程，代数方程(2.32)则是输出方程。

对于下列传递函数系统：

$$\frac{Y(s)}{U(s)} = \frac{1}{s^n + a_1 s^{n-1} + \cdots + a_{n-1} s + a_n}$$

其状态空间表达式也由方程(2.31)和方程(2.32)确定。

2.5.2　线性微分方程作用函数中包含导数项的 *n* 阶系统的状态空间表达式

如果在系统的微分方程中包含作用函数的导数项，例如

$$\overset{(n)}{y} + a_1 \overset{(n-1)}{y} + \cdots + a_{n-1}\dot{y} + a_n y = b_0 \overset{(n)}{u} + b_1 \overset{(n-1)}{u} + \cdots + b_{n-1}\dot{u} + b_n u \tag{2.33}$$

对于这种情况，定义状态变量的主要问题在于存在输入量 u 的导数项。状态变量的设置，必须能够消除状态方程中 u 的导数项。

对于这种情况，求状态方程和输出方程的一种方法是定义下列 n 个变量作为包含 n 个状态变量的集合：

$$\begin{aligned}
x_1 &= y - \beta_0 u \\
x_2 &= \dot{y} - \beta_0 \dot{u} - \beta_1 u = \dot{x}_1 - \beta_1 u \\
x_3 &= \ddot{y} - \beta_0 \ddot{u} - \beta_1 \dot{u} - \beta_2 u = \dot{x}_2 - \beta_2 u \\
&\ \vdots \\
x_n &= \overset{(n-1)}{y} - \beta_0 \overset{(n-1)}{u} - \beta_1 \overset{(n-2)}{u} - \cdots - \beta_{n-2}\dot{u} - \beta_{n-1} u = \dot{x}_{n-1} - \beta_{n-1} u
\end{aligned} \tag{2.34}$$

式中，$\beta_0, \beta_1, \beta_2, \cdots, \beta_{n-1}$ 由下式确定：

$$\begin{aligned}
\beta_0 &= b_0 \\
\beta_1 &= b_1 - a_1 \beta_0 \\
\beta_2 &= b_2 - a_1 \beta_1 - a_2 \beta_0 \\
\beta_3 &= b_3 - a_1 \beta_2 - a_2 \beta_1 - a_3 \beta_0 \\
&\ \vdots \\
\beta_{n-1} &= b_{n-1} - a_1 \beta_{n-2} - \cdots - a_{n-2}\beta_1 - a_{n-1}\beta_0
\end{aligned} \tag{2.35}$$

利用这种状态变量选择方法能够保证状态方程解的存在性和唯一性(这不是状态变量集的唯一选择)。采用目前这种状态变量选择方法，可以得到

$$\dot{x}_1 = x_2 + \beta_1 u$$
$$\dot{x}_2 = x_3 + \beta_2 u$$
$$\vdots \qquad\qquad (2.36)$$
$$\dot{x}_{n-1} = x_n + \beta_{n-1} u$$
$$\dot{x}_n = -a_n x_1 - a_{n-1} x_2 - \cdots - a_1 x_n + \beta_n u$$

式中 β_n 由下式给出：

$$\beta_n = b_n - a_1 \beta_{n-1} - \cdots - a_{n-1}\beta_1 - a_n \beta_0$$

方程(2.36)的推导可以参看例 A.2.6。若表示成向量矩阵方程，则方程(2.36)和输出方程可以写成

$$
\begin{bmatrix} \dot{x}_1 \\ \dot{x}_2 \\ \vdots \\ \dot{x}_{n-1} \\ \dot{x}_n \end{bmatrix}
=
\begin{bmatrix}
0 & 1 & 0 & \cdots & 0 \\
0 & 0 & 1 & \cdots & 0 \\
\vdots & \vdots & \vdots & & \vdots \\
0 & 0 & 0 & \cdots & 1 \\
-a_n & -a_{n-1} & -a_{n-2} & \cdots & -a_1
\end{bmatrix}
\begin{bmatrix} x_1 \\ x_2 \\ \vdots \\ x_{n-1} \\ x_n \end{bmatrix}
+
\begin{bmatrix} \beta_1 \\ \beta_2 \\ \vdots \\ \beta_{n-1} \\ \beta_n \end{bmatrix} u
$$

$$
y = \begin{bmatrix} 1 & 0 & \cdots & 0 \end{bmatrix}
\begin{bmatrix} x_1 \\ x_2 \\ \vdots \\ x_n \end{bmatrix} + \beta_0 u
$$

即

$$\dot{\mathbf{x}} = \mathbf{A}\mathbf{x} + \mathbf{B}u \qquad\qquad (2.37)$$
$$y = \mathbf{C}\mathbf{x} + Du \qquad\qquad (2.38)$$

式中，

$$
\mathbf{x} = \begin{bmatrix} x_1 \\ x_2 \\ \vdots \\ x_{n-1} \\ x_n \end{bmatrix}, \quad
\mathbf{A} = \begin{bmatrix}
0 & 1 & 0 & \cdots & 0 \\
0 & 0 & 1 & \cdots & 0 \\
\vdots & \vdots & \vdots & & \vdots \\
0 & 0 & 0 & \cdots & 1 \\
-a_n & -a_{n-1} & -a_{n-2} & \cdots & -a_1
\end{bmatrix}
$$

$$
\mathbf{B} = \begin{bmatrix} \beta_1 \\ \beta_2 \\ \vdots \\ \beta_{n-1} \\ \beta_n \end{bmatrix}, \quad
\mathbf{C} = \begin{bmatrix} 1 & 0 & \cdots & 0 \end{bmatrix}, \quad D = \beta_0 = b_0
$$

在这种状态空间表达式中，矩阵 $\mathbf{A}$ 和 $\mathbf{C}$ 与方程(2.30)所代表系统的相应矩阵完全相同。方程(2.33)右端的导数项只影响 $\mathbf{B}$ 矩阵的元素。

对于传递函数

$$\frac{Y(s)}{U(s)} = \frac{b_0 s^n + b_1 s^{n-1} + \cdots + b_{n-1} s + b_n}{s^n + a_1 s^{n-1} + \cdots + a_{n-1} s + a_n}$$

其状态空间表达式也可以用方程(2.37)和方程(2.38)来表示。

　　求系统状态空间表达式的方法有许多种。系统的标准状态空间表达式(诸如可控标准形、可观测标准形、对角标准形和若尔当标准形)求解方法,将在第 9 章中进行介绍。

　　由传递函数表达式求状态空间表达式,或者相反,均可以用 MATLAB 来实现。这一课题将在 2.6 节中进行介绍。

2.6　用 MATLAB 进行数学模型变换

　　在将系统模型从传递函数变换到状态空间表达式,或者是相反的过程中,MATLAB 是相当有用的。我们首先来讨论从传递函数向状态空间表达式的变换。

　　将闭环传递函数写成下列形式:

$$\frac{Y(s)}{U(s)} = \frac{\text{以} s \text{为变量的分子多项式}}{\text{以} s \text{为变量的分母多项式}} = \frac{\text{num}}{\text{den}}$$

如果得到上述传递函数,那么下列 MATLAB 命令:

$$[A,B,C,D] = \text{tf2ss(num,den)}$$

将会给出状态空间表达式。应当强调指出,对于任何系统,状态空间表达式都不是唯一的。同一系统可以有许多(无穷多)状态空间表达式。MATLAB 命令给出的只是这些可能的状态空间表达式中的一种。

2.6.1　由传递函数变换为状态空间表达式

　　考虑下列传递函数系统:

$$\frac{Y(s)}{U(s)} = \frac{s}{(s + 10)(s^2 + 4s + 16)}$$

$$= \frac{s}{s^3 + 14s^2 + 56s + 160}$$

(2.39)

该系统有许多(无穷多)可能的状态空间表达式,其中一种可能的状态空间表达式为

$$\begin{bmatrix} \dot{x}_1 \\ \dot{x}_2 \\ \dot{x}_3 \end{bmatrix} = \begin{bmatrix} 0 & 1 & 0 \\ 0 & 0 & 1 \\ -160 & -56 & -14 \end{bmatrix} \begin{bmatrix} x_1 \\ x_2 \\ x_3 \end{bmatrix} + \begin{bmatrix} 0 \\ 1 \\ -14 \end{bmatrix} u$$

$$y = \begin{bmatrix} 1 & 0 & 0 \end{bmatrix} \begin{bmatrix} x_1 \\ x_2 \\ x_3 \end{bmatrix} + [0]u$$

另外一种可能的状态空间表达式(无穷多可供选择的方案中的一种)是

$$\begin{bmatrix} \dot{x}_1 \\ \dot{x}_2 \\ \dot{x}_3 \end{bmatrix} = \begin{bmatrix} -14 & -56 & -160 \\ 1 & 0 & 0 \\ 0 & 1 & 0 \end{bmatrix} \begin{bmatrix} x_1 \\ x_2 \\ x_3 \end{bmatrix} + \begin{bmatrix} 1 \\ 0 \\ 0 \end{bmatrix} u$$

(2.40)

$$y = \begin{bmatrix} 0 & 1 & 0 \end{bmatrix} \begin{bmatrix} x_1 \\ x_2 \\ x_3 \end{bmatrix} + [0]u$$

(2.41)

MATLAB 将方程(2.39)表示的传递函数,变换为由方程(2.40)和方程(2.41)表示的状态空间表达式。对于这里所列举的系统,MATLAB 程序 2.2 将产生出矩阵 **A**,**B**,**C** 和 *D*。

```
MATLAB程序2.2

num = [1    0];
den = [1   14   56   160];
[A,B,C,D] = tf2ss(num,den)

A =

  -14   -56  -160
    1     0     0
    0     1     0

B =

    1
    0
    0

C =

    0     1     0

D =

    0
```

2.6.2 由状态空间表达式变换为传递函数

为了将状态空间表达式变换为传递函数,采用下列命令:

$$[num,den] = ss2tf(A,B,C,D,iu)$$

对于多于一个输入量的系统,必须在 iu 中具体表明。例如,如果系统具有三个输入量($u1$,$u2$,$u3$),则 iu 必须表明是 1,2 或 3,其中 1 代表 $u1$,2 代表 $u2$,3 代表 $u3$。

如果系统只有一个输入量,则既可以采用命令

$$[num,den] = ss2tf(A,B,C,D)$$

也可以采用命令

$$[num,den] = ss2tf(A,B,C,D,1)$$

对于具有多输入和多输出的系统,可以参考例题 A.2.12。

例 2.4 求由下列状态空间方程描述的系统的传递函数。

$$\begin{bmatrix} \dot{x}_1 \\ \dot{x}_2 \\ \dot{x}_3 \end{bmatrix} = \begin{bmatrix} 0 & 1 & 0 \\ 0 & 0 & 1 \\ -5 & -25 & -5 \end{bmatrix} \begin{bmatrix} x_1 \\ x_2 \\ x_3 \end{bmatrix} + \begin{bmatrix} 0 \\ 25 \\ -120 \end{bmatrix} u$$

$$y = \begin{bmatrix} 1 & 0 & 0 \end{bmatrix} \begin{bmatrix} x_1 \\ x_2 \\ x_3 \end{bmatrix}$$

MATLAB 程序 2.3 将给出上述系统的传递函数。这个传递函数由下式表示:

$$\frac{Y(s)}{U(s)} = \frac{25s + 5}{s^3 + 5s^2 + 25s + 5}$$

```
MATLAB程序2.3
A = [0  1  0；  0  0  1；  -5  -25  -5];
B = [0；25；-120];
C = [1    0    0];
D = [0];
[num,den] = ss2tf(A,B,C,D)

num =

  0  0.0000  25.0000  5.0000

den

  1.0000  5.0000  25.0000  5.0000

% ***** The same result can be obtained by entering the following command: *****

[num,den] = ss2tf(A,B,C,D,1)

num =

  0  0.0000  25.0000  5.0000

den =

  1.0000  5.0000  25.0000  5.0000
```

2.7　非线性数学模型的线性化

2.7.1　非线性系统

一个系统如果不能应用叠加原理，则该系统是非线性的。因此，非线性系统对两个输入量的响应不能单独进行计算再将计算结果相加。

虽然许多物理关系常以线性方程表示，但是在大多数情况下，实际的关系并不是完全线性的。事实上，对物理系统进行仔细研究后会发现，即使对所谓的线性系统来说，也只是在有限的工作范围内保持真正的线性关系。实际上，许多机电系统、液压系统和气动系统等，在变量之间都包含着非线性关系。例如，在大输入信号作用下，元件的输出可能达到饱和。此外，元件中还可能存在死区，影响小信号的正常工作（元件的死区是输入量的一个微小的变化范围，在这个范围内，元件对输入信号是不敏感的）。在某些元件中，可能会产生平方律非线性关系。例如，在物理系统中采用的阻尼器，低速工作时可能是线性的，但是在高速工作时，则可能变成非线性的。这时，阻尼力可能与运行速度的平方成正比。

2.7.2　非线性系统的线性化

在控制工程中，系统的正常工作可能围绕着平衡点进行，而信号则可以看成围绕着平衡点变化的小信号（应当指出，有许多与此不同的例外情况）。然而，如果系统的运行是围绕平衡点进行的，并且系统中的信号是小信号，那么就可以用线性系统去近似非线性系统。这种线性系统在有限的工作范围内等效于所讨论的非线性系统。在控制工程中，这种线性化模型（线性定常模型）是很重要的。

下面介绍的线性过程，是建立在将非线性函数围绕工作点展开成泰勒级数，并保留其线性项的基础上的。因为忽略了泰勒级数展开中的高阶项，所以这些被忽略的项必须很小，即变量只能对工作状态有微小的偏离（否则，结果将是不精确的）。

2.7.3　非线性数学模型的线性近似

为了得到非线性系统的线性数学模型，假设变量相对于某一工作状态的偏离很小。现在考虑一个系统，其输入量为 $x(t)$，输出量为 $y(t)$。$y(t)$ 与 $x(t)$ 之间的关系为

$$y = f(x) \tag{2.42}$$

如果系统的额定工作状态相应于 $\bar{x}$ 和 $\bar{y}$，则方程(2.42)可以在该点附近展开成泰勒级数如下：

$$\begin{aligned} y &= f(x) \\ &= f(\bar{x}) + \frac{\mathrm{d}f}{\mathrm{d}x}(x - \bar{x}) + \frac{1}{2!}\frac{\mathrm{d}^2f}{\mathrm{d}x^2}(x - \bar{x})^2 + \cdots \end{aligned} \tag{2.43}$$

式中的导数 $\mathrm{d}f/\mathrm{d}x$，$\mathrm{d}^2f/\mathrm{d}x^2$，$\cdots$ 均在 $x = \bar{x}$ 点上计算。如果变量的变化 $x - \bar{x}$ 很小，则可以忽略 $x - \bar{x}$ 的高阶项。于是，方程(2.43)可以写成

$$y = \bar{y} + K(x - \bar{x}) \tag{2.44}$$

式中，
$$\bar{y} = f(\bar{x})$$

$$K = \frac{\mathrm{d}f}{\mathrm{d}x}\bigg|_{x=\bar{x}}$$

方程(2.44)可以改写成

$$y - \bar{y} = K(x - \bar{x}) \tag{2.45}$$

上式表明，$y - \bar{y}$ 与 $x - \bar{x}$ 成正比。方程(2.45)就是由方程(2.42)定义的非线性系统在工作点 $x = \bar{x}$，$y = \bar{y}$ 附近的线性数学模型。

下面研究另外一种非线性系统的线性近似关系，它的输出量 y 是两个输入量 x_1 和 x_2 的函数，因此

$$y = f(x_1, x_2) \tag{2.46}$$

为了得到这一非线性系统的线性近似关系，可以将方程(2.46)在额定工作点 $\bar{x}_1$ 和 $\bar{x}_2$ 附近展开成泰勒级数。于是，方程(2.46)变成

$$y = f(\bar{x}_1, \bar{x}_2) + \left[\frac{\partial f}{\partial x_1}(x_1 - \bar{x}_1) + \frac{\partial f}{\partial x_2}(x_2 - \bar{x}_2)\right] +$$

$$\frac{1}{2!}\left[\frac{\partial^2 f}{\partial x_1^2}(x_1 - \bar{x}_1)^2 + 2\frac{\partial^2 f}{\partial x_1 \partial x_2}(x_1 - \bar{x}_1)(x_2 - \bar{x}_2) + \right.$$

$$\left.\frac{\partial^2 f}{\partial x_2^2}(x_2 - \bar{x}_2)^2\right] + \cdots$$

式中的偏导数均在 $x_1 = \bar{x}_1$，$x_2 = \bar{x}_2$ 上计算。在额定工作点附近，高阶项可以忽略不计。于是，在额定工作状态附近，这个非线性系统的线性数学模型可以写成

$$y - \bar{y} = K_1(x_1 - \bar{x}_1) + K_2(x_2 - \bar{x}_2)$$

式中

$$\bar{y} = f(\bar{x}_1, \bar{x}_2)$$

$$K_1 = \frac{\partial f}{\partial x_1}\bigg|_{x_1 = \bar{x}_1, \, x_2 = \bar{x}_2}$$

$$K_2 = \frac{\partial f}{\partial x_2}\bigg|_{x_1 = \bar{x}_1, \, x_2 = \bar{x}_2}$$

这里介绍的线性化方法只有在工作状态附近才是正确的。当工作状态的变化范围很大时，线性化方程就不合适了，这时必须使用非线性方程。应当特别注意，在分析和设计中采用的具体数学模型，只是在一定的工作条件下才能精确地表示实际系统的动态特性，在其他工作条件下它可能是不精确的。

例 2.5　试在 $5 \leqslant x \leqslant 7$ 和 $10 \leqslant y \leqslant 12$ 的范围内，对下述非线性方程进行线性化：

$$z = xy$$

当 $x = 5$，$y = 10$ 时，如果利用线性化方程计算 z 的值，试求其误差。

因为给定的考虑范围是 $5 \leqslant x \leqslant 7$ 和 $10 \leqslant y \leqslant 12$，所以选择 $\bar{x} = 6$，$\bar{y} = 11$。于是 $\bar{z} = \bar{x}\bar{y} = 66$。现在我们在点 $\bar{x} = 6$，$\bar{y} = 11$ 附近，求非线性方程的线性化方程。

将非线性方程在点 $x = \bar{x}$，$y = \bar{y}$ 附近展开成泰勒级数，并且忽略高阶项，可以得到

$$z - \bar{z} = a(x - \bar{x}) + b(y - \bar{y})$$

式中，

$$a = \frac{\partial(xy)}{\partial x}\bigg|_{x = \bar{x}, \, y = \bar{y}} = \bar{y} = 11$$

$$b = \frac{\partial(xy)}{\partial y}\bigg|_{x = \bar{x}, \, y = \bar{y}} = \bar{x} = 6$$

因此，线性化方程为

$$z - 66 = 11(x - 6) + 6(y - 11)$$

即

$$z = 11x + 6y - 66$$

当 $x = 5$，$y = 10$ 时，用线性化方程求出的 z 值为

$$z = 11x + 6y - 66 = 55 + 60 - 66 = 49$$

z 的正确值为 $z = xy = 50$。因此误差为 $50 - 49 = 1$。用百分比形式表示，则误差为 2%。

例题和解答

A.2.1　试简化图 2.17 所示的方框图。

解：首先将包含 H_1 的环路上的分支点移动到包含 H_2 的环路外面，如图 2.18(a) 所示。然后消去两个环路，得到图 2.18(b)。将两个方框结合成一个方框，得到图 2.18(c)。

A.2.2　试简化图 2.19 所示的方框图。求 $C(s)$ 与 $R(s)$ 之间的传递函数。

解：图 2.19 中的方框图可以变换成图 2.20(a) 所示的方框图。消去较小的前馈通路，得到图 2.20(b)，后者又可以简化为图 2.20(c) 所示的方框图。因此，传递函数 $C(s)/R(s)$ 为

$$\frac{C(s)}{R(s)} = G_1 G_2 + G_2 + 1$$

通过下列处理，也可以获得同样的结果：因为信号 $X(s)$ 是两个信号 $G_1 R(s)$ 和 $R(s)$ 之和，所以

$$X(s) = G_1 R(s) + R(s)$$

输出信号 $C(s)$ 是 $G_2X(s)$ 与 $R(s)$ 之和，因此

$$C(s) = G_2X(s) + R(s) = G_2[G_1R(s) + R(s)] + R(s)$$

于是得到与前面相同的结果：

$$\frac{C(s)}{R(s)} = G_1G_2 + G_2 + 1$$

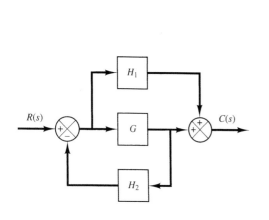

图 2.17　系统的方框图

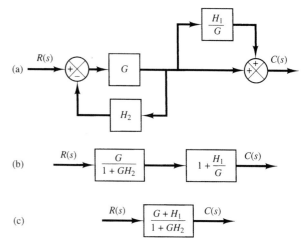

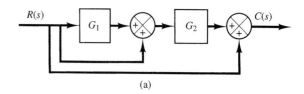

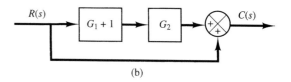

图 2.18　图 2.17 所示系统的简化方框图

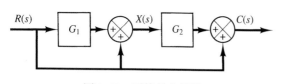

图 2.19　系统的方框图

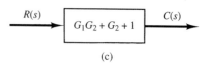

图 2.20　图 2.19 所示方框图的简化

A.2.3　试简化图 2.21 所示的方框图，然后求闭环传递函数 $C(s)/R(s)$。

解：首先将 G_3 和 G_4 之间的分支点移动到包含 G_3、G_4 和 H_2 的回路的右边。然后将 G_1 和 G_2 之间的相加点移动到第一个相加点的左边。见图 2.22(a)。通过简化每一个回路，可以使方框图变换成图 2.22(b)所示的形式。进一步简化方框图，得到图 2.22(c)所示的方框图，由此即可得到闭环传递函数 $C(s)/R(s)$ 为

$$\frac{C(s)}{R(s)} = \frac{G_1G_2G_3G_4}{1 + G_1G_2H_1 + G_3G_4H_2 - G_2G_3H_3 + G_1G_2G_3G_4H_1H_2}$$

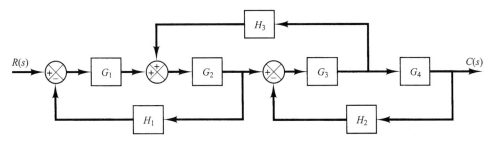

图 2.21　系统的方框图

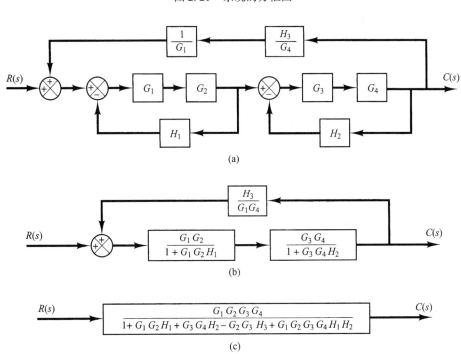

图 2.22　图 2.21 所示方框图的连续简化过程

A.2.4　试求图 2.23 所示系统的传递函数 $C(s)/R(s)$ 和 $C(s)/D(s)$。

　　解：由图 2.23 得到

$$U(s) = G_f R(s) + G_c E(s) \tag{2.47}$$

$$C(s) = G_p \big[D(s) + G_1 U(s) \big] \tag{2.48}$$

$$E(s) = R(s) - HC(s) \tag{2.49}$$

将方程(2.47)代入方程(2.48)，得到

$$C(s) = G_p D(s) + G_1 G_p \big[G_f R(s) + G_c E(s) \big] \tag{2.50}$$

将方程(2.49)代入方程(2.50)，得到

$$C(s) = G_p D(s) + G_1 G_p \{ G_f R(s) + G_c [R(s) - HC(s)] \}$$

求解上述方程中的 $C(s)$，得到

$$C(s) + G_1 G_p G_c HC(s) = G_p D(s) + G_1 G_p \big(G_f + G_c \big) R(s)$$

因此

$$C(s) = \frac{G_pD(s) + G_1G_p(G_f + G_c)R(s)}{1 + G_1G_pG_cH} \tag{2.51}$$

应当指出，方程(2.51)给出的响应 $C(s)$ 是在参考输入 $R(s)$ 和扰动输入 $D(s)$ 同时作用下产生的。

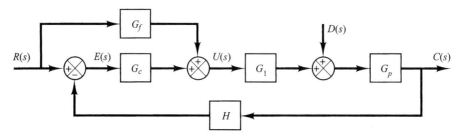

图 2.23   带参考输入和扰动输入的控制系统

为了求出传递函数 $C(s)/R(s)$，令方程(2.51)中的 $D(s) = 0$，于是得到

$$\frac{C(s)}{R(s)} = \frac{G_1G_p(G_f + G_c)}{1 + G_1G_pG_cH}$$

类似地，为了求传递函数 $C(s)/D(s)$，令方程(2.51)中的 $R(s) = 0$，于是求得 $C(s)/D(s)$ 为

$$\frac{C(s)}{D(s)} = \frac{G_p}{1 + G_1G_pG_cH}$$

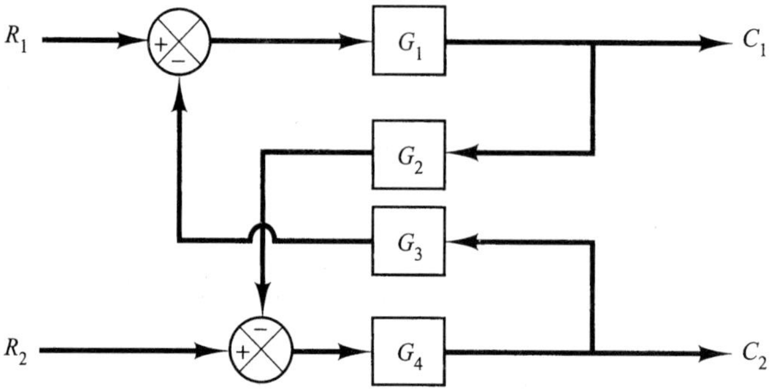

图 2.24   具有两个输入量和两个输出量的系统

A.2.5   图 2.24 所示的系统具有两个输入量和两个输出量。试推导出 $C_1(s)/R_1(s)$，$C_1(s)/R_2(s)$，$C_2(s)/R_1(s)$ 和 $C_2(s)/R_2(s)$ (在推导 $R_1(s)$ 作用下的输出时，可以假设 $R_2(s)$ 为零，反之亦然)。

    解: 由图 2.24 得到

$$C_1 = G_1(R_1 - G_3C_2) \tag{2.52}$$

$$C_2 = G_4(R_2 - G_2C_1) \tag{2.53}$$

将方程(2.53)代入方程(2.52)，得到

$$C_1 = G_1[R_1 - G_3G_4(R_2 - G_2C_1)] \tag{2.54}$$

将方程(2.52)代入方程(2.53)，得到

$$C_2 = G_4[R_2 - G_2G_1(R_1 - G_3C_2)] \tag{2.55}$$

从方程(2.54)中解出 C_1，得到

$$C_1 = \frac{G_1R_1 - G_1G_3G_4R_2}{1 - G_1G_2G_3G_4} \tag{2.56}$$

从方程(2.55)中解出 C_2,得到

$$C_2 = \frac{-G_1 G_2 G_4 R_1 + G_4 R_2}{1 - G_1 G_2 G_3 G_4} \qquad (2.57)$$

方程(2.56)和方程(2.57)可以组合成下列传递矩阵形式:

$$\begin{bmatrix} C_1 \\ C_2 \end{bmatrix} = \begin{bmatrix} \dfrac{G_1}{1 - G_1 G_2 G_3 G_4} & -\dfrac{G_1 G_3 G_4}{1 - G_1 G_2 G_3 G_4} \\ -\dfrac{G_1 G_2 G_4}{1 - G_1 G_2 G_3 G_4} & \dfrac{G_4}{1 - G_1 G_2 G_3 G_4} \end{bmatrix} \begin{bmatrix} R_1 \\ R_2 \end{bmatrix}$$

于是可以求得下列传递函数 $C_1(s)/R_1(s)$、$C_1(s)/R_2(s)$、$C_2(s)/R_1(s)$ 和 $C_2(s)/R_2(s)$:

$$\frac{C_1(s)}{R_1(s)} = \frac{G_1}{1 - G_1 G_2 G_3 G_4}, \qquad \frac{C_1(s)}{R_2(s)} = -\frac{G_1 G_3 G_4}{1 - G_1 G_2 G_3 G_4}$$

$$\frac{C_2(s)}{R_1(s)} = -\frac{G_1 G_2 G_4}{1 - G_1 G_2 G_3 G_4}, \qquad \frac{C_2(s)}{R_2(s)} = \frac{G_4}{1 - G_1 G_2 G_3 G_4}$$

应当指出,当输入量 R_1 和 R_2 同时作用于系统时,响应 C_1 和 C_2 分别由方程(2.56)和方程(2.57)给出。

注意,当 $R_2(s) = 0$ 时,原来的方框图可以简化为图 2.25(a)和图 2.25(b)所示的方框图。类似地,当 $R_1(s) = 0$ 时,原来的方框图可以简化为图 2.25(c)和图 2.25(d)所示的方框图。根据这些简化方框图,还可以得到 $C_1(s)/R_1(s)$、$C_1(s)/R_2(s)$、$C_2(s)/R_1(s)$ 和 $C_2(s)/R_2(s)$,如同每一个相应的简化方框图右边所表示的那样。

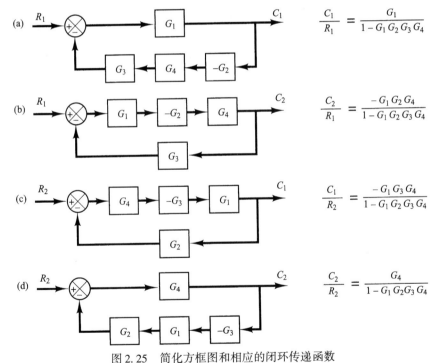

图 2.25 简化方框图和相应的闭环传递函数

A.2.6 对于下列微分方程系统:

$$\dddot{y} + a_1 \ddot{y} + a_2 \dot{y} + a_3 y = b_0 \dddot{u} + b_1 \ddot{u} + b_2 \dot{u} + b_3 u \qquad (2.58)$$

试证明其状态方程和输出方程可以分别表示为

$$\begin{bmatrix} \dot{x}_1 \\ \dot{x}_2 \\ \dot{x}_3 \end{bmatrix} = \begin{bmatrix} 0 & 1 & 0 \\ 0 & 0 & 1 \\ -a_3 & -a_2 & -a_1 \end{bmatrix} \begin{bmatrix} x_1 \\ x_2 \\ x_3 \end{bmatrix} + \begin{bmatrix} \beta_1 \\ \beta_2 \\ \beta_3 \end{bmatrix} u \qquad (2.59)$$

和
$$y = \begin{bmatrix} 1 & 0 & 0 \end{bmatrix} \begin{bmatrix} x_1 \\ x_2 \\ x_3 \end{bmatrix} + \beta_0 u \tag{2.60}$$

式中状态变量由下式定义:
$$x_1 = y - \beta_0 u$$
$$x_2 = \dot{y} - \beta_0 \dot{u} - \beta_1 u = \dot{x}_1 - \beta_1 u$$
$$x_3 = \ddot{y} - \beta_0 \ddot{u} - \beta_1 \dot{u} - \beta_2 u = \dot{x}_2 - \beta_2 u$$

并且
$$\beta_0 = b_0$$
$$\beta_1 = b_1 - a_1 \beta_0$$
$$\beta_2 = b_2 - a_1 \beta_1 - a_2 \beta_0$$
$$\beta_3 = b_3 - a_1 \beta_2 - a_2 \beta_1 - a_3 \beta_0$$

解: 由状态变量 x_2 和 x_3 的定义可以得到
$$\dot{x}_1 = x_2 + \beta_1 u \tag{2.61}$$
$$\dot{x}_2 = x_3 + \beta_2 u \tag{2.62}$$

为了推导出关于 $\dot{x}_3$ 的方程,首先注意到由方程(2.58)可以得到
$$\dddot{y} = -a_1 \ddot{y} - a_2 \dot{y} - a_3 y + b_0 \dddot{u} + b_1 \ddot{u} + b_2 \dot{u} + b_3 u$$

因为
$$x_3 = \ddot{y} - \beta_0 \ddot{u} - \beta_1 \dot{u} - \beta_2 u$$

所以有
$$\dot{x}_3 = \dddot{y} - \beta_0 \dddot{u} - \beta_1 \ddot{u} - \beta_2 \dot{u}$$
$$= (-a_1 \ddot{y} - a_2 \dot{y} - a_3 y) + b_0 \dddot{u} + b_1 \ddot{u} + b_2 \dot{u} + b_3 u - \beta_0 \dddot{u} - \beta_1 \ddot{u} - \beta_2 \dot{u}$$
$$= -a_1(\ddot{y} - \beta_0 \ddot{u} - \beta_1 \dot{u} - \beta_2 u) - a_1 \beta_0 \ddot{u} - a_1 \beta_1 \dot{u} - a_1 \beta_2 u -$$
$$\quad a_2(\dot{y} - \beta_0 \dot{u} - \beta_1 u) - a_2 \beta_0 \dot{u} - a_2 \beta_1 u - a_3(y - \beta_0 u) - a_3 \beta_0 u +$$
$$\quad b_0 \dddot{u} + b_1 \ddot{u} + b_2 \dot{u} + b_3 u - \beta_0 \dddot{u} - \beta_1 \ddot{u} - \beta_2 \dot{u}$$
$$= -a_1 x_3 - a_2 x_2 - a_3 x_1 + (b_0 - \beta_0) \dddot{u} + (b_1 - \beta_1 - a_1 \beta_0) \ddot{u} +$$
$$\quad (b_2 - \beta_2 - a_1 \beta_1 - a_2 \beta_0) \dot{u} + (b_3 - a_1 \beta_2 - a_2 \beta_1 - a_3 \beta_0) u$$
$$= -a_1 x_3 - a_2 x_2 - a_3 x_1 + (b_3 - a_1 \beta_2 - a_2 \beta_1 - a_3 \beta_0) u$$
$$= -a_1 x_3 - a_2 x_2 - a_3 x_1 + \beta_3 u$$

因此得到
$$\dot{x}_3 = -a_3 x_1 - a_2 x_2 - a_1 x_3 + \beta_3 u \tag{2.63}$$

将方程(2.61)至方程(2.63)组合成向量矩阵方程,可以得到方程(2.59)。另外,根据状态变量 x_1 的定义,可以得到由方程(2.60)给出的输出方程。

A.2.7 试求由下式描述的系统的状态方程和输出方程:
$$\frac{Y(s)}{U(s)} = \frac{2s^3 + s^2 + s + 2}{s^3 + 4s^2 + 5s + 2}$$

解: 由给定的传递函数,可以得到系统的微分方程为
$$\dddot{y} + 4\ddot{y} + 5\dot{y} + 2y = 2\dddot{u} + \ddot{u} + \dot{u} + 2u$$

将这个方程与方程(2.33)给出的标准方程进行比较,则上式可以改写成
$$\dddot{y} + a_1 \ddot{y} + a_2 \dot{y} + a_3 y = b_0 \dddot{u} + b_1 \ddot{u} + b_2 \dot{u} + b_3 u$$

于是可以得到
$$a_1 = 4, \quad a_2 = 5, \quad a_3 = 2$$
$$b_0 = 2, \quad b_1 = 1, \quad b_2 = 1, \quad b_3 = 2$$

参考方程(2.35)，得到

$$\beta_0 = b_0 = 2$$

$$\beta_1 = b_1 - a_1\beta_0 = 1 - 4 \times 2 = -7$$

$$\beta_2 = b_2 - a_1\beta_1 - a_2\beta_0 = 1 - 4 \times (-7) - 5 \times 2 = 19$$

$$\beta_3 = b_3 - a_1\beta_2 - a_2\beta_1 - a_3\beta_0$$

$$= 2 - 4 \times 19 - 5 \times (-7) - 2 \times 2 = -43$$

参考方程(2.34)，定义

$$x_1 = y - \beta_0 u = y - 2u$$

$$x_2 = \dot{x}_1 - \beta_1 u = \dot{x}_1 + 7u$$

$$x_3 = \dot{x}_2 - \beta_2 u = \dot{x}_2 - 19u$$

然后参考方程(2.36)，有

$$\dot{x}_1 = x_2 - 7u$$

$$\dot{x}_2 = x_3 + 19u$$

$$\dot{x}_3 = -a_3 x_1 - a_2 x_2 - a_1 x_3 + \beta_3 u$$

$$= -2x_1 - 5x_2 - 4x_3 - 43u$$

因此，系统的状态空间表达式为

$$\begin{bmatrix} \dot{x}_1 \\ \dot{x}_2 \\ \dot{x}_3 \end{bmatrix} = \begin{bmatrix} 0 & 1 & 0 \\ 0 & 0 & 1 \\ -2 & -5 & -4 \end{bmatrix} \begin{bmatrix} x_1 \\ x_2 \\ x_3 \end{bmatrix} + \begin{bmatrix} -7 \\ 19 \\ -43 \end{bmatrix} u$$

$$y = \begin{bmatrix} 1 & 0 & 0 \end{bmatrix} \begin{bmatrix} x_1 \\ x_2 \\ x_3 \end{bmatrix} + 2u$$

这是系统的一种可能的状态空间表达式，实际上存在许多(无穷多)其他形式的状态空间表达式。如果应用 MATLAB，则可以产生下列状态空间表达式：

$$\begin{bmatrix} \dot{x}_1 \\ \dot{x}_2 \\ \dot{x}_3 \end{bmatrix} = \begin{bmatrix} -4 & -5 & -2 \\ 1 & 0 & 0 \\ 0 & 1 & 0 \end{bmatrix} \begin{bmatrix} x_1 \\ x_2 \\ x_3 \end{bmatrix} + \begin{bmatrix} 1 \\ 0 \\ 0 \end{bmatrix} u$$

$$y = \begin{bmatrix} -7 & -9 & -2 \end{bmatrix} \begin{bmatrix} x_1 \\ x_2 \\ x_3 \end{bmatrix} + 2u$$

见 MATLAB 程序 2.4(应当指出，对于同一系统来说，其所有的状态空间表达式都是等效的)。

```
MATLAB程序2.4

num = [2  1  1  2];
den = [1  4  5  2];
[A,B,C,D] = tf2ss(num,den)
A =
    -4   -5   -2
     1    0    0
     0    1    0
B =
     1
     0
     0
C =
    -7   -9   -2
D =
     2
```

A.2.8 试求图 2.26 所示系统的状态空间模型。

解:该系统包含一个积分器和两个延时积分器。每个积分器或延时积分器的输出量都可以作为一个状态变量。定义控制对象的输出量 x_1,控制器的输出量为 x_2,传感器的输出量为 x_3。因此

$$\frac{X_1(s)}{X_2(s)} = \frac{10}{s+5}$$

$$\frac{X_2(s)}{U(s) - X_3(s)} = \frac{1}{s}$$

$$\frac{X_3(s)}{X_1(s)} = \frac{1}{s+1}$$

$$Y(s) = X_1(s)$$

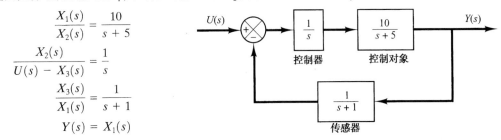

图 2.26　控制系统

上述各式可以改写为

$$sX_1(s) = -5X_1(s) + 10X_2(s)$$

$$sX_2(s) = -X_3(s) + U(s)$$

$$sX_3(s) = X_1(s) - X_3(s)$$

$$Y(s) = X_1(s)$$

对以上四个方程进行拉普拉斯反变换,得到

$$\dot{x}_1 = -5x_1 + 10x_2$$

$$\dot{x}_2 = -x_3 + u$$

$$\dot{x}_3 = x_1 - x_3$$

$$y = x_1$$

因此,系统的状态空间模型可以表示成下列标准形式:

$$\begin{bmatrix} \dot{x}_1 \\ \dot{x}_2 \\ \dot{x}_3 \end{bmatrix} = \begin{bmatrix} -5 & 10 & 0 \\ 0 & 0 & -1 \\ 1 & 0 & -1 \end{bmatrix} \begin{bmatrix} x_1 \\ x_2 \\ x_3 \end{bmatrix} + \begin{bmatrix} 0 \\ 1 \\ 0 \end{bmatrix} u$$

$$y = \begin{bmatrix} 1 & 0 & 0 \end{bmatrix} \begin{bmatrix} x_1 \\ x_2 \\ x_3 \end{bmatrix}$$

应当强调指出,这不是系统唯一的状态空间表达式,系统还可能有许多其他的状态空间表达式。但是对于同一个系统,任何一种状态空间表达式的状态变量数目总是相同的。在上面给出的系统中,不管选择何种变量作为状态变量,其状态变量的数目总等于 3。

A.2.9 试求图 2.27(a)所示系统的状态空间模型。

解:首先,我们注意到 $(as+b)/s^2$ 中包含了一个导数项。如果改变 $(as+b)/s^2$,使其变成

$$\frac{as+b}{s^2} = \left(a + \frac{b}{s} \right) \frac{1}{s}$$

则可以消除上述导数项。利用这种变形,图 2.27(a)中的方框图可以变换成图 2.27(b)所示的方框图。

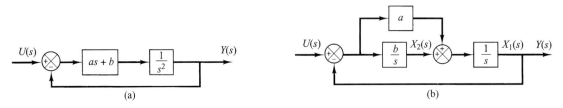

图 2.27　(a) 控制系统;(b) 变更后的方框图

定义积分器的输出量为状态变量, 如图 2.27(b)所示。于是, 由图 2.27(b)可以得到

$$\frac{X_1(s)}{X_2(s) + a[U(s) - X_1(s)]} = \frac{1}{s}$$

$$\frac{X_2(s)}{U(s) - X_1(s)} = \frac{b}{s}$$

$$Y(s) = X_1(s)$$

上述各式可以改写成

$$sX_1(s) = X_2(s) + a[U(s) - X_1(s)]$$

$$sX_2(s) = -bX_1(s) + bU(s)$$

$$Y(s) = X_1(s)$$

对上面三个方程进行拉普拉斯反变换, 得到

$$\dot{x}_1 = -ax_1 + x_2 + au$$

$$\dot{x}_2 = -bx_1 + bu$$

$$y = x_1$$

将状态方程和输出方程改写成标准的向量矩阵形式, 得到

$$\begin{bmatrix} \dot{x}_1 \\ \dot{x}_2 \end{bmatrix} = \begin{bmatrix} -a & 1 \\ -b & 0 \end{bmatrix} \begin{bmatrix} x_1 \\ x_2 \end{bmatrix} + \begin{bmatrix} a \\ b \end{bmatrix} u, \quad y = \begin{bmatrix} 1 & 0 \end{bmatrix} \begin{bmatrix} x_1 \\ x_2 \end{bmatrix}$$

A.2.10　试求图 2.28(a)所示系统的状态空间表达式。

解: 为了对该问题求解, 首先将$(s+z)/(s+p)$展开成部分分式如下:

$$\frac{s+z}{s+p} = 1 + \frac{z-p}{s+p}$$

其次, 将$K/[s(s+a)]$转变成K/s与$1/(s+a)$的乘积。最后, 重新画出方框图, 如图 2.28(b)所示。定义一组状态变量, 如图 2.28(b)所示。我们得到下列方程:

$$\dot{x}_1 = -ax_1 + x_2$$

$$\dot{x}_2 = -Kx_1 + Kx_3 + Ku$$

$$\dot{x}_3 = -(z-p)x_1 - px_3 + (z-p)u$$

$$y = x_1$$

上述方程可以改写成
$$\begin{bmatrix} \dot{x}_1 \\ \dot{x}_2 \\ \dot{x}_3 \end{bmatrix} = \begin{bmatrix} -a & 1 & 0 \\ -K & 0 & K \\ -(z-p) & 0 & -p \end{bmatrix} \begin{bmatrix} x_1 \\ x_2 \\ x_3 \end{bmatrix} + \begin{bmatrix} 0 \\ K \\ z-p \end{bmatrix} u, \quad y = \begin{bmatrix} 1 & 0 & 0 \end{bmatrix} \begin{bmatrix} x_1 \\ x_2 \\ x_3 \end{bmatrix}$$

这里把积分器的输出量和一阶延时积分器$[1/(s+a)]$和$[(z-p)/(s+p)]$的输出量作为状态变量。应当特别记住, 图 2.28(a)中的方框$(s+z)/(s+p)$的输出量不能作为状态变量, 因为该方框包含一个导数项$s+z$。

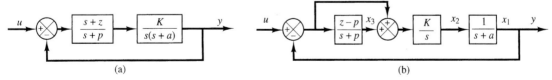

图 2.28　(a) 控制系统;(b) 定义系统状态变量的方框图

A.2.11　设系统由下列状态空间方程描述:

$$\begin{bmatrix} \dot{x}_1 \\ \dot{x}_2 \\ \dot{x}_3 \end{bmatrix} = \begin{bmatrix} -1 & 1 & 0 \\ 0 & -1 & 1 \\ 0 & 0 & -2 \end{bmatrix} \begin{bmatrix} x_1 \\ x_2 \\ x_3 \end{bmatrix} + \begin{bmatrix} 0 \\ 0 \\ 1 \end{bmatrix} u, \quad y = \begin{bmatrix} 1 & 0 & 0 \end{bmatrix} \begin{bmatrix} x_1 \\ x_2 \\ x_3 \end{bmatrix}$$

试求该系统的传递函数。

解:参考方程(2.29),传递函数 $G(s)$ 由下式给出:

$$G(s) = \mathbf{C}(s\mathbf{I} - \mathbf{A})^{-1}\mathbf{B} + D$$

对于该问题,矩阵 $\mathbf{A}$、$\mathbf{B}$、$\mathbf{C}$ 和 D 为

$$\mathbf{A} = \begin{bmatrix} -1 & 1 & 0 \\ 0 & -1 & 1 \\ 0 & 0 & -2 \end{bmatrix}, \quad \mathbf{B} = \begin{bmatrix} 0 \\ 0 \\ 1 \end{bmatrix}, \quad \mathbf{C} = \begin{bmatrix} 1 & 0 & 0 \end{bmatrix}, \quad D = 0$$

因此

$$G(s) = \begin{bmatrix} 1 & 0 & 0 \end{bmatrix} \begin{bmatrix} s+1 & -1 & 0 \\ 0 & s+1 & -1 \\ 0 & 0 & s+2 \end{bmatrix}^{-1} \begin{bmatrix} 0 \\ 0 \\ 1 \end{bmatrix}$$

$$= \begin{bmatrix} 1 & 0 & 0 \end{bmatrix} \begin{bmatrix} \dfrac{1}{s+1} & \dfrac{1}{(s+1)^2} & \dfrac{1}{(s+1)^2(s+2)} \\ 0 & \dfrac{1}{s+1} & \dfrac{1}{(s+1)(s+2)} \\ 0 & 0 & \dfrac{1}{s+2} \end{bmatrix} \begin{bmatrix} 0 \\ 0 \\ 1 \end{bmatrix}$$

$$= \frac{1}{(s+1)^2(s+2)} = \frac{1}{s^3 + 4s^2 + 5s + 2}$$

A.2.12 考虑一个多输入、多输出系统。当系统具有一个以上的输出时,下列 MATLAB 命令:

$$[\text{NUM,den}] = \text{ss2tf}(A,B,C,D,iu)$$

将产生所有输出量对每一个输入量的传递函数(分子的系数变为矩阵 NUM,且矩阵行数与输出量的数目相同)。

考虑由下述方程描述的系统:

$$\begin{bmatrix} \dot{x}_1 \\ \dot{x}_2 \end{bmatrix} = \begin{bmatrix} 0 & 1 \\ -25 & -4 \end{bmatrix} \begin{bmatrix} x_1 \\ x_2 \end{bmatrix} + \begin{bmatrix} 1 & 1 \\ 0 & 1 \end{bmatrix} \begin{bmatrix} u_1 \\ u_2 \end{bmatrix}$$

$$\begin{bmatrix} y_1 \\ y_2 \end{bmatrix} = \begin{bmatrix} 1 & 0 \\ 0 & 1 \end{bmatrix} \begin{bmatrix} x_1 \\ x_2 \end{bmatrix} + \begin{bmatrix} 0 & 0 \\ 0 & 0 \end{bmatrix} \begin{bmatrix} u_1 \\ u_2 \end{bmatrix}$$

这个系统包含两个输入量和两个输出量。它包含着四个传递函数:$Y_1(s)/U_1(s)$、$Y_2(s)/U_1(s)$、$Y_1(s)/U_2(s)$ 和 $Y_2(s)/U_2(s)$(当考虑输入量 u_1 时,可以假设 u_2 为零,反之亦然)。

解:MATLAB 程序 2.5 将会产生四个传递函数。

```
MATLAB程序2.5

A = [0    1;-25   -4];
B = [1    1;0    1];
C = [1    0;0    1];
D = [0    0;0    0];
[NUM,den] = ss2tf(A,B,C,D,1)
NUM =
        0       1       4
        0       0     -25
den =
        1       4      25
[NUM,den] = ss2tf(A,B,C,D,2)

NUM =

    0   1.0000     5.0000
    0   1.0000   -25.0000
den =
    1       4      25
```

这就是下列四个传递函数的 MATLAB 表达式：

$$\frac{Y_1(s)}{U_1(s)} = \frac{s+4}{s^2+4s+25}, \qquad \frac{Y_2(s)}{U_1(s)} = \frac{-25}{s^2+4s+25}$$

$$\frac{Y_1(s)}{U_2(s)} = \frac{s+5}{s^2+4s+25}, \qquad \frac{Y_2(s)}{U_2(s)} = \frac{s-25}{s^2+4s+25}$$

A. 2. 13　在 $8 \leqslant x \leqslant 10$ 和 $2 \leqslant y \leqslant 4$ 的范围内，试对下列非线性方程进行线性化处理：

$$z = x^2 + 4xy + 6y^2$$

解：定义

$$f(x, y) = z = x^2 + 4xy + 6y^2$$

于是

$$z = f(x, y) = f(\bar{x}, \bar{y}) + \left[\frac{\partial f}{\partial x}(x-\bar{x}) + \frac{\partial f}{\partial y}(y-\bar{y})\right]_{x=\bar{x}, y=\bar{y}} + \cdots$$

式中 $\bar{x} = 9$，$\bar{y} = 3$。

因为展开式中的高阶项很小，所以可以忽略这些高阶项，因此得到

$$z - \bar{z} = K_1(x-\bar{x}) + K_2(y-\bar{y})$$

式中，

$$K_1 = \left.\frac{\partial f}{\partial x}\right|_{x=\bar{x}, y=\bar{y}} = 2\bar{x} + 4\bar{y} = 2 \times 9 + 4 \times 3 = 30$$

$$K_2 = \left.\frac{\partial f}{\partial y}\right|_{x=\bar{x}, y=\bar{y}} = 4\bar{x} + 12\bar{y} = 4 \times 9 + 12 \times 3 = 72$$

$$\bar{z} = \bar{x}^2 + 4\bar{x}\bar{y} + 6\bar{y}^2 = 9^2 + 4 \times 9 \times 3 + 6 \times 9 = 243$$

于是

$$z - 243 = 30(x-9) + 72(y-3)$$

因此，在工作点附近，给定线性方程的线性近似表达式为

$$z - 30x - 72y + 243 = 0$$

习题

B. 2. 1　试对图 2.29 所示的方框图进行简化，并求其闭环传递函数 $C(s)/R(s)$。

B. 2. 2　试对图 2.30 所示的方框图进行简化，并求其传递函数 $C(s)/R(s)$。

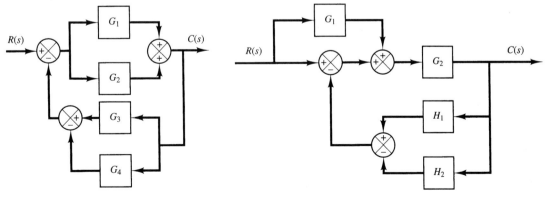

图 2.29　系统方框图　　　　　　　　　　　　　图 2.30　系统方框图

B.2.3 　试对图 2.31 所示的方框图进行简化,并求其闭环传递函数 $C(s)/R(s)$。

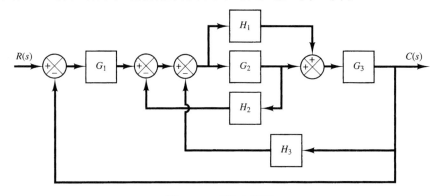

图 2.31　系统方框图

B.2.4 　考虑工业自动控制器,它们可以用来作为比例控制器、积分控制器、比例-加-积分控制器、比例-加-微分控制器和比例-加-积分-加-微分控制器。这些控制器的传递函数分别由下列各式表示:

$$\frac{U(s)}{E(s)} = K_p$$

$$\frac{U(s)}{E(s)} = \frac{K_i}{s}$$

$$\frac{U(s)}{E(s)} = K_p\left(1 + \frac{1}{T_i s}\right)$$

$$\frac{U(s)}{E(s)} = K_p\left(1 + T_d s\right)$$

$$\frac{U(s)}{E(s)} = K_p\left(1 + \frac{1}{T_i s} + T_d s\right)$$

式中, $U(s)$ 是控制器输出量 $u(t)$ 的拉普拉斯变换, $E(s)$ 是作用误差信号 $e(t)$ 的拉普拉斯变换。当作用误差信号为

（a） $e(t)$ ——单位阶跃函数

（b） $e(t)$ ——单位斜坡函数

试针对上述五种控制器中的每一种,绘出 $u(t)$ 和 t 之间的关系曲线。在绘关系曲线时,假设 K_p、K_i、T_i 和 T_d 的数值分别为: K_p(比例增益) = 4, K_i(积分增益) = 2, T_i(积分时间常数) = 2 s, T_d(微分时间常数) = 0.8 s。

B.2.5 　图 2.32 表示了一个闭环系统。该系统具有参考输入量和扰动输入量。当参考输入量 $R(s)$ 和 $D(s)$ 扰动输入量均存在时,试求输出量 $C(s)$ 的表达式。

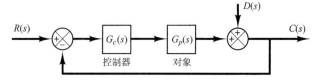

图 2.32　闭环控制系统

B.2.6 　考虑图 2.33 所示的系统。当参考输入量 $R(s)$ 和扰动输入量 $D(s)$ 同时作用于系统时,试导出其稳态误差表达式。

B.2.7 　试求图 2.34 所示系统的传递函数 $C(s)/R(s)$ 和 $C(s)/D(s)$。

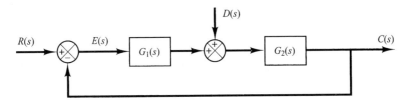

图 2.33 控制系统

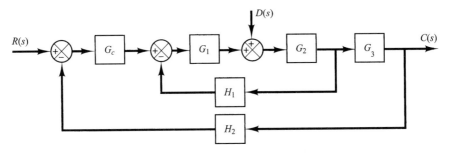

图 2.34 控制系统

B.2.8 试求图 2.35 所示系统的状态空间表达式。

B.2.9 设系统由下列微分方程描述：

$$\dddot{y} + 3\ddot{y} + 2\dot{y} = u$$

试导出该系统的状态空间表达式。

图 2.35 控制系统

B.2.10 设系统由下列状态空间表达式描述：

$$\begin{bmatrix} \dot{x}_1 \\ \dot{x}_2 \end{bmatrix} = \begin{bmatrix} -4 & -1 \\ 3 & -1 \end{bmatrix} \begin{bmatrix} x_1 \\ x_2 \end{bmatrix} + \begin{bmatrix} 1 \\ 1 \end{bmatrix} u, \quad y = \begin{bmatrix} 1 & 0 \end{bmatrix} \begin{bmatrix} x_1 \\ x_2 \end{bmatrix}$$

试求系统的传递函数。

B.2.11 考虑由下列状态空间方程描述的系统：

$$\begin{bmatrix} \dot{x}_1 \\ \dot{x}_2 \end{bmatrix} = \begin{bmatrix} -5 & -1 \\ 3 & -1 \end{bmatrix} \begin{bmatrix} x_1 \\ x_2 \end{bmatrix} + \begin{bmatrix} 2 \\ 5 \end{bmatrix} u, \quad y = \begin{bmatrix} 1 & 2 \end{bmatrix} \begin{bmatrix} x_1 \\ x_2 \end{bmatrix}$$

试求该系统的传递函数 $G(s)$。

B.2.12 试求下列状态空间方程描述的系统的传递矩阵：

$$\begin{bmatrix} \dot{x}_1 \\ \dot{x}_2 \\ \dot{x}_3 \end{bmatrix} = \begin{bmatrix} 0 & 1 & 0 \\ 0 & 0 & 1 \\ -2 & -4 & -6 \end{bmatrix} \begin{bmatrix} x_1 \\ x_2 \\ x_3 \end{bmatrix} + \begin{bmatrix} 0 & 0 \\ 0 & 1 \\ 1 & 0 \end{bmatrix} \begin{bmatrix} u_1 \\ u_2 \end{bmatrix}$$

$$\begin{bmatrix} y_1 \\ y_2 \end{bmatrix} = \begin{bmatrix} 1 & 0 & 0 \\ 0 & 1 & 0 \end{bmatrix} \begin{bmatrix} x_1 \\ x_2 \\ x_3 \end{bmatrix}$$

B.2.13 设非线性方程为

$$z = x^2 + 8xy + 3y^2$$

试在下面定义的范围内对其进行线性化：

$$2 \leqslant x \leqslant 4, \ 10 \leqslant y \leqslant 12$$

B.2.14 试在点 $x = 2$ 附近，求下列方程的线性化方程：

$$y = 0.2x^3$$

第3章 机械系统和电系统的数学模型

3.1 引言

这一章介绍机械系统和电系统的数学模型。在第2章中,已经得到了一种简单电路和简单机械系统的数学模型。在这一章中,将考虑可能出现在控制系统中的各种机械系统和电系统的数学模型。

支配机械系统的基本定律是牛顿第二定律。3.2节中将把这个定律应用到各种机械系统中,并且推导出传递函数模型和状态空间模型。

支配电路的基本定律是基尔霍夫定律。在3.3节中将得到各种电路和运算放大器系统的传递函数模型及状态空间模型,这些电路和系统可能会出现在许多控制系统中。

3.2 机械系统的数学模型

这一节首先讨论简单的弹簧系统和简单的阻尼器系统,然后推导出各种机械系统的传递函数模型和状态空间模型。

例3.1 试分别求图3.1(a)和图3.1(b)所示系统的等效弹簧常数。

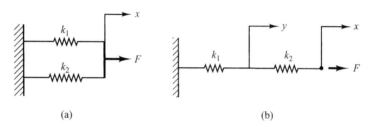

图3.1 (a) 由两个并联弹簧构成的系统; (b) 由两个串联弹簧构成的系统

解:对于图3.1(a)所示的并联弹簧,其等效弹簧常数 k_{eq} 可由下式求得:

$$k_1 x + k_2 x = F = k_{eq} x$$

即

$$k_{eq} = k_1 + k_2$$

对于图3.1(b)所示的串联弹簧,每一个弹簧中的力是相同的。因此

$$k_1 y = F, \qquad k_2 (x - y) = F$$

从这两个方程中消去 y,可以得到

$$k_2 \left(x - \frac{F}{k_1} \right) = F$$

即

$$k_2 x = F + \frac{k_2}{k_1} F = \frac{k_1 + k_2}{k_1} F$$

于是在这种情况下,求得等效弹簧常数为

$$k_{eq} = \frac{F}{x} = \frac{k_1 k_2}{k_1 + k_2} = \frac{1}{\dfrac{1}{k_1} + \dfrac{1}{k_2}}$$

例3.2 试求图3.2(a)和图3.2(b)所示的两个系统中,每一个阻尼器系统的等效黏性摩擦系数 b_{eq}。油压阻尼器常称为缓冲器。缓冲器是一种能提供黏性摩擦或者阻尼的装置,它是由活塞和油缸组成的。活塞杆与油缸之间的任何相对运动,都会受到油液的阻滞,因为油液必须沿着活塞

的周边(或者通过活塞上面的小孔),从活塞的一侧流向活塞的另一侧。缓冲器基本上是用来吸收能量的。这些被吸收的能量,将以热量的形式释放出去,缓冲器不贮存任何动能和势能。

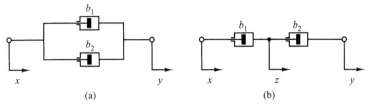

图 3.2　(a) 并联连接的两个阻尼器;(b) 串联连接的两个阻尼器

解:

(a) 由阻尼器产生的力为

$$f = b_1(\dot{y} - \dot{x}) + b_2(\dot{y} - \dot{x}) = (b_1 + b_2)(\dot{y} - \dot{x})$$

若以等效黏性摩擦系数 b_{eq} 的形式表示,则力 f 可以表示为

$$f = b_{eq}(\dot{y} - \dot{x})$$

因此,

$$b_{eq} = b_1 + b_2$$

(b) 由阻尼器产生的力为

$$f = b_1(\dot{z} - \dot{x}) = b_2(\dot{y} - \dot{z}) \tag{3.1}$$

式中,z 为阻尼器 b_1 和 阻尼器 b_2 之间一点的位移(注意,通过连杆可以传送相同的力)。由方程(3.1),可以得到

$$(b_1 + b_2)\dot{z} = b_2\dot{y} + b_1\dot{x}$$

即

$$\dot{z} = \frac{1}{b_1 + b_2}(b_2\dot{y} + b_1\dot{x}) \tag{3.2}$$

若以等效黏性摩擦系数 b_{eq} 的形式表示,则力 f 可以表示为

$$f = b_{eq}(\dot{y} - \dot{x})$$

将方程(3.2)代入方程(3.1),得到

$$f = b_2(\dot{y} - \dot{z}) = b_2\left[\dot{y} - \frac{1}{b_1 + b_2}(b_2\dot{y} + b_1\dot{x})\right]$$

$$= \frac{b_1 b_2}{b_1 + b_2}(\dot{y} - \dot{x})$$

于是

$$f = b_{eq}(\dot{y} - \dot{x}) = \frac{b_1 b_2}{b_1 + b_2}(\dot{y} - \dot{x})$$

因此,

$$b_{eq} = \frac{b_1 b_2}{b_1 + b_2} = \frac{1}{\dfrac{1}{b_1} + \dfrac{1}{b_2}}$$

例 3.3　设有一个弹簧-质量-阻尼器系统,安装在一个不计质量的小车上,如图 3.3 所示。

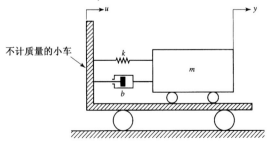

图 3.3　安装在小车上的弹簧-质量-阻尼器系统

下面推导安装在小车上的弹簧–质量–阻尼器系统的数学模型。假设 $t<0$ 时小车静止不动，并且安装在小车上的弹簧–质量–阻尼器系统这时也处于静止状态。在这个系统中，$u(t)$ 是小车的位移，并且是系统的输入量。当 $t=0$ 时，小车以定常速度运动，即 $\dot{u}=$ 常量。质量的位移 $y(t)$ 为输出量(该位移是相对于地面的位移)。在此系统中，m 表示质量，b 表示黏性摩擦系数，k 表示弹簧刚度。假设阻尼器的摩擦力与 $\dot{y}-\dot{u}$ 成正比，并且假设弹簧为线性弹簧，即弹簧力与 $y-u$ 成正比。

对于平移系统，牛顿第二定律可以表示为

$$ma = \sum F$$

式中，m 为质量，a 为质量加速度，$\sum F$ 为沿着加速度 a 的方向并作用在该质量上的外力之和。对该系统应用牛顿第二定律，并且不计小车的质量，可以得到

$$m\frac{\mathrm{d}^2 y}{\mathrm{d}t^2} = -b\left(\frac{\mathrm{d}y}{\mathrm{d}t} - \frac{\mathrm{d}u}{\mathrm{d}t}\right) - k(y-u)$$

即

$$m\frac{\mathrm{d}^2 y}{\mathrm{d}t^2} + b\frac{\mathrm{d}y}{\mathrm{d}t} + ky = b\frac{\mathrm{d}u}{\mathrm{d}t} + ku$$

这个方程就是该系统的数学模型。对这个方程进行拉普拉斯变换，并且令初始条件等于零，得到

$$(ms^2 + bs + k)Y(s) = (bs + k)U(s)$$

取 $Y(s)$ 与 $U(s)$ 之比，求得系统的传递函数为

$$传递函数 = G(s) = \frac{Y(s)}{U(s)} = \frac{bs + k}{ms^2 + bs + k}$$

数学模型的这种传递函数表达式在控制工程中的应用非常广泛。

下面我们来求这个系统的状态空间模型。首先将该系统的微分方程

$$\ddot{y} + \frac{b}{m}\dot{y} + \frac{k}{m}y = \frac{b}{m}\dot{u} + \frac{k}{m}u$$

与下列标准形式进行比较：

$$\ddot{y} + a_1\dot{y} + a_2 y = b_0\ddot{u} + b_1\dot{u} + b_2 u$$

得到 a_1、a_2、b_0、b_1 和 b_2 分别为

$$a_1 = \frac{b}{m}, \quad a_2 = \frac{k}{m}, \quad b_0 = 0, \quad b_1 = \frac{b}{m}, \quad b_2 = \frac{k}{m}$$

参考方程(2.35)，得到

$$\beta_0 = b_0 = 0$$

$$\beta_1 = b_1 - a_1\beta_0 = \frac{b}{m}$$

$$\beta_2 = b_2 - a_1\beta_1 - a_2\beta_0 = \frac{k}{m} - \left(\frac{b}{m}\right)^2$$

再参考方程(2.34)，并定义

$$x_1 = y - \beta_0 u = y$$

$$x_2 = \dot{x}_1 - \beta_1 u = \dot{x}_1 - \frac{b}{m}u$$

根据方程(2.36)，得到

$$\dot{x}_1 = x_2 + \beta_1 u = x_2 + \frac{b}{m}u$$

$$\dot{x}_2 = -a_2 x_1 - a_1 x_2 + \beta_2 u = -\frac{k}{m}x_1 - \frac{b}{m}x_2 + \left[\frac{k}{m} - \left(\frac{b}{m}\right)^2\right]u$$

输出方程为

$$y = x_1$$

即
$$\begin{bmatrix} \dot{x}_1 \\ \dot{x}_2 \end{bmatrix} = \begin{bmatrix} 0 & 1 \\ -\dfrac{k}{m} & -\dfrac{b}{m} \end{bmatrix} \begin{bmatrix} x_1 \\ x_2 \end{bmatrix} + \begin{bmatrix} \dfrac{b}{m} \\ \dfrac{k}{m} - \left(\dfrac{b}{m}\right)^2 \end{bmatrix} u \tag{3.3}$$

和
$$y = \begin{bmatrix} 1 & 0 \end{bmatrix} \begin{bmatrix} x_1 \\ x_2 \end{bmatrix} \tag{3.4}$$

方程(3.3)和方程(3.4)就是系统的状态空间表达式(应当指出,这不是系统唯一的状态空间表达式。对于给定的系统,存在无穷多个状态空间表达式)。

例 3.4　求图 3.4 所示机械系统的传递函数 $X_1(s)/U(s)$ 和 $X_2(s)/U(s)$。

图 3.4 所示系统的运动方程为
$$m_1 \ddot{x}_1 = -k_1 x_1 - k_2(x_1 - x_2) - b(\dot{x}_1 - \dot{x}_2) + u$$
$$m_2 \ddot{x}_2 = -k_3 x_2 - k_2(x_2 - x_1) - b(\dot{x}_2 - \dot{x}_1)$$

简化后,得到
$$m_1 \ddot{x}_1 + b\dot{x}_1 + (k_1 + k_2)x_1 = b\dot{x}_2 + k_2 x_2 + u$$
$$m_2 \ddot{x}_2 + b\dot{x}_2 + (k_2 + k_3)x_2 = b\dot{x}_1 + k_2 x_1$$

对这两个方程进行拉普拉斯变换,并假设初始条件为零,可以得到
$$\left[m_1 s^2 + bs + (k_1 + k_2) \right] X_1(s) = (bs + k_2) X_2(s) + U(s) \tag{3.5}$$
$$\left[m_2 s^2 + bs + (k_2 + k_3) \right] X_2(s) = (bs + k_2) X_1(s) \tag{3.6}$$

从方程(3.6)中解出 $X_2(s)$,并将其代入方程(3.5),简化后得到
$$\left[(m_1 s^2 + bs + k_1 + k_2)(m_2 s^2 + bs + k_2 + k_3) - (bs + k_2)^2 \right] X_1(s)$$
$$= (m_2 s^2 + bs + k_2 + k_3) U(s)$$

由此得到
$$\frac{X_1(s)}{U(s)} = \frac{m_2 s^2 + bs + k_2 + k_3}{(m_1 s^2 + bs + k_1 + k_2)(m_2 s^2 + bs + k_2 + k_3) - (bs + k_2)^2} \tag{3.7}$$

由方程(3.6)和方程(3.7)可以得到
$$\frac{X_2(s)}{U(s)} = \frac{bs + k_2}{(m_1 s^2 + bs + k_1 + k_2)(m_2 s^2 + bs + k_2 + k_3) - (bs + k_2)^2} \tag{3.8}$$

方程(3.7)和方程(3.8)分别为传递函数 $X_1(s)/U(s)$ 和 $X_2(s)/U(s)$。

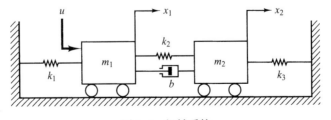

图 3.4　机械系统

例 3.5　设有一倒立摆安装在电动机驱动车上,如图 3.5(a)所示。这实际上是一个航天助推器的姿态控制模型(状态控制问题的目的是要把航天助推器保持在垂直位置)。倒立摆是不稳定的,如果没有适当的控制力作用到它上面,它将随时可能向任何方向倾倒。这里只考虑二维问题,即认为倒立摆只在图 3.5 所在的平面内运动。控制力 u 作用于小车上。假设摆杆的重心位于其几何中心。求这个系统的数学模型。

规定偏离垂线的角度为 θ，同时规定摆杆重心在 $x\text{-}y$ 坐标系的坐标为 (x_G, y_G)。于是

$$x_G = x + l\sin\theta$$

$$y_G = l\cos\theta$$

为了导出系统的运动方程，考虑图 3.5(b) 所示的隔离体受力图。摆杆围绕其重心的转动运动可以用下式描述：

$$I\ddot{\theta} = Vl\sin\theta - Hl\cos\theta \tag{3.9}$$

式中，I 为摆杆围绕其重心的转动惯量。

摆杆重心的水平运动描述为

$$m\frac{\mathrm{d}^2}{\mathrm{d}t^2}(x + l\sin\theta) = H \tag{3.10}$$

摆杆重心的垂直运动则为

$$m\frac{\mathrm{d}^2}{\mathrm{d}t^2}(l\cos\theta) = V - mg \tag{3.11}$$

小车的水平运动描述为

$$M\frac{\mathrm{d}^2x}{\mathrm{d}t^2} = u - H \tag{3.12}$$

因为我们必须保持倒立摆垂直，所以可以假设 $\theta(t)$ 和 $\dot{\theta}(t)$ 的量值很小，因而使得 $\sin\theta \approx \theta$，$\cos\theta = 1$，并且 $\theta\dot{\theta}^2 = 0$。于是方程(3.9)至方程(3.11)可以被线性化。线性化后的方程为

$$I\ddot{\theta} = Vl\theta - Hl \tag{3.13}$$

$$m(\ddot{x} + l\ddot{\theta}) = H \tag{3.14}$$

$$0 = V - mg \tag{3.15}$$

由方程(3.12)和方程(3.14)可以得到

$$(M + m)\ddot{x} + ml\ddot{\theta} = u \tag{3.16}$$

由方程(3.13)至方程(3.15)可以得到

$$I\ddot{\theta} = mgl\theta - Hl$$

$$= mgl\theta - l(m\ddot{x} + ml\ddot{\theta})$$

即

$$(I + ml^2)\ddot{\theta} + ml\ddot{x} = mgl\theta \tag{3.17}$$

方程(3.16)和方程(3.17)描述了车载倒立摆系统的运动，它们构成了系统的数学模型。

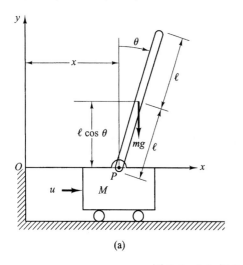
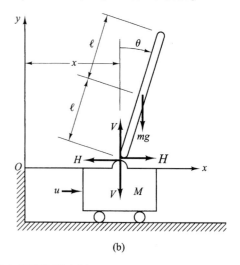

图 3.5　(a) 倒立摆系统；(b) 隔离体受力图

例 3.6   考虑图 3.6 所示的倒立摆系统。在这个系统中，因为质量集中在杆的顶端，所以重心就是摆球的中心。对于这种情况，倒立摆围绕其重心的转动惯量是很小的，因此我们假设在方程(3.17)中 $I=0$，于是这个系统的数学模型变为下列形式：

$$(M + m)\ddot{x} + ml\ddot{\theta} = u \qquad (3.18)$$

$$ml^2\ddot{\theta} + ml\ddot{x} = mgl\theta \qquad (3.19)$$

方程(3.18)和方程(3.19)可以改写为

$$Ml\ddot{\theta} = (M + m)g\theta - u \qquad (3.20)$$

$$M\ddot{x} = u - mg\theta \qquad (3.21)$$

方程(3.20)是从方程(3.18)和方程(3.19)中消去 $\ddot{x}$ 后得到的。方程(3.21)是从方程(3.18)和方程(3.19)中消去 $\ddot{\theta}$ 后得到的。根据方程(3.20)，可以得到被控对象的传递函数为

$$\frac{\Theta(s)}{-U(s)} = \frac{1}{Mls^2 - (M + m)g}$$

$$= \frac{1}{Ml\left(s + \sqrt{\dfrac{M + m}{Ml}g}\right)\left(s - \sqrt{\dfrac{M + m}{Ml}g}\right)}$$

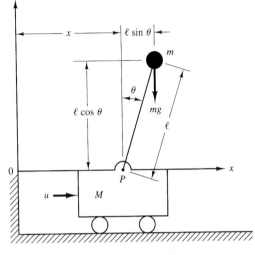

图 3.6   倒立摆系统

被控对象倒立摆具有一个位于负实轴上的极点 $s = -(\sqrt{M + m}\,/\sqrt{Ml}\,)\sqrt{g}$ 和另一个位于正实轴上的极点 $s = (\sqrt{M + m}\,/\sqrt{Ml}\,)\sqrt{g}$。因此，被控对象是开环不稳定的。

定义状态变量 x_1、x_2、x_3 和 x_4 为

$$x_1 = \theta$$
$$x_2 = \dot{\theta}$$
$$x_3 = x$$
$$x_4 = \dot{x}$$

注意，角度 θ 表示摆杆绕 P 点的转动量，x 是小车的位置，如果把 θ 和 x 作为系统的输出量，则有

$$\mathbf{y} = \begin{bmatrix} y_1 \\ y_2 \end{bmatrix} = \begin{bmatrix} \theta \\ x \end{bmatrix} = \begin{bmatrix} x_1 \\ x_3 \end{bmatrix}$$

注意，θ 和 x 均为容易测量的量。因此，根据状态变量的定义和方程(3.20)及方程(3.21)，可以得到

$$\dot{x}_1 = x_2$$
$$\dot{x}_2 = \frac{M + m}{Ml}gx_1 - \frac{1}{Ml}u$$
$$\dot{x}_3 = x_4$$
$$\dot{x}_4 = -\frac{m}{M}gx_1 + \frac{1}{M}u$$

若表示成向量矩阵形式，则得到

$$\begin{bmatrix} \dot{x}_1 \\ \dot{x}_2 \\ \dot{x}_3 \\ \dot{x}_4 \end{bmatrix} = \begin{bmatrix} 0 & 1 & 0 & 0 \\ \dfrac{M + m}{Ml}g & 0 & 0 & 0 \\ 0 & 0 & 0 & 1 \\ -\dfrac{m}{M}g & 0 & 0 & 0 \end{bmatrix} \begin{bmatrix} x_1 \\ x_2 \\ x_3 \\ x_4 \end{bmatrix} + \begin{bmatrix} 0 \\ -\dfrac{1}{Ml} \\ 0 \\ \dfrac{1}{M} \end{bmatrix} u \qquad (3.22)$$

$$\begin{bmatrix} y_1 \\ y_2 \end{bmatrix} = \begin{bmatrix} 1 & 0 & 0 & 0 \\ 0 & 0 & 1 & 0 \end{bmatrix} \begin{bmatrix} x_1 \\ x_2 \\ x_3 \\ x_4 \end{bmatrix} \qquad (3.23)$$

方程(3.22)和方程(3.23)就是倒立摆系统的状态空间表达式(应当指出,系统的状态空间表达式不是唯一的。对于这个系统,存在无穷多个这样的表达式)。

3.3 电系统的数学模型

支配电路系统的基本定律是基尔霍夫电流定律和电压定律。基尔霍夫电流定律(节点定律)表明,流入和流出节点的所有电流的代数和等于零(该定律也可以描述为:流进节点的电流之和,等于流出同一节点的电流之和)。基尔霍夫电压定律(环路定律)表明,在任意瞬间,在电路中沿任意环路的电压的代数和等于零(该定律也可以描述为:沿某一环路的电压降之和,等于沿该环路的电压升高之和)。通过应用一种或同时应用两种基尔霍夫定律,可以得到电路系统的数学模型。

本节首先介绍简单的电路,然后介绍运算放大器系统的数学模型。

3.3.1 LRC 电路

考虑图 3.7 所示的电路。该电路由一个电感 L(亨利)、一个电阻 R(欧姆)和一个电容 C(法拉)组成。对该系统应用基尔霍夫电压定律,得到下列方程:

$$L\frac{\mathrm{d}i}{\mathrm{d}t} + Ri + \frac{1}{C}\int i\,\mathrm{d}t = e_i \qquad (3.24)$$

$$\frac{1}{C}\int i\,\mathrm{d}t = e_o \qquad (3.25)$$

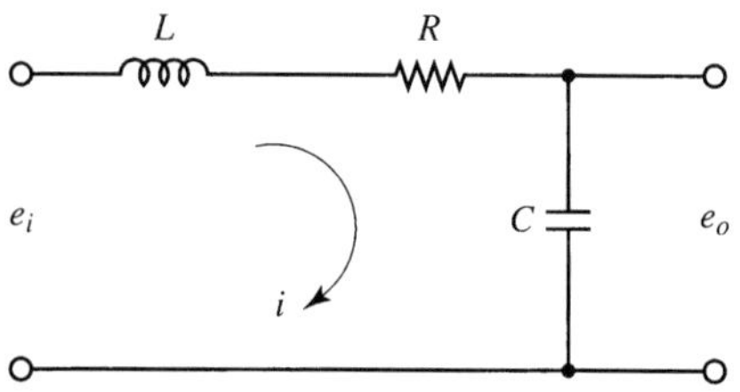

图 3.7 电路

方程(3.24)和方程(3.25)就是该电路系统的数学模型。

上述电路系统的传递函数模型也可以通过以下方法求得:假设初始条件为零,对方程(3.24)和方程(3.25)进行拉普拉斯变换,得到

$$LsI(s) + RI(s) + \frac{1}{C}\frac{1}{s}I(s) = E_i(s)$$

$$\frac{1}{C}\frac{1}{s}I(s) = E_o(s)$$

如果设 e_i 为输入量,e_o 为输出量,则该系统的传递函数可以求得为

$$\frac{E_o(s)}{E_i(s)} = \frac{1}{LCs^2 + RCs + 1} \qquad (3.26)$$

图 3.7 所示系统的状态空间模型可以依照下列步骤求得:首先注意该系统的微分方程可以从方程(3.26)得到,即

$$\ddot{e}_o + \frac{R}{L}\dot{e}_o + \frac{1}{LC}e_o = \frac{1}{LC}e_i$$

然后定义状态变量为

$$x_1 = e_o$$
$$x_2 = \dot{e}_o$$

并定义输入和输出变量为

$$u = e_i$$
$$y = e_o = x_1$$

于是得到

$$\begin{bmatrix} \dot{x}_1 \\ \dot{x}_2 \end{bmatrix} = \begin{bmatrix} 0 & 1 \\ -\dfrac{1}{LC} & -\dfrac{R}{L} \end{bmatrix}\begin{bmatrix} x_1 \\ x_2 \end{bmatrix} + \begin{bmatrix} 0 \\ \dfrac{1}{LC} \end{bmatrix}u$$

和
$$y = \begin{bmatrix} 1 & 0 \end{bmatrix} \begin{bmatrix} x_1 \\ x_2 \end{bmatrix}$$

这两个方程就是上述系统在状态空间中的数学模型。

3.3.2　串联元件的传递函数

在许多反馈系统中，元件之间存在着负载效应。考虑图 3.8 所示的系统。假设 e_i 为输入量，e_o 为输出量。电容器 C_1 和 C_2 初始时刻未充电荷。在该系统中，第二级电路(R_2C_2 部分) 对第一级电路(R_1C_1 部分) 将产生负载效应。该系统的方程为

$$\frac{1}{C_1} \int (i_1 - i_2)\,\mathrm{d}t + R_1 i_1 = e_i \qquad (3.27)$$

和

$$\frac{1}{C_1} \int (i_2 - i_1)\,\mathrm{d}t + R_2 i_2 + \frac{1}{C_2} \int i_2\,\mathrm{d}t = 0 \quad (3.28)$$

$$\frac{1}{C_2} \int i_2\,\mathrm{d}t = e_o \quad (3.29)$$

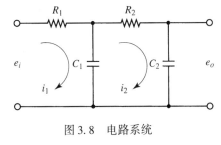

图 3.8　电路系统

假设初始条件为零，分别对方程(3.27)至方程(3.29)进行拉普拉斯变换，可以得到

$$\frac{1}{C_1 s}\big[I_1(s) - I_2(s)\big] + R_1 I_1(s) = E_i(s) \qquad (3.30)$$

$$\frac{1}{C_1 s}\big[I_2(s) - I_1(s)\big] + R_2 I_2(s) + \frac{1}{C_2 s} I_2(s) = 0 \qquad (3.31)$$

$$\frac{1}{C_2 s} I_2(s) = E_o(s) \qquad (3.32)$$

从方程(3.30)和方程(3.31)中消去 $I_1(s)$，并且将 $E_i(s)$ 用 $I_2(s)$ 来表示，求得 $E_o(s)$ 与 $E_i(s)$ 之间的传递函数为

$$\begin{aligned}
\frac{E_o(s)}{E_i(s)} &= \frac{1}{(R_1C_1 s + 1)(R_2C_2 s + 1) + R_1C_2 s} \\
&= \frac{1}{R_1C_1R_2C_2 s^2 + (R_1C_1 + R_2C_2 + R_1C_2)s + 1}
\end{aligned} \qquad (3.33)$$

传递函数分母中的 $R_1C_2 s$ 项表示两个简单 RC 电路相互影响。因为 $(R_1C_1 + R_2C_2 + R_1C_2)^2 > 4R_1C_1R_2C_2$，所以方程(3.33) 中的分母的两个根都是实数。

上述分析表明，如果两个 RC 电路串联连接，即使得第一个电路的输出量为第二个电路的输入量，那么整个电路的传递函数并不等于 $1/(R_1C_1 s + 1)$ 与 $1/(R_2C_2 s + 1)$ 的乘积。之所以有这种结果，是因为当我们推导隔离电路的传递函数时，无形中假设了输出量是无负载的。换句话说，假设了负载阻抗为无穷大，这就意味着在输出端上没有能量被损耗。但是，当第二个电路被连接到第一个电路的输出端时，就会有一部分能量被损耗，从而使无负载这种假设不再成立。因此，根据无负载假设导出的上述系统的传递函数是不正确的。系统中的负载效应的程度决定了传递函数的变化大小。

3.3.3　复阻抗

在推导电路的传递函数时，不写出微分方程，而直接写出拉普拉斯变换方程，常常是比较方便的。设系统如图 3.9(a)所示，在此系统中，Z_1 和 Z_2 表示复阻抗。设初始条件为零，电路两端之

间电压的拉普拉斯变换为 $E(s)$ ，通过元件的电流的拉普拉斯变换为 $I(s)$ ，那么两端电路的复阻抗 $Z(s)$ 就等于 $E(s)$ 与 $I(s)$ 之比，即 $Z(s) = E(s)/I(s)$ 。如果两端元件是电阻 R 、电容 C 或电感 L ，则复阻抗分别是 R 、$1/Cs$ 或 Ls 。如果复阻抗彼此串联连接，则总阻抗等于各单个复阻抗之和。

不要忘记，只有在所有初始条件全为零时，上述阻抗法才是正确的。因为传递函数要求具有零初始条件，所以阻抗法可以用来求电路的传递函数。这种方法使电路传递函数的推导过程大为简化。

考虑图 3.9(b) 所示的电路。假设电压 e_i 和 e_o 分别是电路的输入量和输出量，于是该电路的传递函数为

$$\frac{E_o(s)}{E_i(s)} = \frac{Z_2(s)}{Z_1(s) + Z_2(s)}$$

对于图 3.7 所示的系统，　　　　　$Z_1 = Ls + R, \qquad Z_2 = \frac{1}{Cs}$

因此，传递函数 $E_o(s)/E_i(s)$ 可以求得如下：

$$\frac{E_o(s)}{E_i(s)} = \frac{\dfrac{1}{Cs}}{Ls + R + \dfrac{1}{Cs}} = \frac{1}{LCs^2 + RCs + 1}$$

显然，这个结果与方程(3.26)完全相同。

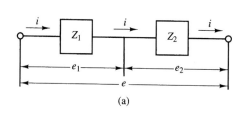 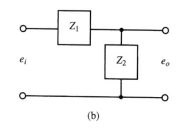

图 3.9　电路系统

例 3.7　再次考虑图 3.8 所示的系统。试应用复阻抗法求传递函数 $E_o(s)/E_i(s)$ (电容器 C_1 和 C_2 在初始时刻未充电荷)。

图 3.8 所示可以改画为图 3.10(a) 所示的电路，并且可以进一步改画成图 3.10(b) 所示的电路。

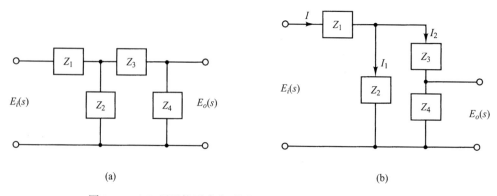

图 3.10　(a) 用阻抗形式表示图 3.8 中的电路;(b) 等效电路图

在图 3.10(b) 所示的系统中，电流 I 被分解为 I_1 和 I_2 两个支路电流。注意到

$$Z_2 I_1 = (Z_3 + Z_4) I_2, \qquad I_1 + I_2 = I$$

得到

$$I_1 = \frac{Z_3 + Z_4}{Z_2 + Z_3 + Z_4} I, \qquad I_2 = \frac{Z_2}{Z_2 + Z_3 + Z_4} I$$

注意到

$$E_i(s) = Z_1 I + Z_2 I_1 = \left[Z_1 + \frac{Z_2(Z_3 + Z_4)}{Z_2 + Z_3 + Z_4} \right] I$$

$$E_o(s) = Z_4 I_2 = \frac{Z_2 Z_4}{Z_2 + Z_3 + Z_4} I$$

得到

$$\frac{E_o(s)}{E_i(s)} = \frac{Z_2 Z_4}{Z_1(Z_2 + Z_3 + Z_4) + Z_2(Z_3 + Z_4)}$$

将 $Z_1 = R_1$，$Z_2 = 1/(C_1 s)$，$Z_3 = R_2$ 和 $Z_4 = 1/(C_2 s)$ 代入上述方程，得到

$$\frac{E_o(s)}{E_i(s)} = \frac{\dfrac{1}{C_1 s}\dfrac{1}{C_2 s}}{R_1\left(\dfrac{1}{C_1 s} + R_2 + \dfrac{1}{C_2 s}\right) + \dfrac{1}{C_1 s}\left(R_2 + \dfrac{1}{C_2 s}\right)}$$

$$= \frac{1}{R_1 C_1 R_2 C_2 s^2 + (R_1 C_1 + R_2 C_2 + R_1 C_2)s + 1}$$

该方程与由方程(3.33)给出的结果是相同的。

3.3.4　无负载效应串联元件的传递函数

如果系统由两个无负载效应的元件组成，则消去中间的输入量和输出量，便可以获得系统的传递函数。例如，考虑图 3.11(a)所示的系统。系统中两个元件的传递函数是

$$G_1(s) = \frac{X_2(s)}{X_1(s)} \qquad 和 \qquad G_2(s) = \frac{X_3(s)}{X_2(s)}$$

如果第二个元件的输入阻抗为无穷大，那么第一个元件的输出量就不会因第一个元件与第二个元件的串联连接而受到影响。因此，整个系统的传递函数为

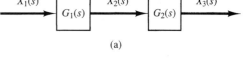

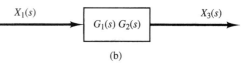

$$G(s) = \frac{X_3(s)}{X_1(s)} = \frac{X_2(s)X_3(s)}{X_1(s)X_2(s)} = G_1(s)G_2(s)$$

即整个系统的传递函数等于各单个元件传递函数的乘积。图 3.11(b)表示了这个结果。

图 3.11　(a)由两个串联无负载效应的元件组成的系统；(b)等效系统

作为一个例子，我们来讨论图 3.12 所示的系统。在电路之间嵌入隔离放大器可以获得无负载特性，这种方法在组合电路中经常采用。因为放大器具有很高的输入阻抗，所以在两个电路之间嵌进隔离放大器将满足无负载效应的假设条件。

图 3.12 表示了两个用放大器隔离开的 RC 电路，两个电路之间的负载效应可以忽略不计。因此，整个电路的传递函数等于各单个电路传递函数的乘积。所以，在这种情况下得到：

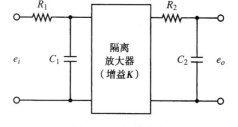

图 3.12　电路系统

$$\frac{E_o(s)}{E_i(s)} = \left(\frac{1}{R_1 C_1 s + 1}\right)(K)\left(\frac{1}{R_2 C_2 s + 1}\right)$$

$$= \frac{K}{(R_1 C_1 s + 1)(R_2 C_2 s + 1)}$$

3.3.5　电子控制器

下面将讨论采用运算放大器的电子控制器。首先从推导简单的运算放大器电路的传递函数入手,然后推导一些运算放大器控制器的传递函数。最后,用表格的形式列举出一些运算放大器控制器及其传递函数。

3.3.6　运算放大器

运算放大器往往称为 op amps(运放),它常常用在传感器电路中放大信号。运算放大器还经常用在完成校正任务的滤波器中。图 3.13 表示了一个运算放大器。在实践中,通常选择地线为零电压,并且相对于地测量输入电压 e_1 和 e_2。加在放大器负端的输入电压 e_1 是反相的,而加在放大器正端的输入电压 e_2 则是正相的。因此,加到放大器上的总输入电压为 $e_2 - e_1$。所以,对于图 3.13 所示的电路有

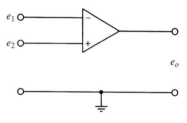

$$e_o = K(e_2 - e_1) = -K(e_1 - e_2)$$

图 3.13　运算放大器

式中,输入电压 e_1 和 e_2 既可以是直流信号,也可以是交流信号,而 K 则为差动增益(电压增益)。对于直流信号和频率低于 10 Hz 左右的交流信号,增益 K 的值大约为 $10^5 \sim 10^6$(差动增益 K 随着信号频率的增加而减小,当信号频率增加到 $1 \sim 50$ MHz 时,差动增益 K 趋近于 1)。应当指出,运算放大器对电压 e_1 和 e_2 之差进行放大。这类放大器通常称为差动放大器。因为运算放大器的增益很高,所以从放大器输出端到输入端需要有负反馈,以保证放大器稳定(反馈是从输出端到反相输入端形成的,从而保证了反馈是负反馈)。

在理想运算放大器中,没有电流流进输入端,并且输出电压不受输出端上的负载的影响。换句话说,输入阻抗为无穷大,而输出阻抗则为零。在实际的运算放大器中,只有很小(几乎可以忽略)的电流流进输入端,而输出端不能加很大的负载。在下面的分析中,假设运算放大器是理想的。

3.3.7　反相放大器

考虑图 3.14 所示的运算放大器电路。我们来求输出电压 e_o。

这个电路的方程可以通过下列步骤求得:定义

$$i_1 = \frac{e_i - e'}{R_1}, \qquad i_2 = \frac{e' - e_o}{R_2}$$

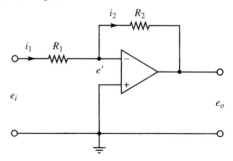

因为流进放大器的电流可以忽略,所以电流 i_1 必然等于电流 i_2。因此

$$\frac{e_i - e'}{R_1} = \frac{e' - e_o}{R_2}$$

因为 $K(0 - e') = e_0$,并且 $K \gg 1$,所以 e' 必然趋近于零,即 $e' \approx 0$。因此,我们得到

图 3.14　反相放大器

$$\frac{e_i}{R_1} = \frac{-e_o}{R_2}$$

即
$$e_o = -\frac{R_2}{R_1}e_i$$

这表明上述电路是一个反相放大器。如果 $R_1 = R_2$，则上述运算放大器电路就可以看成反号器。

3.3.8　非反相放大器

图 3.15(a) 表示了一个非反相放大器。图 3.15(b) 表示该放大器的等效电路。从图 3.15(b) 所示的等效电路，得到

$$e_o = K\left(e_i - \frac{R_1}{R_1 + R_2}e_o\right)$$

式中 K 为放大器的差动增益。由上述方程可以得到

$$e_i = \left(\frac{R_1}{R_1 + R_2} + \frac{1}{K}\right)e_o$$

因为 $K \gg 1$，如果 $R_1/(R_1 + R_2) \gg 1/K$，则

$$e_o = \left(1 + \frac{R_2}{R_1}\right)e_i$$

这个方程给出了输出电压 e_o。因为 e_o 和 e_i 具有相同的符号，所以图 3.15(a) 表示的运算放大器电路是非反相运算放大器电路。

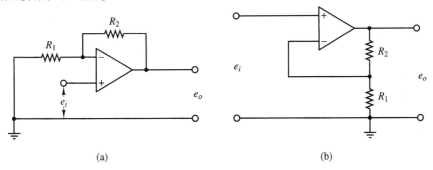

(a)　　　　　　　　　　　　　　(b)

图 3.15　(a) 非反相放大器；(b) 等效电路

例 3.8　图 3.16 表示了一个包含着运算放大器的电路。试求其输出电压 e_o。

首先定义

$$i_1 = \frac{e_i - e'}{R_1}, \quad i_2 = C\frac{\mathrm{d}(e' - e_o)}{\mathrm{d}t}, \quad i_3 = \frac{e' - e_o}{R_2}$$

注意到流进放大器的电流可以忽略不计，所以得到

$$i_1 = i_2 + i_3$$

因此

$$\frac{e_i - e'}{R_1} = C\frac{\mathrm{d}(e' - e_o)}{\mathrm{d}t} + \frac{e' - e_o}{R_2}$$

因为 $e' \approx 0$，得到

$$\frac{e_i}{R_1} = -C\frac{\mathrm{d}e_o}{\mathrm{d}t} - \frac{e_o}{R_2}$$

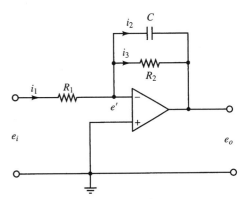

图 3.16　采用运算放大器的一阶滞后电路

对上述方程进行拉普拉斯变换，并且假设初始条件为零，得到

$$\frac{E_i(s)}{R_1} = -\frac{R_2Cs + 1}{R_2}E_o(s)$$

上式可以写成

$$\frac{E_o(s)}{E_i(s)} = -\frac{R_2}{R_1}\frac{1}{R_2Cs + 1}$$

图 3.16 表示的运算放大器电路，是一个一阶滞后电路(3.3.11 节中的表 3.1 给出了其他一些包含运算放大器的电路，同时还给出了它们的传递函数)。

3.3.9　求传递函数的阻抗法

考虑图 3.17 所示的运算放大器电路。与前面讨论的电路情况相似，可以将阻抗法应用于运算放大器电路，从而求出它们的传递函数。对于图 3.17 所示的电路，有

$$\frac{E_i(s) - E'(s)}{Z_1} = \frac{E'(s) - E_o(s)}{Z_2}$$

因为 $E'(s) \approx 0$，所以得到

$$\frac{E_o(s)}{E_i(s)} = -\frac{Z_2(s)}{Z_1(s)} \qquad (3.34)$$

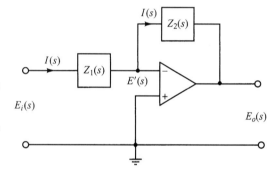

例 3.9　参考图 3.16 所示的运算放大器电路，试用阻抗法求传递函数 $E_o(s)/E_i(s)$。

这个电路的复阻抗 $Z_1(s)$ 和 $Z_2(s)$ 为

$$Z_1(s) = R_1 \text{ 和 } Z_2(s) = \frac{1}{Cs + \frac{1}{R_2}} = \frac{R_2}{R_2Cs + 1}$$

图 3.17　运算放大器电路

因此，可以求得传递函数 $E_o(s)/E_i(s)$ 为

$$\frac{E_o(s)}{E_i(s)} = -\frac{Z_2(s)}{Z_1(s)} = -\frac{R_2}{R_1}\frac{1}{R_2Cs + 1}$$

这与例 3.8 中得到的结果显然是相同的。

3.3.10　利用运算放大器构成的超前或滞后网络

图 3.18(a)表示一个利用运算放大器构成的电子电路。该电路的传递函数可以求得如下：分别定义输入阻抗为 Z_1 和反馈阻抗为 Z_2，则有

$$Z_1 = \frac{R_1}{R_1C_1s + 1}, \qquad Z_2 = \frac{R_2}{R_2C_2s + 1}$$

因此，参考方程(3.34)，得到

$$\frac{E(s)}{E_i(s)} = -\frac{Z_2}{Z_1} = -\frac{R_2}{R_1}\frac{R_1C_1s + 1}{R_2C_2s + 1} = -\frac{C_1}{C_2}\frac{s + \frac{1}{R_1C_1}}{s + \frac{1}{R_2C_2}} \qquad (3.35)$$

注意，方程(3.35)中的传递函数包含一个负号。因此，这个电路是反号电路。如果在实际应用中不需要这种符号反转，则可以将一个反号器连接到图 3.18(a)所示电路的输入端或者输出端。

图 3.18(b) 就是一个例子。反号器的传递函数为

$$\frac{E_o(s)}{E(s)} = -\frac{R_4}{R_3}$$

反号器的增益是 $-R_4/R_3$。因此，图 3.18(b) 中的网络具有下列传递函数：

$$\frac{E_o(s)}{E_i(s)} = \frac{R_2 R_4}{R_1 R_3} \frac{R_1 C_1 s + 1}{R_2 C_2 s + 1} = \frac{R_4 C_1}{R_3 C_2} \frac{s + \dfrac{1}{R_1 C_1}}{s + \dfrac{1}{R_2 C_2}}$$

$$= K_c \alpha \frac{Ts + 1}{\alpha Ts + 1} = K_c \frac{s + \dfrac{1}{T}}{s + \dfrac{1}{\alpha T}} \tag{3.36}$$

式中，
$$T = R_1 C_1, \qquad \alpha T = R_2 C_2, \qquad K_c = \frac{R_4 C_1}{R_3 C_2}$$

注意到
$$K_c \alpha = \frac{R_4 C_1}{R_3 C_2} \frac{R_2 C_2}{R_1 C_1} = \frac{R_2 R_4}{R_1 R_3}, \qquad \alpha = \frac{R_2 C_2}{R_1 C_1}$$

所以这个网络的直流增益为 $K_c \alpha = R_2 R_4 / (R_1 R_3)$。

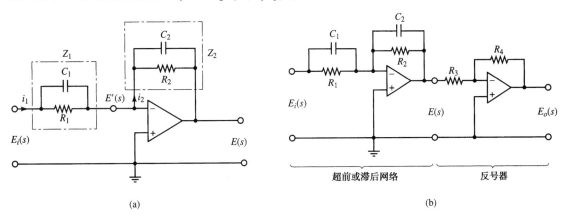

(a)　　　　　　　　　　　　　　　(b)

图 3.18　（a）运算放大器电路；（b）采用超前或滞后校正装置的运算放大器电路

应当指出，如果 $R_1 C_1 > R_2 C_2$，即 $\alpha < 1$，则这个由式（3.36）给出传递函数的网络是超前网络。如果 $R_1 C_1 < R_2 C_2$，则这个网络是滞后网络。

3.3.11　利用运算放大器构成的 PID 控制器

图 3.19 表示一个电子比例-加-积分-加-微分控制器（PID 控制器），它采用了运算放大器。传递函数 $E(s)/E_i(s)$ 由下式给出：

$$\frac{E(s)}{E_i(s)} = -\frac{Z_2}{Z_1}$$

式中，
$$Z_1 = \frac{R_1}{R_1 C_1 s + 1}, \qquad Z_2 = \frac{R_2 C_2 s + 1}{C_2 s}$$

因此
$$\frac{E(s)}{E_i(s)} = -\left(\frac{R_2 C_2 s + 1}{C_2 s} \right) \left(\frac{R_1 C_1 s + 1}{R_1} \right)$$

注意到

$$\frac{E_o(s)}{E(s)} = -\frac{R_4}{R_3}$$

所以得到

$$\frac{E_o(s)}{E_i(s)} = \frac{E_o(s)}{E(s)}\frac{E(s)}{E_i(s)} = \frac{R_4 R_2}{R_3 R_1}\frac{(R_1 C_1 s + 1)(R_2 C_2 s + 1)}{R_2 C_2 s}$$

$$= \frac{R_4 R_2}{R_3 R_1}\left(\frac{R_1 C_1 + R_2 C_2}{R_2 C_2} + \frac{1}{R_2 C_2 s} + R_1 C_1 s\right)$$

$$= \frac{R_4(R_1 C_1 + R_2 C_2)}{R_3 R_1 C_2}\left[1 + \frac{1}{(R_1 C_1 + R_2 C_2)s} + \frac{R_1 C_1 R_2 C_2}{R_1 C_1 + R_2 C_2}s\right] \quad (3.37)$$

应当指出,第二个运算放大器电路既作为反号器,同时又作为增益调节器。

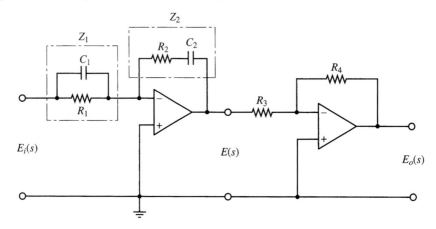

图 3.19　电子 PID 控制器

当 PID 控制器表示成下列形式时:

$$\frac{E_o(s)}{E_i(s)} = K_p\left(1 + \frac{T_i}{s} + T_d s\right)$$

则称 K_p 为比例增益, T_i 为积分时间常数, T_d 为微分时间常数。由方程(3.37)得到 K_p、T_i 和 T_d 为

$$K_p = \frac{R_4(R_1 C_1 + R_2 C_2)}{R_3 R_1 C_2}$$

$$T_i = \frac{1}{R_1 C_1 + R_2 C_2}$$

$$T_d = \frac{R_1 C_1 R_2 C_2}{R_1 C_1 + R_2 C_2}$$

当 PID 控制器表示成下列形式时:

$$\frac{E_o(s)}{E_i(s)} = K_p + \frac{K_i}{s} + K_d s$$

则称 K_p 为比例增益, K_i 为积分增益, K_d 为微分增益。对于这种控制器,有下列结果:

$$K_p = \frac{R_4(R_1C_1 + R_2C_2)}{R_3R_1C_2}$$

$$K_i = \frac{R_4}{R_3R_1C_2}$$

$$K_d = \frac{R_4R_2C_1}{R_3}$$

表 3.1 是运算放大器电路的一种列表,这些电路可以用来作为控制器或校正器。

表 3.1　可以用来作为校正器的运算放大器电路

	控制作用	$G(s) = \dfrac{E_o(s)}{E_i(s)}$	运算放大器电路
1	P	$\dfrac{R_4}{R_3}\dfrac{R_2}{R_1}$	
2	I	$\dfrac{R_4}{R_3}\dfrac{1}{R_1C_2s}$	
3	PD	$\dfrac{R_4}{R_3}\dfrac{R_2}{R_1}(R_1C_1s + 1)$	
4	PI	$\dfrac{R_4}{R_3}\dfrac{R_2}{R_1}\dfrac{R_2C_2s + 1}{R_2C_2s}$	
5	PID	$\dfrac{R_4}{R_3}\dfrac{R_2}{R_1}\dfrac{(R_1C_1s + 1)(R_2C_2s + 1)}{R_2C_2s}$	
6	超前或滞后	$\dfrac{R_4}{R_3}\dfrac{R_2}{R_1}\dfrac{R_1C_1s + 1}{R_2C_2s + 1}$	
7	滞后-超前	$\dfrac{R_6}{R_5}\dfrac{R_4}{R_3}\dfrac{[(R_1 + R_3)C_1s + 1](R_2C_2s + 1)}{(R_1C_1s + 1)[(R_2 + R_4)C_2s + 1]}$	

例题和解答

A.3.1　图 3.20(a)表示一个汽车悬挂系统的原理图。当汽车沿着道路行驶时，轮胎的垂直位移作为一种运动激励作用在汽车的悬挂系统上。该系统的运动由质心的平移运动和围绕质心的旋转运动组成。建立整个系统的数学模型是相当复杂的。

图 3.20(b)表示了一种大为简化的悬挂系统。假设 P 点上的运动 x_i 为系统的输入量，车体的垂直运动 x_o 为系统的输出量，试求传递函数 $X_o(s)/X_i(s)$(只考虑车体在垂直方向上的运动)。位移 x_o 从无输入量 x_i 作用时的平衡位置开始测量。

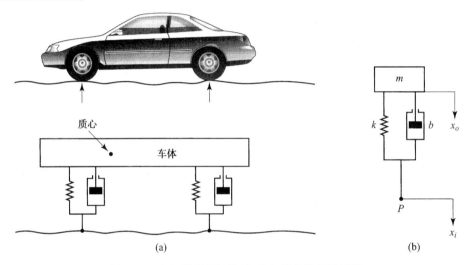

图 3.20　(a) 汽车悬挂系统；(b) 简化的悬挂系统

解：图 3.20(b)所示系统的运动方程为

$$m\ddot{x}_o + b(\dot{x}_o - \dot{x}_i) + k(x_o - x_i) = 0$$

即

$$m\ddot{x}_o + b\dot{x}_o + kx_o = b\dot{x}_i + kx_i$$

对上述方程进行拉普拉斯变换，并假设初始条件为零，得到

$$(ms^2 + bs + k)X_o(s) = (bs + k)X_i(s)$$

因此，传递函数 $X_o(s)/X_i(s)$ 为

$$\frac{X_o(s)}{X_i(s)} = \frac{bs + k}{ms^2 + bs + k}$$

A.3.2　试求图 3.21 所示系统的传递函数 $Y(s)/U(s)$。输入量 u 是位移输入(该题类似于例题 A.3.1 中的系统，这也是汽车或摩托车悬挂系统的简化形式)。

解：假设位移 x 和 y 均是在不存在输入量 u 的情况下，从各自的稳态位置出发进行测量。对系统应用牛顿第二定律，得到

$$m_1\ddot{x} = k_2(y - x) + b(\dot{y} - \dot{x}) + k_1(u - x)$$

$$m_2\ddot{y} = -k_2(y - x) - b(\dot{y} - \dot{x})$$

因此

$$m_1\ddot{x} + b\dot{x} + (k_1 + k_2)x = b\dot{y} + k_2y + k_1u$$

$$m_2\ddot{y} + b\dot{y} + k_2y = b\dot{x} + k_2x$$

对这两个方程进行拉普拉斯变换，并假设初始条件为零，得到

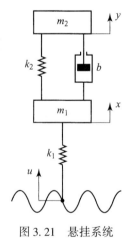

图 3.21　悬挂系统

$$\left[m_1 s^2 + bs + (k_1 + k_2)\right]X(s) = (bs + k_2)Y(s) + k_1 U(s)$$

$$\left[m_2 s^2 + bs + k_2\right]Y(s) = (bs + k_2)X(s)$$

从上面两个方程中消去 $X(s)$，得到

$$\left(m_1 s^2 + bs + k_1 + k_2\right)\frac{m_2 s^2 + bs + k_2}{bs + k_2}Y(s) = (bs + k_2)Y(s) + k_1 U(s)$$

于是

$$\frac{Y(s)}{U(s)} = \frac{k_1(bs + k_2)}{m_1 m_2 s^4 + (m_1 + m_2)bs^3 + [k_1 m_2 + (m_1 + m_2)k_2]s^2 + k_1 bs + k_1 k_2}$$

A.3.3 试求图 3.22 所示系统的状态空间表达式。

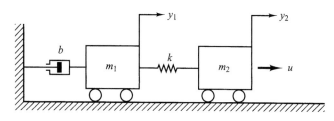

图 3.22 机械系统

解: 系统的方程为

$$m_1 \ddot{y}_1 + b\dot{y}_1 + k(y_1 - y_2) = 0$$

$$m_2 \ddot{y}_2 + k(y_2 - y_1) = u$$

该系统的输出变量为 y_1 和 y_2。定义系统的状态变量为

$$x_1 = y_1$$
$$x_2 = \dot{y}_1$$
$$x_3 = y_2$$
$$x_4 = \dot{y}_2$$

于是得到下列方程：

$$\dot{x}_1 = x_2$$

$$\dot{x}_2 = \frac{1}{m_1}\left[-b\dot{y}_1 - k(y_1 - y_2)\right] = -\frac{k}{m_1}x_1 - \frac{b}{m_1}x_2 + \frac{k}{m_1}x_3$$

$$\dot{x}_3 = x_4$$

$$\dot{x}_4 = \frac{1}{m_2}\left[-k(y_2 - y_1) + u\right] = \frac{k}{m_2}x_1 - \frac{k}{m_2}x_3 + \frac{1}{m_2}u$$

因此，状态方程为

$$\begin{bmatrix} \dot{x}_1 \\ \dot{x}_2 \\ \dot{x}_3 \\ \dot{x}_4 \end{bmatrix} = \begin{bmatrix} 0 & 1 & 0 & 0 \\ -\dfrac{k}{m_1} & -\dfrac{b}{m_1} & \dfrac{k}{m_1} & 0 \\ 0 & 0 & 0 & 1 \\ \dfrac{k}{m_2} & 0 & -\dfrac{k}{m_2} & 0 \end{bmatrix} \begin{bmatrix} x_1 \\ x_2 \\ x_3 \\ x_4 \end{bmatrix} + \begin{bmatrix} 0 \\ 0 \\ 0 \\ \dfrac{1}{m_2} \end{bmatrix} u$$

而输出方程则为

$$\begin{bmatrix} y_1 \\ y_2 \end{bmatrix} = \begin{bmatrix} 1 & 0 & 0 & 0 \\ 0 & 0 & 1 & 0 \end{bmatrix} \begin{bmatrix} x_1 \\ x_2 \\ x_3 \\ x_4 \end{bmatrix}$$

A.3.4 试求图 3.23(a) 所示机械系统的传递函数 $X_o(s)/X_i(s)$，并求图 3.23(b) 所示电气系统的传递函数 $E_o(s)/E_i(s)$。证明这两个系统的传递函数具有相同的形式，因而它们是相似系统。

解:在图 3.23(a)中,假设位移 x_i, x_o 和 y 分别从它们各自的稳态位置出发进行测量。于是图 3.23(a)所示机械系统的运动方程为

$$b_1(\dot{x}_i - \dot{x}_o) + k_1(x_i - x_o) = b_2(\dot{x}_o - \dot{y})$$
$$b_2(\dot{x}_o - \dot{y}) = k_2 y$$

假设初始条件为零,对上述两个方程进行拉普拉斯变换,得到

$$b_1[sX_i(s) - sX_o(s)] + k_1[X_i(s) - X_o(s)] = b_2[sX_o(s) - sY(s)]$$
$$b_2[sX_o(s) - sY(s)] = k_2 Y(s)$$

如果从上述两个方程中消去 $Y(s)$,则得到

$$b_1[sX_i(s) - sX_o(s)] + k_1[X_i(s) - X_o(s)] = b_2 sX_o(s) - b_2 s\frac{b_2 sX_o(s)}{b_2 s + k_2}$$

即

$$(b_1 s + k_1)X_i(s) = \left(b_1 s + k_1 + b_2 s - b_2 s\frac{b_2 s}{b_2 s + k_2}\right)X_o(s)$$

因此,传递函数 $X_o(s)/X_i(s)$ 为

$$\frac{X_o(s)}{X_i(s)} = \frac{\left(\dfrac{b_1}{k_1}s + 1\right)\left(\dfrac{b_2}{k_2}s + 1\right)}{\left(\dfrac{b_1}{k_1}s + 1\right)\left(\dfrac{b_2}{k_2}s + 1\right) + \dfrac{b_2}{k_1}s}$$

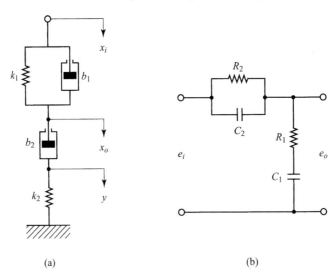

(a)   (b)

图 3.23　(a) 机械系统;(b) 相似的电系统

对于图 3.23(b)所示的电系统,其传递函数可以求得为

$$\frac{E_o(s)}{E_i(s)} = \frac{R_1 + \dfrac{1}{C_1 s}}{\dfrac{1}{(1/R_2) + C_2 s} + R_1 + \dfrac{1}{C_1 s}}$$

$$= \frac{(R_1 C_1 s + 1)(R_2 C_2 s + 1)}{(R_1 C_1 s + 1)(R_2 C_2 s + 1) + R_2 C_1 s}$$

对上述两个传递函数进行比较后可以看出,图 3.23(a)和图 3.23(b)所示的两个系统是相似的。

A.3.5　试求图 3.24(a) 和图 3.24(b) 所示的桥式 T 形网络的传递函数 $E_o(s)/E_i(s)$。

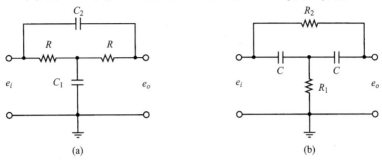

(a)　　　　　　　　　　　　　　　　(b)

图 3.24　桥式 T 形网络

解：上述两个桥式 T 形网络均可以用图 3.25(a) 中的网络表示，在这个网络中我们采用了复阻抗。图 3.25(a) 中的网络，可以变换成图 3.25(b) 所示的网络。

在图 3.25(b) 中，注意到　　　　　$I_1 = I_2 + I_3, \qquad I_2 Z_1 = (Z_3 + Z_4) I_3$

因此　　　　　$$I_2 = \frac{Z_3 + Z_4}{Z_1 + Z_3 + Z_4} I_1, \qquad I_3 = \frac{Z_1}{Z_1 + Z_3 + Z_4} I_1$$

于是电压 $E_i(s)$ 和 $E_o(s)$ 可以求得如下：

$$E_i(s) = Z_1 I_2 + Z_2 I_1$$
$$= \left[Z_2 + \frac{Z_1(Z_3 + Z_4)}{Z_1 + Z_3 + Z_4} \right] I_1$$
$$= \frac{Z_2(Z_1 + Z_3 + Z_4) + Z_1(Z_3 + Z_4)}{Z_1 + Z_3 + Z_4} I_1$$

$$E_o(s) = Z_3 I_3 + Z_2 I_1$$
$$= \frac{Z_3 Z_1}{Z_1 + Z_3 + Z_4} I_1 + Z_2 I_1$$
$$= \frac{Z_3 Z_1 + Z_2(Z_1 + Z_3 + Z_4)}{Z_1 + Z_3 + Z_4} I_1$$

因此，图 3.25(a) 所示网络的传递函数 $E_o(s)/E_i(s)$ 可以求得如下：

$$\frac{E_o(s)}{E_i(s)} = \frac{Z_3 Z_1 + Z_2(Z_1 + Z_3 + Z_4)}{Z_2(Z_1 + Z_3 + Z_4) + Z_1 Z_3 + Z_1 Z_4} \tag{3.38}$$

对于图 3.24(a) 所示的桥式 T 形网络，将下列诸式：

$$Z_1 = R, \qquad Z_2 = \frac{1}{C_1 s}, \qquad Z_3 = R, \qquad Z_4 = \frac{1}{C_2 s}$$

代入方程(3.38)，于是得到传递函数 $E_o(s)/E_i(s)$ 为

$$\frac{E_o(s)}{E_i(s)} = \frac{R^2 + \dfrac{1}{C_1 s}\left(R + R + \dfrac{1}{C_2 s} \right)}{\dfrac{1}{C_1 s}\left(R + R + \dfrac{1}{C_2 s} \right) + R^2 + R\dfrac{1}{C_2 s}}$$

$$= \frac{RC_1 RC_2 s^2 + 2RC_2 s + 1}{RC_1 RC_2 s^2 + (2RC_2 + RC_1)s + 1}$$

类似地，对于图 3.24(b) 所示的桥式 T 形网络，将下列诸式：

$$Z_1 = \frac{1}{Cs}, \qquad Z_2 = R_1, \qquad Z_3 = \frac{1}{Cs}, \qquad Z_4 = R_2$$

代入方程(3.38),于是得到下列传递函数 $E_o(s)/E_i(s)$

$$\frac{E_o(s)}{E_i(s)} = \frac{\dfrac{1}{Cs}\dfrac{1}{Cs} + R_1\left(\dfrac{1}{Cs} + \dfrac{1}{Cs} + R_2\right)}{R_1\left(\dfrac{1}{Cs} + \dfrac{1}{Cs} + R_2\right) + \dfrac{1}{Cs}\dfrac{1}{Cs} + R_2\dfrac{1}{Cs}}$$

$$= \frac{R_1CR_2Cs^2 + 2R_1Cs + 1}{R_1CR_2Cs^2 + (2R_1C + R_2C)s + 1}$$

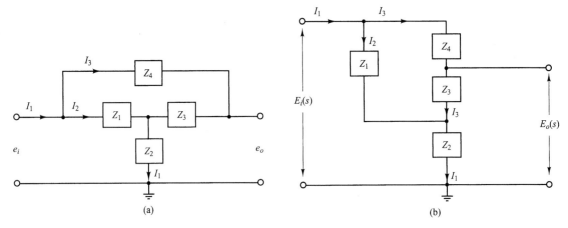

图 3.25　(a) 用复阻抗形式表示的桥式 T 形网络；(b) 等效网络

A.3.6　试求图 3.26 所示运算放大器电路的传递函数 $E_o(s)/E_i(s)$。

解:点 A 上的电压为

$$e_A = \frac{1}{2}(e_i - e_o) + e_o$$

上述方程的拉普拉斯变换形式为

$$E_A(s) = \frac{1}{2}\left[E_i(s) + E_o(s)\right]$$

点 B 上的电压为

$$E_B(s) = \frac{\dfrac{1}{Cs}}{R_2 + \dfrac{1}{Cs}}E_i(s) = \frac{1}{R_2Cs + 1}E_i(s)$$

因为 $[E_B(s) - E_A(s)]K = E_o(s)$ 和 $K \gg 1$,所以必须有
$E_A(s) = E_B(s)$,于是

$$\frac{1}{2}\left[E_i(s) + E_o(s)\right] = \frac{1}{R_2Cs + 1}E_i(s)$$

因此

$$\frac{E_o(s)}{E_i(s)} = -\frac{R_2Cs - 1}{R_2Cs + 1} = -\frac{s - \dfrac{1}{R_2C}}{s + \dfrac{1}{R_2C}}$$

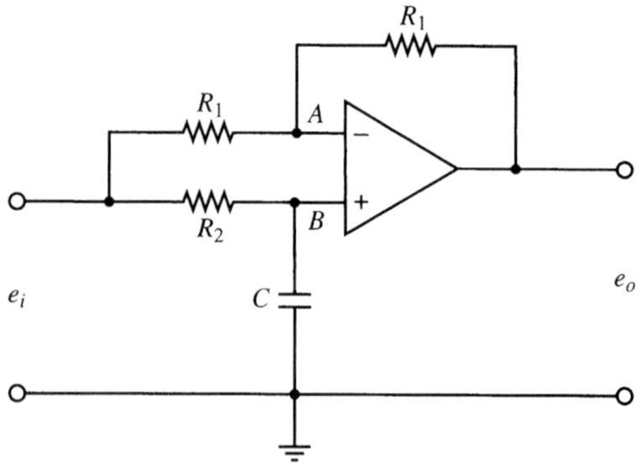

图 3.26　运算放大器电路

A.3.7　试求图 3.27 所示运算放大器系统的传递函数 $E_o(s)/E_i(s)$,并且以复阻抗 Z_1、Z_2、Z_3 和 Z_4 的形式予以表示。利用导出的方程,求图 3.26 所示运算放大器系统的传递函数 $E_o(s)/E_i(s)$。

解：由图 3.27 可以得到

$$\frac{E_i(s) - E_A(s)}{Z_3} = \frac{E_A(s) - E_o(s)}{Z_4}$$

即

$$E_i(s) - \left(1 + \frac{Z_3}{Z_4}\right)E_A(s) = -\frac{Z_3}{Z_4}E_o(s) \quad (3.39)$$

因为

$$E_A(s) = E_B(s) = \frac{Z_1}{Z_1 + Z_2}E_i(s) \quad (3.40)$$

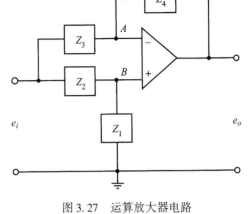

将方程(3.40)代入方程(3.39)，得到

$$\left[\frac{Z_4 Z_1 + Z_4 Z_2 - Z_4 Z_1 - Z_3 Z_1}{Z_4(Z_1 + Z_2)}\right]E_i(s) = -\frac{Z_3}{Z_4}E_o(s)$$

图 3.27　运算放大器电路

由上式求得传递函数 $E_o(s)/E_i(s)$ 为

$$\frac{E_o(s)}{E_i(s)} = -\frac{Z_4 Z_2 - Z_3 Z_1}{Z_3(Z_1 + Z_2)} \quad (3.41)$$

为了求图 3.26 所示电路的传递函数 $E_o(s)/E_i(s)$，把下列诸式：

$$Z_1 = \frac{1}{Cs}, \qquad Z_2 = R_2, \qquad Z_3 = R_1, \qquad Z_4 = R_1$$

代入方程(3.41)。其结果为
$$\frac{E_o(s)}{E_i(s)} = -\frac{R_1 R_2 - R_1 \dfrac{1}{Cs}}{R_1\left(\dfrac{1}{Cs} + R_2\right)} = -\frac{R_2 Cs - 1}{R_2 Cs + 1}$$

显然，这个结果与在例题 A.3.6 中求得的结果是相同的。

A.3.8　试求图 3.28 所示运算放大器电路的传递函数 $E_o(s)/E_i(s)$。

　　解：首先求电流 i_1、i_2、i_3、i_4 和 i_5，然后将针对节点 A 和 B 应用节点方程。

$$i_1 = \frac{e_i - e_A}{R_1}; \qquad i_2 = \frac{e_A - e_o}{R_3}, \qquad i_3 = C_1 \frac{de_A}{dt}$$

$$i_4 = \frac{e_A}{R_2}, \qquad i_5 = C_2 \frac{-de_o}{dt}$$

在节点 A 上，得到 $i_1 = i_2 + i_3 + i_4$，即

$$\frac{e_i - e_A}{R_1} = \frac{e_A - e_o}{R_3} + C_1 \frac{de_A}{dt} + \frac{e_A}{R_2} \quad (3.42)$$

在节点 B 上，得到 $i_4 = i_5$，即

$$\frac{e_A}{R_2} = C_2 \frac{-de_o}{dt} \quad (3.43)$$

改写方程(3.42)，得到

$$C_1 \frac{de_A}{dt} + \left(\frac{1}{R_1} + \frac{1}{R_2} + \frac{1}{R_3}\right)e_A = \frac{e_i}{R_1} + \frac{e_o}{R_3} \quad (3.44)$$

由方程(3.43)，得到

$$e_A = -R_2 C_2 \frac{de_o}{dt} \quad (3.45)$$

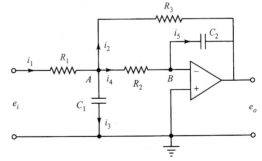

图 3.28　运算放大器电路

将方程(3.45)代入方程(3.44)，得到

$$C_1\left(-R_2C_2\frac{\mathrm{d}^2e_o}{\mathrm{d}t^2}\right) + \left(\frac{1}{R_1}+\frac{1}{R_2}+\frac{1}{R_3}\right)(-R_2C_2)\frac{\mathrm{d}e_o}{\mathrm{d}t} = \frac{e_i}{R_1}+\frac{e_o}{R_3}$$

对上述方程进行拉普拉斯变换，并假设初始条件为零，得到

$$-C_1C_2R_2s^2E_o(s) + \left(\frac{1}{R_1}+\frac{1}{R_2}+\frac{1}{R_3}\right)(-R_2C_2)sE_o(s) - \frac{1}{R_3}E_o(s) = \frac{E_i(s)}{R_1}$$

由上式得到传递函数 $E_o(s)/E_i(s)$ 如下：

$$\frac{E_o(s)}{E_i(s)} = -\frac{1}{R_1C_1R_2C_2s^2 + \left[R_2C_2 + R_1C_2 + (R_1/R_3)R_2C_2\right]s + (R_1/R_3)}$$

A.3.9 考虑图3.29(a)表示的伺服系统。图中所示的电动机是一种伺服电动机，它是一种专门用在控制系统中的直流电动机。该系统的工作原理如下：用一对电位计作为系统的误差测量装置，它们可以将输入和输出位置转变为与位置成比例的电信号。输入电位计电刷臂的角位置 r 由控制输入信号确定。角位置 r 就是系统的参考输入量，而电刷臂上的电位与电刷臂的角位置成比例。输出电位计电刷臂的角位置 c 由输出轴的位置确定。输入角位置 r 与输出角位置 c 之间的差就是误差信号 e，即

$$e = r - c$$

电位差 $e_r - e_c = e_v$ 为误差电压，式中 e_r 与 r 成比例，e_c 与 c 成比例，即 $e_c = K_0r$ 和 $e_c = K_0c$，其中 K_0 为比例常数。电位计输出端上的误差电压被增益常数为 K_1 的放大器放大。放大器的输出电压作用到直流电动机的电枢电路上。电动机的励磁绕组上加有固定电压。如果出现误差信号，电动机就会产生力矩，以带动输出负载旋转，并使误差减小到零。对于固定的励磁电流，电动机产生的力矩为

$$T = K_2i_a$$

式中 K_2 为电动机的力矩常数，i_a 为电枢电流。

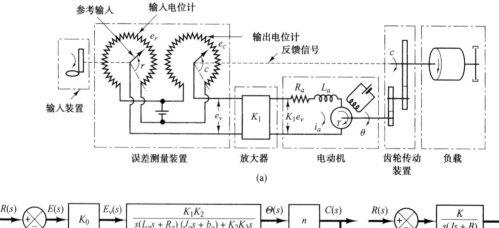

图3.29 （a）伺服系统原理图；（b）系统的方框图；（c）简化方框图

当电枢旋转时，在电枢中将感应出一定的电压，它的大小与磁通和角速度的乘积成正比。对于固定的磁通，感应电压 e_b 与角速度 $\mathrm{d}\theta/\mathrm{d}t$ 成正比，即

$$e_b = K_3\frac{\mathrm{d}\theta}{\mathrm{d}t}$$

式中 e_b 为反电势，K_3 为电动机的反电势常数，而 θ 则为电动机轴的角位移。

试求电动机转角位移 θ 与误差电压 e_v 之间的传递函数。此外，当 L_a 可以忽略时，试求这个系统的方框图和简化方框图。

解：电枢控制式直流伺服电动机的速度由电枢电压 e_a 控制（电枢电压 $e_a = K_1 e_v$ 为放大器的输出）。电枢电流的微分方程为

$$L_a \frac{\mathrm{d}i_a}{\mathrm{d}t} + R_a i_a + e_b = e_a$$

即

$$L_a \frac{\mathrm{d}i_a}{\mathrm{d}t} + R_a i_a + K_3 \frac{\mathrm{d}\theta}{\mathrm{d}t} = K_1 e_v \tag{3.46}$$

电动机力矩的平衡方程为

$$J_0 \frac{\mathrm{d}^2\theta}{\mathrm{d}t^2} + b_0 \frac{\mathrm{d}\theta}{\mathrm{d}t} = T = K_2 i_a \tag{3.47}$$

式中，J_0 为电动机、负载和折合到电动机轴上的齿轮传动装置组合的转动惯量，b_0 为电动机、负载和折合到电动机轴上的齿轮传动装置组合的黏性摩擦系数。

从方程（3.46）和方程（3.47）中消去 i_a，得到

$$\frac{\Theta(s)}{E_v(s)} = \frac{K_1 K_2}{s(L_a s + R_a)(J_0 s + b_0) + K_2 K_3 s} \tag{3.48}$$

假设齿轮传动装置的传动比是这样设计的，即它使得输出轴的转数是电动机轴转数的 n 倍。因此

$$C(s) = n\Theta(s) \tag{3.49}$$

$E_v(s)$、$R(s)$ 和 $C(s)$ 之间的关系为

$$E_v(s) = K_0 \big[R(s) - C(s)\big] = K_0 E(s) \tag{3.50}$$

这个系统的方框图可以根据方程（3.48）至方程（3.50）得出，如图 3.29（b）所示。该系统前向路径的传递函数为

$$G(s) = \frac{C(s)}{\Theta(s)} \frac{\Theta(s)}{E_v(s)} \frac{E_v(s)}{E(s)} = \frac{K_0 K_1 K_2 n}{s\big[(L_a s + R_a)(J_0 s + b_0) + K_2 K_3\big]}$$

当 L_a 小到可以忽略不计时，前向路径的传递函数 $G(s)$ 变为

$$G(s) = \frac{K_0 K_1 K_2 n}{s\big[R_a(J_0 s + b_0) + K_2 K_3\big]}$$

$$= \frac{K_0 K_1 K_2 n / R_a}{J_0 s^2 + \left(b_0 + \dfrac{K_2 K_3}{R_a}\right)s} \tag{3.51}$$

式中 $\big[b_0 + (K_2 K_3 / R_a)\big]s$ 一项表明，电动机的反电势有效地增大了系统的黏性摩擦。转动惯量 J_0 和黏性摩擦系数 $b_0 + (K_2 K_3 / R_a)$ 都是折合到电动机轴上的物理量。当 J_0 和 $b_0 + (K_2 K_3 / R_a)$ 乘以 $1/n^2$ 时，转动惯量和黏性摩擦系数便被折合到了输出轴上。下面引入一些新参量，它们的定义是：

$J = J_0/n^2$，为折合到输出轴上的转动惯量

$B = \big[b_0 + (K_2 K_3 / R_a)\big]/n^2$，为折合到输出轴上的黏性摩擦系数

$K = K_0 K_1 K_2 / n R_a$

于是由方程（3.51）给出的传递函数 $G(s)$ 可以简化为

$$G(s) = \frac{K}{Js^2 + Bs}$$

即

$$G(s) = \frac{K_m}{s(T_m s + 1)}$$

式中，

$$K_m = \frac{K}{B}, \qquad T_m = \frac{J}{B} = \frac{R_a J_0}{R_a b_0 + K_2 K_3}$$

于是图 3.29（b）表示的系统方框图可以简化为图 3.29（c）表示的方框图。

习题

B.3.1　试求图 3.30 所示系统的等效黏性摩擦系数 b_{eq}。

B.3.2　试求图 3.31(a) 和图 3.31(b) 所示机械系统的数学模型。

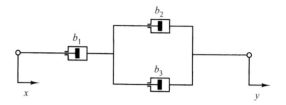

图 3.30　阻尼器系统

B.3.3　试求图 3.32 所示机械系统的状态空间表达式, 图中 u_1 和 u_2 为输入量, y_1 和 y_2 为输出量。

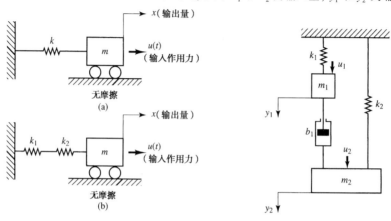

图 3.31　机械系统　　　　　　　　图 3.32　机械系统

B.3.4　考虑图 3.33 所示的具有弹性负载的单摆系统。假设当单摆处于垂直位置, 即当 $\theta = 0$ 时, 作用到单摆上的弹性力等于零。又设系统中包含的摩擦可以忽略不计, 且振荡的角度 θ 很小。试求系统的数学模型。

B.3.5　参考例 3.5 和例 3.6, 考虑图 3.34 所示的倒立摆系统。假设倒立摆的质量为 m, 并且沿着杆的长度均匀分布(摆的重心位于杆的中心)。又设角度 θ 比较小, 试以微分方程、传递函数和状态空间方程的形式, 导出该系统的数学模型。

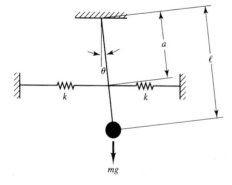

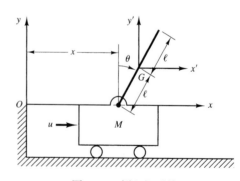

图 3.33　具有弹性负载的单摆系统　　　　　　图 3.34　倒立摆系统

B.3.6　试求图 3.35 所示机械系统的传递函数 $X_1(s)/U(s)$ 和 $X_2(s)/U(s)$。

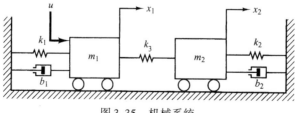

图 3.35　机械系统

B.3.7　试求图 3.36 所示电路的传递函数 $E_o(s)/E_i(s)$。

B.3.8　考虑图 3.37 所示电路。试应用方框图法求传递函数 $E_o(s)/E_i(s)$。

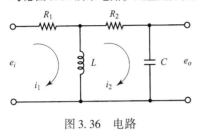

图 3.36　电路

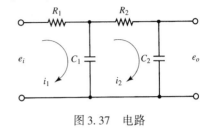

图 3.37　电路

B.3.9　试导出图 3.38 所示电路的传递函数，并画出其相似机械系统的原理图。

B.3.10　试求图 3.39 所示运算放大器电路的传递函数 $E_o(s)/E_i(s)$。

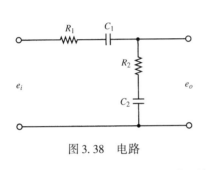

图 3.38　电路

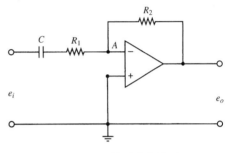

图 3.39　运算放大器电路

B.3.11　试求图 3.40 所示运算放大器电路的传递函数 $E_o(s)/E_i(s)$。

B.3.12　试利用阻抗法，求图 3.41 所示运算放大器电路的传递函数 $E_o(s)/E_i(s)$。

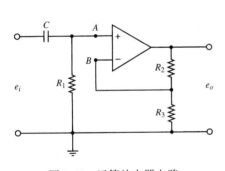

图 3.40　运算放大器电路

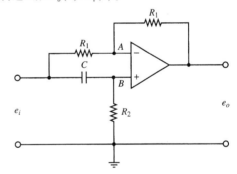

图 3.41　运算放大器电路

B.3.13　考虑图 3.42 所示的系统。电枢控制式直流电动机驱动一个由转动惯量 J_L 构成的负载。电动机产生的力矩为 T。电动机转子的转动惯量为 J_m。电动机转子的角位转移和负载元件的角位移分别为 θ_m 和 θ，齿轮比为 $n = \theta/\theta_m$，试求传递函数 $\Theta(s)/E_i(s)$。

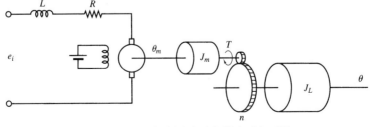

图 3.42　电枢控制式直流伺服电动机系统

第4章 流体系统和热力系统的数学模型

本章要点

本章4.1节适当地介绍了一些基础知识。4.2节讨论液位系统。4.3节介绍气动系统,特别是关于气动控制器的基本原理。4.4节首先讨论液压伺服系统,然后介绍液压控制器。最后,4.5节分析热力系统,并且求解这类系统的数学模型。

4.1 引言

这一章将讨论流体系统和热力系统的数学模型。正如许多通用的介质可以用来传递信号和能量那样,流体(液体和气体)在工业中获得了广泛应用。液体和气体的特点是:它们基本上具有相对的不可压缩性,而且液体具有自由液面,气体则可以充满它所占据的整个容器。在工程领域,"气动"流体系统,是采用空气或其他气体的系统,而"液压"流体系统则是指采用油液的系统。

首先我们来讨论液位系统,它常常被应用于过程控制中。关于这个主题,我们通过介绍液阻和液容的概念来描述这类系统的动态特性。然后讨论气动系统,这类系统在生产机械自动化方面和自动控制器领域获得了广泛的应用。例如,气动回路可以把压缩空气的能量转变为机械能,从而有利于广泛采用。另外,各种类型的气动控制器,也被广泛地应用在工业中。其次,我们将介绍液压伺服系统,这些系统在机床和飞机控制系统等领域得到了广泛应用。本章将讨论液压伺服系统和液压控制器的基本问题。不论是气动系统还是液压伺服系统,均可以利用电阻和电容的概念方便地进行仿真。最后,我们将讨论简单的热力系统,这类系统包括从一种物质向另一种物质的热传导,其数学模型可以利用热阻和热容得到。

4.2 液位系统

当分析包含流体流动的系统时,需要根据雷诺数的大小,将流动状态区分为层流和紊流。如果雷诺数大于3000~4000,则流动为紊流。如果雷诺数小于约2000,则流动为层流。在层流情况下,流体的流动呈流线型,无任何湍动出现。包含层流的系统则可以用线性微分方程来描述。

在工业生产过程中,常常包含通过连接导管和容器的液流,这类过程中的流动常常是紊流而不是层流。包含紊流的系统常常需要用非线性微分方程来描述。但是,如果其工作范围是有限的,则这种非线性微分方程可以线性化。

在这一节中,我们将讨论液位系统的线性化数学模型。通过引入液位系统的液阻和液容的概念,可以用简单的形式描述该系统的动态特性。

4.2.1 液位系统的液阻和液容

设有一个液流通过连接两个容器的短管。这时,导管或节流孔的液阻 R 定义为产生单位流量变化所必需的液位差(两个容器的液面位置之差)的变化量,即

$$R = \frac{液位差变化(\text{m})}{流量变化(\text{m}^3/\text{s})}$$

因为在层流和紊流时，流量与液位差之间的关系是不同的，所以下面对这两种情况分别进行研究。

考虑图 4.1(a)所示的液位系统。在此系统中，液体通过容器侧面的负载阀流出。如果通过节流器的液流是层流，则稳态流量与节流器上液位的稳态水头之间存在下列关系：

$$Q = KH$$

式中，Q 为稳态液体流量(m^3/s)，K 为系数(m^2/s)，H 为稳态水头(m)。

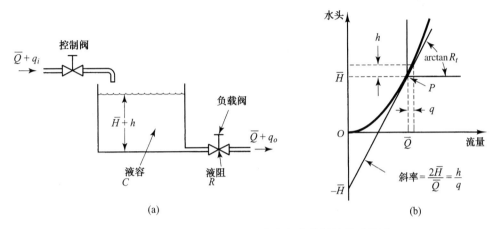

图 4.1　(a) 液位系统；(b) 水头与流量间的关系曲线

层流时的液阻 R_l 可以求得为

$$R_l = \frac{\mathrm{d}H}{\mathrm{d}Q} = \frac{H}{Q}$$

层流时的液阻为常数，它与电阻相似。

如果通过节流器的液流为紊流，则流量可以求得为

$$Q = K\sqrt{H} \tag{4.1}$$

式中，Q 为稳态液体流量(m^3/s)，K 为系数($m^{2.5}/s$)，H 为稳态水头(m)。

紊流时的液阻 R_t 可以求得为

$$R_t = \frac{\mathrm{d}H}{\mathrm{d}Q}$$

因为根据方程(4.1)可得到

$$\mathrm{d}Q = \frac{K}{2\sqrt{H}}\mathrm{d}H$$

所以

$$\frac{\mathrm{d}H}{\mathrm{d}Q} = \frac{2\sqrt{H}}{K} = \frac{2\sqrt{H}\sqrt{H}}{Q} = \frac{2H}{Q}$$

因此

$$R_t = \frac{2H}{Q}$$

紊流液阻 R_t 的值取决于流量和水头。如果水头和流量的变化很小，则 R_t 的值可以认为是常数。

利用紊流液阻，Q 与 H 之间的关系可以表示为

$$Q = \frac{2H}{R_t}$$

如果水头和流量偏离其各自的稳态值的变化较小，则上述线性化关系是正确的。

在多数实际情况中,方程(4.1)中与流量系数和节流器面积有关的系数 K 值是未知的。这时可以根据实验数据,绘出水头与流量之间的关系曲线,然后在工作点上测量曲线的斜率,从而确定液阻。图4.1(b)就是这样一种关系曲线的例子。在该图中,点 P 是稳态工作点。通过点 P 的曲线的正切线,与纵坐标轴相交于 $(0, -\bar{H})$ 点。因此,该正切线的斜率是 $2\bar{H}/\bar{Q}$。因为在工作点 P 上的液阻 R_t 为 $2\bar{H}/\bar{Q}$,所以液阻 R_t 等于曲线在工作点上的斜率。

考虑 P 点附近的工作状态。设水头对其稳态值的微小偏差为 h,并设相应的流量微小变化为 q。于是,曲线在 P 点的斜率可以表示为

$$\text{曲线上} P \text{点的斜率} = \frac{h}{q} = \frac{2\bar{H}}{\bar{Q}} = R_t$$

这种线性近似基于这样的事实:当工作点变化不太大时,实际曲线与其切线之间的差别也不太大。

将引起单位位能(水头)变化所需的容器存储液体量的变化定义为容器的液容 C(位能表示系统能量的大小),即

$$C = \frac{\text{被存储的液体的变化}(\text{m}^3)}{\text{水头的变化}(\text{m})}$$

容量 (m^3) 和液容 (m^2) 是不同的。容器的液容等于容器的横截面积。如果容器的横截面积为常数,那么对应于任何水头的液容也是常数。

4.2.2 液位系统

考虑图4.1(a)所示的系统。各变量的定义如下:

$\bar{Q}$ = 稳态流量(发生任何变化以前的流量,m^3/s)
q_i = 输入流量对其稳态值的微小偏差(m^3/s)
q_o = 输出流量对其稳态值的微小偏差(m^3/s)
$\bar{H}$ = 稳态水头(发生任何变化以前的水头,m)
h = 水头对其稳态值的微小偏差(m)

如前所述,如果液流为层流,则系统可以看成是线性的。即使液流为紊流,如果变量的变化保持在较小的范围内,则系统可以线性化。基于系统是线性的或线性化的这一假设,可以求得系统的微分方程如下:因为在微小时间间隔 $\text{d}t$ 内,容器内存储的液体的增量等于输入量减去输出量,所以

$$C \, \text{d}h = (q_i - q_o) \, \text{d}t$$

根据液阻定义,q_o 与 h 的关系为

$$q_o = \frac{h}{R}$$

当 R 为常数时,该系统的微分方程变为

$$RC \frac{\text{d}h}{\text{d}t} + h = Rq_i \qquad (4.2)$$

RC 为系统的时间常数。对方程(4.2)两边进行拉普拉斯变换,并假设初始条件为零,得到

$$(RCs + 1)H(s) = RQ_i(s)$$

式中, $\qquad H(s) = \mathscr{L}[h] \qquad$ 且 $\qquad Q_i(s) = \mathscr{L}[q_i]$

如果把 q_i 看成输入量,把 h 看成输出量,则系统的传递函数为

$$\frac{H(s)}{Q_i(s)} = \frac{R}{RCs + 1}$$

但是，如果取 q_o 为输出量，输入量保持不变，则系统的传递函数为

$$\frac{Q_o(s)}{Q_i(s)} = \frac{1}{RCs + 1}$$

这里利用了下列关系：

$$Q_o(s) = \frac{1}{R} H(s)$$

4.2.3　相互有影响的液位系统

考虑图 4.2 所示的系统。在这个系统中，两个容器相互影响，因此系统的传递函数不等于两个一阶传递函数的乘积。

在下面的讨论中，假设变量相对于稳态值的变化很小。采用图 4.2 中规定的符号，可以得到系统的下列方程：

$$\frac{h_1 - h_2}{R_1} = q_1 \tag{4.3}$$

$$C_1 \frac{\mathrm{d}h_1}{\mathrm{d}t} = q - q_1 \tag{4.4}$$

$$\frac{h_2}{R_2} = q_2 \tag{4.5}$$

$$C_2 \frac{\mathrm{d}h_2}{\mathrm{d}t} = q_1 - q_2 \tag{4.6}$$

如果把 q 当成输入量，把 q_2 当成输出量，则系统的传递函数为

$$\frac{Q_2(s)}{Q(s)} = \frac{1}{R_1C_1R_2C_2s^2 + (R_1C_1 + R_2C_2 + R_2C_1)s + 1} \tag{4.7}$$

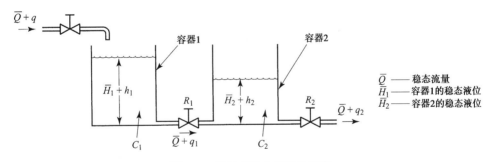

图 4.2　相互有影响的液位系统

通过方框图简化求相互有影响的系统的传递函数，即求方程(4.7)，是一种使人们颇受启发的方法。根据方程(4.3)至方程(4.6)，可以得到方框图的各组成单元，如图 4.3(a)所示。将各信号适当地连接起来，就可以构成系统的方框图，如图 4.3(b)所示。该方框图可以简化为图 4.3(c)所示的形式。图 4.3(d)和图 4.3(e)是方框图进一步简化的结果。图 4.3(e)与方程(4.7)是等效的。

注意由方程(4.7)给出的传递函数与由方程(3.33)给出的传递函数之间的相似性和区别。在方程(4.7)的分母中出现的 R_2C_1s 项表示了两个容器之间的相互作用。类似地，方程(3.33)的分母中的 R_1C_2s 项表示了图 3.8 两个 RC 电路之间的相互作用。

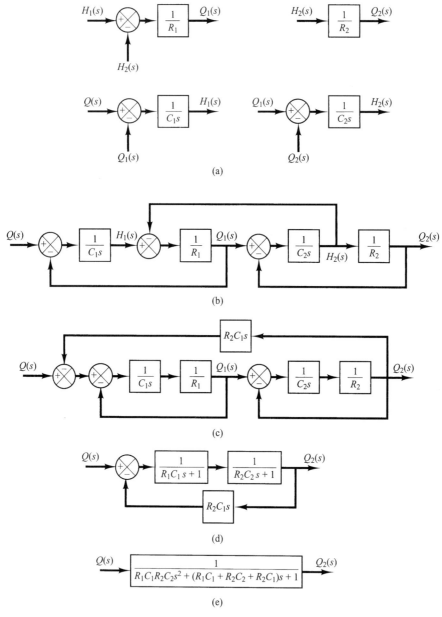

图 4.3 （a）图 4.2 所示的系统方框图的组成单元；（b）系统的方框图；（c）～（e）方框图的简化过程

4.3　气动系统

在工业应用中，经常需要对气动系统和液压系统进行比较，所以在详细讨论气动系统之前，先对这两类系统进行简单的比较。

4.3.1　气动系统和液压系统之间的比较

气动系统中经常采用的流体是空气，液压系统中经常采用的流体是油液。首先，包含在系统中的流体的不同性质，造成了两个系统之间的差别。这些差别列举如下：

1. 空气和其他气体是可以压缩的,而油液不可压缩(高压情况下除外)。
2. 空气缺乏滑润性,并且总包含有水蒸气。油液既可作为液压流体,又可作为滑润剂。
3. 气动系统的正常工作压力远比液压系统的低。
4. 气动系统的输出功率远比液压系统的输出功率小。
5. 低速时,气动执行机构的精度比较差,液压执行机构的精度则可以在各种速度时都做得比较令人满意。
6. 在气动系统中,外部泄漏在一定程度上是允许的,但是内部泄漏必须避免,因为气动系统的有效压差相当小。在液压系统中,内部泄漏在一定程度上是允许的,但是外部泄漏必须避免。
7. 在气动系统中,当空气作为介质时,无须返回管路。但在液压系统中,返回管路是不可缺少的。
8. 气动系统的正常工作温度为 5℃ ~ 60℃(41°F ~ 140°F),但是气动系统可以工作在 0℃ ~ 200℃(32° ~ 392°F)范围内。与液压系统相比,气动系统对温度的变化不敏感。在液压系统中,因黏性而引起的流体摩擦与温度的关系很大。液压系统的正常工作温度为 20℃ ~ 70℃(68°F ~ 158°F)。
9. 气动系统具有防火、防爆性能,而液压系统不具备这种性能,除非采用了不易燃烧的液体。

下面首先研究气动系统的数学模型,然后介绍气动比例控制器。

我们将首先详细讨论比例控制器的工作原理。然后,将研究获得微分和积分控制作用的方法。在全部讨论中将强调基本原理,而不拘泥于实际机构的工作细节。

4.3.2　气动系统

在过去的数十年中,用于工业控制系统中的低压气动控制器获得了巨大发展,并广泛地应用到了工业过程中,其原因是它们具有防爆特性,并且结构简单,维护容易。

4.3.3　压力系统的气阻和气容

许多工业过程和气动控制器包含通过连接导管和压力容器的气流或空气流。

考虑图 4.4(a)所示的压力系统。通过节流孔的气流是气压差 $p_i - p_o$ 的函数。这种压力系统的特性可以用气阻和气容的形式来描述。

气流的气阻 R 可以定义为

$$R = \frac{气压差的变化(lb_f/ft^2)①}{气体流量的变化(lb/s)②}$$

或写成

$$R = \frac{d(\Delta P)}{dq} \tag{4.8}$$

式中 $d(\Delta P)$ 是气体压力差的微小变化,dq 是气体流量的微小变化。计算气流气阻 R 的值可能相当耗费时间。但是,通过实验,由压力差与流量之间的关系曲线计算给定点上曲线的斜率,可以很容易地确定气阻 R,如图 4.4(b)所示。

压力容器的气容可以定义为

$$C = \frac{存储的气体的变化(lb)}{气体压力的变化(lb_f/ft^2)}$$

---

① lb_f 为力学单位。1 lb_f(磅力)≈ 4.448 N。磅力在工程单位制中表示 1 lb 的物体在北纬 45°海平面上所受的重力。
　1 ft(英尺)= 0.3048 m。——编者注
② 1 lb = 0.4536 kg。——编者注

或者写成
$$C = \frac{\mathrm{d}m}{\mathrm{d}p} = V\frac{\mathrm{d}\rho}{\mathrm{d}p} \tag{4.9}$$

式中，C 为气容($\mathrm{lb \cdot ft^2/lb_f}$)，$m$ 为容器中气体的质量(lb)，p 为气体压力($\mathrm{lb_f/ft^2}$)，V 为容器的容积($\mathrm{ft^3}$)，ρ 为气体的密度($\mathrm{lb/ft^3}$)。

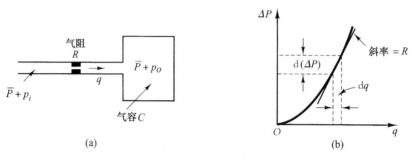

图4.4　(a) 压力系统原理图；(b) 压力差与流量之间的关系曲线

压力系统的气容取决于膨胀过程的类型。利用理想气体定律可以计算气容。如果气体的膨胀过程是多变的，并且气体状态的变化处于等温和绝热过程之间，则

$$p\left(\frac{V}{m}\right)^n = \frac{p}{\rho^n} = 常数 = K \tag{4.10}$$

式中 n 为多变指数。

对于理想气体，　　　　　$p\bar{v} = \bar{R}T$　　　即　　　$pv = \frac{\bar{R}}{M}T$

式中，p 为绝对压力($\mathrm{lb_f/ft^2}$)，$\bar{v}$ 为 1 mol 气体占有的体积($\mathrm{ft^3/lb \cdot mol}$)，$\bar{R}$ 为通用气体常数($\mathrm{ft \cdot lb_f/lb \cdot mol°R}$)，$T$ 为绝对温度($\mathrm{°R}$)，v 为气体的比容($\mathrm{ft^3/lb}$)，M 为 1 mol 气体的分子质量($\mathrm{lb/lb \cdot mol}$)。

因此，　　　　　$$pv = \frac{p}{\rho} = \frac{\bar{R}}{M}T = R_{气}T \tag{4.11}$$

式中，$R_{气}$ 为气体常数($\mathrm{ft \cdot lb_f/lb°R}$)。

对于等温膨胀过程，多变指数 n 等于 1。对于绝热膨胀过程，n 等于比热容的比值 c_p/c_v，其中 c_p 为定压比热容，c_v 为定容比热容。在大多数实际情况中，n 的数值近似为常数，因此气容可以认为是常数。

根据方程(4.10) 和方程(4.11)，可以求得 $\mathrm{d}\rho/\mathrm{d}p$ 的值。根据方程(4.10)，可以得到

$$\mathrm{d}p = Kn\rho^{n-1}\,\mathrm{d}\rho$$

即　　　　　$$\frac{\mathrm{d}\rho}{\mathrm{d}p} = \frac{1}{Kn\rho^{n-1}} = \frac{\rho^n}{pn\rho^{n-1}} = \frac{\rho}{pn}$$

把方程(4.11)代入上述方程，得到　　　$$\frac{\mathrm{d}\rho}{\mathrm{d}p} = \frac{1}{nR_{气}T}$$

因此，气容为　　　　　$$C = \frac{V}{nR_{气}T} \tag{4.12}$$

如果温度保持常数，则给定容器的气容也为常数(在大多数实际情况中，对于装在非绝热金属容器中的气体而言，其多变指数 n 近似等于 $1.0 \sim 1.2$)。

4.3.4　压力系统

考虑图 4.4(a)所示的系统。假设各变量相对于它们各自稳态值的偏离值很小，则该系统可以看成线性的。

我们规定：

$\bar{P}$ = 稳态时（压力变化前的状态）容器中的气体压力（$\mathrm{lb_f/ft^2}$）

p_i = 输入气体压力的微小变化（$\mathrm{lb_f/ft^2}$）

p_o = 容器中气体压力的微小变化（$\mathrm{lb_f/ft^2}$）

V = 容器的容积（$\mathrm{ft^3}$）

m = 容器中气体的质量（lb）

q = 气体的流量（lb/s）

ρ = 气体的密度（$\mathrm{lb/ft^3}$）

对于微小的 p_i 和 p_o 值，由方程(4.8)给出的气阻 R 变为常数，并且可以写成

$$R = \frac{p_i - p_o}{q}$$

气容 C 由方程(4.9)给出，即

$$C = \frac{\mathrm{d}m}{\mathrm{d}p}$$

因为压力变化 $\mathrm{d}p_o$ 乘以气容 C，等于在 $\mathrm{d}t$ 秒时间内容器中增加的气体，所以

$$C\,\mathrm{d}p_o = q\,\mathrm{d}t$$

即

$$C\frac{\mathrm{d}p_o}{\mathrm{d}t} = \frac{p_i - p_o}{R}$$

上式又可以写成

$$RC\frac{\mathrm{d}p_o}{\mathrm{d}t} + p_o = p_i$$

如果把 p_i 和 p_o 分别看成输入量和输出量，则该系统的传递函数为

$$\frac{P_o(s)}{P_i(s)} = \frac{1}{RCs + 1}$$

式中 RC 具有时间的因次，称为系统的时间常数。

4.3.5　气动喷嘴-挡板放大器

图 4.5(a)所示为一个气动喷嘴-挡板放大器的原理图，这种放大器的能源是具有定常压力的空气能源。喷嘴-挡板放大器能够将挡板位置的微小变化，转变成喷嘴内的比较大的背压变化。因此，利用移动挡板时所需的微小功率可以控制很大的输出功率。

在图 4.5(a)中，加压的空气是通过节流孔供给的，该加压的空气从喷嘴射到挡板。通常，该控制器的气压能源压力 P_s 为 20 psig[1]（1.4 $\mathrm{kg_f/cm^2}$ 表压）。节流孔的直径约为 0.01 in（即 0.25 mm），喷嘴的直径约为 0.016 in（即 0.4 mm）。为了保证放大器正常工作，喷嘴的直径必须大于节流孔的直径。

在该系统工作时，挡板的位置要正对着喷嘴的开口。喷嘴的背压 P_b 由喷嘴-挡板的距离 X 控

---

[1]　1 psig（磅力/英寸²）= 0.00689 MPa；1 in（英寸）= 2.54 cm。——编者注

制。当挡板靠近喷嘴时,气流通过喷嘴的阻力增大,从而导致喷嘴的背压 P_b 增大。如果喷嘴被挡板完全封闭,则喷嘴的背压 P_b 与能源压力 P_s 相等。如果挡板远离喷嘴,使喷嘴-挡板距离变宽(约为 0.01 in),则此时对气流实际上没有阻力,喷嘴的背压 P_b 这时将具有最小值。该最小值的大小与喷嘴-挡板装置有关(可能的最低压力将是周围环境的压力 P_a)。

因为空气的喷射会对挡板施加一个作用力,所以喷嘴的直径必须做得尽可能小。

图 4.5(b)表示了喷嘴的背压 P_b 与喷嘴-挡板距离 X 之间的典型关系曲线。在喷嘴-挡板放大器的实际工作中,采用了曲线中陡峭且近于直线的部分。因为挡板的位移被限制在一个很小的范围内,所以输出压力的变化也很小,除非特性曲线很陡。

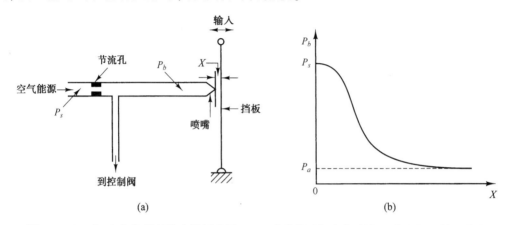

图 4.5 (a) 气动喷嘴-挡板放大器原理图;(b) 喷嘴背压与喷嘴-挡板距离之间的特性曲线

喷嘴-挡板放大器将位移转变为压力信号。因为工业过程控制系统需要大的输出功率去操纵大的气动执行阀,所以喷嘴-挡板放大器的功率放大通常是不能满足要求的。因此,气动接续器往往和喷嘴-挡板放大器相结合,作为功率放大器使用。

4.3.6 气动接续器

在实际的气动控制器中,喷嘴-挡板放大器作为第一级放大器,气动接续器则作为第二级放大器。气动接续器可以处理大量的气流。

图 4.6(a)所示为气动接续器的原理图。当喷嘴的背压 P_b 增加时,隔膜阀向下移动。于是通向大气的开口减小,而通向气动阀的开口增大,因此增大了控制压力 P_c。当隔膜阀关闭通向大气的开口时,控制压力 P_c 等于空气能源的压力 P_s。当喷嘴的背压 P_b 减小时,隔膜阀将向上移动,从而关闭空气能源,使控制压力下降到环境压力 P_a。因此,控制压力 P_c 可以从 0 lb_f/in^2 表压,变化到通常为 20 lb_f/in^2 表压的最大空气能源压力。

隔膜阀的总移动量是很小的。除了在关闭空气能源的位置以外,在阀的其他所有位置上,空气都将连续不断地向大气中泄漏,即使在喷嘴背压与控制压力之间达到平衡状态时,也不例外。因此,图 4.6(a)所示的接续器称为泄放式接续器。

还有另一种接续器,即非泄放式接续器。在这种接续器中,当达到平衡条件时,空气的泄漏停止,因此在稳态工作时不损失高压空气。但是应当指出,非泄放式接续器必须具有大气溢流设备,以便释放气动执行阀中的控制压力 P_c。图 4.6(b)所示为非泄放式接续器的原理图。

无论是在哪一种接续器中,空气能源都是由阀来控制的,而阀本身又是通过喷嘴背压来控制的。因此,喷嘴背压转变成具有功率放大作用的控制压力。

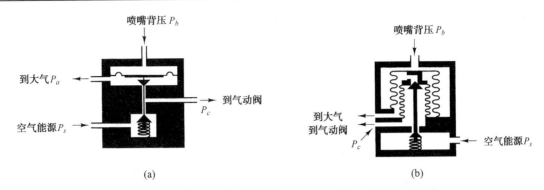

图 4.6 （a）泄放式接续器原理图；（b）非泄放式接续器原理图

因为控制压力 P_c 几乎是随着喷嘴的背压 P_b 的变化而瞬时变化的，所以与其他气动控制器和被控对象的大时间常数比较，气动接续器的时间常数可以忽略不计。

某些气动接续器是反向作用的。例如，图 4.7 表示的接续器就是一种反向作用接续器。在这里，当喷嘴的背压 P_b 增大时，球阀被压向较低的位置，因而减小了控制压力 P_c。因此，这种接续器是一种反向作用接续器。

4.3.7 气动比例控制器(力-距离型)

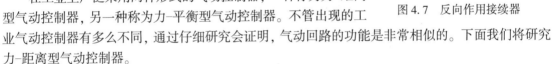

图 4.7 反向作用接续器

在工业上广泛采用两种形式的气动控制器，一种称为力-距离型气动控制器，另一种称为力-平衡型气动控制器。不管出现的工业气动控制器有多么不同，通过仔细研究会证明，气动回路的功能是非常相似的。下面我们将研究力-距离型气动控制器。

图 4.8(a)所示为这类比例控制器的原理图。喷嘴-挡板式放大器构成第一级放大器，而且喷嘴的背压由喷嘴-挡板间的距离控制。接续器型放大器构成第二级放大器。喷嘴的背压决定第二级放大器隔膜阀的位置，而后者能够处理大量的空气流量。

在大多数气动控制器中，采用了某种形式的气动反馈。气动输出量的反馈，减小了挡板的实际移动量。人们常常将挡板铰接在反馈波纹管上，如图 4.8(c)所示，以取代将挡板安装在固定点上，如图 4.8(b)所示。反馈量的大小可以通过反馈纹管与挡板连接点之间的可变连接装置进行调节。于是挡板将成为浮动连接。这样，误差信号和反馈信号都可以使它移动。

图 4.8(a)所示控制器的工作过程如下：加到二级气动放大器上的输入信号是作用误差信号。当增大作用误差信号时，挡板向左移动。挡板的这种移动将导致喷嘴背压的增大，并造成隔膜阀向下移动，结果引起控制压力的增加。这种增加又导致波纹管 F 的膨胀，并使挡板向右移动，从而开启喷嘴。因为存在这种反馈，所以喷嘴-挡板的位移很小，但是控制压力的改变可以很大。

为了保证控制器正常工作，要求反馈波纹管对挡板的移动量小于由误差信号单独引起的挡板移动量(如果这两个移动量相等，将不能产生控制作用)。

这种控制器的方程式可以通过下列方法推导出来。当作用误差为零，即 $e = 0$ 时，控制器处于平衡状态，这时喷嘴-挡板的距离等于 $\overline{X}$，波纹管的位移等于 $\overline{Y}$，隔膜的位移等于 $\overline{Z}$，喷嘴的背压等于 $\overline{P}_b$，控制压力等于 $\overline{P}_c$。当存在作用误差时，喷嘴-挡板的距离、波纹管的位移、隔膜的位移、喷嘴的背压和控制压力都将偏离它们各自的平衡值。设这些偏离量分别为 x、y、z、p_b 和 p_c(每一个位移变量的正方向均由图中的箭头指示)。

假设喷嘴的背压的变化与喷嘴-挡板距离的变化之间存在线性关系,则

$$p_b = K_1 x \tag{4.13}$$

式中 K_1 为正常数,对于隔膜阀,存在

$$p_b = K_2 z \tag{4.14}$$

式中 K_2 为正常数。隔膜阀的位置确定控制压力。如果隔膜阀的构造能够使 p_c 和 z 之间保持线性关系,则

$$p_c = K_3 z \tag{4.15}$$

式中 K_3 为正常数。由方程(4.13)至方程(4.15)可得到

$$p_c = \frac{K_3}{K_2} p_b = \frac{K_1 K_3}{K_2} x = Kx \tag{4.16}$$

式中 $K = K_1 K_3 / K_2$ 为正常数。对于挡板来说,因为在相反方向上存在着两个微小移动(e 和 y),所以可认为这两个移动是单独进行的,并且可以把这两个移动叠加成一个位移 x,见图4.8(b)。因此,关于挡板的位移,有

$$x = \frac{b}{a+b} e - \frac{a}{a+b} y \tag{4.17}$$

波纹管的作用原理与弹簧相似,因而存在下列方程:

$$A p_c = k_s y \tag{4.18}$$

式中,A 为波纹管的有效面积,k_s 为等效弹簧常数,即由于波纹管的皱纹边变形而产生的刚度。

假设所有的变量变化均在线性范围内,可以根据方程(4.16)至方程(4.18)得到该系统的方框图,如图4.8(e)所示。由图4.8(e)可以明显地看出,图4.8(a)所示的气动控制器本身是一个反馈系统。p_c 和 e 之间的传递函数为

$$\frac{P_c(s)}{E(s)} = \frac{\dfrac{b}{a+b} K}{1 + K \dfrac{a}{a+b} \dfrac{A}{k_s}} = K_p \tag{4.19}$$

图4.8(f)所示为系统的简化方框图。因为 p_c 和 e 之间是成比例的,所以图4.8(a)所示的气动控制器称为气动比例控制器。由方程(4.19)可以看出,气动比例控制器的增益可以在很宽的范围内变化,通过调节挡板连接机构很容易实现这一点[在图4.8(a)中,没有表示出挡板的连接机构]。在大多数商用比例控制器中,为了便于通过调节该连接机构改变增益值,在控制器上安装了调节按钮或其他机构。

正如前面指出的,作用误差信号使挡板向一个方向移动,而反馈波纹管使挡板向相反方向移动,但是移动量较小。因此,反馈波纹管的效果是降低控制器的灵敏度。通常,应用反馈原理获得宽比例带控制器。

无反馈机构的气动控制器[这意味着挡板的一端是固定的,如图4.9(a)所示]具有较高的灵敏度,称为气动双态控制器,或气动开关控制器。在这种控制器中,只要在喷嘴和挡板之间有一个很小的移动,就能够产生从最大控制压力到最小控制压力的完整变化过程。图4.9(b)所示为 P_b 与 X 的关系曲线和 P_c 与 X 的关系曲线。应当指出,X 的微小变化可能引起 P_b 的很大变化,从而导致隔膜阀的完全打开或完全关闭。

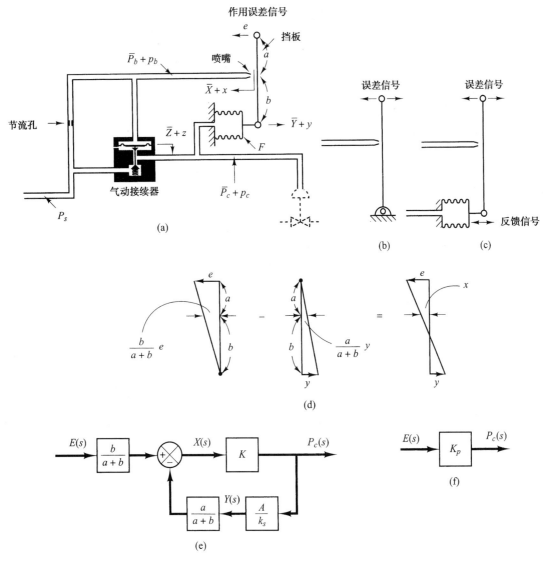

图 4.8 （a）力-距离型气动比例控制器原理图；（b）安装在固定点上的
挡板；（c）安装在反馈波纹管上的挡板；（d）两个小移动
量叠加为移动量x；（e）控制器方框图；（f）控制器简化方框图

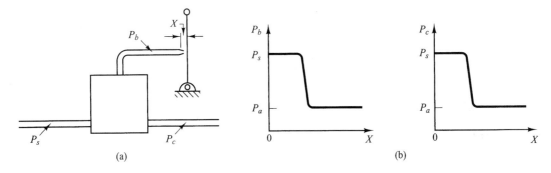

图 4.9 （a）无反馈机构的气动控制器；（b）P_b-X 曲线和 P_c-X 曲线

4.3.8　气动比例控制器(力-平衡型)

图4.10所示为一个力-平衡型气动比例控制器的原理图。力-平衡型控制器在工业中有着广泛应用。这种控制器又称为重叠式控制器,其基本工作原理与力-距离型控制器没有区别。力-平衡型控制器的主要优点是消除了许多机械联动装置和铰连接,从而减小了摩擦作用。

下面研究力-平衡型控制器的原理。在图4.10所示的控制器中,参考输入 压力P_r和输出压力P_o被输送到比较大的隔膜腔中。注意,力-平衡气动控制器只在压力信号作用下工作。因此,必须将参考输入和系统输出转换成相应的压力信号。

正如力-距离型控制器的情况,这种控制器采用了挡板、喷嘴和节流孔。在图4.10中,底腔中的钻孔就是喷嘴。位于喷嘴上方的隔膜用来作为挡板。

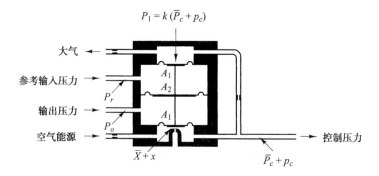

图4.10　力-平衡型气动比例控制器原理图

图4.10所示的力-平衡型气动比例控制器的工作原理概括如下:压力为20 psig 表压的空气从空气能源流出,经过节流孔,造成底部腔中的压力降低。腔中的空气通过喷嘴泄漏到大气中。通过喷嘴的流量取决于间隙的大小和通过该间隙的压力差。当输出压力P_o保持不变,增大参考输入压力P_r时,将引起阀杆向下移动,从而减小喷嘴和挡板隔膜之间的间隙。这样就会使控制压力P_c增大。设

$$p_e = P_r - P_o \tag{4.20}$$

如果$p_e = 0$,则呈现为平衡状态,这时喷嘴-挡板的距离等于$\bar{X}$,控制压力等于$\bar{P}_c$。在此平衡状态下,$P_1 = \bar{P}_c k$(式中$k < 1$)并且

$$\bar{X} = \alpha(\bar{P}_c A_1 - \bar{P}_c k A_1) \tag{4.21}$$

式中α为常数。

假设$p_e \neq 0$,并分别用x和p_c表示喷嘴-挡板距离和控制压力的微小变化,于是得到下列方程:

$$\bar{X} + x = \alpha[(\bar{P}_c + p_c)A_1 - (\bar{P}_c + p_c)kA_1 - p_e(A_2 - A_1)] \tag{4.22}$$

根据方程(4.21)和方程(4.22),得到

$$x = \alpha[p_c(1 - k)A_1 - p_e(A_2 - A_1)] \tag{4.23}$$

这时,必须检查x的量值。在气动控制器的设计中,喷嘴-挡板的距离是相当小的。鉴于x/α与$p_c(1 - k)A_1$或$p_e(A_2 - A_1)$相比为非常小的项,即对于$p_e \neq 0$,有

$$\frac{x}{\alpha} \ll p_c(1 - k)A_1$$

$$\frac{x}{\alpha} \ll p_e(A_2 - A_1)$$

所以在分析中，可以忽略 x 项。考虑到上述假设，方程（4.23）可以改写成下列形式：

$$p_c(1 - k)A_1 = p_e(A_2 - A_1)$$

p_c 和 p_e 之间的传递函数为

$$\frac{P_c(s)}{P_e(s)} = \frac{A_2 - A_1}{A_1} \frac{1}{1 - k} = K_p$$

式中 p_e 由方程（4.20）确定。图 4.10 所示的控制器是比例控制器。增益 K_p 的值随着 k 趋近于 1 而逐渐增大，k 的值取决于反馈腔入口管路和出口管路中的节流孔的直径（当入口管路节流孔的气流气阻比较小时，k 的值趋近于 1）。

4.3.9　气动执行阀

气动控制的一个特点是它们几乎全都采用气动执行阀。气动执行阀可以提供大功率输出（因为气动执行器需要大功率输入，以便产生大功率输出，所以必须提供足够数量的高压空气）。在实际的气动执行阀中，阀的特性可能不是线性的。也就是说，流量可能不与阀杆的位置成正比关系，并且还可能存在其他一些非线性影响，例如迟滞现象。

考虑图 4.11 所示气动执行阀的原理图。假设隔膜的面积为 A，又设当作用误差为零时，控制压力等于 $\overline{P}_c$，且阀的位移等于 $\overline{X}$。

在下面的分析中，我们认为变量的变化很小，并且将对气动执行阀线性化。规定控制压力与相应的阀位移的微小变化分别为 p_c 和 x。因为加在隔膜上的气动压力的微小变化将改变由弹簧、黏性摩擦和质量组成的负载位置，于是力平衡方程为

$$Ap_c = m\ddot{x} + b\dot{x} + kx$$

式中，m 为阀和阀杆的质量，b 为黏性磨擦系数，k 为弹簧常数。

如果由质量和黏性摩擦引起的力小到可以忽略不计，则上式可以简化为

$$Ap_c = kx$$

因此 x 和 p_c 之间的传递函数为

$$\frac{X(s)}{P_c(s)} = \frac{A}{k} = K_c$$

式中，$X(s) = \mathscr{L}[x]$ 且 $P_c(s) = \mathscr{L}[p_c]$。如果通过气动执行阀的流量变化 q_i 与阀杆位移的变化 x 成比例，则有

$$\frac{Q_i(s)}{X(s)} = K_q$$

式中 $Q_i(s) = \mathscr{L}[q_i]$，$K_q$ 为常数。q_i 与 p_c 之间的传递函数为

$$\frac{Q_i(s)}{P_c(s)} = K_c K_q = K_v$$

式中 K_v 为常数。

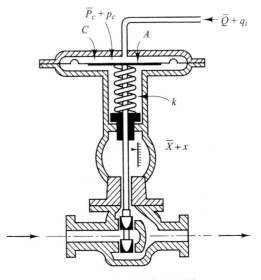

图 4.11　气动执行阀原理图

这类气动执行阀的标准控制压力在 3 ~ 15 psig 表压范围内。阀杆的位移由隔膜的允许行程范围限定,仅为几英寸。如果需要较长的行程,则可以采用活塞-弹簧组合。

在气动执行阀中,静摩擦力必须限制到一个很低的值,以防止产生过大的迟滞现象。由于空气的可压缩性,控制作用可能是不可靠的,即在阀杆的位置方面可能存在误差。采用阀位控制器,可以改善气动执行阀的性能。

4.3.10　获得微分控制作用的基本原理

下面介绍获得微分控制作用的方法。我们将再次强调原理而不拘泥于实际机构的细节。

产生要求的控制作用的基本原理是在反馈通路中引进要求的传递函数的倒数。对于图 4.12 所示的系统, 其闭环传递函数为

$$\frac{C(s)}{R(s)} = \frac{G(s)}{1 + G(s)H(s)}$$

如果 $G(s)H(s)| \gg 1$, 则 $C(s)/R(s)$ 可以改写成

$$\frac{C(s)}{R(s)} = \frac{1}{H(s)}$$

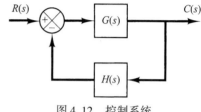

图 4.12　控制系统

因此, 如果需要比例-加-微分控制作用, 则应在反馈通路中加进一个传递函数为 $1/(Ts + 1)$ 的元件。

考虑图 4.13(a)所示的气动控制器。考虑变量的微小变化,我们可以画出该控制器的方框图,如图 4.13(b)所示。由此方框图可以看出,控制器是比例型的。

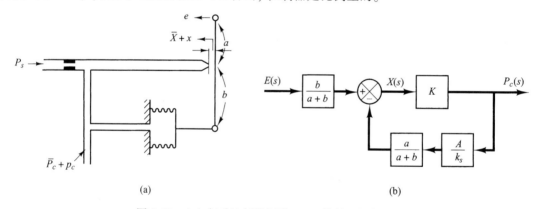

(a)　　　　　　　　　　　　　　　(b)

图 4.13　(a)气动比例控制器;(b)控制器的方框图

现在将证明,在负反馈通路中加进一个节流阀,将把比例控制器变成比例-加-微分控制器,通常称为 PD 控制器。

考虑图 4.14(a)所示的气动控制器。假设作用误差、喷嘴-挡板距离和控制压力的变化都很小,则该控制器的工作原理概括如下:首先假设有一个微小的阶跃变化 e。然后控制压力 p_c 产生瞬时变化,节气阀 R 将随时随刻地防止反馈波纹管受到压力变化 p_c 影响。因此,反馈波纹管不会立刻产生响应。气动执行阀将感受到挡板移动产生的全部影响。随着时间的推移,反馈波纹管将扩张。图 4.14(b)表示了喷嘴-挡板距离 x 随时间 t 的变化曲线,以及控制压力 p_c 随时间 t 的变化曲线。在稳定状态时,反馈波纹管的作用与普通反馈机构是一样的。p_c-t 曲线清楚地表明,该控制器是比例-加-微分型的。

图 4.14(c)所示为对应于这种气动控制器的方框图。在方框图中,K 为常数,A 为波纹管的面

积，k_s 为波纹管的等效弹簧常数。由方框图可以得到 p_c 与 e 之间的传递函数如下：

$$\frac{P_c(s)}{E(s)} = \frac{\dfrac{b}{a+b}K}{1 + \dfrac{Ka}{a+b}\dfrac{A}{k_s}\dfrac{1}{RCs+1}}$$

在这类控制器中，回路增益通常 $|KaA/[(a+b)k_s(RC_s+1)]| \gg 1$。因此，传递函数 $P_c(s)/E(s)$

可以简化为

$$\frac{P_c(s)}{E(s)} = K_p(1 + T_d s)$$

式中，

$$K_p = \frac{bk_s}{aA}, \qquad T_d = RC$$

因此，延迟的负反馈，即反馈通路中的传递函数 $1/(RCs+1)$ 将把比例控制器变成比例-加-微分控制器。

如果反馈阀完全打开，则控制作用变为比例型的。如果反馈阀完全关闭，则控制作用变成窄带比例型的（开关型的）。

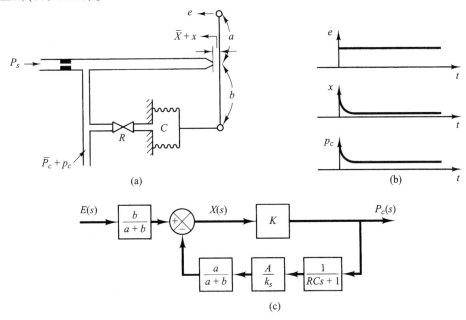

图 4.14 （a）气动比例-加-微分控制器；（b）阶跃变化 e 和相
应的 x-t 及 p_c-t 变化曲线；（c）控制器的方框图

4.3.11 获得气动比例-加-积分控制作用的方法

考虑图 4.13（a）所示的比例控制器。考虑到变量的微小变化，我们可以证明，当把延迟正反馈加进系统时，将会把此比例控制器变成比例-加-积分控制器，通常称为 PI 控制器。

考虑图 4.15（a）所示的气动控制器。该控制器的工作原理如下：用 I 表示的波纹管直接与控制压力源相连接，而不通过任何节气阀。用 II 表示的波纹管通过节气阀与控制压力源相连。假设作用误差有一个微小的阶跃变化，这时将立即引起喷嘴中的背压变化。因此，控制压力 p_c 也将立即发生变化。由于在通向波纹管 II 的通路中存在节气阀，因此通过该阀将产生压力降，随着时间的推移，空气通过此阀流进波纹管 II，使得波纹管 II 中的压力变化到 p_c。于是波纹管 II 将随着时间的推移而膨胀或收缩,并且使挡板沿着原来位移 e 的方向移动一个附加的量值,这将引起喷嘴中 p_c 的不断变化,如图4.15(b)所示。

应当指出,控制器中的积分控制作用,采取了对比例控制器原来提供的反馈进行缓慢抵消的方式。

假设变量有微小变化,该控制器的方框图如图4.15(c)所示。对方框图进行简化,可以得到图4.15(d)所示的方框图。该控制器的传递函数为

$$\left| KaARCs/\big[(a + b)k_s(RCs + 1)\big] \right| \gg 1$$

式中 K 为常数, A 为波纹管面积, k_s 为组合波纹管的等效弹簧常数。如果 $|KaARCs/[(a + b)k_s(RCs + 1)]| \gg 1$,通常都是这种情况,则传递函数可以简化为

$$\frac{P_c(s)}{E(s)} = K_p\left(1 + \frac{1}{T_i s}\right)$$

式中, $$K_p = \frac{bk_s}{aA}, \qquad T_i = RC$$

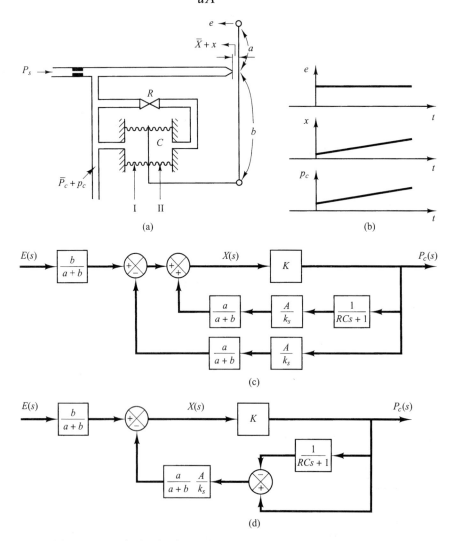

图 4.15 (a) 气动比例-加-积分控制器;(b) 阶跃变化 e 及相应的 x-t
与 p_c-t 变化曲线;(c) 控制器的方框图;(d) 简化方框图

4.3.12　获得气动比例-加-积分-加-微分控制作用的方法

将图 4.14(a)和图 4.15(a)所示的两个气动控制器相结合，就可以得到比例-加-积分-加-微分控制器，通常称为 PID 控制器。图 4.16(a)所示为这类控制器的原理图。图 4.16(b)所示为变量有微小变化的假设条件下该控制器的方框图。

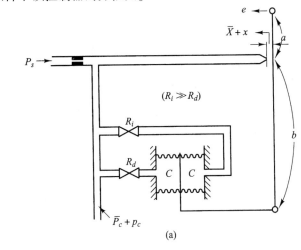

(a)

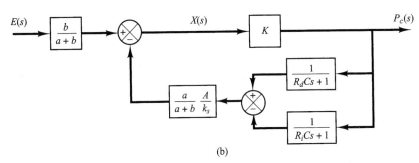

(b)

图 4.16　(a)气动比例-加-积分-加-微分控制器；(b)控制器的方框图

该控制器的传递函数为

$$\frac{P_c(s)}{E(s)} = \frac{\dfrac{bK}{a+b}}{1 + \dfrac{Ka}{a+b}\dfrac{A}{k_s}\dfrac{(R_iC - R_dC)s}{(R_dCs+1)(R_iCs+1)}}$$

定义
$$T_i = R_iC, \qquad T_d = R_dC$$

注意，在正常工作条件下有 $\left|KaA(T_i - T_d)s / [(a+b)k_s(T_ds+1)(T_is+1)]\right| \gg 1$ 和 $T_i \gg T_d$，所以

$$\frac{P_c(s)}{E(s)} \approx \frac{bk_s}{aA}\frac{(T_ds+1)(T_is+1)}{(T_i - T_d)s}$$

$$\approx \frac{bk_s}{aA}\frac{T_dT_is^2 + T_is + 1}{T_is}$$

$$= K_p\left(1 + \frac{1}{T_is} + T_ds\right) \tag{4.24}$$

式中，
$$K_p = \frac{bk_s}{aA}$$

方程(4.24)表明，图4.16(a)所示的控制器是一个比例-加-积分-加-微分控制器，即 PID 控制器。

4.4 液压系统

除了低压气动控制器以外，在外负载力的作用下，很少采用压缩空气对质量很大的装置的运动进行连续控制。在这种情况下，采用液压控制器通常是比较适当的。

4.4.1 液压系统

在机床应用、飞机控制系统和类似的工作过程中，液压回路得到了广泛应用。这是因为液压回路具备以下特点：可靠、精确、灵活、很高的功率-质量比、快速的启动特性和停止特性、反向运动的平稳性和精密性，以及操作方面的简单性。

液压系统的工作压力范围约为 $145 \sim 5000 \ lb_f/in^2$（$1 \sim 35 \ MPa$）。在某些特殊应用中，工作压力可以达到 $10\ 000 \ lb_f/in^2$（70 MPa）。对于同样的功率要求，通过增大能源压力，可以减小液压元件的质量和尺寸。利用高压液压系统，可以获得很大的作用力。通过液压系统，可以实现大型负载的快速精确定位。电子系统和液压系统的组合获得广泛应用，这是因为它结合了电子控制和液压能源两者的优点。

4.4.2 液压系统的优缺点

采用液压系统较采用其他系统具有一些优缺点，其中优点如下：

1. 液压流体可以作为滑润油，还可以把系统中产生的热量带出，方便地进行热交换。
2. 具有较小尺寸的液压执行器，可以产生很大的力或力矩。
3. 液压执行器因启动快、停止快和反向迅速而具有很高的响应速度。
4. 液压执行器可以在连续、断续、反向和失速的条件下工作，而不使其损坏。
5. 线性和旋转执行器的可利用性，在设计方面提供了灵活性。
6. 因为在液压执行器中漏损很小，所以在加载时速度下降很小。

另一方面，液压系统的某些缺点又限制了它的应用。这些缺点如下：

1. 与电源比较，液压源不易获得。
2. 与完成相似功能的相应电系统相比，液压系统的费用可能较高。
3. 存在失火和爆炸的危险，除非采用了阻燃流体。
4. 液压系统难于维护，系统存在漏损，因而容易使系统变脏。
5. 由于液压油受到污染，即使在液压系统处于正常的工作条件下，也可能造成事故。
6. 由于包含非线性和其他一些复杂特性，设计完善的液压系统是相当困难的。
7. 液压回路通常具有较差的阻尼特性。如果液压回路设计得不适当，则可能会产生不稳定现象。当然，这种不稳定现象也可能消失，这取决于系统的工作条件。

4.4.3 说明

保证液压系统在所有的工作条件下都能够稳定而满意地工作，是必须特别注意的问题。因为液压流体的黏性对液压回路的阻尼和摩擦效应影响很大，所以稳定性试验必须在最高的可能工作温度下进行。

大多数液压系统是非线性系统。但是，有时可能将非线性系统线性化，以减小系统的复杂性，并且对于大多数目的，能够给出充分精确的解答。2.7 节介绍了一种有用的关于非线性系统的线性化方法。

4.4.4　液压伺服系统

图 4.17(a)表示了一个液压伺服马达。它基本上是一个滑阀控制式液压功率放大器和执行器。因为作用在滑阀上的压力处于平衡状态，所以在这种意义上，滑阀是一个平衡阀。滑阀可以控制很大的功率输出，而滑阀本身的移动只需要很小的功率。

在实践中，图 4.17(a)中表示的通油口，常常做得比相应的滑阀凸肩要宽。在这种情况下，总会有油液通过滑阀而泄漏。这种泄漏既改善了液压伺服马达的灵敏度，同时也改善了液压伺服马达的线性程度。在下面的分析中，我们将假设通油口做得比滑阀凸肩要宽，即滑阀是欠重叠的。应当指出，有时在滑阀的运动上叠加一个振幅很小(与滑阀的最大位移相比)的高频振荡信号。这样也可以改善灵敏度和线性程度。在这种情况下也有油液通过滑阀泄漏。

我们将应用 2.7 节介绍的线性化方法，求液压伺服马达的线性化数学模型。假设滑阀是欠重叠的，并且是对称的，它允许高压的液流进入动力油缸，通过动力油缸中的大活塞，产生很大的液压力去拖动负载。

在图 4.17(b)中，表示了扩大的滑阀通油口面积示意图。我们设滑阀的通油口 1 至通油口 4 的面积分别为 A_1、A_2、A_3 和 A_4。同时设通过通油口 1 至通油口 4 的流量分别为 q_1、q_2、q_3 和 q_4。注意，因为滑阀是对称的，所以有 $A_1 = A_3$ 和 $A_2 = A_4$。假设位移 x 很小，则可以得到

$$A_1 = A_3 = k\left(\frac{x_0}{2} + x\right)$$

$$A_2 = A_4 = k\left(\frac{x_0}{2} - x\right)$$

式中 k 为常数。

此外，假设回油管路中的回油压力 p_0 很小，因而可以忽略不计。于是参考图 4.17(a)，通过滑阀通油口的流量为

$$q_1 = c_1 A_1 \sqrt{\frac{2g}{\gamma}\left(p_s - p_1\right)} = C_1 \sqrt{p_s - p_1}\left(\frac{x_0}{2} + x\right)$$

$$q_2 = c_2 A_2 \sqrt{\frac{2g}{\gamma}\left(p_s - p_2\right)} = C_2 \sqrt{p_s - p_2}\left(\frac{x_0}{2} - x\right)$$

$$q_3 = c_1 A_3 \sqrt{\frac{2g}{\gamma}\left(p_2 - p_0\right)} = C_1 \sqrt{p_2 - p_0}\left(\frac{x_0}{2} + x\right) = C_1 \sqrt{p_2}\left(\frac{x_0}{2} + x\right)$$

$$q_4 = c_2 A_4 \sqrt{\frac{2g}{\gamma}\left(p_1 - p_0\right)} = C_2 \sqrt{p_1 - p_0}\left(\frac{x_0}{2} - x\right) = C_2 \sqrt{p_1}\left(\frac{x_0}{2} - x\right)$$

式中，$C_1 = c_1 k\sqrt{2g/\gamma}$，$C_2 = c_2 k\sqrt{2g/\gamma}$，$\gamma$ 为比重且给定为 $\gamma = \rho g$，而式中 ρ 为质量密度，g 为重力加速度。通往动力活塞左边的流量 q 为，

$$q = q_1 - q_4 = C_1 \sqrt{p_s - p_1}\left(\frac{x_0}{2} + x\right) - C_2 \sqrt{p_1}\left(\frac{x_0}{2} - x\right) \tag{4.25}$$

从动力活塞右边流出的是同一流量 q，它可以计算如下：

$$q = q_3 - q_2 = C_1\sqrt{p_2}\left(\frac{x_0}{2} + x\right) - C_2\sqrt{p_s - p_2}\left(\frac{x_0}{2} - x\right)$$

在上述分析中,假设流体是不可压缩的。因为滑阀是对称的,所以有 $q_1 = q_3$ 和 $q_2 = q_4$。令 q_1 与 q_3 相等,得到

$$p_s - p_1 = p_2$$

即

$$p_s = p_1 + p_2$$

如果我们假设动力活塞两侧之间的压力差为 Δp,即

$$\Delta p = p_1 - p_2$$

则

$$p_1 = \frac{p_s + \Delta p}{2}, \qquad p_2 = \frac{p_s - \Delta p}{2}$$

对于图 4.17(a)所示的对称滑阀,当无负载作用时,即当 $\Delta p = 0$ 时,动力活塞两侧中每一侧的压力均为 $(1/2)p_s$。当滑阀移动时,一条管路中的压力会增加,而另一条管路中的压力则会下降相同的数值。

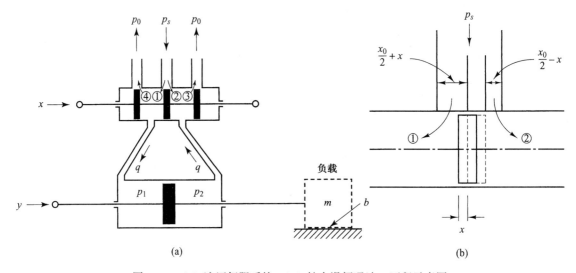

图 4.17　(a) 液压伺服系统;(b) 扩大滑阀通油口面积示意图

若以 p_s 和 Δp 的形式表示,则方程(4.25)给出的流量 q 可以改写成

$$q = q_1 - q_4 = C_1\sqrt{\frac{p_s - \Delta p}{2}}\left(\frac{x_0}{2} + x\right) - C_2\sqrt{\frac{p_s + \Delta p}{2}}\left(\frac{x_0}{2} - x\right)$$

应当指出,能源压力 p_s 为常量。流量 q 可以写成滑阀的位移 x 和压力差 Δp 的函数。即

$$q = C_1\sqrt{\frac{p_s - \Delta p}{2}}\left(\frac{x_0}{2} + x\right) - C_2\sqrt{\frac{p_s + \Delta p}{2}}\left(\frac{x_0}{2} - x\right) = f(x, \Delta p)$$

应用 2.7 节介绍的线性化方法,则上式围绕点 $x = \bar{x}$, $\Delta p = \Delta \bar{p}$, $q = \bar{q}$ 的线性化方程为

$$q - \bar{q} = a(x - \bar{x}) + b(\Delta p - \Delta \bar{p}) \tag{4.26}$$

式中,

$$\bar{q} = f(\bar{x}, \Delta \bar{p})$$

$$a = \left.\frac{\partial f}{\partial x}\right|_{x=\bar{x},\,\Delta p=\Delta \bar{p}} = C_1\sqrt{\frac{p_s - \Delta \bar{p}}{2}} + C_2\sqrt{\frac{p_s + \Delta \bar{p}}{2}}$$

$$b = \left.\frac{\partial f}{\partial \Delta p}\right|_{x=\bar{x}, \Delta p=\Delta\bar{p}} = -\left[\frac{C_1}{2\sqrt{2}\sqrt{p_s - \Delta\bar{p}}}\left(\frac{x_0}{2} + \bar{x}\right)\right.$$

$$\left. + \frac{C_2}{2\sqrt{2}\sqrt{p_s + \Delta\bar{p}}}\left(\frac{x_0}{2} - \bar{x}\right)\right] < 0$$

式中，系数 a 和 b 称为滑阀系数。方程(4.26)是滑阀在工作点 $x = \bar{x}$，$\Delta p = \Delta\bar{p}$，$q = \bar{q}$ 附近的线性化数学模型。滑阀系数 a 和 b 的值随工作点而变化。注意到 $\partial f / \partial\Delta p$ 是负值，所以 b 是负值。

因为标准工作点是在 $\bar{x} = 0$，$\Delta\bar{p} = 0$ 和 $\bar{q} = 0$ 的点上，所以在标准工作点附近，方程(4.26) 变成

$$q = K_1 x - K_2\Delta p \tag{4.27}$$

式中，

$$K_1 = (C_1 + C_2)\sqrt{\frac{p_s}{2}} > 0$$

$$K_2 = (C_1 + C_2)\frac{x_0}{4\sqrt{2}\sqrt{p_s}} > 0$$

方程(4.27)是滑阀在原点 ($\bar{x} = 0$，$\Delta\bar{p} = 0$ 和 $\bar{q} = 0$) 附近的线性化数学模型。应当指出，对于这类系统，原点附近的区域是很重要的，因为系统的工作通常都发生在这一点附近。

图 4.18 表示了 q、x 和 Δp 之间的线性关系。图中的直线表示线性化液压伺服马达的特性曲线。这一簇曲线是由以 x 为参量的等距离平行直线组成的。

在目前的分析中，我们假设负载的反作用力很小，因此泄漏流量和油的压缩性均可以忽略。

参考图 4.17(a)，可以看出，油液的流量 q 乘以 dt 等于动力活塞的位移 dy 乘以活塞面积 A 再乘以油液的密度 ρ，因此可以得到

$$A\rho dy = q dt$$

应当指出，对于给定的流量 q，活塞面积 A 越大，其运动速度 dy/dt 就越低。因此，如果活塞面积 A 做得比较小，则在其他变量保持常数的情况下，速度 dy/dt 将会变得比较高。同样，增加流量 q 也将使动力活塞的速度增大，从而使响应时间缩短。

方程(4.27)现在可以写成

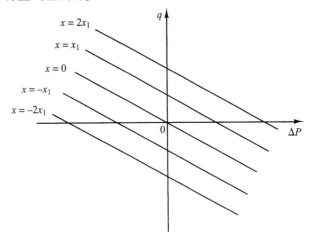

图 4.18　线性化液压伺服马达的特性曲线

$$\Delta P = \frac{1}{K_2}\left(K_1 x - A\rho\frac{dy}{dt}\right)$$

动力活塞产生的力等于压力差 ΔP 乘以活塞面积 A，即

$$动力活塞产生的力 = A\,\Delta P$$

$$= \frac{A}{K_2}\left(K_1 x - A\rho\frac{dy}{dt}\right)$$

对于给定的最大力，如果压力差充分大，则活塞面积，即缸体中油液的体积就可以做得很小。因此，为了能使控制器的质量达到最小，我们必须把能源压力做得足够高。

假设动力活塞移动的负载由质量和黏性摩擦组成。于是由动力活塞产生的力便被用来拖动负载质量和克服黏性摩擦,因此得到

$$m\ddot{y} + b\dot{y} = \frac{A}{K_2}\left(K_1 x - A\rho\dot{y}\right)$$

即

$$m\ddot{y} + \left(b + \frac{A^2\rho}{K_2}\right)\dot{y} = \frac{AK_1}{K_2}x \tag{4.28}$$

式中,m 为负载的质量,b 为黏性摩擦系数。

假设导引阀的位移 x 为输入量,动力活塞的位移为 y,则根据方程(4.28),可以求出液压伺服马达的传递函数为

$$\frac{Y(s)}{X(s)} = \frac{1}{s\left[\left(\frac{mK_2}{AK_1}\right)s + \frac{bK_2}{AK_1} + \frac{A\rho}{K_1}\right]}$$

$$= \frac{K}{s(Ts+1)} \tag{4.29}$$

式中,

$$K = \frac{1}{\frac{bK_2}{AK_1} + \frac{A\rho}{K_1}} \quad \text{且} \quad T = \frac{mK_2}{bK_2 + A^2\rho}$$

由方程(4.29)可知,这个传递函数是二阶的。如果比值 $mK_2/(bK_2 + A^2\rho)$ 小到可以忽略不计,即时间常数 T 可以忽略不计,则传递函数 $Y(s)/X(s)$ 可以简化为

$$\frac{Y(s)}{X(s)} = \frac{K}{s}$$

应当提出,更为详细的分析表明,如果需要考虑油液的漏损、可压缩性(包括溶解空气的影响)、管路的膨胀等诸如此类的因素,则传递函数将变成

$$\frac{Y(s)}{X(s)} = \frac{K}{s(T_1 s + 1)(T_2 s + 1)}$$

式中,T_1 和 T_2 为时间常数。实际上,这些时间常数与工作回路中的油液的体积有关。油液的体积越小,时间常数便越小。

4.4.5　液压积分控制器

图 4.19 所示的液压伺服马达,是一种导引阀控制式液压功率放大器和执行器。与图 4.17 所示的液压伺服系统相似,当负载质量小到可以忽略不计时,图 4.19 所示的伺服马达可以作为一个积分器或积分控制器。这种伺服马达构成了液压控制回路的基础。

在图 4.19 所示的液压伺服马达中,导引阀(四通阀)有两个柱塞位于阀杆上。如果柱塞的宽度小于阀套上的腔口,则称这种阀为欠重叠的。过重叠阀具有的柱塞宽度大于腔口宽度,零重叠

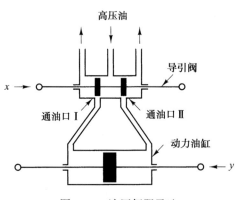

图 4.19　液压伺服马达

阀具有的柱塞宽度等于腔口宽度(如果导引阀是零重叠阀,则对液压伺服马达的分析将变得比较简单)。

在目前的分析中,我们假设液压流体是不可压缩的,并且动力活塞和负载的惯性力与作用在动力活塞上的液压力相比,可以忽略不计。还假设导引阀是零重叠阀,且油液的流量与导引阀的位移成比例。

该液压伺服马达的工作原理如下:如果输入量 x 向右移动导引阀,则通油口Ⅱ被打开,于是高压油进入动力活塞的右侧。因为通油口Ⅰ与排油腔连通,所以动力活塞左侧的油液返回到排油腔。流进动力油缸中的油液是高压油液,从动力油缸流进排油腔中的油液则是低压油液。动力活塞两侧形成的压力差,将使活塞向左方运动。

应当指出,油液的流量 q(kg/s)乘以时间 dt(s),等于动力活塞的位移 dy(m)乘以活塞面积 A(m^2),再乘以油液的密度 ρ(kg/m^3)。因此,

$$A\rho \, dy = q \, dt \tag{4.30}$$

因为假设油液的流量 q 与导引阀的位移 x 成比例,所以

$$q = K_1 x \tag{4.31}$$

式中 K_1 为正常数。由方程(4.30)和方程(4.31)可以得到

$$A\rho \frac{dy}{dt} = K_1 x$$

假设初始条件为零,则上述方程的拉普拉斯变换为

$$A\rho s Y(s) = K_1 X(s)$$

即

$$\frac{Y(s)}{X(s)} = \frac{K_1}{A\rho s} = \frac{K}{s}$$

式中 $K = K_1/(A\rho)$。因此,图 4.19 所示的液压伺服马达可以作为一个积分控制器。

4.4.6　液压比例控制器

已经证明,图 4.19 中的伺服马达可以作为一个积分控制器。通过反馈连接,该伺服马达可以变成比例控制器。考虑图 4.20(a)所示的液压控制器。导引阀的左边通过连杆 ABC,与动力活塞的左边相连。这种连接是一种浮动连接,而不是一个围绕固定支点运动的连接。

该控制器依据下列方式工作。如果输入量 e 向右移动导引阀,则通油口Ⅱ被打开,高压油将通过通油口Ⅱ流进动力活塞的右边,并迫使活塞向左运动。动力活塞向左方运动的同时,将带动反馈连杆 ABC 一起运动,从而带动导引阀向左运动,直到导引阀的柱塞再次将通油口Ⅰ和Ⅱ的通路遮盖为止。系统的方框图如图 4.20(b)所示。$Y(s)$ 和 $E(s)$ 之间的传递函数为

$$\frac{Y(s)}{E(s)} = \frac{\dfrac{b}{a+b}\dfrac{K}{s}}{1 + \dfrac{K}{s}\dfrac{a}{a+b}}$$

应当指出,在正常工作条件下,存在 $\left| Ka/[s(a+b)] \right| \gg 1$,因此上述方程可以简化为

$$\frac{Y(s)}{E(s)} = \frac{b}{a} = K_p$$

这时，y 与 e 之间的传递函数为常数。因此，图 4.20(a) 所示的液压控制器可以作为比例控制器，且其增益为 K_p。通过改变连杆的比例 b/a，可以有效地调节增益值(调节机构没有在图 4.20 中表示出来)。

可以看到，增加一个反馈连杆，将使液压伺服马达变成比例控制器。

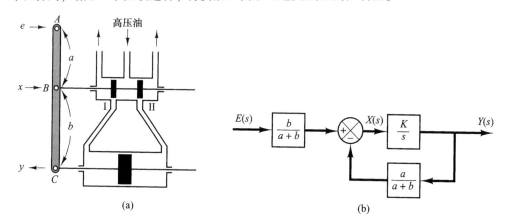

图 4.20　(a) 可以作为比例控制器的伺服马达；(b) 伺服马达的方框图

4.4.7　缓冲器

图 4.21(a) 所示的缓冲器(又称阻尼器)可以作为微分元件。假设在活塞的位置 y 中引进阶跃位移 z，于是位移 z 立刻等于 y。但是由于存在弹簧力，所以油液将流经液阻 R，而缸体将返回到原来的位置。图 4.21(b) 表示了 z-t 关系曲线和 y-t 关系曲线。

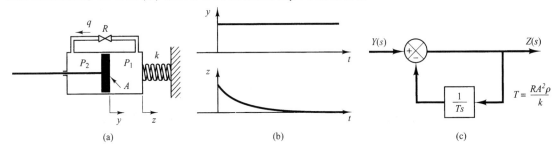

图 4.21　(a) 缓冲器；(b) y 的阶跃变化和相应的 z-t 关系曲线；(c) 缓冲器方框图

下面推导位移 y 与位移 z 之间的传递函数。设活塞右边和左边的压力分别为 $P_1(\mathrm{lb_f/in^2})$ 和 $P_2(\mathrm{lb_f/in^2})$，又设系统中的惯性力可以忽略不计。于是，作用在活塞上的力必须与弹簧力相平衡。因此，

$$A(P_1 - P_2) = kz$$

式中，A 为活塞面积($\mathrm{in^2}$)，k 为弹簧常数($\mathrm{lb_f/in}$)。

流量 q 可由下式求出：

$$q = \frac{P_1 - P_2}{R}$$

式中，q 为通过节流阀的流量($\mathrm{lb/s}$)，R 为节流阀上的液阻($\mathrm{lb_f \cdot s/in^2 \cdot lb}$)。

因为在 dt 秒内，通过节流阀的流量必须等于在同一 dt 秒内活塞左边油液质量的变化，所以

$$q \, \mathrm{d}t = A\rho(\mathrm{d}y - \mathrm{d}z)$$

式中，ρ 为密度（lb/in³）（假设流体是不可压缩的，即 ρ 为常量）。上述方程可以改写为

$$\frac{\mathrm{d}y}{\mathrm{d}t} - \frac{\mathrm{d}z}{\mathrm{d}t} = \frac{q}{A\rho} = \frac{P_1 - P_2}{RA\rho} = \frac{kz}{RA^2\rho}$$

即

$$\frac{\mathrm{d}y}{\mathrm{d}t} = \frac{\mathrm{d}z}{\mathrm{d}t} + \frac{kz}{RA^2\rho}$$

对上述方程两端进行拉普拉斯变换，并假设初始条件为零，可以得到

$$sY(s) = sZ(s) + \frac{k}{RA^2\rho}Z(s)$$

因此，该系统的传递函数为

$$\frac{Z(s)}{Y(s)} = \frac{s}{s + \dfrac{k}{RA^2\rho}}$$

令 $RA^2\rho/k = T$（注意 $RA^2\rho/k$ 的量纲为时间），于是

$$\frac{Z(s)}{Y(s)} = \frac{Ts}{Ts + 1} = \frac{1}{1 + \dfrac{1}{Ts}}$$

显然，缓冲器是一种微分元件。图 4.21（c）所示为该系统的方框图。

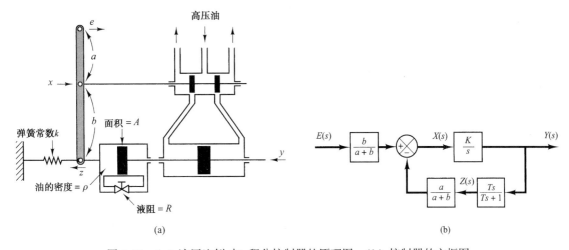

（a）

（b）

图 4.22　（a）液压比例–加–积分控制器的原理图；（b）控制器的方框图

4.4.8　获得液压比例–加–积分控制作用的方法

图 4.22（a）所示为一个液压比例–加–积分控制器的原理图。这个控制器的方框图示于图 4.22（b）。传递函数 $Y(s)/E(s)$ 为

$$\frac{Y(s)}{E(s)} = \frac{\dfrac{b}{a+b}\dfrac{K}{s}}{1 + \dfrac{Ka}{a+b}\dfrac{T}{Ts+1}}$$

在这类控制器中，正常工作条件下存在 $\left|KaT/\left[(a+b)(Ts+1)\right]\right| \gg 1$，因此

$$\frac{Y(s)}{E(s)} = K_p\left(1 + \frac{1}{T_i s}\right)$$

式中，
$$K_p = \frac{b}{a}, \qquad T_i = T = \frac{RA^2\rho}{k}$$

因此，图4.22(a)所示的控制器是一个比例-加-积分控制器(PI控制器)。

4.4.9　获得液压比例-加-微分控制作用的方法

图4.23(a)所示为一个液压比例-加-微分控制器的原理图。油缸被固定在空间内，活塞可以移动。对于这个系统，注意

$$k(y - z) = A(P_2 - P_1)$$

$$q = \frac{P_2 - P_1}{R}$$

$$q\,\mathrm{d}t = \rho A\,\mathrm{d}z$$

因此
$$y = z + \frac{A}{k}qR = z + \frac{RA^2\rho}{k}\frac{\mathrm{d}z}{\mathrm{d}t}$$

即
$$\frac{Z(s)}{Y(s)} = \frac{1}{Ts + 1}$$

式中，
$$T = \frac{RA^2\rho}{k}$$

图4.23(b)所示为此系统的方框图。由方框图可以求得传递函数 $Y(s)/E(s)$ 为

$$\frac{Y(s)}{E(s)} = \frac{\dfrac{b}{a + b}\dfrac{K}{s}}{1 + \dfrac{a}{a + b}\dfrac{K}{s}\dfrac{1}{Ts + 1}}$$

在正常条件下，有 $\left|aK/\left[(a + b)s(Ts + 1)\right]\right| \gg 1$。因此

$$\frac{Y(s)}{E(s)} = K_p(1 + Ts)$$

式中，
$$K_p = \frac{b}{a}, \qquad T = \frac{RA^2\rho}{k}$$

因此，图4.23(a)所示的控制器是一个比例-加-微分控制器(PD控制器)。

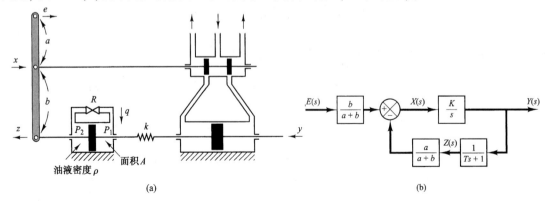

图4.23　(a)液压比例-加-微分控制器原理图；(b)控制器的方框图

4.4.10　获取液压比例–加–积分–加–微分控制作用的方法

图 4.24 表示了一个液压比例–加–积分–加–微分控制器的原理图。它是比例–加–积分控制器与比例–加–微分控制器的组合。

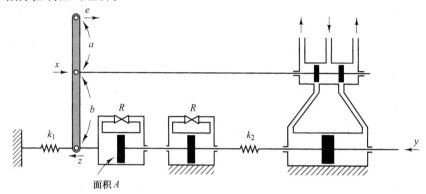

图 4.24　液压比例–加–积分–加–微分控制器原理图

如果除了活塞轴以外，两个缓冲器是相同的，则传递函数 $Z(s)/Y(s)$ 可以求得如下：

$$\frac{Z(s)}{Y(s)} = \frac{T_1 s}{T_1 T_2 s^2 + (T_1 + 2T_2)s + 1}$$

关于这个传递函数的导出方法，可以参考例题 A.4.9。

这个系统的方框图示于图 4.25。系统的传递函数 $Y(s)/E(s)$ 可以求得如下：

$$\frac{Y(s)}{E(s)} = \frac{b}{a+b} \cdot \frac{\dfrac{K}{s}}{1 + \dfrac{a}{a+b} \dfrac{K}{s} \dfrac{T_1 s}{T_1 T_2 s^2 + (T_1 + 2T_2)s + 1}}$$

在系统的正常工作情况下，我们把系统设计成

$$\left| \frac{a}{a+b} \frac{K}{s} \frac{T_1 s}{T_1 T_2 s^2 + (T_1 + 2T_2)s + 1} \right| \gg 1$$

因此

$$\frac{Y(s)}{E(s)} = \frac{b}{a} \frac{T_1 T_2 s^2 + (T_1 + 2T_2)s + 1}{T_1 s}$$

$$= K_p + \frac{K_i}{s} + K_d s$$

式中，

$$K_p = \frac{b}{a} \frac{T_1 + 2T_2}{T_1}, \qquad K_i = \frac{b}{a} \frac{1}{T_1}, \qquad K_d = \frac{b}{a} T_2$$

所以，图 4.24 所示的控制器是一个比例–加–积分–加–微分控制器（PID 控制器）。

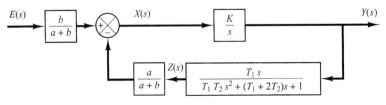

图 4.25　图 4.24 所示系统的方框图

4.5　热力系统

凡是能将热量从一种物质传递到另一种物质的系统,称为热力系统。虽然热力系统的参数通常分布在整个物质内,采用热阻和热容表示系统时,不像采用集总参数时那样精确,但是热力系统仍然可以用热阻和热容的形式进行分析。当需要精确分析时,必须采用分布参数模型。为了简化分析,我们假定可以用集总参数模型来表示热力系统,并且假定当用热流的热阻描述物质的特性时,可以忽略热容;当用热容描述物质的特性时,可以忽略热流的热阻。

热从一种物质传递到另一种物质可以通过三种不同的途径,即传导、对流和辐射。这里我们只考虑传导和对流(只有在辐射体的温度比接收器的温度高得多时,辐射热传递才是值得考虑的。在过程控制系统中,大多数热力过程不包括热辐射传递)。

对于传导或对流热传递过程,

$$q = K \Delta\theta$$

式中,q 为热流量$(\mathrm{kcal/s}^①)$,$\Delta\theta$ 为温度差$(℃)$,K 为系数$(\mathrm{kcal/s \cdot ℃})$。

系数 K 可由下式计算:

$$K = \frac{kA}{\Delta X}, \quad （适于传导情况）$$

$$= HA, \quad （适于对流情况）$$

式中,k 为导热系数$(\mathrm{kcal/m \cdot s \cdot ℃})$,$A$ 为垂直于热流的截面积(m^2),ΔX 为导体的厚度(m),H 为对流系数$(\mathrm{kcal/m}^2 \cdot \mathrm{s} \cdot ℃)$。

4.5.1　热阻和热容

两种物质之间的热传递过程中,热阻 R 可以定义如下:

$$R = \frac{温度差的变化量 （℃）}{热流量的变化量 （\mathrm{kcal/s}）}$$

在热传导或热对流的情况下,热阻为

$$R = \frac{\mathrm{d}(\Delta\theta)}{\mathrm{d}q} = \frac{1}{K}$$

因为导热系数和对流系数基本上保持为常量,所以在传导或对流的情况下热阻等于常数。

热容 C 定义为

$$C = \frac{被存储的热量的变化量 （\mathrm{kcal}）}{温度的变化量 （℃）}$$

或者

$$C = mc$$

式中,m 为被考虑的物质的质量(kg),c 为物质的比热容$(\mathrm{kcal/kg \cdot ℃})$。

4.5.2　热力系统

考虑图 4.26(a)所示的系统。假设容器处于绝热状态,不向周围的空气散发热量。又假设在绝热过程中,没有热量聚集现象,即容器中的液体混合均匀,因而液体中各点的温度是相同的。这样,就可以用同一个温度表示容器中液体的温度和从容器中流出的液体的温度。

---

① 1 kcal(千卡) = 4186 J。——编者注

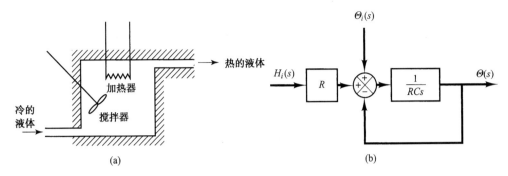

图 4.26　（a）热力系统；（b）系统的方框图

假设

　　$\overline{\Theta}_i$ = 流入容器的液体的稳态温度（℃）

　　$\overline{\Theta}_o$ = 流出容器的液体的稳态温度（℃）

　　G = 稳态液体流量（kg / s）

　　M = 容器内的液体质量（kg）

　　c = 液体的比热容（kcal/kg·℃）

　　R = 热阻（℃·s / kcal）

　　C = 热容（kcal / ℃）

　　$\overline{H}$ = 稳态输入热流量（kcal / s）

　　假设输入液体的温度保持不变，并且假设输入到系统的热流量（由加热器提供热量）从 $\overline{H}$ 突然变成 $\overline{H}+h_i$，其中 h_i 表示输入热流量的微小变化。这时，输出的热流量将逐渐从 $\overline{H}$ 变成 $\overline{H}+h_o$。输出液体的温度也将从 $\overline{\Theta}_o$ 变成 $\overline{\Theta}_o+\theta$。在这种情况下，$h_o$、$C$ 和 R 可以分别求得为

$$h_o = Gc\theta$$

$$C = Mc$$

$$R = \frac{\theta}{h_o} = \frac{1}{Gc}$$

该系统的热平衡方程为
$$C\,\mathrm{d}\theta = (h_i - h_o)\,\mathrm{d}t$$

即
$$C\frac{\mathrm{d}\theta}{\mathrm{d}t} = h_i - h_o$$

上式可以改写成
$$RC\frac{\mathrm{d}\theta}{\mathrm{d}t} + \theta = Rh_i$$

注意，系统的时间常数等于 RC 秒或等于 M/G 秒。θ 与 h_i 之间的传递函数为

$$\frac{\Theta(s)}{H_i(s)} = \frac{R}{RCs + 1}$$

式中，
$$\Theta(s) = \mathscr{L}[\theta(t)] \ \text{且} \ H_i(s) = \mathscr{L}[h_i(t)]$$

　　在实践中，输入液体的温度可能产生波动，其作用类似于负载干扰（如果希望保持输出液体的温度不变，则必须在系统中安装自动控制器，从而通过自动调整输入的热流量，补偿输入液体

的温度波动)。在输入热流量 H 和液体流量 G 保持不变的情况下,如果输入液体的温度从 $\overline{\Theta}_i$ 突然变成 $\overline{\Theta}_i + \theta_i$,则输出热流量将从 $\overline{H}$ 变成 $\overline{H} + h_o$,输出液体的温度将从 $\overline{\Theta}_o$ 变成 $\overline{\Theta}_o + \theta$。这时,系统的热平衡方程为

$$C\,\mathrm{d}\theta = \left(Gc\theta_i - h_o\right)\mathrm{d}t$$

即

$$C\frac{\mathrm{d}\theta}{\mathrm{d}t} = Gc\theta_i - h_o$$

上式可以改写成

$$RC\frac{\mathrm{d}\theta}{\mathrm{d}t} + \theta = \theta_i$$

θ 与 θ_i 之间的传递函数为

$$\frac{\Theta(s)}{\Theta_i(s)} = \frac{1}{RCs + 1}$$

式中,

$$\Theta(s) = \mathscr{L}\left[\theta(t)\right] \quad \text{且} \quad \Theta_i(s) = \mathscr{L}\left[\theta_i(t)\right]$$

如果该热力系统在液体流量保持不变时,同时受到输入液体的温度和输入热流量两者变化的影响,则输出液体的温度变化 θ 可以根据下列方程求得:

$$RC\frac{\mathrm{d}\theta}{\mathrm{d}t} + \theta = \theta_i + Rh_i$$

图 4.26(b)表示了与这种情况对应的方框图。注意,系统中包含两个输入量。

例题和解答

A.4.1 在图 4.27 所示的液位系统中,假设通过输出阀的输出流量 $Q(\mathrm{m}^3/\mathrm{s})$ 与水头 $H(\mathrm{m})$ 之间存在下列关系:

$$Q = K\sqrt{H} = 0.01\sqrt{H}$$

又设当输入流量 Q_i 为 $0.015\ \mathrm{m}^3/\mathrm{s}$ 时,水头保持为常量。$t < 0$ 时,系统处于稳态($Q_i = 0.015\ \mathrm{m}^3/\mathrm{s}$)。$t = 0$ 时输入阀关闭,所以当 $t \geq 0$ 时,没有液体流入容器。试求将容器内的液体排出到原来水头的一半时所需的时间。容器的液容 C 为 $2\ \mathrm{m}^2$。

解: 当水头处于稳态时,输入流量等于输出流量。因此,$t = 0$ 时的水头 H_o 可以由下式求得:

$$0.015 = 0.01\sqrt{H_o}$$

即

$$H_o = 2.25\ \mathrm{m}$$

$t > 0$ 时系统的方程为

$$-C\,\mathrm{d}H = Q\,\mathrm{d}t$$

即

$$\frac{\mathrm{d}H}{\mathrm{d}t} = -\frac{Q}{C} = \frac{-0.01\sqrt{H}}{2}$$

因此

$$\frac{\mathrm{d}H}{\sqrt{H}} = -0.005\,\mathrm{d}t$$

图 4.27　液位系统

假设 $t = t_1$ 时,$H = 1.125\ \mathrm{m}$。对上述最后一个方程的两端进行积分,可以得到

$$\int_{2.25}^{1.125} \frac{\mathrm{d}H}{\sqrt{H}} = \int_0^{t_1} (-0.005)\,\mathrm{d}t = -0.005t_1$$

于是得到

$$2\sqrt{H}\,\Big|_{2.25}^{1.125} = 2\sqrt{1.125} - 2\sqrt{2.25} = -0.005t_1$$

即

$$t_1 = 175.7$$

因此,水头变到原来数值(2.25 m)的一半,需要经过 175.7 s。

A.4.2　考虑图 4.28 所示的系统。在该系统中，$\overline{Q}_1$ 和 $\overline{Q}_2$ 为稳态输入流量，$\overline{H}_1$ 和 $\overline{H}_2$ 为稳态水头。设 q_{i1}、q_{i2}、h_1、h_2、q_1 和 q_o 的量值很小。当 h_1 和 h_2 为输出量，q_{i1} 和 q_{i2} 为输入量时，求系统的状态空间表达式。

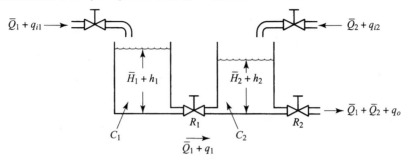

图 4.28　液位系统

解：系统的方程为

$$C_1 \, \mathrm{d}h_1 = (q_{i1} - q_1) \, \mathrm{d}t \tag{4.32}$$

$$\frac{h_1 - h_2}{R_1} = q_1 \tag{4.33}$$

$$C_2 \, \mathrm{d}h_2 = (q_1 + q_{i2} - q_o) \, \mathrm{d}t \tag{4.34}$$

$$\frac{h_2}{R_2} = q_o \tag{4.35}$$

利用方程(4.33)，从方程(4.32)中消去 q_1，得到

$$\frac{\mathrm{d}h_1}{\mathrm{d}t} = \frac{1}{C_1}\left(q_{i1} - \frac{h_1 - h_2}{R_1}\right) \tag{4.36}$$

利用方程(4.33)和方程(4.35)，从方程(4.34)中消去 q_1 和 q_o，得到

$$\frac{\mathrm{d}h_2}{\mathrm{d}t} = \frac{1}{C_2}\left(\frac{h_1 - h_2}{R_1} + q_{i2} - \frac{h_2}{R_2}\right) \tag{4.37}$$

定义状态变量 x_1 和 x_2 为

$$x_1 = h_1$$
$$x_2 = h_2$$

并定义输入量 u_1 和 u_2 为

$$u_1 = q_{i1}$$
$$u_2 = q_{i2}$$

输出变量 y_1 和 y_2 为

$$y_1 = h_1 = x_1$$
$$y_2 = h_2 = x_2$$

则方程(4.36)和方程(4.37)可以写成

$$\dot{x}_1 = -\frac{1}{R_1 C_1} x_1 + \frac{1}{R_1 C_1} x_2 + \frac{1}{C_1} u_1$$

$$\dot{x}_2 = \frac{1}{R_1 C_2} x_1 - \left(\frac{1}{R_1 C_2} + \frac{1}{R_2 C_2}\right) x_2 + \frac{1}{C_2} u_2$$

若写成标准的向量矩阵表达式，则为

$$\begin{bmatrix} \dot{x}_1 \\ \dot{x}_2 \end{bmatrix} = \begin{bmatrix} -\dfrac{1}{R_1 C_1} & \dfrac{1}{R_1 C_1} \\ \dfrac{1}{R_1 C_2} & -\left(\dfrac{1}{R_1 C_2} + \dfrac{1}{R_2 C_2}\right) \end{bmatrix} \begin{bmatrix} x_1 \\ x_2 \end{bmatrix} + \begin{bmatrix} \dfrac{1}{C_1} & 0 \\ 0 & \dfrac{1}{C_2} \end{bmatrix} \begin{bmatrix} u_1 \\ u_2 \end{bmatrix}$$

上式为状态方程。系统的输出方程为

$$\begin{bmatrix} y_1 \\ y_2 \end{bmatrix} = \begin{bmatrix} 1 & 0 \\ 0 & 1 \end{bmatrix} \begin{bmatrix} x_1 \\ x_2 \end{bmatrix}$$

A.4.3 任何气体的气体常数均可以通过精确地观测 p、v 和 T 的同一时刻的值来确定。试求空气的气体常数 $R_{气}$。在温度为 32℉ 和压力为 14.7 psia(绝对压强)气压时,空气的比容为 12.39 ft³/lb。若压力容器体积为 20 ft³,容器中所含空气的温度为 160℉,试求该容器的气容。假设膨胀过程为等温过程。

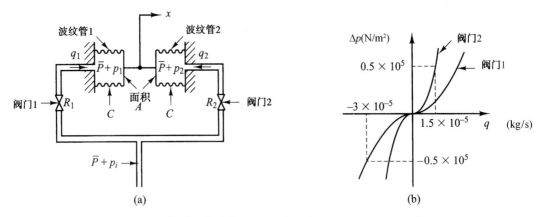

图 4.29　(a) 气动压力系统;(b) 压力差与质量流量间的关系曲线

解:

$$R_{气} = \frac{pv}{T} = \frac{14.7 \times 144 \times 12.39}{460 + 32} = 53.3 \, (\text{ft} \cdot \text{lb}_\text{f} / \text{lb} \cdot {}^\circ\text{R})$$

参考方程(4.12),可以求得 20 ft³ 压力容器的气容为

$$C = \frac{V}{nR_{气}T} = \frac{20}{1 \times 53.3 \times 620} = 6.05 \times 10^{-4} \, \frac{\text{lb}}{\text{lb}_\text{f} / \text{ft}^2}$$

注意,若用 SI 单位来表示,则 $R_{气}$ 为

$$R_{气} = 287 \, \text{N} \cdot \text{m} / \text{kg} \cdot \text{K}$$

A.4.4 在图 4.29(a) 所示的气动压力系统中,假设当 $t < 0$ 时系统处于稳态,并且整个系统的压力为 $\overline{P}$。另外,假设两个波纹管是完全相同的。当 $t = 0$ 时,输入压力由 $\overline{P}$ 变成 $\overline{P} + p_i$。波纹管 1 和波纹管 2 中的压力分别从 $\overline{P}$ 变成 $\overline{P} + p_1$ 和 $\overline{P} + p_2$。每个波纹管的容量(体积)为 5×10^{-4} m³,工作压力差 $\Delta p(p_i$ 和 p_1 之间的差或 p_i 和 p_2 之间的差)处于 $-0.5 \times 10^5 \sim 0.5 \times 10^5$ N/m² 之间。图 4.29(b) 表示了通过阀门的相应的质量流量(kg/s)。假设波纹管的膨胀和收缩与作用其上的空气压力成线性关系,波纹管系统的等效弹簧常数为 $k = 1 \times 10^5$ N/m,并且每一个波纹管的面积 $A = 15 \times 10^{-4}$ m²。

定义连接两个波纹管的连杆中点的位移为 x,试求传递函数 $X(s)/P_i(s)$。假设膨胀过程为等温过程,并且整个系统的温度保持在 30℃,并且假设多变指数 n 为 1。

解: 参考 4.3 节,传递函数 $P_1(s)/P_i(s)$ 可以求得如下

$$\frac{P_1(s)}{P_i(s)} = \frac{1}{R_1 C s + 1} \tag{4.38}$$

类似地,传递函数 $P_2(s)/P_i(s)$ 可以求得为

$$\frac{P_2(s)}{P_i(s)} = \frac{1}{R_2 C s + 1} \tag{4.39}$$

在 x 方向作用在波纹管 1 上的力为 $A(\overline{P} + p_1)$，在 x 的反方向作用在波纹管 2 上的力为 $A(\overline{P} + p_2)$。作用力的合力与 kx 平衡，因波纹管变形而产生的等效弹簧力为

$$A(p_1 - p_2) = kx$$

即

$$A[P_1(s) - P_2(s)] = kX(s) \tag{4.40}$$

参考方程(4.38)和方程(4.39)，得到

$$P_1(s) - P_2(s) = \left(\frac{1}{R_1Cs + 1} - \frac{1}{R_2Cs + 1} \right) P_i(s)$$

$$= \frac{R_2Cs - R_1Cs}{(R_1Cs + 1)(R_2Cs + 1)} P_i(s)$$

将上述方程代入方程(4.40)并整理，可以得到下列传递函数：

$$\frac{X(s)}{P_i(s)} = \frac{A}{k} \frac{(R_2C - R_1C)s}{(R_1Cs + 1)(R_2Cs + 1)} \tag{4.41}$$

平均气阻 R_1 和 R_2 的值为

$$R_1 = \frac{\mathrm{d}\,\Delta p}{\mathrm{d}q_1} = \frac{0.5 \times 10^5}{3 \times 10^{-5}} = 0.167 \times 10^{10} \ \frac{\mathrm{N/m^2}}{\mathrm{kg/s}}$$

$$R_2 = \frac{\mathrm{d}\,\Delta p}{\mathrm{d}q_2} = \frac{0.5 \times 10^5}{1.5 \times 10^{-5}} = 0.333 \times 10^{10} \ \frac{\mathrm{N/m^2}}{\mathrm{kg/s}}$$

每个波纹管的气容 C 为

$$C = \frac{V}{nR_气T} = \frac{5 \times 10^{-4}}{1 \times 287 \times (273 + 30)} = 5.75 \times 10^{-9} \frac{\mathrm{kg}}{\mathrm{N/m^2}}$$

式中 $R_气 = 287 \ \mathrm{N \cdot m/kg \cdot K}$(见例题 A.4.3)。因此，

$$R_1C = 0.167 \times 10^{10} \times 5.75 \times 10^{-9} = 9.60 \ \mathrm{s}$$

$$R_2C = 0.333 \times 10^{10} \times 5.75 \times 10^{-9} = 19.2 \ \mathrm{s}$$

将 A、k、R_1C 和 R_2C 的值代入方程(4.41)，得到

$$\frac{X(s)}{P_i(s)} = \frac{1.44 \times 10^{-7}s}{(9.6s + 1)(19.2s + 1)}$$

A.4.5 试画出图 4.30 所示气动控制器的方框图，然后导出该控制器的传递函数(设 $R_d \ll R_i$)。如果去掉气阻 R_d(用管路的导管取代)，会获得何种控制作用？如果去掉气阻 R_i(用管路的导管取代)，又能获得何种控制作用？

解：假设当 $e = 0$ 时，喷嘴-挡板的距离为 $\overline{X}$，并且控制压力为 $\overline{P}_c$。在当前的分析中，假设各变量相对于各自的参考值仅有下列微小偏移：

 e = 微小误差信号

 x = 喷嘴-挡板距离的微小变化

 p_c = 控制压力的微小变化

 p_{I} = 由于控制压力的微小变化引起的波纹管 I 中压力的微小变化

 p_{II} = 由于控制压力的微小变化引起的波纹管 II 中压力的微小变化

 y = 挡板下端的微小位移

在此控制器中，p_c 通过气阻 R_d 传递到波纹管 I。类似地，p_c 通过串联气阻 R_d 和 R_i 传递到波纹管 II。p_1 和 p_c 之间的关系为

$$\frac{P_I(s)}{P_c(s)} = \frac{1}{R_dCs + 1} = \frac{1}{T_ds + 1}$$

式中 $T_d = R_dC = $ 微分时间(常数)。类似地，p_{II} 与 p_I 之间的传递函数为

$$\frac{P_{II}(s)}{P_I(s)} = \frac{1}{R_iCs + 1} = \frac{1}{T_is + 1}$$

式中 $T_i = R_iC = $ 积分时间常数。两个波纹管的力平衡方程为

$$(p_I - p_{II})A = k_sy$$

式中 k_s 为两个连接的波纹管的刚度，A 是波纹管的横截面积。变量 e、x 和 y 之间的关系为

$$x = \frac{b}{a + b}e - \frac{a}{a + b}y$$

p_c 与 x 之间的关系为

$$p_c = Kx \qquad (K > 0)$$

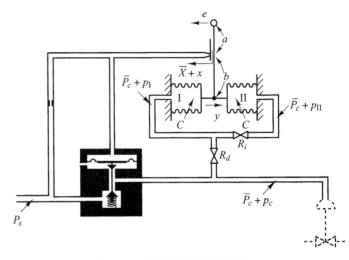

图 4.30　气动控制器的原理图

根据上面导出的几个方程，可以画出控制器的方框图，如图 4.31(a)所示。对此方框图进行简化，可得到图 4.31(b)所示的方框图。

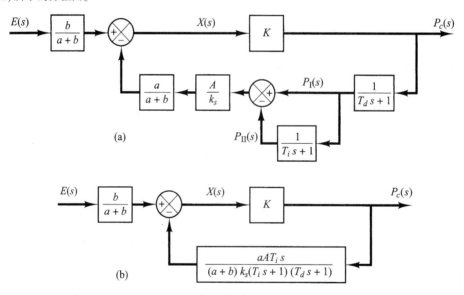

图 4.31　(a) 图 4.30 所示气动控制器的方框图；(b) 简化方框图

$P_c(s)$ 和 $E(s)$ 之间的传递函数为

$$\frac{P_c(s)}{E(s)} = \frac{\dfrac{b}{a + b}K}{1 + K\dfrac{a}{a + b}\dfrac{A}{k_s}\left(\dfrac{T_is}{T_is + 1}\right)\left(\dfrac{1}{T_ds + 1}\right)}$$

对于一个实际的控制器，在正常工作条件下，$\left|KaAT_is/[(a + b)k_s(T_is + 1)(T_ds + 1)]\right| \gg 1$，并且 $T_i \gg T_d$。因此，传递函数可以简化如下：

$$\frac{P_c(s)}{E(s)} \doteq \frac{bk_s(T_i s + 1)(T_d s + 1)}{aAT_i s}$$

$$= \frac{bk_s}{aA}\left(\frac{T_i + T_d}{T_i} + \frac{1}{T_i s} + T_d s\right)$$

$$\doteq K_p\left(1 + \frac{1}{T_i s} + T_d s\right)$$

式中，$\qquad\qquad\qquad\qquad\qquad K_p = \dfrac{bk_s}{aA}$

因此，图 4.30 所示的控制器是一个比例-加-积分-加-微分控制器。

如果去掉气阻 R_d，即 $R_d = 0$，则控制作用变成比例-加-积分控制器。

如果去掉气阻 R_i，即 $R_i = 0$，则控制作用变成窄带比例或双态控制器（这时，两个反馈波纹管的作用互相抵消，因而无反馈存在）。

A. 4. 6　由于制造误差，实际的滑阀不是过重叠的，就是欠重叠的。考虑图 4.32(a) 和图 4.32(b) 中的过重叠和欠重叠阀，试画出未覆盖通油口面积 A 与位移 x 之间的关系曲线。

解：对于过重叠阀，其死区位于 $-\dfrac{1}{2}x_0$ 和 $\dfrac{1}{2}x_0$ 之间，即 $-\dfrac{1}{2}x_0 < x < \dfrac{1}{2}x_0$。图 4.33(a) 表示了未覆盖通油口面积 A 与位移 x 之间的关系。这种过重叠阀不适合作为控制阀使用。

对于欠重叠阀，通油口面积 A 与位移 x 之间的关系曲线如图 4.33(b) 所示。欠重叠区域的有效曲线具有较大的斜率，这意味着它具有比较高的灵敏度。控制中采用的阀通常为欠重叠阀。

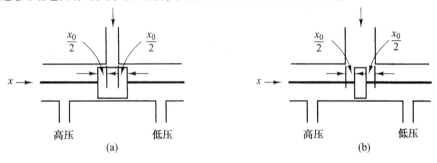

图 4.32　(a) 过重叠滑阀；(b) 欠重叠滑阀

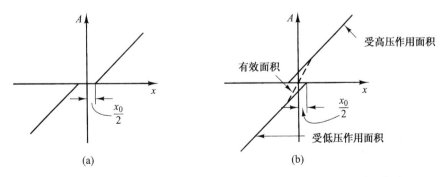

图 4.33　(a) 过重叠阀的未覆盖通油口面积 A 与位移 x 之间的关系曲线；
(b) 欠重叠阀的未覆盖通油口面积 A 与位移 x 之间的关系曲线

A. 4. 7　图 4.34 所示为一个液压射流管控制器。液流由射流管中喷射出来。如果射流管从中间位置向右移动，则动力活塞向左移动，反之亦然。因为射流管阀具有比较大的无效流量、比较缓慢的响应和难以预测的特性，所以它不如挡板阀应用广泛。它的主要优点在于对脏的流体不敏感。

假设动力活塞与轻负载相连,以致负载元件的惯性力与动力活塞产生的液压力相比可以忽略不计。试问这种控制器产生的控制作用形式是什么?

解:设喷嘴偏离中间位置的位移为 x ,动力活塞的位移为 y 。如果喷嘴向右边移动一个微小位移 x ,则油液流向动力活塞右侧,而动力活塞左侧的油液这时流回溢流腔。流进动力油缸的油液是高压油,从动力油缸流出并进入溢流腔的油液是低压油。活塞两侧之间的压力差引起了动力活塞向左边运动。

对于微小的喷嘴位移 x ,流进动力油缸的流量 q 与 x 成正比。也就是说,

$$q = K_1 x$$

对于动力油缸,

$$A\rho\, \mathrm{d}y = q\, \mathrm{d}t$$

式中 A 为动力活塞面积, ρ 为油液的密度。因此,

$$\frac{\mathrm{d}y}{\mathrm{d}t} = \frac{q}{A\rho} = \frac{K_1}{A\rho} x = Kx$$

式中 $K = K_1/(A\rho)$ = 常数。因此,传递函数 $Y(s)/X(s)$ 为

$$\frac{Y(s)}{X(s)} = \frac{K}{s}$$

控制器产生积分控制作用。

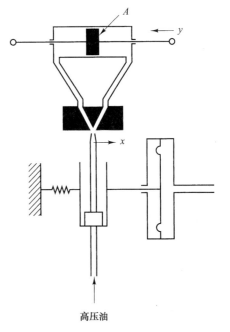

图 4.34　液压射流管控制器

A.4.8 试说明图 4.35 所示速度控制系统的工作原理。

解:如果发动机的速度增加,则飞球调节器的套筒向上运动。这种运动作为液压控制器的输入量。正误差信号(套筒向上运动)引起动力活塞向下运动,因而减小了燃料阀的开度,降低了发动机的速度。图 4.36 所示为此系统的方框图。

根据方框图可以求得传递函数 $Y(s)/E(s)$ 为

$$\frac{Y(s)}{E(s)} = \frac{a_2}{a_1 + a_2} \frac{\dfrac{K}{s}}{1 + \dfrac{a_1}{a_1 + a_2} \dfrac{bs}{bs + k} \dfrac{K}{s}}$$

如果利用下列条件:

$$\left| \frac{a_1}{a_1 + a_2} \frac{bs}{bs + k} \frac{K}{s} \right| \gg 1$$

则传递函数 $Y(s)/E(s)$ 变为

$$\frac{Y(s)}{E(s)} \doteq \frac{a_2}{a_1 + a_2} \frac{a_1 + a_2}{a_1} \frac{bs + k}{bs} = \frac{a_2}{a_1} \left(1 + \frac{k}{bs} \right)$$

因此,速度控制器具有比例加积分控制作用。

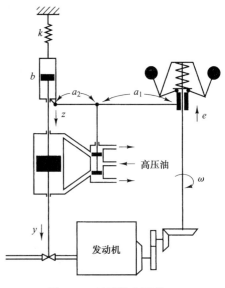

图 4.35　速度控制系统

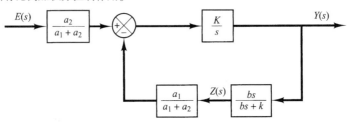

图 4.36　图 4.35 所示速度控制系统的方框图

A. 4. 9　试推导图 4.37 所示液压系统的传递函数 $Z(s)/Y(s)$。假设除活塞杆外,系统中的两个缓冲器是完全相同的。

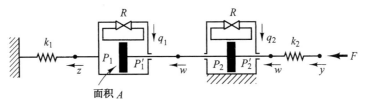

图 4.37　液压系统

解:在推导系统方程时,假设力 F 作用在杆的右端,且引起的位移为 y(所有的位移 y,w 和 z 均从各自的平衡位置,即从杆的右端尚没有力作用时的位置开始测量)。当力 F 作用于系统时,压力 P_1 变得大于 P_1',即 $P_1 > P_1'$。类似地,$P_2 > P_2'$。

在力平衡条件下,有下列方程:

$$k_2(y - w) = A(P_1 - P_1') + A(P_2 - P_2') \tag{4.42}$$

因为

$$k_1 z = A(P_1 - P_1') \tag{4.43}$$

且

$$q_1 = \frac{P_1 - P_1'}{R}$$

所以得到

$$k_1 z = AR q_1$$

又因为

$$q_1\, \mathrm{d}t = A(\mathrm{d}w - \mathrm{d}z)\rho$$

所以有

$$q_1 = A(\dot{w} - \dot{z})\rho$$

即

$$\dot{w} - \dot{z} = \frac{k_1 z}{A^2 R \rho}$$

定义 $A^2 R \rho = B$(B 为黏性摩擦系数),则得到

$$\dot{w} - \dot{z} = \frac{k_1}{B} z \tag{4.44}$$

同样,对右边的缓冲器可以得到

$$q_2\, \mathrm{d}t = A\rho\, \mathrm{d}w$$

因为 $q_2 = (P_2 - P_2')/R$,所以得到

$$\dot{w} = \frac{q_2}{A\rho} = \frac{A(P_2 - P_2')}{A^2 R \rho}$$

即

$$A(P_2 - P_2') = B\dot{w} \tag{4.45}$$

将方程(4.43)和方程(4.45)代入方程(4.42),得到

$$k_2 y - k_2 w = k_1 z + B\dot{w}$$

对上述方程进行拉普拉斯变换,并假设初始条件为零,得到

$$k_2 Y(s) = (k_2 + Bs)W(s) + k_1 Z(s) \tag{4.46}$$

对方程(4.44)进行拉普拉斯变换,并假设初始条件为零,得到

$$W(s) = \frac{k_1 + Bs}{Bs} Z(s) \tag{4.47}$$

利用方程(4.47),消去方程(4.46)中的 $W(s)$,得到

$$k_2 Y(s) = (k_2 + Bs)\frac{k_1 + Bs}{Bs} Z(s) + k_1 Z(s)$$

由上式得到传递函数 $Z(s)/Y(s)$ 为

$$\frac{Z(s)}{Y(s)} = \frac{k_2 s}{Bs^2 + (2k_1 + k_2)s + \dfrac{k_1 k_2}{B}}$$

用 $B/(k_1 k_2)$ 乘以上述方程中的分子和分母,得到

$$\frac{Z(s)}{Y(s)} = \frac{\dfrac{B}{k_1}s}{\dfrac{B^2}{k_1 k_2}s^2 + \left(\dfrac{2B}{k_2} + \dfrac{B}{k_1}\right)s + 1}$$

定义 $B/k_1 = T_1$,$B/k_2 = T_2$,于是传递函数 $Z(s)/Y(s)$ 变为

$$\frac{Z(s)}{Y(s)} = \frac{T_1 s}{T_1 T_2 s^2 + (T_1 + 2T_2)s + 1}$$

A.4.10　考虑对稳定工作状态的微小偏移,画出图4.38所示暖气系统的方框图。假设系统向周围空间的热散失和加热器金属部分的热容可以忽略不计。

解:我们首先定义

$\overline{\Theta}_i$ = 输入空气的稳态温度($^\circ$C)

$\overline{\Theta}_o$ = 输出空气的稳态温度($^\circ$C)

G = 通过加热室的空气质量流量(kg/s)

M = 包含在加热室内的空气质量(kg)

c = 空气的比热(kcal/kg $\cdot ^\circ$C)

R = 热阻($^\circ$C $\cdot$ s/kcal)

C = 包含在加热室内的空气的热容 = Mc(kcal/$^\circ$C)

$\overline{H}$ = 稳态热输入量(kcal/s)

假设热输入量从 $\overline{H}$ 突然变成 $\overline{H} + h$,入口的空气温度从 $\overline{\Theta}$ 变成 $\overline{\Theta} + \theta_i$。然后,出口的空气温度将从 $\overline{\Theta}$ 变成 $\overline{\Theta} + \theta_o$。

描述系统动态过程的方程为

$$C\,\mathrm{d}\theta_o = \left[h + Gc(\theta_i - \theta_o)\right]\mathrm{d}t$$

即

$$C\frac{\mathrm{d}\theta_o}{\mathrm{d}t} = h + Gc(\theta_i - \theta_o)$$

注意到

$$Gc = \frac{1}{R}$$

得到

$$C\frac{\mathrm{d}\theta_o}{\mathrm{d}t} = h + \frac{1}{R}(\theta_i - \theta_o)$$

即

$$RC\frac{\mathrm{d}\theta_o}{\mathrm{d}t} + \theta_o = Rh + \theta_i$$

对上述方程的两边进行拉普拉斯变换,并代入初始条件 $\theta_o(0) = 0$,得到

$$\Theta_o(s) = \frac{R}{RCs + 1}H(s) + \frac{1}{RCs + 1}\Theta_i(s)$$

图4.39表示了与上述方程对应的系统方框图。

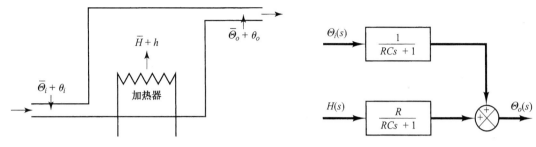

图 4.38　暖气系统　　　　　　　　　图 4.39　图 4.38 所示暖气系统的方框图

A.4.11　考虑一个薄玻璃壁的水银温度计系统，如图 4.40 所示。假设温度计处于均匀一致的温度 $\overline{\Theta}$℃（环境温度）中，并在 $t = 0$ 时将其浸入温度为 $\overline{\Theta} + \theta_b$ 的水槽内，其中 θ_b 为水槽的温度（它可能是常量，也可能是变量），从环境温度 $\overline{\Theta}$ 开始进行测量。定义瞬间温度计温度为 $\overline{\Theta} + \theta$，因此 θ 为温度计的温度变化，且满足条件 $\theta(0) = 0$。试求该系统的数学模型，并求该温度计系统的电模拟系统。

解：该系统的数学模型可以通过研究热平衡的方法导出。在 dt 秒内进入温度计的热量为 $q\,dt$，其中 q 为进入温度计的热流量。这些热量存储在温度计的热容 C 内，因此使温度计的温度升高 $d\theta$。于是热平衡方程为

$$C\,d\theta = q\,dt \tag{4.48}$$

因为热阻 R 可以写成

$$R = \frac{d(\Delta\theta)}{dq} = \frac{\Delta\theta}{q}$$

所以热流量 q 可以以热阻 R 的形式表示如下：

$$q = \frac{(\overline{\Theta} + \theta_b) - (\overline{\Theta} + \theta)}{R} = \frac{\theta_b - \theta}{R}$$

式中 $\overline{\Theta} + \theta_b$ 是水槽的温度，$\overline{\Theta} + \theta$ 是温度计的温度。因此，可以将方程(4.48)改写成

$$C\frac{d\theta}{dt} = \frac{\theta_b - \theta}{R}$$

即

$$RC\frac{d\theta}{dt} + \theta = \theta_b \tag{4.49}$$

方程(4.49)就是温度计系统的数学模型。

参考方程(4.49)，可以写出温度计系统的电模拟系统方程为

$$RC\frac{de_o}{dt} + e_o = e_i$$

由上述方程表示的电路如图 4.41 所示。

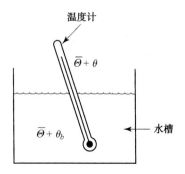

图 4.40　薄玻璃壁水银温度计系统

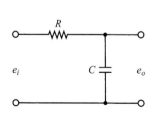

图 4.41　图 4.40 所示温度计系统的电模拟系统

习题

B. 4. 1 考虑图 4.42 所示的锥状水箱系统。已知通过阀门的液流为紊流，且与水头 H 的关系为

$$Q = 0.005\sqrt{H}$$

式中 Q 为流量，且以 $\mathrm{m^3/s}$ 度量，H 以 m 度量。

假设 $t = 0$ 时水头为 2 m。试问当 $t = 60$ s 时，水头等于多少?

B. 4. 2 考虑图 4.43 所示的液位控制系统。控制器是比例型的。控制器的设定点是固定的。假设各变量的变化很小，试画出系统的方框图，并且求第二容器的液位与扰动输入量 q_d 之间的传递函数，以及当扰动量 q_d 为单位阶跃函数时系统的稳态误差。

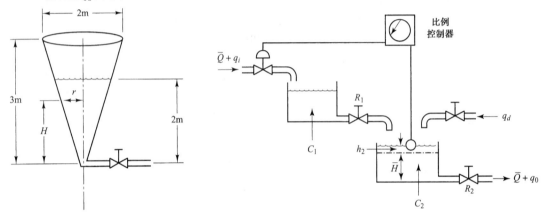

图 4.42　锥状水箱系统　　　　　　　　　图 4.43　液位控制系统

B. 4. 3 对图 4.44 所示的气动系统，假设空气压力的稳态值和波纹管的位移分别为 $\overline{P}$ 和 $\overline{X}$。又假设输入压力从 $\overline{P}$ 变化到 $\overline{P} + p_i$，其中 p_i 为输入压力的微小变化。这种压力变化将导致波纹管位移的微小变化 x。假设波纹管的气容为 C 且阀的气阻为 R，求 x 和 p_i 之间的传递函数。

B. 4. 4 图 4.45 所示为一个气动控制器。假设气动继动器的特性为 $p_c = Kp_b(K > 0)$，试问该控制器能产生何种类型的控制作用? 导出传递函数 $P_c(s)/E(s)$。

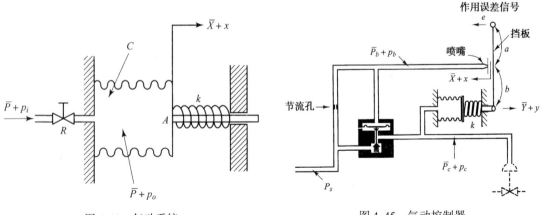

图 4.44　气动系统　　　　　　　　　　图 4.45　气动控制器

B. 4. 5 考虑图 4.46 所示的气动控制器，假设气动继动器的特性为 $p_c = Kp_b(K > 0)$，试确定控制器的控制作用。控制器的输入量为 e，输出量为 p_c。

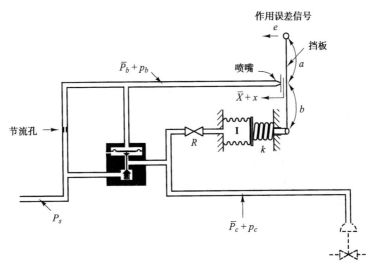

图 4.46　气动控制器

B.4.6　图 4.47 所示为一个气动控制器。信号 e 是输入量，控制压力 p_c 的变化是输出量。试求传递函数 $P_c(s)/E(s)$。假设气动继动器的特性是 $p_c = Kp_b(K>0)$。

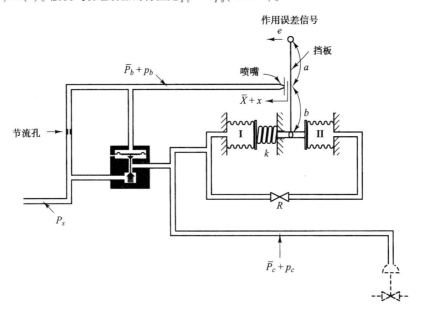

图 4.47　气动控制器

B.4.7　考虑图 4.48 所示的气动控制器。试问该控制器能产生何种控制作用？假设气动继动器的特性为 $p_c = Kp_b(K>0)$。

B.4.8　图 4.49 表示了一个挡板阀，挡板位于两个相对的喷嘴之间。如果挡板向右边做微小移动，则喷嘴内的压力失去平衡，于是动力活塞向左边运动，反之亦然。这种装置常常用在液压伺服系统中，作为二级伺服阀的第一级阀。该应用方法的产生是由于需要相当大的力去推动较大的滑阀，而这种力正是由稳态液流的力产生的。为了减小或补偿这种力，经常采用二级阀结构。挡板阀或射流管常用做第一级阀，以产生必要的力去推动第二级滑阀。

图 4.50 所示为一个液压伺服马达的原理图，其中利用了射流管和滑阀对误差信号进行两级放大。试画出图 4.50 所示系统的方框图，并求出 y 与 x 之间的传递函数。其中 x 为空气压力，y 为动力活塞位移。

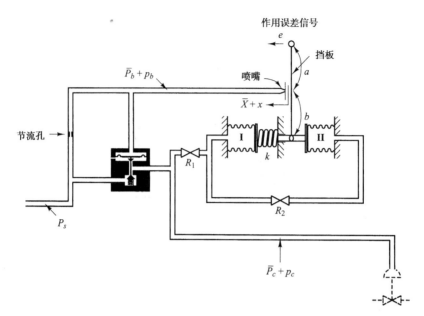

图 4.48　气动控制器

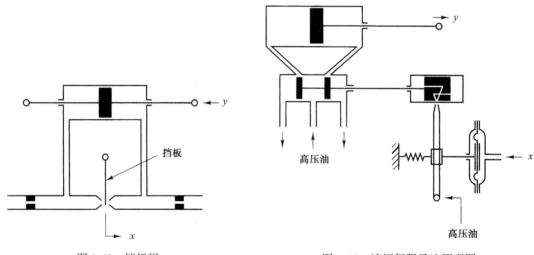

图 4.49　挡板阀　　　　　　　　　　图 4.50　液压伺服马达原理图

B.4.9　图 4.51 所示是飞机升降舵控制系统原理图。系统的输入量是操纵杆的偏转角 θ，输出量是升降舵的角度 ϕ。假设角度 θ 和 ϕ 都相当小。试证明对于操纵杆的每一个角度 θ，存在一个相应的(稳态)升降角度 ϕ。

B.4.10　考虑图 4.52 所示的液位控制系统。输入阀由液压积分控制器控制。假设稳态输入流量为 $\bar{Q}$，稳态输出流量也是 $\bar{Q}$，稳态水头为 $\bar{H}$，稳态导引阀位移为 $\bar{X}=0$，并且稳态阀位置为 $\bar{Y}$。又假设设定点 $\bar{R}$ 相应于稳态水头 $\bar{H}$。设定点是固定的。还假设扰动输入流量 q_d 很小，并且在 $t=0$ 时作用于水箱。这个扰动导致水头从 $\bar{H}$ 变成 $\bar{H}+h$。而该水头的变化又会使输出流量变化 q_o。通过液压控制器，水头的变化造成输入流量从 $\bar{Q}$ 变成 $\bar{Q}+q_i$(在存在扰动的情况下，积分控制器的作用是尽可能地保持水头为常量)。假设所有的变化均为量值很小的变化。

假设动力活塞(阀)的速度与导引阀的位移 x 成正比，即

$$\frac{\mathrm{d}y}{\mathrm{d}t}=K_1 x$$

式中 K_1 为正常数。又假设输入流量的变化 q_i 与阀的开度的变化 y 成反比，即

$$q_i = -K_v y$$

式中 K_v 为正常数。

假设系统具有下列数值：

$$C = 2 \text{ m}^2 \qquad\qquad R = 0.5 \text{ s/m}^2, \qquad\qquad K_v = 1 \text{ m}^2/\text{s}$$
$$a = 0.25 \text{ m}, \qquad\qquad b = 0.75 \text{ m}, \qquad\qquad K_1 = 4 \text{ s}^{-1}$$

试求传递函数 $H(s)/Q_d(s)$。

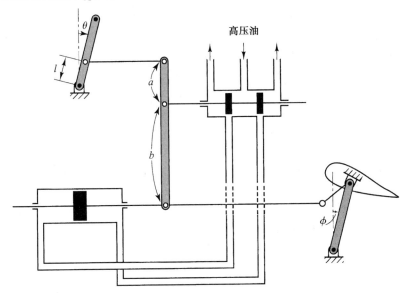

图 4.51　飞机升降舵控制系统

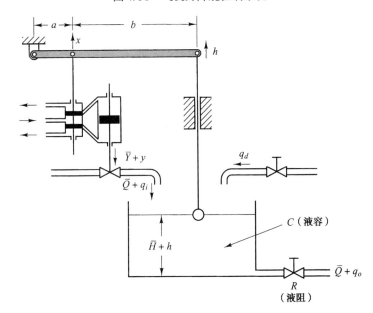

图 4.52　液位控制系统

B.4.11　考虑图 4.53 所示的控制器。输入量是空气压力 p_i，它从某一稳态参考压力 $\bar{P}$ 开始测量，而输出量则是动力活塞的位移 y。试求传递函数 $Y(s)/P_i(s)$。

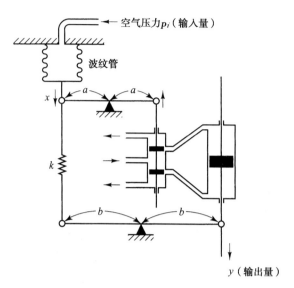

空气压力p_i（输入量）

波纹管

x

a　a

k

b　b

y（输出量）

图 4.53　控制器

B. 4. 12　热电偶的时间常数为 2 s，热套筒的时间常数为 30 s。当把热电偶插进热套筒时，这个温度测量装置可以看成一个双热容系统。

试确定这个组合热电偶–热套筒系统的时间常数。假设热电偶的质量为 8 g，热套筒的质量为 40 g。又设热电偶和热套筒的比热容是相同的。

第 5 章　瞬态响应和稳态响应分析

本章要点

本章讨论系统对非周期信号(如阶跃、斜坡、加速度和脉冲时间函数)的响应。本章的主要内容如下：5.1 节介绍本章的基础知识。5.2 节讨论一阶系统对非周期输入信号的响应。5.3 节涉及二阶系统的瞬态响应，详细地分析二阶系统的阶跃响应、斜坡响应和脉冲响应。5.4 节讨论高阶系统的瞬态响应分析。5.5 节介绍 MATLAB 方法在瞬态响应求解过程中的应用。5.6 节介绍一个用 MATLAB 求解瞬态响应问题的例子。5.7 节介绍劳斯稳定判据。5.8 节讨论积分和微分控制作用对系统性能的影响。5.9 节介绍了单位反馈控制系统中的稳态误差。

5.1　引言

在前几章中已经讲过，分析控制系统的第一步工作是推导系统的数学模型。一旦获得系统的数学模型，就可以采用各种不同的方法分析系统的性能。

实际上，控制系统的输入信号无法预先知道，具有随机的性质，而且瞬间输入量不能以解析的方法表示。只有在某些特殊情况下，例如在切削机床的自动控制中，输入信号才能预先知道，并且可以用解析的方法或曲线表示。

在分析和设计控制系统时，我们需要有一个对各种控制系统性能进行比较的基础。这种基础可以通过下述方法建立，即预先规定一些特殊的试验输入信号，然后比较各种系统对这些输入信号的响应。

许多设计准则建立在这些信号响应的基础上，或者建立在系统对初始条件变化(无任何试验信号)响应的基础上。因为系统对典型试验输入信号的响应特性，与系统对实际输入信号的响应特性之间存在着一定的关系，所以采用试验信号来评价系统的性能是合理的。

5.1.1　典型试验信号

经常采用的试验输入信号有阶跃函数、斜坡函数、加速度函数、脉冲函数、正弦函数和白噪声。在这一章中，我们将采用诸如阶跃、斜坡、加速度和脉冲这样一些试验信号。因为这些信号都是很简单的时间函数，所以利用它们可以容易地对控制系统进行数学和实验上的分析。

究竟采用哪一种典型输入信号分析系统特性，取决于系统在正常工作情况下最常见的输入信号形式。如果控制系统的输入量是随时间逐渐变化的函数，则斜坡时间函数可能是比较好的试验信号。同样，如果系统的输入信号是突然的扰动量，则阶跃时间函数可能是比较好的试验信号；而当系统的输入信号是冲击输入量时，脉冲函数可能是最好的试验信号。一旦控制系统在试验信号的基础上设计出来，那么系统对实际输入信号的响应特性通常也能满足要求。利用这类试验信号，人们就能够在同一基础上比较许多系统的性能。

5.1.2　瞬态响应和稳态响应

控制系统的时间响应由两部分组成：瞬态响应和稳态响应。瞬态响应是指系统从初始状态到最终状态的响应过程。稳态响应是指当时间 t 趋近于无穷大时系统的输出状态。这样系统响应

$c(t)$ 可表示为

$$c(t) = c_{tr}(t) + c_{ss}(t)$$

式中 $c_{tr}(t)$ 为瞬态响应，$c_{ss}(t)$ 为稳态响应。

5.1.3 绝对稳定性、相对稳定性和稳态误差

在设计控制系统时，我们必须能够根据元件的知识，预测出系统的动态特性。在控制系统的动态特性中，最重要的性能是绝对稳定性，即系统是稳定的还是不稳定的。如果控制系统没有受到任何扰动，或者也没有输入信号作用，系统的输出量保持在某一状态上，则控制系统处于平衡状态。如果线性定常控制系统受到初始条件的作用后，其输出量最终又返回到它的平衡状态，那么这种系统是稳定的。如果线性定常系统的输出量呈现为持续不断的振荡过程，则称其为临界稳定。如果系统在初始条件作用后，其输出量无限制地偏离其平衡状态，则称该系统是不稳定的。实际上，物理系统的输出量只能增大到一定的范围，此后或者受到机械制动装置的限制，或者系统遭到破坏，也可能当输出量超过一定数值后，系统变成非线性的，从而使线性微分方程不再适用。

除绝对稳定性外，对于系统的另一些重要特性，我们也必须予以认真考虑。这些特性包括相对稳定性和稳态误差。因为物理控制系统包含能量的存储，所以当输入量作用于系统时，系统的输出量不能立刻跟随输入量变化，而是在系统达到稳态之前表现为瞬态响应过程。在达到稳态以前，实际控制系统的瞬态响应常常呈现为阻尼振荡过程。在稳态时，如果系统的输出量与输入量不能完全吻合，则称系统具有稳态误差。这个误差表示了系统的精确度。在分析控制系统时，既需要研究系统的瞬态响应特性，又需要研究系统的稳态特性。

5.2 一阶系统

研究图 5.1(a)所示的一阶系统。在物理上，该系统可以表示一个 RC 电路，也可以表示一个热力系统，等等。图 5.1(b)为该系统的简化方框图。系统的输入-输出关系为

$$\frac{C(s)}{R(s)} = \frac{1}{Ts + 1} \tag{5.1}$$

下面分析此系统对诸如单位阶跃函数、单位斜坡函数和单位脉冲函数的响应。在分析过程中，假设初始条件为零。

应当指出，具有相同传递函数的所有系统，对同一输入信号的响应是相同的。对于任何给定的物理系统，响应的数学表达式具有特定的物理意义。

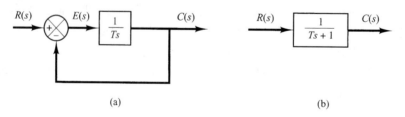

图 5.1 　(a) 一阶系统方框图；(b) 简化方框图

5.2.1　一阶系统的单位阶跃响应

因为单位阶跃函数的拉普拉斯变换等于 $1/s$，所以将 $R(s) = 1/s$ 代入方程(5.1)，得到

$$C(s) = \frac{1}{Ts+1}\frac{1}{s}$$

将 $C(s)$ 展开成部分分式，得到

$$C(s) = \frac{1}{s} - \frac{T}{Ts+1} = \frac{1}{s} - \frac{1}{s+(1/T)} \tag{5.2}$$

对方程(5.2)进行拉普拉斯反变换，得到

$$c(t) = 1 - e^{-t/T}, \quad t \geq 0 \tag{5.3}$$

方程(5.3)表明，输出量 $c(t)$ 的初始值为零，而其最终值变为1。该指数响应曲线 $c(t)$ 的一个重要特性是当 $t = T$ 时，$c(t)$ 的数值等于 0.632，即响应 $c(t)$ 达到了其总变化量的 63.2%。通过将 $t = T$ 代入 $c(t)$，很容易看出这一点，即

$$c(T) = 1 - e^{-1} = 0.632$$

应当指出，时间常数 T 越小，系统的响应就越快。该指数响应曲线的另一个重要特性，是在 $t = 0$ 那一点上，切线的斜率等于 $1/T$，因为

$$\left.\frac{dc}{dt}\right|_{t=0} = \frac{1}{T}e^{-t/T}\bigg|_{t=0} = \frac{1}{T} \tag{5.4}$$

如果系统能保持其初始响应速度不变，则当 $t = T$ 时，输出量将达到其稳态值。由方程(5.4)可以看出，响应曲线 $c(t)$ 的斜率是单调下降的，它从 $t = 0$ 时的 $1/T$，下降到 $t = \infty$ 时的零值。

图5.2所示为由方程(5.3)给出的指数响应曲线 $c(t)$。经过1倍时间常数，指数响应曲线将从零上升到稳态值的 63.2%。经过2倍时间常数，响应曲线将上升到稳态值的 86.5%。当 $t = 3T$、$4T$ 和 $5T$ 时，响应曲线将分别上升到稳态值的 95%、98.2% 和 99.3%。因此，当 $t \geq 4T$ 时，响应曲线将保持在稳态值的 2% 误差以内。从方程(5.3)可以看出，从数学角度来看，只有当时间 t 趋近于无穷大时，系统的响应才能达到稳态。但是，实际上都以响应曲线达到并且保持在稳态值的 2% 误差以内所需的时间，或者是4倍的时间常数作为适当的响应时间估值。

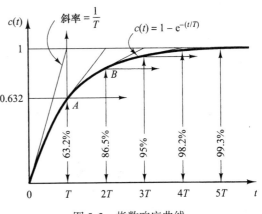

图5.2　指数响应曲线

5.2.2　一阶系统的单位斜坡响应

因为单位斜坡函数的拉普拉斯变换为 $1/s^2$，所以图5.1(a)所示系统的输出可以求得为

$$C(s) = \frac{1}{Ts+1}\frac{1}{s^2}$$

将 $C(s)$ 展开成部分分式，得到

$$C(s) = \frac{1}{s^2} - \frac{T}{s} + \frac{T^2}{Ts+1} \tag{5.5}$$

$$c(t) = t - T + Te^{-t/T}, \quad t \geqslant 0 \tag{5.6}$$

于是误差信号 $e(t)$ 为

$$e(t) = r(t) - c(t)$$
$$= T(1 - e^{-t/T})$$

当 t 趋近于无穷大时, $e^{-t/T}$ 趋近于零, 因而误差信号 $e(t)$ 趋近于 T, 即

$$e(\infty) = T$$

图 5.3 所示为系统的单位斜坡输入量和输出量。当 t 充分大时, 系统跟踪单位斜坡输入信号的误差等于 T。显然, 时间常数 T 越小, 系统跟踪斜坡输入信号的稳态误差也越小。

5.2.3 一阶系统的单位脉冲响应

对于单位脉冲输入信号, $R(s) = 1$, 因此图 5.1(a) 所示系统的输出量可以求得为

$$C(s) = \frac{1}{Ts + 1} \tag{5.7}$$

方程(5.7)的拉普拉斯反变换为

$$c(t) = \frac{1}{T} e^{-t/T}, \quad t \geqslant 0 \tag{5.8}$$

图 5.4 表示了由方程(5.8)给出的响应曲线。

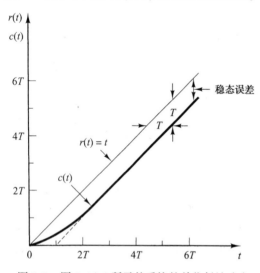

图 5.3　图 5.1(a)所示的系统的单位斜坡响应

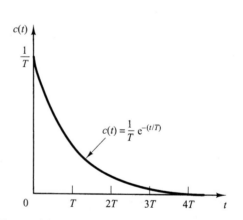

图 5.4　图 5.1(a)所示系统的单位脉冲响应曲线

5.2.4 线性定常系统的重要特性

上述分析表明, 对于单位斜坡输入信号, 系统的输出量 $c(t)$ 为

$$c(t) = t - T + Te^{-t/T}, \quad t \geqslant 0 \quad [\text{见方程 (5.6)}]$$

对于单位阶跃输入信号, 即单位斜坡输入信号的导数, 系统的输出量 $c(t)$ 为

$$c(t) = 1 - e^{-t/T}, \quad t \geqslant 0 \quad [\text{见方程 (5.3)}]$$

最后，对于单位脉冲输入信号，即单位阶跃输入信号的导数，系统的输出量 $c(t)$ 为

$$c(t) = \frac{1}{T} e^{-t/T}, \qquad\qquad t \geqslant 0 \quad [\text{见方程（5.8）}]$$

比较系统对这三种输入信号的响应，可以清楚地看出，系统对输入信号的导数的响应可通过把系统对原信号响应进行微分而得到。同时也可以看出，系统对原信号积分的响应等于系统对原信号响应的积分，而积分常数由零输出初始条件确定。这是线性定常系统的一个特性。线性时变系统和非线性系统不具备这种特性。

5.3　二阶系统

本节首先导出一个典型二阶控制系统对阶跃输入、斜坡输入和脉冲输入信号的响应。这里把伺服系统作为二阶系统的例子进行讨论。

5.3.1　伺服系统

图 5.5(a) 所示的伺服系统由比例控制器和负载元件(惯性和黏性摩擦元件)组成。假设我们希望控制输出位置 c，使其与输入位置 r 相协调。

负载元件的方程为　　　　　　　　　　　　　$J\ddot{c} + B\dot{c} = T$

式中，T 为比例控制器产生的力矩，而比例控制器的增益为 K。对上述方程两边进行拉普拉斯变换，并假设初始条件为零，得到

$$Js^2 C(s) + Bs C(s) = T(s)$$

于是得到 $C(s)$ 与 $T(s)$ 之间的传递函数为

$$\frac{C(s)}{T(s)} = \frac{1}{s(Js + B)}$$

利用这个传递函数，可以将图 5.5(a) 画成图 5.5(b)，而后者又可以简化成图 5.5(c) 的形式。因此可以得到闭环传递函数为

$$\frac{C(s)}{R(s)} = \frac{K}{Js^2 + Bs + K} = \frac{K/J}{s^2 + (B/J)s + (K/J)}$$

这种在闭环传递函数中具有两个极点的系统，称为二阶系统(某些二阶系统可能包含一个或两个零点)。

5.3.2　二阶系统的阶跃响应

图 5.5(c) 所示系统的闭环传递函数为

$$\frac{C(s)}{R(s)} = \frac{K}{Js^2 + Bs + K} \tag{5.9}$$

上式可以改写成

$$\frac{C(s)}{R(s)} = \frac{\dfrac{K}{J}}{\left[s + \dfrac{B}{2J} + \sqrt{\left(\dfrac{B}{2J} \right)^2 - \dfrac{K}{J}} \right]\left[s + \dfrac{B}{2J} - \sqrt{\left(\dfrac{B}{2J} \right)^2 - \dfrac{K}{J}} \right]}$$

如果 $B^2 - 4JK < 0$，则闭环极点为共轭复数；如果 $B^2 - 4JK \geq 0$，则闭环极点为实数。在瞬态响应分析中，为了方便，常引入下列参量：

$$\frac{K}{J} = \omega_n^2, \qquad \frac{B}{J} = 2\zeta\omega_n = 2\sigma$$

式中，σ 称为衰减系数，ω_n 称为无阻尼自然频率，ζ 称为系统的阻尼比。阻尼比 ζ 是实际阻尼系数 B 与临界阻尼系数 $B_c = 2\sqrt{JK}$ 之比，即

$$\zeta = \frac{B}{B_c} = \frac{B}{2\sqrt{JK}}$$

引入参数 ζ 和 ω_n，图 5.5(c) 所示的系统可以改变成图 5.6 所示的系统，且由方程(5.9)表示的闭环传递函数 $C(s)/R(s)$ 可以写成二阶系统的所谓标准形式：

$$\frac{C(s)}{R(s)} = \frac{\omega_n^2}{s^2 + 2\zeta\omega_n s + \omega_n^2} \tag{5.10}$$

这样，二阶系统的动态特性就可以用 ζ 和 ω_n 这两个参数的形式描述。如果 $0 < \zeta < 1$，则闭环极点为共轭复数，并且位于 s 左半平面内。这时系统称为欠阻尼系统，其瞬态响应是振荡的。如果 $\zeta = 1$，则系统称为临界阻尼系统。当 $\zeta > 1$ 时，系统称为过阻尼系统。如果 $\zeta = 0$，则瞬态响应将不会停止振荡。

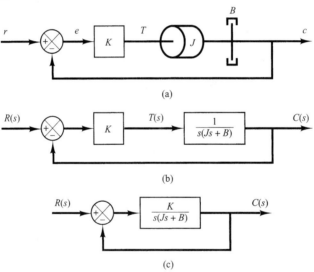

图 5.5 (a) 伺服系统；(b) 方框图；(c) 简化方框图

现在我们来求解图 5.6 所示系统对单位阶跃输入信号的响应。我们将研究三种不同的情况：欠阻尼 $(0 < \zeta < 1)$、临界阻尼($\zeta = 1$)和过阻尼($\zeta > 1$)情况。

(1)欠阻尼情况 $(0 < \zeta < 1)$：在这种情况下，$C(s)/R(s)$ 可以写成

$$\frac{C(s)}{R(s)} = \frac{\omega_n^2}{(s + \zeta\omega_n + j\omega_d)(s + \zeta\omega_n - j\omega_d)}$$

式中，$\omega_d = \omega_n\sqrt{1 - \zeta^2}$。频率 ω_d 称为阻尼自然频率。对于单位阶跃输入信号，$C(s)$ 可以写成

$$C(s) = \frac{\omega_n^2}{(s^2 + 2\zeta\omega_n s + \omega_n^2)s} \tag{5.11}$$

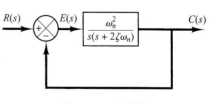

图 5.6 二阶系统

为了能容易地求出方程(5.11)的拉普拉斯反变换, 可以将 $C(s)$ 写成下列形式:

$$C(s) = \frac{1}{s} - \frac{s + 2\zeta\omega_n}{s^2 + 2\zeta\omega_n s + \omega_n^2}$$

$$= \frac{1}{s} - \frac{s + \zeta\omega_n}{(s + \zeta\omega_n)^2 + \omega_d^2} - \frac{\zeta\omega_n}{(s + \zeta\omega_n)^2 + \omega_d^2}$$

参考附录 A 中的拉普拉斯变换表, 可以得到:

$$\mathscr{L}^{-1}\left[\frac{s + \zeta\omega_n}{(s + \zeta\omega_n)^2 + \omega_d^2} \right] = e^{-\zeta\omega_n t} \cos\omega_d t$$

$$\mathscr{L}^{-1}\left[\frac{\omega_d}{(s + \zeta\omega_n)^2 + \omega_d^2} \right] = e^{-\zeta\omega_n t} \sin\omega_d t$$

因此, 方程(5.11)的拉普拉斯反变换为

$$\mathscr{L}^{-1}[C(s)] = c(t)$$

$$= 1 - e^{-\zeta\omega_n t}\left(\cos\omega_d t + \frac{\zeta}{\sqrt{1 - \zeta^2}} \sin\omega_d t \right)$$

$$= 1 - \frac{e^{-\zeta\omega_n t}}{\sqrt{1 - \zeta^2}} \sin\left(\omega_d t + \arctan\frac{\sqrt{1 - \zeta^2}}{\zeta} \right), \quad t \geq 0 \tag{5.12}$$

这个结果可以利用拉普拉斯变换表直接得到。由方程(5.12)可以看出, 瞬态振荡频率为阻尼自然频率 ω_d, 因此它随阻尼比 ζ 而发生变化。该系统的误差信号是输入量与输出量之间的差, 即

$$e(t) = r(t) - c(t)$$

$$= e^{-\zeta\omega_n t}\left(\cos\omega_d t + \frac{\zeta}{\sqrt{1 - \zeta^2}} \sin\omega_d t \right), \quad t \geq 0$$

显然, 此误差信号为阻尼正弦振荡。稳态时, 即 $t = \infty$ 时, 输入量与输出量之间不存在误差。

　　如果阻尼比 ζ 等于零, 则系统的响应变为无阻尼振荡, 且振荡过程将无限期地进行下去。将 $\zeta = 0$ 代入方程(5.12), 即可得到零阻尼情况下的响应 $c(t)$ 为

$$c(t) = 1 - \cos\omega_n t, \quad t \geq 0 \tag{5.13}$$

因此, 从方程(5.13)可以看出, ω_n 代表系统的无阻尼自然频率。这就是说, 如果阻尼减小到零, 则系统输出将以 ω_n 振荡。如果线性系统具有一定的阻尼, 就不可能通过实验观察到无阻尼自然频率。可以观察到的频率是阻尼自然频率 ω_d, 它等于 $\omega_n\sqrt{1 - \zeta^2}$。该频率总是低于无阻尼自然频率。随着 ζ 值增大, 阻尼自然频率 ω_d 将减小。如果 ζ 增加到大于1, 则系统的响应将变成过阻尼的, 因而不再产生振荡。

　　(2)临界阻尼情况 ($\zeta = 1$): 如果 $C(s)/R(s)$ 的两个极点相等, 则系统称为临界阻尼系统。

　　对于单位阶跃输入信号, $R(s) = 1/s$, 因此 $C(s)$ 可以写成

$$C(s) = \frac{\omega_n^2}{(s + \omega_n)^2 s} \tag{5.14}$$

方程(5.14)的拉普拉斯反变换可以求得为

$$c(t) = 1 - e^{-\omega_n t}(1 + \omega_n t), \quad t \geq 0 \tag{5.15}$$

在方程(5.12)中,令 ζ 趋近于 1,利用下列极限,也可以求得上述结果:

$$\lim_{\zeta \to 1} \frac{\sin \omega_d t}{\sqrt{1 - \zeta^2}} = \lim_{\zeta \to 1} \frac{\sin \omega_n \sqrt{1 - \zeta^2}\, t}{\sqrt{1 - \zeta^2}} = \omega_n t$$

(3) 过阻尼情况($\zeta > 1$):在这种情况下,$C(s)/R(s)$ 的两个极点是两个不等的负实数。对于单位阶跃输入信号,$R(s) = 1/s$,因此 $C(s)$ 可以写成

$$C(s) = \frac{\omega_n^2}{(s + \zeta\omega_n + \omega_n\sqrt{\zeta^2 - 1})(s + \zeta\omega_n - \omega_n\sqrt{\zeta^2 - 1})s} \tag{5.16}$$

方程(5.16)的拉普拉斯反变换为

$$c(t) = 1 + \frac{1}{2\sqrt{\zeta^2 - 1}(\zeta + \sqrt{\zeta^2 - 1})}\, e^{-(\zeta + \sqrt{\zeta^2 - 1})\omega_n t} -$$

$$\frac{1}{2\sqrt{\zeta^2 - 1}(\zeta - \sqrt{\zeta^2 - 1})}\, e^{-(\zeta - \sqrt{\zeta^2 - 1})\omega_n t}$$

$$= 1 + \frac{\omega_n}{2\sqrt{\zeta^2 - 1}}\left(\frac{e^{-s_1 t}}{s_1} - \frac{e^{-s_2 t}}{s_2}\right), \qquad t \geqslant 0 \tag{5.17}$$

式中,$s_1 = (\zeta + \sqrt{\zeta^2 - 1})\omega_n$,$s_2 = (\zeta - \sqrt{\zeta^2 - 1})\omega_n$。显然,这时系统的响应 $c(t)$ 包含两个衰减的指数项。

当 $\zeta \gg 1$ 时,在两个衰减的指数项中,一个比另一个衰减得快得多。因此,衰减得比较快的指数项(相应于具有较小时间常数的项)可以忽略不计。也就是说,如果 $-s_2$ 与 $j\omega$ 轴的距离比 $-s_1$ 与 $j\omega$ 轴的距离近得多(即 $|s_2| \ll |s_1|$),则在近似求解时可以忽略 $-s_1$。因为在方程(5.17)中,包含 s_1 的项比包含 s_2 的项衰减得快得多,所以 $-s_1$ 对系统响应的影响比 $-s_2$ 对系统响应的影响小得多,因此忽略 $-s_1$ 是允许的。一旦快速衰减的指数项消失,系统的响应就类似于一阶系统的响应,因此 $C(s)/R(s)$ 可以近似地表示为

$$\frac{C(s)}{R(s)} = \frac{\zeta\omega_n - \omega_n\sqrt{\zeta^2 - 1}}{s + \zeta\omega_n - \omega_n\sqrt{\zeta^2 - 1}} = \frac{s_2}{s + s_2}$$

这种近似表达形式是由下述事实直接推理得到的,即原来的函数 $C(s)/R(s)$ 与近似函数的初始值和最终值是一致的。

对于近似传递函数 $C(s)/R(s)$,其单位阶跃响应可以求得为

$$C(s) = \frac{\zeta\omega_n - \omega_n\sqrt{\zeta^2 - 1}}{(s + \zeta\omega_n - \omega_n\sqrt{\zeta^2 - 1})s}$$

其时域响应为 $\qquad c(t) = 1 - e^{-(\zeta - \sqrt{\zeta^2 - 1})\omega_n t}, \quad t \geqslant 0$

这就是当 $C(s)/R(s)$ 的一个极点可以忽略时,得到的近似单位阶跃响应。

具有不同 ζ 值的一族响应曲线 $c(t)$ 如图 5.7 所示。图中横坐标为无因次变量 $\omega_n t$,曲线仅是 ζ 的函数。这些曲线是根据方程(5.12)、方程(5.15)和方程(5.17)做出的。由这些方程描述的系统,最初处于静止状态。

如果两个二阶系统具有相同的 ζ 值,但是具有不同的 ω_n 值,则两个系统将呈现出相同的过调量和相同的振荡模式。这类系统称为具有相同相对稳定性的系统。

由图 5.7 可以看出，当欠阻尼系统的 ζ 值在 0.5 ~ 0.8 之间时，其响应曲线可以比临界阻尼系统或过阻尼系统更快地达到稳态值。在响应无振荡的系统中，临界阻尼系统具有最快的响应特性。过阻尼系统对任何输入信号的响应总是缓慢的。

应当特别指出，当二阶系统的闭环传递函数与方程(5.10)给出的形式不同时，它们的阶跃响应曲线看起来会与图 5.7 所示的曲线完全不同。

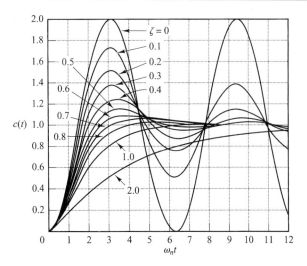

图 5.7　图 5.6 所示系统的单位阶跃响应曲线

5.3.3　瞬态响应指标的定义

通常，控制系统的性能指标以系统对单位阶跃输入量的瞬态响应形式给出，因为产生单位阶跃响应比较容易，而且这种方法也相当有效(如果已知系统对阶跃输入量的响应，则数学上可以计算系统对任何输入量的响应)。

系统对单位阶跃输入信号的瞬态响应与初始条件有关。为了便于比较各种系统的瞬态响应，通常情况下采用标准初始条件，即系统最初处于静止状态，而且输出量和输出量对时间的各阶导数都等于零。这样就能够容易地比较许多系统的响应特性。

实际控制系统的瞬态响应在达到稳态以前，常常表现为阻尼振荡过程。为了说明控制系统对单位阶跃输入信号的瞬态响应特性，通常采用下列性能指标：

- 延迟时间 t_d
- 上升时间 t_r
- 峰值时间 t_p
- 最大过调量 M_p
- 调整时间 t_s

图 5.8 图解了这些性能指标。下面是对这些指标的定义。

1. 延迟时间 t_d：响应曲线第一次达到稳态值的一半所需的时间称为延迟时间。

2. 上升时间 t_r：响应曲线从稳态值的 10% 上升到 90%，或从稳态值的 5% 上升到 95%，或从稳态值的 0% 上升到 100% 所需的时间都称为上升时间。对于欠阻尼二阶系统，通常采用 0% 到 100% 的上升时间。对于过阻尼系统，通常采用 10% 到 90% 的上升时间。

3. 峰值时间 t_p：响应曲线达到过调量的第一个峰值所需的时间称为峰值时间。

4. 最大(百分比)过调量 M_P：从 1 开始计算的响应曲线的最大峰值称为最大过调量。如果响应曲线的最终稳态值不等于 1，则通常采用最大百分比过调量。它的定义是

$$最大百分比过调量 = \frac{c(t_p) - c(\infty)}{c(\infty)} \times 100\%$$

最大(百分比)过调量的数值直接说明了系统的相对稳定性。

5. 调整时间 t_s：在响应曲线的稳态线上，用稳态值的绝对百分数(通常取 2% 或 5%)当成一个允许误差范围，响应曲线达到并且永远保持在这一允许误差范围内所需的时间称为调整时间。调整时间与控制系统的最大时间常数有关。允许误差的百分比选多大，取决于系统的设计目的。

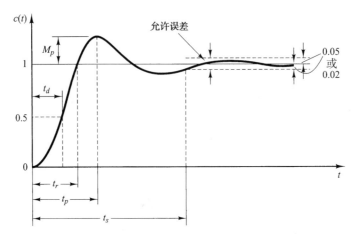

图 5.8　表示性能指标 t_d、t_r、t_p、M_p 和 t_s 的单位阶跃响应曲线

上述时域性能指标是相当重要的,因为大多数控制系统是时域系统,也就是说,这些系统必须具备适当的时域响应特性(这意味着控制系统必须不断地修改,直到瞬态响应满足要求为止)。

应当注意,并不是在任何情况下都必须采用所有这些性能指标。例如,在过阻尼系统中就无须采用峰值时间和最大过调量(当系统在阶跃输入信号作用下产生稳态误差时,这个误差必须保持在给定的百分比范围内。关于稳态误差的详细讨论,参见 5.8 节)。

5.3.4　关于瞬态响应指标的几点说明

除了一些不允许系统产生振荡的应用情况以外,通常要求系统的瞬态响应既具有充分的快速性,又具有足够的阻尼。因此,为了获得满意的二阶系统的瞬态响应特性,阻尼比必须选择在 $0.4 \sim 0.8$ 之间。小的 ζ 值($\zeta < 0.4$)会造成系统瞬态响的严重过调,而大的 ζ 值($\zeta > 0.8$)则会使系统的响应变得缓慢。

下面将会看到,最大过调量和上升时间是互相矛盾的。换句话说,最大过调量和上升时间两者不能同时达到比较小的数值。如果其中一个比较小,那么另一个必然比较大。

5.3.5　二阶系统及其瞬态响应指标

下面推导方程(5.10)描述的二阶系统的上升时间、峰值时间、最大过调量和调整时间的计算公式。这些量都将以 ζ 和 ω_n 的形式表示。假设系统为欠阻尼系统。

◆　**上升时间 t_r**

参考方程(5.12),若令 $c(t_r) = 1$,可以求得上升时间 t_r 为

$$c(t_r) = 1 = 1 - e^{-\zeta\omega_n t_r}\left(\cos\omega_d t_r + \frac{\zeta}{\sqrt{1 - \zeta^2}} \sin\omega_d t_r \right) \tag{5.18}$$

因为 $e^{-\zeta\omega_n t_r} \neq 0$,所以从方程(5.18)可得到下列方程:

$$\cos\omega_d t_r + \frac{\zeta}{\sqrt{1 - \zeta^2}} \sin\omega_d t_r = 0$$

因为 $\omega_n\sqrt{1 - \zeta^2} = \omega_d$ 且 $\zeta\omega_n = \sigma$,所以得到

$$\tan \omega_d t_r = -\frac{\sqrt{1-\zeta^2}}{\zeta} = -\frac{\omega_d}{\sigma}$$

因此，上升时间 t_r 为

$$t_r = \frac{1}{\omega_d} \arctan\left(\frac{\omega_d}{-\sigma}\right) = \frac{\pi-\beta}{\omega_d} \qquad (5.19)$$

式中 β 角的定义如图 5.9 所示。显然，为了得到一个小的 t_r 值，ω_d 必须很大。

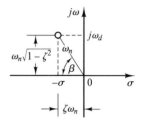

图 5.9 β 角的定义

◆   **峰值时间** t_p

参考方程 (5.12)，将 $c(t)$ 对时间求导，并令该导数等于零，可以求得峰值时间，即

$$\frac{\mathrm{d}c}{\mathrm{d}t} = \zeta\omega_n \mathrm{e}^{-\zeta\omega_n t}\left(\cos\omega_d t + \frac{\zeta}{\sqrt{1-\zeta^2}}\sin\omega_d t\right) +$$

$$\mathrm{e}^{-\zeta\omega_n t}\left(\omega_d \sin\omega_d t - \frac{\zeta\omega_d}{\sqrt{1-\zeta^2}}\cos\omega_d t\right)$$

上述方程中的两个余弦项相互抵消，在 $t = t_p$ 时计算 $\mathrm{d}c/\mathrm{d}t$，这时可以简化为

$$\left.\frac{\mathrm{d}c}{\mathrm{d}t}\right|_{t=t_p} = (\sin\omega_d t_p)\frac{\omega_n}{\sqrt{1-\zeta^2}}\mathrm{e}^{-\zeta\omega_n t_p} = 0$$

由此得到

$$\sin\omega_d t_p = 0$$

即

$$\omega_d t_p = 0, \pi, 2\pi, 3\pi, \dots$$

因为峰值时间对应于第一个峰值过调量，所以 $\omega_d t_p = \pi$。因此

$$t_p = \frac{\pi}{\omega_d} \qquad (5.20)$$

峰值时间 t_p 相应于阻尼振荡频率的周期之半。

◆   **最大过调量** M_p

最大过调量发生在峰值时间 $t = t_p = \pi/\omega_d$ 时。因此，假设输出量的稳态值为 1，则根据方程 (5.12)，可以求得 M_p 为

$$M_p = c(t_p) - 1$$

$$= -\mathrm{e}^{-\zeta\omega_n(\pi/\omega_d)}\left(\cos\pi + \frac{\zeta}{\sqrt{1-\zeta^2}}\sin\pi\right)$$

$$= \mathrm{e}^{-(\sigma/\omega_d)\pi} = \mathrm{e}^{-(\zeta/\sqrt{1-\zeta^2})\pi} \qquad (5.21)$$

最大过调量百分比为 $\mathrm{e}^{-(\sigma/\omega_d)\pi} \times 100\%$。

如果输出量的稳态值 $c(\infty)$ 不是 1，则需应用下列方程：

$$M_p = \frac{c(t_p) - c(\infty)}{c(\infty)}$$

◆   **调整时间** t_s

对于欠阻尼二阶系统，其瞬态响应可以由方程 (5.21) 求得为

$$c(t) = 1 - \frac{e^{-\zeta\omega_n t}}{\sqrt{1-\zeta^2}}\sin\left(\omega_d t + \arctan\frac{\sqrt{1-\zeta^2}}{\zeta}\right), \qquad t \geqslant 0$$

曲线 $1 \pm \left(e^{-\zeta\omega_n t}/\sqrt{1-\zeta^2}\right)$ 是该系统对单位阶跃输入信号的瞬态响应曲线的包络线。响应曲线 $c(t)$ 总是被包含在一对包络线之内,如图 5.10 所示。这对包络线的时间常数为 $1/\zeta\omega_n$。

瞬态响应的衰减速度取决于时间常数 $1/\zeta\omega_n$ 的值。对于给定的 ω_n,调整时间 t_s 是阻尼比 ζ 的函数。由图 5.7 可以看出,在同一个 ω_n 的情况下,当 ζ 在 0 与 1 之间时,阻尼很小的系统的调整时间 t_s 比具有适当阻尼的系统的调整时间长。对于过阻尼系统,由于其响应得很缓慢,所以调整时间 t_s 会很大。

对于不同的 ζ 值,从图 5.7 所示的曲线上,可以测得与 ±2% 或 ±5% 允许误差带相对应的调整时间,并且以时间常数 $T = 1/\zeta\omega_n$ 的形式来表示。测量结果如图 5.11 所示。当 $0 < \zeta < 0.9$ 时,如果采用 2% 允许误差标准,则 t_s 近似等于系统时间常数的 4 倍。如果采用 5% 允许误差标准,则 t_s 近似等于系统时间常数的 3 倍。应当指出,大约在 $\zeta = 0.76$(对于 2% 允许误差标准)或 $\zeta = 0.68$(对于 5% 允许误差标准)时,调整时间达到最小值,然后随着 ζ 值的增大,调整时间几乎呈线性增大。图 5.11 中曲线的不连续性,是由于 ζ 值的微小变化可能引起调整时间显著变化而造成的。

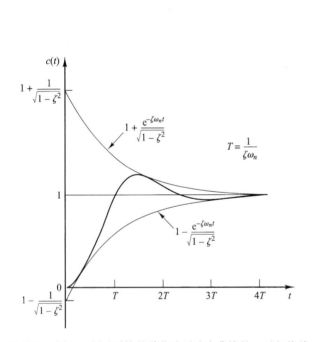

图 5.10　图 5.6 所示系统的单位阶跃响应曲线的一对包络线

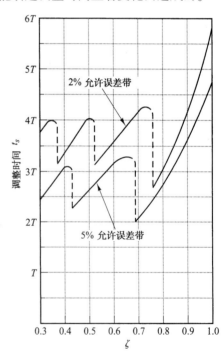

图 5.11　调整时间 t_s 与 ζ 的关系曲线

为了便于比较系统的响应特性,通常定义调整时间 t_s 为

$$t_s = 4T = \frac{4}{\sigma} = \frac{4}{\zeta\omega_n} \qquad (2\%误差标准) \qquad (5.22)$$

或

$$t_s = 3T = \frac{3}{\sigma} = \frac{3}{\zeta\omega_n} \qquad (5\%误差标准) \qquad (5.23)$$

调整时间与系统的阻尼比和无阻尼自然频率的乘积是成反比的。因为 ζ 值通常根据对最大允许过调量的要求来确定,所以调整时间主要由无阻尼自然频率 ω_n 确定。这表明,在不改变最大过调量的情况下,通过调整无阻尼自然频率 ω_n,可以改变瞬态响应的持续时间。

通过前面的分析可以明显看出，为了使响应迅速，ω_n 必须很大。为了限制最大过调量 M_p，并且使调整时间较小，阻尼比 ζ 不应该太小。图 5.12 表示了最大过调量百分比 M_p 与阻尼比 ζ 之间的关系。注意，如果阻尼比在 0.4 ~ 0.7 之间，那么阶跃响应的最大过调量百分比将在 25% ~ 4% 之间。

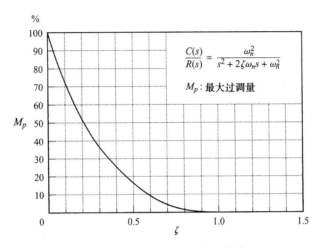

图 5.12　M_p 与 ζ 之间的关系曲线

应当特别指出，只有对方程(5.10)定义的二阶系统，求解上升时间、峰值时间、最大过调量和调整时间的这些公式才是正确的。如果二阶系统包含一个零点或者多个零点，则单位阶跃响应曲线将会与图 5.7 中表示的这些曲线完全不同。

例 5.1　考虑图 5.6 所示的系统，其中 $\zeta = 0.6$，$\omega_n = 5 \text{ rad/s}$。当系统受到单位阶跃输入信号作用时，试求上升时间 t_r、峰值时间 t_p、最大过调量 M_p 和调整时间 t_s。

根据给定的 ζ 和 ω_n 值，可以求得 $\omega_d = \omega_n\sqrt{1-\zeta^2} = 4$ 和 $\sigma = \zeta\omega_n = 3$。

1. 上升时间 t_r

   上升时间为
   $$t_r = \frac{\pi - \beta}{\omega_d} = \frac{3.14 - \beta}{4}$$

   式中，
   $$\beta = \arctan\frac{\omega_d}{\sigma} = \arctan\frac{4}{3} = 0.93 \text{ rad}$$

   因此，可求得上升时间 t_r 为
   $$t_r = \frac{3.14 - 0.93}{4} = 0.55 \text{ s}$$

2. 峰值时间 t_p

   峰值时间为
   $$t_p = \frac{\pi}{\omega_d} = \frac{3.14}{4} = 0.785 \text{ s}$$

3. 最大过调量 M_p

   最大过调量为
   $$M_p = e^{-(\sigma/\omega_d)\pi} = e^{-(3/4)\times 3.14} = 0.095$$

   因此，最大过调量百分比为 9.5%。

4. 调整时间 t_s

   对于 2% 允许误差标准，调整时间为
   $$t_s = \frac{4}{\sigma} = \frac{4}{3} = 1.33 \text{ s}$$

   对于 5% 允许误差标准，调整时间为
   $$t_s = \frac{3}{\sigma} = \frac{3}{3} = 1 \text{ s}$$

5.3.6　带速度反馈的伺服系统

输出信号的导数可以用来改善系统的性能。为了获得输出位置信号的导数,需要采用测速发电机,以代替对输出信号直接进行微分。应当指出,微分会放大噪声效应。事实上,如果存在不连续噪声,微分过程对不连续噪声的放大效果就会大于对有用信号的放大效果。例如,电位计的输出量就是一个不连续的电压信号,因为当电位计的电刷沿着线圈移动时,圈数发生变化的线圈内的感应电压将发生变化,因而产生瞬变过程。因此,在电位计的输出量后面不应该连接微分元件。

测速发电机是一种特殊的直流发电机,经常用来测量速度而无须进行微分过程。测速发电机的输出量与电动机的角速度成正比。

考虑图5.13(a)所示的伺服系统。在这个系统中,速度信号与位置信号同时反馈到系统的输入端,以产生作用误差信号。在任何伺服系统中,上述速度信号均可以通过测速发电机容易地得到。图5.13(a)所示的方框图可以简化成图5.13(b)所示的方框图,而且由图5.13(b)容易得到

$$\frac{C(s)}{R(s)} = \frac{K}{Js^2 + (B + KK_h)s + K} \tag{5.24}$$

比较方程(5.24)与方程(5.9)可以看出,速度反馈具有增大阻尼的效应。阻尼比 ζ 这时变为

$$\zeta = \frac{B + KK_h}{2\sqrt{KJ}} \tag{5.25}$$

系统的无阻尼自然频率 $\omega_n = \sqrt{K/J}$ 不受速度反馈的影响。系统对单位阶跃输入信号响应的最大过调量,可以通过改变阻尼比 ζ 的值加以控制。通过调整速度反馈常数 K_h,使 ζ 落在 $0.4 \sim 0.7$ 之间,从而减小最大过调量。

应当记住,速度反馈可以增加阻尼比,但是不影响系统的无阻尼自然频率。

例5.2　设系统如图5.13(a)所示。若欲使系统在单位阶跃响应中的最大过调量为0.2,峰值时间为1 s,试确定增益 K 的数值和速度反馈常数 K_h 的值,并且确定在此 K 和 K_h 值的情况下,系统的上升时间和调整时间。假设 $J = 1$ kg·m² 且 $B = 1$ N·m/rad/s。

1. 确定 K 和 K_h 的值

最大过调量 M_p 可以根据方程(5.21)确定如下:

$$M_p = e^{-(\zeta/\sqrt{1-\zeta^2})\pi}$$

该值应等于0.2,因此

$$e^{-(\zeta/\sqrt{1-\zeta^2})\pi} = 0.2$$

即

$$\frac{\zeta\pi}{\sqrt{1-\zeta^2}} = 1.61$$

由此得到

$$\zeta = 0.456$$

峰值时间 t_p 指定为1 s,因此由方程(5.20)可得

$$t_p = \frac{\pi}{\omega_d} = 1$$

即

$$\omega_d = 3.14$$

因为 $\zeta = 0.456$,所以

$$\omega_n = \frac{\omega_d}{\sqrt{1-\zeta^2}} = 3.53$$

因为自然频率 $\omega_n = \sqrt{K/J}$，所以

$$K = J\omega_n^2 = \omega_n^2 = 12.5 \text{ N·m}$$

根据方程(5.25)，求得 K_h 为

$$K_h = \frac{2\sqrt{KJ}\zeta - B}{K} = \frac{2\sqrt{K}\zeta - 1}{K} = 0.178 \text{ s}$$

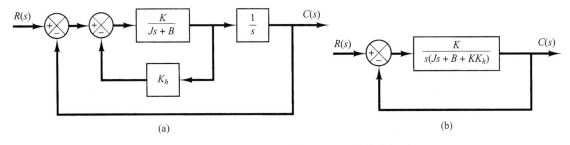

图 5.13　(a) 伺服系统方框图；(b) 简化方框图

2. 上升时间 t_r

根据方程(5.19)，求得上升时间 t_r 为

$$t_r = \frac{\pi - \beta}{\omega_d}$$

式中

$$\beta = \arctan\frac{\omega_d}{\sigma} = \arctan 1.95 = 1.10$$

因此

$$t_r = 0.65 \text{ s}$$

3. 调整时间 t_s

对于 2% 允许误差标准，

$$t_s = \frac{4}{\sigma} = 2.48 \text{ s}$$

对于 5% 允许误差标准，

$$t_s = \frac{3}{\sigma} = 1.86 \text{ s}$$

5.3.7　二阶系统的脉冲响应

对于单位脉冲输入信号 $r(t)$，其相应的拉普拉斯变换为1，即 $R(s) = 1$。图5.6所示二阶系统的单位脉冲响应 $C(s)$ 为

$$C(s) = \frac{\omega_n^2}{s^2 + 2\zeta\omega_n s + \omega_n^2}$$

这个方程的拉普拉斯反变换，就是响应的时域解 $c(t)$。

当 $0 \leqslant \zeta < 1$ 时，

$$c(t) = \frac{\omega_n}{\sqrt{1 - \zeta^2}} e^{-\zeta\omega_n t} \sin\omega_n\sqrt{1 - \zeta^2}\,t, \qquad t \geqslant 0 \tag{5.26}$$

当 $\zeta = 1$ 时，

$$c(t) = \omega_n^2 t e^{-\omega_n t}, \quad t \geqslant 0 \tag{5.27}$$

当 $\zeta > 1$ 时，

$$c(t) = \frac{\omega_n}{2\sqrt{\zeta^2 - 1}} e^{-(\zeta - \sqrt{\zeta^2 - 1})\omega_n t} - \frac{\omega_n}{2\sqrt{\zeta^2 - 1}} e^{-(\zeta + \sqrt{\zeta^2 - 1})\omega_n t}, \quad t \geqslant 0 \tag{5.28}$$

因为单位脉冲函数是单位阶跃函数对时间的导数,所以时域响应 $c(t)$ 除了能从 $C(s)$ 的拉普拉斯反变换求得外,还可以通过对相应的单位阶跃响应进行微分而得到。对应于不同的 ζ 值,按方程(5.26)和方程(5.27)求出的一族相应的单位脉冲响应曲线如图 5.14 所示。该曲线族的纵坐标为 $c(t)/\omega_n$,横坐标为无因次变量 $\omega_n t$,因此它们只是 ζ 的函数。对于临界阻尼和过阻尼的情况,单位脉冲响应总是正值,或者等于零,也就是说,$c(t) \geqslant 0$。这可以从方程(5.27)和方程(5.28)清楚地看出来。对于欠阻尼情况,单位脉冲响应 $c(t)$ 是围绕零值振荡的函数,既可能取正值,也可能取负值。

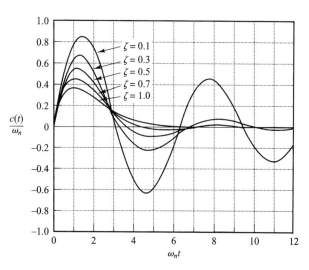

图 5.14　图 5.6 所示系统的单位脉冲响应曲线

通过前面的分析可以得到下列结论:如果脉冲响应 $c(t)$ 不改变符号,那么系统或者为临界阻尼系统,或者为过阻尼系统。这时相应的阶跃响应没有过调量,而是单调增加或单调减小,并且最终趋于某一常值。

对于欠阻尼系统,其单位脉冲响应的最大过调量发生在下列时刻:

$$t = \frac{\arctan \dfrac{\sqrt{1-\zeta^2}}{\zeta}}{\omega_n \sqrt{1-\zeta^2}}, \qquad 0 < \zeta < 1 \tag{5.29}$$

令 $\mathrm{d}c/\mathrm{d}t$ 等于零并求解 t,即求得方程(5.29)。并且,其最大过调量为

$$c(t)_{\max} = \omega_n \exp\left(-\frac{\zeta}{\sqrt{1-\zeta^2}} \arctan \frac{\sqrt{1-\zeta^2}}{\zeta}\right), \quad 0 < \zeta < 1 \tag{5.30}$$

将方程(5.29)代入方程(5.26),即可得到方程(5.30)。

因为单位脉冲响应函数是单位阶跃响应函数对时间的导数,所以单位阶跃响应的最大过调量 M_p 可以从相应的单位脉冲响应中求得,即单位脉冲响应曲线从 $t = 0$ 到曲线第一次达到零这一段下面所包围的面积,如图 5.15 所示,等于 $1 + M_p$,其中 M_p 为单位阶跃响应的最大过调量,它可以根据方程(5.21)求出。由方程(5.20)求出的单位阶跃响应的峰值时间 t_p 等于单位脉冲响应与时间轴第一次相交点的时间。

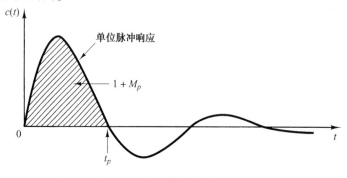

图 5.15　图 5.6 所示系统的单位脉冲响应曲线

5.4 高阶系统

在这一节中,将介绍具有一般形式的高阶系统的瞬态响应分析。我们将会看到,高阶系统的响应是由一阶系统的响应和二阶系统的响应组合构成的。

5.4.1 高阶系统的瞬态响应

考虑图 5.16 所示系统。该系统的闭环传递函数为

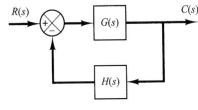

$$\frac{C(s)}{R(s)} = \frac{G(s)}{1 + G(s)H(s)} \qquad (5.31)$$

通常,$G(s)$ 和 $H(s)$ 均以 s 的多项式比值形式给出,即

$$G(s) = \frac{p(s)}{q(s)} \qquad 和 \qquad H(s) = \frac{n(s)}{d(s)}$$

图 5.16 控制系统

式中 $p(s)$,$q(s)$,$n(s)$ 和 $d(s)$ 是 s 的多项式。由方程(5.31) 表示的闭环传递函数可以写成

$$\frac{C(s)}{R(s)} = \frac{p(s)d(s)}{q(s)d(s) + p(s)n(s)}$$

$$= \frac{b_0 s^m + b_1 s^{m-1} + \cdots + b_{m-1}s + b_m}{a_0 s^n + a_1 s^{n-1} + \cdots + a_{n-1}s + a_n} \qquad (m \le n)$$

该系统对任意给定输入信号的瞬态响应,可以用计算机仿真得到(见 5.5 节)。如果需要瞬态响应的解析表达式,则需要对分母多项式进行因式分解(可以采用 MATLAB 求分母多项式的根。应用命令 roots(den))。一旦分子和分母被分解成因式,则 $C(s)/R(s)$ 就可以写成下列形式:

$$\frac{C(s)}{R(s)} = \frac{K(s + z_1)(s + z_2)\cdots(s + z_m)}{(s + p_1)(s + p_2)\cdots(s + p_n)} \qquad (5.32)$$

现在来研究这个系统对单位阶跃输入信号的响应。首先考虑闭环极点均为不相同的实数的情况。对于单位阶跃输入信号,方程(5.32)这时可以写成

$$C(s) = \frac{a}{s} + \sum_{i=1}^{n} \frac{a_i}{s + p_i} \qquad (5.33)$$

式中 a_i 是极点 $s = -p_i$ 的留数(如果系统包含多个极点,则 $C(s)$ 将具有多极点项)。$C(s)$ 的部分分式展开,如方程(5.33) 所示,可以利用 MATLAB 容易地得到。这时要应用留数命令(见附录 B)。

如果所有的闭环极点位于 s 左半平面,那么各留数的大小就确定了 $C(s)$ 展开式中各分量的相对重要性。如果上式中的一个闭环零点靠近某一个闭环极点,则这个极点上的留数就比较小,因而对应于这个极点的瞬态响应项的系数也变得比较小。一对靠得很近的极点和零点,彼此将相互抵消。如果一个极点的位置距离原点很远,那么这个极点上的留数将会很小。因此,对应于如此遥远的极点的瞬态响应项将会很小,而且持续时间也很短。在 $C(s)$ 的展开项中,具有很小留数的项,对瞬态响应的影响很小,因而可以忽略这些项。那么高阶系统就可以用低阶系统来近似表示(这种近似方法,常常使我们有可能利用简化系统的响应来评估高阶系统的响应特性)。

其次,我们来考虑 $C(s)$ 的极点由实数极点和成对的共轭复数极点组成时的情况。一对共轭复数极点可以形成一个 s 的二阶项。因为高阶特征方程的因式包括一些一阶项和二阶项,所以方程(5.33)可以改写成

$$C(s) = \frac{a}{s} + \sum_{j=1}^{q} \frac{a_j}{s + p_j} + \sum_{k=1}^{r} \frac{b_k(s + \zeta_k \omega_k) + c_k \omega_k \sqrt{1 - \zeta_k^2}}{s^2 + 2\zeta_k \omega_k s + \omega_k^2} \qquad (q + 2r = n)$$

式中假设所有闭环极点都是不同的。如果闭环极点包含多个极点，则 $C(s)$ 必然具有多极点项。由上面最后一个方程可以看出，高阶系统的响应是由一些包含简单函数的项组成的，这些简单函数出现在一阶系统和二阶系统的响应中。单位阶跃响应 $c(t)$ 作为 $C(s)$ 的拉普拉斯反变换，应为

$$c(t) = a + \sum_{j=1}^{q} a_j e^{-p_j t} + \sum_{k=1}^{r} b_k e^{-\zeta_k \omega_k t} \cos \omega_k \sqrt{1 - \zeta_k^2}\, t +$$

$$\sum_{k=1}^{r} c_k e^{-\zeta_k \omega_k t} \sin \omega_k \sqrt{1 - \zeta_k^2}\, t, \qquad t \geq 0 \qquad (5.34)$$

因此，稳定的高阶系统的响应曲线是一些指数曲线和阻尼正弦曲线之和。

如果所有闭环极点都位于 s 左半平面内，则随着时间 t 的增加，方程(5.34)中的指数项和阻尼指数项将趋近于零。于是系统的稳态输出为 $c(\infty) = a$。

假设我们所研究的系统是稳定的。于是远离 $j\omega$ 轴的闭环极点将具有很大的负实部。这时，与这些极点相对应的指数项将会迅速地衰减到零值。应当指出，从闭环极点到 $j\omega$ 轴的水平距离，决定了由这个极点引起的瞬态过程的调整时间。这个水平距离越短，调整时间就越长。

应当记住，瞬态响应的类型由闭环极点确定，而瞬态响应的形状则主要由闭环零点确定。正如在前面看到的，输入量 $R(s)$ 的极点产生了解中的稳态响应项，而 $C(s)/R(s)$ 的极点，则包含在指数瞬态响应项和(或)阻尼正弦瞬态响应项中。$C(s)/R(s)$ 的零点，不影响指数项中的指数，但是它们影响留数的大小和符号。

5.4.2　闭环主导极点

闭环极点的相对主导作用，取决于闭环极点实部的比值，同时也取决于在闭环极点上求得的留数的相对大小。而留数的大小既取决于闭环极点，又取决于闭环零点。

如果实部的比值超过 5，并且在极点附近不存在零点，那么距 $j\omega$ 轴最近的闭环极点将对瞬态响应特性起主导作用，因为这些极点对应于瞬态响应中衰减最慢的项。这些对瞬态响应特性具有主导作用的闭环极点，称为闭环主导极点。闭环主导极点经常以共轭复数的形式出现。在所有闭环极点中，闭环主导极点是最重要的。

应当指出，常常需要对高阶系统的增益进行调整，以便能使系统具有一对闭环主导共轭复数极点。稳定系统中这样一对主导极点的存在，将会减小一些非线性因素，如死区、间隙和库仑摩擦对系统性能的影响。

5.4.3　复平面上的稳定性分析

线性闭环系统的稳定性，可以根据 s 平面上闭环极点的位置予以确定。在这些极点中，如果有任何一些极点位于 s 右半平面内，那么随着时间的增长，这些极点将会上升为起主导作用，从而使瞬态响应呈现为单调上升过程或者是振幅逐渐增大的振荡过程。这表明系统是不稳定的。这类系统一旦被启动，输出量就将随时间而增大。如果在这种系统中不发生饱和现象，而且也没有设置机械制动装置，那么系统最终将遭到破坏而不能正常工作，因为实际物理系统的响应不能无限制地增加。因此，在通常的线性控制系统中，是不允许闭环极点位于 s 右半平面的。如果全部闭环极点位于 $j\omega$ 轴左边，那么任何瞬态响应最终将达到平衡状态。这表明系统是稳定的。

线性系统是否稳定，这是系统本身的一种属性，而与系统的输入量或驱动函数无关。输入量或驱动函数的极点，不影响系统的稳定性，而只影响系统解中的稳态响应项。因此，如果没有闭环极点选择在 s 右半平面内，其中包括 $j\omega$ 轴上，那么绝对稳定性的问题就可以容易地得到解决。从数学角度来看，当闭环极点位于 $j\omega$ 轴上时，将形成振荡过程，振荡的振幅既不随时间而衰减，也不随时间而增加。但在存在着噪声的实际情况中，振荡的振幅则可能是增加的，且增加的速度取决于噪声的电平。因此控制系统不应当有闭环极点位于 $j\omega$ 轴上。

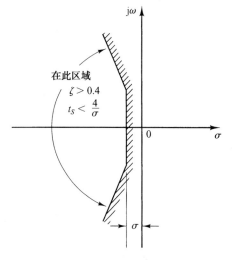

应当指出，即使所有闭环极点都位于 s 左半平面，也不能保证系统具备满意的瞬态响应特性。如果主导共轭复数闭环极点的位置紧靠 $j\omega$ 轴，那么瞬态响应可能呈现出强烈的振荡特性或缓慢的瞬态过程。因此，为了保证系统的瞬态响应特性既快速而又具备良好的阻尼，必须使系统的闭环极点落在复平面上的特定区域内，如图 5.17 所示的被阴影面积限定的区域内。

图 5.17 复平面上满足条件 $\zeta > 0.4$ 和 $t_s < 4/\sigma$ 的范围

因为闭环控制系统的相对稳定性和瞬态响应特性，与 s 平面上闭环零-极点的配置直接相关，所以常常需要通过调整一个或多个系统参数，来获得适当的零-极点配置。改变系统参数对闭环极点的影响问题，将在第 6 章中详细讨论。

5.5 用 MATLAB 进行瞬态响应分析

5.5.1 引言

对于高于二阶的系统，绘制其时域响应曲线的实际步骤是通过计算机仿真实现的。在这一节中，我们将介绍用 MATLAB 进行瞬态响应分析的计算方法。特别是将讨论阶跃响应、脉冲响应、斜坡响应，以及对其他简单输入信号的响应问题。

5.5.2 线性系统的 MATLAB 表示

系统的传递函数用两个数组来表示。考虑下列系统：

$$\frac{C(s)}{R(s)} = \frac{2s + 25}{s^2 + 4s + 25} \tag{5.35}$$

该系统可以表示为两个数组，每一个数组由相应的多项式系数组成，并且以 s 的降幂排列如下：

$$\text{num} = [2 \ 25]$$
$$\text{den} = [1 \ 4 \ 25]$$

另一种可供选择的表示方法是

$$\text{num} = [0 \ 2 \ 25]$$
$$\text{den} = [1 \ 4 \ 25]$$

在这个表达式中，零是填充符。注意，如果零被填充进去，则向量 num 和向量 den 的维数会变成相同的。加进填充符零的优点是向量 num 和向量 den 可以直接相加。例如，

$$num + den = [0\ 2\ 25] + [1\ 4\ 25]$$
$$= [1\ 6\ 50]$$

如果已知 num 和 den(即闭环传递函数的分子和分母),则命令

$$step(num,den),\quad step(num,den,t)$$

将会产生出单位阶跃响应图(在阶跃命令中,t 为用户指定的时间)。

对于一个以状态空间形式描述的控制系统,其状态空间方程中的状态矩阵 **A**、控制矩阵 **B**、输出矩阵 **C** 和直接传输矩阵 **D** 均为已知,这时命令

$$step(A,B,C,D),\quad step(A,B,C,D,t)$$

将会产生单位阶跃响应曲线。当 t 没有明确包含在阶跃命令中时,会自动确定时间向量。

应当指出,命令 step(sys)可以用来获得系统的单位阶跃响应。首先,用下式定义系统:

$$sys = tf(num,den)$$

或

$$sys = ss(A,B,C,D)$$

然后,例如为了求单位阶跃响应,向计算机输入下列命令:

$$step(sys)$$

当阶跃命令的左端含有变量时,如

$$[y,x,t] = step(num,den,t)$$
$$[y,x,t] = step(A,B,C,D,iu)$$
$$[y,x,t] = step(A,B,C,D,iu,t) \tag{5.36}$$

显示屏上不会显示出响应曲线。因此,必须用 plot 命令查看响应曲线。矩阵 y 和 x 分别包含系统在计算时间点 t 求出的输出响应和状态响应(y 的列数与输出量数相同,每一行对应一个相应的时间 t 单元。x 的列数与状态数相同,每一行对应一个相应的时间 t 单元)。

注意,在方程(5.36)中,标题 iu 是系统输入量上的一种标识,它说明采用什么输入量获取响应,t 则是用户指定的时间。如果系统含有多个输入量和多个输出量,则如方程(5.36)给出的阶跃命令将产生一个阶跃响应曲线序列,其中每一个曲线都与方程

$$\dot{x} = Ax + Bu$$
$$y = Cx + Du$$

中的一个输入量和一个输出量组合相对应(详细内容参见例5.3)。

例5.3 考虑下列系统:

$$\begin{bmatrix} \dot{x}_1 \\ \dot{x}_2 \end{bmatrix} = \begin{bmatrix} -1 & -1 \\ 6.5 & 0 \end{bmatrix} \begin{bmatrix} x_1 \\ x_2 \end{bmatrix} + \begin{bmatrix} 1 & 1 \\ 1 & 0 \end{bmatrix} \begin{bmatrix} u_1 \\ u_2 \end{bmatrix}$$

$$\begin{bmatrix} y_1 \\ y_2 \end{bmatrix} = \begin{bmatrix} 1 & 0 \\ 0 & 1 \end{bmatrix} \begin{bmatrix} x_1 \\ x_2 \end{bmatrix} + \begin{bmatrix} 0 & 0 \\ 0 & 0 \end{bmatrix} \begin{bmatrix} u_1 \\ u_2 \end{bmatrix}$$

试求该系统的单位阶跃响应曲线。

虽然用 MATLAB 求该系统的单位阶跃响应曲线时,不需要求它的传递矩阵表达式,但是我们仍然要导出这种表达式,以便作为参考。对于由下列方程定义的系统:

$$\dot{x} = Ax + Bu$$
$$y = Cx + Du$$

其传递矩阵 $\mathbf{G}(s)$ 是一个与 $\mathbf{Y}(s)$ 和 $\mathbf{U}(s)$ 有关的矩阵, 即

$$\mathbf{Y}(s) = \mathbf{G}(s)\mathbf{U}(s)$$

对状态空间方程进行拉普拉斯变换, 得到

$$s\mathbf{X}(s) - \mathbf{x}(0) = \mathbf{A}\mathbf{X}(s) + \mathbf{B}\mathbf{U}(s) \tag{5.37}$$

$$\mathbf{Y}(s) = \mathbf{C}\mathbf{X}(s) + \mathbf{D}\mathbf{U}(s) \tag{5.38}$$

在推导传递矩阵时, 假设 $\mathbf{x}(0) = \mathbf{0}$。于是, 由方程(5.37)得到

$$\mathbf{X}(s) = (s\mathbf{I} - \mathbf{A})^{-1}\mathbf{B}\mathbf{U}(s) \tag{5.39}$$

将方程(5.39)代入方程(5.38), 得到

$$\mathbf{Y}(s) = \left[\mathbf{C}(s\mathbf{I} - \mathbf{A})^{-1}\mathbf{B} + \mathbf{D}\right]\mathbf{U}(s)$$

因此, 得到下列传递矩阵 $\mathbf{G}(s)$:

$$\mathbf{G}(s) = \mathbf{C}(s\mathbf{I} - \mathbf{A})^{-1}\mathbf{B} + \mathbf{D}$$

对于给定的系统, 传递矩阵 $\mathbf{G}(s)$ 为

$$
\begin{aligned}
\mathbf{G}(s) &= \mathbf{C}(s\mathbf{I} - \mathbf{A})^{-1}\mathbf{B} \\
&= \begin{bmatrix} 1 & 0 \\ 0 & 1 \end{bmatrix} \begin{bmatrix} s+1 & 1 \\ -6.5 & s \end{bmatrix}^{-1} \begin{bmatrix} 1 & 1 \\ 1 & 0 \end{bmatrix} \\
&= \frac{1}{s^2 + s + 6.5} \begin{bmatrix} s & -1 \\ 6.5 & s+1 \end{bmatrix} \begin{bmatrix} 1 & 1 \\ 1 & 0 \end{bmatrix} \\
&= \frac{1}{s^2 + s + 6.5} \begin{bmatrix} s-1 & s \\ s+7.5 & 6.5 \end{bmatrix}
\end{aligned}
$$

因此

$$
\begin{bmatrix} Y_1(s) \\ Y_2(s) \end{bmatrix} = \begin{bmatrix} \dfrac{s-1}{s^2+s+6.5} & \dfrac{s}{s^2+s+6.5} \\ \dfrac{s+7.5}{s^2+s+6.5} & \dfrac{6.5}{s^2+s+6.5} \end{bmatrix} \begin{bmatrix} U_1(s) \\ U_2(s) \end{bmatrix}
$$

因为该系统包含两个输入量和两个输出量, 所以根据考虑不同的输入信号和输出信号, 可以定义 4 个传递函数。当考虑信号 u_1 为输入量时, 假设 u_2 为零, 反之亦然。这 4 个传递函数为

$$\frac{Y_1(s)}{U_1(s)} = \frac{s-1}{s^2+s+6.5}, \qquad \frac{Y_1(s)}{U_2(s)} = \frac{s}{s^2+s+6.5}$$

$$\frac{Y_2(s)}{U_1(s)} = \frac{s+7.5}{s^2+s+6.5}, \qquad \frac{Y_2(s)}{U_2(s)} = \frac{6.5}{s^2+s+6.5}$$

假设 u_1 和 u_2 为单位阶跃函数, 利用下列命令:

step(A,B,C,D)

可以绘出 4 个单独的阶跃响应曲线, MATLAB 程序 5.1 产生 4 条这样的阶跃响应曲线。这些曲线示于图 5.18。

```
MATLAB程序5.1

A = [-1  -1;6.5  0];
B = [1  1;1  0];
C = [1  0;0  1];
D = [0  0;0  0];
step(A,B,C,D)
```

Step Response

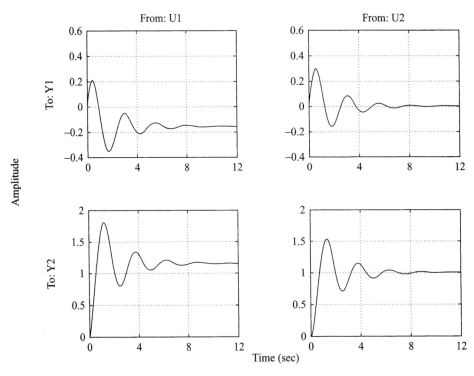

图 5.18　单位阶跃响应曲线

为了能在一个图上对应输入量 u_1 绘出两条阶跃响应曲线, 同时在另一个图上对应输入量 u_2 绘出另外两条阶跃响应曲线, 可以分别采用命令:

$$step(A,B,C,D,1)$$

和

$$step(A,B,C,D,2)$$

MATLAB 程序 5.2 是这样一种程序, 它能对应输入量 u_1, 在一个图上绘出两条阶跃响应曲线;同时对应输入量 u_2, 在另一个图上绘出另外两条阶跃响应曲线。图 5.19 就表示了这样两个图, 其中每个图均包含两条阶跃响应曲线 (这个 MATLAB 程序采用了文本命令, 关于这种命令, 参见下一小节)。

MATLAB程序5.2

```
% ***** In this program we plot step-response curves of a system
% having two inputs (u1 and u2) and two outputs (y1 and y2) *****

% ***** We shall first plot step-response curves when the input is
% u1. Then we shall plot step-response curves when the input is
% u2 *****

% ***** Enter matrices A, B, C, and D *****

A = [-1  -1;6.5  0];
B = [1  1;1  0];
C = [1  0;0  1];
D = [0  0;0  0];
% ***** To plot step-response curves when the input is u1, enter
% the command 'step(A,B,C,D,1)' *****
```

```
step(A,B,C,D,1)
grid
title ('Step-Response Plots: Input = u1 (u2 = 0)')
text(3.4, -0.06,'Y1')
text(3.4, 1.4,'Y2')

% ***** Next, we shall plot step-response curves when the input
% is u2. Enter the command 'step(A,B,C,D,2)' *****

step(A,B,C,D,2)
grid
title ('Step-Response Plots: Input = u2 (u1 = 0)')
text(3,0.14,'Y1')
text(2.8,1.1,'Y2')
```

5.5.3　在图形屏幕上书写文本

为了在图形屏幕上书写文本，例如，可以输入下列语句：

$$text(3.4,-0.06,'Y1')$$

和

$$text(3.4,1.4,'Y2')$$

第一个语句告诉计算机，在坐标点 $x = 3.4$，$y = -0.06$ 上开始写出"Y1"。类似地，第二个语句告诉计算机，在坐标点 $x = 3.4$，$y = 1.4$ 上开始写出"Y2"［见 MATLAB 程序 5.2 和图 5.19(a)］。

另外一种在图中书写文本的方法，是利用 gtext 命令。其语法为

$$gtext('text')$$

当执行 gtext 时，计算机将等着光标移动到(利用鼠标)屏幕上希望的位置。当按压鼠标上的左键时，包含在小括号内的文本便被书写到图中的光标位置上。在图中可应用任意数量的 gtext 命令(参见 MATLAB 程序 5.15)。

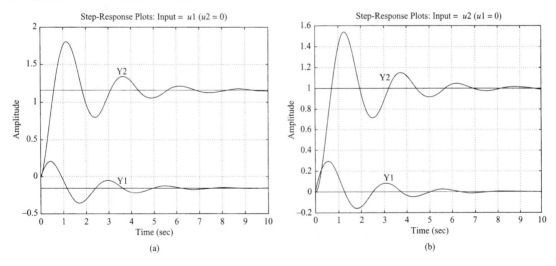

图 5.19　单位阶跃响应曲线。(a) u_1 为输入量($u_2 = 0$)；(b) u_2 为输入量($u_1 = 0$)

5.5.4　标准二阶系统的 MATLAB 描述

如前所述，下列二阶系统称为标准二阶系统：

$$G(s) = \frac{\omega_n^2}{s^2 + 2\zeta\omega_n s + \omega_n^2} \tag{5.40}$$

对于给定的 ω_n 和 ζ, 下列命令

printsys(num,den)　　　或　　　printsys(num,den,s)

将以 s 的多项式比值形式, 打印出 num/den。

　　例如, 考虑当 $\omega_n = 5$ rad/s 和 $\zeta = 0.4$ 的情况。MATLAB 程序 5.3 将产生出 $\omega_n = 5$ rad/s 和 $\zeta = 0.4$ 情况下的标准二阶系统。注意, 在 MATLAB 程序 5.3 中, num 0 = 1。

```
MATLAB程序5.3

wn = 5;
damping_ratio = 0.4;
[num0,den] = ord2(wn,damping_ratio);
num = 5^2*num0;
printsys(num,den,'s')
num/den =
              25
        ---------------
        S^2 + 4s + 25
```

5.5.5　求传递函数系统的单位阶跃响应

　　我们来考虑下列传递函数系统的单位阶跃响应:

$$G(s) = \frac{25}{s^2 + 4s + 25}$$

MATLAB 程序 5.4 将给出该系统的单位阶跃响应图。图 5.20 表示了这个单位阶跃响应曲线图。

```
MATLAB程序5.4

% ------------- Unit-step response -------------

% ***** Enter the numerator and denominator of the transfer
% function *****

num = [25];
 den = [1  4  25];

% ***** Enter the following step-response command *****

step(num,den)

% ***** Enter grid and title of the plot *****

grid
title (' Unit-Step Response of G(s) = 25/(s^2+4s+25)')
```

　　应当指出, 在图 5.20(及许多其他的图)中, x 轴与 y 轴的标注是自动确定的。如果希望对 x 轴和 y 轴进行不同的标注, 则必须改变阶跃命令。例如, 如果需要在 x 轴上标注"t Sec", 在 y 轴上标注"Output", 则应利用带有左端变量的阶跃响应命令, 如

c = step(num,den,t)

或者, 更为普遍地利用

[y,x,t] = step(num,den,t)

和 plot(t,y) 命令。例如, 参见 MATLAB 程序 5.5 和图 5.21。

```
MATLAB程序5.5

% ------------- Unit-step response -------------

num = [25];
```

```
den = [1  4  25];
t = 0:0.01:3;
[y,x,t] = step(num,den,t);
plot(t,y)
grid
title('Unit-Step Response of G(s)=25/(s^2+4s+25)')
xlabel('t Sec')
ylabel('Output')
```

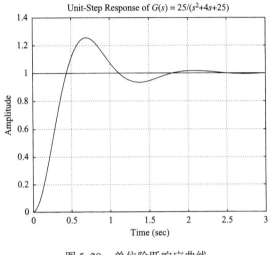

图 5.20　单位阶跃响应曲线

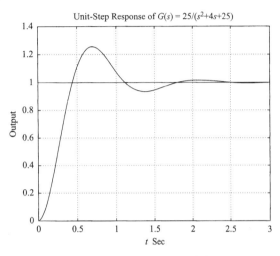

图 5.21　单位阶跃响应曲线

5.5.6　用 MATLAB 绘制单位阶跃响应曲线的三维图

利用 MATLAB 能够容易地绘制三维图。绘制三维图的命令是 mesh 和 surf。mesh 图与 surf 图的区别是，前者只绘出了图线，而后者则不仅绘出了图线，而且在图线之间的空间内还涂上了颜色。在本书中将只采用 mesh 命令。

例 5.4　考虑由下式定义的闭环系统：

$$\frac{C(s)}{R(s)} = \frac{1}{s^2 + 2\zeta s + 1}$$

无阻尼自然频率 ω_n 被规范化为 1。假设当 ζ 为下列各值时：

$$\zeta = 0,\ 0.2,\ 0.4,\ 0.6,\ 0.8,\ 1.0$$

试绘制单位阶跃响应曲线 $c(t)$，并且绘制其三维图。

MATLAB 程序 5.6 给出了一个示范性 MATLAB 程序，用来绘制这个二阶系统的单位阶跃响应曲线的二维图和三维图。绘制的图分别示于图 5.22(a) 和图 5.22(b) 中。应当指出，这里利用命令 mesh(t,zeta,y') 绘制出了三维图。利用命令 mesh(y') 可以得到同样的结果。注意，命令 mesh(t,zeta,y) 或 mesh(y) 将会生成相同的三维图，如图 5.22(b) 所示，只是 x 轴和 y 轴进行了交换。见例题 A.5.15。

当我们希望利用 MATLAB 解题，并且在解题过程中包含许多重复性计算时，可以构想各种方法来简化 MATLAB 程序。经常采用的一种简化计算的方法是利用循环。MATLAB 程序 5.6 采用了这种循环。本书介绍了许多利用循环的 MATLAB 程序，用来求解各种问题。建议读者对所有这些问题进行仔细研究，以便使自己能精通这些方法。

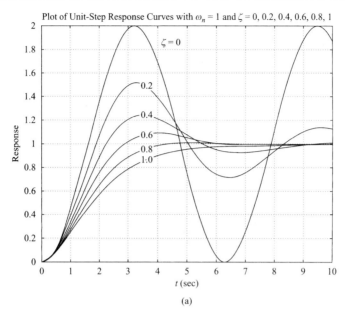

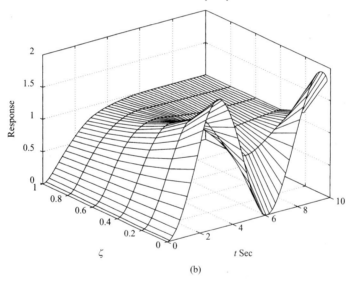

图5.22 (a) 当 $\zeta = 0$, 0.2, 0.4, 0.6, 0.8 和 1.0 时, 单位 阶跃
响应曲线的二维图; (b) 单位阶跃响应曲线的三维图

MATLAB程序5.6

```
% ------- Two-dimensional plot and three-dimensional plot of unit-step
% response curves for the standard second-order system with wn = 1
% and zeta = 0, 0.2, 0.4, 0.6, 0.8, and 1. -------

t = 0:0.2:10;
zeta = [0   0.2   0.4   0.6   0.8   1];
    for n = 1:6;
    num = [1];
    den = [1   2*zeta(n)   1];
    [y(1:51,n),x,t] = step(num,den,t);
    end
```

```
% To plot a two-dimensional diagram, enter the command plot(t,y).

plot(t,y)
grid
title('Plot of Unit-Step Response Curves with \omega_n = 1 and \zeta = 0, 0.2, 0.4, 0.6, 0.8, 1')
xlabel('t (sec)')
ylabel('Response')
text(4.1,1.86,'\zeta = 0')
text(3.5,1.5,'0.2')
text(3 .5,1.24,'0.4')
text(3.5,1.08,'0.6')
text(3.5,0.95,'0.8')
text(3.5,0.86,'1.0')

% To plot a three-dimensional diagram, enter the command mesh(t,zeta,y').

mesh(t,zeta,y')
title('Three-Dimensional Plot of Unit-Step Response Curves')
xlabel('t Sec')
ylabel('\zeta')
zlabel('Response')
```

5.5.7 用 MATLAB 求上升时间、峰值时间、最大过调量和调整时间

MATLAB 可以方便地用来求上升时间、峰值时间、最大过调量和调整时间。考虑由下式定义的系统：

$$\frac{C(s)}{R(s)} = \frac{25}{s^2 + 6s + 25}$$

MATLAB 程序 5.7 给出了上升时间、峰值时间、最大过调量和调整时间。为了便于证明用 MATLAB 程序 5.7 求得的上述结果，在图 5.23 中给出了该系统的单位阶跃响应曲线。应当指出，这个程序也可以应用到高阶系统。见例题 A.5.10。

```
MATLAB程序5.7

% ------- This is a MATLAB program to find the rise time, peak time,
% maximum overshoot, and settling time of the second-order system
% and higher-order system -------
% ------- In this example, we assume zeta = 0.6 and wn = 5 -------
num = [25];
den = [1  6  25];
t = 0:0.005:5;
[y,x,t] = step(num,den,t);
r = 1; while y(r) < 1.0001; r = r + 1; end;
rise_time = (r – 1)*0.005

rise_time =

    0.5550

[ymax,tp] = max(y);
peak_time = (tp – 1)*0.005

peak_time =

    0.7850

max_overshoot = ymax–1

max_overshoot =

    0.0948

s = 1001; while y(s) > 0.98 & y(s) < 1.02; s = s – 1; end;
settling_time = (s – 1)*0.005

settling_time =

    1.1850
```

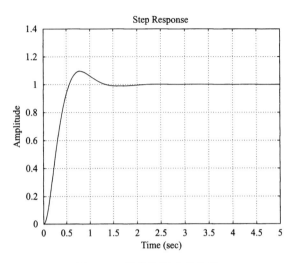

图 5.23　单位阶跃响应曲线

5.5.8　脉冲响应

利用下列脉冲命令中的一种, 可以得到控制系统的单位脉冲响应:

$$impulse(num,den)$$

$$impulse(A,B,C,D)$$

$$[y,x,t] = impulse(num,den)$$

$$[y,x,t] = impulse(num,den,t) \qquad (5.41)$$

$$[y,x,t] = impulse(A,B,C,D)$$

$$[y,x,t] = impulse(A,B,C,D,iu) \qquad (5.42)$$

$$[y,x,t] = impulse(A,B,C,D,iu,t) \qquad (5.43)$$

命令 impulse(num, den)将在屏幕上绘制出单位脉冲响应。命令 impulse(A, B, C, D)将产生一个单位脉冲响应序列图, 每一个响应曲线对应于系统

$$\dot{x} = Ax + Bu$$
$$y = Cx + Du$$

的一种输入量和输出量组合。应当指出, 在方程(5.42)和方程(5.43)中, 标量 iu 是系统输入量的一种指标, 它表明采用哪一个输入量产生脉冲响应。

还应指出, 如果采用的命令中不显含 t, 则时间向量会自动确定, 如果命令中包含着用户提供的时间向量 t, 如同方程(5.41)和方程(5.43)给出的命令那样, 那么这个向量就指明了脉冲响应进行计算的时间。

如果 MATLAB 命令中附加有左端的变量[y,x,t], 例如[y,x,t] = impulse(A, B, C, D)这种情况, 该命令将产生系统的输出和状态响应, 以及时间向量 t。此时在计算机屏幕上不绘出图形。矩阵 y 和 x 包含着在时刻 t 计算出来的系统输出和状态响应 y 的列数与输出量数相同, 并且有一行对应于 t 的每一个元素。x 的列数与状态变量数相同, 并且也有一行与 t 的每一个元素相对应。

例 5.5　求下列系统的单位脉冲响应:

$$\frac{C(s)}{R(s)} = G(s) = \frac{1}{s^2 + 0.2s + 1}$$

MATLAB 程序 5.8 将生成单位脉冲响应。由此得到的响应曲线示于图 5.24。

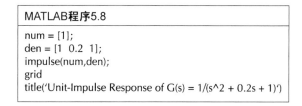

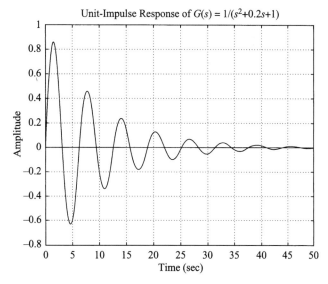

图 5.24　单位脉冲响应曲线

5.5.9　求脉冲响应的另一种方法

应当指出，当初始条件为零时，$G(s)$ 的单位脉冲响应与 $sG(s)$ 的单位阶跃响应相同。

考虑在例 5.5 中讨论过的系统的单位脉冲响应。因为对于单位脉冲输入量 $R(s) = 1$，所以

$$\frac{C(s)}{R(s)} = C(s) = G(s) = \frac{1}{s^2 + 0.2s + 1}$$

$$= \frac{s}{s^2 + 0.2s + 1}\frac{1}{s}$$

因此，可以将 $G(s)$ 的单位脉冲响应变换成 $sG(s)$ 的单位阶跃响应。

如果在 MATLAB 中输入下列 num 和 den：

$$num = [0 \ 1 \ 0]$$

$$den = [1 \ 0.2 \ 1]$$

并且利用在 MATLAB 程序 5.9 中给出的阶跃响应命令，可以得到系统的单位脉冲响应曲线，如图 5.25 所示。

```
MATLAB程序5.9

num = [1  0];
den = [1  0.2  1];
step(num,den);
grid
title('Unit-Step Response of sG(s) = s/(s^2 + 0.2s + 1)')
```

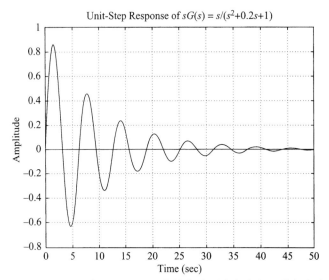

图 5.25　用 $sG(s) = s/(s^2 + 0.2s + 1)$ 的单位阶跃响应求得的单位脉冲响应曲线

5.5.10　斜坡响应

在 MATLAB 中没有斜坡响应命令,因此需要利用阶跃响应命令或 lsim 命令(后面将介绍)求斜坡响应。特别是当求传递函数系统 $G(s)$ 的斜坡响应时,可以先用 s 除以 $G(s)$,再利用阶跃响应命令。例如,考虑下列闭环系统:

$$\frac{C(s)}{R(s)} = \frac{2s + 1}{s^2 + s + 1}$$

对于单位斜坡输入量,$R(s) = 1/s^2$,因此

$$C(s) = \frac{2s + 1}{s^2 + s + 1}\frac{1}{s^2} = \frac{2s + 1}{(s^2 + s + 1)s}\frac{1}{s}$$

为了得到系统的单位斜坡响应,在 MATLAB 程序中输入下列分子和分母:

num = [2　1];

den = [1　1　1　0];

并且应用阶跃响应命令。参见 MATLAB 程序 5.10,利用此程序获得的响应曲线如图 5.26 所示。

```
MATLAB程序5.10

% -------------- Unit-ramp response ---------------

% ***** The unit-ramp response is obtained as the unit-step
% response of G(s)/s *****

% ***** Enter the numerator and denominator of G(s)/s *****

num = [2  1];
den = [1  1  1  0];

% ***** Specify the computing time points (such as t = 0:0.1:10)
% and then enter step-response command: c = step(num,den,t) *****

t = 0:0.1:10;
c = step(num,den,t);
```

```
% ***** In plotting the ramp-response curve, add the reference
% input to the plot. The reference input is t. Add to the
% argument of the plot command with the following: t,t,'-'. Thus
% the plot command becomes as follows: plot(t,c,'o',t,t,'-') *****
plot(t,c,'o',t,t,'-')

% ***** Add grid, title, xlabel, and ylabel *****
grid
title('Unit-Ramp Response Curve for System G(s) = (2s + 1)/(s^2 + s + 1)')
xlabel('t Sec')
ylabel('Input and Output')
```

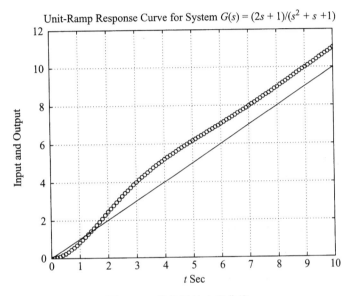

图 5.26 单位斜坡响应曲线

5.5.11 在状态空间中定义的系统的单位斜坡响应

下面讨论以状态空间形式表示的系统的单位斜坡响应。考虑由下列方程描述的系统：

$$\dot{\mathbf{x}} = \mathbf{A}\mathbf{x} + \mathbf{B}u$$
$$y = \mathbf{C}\mathbf{x} + Du$$

式中 u 为单位斜坡函数。通过讨论一个简单的例子，阐明这种方法。假设

$$\mathbf{A} = \begin{bmatrix} 0 & 1 \\ -1 & -1 \end{bmatrix}, \qquad \mathbf{B} = \begin{bmatrix} 0 \\ 1 \end{bmatrix}, \qquad \mathbf{x}(0) = \mathbf{0}$$
$$\mathbf{C} = \begin{bmatrix} 1 & 0 \end{bmatrix}, \qquad D = \begin{bmatrix} 0 \end{bmatrix}$$

当初始条件为零时，单位斜坡响应是单位阶跃响应的积分。因此，单位斜坡响应可以由下式确定：

$$z = \int_0^t y \, \mathrm{d}t \qquad\qquad\qquad (5.44)$$

由方程(5.44)，得到

$$\dot{z} = y = x_1 \qquad\qquad\qquad (5.45)$$

定义

$$z = x_3$$

于是方程(5.45)成为

$$\dot{x}_3 = x_1 \qquad\qquad\qquad (5.46)$$

将方程(5.46)与原来的状态方程合并, 得到

$$\begin{bmatrix} \dot{x}_1 \\ \dot{x}_2 \\ \dot{x}_3 \end{bmatrix} = \begin{bmatrix} 0 & 1 & 0 \\ -1 & -1 & 0 \\ 1 & 0 & 0 \end{bmatrix} \begin{bmatrix} x_1 \\ x_2 \\ x_3 \end{bmatrix} + \begin{bmatrix} 0 \\ 1 \\ 0 \end{bmatrix} u \tag{5.47}$$

$$z = \begin{bmatrix} 0 & 0 & 1 \end{bmatrix} \begin{bmatrix} x_1 \\ x_2 \\ x_3 \end{bmatrix} \tag{5.48}$$

方程(5.47)中的 u 是单位阶跃函数。这组方程可以写成

$$\dot{\mathbf{x}} = \mathbf{AA}\mathbf{x} + \mathbf{BB}u$$
$$z = \mathbf{CC}\mathbf{x} + DDu$$

式中

$$\mathbf{AA} = \begin{bmatrix} 0 & 1 & 0 \\ -1 & -1 & 0 \\ 1 & 0 & 0 \end{bmatrix} = \begin{bmatrix} \mathbf{A} & \vdots & 0 \\ & \vdots & 0 \\ \cdots & \vdots & \cdots \\ \mathbf{C} & \vdots & 0 \end{bmatrix}$$

$$\mathbf{BB} = \begin{bmatrix} 0 \\ 1 \\ 0 \end{bmatrix} = \begin{bmatrix} \mathbf{B} \\ 0 \end{bmatrix}, \qquad \mathbf{CC} = \begin{bmatrix} 0 & 0 & 1 \end{bmatrix}, \qquad DD = \begin{bmatrix} 0 \end{bmatrix}$$

注意, x_3 是 $\mathbf{x}$ 的第三个元素。将 MATLAB 程序 5.11 输入计算机, 就可以得到单位斜坡响应曲线 $z(t)$ 的图形, 图 5.27 为得到的单位斜坡响应曲线。

```
MATLAB程序5.11

% --------------- Unit-ramp response ---------------
% ***** The unit-ramp response is obtained by adding a new
% state variable x3. The dimension of the state equation
% is enlarged by one *****
% ***** Enter matrices A, B, C, and D of the original state
% equation and output equation *****

A = [0  1;-1  -1];
B = [0;  1];
C = [1  0];
D = [0];

% ***** Enter matrices AA, BB, CC, and DD of the new,
% enlarged state equation and output equation *****

AA = [A  zeros(2,1);C  0];
BB = [B;0];
CC = [0  0  1];
DD = [0];

% ***** Enter step-response command: [z,x,t] = step(AA,BB,CC,DD) *****

[z,x,t] = step(AA,BB,CC,DD);

% ***** In plotting x3 add the unit-ramp input t in the plot
% by entering the following command: plot(t,x3,'o',t,t,'-') *****

x3 = [0  0  1]*x'; plot(t,x3,'o',t,t,'-')
grid
title('Unit-Ramp Response')
xlabel('t Sec')
ylabel('Input and Output')
```

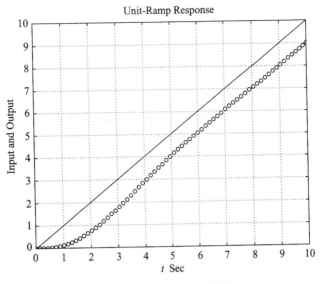

图 5.27　单位斜坡响应曲线

5.5.12　求对任意输入信号的响应

为了求对任意输入信号的响应,可以应用命令 lsim。下列一些命令:

$$\text{lsim(num,den,r,t)}$$
$$\text{lsim(A,B,C,D,u,t)}$$
$$\text{y = lsim(num,den,r,t)}$$
$$\text{y = lsim(A,B,C,D,u,t)}$$

将产生对输入时间函数 r 或 u 的响应。参见下面的两个例子(也可参阅例题 A.5.14 ~ 例题 A.5.16)。

例 5.6　利用 lsim 命令,求下列系统的单位斜坡响应:

$$\frac{C(s)}{R(s)} = \frac{2s + 1}{s^2 + s + 1}$$

我们可以将 MATLAB 程序 5.12 输入计算机,求单位斜坡响应,图 5.28 为得到的响应曲线。

```
MATLAB程序5.12

% ------- Ramp Response -------
num = [2  1];
 den = [1  1  1];
t = 0:0.1:10;
r = t;
y = lsim(num,den,r,t);
plot(t,r,'-',t,y,'o')
grid
title('Unit-Ramp Response Obtained by Use of Command "lsim"')
xlabel('t Sec')
ylabel('Unit-Ramp Input and System Output')
text(6.3,4.6,'Unit-Ramp Input')
text(4.75,9.0,'Output')
```

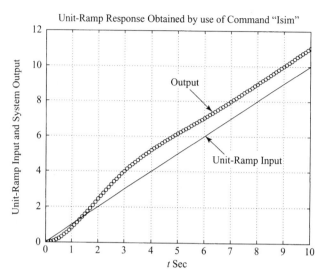

图 5.28　单位斜坡响应

例 5.7　考虑下列系统:

$$\begin{bmatrix} \dot{x}_1 \\ \dot{x}_2 \end{bmatrix} = \begin{bmatrix} -1 & 0.5 \\ -1 & 0 \end{bmatrix} \begin{bmatrix} x_1 \\ x_2 \end{bmatrix} + \begin{bmatrix} 0 \\ 1 \end{bmatrix} u$$

$$y = \begin{bmatrix} 1 & 0 \end{bmatrix} \begin{bmatrix} x_1 \\ x_2 \end{bmatrix}$$

当输入量 u 由下式给定:

　　1. u = 单位阶跃输入

　　2. $u = e^{-t}$

并且假设初始状态为 $\mathbf{x}(0) = \mathbf{0}$ 时, 试利用 MATLAB 求响应曲线 $y(t)$。

　　为了产生这个系统对单位阶跃输入 $u = 1(t)$ 和指数输入 $u = e^{-t}$ 的响应, MATLAB 程序 5.13 给出了一种可行的 MATLAB 程序。由该程序产生的响应曲线, 分别示于图 5.29(a)和图 5.29(b)。

```
MATLAB程序5.13

t = 0:0.1:12;
A = [-1  0.5;-1  0];
B = [0;1];
C = [1  0];
D = [0];

% For the unit-step input u = 1(t), use the command "y = step(A,B,C,D,1,t)".

y = step(A,B,C,D,1,t);
plot(t,y)
grid
title('Unit-Step Response')
xlabel('t Sec')
ylabel('Output')

% For the response to exponential input u = exp(-t), use the command
% "z = lsim(A,B,C,D,u,t)".

u = exp(-t);
z = lsim(A,B,C,D,u,t);
```

```
plot(t,u,'-',t,z,'o')
grid
title('Response to Exponential Input u = exp(-t)')
xlabel('t Sec')
ylabel('Exponential Input and System Output')
text(2.3,0.49,'Exponential input')
text(6.4,0.28,'Output')
```

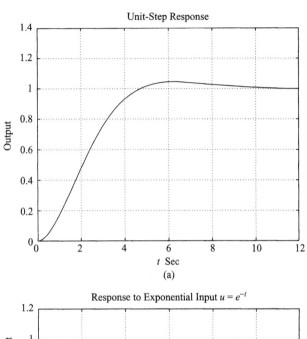

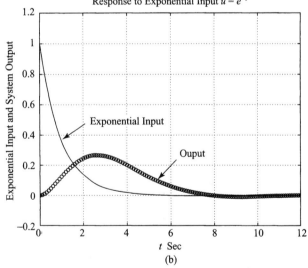

图 5.29　(a) 单位阶跃响应;(b) 对输入信号 $u = e^{-t}$ 的响应

5.5.13　对初始条件的响应

下面将介绍几种方法,求系统对初始条件的响应。这时可以采用的命令是 step 或 initial。首先,通过一个简单例子,介绍一种求对初始条件响应的方法。其次,当系统以状态空间形式给出时,将讨论对初始条件的响应。最后,介绍命令 initial,求用状态空间形式给出的系统的响应。

例5.8 考虑图5.30所示的机械系统。图中 $m = 1$ kg, $b = 3$ N·s/m, 并且 $k = 2$ N/m。假设 $t = 0$ 时, 将 m 拉向下方, 使得 $x(0) = 0.1$ m, 并且 $\dot{x}(0) = 0.05$ m/s。位移 $x(t)$ 从质点被拉下以前的平衡位置开始进行测量。试求质点在初始条件作用下的运动(假设无外力作用于系统)。

该系统的方程为

$$m\ddot{x} + b\dot{x} + kx = 0$$

其初始条件为 $x(0) = 0.1$ m 和 $\dot{x}(0) = 0.05$ m/s(x 从平衡位置开始测量)。对上述系统方程进行拉普拉斯变换, 得到

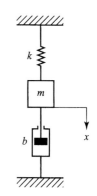

$$m[s^2 X(s) - sx(0) - \dot{x}(0)] + b[sX(s) - x(0)] + kX(s) = 0$$

即

$$(ms^2 + bs + k)X(s) = mx(0)s + m\dot{x}(0) + bx(0)$$

从上面最后一个方程中解出 $X(s)$, 并且代入已知的数值, 得到

$$X(s) = \frac{mx(0)s + m\dot{x}(0) + bx(0)}{ms^2 + bs + k}$$

$$= \frac{0.1s + 0.35}{s^2 + 3s + 2}$$

图 5.30　机械系统

该方程可以写成

$$X(s) = \frac{0.1s^2 + 0.35s}{s^2 + 3s + 2} \frac{1}{s}$$

因此, 质点 m 的运动作为下列系统的单位阶跃响应可以求出来:

$$G(s) = \frac{0.1s^2 + 0.35s}{s^2 + 3s + 2}$$

MATLAB 程序5.14 将给出质点运动的曲线图。图5.31所示为它的运动曲线。

```
MATLAB程序5.14

% --------------- Response to initial condition ---------------

% ***** System response to initial condition is converted to
% a unit-step response by modifying the numerator polynomial *****

% ***** Enter the numerator and denominator of the transfer
% function G(s) *****

num = [0.1  0.35  0];
den = [1  3  2];

% ***** Enter the following step-response command *****
step(num,den)

% ***** Enter grid and title of the plot *****

grid
title('Response of Spring-Mass-Damper System to Initial Condition')
```

5.5.14 对初始条件的响应(状态空间法, 情况1)

考虑由下列方程定义的系统:

$$\dot{\mathbf{x}} = \mathbf{A}\mathbf{x}, \qquad \mathbf{x}(0) = \mathbf{x}_0 \tag{5.49}$$

当初始条件 $\mathbf{x}(0)$ 给定时, 求响应 $\mathbf{x}(t)$ (假设无外界输入函数作用于系统)。设 $\mathbf{x}$ 为 n 维向量。

首先, 对方程(5.49)两边进行如下拉普拉斯变换:

$$s\mathbf{X}(s) - \mathbf{x}(0) = \mathbf{A}\mathbf{X}(s)$$

这个方程可以改写成

$$s\mathbf{X}(s) = \mathbf{A}\mathbf{X}(s) + \mathbf{x}(0) \tag{5.50}$$

对方程(5.50)进行拉普拉斯反变换,得到

$$\dot{\mathbf{x}} = \mathbf{A}\mathbf{x} + \mathbf{x}(0)\,\delta(t) \tag{5.51}$$

通过对微分方程进行拉普拉斯变换,再对拉普拉斯变换方程做拉普拉斯反变换,则得到了一个包含初始条件的微分方程。

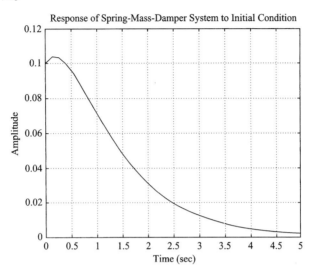

图 5.31　例 5.8 所研究的机械系统的响应

现在定义
$$\dot{\mathbf{z}} = \mathbf{x} \tag{5.52}$$

于是方程(5.51)可以写成
$$\ddot{\mathbf{z}} = \mathbf{A}\dot{\mathbf{z}} + \mathbf{x}(0)\,\delta(t) \tag{5.53}$$

将方程(5.53)对 t 积分,得到

$$\dot{\mathbf{z}} = \mathbf{A}\mathbf{z} + \mathbf{x}(0)1(t) = \mathbf{A}\mathbf{z} + \mathbf{B}u \tag{5.54}$$

式中,
$$\mathbf{B} = \mathbf{x}(0), \qquad u = 1(t)$$

参考方程(5.52),状态 $\mathbf{x}(t)$ 可以用 $\dot{\mathbf{z}}(t)$ 表示。因此

$$\mathbf{x} = \dot{\mathbf{z}} = \mathbf{A}\mathbf{z} + \mathbf{B}u \tag{5.55}$$

方程(5.54)和方程(5.55)的解给出了对初始条件的响应。

总之,通过求解下列状态方程:

$$\dot{\mathbf{z}} = \mathbf{A}\mathbf{z} + \mathbf{B}u$$

$$\mathbf{x} = \mathbf{A}\mathbf{z} + \mathbf{B}u$$

式中,
$$\mathbf{B} = \mathbf{x}(0), \qquad u = 1(t)$$

即可得到方程(5.49)对初始条件 $\mathbf{x}(0)$ 的响应。

利用下列 MATLAB 命令获取响应曲线时,无须指明时间向量 t(即 MATLAB 能够自动确定时间向量)。

```
% Specify matrices A and B
[x,z,t] = step(A,B,A,B);
x1 = [1  0  0 ... 0]*x';
x2 = [0  1  0 ... 0]*x';
        ⋮
xn = [0  0  0 ... 1]*x';
plot(t,x1,t,x2, ... ,t,xn)
```

　　如果选择时间向量 t(例如, 使计算持续时间从 t = 0 到 t = tp, 并且采用的计算时间增量为 Δt), 则可以采用下列 MATLAB 命令:

t = 0: Δt: tp;

% Specify matrices A and B

[x,z,t] = step(A,B,A,B,1,t);

x1 = [1　0　0 ... 0]*x';

x2 = [0　1　0 ... 0]*x';

⋮

xn = [0　0　0 ... 1]*x';

plot(t,x1,t,x2, ... ,t,xn)

　　例如, 可以参考例 5.9。

5.5.15　对初始条件的响应(状态空间法, 情况 2)

　　考虑由下列方程定义的系统:

$$\dot{\mathbf{x}} = \mathbf{A}\mathbf{x}, \qquad \mathbf{x}(0) = \mathbf{x}_0 \tag{5.56}$$

$$\mathbf{y} = \mathbf{C}\mathbf{x} \tag{5.57}$$

假设 $\mathbf{x}$ 为 n 维向量, $\mathbf{y}$ 为 m 维向量。

　　类似于情况 1, 定义

$$\dot{\mathbf{z}} = \mathbf{x}$$

可获得下列方程

$$\dot{\mathbf{z}} = \mathbf{A}\mathbf{z} + \mathbf{x}(0)1(t) = \mathbf{A}\mathbf{z} + \mathbf{B}u \tag{5.58}$$

式中,

$$\mathbf{B} = \mathbf{x}(0), \qquad u = 1(t)$$

注意到 $\mathbf{x} = \dot{\mathbf{z}}$, 方程(5.57)可以写成 $\qquad \mathbf{y} = \mathbf{C}\dot{\mathbf{z}} \tag{5.59}$

将方程(5.58)代入方程(5.59), 得到

$$\mathbf{y} = \mathbf{C}(\mathbf{A}\mathbf{z} + \mathbf{B}u) = \mathbf{C}\mathbf{A}\mathbf{z} + \mathbf{C}\mathbf{B}u \tag{5.60}$$

方程(5.58)和方程(5.60)可以重写如下:

$$\dot{\mathbf{z}} = \mathbf{A}\mathbf{z} + \mathbf{B}u$$

$$\mathbf{y} = \mathbf{C}\mathbf{A}\mathbf{z} + \mathbf{C}\mathbf{B}u$$

式中, $\mathbf{B} = \mathbf{x}(0)$ 和 $u = 1(t)$, 这两个方程的解, 给出了系统对给定初始条件的响应。下面在两种情况下, 给出了求响应曲线(输出曲线 y_1-t, y_2-t, $\cdots$, y_m-t)的 MATLAB 命令。

情况 A　当未指明时间向量 t 时(即时间向量 t 由 MATLAB 自动确定时), MATLAB 命令为

% Specify matrices A, B, and C

[y,z,t] = step(A,B,C*A,C*B);

y1 = [1　0　0 ... 0]*y';

y2 = [0　1　0 ... 0]*y';

⋮

ym = [0　0　0 ... 1]*y';

plot(t,y1,t,y2, ... ,t,ym)

<u>情况 B</u>　当指明了时间向量 t 时，MATLAB 命令为

$$t = 0: \Delta t: tp;$$

% Specify matrices A, B, and C

[y,z,t] = step(A,B,C*A,C*B,1,t)

y1 = [1　0　0 ... 0]*y';

y2 = [0　1　0 ... 0]*y';

$$\vdots$$

ym = [0　0　0 ... 1]*y';

plot(t,y1,t,y2, ... ,t,ym)

例 5.9　*已知下列系统和给定初始条件：*

$$\begin{bmatrix} \dot{x}_1 \\ \dot{x}_2 \end{bmatrix} = \begin{bmatrix} 0 & 1 \\ -10 & -5 \end{bmatrix} \begin{bmatrix} x_1 \\ x_2 \end{bmatrix}, \quad \begin{bmatrix} x_1(0) \\ x_2(0) \end{bmatrix} = \begin{bmatrix} 2 \\ 1 \end{bmatrix}$$

即

$$\dot{\mathbf{x}} = \mathbf{A}\mathbf{x}, \qquad \mathbf{x}(0) = \mathbf{x}_0$$

求该系统对给定初始条件的响应，等效于求解下列方程的单位阶跃响应：

$$\dot{\mathbf{z}} = \mathbf{A}\mathbf{z} + \mathbf{B}u$$

$$\mathbf{x} = \mathbf{A}\mathbf{z} + \mathbf{B}u$$

式中，

$$\mathbf{B} = \mathbf{x}(0), \qquad u = 1(t)$$

MATLAB 程序 5.15 给出了求系统响应的 MATLAB 程序。图 5.32 所示为求得的响应曲线。

```
MATLAB程序5.15

t = 0:0.01:3;
A = [0　1;-10　-5];
B = [2;1];
[x,z,t] = step(A,B,A,B,1,t);
x1 = [1　0]*x';
x2 = [0　1]*x';
plot(t,x1,'x',t,x2,'-')
grid
title('Response to Initial Condition')
xlabel('t Sec')
ylabel('State Variables x1 and x2')
gtext('x1')
gtext('x2')
```

怎样用方程(5.58)和方程(5.60)求对初始条件的响应，作为示例，见例题 A.5.16。

5.5.16　利用命令 Initial 求对初始条件的响应

如果系统是以状态空间的形式给出的，则下列命令将会产生对初始条件的响应：

initial(A,B,C,D,[initial condition],t)

假设我们讨论的系统由下列方程描述：

$$\dot{\mathbf{x}} = \mathbf{A}\mathbf{x} + \mathbf{B}u, \qquad \mathbf{x}(0) = \mathbf{x}_0$$

$$y = \mathbf{C}\mathbf{x} + Du$$

式中，

$$\mathbf{A} = \begin{bmatrix} 0 & 1 \\ -10 & -5 \end{bmatrix}, \quad \mathbf{B} = \begin{bmatrix} 0 \\ 0 \end{bmatrix}, \quad \mathbf{C} = [0 \quad 0], \quad D = 0$$

$$\mathbf{x}_0 = \begin{bmatrix} 2 \\ 1 \end{bmatrix}$$

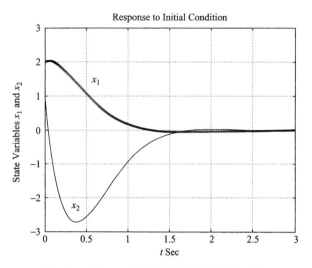

图 5.32　例 5.9 中的系统对初始条件的响应

于是如 MATLAB 程序 5.16 所示，可以利用命令 initial 求系统对初始条件的响应。响应曲线 $x_1(t)$ 和 $x_2(t)$ 示于图 5.33。它们和图 5.32 中表示的曲线是相同的。

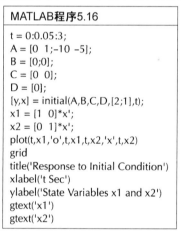

```
MATLAB程序5.16

t = 0:0.05:3;
A = [0  1;-10 -5];
B = [0;0];
C = [0  0];
D = [0];
[y,x] = initial(A,B,C,D,[2;1],t);
x1 = [1  0]*x';
x2 = [0  1]*x';
plot(t,x1,'o',t,x1,t,x2,'x',t,x2)
grid
title('Response to Initial Condition')
xlabel('t Sec')
ylabel('State Variables x1 and x2')
gtext('x1')
gtext('x2')
```

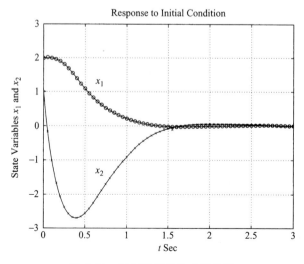

图 5.33　对初始条件的响应曲线

例 5.10　考虑下列处于初始条件作用下的系统(不存在外部作用函数):

$$\dddot{y} + 8\ddot{y} + 17\dot{y} + 10y = 0$$
$$y(0) = 2, \qquad \dot{y}(0) = 1, \qquad \ddot{y}(0) = 0.5$$

试求对给定初始条件的响应 $y(t)$。

定义下列状态变量:

$$x_1 = y$$
$$x_2 = \dot{y}$$
$$x_3 = \ddot{y}$$

得到系统的下列状态空间表达式:

$$\begin{bmatrix} \dot{x}_1 \\ \dot{x}_2 \\ \dot{x}_3 \end{bmatrix} = \begin{bmatrix} 0 & 1 & 0 \\ 0 & 0 & 1 \\ -10 & -17 & -8 \end{bmatrix} \begin{bmatrix} x_1 \\ x_2 \\ x_3 \end{bmatrix}, \qquad \begin{bmatrix} x_1(0) \\ x_2(0) \\ x_3(0) \end{bmatrix} = \begin{bmatrix} 2 \\ 1 \\ 0.5 \end{bmatrix}$$

$$y = \begin{bmatrix} 1 & 0 & 0 \end{bmatrix} \begin{bmatrix} x_1 \\ x_2 \\ x_3 \end{bmatrix}$$

在 MATLAB 程序 5.17 中,提供了一种可行的求响应 $y(t)$ 的 MATLAB 程序。由该程序求出的响应曲线示于图 5.34。

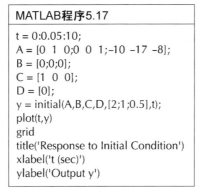

```
MATLAB程序5.17

t = 0:0.05:10;
A = [0 1 0;0 0 1;-10 -17 -8];
B = [0;0;0];
C = [1 0 0];
D = [0];
y = initial(A,B,C,D,[2;1;0.5],t);
plot(t,y)
grid
title('Response to Initial Condition')
xlabel('t (sec)')
ylabel('Output y')
```

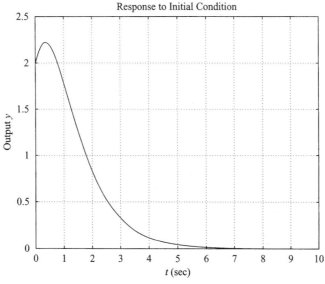

图 5.34　系统对初始条件的响应 $y(t)$

5.6　劳斯稳定判据

稳定性是线性控制系统中最重要的问题。系统在什么条件下将变成不稳定的呢？如果系统不稳定，则应当怎样使系统稳定下来呢？在 5.4 节中已经讲过，当且仅当所有闭环极点都位于 s 左半平面内时，控制系统才是稳定的。大多数线性闭环系统的闭环传递函数具有下列形式：

$$\frac{C(s)}{R(s)} = \frac{b_0 s^m + b_1 s^{m-1} + \cdots + b_{m-1} s + b_m}{a_0 s^n + a_1 s^{n-1} + \cdots + a_{n-1} s + a_n} = \frac{B(s)}{A(s)}$$

式中 a_0，a_1，$\cdots$，a_n 和 b_0，b_1，$\cdots$，b_m 为常数，且 $m \leqslant n$。著名的劳斯稳定判据是一个比较简单的判据，它使我们有可能在不分解分母多项式因式的情况下，就能够确定出位于 s 右半平面内的闭环极点数目（因为多项式可能包含着参数，所以不能用 MATLAB 进行处理）。

5.6.1　劳斯稳定判据简介

劳斯稳定判据能够表示出，在一个多项方程式中是否存在不稳定根，而不必实际求解这一方程式。该稳定判据只能用在具有有限项的多项式中。当把该判据用于控制系统时，根据特征方程的系数，可以直接判断系统的绝对稳定性。

劳斯判据的应用步骤如下：

1. 写出 s 的下列多项式方程：

$$a_0 s^n + a_1 s^{n-1} + \cdots + a_{n-1} s + a_n = 0 \tag{5.61}$$

式中的系数为实数。假设 $a_n \neq 0$，即排除掉任何零根的情况。

2. 如果在至少存在一个正系数的情况下，还存在等于零或负值的系数，那么必然存在一个或一些虚根或具有正实部的根。因此，在这种情况下，系统是不稳定的。如果只对系统的绝对稳定性感兴趣，就没有必要按照下列步骤继续进行下去。应当指出，所有系数都必须是正值。从下面的论证中可以看出，这是系统稳定的必要条件：一个具有实系数的 s 的多项式，总可以分解成线性的和二次的因子，如$(s + a)$ 和 $(s^2 + bs + c)$ 这种形式，式中 a、b 和 c 均为实数。线性因子产生的是实根，二次因子产生的则是多项式的共轭复根。只有当 b 和 c 都是正值时，因子 $(s^2 + bs + c)$ 才能给出具有负实部的根。为了使所有的根都具有负实部，所有因子中的常数 a、b 和 c 等都必须是正值。任意一个只包含正系数的线性因子和二次因子的乘积，必定也是一个具有正系数的多项式。应当强调指出，所有系数都是正值这个条件，并不是保证系统稳定的充分条件。方程(5.61)中的系数都存在，并且全都是正值，是系统稳定的必要但非充分条件(如果方程中的全部系数都是负的，则可以用 -1 乘以方程的两边，使它们变成正的)。

3. 如果所有系数都是正的，则可以将多项式的系数排列成下列形式的行和列：

$$
\begin{array}{llllll}
s^n & a_0 & a_2 & a_4 & a_6 & \cdots \\
s^{n-1} & a_1 & a_3 & a_5 & a_7 & \cdots \\
s^{n-2} & b_1 & b_2 & b_3 & b_4 & \cdots \\
s^{n-3} & c_1 & c_2 & c_3 & c_4 & \cdots \\
s^{n-4} & d_1 & d_2 & d_3 & d_4 & \cdots \\
\vdots & & \vdots & \vdots & &
\end{array}
$$

$$
\begin{array}{lll}
s^2 & e_1 & e_2 \\
s^1 & f_1 & \\
s^0 & g_1 &
\end{array}
$$

上述阵列中新行的形成过程, 一直持续到用完元素为止(总行数为 $n+1$)。系数 b_1、b_2 和 b_3 等根据下列公式求得:

$$b_1 = \frac{a_1 a_2 - a_0 a_3}{a_1}$$

$$b_2 = \frac{a_1 a_4 - a_0 a_5}{a_1}$$

$$b_3 = \frac{a_1 a_6 - a_0 a_7}{a_1}$$

$$\vdots$$

系数 b 的计算要一直进行到其余的 b 值全部等于零时为止。用前两行系数交叉相乘的方法, 可以计算 c、d 和 e 等行的系数, 即

$$c_1 = \frac{b_1 a_3 - a_1 b_2}{b_1}$$

$$c_2 = \frac{b_1 a_5 - a_1 b_3}{b_1}$$

$$c_3 = \frac{b_1 a_7 - a_1 b_4}{b_1}$$

$$\vdots$$

和

$$d_1 = \frac{c_1 b_2 - b_1 c_2}{c_1}$$

$$d_2 = \frac{c_1 b_3 - b_1 c_3}{c_1}$$

$$\vdots$$

这个过程一直进行到第 n 行算完为止。系数的完整阵列呈现为三角形。注意, 在导出阵列的过程中, 可能用一个正数去除以或乘以某一整行, 以简化其后的数值运算, 而不会改变稳定性结论。

劳斯稳定判据说明: 方程(5.61)中具有正实部的根数, 等于劳斯阵列中第一列系数符号的改变次数。应当指出, 第一列中各项系数的精确值没有必要知道, 只需要知道它们的符号。方程(5.61)的所有根位于 s 左半平面的必要和充分条件是方程(5.61)的全部系数都是正值, 并且劳斯阵列中第一列的所有项均为正数。

例5.11　设有一个三阶多形式:

$$a_0 s^3 + a_1 s^2 + a_2 s + a_3 = 0$$

式中所有系数均为正数。试对上式应用劳斯稳定判据。上式系数的阵列为

$$
\begin{array}{lll}
s^3 & a_0 & a_2 \\
s^2 & a_1 & a_3 \\
s^1 & \dfrac{a_1 a_2 - a_0 a_3}{a_1} & \\
s^0 & a_3 &
\end{array}
$$

显然,所有根都具有负实部的条件是

$$a_1 a_2 > a_0 a_3$$

例5.12　设有下列多项式:

$$s^4 + 2s^3 + 3s^2 + 4s + 5 = 0$$

根据上面介绍的步骤,构造系数阵列(前两行可以根据给定的多项式直接得到,其余各项则可以根据这些系数求得。如果某些系数不存在,则在阵列中可以用零来取代)。

$$
\begin{array}{c|ccc}
s^4 & 1 & 3 & 5 \\
s^3 & 2 & 4 & 0 \\
s^2 & 1 & 5 \\
s^1 & -6 \\
s^0 & 5
\end{array}
\qquad
\begin{array}{c|ccc}
s^4 & 1 & 3 & 5 \\
s^3 & \not2 & \not4 & \not8 \quad \text{第二行中各项除以2} \\
 & 1 & 2 & 0 \\
s^2 & 1 & 5 \\
s^1 & -3 \\
s^0 & 5
\end{array}
$$

在这个例子中,第一列中系数符号的改变次数为2。这表明多项式有两个具有正实部的根。应当注意,为了简化计算,当用任意一行的系数乘以或除以一个正数时,其结果将不改变。

5.6.2　特殊情况

如果某一行中的第一列等于零,但其余各项不等于零或者没有其余项,那么可以用一个很小的正数 ϵ 来代替为零的项,并且据此计算出阵列中的其余各项。例如,对于下列方程:

$$s^3 + 2s^2 + s + 2 = 0 \tag{5.62}$$

其系数阵列为

$$
\begin{array}{c|cc}
s^3 & 1 & 1 \\
s^2 & 2 & 2 \\
s^1 & 0 \approx \epsilon \\
s^0 & 2
\end{array}
$$

如果位于零(ϵ)上面的系数符号与位于零(ϵ)下面的系数符号相同,则表明有一对虚根存在。实际上,方程(5.62)具有一对虚根且为 $s = \pm j$。

但是,如果位于零(ϵ)上面的系数符号与位于零(ϵ)下面的系数符号相反,则表明有一个符号变化。例如,对于下列方程:

$$s^3 - 3s + 2 = (s-1)^2(s+2) = 0$$

其系数列为

$$
\begin{array}{c|cc}
s^3 & 1 & -3 \\
s^2 & 0 \approx \epsilon & 2 \\
s^1 & -3 - \dfrac{2}{\epsilon} \\
s^0 & 2
\end{array}
$$

一次符号变化:（$s^3 \to s^2$）
一次符号变化:（$s^1 \to s^0$）

显然,在第一列中系数的符号改变了两次。因此,这里有两个根位于 s 右半平面内。这与多项式方程的因式分解结果完全吻合。

如果某一导出行中的所有系数都等于零,则表明 s 平面内存在大小相等但位置径向相反的根,即存在两个大小相等、符号相反的实根和(或)两个共轭虚根。在这种情况下,利用最后一行系数,可以构成一个辅助多项式,并且用多项式方程导数的系数组成阵列的下一行。s 平面中这些大小相等但位置径向相反的根,可以通过解辅助方程得到,而且根的数目总是偶数。对于 $2n$ 阶的辅助多项式,存在 n 对大小相等但位置径向相反的根。例如,考虑下列方程:

$$s^5 + 2s^4 + 24s^3 + 48s^2 - 25s - 50 = 0$$

其系数阵列为

$$
\begin{array}{llll}
s^5 & 1 & 24 & -25 \\
s^4 & 2 & 48 & -50 & \leftarrow \text{辅助多项式} P(s) \\
s^3 & 0 & 0 &
\end{array}
$$

s^3 行中各项全等于零(注意,这种情况只可能发生在偶数行)。于是辅助方程式可以由 s^4 行中的系数构成,即辅助多项式 $P(s)$ 为

$$P(s) = 2s^4 + 48s^2 - 50$$

该式表明,有两对大小相等、符号相反的根存在(即两个具有大小相同但符号相反的实根,或者两个位于虚轴上的共轭复根)。这两对根通过解辅助多项方程 $P(s) = 0$ 可以得到。求 $P(s)$ 对 s 的导数,得到

$$\frac{\mathrm{d}P(s)}{\mathrm{d}s} = 8s^3 + 96s$$

s^3 行中的各项可以用上述方程中的系数,即 8 和 96 来取代。于是系数的阵列变为

$$
\begin{array}{lll}
s^5 & 1 & 24 & -25 \\
s^4 & 2 & 48 & -50 \\
s^3 & 8 & 96 & \leftarrow \mathrm{d}P(s)/\mathrm{d}s \text{的系数} \\
s^2 & 24 & -50 \\
s^1 & 112.7 & 0 \\
s^0 & -50 &
\end{array}
$$

可以看出,在新阵列的第一列中,有一次符号变化。因此原方程有一个带正实部的根。通过求解下列辅助多项方程:

$$2s^4 + 48s^2 - 50 = 0$$

可以得到

$$s^2 = 1, \qquad s^2 = -25$$

即

$$s = \pm 1, \qquad s = \pm \mathrm{j}5$$

$P(s)$ 的这两对根是原方程根的一部分。事实上,原方程可以写成下列因式乘积的形式:

$$(s + 1)(s - 1)(s + \mathrm{j}5)(s - \mathrm{j}5)(s + 2) = 0$$

显然,原方程有一个带正实部的根。

5.6.3　相对稳定性分析

　　劳斯稳定判据回答了有关绝对稳定性的问题,这在很多实际情况中是不充分的。通常,我们需要知道有关系统相对稳定性的信息。检查相对稳定性的有效方法是移动 s 平面的坐标轴线,然后再应用劳斯判据。也就是说,将

$$s = \hat{s} - \sigma \qquad (\sigma \text{为常量})$$

代入系统的特征方程,写出 $\hat{s}$ 的多项式,并对以 $\hat{s}$ 为变量的新多项式应用劳斯稳定判据。在以 $\hat{s}$ 为变量的新多项式系数构成的阵列中,第一列中的符号的改变次数等于位于垂直线 $s = -\sigma$ 右边的根的数目。因此,通过这种检查方法,可以得到位于垂直线 $s = -\sigma$ 右边的根的数目。

5.6.4　劳斯稳定判据在控制系统分析中的应用

　　劳斯稳定判据在线性控制系统分析中的应用有一定局限性,这主要是因为该判据没有指出如何改善系统的相对稳定性,以及如何使不稳定的系统达到稳定。但是它可以通过检查造成系统不稳定的参数值,确定一个或两个系统参数的变化对系统稳定性的影响。下面将讨论如何确定参数值的稳定范围问题。

　　考虑图 5.35 所示的系统,确定 K 值的稳定范围。系统的闭环传递函数为

$$\frac{C(s)}{R(s)} = \frac{K}{s(s^2 + s + 1)(s + 2) + K}$$

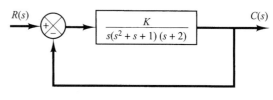

图 5.35　控制系统

特征方程为

$$s^4 + 3s^3 + 3s^2 + 2s + K = 0$$

系数的阵列为

$$
\begin{array}{llll}
s^4 & 1 & 3 & K \\
s^3 & 3 & 2 & 0 \\
s^2 & \frac{7}{3} & K & \\
s^1 & 2 - \frac{9}{7}K & & \\
s^0 & K & &
\end{array}
$$

为了使系统稳定,K 必须为正值,并且阵列的第一列中的所有系数都必须为正值。因此

$$\frac{14}{9} > K > 0$$

　　当 $K = 14/9$ 时,系统变为振荡的,并且从数学的角度看,振荡过程是持续的等幅振荡。

　　应当指出,利用劳斯稳定判据,可以确定导致系统稳定的设计参数的范围。

5.7　积分和微分控制作用对系统性能的影响

　　本节研究积分和微分控制作用对系统性能的影响。这里只研究简单系统,从而可以清楚地看出积分和微分控制作用对系统性能的影响。

5.7.1　积分控制作用

　　如果一个控制对象的传递函数中不存在积分器 $1/s$,则当对其进行比例控制时,阶跃输入信号的响应将存在稳态误差,或称为偏差。如果在此控制器中包含积分控制作用,则可以消除这种偏差。

　　在控制对象的积分控制中,控制信号(即控制器的输出信号)在任何瞬间都等于该瞬间之前作用误差信号曲线之下的面积。当作用误差信号 $e(t)$ 为零时,控制信号 $u(t)$ 可能具有非零值,如图 5.36(a)所示。在比例控制器的情况下,这是不可能的,因为非零控制信号需要有非零作用误差信号(稳态时的非零作用误差信号意味着存在偏差)。当控制器为比例型时,$e(t)$ 与 t 之间的关系曲线以及相应的 $u(t)$ 与 t 之间的关系曲线如图 5.36(b)所示。

　　积分控制作用在消除偏差(即稳态误差)的同时,也导致了使振幅缓慢衰减甚至使振幅不断增加的振荡响应,这两种情况通常都不是我们所希望的。

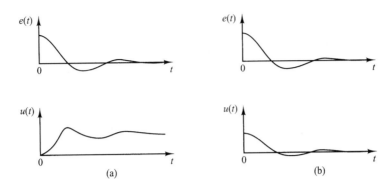

图 5.36　（a）当作用误差信号为零时，有非零控制信号的 $e(t)$ 和 $u(t)$ 曲线图（积分控制）；
　　　　　（b）当作用误差信号为零时，控制信号为零的 $e(t)$ 和 $u(t)$ 曲线图（比例控制）

5.7.2　系统的比例控制

现在我们来证明，对于阶跃输入信号，当没有积分器时，系统的比例控制将会造成稳态误差。随后还将证明，当控制器中包含积分控制作用时，可以消除这种误差。

考虑图 5.37 所示的系统。我们求系统在单位阶跃响应中的稳态误差。定义

$$G(s) = \frac{K}{Ts + 1}$$

因为

$$\frac{E(s)}{R(s)} = \frac{R(s) - C(s)}{R(s)} = 1 - \frac{C(s)}{R(s)} = \frac{1}{1 + G(s)}$$

所以误差 $E(s)$ 为

$$E(s) = \frac{1}{1 + G(s)} R(s) = \frac{1}{1 + \dfrac{K}{Ts + 1}} R(s)$$

对于单位阶跃输入信号 $R(s) = 1/s$，得到

$$E(s) = \frac{Ts + 1}{Ts + 1 + K} \frac{1}{s}$$

因此稳态误差为

$$e_{ss} = \lim_{t \to \infty} e(t) = \lim_{s \to 0} sE(s) = \lim_{s \to 0} \frac{Ts + 1}{Ts + 1 + K} = \frac{1}{K + 1}$$

这种在前向路径中不带积分器的系统，在阶跃响应中总是存在着稳态误差。这种稳态误差称为偏差。图 5.38 表示了单位阶跃响应和偏差。

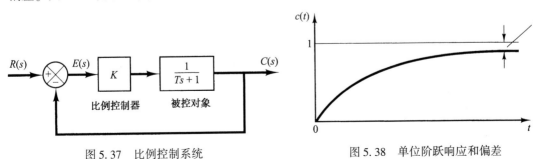

图 5.37　比例控制系统　　　　　　　　　　图 5.38　单位阶跃响应和偏差

5.7.3 系统的积分控制

考虑图 5.39 所示的系统。系统中的控制器为积分控制器。系统的闭环传递函数为

$$\frac{C(s)}{R(s)} = \frac{K}{s(Ts + 1) + K}$$

因此

$$\frac{E(s)}{R(s)} = \frac{R(s) - C(s)}{R(s)} = \frac{s(Ts + 1)}{s(Ts + 1) + K}$$

因为系统是稳定的,所以应用终值定理可以求得单位阶跃响应的稳态误差如下:

$$e_{ss} = \lim_{s \to 0} sE(s)$$

$$= \lim_{s \to 0} \frac{s^2(Ts + 1)}{Ts^2 + s + K} \frac{1}{s}$$

$$= 0$$

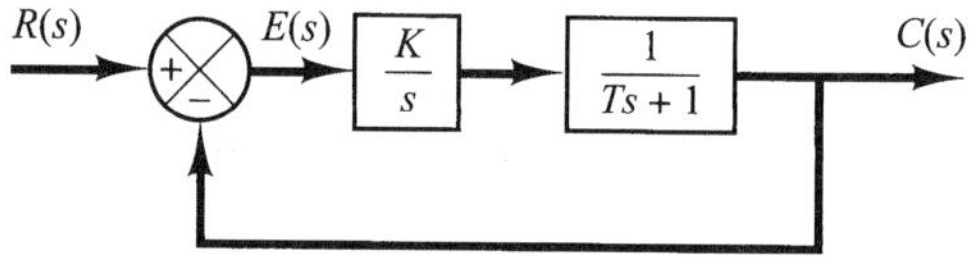

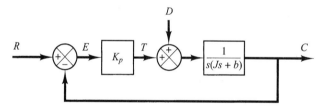

图 5.39 积分控制系统

因此,系统的积分控制消除了对阶跃输入响应中的稳态误差。这相对于产生偏差的纯比例控制来说,是一项很重要的改进。

5.7.4 对转矩扰动的响应(比例控制)

下面研究发生在负载元件上的转矩扰动的影响。考虑图 5.40 所示的系统。比例控制器提供转矩 T,以转动负载元件。负载元件由转动惯量和黏性摩擦组成。转矩扰动用 D 来表示。

图 5.40 具有转矩扰动的控制系统

假设参考输入为零,即 $R(s) = 0$,则 $C(s)$ 与 $D(s)$ 之间的传递函数为

$$\frac{C(s)}{D(s)} = \frac{1}{Js^2 + bs + K_p}$$

因此,

$$\frac{E(s)}{D(s)} = -\frac{C(s)}{D(s)} = -\frac{1}{Js^2 + bs + K_p}$$

由量值为 T_d 的阶跃扰动转矩引起的稳态误差为

$$e_{ss} = \lim_{s \to 0} sE(s)$$

$$= \lim_{s \to 0} \frac{-s}{Js^2 + bs + K_p} \frac{T_d}{s}$$

$$= -\frac{T_d}{K_p}$$

稳态时,比例控制器提供转矩 $-T_d$,该转矩的量值与扰动转矩 T_d 相等,但符号却与 T_d 相反。这时,由阶跃扰动转矩引起的稳态输出为

$$c_{\text{ss}} = -e_{\text{ss}} = \frac{T_d}{K_p}$$

因此，增大增益 K_p 的值可以减小稳态误差。但是，随着 K_p 值的增大，将会造成系统响应的振荡性增大。

5.7.5　对转矩扰动的响应(比例-加-积分控制)

为了消除因转矩扰动造成的偏差，可以用比例-加-积分控制器取代比例控制器。

如果在控制器中加进积分控制作用，当控制系统是稳定系统时，只要存在误差信号，控制器就会产生一个转矩去减小这种误差。图 5.41 表示了负载元件的比例-加-积分控制，其中负载元件由转动惯量和黏性摩擦组成。

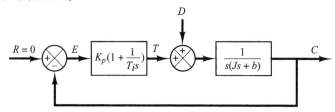

图 5.41　由转动惯量和黏性摩擦组成的负载元件的比例-加-积分控制

$C(s)$ 和 $D(s)$ 之间的闭环传递函数为

$$\frac{C(s)}{D(s)} = \frac{s}{Js^3 + bs^2 + K_p s + \dfrac{K_p}{T_i}}$$

在不存在参考输入，即 $r(t) = 0$ 时，误差信号可以由下式求得：

$$E(s) = -\frac{s}{Js^3 + bs^2 + K_p s + \dfrac{K_p}{T_i}} D(s)$$

如果该控制系统是稳定的，即如果下列特征方程的根具有负实部：

$$Js^3 + bs^2 + K_p s + \frac{K_p}{T_i} = 0$$

则系统对单位阶跃扰动转矩响应的稳态误差可以通过应用终值定理得到如下：

$$\begin{aligned}
e_{\text{ss}} &= \lim_{s \to 0} sE(s) \\
&= \lim_{s \to 0} \frac{-s^2}{Js^3 + bs^2 + K_p s + \dfrac{K_p}{T_i}} \frac{1}{s} \\
&= 0
\end{aligned}$$

因此，如果控制器是比例-加-积分型的，则可以消除系统对阶跃扰动转矩的稳态误差。

在比例控制器上增加积分控制作用，可以把原来的二阶系统转变成三阶系统。因此，由于特征方程的根可能具有正实部，所以在 K_p 值比较大时，控制系统可能变成不稳定的(如果二阶系统微分方程的系数全为正值，则该二阶系统总是稳定的)。

应当特别指出，如果控制器是一个积分控制器，如图 5.42 所示，则该系统总是不稳定的，因为下列特征方程将具有带正实部的根：

$$Js^3 + bs^2 + K = 0$$

这种不稳定的系统在实际中是不能应用的。

在图5.41所示的系统中,比例控制作用趋于使系统稳定,积分控制作用则趋于消除或减小对各种输入响应的稳态误差。

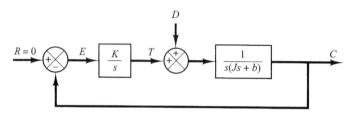

图5.42　由转动惯量和黏性摩擦组成的负载元件的积分控制

5.7.6　微分控制作用

当把微分控制作用加进比例控制器时,就提供了一种获得高灵敏度控制器的方法。采用微分控制作用的优点,是它能够反映作用误差信号的变化速度,并且在作用误差的值变得很大之前,产生一个有效的修正。因此,微分控制可以预测作用误差,使修正作用提前发生,从而有助于增进系统的稳定性。

虽然微分控制不直接影响稳态误差,但它增加了系统的阻尼,因而允许采用比较大的增益K值,这将有助于系统稳态精度的改善。

因为微分控制的工作是基于作用误差的变化速度的,而不是基于作用误差本身的,因此这种方法不能单独应用。它总是与比例控制作用或比例-加-积分控制作用组合在一起应用。

5.7.7　带惯性负载系统的比例控制

在进一步讨论微分控制作用对系统性能的影响之前,先研究惯性负载的比例控制。

考虑图5.43(a)所示的系统,其闭环传递函数可以求得为

$$\frac{C(s)}{R(s)} = \frac{K_p}{Js^2 + K_p}$$

因为下列特征方程的根为虚根:
$$Js^2 + K_p = 0$$

所以对单位阶跃输入的响应是一个无限期的持续振荡,如图5.43(b)所示。

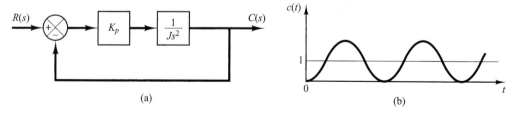

图5.43　(a)惯性负载系统的比例控制;(b)系统对单位阶跃输入的响应

控制系统呈现这种响应特性不是我们所希望的。我们将看到,加进微分控制后,能使系统稳定。

5.7.8　带惯性负载系统的比例-加-微分控制

可以把比例控制器改变成传递函数 $K_p(1 + T_d s)$ 的比例-加-微分控制器。控制器产生的转矩与 $K_p(e + T_d\dot{e})$ 成比例。微分控制实际上是超前的，它可以测量瞬时误差速度，提前预测大的过调量，并且在产生过大的过调量之前，产生一个适当的反作用。

考虑图 5.44(a) 所示的系统。系统的闭环传递函数为

$$\frac{C(s)}{R(s)} = \frac{K_p(1 + T_d s)}{Js^2 + K_p T_d s + K_p}$$

特征方程为

$$Js^2 + K_p T_d s + K_p = 0$$

对于正的 J、K_p 和 T_d 的值，特征方程具有两个带负实部的根。因此，微分控制带来了阻尼效应。对单位阶跃输入信号的典型响应曲线 $c(t)$ 如图 5.44(b) 所示。显然，与图 5.43(b) 所示的原响应曲线相比，现在的响应曲线有了明显改进。

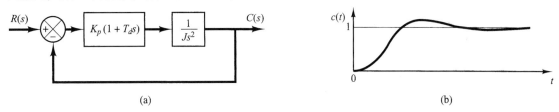

(a)　　　　　　　　　　　　　　　(b)

图 5.44　(a) 具有惯性负载系统的比例-加-微分控制；(b) 系统对单位阶跃输入的响应

5.7.9　二阶系统的比例-加-微分控制

利用比例-加-微分控制作用，可以在令人满意的瞬态响应特性与令人满意的稳态特性之间取得折中的效果。

考虑图 5.45 所示的系统，其闭环传递函数为

$$\frac{C(s)}{R(s)} = \frac{K_p + K_d s}{Js^2 + (B + K_d)s + K_p}$$

系统对单位斜坡输入的稳态误差为

$$e_{\text{ss}} = \frac{B}{K_p}$$

特征方程为

$$Js^2 + (B + K_d)s + K_p = 0$$

该系统的有效阻尼系数为 $B + K_d$ 而不是 B。因为该系统的阻尼比 ζ 为

$$\zeta = \frac{B + K_d}{2\sqrt{K_p J}}$$

所以通过使 B 变小、K_p 变大和 K_d 变得足够大的方法，可以使 ζ 落在 $0.4 \sim 0.7$ 之间，从而有可能使对斜坡输入的稳态误差 e_{ss} 和对阶跃输入的最大过调量都达到较小的数值。

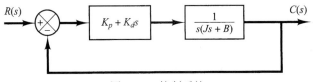

图 5.45　控制系统

5.8　单位反馈控制系统中的稳态误差

控制系统中的稳态误差可能由许多因素引起。在瞬态过程中，参考输入信号的变化将不可避免地引起误差，并且还可能引起稳态误差。系统元件中存在的一些缺陷，如静态摩擦、间隙和放大器漂移，以及老化及磨损，都将引起稳态误差。但是本节不讨论因系统元件的缺陷而造成的误差。我们将研究稳态误差的形式，这种误差形式是由于系统没有能力跟踪特定形式的输入信号而造成的。

任何物理控制系统，在其对一定形式的输入信号产生响应时，都存在固有的稳态误差。一个系统对阶跃输入信号可能没有稳态误差，但是同一系统对于斜坡输入信号却可能存在非零稳态误差(能够消除这种误差的唯一方法是改变系统的结构)。对于给定形式的输入信号，给定系统是否会产生稳态误差，取决于系统的开环传递函数的形式。下面我们讨论这个问题。

5.8.1　控制系统的分类

控制系统可以按照其对阶跃输入、斜坡输入和抛物线输入等的跟踪能力进行分类。因为实际的输入信号往往可以看成这些输入信号的组合，所以这种分类方法是合理的。由这些单独的输入信号引起的稳态误差大小表明了系统的"优良度"。

考虑单位反馈控制系统，它具有下列开环传递函数 $G(s)$：

$$G(s) = \frac{K(T_a s + 1)(T_b s + 1)\cdots(T_m s + 1)}{s^N(T_1 s + 1)(T_2 s + 1)\cdots(T_p s + 1)}$$

在分母中包含 s^N 项，它表示在原点处有 N 重极点。目前的分类方法是以开环传递函数中包含的积分环节数目为基础的。如果 $N = 0$，$N = 1$，$N = 2$，……，则系统分别称为 0 型，1 型，2 型，……系统。应当指出，这种分类法与系统的阶次分类法不同。随着类型号数的增加，系统的精度将得到改善，但增加类型号数会使系统的稳定性变坏。所以在稳态精度与相对稳定性之间进行折中总是必要的。

后面会看到，如果把 $G(s)$ 写成这样一种形式，那么除了 s^N 项外，当 s 趋近于零时，其他分子和分母中的每一项都趋近于 1，因此开环增益 K 直接与稳态误差相关。

5.8.2　稳态误差

考虑图 5.46 所示的系统，其闭环传递函数为

$$\frac{C(s)}{R(s)} = \frac{G(s)}{1 + G(s)}$$

误差信号 $e(t)$ 与输入信号 $r(t)$ 之间的传递函数为

$$\frac{E(s)}{R(s)} = 1 - \frac{C(s)}{R(s)} = \frac{1}{1 + G(s)}$$

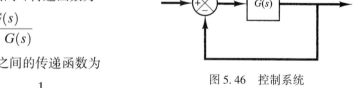

图 5.46　控制系统

误差 $e(t)$ 是输入信号和输出信号之差。

终值定理为求稳定系统的稳态误差提供了一种简便的方法。因为 $E(s)$ 为

$$E(s) = \frac{1}{1 + G(s)} R(s)$$

所以稳态误差为　　　　　　　　$e_{ss} = \lim_{t \to \infty} e(t) = \lim_{s \to 0} sE(s) = \lim_{s \to 0} \dfrac{sR(s)}{1 + G(s)}$

下面定义的静态误差常数,是控制系统的品质指标。该常数越大,稳态误差越小。在给定系统中,输出量可以是位置、速度、压力或温度等。但是,输出量的物理形式对于当前的分析并不重要。因此,本节将称输出量为"位置",输出量的变化率为"速度",等等。这意味着在温度控制系统中的"位置"表示输出温度,"速度"表示输出温度的变化率,等等。

5.8.3　静态位置误差常数 K_p

系统对单位阶跃输入的稳态误差为

$$e_{ss} = \lim_{s \to 0} \frac{s}{1 + G(s)} \frac{1}{s}$$

$$= \frac{1}{1 + G(0)}$$

静态位置误差常数 K_p 定义为

$$K_p = \lim_{s \to 0} G(s) = G(0)$$

于是,用静态位置误差常数 K_p 表示的稳态误差为

$$e_{ss} = \frac{1}{1 + K_p}$$

对于 0 型系统,　　　　　$K_p = \lim_{s \to 0} \dfrac{K(T_a s + 1)(T_b s + 1) \cdots}{(T_1 s + 1)(T_2 s + 1) \cdots} = K$

对于 1 型或高于 1 型的系统,

$$K_p = \lim_{s \to 0} \frac{K(T_a s + 1)(T_b s + 1) \cdots}{s^N (T_1 s + 1)(T_2 s + 1) \cdots} = \infty, \quad N \geqslant 1$$

因此,对于 0 型系统,静态位置误差常数 K_p 是一个有限值;而对于 1 型或高于 1 型的系统, K_p 为无穷大。

对于单位阶跃输入信号,稳态误差 e_{ss} 可以归纳如下:

$$e_{ss} = \frac{1}{1 + K}, \qquad \text{对于0型系统}$$

$$e_{ss} = 0, \qquad\qquad \text{对于1型或高于1型的系统}$$

由上述分析可以看出,如果在反馈控制系统的前向通路中没有积分环节,则系统对阶跃输入信号的响应将包含稳态误差(如果对阶跃输入信号的微小误差是允许的,则当增益 K 足够大时,0 型系统是可以采用的。但是,如果增益 K 取得太大,要获得适当的相对稳定性就很困难了)。如果要求阶跃输入信号的稳态误差等于零,则系统必须是 1 型或高于 1 型的。

5.8.4　静态速度误差常数 K_v

系统对单位斜坡输入信号的稳态误差为

$$e_{ss} = \lim_{s \to 0} \frac{s}{1 + G(s)} \frac{1}{s^2}$$

$$= \lim_{s \to 0} \frac{1}{sG(s)}$$

静态速度误差常数 K_v 定义为

$$K_v = \lim_{s \to 0} sG(s)$$

因此, 用静态速度误差常数 K_v 表示的稳态误差为

$$e_{ss} = \frac{1}{K_v}$$

速度误差这个术语, 在这里用来表示对斜坡输入信号的稳态误差。速度误差的因次与系统误差的因次相同。这就是说, 速度误差并不是在速度上的误差, 而是由于斜坡输入造成的在位置上的误差。

对于 0 型系统,　　　　$K_v = \lim_{s \to 0} \frac{sK(T_a s + 1)(T_b s + 1)\cdots}{(T_1 s + 1)(T_2 s + 1)\cdots} = 0$

对于 1 型系统,　　　　$K_v = \lim_{s \to 0} \frac{sK(T_a s + 1)(T_b s + 1)\cdots}{s(T_1 s + 1)(T_2 s + 1)\cdots} = K$

对于 2 型或高于 2 型的系统,

$$K_v = \lim_{s \to 0} \frac{sK(T_a s + 1)(T_b s + 1)\cdots}{s^N(T_1 s + 1)(T_2 s + 1)\cdots} = \infty, \qquad N \geqslant 2$$

单位斜坡输入信号的稳态误差 e_{ss} 归纳如下:

$$e_{ss} = \frac{1}{K_v} = \infty, \text{ 对于 0 型系统}$$

$$e_{ss} = \frac{1}{K_v} = \frac{1}{K}, \text{ 对于 1 型系统}$$

$$e_{ss} = \frac{1}{K_v} = 0, \quad \text{对于 2 型或高于 2 型的系统}$$

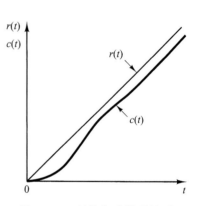

上述分析表明, 0 型系统在稳定状态时, 不能跟踪斜坡输入信号。具有单位反馈的 1 型系统能够跟踪斜坡输入信号, 但是具有一定的误差。在稳态工作时, 输出速度恰与输入速度相同, 但是存在一个位置误差。该误差与输入量的速度成正比, 并且与增益 K 成反比。图 5.47 为一个 1 型单位反馈系统对斜坡输入信号的响应例子。2 型或高于 2 型的系统可以跟踪斜坡输入信号, 且在稳态时的误差为零。

图 5.47　1 型单位反馈系统对斜坡输入信号的响应

5.8.5　静态加速度误差常数 K_a

单位抛物线输入信号(加速度输入信号)定义为

$$r(t) = \begin{cases} \dfrac{t^2}{2}, & t \geqslant 0 \\ 0, & t < 0 \end{cases}$$

在这个输入信号的作用下, 系统的稳态误差为

$$e_{ss} = \lim_{s \to 0} \frac{s}{1 + G(s)} \frac{1}{s^3}$$

$$= \frac{1}{\lim_{s \to 0} s^2 G(s)}$$

静态加速度误差常数 K_a 由下式确定：

$$K_a = \lim_{s \to 0} s^2 G(s)$$

因此，稳态误差为

$$e_{ss} = \frac{1}{K_a}$$

应当指出，加速度误差，即抛物线输入信号引起的稳态误差，是一个位置上的误差。

K_a 的值可以由下列公式求出：

对于 0 型系统，　　　　$K_a = \lim_{s \to 0} \dfrac{s^2 K(T_a s + 1)(T_b s + 1)\cdots}{(T_1 s + 1)(T_2 s + 1)\cdots} = 0$

对于 1 型系统，　　　　$K_a = \lim_{s \to 0} \dfrac{s^2 K(T_a s + 1)(T_b s + 1)\cdots}{s(T_1 s + 1)(T_2 s + 1)\cdots} = 0$

对于 2 型系统，　　　　$K_a = \lim_{s \to 0} \dfrac{s^2 K(T_a s + 1)(T_b s + 1)\cdots}{s^2(T_1 s + 1)(T_2 s + 1)\cdots} = K$

对于 3 型或高于 3 型的系统，

$$K_a = \lim_{s \to 0} \frac{s^2 K(T_a s + 1)(T_b s + 1)\cdots}{s^N(T_1 s + 1)(T_2 s + 1)\cdots} = \infty, \qquad N \geqslant 3$$

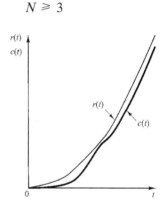

因此，对单位抛物线输入信号的稳态误差为

$e_{ss} = \infty,$　对于0型和1型系统

$e_{ss} = \dfrac{1}{K},$　对于2型系统

$e_{ss} = 0,$　　对于3型或高于3型系统

0 型或 1 型系统在稳态时，都不能跟踪抛物线输入信号。具有单位反馈的 2 型系统，在稳态时能跟踪抛物线输入信号，但具有一定的误差信号。图 5.48 所示为一个 2 型单位反馈系统对抛物线输入信号响应的例子。具有单位反馈的 3 型或高于 3 型的系统能跟踪抛物线输入信号，且在稳态时跟踪误差为零。

图 5.48　2 型单位反馈系统对抛物线输入信号的响应

5.8.6　小结

表 5.1 概括了 0 型、1 型和 2 型系统在各种输入信号作用下的稳态误差。在对角线上出现的稳态误差具有有限值；在对角线以上出现的稳态误差，其值为无穷大；在对角线以下出现的稳态误差，其值为零。

表 5.1　以增益 K 表示的稳态误差

	阶跃输入 $r(t) = 1$	斜坡输入 $r(t) = t$	加速度输入 $r(t) = \frac{1}{2}t^2$
0型系统	$\dfrac{1}{1 + K}$	∞	∞
1型系统	0	$\dfrac{1}{K}$	∞
2型系统	0	0	$\dfrac{1}{K}$

应当记住,位置误差、速度误差和加速度误差这些术语意味着稳态时在输出位置上的偏差。有限的速度误差表示在瞬态过程结束后,输入量和输出量以相同的速度运动,但是它们之间有一个有限的位置偏差。

误差常数 K_p、K_v 和 K_a 描述了单位反馈系统减小或消除稳态误差的能力,因此它们是稳态特性的一种描述方法。当要求瞬态响应保持在一个允许的范围内时,通常需要增加误差常数。为了改善稳态特性,可以在前向通路中增加一个或多个积分器,使系统的型号增加。但是,这会带来附加的稳定性问题。要设计一个在前向通路中有两个以上的积分器串联,并且具有满意性能的系统,通常很困难。

例题和解答

A.5.1 在图 5.49 所示的系统中 $x(t)$ 为输入位移,$\theta(t)$ 为输出角位移。假设系统中包含的质量小到可以忽略不计,并且假设所有运动限制在很小范围内,因此系统可以被认为是线性的。x 和 θ 的初始条件为零,即 $x(0_-) = 0$ 和 $\theta(0_-) = 0$。试证明该系统是一种微分型元件,并求当 $x(t)$ 为单位阶跃输入时,系统的响应 $\theta(t)$。

解: 系统的方程为

$$b(\dot{x} - L\dot{\theta}) = kL\theta$$

即

$$L\dot{\theta} + \frac{k}{b}L\theta = \dot{x}$$

对上述方程进行拉普拉斯变换,并且利用零初始条件,得到

$$\left(Ls + \frac{k}{b}L\right)\Theta(s) = sX(s)$$

因此,

$$\frac{\Theta(s)}{X(s)} = \frac{1}{L}\frac{s}{s + (k/b)}$$

所以系统是一种微分型系统。

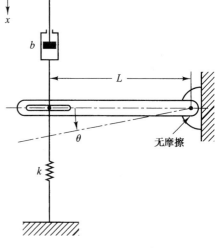

图 5.49　机械系统

对于单位阶跃输入 $X(s) = 1/s$,输出量 $\Theta(s)$ 为

$$\Theta(s) = \frac{1}{L}\frac{1}{s + (k/b)}$$

$\Theta(s)$ 的拉普拉斯反变换为

$$\theta(t) = \frac{1}{L}e^{-(k/b)t}$$

如果 k/b 的值比较大,则响应 $\theta(t)$ 趋近于脉冲信号,如图 5.50 所示。

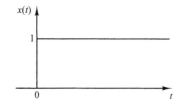
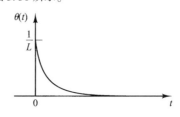

图 5.50　图 5.49 所示机械系统的单位阶跃输入和响应

A.5.2 在伺服系统中,经常采用齿轮传动来减速、增大力矩,或者利用传动元件与给定负载之间的匹配原理,获得最大传输效率。

研究图 5.51 所示的齿轮传动系统。在这个系统中,电动机通过齿轮传动装置带动负载运动。假设齿轮传动的刚性为无穷大(即无齿轮间隙,也无弹性变形),并设每个齿轮的齿数与齿轮的半径成正比。试求折合到电动机轴和负载轴上的等效转动惯量及等效黏性摩擦系数。

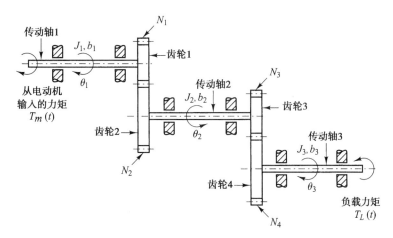

图 5.51　齿轮传动系统

在图 5.51 中，齿轮 1、2、3 和 4 上的齿数分别为 N_1、N_2、N_3 和 N_4，轴 1、2 和 3 的角位移分别为 θ_1、θ_2 和 θ_3，因此 $\theta_2/\theta_1 = N_1/N_2$ 和 $\theta_3/\theta_2 = N_3/N_4$。每一个齿轮传动元件的转动惯量和黏性摩擦系数分别用 J_1，b_1、J_2，b_2 和 J_3，b_3 来表示（J_3 和 b_3 中包含负载的转动惯量和摩擦）。

解：对于这个齿轮传动系统，可以得到下列三个方程：

对于第一个传动轴，$\qquad\qquad J_1\ddot{\theta}_1 + b_1\dot{\theta}_1 + T_1 = T_m$ $\qquad\qquad$ (5.63)

式中 T_m 是电动机产生的力矩；T_1 是齿轮传动中，其他齿轮作用在齿轮 1 上的负载力矩。

对于第二个传动轴，$\qquad\qquad J_2\ddot{\theta}_2 + b_2\dot{\theta}_2 + T_3 = T_2$ $\qquad\qquad$ (5.64)

式中 T_2 是转移到齿轮 2 上的力矩；T_3 是齿轮传动中，其他齿轮作用在齿轮 3 上的负载力矩。因为齿轮 1 做的功等于齿轮 2 做的功，即

$$T_1\theta_1 = T_2\theta_2 \qquad \text{或} \qquad T_2 = T_1\frac{N_2}{N_1}$$

如果 $N_1/N_2 < 1$，则传动比使速度减小，同时使力矩增大。

对于第三个传动轴，$\qquad\qquad J_3\ddot{\theta}_3 + b_3\dot{\theta}_3 + T_L = T_4$ $\qquad\qquad$ (5.65)

式中 T_L 是负载力矩，T_4 是转移到齿轮 4 上的力矩。T_3 和 T_4 的关系是

$$T_4 = T_3\frac{N_4}{N_3}$$

θ_3 和 θ_1 的关系是 $\qquad\qquad\qquad \theta_3 = \theta_2\dfrac{N_3}{N_4} = \theta_1\dfrac{N_1}{N_2}\dfrac{N_3}{N_4}$

从方程(5.63)至方程(5.65)中消去 T_1、T_2、T_3 和 T_4 得到

$$J_1\ddot{\theta}_1 + b_1\dot{\theta}_1 + \frac{N_1}{N_2}(J_2\ddot{\theta}_2 + b_2\dot{\theta}_2) + \frac{N_1N_3}{N_2N_4}(J_3\ddot{\theta}_3 + b_3\dot{\theta}_3 + T_L) = T_m$$

从上述方程中消去 θ_2 和 θ_3，并且将方程写成 θ_1 及其对时间导数的函数，得到

$$\left[J_1 + \left(\frac{N_1}{N_2}\right)^2 J_2 + \left(\frac{N_1}{N_2}\right)^2\left(\frac{N_3}{N_4}\right)^2 J_3\right]\ddot{\theta}_1 +$$

$$\left[b_1 + \left(\frac{N_1}{N_2}\right)^2 b_2 + \left(\frac{N_1}{N_2}\right)^2\left(\frac{N_3}{N_4}\right)^2 b_3\right]\dot{\theta}_1 + \left(\frac{N_1}{N_2}\right)\left(\frac{N_3}{N_4}\right)T_L = T_m \qquad (5.66)$$

因此，齿轮传动装置折合到轴 1 上的等效转动惯量和等效黏性摩擦系数分别为

$$J_{1eq} = J_1 + \left(\frac{N_1}{N_2}\right)^2 J_2 + \left(\frac{N_1}{N_2}\right)^2 \left(\frac{N_3}{N_4}\right)^2 J_3$$

$$b_{1eq} = b_1 + \left(\frac{N_1}{N_2}\right)^2 b_2 + \left(\frac{N_1}{N_2}\right)^2 \left(\frac{N_3}{N_4}\right)^2 b_3$$

与此类似，齿轮传动装置折合到负载轴（轴3）上的等效转动惯量和等效黏性摩擦系数分别为

$$J_{3eq} = J_3 + \left(\frac{N_4}{N_3}\right)^2 J_2 + \left(\frac{N_2}{N_1}\right)^2 \left(\frac{N_4}{N_3}\right)^2 J_1$$

$$b_{3eq} = b_3 + \left(\frac{N_4}{N_3}\right)^2 b_2 + \left(\frac{N_2}{N_1}\right)^2 \left(\frac{N_4}{N_3}\right)^2 b_1$$

J_{1eq} 与 J_{3eq} 之间的关系为 $\qquad J_{1eq} = \left(\frac{N_1}{N_2}\right)^2 \left(\frac{N_3}{N_4}\right)^2 J_{3eq}$

b_{1eq} 与 b_{3eq} 之间的关系为 $\qquad b_{1eq} = \left(\frac{N_1}{N_2}\right)^2 \left(\frac{N_3}{N_4}\right)^2 b_{3eq}$

J_2 和 J_3 对等效转动惯量的影响，由传动比 N_1/N_2 和 N_3/N_4 决定。对于减速齿轮传动装置，传动比 N_1/N_2 和 N_3/N_4 通常小于 1。如果 $N_1/N_2 \ll 1$ 且 $N_3/N_4 \ll 1$，则 J_2 和 J_3 对等效转动惯量 J_{1eq} 的影响可以忽略不计。类似的分析也适用于齿轮传动装置的等效黏性摩擦系数 b_{1eq}。由于引入等效转动惯量 J_{1eq} 和等效黏性摩擦系数 b_{1eq}，方程（5.66）可以简化为

$$J_{1eq}\ddot{\theta}_1 + b_{1eq}\dot{\theta}_1 + nT_L = T_m$$

式中， $\qquad n = \frac{N_1 N_3}{N_2 N_4}$

A.5.3 当图 5.52（a）中的系统受到单位阶跃输入量的作用时，系统的输出响应如图 5.52（b）所示。试根据响应曲线，确定 K 和 T 的值。

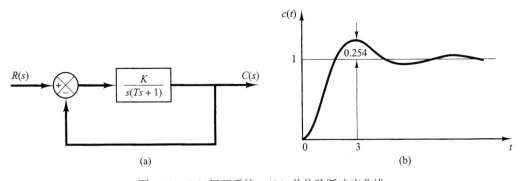

图 5.52 （a）闭环系统；（b）单位阶跃响应曲线

解：当 $\zeta = 0.4$ 时，对应系统的最大过调量为 25.4%。由响应曲线得到

$$t_p = 3$$

因此， $\qquad t_p = \frac{\pi}{\omega_d} = \frac{\pi}{\omega_n \sqrt{1 - \zeta^2}} = \frac{\pi}{\omega_n \sqrt{1 - 0.4^2}} = 3$

由此得到 $\qquad \omega_n = 1.14$

由方框图得到 $\qquad \frac{C(s)}{R(s)} = \frac{K}{Ts^2 + s + K}$

于是可以求得 $\qquad \omega_n = \sqrt{\frac{K}{T}}, \qquad 2\zeta\omega_n = \frac{1}{T}$

因此，T 和 K 的值可以确定如下：

$$T = \frac{1}{2\zeta\omega_n} = \frac{1}{2 \times 0.4 \times 1.14} = 1.09$$

$$K = \omega_n^2 T = 1.14^2 \times 1.09 = 1.42$$

A.5.4　考虑图 5.53 所示的系统。为了使系统在单位阶跃响应中的最大过调量达到 25%，峰值时间达到 2 s，试确定闭环系统的 K 和 k 的值。假设 $J = 1 \text{ kg·m}^2$。

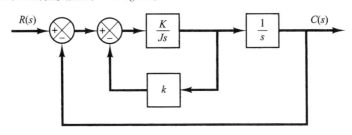

图 5.53　闭环系统

解: 闭环传递函数为

$$\frac{C(s)}{R(s)} = \frac{K}{Js^2 + Kks + K}$$

将 $J = 1 \text{ kg·m}^2$ 代入上述方程，得到

$$\frac{C(s)}{R(s)} = \frac{K}{s^2 + Kks + K}$$

注意

$$\omega_n = \sqrt{K}, \qquad 2\zeta\omega_n = Kk$$

最大过调量 M_p 为

$$M_p = e^{-\zeta\pi/\sqrt{1-\zeta^2}}$$

该值指定为 25%。因此

$$e^{-\zeta\pi/\sqrt{1-\zeta^2}} = 0.25$$

由此得到

$$\frac{\zeta\pi}{\sqrt{1-\zeta^2}} = 1.386$$

即

$$\zeta = 0.404$$

峰值时间 t_p 指定为 2 s。因此，

$$t_p = \frac{\pi}{\omega_d} = 2$$

即

$$\omega_d = 1.57$$

于是无阻尼自然频率 ω_n 为

$$\omega_n = \frac{\omega_d}{\sqrt{1-\zeta^2}} = \frac{1.57}{\sqrt{1-0.404^2}} = 1.72$$

所以

$$K = \omega_n^2 = 1.72^2 = 2.95 \, (\text{N·m})$$

$$k = \frac{2\zeta\omega_n}{K} = \frac{2 \times 0.404 \times 1.72}{2.95} = 0.471 \, (\text{s})$$

A.5.5　图 5.54(a) 是一个机械振动系统。当有 2 lb 的力（阶跃输入）作用于系统时，系统中的质点 m 做如图 5.54(b) 所示的振动。试根据该响应曲线确定系统的 m、b 和 k。位移 x 从平衡位置开始测量。

解: 该系统的传递函数为

$$\frac{X(s)}{P(s)} = \frac{1}{ms^2 + bs + k}$$

因为
$$P(s) = \frac{2}{s}$$

所以
$$X(s) = \frac{2}{s(ms^2 + bs + k)}$$

由此可以求得 x 的稳态值为
$$x(\infty) = \lim_{s \to 0} sX(s) = \frac{2}{k} = 0.1 \, \text{ft}$$

因此
$$k = 20 \, \text{lb}_f/\text{ft}$$

注意到 $M_p = 9.5\%$ ，相应于 $\zeta = 0.6$ ，所以峰值时间 t_p 为
$$t_p = \frac{\pi}{\omega_d} = \frac{\pi}{\omega_n\sqrt{1-\zeta^2}} = \frac{\pi}{0.8\omega_n}$$

从实验曲线得到 $t_p = 2 \, \text{s}$ ，因此
$$\omega_n = \frac{3.14}{2 \times 0.8} = 1.96 \, \text{rad/s}$$

因为 $\omega_n^2 = k/m = 20/m$ ，所以
$$m = \frac{20}{\omega_n^2} = \frac{20}{1.96^2} = 5.2 \, \text{slug} = 167 \, \text{lb}$$

[注意，1 slug(斯勒格) = 1 $\text{lb}_f \cdot \text{s}^2/\text{ft}$]。于是可以由下式确定 b :
$$2\zeta\omega_n = \frac{b}{m}$$

即
$$b = 2\zeta\omega_n m = 2 \times 0.6 \times 1.96 \times 5.2 = 12.2 \, \text{lbf/ft/s}$$

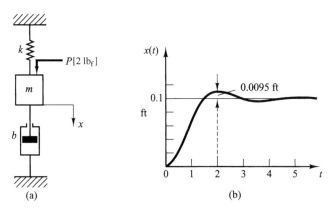

图 5.54 （a）机械振动系统；（b）阶跃响应曲线

A.5.6 考虑下列二阶系统的单位阶跃响应:
$$\frac{C(s)}{R(s)} = \frac{\omega_n^2}{s^2 + 2\zeta\omega_n s + \omega_n^2}$$

指数阻尼正弦曲线的振幅以几何级数的方式变化。当时间 $t = t_p = \pi/\omega_d$ 时，其振幅等于 $\text{e}^{-(\sigma/\omega_d)\pi}$ 。经过一次振荡后，即当 $t = t_p + 2\pi/\omega_d = 3\pi/\omega_d$ 时，其振幅等于 $\text{e}^{-(\sigma/\omega_d)3\pi}$;经过另一个振荡周期后，其振幅变为 $\text{e}^{-(\sigma/\omega_d)5\pi}$ 。连续两个振幅之比的对数，称为对数衰减率。试确定这个二阶系统的对数衰减率。导出由振荡衰减率实验确定阻尼比的方法。

解:当 $t = t_i$ 时，定义输出振荡的振幅为 x_i ，式中 $t = t_p + (i-1)T$ （ T 为振荡周期）。阻尼振荡一个周期的振幅比为
$$\frac{x_1}{x_2} = \frac{\text{e}^{-(\sigma/\omega_d)\pi}}{\text{e}^{-(\sigma/\omega_d)3\pi}} = \text{e}^{2(\sigma/\omega_d)\pi} = \text{e}^{2\zeta\pi/\sqrt{1-\zeta^2}}$$

因此，对数衰减率 δ 为

$$\delta = \ln \frac{x_1}{x_2} = \frac{2\zeta\pi}{\sqrt{1 - \zeta^2}}$$

它只是阻尼比 ζ 的函数。所以，利用对数衰减率可以确定阻尼比 ζ。

在由振荡衰减率实验确定阻尼比的过程中，需要测量 $t = t_p$ 时的振幅 x_1 和 $t = t_p + (n-1)T$ 时的振幅 x_n。应当指出，n 必须选择得足够大，以便使比值 x_1/x_n 不接近 1。于是

$$\frac{x_1}{x_n} = e^{(n-1)2\zeta\pi/\sqrt{1 - \zeta^2}}$$

即

$$\ln \frac{x_1}{x_n} = (n-1) \frac{2\zeta\pi}{\sqrt{1 - \zeta^2}}$$

因此

$$\zeta = \frac{\dfrac{1}{n-1}\left(\ln \dfrac{x_1}{x_n}\right)}{\sqrt{4\pi^2 + \left[\dfrac{1}{n-1}\left(\ln \dfrac{x_1}{x_n}\right)\right]^2}}$$

A.5.7　在图 5.55 所示的系统中，m、b 和 k 的值已知为 $m = 1$ kg，$b = 2$ N·s/m 和 $k = 100$ N/m。现将质点移动 0.05 m，然后将其释放且不带初速度。试求在振动中观察到的频率。此外，求 4 个周期后的振幅。移动量 x 从平衡位置开始测量。

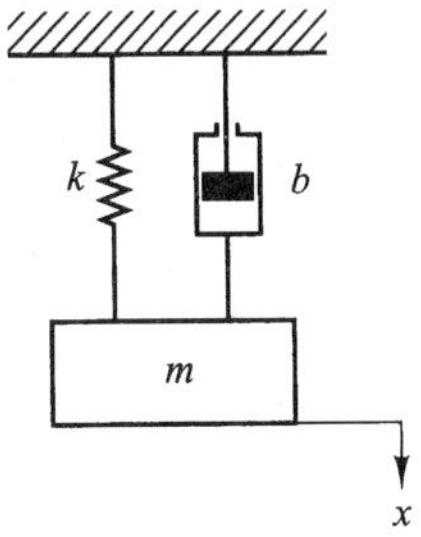

解：该系统的运动方程为

$$m\ddot{x} + b\dot{x} + kx = 0$$

将 m、b 和 k 的数值代入上述方程，得到

$$\ddot{x} + 2\dot{x} + 100x = 0$$

式中初始条件为 $x(0) = 0.05$ 和 $\dot{x}(0) = 0$，由上述方程可以求得无阻尼自然频率 ω_n 和阻尼比 ζ 为

$$\omega_n = 10, \qquad \zeta = 0.1$$

在振动中实际观察到的频率是阻尼自然频率 ω_d

$$\omega_d = \omega_n \sqrt{1 - \zeta^2} = 10\sqrt{1 - 0.01} = 9.95 \text{ rad/s}$$

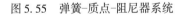

图 5.55　弹簧-质点-阻尼器系统

在当前的分析中，已知 $\dot{x}(0)$ 为零，因此，解 $x(t)$ 可以写成下列形式：

$$x(t) = x(0)e^{-\zeta\omega_n t}\left(\cos \omega_d t + \frac{\zeta}{\sqrt{1 - \zeta^2}} \sin \omega_d t\right)$$

于是，当 $t = nT$ 时，式中 $T = 2\pi/\omega_d$，由上式得到

$$x(nT) = x(0)e^{-\zeta\omega_n nT}$$

因此，4 个周期以后，振幅变成

$$x(4T) = x(0)e^{-\zeta\omega_n 4T} = x(0)e^{-(0.1)(10)(4)(0.6315)}$$

$$= 0.05e^{-2.526} = 0.05 \times 0.079\,98 = 0.004 \text{ m}$$

A.5.8　试采用分析和计算方法，求下列高阶系统的单位阶跃响应：

$$\frac{C(s)}{R(s)} = \frac{3s^3 + 25s^2 + 72s + 80}{s^4 + 8s^3 + 40s^2 + 96s + 80}$$

当 $R(s)$ 为单位阶跃函数时，用 MATLAB 求 $C(s)$ 的部分分式展开。

解：图 5.56 为由 MATLAB 程序 5.18 得出的单位阶跃响应曲线，还给出了 $C(s)$ 的下列部分分式展开：

$$C(s) = \frac{3s^3 + 25s^2 + 72s + 80}{s^4 + 8s^3 + 40s^2 + 96s + 80} \frac{1}{s}$$

$$= \frac{-0.2813 - j0.1719}{s + 2 - j4} + \frac{-0.2813 + j0.1719}{s + 2 + j4} +$$

$$\frac{-0.4375}{s + 2} + \frac{-0.375}{(s + 2)^2} + \frac{1}{s}$$

$$= \frac{-0.5626(s + 2)}{(s + 2)^2 + 4^2} + \frac{(0.3438) \times 4}{(s + 2)^2 + 4^2} -$$

$$\frac{0.4375}{s + 2} - \frac{0.375}{(s + 2)^2} + \frac{1}{s}$$

```
MATLAB程序5.18

% ------- Unit-Step Response of C(s)/R(s) and Partial-Fraction Expansion of C(s) -------

num = [3  25  72  80];
den = [1  8  40  96  80];
step(num,den);
v = [0  3  0  1.2]; axis(v), grid

% To obtain the partial-fraction expansion of C(s), enter commands
%     num1 = [3  25  72  80];
%     den1 = [1  8  40  96  80  0];
%     [r,p,k] = residue(num1,den1)

num1 = [25  72  80];
den1 = [1  8  40  96  80  0];
[r,p,k] = residue(num1,den1)

r =

  -0.2813- 0.1719i
  -0.2813+ 0.1719i
  -0.4375
  -0.3750
   1.0000

p =

  -2.0000+ 4.0000i
  -2.0000- 4.0000i
  -2.0000
  -2.0000
   0

k =

   []
```

因此,时域响应 $c(t)$ 可以求得为

$$c(t) = -0.5626e^{-2t} \cos 4t + 0.3438e^{-2t} \sin 4t -$$

$$0.4375e^{-2t} - 0.375te^{-2t} + 1$$

显然,响应曲线是指数曲线与阻尼正弦曲线的叠加,其叠加结果示于图 5.56 中。

A.5.9 当闭环系统包含着分子的动态特性时,其单位阶跃响应曲线会呈现出较大的过调量。试应用 MATLAB 求下列系统的单位阶跃响应曲线:

$$\frac{C(s)}{R(s)} = \frac{10s + 4}{s^2 + 4s + 4}$$

并且用 MATLAB 求它的单位斜坡响应曲线。

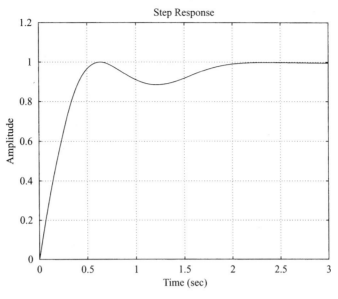

图 5.56 单位阶跃响应曲线

解：MATLAB 程序 5.19 将绘出该系统的单位阶跃响应和单位斜坡响应，图 5.57(a) 和图 5.57(b) 分别表示了单位阶跃响应曲线和单位斜坡响应曲线，以及单位斜坡输入信号。

应当指出，单位阶跃响应曲线呈现出 215% 以上的过调量。单位斜坡响应曲线超前于输入曲线。这种现象是因为在分子中存在着较大微分项造成的。

```
MATLAB程序5.19

num = [10  4];
den = [1  4  4];
t = 0:0.02:10;
y = step(num,den,t);
plot(t,y)
grid
title('Unit-Step Response')
xlabel('t (sec)')
ylabel('Output')

num1 = [10  4];
den1 = [1  4  4  0];
y1 = step(num1,den1,t);
plot(t,t,'--',t,y1)
v = [0  10  0  10]; axis(v);
grid
title('Unit-Ramp Response')
xlabel('t (sec)')
ylabel('Unit-Ramp Input and Output')
text(6.1,5.0,'Unit-Ramp Input')
text(3.5,7.1,'Output')
```

A.5.10 考虑由下式定义的高阶系统：

$$\frac{C(s)}{R(s)} = \frac{6.3223s^2 + 18s + 12.811}{s^4 + 6s^3 + 11.3223s^2 + 18s + 12.811}$$

试利用 MATLAB 绘出系统的单位阶跃响应曲线，并且利用 MATLAB 求上升时间、峰值时间、最大过调量和调整时间。

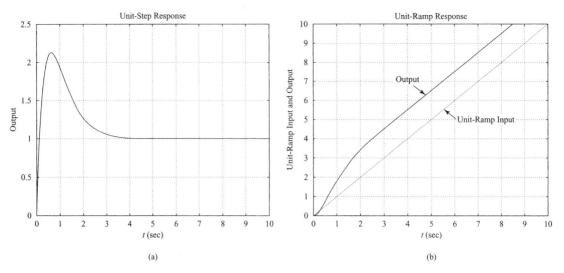

图 5.57 （a）单位阶跃响应曲线；（b）单位斜坡响应曲线及单位斜坡输入信号

解：MATLAB 程序 5.20 将绘出单位阶跃响应曲线，并且给出上升时间、峰值时间、最大过调量和调整时间。单位阶跃响应曲线表示在图 5.58 上。

```
MATLAB程序5.20

% ------- This program is to plot the unit-step response curve, as well as to
% find the rise time, peak time, maximum overshoot, and settling time.
% In this program the rise time is calculated as the time required for the
% response to rise from 10% to 90% of its final value. -------

num = [6.3223  18  12.811];
den = [1  6  11.3223  18  12.811];
t = 0:0.02:20;
[y,x,t] = step(num,den,t);
plot(t,y)
grid
title('Unit-Step Response')
xlabel('t (sec)')
ylabel('Output y(t)')

r1 = 1; while y(r1) < 0.1, r1 = r1+1; end;
r2 = 1; while y(r2) < 0.9, r2 = r2+1; end;
rise_time = (r2-r1)*0. 02

rise_time =

   0.5800
[ymax,tp] = max(y);
peak_time = (tp-1)*0.02

peak_time =

   1.6600

max_overshoot = ymax-1

max_overshoot =

   0.6182

s = 1001; while y(s) > 0.98 & y(s) < 1.02; s = s-1; end;
settling_time = (s-1)*0.02

settling_time =

   10.0200
```

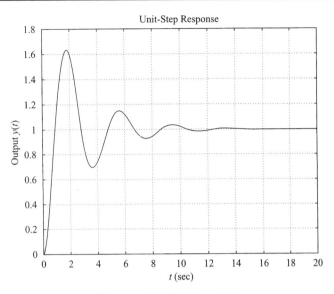

图 5.58　单位阶跃响应曲线

A.5.11　考虑由下式定义的闭环系统：

$$\frac{C(s)}{R(s)} = \frac{\omega_n^2}{s^2 + 2\zeta\omega_n s + \omega_n^2}$$

针对下列四种情况：

情况 1：　$\zeta = 0.3$，　　$\omega_n = 1$
情况 2：　$\zeta = 0.5$，　　$\omega_n = 2$
情况 3：　$\zeta = 0.7$，　　$\omega_n = 4$
情况 4：　$\zeta = 0.8$，　　$\omega_n = 6$

利用循环命令，写出求系统单位阶跃响应的 MATLAB 程序。

解：定义 $\omega_n^2 = a$ 和 $2\zeta\omega_n = b$。于是 a 和 b 各有下列四个元素：

$$a = \begin{bmatrix} 1 & 4 & 16 & 36 \end{bmatrix}$$

$$b = \begin{bmatrix} 0.6 & 2 & 5.6 & 9.6 \end{bmatrix}$$

利用向量 a 和 b，MATLAB 程序 5.21 将绘出单位阶跃响应曲线，如图 5.59 所示。

```
MATLAB程序5.21

a = [1 4 16 36];
b = [0.6 2 5.6 9.6];
t = 0:0.1:8;
y = zeros(81,4);
    for i = 1:4;
    num = [a(i)];
    den = [1 b(i) a(i)];
    y(:,i) = step(num,den,t);
    end
plot(t,y(:,1),'o',t,y(:,2),'x',t,y(:,3),'-',t,y(:,4),'-.')
grid
title('Unit-Step Response Curves for Four Cases')
xlabel('t Sec')
ylabel('Outputs')
gtext('1')
gtext('2')
gtext('3')
gtext('4')
```

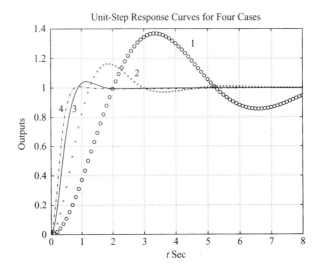

图 5.59　四种情况下的单位阶跃响应曲线

A.5.12　设闭环控制系统的闭环传递函数为

$$\frac{C(s)}{R(s)} = \frac{s + 10}{s^3 + 6s^2 + 9s + 10}$$

试应用 MATLAB 求该闭环控制系统的单位斜坡响应。另外，求系统对下列输入信号的响应：

$$r = e^{-0.5t}$$

　　解： MATLAB 程序 5.22 将绘出单位斜坡响应和对指数输入信号 $r = e^{-0.5t}$ 的响应。在图 5.60(a)和图 5.60(b)中分别表示了上面得到的响应曲线。

```
MATLAB程序5.22

% --------- Unit-Ramp Response ---------

num = [1  10];
den = [1  6  9  10];
t = 0:0.1:10;
r = t;
y = lsim(num,den,r,t);
plot(t,r,'-',t,y,'o')
grid
title('Unit-Ramp Response by Use of Command "lsim"')
xlabel('t Sec')
ylabel('Output')
text(3.2,6.5,'Unit-Ramp Input')
text(6.0,3.1,'Output')

% --------- Response to Input r1 = exp(−0.5t). ---------

num = [0  0  1  10];
den = [1  6  9  10];
t = 0:0.1:12;
r1 = exp(−0.5*t);
y1 = lsim(num,den,r1,t);
plot(t,r1,'-',t,y1,'o')
grid
title('Response to Input r1 = exp(−0.5t)')
xlabel('t Sec')
ylabel('Input and Output')
text(1.4,0.75,'Input r1 = exp(−0.5t)')
text(6.2,0.34,'Output')
```

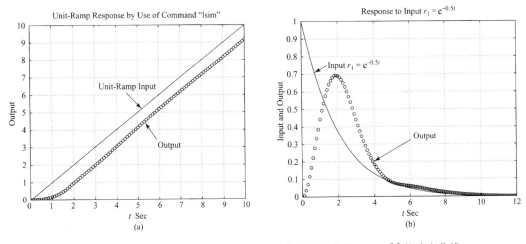

图 5.60　（a）单位阶跃响应曲线；（b）对指数输入信号 $r_1 = \mathrm{e}^{-0.5t}$ 的响应曲线

A.5.13　设闭环系统由下列传递函数定义：

$$\frac{C(s)}{R(s)} = \frac{5}{s^2 + s + 5}$$

试求该系统对下列输入信号 $r(t)$ 的响应：　　　　$r(t) = 2 + t$

输入信号 $r(t)$ 为数值为 2 的阶跃输入加单位斜坡输入。

　　解：MATLAB 程序 5.23 表示了一种可行的 MATLAB 程序。系统的响应曲线与输入函数的图均表示在图 5.61 上。

MATLAB程序5.23

```
num = [5];
den = [1  1  5];
t = 0:0.05:10;
r = 2+t;
c = lsim(num,den,r,t);
plot(t,r,'-',t,c,'o')
grid
title('Response to Input r(t) = 2 + t')
xlabel('t Sec')
ylabel('Output c(t) and Input r(t) = 2 + t')
```

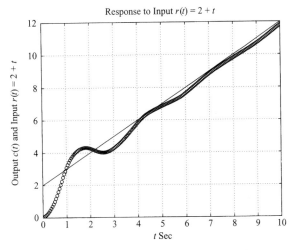

图 5.61　对输入信号 $r(t) = 2 + t$ 的响应

A.5.14 设系统如图 5.62 所示, 试求系统对下列输入信号 $r(t)$ 的响应:

$$r(t) = \frac{1}{2}t^2$$

输入信号 $r(t)$ 为单位加速度输入信号。

解: 系统的闭环传递函数为:

$$\frac{C(s)}{R(s)} = \frac{2}{s^2 + s + 2}$$

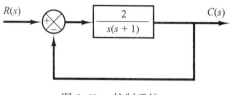

图 5.62　控制系统

MATLAB 程序 5.24 绘出单位加速度响应曲线。所得响应曲线与单位加速度输入信号均表示在图 5.63 上。

```
MATLAB程序5.24

num = [2];
den = [1  1  2];
t = 0:0.2:10;
r = 0.5*t.^2;
y = lsim(num,den,r,t);
plot(t,r,'-',t,y,'o',t,y,'-')
grid
title('Unit-Acceleration Response')
xlabel('t Sec')
ylabel('Input and Output')
text(2.1,27.5,'Unit-Acceleration Input')
text(7.2,7.5,'Output')
```

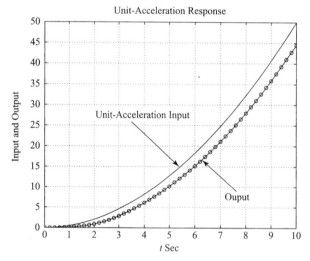

图 5.63　系统对单位加速度输入信号的响应

A.5.15 考虑由下式定义的系统:

$$\frac{C(s)}{R(s)} = \frac{1}{s^2 + 2\zeta s + 1}$$

式中 $\zeta = 0, 0.2, 0.4, 0.6, 0.8$ 和 1.0。试利用循环命令编写 MATLAB 程序, 求系统输出的二维图和三维图。系统的输入为单位阶跃函数。

解: MATLAB 程序 5.25 是一种求二维图和三维图的可行程序。对应不同的 ζ 值, 单位阶跃响应曲线的二维图表示在图 5.64(a) 上。图 5.64(b) 是利用命令 mesh(y) 得到的三维图, 而图 5.64(c) 则是利用 mesh(y) 得到的三维图(这两个三维图基本上是相同的, 两个图的唯一区别是 x 轴和 y 轴进行了互换)。

```
MATLAB程序5.25

t = 0:0.2:12;
    for n = 1:6;
    num = [1];
    den = [1  2*(n–1)*0.2  1];
    [y(1:61,n),x,t] = step(num,den,t);
    end
plot(t,y)
grid
title('Unit-Step Response Curves')
xlabel('t Sec')
ylabel('Outputs')
gtext('\zeta = 0'),
gtext('0.2')
gtext('0.4')
gtext('0.6')
gtext('0.8')
gtext('1.0')

% To draw a three-dimensional plot, enter the following command: mesh(y) or mesh(y').
% We shall show two three-dimensional plots, one using "mesh(y)" and the other using
% "mesh(y')". These two plots are the same, except that the x axis and y axis are
% interchanged.

mesh(y)
title('Three-Dimensional Plot of Unit-Step Response Curves using Command "mesh(y)"')
xlabel('n, where n = 1,2,3,4,5,6')
ylabel('Computation Time Points')
zlabel('Outputs')

mesh(y')
title('Three-Dimensional Plot of Unit-Step Response Curves using Command "mesh(y transpose)"')
xlabel('Computation Time Points')
ylabel('n, where n = 1,2,3,4,5,6')
zlabel('Outputs')
```

A. 5. 16　考虑下列在给定初始条件作用下的系统。

$$
\begin{bmatrix} \dot{x}_1 \\ \dot{x}_2 \\ \dot{x}_3 \end{bmatrix} = \begin{bmatrix} 0 & 1 & 0 \\ 0 & 0 & 1 \\ -10 & -17 & -8 \end{bmatrix} \begin{bmatrix} x_1 \\ x_2 \\ x_3 \end{bmatrix}, \qquad \begin{bmatrix} x_1(0) \\ x_2(0) \\ x_3(0) \end{bmatrix} = \begin{bmatrix} 2 \\ 1 \\ 0.5 \end{bmatrix}
$$

$$
y = \begin{bmatrix} 1 & 0 & 0 \end{bmatrix} \begin{bmatrix} x_1 \\ x_2 \\ x_3 \end{bmatrix}
$$

在这个系统中没有输入量，即没有作用函数。试利用方程(5.58)和方程(5.60)，求对给定初始条件的响应曲线 $y(t) \sim t$。

　　解： 基于方程(5.58)和方程(5.60)的一种可行的 MATLAB 程序，在 MATLAB 程序 5. 26 中给出。图 5. 65 绘出了利用该程序得到的响应曲线。注意，这个问题是利用例 5. 16 中的命令 initial 求解得到的。这里得到的响应曲线与图 5. 34 中的曲线完全相同。

```
MATLAB程序5.26

t = 0:0.05:10;
A = [0 1 0;0 0 1;–10 –17 –8];
B = [2;1;0.5];
C=[1 0 0];
[y,x,t] = step(A,B,C*A,C*B,1,t);
plot(t,y)
grid;
title('Response to Initial Condition')
xlabel('t (sec)')
ylabel('Output y')
```

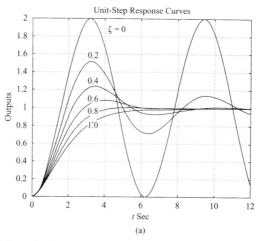

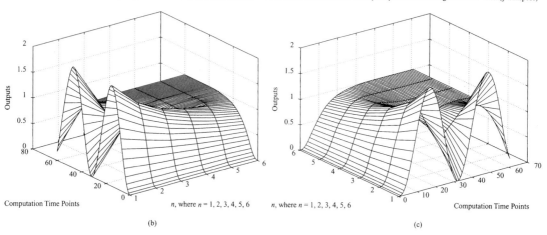

图 5.64 (a) 单位阶跃响应曲线的二维图;(b) 利用命令 mesh(y) 求得单位阶跃响应
曲线的三维图;(c) 利用命令 mesh(y') 求得单位阶跃响应曲线的三维图

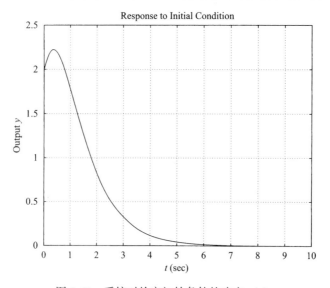

图 5.65 系统对给定初始条件的响应 $y(t)$

A. 5. 17 考虑下列特征方程：

$$s^4 + Ks^3 + s^2 + s + 1 = 0$$

试确定 K 的稳定范围。

解：系数的劳斯阵列为

$$
\begin{array}{c|ccc}
s^4 & 1 & 1 & 1 \\
s^3 & K & 1 & 0 \\
s^2 & \dfrac{K-1}{K} & 1 & \\
s^1 & 1 - \dfrac{K^2}{K-1} & & \\
s^0 & 1 & &
\end{array}
$$

为了保证系统稳定，要求

$$K > 0$$

$$\frac{K-1}{K} > 0$$

$$1 - \frac{K^2}{K-1} > 0$$

由第一个和第二个条件得知，K 必须大于 1。对于 $K > 1$，注意到 $1 - [K^2/(K-1)]$ 这一项总为负值，因为

$$\frac{K - 1 - K^2}{K - 1} = \frac{-1 + K(1 - K)}{K - 1} < 0$$

所以，上述三个条件不能同时得到满足。因此，不存在能使系统稳定的 K 值。

A. 5. 18 考虑下列特征方程：

$$a_0 s^n + a_1 s^{n-1} + a_2 s^{n-2} + \cdots + a_{n-1}s + a_n = 0 \tag{5.67}$$

下面介绍赫尔维茨稳定判据，该判据给出了以多项式系数表示的使所有的根都具有负实部的稳定性条件。正如在 5.6 节中关于劳斯稳定判据的讨论中所述的，为了使所有的根都具有负实部，所有的系数，即 a_0，a_1，$\cdots$，a_n 都必须为正的。这是一个必要条件，但不是充分条件。如果该条件不能得到满足，则表明某些根具有正实部，或者为虚根或零根，保证所有的根都具有负实部的充分条件由下列赫尔维茨稳定判据给出：如果多项式的所有系数都是正的，将这些系数排列成下列行列式：

$$
\Delta_n = \begin{vmatrix}
a_1 & a_3 & a_5 & \cdots & 0 & 0 & 0 \\
a_0 & a_2 & a_4 & & \cdot & \cdot & \cdot \\
0 & a_1 & a_3 & \cdots & a_n & 0 & 0 \\
0 & a_0 & a_2 & \cdots & a_{n-1} & 0 & 0 \\
\cdot & \cdot & \cdot & & a_{n-2} & a_n & 0 \\
\cdot & \cdot & \cdot & & a_{n-3} & a_{n-1} & 0 \\
0 & 0 & 0 & \cdots & a_{n-4} & a_{n-2} & a_n
\end{vmatrix}
$$

在上式中当 $s > n$ 时，用零取代 a_s。为了保证所有的根都具有负实部，其充分和必要条件是逐次排列的各主子行列式 Δ_n 均为正值。逐次排列的主子行列式由下列行列式构成：

$$
\Delta_i = \begin{vmatrix}
a_1 & a_3 & \cdots & a_{2i-1} \\
a_0 & a_2 & \cdots & a_{2i-2} \\
0 & a_1 & \cdots & a_{2i-3} \\
\cdot & \cdot & & \cdot \\
0 & 0 & \cdots & a_i
\end{vmatrix} \qquad (i = 1, 2, \cdots, n-1)
$$

式中当 $s > n$ 时，$a_s = 0$（注意，对于低阶行列式的某些条件，包含在高阶行列式的条件中）。如果所有这些行列式都是正的，且已经假设 $a_0 > 0$，则系统的平衡状态是渐近稳定的。该系统的特征方程由方程(5.67)给出。该稳定判据并不要求知道行列式的精确值，只要知道这些行列式的符号就可以了。

现在考虑下列特征方程:

$$a_0 s^4 + a_1 s^3 + a_2 s^2 + a_3 s + a_4 = 0$$

上式应用赫尔维茨稳定判据确定稳定性条件。

解: 稳定性条件是所有系数,即 a_0, a_1, $\cdots$, a_4 均为正值,且

$$\Delta_2 = \begin{vmatrix} a_1 & a_3 \\ a_0 & a_2 \end{vmatrix} = a_1 a_2 - a_0 a_3 > 0$$

$$\Delta_3 = \begin{vmatrix} a_1 & a_3 & 0 \\ a_0 & a_2 & a_4 \\ 0 & a_1 & a_3 \end{vmatrix}$$

$$= a_1(a_2 a_3 - a_1 a_4) - a_0 a_3^2$$

$$= a_3(a_1 a_2 - a_0 a_3) - a_1^2 a_4 > 0$$

显然,如果所有的系数 (a_0, a_1, $\cdots$, a_4) 均为正值,并且满足条件 $\Delta_3 > 0$,则条件 $\Delta_2 > 0$ 也将得到满足。因此,为了保证给定特征方程的所有根都具有正实部,其充分和必要条件是所有的系数(a_0, a_1, $\cdots$, a_4)均为正值,且 $\Delta_3 > 0$。

A.5.19 已知多项式方程为

$$s^n + a_1 s^{n-1} + a_2 s^{n-2} + \cdots + a_{n-1} s + a_n = 0$$

试证明该方程的劳斯阵列的第一列为

$$1, \quad \Delta_1, \quad \frac{\Delta_2}{\Delta_1}, \quad \frac{\Delta_3}{\Delta_2}, \cdots, \quad \frac{\Delta_n}{\Delta_{n-1}}$$

式中,

$$\Delta_r = \begin{vmatrix} a_1 & 1 & 0 & 0 & \cdot & 0 \\ a_3 & a_2 & a_1 & 1 & \cdot & 0 \\ a_5 & a_4 & a_3 & a_2 & \cdot & 0 \\ \vdots & \vdots & \vdots & \vdots & & \vdots \\ a_{2r-1} & \cdot & \cdot & \cdot & \cdot & a_r \end{vmatrix} \qquad (n \geqslant r \geqslant 1)$$

$$a_k = 0, \quad k > n$$

解: 系数的劳斯阵列具有下列形式:

$$\begin{array}{cccccc} 1 & a_2 & a_4 & a_6 & \cdots & a_n \\ a_1 & a_3 & a_5 & \cdots & & \\ b_1 & b_2 & b_3 & \cdots & & \\ c_1 & c_2 & \cdot & & & \\ \vdots & \vdots & \vdots & & & \end{array}$$

劳斯阵列第一列中的第一项为 1。第一列中的第二项为 a_1,它等于 Δ_1。第一列中的第三项为 b_1,它等于

$$\frac{a_1 a_2 - a_3}{a_1} = \frac{\Delta_2}{\Delta_1}$$

第一列中的第四项为 c_1,它等于

$$\frac{b_1 a_3 - a_1 b_2}{b_1} = \frac{\left[\dfrac{a_1 a_2 - a_3}{a_1}\right] a_3 - a_1 \left[\dfrac{a_1 a_4 - a_5}{a_1}\right]}{\left[\dfrac{a_1 a_2 - a_3}{a_1}\right]}$$

$$= \frac{a_1 a_2 a_3 - a_3^2 - a_1^2 a_4 + a_1 a_5}{a_1 a_2 - a_3}$$

$$= \frac{\Delta_3}{\Delta_2}$$

用类似的方法，可以求出劳斯阵列第一列的其余各项。

劳斯阵列有一个性质，就是任意一列的最后一个非零项都是相同的。也就是说，如果给定阵列为

$$
\begin{array}{cccc}
a_0 & a_2 & a_4 & a_6 \\
a_1 & a_3 & a_5 & a_7 \\
b_1 & b_2 & b_3 \\
c_1 & c_2 & c_3 \\
d_1 & d_2 \\
e_1 & e_2 \\
f_1 \\
g_1
\end{array}
$$

则

$$a_7 = c_3 = e_2 = g_1$$

如果给定阵列为

$$
\begin{array}{cccc}
a_0 & a_2 & a_4 & a_6 \\
a_1 & a_3 & a_5 & 0 \\
b_1 & b_2 & b_3 \\
c_1 & c_2 & 0 \\
d_1 & d_2 \\
e_1 & 0 \\
f_1
\end{array}
$$

则

$$a_6 = b_3 = d_2 = f_1$$

在任何情况下，第一列中的最后一项等于 a_n，即

$$a_n = \frac{\Delta_{n-1}a_n}{\Delta_{n-1}} = \frac{\Delta_n}{\Delta_{n-1}}$$

如果 $n = 4$，则

$$
\Delta_4 = \begin{vmatrix} a_1 & 1 & 0 & 0 \\ a_3 & a_2 & a_1 & 1 \\ a_5 & a_4 & a_3 & a_2 \\ a_7 & a_6 & a_5 & a_4 \end{vmatrix} = \begin{vmatrix} a_1 & 1 & 0 & 0 \\ a_3 & a_2 & a_1 & 1 \\ 0 & a_4 & a_3 & a_2 \\ 0 & 0 & 0 & a_4 \end{vmatrix} = \Delta_3 a_4
$$

这就证明了劳斯阵列第一列确实由下列元素组成：

$$1, \quad \Delta_1, \quad \frac{\Delta_2}{\Delta_1}, \quad \frac{\Delta_3}{\Delta_2}, \quad \cdots, \quad \frac{\Delta_n}{\Delta_{n-1}}$$

A.5.20　试证明劳斯稳定判据和赫尔维茨稳定判据是等价的。

解：如果把赫尔维茨行列式写成对角形式：

$$
\Delta_i = \begin{vmatrix} a_{11} & & & & * \\ & a_{22} & & & \\ & & \cdot & & \\ & & & \cdot & \\ & & & & \cdot \\ 0 & & & & a_{ii} \end{vmatrix}, \qquad (i = 1, 2, \cdots, n)
$$

式中对角线下方的元素全部为零，对角线上方的元素为任意数。于是，渐近稳定性的赫尔维茨条件变为

$$\Delta_i = a_{11} a_{22} \cdots a_{ii} > 0, \qquad (i = 1, 2, \cdots, n)$$

它与下列条件等价：　　　　$a_{11} > 0, \qquad a_{22} > 0, \qquad \cdots, \qquad a_{nn} > 0$

我们将证明这些条件等价于　　$a_1 > 0, \qquad b_1 > 0, \qquad c_1 > 0, \qquad \cdots$

式中，a_1，b_1，c_1，$\cdots$ 是劳斯阵列中第一列元素。

例如，考虑下列赫尔维茨行列式，它相应于 $i = 4$ 的情况：

$$\Delta_4 = \begin{vmatrix} a_1 & a_3 & a_5 & a_7 \\ a_0 & a_2 & a_4 & a_6 \\ 0 & a_1 & a_3 & a_5 \\ 0 & a_0 & a_2 & a_4 \end{vmatrix}$$

如果从第 i 行中减去 k 倍的第 j 行，则行列式的值不变。从第二行中减去 a_0/a_1 倍的第一行，得到

$$\Delta_4 = \begin{vmatrix} a_{11} & a_3 & a_5 & a_7 \\ 0 & a_{22} & a_{23} & a_{24} \\ 0 & a_1 & a_3 & a_5 \\ 0 & a_0 & a_2 & a_4 \end{vmatrix}$$

式中，

$$a_{11} = a_1$$

$$a_{22} = a_2 - \frac{a_0}{a_1} a_3$$

$$a_{23} = a_4 - \frac{a_0}{a_1} a_5$$

$$a_{24} = a_6 - \frac{a_0}{a_1} a_7$$

类似地，从第四行中减去 a_0/a_1 倍的第三行，得到

$$\Delta_4 = \begin{vmatrix} a_{11} & a_3 & a_5 & a_7 \\ 0 & a_{22} & a_{23} & a_{24} \\ 0 & a_1 & a_3 & a_5 \\ 0 & 0 & \hat{a}_{43} & \hat{a}_{44} \end{vmatrix}$$

式中，

$$\hat{a}_{43} = a_2 - \frac{a_0}{a_1} a_3$$

$$\hat{a}_{44} = a_4 - \frac{a_0}{a_1} a_5$$

其次，从第三行中减去 a_1/a_{22} 倍的第二行，得到

$$\Delta_4 = \begin{vmatrix} a_{11} & a_3 & a_5 & a_7 \\ 0 & a_{22} & a_{23} & a_{24} \\ 0 & 0 & a_{33} & a_{34} \\ 0 & 0 & \hat{a}_{43} & \hat{a}_{44} \end{vmatrix}$$

式中，

$$a_{33} = a_3 - \frac{a_1}{a_{22}} a_{23}$$

$$a_{34} = a_5 - \frac{a_1}{a_{22}} a_{24}$$

最后，从最后一行减去 $\hat{a}_{43}/a_{33}$ 倍的第三行，得到

$$\Delta_4 = \begin{vmatrix} a_{11} & a_3 & a_5 & a_7 \\ 0 & a_{22} & a_{23} & a_{24} \\ 0 & 0 & a_{33} & a_{34} \\ 0 & 0 & 0 & a_{44} \end{vmatrix}$$

$$a_{44} = \hat{a}_{44} - \frac{\hat{a}_{43}}{a_{33}} a_{34}$$

式中，

由上述分析可以看出

$$\Delta_4 = a_{11}a_{22}a_{33}a_{44}$$

$$\Delta_3 = a_{11}a_{22}a_{33}$$

$$\Delta_2 = a_{11}a_{22}$$

$$\Delta_1 = a_{11}$$

渐近稳定性的赫尔维茨条件

$$\Delta_1 > 0, \qquad \Delta_2 > 0, \qquad \Delta_3 > 0, \qquad \Delta_4 > 0, \qquad \cdots$$

简化为下列条件:

$$a_{11} > 0, \qquad a_{22} > 0, \qquad a_{33} > 0, \qquad a_{44} > 0, \qquad \cdots$$

多项式方程为

$$a_0 s^4 + a_1 s^3 + a_2 s^2 + a_3 s + a_4 = 0$$

式中 $a_0 > 0$,并且 $n = 4$,该多项式的劳斯阵列为

$$\begin{array}{ccc} a_0 & a_2 & a_4 \\ a_1 & a_3 & \\ b_1 & b_2 & \\ c_1 & & \\ d_1 & & \end{array}$$

由该劳斯阵列可以得到

$$a_{11} = a_1$$

$$a_{22} = a_2 - \frac{a_0}{a_1}a_3 = b_1$$

$$a_{33} = a_3 - \frac{a_1}{a_{22}}a_{23} = \frac{a_3 b_1 - a_1 b_2}{b_1} = c_1$$

$$a_{44} = \hat{a}_{44} - \frac{\hat{a}_{43}}{a_{33}}a_{34} = a_4 = d_1$$

(上述最后一个方程的导出,利用了 $a_{34} = 0$,$\hat{a}_{44} = a_4$ 和 $a_4 = b_2 = d_1$ 这些条件)。因此,渐近稳定性的赫尔维茨条件为

$$a_1 > 0, \qquad b_1 > 0, \qquad c_1 > 0, \qquad d_1 > 0$$

这样就证明了赫尔维茨渐近稳定性条件可以简化为劳斯渐近稳定性条件。同样的论证可以推广到任意阶次的赫尔维茨行列式,从而建立劳斯稳定判据与赫尔维茨稳定判据之间的等价关系。

A.5.21 考虑下列特征方程:

$$s^4 + 2s^3 + (4 + K)s^2 + 9s + 25 = 0$$

试应用赫尔维茨稳定判据,确定 K 的稳定范围。

解: 将给定的特征方程

$$s^4 + 2s^3 + (4 + K)s^2 + 9s + 25 = 0$$

与下列标准的四阶特征方程进行比较:

$$a_0 s^4 + a_1 s^3 + a_2 s^2 + a_3 s + a_4 = 0$$

得到

$$a_0 = 1, \quad a_1 = 2, \quad a_2 = 4 + K, \quad a_3 = 9, \quad a_4 = 25$$

赫尔维茨稳定判据表明 Δ_4 由下式给出:

$$\Delta_4 = \begin{vmatrix} a_1 & a_3 & 0 & 0 \\ a_0 & a_2 & a_4 & 0 \\ 0 & a_1 & a_3 & 0 \\ 0 & a_0 & a_2 & a_4 \end{vmatrix}$$

为了保证所有根都具有负实部，其必要和充分条件是 Δ_4 的逐次展开的主子行列式均为正值。逐次展开的各主子行列式为

$$\Delta_1 = |a_1| = 2$$

$$\Delta_2 = \begin{vmatrix} a_1 & a_3 \\ a_0 & a_2 \end{vmatrix} = \begin{vmatrix} 2 & 9 \\ 1 & 4+K \end{vmatrix} = 2K - 1$$

$$\Delta_3 = \begin{vmatrix} a_1 & a_3 & 0 \\ a_0 & a_2 & a_4 \\ 0 & a_1 & a_3 \end{vmatrix} = \begin{vmatrix} 2 & 9 & 0 \\ 1 & 4+K & 25 \\ 0 & 2 & 9 \end{vmatrix} = 18K - 109$$

为了保证所有主子行列式为正值，需要 Δ_i ($i = 1, 2, 3$) 为正值。因此，需要

$$2K - 1 > 0$$

$$18K - 109 > 0$$

由此可以求得 K 的稳定范围为

$$K > \frac{109}{18}$$

A.5.22　试说明为何不具备积分特性的被控对象的比例控制(这意味着被控对象的传递函数中不包含积分器 $1/s$)，在对阶跃输入信号的响应中会产生偏差。

　　解：作为例子，考虑图 5.66 所示的系统。稳态时，如果 c 等于非零常数 r，则 $e = 0$ 和 $u = Ke = 0$，因而导致 $c = 0$，这与假设条件 $c = r$ 且 c 为非零常数相矛盾。

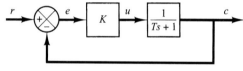

图 5.66　控制系统

　　要使这类控制系统正常运行，系统必须存在非零偏差。换句话说，在稳态时，如果 e 等于 $r/(1+K)$，则 $u = Kr/(1+K)$ 且 $c = Kr/(1+K)$，这将导致假设的误差信号 $e = r/(1+K)$。因此，在该系统中必定存在偏差 $r/(1+K)$。

A.5.23　图 5.67 所示的方框图是一个速度控制系统，在此系统中，系统的输出部分受到转矩扰动的作用。图中 $\Omega_r(s)$、$\Omega(s)$、$T(s)$ 和 $D(s)$ 分别是参考速度、输出速度、驱动转矩和扰动转矩的拉普拉斯变换。不存在扰动转矩的情况下，输出速度等于参考速度。

　　试研究该系统对单位阶跃扰动转矩的响应。假设参考输入为零，即 $\Omega_r(s) = 0$。

　　解：图 5.68 是一个简化方框图，它便于当前的分析研究。系统的闭环传递函数为

$$\frac{\Omega_D(s)}{D(s)} = \frac{1}{Js + K}$$

式中 $\Omega_D(s)$ 为扰动转矩引起的输出速度的拉普拉斯变换。对于单位阶跃扰动转矩，稳态输出速度为

$$\omega_D(\infty) = \lim_{s \to 0} s\Omega_D(s)$$

$$= \lim_{s \to 0} \frac{s}{Js + K} \frac{1}{s}$$

$$= \frac{1}{K}$$

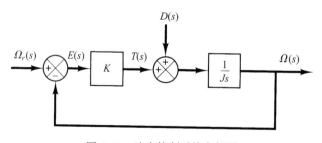

图 5.67　速度控制系统方框图

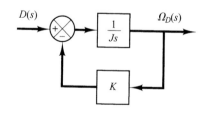

图 5.68　当 $\Omega_r(s) = 0$ 时，图 5.67 所示速度控制系统的方框图

　　由上述分析可以得出如下结论:如果阶跃扰动转矩作用于系统的输出部分,则误差速度导致的马达转矩恰好与扰动转矩相抵消。为了产生这种马达转矩,需要有一种速度误差来引起非零转矩(在例题 A.5.24 中将继续对此进行讨论)。

A.5.24　在例题 A.5.23 所研究的系统中,需要尽可能多地消除因转矩扰动造成的速度误差。试问是否有可能在稳态时抵消扰动转矩的影响,使得作用在系统输出部分上的定常扰动转矩在稳态时不会引起速度变化。

　　解:我们选择一个适当的控制器,其传递函数为 $G_c(s)$,如图 5.69 所示。于是在无参考输入信号的情况下,输出速度 $\Omega_D(s)$ 与扰动转矩 $D(s)$ 之间的闭环传递函数为

$$\frac{\Omega_D(s)}{D(s)} = \frac{\dfrac{1}{Js}}{1 + \dfrac{1}{Js} G_c(s)}$$

$$= \frac{1}{Js + G_c(s)}$$

由单位阶跃扰动转矩引起的稳态输出速度为

$$\omega_D(\infty) = \lim_{s \to 0} s\Omega_D(s)$$

$$= \lim_{s \to 0} \frac{s}{Js + G_c(s)} \frac{1}{s}$$

$$= \frac{1}{G_c(0)}$$

为了满足下列要求:

$$\omega_D(\infty) = 0$$

必须选择 $G_c(s) = \infty$。如果选择

$$G_c(s) = \frac{K}{s}$$

则可以实现上述目的。积分控制作用将不断地修正,直至误差为零。当然,由于特征方程有两个虚根,所以这种控制器产生了稳定性问题。

　　使该系统得到稳定的一种方法,是使控制器增加比例控制模式,即选择

$$G_c(s) = K_p + \frac{K}{s}$$

　　利用这个控制器,图 5.69 中的方框图在没有参考输入的情况下可以改变为图 5.70 所示的方框图。闭环传递函数 $\Omega_D(s)/D(s)$ 变为

$$\frac{\Omega_D(s)}{D(s)} = \frac{s}{Js^2 + K_p s + K}$$

　　对于单位阶跃扰动转矩,稳态输出速度为

$$\omega_D(\infty) = \lim_{s \to 0} s\Omega_D(s) = \lim_{s \to 0} \frac{s^2}{Js^2 + K_p s + K} \frac{1}{s} = 0$$

因此,比例-加-积分控制器消除了稳态速度误差。

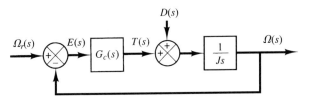

图 5.69　速度控制系统方框图

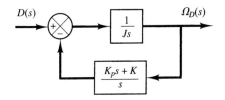

图 5.70　当 $G_c(s) = K_p + (K/s)$ 和 $\Omega_r(s) = 0$ 时,图5.69所示速度控制系统的方框图

采用积分控制作用使系统的阶次增加了1(这将导致系统的振荡性响应)。

在目前的系统中,阶跃扰动转矩在输出速度中将引起瞬态误差,但是在稳态时该误差为零。积分器将产生一个非零的输出量且误差为零(积分器的非零输出产生了一定的马达转矩,该转矩恰与扰动转矩相抵消)。

应当指出,即使系统在其被控对象中有积分器(例如在被控对象传递函数中有一个积分器),也不能消除由阶跃扰动转矩造成的稳态误差。为了消除这个稳态误差,必须在扰动转矩输入点以前加入一个积分器。

A.5.25 考虑图 5.71(a)所示的系统。系统对单位斜坡输入信号的稳态误差为 $e_{ss} = 2\zeta/\omega_n$。试证明当斜坡输入信号通过比例–加–微分滤波器加入系统,并且适当地设置 k 值时,如图 5.71(b)所示,系统跟踪该斜坡输入信号的稳态误差可以消除。注意,误差 $e(t)$ 由 $r(t) - c(t)$ 给定。

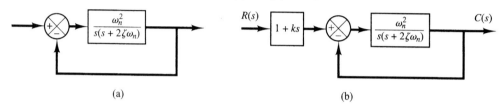

(a)　　　　　　　　　　　　　　　　　　　　　(b)

图 5.71　（a）控制系统；（b）带输入滤波器的控制系统

解: 图 5.71(b)所示系统的闭环传递函数为

$$\frac{C(s)}{R(s)} = \frac{(1 + ks)\omega_n^2}{s^2 + 2\zeta\omega_n s + \omega_n^2}$$

因此

$$R(s) - C(s) = \left(\frac{s^2 + 2\zeta\omega_n s - \omega_n^2 ks}{s^2 + 2\zeta\omega_n s + \omega_n^2}\right) R(s)$$

如果输入量是一个单位斜坡信号,则稳态误差为

$$
\begin{aligned}
e(\infty) &= r(\infty) - c(\infty) \\
&= \lim_{s \to 0} s \left(\frac{s^2 + 2\zeta\omega_n s - \omega_n^2 ks}{s^2 + 2\zeta\omega_n s + \omega_n^2}\right) \frac{1}{s^2} \\
&= \frac{2\zeta\omega_n - \omega_n^2 k}{\omega_n^2}
\end{aligned}
$$

因此,如果选取 k 为

$$k = \frac{2\zeta}{\omega_n}$$

则系统跟踪斜坡输入信号的稳态误差可以做到等于零。如果由于环境变化或元件老化导致 ζ 和(或)ω_n 的值发生某些变化,则可能造成斜坡响应的非零稳态误差。

A.5.26 考虑带前向传递函数 $G(s)$ 的稳定的单位反馈控制系统。假设其闭环传递函数可以写成

$$\frac{C(s)}{R(s)} = \frac{G(s)}{1 + G(s)} = \frac{(T_a s + 1)(T_b s + 1) \cdots (T_m s + 1)}{(T_1 s + 1)(T_2 s + 1) \cdots (T_n s + 1)} \quad (m \leq n)$$

试证明

$$\int_0^\infty e(t)\, dt = (T_1 + T_2 + \cdots + T_n) - (T_a + T_b + \cdots + T_m)$$

式中 $e(t) = r(t) - c(t)$ 为单位阶跃响应中的误差。并且证明

$$\frac{1}{K_v} = \frac{1}{\lim_{s \to 0} sG(s)} = (T_1 + T_2 + \cdots + T_n) - (T_a + T_b + \cdots + T_m)$$

解: 定义

$$(T_a s + 1)(T_b s + 1) \cdots (T_m s + 1) = P(s)$$

和

$$(T_1 s + 1)(T_2 s + 1) \cdots (T_n s + 1) = Q(s)$$

于是
$$\frac{C(s)}{R(s)} = \frac{P(s)}{Q(s)}$$

且
$$E(s) = \frac{Q(s) - P(s)}{Q(s)} R(s)$$

对于单位阶跃输入信号，$R(s) = 1/s$，因此

$$E(s) = \frac{Q(s) - P(s)}{sQ(s)}$$

因为系统是稳定的，所以 $\int_0^\infty e(t)\,\mathrm{d}t$ 收敛于定常值。注意到

$$\int_0^\infty e(t)\,\mathrm{d}t = \lim_{s \to 0} s\frac{E(s)}{s} = \lim_{s \to 0} E(s)$$

因此

$$
\begin{aligned}
\int_0^\infty e(t)\,\mathrm{d}t &= \lim_{s \to 0} \frac{Q(s) - P(s)}{sQ(s)} \\
&= \lim_{s \to 0} \frac{Q'(s) - P'(s)}{Q(s) + sQ'(s)} \\
&= \lim_{s \to 0} \big[Q'(s) - P'(s)\big]
\end{aligned}
$$

因为

$$\lim_{s \to 0} P'(s) = T_a + T_b + \cdots + T_m$$

$$\lim_{s \to 0} Q'(s) = T_1 + T_2 + \cdots + T_n$$

所以得到
$$\int_0^\infty e(t)\,\mathrm{d}t = (T_1 + T_2 + \cdots + T_n) - (T_a + T_b + \cdots + T_m)$$

对于单位阶跃输入信号 $r(t)$，因为

$$\int_0^\infty e(t)\,dt = \lim_{s \to 0} E(s) = \lim_{s \to 0} \frac{1}{1 + G(s)} R(s) = \lim_{s \to 0} \frac{1}{1 + G(s)} \frac{1}{s} = \frac{1}{\lim_{s \to 0} sG(s)} = \frac{1}{K_v}$$

所以得到
$$\frac{1}{K_v} = \frac{1}{\lim_{s \to 0} sG(s)} = (T_1 + T_2 + \cdots + T_n) - (T_a + T_b + \cdots + T_m)$$

注意，s 左半平面内的零点（即正的 T_a，T_b，$\cdots$，T_m）将改善 K_v。靠近原点的极点，如果在附近不存在零点，将导致较低的速度误差常数。

习题

B.5.1 一温度计指示出对阶跃输入信号响应的 98% 需要用 1 min，假设温度计是一阶系统，试求其时间常数。

如果把该温度计放在澡盆内，温度计的温度以 10℃/ min 的变化率进行线性变化，试证明温度计的误差有多大。

B.5.2 考虑一单位反馈控制系统的单位阶跃响应，系统的开环传递函数为

$$G(s) = \frac{1}{s(s + 1)}$$

试求上升时间、峰值时间、最大过调量和调整时间。

B.5.3　考虑下列闭环控制系统：

$$\frac{C(s)}{R(s)} = \frac{\omega_n^2}{s^2 + 2\zeta\omega_n s + \omega_n^2}$$

为了使系统对阶跃输入信号的响应具有约5%的过调量和2 s的调整时间，试确定ζ和ω_n数值(采用2%允许误差标准)。

B.5.4　考虑图5.72所示的系统。系统开始处于静止状态。假设小车在强度为1的脉冲力作用下开始运动，那么在另一个这样的脉冲力作用下，小车能停止运动吗？

B.5.5　试求单位反馈系统的单位脉冲响应和单位阶跃响应。设系统的开环传递函数为

$$G(s) = \frac{2s + 1}{s^2}$$

B.5.6　已知振荡系统具有下列形式的传递函数：

$$G(s) = \frac{\omega_n^2}{s^2 + 2\zeta\omega_n s + \omega_n^2}$$

假设已知阻尼振荡的记录如图5.73所示，试根据记录图，确定阻尼比为ζ。

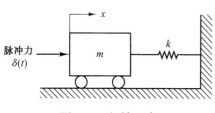

图5.72　机械运动

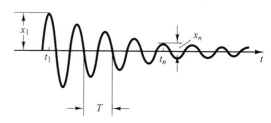

图5.73　衰减振荡

B.5.7　考虑图5.74(a)所示的系统。该系统的阻尼比为0.158，无阻尼自然频率为3.16 rad/s。为了改善相对稳定性，我们采用了测速机反馈。图5.74(b)表示了这样一个测速机反馈系统。

为了使系统的阻尼比为0.5，试确定相应的K_h值。绘出原系统和测速机反馈系统的单位阶跃响应曲线。并且绘出针对这两种系统的单位斜坡响应的误差与时间关系曲线。

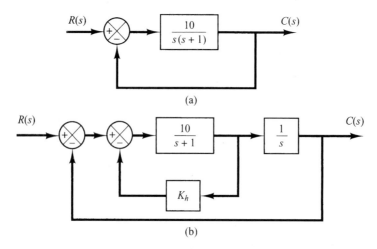

图5.74　(a)控制系统；(b)带测速机反馈的控制系统

B.5.8　参考图5.75所示的系统。为了使系统的阻尼比ζ为0.7且无阻尼自然频率ω_n为4 rad/s，试确定相应的K和k值。

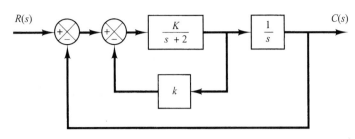

图 5.75　闭环系统

B.5.9 考虑图 5.76 所示的系统。为了使系统的阻尼比 ζ 为 0.5，试确定 k 的值。然后求单位阶跃响应中的上升时间 t_r、峰值时间 t_p、最大过调量 M_p 和调整时间 t_s。

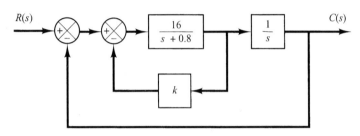

图 5.76　系统的方框图

B.5.10 已知系统为

$$\frac{C(s)}{R(s)} = \frac{10}{s^2 + 2s + 10}$$

式中 $R(s)$ 和 $C(s)$ 分别为输入量 $r(t)$ 和输出量 $c(t)$ 的拉普拉斯变换。试利用 MATLAB 求该系统的单位阶跃响应、单位斜坡响应和单位脉冲响应。

B.5.11 试利用 MATLAB 求下列系统的单位阶跃响应、单位斜坡响应和单位脉冲响应：

$$\begin{bmatrix} \dot{x}_1 \\ \dot{x}_2 \end{bmatrix} = \begin{bmatrix} -1 & -0.5 \\ 1 & 0 \end{bmatrix} \begin{bmatrix} x_1 \\ x_2 \end{bmatrix} + \begin{bmatrix} 0.5 \\ 0 \end{bmatrix} u$$

$$y = \begin{bmatrix} 1 & 0 \end{bmatrix} \begin{bmatrix} x_1 \\ x_2 \end{bmatrix}$$

式中 u 为输入量，y 为输出量。

B.5.12 已知一闭环系统为

$$\frac{C(s)}{R(s)} = \frac{36}{s^2 + 2s + 36}$$

试通过分析和计算求该系统在单位阶跃响应中的上升时间、峰值时间、最大过调量和调整时间。

B.5.13 图 5.77 表示了三个系统。系统 I 是位置伺服系统，系统 II 是带 PD 控制作用的位置伺服系统，系统 III 是带速度反馈的位置伺服系统。试对上述三种系统的单位阶跃响应、单位脉冲响应和单位斜坡响应进行比较。在阶跃响应中，针对响应速度和最大过调量，试问哪一种系统最好？

B.5.14 考虑图 5.78 所示的位置控制系统。试写出求系统单位阶跃响应和单位斜坡响应的 MATLAB 程序。绘出在单位阶跃响应和单位斜坡响应中，$x_1(t)$ 与 t、$x_2(t)$ 与 t、$x_3(t)$ 与 t 及 $e(t)$ 与 t 之间的关系曲线，其中 $e(t) = r(t) - x_1(t)$。

B.5.15 试利用 MATLAB 求单位反馈控制系统的单位阶跃响应曲线。设该系统的开环传递函数为

$$G(s) = \frac{10}{s(s+2)(s+4)}$$

另外，试利用 MATLAB 求单位阶跃响应曲线中的上升时间、峰值时间、最大过调量和调整时间。

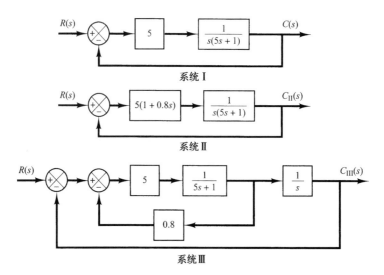

图 5.77 (a) 位置伺服系统(系统 I); (b) 带 PD 控制作用的位置伺服
系 统(系统 II); (c)带速度反馈的位置伺服系统(系统 III)

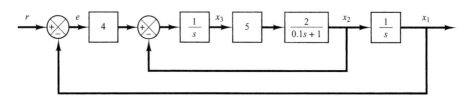

图 5.78 位置控制系统

B.5.16 考虑由下式定义的闭环系统: $\dfrac{C(s)}{R(s)} = \dfrac{2\zeta s + 1}{s^2 + 2\zeta s + 1}$

式中 $\zeta = 0.2, 0.4, 0.6, 0.8$ 和 1.0。试利用 MATLAB 绘出单位脉冲响应曲线的二维图,并且绘出响应曲线的三维图。

B.5.17 考虑由下式定义的二阶系统: $\dfrac{C(s)}{R(s)} = \dfrac{s + 1}{s^2 + 2\zeta s + 1}$

式中 $\zeta = 0.2, 0.4, 0.6, 0.8$ 和 1.0。试绘出单位阶跃响应曲线的三维图。

B.5.18 试求下列系统的单位斜坡响应:

$$\begin{bmatrix} \dot{x}_1 \\ \dot{x}_2 \end{bmatrix} = \begin{bmatrix} 0 & 1 \\ -1 & -1 \end{bmatrix} \begin{bmatrix} x_1 \\ x_2 \end{bmatrix} + \begin{bmatrix} 0 \\ 1 \end{bmatrix} u, \quad y = \begin{bmatrix} 1 & 0 \end{bmatrix} \begin{bmatrix} x_1 \\ x_2 \end{bmatrix}$$

式中 u 为单位斜坡输入信号。应用 lsim 命令求系统的响应。

B.5.19 考虑下列微分方程系统:

$$\ddot{y} + 3\dot{y} + 2y = 0, \qquad y(0) = 0.1, \qquad \dot{y}(0) = 0.05$$

试利用 MATLAB 求系统在给定初始条件作用下的响应 $y(t)$。

B.5.20 试确定单位反馈控制系统中, K 值的稳定性范围。已知其开环传递函数为

$$G(s) = \frac{K}{s(s + 1)(s + 2)}$$

B.5.21 考虑特征方程: $s^4 + 2s^3 + (4 + K)s^2 + 9s + 25 = 0$

试应用劳斯稳定判据,确定 K 值的稳定范围。

B.5.22 考虑图 5.79 所示的闭环系统。试确定 K 值的稳定范围。假设 $K > 0$。

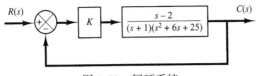

图 5.79　闭环系统

B.5.23 考虑图 5.80(a) 所示的卫星姿态控制系统。这个系统的输出为连续的振荡过程，这不是我们希望的。采用测速机反馈可以使该系统得到稳定，如图 5.80(b) 所示。如果 $K/J = 4$，K_h 取什么值能使阻尼比变成 0.6？

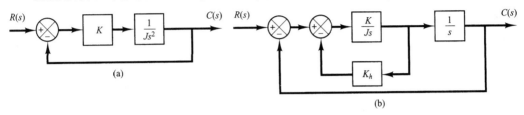

图 5.80　(a) 不稳定的卫星姿态控制系统；(b) 稳定的系统

B.5.24 考虑图 5.81 所示的带测速机反馈伺服系统。试确定 K 和 K_h 的稳定范围(注意，K_h 必须为正值)。

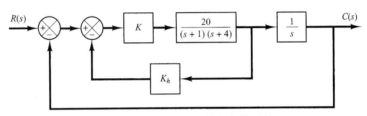

图 5.81　带测速机反馈的伺服系统

B.5.25 考虑系统
$$\dot{\mathbf{x}} = \mathbf{A}\mathbf{x}$$

式中矩阵 $\mathbf{A}$ 为
$$\mathbf{A} = \begin{bmatrix} 0 & 1 & 0 \\ -b_3 & 0 & 1 \\ 0 & -b_2 & -b_1 \end{bmatrix}$$

($\mathbf{A}$ 称为施瓦茨矩阵)。试证明特征方程 $|s\mathbf{I} - \mathbf{A}| = 0$ 的劳斯阵列第一列由 1，b_1，b_2 和 $b_1 b_3$ 组成。

B.5.26 考虑单位反馈控制系统，其闭环传递函数为
$$\frac{C(s)}{R(s)} = \frac{Ks + b}{s^2 + as + b}$$

试确定其开环传递函数 $G(s)$。

证明在单位斜坡响应中，系统的稳态误差为
$$e_{ss} = \frac{1}{K_v} = \frac{a - K}{b}$$

B.5.27 考虑一个单位反馈控制系统，其开环传递函数为
$$G(s) = \frac{K}{s(Js + B)}$$

试讨论在单位斜坡响应中，改变 K 和 B 的值对稳态误差的影响；并且在小 K 值、中 K 值和大 K 值的条件下，当假设 B 为常量时，绘出典型的单位斜坡响应曲线。

B.5.28 如果控制系统前向路径中至少包含一个积分元件，则只要存在着误差，输出量就会连续不断地进行变化。当误差精确地变为零时，输出就会停止。如果外部扰动进入系统，则在误差测量元件与扰动量进入点之间需要有积分元件，以保证在稳态时，使外部扰动的影响变为零。

试证明当扰动量为斜坡函数时，只有在扰动量进入点之前有两个积分器时，才能够消除由这个斜坡扰动产生的稳态误差。

第6章　利用根轨迹法
进行控制系统的分析和设计

本章要点

本章6.1节介绍根轨迹法的初步知识。6.2节详细介绍根轨迹法的基本概念,并且通过示例介绍绘制根轨迹图的一般步骤。6.3节讨论用 MATLAB 产生根轨迹图的方法。6.4节涉及一种特殊情况,即当闭环系统具有正反馈时的情况。6.5节介绍用根轨迹法设计闭环系统的一般问题。6.6节讨论利用超前校正进行控制系统设计。6.7节讨论滞后校正方法。6.8节涉及滞后-超前校正方法。6.9节讨论并联校正方法。

6.1　引言

闭环系统瞬态响应的基本特性与闭环极点的位置紧密相关。如果系统具有可变的环路增益,则闭环极点的位置取决于所选择的环路增益值。因此,当环路增益变化时,知道闭环极点在 s 平面如何移动,对于设计者来说是很重要的。

从设计的角度来看,在某些系统中,简单的增益调整可以将闭环极点移动到需要的位置。于是设计问题转变为选择合适的增益值的问题。如果单靠增益调整得不到满意的结果,则在系统中增加校正器就很有必要了(这部分内容将在6.6节至6.9节中详细讨论)。

闭环极点就是特征方程的根。求三阶以上的特征方程的根,是很麻烦的,它将需要借助于计算机求解(MATLAB 为该问题提供了一种简便解法)。但是,求出的特征方程的根可能是有限的值。因为当开环传递函数的增益变化时,特征方程也在变化,因此这种计算必须重复进行。

W. R. 伊凡思(Evans)研究出一种求特征方程根的简单方法,它在控制工程中获得了广泛应用。这种方法称为根轨迹法,它是一种用图解方法表示特征方程的根与系统某一个参数的全部数值关系的方法。与该参数的某一特定值相对应的根,显然位于上述关系图上。上述参数通常取开环增益,采用开环传递函数中的任何其他变量也是可以的。今后如果没有特别说明,我们假设选取开环传递函数的增益作为可变参数,并且令它在全部范围内,即在零到无穷大之间进行变化。

当改变增益值或增加开环极点和(或)开环零点时,设计者可以利用根轨迹法预测对闭环极点位置的影响。因此,设计人员必须很好地掌握绘制闭环系统根轨迹的方法,包括手工制图和利用计算机软件,如利用 MATLAB 制图。

在设计线性控制系统时,根轨迹法是相当有用的,因为它指出了开环极点和零点应当怎样变化,才能使系统的响应满足系统的性能指标。该方法特别适合于迅速地获得近似结果。

因为利用 MATLAB 产生根轨迹是一件很简单的事情,所以人们可能会认为用手工的方法绘制根轨迹图是一件既费时又费力的事情。但是,用手工方法绘制根轨迹图的经验,对于理解计算机产生的根轨迹图和迅速获得根轨迹图的粗略概念,都是十分宝贵的。

6.2　根轨迹图

6.2.1　辐角和幅值条件

考虑图 6.1 所示的负反馈系统。系统的闭环传递函数为

$$\frac{C(s)}{R(s)} = \frac{G(s)}{1 + G(s)H(s)} \qquad (6.1)$$

令方程(6.1)右端的分母等于零,可得到闭环系统的特征方程,即

$$1 + G(s)H(s) = 0$$

或

$$G(s)H(s) = -1 \qquad (6.2)$$

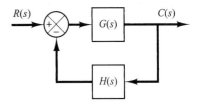

图 6.1　控制系统

这里假设 $G(s)H(s)$ 为 s 的多项式之比(我们可以把分析扩展到 $G(s)H(s)$ 包含传递延迟 e^{-Ts} 的情况)。因为 $G(s)H(s)$ 为复数,所以根据方程(6.2)等号两边的辐角和幅值应分别相等的条件,可以将方程(6.2)分成两个方程,从而得到

辐角条件:

$$\underline{/G(s)H(s)} = \pm 180°(2k + 1) \qquad (k = 0, 1, 2, \cdots) \qquad (6.3)$$

幅值条件:

$$|G(s)H(s)| = 1 \qquad (6.4)$$

满足辐角条件和幅值条件的 s 值就是特征方程的根,也就是闭环极点。复平面上只满足辐角条件的点所构成的图形就是根轨迹。相应于给定增益值的特征方程的根(闭环极点),可以由幅值条件确定。应用辐角条件和幅值条件求闭环极点的详细过程,将在本节后面介绍。

大多数情况下, $G(s)H(s)$ 包含增益参数 K ,因而特征方程可以写成

$$1 + \frac{K(s + z_1)(s + z_2)\cdots(s + z_m)}{(s + p_1)(s + p_2)\cdots(s + p_n)} = 0$$

因此系统的根轨迹就是当增益 K 从零变到无穷大时,闭环极点的轨迹。

为了利用根轨迹法绘出系统的根轨迹草图,需要知道 $G(s)H(s)$ 的极点和零点位置。应当记住,起始于开环极点和开环零点,且终止于试验点 s 的复数量,其辐角沿逆时针方向进行测量。例如,如果已知 $G(s)H(s)$ 为

$$G(s)H(s) = \frac{K(s + z_1)}{(s + p_1)(s + p_2)(s + p_3)(s + p_4)}$$

式中 $-p_2$ 和 $-p_3$ 为共轭复数极点,于是 $G(s)H(s)$ 的辐角为

$$\underline{/G(s)H(s)} = \phi_1 - \theta_1 - \theta_2 - \theta_3 - \theta_4$$

式中 ϕ_1 、 θ_1 、 θ_2 、 θ_3 和 θ_4 沿逆时针方向测量,如图 6.2(a) 和图 6.2(b) 所示。对于该系统, $G(s)H(s)$ 的幅值为

$$|G(s)H(s)| = \frac{KB_1}{A_1 A_2 A_3 A_4}$$

式中 A_1、A_2、A_3、A_4 和 B_1 分别是复数量 $s + p_1$、$s + p_2$、$s + p_3$、$s + p_4$ 和 $s + z_1$ 的幅值，如图 6.2(a) 所示。

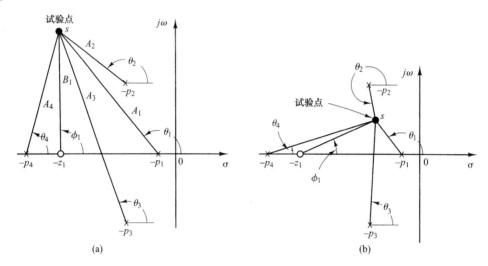

图 6.2 (a)和(b)表示从开环极点和开环零点到试验点 s 的复数量构成的角度

因为若有开环共轭复数极点和开环共轭复数零点，则其总是相对于实轴对称分布，所以根轨迹也总是对称于实轴。因此，只需要绘出 s 平面中的上半部分根轨迹，再在 s 下半平面内绘出上半部根轨迹的镜像，即可得到 s 平面内的完整轨迹。

6.2.2 示例

下面介绍两个示例，说明如何绘制根轨迹图。虽然已经有易于使用的计算机绘制方法，但这里仍将采用图解计算法，并且结合一些必要的检查，确定闭环系统特征方程的根轨迹。这种图解法将有助于人们了解当开环极点和零点移动时，闭环极点在复平面内是如何移动的。虽然我们采用一些简单系统来阐明问题，但是对于高阶系统来说，绘制根轨迹的步骤也并不比此更复杂。

因为在分析中包含了辐角和幅值的图解测量，所以当在纸上绘制根轨迹草图时，必须将横坐标轴与纵坐标轴以同样的尺度进行等分。

例6.1 考虑图 6.3 所示的系统(假设增益 K 的值为非负值)。对于系统

$$G(s) = \frac{K}{s(s + 1)(s + 2)}, \qquad H(s) = 1$$

我们来绘制它的根轨迹图，并确定 K 的值，以保证闭环系统的一对共轭复数主导极点的阻尼比 ζ 为 0.5。

对于给定的系统，其辐角条件为

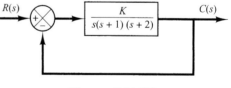

图 6.3 控制系统

$$\underline{/G(s)} = \underline{/\frac{K}{s(s + 1)(s + 2)}}$$

$$= -\underline{/s} - \underline{/s + 1} - \underline{/s + 2}$$

$$= \pm 180°(2k + 1) \qquad (k = 0, 1, 2, \cdots)$$

系统的幅值条件为

$$|G(s)| = \left| \frac{K}{s(s+1)(s+2)} \right| = 1$$

绘制根轨迹图的典型步骤如下。

1. **确定实轴上的根轨迹**。绘制根轨迹图的第一步是在复平面上画出开环极点：$s = 0$，$s = -1$ 和 $s = -2$（在此系统中没有开环零点）。开环极点的位置用×表示（在本书中，开环零点的位置用小圆表示）。根轨迹的起点（相应于 $K = 0$ 的点）就是开环极点。在此系统中，单独的根轨迹数目为 3，它与开环极点的数目相同。

为了确定实轴上的根轨迹，我们选择试验点 s。如果试验点位于正实轴上，则

$$\underline{/s} = \underline{/s+1} = \underline{/s+2} = 0°$$

这表明不满足辐角条件，因此在正实轴上没有根轨迹。下面把试验点选在负实轴 0 与 -1 之间，这时

$$\underline{/s} = 180°, \qquad \underline{/s+1} = \underline{/s+2} = 0°$$

因此

$$-\underline{/s} - \underline{/s+1} - \underline{/s+2} = -180°$$

于是满足辐角条件。所以，负实轴 0 与 -1 之间的一段构成根轨迹的一部分。如果试验点选在 -1 和 -2 之间，则

$$\underline{/s} = \underline{/s+1} = 180°, \qquad \underline{/s+2} = 0°$$

且

$$-\underline{/s} - \underline{/s+1} - \underline{/s+2} = -360°$$

可以看出，这时不满足辐角条件。所以，负实轴从 $-1 \sim -2$ 的一段不是根轨迹的一部分。同样，如果试验点选在负实轴 $-2 \sim -\infty$ 一段内，辐角条件将得到满足。因此，根轨迹存在于负实轴 0 与 -1 之间和 -2 与 $-\infty$ 之间。

2. **确定根轨迹的渐近线**。当 s 趋近于无穷大时，根轨迹渐近线可以确定如下：如果把试验点 s 选在距原点很远的地方，则

$$\lim_{s \to \infty} G(s) = \lim_{s \to \infty} \frac{K}{s(s+1)(s+2)} = \lim_{s \to \infty} \frac{K}{s^3}$$

这时的辐角条件为

$$-3\underline{/s} = \pm 180°(2k+1) \qquad (k = 0, 1, 2, \cdots)$$

即

$$\text{渐近线辐角} = \frac{\pm 180°(2k+1)}{3} \qquad (k = 0, 1, 2, \cdots)$$

因为当 k 值变化时，辐角值重复出现，所以渐近线的辐角值只有 60°、$-60°$ 和 180°，因此存在三条渐近线。其中辐角等于 180° 的那一条就是负实轴。

为了能在复平面上绘出这些渐近线，我们还必须找出它们与实轴的交点。因为

$$G(s) = \frac{K}{s(s+1)(s+2)}$$

如果试验点位于距原来很远的地方，则 $G(s)$ 可以写成

$$G(s) = \frac{K}{s^3 + 3s^2 + \cdots}$$

对于大的 s 值，上述方程可以近似地表示为

$$G(s) \doteq \frac{K}{(s+1)^3} \tag{6.5}$$

由方程(6.5)给出的 $G(s)$ 的根轨迹图由三条直线组成。这可以通过下述分析看到。根轨迹方程为

$$\left/ \frac{K}{(s+1)^3} \right. = \pm 180°(2k+1)$$

即

$$-3\left/ s+1 \right. = \pm 180°(2k+1)$$

上式可以写成

$$\left/ s+1 \right. = \pm 60°(2k+1)$$

将 $s = \sigma + j\omega$ 代入上述方程,得到

$$\left/ \sigma + j\omega + 1 \right. = \pm 60°(2k+1)$$

即

$$\arctan \frac{\omega}{\sigma+1} = 60°, \quad -60°, \quad 0°$$

取上述方程两边的正切值,得到

$$\frac{\omega}{\sigma+1} = \sqrt{3}, \quad -\sqrt{3}, \quad 0$$

上式可以写成

$$\sigma + 1 - \frac{\omega}{\sqrt{3}} = 0, \quad \sigma + 1 + \frac{\omega}{\sqrt{3}} = 0, \quad \omega = 0$$

这三个方程表示了三条直线,如图 6.4 所示。这三条直线就是渐近线。它们相交于 $s = -1$ 这一点。因此,令方程(6.5)右边的分母等于零并求解 s,即可得到渐近线与实轴交点的横坐标。渐近线与距原点很远处的根轨迹是近似重合的。

3. **确定分离点**。为了精确地绘出根轨迹,我们必须找出分离点。在这一点上,起始于极点 0 和 -1 的两条根轨迹,随着 K 值的增大,将脱离实轴向复平面运动。分离点就是在 s 平面上特征方程的重根所对应的点。

下面是求分离点的简单方法:把特征方程写成下列形式:

$$f(s) = B(s) + KA(s) = 0 \qquad (6.6)$$

式中 $A(s)$ 和 $B(s)$ 不包含 K。注意,在

$$\frac{\mathrm{d}f(s)}{\mathrm{d}s} = 0$$

的点上,$f(s) = 0$ 这个方程具有重根。对此说明如下。假设 $f(s)$ 具有 r 阶重根,其中 $r \geq 2$,于是 $f(s)$ 可以表示成

$$f(s) = (s - s_1)^r (s - s_2) \cdots (s - s_n)$$

如果对 s 微分,并且在 $s = s_1$ 上计算 $\mathrm{d}f(s)/\mathrm{d}s$,则

$$\left. \frac{\mathrm{d}f(s)}{\mathrm{d}s} \right|_{s=s_1} = 0 \qquad (6.7)$$

这表明,$f(s)$ 的重根将满足方程(6.7)。由方程(6.6)得到

$$\frac{\mathrm{d}f(s)}{\mathrm{d}s} = B'(s) + KA'(s) = 0 \qquad (6.8)$$

式中,

$$A'(s) = \frac{\mathrm{d}A(s)}{\mathrm{d}s}, \quad B'(s) = \frac{\mathrm{d}B(s)}{\mathrm{d}s}$$

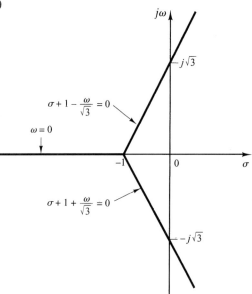

图 6.4　三条渐近线

与特征方程的重根对应的特定 K 值可以由方程(6.8)求得如下：

$$K = -\frac{B'(s)}{A'(s)}$$

如果把该 K 值代入方程(6.6)，得到

$$f(s) = B(s) - \frac{B'(s)}{A'(s)} A(s) = 0$$

即

$$B(s)A'(s) - B'(s)A(s) = 0 \qquad (6.9)$$

从方程(6.9)中解出 s，即可求得与重根相对应的 s 点。另一方面，从方程(6.6)可以得到

$$K = -\frac{B(s)}{A(s)}$$

和

$$\frac{\mathrm{d}K}{\mathrm{d}s} = -\frac{B'(s)A(s) - B(s)A'(s)}{A^2(s)}$$

如果令 $\mathrm{d}K/\mathrm{d}s = 0$，则得到的方程与方程(6.9)相同。因此，分离点可以从下列方程的根中直接求出来：

$$\frac{\mathrm{d}K}{\mathrm{d}s} = 0$$

应注意到，并不是方程(6.9)即 $\mathrm{d}K/\mathrm{d}s = 0$ 的所有解都相应于实际的分离点。如果满足条件 $\mathrm{d}K/\mathrm{d}s = 0$ 的某一点位于根轨迹上，则该点是一个实际的分离点或会合点。换一种方式可描述为：如果在某一点上满足 $\mathrm{d}K/\mathrm{d}s = 0$，且 K 值为正实值，则该点为实际的分离点或者会合点。

对于当前的例子，其特征方程 $G(s) + 1 = 0$ 可以求得如下：

$$\frac{K}{s(s+1)(s+2)} + 1 = 0$$

即

$$K = -(s^3 + 3s^2 + 2s)$$

令 $\mathrm{d}K/\mathrm{d}s = 0$，得到

$$\frac{\mathrm{d}K}{\mathrm{d}s} = -(3s^2 + 6s + 2) = 0$$

即

$$s = -0.4226, \qquad s = -1.5774$$

因为分离点必须位于 0 和 -1 之间这段根轨迹上，显然 $s = -0.4226$ 相应于实际的分离点。点 $s = -1.5774$ 不在根轨迹上，因此这一点不是实际的分离点或会合点。事实上，相应于 $s = -0.4226$ 和 $s = -1.5774$ 计算 K 值，可以得到

$$K = 0.3849, \qquad s = -0.4226$$
$$K = -0.3849, \qquad s = -1.5774$$

4. **确定根轨迹与虚轴的交点**。这些交点可以应用劳斯稳定判据确定如下：因为所讨论的系统的特征方程为

$$s^3 + 3s^2 + 2s + K = 0$$

所以其劳斯阵列为

s^3	1	2
s^2	3	K
s^1	$\dfrac{6-K}{3}$	
s^0	K	

使第一列中的 s^1 项等于零, 可以求得 K 值为 $K=6$。通过求解由 s^2 行得出的辅助方程

$$3s^2 + K = 3s^2 + 6 = 0$$

可以求得根轨迹与虚轴的交点为

$$s = \pm j\sqrt{2}$$

虚轴上交点处的频率为 $\omega = \pm\sqrt{2}$。与交点相应的增益值为 $K=6$。

另外一种确定根轨迹与虚轴交点的方法是令特征方程中的 $s = j\omega$, 然后使特征方程中的实部和虚部分别等于零, 从而解得 ω 和 K。对于所讨论的系统, 当 $s = j\omega$ 时, 其特征方程为

$$(j\omega)^3 + 3(j\omega)^2 + 2(j\omega) + K = 0$$

于是

$$(K - 3\omega^2) + j(2\omega - \omega^3) = 0$$

令上述方程中的实部和虚部分别等于零, 可以得到

$$K - 3\omega^2 = 0, \qquad 2\omega - \omega^3 = 0$$

于是

$$\omega = \pm\sqrt{2}, \quad K = 6 \quad \text{或} \quad \omega = 0, \quad K = 0$$

因此, 根轨迹在 $\omega = \pm\sqrt{2}$ 处与虚轴相交, 并且交点处的增益 K 值为 6。此外, 实轴上的根轨迹分支在 $\omega = 0$ 处与虚轴相交。这一点上的 K 值为零。

5. **在 $j\omega$ 轴与原点附近选择试验点**, 如图 6.5 所示, 并且应用辐角条件。如果试验点在根轨迹上, 则三个辐角之和, 即 $\theta_1 + \theta_2 + \theta_3$ 必然等于 $180°$。如果试验点不满足辐角条件, 则应另选试验点, 直至满足条件为止(试验点上的辐角之和表明试验点应当向什么方向移动)。继续上述过程, 直至找出足够数量的满足辐角条件的点为止。

6. **根据上面所得的结果, 绘出完整的根轨迹**, 如图 6.6 所示。

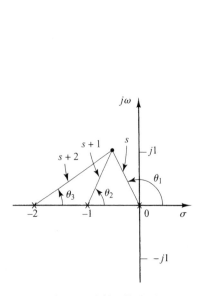

图 6.5　绘制根轨迹图

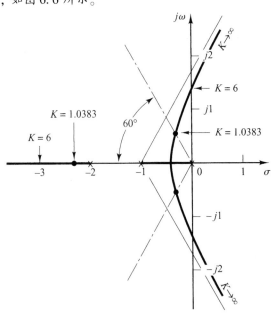

图 6.6　根轨迹图

7. **确定一对共轭复数闭环主导极点, 使阻尼比 $\zeta = 0.5$。** $\zeta = 0.5$ 的一对闭环极点位于通过原点且与负实轴夹角为 $\pm \arccos \zeta = \pm \arccos 0.5 = \pm 60°$ 的直线上。由图 6.6 可以看出, 当 $\zeta = 0.5$ 时, 这一对闭环极点为

$$s_1 = -0.3337 + j0.5780, \qquad s_2 = -0.3337 - j0.5780$$

与这一对极点相对应的 K 值, 可根据幅值条件求得为

$$K = |s(s + 1)(s + 2)|_{s=-0.3337+j0.5780}$$
$$= 1.0383$$

利用此 K 值, 可以求得第三个极点为 $s = -2.3326$。

注意, 由第四步可以看出, 当 $K = 6$ 时, 闭环主导极点位于虚轴上, $s = \pm j\sqrt{2}$。在这个 K 值的条件下, 系统呈现等幅振荡。当 $K > 6$ 时, 闭环主导极点位于 s 右半平面, 因而导致系统不稳定。

如果有必要, 可以利用幅值条件, 很容易将增益 K 标定到根轨迹上。这时只要在根轨迹上选择一点, 并测量出三个复数量 s、$s + 1$ 和 $s + 2$ 的幅值大小, 然后使这三个量相乘, 它们的乘积就等于该点上的增益 K 值, 即

$$|s| \cdot |s + 1| \cdot |s + 2| = K$$

利用 MATLAB 可以很容易地绘出根轨迹图(见 6.3 节)。

例 6.2　在这个例子中, 我们将绘制具有共轭复数开环极点的系统的根轨迹。设有一个负反馈系统(如图 6.7 所示)。对于该系统

$$G(s) = \frac{K(s + 2)}{s^2 + 2s + 3}, \qquad H(s) = 1$$

式中 $K \geq 0$。可以看出, $G(s)$ 具有一对共轭复数极点:

$$s = -1 + j\sqrt{2}, \qquad s = -1 - j\sqrt{2}$$

绘制根轨迹图的典型步骤如下。

　1. **确定实轴上的根轨迹**。对于实轴上的任何试验点 s, 共轭复数极点所产生的辐角之和等于 360°, 如图 6.8 所示。因此, 在实轴上, 共轭复数极点的净作用效果等于零。根轨迹在实轴上的位置, 取决于负实轴上的开环零点。通过简单的试验可以发现, -2 与 $-\infty$ 之间的负实轴部分是根轨迹的一个组成部分。因为这一段轨迹位于两个零点($s = -2$ 和 $s = -\infty$)之间, 所以实际上它属于从两个共轭复数极点出发的两条根轨迹。换句话说, 两条根轨迹同时进入 -2 与 $-\infty$ 之间的那一段负实轴。

　因为这里存在两个开环极点和一个开环零点, 所以只有一条渐近线, 并且与负实轴重合。

　2. **确定开环共轭复数极点的出射角**。由于存在一对开环共轭复数极点, 所以需要确定从这两个极点出发的出射角。这个角度的有关信息是很重要的, 因为靠近复数极点的根轨迹表明了从复数极点出发的根轨迹是向实轴移动, 还是趋向于渐近线。

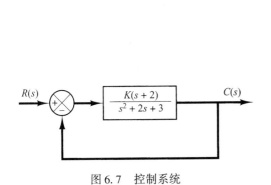

图 6.7　控制系统　　　　　　　　　　图 6.8　确定实轴上的根轨迹

参考图 6.9,如果将试验点选在十分靠近开环复数极点 $s = -p_1$ 的地方,并且使它在附近移动,则可以认为由极点 $s = p_2$ 和零点 $s = -z_1$ 到试验点构成辐角之和保持不变。如果试验点在根轨迹上,则 ϕ_1'、$-\theta_1$ 与 $-\theta_2'$ 之和必须为 $\pm 180°(2k + 1)$,式中 $k = 0, 1, 2, \cdots$。因此,在这个例子中,

$$\phi_1' - (\theta_1 + \theta_2') = \pm 180°(2k + 1)$$

即

$$\theta_1 = 180° - \theta_2' + \phi_1' = 180° - \theta_2 + \phi_1$$

因此,出射角为

$$\theta_1 = 180° - \theta_2 + \phi_1 = 180° - 90° + 55° = 145°$$

因为根轨迹对称于实轴,所以 $s = -p_2$ 点的出射角等于 $-145°$。

3. **确定会合点**。随着 K 值的增大,两条根轨迹线开始重合在一起的那一点称为会合点。对于该实例,会合点求得如下。

因为

$$K = -\frac{s^2 + 2s + 3}{s + 2}$$

得到

$$\frac{\mathrm{d}K}{\mathrm{d}s} = -\frac{(2s + 2)(s + 2) - (s^2 + 2s + 3)}{(s + 2)^2} = 0$$

因此

$$s^2 + 4s + 1 = 0$$

即

$$s = -3.7320 \quad 或 \quad s = -0.2680$$

注意,点 $s = -3.7320$ 位于根轨迹上。因此,这个点是一个实际的会合点(应当指出,点 $s = -3.7320$ 相应的增值为 $K = 5.4641$)。因为点 $s = -0.2680$ 不在根轨迹上,所以它不可能是会合点(对于点 $s = -0.2680$,其相应的增益值为 $K = -1.4641$)。

4. **根据前几步得出的结果,绘出根轨迹草图**。为了确定精确的根轨迹,在会合点与复数开环极点之间,尚需通过试探法找出满足根轨迹条件的点(为了便于绘出根轨迹草图,可以通过对极点和零点辐角变化的心算,找出试验点应向何方移动)。图 6.10 所示为所讨论系统的完整根轨迹图。

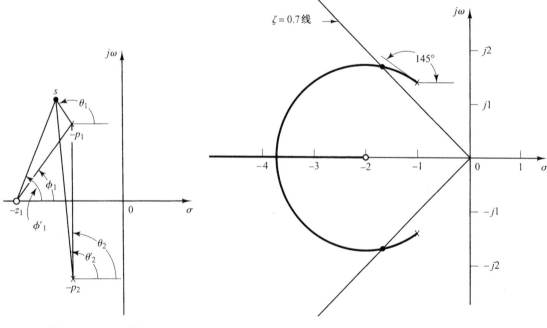

图 6.9　确定出射角　　　　　　　　　　图 6.10　根轨迹图

根轨迹上任意一点的增益 K 值, 可通过应用幅值条件或应用 MATLAB 求得(见 6.3 节)。例如, 具有阻尼比 $\zeta = 0.7$ 的闭环共轭复数极点上的 K 值, 可以根据根的位置(见图 6.10)计算如下:

$$K = \left| \frac{(s + 1 - j\sqrt{2})(s + 1 + j\sqrt{2})}{s + 2} \right|_{s=-1.67+j1.70} = 1.34$$

或者利用 MATLAB 求出 K 值(见 6.4 节)。

在这个系统中, 复平面上的根轨迹是圆的一部分。这种圆形根轨迹在大多数系统中不会产生。圆形根轨迹可能产生在以下系统中:包含两个极点和一个零点、两个极点和两个零点, 或者一个极点和两个零点。即使在这类系统中, 是不是会产生圆形根轨迹, 还取决于系统中包含的极点和零点的位置。

为了证明在此实例系统中产生了圆形根轨迹, 需要导出一个根轨迹方程。对于此系统, 其辐角条件为

$$\underline{/s + 2} - \underline{/s + 1 - j\sqrt{2}} - \underline{/s + 1 + j\sqrt{2}} = \pm 180°(2k + 1)$$

如果把 $s = \sigma + j\omega$ 代入上述方程, 则可得到

$$\underline{/\sigma + 2 + j\omega} - \underline{/\sigma + 1 + j\omega - j\sqrt{2}} - \underline{/\sigma + 1 + j\omega + j\sqrt{2}} = \pm 180°(2k + 1)$$

上式可以写成

$$\arctan\left(\frac{\omega}{\sigma + 2}\right) - \arctan\left(\frac{\omega - \sqrt{2}}{\sigma + 1}\right) - \arctan\left(\frac{\omega + \sqrt{2}}{\sigma + 1}\right) = \pm 180°(2k + 1)$$

即

$$\arctan\left(\frac{\omega - \sqrt{2}}{\sigma + 1}\right) + \arctan\left(\frac{\omega + \sqrt{2}}{\sigma + 1}\right) = \arctan\left(\frac{\omega}{\sigma + 2}\right) \pm 180°(2k + 1)$$

取上述方程两端的正切值, 并且利用下列关系式:

$$\tan(x \pm y) = \frac{\tan x \pm \tan y}{1 \mp \tan x \tan y} \tag{6.10}$$

得到

$$\tan\left[\arctan\left(\frac{\omega - \sqrt{2}}{\sigma + 1}\right) + \arctan\left(\frac{\omega + \sqrt{2}}{\sigma + 1}\right)\right] = \tan\left[\arctan\left(\frac{\omega}{\sigma + 2}\right) \pm 180°(2k + 1)\right]$$

即

$$\frac{\dfrac{\omega - \sqrt{2}}{\sigma + 1} + \dfrac{\omega + \sqrt{2}}{\sigma + 1}}{1 - \left(\dfrac{\omega - \sqrt{2}}{\sigma + 1}\right)\left(\dfrac{\omega + \sqrt{2}}{\sigma + 1}\right)} = \frac{\dfrac{\omega}{\sigma + 2} \pm 0}{1 \mp \dfrac{\omega}{\sigma + 2} \times 0}$$

上式简化为

$$\frac{2\omega(\sigma + 1)}{(\sigma + 1)^2 - (\omega^2 - 2)} = \frac{\omega}{\sigma + 2}$$

即

$$\omega\left[(\sigma + 2)^2 + \omega^2 - 3\right] = 0$$

上述方程等效于

$$\omega = 0 \quad \text{或} \quad (\sigma + 2)^2 + \omega^2 = (\sqrt{3})^2$$

这两个方程是所讨论系统的根轨迹方程。注意第一个方程, 即 $\omega = 0$, 是实轴的方程。从 $s = -2$ 到 $s = -\infty$ 的这段实轴相应于 $K \geqslant 0$ 时的根轨迹。实轴上其余的部分相应于 K 为负值时的根轨迹(在本系统中, K 为非负的, 注意 $K < 0$ 相应于正反馈情况)。根轨迹方程中的第二个方程是圆的方程, 且圆心在 $\sigma = -2$, $\omega = 0$ 处, 半径等于 $\sqrt{3}$。共轭复数极点左边的那一部分圆对应于 $K \geqslant 0$ 时的根轨迹。圆的其余部分对应于 K 为负值时的根轨迹。

特别应当指出, 只有简单系统才能够导出对根轨迹便于做出解释的方程。对于复杂的具有许多极点和零点的系统, 任何推导根轨迹方程的尝试都应当予以劝阻。这类导出方程很复杂, 而且它们在复平面内的形态也很难直接观察到。

6.2.3　根轨迹绘图的一般规则

对于具有多个开环极点和零点的复杂系统,绘制根轨迹图当然要复杂些,但是如果应用根轨迹绘图的规则,实际上并不困难。通过找出根轨迹上的特殊点和渐近线,计算复数极点的出射角和复数零点的入射角,就可以毫无困难地绘出根轨迹的大致形状。

设负反馈控制系统如图 6.11 所示,现在总结该系统根轨迹绘图的一般规则和步骤。

首先,求特征方程

$$1 + G(s)H(s) = 0$$

然后将该方程改写成下列形式:

$$1 + \frac{K(s + z_1)(s + z_2)\cdots(s + z_m)}{(s + p_1)(s + p_2)\cdots(s + p_n)} = 0 \quad (6.11)$$

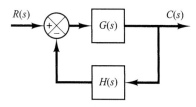

图 6.11　控制系统

以便使感兴趣的参数以乘法因子的形式出现在方程中。在当前的讨论中,假设感兴趣的参数是增益 K,式中 $K > 0$(如果 $K < 0$,则相应于正反馈情况,这时的辐角条件需要改变。见 6.4 节的有关内容)。但是,当感兴趣的参数不是增益而是其他参数时,这种方法仍然适用(见 6.6 节)。

1. 确定 $G(s)H(s)$ 的极点和零点在 s 平面上的位置。根轨迹各分支起始于开环极点,终止于开环零点(有限零点或位于无穷远处的零点)。根据开环传递函数的因子形式,确定开环极点和零点在 s 平面上的位置[开环零点就是 $G(s)H(s)$ 的零点,闭环零点则由 $G(s)$ 的零点和 $H(s)$ 的极点组成]。

注意,根轨迹对称于 s 平面内的实轴,因为复数极点和复数零点只能以共轭对的形式产生。

根轨迹图具有的根轨迹分支数,恰与特征方程根的数目相等。因为开环极点数通常都超过零点数,所以根轨迹的分支数等于极点数。如果闭环极点数与开环极点数相同,则终止于有限开环零点的根轨迹分支数,等于开环零点数 m。其余的 $n - m$ 条根轨迹,将沿着渐近线而终止于无穷远处(即隐含终止于 $n - m$ 个无穷远处的零点)。

如果在讨论中包含无穷远处的极点和零点,则开环极点数等于开环零点数。因此,可以说,当 K 从零增加到无穷大时,根轨迹起始于 $G(s)H(s)$ 的极点,而终止于 $G(s)H(s)$ 的零点。这里的极点和零点既包括 j 平面上的有限极点和零点,也包括 s 平面上的无穷远极点和零点。

2. 确定实轴上的根轨迹。实轴上的根轨迹,由位于实轴上的开环极点和零点确定。开环传递函数的共轭复数极点和零点对实轴上根轨迹的位置没有影响,因为一对共轭复数极点或零点在实轴上产生的辐角总是等于360°。实轴上的每一段根轨迹都是在某一极点或零点与另一极点或零点之间。在绘制实轴上的根轨迹时,可以在实轴上选试验点。如果在此试验点右方的实数极点和实数零点的总数为奇数,则该试验点位于根轨迹上。如果开环极点和开环零点是单极点和单零点,则根轨迹及其分支沿实轴构成交替的线段。

3. 确定根轨迹渐近线。如果试验点 s 距原点很远,则每一个复数量辐角可以看成相等的。这时,一个开环零点与一个开环极点的作用效果互相抵消。因此,当 s 的值很大时,根轨迹必将趋近于直线,直线的倾角(斜率)为

$$渐近线倾角 = \frac{\pm 180°(2k + 1)}{n - m}, \quad k = 0, 1, 2, \cdots$$

式中,n 为 $G(s)H(s)$ 的有限极点数,m 为 $G(s)H(s)$ 的有限零点数。当 $k = 0$ 时,相应于与实轴有最小夹角的渐近线。尽管假定 k 值为无限的,但是随着 k 值的增大,倾角值是重复出现的,并且不同的渐近线只有 $n - m$ 条。

所有渐近线均相交于实轴，其交点确定如下：如果将开环传递函数的分子和分母展开成多项式形式，可得到

$$G(s)H(s) = \frac{K[s^m + (z_1 + z_2 + \cdots + z_m)s^{m-1} + \cdots + z_1 z_2 \cdots z_m]}{s^n + (p_1 + p_2 + \cdots + p_n)s^{n-1} + \cdots + p_1 p_2 \cdots p_n}$$

如果试验点距原点很远，则 $G(s)H(s)$ 的分子去除分母，上式可改写成

$$G(s)H(s) = \frac{K}{s^{n-m} + [(p_1 + p_2 + \cdots + p_n) - (z_1 + z_2 + \cdots + z_m)]s^{n-m-1} + \cdots}$$

即

$$G(s)H(s) = \frac{K}{\left[s + \dfrac{(p_1 + p_2 + \cdots + p_n) - (z_1 + z_2 + \cdots + z_m)}{n - m}\right]^{n-m}} \tag{6.12}$$

令方程(6.12)右边的分母等于零，并且求解 s，于是可以求得渐近线与实轴交点的横坐标为

$$s = -\frac{(p_1 + p_2 + \cdots + p_n) - (z_1 + z_2 + \cdots + z_m)}{n - m} \tag{6.13}$$

[例 6.1 表明了为什么方程(6.13)给出的是交点]。一旦求出这个交点，就可以很容易地在复平面上绘出渐近线。

渐近线表示的是当 $|s| \gg 1$ 时，根轨迹的变化情况。根轨迹的分支可能位于相应的渐近线的一侧，也可能穿过相应的渐近线，从一侧到另一侧。

4. 求出分离点与会合点。由于根轨迹的共轭对称性，分离点和会合点或位于实轴上，或产生于共轭复数对中。

如果根轨迹位于实轴上两个相邻的开环点之间，则在这两个极点之间至少存在一个分离点。同样，如果根轨迹位于实轴上两个相邻的零点(其中一个零点可以位于 $-\infty$)之间，则在这两个相邻的零点之间至少存在一个会合点。如果根轨迹位于实轴上一个开环极点与一个开环零点(有限零点或无限零点)之间，则在这两个相邻的极点和零点之间，或者既不存在分离点也不存在会合点，或者既存在分离点又存在会合点。

假设特征方程为

$$B(s) + KA(s) = 0$$

则分离点和会合点相应于特征方程的重根。因此，正如在例 6.1 中讨论过的那样，分离点和会合点可以由下列方程的根确定：

$$\frac{dK}{ds} = -\frac{B'(s)A(s) - B(s)A'(s)}{A^2(s)} = 0 \tag{6.14}$$

式中"'"表示对 s 微分，分离点和会合点必须是方程(6.14)的根，但方程(6.14)的所有根并非都是分离点或会合点。如果方程(6.14)的一个实根位于实轴的根轨迹上，则这个根就是一个实际的分离点或会合点。如果方程(6.14)的一个实根不位于实轴的根轨迹上，则这个根既不是分离点也不是会合点。如果方程(6.14)的两个根 $s = s_1$ 和 $s = -s_1$ 是一对共轭复根，并且不知道它们是否位于根轨迹上，那么必须对相应的 K 值进行检查。如果 $dK/ds = 0$ 的根 $s = s_1$ 相应的 K 值为正值，则点 $s = s_1$ 是一个实际的分离点或会合点(因为已经假设 K 为非负值。因此，如果求得的 K 值为负或为复数量值，则点 $s = s_1$ 既不是分离点，也不是会合点)。

5. 确定根轨迹自复数极点(或至复数零点)的出射角(或入射角)。为了充分、精确地绘出根轨迹，必须确定复数极点和复数零点附近的根轨迹方向。如果选定了试验点，并且令该试验

点在十分靠近复数极点(或复数零点)的地方移动,则由所有其他极点和零点产生的角度之和,可以认为是不变的。因此,根轨迹自复数极点(或至复数零点)的出射角(或入射角)就等于180°减去从所有其他极点、零点到被考虑的复数极点(或复数零点)的诸复数向量的辐角(冠以适当符号)之和。

自复数极点出发的出射角 = 180° − (从其他极点到所考虑复数极点的向量的辐角和)
　　　　　　　　　　　 + (从所有零点到所考虑复数极点的向量的辐角和)
到达复数零点的入射角 = 180° − (从其他零点到所考虑复数零点的向量的辐角和)
　　　　　　　　　　　 + (从所有极点到所考虑复数零点的向量的辐角和)

在图 6.12 上表示了出射角。

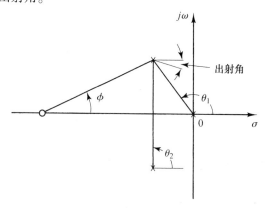

图 6.12　绘制根轨迹图[出射角 = 180° − (θ₁ + θ₂) + φ]

6. 确定根轨迹与虚轴的交点。根轨迹与 $j\omega$ 轴的交点,可以通过下列两种方法很容易地求得:(a)利用劳斯稳定判据;(b)在特征方程中令 $s = j\omega$,再分别令实部和虚部等于零,即可求出 ω 和 K 值。这里求得的 ω 值就是根轨迹与虚轴交点的频率。相应于每个交叉频率的 K 值是交叉点上的增益。

7. 在 s 平面内的原点附近选取一系列试验点,绘出根轨迹。确定 $j\omega$ 轴和原点附近的根轨迹。根轨迹的最重要部分既不在实轴上,也不在渐近线上,而是在 $j\omega$ 轴和原点附近的广阔邻域内。在 s 平面上,这一重要区域内的根轨迹形状,必须充分精确地绘出(如果需要获得根轨迹的精确形状,应用 MATLAB 可能比手工计算根轨迹的正确形状更为简便)。

8. 确定闭环极点。如果 K 值满足幅值条件,则相应的每一个根轨迹分支上的对应点都是闭环极点。反之,幅值条件使我们也能在根轨迹的任意特定根位置上确定增益 K 的值(如果有必要,在根轨迹上可以标定 K 值。根轨迹随着 K 值的变化而连续变化)。

与根轨迹上任意一点 s 相对应的 K 值,可以利用幅值条件得到,即

$$K = \frac{s \text{ 点到各极点之间长度的乘积}}{s \text{ 点到各零点之间长度的乘积}}$$

该值既可以用图解法计算,也可以用解析法计算(可以应用 MATLAB 绘出随 K 值变化的根轨迹,见 6.3 节)。

如果开环传递函数的增益 K 在所讨论的问题中已经给定,则应用幅值条件,通过试探法,或通过应用 6.3 节介绍的 MATLAB 方法,可以求出与给定增益 K 相应的闭环极点在每一个根轨迹分支上的确切位置。

6.2.4 关于根轨迹图的说明

如果负反馈控制系统的开环传递函数为

$$G(s)H(s) = \frac{K(s^m + b_1 s^{m-1} + \cdots + b_m)}{s^n + a_1 s^{n-1} + \cdots + a_n} \quad (n \geqslant m)$$

则系统的特征方程是一个以 s 为变量的 n 阶代数方程。如果这时 $G(s)H(s)$ 的分子比分母低两阶或两阶以上(这意味着存在两个或两个以上的无穷远零点),则系数 a_1 等于特征方程诸根之和的负值,并且与 K 无关。在这种情况下,如果随着 K 值的增加,一些根沿着根轨迹向左方移动,则另外一些根将随着 K 值的增加沿着根轨迹向右方移动。明确这一情况,有助于确定根轨迹的大致形状。

零-极点配置的微小变化可能导致根轨迹图的重大变化。图 6.13 表明了这一事实,即零点或极点位置的微小变化,使根轨迹图变得截然不同。

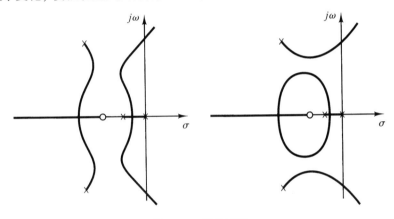

图 6.13 根轨迹图

6.2.5 $G(s)$ 的极点与 $H(s)$ 的零点的抵消

如果 $G(s)$ 分母和 $H(s)$ 的分子包含公因子,则相应的开环极点和零点互相抵消,致使特征方程的阶次下降一次或一次以上。例如,考虑图 6.14(a)所示的系统(该系统具有速度反馈)。将图 6.14(a)中的方框图改变成图 6.14(b)所示的方框图,可以清楚地看出,$G(s)$ 和 $H(s)$ 具有公因子 $s+1$。闭环传递函数 $C(s)/R(s)$ 为

$$\frac{C(s)}{R(s)} = \frac{K}{s(s+1)(s+2) + K(s+1)}$$

特征方程为

$$[s(s+2) + K](s+1) = 0$$

因为 $G(s)$ 和 $H(s)$ 中的 $(s+1)$ 项可以互相抵消,所以得到

$$1 + G(s)H(s) = 1 + \frac{K(s+1)}{s(s+1)(s+2)}$$

$$= \frac{s(s+2) + K}{s(s+2)}$$

化简后的特征方程为

$$s(s + 2) + K = 0$$

这时，$G(s)H(s)$ 的根轨迹图不能表示特征方程的全部根，只能表示化简后的方程的根。

为了得到全部闭环极点，必须将 $G(s)H(s)$ 中消掉的极点加到从 $G(s)H(s)$ 根轨迹图中得到的闭环极点中。特别应记住，从 $G(s)H(s)$ 中消掉的极点是系统的闭环极点，这可以从图 6.14(c) 中看出来。

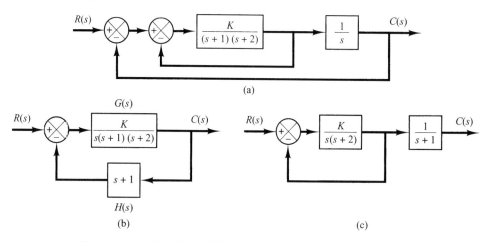

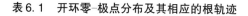

图 6.14　(a) 带速度反馈的控制系统；(b) 和 (c) 改变后的方框图

6.2.6　典型的零-极点分布及其相应的根轨迹

在结束本节的时候，我们在表 6.1 中列出了一些开环零-极点分布及其相应的根轨迹。

根轨迹的样式仅取决于开环极点和零点的相对位置。如果开环极点的数目比有限开环零点的数目多 3 个或 3 个以上，则必定存在一个增益 K 值，当增益 K 超过该值时，根轨迹进入 s 右半平面，因此系统有可能变成不稳定的。稳定系统的全部闭环极点都必须位于 s 左半平面内。

表 6.1　开环零-极点分布及其相应的根轨迹

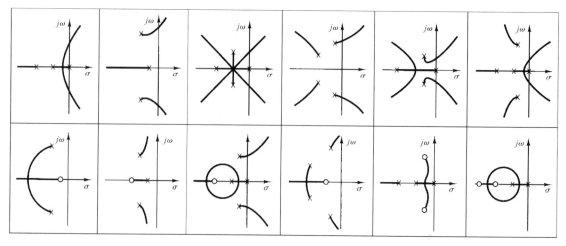

一旦有了应用根轨迹方法的经验，就可以参考由各种零-极点分布绘出的根轨迹，很容易地对因开环极点和零点数目和位置变化造成的根轨迹变化进行评价。

6.2.7　小结

通过前面的讨论可以清楚地看出,对于给定的系统,依照简单的规则,能够绘出足够精确的根轨迹图(建议读者对本章最后的例题进一步研究,在那些有解答步骤的例题中,提供了各种不同的根轨迹图)。在初步设计阶段,可能并不需要知道闭环极点的精确位置。为了对系统的性能做出估计,通常只要知道它们的近似位置就足够了。因此,对于设计者来说,具有迅速绘出给定系统根轨迹的能力是很重要的。

6.3　用 MATLAB 绘制根轨迹图

本节将介绍如何用 MATLAB 方法产生根轨迹图以及通过根轨迹图获取相关信息。

6.3.1　用 MATLAB 绘制根轨迹图

在应用 MATLAB 绘制根轨迹时,需要涉及方程(6.11)所述形式的系统方程,它可以写成下列形式:

$$1 + K \frac{\text{num}}{\text{den}} = 0$$

式中 num 为分子多项式, den 为分母多项式。这意味着

$$
\begin{aligned}
\text{num} &= (s + z_1)(s + z_2)\cdots(s + z_m) \\
&= s^m + (z_1 + z_2 + \cdots + z_m)s^{m-1} + \cdots + z_1 z_2 \cdots z_m \\
\text{den} &= (s + p_1)(s + p_2)\cdots(s + p_n) \\
&= s^n + (p_1 + p_2 + \cdots + p_n)s^{n-1} + \cdots + p_1 p_2 \cdots p_n
\end{aligned}
$$

注意, num 和 den 两个向量都必须写成 s 的降幂形式。

通常采用下列 MATLAB 命令绘制根轨迹:

$$\text{rlocus(num,den)}$$

利用该命令,可以在屏幕上得到绘制出的根轨迹图。增益向量 K 自动被确定(向量 K 包含所有的增益值,据此可以计算出闭环极点)。

对于定义在状态空间内的系统,命令 `rlocus(A, B, C, D)` 可以绘出系统的根轨迹,它可以自动地确定增益向量。

注意,命令　　　　　rlocus(num,den,K)　　and　　rlocus(A,B,C,D,K)
利用了用户提供的增益向量K。

如果在绘制根轨迹时,希望标上符号"○"或"×",则需要采用下列命令:

$$
\begin{aligned}
&\text{r = rlocus(num,den)} \\
&\text{plot(r,'o')　　or　　plot(r,'x')}
\end{aligned}
$$

采用"○"或"×"这种符号绘制根轨迹是有益的,因为每一个计算的闭环极点都被图解表示出来。在根轨迹的某些部分,符号标注得比较稠密;而在根轨迹的另外一些部分,符号标注得比较稀疏。MATLAB 提供了增益值集合本身,以便用来计算根轨迹图。利用内部自适应步进式程序,可以实现上述计算过程。此外, MATLAB 在绘图命令中还包含自动轴定标功能。

例6.3 考虑图 6.15 表示的系统。试以平方纵横比绘制根轨迹，以保证一条斜率为 1 的直线是实际的 45° 斜线，选择根轨迹图的区域为：

$$-6 \leqslant x \leqslant 6, \quad -6 \leqslant y \leqslant 6$$

式中 x 和 y 分别为实轴坐标和虚轴坐标。

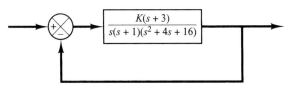

图 6.15　控制系统

为了把屏幕上给定绘图区域设置成平方纵横比，在计算机中输入下列命令：

$$v = [-6 \ 6 \ -6 \ 6]; \ axis(v); \ axis('square')$$

借助于这条命令，可以使绘图的区域变成指定的那样，并且使一条斜率为 1 的直线成为理想的 45° 斜线，而不会因屏幕的不规则形状产生畸变。

对于这个问题，分母以一阶项和二阶项的乘积形式给出，所以必须把这些项进行相乘，得到一个 s 的多项式。利用下面给出的卷积命令，可以容易地实施这些相乘。

定义 　　　　$a = s(s+1):$ 　　　$a = [1 \ 1 \ 0]$
　　　　　　　$b = s^2 + 4s + 16:$ 　$b = [1 \ 4 \ 16]$

然后利用下列命令：

$$c = conv(a, b)$$

应当指出，$conv(a, b)$ 给出了两个多项式 a 和 b 的乘积。见下列计算机输出：

```
a = [1  1   0];
b = [1  4  16];
c = conv (a,b)
c =
       1  5  20  16  0
```

分子多项式可以求得为

$$den = [1 \ 5 \ 20 \ 16 \ 0]$$

为了求出共轭复数开环极点($s^2 + 4s + 16 = 0$ 的根)，可以输入如下根命令：

```
r = roots(b)
r =
   -2.0000 + 3.464li
   -2.0000 - 3.464li
```

因此，系统具有下列开环零点和开环极点：

开环零点：$s = -3$

开环极点：$s = 0, \quad s = -1, \quad s = -2 \pm j\,3.4641$

MATLAB 程序 6.1 将绘出该系统的根轨迹图。绘出的根轨迹图示于图 6.16。

```
MATLAB程序6.1
% --------- Root-locus plot ---------
num = [1   3];
den = [1   5   20  16   0];
rlocus(num,den)
v = [-6  6  -6  6];
axis(v); axis('square')
grid;
title ('Root-Locus Plot of G(s) = K(s + 3)/[s(s + 1)(s^2 + 4s + 16)]')
```

应当指出, 在 MATLAB 程序 6.1 中, 用

$$den = conv ([1 \ \ 1 \ \ 0], [1 \ \ 4 \ \ 16])$$

替代　　　　　　　　　　　　　$den = [1 \ \ 5 \ \ 20 \ \ 16 \ \ 0]$

所得出的结果是相同的。

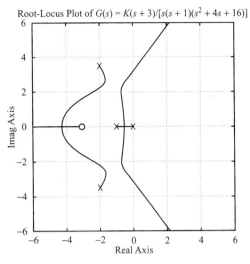

Root-Locus Plot of $G(s) = K(s + 3)/[s(s + 1)(s^2 + 4s + 16)]$

图 6.16　根轨迹图

例 6.4　考虑具有下列开环传递函数 $G(s)H(s)$ 的负反馈系统:

$$G(s)H(s) = \frac{K}{s(s + 0.5)(s^2 + 0.6s + 10)}$$

$$= \frac{K}{s^4 + 1.1s^3 + 10.3s^2 + 5s}$$

该系统中无开环零点。开环极点位于 $s = -0.3 + j3.1480$, $s = -0.3 - j3.1480$, $s = -0.5$ 和 $s = 0$ 处。

将 MATLAB 程序 6.2 输入计算机中, 可得到图 6.17 所示的根轨迹图。

```
MATLAB程序6.2

% --------- Root-locus plot ---------

num = [1];
den = [1  1.1  10.3  5  0];
r = rlocus(num,den);
plot(r,'o')
v = [–6  6  –6  6]; axis(v)
grid
title('Root-Locus Plot of G(s) = K/[s(s + 0.5)(s^2 + 0.6s + 10)]')
xlabel('Real Axis')
ylabel('Imag Axis')
```

注意, 在 $x = -0.3$, $y = 2.3$ 和 $x = -0.3$, $y = -2.3$ 附近的区域内, 两条根轨迹互相趋于一致。我们可能会产生疑问, 这两条根轨迹分支会碰到一起吗? 为了说明这种情况, 我们可以利用 K 的较小增量, 在临界域绘出根轨迹。

应用常规的试探法, 或者利用本节后面将要介绍的命令 rlocfind, 我们关心的特殊区域为 $20 \leqslant K \leqslant 30$。通过 MATLAB 程序 6.3, 可以得到图 6.18 所示的根轨迹图。由这个图可以清楚地看出, 两条根轨迹分支在上半平面(或下半平面)彼此互相接近, 但是并不接触。

```
MATLAB程序6.3

% --------- Root-locus plot ---------

num = [1];
den = [1  1.1  10.3  5  0];
K1 = 0:0.2:20;
K2 = 20:0.1:30;
K3 = 30:5:1000;
K = [K1  K2  K3];
r = rlocus(num,den,K);
plot(r, 'o')
v = [-4  4  -4  4]; axis(v)
grid
title('Root-Locus Plot of G(s) = K/[s(s + 0.5)(s^2 + 0.6s + 10)]')
xlabel('Real Axis')
ylabel('Imag Axis')
```

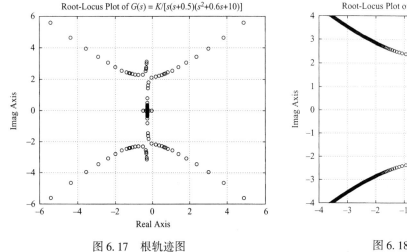

图 6.17　根轨迹图

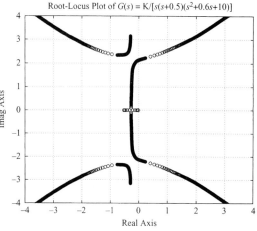

图 6.18　根轨迹图

例6.5　考虑图 6.19 所示的系统。系统的方程为

$$\dot{x} = \mathbf{A}x + \mathbf{B}u$$

$$y = \mathbf{C}x + Du$$

$$u = r - y$$

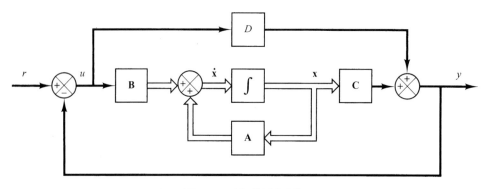

图 6.19　闭环控制系统

在此例中，我们将求解定义在状态空间中的系统的根轨迹图。例如，假设矩阵 **A**、**B**、**C** 和 D 为

$$\mathbf{A} = \begin{bmatrix} 0 & 1 & 0 \\ 0 & 0 & 1 \\ -160 & -56 & -14 \end{bmatrix}, \quad \mathbf{B} = \begin{bmatrix} 0 \\ 1 \\ -14 \end{bmatrix} \tag{6.15}$$

$$\mathbf{C} = \begin{bmatrix} 1 & 0 & 0 \end{bmatrix}, \qquad D = \begin{bmatrix} 0 \end{bmatrix}$$

借助于 MATLAB,利用下列命令:

$$\text{rlocus(A,B,C,D)}$$

可以求得系统的根轨迹图。利用上述命令产生的根轨迹图,与利用命令 `rlocus(num,den)` 获得的根轨迹图是相同的,其中 `num` 和 `den` 可以由

$$[\text{num,den}] = \text{ss2tf(A,B,C,D)}$$

求得

$$\text{num} = \begin{bmatrix} 0 & 0 & 1 & 0 \end{bmatrix}$$
$$\text{den} = \begin{bmatrix} 1 & 14 & 56 & 160 \end{bmatrix}$$

MATLAB 程序 6.4 给出了产生根轨迹图的程序。图 6.20 所示为利用该程序产生的根轨迹图。

```
MATLAB程序6.4

% --------- Root-locus plot ---------
A = [0 1 0;0 0 1;-160 -56 -14];
B = [0;1;-14];
C = [1 0 0];
D = [0];
K = 0:0.1:400;
rlocus(A,B,C,D,K);
v = [-20 20 -20 20]; axis(v)
grid
title('Root-Locus Plot of System Defined in State Space')
```

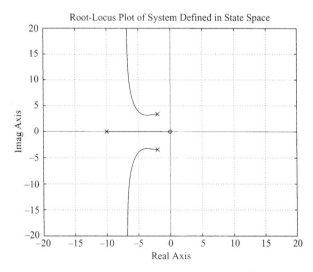

图 6.20 定义在状态空间的系统的根轨迹图,其中 $\mathbf{A}$、$\mathbf{B}$、$\mathbf{C}$ 和 D 由方程(6.15)给出

6.3.2 定常 ζ 轨迹和定常 ω_n 轨迹

人们记得,在复平面内,一对共轭复数极点的阻尼比 ζ,可以用辐角 ϕ 的形式表示,该辐角是从负实轴开始进行测量的,如图 6.21(a)所示为

$$\zeta = \cos\phi$$

换句话说,定常阻尼比ζ线是一些通过原点的径向直线,如图6.21(b)所示。例如,阻尼比为0.5时,要求复数极点位于通过原点,且与负实轴构成$\pm 60°$夹角的直线上(如果一对复数极点的实部为正值,这意味着系统是不稳定的,则相应的ζ这时为负值)。阻尼比确定极点的角位置,而极点与原点间的距离则由无阻尼自然频率ω_n确定。定常ω_n轨迹是一些圆。

用 MATLAB 在根轨迹图上绘制定常ζ线和定常ω_n圆,可以采用 sgrid 命令。

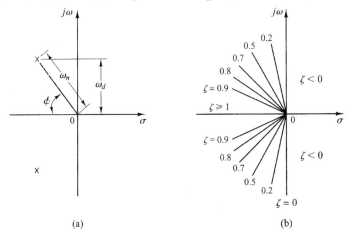

(a)　　　　　　　　　　　　　　(b)

图6.21　(a)复数极点;(b)定常阻尼比ζ线

6.3.3　在根轨迹图上绘制极网格

sgrid 命令可以将定常阻尼比($\zeta = 0 \sim 1$,增量间隔为0.1)与定常ω_n圆覆盖到根轨迹图上。见 MATLAB 程序6.5以及图6.22 中表示的相应图形。

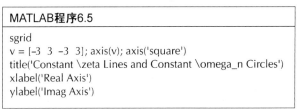

```
MATLAB程序6.5

sgrid
v = [-3  3  -3  3]; axis(v); axis('square')
title('Constant \zeta Lines and Constant \omega_n Circles')
xlabel('Real Axis')
ylabel('Imag Axis')
```

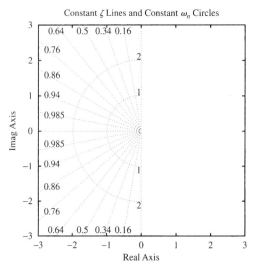

图6.22　定常ζ线和定常ω_n圆

如果只需要一些特定的定常 ζ 线（诸如 $\zeta = 0.5$ 线和 $\zeta = 0.707$ 线）和特定的定常 ω_n 圆（诸如 $\omega_n = 0.5$ 圆，$\omega_n = 1$ 圆和 $\omega_n = 2$ 圆），则可以采用下列命令：

$$\text{sgrid}([0.5,\ 0.707],\ [0.5,\ 1,\ 2])$$

如果希望把上面给出的定常 ζ 线和定常 ω_n 圆，覆盖到具有下列数据的负反馈系统的根轨迹图上：

$$\text{num} = [0\ \ 0\ \ 0\ \ 1]$$
$$\text{den} = [1\ \ 4\ \ 5\ \ 0]$$

那么可以把 MATLAB 程序 6.6 输入到计算机中。这时得到的根轨迹图示于图 6.23。

MATLAB程序6.6

```
num = [1];
den = [1  4  5  0];
K = 0:0.01:1000;
r = rlocus(num,den,K);
plot(r,'-'); v = [-3 1 -2 2]; axis(v); axis('square')
sgrid([0.5,0.707], [0.5,1,2])
grid
title('Root-Locus Plot with \zeta = 0.5 and 0.707 Lines and \omega_n = 0.5,1, and 2 Circles')
xlabel('Real Axis'); ylabel('Imag Axis')
gtext('\omega_n = 2')
gtext('\omega_n = 1')
gtext('\omega_n = 0.5')
% Place 'x' mark at each of 3 open-loop poles.
gtext('x')
gtext('x')
gtext('x')
```

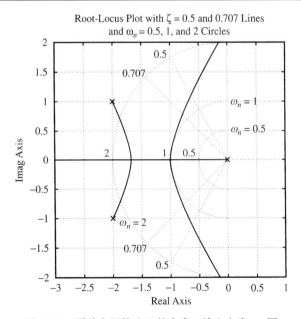

图 6.23　覆盖在根轨迹上的定常 ζ 线和定常 ω_n 圆

如果想略去全部定常 ζ 线，或者全部定常 ω_n 圆，则可以在命令 sgrid 的自变量中采用空括号[]。例如，如果只想把相应于 $\zeta = 0.5$ 的定常阻尼比 ζ 线覆盖到根轨迹图上，而不想把定常 ω_n 圆覆盖到根轨迹图上，则可以采用命令 sgrid(0.5,[])。

6.3.4　条件稳定系统

考虑图 6.24 所示的系统, 应用绘制根轨迹图的一般规则和步骤, 可以绘出这个系统的根轨迹, 或者利用 MATLAB 也可以获得根轨迹图。MATLAB 程序 6.7 将绘出这个系统的根轨迹图。图 6.25 是用该程序绘出的根轨迹图。

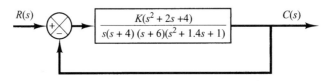

图 6.24　控制系统

```
MATLAB程序6.7

num = [1  2  4];
den = conv(conv([1  4  0],[1  6]), [1  1.4  1]);
rlocus(num, den)
v = [-7  3  -5  5]; axis(v); axis('square')
grid
title('Root-Locus Plot of G(s) = K(s^2 + 2s + 4)/[s(s + 4)(s + 6)(s^2 + 1.4s + 1)]')
text(1.0, 0.55,'K = 12')
text(1.0,3.0,'K = 73')
text(1.0,4.15,'K = 154')
```

Root-Locus Plot of $G(s) = K(s^2 + 2s + 4)/[s(s + 4)(s + 6)(s^2 + 1.4s + 1)]$

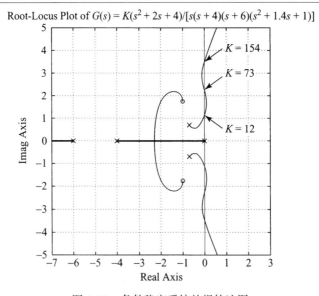

图 6.25　条件稳定系统的根轨迹图

从图 6.25 表示的根轨迹图可以看出, 系统仅在有限的 K 值范围内, 即 $0 < K < 12$ 和 $73 < K < 154$ 时, 才是稳定的。在 $12 < K < 73$ 和 $154 < K$ 时, 系统变成不稳定的(如果假设 K 的值相应于不稳定工作状态, 则系统有可能遭到破坏, 或者因可能存在的饱和非线性因素, 使系统变为非线性的)。这种系统称为条件稳定系统。

在实际情况下, 条件稳定系统不能令人满意。条件稳定性是危险的, 但是在某些系统中, 特别是在具有不稳定前向通路的系统中, 却可能产生条件稳定性问题。如果系统具有小回路, 则可能出现不稳定的前向通路。应当设法避免产生条件稳定性问题，因为在条件稳定系统中，如果由于某种原因使增益超出临界值，则系统将变成不稳定的。在系统中增加适当的校正网络，可以消除条件稳定性问题[增加一个零点，可以使根轨迹向左方弯曲(见 6.5 节)]。因此，增加适当的校正装置，可以消除条件稳定性]。

6.3.5　非最小相位系统

如果系统的极点和零点均位于 s 左半平面内，则该系统称为最小相位系统。如果系统至少有一个极点或零点位于 s 右半平面内，则该系统称为非最小相位系统。非最小相位这一术语，出自于这类系统在正弦输入信号作用下的相移特征。

考虑图 6.26(a)所示的系统。对于该系统，

$$G(s) = \frac{K(1 - T_a s)}{s(Ts + 1)} \quad (T_a > 0), \qquad H(s) = 1$$

这是一个非最小相位系统，因为它在 s 右半平面内有一个零点。对于该系统，辐角条件为

$$\underline{/G(s)} = \underline{/-\frac{K(T_a s - 1)}{s(Ts + 1)}}$$

$$= \underline{/\frac{K(T_a s - 1)}{s(Ts + 1)}} + 180°$$

$$= \pm 180°(2k + 1) \qquad (k = 0, 1, 2, \cdots)$$

即

$$\underline{/\frac{K(T_a s - 1)}{s(Ts + 1)}} = 0° \tag{6.16}$$

根轨迹图可以从方程(6.16)得到。图 6.26(b)表示了这个系统的根轨迹图。从图上可以看出，如果增益 K 小于 $1/T_a$，则系统是稳定的。

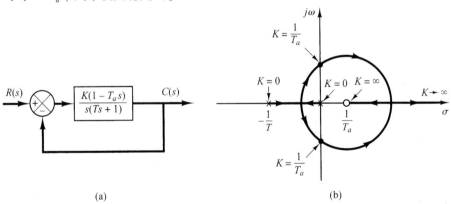

图 6.26　(a)非最小相位系统；(b)根轨迹图

如果用 MATLAB 求根轨迹图，可以和往常一样，输入分子和分母。例如，如果 $T = 1\,\text{s}$ 且 $T_a = 0.5\,\text{s}$，将下列 num 和 den 输入到程序中：

$$\text{num} = [-0.5 \ 1]$$
$$\text{den} = [1 \ 1 \ 0]$$

于是 MATLAB 程序 6.8 可以给出图 6.27 所示的根轨迹图。

```
MATLAB程序6.8
num = [-0.5  1];
den = [1  1  0];
k1 = 0:0.01:30;
k2 = 30:1:100;
K3 = 100:5:500;
K = [k1  k2  k3];
rlocus(num,den,K)
v = [-2  6  -4  4]; axis(v); axis('square')
grid
title('Root-Locus Plot of G(s) = K(1 – 0.5s)/[s(s + 1)]')
% Place 'x' mark at each of 2 open-loop poles.
% Place 'o' mark at open-loop zero.
gtext('x')
gtext('x')
gtext('o')
```

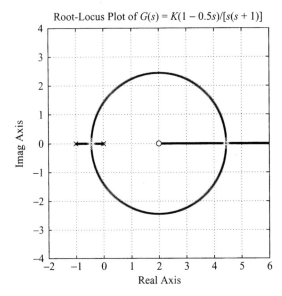

Root-Locus Plot of $G(s) = K(1 - 0.5s)/[s(s + 1)]$

图 6.27　$G(s) = K(1 - 0.5s)/s(s + 1)$ 的根轨迹图

6.3.6　根轨迹与定常增益轨迹的正交性

设有一负反馈系统, 其开环传递函数为 $G(s)H(s)$。在 $G(s)H(s)$ 平面内, $|G(s)H(s)|$ 为常数的轨迹是一些圆心在原点的圆, 并且与 $\underline{/G(s)H(s)} = \pm180°(2k + 1)$ $(k = 0, 1, 2, \cdots)$相应的轨迹位于 $G(s)H(s)$ 平面的负实轴上, 如图 6.28 所示。注意, 这里采用的复平面不是 s 平面, 而是 $G(s)H(s)$ 平面。

s 平面内的根轨迹和定常增益轨迹是 $G(s)H(s)$ 平面内 $\underline{/G(s)H(s)} = \pm180°(2k + 1)$ 和 $|G(s)H(s)|$ 为常数的轨迹的保角映射。

因为 $G(s)H(s)$ 平面内的定常相角轨迹和定常增益轨迹是正交的, 所以 s 平面内的根轨迹和定常增益轨迹是正交的。图 6.29(a)表示了下列系统的根轨迹和定常增益轨迹:

$$G(s) = \frac{K(s + 2)}{s^2 + 2s + 3}, \qquad H(s) = 1$$

因为 s 平面内零-极点分布对称于实轴, 所以定常增益轨迹也对称于实轴。

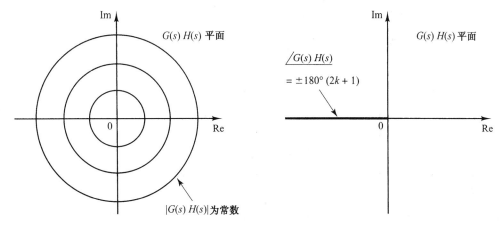

图 6.28　$G(s)H(s)$ 平面内的定常增益轨迹和定常相角轨迹

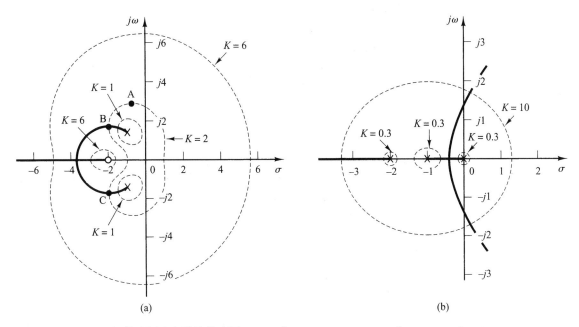

(a)　　　　　　　　　　　　(b)

图 6.29　根轨迹图和定增益轨迹图。(a) 由 $G(s) = K(s + 2)/(s^2 + 2s + 3)$ 和 $H(s) = 1$
构成的系统；(b) 由 $G(s) = K/[s(s + 1)(s + 2)]$ 和 $H(s) = 1$ 构成的系统

图 6.29(b) 表示了下列系统的根轨迹和定常增益根轨迹：

$$G(s) = \frac{K}{s(s + 1)(s + 2)}, \qquad H(s) = 1$$

因为 s 平面内的极点分布对称于实轴，并且对称于通过点 $(\sigma = -1,\ \omega = 0)$ 且平行于虚轴的直线，所以定常增益轨迹对称于 $\omega = 0$ 的直线（即实轴）和 $\sigma = -1$ 的直线。

由图 6.29(a) 和图 6.29(b) 可以看出，s 平面上的每一点都具有一个相应的 K 值。如果利用命令 rlocfind(下面将会给出)，MATLAB 将会给出指定点的 K 值，以及相应于这个 K 值的最接近的闭环极点。

6.3.7　求根轨迹上任意点的增益 *K* 值

在闭环系统的 MATLAB 分析中，经常需要求根轨迹上任意点的增益 *K* 值。这可以通过采用下列 `rlocfind` 命令予以实现：

$$[K, r] = \text{rlocfind}(\text{num, den})$$

必须跟随在 `rlocus` 命令之后的 `rlocfind` 命令，把可移动的 *x*-*y* 坐标覆盖到屏幕上。利用鼠标把 *x*-*y* 坐标的原点配置到根轨迹希望的点上并单击，MATLAB 就会在屏幕上显示出该点的坐标、该点上的增益值，以及相应于该增益值的闭环极点。

如果选择的点不位于根轨迹上，例如图 6.29(a) 中的 A 点，则 `rlofind` 命令会给出这个选择点的坐标，这一点的增益值，如 *K* = 2，以及相应于这个 *K* 值的闭环极点的位置，如点 B 和 C。注意，*s* 平面上的每一点都有一个增益值，如图 6.29(a) 和图 6.29(b) 所示。

6.4　正反馈系统的根轨迹图

这一节主要介绍正反馈系统的根轨迹[①]。

在复杂的控制系统中，可能存在正反馈内回路，如图 6.30 所示。这种回路通常由外回路予以稳定。下面我们将只涉及正反馈内回路的研究。内回路的闭环传递函数为

$$\frac{C(s)}{R(s)} = \frac{G(s)}{1 - G(s)H(s)}$$

特征方程为

$$1 - G(s)H(s) = 0 \tag{6.17}$$

运用类似于 6.2 节中针对负反馈系统导出的根轨迹法求解这个方程。但是，辐角条件必须修改。

方程(6.17)可改写成

$$G(s)H(s) = 1$$

它等效于下面两个方程：

$$\underline{/G(s)H(s)} = 0° \pm k360° \qquad (k = 0, 1, 2, \cdots)$$

$$|G(s)H(s)| = 1$$

对于正反馈情况，由开环极点和零点构成的所有辐角之和必须等于 $0° \pm k360°$。因此，这里根轨迹遵循的是 0° 轨迹，与前面负反馈时考虑的 180° 轨迹形成鲜明对照。幅值条件保持原状而未变更。

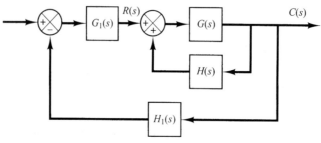

图 6.30　控制系统

---

①　参阅参考文献 W-4。

为了举例说明反馈系统的根轨迹图，我们采用下列传递函数 $G(s)$ 和 $H(s)$：

$$G(s) = \frac{K(s + 2)}{(s + 3)(s^2 + 2s + 2)}, \qquad H(s) = 1$$

假设增益 K 为正值。

6.2 节针对负反馈系统给出的绘制根轨迹图的一般规则必须进行下列修改：

对规则 2 的修改：如果在实轴上位于试验点右边的实数极点和实数零点的总数为偶数，则该试验点位于根轨迹上。

对规则 3 的修改：

$$渐近线倾角 = \frac{\pm k360°}{n - m}, \qquad k = 0, 1, 2, \cdots$$

式中，n 为 $G(s)H(s)$ 的有限极点数，m 为 $G(s)H(s)$ 的有限零点数。

对规则 5 的修改：当计算从复数开环极点（或到复数开环零点）的出射角（或入射角）时，应从 0° 减去所有其他极点和零点到被考虑的复数极点（或复数零点）的诸复数向量的辐角（冠以适当符号）之和。

其他绘制根轨迹图的规则仍保持不变。我们应用修改后的规则绘制根轨迹图：

1. 在复平面上绘出开环极点（$s = -1 + j$，$s = -1 - j$，$s = -3$）和零点（$s = -2$）。当 K 从 0 增加到 ∞ 时，闭环极点起始于开环极点，终止于开环零点（有限零点或无限零点），这与负反馈系统的情况相同。

2. 确定实轴上的根轨迹。在实轴上，根轨迹存在于 -2 与 $+\infty$ 之间和 -3 与 $-\infty$ 之间。

3. 确定根轨迹渐近线，对于现在的系统，

$$渐近线倾角 = \frac{\pm k360°}{3 - 1} = \pm 180°$$

这意味着根轨迹渐近线位于实轴上。

4. 确定分离点和会合点。因为特征方程为

$$(s + 3)(s^2 + 2s + 2) - K(s + 2) = 0$$

所以

$$K = \frac{(s + 3)(s^2 + 2s + 2)}{s + 2}$$

将 K 对 s 微分，得到

$$\frac{dK}{ds} = \frac{2s^3 + 11s^2 + 20s + 10}{(s + 2)^2}$$

注意

$$2s^3 + 11s^2 + 20s + 10 = 2(s + 0.8)(s^2 + 4.7s + 6.24)$$
$$= 2(s + 0.8)(s + 2.35 + j0.77)(s + 2.35 - j0.77)$$

点 $s = -0.8$ 位于根轨迹上。因为这一点位于两个零点（一个有限零点和一个无限零点）之间，所以该点是实际的会合点。点 $s = -2.35 \pm j\,0.77$ 不满足辐角条件，因此它们既不是分离点，也不是会合点。

5. 求根轨迹自复数极点的出射角。对于复数极点 $s = -1 + j$，出射角 θ 为

$$\theta = 0° - 27° - 90° + 45°$$

即 $\qquad\qquad\qquad\qquad\qquad\qquad \theta = -72°$

自复数极点 $s = -1 - j$ 的出射角为 72°。

6. 在 $j\omega$ 轴和原点附近选取试验点，并应用辐角条件，找出足够数量的满足辐角条件的点。

图 6.31 所示为给定正反馈系统的根轨迹图。根轨迹用虚的直线和弧线表示。

如果

$$K > \left.\frac{(s + 3)(s^2 + 2s + 2)}{s + 2}\right|_{s=0} = 3$$

则一个实根进入 s 右半平面。因此，当 $K > 3$ 时，系统成为不稳定的(当 $K > 3$ 时，系统必须借助于外回路加以稳定)。

注意，正反馈系统的闭环传递函数为

$$\frac{C(s)}{R(s)} = \frac{G(s)}{1 - G(s)H(s)}$$
$$= \frac{K(s + 2)}{(s + 3)(s^2 + 2s + 2) - K(s + 2)}$$

为了将此根轨迹图与相应的负反馈系统的根轨迹图进行对比，在图 6.32 上示出了负反馈系统的根轨迹。负反馈系统的闭环传递函数为

$$\frac{C(s)}{R(s)} = \frac{K(s + 2)}{(s + 3)(s^2 + 2s + 2) + K(s + 2)}$$

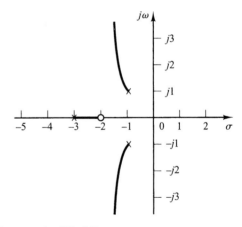

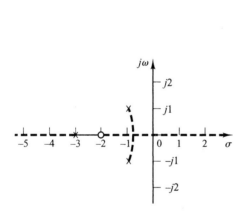

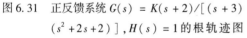

图 6.31　正反馈系统 $G(s) = K(s + 2)/[(s + 3)$
$(s^2 + 2s + 2)]$，$H(s) = 1$ 的根轨迹图

图 6.32　负反馈系统 $G(s) = K(s + 2)/[(s + 3)$
$(s^2 + 2s + 2)]$，$H(s) = 1$ 的根轨迹图

表 6.2 给出了负反馈和正反馈系统的各种不同的根轨迹图。系统的闭环传递函数为

$$\frac{C}{R} = \frac{G}{1 + GH} \qquad \text{对于负反馈系统}$$
$$\frac{C}{R} = \frac{G}{1 - GH} \qquad \text{对于正反馈系统}$$

式中 GH 为开环传递函数。在表 6.2 中，负反馈系统的根轨迹用粗的直线和弧线表示，正反馈的根轨迹用虚直线和虚弧线表示。

表 6.2　负反馈和正反馈系统的根轨迹图

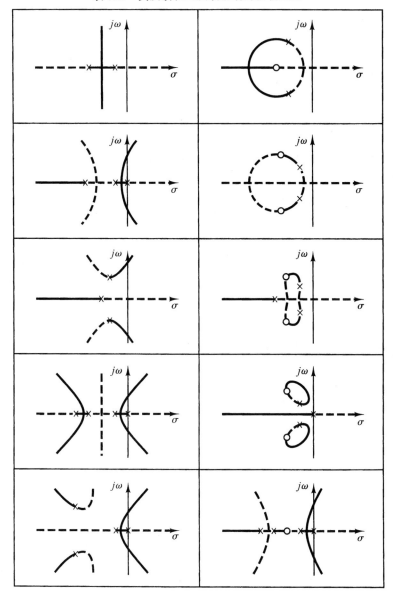

粗直线和粗弧线对应于负反馈系统;虚直线和虚弧线对应于正反馈系统

6.5　控制系统设计的根轨迹法

6.5.1　初步设计考虑

　　在构造控制系统时,我们知道,为了满足性能指标,适当地改变控制对象的动态特性,可能是一种比较简单的方法。但是,在很多实际情况中,由于控制对象可能是固定的和不可改变的,所以上述方法行不通。因此,必须调整固定的控制对象以外的参数。在本书中,我们假设控制对象是已知的,并且是不能改变的。

在实践中，系统的根轨迹图可能表明，只调整增益(或一些其他可调整参数)无法获得希望的性能。事实上在某些情况下，对于所有的增益值(或其他可调整参数)，系统可能是不稳定的。于是，有必要改变根轨迹，以满足性能指标。

因此，这里要研究的设计问题，就变成了一种通过校正装置来改善系统性能的问题。控制系统的校正可以归结为设计一种滤波器，这种滤波器具有的特性能够校正控制对象不希望的且不能改变的特性。

6.5.2　用根轨迹法进行设计

用根轨迹法进行设计，是建立在改变系统根轨迹的基础上的，它是通过在系统开环传递函数中增加极点和零点，迫使根轨迹经过 s 平面内希望的闭环极点的一种方法。根轨迹设计的特性，是基于假设闭环系统有一对主导闭环极点。这意味着零点和附加极点的作用，对响应的特性不会造成很大影响。

在设计控制系统时，如果需要对增益以外的参数进行调整，则必须通过引入适当的校正装置来改变原来的根轨迹。一旦完全掌握了在系统中增加极点和(或)零点对根轨迹的影响，就能够容易地确定校正装置的极点和零点位置，从而将根轨迹改变成所需的形状。在应用根轨迹法进行设计时，实质上是通过采用校正装置改变系统的根轨迹，从而将一对主导闭环极点配置到需要的位置上。

6.5.3　串联校正和并联(或反馈)校正

图 6.33(a)和图 6.33(b)所示为反馈控制系统中经常采用的校正方案。图 6.33(a)所示的方案，是将校正装置 $G_c(s)$ 与被控对象串联连接。这种方案称为串联校正。

除了串联校正外，另一种校正方案是从某些元件引出反馈信号，构成反馈回路，并在内反馈回路内设置校正装置，如图 6.33(b)所示。这种校正称为并联校正或反馈校正。

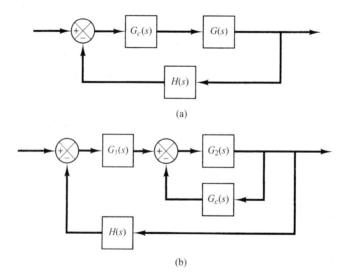

图 6.33　(a)串联校正;(b)并联校正或反馈校正

在对控制系统进行校正时，我们发现系统的设计问题通常归结为适当地设计串联或并联校正装置。究竟是选择串联校正还是并联校正，这取决于系统中信号的性质、系统中各点功率的大小、可供采用的元件、设计者的经验及经济条件等。

一般来说,串联校正可能比并联校正简单,但是串联校正常常需要附加放大器,以增大增益和(或)提供隔离(为了避免功率损耗,串联校正装置通常安装在前向通路中能量最低的点上)。一般来说,如果能提供适当的信号,则反馈校正需要的元件数目比串联校正少,因为反馈校正时,信号是从能量较高的点传向能量较低的点(这意味着不必采用附加放大器)。

在 6.6 节到 6.9 节中,我们首先讨论串联校正方法,然后利用速度反馈控制系统的设计,介绍并联校正方法。

6.5.4　常用校正装置

如果需要用校正装置去满足性能指标,设计人员必须建造一个物理装置,该装置具有规定的校正装置传递函数。

为此,已经有过许多种物理装置。事实上,在文献中可以找到许多宝贵而有用的方法,帮助人们在物理上构成校正装置。

如果在网络的输入端施加一个正弦输入信号,网络的稳态输出信号(它也是正弦信号)的相位产生超前,则称该网络为超前网络(相应超前角的数量是输入信号频率的函数)。如果稳态输出信号的相位产生滞后,则称该网络为滞后网络。在滞后-超前网络中,在输出信号中既有相位产生滞后,也有相位超前,但是它们发生在不同的频率范围。相位滞后发生在低频范围,而相位超前发生在高频范围。如果校正装置具有超前网络、滞后网络或者滞后-超前网络的特性,那么就分别称它们为超前校正装置、滞后校正装置或滞后-超前校正装置。

在多种校正装置中,应用广泛的校正装置是超前校正装置、滞后校正装置、滞后-超前校正装置和速度反馈(测速发电机)校正装置,本章将主要讨论这几种校正装置。超前、滞后和滞后-超前校正装置可以是电子装置(如采用运算放大器的电路)、RC 网络(电的、机械的、气动的、液压的,或者是它们的组合)和放大器。

在控制系统中,经常采用的串联校正装置是超前、滞后和滞后-超前校正装置。在工业控制系统中经常采用的 PID 控制器,将在第 8 章进行讨论。

应当指出,在用根轨迹法或频率响应法设计控制系统时,最终设计结果不是唯一的,因为当时域性能指标或频域性能指标给定后,没有精确地定义出最好或最佳解。

6.5.5　增加极点的影响

在开环传递函数中增加极点,可以使根轨迹向右方移动,从而降低系统的相对稳定性,增加系统响应的调整时间(应当记住,增加积分控制相当于增加位于原点的极点,因此降低了系统的稳定性)。图 6.34 所示的例子表明,在单极点系统中增加一个极点和在单极点系统中增加两个极点对根轨迹造成的影响。

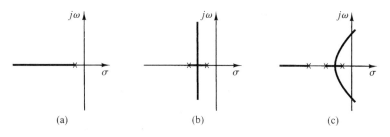

图 6.34　(a)单极点系统的根轨迹图;(b)双极点系统的根轨迹图;(c)三极点系统的根轨迹图

6.5.6 增加零点的影响

在开环传递函数中增加零点，可以导致根轨迹向左方移动，从而增加系统的稳定性，减小系统响应的调整时间(实际上，在前向通路传递函数中增加零点，意味着对系统增加微分控制。这一控制的效果是在系统中引入超前度，并且加快瞬态响应)。图 6.35(a)所示为某系统的根轨迹，它在小增益时是稳定的，在大增益时则是不稳定的。图 6.35(b)至图 6.35(d)所示为在开环传递函数中加入零点后的根轨迹图。注意，当把零点加入图 6.35(a)所示的系统时，系统变成对所有增益值都是稳定的。

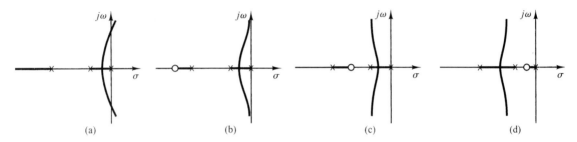

图 6.35　(a) 三极点系统的根轨迹图；(b) ~ (d) 在三极点系统中增加零点后，对根轨迹图的影响

6.6　超前校正

6.5 节介绍了控制系统校正的基本知识，并且讨论了应用于控制系统设计和校正的根轨迹法的初步知识。这一节将介绍利用超前校正方法的控制系统设计问题。在进行控制系统设计时，将校正装置与固定不变的传递函数 $G(s)$ 进行串联，以获取希望的性能。因此，这时的主要问题是，正确地选择校正装置 $G_c(s)$ 的极点和零点，使主导闭环极点能够配置到 s 平面上希望的位置，以满足性能指标。

6.6.1　超前校正装置和滞后校正装置

有许多方法可以实现超前校正装置和滞后校正装置，例如通过采用运算放大器的电子网络，通过电气的 RC 网络和通过机械的弹簧-阻尼器系统。

图 6.36 所示为一个用运算放大器组成的电路，当 $R_1 C_1 > R_2 C_2$ 时，该电路为超前网络；当 $R_1 C_1 < R_2 C_2$ 时，该电路是一个滞后网络。该电路的传递函数在第 3 章中已经得到，即[见方程(3.36)]

$$\frac{E_o(s)}{E_i(s)} = \frac{R_2 R_4}{R_1 R_3} \frac{R_1 C_1 s + 1}{R_2 C_2 s + 1} = \frac{R_4 C_1}{R_3 C_2} \frac{s + \dfrac{1}{R_1 C_1}}{s + \dfrac{1}{R_2 C_2}}$$

$$= K_c \alpha \frac{T s + 1}{\alpha T s + 1} = K_c \frac{s + \dfrac{1}{T}}{s + \dfrac{1}{\alpha T}} \tag{6.18}$$

式中，
$$T = R_1 C_1, \qquad \alpha T = R_2 C_2, \qquad K_c = \frac{R_4 C_1}{R_3 C_2}$$

注意到

$$K_c\alpha = \frac{R_4 C_1}{R_3 C_2}\frac{R_2 C_2}{R_1 C_1} = \frac{R_2 R_4}{R_1 R_3}, \qquad \alpha = \frac{R_2 C_2}{R_1 C_1}$$

该网络具有一个直流增益 $K_c\alpha = R_2 R_4/(R_1 R_3)$。

由方程(6.18)可以看出,当 $R_1 C_1 > R_2 C_2$,即 $\alpha < 1$ 时,该网络是一个超前网络。当 $R_1 C_1 < R_2 C_2$ 时,它是一个滞后网络。当 $R_1 C_1 > R_2 C_2$ 且 $R_1 C_1 < R_2 C_2$ 时,该网络的零-极点分布分别如图 6.37(a)和图 6.37(b)所示。

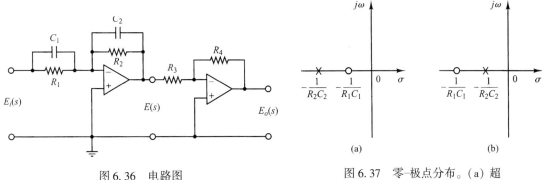

图 6.36　电路图

图 6.37　零-极点分布。(a) 超前网络;(b)滞后网络

6.6.2　基于根轨迹法的超前校正方法

当性能指标以时域量的形式给出时,例如给出希望的主导闭环极点的阻尼比和无阻尼自然频率、最大过调量、上升时间和调整时间,这时采用根轨迹法进行设计是很有效的。

现在考虑一个设计问题,在此问题中,原系统或者对于所有的增益值均不稳定,或者虽属稳定但具有不理想的瞬态响应特性。在这种情况下,有必要在 $j\omega$ 轴和原点附近,对根轨迹进行修改,以便使闭环主导极点位于复平面内希望的位置上。该问题可以通过在前向传递函数中串联一个适当的超前校正装置来解决。

对于图 6.38 所示的系统,用根轨迹法设计超前校正装置的步骤描述如下。

1. 根据性能指标,确定闭环主导极点的希望位置。
2. 通过绘制原系统的根轨迹图,确定只调整增益时,是否能产生希望的闭环极点。如果不能,计算出辐角缺额 ϕ。对于闭环主导极点,如果新的根轨迹通过其希望的位置,则该角度 ϕ 必须由超前校正装置产生。

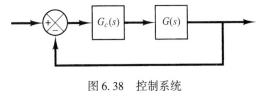

图 6.38　控制系统

3. 假设超前校正装置 $G_c(s)$ 为

$$G_c(s) = K_c\alpha\frac{Ts + 1}{\alpha Ts + 1} = K_c\frac{s + \dfrac{1}{T}}{s + \dfrac{1}{\alpha T}}, \qquad (0 < \alpha < 1)$$

式中 α 和 T 由辐角缺额确定。K_c 由开环增益要求确定。

4. 如果没有指定静态误差常数,则可以确定超前校正装置的极点和零点位置,使超前校正装置产生必要的辐角 ϕ。如果对系统没有其他要求,可以试探地将 α 值选取得尽可能大。大的 α 值通常导致比较大的 K_v 值,这正是我们需要的。注意到

$$K_v = \lim_{s \to 0} sG_c(s)G(s) = K_c\alpha \lim_{s \to 0} sG_c(s)$$

5. 由幅值条件确定校正系统的开环增益。

一旦设计出校正装置，就要着手检查是不是所有的性能指标都能得到满足。如果已校正的系统不能满足性能指标，则需要通过调整校正装置的极点和零点，重复上述设计过程，直到所有的性能指标得到满足时为止。如果需要大的静态误差常数，则应串联一个滞后网络，或者将超前校正装置改变成滞后-超前校正装置。

如果被选择的主导闭环极点不是真正的主导极点，即如果选择的主导闭环极点无法提供希望的结果，则需要改变此主导闭环极点的位置(主导极点以外的一些闭环极点改变了由主导闭环极点单独作用而获得的响应。变化的大小取决于非主导闭环极点的位置)。同样，如果闭环零点的位置靠近原点，那么它们也会对响应产生影响。

例 6.6　考虑图 6.39(a)表示的位置控制系统，其前向传递函数为

$$G(s) = \frac{10}{s(s+1)}$$

该系统的根轨迹如图 6.39(b)所示，系统的闭环传递函数为

$$\frac{C(s)}{R(s)} = \frac{10}{s^2 + s + 10}$$

$$= \frac{10}{(s + 0.5 + j3.1225)(s + 0.5 - j3.1225)}$$

闭环极点位于　　　　　　　　　　　　　$s = -0.5 \pm j3.1225$

闭环极点的阻尼比为 $\zeta = (1/2)/\sqrt{10} = 0.1581$，闭环极点的无阻尼自然频率为 $\omega_n = \sqrt{10} = 3.1623\ \mathrm{rad/s}$，因为阻尼比很小，所以这个系统在阶跃响应中具有很大的过调量，不是所希望的。

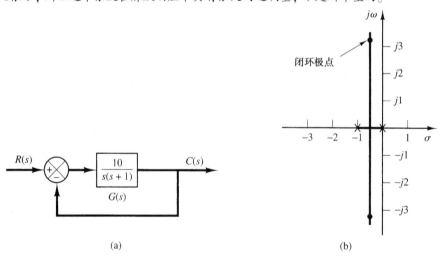

图 6.39　(a) 控制系统；(b) 根轨迹图

现在需要设计一个超前校正装置 $G_c(s)$ ，如图 6.40(a)所示，以便使主导闭环极点的阻尼比 $\zeta = 0.5$，且无阻尼自然频率为 $\omega_n = 3\ \mathrm{rad/s}$。希望的主导闭环极点的位置，可以由下式确定：

$$s^2 + 2\zeta\omega_n s + \omega_n^2 = s^2 + 3s + 9$$

$$= (s + 1.5 + j2.5981)(s + 1.5 - j2.5981)$$

于是得到 $\qquad\qquad\qquad\qquad s = -1.5 \pm j2.5981$

如图 6.40(b) 所示。在某些情况下，在获得原系统的根轨迹以后，通过简单的增益调整，就可以使主导闭环极点移到希望的位置。但是，对于这个系统来说，不属于这种情况。因此，我们要把一个超前校正装置插入到前向通路中。

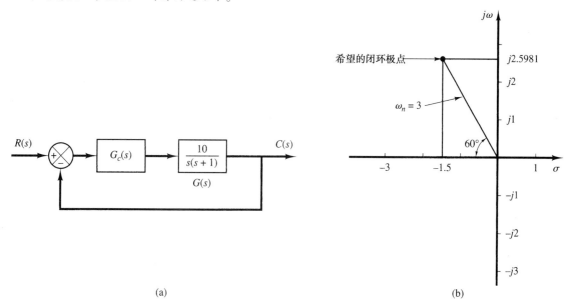

图 6.40　(a) 校正的系统；(b) 希望的闭环极点位置

确定超前校正装置的一般步骤如下：首先，求一个闭环主导极点希望位置的辐角与原系统开环极点和零点的辐角之和，并且确定了为了使辐角的总和等于 $\pm 180°(2k+1)$ 而需要增加的辐角 ϕ。该 ϕ 角必须由超前校正装置产生(如果该角度 ϕ 很大，则需要采用两个或两个以上的超前网络，而不是采用单一的超前网络)。

假设超前校正装置 $G_c(s)$ 具有下列传递函数：

$$G_c(s) = K_c \alpha \frac{Ts+1}{\alpha Ts+1} = K_c \frac{s+\dfrac{1}{T}}{s+\dfrac{1}{\alpha T}}, \qquad (0 < \alpha < 1)$$

从位于原点的极点到希望的主导闭环极点 $s = -1.5 + j2.5981$ 所构成的角度为 $120°$，从位于 $s = -1$ 的极点到希望的闭环极点所构成的角度为 $100.894°$。因此，辐角缺额为

$$\text{辐角缺额} = 180° - 120° - 100.894° = -40.894°$$

这个辐角缺额 $40.894°$ 必须由超前校正装置提供。

注意，对这类问题的解答不是唯一的。这里有无穷多个解答，下面将介绍两种对该问题的解答。

方法 1　有很多方法能够确定超前校正装置的零点和极点位置。下面介绍求 α 的最大可能值的步骤(注意，比较大的 α 值将产生比较大的 K_v 值，在大多数情况下，比较大的 K_v 值具有比较好的系统性能)。首先，绘出通过点 P 的水平线，点 P 是主导闭环极点之一的希望位置。这条水平线如图 6.41 中的 PA 线所示。再绘出连接点 P 和原点的直线。二等分直线 PA 与 PO 之间的夹角，如图 6.41 所示。绘出两条直线 PC 和 PD，它们与等分线 PB 之间构成 $\pm \phi/2$ 的角度。PC 和 PD 与负实轴的交点，给出了必要的超前网络的极点和零点位置。这样设计出来的校正装置，将使 P 点落在校正系统的根轨迹上。利用幅值条件，可以确定开环增益。

在此系统中，$G(s)$ 在希望的闭环极点上的辐角为

$$\left/\frac{10}{s(s+1)}\right.\bigg|_{s=-1.5+j2.5981} = -220.894°$$

因此，如果需要使根轨迹通过希望的闭环极点，超前校正装置必须在该点上产生 $\phi = 40.894°$ 的辐角。遵循前面的设计步骤，可以确定超前校正装置的零点和极点。

参考图 6.42，如果我们二等分角度 APO，并且在每一侧选取角度 $40.894°/2$，则可求得零点和极点位置如下：

$$零点位于 s = -1.9432$$
$$极点位于 s = -4.6458$$

因此，可以得到 $G_c(s)$ 为
$$G_c(s) = K_c \frac{s+\dfrac{1}{T}}{s+\dfrac{1}{\alpha T}} = K_c \frac{s+1.9432}{s+4.6458}$$

(对于该校正装置，α 的值为 $\alpha = 1.9432/4.6458 = 0.418$)。

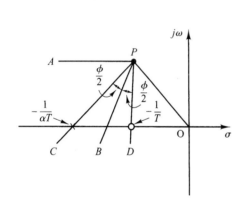

图 6.41　确定超前网络的极点和零点　　　　图 6.42　确定超前校正装置的极点和零点

利用幅值条件，可以确定 K_c 的值，

$$\left| K_c \frac{s+1.9432}{s+4.6458} \frac{10}{s(s+1)} \right|_{s=-1.5+j2.5981} = 1$$

即
$$K_c = \left| \frac{(s+4.6458)s(s+1)}{10(s+1.9432)} \right|_{s=-1.5+j2.5981} = 1.2287$$

因此，设计出的超前校正装置为　　　$G_c(s) = 1.2287 \dfrac{s+1.9432}{s+4.6458}$

于是，设计出系统的开环传递函数变为

$$G_c(s)G(s) = 1.2287 \left(\frac{s+1.9432}{s+4.6458} \right) \frac{10}{s(s+1)}$$

且其闭环传递函数变为

$$\frac{C(s)}{R(s)} = \frac{12.287(s+1.9432)}{s(s+1)(s+4.6458)+12.287(s+1.9432)}$$

$$= \frac{12.287s+23.876}{s^3+5.646s^2+16.933s+23.876}$$

图 6.43 表示了设计出的系统的根轨迹图。

对于刚设计出的系统,检查其静态速度误差常数 K_v 是有意义的,

$$K_v = \lim_{s \to 0} s G_c(s) G(s)$$

$$= \lim_{s \to 0} s \left[1.2287 \frac{s + 1.9432}{s + 4.6458} \frac{10}{s(s + 1)} \right]$$

$$= 5.139$$

应当指出,用已知的因子去除特征方程,即可求出已设计系统的第 3 个闭环极点,求解结果如下:

$$s^3 + 5.646s^2 + 16.933s + 23.875 = (s + 1.5 + j2.5981)(s + 1.5 - j2.5981)(s + 2.65)$$

上述校正方法使我们能够将主导闭环极点配置到复平面内希望的位置上。第 3 个极点 $s = -2.65$ 与增加的零点 $s = -1.9432$ 相距很近,所以该极点对瞬态响应的影响相当小。因为对非主导极点未做任何限制,对于静态速度误差系数的值也未做任何规定,所以我们断定上述设计是令人满意的。

方法 2 如果选择超前校正装置的零点为 $s = -1$,那么它将会与被控对象的极点 $s = -1$ 互相抵消,因此校正装置的极点必须选择为 $s = -3$(见图 6.44)。因此,超前校正装置变成

$$G_c(s) = K_c \frac{s + 1}{s + 3}$$

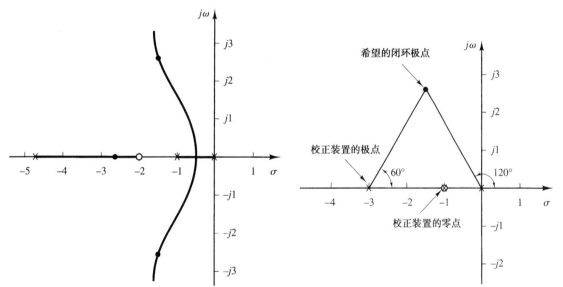

图 6.43 已校正系统的根轨迹图   图 6.44 校正装置的极点和零点

K_c 的值可以利用幅值条件确定如下:

$$\left| K_c \frac{s + 1}{s + 3} \frac{10}{s(s + 1)} \right|_{s = -1.5 + j2.5981} = 1$$

即

$$K_c = \left| \frac{s(s + 3)}{10} \right|_{s = -1.5 + j2.5981} = 0.9$$

因此

$$G_c(s) = 0.9 \frac{s + 1}{s + 3}$$

于是希望系统的开环传递函数变成

$$G_c(s) G(s) = 0.9 \frac{s + 1}{s + 3} \frac{10}{s(s + 1)} = \frac{9}{s(s + 3)}$$

校正系统的闭环传递函数变成

$$\frac{C(s)}{R(s)} = \frac{9}{s^2 + 3s + 9}$$

注意,在现在这种情况下,超前校正装置的零点将与被控对象的极点相互抵消,从而得到一个二阶系统,而不是像采用方法1进行设计时,得到的是一个三阶系统。

在现在这种情况下,静态速度误差常数可以求得如下:

$$K_v = \lim_{s \to 0} sG_c(s)G(s)$$
$$= \lim_{s \to 0} s\left[\frac{9}{s(s+3)}\right] = 3$$

应当指出,用方法1设计的系统,给出了比较大的静态速度误差常数值。这意味着用方法1设计的系统,在跟踪斜坡输入信号时,与用方法2设计的系统相比,能给出比较小的稳态误差。

对于校正装置不同的零点和极点组合,虽然都提供了40.894°的辐角,但它们的 K_v 值是不同的。尽管通过改变超前校正装置的零-极点位置,可以使 K_v 值有一定的改变,但是如果希望使 K_v 值有比较大的增加,就必须把超前校正装置改变成滞后-超前校正装置。

6.6.3　已校正与未校正系统阶跃响应和斜坡响应的比较

下面将对下列三种系统的单位阶跃响应和单位斜坡响应进行比较:原始未校正系统、用方法1设计的系统和用方法2设计的系统。MATLAB 程序6.9提供了用来获取单位阶跃响应曲线的 MATLAB 程序。在 MATLAB 程序6.9中,num1 和 den1 表示用方法1设计的系统的分子和分母,num2 和 den2 表示用方法2设计的系统的分子和分母,同样 num 和 den 则用来表示原始未校正系统的分子和分母。求得的单位阶跃响应曲线,表示在图6.45中。

```
MATLAB程序6.9

% ***** Unit-Step Response of Compensated and Uncompensated Systems *****

num1 = [12.287  23.876];
den1 = [1  5.646  16.933  23.876];
num2 = [9];
den2 = [1  3  9];
num = [10];
den = [1  1  10];
t = 0:0.05:5;
c1 = step(num1,den1,t);
c2 = step(num2,den2,t);
c = step(num,den,t);
plot(t,c1,'-',t,c2,'.',t,c,'x')
grid
title('Unit-Step Responses of Compensated Systems and Uncompensated System')
xlabel('t Sec')
ylabel('Outputs c1, c2, and c')
text(1.51,1.48,'Compensated System (Method 1)')
text(0.9,0.48,'Compensated System (Method 2)')
text(2.51,0.67,'Uncompensated System')
```

MATLAB 程序6.10为用来求解设计出系统的单位斜坡响应曲线的 MATLAB 程序,在程序中用 step 命令获取单位斜坡响应,并且针对方法1和方法2设计的系统,利用下列方法表示分子和分母:

$$num1 = [12.287 \quad 23.876]$$
$$den1 = [1 \quad 5.646 \quad 16.933 \quad 23.876 \quad 0]$$
$$num2 = [9]$$
$$den2 = [1 \quad 3 \quad 9 \quad 0]$$

得到的单位斜坡响应曲线示于图 6.46 中。

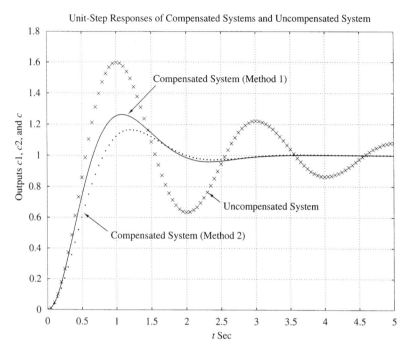

图 6.45 设计出的系统和原始未校正系统的单位阶跃响应曲线

```
MATLAB程序6.10

% ***** Unit-Ramp Responses of Compensated Systems *****
num1 = [12.287  23.876];
den1 = [1  5.646  16.933  23.876  0];
num2 = [9];
den2 = [1  3  9  0];
t = 0:0.05:5;
c1 = step(num1,den1,t);
c2 = step(num2,den2,t);
plot(t,c1,'-',t,c2,'.',t,t,'-')
grid
title('Unit-Ramp Responses of Compensated Systems')
xlabel('t Sec')
ylabel('Unit-Ramp Input and Outputs c1 and c2')
text(2.55,3.8,'Input')
text(0.55,2.8,'Compensated System (Method 1)')
text(2.35,1.75,'Compensated System (Method 2)')
```

通过检查这些响应曲线发现，利用方法 1 设计出的校正系统，比利用方法 2 设计出的校正系统，在阶跃响应中呈现出稍微大一些的过调量。但是，前者对斜坡输入信号的响应特性比后者好。因此，很难说哪一个系统比较好。确定选择哪种系统，取决于设计系统期望的响应要求（例如是要求对阶跃型输入具有较小的过调量，还是要求在跟踪斜坡或变化的输入信号时，有较小的稳态误差）。如果既要求在阶跃输入信号时有较小的过调量，又要求在跟踪变化的输入信号时有较小的稳态误差，那么可以采用滞后－超前较正装置（参阅 6.8 节中的滞后－超前校正方法）。

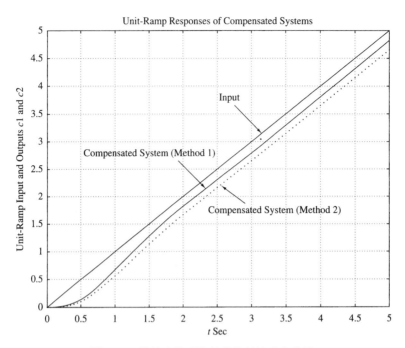

图 6.46　设计出的系统的单位斜坡响应曲线

6.7　滞后校正

6.7.1　采用运算放大器的电子滞后校正装置

　　采用运算放大器的电子滞后校正装置的配置与图 6.36 中的超前校正装置相同。如果在图 6.36 所示的电路内选择 $R_2C_2 > R_1C_1$，该电路就会变成一个滞后校正装置。参考图 6.36，滞后校正装置的传递函数可以求得为

$$\frac{E_o(s)}{E_i(s)} = \hat{K}_c\beta\,\frac{Ts+1}{\beta Ts+1} = \hat{K}_c\,\frac{s+\dfrac{1}{T}}{s+\dfrac{1}{\beta T}}$$

式中，

$$T = R_1C_1, \qquad \beta T = R_2C_2, \qquad \beta = \frac{R_2C_2}{R_1C_1} > 1, \qquad \hat{K}_c = \frac{R_4C_1}{R_3C_2}$$

　　注意，在上述关系式中，用 β 取代了 α(在超前校正装置中，用 α 表示比值 R_2C_2/R_1C_1，该比值小于 1，即 $0 < \alpha < 1$)。在本书中，我们总是假设 $0 < \alpha < 1$ 和 $\beta > 1$。

6.7.2　基于根轨迹法的滞后校正方法

　　我们来研究在下述情况下，设计适当的校正网络的问题。这种情况是系统具有满意的瞬态响应特性，但是其稳态特性不能令人满意。在此情况下，校正作用基本上是通过增大开环增益来实现的，并且不应使瞬态响应特性发生明显变化。这意味着在闭环主导极点附近，根轨迹不应当

有明显变化，但是开环增益应根据需要而有显著增大。如果将滞后校正装置与给定的前向传递函数串联，则可以达到上述目的。

为了避免根轨迹的显著变化，滞后网络产生的辐角应当限制在较小的范围内，比如 5° 以内。为了保证做到这一点，我们将滞后网络的极点和零点配置得相距很近，并且使它们靠近 s 平面上的原点。这样，被校正系统的闭环极点将稍稍偏离原来的位置。因此，瞬态响应特性将变化很小。

考虑一个滞后校正装置 $G_c(s)$，其中

$$G_c(s) = \hat{K}_c \beta \frac{Ts + 1}{\beta Ts + 1} = \hat{K}_c \frac{s + \dfrac{1}{T}}{s + \dfrac{1}{\beta T}} \tag{6.19}$$

如果将滞后校正装置的零点和极点配置得相距很近，则当 s_1 为一个主导闭环极点时，$s_1 + (1 + T)$ 和 $s_1 + [1/(\beta T)]$ 的幅值几乎相等。因此在 $s = s_1$ 这一点，存在下列关系：

$$|G_c(s_1)| = \left| \hat{K}_c \frac{s_1 + \dfrac{1}{T}}{s_1 + \dfrac{1}{\beta T}} \right| \doteq \hat{K}_c$$

为使滞后校正装置的滞后部分产生的辐角较小，要求

$$-5° < \left/ \frac{s_1 + \dfrac{1}{T}}{s_1 + \dfrac{1}{\beta T}} \right. < 0°$$

这表明，如果把滞后校正装置的增益 $\hat{K}_c$ 设置为 1，则瞬态响应特性将改变很小(尽管开环传递函数的总增益增加到了 β 倍，其中 $\beta > 1$)。如果极点和零点配置得距原点很近，则 β 的值可以比较大(如果滞后校正装置的物理实现是可能的，则可以采用比较大的 β 值)。T 的值必须比较大，但是它的精确值并不重要。不过它的值也不能太大，以免在用物理元件实现相位滞后校正装置时造成困难。

增大增益意味着增大静态误差常数。如果未校正系统的开环传递函数为 $G(s)$，则其静态速度误差常数 K_v 为

$$K_v = \lim_{s \to 0} sG(s)$$

如果校正装置选择得像方程(6.19)表示的那样，则对于开环传递函数为 $G_c(s)G(s)$ 的被校正系统，其静态速度误差常数 $\hat{K}_v$ 为

$$\hat{K}_v = \lim_{s \to 0} sG_c(s)G(s) = \lim_{s \to 0} G_c(s)K_v = \hat{K}_c \beta K_v$$

式中 K_v 为未校正系统的静态速度误差常数。

因此，如果校正装置的传递函数为方程(6.19)，则静态速度误差常数将增大到 $\hat{K}_c \beta$ 倍，其中 $\hat{K}_c$ 近似为 1。

滞后校正的主要负作用，是产生于原点附近的校正装置的零点，将会形成原点附近的闭环极点。这个闭环极点和校正装置零点，将会在阶跃响应中产生一种长时间小振幅拖尾，因此增大了调整时间。

6.7.3　用根轨迹法进行滞后校正设计的步骤

对于图 6.47 所示的系统,应用根轨迹法设计校正装置的步骤描述如下(假设通过简单的增益调整,可以使未校正系统满足瞬态响应指标;如果不是这种情况,则参阅 6.8 节)。

1. 设未校正系统的开环传递函数为 $G(s)$,绘出未校正系统的根轨迹图。根据瞬态响应指标,确定主导闭环极点在根轨迹上的位置。

2. 假设滞后校正装置的传递函数由方程(6.19)给出:

$$G_c(s) = \hat{K}_c \beta \frac{Ts + 1}{\beta Ts + 1} = \hat{K}_c \frac{s + \dfrac{1}{T}}{s + \dfrac{1}{\beta T}}$$

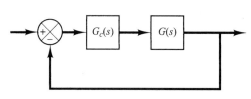

于是已校正系统的开环传递函数为 $G_c(s)G(s)$ 。

图 6.47　控制系统

3. 计算指定的具体静态误差常数。

4. 确定为了满足性能指标而需要增加的静态误差常数值。

5. 确定滞后校正装置的极点和零点,该滞后校正装置能够使特定的静态误差常数产生必要的增量,同时又不会使原来的根轨迹产生明显的变化(性能指标要求的增益值与未校正系统中求出的增益值之比,就是零点到原点的距离与极点到原点的距离之间所要求的比值)。

6. 画出校正系统的新根轨迹图。在根轨迹上确定希望的主导闭环极点(如果滞后网络产生的辐角很小,只有几度,则原根轨迹和新根轨迹将几乎相同。换句话说,它们之间将存在微小的差别。然后,根据瞬态响应指标,在新的根轨迹上确定希望的主导闭环极点)。

7. 根据幅值条件,调整校正装置的增益 $\hat{K}_c$,使主导闭环极点落在希望的位置上($\hat{K}_c$ 近似为 1)。

例 6.7　考虑图 6.48(a)所示的系统。其前向传递函数为

$$G(s) = \frac{1.06}{s(s + 1)(s + 2)}$$

图 6.48(b)所示为该系统的根轨迹图。系统的闭环传递函数为

$$\frac{C(s)}{R(s)} = \frac{1.06}{s(s + 1)(s + 2) + 1.06}$$

$$= \frac{1.06}{(s + 0.3307 - j0.5864)(s + 0.3307 + j0.5864)(s + 2.3386)}$$

主导闭环极点为

$$s = -0.3307 \pm j0.5864$$

主导闭环极点的阻尼比 $\zeta = 0.491$ 。主导闭环极点的无阻尼自然频率为 0.673 rad/s。静态速度误差常数为 0.53 s^{-1} 。

现在希望将静态速度误差常数 K_v 增大到 5 s^{-1} ,同时又不使主导闭环极点的位置有明显变化。

为了满足这项性能指标,在系统中引入一个由方程(6.19)确定的滞后校正装置,使其与给定的前向传递函数相串联。为了使静态速度误差常数增大到约 10 倍,选择 $\beta = 10$,并且将滞后校正装置的零点和极点分别配置到 $s = -0.05$ 和 $s = -0.005$ 。这时,滞后校正装置的传递函数

$$G_c(s) = \hat{K}_c \frac{s + 0.05}{s + 0.005}$$

在主导闭环极点附近，该滞后网络产生的辐角约为 4°。因为此角度不是很小，所以在靠近希望的主导闭环极点的新根轨迹上，将有一些小的变化。

校正系统的开环传递函数这时为

$$G_c(s)G(s) = \hat{K}_c \frac{s + 0.05}{s + 0.005} \frac{1.06}{s(s + 1)(s + 2)}$$

$$= \frac{K(s + 0.05)}{s(s + 0.005)(s + 1)(s + 2)}$$

式中，
$$K = 1.06\hat{K}_c$$

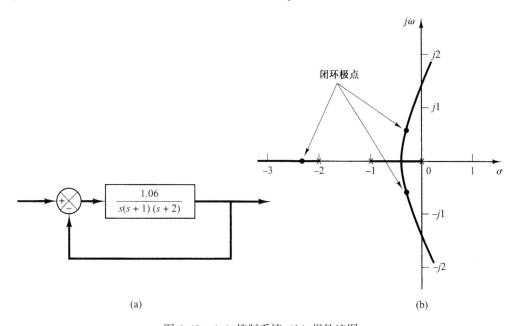

图 6.48　（a）控制系统；（b）根轨迹图

已校正系统的方框图如图 6.49 所示。在靠近主导闭环极点附近，已校正系统的根轨迹图如图 6.50(a) 所示，在该图上还示出了原根轨迹图。图 6.50(b) 所示为已校正系统在原点附近的根轨迹图。MATLAB 程序 6.11 可产生图 6.50(a) 和图 6.50(b) 所示的根轨迹图。

```
MATLAB程序6.11

% ***** Root-locus plots of the compensated system and
% uncompensated system *****

% ***** Enter the numerators and denominators of the
% compensated and uncompensated systems *****

numc = [1  0.05];
denc = [1  3.005  2.015  0.01  0];
num = [1.06];
den = [1  3  2  0];

% ***** Enter rlocus command. Plot the root loci of both
% systems *****

rlocus(numc,denc)
hold
Current plot held
rlocus(num,den)
```

```
v = [-3  1  -2  2]; axis(v); axis('square')
grid
text(-2.8,0.2,'Compensated system')
text(-2.8,1.2,'Uncompensated system')
text(-2.8,0.58,'Original closed-loop pole')
text(-0.1,0.85,'New closed-')
text(-0.1,0.62,'loop pole')
title('Root-Locus Plots of Compensated and Uncompensated Systems')

hold
Current plot released

% ***** Plot root loci of the compensated system near the origin *****

rlocus(numc,denc)
v = [-0.6  0.6  -0.6  0.6]; axis(v); axis('square')
grid
title('Root-Locus Plot of Compensated System near the Origin')
```

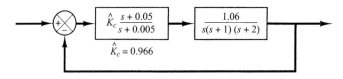

图 6.49　已校正系统

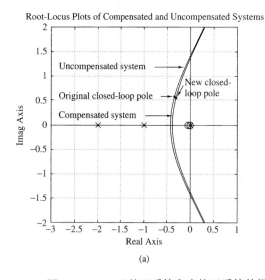

(a)

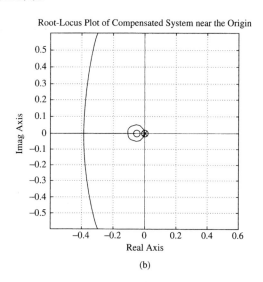

(b)

图 6.50　(a) 已校正系统和未校正系统的根轨迹图;(b) 已校正系统在原点附近在根轨迹图

如果新主导闭环极点的阻尼比保持不变,则根据新根轨迹图求得极点如下:

$$s_1 = -0.31 + j0.55, \qquad s_2 = -0.31 - j0.55$$

开环增益 K 由幅值条件确定如下:

$$K = \left| \frac{s(s + 0.005)(s + 1)(s + 2)}{s + 0.05} \right|_{s=-0.31+j0.55}$$

$$= 1.0235$$

因此,滞后校正装置的增益 $\hat{K}_c$ 求得为

$$\hat{K}_c = \frac{K}{1.06} = \frac{1.0235}{1.06} = 0.9656$$

设计出的滞后校正装置的传递函数为

$$G_c(s) = 0.9656 \frac{s + 0.05}{s + 0.005} = 9.656 \frac{20s + 1}{200s + 1} \tag{6.20}$$

于是，已校正系统具有下列开环传递函数：

$$G_1(s) = \frac{1.0235(s + 0.05)}{s(s + 0.005)(s + 1)(s + 2)}$$

$$= \frac{5.12(20s + 1)}{s(200s + 1)(s + 1)(0.5s + 1)}$$

静态速度误差常数 K_v 为

$$K_v = \lim_{s \to 0} sG_1(s) = 5.12 \text{ s}^{-1}$$

在已校正的系统中，静态速度误差常数增加到 5.12 s^{-1}，即增加到原值的 5.12/0.53 = 9.66 倍(对于斜坡输入信号，系统的稳态误差大约减小到原系统的 10%)。这样就基本上达到了将静态速度误差常数增加到 5 s^{-1} 的设计目的。

因为滞后校正装置的极点和零点彼此靠得很近，并且紧靠原点，所以它们对原根轨迹的形状影响很小。除了靠近原点出现的小的封闭根轨迹外，已校正系统和未校正系统的根轨迹彼此非常相似。但是，已校正系统的静态速度误差常数值将是未校正系统的 9.66 倍。

已校正系统的其他两个闭环极点求得为

$$s_3 = -2.326, \qquad s_4 = -0.0549$$

增加滞后校正装置后，把系统的阶次从 3 增大到 4，从而增加了一个附加的闭环极点，该极点靠近滞后校正装置的零点(增加的闭环极点位于 $s = -0.0549$ 处，它靠近于零点 $s = -0.05$)。这样一对零点和极点，将会在瞬态响应中产生一种幅值很小、时间较长的拖尾现象。在后面的单位阶跃响应中，我们将会看到这种现象。因为极点 $s = -2.326$ 与主导闭环极点相比，距 $j\omega$ 轴很远，所以该极点对瞬态响应的影响也很小。因此可以认为，闭环极点 $s = -0.3 \pm j0.55$ 是主导闭环极点。

已校正系统主导闭环极点的无阻尼自然频率为 0.631 rad/s，该值比原来的 0.673 rad/s 大约小 6%。这意味着已校正系统的瞬态响应比原系统慢，其响应需要经过较长的时间才能静止下来。已校正系统在阶跃响应中的最大过调量将增大。如果这些不利影响是允许的，那么这里讨论的滞后校正对于给定的设计问题来说，提供了满意的解答。

下面我们对已校正系统和未校正系统的单位斜坡响应进行比较，并且证明已校正系统的稳态性能比未校正系统的要好得多。

为了用 MATLAB 求单位斜坡响应，对系统 $C(s)/[sR(s)]$ 应用 step 命令。因为对于已校正系统，

$$\frac{C(s)}{sR(s)} = \frac{1.0235(s + 0.05)}{s[s(s + 0.005)(s + 1)(s + 2) + 1.0235(s + 0.05)]}$$

$$= \frac{1.0235s + 0.0512}{s^5 + 3.005s^4 + 2.015s^3 + 1.0335s^2 + 0.0512s}$$

所以

$$\text{numc} = [1.0235 \quad 0.0512]$$
$$\text{denc} = [1 \quad 3.005 \quad 2.015 \quad 1.0335 \quad 0.0512 \quad 0]$$

另外，对于未校正系统，

$$\frac{C(s)}{sR(s)} = \frac{1.06}{s[s(s+1)(s+2)+1.06]}$$

$$= \frac{1.06}{s^4 + 3s^3 + 2s^2 + 1.06s}$$

因此
$$\text{num} = [1.06]$$
$$\text{den} = [1 \quad 3 \quad 2 \quad 1.06 \quad 0]$$

MATLAB 程序 6.12 产生单位斜坡响应曲线图。图 6.51 所示为这些响应曲线。显然，在跟踪单位斜坡输入信号时，已校正系统具有更小的稳态误差(它是原系统稳态误差的十分之一)。

```
MATLAB程序6.12

% ***** Unit-ramp responses of compensated system and
% uncompensated system *****

% ***** Unit-ramp response will be obtained as the unit-step
% response of C(s)/[sR(s)] *****
% ***** Enter the numerators and denominators of C1(s)/[sR(s)]
% and C2(s)/[sR(s)], where C1(s) and C2(s) are Laplace
% transforms of the outputs of the compensated and un-
% compensated systems, respectively. *****

numc = [1.0235  0.0512];
denc = [1  3.005  2.015  1.0335  0.0512  0];
num = [1.06];
den = [1  3  2  1.06  0];

% ***** Specify the time range (such as t= 0:0.1:50) and enter
% step command and plot command. *****

t = 0:0.1:50;
c1 = step(numc,denc,t);
c2 = step(num,den,t);
plot(t,c1,'-',t,c2,'.',t,t,'--')
grid
text(2.2,27,'Compensated system');
text(26,21.3,'Uncompensated system');
title('Unit-Ramp Responses of Compensated and Uncompensated Systems')
xlabel('t Sec');
ylabel('Outputs c1 and c2')
```

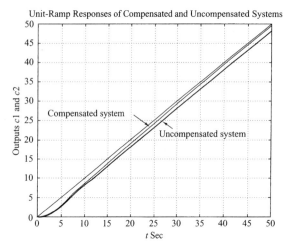

图 6.51　已校正和未校正系统的单位斜坡
　　　　 响应[校正装置由式(6.20)给出]

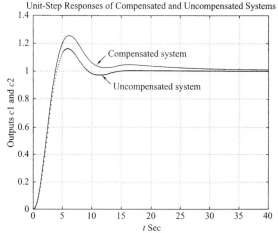

图 6.52　已校正和未校正系统的单位阶跃
　　　　 响应[校正装置由式(6.20)给出]

　　MATLAB 程序 6.13 产生已校正系统和未校正系统的单位阶跃响应曲线。图 6.52 所示为这些单位阶跃响应曲线。滞后校正系统比原来的未校正系统呈现出更大的最大过调量和更为缓慢的响应。一对位于 $s = -0.0549$ 的极点和位于 $s = -0.05$ 的零点，在瞬态响应中产生一种幅值很小、时间较长的拖尾。如果较大的最大过调量和缓慢的响应不能满足要求，则必须采用 6.8 节介绍的滞后–超前校正装置。

```
MATLAB程序6.13

% ***** Unit-step responses of compensated system and
% uncompensated system *****

% ***** Enter the numerators and denominators of the
% compensated and uncompensated systems *****

numc = [1.0235  0.0512];
denc = [1  3.005  2.015  1.0335  0.0512];
num = [1.06];
den = [1  3  2  1.06];

% ***** Specify the time range (such as t = 0:0.1:40) and enter
% step command and plot command. *****

t = 0:0.1:40;
c1 = step(numc,denc,t);
c2 = step(num,den,t);
plot(t,c1,'−',t,c2,'.')
grid
text(13,1.12,'Compensated system')
text(13.6,0.88,'Uncompensated system')
title('Unit−Step Responses of Compensated and Uncompensated Systems')
xlabel('t Sec')
ylabel('Outputs c1 and c2')
```

　　应当指出，在一定的环境中，超前校正装置和滞后校正装置均能满足给定的指标(包括瞬态响应指标和稳态指标)。因此，两种校正都可以采用。

6.8　滞后–超前校正

　　超前校正的作用基本上是使响应加快，使系统的稳定性增加。滞后校正的作用则是改善系统的稳态精确度，但将减慢响应速度。

　　如果要同时改善瞬态响应和稳态响应，则可能需要同时采用超前校正装置和滞后校正装置。当然，比较经济的方法是采用单一滞后–超前校正装置，而不是把超前校正装置和滞后校正装置作为分离元件而同时引入系统。

　　滞后–超前校正综合了滞后和超前校正两者的优点。因为滞后–超前校正装置具有两个极点和两个零点，所以如果在校正系统中没有发生极点和零点相消，采用这种校正方法后，则会使系统的阶次增大两阶。

6.8.1　利用运算放大器构成的电子滞后–超前校正装置

　　图 6.53 所示为一个用运算放大器构成的电子滞后–超前校正装置。该校正装置的传递函数求得如下。复数阻抗 Z_1 由下式确定

$$\frac{1}{Z_1} = \frac{1}{R_1 + \dfrac{1}{C_1 s}} + \frac{1}{R_3}$$

即

$$Z_1 = \frac{(R_1C_1s + 1)R_3}{(R_1 + R_3)C_1s + 1}$$

类似地,复数阻抗 Z_2 由下式确定:

$$Z_2 = \frac{(R_2C_2s + 1)R_4}{(R_2 + R_4)C_2s + 1}$$

因此

$$\frac{E(s)}{E_i(s)} = -\frac{Z_2}{Z_1} = -\frac{R_4}{R_3}\frac{(R_1 + R_3)C_1s + 1}{R_1C_1s + 1} \cdot \frac{R_2C_2s + 1}{(R_2 + R_4)C_2s + 1}$$

反号器的传递函数为

$$\frac{E_o(s)}{E(s)} = -\frac{R_6}{R_5}$$

因此,图 6.53 所示校正装置的传递函数为

$$\frac{E_o(s)}{E_i(s)} = \frac{E_o(s)}{E(s)}\frac{E(s)}{E_i(s)} = \frac{R_4R_6}{R_3R_5}\left[\frac{(R_1 + R_3)C_1s + 1}{R_1C_1s + 1}\right]\left[\frac{R_2C_2s + 1}{(R_2 + R_4)C_2s + 1}\right] \qquad (6.21)$$

定义　　　$T_1 = (R_1 + R_3)C_1, \qquad \frac{T_1}{\gamma} = R_1C_1, \qquad T_2 = R_2C_2, \qquad \beta T_2 = (R_2 + R_4)C_2$

于是方程(6.21)变为

$$\frac{E_o(s)}{E_i(s)} = K_c\frac{\beta}{\gamma}\left(\frac{T_1s + 1}{\frac{T_1}{\gamma}s + 1}\right)\left(\frac{T_2s + 1}{\beta T_2s + 1}\right) = K_c\frac{\left(s + \frac{1}{T_1}\right)\left(s + \frac{1}{T_2}\right)}{\left(s + \frac{\gamma}{T_1}\right)\left(s + \frac{1}{\beta T_2}\right)} \qquad (6.22)$$

式中,

$$\gamma = \frac{R_1 + R_3}{R_1} > 1, \qquad \beta = \frac{R_2 + R_4}{R_2} > 1, \qquad K_c = \frac{R_2R_4R_6}{R_1R_3R_5}\frac{R_1 + R_3}{R_2 + R_4}$$

通常选择 $\beta = \gamma$ 。

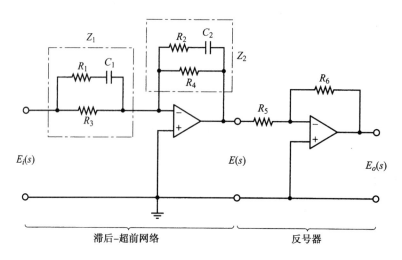

图 6.53　滞后–超前校正装置

6.8.2　基于根轨迹法的滞后-超前校正方法

考虑图 6.54 所示的系统。假设采用下列滞后-超前校正装置：

$$G_c(s) = K_c \frac{\beta}{\gamma} \frac{(T_1 s + 1)(T_2 s + 1)}{\left(\dfrac{T_1}{\gamma} s + 1\right)(\beta T_2 s + 1)} = K_c \left(\frac{s + \dfrac{1}{T_1}}{s + \dfrac{\gamma}{T_1}}\right)\left(\frac{s + \dfrac{1}{T_2}}{s + \dfrac{1}{\beta T_2}}\right) \tag{6.23}$$

式中 $\beta > 1$ 和 $\gamma > 1$（假设 K_c 属于滞后-超前校正装置的超前部分）。

在设计滞后-超前校正装置时，我们考虑两种情况，即 $\gamma \neq \beta$ 和 $\gamma = \beta$。

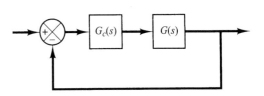

图 6.54　控制系统

6.8.2.1　情况 1：$\gamma \neq \beta$

在这种情况下，设计过程是超前校正装置的设计和滞后校正装置的设计两者的组合。滞后-超前校正装置的设计步骤如下。

1. 根据给定的性能指标，确定希望的闭环主导极点的位置。
2. 利用未校正系统的开环传递函数 $G(s)$，确定当主导闭环极点位于希望的位置时，辐角的缺额 ϕ。该辐角缺额 ϕ 必须由滞后-超前校正装置的相位超前部分产生。
3. 假设选择的 T_2 足够大，使得滞后部分的幅值

$$\left| \frac{s_1 + \dfrac{1}{T_2}}{s_1 + \dfrac{1}{\beta T_2}} \right|$$

近似为 1，式中 $s = s_1$ 是主导闭环极点之一。根据下列要求：

$$\left/ \frac{s_1 + \dfrac{1}{T_1}}{s_1 + \dfrac{\gamma}{T_1}} \right. = \phi$$

选取 T_1 和 γ 的值。T_1 和 γ 的选择不是唯一的（可能存在无穷多个 T_1 和 γ 的集合）。根据下列幅值条件确定 K_c 的值：

$$\left| K_c \frac{s_1 + \dfrac{1}{T_1}}{s_1 + \dfrac{\gamma}{T_1}} G(s_1) \right| = 1$$

4. 如果规定了静态速度误差常数 K_v，则可以确定 β 值，以满足对 K_v 的要求。静态速度误差常数 K_v 由下式确定：

$$K_v = \lim_{s \to 0} s G_c(s) G(s)$$

$$= \lim_{s \to 0} s K_c \left(\frac{s + \dfrac{1}{T_1}}{s + \dfrac{\gamma}{T_1}}\right)\left(\frac{s + \dfrac{1}{T_2}}{s + \dfrac{1}{\beta T_2}}\right) G(s)$$

$$= \lim_{s \to 0} s K_c \frac{\beta}{\gamma} G(s)$$

式中的 K_c 和 γ 已经在第三步中确定。因此,当给定 K_v 值后,β 的值可以由上述方程确定。利用已经确定的 β 值,选择 T_2 值,使得

$$\left| \frac{s_1 + \dfrac{1}{T_2}}{s_1 + \dfrac{1}{\beta T_2}} \right| \doteq 1$$

$$-5° < \left/ \frac{s_1 + \dfrac{1}{T_2}}{s_1 + \dfrac{1}{\beta T_2}} \right. < 0°$$

例 6.8 演示了上述设计步骤。

6.8.2.2　情况 2:$\gamma = \beta$

如果在方程(6.23)中要求 $\gamma = \beta$,则滞后–超前校正装置的上述设计步骤修改如下。

1. 根据给定的性能指标,确定希望的主导闭环极点位置。

2. 由方程(6.23)给出的滞后–超前校正装置可改写为

$$G_c(s) = K_c \frac{(T_1 s + 1)(T_2 s + 1)}{\left(\dfrac{T_1}{\beta} s + 1 \right)(\beta T_2 s + 1)} = K_c \frac{\left(s + \dfrac{1}{T_1} \right)\left(s + \dfrac{1}{T_2} \right)}{\left(s + \dfrac{\beta}{T_1} \right)\left(s + \dfrac{1}{\beta T_2} \right)} \tag{6.24}$$

式中 $\beta > 1$。已校正系统的开环传递函数为 $G_c(s)G(s)$。如果规定了静态速度误差常数 K_v,则可以由下列方程确定常数 K_c 的值:

$$K_v = \lim_{s \to 0} s G_c(s) G(s)$$
$$= \lim_{s \to 0} s K_c G(s)$$

3. 为了能使主导闭环极点位于希望的位置,需要计算由滞后–超前校正装置的相位超前部分必须产生的辐角 ϕ。

4. 对于滞后–超前校正装置,选取足够大的 T_2,使得

$$\left| \frac{s_1 + \dfrac{1}{T_2}}{s_1 + \dfrac{1}{\beta T_2}} \right|$$

近似为 1,式中 $s = s_1$ 是主导闭环极点之一。由下列幅值和辐角条件,确定 T_1 和 β 的值:

$$\left| K_c \left(\frac{s_1 + \dfrac{1}{T_1}}{s_1 + \dfrac{\beta}{T_1}} \right) G(s_1) \right| = 1$$

$$\left/ \frac{s_1 + \dfrac{1}{T_1}}{s_1 + \dfrac{\beta}{T_1}} \right. = \phi$$

5. 利用确定的 β 值选择 T_2，使得

$$\left| \frac{s_1 + \dfrac{1}{T_2}}{s_1 + \dfrac{1}{\beta T_2}} \right| \doteq 1$$

$$-5° < \left/ \frac{s_1 + \dfrac{1}{T_2}}{s_1 + \dfrac{1}{\beta T_2}} \right. < 0°$$

滞后–超前校正装置的最大时间常数 βT_2 不应该太大，否则在物理上将难以实现（在例 6.9 中，给出了一个当 $\gamma = \beta$ 时，滞后–超前校正装置的设计示例）。

例 6.8　考虑图 6.55 所示的控制系统，其前向传递函数为

$$G(s) = \frac{4}{s(s + 0.5)}$$

该系统的闭环极点位于

$$s = -0.2500 \pm j1.9843$$

阻尼比为 0.125，无阻尼自然频率为 2 rad/s，静态速度误差常数为 8 s^{-1}。

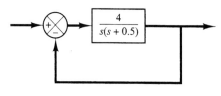

图 6.55　控制系统

现在需要使主导闭环极点的阻尼比等于 0.5，使无阻尼自然频率增加到 5 rad/s，使静态速度误差常数增加到 80 s^{-1}。试设计一个适当的校正装置，以满足所有的性能指标。

假设采用的滞后–超前校正装置具有下列传递函数：

$$G_c(s) = K_c \left(\frac{s + \dfrac{1}{T_1}}{s + \dfrac{\gamma}{T_1}} \right) \left(\frac{s + \dfrac{1}{T_2}}{s + \dfrac{1}{\beta T_2}} \right) \qquad (\gamma > 1, \beta > 1)$$

式中 $\gamma \neq \beta$。于是校正系统将具有下列传递函数：

$$G_c(s)G(s) = K_c \left(\frac{s + \dfrac{1}{T_1}}{s + \dfrac{\gamma}{T_1}} \right) \left(\frac{s + \dfrac{1}{T_2}}{s + \dfrac{1}{\beta T_2}} \right) G(s)$$

根据性能指标，闭环主导极点必须位于

$$s = -2.50 \pm j4.33$$

因为

$$\left/ \frac{4}{s(s + 0.5)} \right|_{s = -2.50 + j4.33} = -235°$$

所以，滞后–超前校正装置的相位超前部分必须产生 55° 的辐角增量，以便使根轨迹通过希望的闭环主导极点的位置。

为了设计校正装置的相位超前部分，首先需要确定产生 55° 辐角增量的零点和极点的位置。这里可以有许多种选择，但是我们选择零点位于 $s = -0.5$，以便使零点与控制对象的极点 $s = -0.5$

相抵消。一旦零点被选定,极点的位置便可以相应地确定,以保证辐角增量为 55°。通过简单的计算或图解分析,可知极点必须位于 $s = -5.02$。因此,滞后-超前校正装置的相位超前部分为

$$K_c \frac{s + \dfrac{1}{T_1}}{s + \dfrac{\gamma}{T_1}} = K_c \frac{s + 0.5}{s + 5.02}$$

因此
$$T_1 = 2, \qquad \gamma = \frac{5.02}{0.5} = 10.04$$

下面根据幅值条件,确定 K_c 的值:

$$\left| K_c \frac{s + 0.5}{s + 5.02} \frac{4}{s(s + 0.5)} \right|_{s = -2.5 + j4.33} = 1$$

因此,
$$K_c = \left| \frac{(s + 5.02)s}{4} \right|_{s = -2.5 + j4.33} = 6.26$$

校正装置的相位滞后部分设计如下。首先,根据对静态速度误差常数的要求,确定 β 的值:

$$K_v = \lim_{s \to 0} s G_c(s) G(s) = \lim_{s \to 0} s K_c \frac{\beta}{\gamma} G(s)$$

$$= \lim_{s \to 0} s(6.26) \frac{\beta}{10.04} \frac{4}{s(s + 0.5)} = 4.988\beta = 80$$

因此,β 被确定为 $\beta = 16.04$。最后,选择 T_2 值,使得满足下列两个条件:

$$\left| \frac{s + \dfrac{1}{T_2}}{s + \dfrac{1}{16.04 T_2}} \right|_{s = -2.5 + j4.33} \doteq 1$$

和
$$-5° < \left/ \frac{s + \dfrac{1}{T_2}}{s + \dfrac{1}{16.04 T_2}} \right._{s = -2.5 + j4.33} < 0°$$

我们可以选取若干 T_2 值,并且检验是否满足幅值和辐角条件。通过简单计算可发现 $T_2 = 5$ 时,

$$1 > \text{幅值} > 0.98, \quad -2.10° < \text{辐角} < 0°$$

因为 $T_2 = 5$ 满足上述两个条件,所以可以选择

$$T_2 = 5$$

于是,设计出来的滞后-超前校正装置的传递函数为

$$G_c(s) = (6.26) \left(\frac{s + \dfrac{1}{2}}{s + \dfrac{10.04}{2}} \right) \left(\frac{s + \dfrac{1}{5}}{s + \dfrac{1}{16.04 \times 5}} \right)$$

$$= 6.26 \left(\frac{s + 0.5}{s + 5.02} \right) \left(\frac{s + 0.2}{s + 0.01247} \right)$$

$$= \frac{10(2s + 1)(5s + 1)}{(0.1992s + 1)(80.19s + 1)}$$

已校正系统具有下列开环传递函数:

$$G_c(s)G(s) = \frac{25.04(s + 0.2)}{s(s + 5.02)(s + 0.01247)}$$

因为 $(s + 0.5)$ 这一项被对消，所以已校正系统是一个三阶系统（从数学意义上看，该对消是严格的，但是实际上对消并不严格。因为在推导系统的数学模型时，通常都包含某些近似，其结果是造成了时间常数的不精确）。已校正系统的根轨迹如图 6.56(a) 所示。图 6.56(b) 所示为原点附近的根轨迹图经放大后的结果。因为滞后-超前校正装置相位滞后部分产生的辐角相当小，所以主导闭环极点的位置与希望的位置 $s = -2.5 \pm j4.33$ 相比只有很小的变化。已校正系统的特征方程为

$$s(s + 5.02)(s + 0.01247) + 25.04(s + 0.2) = 0$$

即　　　　　　　　$s^3 + 5.0325s^2 + 25.1026s + 5.008$

$$= (s + 2.4123 + j4.2756)(s + 2.4123 - j4.2756)(s + 0.2078) = 0$$

因此，新的闭环极点位于　　　　　　　　$s = -2.4123 \pm j4.2756$

新的阻尼比为 $\zeta = 0.491$。所以，已校正系统满足所有希望的性能指标。已校正系统的第三个闭环极点位于 $s = -0.2078$，因为该闭环极点非常接近于零点 $s = -0.2$，所以该极点对响应的影响很小（一般来说，如果在靠近原点的负实轴上存在一对彼此相距很近的极点和零点，则这种零-极点组合将在瞬态过程中产生长时间小幅值的拖尾现象）。

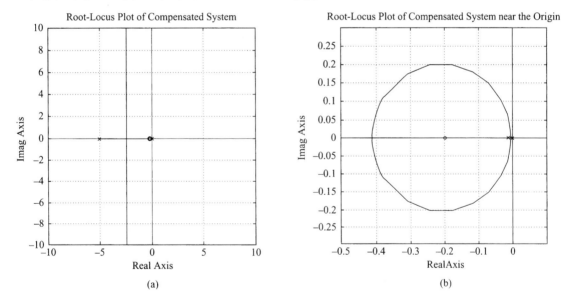

图 6.56　（a）已校正系统的根轨迹图；（b）原点附近的根轨迹图

图 6.57 所示为系统校正前后的单位阶跃响应曲线及单位斜坡响应曲线（注意，在已校正系统的单位阶跃响应中，存在长时间小幅值的拖尾现象）。

例 6.9　再次考虑例 6.8 中的控制系统。假设采用由方程(6.24)给出的滞后-超前校正装置，即

$$G_c(s) = K_c \frac{\left(s + \dfrac{1}{T_1}\right)\left(s + \dfrac{1}{T_2}\right)}{\left(s + \dfrac{\beta}{T_1}\right)\left(s + \dfrac{1}{\beta T_2}\right)} \qquad (\beta > 1)$$

又设性能指标与例 6.8 中给出的性能指标相同。试设计一个校正装置 $G_c(s)$。

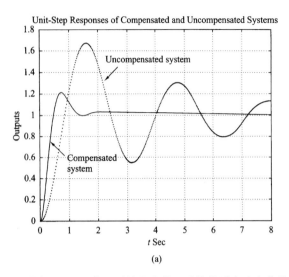

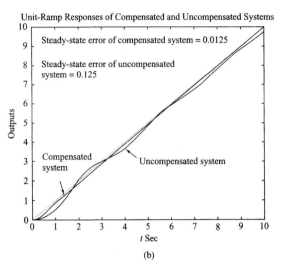

图 6.57　已校正系统和未校正系统的瞬态响应曲线。(a) 单位阶跃响应曲线；(b) 单位斜坡响应曲线

主导闭环极点的希望位置为

$$s = -2.50 \pm j4.33$$

已校正系统的开环传递函数为

$$G_c(s)G(s) = K_c \frac{\left(s + \dfrac{1}{T_1}\right)\left(s + \dfrac{1}{T_2}\right)}{\left(s + \dfrac{\beta}{T_1}\right)\left(s + \dfrac{1}{\beta T_2}\right)} \cdot \frac{4}{s(s + 0.5)}$$

因为对静态速度误差常数 K_v 的要求是 $K_v = 80 \text{ s}^{-1}$，所以

$$K_v = \lim_{s \to 0} sG_c(s)G(s) = \lim_{s \to 0} K_c \frac{4}{0.5} = 8K_c = 80$$

因此

$$K_c = 10$$

时间常数 T_1 和 β 值由下列关系式确定：

$$\left|\frac{s + \dfrac{1}{T_1}}{s + \dfrac{\beta}{T_1}}\right| \left|\frac{40}{s(s + 0.5)}\right|_{s=-2.5+j4.33} = \left|\frac{s + \dfrac{1}{T_1}}{s + \dfrac{\beta}{T_1}}\right| \frac{8}{4.77} = 1$$

$$\left/\frac{s + \dfrac{1}{T_1}}{s + \dfrac{\beta}{T_1}}\right._{s=-2.5+j4.33} = 55°$$

(在例 6.8 中已经求得辐角的缺额为 55°)。参考图 6.58，可以很容易地确定 A 点和 B 点的位置，使得

$$\underline{/APB} = 55°, \qquad \frac{\overline{PA}}{\overline{PB}} = \frac{4.77}{8}$$

(应用图解方法或三角学方法)。结果得到

$$\overline{AO} = 2.38, \qquad \overline{BO} = 8.34$$

即
$$T_1 = \frac{1}{2.38} = 0.420, \qquad \beta = 8.34T_1 = 3.503$$

因此，滞后-超前网络的相位超前部分为

$$10\left(\frac{s + 2.38}{s + 8.34}\right)$$

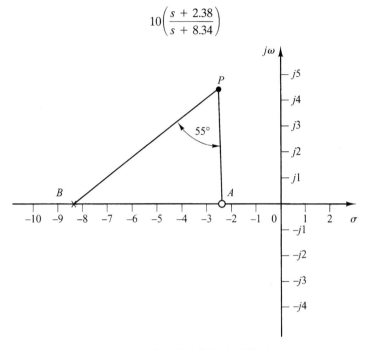

图 6.58　确定希望的零-极点位置

对于相位滞后部分，选择 T_2 使其满足下列条件：

$$\left|\frac{s + \dfrac{1}{T_2}}{s + \dfrac{1}{3.503T_2}}\right|_{s=-2.50+j4.33} \doteq 1, \qquad -5° < \left|\frac{s + \dfrac{1}{T_2}}{s + \dfrac{1}{3.503T_2}}\right|_{s=-2.50+j4.33} < 0°$$

通过简单计算可以发现，如果选择 $T_2 = 5$，则

$$1 > 幅值 > 0.98, \quad -1.5° < 辐角 < 0°$$

如果选择 $T_2 = 10$，则

$$1 > 幅值 > 0.99, \quad -1° < 辐角 < 0°$$

因 T_2 是滞后-超前校正装置的时间常数之一，所以它不能太大。如果从实用角度考虑可以接受 $T_2 = 10$，那么就可以选择 $T_2 = 10$。于是，

$$\frac{1}{\beta T_2} = \frac{1}{3.503 \times 10} = 0.0285$$

因此，滞后-超前校正装置为

$$G_c(s) = (10)\left(\frac{s + 2.38}{s + 8.34}\right)\left(\frac{s + 0.1}{s + 0.0285}\right)$$

已校正系统具有的开环传递函数为

$$G_c(s)G(s) = \frac{40(s + 2.38)(s + 0.1)}{(s + 8.34)(s + 0.0285)s(s + 0.5)}$$

在这种情况下，未发生对消现象，因此已校正系统为四阶系统。因为滞后–超前网络的相位滞后部分产生的辐角相当小，所以主导闭环极点非常接近希望的位置。事实上，主导闭环极点位置可以由特征方程求得如下。已校正系统的特征方程为

$$(s + 8.34)(s + 0.0285)s(s + 0.5) + 40(s + 2.38)(s + 0.1) = 0$$

它可以简化为

$$s^4 + 8.8685s^3 + 44.4219s^2 + 99.3188s + 9.52$$

$$= (s + 2.4539 + j4.3099)(s + 2.4539 - j4.3099)(s + 0.1003)(s + 3.8604) = 0$$

主导闭环极点位于

$$s = -2.4539 \pm j4.3099$$

其他两个闭环极点位于

$$s = -0.1003; \qquad s = -3.8604$$

因为闭环极点 $s = -0.1003$ 非常靠近零点 $s = -0.1$，所以它们几乎互相对消。因此，该闭环极点的影响很小。另外一个闭环极点 ($s = -3.8604$) 不能完全与零点 $s = -2.4$ 对消。与没有零点的类似系统比较，该零点的影响是在阶跃响应中造成了较大的过调量。已校正系统和未校正系统的单位阶跃响应曲线示于图 6.59(a)，已校正系统和未校正系统的单位斜坡响应曲线示于图 6.59(b)。

已校正系统在单位阶跃响应中的最大过调量约为 38%(这个值远大于例 6.8 的设计中得到的最大过调量 21%)。如果 $\gamma = \beta$ 是所希望的，那么就本例题而言，有可能使最大过调量从 38% 稍许减小，但是不可能减小到 20%。当不希望 $\gamma = \beta$ 时，会有一个额外的参数可供调整，从而可以减小最大过调量。

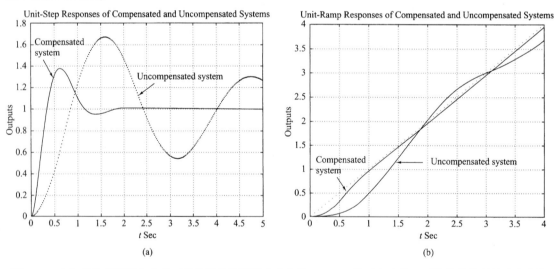

图 6.59   (a) 已校正系统和未校正系统的单位阶跃响应曲线；(b) 已校正和未校正系统的单位斜坡响应曲线

6.9   并联校正

至此，我们利用超前、滞后或滞后–超前校正装置，介绍了串联校正方法。在这一节内将讨论并联校正方法。因为在并联校正设计中，控制器(或校正器)位于小回路中，所以设计工作可能比在串联校正情况下更为复杂。但是如果把它的特征方程改写成与串联校正系统的特征方程相同的形式，设计就不复杂了。在这一节中，我们将介绍包含有并联校正的简单设计问题。

6.9.1　并联校正系统设计的基本原理

参考图 6.60(a)，这是一个包含着串联校正的系统，它的闭环传递函数为

$$\frac{C}{R} = \frac{G_c G}{1 + G_c G H}$$

特征方程为

$$1 + G_c G H = 0$$

当给定 G 和 H 时，设计问题变成确定校正装置 G_c，以满足给定的性能指标。

具有并联校正的系统[见图 6.60(b)]的闭环传递函数为

$$\frac{C}{R} = \frac{G_1 G_2}{1 + G_2 G_c + G_1 G_2 H}$$

特征方程为

$$1 + G_1 G_2 H + G_2 G_c = 0$$

用不包含 G_c 的各项之和去除上述特征方程，得到

$$1 + \frac{G_c G_2}{1 + G_1 G_2 H} = 0 \tag{6.25}$$

如果定义

$$G_f = \frac{G_2}{1 + G_1 G_2 H}$$

则方程(6.25)变为

$$1 + G_c G_f = 0$$

因为 G_f 是一个固定的传递函数，所以 G_c 的设计变成与串联校正时相同的情况。因此，同一种设计方法可以应用到并联校正系统中。

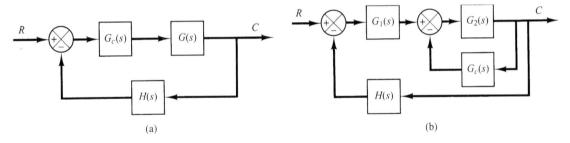

图 6.60　(a) 串联校正；(b) 并联校正或反馈校正

6.9.2　速度反馈系统

速度反馈系统(测速机反馈系统)是并联校正系统的一种例子。在这种系统中，控制器(或校正装置)是一种增益元件。小回路中反馈元件的增益必须适当地确定，以便使整个系统满足给定的设计指标。这种速度反馈系统的特点是，变量参数不以乘法因子的形式出现在开环传递函数中，因此不可能直接应用根轨迹设计方法。但是，通过改写特征方程，使变量参数以乘法因子出现，就可以把根轨迹法应用到设计中了。

例 6.10 介绍了一个控制系统设计的例子，它采用了并联校正技术。

例 6.10　考虑图 6.61 所示的系统。试绘出该系统的根轨迹图，然后确定 k 值，使得主导闭环极点的阻尼比等于 0.4。

这里在系统中包含了速度反馈。系统的开环传递函数为

$$\text{开环传递补函数} = \frac{20}{s(s+1)(s+4) + 20ks}$$

应当指出，可调节变量 k 未能以乘法因子的形式出现。该系统的特征方程为

$$s^3 + 5s^2 + 4s + 20ks + 20 = 0 \tag{6.26}$$

定义

$$20k = K$$

于是方程(6.26)变成

$$s^3 + 5s^2 + 4s + Ks + 20 = 0 \tag{6.27}$$

用所有不含 K 的项之和，除方程(6.27)的两边，得到

$$1 + \frac{Ks}{s^3 + 5s^2 + 4s + 20} = 0$$

即

$$1 + \frac{Ks}{(s+j2)(s-j2)(s+5)} = 0 \tag{6.28}$$

方程(6.28)具有与方程(6.11)相同的形式。

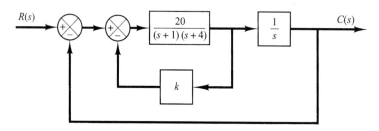

图 6.61　控制系统

我们来绘制由方程(6.28)给出的系统的根轨迹。注意到系统的开环极点位于 $s = j2$，$s = -j2$，$s = -5$，开环零点位于 $s = 0$。根轨迹存在于实轴上的 0 和 -5 之间。因为

$$\lim_{s \to \infty} \frac{Ks}{(s+j2)(s-j2)(s+5)} = \lim_{s \to \infty} \frac{K}{s^2}$$

所以得到

$$\text{渐近线倾角} = \frac{\pm 180°(2k+1)}{2} = \pm 90°$$

渐近线与实轴的交点可由下式：

$$\lim_{s \to \infty} \frac{Ks}{s^3 + 5s^2 + 4s + 20} = \lim_{s \to \infty} \frac{K}{s^2 + 5s + \cdots} = \lim_{s \to \infty} \frac{K}{(s+2.5)^2}$$

求得为

$$s = -2.5$$

自极点 $s = j2$ 出发的出射角(角 θ)可以由下式求得：

$$\theta = 180° - 90° - 21.8° + 90° = 158.2°$$

因此，从极点 $s = j2$ 出发的渐近线出射角为 158.2°。图 6.62 所示为系统的根轨迹。应当指出，根轨迹的两条分支起始于极点 $s = \pm j2$，而终止于无穷远处的零点。根轨迹其余一条分支则起始于极点 $s = -5$，而终止于零点 $s = 0$。

具有 $\zeta = 0.4$ 的闭环极点，必须位于通过原点且与负实轴构成 $\pm 66.42°$ 夹角的直线上。在目前情况下，s 上半平面内的根轨迹分支，与角度 66.42° 的直线的交点有两个。因此，两个 K 值均能使闭环极点的阻尼比 ζ 等于 0.4。在 P 点上，K 值为

$$K = \left| \frac{(s + j2)(s - j2)(s + 5)}{s} \right|_{s=-1.0490+j2.4065} = 8.9801$$

因此

$$K = \frac{K}{20} = 0.4490 \quad （在 P 点上）$$

在 Q 点上，K 值为

$$K = \left| \frac{(s + j2)(s - j2)(s + 5)}{s} \right|_{s=-2.1589+j4.9652} = 28.260$$

因此　　　$k = \dfrac{K}{20} = 1.4130 \quad （在 Q 点上）$

这样，对于该问题我们得到两个解。对于 $k = 0.4490$，三个闭环极点位于

$$s = -1.0490 + j2.4065, \quad s = -1.0490 - j2.4065,$$
$$s = -2.9021$$

对于 $k = 1.4130$，三个闭环极点位于

$$s = -2.1589 + j4.9652, \quad s = -2.1589 - j4.9652,$$
$$s = -0.6823$$

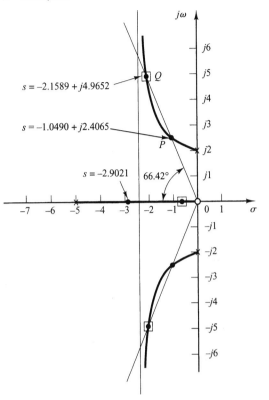

应当强调指出，位于原点的零点是开环零点，不是闭环极点。图 6.61 所示的原系统中不包含闭环零点。因为

$$\frac{G(s)}{R(s)} = \frac{20}{s(s + 1)(s + 4) + 20(1 + ks)}$$

位于 $s = 0$ 点的开环零点是在改造特征方程时，使可调变量 $K = 20k$ 以乘法因子的形式出现而引入的。

图 6.62　图 6.61 所示系统的根轨迹图

我们得到了两个不同的 k 值。它们都能满足使主导闭环极点的阻尼比等于 0.4 的要求。当 $k = 0.4490$ 时，闭环传递函数为

$$\frac{C(s)}{R(s)} = \frac{20}{s^3 + 5s^2 + 12.98s + 20}$$

$$= \frac{20}{(s + 1.0490 + j2.4065)(s + 1.0490 - j2.4065)(s + 2.9021)}$$

当 $k = 1.4130$ 时，闭环传递函数为

$$\frac{C(s)}{R(s)} = \frac{20}{s^3 + 5s^2 + 32.26s + 20}$$

$$= \frac{20}{(s + 2.1589 + j4.9652)(s + 2.1589 - j4.9652)(s + 0.6823)}$$

对于 $k = 0.4490$ 的系统，它具有一对主导共轭复数闭环极点，而对于 $k = 1.4130$ 的系统，它的实数闭环极点 $s = -0.6823$ 是主导极点，而共轭复数闭环极点并不是主导极点。在这种情况下，系统的响应特征主要由实数闭环极点来确定。

下面我们来比较这两个系统的单位阶跃响应。MATLAB 程序 6.14 可以用来在一幅图上绘出两个系统的单位阶跃响应曲线。图 6.63 所示为该程序绘出的单位阶跃响应曲线，$c_1(t)$ 相应于 $k = 0.4490$ 时的响应曲线，$c_2(t)$ 相应于 $k = 1.4130$ 时的响应曲线。

```
MATLAB程序6.14

% ---------- Unit-step response ----------

% ***** Enter numerators and denominators of systems with
% k = 0.4490 and k = 1.4130, respectively. *****

num1 = [20];
den1 = [1  5  12.98  20];
num2 = [20];
den2 = [1  5  32.26  20];
t = 0:0.1:10;
c1 = step(num1,den1,t);
c2 = step(num2,den2,t);
plot(t,c1,t,c2)
text(2.5,1.12,'k = 0.4490')
text(3.7,0.85,'k = 1.4130')
grid
title('Unit-step Responses of Two Systems')
xlabel('t Sec')
ylabel('Outputs c1 and c2')
```

由图 6.63 可以看出，$k = 0.4490$ 的系统响应是振荡的(闭环极点 $s = -2.9021$ 对单位阶跃响应的影响很小)。对于 $k = 1.4130$ 的系统，由闭环极点 $s = -2.1589 \pm j4.9652$ 引起的振荡的衰减速度，比由闭环极点 $s = -0.6823$ 引起的纯指数响应要快得多。

$k = 0.4490$ 的系统(它呈现出快速的响应并且具有相当小的过调量)比 $k = 1.4130$ 的系统(它呈现出缓慢的过阻尼响应特性)具备好得多的响应特性。因此，对于目前的系统，我们应当选取 $k = 0.4490$。

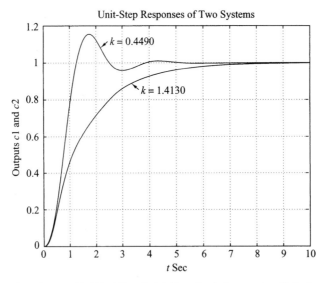

图 6.63　对于图 6.61 所示的系统，当主导闭环极点的阻尼比 ζ 设定为 0.4 时(两种可能的 k 值均能给出阻尼比 ζ 为 0.4)，系统的单位阶跃响应曲线

例题和解答

A.6.1　试绘出图 6.64(a)所示系统的根轨迹(假设增益 K 为正值)。观察在小 K 值或大 K 值时，该系统为过阻尼系统；在中等 K 值时，该系统为欠阻尼系统。

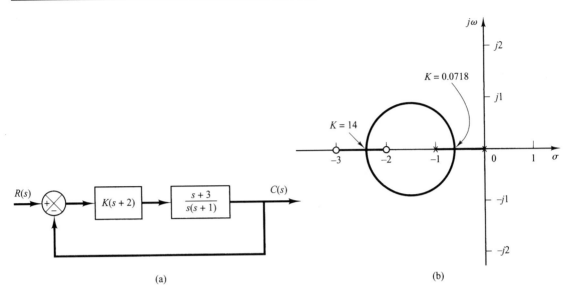

图 6.64 （a）控制系统；（b）根轨迹图

解:绘制根轨迹的步骤如下。

1. 找出开环极点和零点在复平面上的位置。在负实轴上 0 与 -1 之间和 -2 与 -3 之间存在根轨迹。

2. 开环极点与开环有限零点数目相同，这表明在 s 平面的复数域内没有渐近线。

3. 确定分离点和会合点。该系统的特征方程为

$$1 + \frac{K(s + 2)(s + 3)}{s(s + 1)} = 0$$

即

$$K = -\frac{s(s + 1)}{(s + 2)(s + 3)}$$

分离点和会合点由下式确定:

$$\frac{dK}{ds} = -\frac{(2s + 1)(s + 2)(s + 3) - s(s + 1)(2s + 5)}{[(s + 2)(s + 3)]^2}$$

$$= -\frac{4(s + 0.634)(s + 2.366)}{[(s + 2)(s + 3)]^2}$$

$$= 0$$

其值为 $\qquad s = -0.634, \qquad s = -2.366$

上述两点均位于根轨迹上，因此它们是实际的分离点或会合点。在点 $s = -0.634$ 上，K 值为

$$K = -\frac{(-0.634)(0.366)}{(1.366)(2.366)} = 0.0718$$

类似地，在点 $s = -2.366$ 上，K 值为

$$K = -\frac{(-2.366)(-1.366)}{(-0.366)(0.634)} = 14$$

因为点 $s = -0.634$ 位于两个极点之间，所以它是一个分离点。又因为点 $s = -2.366$ 位于两个零点之间，所以它是一个会合点。

4. 确定足够数量的满足辐角条件的点(可以看出，根轨迹包含一个中心位于 -1.5 处的圆，圆周通过分离点和会合点)。图 6.64(b)所示为该系统的根轨迹图。

对于任意正 K 值，系统都是稳定的，因为这时所有的根轨迹均位于 s 左半平面内。

小 K 值(0 < K < 0.0718)对应于过阻尼系统，中等 K 值(0.0718 < K < 14)对应于欠阻尼系统，大 K 值

$(14 < K)$ 对应于过阻尼系统,当系统具有大 K 值时,与系统具有小 K 值时相比,能在更短的时间内达到稳定状态。

K 值应该依据给定的性能指标,调整到使系统性能达到最佳的状况。

A.6.2 试画出图 6.65(a) 所示系统的根轨迹。

解:实轴上的根轨迹存在于 $s = -1$ 和 $s = -3.6$ 之间。根轨迹的渐近线确定如下:

$$渐近线倾角 = \frac{\pm 180°(2k + 1)}{3 - 1} = 90°, \ -90°$$

渐近线与实轴的交点由下式求得:

$$s = -\frac{0 + 0 + 3.6 - 1}{3 - 1} = -1.3$$

因为特征方程为

$$s^3 + 3.6s^2 + K(s + 1) = 0$$

所以

$$K = -\frac{s^3 + 3.6s^2}{s + 1}$$

分离点和会合点由下式求得:

$$\frac{\mathrm{d}K}{\mathrm{d}s} = -\frac{(3s^2 + 7.2s)(s + 1) - (s^3 + 3.6s^2)}{(s + 1)^2} = 0$$

即

$$s^3 + 3.3s^2 + 3.6s = 0$$

由此得到

$$s = 0, \quad s = -1.65 + j0.9367, \quad s = -1.65 - j0.9367$$

点 $s = 0$ 相应于实际的分离点。但是点 $s = 1.65 \pm j0.9367$ 既不是分离点,也不是会合点,因为这时相应的增益 K 变成了复数量。

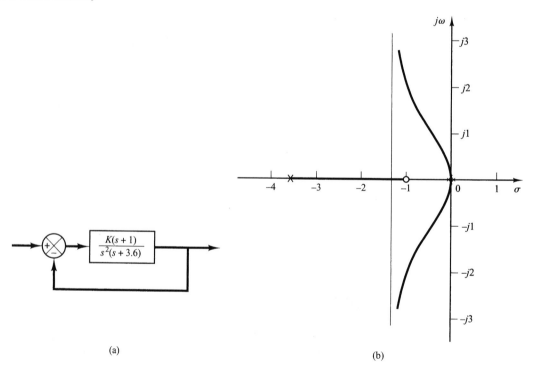

(a)

(b)

图 6.65 (a) 控制系统;(b) 根轨迹图

为了检验根轨迹分支与虚轴的交点,将 $s = j\omega$ 代入特征方程:

$$(j\omega)^3 + 3.6(j\omega)^2 + Kj\omega + K = 0$$

即
$$(K - 3.6\omega^2) + j\omega(K - \omega^2) = 0$$

注意，这个方程只有在 $\omega = 0$，$K = 0$ 时才能得到满足。因为在坐标原点存在双极点，所以根轨迹在 $\omega = 0$ 点与 $j\omega$ 轴相切。根轨迹分支不与 $j\omega$ 轴相交。图 6.65(b) 所示为此系统的根轨迹图。

A.6.3 试绘制出图 6.66(a) 所示系统的根轨迹。

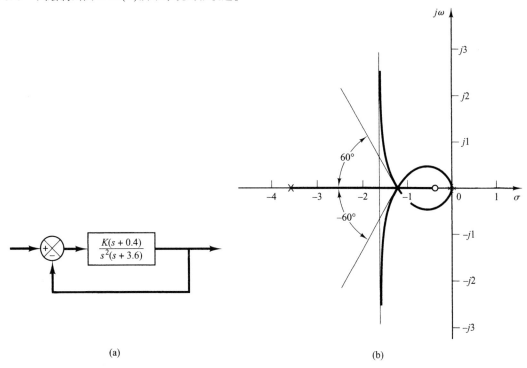

(a)　　　　　　　　　　　　　　　　　(b)

图 6.66　(a) 控制系统；(b) 根轨迹图

解： 实轴上的根轨迹存在于 $s = -0.4$ 和 $s = -3.6$ 之间。渐近线倾角由下式求得：

$$渐近线倾角 = \frac{\pm 180°(2k + 1)}{3 - 1} = 90°，-90°$$

渐近线与实轴的交点由下式求得：

$$s = -\frac{0 + 0 + 3.6 - 0.4}{3 - 1} = -1.6$$

下面求分离点。因为特征方程为　$s^3 + 3.6s^2 + Ks + 0.4K = 0$

所以
$$K = -\frac{s^3 + 3.6s^2}{s + 0.4}$$

分离点和会合点由下式确定：

$$\frac{\mathrm{d}K}{\mathrm{d}s} = -\frac{(3s^2 + 7.2s)(s + 0.4) - (s^3 + 3.6s^2)}{(s + 0.4)^2} = 0$$

由此得到
$$s^3 + 2.4s^2 + 1.44s = 0$$

即
$$s(s + 1.2)^2 = 0$$

因此，分离点或会合点为 $s = 0$ 和 $s = -1.2$。注意，$s = -1.2$ 为二重根。当 $\mathrm{d}K/\mathrm{d}s = 0$ 在点 $s = -1.2$ 上出现二重根时，在该点上有 $\mathrm{d}^2K/(\mathrm{d}s^2) = 0$。在点 $s = -1.2$ 上，增益 K 的值为

$$K = -\frac{s^3 + 3.6s^2}{s + 4}\bigg|_{s=-1.2} = 4.32$$

这表明,当 $K = 4.32$ 时,特征方程在点 $s = -1.2$ 上有三重根。这可以容易地证明如下:

$$s^3 + 3.6s^2 + 4.32s + 1.728 = (s + 1.2)^3 = 0$$

因此,有三条根轨迹分支在点 $s = -1.2$ 处会合。在趋于渐近线的根轨迹分支上的 $s = -1.2$ 处,根轨迹分支的出射角为 $\pm 180°/3$,即为 $60°$ 和 $-60°$(见例题 A.6.4)。

最后,我们检查根轨迹分支是否与虚轴相交。将 $s = j\omega$ 代入特征方程,得到

$$(j\omega)^3 + 3.6(j\omega)^2 + K(j\omega) + 0.4K = 0$$

即

$$(0.4K - 3.6\omega^2) + j\omega(K - \omega^2) = 0$$

该方程只有当 $\omega = 0$,$K = 0$ 时,才能够得到满足。在点 $\omega = 0$ 时,由于在原点上存在双极点,所以根轨迹与 $j\omega$ 轴相切。这里根轨迹分支与虚轴无交点。

图 6.66(b) 所示为该系统的根轨迹。

A.6.4 参考例题 A.6.3,求图 6.66(a) 所示系统的根轨迹分支方程。证明根轨迹分支在分离点上与实轴相交,并且具有 $\pm 60°$ 的倾角。

解:根轨迹分支方程由下列辐角条件得到:

$$\underline{/\dfrac{K(s + 0.4)}{s^2(s + 3.6)}} = \pm 180°(2k + 1)$$

它可以改写成

$$\underline{/s + 0.4} - 2\underline{/s} - \underline{/s + 3.6} = \pm 180°(2k + 1)$$

将 $s = \sigma + j\omega$ 代入上式,得到

$$\underline{/\sigma + j\omega + 0.4} - 2\underline{/\sigma + j\omega} - \underline{/\sigma + j\omega + 3.6} = \pm 180°(2k + 1)$$

即

$$\arctan\left(\frac{\omega}{\sigma + 0.4}\right) - 2\arctan\left(\frac{\omega}{\sigma}\right) - \arctan\left(\frac{\omega}{\sigma + 3.6}\right) = \pm 180°(2k + 1)$$

经过整理,得到

$$\arctan\left(\frac{\omega}{\sigma + 0.4}\right) - \arctan\left(\frac{\omega}{\sigma}\right) = \arctan\left(\frac{\omega}{\sigma}\right) + \arctan\left(\frac{\omega}{\sigma + 3.6}\right) \pm 180°(2k + 1)$$

取上述方程两边的正切,并且注意到

$$\tan\left[\arctan\left(\frac{\omega}{\sigma + 3.6}\right) \pm 180°(2k + 1)\right] = \frac{\omega}{\sigma + 3.6}$$

得到

$$\frac{\dfrac{\omega}{\sigma + 0.4} - \dfrac{\omega}{\sigma}}{1 + \dfrac{\omega}{\sigma + 0.4}\dfrac{\omega}{\sigma}} = \frac{\dfrac{\omega}{\sigma} + \dfrac{\omega}{\sigma + 3.6}}{1 - \dfrac{\omega}{\sigma}\dfrac{\omega}{\sigma + 3.6}}$$

上式可以简化为

$$\frac{\omega\sigma - \omega(\sigma + 0.4)}{(\sigma + 0.4)\sigma + \omega^2} = \frac{\omega(\sigma + 3.6) + \omega\sigma}{\sigma(\sigma + 3.6) - \omega^2}$$

即

$$\omega(\sigma^3 + 2.4\sigma^2 + 1.44\sigma + 1.6\omega^2 + \sigma\omega^2) = 0$$

上式可以进一步简化为

$$\omega\left[\sigma(\sigma + 1.2)^2 + (\sigma + 1.6)\omega^2\right] = 0$$

当 $\sigma \neq -1.6$ 时,上述方程写成

$$\omega\left[\omega - (\sigma + 1.2)\sqrt{\frac{-\sigma}{\sigma + 1.6}}\right]\left[\omega + (\sigma + 1.2)\sqrt{\frac{-\sigma}{\sigma + 1.6}}\right] = 0$$

于是有下列根轨迹方程:

$$\omega = 0$$

$$\omega = (\sigma + 1.2)\sqrt{\frac{-\sigma}{\sigma + 1.6}}$$

$$\omega = -(\sigma + 1.2)\sqrt{\frac{-\sigma}{\sigma + 1.6}}$$

方程 $\omega = 0$ 表示实轴。当 $0 \leqslant K \leqslant \infty$ 时，根轨迹位于点 $s = -0.4$ 和点 $s = -3.6$ 之间（除了这一条线段和原点 $s = 0$ 以外的实轴部分，相应于 $-\infty \leqslant K < 0$ 时的根轨迹）。

方程

$$\omega = \pm(\sigma + 1.2)\sqrt{\frac{-\sigma}{\sigma + 1.6}} \tag{6.29}$$

表示 $0 \leqslant K \leqslant \infty$ 时的复数根轨迹分支。这两个分支位于 $\sigma = -1.6$ 与 $\sigma = 0$ 之间，见图 6.66(b)。复数根轨迹分支在分离点（$\sigma = -1.2$）上的斜率，可以通过在点 $\sigma = -1.2$ 上计算方程(6.29)的导数 $\mathrm{d}\omega/\mathrm{d}\sigma$ 得到，即

$$\frac{\mathrm{d}\omega}{\mathrm{d}\sigma}\bigg|_{\sigma=-1.2} = \pm\sqrt{\frac{-\sigma}{\sigma + 1.6}}\bigg|_{\sigma=-1.2} = \pm\sqrt{\frac{1.2}{0.4}} = \pm\sqrt{3}$$

因为 $\arctan\sqrt{3} = 60°$，所以根轨迹分支与实轴的夹角为 $\pm60°$。

A.6.5　考虑图 6.67(a)所示的系统，试绘出该系统的根轨迹图。观察该系统在大 K 值或小 K 值时是欠阻尼系统，而在中等 K 值时是过阻尼系统。

解：实轴上的根轨迹存在于原点与 $-\infty$ 之间。根轨迹分支的渐近线倾角为

$$渐近线倾角 = \frac{\pm180°(2k+1)}{3} = 60°, -60°, -180°$$

渐近线与实轴的交点位置为

$$s = -\frac{0 + 2 + 2}{3} = -1.3333$$

分离点和会合点由方程 $\mathrm{d}K/\mathrm{d}s = 0$ 求得。因为特征方程为

$$s^3 + 4s^2 + 5s + K = 0$$

所以

$$K = -(s^3 + 4s^2 + 5s)$$

现在设

$$\frac{\mathrm{d}K}{\mathrm{d}s} = -(3s^2 + 8s + 5) = 0$$

于是得到

$$s = -1, \quad s = -1.6667$$

因为这些点位于根轨迹上，所以它们是实际的分离点或会合点（在点 $s = -1$ 上，K 值为 2；在点 $s = -1.6667$ 上，K 值为 1.852）。

在 s 上半平面内，复数极点的出射角为

$$\theta = 180° - 153.43° - 90°$$

即

$$\theta = -63.43°$$

在 s 上半平面内，从复数极点出发的根轨迹分支在点 $s = -1.6667$ 处进入实轴。

下面确定根轨迹分支与虚轴的交点。将 $s = j\omega$ 代入特征方程，可得到

$$(j\omega)^3 + 4(j\omega)^2 + 5(j\omega) + K = 0$$

即

$$(K - 4\omega^2) + j\omega(5 - \omega^2) = 0$$

由此得到

$$\omega = \pm\sqrt{5}, \; K = 20 \quad 或 \quad \omega = 0, K = 0$$

根轨迹分支在 $\omega = \sqrt{5}$ 和 $\omega = -\sqrt{5}$ 上与虚轴相交。实轴上的根轨迹分支在 $\omega = 0$ 处与 $j\omega$ 轴相接。图 6.67(b)绘出了该系统的根轨迹图。

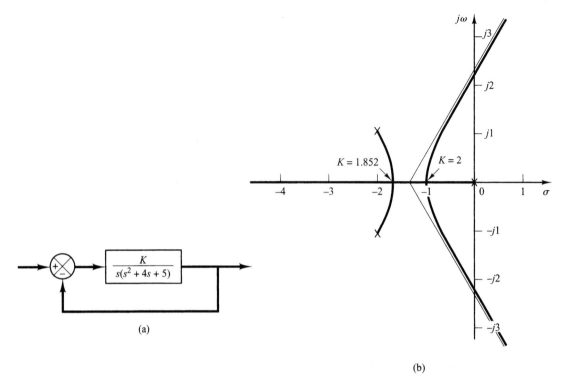

图 6.67　（a）控制系统；（b）根轨迹图

　　因为该系统是三阶系统，所以它有三个极点，该系统对于给定输入信号的响应特性，取决于闭环极点的位置。

　　当 $0 < K < 1.852$ 时，存在一对共轭复数闭环极点和一个实闭环极点。当 $1.852 \le K \le 2$ 时，存在三个实闭环极点。例如，闭环极点位于

$$s = -1.667, \qquad s = -1.667, \qquad s = -0.667, \qquad K = 1.852$$
$$s = -1, \qquad\quad s = -1, \qquad\quad s = -2, \qquad\quad\ K = 2$$

　　当 $K > 2$ 时，存在一对共轭复数闭环极点和一个实闭环极点。因此，小 K 值 $(0 < K < 1.852)$ 对应于欠阻尼系统(因为实闭环极点起主导作用，瞬态响应中仅呈现出微小波动)，中等 K 值 $(1.85 \le K \le 2)$ 对应于过阻尼系统，大 K 值 $(K > 2)$ 对应于欠阻尼系统。具有大 K 值的系统响应，比具有小 K 值的系统的响应快得多。

A.6.6　试绘出图 6.68(a)所示系统的根轨迹图。

　　解: 开环极点位于 $s = 0$，$s = -1$，$s = -2 + j3$ 和 $s = -2 - j3$。实轴上的根轨迹存在于点 $s = 0$ 和点 $s = -1$ 之间。渐近线可以求得为

$$\text{渐近线倾角} = \frac{\pm 180°(2k + 1)}{4} = 45°, \ -45°, \ 135°, \ -135°$$

渐近线与实轴的交点求得为

$$s = -\frac{0 + 1 + 2 + 2}{4} = -1.25$$

分离点和会合点可以由方程 $\mathrm{d}K/\mathrm{d}s = 0$ 求得。注意

$$K = -s(s + 1)(s^2 + 4s + 13) = -(s^4 + 5s^3 + 17s^2 + 13s)$$

得到

$$\frac{\mathrm{d}K}{\mathrm{d}s} = -(4s^3 + 15s^2 + 34s + 13) = 0$$

因此

$$s = -0.467, \qquad s = -1.642 + j\,2.067, \qquad s = -1.642 - j\,2.067$$

点 $s = -0.467$ 位于根轨迹上。因此，它是一个实际的分离点。相应于点 $s = -1.642 \pm j\,2.067$ 的增益 K 值是复数量。因为增益值不是正实数，所以这些点既不是分离点，也不是会合点。

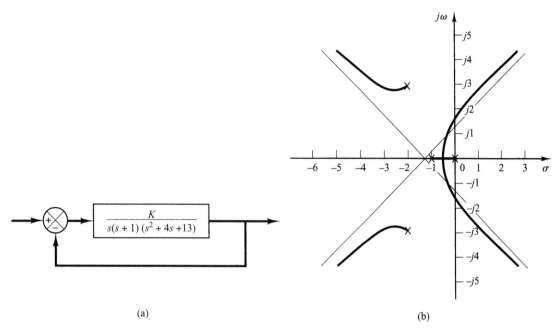

(a)　　　　　　　　　　　　　　(b)

图 6.68　（a）控制系统；（b）根轨迹图

在 s 上半平面上内，从复数极点出发的出射角为
$$\theta = 180° - 123.69° - 108.44° - 90°$$
即
$$\theta = -142.13°$$

下面求根轨迹与 $j\omega$ 轴的交点。因为特征方程为
$$s^4 + 5s^3 + 17s^2 + 13s + K = 0$$
将 $s = j\omega$ 代入上式，得到
$$(j\omega)^4 + 5(j\omega)^3 + 17(j\omega)^2 + 13(j\omega) + K = 0$$
即
$$(K + \omega^4 - 17\omega^2) + j\omega(13 - 5\omega^2) = 0$$
由此得到
$$\omega = \pm 1.6125, \ K = 37.44 \quad 或 \quad \omega = 0, \ K = 0$$
延伸到 s 右半平面的根轨迹分支，在 $\omega = \pm 1.6125$ 处与虚轴相交。此外，实轴上的根轨迹分支在 $\omega = 0$ 处与虚轴相接。图 6.68（b）所示为该系统的根轨迹图。应当指出，每一条延伸到 s 右半平面内的根轨迹分支，均与其自身的渐近线相交。

A.6.7　试绘出图 6.69（a）所示系统的根轨迹，并确定增益 K 的稳定范围。

解：开环极点位于 $s = 1$，$s = -2 + j\sqrt{3}$ 和 $s = -2 - j\sqrt{3}$。在实轴上，根轨迹存在于点 $s = 1$ 与 $s = -\infty$ 之间。根轨迹分支的渐近线求得如下：
$$渐近线倾角 = \frac{\pm 180°(2k + 1)}{3} = 60°, \ -60°, \ 180°$$
渐近线与实轴的交点求得为
$$s = -\frac{-1 + 2 + 2}{3} = -1$$
由 $\mathrm{d}K/\mathrm{d}s = 0$，可以求得分离点和会合点。
因为
$$K = -(s - 1)(s^2 + 4s + 7) = -(s^3 + 3s^2 + 3s - 7)$$

所以
$$\frac{\mathrm{d}K}{\mathrm{d}s} = -(3s^2 + 6s + 3) = 0$$

因此得到
$$(s + 1)^2 = 0$$

所以方程 $\mathrm{d}K/\mathrm{d}s = 0$ 具有二重根 $s = -1$(这意味着特征方程具有三重根 $s = -1$),分离点位于 $s = -1$。三条根轨迹分支在这一分离点上会合。在分离点上,根轨迹分支的出射角为 $\pm 180°/3$,即 $60°$ 和 $-60°$。

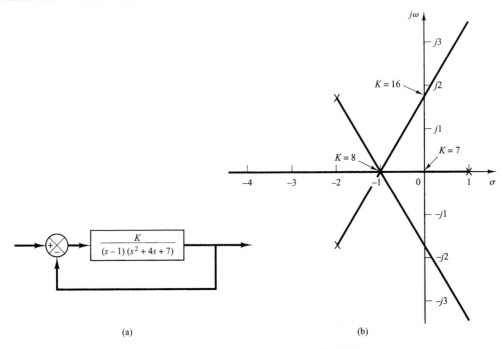

图 6.69 (a) 控制系统;(b) 根轨迹图

下面求根轨迹分支与虚轴的交点。注意特征方程为
$$(s - 1)(s^2 + 4s + 7) + K = 0$$

即
$$s^3 + 3s^2 + 3s - 7 + K = 0$$

把 $s = j\omega$ 代入上述方程,得到
$$(j\omega)^3 + 3(j\omega)^2 + 3(j\omega) - 7 + K = 0$$

改写上述方程,得到
$$(K - 7 - 3\omega^2) + j\omega(3 - \omega^2) = 0$$

满足此方程的条件是
$$\omega = \pm\sqrt{3}, \quad K = 7 + 3\omega^2 = 16$$

或
$$\omega = 0, \quad K = 7$$

所以,根轨迹分支与虚轴的交点为 $\omega = \pm\sqrt{3}$(此时 $K = 16$)和 $\omega = 0$(此时 $K = 7$)。因为在原点增益 K 的值为 7,所以增益 K 值的稳定范围为
$$7 < K < 16$$

图 6.69(b)所示为该系统的根轨迹图。所有根轨迹分支均由直线构成。

根轨迹分支由直线构成这一事实,可以证明如下。因为辐角条件为
$$\bigg/\frac{K}{(s - 1)(s + 2 + j\sqrt{3})(s + 2 - j\sqrt{3})} = \pm 180°(2k + 1)$$

所以

$$-\underline{/s-1} - \underline{/s+2+j\sqrt{3}} - \underline{/s+2-j\sqrt{3}} = \pm 180°(2k+1)$$

将 $s = \sigma + j\omega$ 代入上述方程, 可得

$$\underline{/\sigma-1+j\omega} + \underline{/\sigma+2+j\omega+j\sqrt{3}} + \underline{/\sigma+2+j\omega-j\sqrt{3}} = \pm 180°(2k+1)$$

即　　　$$\underline{/\sigma+2+j(\omega+\sqrt{3})} + \underline{/\sigma+2+j(\omega-\sqrt{3})} = -\underline{/\sigma-1+j\omega} \pm 180°(2k+1)$$

上式可改写成

$$\arctan\left(\frac{\omega+\sqrt{3}}{\sigma+2}\right) + \arctan\left(\frac{\omega-\sqrt{3}}{\sigma+2}\right) = -\arctan\left(\frac{\omega}{\sigma-1}\right) \pm 180°(2k+1)$$

取上述方程两边的正切, 得到

$$\frac{\dfrac{\omega+\sqrt{3}}{\sigma+2} + \dfrac{\omega-\sqrt{3}}{\sigma+2}}{1 - \left(\dfrac{\omega+\sqrt{3}}{\sigma+2}\right)\left(\dfrac{\omega-\sqrt{3}}{\sigma+2}\right)} = -\frac{\omega}{\sigma-1}$$

即　　　$$\frac{2\omega(\sigma+2)}{\sigma^2+4\sigma+4-\omega^2+3} = -\frac{\omega}{\sigma-1}$$

上式可简化为　　　$$2\omega(\sigma+2)(\sigma-1) = -\omega(\sigma^2+4\sigma+7-\omega^2)$$

即　　　$$\omega(3\sigma^2+6\sigma+3-\omega^2) = 0$$

将上述方程进一步简化, 得到

$$\omega\left(\sigma+1+\frac{1}{\sqrt{3}}\omega\right)\left(\sigma+1-\frac{1}{\sqrt{3}}\omega\right) = 0$$

它确定了三条线: 　　　$$\omega=0, \quad \sigma+1+\frac{1}{\sqrt{3}}\omega=0, \quad \sigma+1-\frac{1}{\sqrt{3}}\omega=0$$

因此, 根轨迹分支由三条线组成。当 $K > 0$ 时, 根轨迹由直线组成, 如图 6.69(b)所示(注意, 每条直线都起始于开环极点, 沿着从实轴量起的 $180°$、$60°$ 或 $-60°$ 方向延伸到无穷远)。每条直线的其余部分对应于 $K < 0$。

A.6.8　考虑一个单位反馈控制系统, 其前向传递函数为

$$G(s) = \frac{K}{s(s+1)(s+2)}$$

试利用 MATLAB 绘出系统根轨迹及其渐近线。

　　解: 把根轨迹和渐近线绘到一幅图上。因为已知开环传递函数为

$$G(s) = \frac{K}{s(s+1)(s+2)}$$

$$= \frac{K}{s^3+3s^2+2s}$$

所以渐近线方程求得如下。注意到

$$\lim_{s\to\infty} \frac{K}{s^3+3s^2+2s} \doteq \lim_{s\to\infty} \frac{K}{s^3+3s^2+3s+1} = \frac{K}{(s+1)^3}$$

渐近线方程为　　　$$G_a(s) = \frac{K}{(s+1)^3}$$

对于系统, 有　　　num = [1]
　　　　　　　　　den = [1　3　2　0]

对于渐近线, 有　　　numa = [1]
　　　　　　　　　dena = [1　3　3　1]

在应用下列根轨迹和绘图命令时：

$$r = rlocus(num,den)$$
$$a = rlocus(numa,dena)$$
$$plot([r \ a])$$

r 的行数和 a 的行数必须相同。为了保证这一点，我们将增益常数 K 包括在命令中。例如

K1 = 0:0.1:0.3;
K2 = 0.3:0.005:0.5:
K3 = 0.5:0.5:10;
K4 = 10:5:100;
K = [K1 K2 K3 K4]

r = rlocus(num,den,K)
a = rlocus(numa,dena,K)
y = [r a]
plot(y, '-')

MATLAB 程序 6.15 将产生根轨迹图及其渐近线，如图 6.70 所示。

```
MATLAB程序6.15

% ---------- Root-Locus Plots ----------
num = [1];
den = [1  3  2  0];
numa = [1];
dena = [1  3  3  1];
K1 = 0:0.1:0.3;
K2 = 0.3:0.005:0.5;
K3 = 0.5:0.5:10;
K4 = 10:5:100;
K = [K1  K2  K3  K4];
r = rlocus(num,den,K);
a = rlocus(numa,dena,K);
y = [r   a];
plot(y,'-')
v = [-4  4  -4  4]; axis(v)
grid
title('Root-Locus Plot of G(s) = K/[s(s + 1)(s + 2)] and Asymptotes')
xlabel('Real Axis')
ylabel('Imag Axis')
% ***** Manually draw open-loop poles in the hard copy *****
```

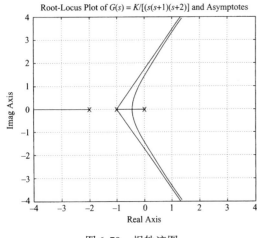

图 6.70 根轨迹图

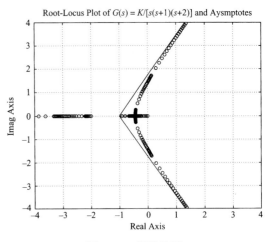

图 6.71 根轨迹图

应用 hold 命令，可以把两幅图或两幅以上的图绘到一幅图上。MATLAB 程序 6.16 采用了 hold 命令。图 6.71 所示为绘出的根轨迹图。

```
MATLAB程序6.16
% ------------ Root-Locus Plots ------------
num = [1];
den = [1  3  2  0];
numa = [1];
dena = [1  3  3  1];
K1 = 0:0.1:0.3;
K2 = 0.3:0.005:0.5;
K3 = 0.5:0.5:10;
K4 = 10:5:100;
K = [K1  K2  K3  K4];
r = rlocus(num,den,K);
a = rlocus(numa,dena,K);
plot(r,'o')
hold
Current plot held
plot(a,'-')
v = [-4  4  -4  4]; axis(v)
grid
title('Root-Locus Plot of G(s) = K/[s(s+1)(s+2)] and Asymptotes')
xlabel('Real Axis')
ylabel('Imag Axis')
```

A. 6. 9 试绘出单位反馈系统的根轨迹和渐近线，该系统具有下列前向传递函数：

$$G(s) = \frac{K}{(s^2 + 2s + 2)(s^2 + 2s + 5)}$$

确定根轨迹与 $j\omega$ 轴的精确交点。

解：前向传递函数 $G(s)$ 可以写成

$$G(s) = \frac{K}{s^4 + 4s^3 + 11s^2 + 14s + 10}$$

注意，当 s 趋近于无穷大时，$\lim_{s \to \infty} G(s)$ 可以写成

$$
\begin{aligned}
\lim_{s \to \infty} G(s) &= \lim_{s \to \infty} \frac{K}{s^4 + 4s^3 + 11s^2 + 14s + 10} \\
&\doteq \lim_{s \to \infty} \frac{K}{s^4 + 4s^3 + 6s^2 + 4s + 1} \\
&= \lim_{s \to \infty} \frac{K}{(s + 1)^4}
\end{aligned}
$$

这里我们利用了下列公式：

$$(s + a)^4 = s^4 + 4as^3 + 6a^2s^2 + 4a^3s + a^4$$

下列表示式：

$$\lim_{s \to \infty} G(s) = \lim_{s \to \infty} \frac{K}{(s + 1)^4}$$

给出了渐近线方程。

MATLAB 程序 6.17 所示的 MATLAB 程序，绘出了 $G(s)$ 的根轨迹和渐近线。注意到 $G(s)$ 的分子和分母是

$$
\begin{aligned}
\text{num} &= [1] \\
\text{den} &= [1 \ 4 \ 11 \ 14 \ 10]
\end{aligned}
$$

对于渐近线 $\lim_{s \to \infty} G(s)$ 的分子和分母，我们采用

$$\text{numa} = [1]$$
$$\text{dena} = [1 \ 4 \ 6 \ 4 \ 1]$$

图 6.72 所示为根轨迹和渐近线图。

因为系统的特征方程是

$$(s^2 + 2s + 2)(s^2 + 2s + 5) + K = 0$$

所以根轨迹与虚轴的交点,可以通过把 $s = j\omega$ 代入特征方程求得如下:

$$[(j\omega)^2 + 2j\omega + 2][(j\omega)^2 + 2j\omega + 5] + K$$

$$= (\omega^4 - 11\omega^2 + 10 + K) + j(-4\omega^3 + 14\omega) = 0$$

令虚部等于零,求得

$$\omega = \pm 1.8708$$

因此,根轨迹与 $j\omega$ 轴的精确交点为 $\omega = \pm 1.8708$。令实部等于零,求得交点上的增益值 K 为 16.25。

```
MATLAB程序6.17
% ***** Root-locus plot *****
num = [1];
den = [1   4  11  14  10];
numa = [1];
dena = [1   4  6  4  1];
r = rlocus(num,den);
plot(r,'-')
hold
Current plot held
plot(r,'o')
rlocus(numa,dena);
v = [-6  4  -5  5]; axis(v); axis('square')
grid
title('Plot of Root Loci and Asymptotes')
```

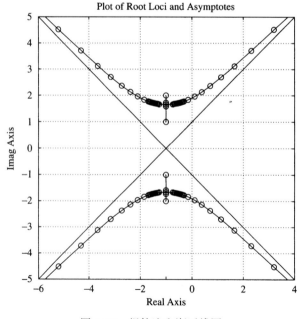

图 6.72　根轨迹和渐近线图

A. 6. 10　考虑一个单位反馈控制系统，其前向传递函数 $G(s)$ 为

$$G(s) = \frac{K(s + 1)}{(s^2 + 2s + 2)(s^2 + 2s + 5)}$$

试用 MATLAB 绘出根轨迹图。

　　解：前向传递函数 $G(s)$ 可以写成

$$G(s) = \frac{K(s + 1)}{s^4 + 4s^3 + 11s^2 + 14s + 10}$$

一种可行的绘制根轨迹图的 MATLAB 程序示于 MATLAB 程序 6.18。绘出的根轨迹图示于图 6.73。

```
MATLAB程序6.18

num = [1  1];
den = [1  4  11  14  10];
K1 = 0:0.1:2;
K2 = 2:0.0.2:2.5;
K3 = 2.5:0.5:10;
K4 = 10:1:50;
K = [K1  K2  K3  K4]
r = rlocus(num,den,K);
plot(r, 'o')
v = [-8  2  -5  5]; axis(v); axis('square')
grid
title('Root-Locus Plot of G(s) = K(s+1)/[(s^2+2s+2)(s^2+2s+5)]')
xlabel('Real Axis')
ylabel('Imag Axis')
```

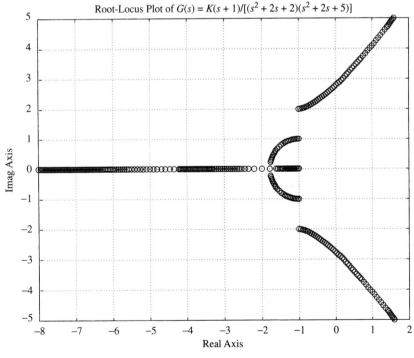

图 6.73　根轨迹图

A. 6. 11　试求图 6.74 所示机械系统的传递函数。假设位移 x_i 是系统的输入量，位移 x_o 是系统的输出量。

　　解：由系统图得到下列运动方程：

$$b_2(\dot{x}_i - \dot{x}_o) = b_1(\dot{x}_o - \dot{y})$$

$$b_1(\dot{x}_o - \dot{y}) = ky$$

对这两个方程进行拉普拉斯变换，并假设初始条件为零，消去 $Y(s)$，得到

$$\frac{X_o(s)}{X_i(s)} = \frac{b_2}{b_1 + b_2} \cdot \frac{\dfrac{b_1}{k}s + 1}{\dfrac{b_2}{b_1 + b_2} \dfrac{b_1}{k} s + 1}$$

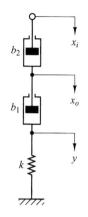

这就是 $X_o(s)$ 与 $X_i(s)$ 之间的传递函数。定义

$$\frac{b_1}{k} = T, \qquad \frac{b_2}{b_1 + b_2} = \alpha < 1$$

得到

$$\frac{X_o(s)}{X_i(s)} = \alpha \frac{Ts + 1}{\alpha Ts + 1} = \frac{s + \dfrac{1}{T}}{s + \dfrac{1}{\alpha T}}$$

图 6.74　机械系统

这个机械系统是一个机械超前网络。

A.6.12　试求图 6.75 所示机械系统的传递函数。假设位移 x_i 是输入量，位移 x_o 是输出量。

　　解:该系统的运动方程是

$$b_2(\dot{x}_i - \dot{x}_o) + k_2(x_i - x_o) = b_1(\dot{x}_o - \dot{y})$$

$$b_1(\dot{x}_o - \dot{y}) = k_1 y$$

假设初始条件为零，对上述两个方程进行拉普拉斯变换，得到

$$b_2[sX_i(s) - sX_o(s)] + k_2[X_i(s) - X_o(s)] = b_1[sX_o(s) - sY(s)]$$

$$b_1[sX_o(s) - sY(s)] = k_1 Y(s)$$

如果从上述两个方程中消去 $Y(s)$，则可以得到下列传递函数 $X_o(s)/X_i(s)$:

$$\frac{X_o(s)}{X_i(s)} = \frac{\left(\dfrac{b_1}{k_1}s + 1\right)\left(\dfrac{b_2}{k_2}s + 1\right)}{\left(\dfrac{b_1}{k_1}s + 1\right)\left(\dfrac{b_2}{k_2}s + 1\right) + \dfrac{b_1}{k_2}s}$$

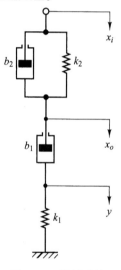

定义

$$T_1 = \frac{b_1}{k_1}, \qquad T_2 = \frac{b_2}{k_2}$$

如果选取 k_1，k_2，b_1 和 b_2，使得存在一个 β 满足下列方程:

$$\frac{b_1}{k_1} + \frac{b_2}{k_2} + \frac{b_1}{k_2} = \frac{T_1}{\beta} + \beta T_2 \qquad (\beta > 1) \tag{6.30}$$

则可以得到 $X_o(s)/X_i(s)$

图 6.75　机械系统

$$\frac{X_o(s)}{X_i(s)} = \frac{(T_1 s + 1)(T_2 s + 1)}{\left(\dfrac{T_1}{\beta}s + 1\right)(\beta T_2 s + 1)} = \frac{\left(s + \dfrac{1}{T_1}\right)\left(s + \dfrac{1}{T_2}\right)}{\left(s + \dfrac{\beta}{T_1}\right)\left(s + \dfrac{1}{\beta T_2}\right)}$$

注意，根据 k_1，k_2，b_1 和 b_2 的选择，有可能不存在满足方程(6.30)的 β。

　　如果存在这个 β，并且对于给定的 s_1(其中 $s = s_1$ 是控制系统即我们希望利用的这个机械装置的主导闭环极点之一)满足下列条件:

$$\left| \frac{s_1 + \dfrac{1}{T_2}}{s_1 + \dfrac{1}{\beta T_2}} \right| \doteq 1, \qquad -5° < \left/ \frac{s_1 + \dfrac{1}{T_2}}{s_1 + \dfrac{1}{\beta T_2}} \right. < 0°$$

那么图 6.75 所示的机械系统就可以作为滞后-超前校正装置。

A.6.13 考虑图 6.76 所示的宇宙飞船控制系统模型。试设计一个超前校正装置 $G_c(s)$，使得主导闭环极点的阻尼比 ζ 和无阻尼自然频率 ω_n 分别为 0.5 和 2 rad/s。

解：

1. 第一次尝试。假设超前校正装置 $G_c(s)$ 为

$$G_c(s) = K_c \left(\frac{s + \dfrac{1}{T}}{s + \dfrac{1}{\alpha T}} \right) \quad (0 < \alpha < 1)$$

根据给定的性能指标 $\zeta = 0.5$ 和 $\omega_n = 2$ rad/s，主导闭环极点必须位于

$$s = -1 \pm j\sqrt{3}$$

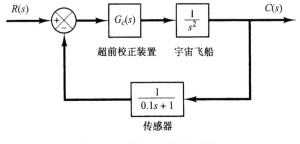

图 6.76   宇宙飞船控制系统

首先计算在这个闭环极点上的辐角缺额。

$$辐角缺额 = -120° - 120° - 10.8934° + 180°$$
$$= -70.8934°$$

该辐角缺额必须由超前校正装置产生。有许多方法可以确定超前网络的极点和零点的位置。选择校正装置的零点位于 $s = -1$，参考图 6.77，得到下列方程：

$$\frac{1.73205}{x - 1} = \tan(90° - 70.8934°) = 0.34641$$

即

$$x = 1 + \frac{1.73205}{0.34641} = 6$$

因此，

$$G_c(s) = K_c \frac{s + 1}{s + 6}$$

K_c 的值由下列幅值条件：

$$K_c \left| \frac{s + 1}{s + 6} \frac{1}{s^2} \frac{1}{0.1s + 1} \right|_{s = -1 + j\sqrt{3}} = 1$$

确定为

$$K_c = \left| \frac{(s + 6)s^2(0.1s + 1)}{s + 1} \right|_{s = -1 + j\sqrt{3}} = 11.2000$$

因此，

$$G_c(s) = 11.2 \frac{s + 1}{s + 6}$$

因为开环传递函数为

$$G_c(s)G(s)H(s) = 11.2 \frac{s + 1}{(s + 6)s^2(0.1s + 1)}$$
$$= \frac{11.2(s + 1)}{0.1s^4 + 1.6s^3 + 6s^2}$$

所以利用 MATLAB，输入 num 和 den 并应用 rlocus 命令，可以很容易地获取已校正系统的根轨迹图。图 6.78 所示为得到的根轨迹图。

已校正系统的闭环传递函数为

$$\frac{C(s)}{R(s)} = \frac{11.2(s + 1)(0.1s + 1)}{(s + 6)s^2(0.1s + 1) + 11.2(s + 1)}$$

图 6.79 所示为系统的单位阶跃响应曲线。该图显示，虽然主导闭环极点的阻尼比为 0.5，但是响应曲线的过调量仍然很大，远大于期望值。仔细观察根轨迹图后可发现，最大过调量的增大是由于存在零点 $s = -1$ 造成的（一般来说，如果校正装置的一个或多个零点位于一对主导复数极点的右边，那么这对主导极点将不再起主导作用）。如果这种大的最大过调量是不允许的，则应该充分地向左方移动校正装置的零点。在目前

的设计中，需要改变校正装置，以减小最大过调量。这可以通过改变超前校正装置来实现。在下面介绍的第二次尝试中说明了这种情况。

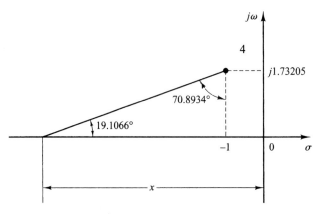

图 6.77　确定超前网络的极点

2. 第二次尝试。为了改变根轨迹的形状，采用两个超前网络，每个网络产生一半必需的超前角，即 70.8934°/2 = 35.4467°。我们把零点的位置选在 $s = -3$(这种选择是任意的，其他选择，例如选择 $s = -2.5$ 和 $s = -4$，也都是可行的)。

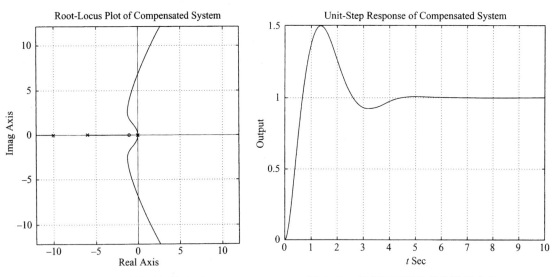

图 6.78　已校正系统的根轨迹图　　　图 6.79　已校正系统的单位阶跃响应

一旦选定两个零点位于 $s = -3$，必需的极点位置就确定下来，如图 6.80 所示，即

$$\frac{1.73205}{y - 1} = \tan(40.89334° - 35.4467°)$$

$$= \tan 5.4466° = 0.09535$$

由此得到

$$y = 1 + \frac{1.73205}{0.09535} = 19.1652$$

因此，超前校正装置具有下列传递函数:

$$G_c(s) = K_c\left(\frac{s + 3}{s + 19.1652}\right)^2$$

K_c 的值根据幅值条件确定如下:

$$\left| K_c \left(\frac{s+3}{s+19.1652} \right)^2 \frac{1}{s^2} \frac{1}{0.1s+1} \right|_{s=-1+j\sqrt{3}} = 1$$

即

$$K_c = 174.3864$$

于是, 所设计的超前校正装置为

$$G_c(s) = 174.3864 \left(\frac{s+3}{s+19.1652} \right)^2$$

开环传递函数为

$$G_c(s)G(s)H(s) = 174.3864 \left(\frac{s+3}{s+19.1652} \right)^2 \frac{1}{s^2} \frac{1}{0.1s+1}$$

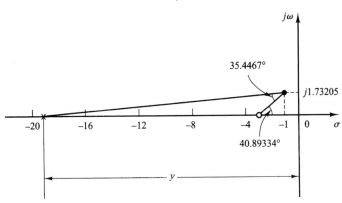

图 6.80　超前网络极点的确定方法

已校正系统的根轨迹图如图 6.81(a)所示。应当指出, 这里不存在靠近原点的闭环零点。图 6.81(b)所示为靠近原点且经过放大的根轨迹图。

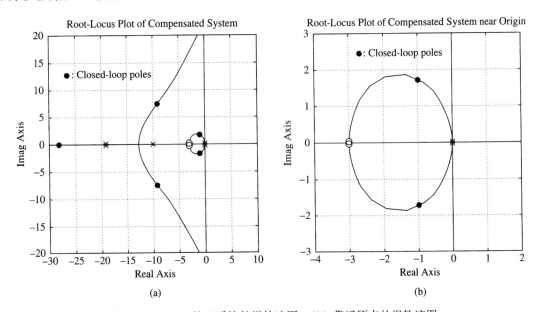

图 6.81　(a) 已校正系统的根轨迹图; (b) 靠近原点的根轨迹图

系统的闭环传递函数为

$$\frac{C(s)}{R(s)} = \frac{174.3864(s+3)^2(0.1s+1)}{(s+19.1652)^2 s^2(0.1s+1) + 174.3864(s+3)^2}$$

闭环极点求得如下:

$$s = -1 \pm j1.73205$$

$$s = -9.1847 \pm j7.4814$$

$$s = -27.9606$$

图 6.82(a)和图 6.82(b)分别示出了已校正系统的单位阶跃响应和单位斜坡响应。单位阶跃响应曲线比较合理,单位斜坡响应看起来也是可以接受的。在单位斜坡响应中,输出量以一个微小的量超前于输入量,这是因为系统具有反馈传递函数 $1/(0.1s+1)$。如果将反馈信号与 t 之间的关系曲线,以及单位斜坡输入信号同时绘出来,则在稳态时前者不会超前于输入斜坡信号,见图 6.82(c)。

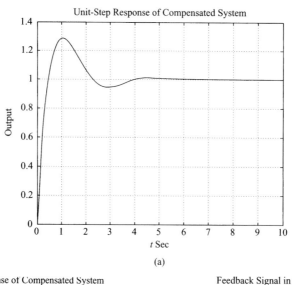

(a)

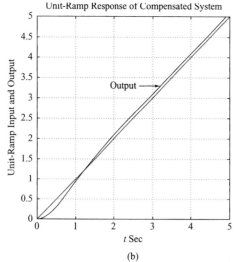

(b)

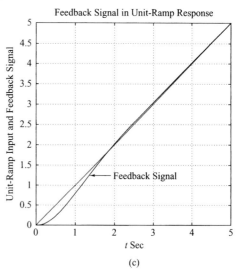

(c)

图 6.82　(a)已校正系统的单位阶跃响应;(b)已校正系统的单位斜坡响应;(c)单位斜坡响应中反馈信号与 t 的关系图

A. 6. 14　设有一系统如图 6.83(a)所示,它具有一个不稳定的控制对象。试应用根轨迹法,设计一个比例-加-微分控制器(即确定 K_p 值和 T_d 值),使得闭环系统的阻尼比 ζ 为 0.7,且无阻尼自然频率 ω_n 为 0.5 rad/s。

解:注意到开环传递函数包含两个极点,它们位于 $s = 1.085$ 和 $s = -1.085$;同时还包含一个零点,位于 $s = -1/T_d$,这一点是未知的。

因为希望的闭环极点必须满足 $\omega_n = 0.5$ rad/s 和 $\zeta = 0.7$，所以它们必须位于

$$s = 0.5 \underline{/180° \pm 45.573°}$$

（$\zeta = 0.7$ 对应于一条与负实轴成 $45.573°$ 夹角的直线）。因此，希望的闭环极点位于

$$s = -0.35 \pm j0.357$$

在图 6.83(b) 所示的根轨迹图中，表示了开环极点和 s 上半平面内希望的闭环极点。在点 $s = -0.35 + j0.357$ 上，辐角的缺额为

$$-166.026° - 25.913° + 180° = -11.939°$$

这意味着零点 $s = -1/T_d$ 必须产生 $11.939°$ 的辐角，于是零点的位置确定如下：

$$s = -\frac{1}{T_d} = -2.039$$

因此，得到

$$K_p(1 + T_d s) = K_p T_d \left(\frac{1}{T_d} + s\right) = K_p T_d(s + 2.039) \tag{6.31}$$

T_d 的值为

$$T_d = \frac{1}{2.039} = 0.4904$$

增益 K_p 的值根据幅值条件确定如下：

$$\left| K_p T_d \frac{s + 2.039}{10000(s^2 - 1.1772)} \right|_{s=-0.35+j0.357} = 1$$

即

$$K_p T_d = 6999.5$$

因此，

$$K_p = \frac{6999.5}{0.4904} = 14\ 273$$

将 T_d 和 K_p 的数值代入方程 (6.31) 得到

$$K_p(1 + T_d s) = 14\ 273(1 + 0.4904s) = 6999.5(s + 2.039)$$

上式给出了希望的比例-加-微分控制器的传递函数。

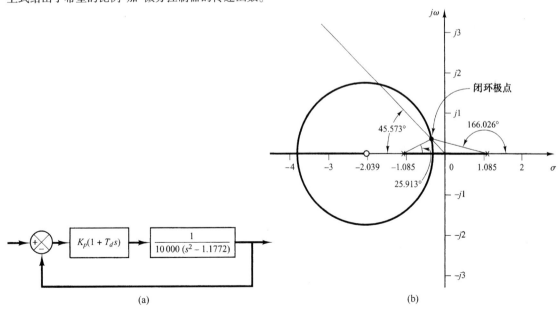

图 6.83 （a）不稳定控制对象的 PD 控制；（b）系统的根轨迹图

A.6.15 考虑图 6.84 所示的控制系统。试设计一个滞后校正装置 $G_c(s)$，使得静态速度误差常数 K_v 为 50 s^{-1}，同时又不使原闭环极点位置有明显改变。原闭环极点位于 $s = -2 + j\sqrt{6}$。

解: 假设滞后校正装置的传递函数为

$$G_c(s) = \hat{K}_c \frac{s + \dfrac{1}{T}}{s + \dfrac{1}{\beta T}} \qquad (\beta > 1)$$

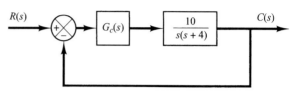

图 6.84 控制系统

因为规定 K_v 为 50 s^{-1}，所以

$$K_v = \lim_{s \to 0} s G_c(s) \frac{10}{s(s + 4)} = \hat{K}_c \beta 2.5 = 50$$

因此

$$\hat{K}_c \beta = 20$$

选择 $\hat{K}_c = 1$，于是

$$\beta = 20$$

选择 $T = 10$，于是滞后校正装置可以表示为

$$G_c(s) = \frac{s + 0.1}{s + 0.005}$$

滞后校正装置在闭环极点 $s = -2 + j\sqrt{6}$ 位置上产生的辐角为

$$\left. \underline{/G_c(s)} \right|_{s=-2+j\sqrt{6}} = \arctan \frac{\sqrt{6}}{-1.9} - \arctan \frac{\sqrt{6}}{-1.995}$$

$$= -1.3616°$$

该辐角是比较小的。$G_c(s)$ 在 $s = -2 + j6$ 上的幅值为 0.981。因此，主导闭环极点的位置变化很小。

系统的开环传递函数变为

$$G_c(s)G(s) = \frac{s + 0.1}{s + 0.005} \frac{10}{s(s + 4)}$$

闭环传递函数为

$$\frac{C(s)}{R(s)} = \frac{10s + 1}{s^3 + 4.005s^2 + 10.02s + 1}$$

为了便于比较校正前后系统的瞬态响应，图 6.85(a) 和图 6.85(b) 分别给出了已校正系统和未校正系统的单位阶跃响应和单位斜坡响应。单位斜坡响应中的稳态误差示于图 6.85(c)。设计出的滞后校正装置是令人满意的。

A.6.16 考虑一个单位反馈控制系统，其前向传递函数为

$$G(s) = \frac{10}{s(s + 2)(s + 8)}$$

试设计一个校正装置，使主导闭环极点位于 $s = -2 \pm j2\sqrt{3}$，并且使静态速度误差常数 K_v 等于 80 s^{-1}。

解: 未校正系统的静态速度误差常数为 $K_v = \dfrac{10}{16} = 0.625$。因为希望 $K_v = 80$，所以需要将开环增益增加到 128(这意味着需要一个滞后校正装置)。未校正系统的根轨迹图表明，只靠调整增益，不可能将主导闭环极点配置到 $-2 \pm j2\sqrt{3}$ 上，见图 6.86(这表明，还需要一个超前校正装置)。因此，我们将采用一个滞后-超前校正装置。

假设滞后-超前校正装置的传递函数为

$$G_c(s) = K_c \left(\frac{s + \dfrac{1}{T_1}}{s + \dfrac{\beta}{T_1}} \right) \left(\frac{s + \dfrac{1}{T_2}}{s + \dfrac{1}{\beta T_2}} \right)$$

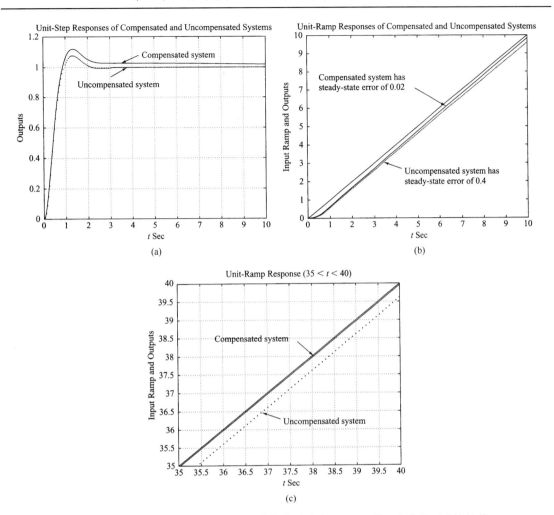

图 6.85　（a）已校正和未校正系统的单位阶跃响应；（b）已校正和未校正系统的单位斜坡响应；（c）已校正和未校正系统在单位斜坡响应中的稳态误差

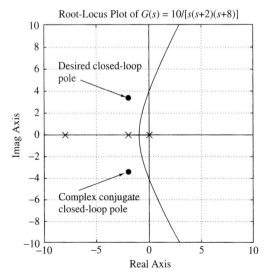

图 6.86　$G(s) = 10/[s(s+2)(s+8)]$ 的根轨迹图

式中 $K_c = 128$，这是因为

$$K_v = \lim_{s \to 0} sG_c(s)G(s) = \lim_{s \to 0} sK_c G(s) = K_c \frac{10}{16} = 80$$

所以得到 $K_c = 128$。在希望的闭环极点 $s = -2 + j2\sqrt{3}$，辐角的缺额为

辐角缺额 $= -120° - 90° - 30° + 180° = -60°$

滞后-超前校正装置的超前部分必须产生 $60°$ 角。为了选择 T_1，利用 6.8 节中介绍的图解法。

校正装置的超前部分必须满足下列条件：

$$\left| 128 \left(\frac{s_1 + \dfrac{1}{T_1}}{s_1 + \dfrac{\beta}{T_1}} \right) G(s_1) \right|_{s_1 = -2 + j2\sqrt{3}} = 1$$

和

$$\left/ \frac{s_1 + \dfrac{1}{T_1}}{s_1 + \dfrac{\beta}{T_1}} \right._{s_1 = -2 + j2\sqrt{3}} = 60°$$

第一个条件简化为

$$\left| \frac{s_1 + \dfrac{1}{T_1}}{s_1 + \dfrac{\beta}{T_1}} \right|_{s_1 = -2 + j2\sqrt{3}} = \frac{1}{13.3333}$$

利用在 6.8 节中用过的相同方法，零点($s = 1/T_1$)和极点($s = \beta/T_1$)确定如下：

$$\frac{1}{T_1} = 3.70, \qquad \frac{\beta}{T_1} = 53.35$$

见图 6.87。因此，β 的值确定为

$$\beta = 14.419$$

对于校正装置的滞后部分，选择

$$\frac{1}{\beta T_2} = 0.01$$

于是

$$\frac{1}{T_2} = 0.1442$$

$$\left| \frac{s_1 + 0.1442}{s_1 + 0.01} \right|_{s_1 = -2 + j2\sqrt{3}} = 0.9837$$

注意到

$$\left/ \frac{s_1 + 0.1442}{s_1 + 0.01} \right._{s_1 = -2 + j2\sqrt{3}} = -1.697°$$

滞后校正部分产生的辐角为 $-1.697°$，产生的幅值为 0.9837。这表明主导闭环极点的位置接近希望的位置 $s = -2 \pm j2\sqrt{3}$。因此，设计出的校正装置

$$G_c(s) = 128 \left(\frac{s + 3.70}{s + 53.35} \right) \left(\frac{s + 0.1442}{s + 0.01} \right)$$

是可以接受的。已校正系统的前向传递函数为

$$G_c(s)G(s) = \frac{1280(s + 3.7)(s + 0.1442)}{s(s + 53.35)(s + 0.01)(s + 2)(s + 8)}$$

已校正系统的根轨迹图示于图 6.88(a)，原点附近放大的根轨迹图示于图 6.88(b)。

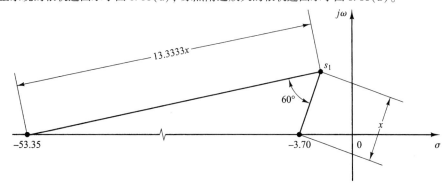

图 6.87　校正装置超前部分零点和极点的图解确定方法

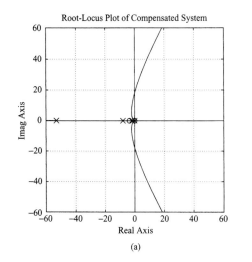

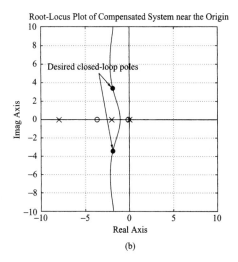

(a)　　　　　　　　　　　　　　　　　　　(b)

图 6.88　（a）已校正系统的根轨迹图；（b）原点附近的根轨迹图

为了证明已校正系统的性能得到了改进，可以参看已校正系统和未校正系统的单位阶跃响应和单位斜坡响应，它们分别示于图 6.89(a)和图 6.89(b)。

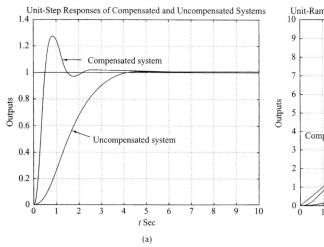

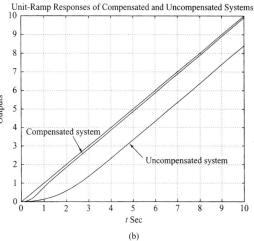

(a)　　　　　　　　　　　　　　　　　　　(b)

图 6.89　（a）已校正和未校正系统的单位阶跃响应；（b）已校正和未校正系统的单位斜坡响应

A.6.17　考虑图 6.90 所示的系统。试设计一个滞后–超前校正装置，使得静态速度误差常数 K_v 为 $50\ \text{s}^{-1}$，并且使主导闭环极点的阻尼比 ζ 为 0.5(选择滞后–超前校正装置超前部分的零点，与控制对象的极点 $s = -1$ 相抵消)。确定已校正系统的全部闭环极点。

解：采用下列滞后–超前校正装置：

$$G_c(s) = K_c\left(\frac{s + \dfrac{1}{T_1}}{s + \dfrac{\beta}{T_1}}\right)\left(\frac{s + \dfrac{1}{T_2}}{s + \dfrac{1}{\beta T_2}}\right) = K_c\,\frac{(T_1 s + 1)(T_2 s + 1)}{\left(\dfrac{T_1}{\beta}s + 1\right)(\beta T_2 s + 1)}$$

式中 $\beta > 1$。于是

$$K_v = \lim_{s\to 0} s G_c(s)G(s)$$

$$= \lim_{s\to 0} s\,\frac{K_c(T_1 s + 1)(T_2 s + 1)}{\left(\dfrac{T_1}{\beta}s + 1\right)(\beta T_2 s + 1)}\,\frac{1}{s(s+1)(s+5)}$$

$$= \frac{K_c}{5}$$

根据性能指标 $K_v = 50\ \text{s}^{-1}$，可以确定 K_c 值，即

$$K_c = 250$$

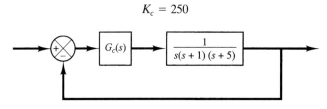

图 6.90　控制系统

选择 $T_1 = 1$，于是 $s + (1/T_1)$ 将与被控对象的 $(s+1)$ 项相抵消，因此超前校正部分为

$$\frac{s+1}{s+\beta}$$

对于滞后–超前校正装置的滞后部分，我们要求

$$\left|\frac{s_1 + \dfrac{1}{T_2}}{s_1 + \dfrac{1}{\beta T_2}}\right| \doteq 1, \qquad -5° < \left/\!\!\!\frac{s_1 + \dfrac{1}{T_2}}{s_1 + \dfrac{1}{\beta T_2}}\right. < 0°$$

式中 $s = s_1$ 是主导闭环极点之一。注意到对校正装置滞后部分的这些要求，对于 $s = s_1$，开环传递函数变为

$$G_c(s_1)G(s_1) \doteq K_c\left(\frac{s_1+1}{s_1+\beta}\right)\frac{1}{s_1(s_1+1)(s_1+5)} = K_c\,\frac{1}{s_1(s_1+\beta)(s_1+5)}$$

于是在 $s = s_1$ 时，下列幅值和辐角条件得到满足：

$$\left|K_c\,\frac{1}{s_1(s_1+\beta)(s_1+5)}\right| = 1 \tag{6.32}$$

$$\left/\!\!\!\overline{K_c\,\frac{1}{s_1(s_1+\beta)(s_1+5)}}\right. = \pm180°(2k+1) \tag{6.33}$$

式中 $k = 0, 1, 2, \cdots$。在方程(6.32)和方程(6.33)中，β 和 s_1 是未知的。因为规定主导闭环极点的阻尼比 ζ 为 0.5，所以闭环极点 $s = s_1$ 可以写成

$$s_1 = -x + j\sqrt{3}x$$

式中 x 为尚未确定的量。

应当指出，幅值条件，即方程(6.32)可以改写成

$$\left| \frac{K_c}{(-x + j\sqrt{3}x)(-x + \beta + j\sqrt{3}x)(-x + 5 + j\sqrt{3}x)} \right| = 1$$

注意到 $K_c = 250$，得到

$$x\sqrt{(\beta - x)^2 + 3x^2} \sqrt{(5 - x)^2 + 3x^2} = 125 \qquad (6.34)$$

辐角条件，即方程(6.33)可以改写成

$$\underline{/K_c \frac{1}{(-x + j\sqrt{3}x)(-x + \beta + j\sqrt{3}x)(-x + 5 + j\sqrt{3}x)}}$$

$$= -120° - \arctan\left(\frac{\sqrt{3}x}{-x + \beta}\right) - \arctan\left(\frac{\sqrt{3}x}{-x + 5}\right) = -180°$$

即

$$\arctan\left(\frac{\sqrt{3}x}{-x + \beta}\right) + \arctan\left(\frac{\sqrt{3}x}{-x + 5}\right) = 60° \qquad (6.35)$$

需要从方程(6.34)和方程(6.35)中解出 β 和 x。经过若干次试探计算，求得

$$\beta = 16.025, \qquad x = 1.9054$$

因此

$$s_1 = -1.9054 + j\sqrt{3}(1.9054) = -1.9054 + j3.3002$$

滞后-超前校正装置的滞后部分确定如下。校正装置滞后部分的极点和零点必须位于靠近原点的地方，所以选择

$$\frac{1}{\beta T_2} = 0.01$$

即

$$\frac{1}{T_2} = 0.16025 \quad 亦即 \quad T_2 = 6.25$$

当选择 $T_2 = 6.25$ 时，求得

$$\left| \frac{s_1 + \dfrac{1}{T_2}}{s_1 + \dfrac{1}{\beta T_2}} \right| = \left| \frac{-1.9054 + j3.3002 + 0.16025}{-1.9054 + j3.3002 + 0.01} \right|$$

$$= \left| \frac{-1.74515 + j3.3002}{-1.89054 + j3.3002} \right| = 0.98 \doteq 1 \qquad (6.36)$$

和

$$\underline{/\dfrac{s_1 + \dfrac{1}{T_2}}{s_1 + \dfrac{1}{\beta T_2}}} = \underline{/\dfrac{-1.9054 + j3.3002 + 0.16025}{-1.9054 + j3.3002 + 0.01}}$$

$$= \arctan\left(\frac{3.3002}{-1.74515}\right) - \arctan\left(\frac{3.3002}{-1.89054}\right) = -1.937° \qquad (6.37)$$

因为

$$-5° < -1.937° < 0°$$

所以选择 $T_2 = 6.25$ 是适当的。于是上面设计的滞后-超前校正装置可写成

$$G_c(s) = 250\left(\frac{s + 1}{s + 16.025}\right)\left(\frac{s + 0.16025}{s + 0.01}\right)$$

所以，已校正系统具有下列开环传递函数：

$$G_c(s)G(s) = \frac{250(s + 0.16025)}{s(s + 0.01)(s + 5)(s + 16.025)}$$

已校正系统的根轨迹图如图6.91(a)所示。原点附近放大后的根轨迹图如图6.91(b)所示。

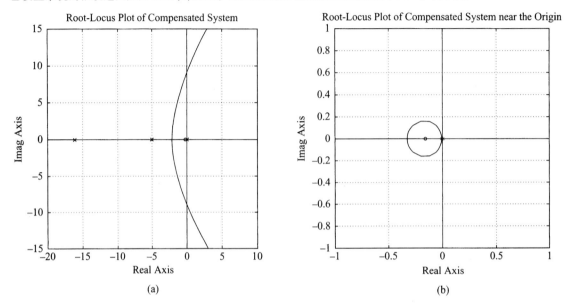

(a)　　　　　　　　　　　　　　　　(b)

图6.91　(a) 已校正系统的根轨迹图；(b) 原点附近的根轨迹图

这时，闭环传递函数为

$$\frac{C(s)}{R(s)} = \frac{250(s + 0.16025)}{s(s + 0.01)(s + 5)(s + 16.025) + 250(s + 0.16025)}$$

闭环极点位于
$$s = -1.8308 \pm j3.2359$$
$$s = -0.1684$$
$$s = -17.205$$

主导闭环极点 $s = -1.8308 \pm j3.2359$ 与计算 β 和 T_2 时假设的主导闭环极点 $s = \pm s_1$ 不同。主导闭环极点 $s = -1.8308 \pm j3.2359$ 与 $s = \pm s_1 = -1.9054 \pm j3.3002$ 相比，略有偏离，这是因为在确定校正装置的滞后部分时，包含有近似计算(见方程6.36和方程6.37)。

图6.92(a)和图6.92(b)分别表示了设计出来的系统的单位阶跃响应和单位斜坡响应。注意，闭环极点 $s = -0.1684$ 几乎与零点 $s = -0.16025$ 相抵消。但是，由于这一对闭环极点和零点位于原点附近，所以在瞬态过程中产生了较长时间的小幅度拖尾。因为闭环极点 $s = -17.205$ 的位置与闭环极点 $s = -1.8308 \pm j3.2359$ 的位置比较，前者位于左方远得多的地方，所以该实极点对系统响应的影响也很小。因此，闭环极点 $s = -1.8308 \pm j3.2359$ 确实是主导闭环极点，正是这对主导闭环极点确定了闭环系统的响应特性。在单位斜坡响应中，跟踪单位斜坡输入量的稳态误差最终变成 $1/K_v = \frac{1}{50} = 0.02$。

A.6.18 图6.93(a)是一个姿态-速度控制系统模型的方框图。该系统的闭环传递函数为

$$\frac{C(s)}{R(s)} = \frac{2s + 0.1}{s^3 + 0.1s^2 + 6s + 0.1}$$

$$= \frac{2(s + 0.05)}{(s + 0.0417 + j2.4489)(s + 0.0417 - j2.4489)(s + 0.0167)}$$

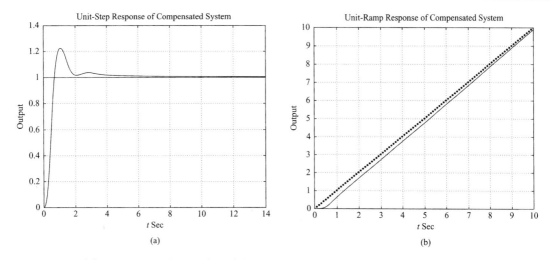

图 6.92　（a）已校正系统的单位阶跃响应；（b）已校正系统的单位斜坡响应

系统的单位阶跃响应如图 6.93(b) 所示。响应表明，由于存在极点 $s = -0.0417 \pm j\,2.4489$，所以响应的初期呈现出高频率振荡。系统的响应主要由极点 $s = -0.0167$ 确定。系统的调整时间约为 240 s。

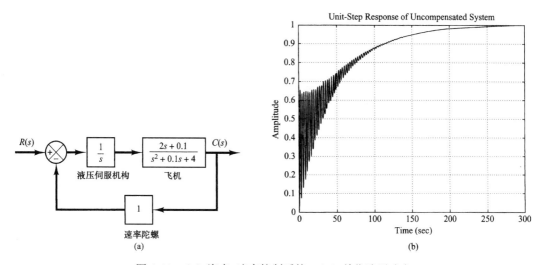

图 6.93　（a）姿态–速率控制系统；（b）单位阶跃响应

在响应初期，我们需要加快系统的响应，并且希望消除振荡模式，试设计一个适当的校正装置，使得主导闭环极点位于 $s = -2 \pm j\,2\sqrt{3}$。

解： 图 6.94 所示为一个已校正系统的方框图。注意到开环零点 $s = -0.05$ 和开环极点 $s = 0$ 将产生一个介于 $s = 0$ 和 $s = -0.05$ 之间的闭环极点，该极点将成为主导闭环极点，从而使系统响应相当缓慢。因此，需要用一个远离 $j\omega$ 轴的零点，例如用零点 $s = -4$ 取代上述零点。

选择校正装置具备下列形式：

$$G_c(s) = \hat{G}_c(s) \frac{s + 4}{2s + 0.1}$$

于是已校正系统的开环传递函数变为

$$G_c(s)G(s) = \hat{G}_c(s) \frac{s + 4}{2s + 0.1} \frac{1}{s} \frac{2s + 0.1}{s^2 + 0.1s + 4}$$

$$= \hat{G}_c(s) \frac{s + 4}{s(s^2 + 0.1s + 4)}$$

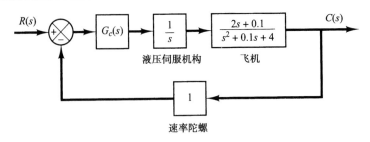

图 6.94　已校正的姿态-速率控制系统

为了用根轨迹法确定 $\hat{G}_c(s)$，需要求出在希望的闭环极点 $s = -2 + j2\sqrt{3}$ 上的辐角缺额。

辐角缺额求得如下：

$$辐角缺额 = -143.088° - 120° - 109.642° + 60° + 180°$$
$$= -132.73°$$

因此，超前校正装置 $\hat{G}_c(s)$ 必须提供 132.73°辐角。因为辐角缺额是 $-132.73°$，所以需要两个超前校正装置，每一个提供 66.365°辐角。于是 $\hat{G}_c(s)$ 将具有下列形式：

$$\hat{G}_c(s) = K_c \left(\frac{s + s_z}{s + s_p} \right)^2$$

假设选择两个零点 $s = -2$，则超前校正装置的两个极点由下式求得：

$$\frac{3.4641}{s_p - 2} = \tan(90° - 66.365°) = 0.4376169$$

即

$$s_p = 2 + \frac{3.4641}{0.4376169}$$
$$= 9.9158$$

见图 6.95。因此

$$\hat{G}_c(s) = K_c \left(\frac{s + 2}{s + 9.9158} \right)^2$$

系统的完整校正装置 $G_c(s)$ 为

$$G_c(s) = \hat{G}_c(s) \frac{s + 4}{2s + 0.1} = K_c \frac{(s + 2)^2}{(s + 9.9158)^2} \frac{s + 4}{2s + 0.1}$$

K_c 的值可以由幅值条件确定。因为开环传递函数为

$$G_c(s)G(s) = K_c \frac{(s + 2)^2(s + 4)}{(s + 9.9158)^2 s(s^2 + 0.1s + 4)}$$

所以幅值条件为

$$\left| K_c \frac{(s + 2)^2(s + 4)}{(s + 9.9158)^2 s(s^2 + 0.1s + 4)} \right|_{s = -2 + j2\sqrt{3}} = 1$$

因此，

$$K_c = \left| \frac{(s + 9.9158)^2 s(s^2 + 0.1s + 4)}{(s + 2)^2(s + 4)} \right|_{s = -2 + j2\sqrt{3}}$$
$$= 88.0227$$

所以，校正装置 $G_c(s)$ 为

$$G_c(s) = 88.0227 \frac{(s + 2)^2(s + 4)}{(s + 9.9158)^2(2s + 0.1)}$$

开环传递函数由下式给出：

$$G_c(s)G(s) = \frac{88.0227(s + 2)^2(s + 4)}{(s + 9.9158)^2 s(s^2 + 0.1s + 4)}$$

已校正系统的根轨迹图如图 6.96 所示，在图上标出了已校正系统的闭环极点。系统的特征方程为

$$(s + 9.9158)^2 s(s^2 + 0.1s + 4) + 88.0227(s + 2)^2(s + 4) = 0$$

闭环极点，即特征方程的根为

$$s = -2.0000 \pm j3.4641$$
$$s = -7.5224 \pm j6.5326$$
$$s = -0.8868$$

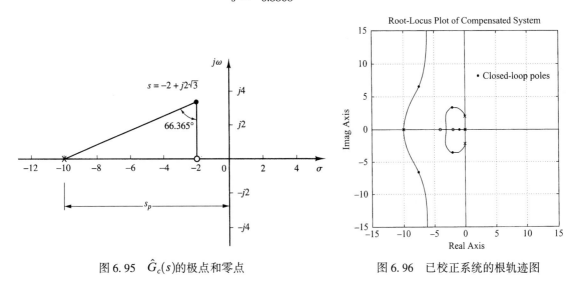

图 6.95　$\hat{G}_c(s)$ 的极点和零点　　　　　　图 6.96　已校正系统的根轨迹图

现在，我们已经设计出校正装置，下面将利用 MATLAB 检验系统的瞬态响应特征。系统的闭环传递函数已知为

$$\frac{C(s)}{R(s)} = \frac{88.0227(s + 2)^2(s + 4)}{(s + 9.9158)^2 s(s^2 + 0.1s + 4) + 88.0227(s + 2)^2(s + 4)}$$

图 6.97(a) 和图 6.97(b) 所示为已校正系统的单位阶跃响应和单位斜坡响应。这些响应曲线表明，所设计的系统是令人满意的。

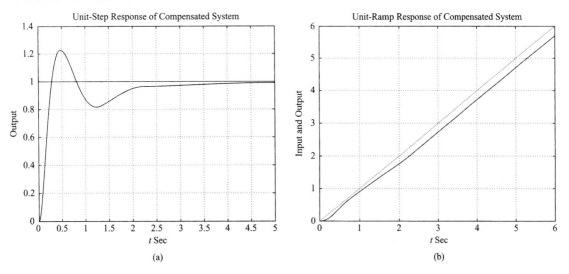

图 6.97　(a) 已校正系统的单位阶跃响应；(b) 已校正系统的单位斜坡响应

A.6.19 考虑图 6.98(a)所示的系统。试确定 a 的值,使主导闭环极点的阻尼比 ζ 为 0.5。

解: 系统的特征方程为

$$1 + \frac{10(s + a)}{s(s + 1)(s + 8)} = 0$$

式中变量 a 不是乘法因子。因此,需要改变特征方程。因为特征方程可以写成

$$s^3 + 9s^2 + 18s + 10a = 0$$

所以可以改写上述方程,使得 a 以乘法因子的形式出现在下式中:

$$1 + \frac{10a}{s(s^2 + 9s + 18)} = 0$$

定义

$$10a = K$$

于是特征方程为

$$1 + \frac{K}{s(s^2 + 9s + 18)} = 0$$

注意到特征方程已经变成适于绘制根轨迹的形式。

该系统包含三个极点,但不包含零点。三个极点是 $s = 0$, $s = -3$ 和 $s = -6$。在实轴上,根轨迹分支存在于点 $s = 0$ 和点 $s = -3$ 之间。此外,另一个分支存在于点 $s = -6$ 和点 $s = -\infty$ 之间。

根轨迹的渐近线可以求得如下:

$$\text{渐近线倾角} = \frac{\pm 180°(2k + 1)}{3} = 60°, \; -60°, \; 180°$$

渐近线与实轴的交点求得为

$$s = -\frac{0 + 3 + 6}{3} = -3$$

分离点和会合点可以根据 $\mathrm{d}K/\mathrm{d}s = 0$ 来确定,其中

$$K = -(s^3 + 9s^2 + 18s)$$

令

$$\frac{\mathrm{d}K}{\mathrm{d}s} = -(3s^2 + 18s + 18) = 0$$

于是得到

$$s^2 + 6s + 6 = 0$$

即

$$s = -1.268, \quad s = -4.732$$

点 $s = -1.268$ 位于根轨迹分支上。因此,点 $s = -1.268$ 是一个实际的分离点,但是点 $s = -4.732$ 不位于根轨迹上,因此它既不是分离点,也不是会合点。

下面来求根轨迹分支与实轴的交点。把 $s = j\omega$ 代入特征方程:

$$s^3 + 9s^2 + 18s + K = 0$$

得到

$$(j\omega)^3 + 9(j\omega)^2 + 18(j\omega) + K = 0$$

即

$$(K - 9\omega^2) + j\omega(18 - \omega^2) = 0$$

由上式得到

$$\omega = \pm 3\sqrt{2}, \quad K = 9\omega^2 = 162 \quad \text{或} \quad \omega = 0, \quad K = 0$$

交点位于 $\omega = \pm 3\sqrt{2}$,且相应的增益 K 值为162。另外,根轨迹分支在 $\omega = 0$ 与虚轴相接。图6.98(b)表示了该系统根轨迹的略图。

因为主导闭环极点的阻尼比规定为 0.5,所以 s 上半平面内希望的闭环极点,位于 s 上半平面内的根轨迹分支与和负实轴构成60°夹角的直线的交点上。因此,希望的主导闭环极点位于

$$s = -1 + j1.732, \quad s = -1 - j1.732$$

在这两个点上,增益 K 的值为28。因此

$$a = \frac{K}{10} = 2.8$$

因为系统包含的极点数比零点数多两个或两个以上(实际上,该系统有三个极点,无零点),所以根据三个闭环极点之和等于 -9 这一事实,可以得知第三个极点应位于负实轴上。因此,求得第三个极点为

$$s = -9 - (-1 + j1.732) - (-1 - j1.732)$$

即
$$s = -7$$

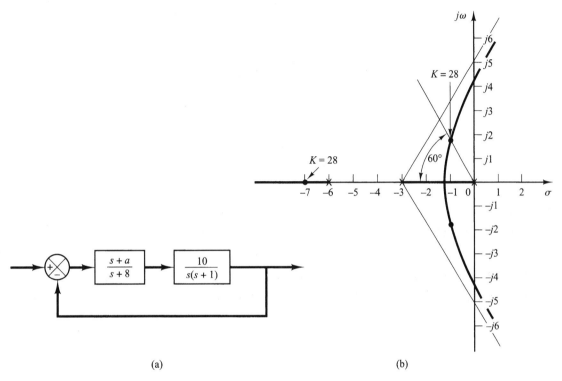

图 6.98 (a) 控制系统;(b) $K = 10a$ 时的根轨迹图

A.6.20 考虑图 6.99(a)所示的系统。当速度反馈增益 K 由零变化到无穷大时,试绘出系统的根轨迹图。试确定适当的 k 值,以保证闭环极点具有的阻尼比 ζ 为 0.7。

解:开环传递函数为

$$开环传递函数 = \frac{10}{(s + 1 + 10k)s}$$

因为 k 不是乘法因子,所以要改变上述方程,使得 k 以乘法因子的形式出现在方程中,因为特征方程为

$$s^2 + s + 10ks + 10 = 0$$

将上述方程改写成下列形式:

$$1 + \frac{10ks}{s^2 + s + 10} = 0 \qquad\qquad (6.38)$$

定义
$$10k = K$$

则方程(6.38)变成
$$1 + \frac{Ks}{s^2 + s + 10} = 0$$

注意,系统具有一个零点 $s = 0$ 和两个极点 $s = -0.5 \pm j3.1225$。因为这个系统包含两个极点和一个零点,所以可能存在一个圆形根轨迹。实际上,这个系统具有一个圆形根轨迹,我们将会予以证明。因为辐角条件为

$$\left/\frac{Ks}{s^2 + s + 10}\right. = \pm 180°(2k + 1)$$

所以得到

$$\left/\underline{s}\right. - \left/\underline{s + 0.5 + j3.1225}\right. - \left/\underline{s + 0.5 - j3.1225}\right. = \pm 180°(2k + 1)$$

把 $s = \sigma + j\omega$ 代入方程并且经过整理后,得到

$$\left/\underline{\sigma + 0.5 + j(\omega + 3.1225)}\right. + \left/\underline{\sigma + 0.5 + j(\omega - 3.1225)}\right. = \left/\underline{\sigma + j\omega}\right. \pm 180°(2k + 1)$$

上式可以改写成

$$\arctan\left(\frac{\omega + 3.1225}{\sigma + 0.5}\right) + \arctan\left(\frac{\omega - 3.1225}{\sigma + 0.5}\right) = \arctan\left(\frac{\omega}{\sigma}\right) \pm 180°(2k + 1)$$

对上述方程两边取正切,得到

$$\frac{\dfrac{\omega + 3.1225}{\sigma + 0.5} + \dfrac{\omega - 3.1225}{\sigma + 0.5}}{1 - \left(\dfrac{\omega + 3.1225}{\sigma + 0.5}\right)\left(\dfrac{\omega - 3.1225}{\sigma + 0.5}\right)} = \frac{\omega}{\sigma}$$

上式可以简化为

$$\frac{2\omega(\sigma + 0.5)}{(\sigma + 0.5)^2 - (\omega^2 - 3.1225^2)} = \frac{\omega}{\sigma}$$

即

$$\omega(\sigma^2 - 10 + \omega^2) = 0$$

于是得到

$$\omega = 0 \quad \text{或} \quad \sigma^2 + \omega^2 = 10$$

$\omega = 0$ 相应于实轴。负实轴(位于 $s = 0$ 与 $s = -\infty$ 之间)对应于 $K \geqslant 0$,而正实轴则对应于 $K < 0$。方程

$$\sigma^2 + \omega^2 = 10$$

是一个圆方程,其圆心位于 $\sigma = 0$,$\omega = 0$,而半径则等于 $\sqrt{10}$。这个圆的一部分位于复数极点的左方,相应于 $K > 0$ 时的根轨迹。位于复数极点右方的那一部分圆,相应于 $K < 0$ 时的根轨迹。这个系统在 $K > 0$ 时的根轨迹图示于图6.99(b)。

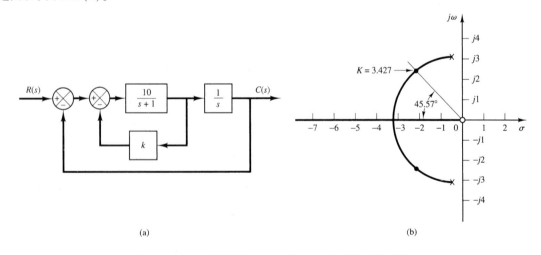

图 6.99 (a) 控制系统;(b) 当 $K = 10k$ 时的根轨迹图

因为要求闭环极点的 $\zeta = 0.7$,所以可以求出圆形根轨迹与和负实轴构成 45.57° 夹角(注意,$\cos 45.57° = 0.7$)的直线的交点。交点位于 $s = -2.214 + j2.258$。相应于该交点的增益 K 值为 3.427。因此,希望的速度反馈增益 k 的值为

$$k = \frac{K}{10} = 0.3427$$

习题

B.6.1 试绘出闭环控制系统的根轨迹。已知

$$G(s) = \frac{K(s + 1)}{s^2}, \qquad H(s) = 1$$

B.6.2 设有一个闭环控制系统, 已知

$$G(s) = \frac{K}{s(s + 1)(s^2 + 4s + 5)}, \qquad H(s) = 1$$

试绘出其根轨迹。

B.6.3 试绘出下列系统的根轨迹。已知该系统中

$$G(s) = \frac{K}{s(s + 0.5)(s^2 + 0.6s + 10)}, \qquad H(s) = 1$$

B.6.4 设控制系统中

$$G(s) = \frac{K(s^2 + 6s + 10)}{s^2 + 2s + 10}, \qquad H(s) = 1$$

试证明该系统的根轨迹是圆心在原点, 半径为 $\sqrt{10}$ 的圆的圆弧。

B.6.5 设在闭环系统中, 已知

$$G(s) = \frac{K(s + 0.2)}{s^2(s + 3.6)}, \qquad H(s) = 1$$

试绘出该系统的根轨迹。

B.6.6 设有一个闭环控制系统, 已知

$$G(s) = \frac{K(s + 9)}{s(s^2 + 4s + 11)}, \qquad H(s) = 1$$

试确定闭环极点在根轨迹上的位置, 以保证闭环主导极点具有的阻尼比等于 0.5。此外, 确定相应的增益 K 值。

B.6.7 试绘出图 6.100 所示系统的根轨迹, 并确定增益 K 的稳定范围。

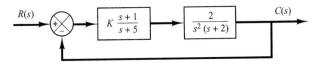

图 6.100　控制系统

B.6.8 设有一个单位反馈控制系统, 其前向传递函数为

$$G(s) = \frac{K}{s(s^2 + 4s + 8)}$$

试绘出该系统的根轨迹图。如果设定增益 $K = 2$, 试确定闭环极点的位置。

B.6.9 设有一个系统, 其开环传递函数已知为

$$G(s)H(s) = \frac{K(s - 0.6667)}{s^4 + 3.3401s^3 + 7.0325s^2}$$

试证明根轨迹的渐近线方程为

$$G_a(s)H_a(s) = \frac{K}{s^3 + 4.0068s^2 + 5.3515s + 2.3825}$$

应用 MATLAB 绘出系统的根轨迹和渐近线。

B. 6.10 考虑一个单位反馈系统,其前向传递函数为

$$G(s) = \frac{K}{s(s + 1)}$$

对于给定的增益 K 值,系统的定常增益轨迹由下列方程确定:

$$\left| \frac{K}{s(s + 1)} \right| = 1$$

试证明当 $0 \leqslant K \leqslant \infty$ 时,定常增益轨迹由下式确定:

$$\left[\sigma(\sigma + 1) + \omega^2 \right]^2 + \omega^2 = K^2$$

当 $K = 1, 2, 5, 10$ 和 20 时,试在 s 平面上绘出定常增益轨迹。

B. 6.11 考虑图 6.101 所示的系统。试利用 MATLAB 绘出系统的根轨迹,并且在设定增益 $K = 2$ 时,确定闭环极点的位置。

B. 6.12 图 6.102(a)和图 6.102(b)表示了两个非最小相位系统,试分别绘出它们的根轨迹图。

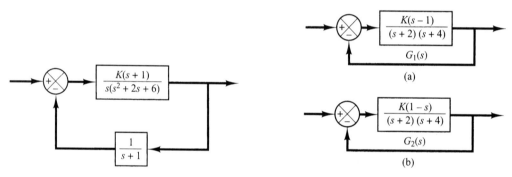

图 6.101　控制系统　　　　　　　　　　图 6.102　两个非最小相位系统

B. 6.13 考虑图 6.103 所示的机械系统。它由一个弹簧和两个阻尼器组成。试求该系统的传递函数。图中位移 x_i 为输入量,位移 x_o 为输出量。试问该系统是机械超前网络,还是机械滞后网络?

B. 6.14 考虑图 6.104 所示的系统。试绘出该系统的根轨迹,确定 K 值,使主导闭环极点的阻尼比 $\zeta = 0.5$,然后确定所有闭环极点,并且应用 MATLAB 绘出单位阶跃响应曲线。

B. 6.15 在图 6.105 所示的系统中,试确定 K、T_1 和 T_2 的值,使主导闭环极点的阻尼比 $\zeta = 0.5$,无阻尼自然频率 $\omega_n = 3$ rad/s。

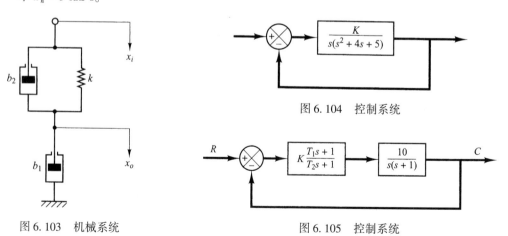

图 6.104　控制系统

图 6.103　机械系统　　　　　　　　　　图 6.105　控制系统

B.6.16 考虑图 6.106 所示的控制系统。试确定控制器 $G_c(s)$ 的增益 K 和时间常数 T，使闭环极点位于 $s = -2 \pm j2$。

B.6.17 考虑图 6.107 所示的系统。试设计一个超前校正装置，使主导闭环极点位于 $s = -2 \pm j2\sqrt{3}$。应用 MATLAB 绘出设计系统的单位阶跃响应曲线。

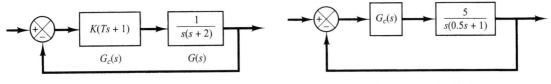

图 6.106　控制系统　　　　　　　　　图 6.107　控制系统

B.6.18 考虑图 6.108 所示的系统。试设计一个校正装置，使主导闭环极点位于 $s = -1 \pm j1$。

B.6.19 考虑图 6.109 所示的系统，试设计一个校正装置，使静态速度误差常数 K_v 为 $20\ s^{-1}$，同时不会使一对共轭复数闭环极点的原始位置（$s = -2 \pm j2\sqrt{3}$）有明显改变。

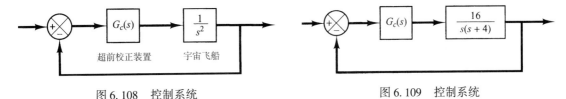

图 6.108　控制系统　　　　　　　　　图 6.109　控制系统

B.6.20 考虑图 6.110 所示的角位置系统，其主导闭环极点位于 $s = -3.60 \pm j4.80$，主导闭环极点的阻尼比 ζ 为 0.6。静态速度误差常数 K_v 为 $4.1\ s^{-1}$，这意味着对于一个斜坡输入信号 $360°/s$，跟踪此斜坡输入信号的稳态误差为

$$e_v = \frac{\theta_i}{K_v} = \frac{360°/s}{4.1/s^{-1}} = 87.8°$$

现在希望将 e_v 减少到现有值的十分之一，即希望将静态速度误差常数 K_v 的值增大到 $41\ s^{-1}$。同时，还希望保持主导闭环极的阻尼比 ζ 为 0.6。主导闭环极点的无阻尼自然频率 ω_n 允许有微小变化。试设计一个适当的滞后校正装置，将静态速度误差常数增大到希望的值。

B.6.21 考虑图 6.111 所示的控制系统。试设计一个校正装置，使系统的主导闭环极点位于 $s = -2 \pm j2\sqrt{3}$，并且静态速度误差常数 K_v 为 $50\ s^{-1}$。

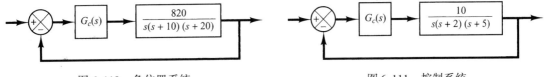

图 6.110　角位置系统　　　　　　　　图 6.111　控制系统

B.6.22 考虑图 6.112 所示的控制系统。试设计一个校正装置，使系统的单位阶跃响应曲线呈现出的最大过调量小于或等于 30%，而调整时间小于或等于 3 s。

B.6.23 考虑图 6.113 所示的控制系统。试设计一个校正装置，使系统的单位阶跃响应曲线呈现出的最大过调量小于或等于 25%，而调整时间小于或等于 5 s。

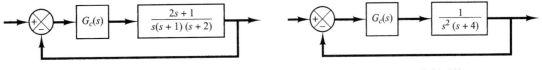

图 6.112　控制系统　　　　　　　　　图 6.113　控制系统

B.6.24 考虑图6.114所示的控制系统。该系统包含速度反馈。试确定放大器增益 K 和速度反馈增益 K_h 的值，使得下列性能指标得到满足：

1. 闭环极点的阻尼比为0.5；
2. 调整时间 ≤ 2 s；
3. 静态速度误差常数 $K_v \geq 50$ s^{-1}；
4. $0 < K_h < 1$。

B.6.25 考虑图6.115所示的系统。该系统包含速度反馈。试确定增益 K 的值，使得主导闭环极点的阻尼比为0.5。利用确定的增益 K 求系统的单位阶跃响应。

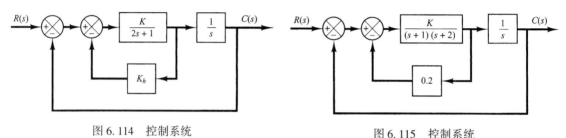

图6.114　控制系统　　　　　　　　　图6.115　控制系统

B.6.26 考虑图6.116所示的系统。当 a 从零变到无穷大时，试绘出根轨迹图。另外，试确定 a 的值，使得主导闭环极点的阻尼比为0.5。

B.6.27 考虑图6.117所示的系统。当 k 值从零变化到无穷大时，试绘出系统的根轨迹。k 为何值时能使主导闭环极点的阻尼比为0.5？求在这个 k 值时系统的静态速度误差常数。

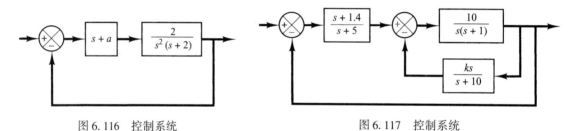

图6.116　控制系统　　　　　　　　　图6.117　控制系统

B.6.28 考虑图6.118所示的系统。假设增益 K 的值从零变化到无穷大，试绘出当 $K_h = 0.1$, 0.3 和 0.5 时的根轨迹。试比较系统在下列三种情况下的单位阶跃响应：

$K = 10$, $K_h = 0.1$
$K = 10$, $K_h = 0.3$
$K = 10$, $K_h = 0.5$

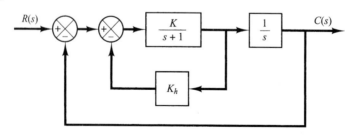

图6.118　控制系统

第7章 用频率响应法分析和设计控制系统

本章要点

本章 7.1 节介绍频率响应的基本知识。7.2 节介绍各种传递函数系统的伯德图。7.3 节讨论传递函数的极坐标图。7.4 节讨论对数幅-相图。7.5 节详细介绍奈奎斯特稳定判据。7.6 节讨论基于奈奎斯特稳定判据的稳定性分析。7.7 节介绍相对稳定性分析的度量。7.8 节介绍利用 M 圆和 N 圆由开环频率响应求闭环频率响应的方法。7.9 节涉及传递函数的实验确定。7.10 节介绍利用频率响应方法进行控制系统设计的初步知识。7.11 节至 7.13 节分别对超前校正、滞后校正和滞后-超前校正方法进行了详细介绍。

7.1 引言

系统对正弦输入信号的稳态响应称为频率响应。在频率响应法中，我们在一定的范围内改变输入信号的频率，研究其产生的响应。

在这一章中将介绍控制系统分析和设计的频率响应法。由这种分析获得的信息，与由根轨迹分析获得的信息是不同的。实际上，频率响应法和根轨迹法是互为补充的两种方法。频率响应法的优点之一，是我们可以利用对物理系统测量得到的数据，而不必推导出系统的数学模型。在控制系统的许多实际设计中，两种方法均得到了应用。控制工程人员必须熟悉这两种方法。

频率响应法是在 20 世纪 30 年代和 40 年代，由奈奎斯特、伯德、尼柯尔斯以及许多其他学者共同研究发展起来的。在常规的控制理论中，频率响应法是最有效的。对于鲁棒控制理论来说，频率响应法也是不可缺少的。

奈奎斯特稳定判据使我们有可能根据系统的开环频率响应特性信息，研究线性闭环系统的绝对稳定性和相对稳定性。频率响应法的优点是，采用容易提供的正弦信号产生器和精密的测量装置，所完成的频率响应实验通常比较简单，而且可以做得比较精确。一些复杂元件的传递函数，也常常可以通过频率响应实验予以确定。此外，频率响应法还能够设计出一种抗噪声干扰系统，即在这种系统中，不希望的噪声的影响可以忽略不计。这种分析和设计还可以推广到某些非线性控制系统中，这也是频率响应法的优点。

虽然控制系统的频率响应提供了瞬态响应的定性描述，但是除了二阶系统的情况以外，频率响应与瞬态响应之间的关系仍然是间接的。在设计闭环系统时，为了获得满意的系统瞬态响应特性，可以采用多种设计准则去调整开环传递函数的频率响应特性。

7.1.1 求系统对正弦输入信号的稳态输出

我们将证明，传递函数系统的稳态输出可以直接从正弦传递函数得到。所谓正弦传递函数，就是用 $j\omega$ 代替传递函数中的 s 得到的函数，其中 ω 为频率。

考虑图 7.1 所示的稳定、线性、定常系统。系统的传递函数为 $G(s)$，系统的输入量和输出量分别用 $x(t)$ 和 $y(t)$ 表示。如果输入量 $x(t)$ 为正弦信号，则稳态输出量也是一个相同频率的正弦信号，但是可能具有不同的振幅和相角。

我们假设系统的输入信号表示为

$$x(t) = X \sin \omega t$$

在本书中,"ω" 总是以 rad/s 进行测量。当用 circle/s(周/秒) 测量频率时,采用符号"f"。这就是说,$\omega = 2\pi f$。

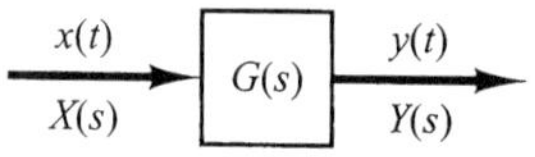

图 7.1　稳定、线性、定常系统

又设传递函数 $G(s)$ 可以写成两个 s 的多项式之比,即

$$G(s) = \frac{p(s)}{q(s)} = \frac{p(s)}{(s + s_1)(s + s_2)\cdots(s + s_n)}$$

于是系统的输出量的拉普拉斯变换 $Y(s)$ 为

$$Y(s) = G(s)X(s) = \frac{p(s)}{q(s)} X(s) \tag{7.1}$$

式中 $X(s)$ 为输入量 $x(t)$ 的拉普拉斯变换。

可以证明,当达到稳定状态时,可以用 $j\omega$ 取代传递函数中的 s 来计算频率响应。还可以证明,稳态响应可以用下式表示:

$$G(j\omega) = Me^{j\phi} = M\underline{/\phi}$$

式中 M 为输出正弦信号与输入正弦信号的振幅之比,ϕ 为输入正弦信号与输出正弦信号之间的相位移。在频率响应实验中,输入量的频率 ω 变化范围,涵盖了人们感兴趣的全部频率范围。

稳定、线性、定常系统对正弦输入信号的稳态响应,与初始条件无关(因此可以假设初始条件为零)。如果 $Y(s)$ 只具有不同的极点,那么当 $x(t) = X \sin \omega t$ 时,方程(7.1)的部分分式展开可以表示为

$$Y(s) = G(s)X(s) = G(s)\frac{\omega X}{s^2 + \omega^2}$$

$$= \frac{a}{s + j\omega} + \frac{\bar{a}}{s - j\omega} + \frac{b_1}{s + s_1} + \frac{b_2}{s + s_2} + \cdots + \frac{b_n}{s + s_n} \tag{7.2}$$

式中 a 和 $b_i(i = 1, 2, \cdots, n)$ 为常数,$\bar{a}$ 是 a 的共轭复数。方程(7.2)的拉普拉斯反变换为

$$y(t) = ae^{-j\omega t} + \bar{a}e^{j\omega t} + b_1e^{-s_1 t} + b_2e^{-s_2 t} + \cdots + b_ne^{-s_n t} \quad (t \geqslant 0) \tag{7.3}$$

对于一个稳定系统,$-s_1, -s_2, \cdots, -s_n$ 具有负实部。因此,当 t 趋近于无穷大时,项 $e^{-s_1 t}$,$e^{-s_2 t}$,$\cdots$,$e^{-s_n t}$ 将趋近于零。因此,方程(7.3)右边的所有项,除了前两项以外,都将在稳态时消失。

如果 $Y(s)$ 包含着 m_j 重的重极点 s_j,则 $y(t)$ 将包含诸如 $t^{h_j}e^{-s_j t}(h_j = 0, 1, 2, \cdots, m_j - 1)$ 这样的项。对于一个稳定的系统,当 t 趋近于无穷大时,$t^{h_j}e^{-s_j t}$ 项将趋近于零。

因此,不论系统是相异极点型系统还是多重极点型系统,其稳态响应都将变为下列形式:

$$y_{ss}(t) = ae^{-j\omega t} + \bar{a}e^{j\omega t} \tag{7.4}$$

式中常数 a 可以根据方程(7.2)计算如下:

$$a = G(s)\frac{\omega X}{s^2 + \omega^2}(s + j\omega)\bigg|_{s=-j\omega} = -\frac{XG(-j\omega)}{2j}$$

注意到

$$\bar{a} = G(s)\frac{\omega X}{s^2 + \omega^2}(s - j\omega)\bigg|_{s=j\omega} = \frac{XG(j\omega)}{2j}$$

因为 $G(j\omega)$ 是一个复数量,所以可以把它写成下列形式:

$$G(j\omega) = |G(j\omega)|e^{j\phi}$$

式中 $|G(j\omega)|$ 表示 $G(j\omega)$ 的幅值,ϕ 表示 $G(j\omega)$ 的相角;即

$$\phi = \underline{/G(j\omega)} = \arctan\left[\frac{G(j\omega) \text{ 的虚部}}{G(j\omega) \text{ 的实部}}\right]$$

相角 ϕ 可以是负的、正的或者零。类似地,我们可以得到下列关于 $G(-j\omega)$ 的表达式:

$$G(-j\omega) = |G(-j\omega)|e^{-j\phi} = |G(j\omega)|e^{-j\phi}$$

然后,注意到

$$a = -\frac{X|G(j\omega)|e^{-j\phi}}{2j}, \qquad \bar{a} = \frac{X|G(j\omega)|e^{j\phi}}{2j}$$

所以方程(7.4)可以写成

$$\begin{aligned}
y_{ss}(t) &= X|G(j\omega)|\frac{e^{j(\omega t+\phi)} - e^{-j(\omega t+\phi)}}{2j} \\
&= X|G(j\omega)|\sin(\omega t + \phi) \\
&= Y\sin(\omega t + \phi)
\end{aligned} \tag{7.5}$$

式中 $Y = X|G(j\omega)|$。我们看到,稳定的线性定常系统在受到正弦输入信号的作用后,在稳态时将具有一个与输入信号同频率的正弦输出信号。但是,输出信号的振幅和相位一般来说将不同于输入信号。事实上,输出信号的振幅由输入信号与 $|G(j\omega)|$ 的乘积给出,而相角则与输入信号相差一个量值 $\phi = \underline{/G(j\omega)}$。图 7.2 表示了一个输入和输出正弦信号的例子。

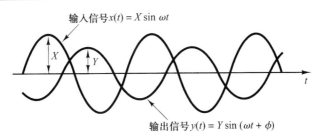

图 7.2　输入和输出正弦信号

在此基础上,我们得到下列重要结论:对于正弦输入信号,

$$|G(j\omega)| = \left|\frac{Y(j\omega)}{X(j\omega)}\right| = \text{输出正弦曲线与输入正弦曲线的振幅之比}$$

$$\underline{/G(j\omega)} = \underline{\bigg/\frac{Y(j\omega)}{X(j\omega)}} = \text{输出正弦曲线相对于输入正弦曲线的相移}$$

因此,系统对正弦输入信号的稳态响应特性可以直接由下式求得:

$$\frac{Y(j\omega)}{X(j\omega)} = G(j\omega)$$

函数 $G(j\omega)$ 称为正弦传递函数。它是 $Y(j\omega)$ 与 $X(j\omega)$ 之比,是一个复数量,可以用以频率作为参数的幅值和相角来表示。任何线性系统的正弦传递函数,均可以通过用 $j\omega$ 取代系统传递函数中的 s 后得到。

正如在第 6 章中已经谈到的，正相角称为相位超前，负相角称为相位滞后。具有相位超前特性的网络，称为相位超前网络，而具有相位滞后特性的网络，则称为相位滞后网络。

例 7.1　考虑图 7.3 所示的系统，其传递函数 $G(s)$ 为

$$G(s) = \frac{K}{Ts + 1}$$

对于正弦输入信号 $x(t) = X \sin \omega t$，稳态输出信号 $y_{ss}(t)$ 可以求得如下。用 $j\omega$ 取代 $G(s)$ 中的 s，得到

$$G(j\omega) = \frac{K}{jT\omega + 1}$$

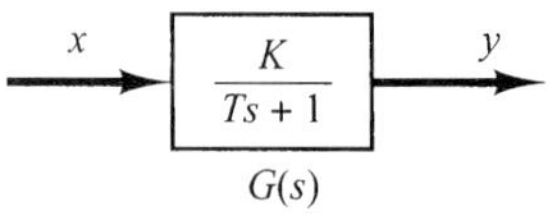

输出信号与输入信号之间的振幅比为

$$|G(j\omega)| = \frac{K}{\sqrt{1 + T^2\omega^2}}$$

$x \rightarrow \boxed{\dfrac{K}{Ts+1}} \rightarrow y$

$G(s)$

图 7.3　一阶系统

$G(j\omega)$ 的相角 ϕ 为

$$\phi = \underline{/G(j\omega)} = -\arctan T\omega$$

因此，对于输入信号 $x(t) = X \sin \omega t$，稳态输出量 $y_{ss}(t)$ 可以根据方程(7.5)求得：

$$y_{ss}(t) = \frac{XK}{\sqrt{1 + T^2\omega^2}} \sin(\omega t - \arctan T\omega) \tag{7.6}$$

由方程(7.6)可以看出，对于小的 ω 值，稳态输出量 $y_{ss}(t)$ 的振幅几乎等于 K 倍的输入信号的振幅。对于小的 ω 值，输出量的相位移也很小。对于大的 ω 值，输出量的振幅很小，并且与 ω 值几乎是成反比的。当 ω 趋近于无穷大时，相位移趋近于 $-90°$。这是一个相位滞后网络。

例 7.2　考虑由下式描述的网络：

$$G(s) = \frac{s + \dfrac{1}{T_1}}{s + \dfrac{1}{T_2}}$$

试确定这个网络是超前网络还是滞后网络。

对于正弦输入信号 $x(t) = X \sin \omega t$，稳态输出量 $y_{ss}(t)$ 可以求得如下。因为

$$G(j\omega) = \frac{j\omega + \dfrac{1}{T_1}}{j\omega + \dfrac{1}{T_2}} = \frac{T_2(1 + T_1 j\omega)}{T_1(1 + T_2 j\omega)}$$

$$|G(j\omega)| = \frac{T_2\sqrt{1 + T_1^2\omega^2}}{T_1\sqrt{1 + T_2^2\omega^2}}$$

于是得到

和

$$\phi = \underline{/G(j\omega)} = \arctan T_1\omega - \arctan T_2\omega$$

稳态输出量为

$$y_{ss}(t) = \frac{XT_2\sqrt{1 + T_1^2\omega^2}}{T_1\sqrt{1 + T_2^2\omega^2}} \sin(\omega t + \arctan T_1\omega - \arctan T_2\omega)$$

由这个表达式可以看出，如果 $T_1 > T_2$，则 $\arctan T_1\omega - \arctan T_2\omega > 0$。因此，如果 $T_1 > T_2$，则上述网络为超前网络。如果 $T_1 < T_2$，则上述网络为滞后网络。

7.1.2 用图形表示频率响应特性

正弦传递函数作为频率 ω 的复变函数,可以以频率作为参量,用其幅值和相角来描述。有三种常用的正弦传递函数表示方法,它们是:

1. 伯德图或对数坐标图
2. 奈奎斯特图或极坐标图
3. 对数幅-相图(尼柯尔斯图)

本章将详细讨论这些表示方法,还将讨论如何用 MATLAB 方法获得伯德图、奈奎斯特图和尼柯尔斯图。

7.2 伯德图

7.2.1 伯德图或对数坐标图

伯德图由两幅图组成:一幅为正弦传递函数幅值的对数坐标图,另一幅为相角图。这两幅图都是相对于频率用对数尺度进行绘制的。

$G(j\omega)$ 对数幅值的标准表达式为 $20 \log |G(j\omega)|$,其中对数是以 10 为底的。在这个幅值表达式中,采用的单位是分贝,通常缩写成 dB。在对数表达式中,对数幅值曲线画在半对数坐标纸上,频率采用对数刻度,幅值(采用分贝)或相角(采用度)则采用线性刻度(横坐标轴上所需的对数刻度数目,取决于人们感兴趣的频率范围)。

伯德图的主要优点在于它可以将幅值的相乘转化为相加。此外,它提供的绘制近似对数幅值曲线的简便方法,是建立在渐近近似的基础上的。如果只需要知道频率响应特性的粗略信息,那么这种以渐近直线进行近似的方法是可以满足要求的。如果需要精确曲线,那么可以很容易地对这些基本的渐近直线进行修正。因为在实际系统中,低频特性最为重要,所以通过对频率采用对数尺度从而扩展低频范围是很有利的。虽然由于对频率采用对数尺度,使得曲线不能画到零频处(因为 $\log 0 = -\infty$),但这不会造成严重问题。

当频率响应数据以伯德图的形式表示时,可以很容易地通过实验确定传递函数。

7.2.2 $G(j\omega)H(j\omega)$ 的基本因子

如上所述,采用对数坐标图的主要优点是绘制频率响应曲线比较容易。在一个任意的传递函数 $G(j\omega)H(j\omega)$ 中,最常出现的基本因子是:

1. 增益 K
2. 积分和微分因子 $(j\omega)^{\mp 1}$
3. 一阶因子 $(1 + j\omega T)^{\mp 1}$
4. 二阶因子 $\left[1 + 2\zeta(j\omega/\omega_n) + (j\omega/\omega_n)^2 \right]^{\mp 1}$

由于增益的对数相加相应于增益相乘,所以我们熟悉了这些基本因子的对数坐标图以后,就可以利用它们,通过画出一个因子的对应曲线,并对各个单独曲线逐一地图解相加,从而获得任何一般形式的传递函数 $G(j\omega)H(j\omega)$ 的合成对数坐标图。

7.2.3　增益 K

当 K 值大于1时,其分贝数为正;当 K 值小于1时,其分贝数为负。当增益 K 为常数时,其对数幅值曲线为一条水平直线,且幅值等于 $20 \log K$ 分贝,增益 K 的相角等于零。改变传递函数中的增益 K 会导致传递函数的对数幅值曲线上升或下降一个相应的常数,但是不会影响相位曲线。

图 7.4 给出了数值-分贝转换直线,任何一个数值的分贝数都可以由该直线求得。当数值增大 10 倍时,其相应的分贝数增加 20。这可以由下式看出:

$$20 \log(K \times 10) = 20 \log K + 20$$

类似地,

$$20 \log(K \times 10^n) = 20 \log K + 20n$$

当以分贝数表示时,数值与其倒数之间只相差一个符号,这就是说,对于数值 K,

$$20 \log K = -20 \log \frac{1}{K}$$

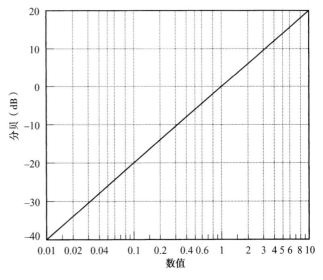

图 7.4　数值-分贝转换直线

7.2.4　积分和微分因子 $(j\omega)^{\mp 1}$

当以分贝表示 $1/j\omega$ 的对数幅值时,其值为

$$20 \log \left| \frac{1}{j\omega} \right| = -20 \log \omega \text{ dB}$$

$1/j\omega$ 的相角为常量,且等于 $-90°$。

在伯德图中,频率比可以用倍频程或十倍频程来表示。倍频程是频率从 ω_1 变到 $2\omega_1$ 的频带宽度,其中 ω_1 为任意频率值。十倍频程是频率从 ω_1 变到 $10\omega_1$ 的频带宽度,其中 ω_1 也是一个任意频率值(在半对数坐标纸上的对数分度情况下,对于任意给定的频率比,可以用同一水平距离表示。例如,从 $\omega = 1$ 到 $\omega = 10$ 的水平距离,等于从 $\omega = 3$ 到 $\omega = 30$ 的水平距离)。

如果画出对数幅值 $-20 \log \omega$ dB 相对于 ω 的对数分度,它是一条直线。为了画出这条直线,需要确定直线上的一点(0 dB, $\omega = 1$),因为

$$(-20 \log 10 \omega) \text{dB} = (-20 \log \omega - 20) \text{dB}$$

所以该直线的斜率为 -20 dB/十倍频程(或 -6 dB/倍频程)。

类似地,$j\omega$ 的对数幅值以分贝表示时为

$$20 \log |j\omega| = 20 \log \omega \text{ dB}$$

$j\omega$ 的相角为常数,且等于 $90°$。对数幅值曲线是一条斜率为 20 dB/十倍频程的直线。图 7.5(a) 和图 7.5(b) 分别表示了 $1/j\omega$ 和 $j\omega$ 的频率响应曲线。可以清楚地看出,因子 $1/j\omega$ 和 $j\omega$ 的频率响应的区别是对数幅值曲线的斜率相差一个符号,且相角也相差一个符号。在 $\omega = 1$ 时,两条对数幅值曲线的对数值都等于零。

如果传递函数中包含因子 $(1/j\omega)^n$ 或 $(j\omega)^n$,则对数幅值分别为

$$20 \log \left| \frac{1}{(j\omega)^n} \right| = -n \times 20 \log |j\omega| = -20n \log \omega \text{ dB}$$

或

$$20 \log \left| (j\omega)^n \right| = n \times 20 \log |j\omega| = 20n \log \omega \text{ dB}$$

因此，因子 $(1/j\omega)^n$ 和 $(j\omega)^n$ 的对数幅值曲线斜率分别为 $-20n$ dB/十倍频程和 $20n$ dB/十倍频程。$(1/j\omega)^n$ 的相角在全部频率范围内都等于 $-90° \times n$，而 $(j\omega)^n$ 的相角在全部频率范围内都等于 $90° \times n$。这些幅值曲线将通过点 $(0 \text{ dB}, \omega = 1)$。

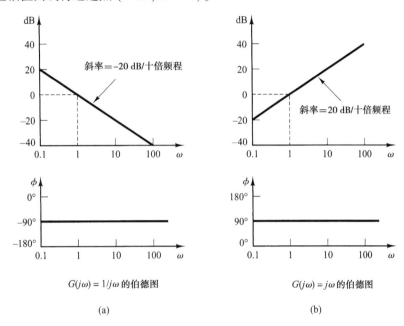

$G(j\omega) = 1/j\omega$ 的伯德图　　　　　$G(j\omega) = j\omega$ 的伯德图

(a)　　　　　　　　　　　　　(b)

图 7.5　（a）$G(j\omega) = 1/j\omega$ 的伯德图；（b）$G(j\omega) = j\omega$ 的伯德图

7.2.5　一阶因子 $(1 + j\omega T)^{\mp 1}$

一阶因子 $1/(1 + j\omega T)$ 的对数幅值为

$$20 \log \left| \frac{1}{1 + j\omega T} \right| = -20 \log \sqrt{1 + \omega^2 T^2} \text{ dB}$$

在低频时，即 $\omega \ll 1/T$，其对数幅值可以近似地表示为

$$-20 \log \sqrt{1 + \omega^2 T^2} \doteq -20 \log 1 = 0 \text{ dB}$$

因此，低频时的对数幅值曲线是一条 0 dB 的直线。在高频时，即 $\omega \gg 1/T$ 时，其对数幅值可以近似地表示为

$$-20 \log \sqrt{1 + \omega^2 T^2} \doteq -20 \log \omega T \text{ dB}$$

这是一个高频范围内的近似表达式。当 $\omega = 1/T$ 时，对数幅值等于 0 dB；当 $\omega = 10/T$ 时，对数幅值等于 -20 dB。因此，对于 ω 的每十倍频程，$-20 \log \omega T$ dB 的值减小 20 dB。当 $\omega \gg 1/T$ 时，一阶因子的对数幅值曲线是一条直线，且斜率为 -20 dB/十倍频程（或 -6 dB/倍频程）。

上述分析表明，因子 $1/(1 + j\omega T)$ 的频率响应曲线对数表达式可以用两条渐近直线近似表示，一条是当频带为 $0 < \omega < 1/T$ 时的 0 dB 直线，另一条是当频带为 $1/T < \omega < \infty$ 时的斜率为 -20 dB/十倍频程（或 -6 dB/倍频程）的直线。图 7.6 表示了精确对数幅值曲线及其渐近线，以及精确的相角曲线。

两条渐近线相交处的频率,称为转角频率或交接频率。对于一阶因子 $1/(1+j\omega T)$,频率 $\omega = 1/T$ 就是转角频率,因为在 $\omega = 1/T$ 处,两条渐近线有相同的值($\omega = 1/T$ 处,低频率渐近线的表达式为 20 log 1 dB = 0 dB,高频率渐近线的表达式在 $\omega = 1/T$ 处也是20 log 1 dB = 0 dB)。转角频率将频率响应曲线分为两段,即低频段曲线和高频段曲线。在绘制对数频率响应曲线时,转角频率是很重要的。

因子 $1/(1+j\omega T)$ 的精确相角 ϕ 为

$$\phi = -\arctan \omega T$$

在零频率处,相角等于0°,在转角频率处,相角为

$$\phi = -\arctan \frac{T}{T} = -\arctan 1 = -45°$$

当频率为无穷大时,相角为 -90°。因为相角是以反正切函数的形式表示的,所以相角对于转折点 $\phi = -45°$ 是斜对称的。

因为采用渐近线而在幅值曲线上产生的误差可以进行计算。幅值的最大误差发生在转角频率处,它约等于 -3 dB。因为

$$-20 \log\sqrt{1+1} + 20 \log 1 = -10 \log 2 = -3.03 \text{ dB}$$

在低于转角频率一个倍频程处,即 $\omega = 1/(2T)$ 处,其误差为

$$-20 \log\sqrt{\frac{1}{4}+1} + 20 \log 1 = -20 \log \frac{\sqrt{5}}{2} = -0.97 \text{ dB}$$

在高于转角频率一个倍频程处,即 $\omega = 2/T$ 处,其误差为

$$-20 \log\sqrt{2^2+1} + 20 \log 2 = -20 \log \frac{\sqrt{5}}{2} = -0.97 \text{ dB}$$

因此,在低于或高于转角频率一个倍频程处,其误差近似等于 -1 dB。类似地,可以计算出低于或高于转角频率十倍频程处的误差,该误差约等于 -0.04 dB。对于 $1/(1+j\omega T)$ 的频率响应曲线,当采用渐近线表示时,以 dB 表示的误差如图 7.7 所示。该误差对称于转角频率。

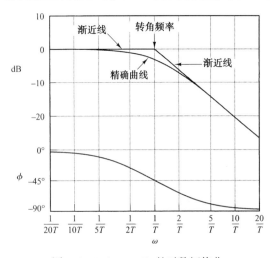

图 7.6 $1/(1+j\omega T)$ 的对数幅值曲线及其渐近线和相角曲线

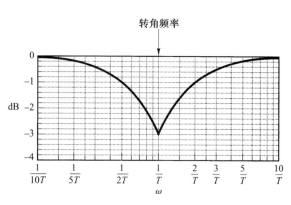

图 7.7 $1/(1+j\omega T)$ 的频率响应曲线以渐近线表示时,引起的对数幅值误差

因为渐近线很容易绘制,且与精确曲线充分接近,所以为了能迅速地确定系统频率响应特性的一般性质,使计算量达到最小,采用这种近似的方法绘制伯德图是很方便的。这种方法可以应用在设计工作的初始阶段。如果需要精确的频率响应曲线,则可参照图 7.7 中给出的曲线进行校正。实际上,

精确的频率响应曲线可以这样绘制:首先在转角频率处引入一个 3 dB 的校正点,然后在低于和高于转角频率一倍频程处引入一个 1 dB 校正点,最后用一条光滑曲线连接这些点,就可以获得精确曲线。

改变时间常数 T ,可以使转角频率向左或向右移动,但是对数幅值曲线和相角曲线的形状将保持不变。

传递函数 $1/(1 + j\omega)$ 具有低通滤波器的特性。对于高于 $\omega = 1/T$ 的频率,其对数幅值朝着 $-\infty$ 迅速下降,这主要是因为存在时间常数。在低通滤波器中,输出量在低频时可以准确地跟随正弦输入信号。但是随着输入信号频率的增大,由于系统的输出达到一定的量值需要一定的时间,所以输出量不能准确地跟随输入量而变化。因此,在高频时输出量的幅值趋近于零,输出量的相角则趋近于 $-90°$。所以,如果输入函数中包含很多谐波,那么在输出量中,低频分量能够得到精确地重现,高频分量的幅值将会衰减,相角将会产生相移。因此,一阶元件只能精确或比较精确地重现常量或变化缓慢的现象。

对于倒数因子,例如因子 $1 + j\omega T$ 的对数幅值和相角曲线与 $1/(1 + j\omega T)$ 相比仅差一个符号。这是伯德图的一个优点。因为

$$20 \log|1 + j\omega T| = -20 \log\left|\frac{1}{1 + j\omega T}\right|$$

且

$$\underline{/1 + j\omega T} = \arctan\omega T = -\underline{/\frac{1}{1 + j\omega T}}$$

所以转角频率在这两种情况下是相同的。$1 + j\omega T$ 的高频渐近线斜率是 20 dB/十倍频程,而当频率 ω 从零增加到无穷大时,其相角从 0° 变化到 90°。图 7.8 表示了因子 $1 + j\omega T$ 的对数幅值曲线及其渐近线,以及它的相角曲线。

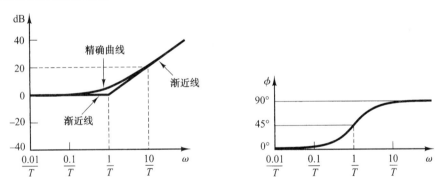

图 7.8　$1 + j\omega T$ 的对数幅值曲线及其渐近线和相角曲线

为了精确地绘出相角曲线,我们必须确定曲线上若干点的位置。因子 $(1 + j\omega T)^{\mp 1}$ 的相角为

$$\mp 45° \qquad 当\ \omega = \frac{1}{T}\ 时$$

$$\mp 26.6° \qquad 当\ \omega = \frac{1}{2T}\ 时$$

$$\mp 5.7° \qquad 当\ \omega = \frac{1}{10T}\ 时$$

$$\mp 63.4° \qquad 当\ \omega = \frac{2}{T}\ 时$$

$$\mp 84.3° \qquad 当\ \omega = \frac{10}{T}\ 时$$

当传递函数中包含形如 $(1 + j\omega T)^{\mp n}$ 的因子时,可以绘出类似的渐近线。这时转角频率仍为 $\omega = 1/T$,且渐近线为直线。低频渐近线为 0 dB 的一条水平直线,高频渐近线则是斜率为 $-20n$ dB/十倍频程或 $20n$ dB/十倍频程的直线。包含在渐近线表达式中的误差,是 $(1 + j\omega T)^{\mp 1}$ 时的 n 倍。各个频率点上的相角,也是该点上 $(1 + j\omega T)^{\mp 1}$ 时的相角的 n 倍。

7.2.6　二阶因子 $[1 + 2\zeta(j\omega/\omega_n) + (j\omega/\omega_n)^2]^{\mp 1}$

控制系统常常具有下列二阶因子的形式:

$$G(j\omega) = \frac{1}{1 + 2\zeta\left(j\dfrac{\omega}{\omega_n}\right) + \left(j\dfrac{\omega}{\omega_n}\right)^2} \tag{7.7}$$

如果 $\zeta > 1$,那么该二阶因子可以用两个具有实数极点的一阶因子的乘积表示。如果 $0 < \zeta < 1$,则该二阶因子可以用两个共轭复数因子的乘积表示。对于阻尼比 ζ 较小的二阶因子,其频率响应曲线的渐近近似表示是不精确的。这是因为二阶因子的幅值和相角不仅与转角频率有关,还与阻尼比 ζ 有关。

渐近频率响应曲线可以通过下列步骤求得。因为

$$20\log\left|\frac{1}{1 + 2\zeta\left(j\dfrac{\omega}{\omega_n}\right) + \left(j\dfrac{\omega}{\omega_n}\right)^2}\right| = -20\log\sqrt{\left(1 - \frac{\omega^2}{\omega_n^2}\right)^2 + \left(2\zeta\frac{\omega}{\omega_n}\right)^2}$$

在低频时,即当 $\omega \ll \omega_n$ 时,其对数幅值为

$$-20\log 1 = 0 \text{ dB}$$

因此,低频渐近线为一条 0 dB 的水平线。在高频时,即当 $\omega \gg \omega_n$ 时,其对数幅值为

$$-20\log\frac{\omega^2}{\omega_n^2} = -40\log\frac{\omega}{\omega_n}\text{dB}$$

因为

$$-40\log\frac{10\omega}{\omega_n} = -40 - 40\log\frac{\omega}{\omega_n}$$

所以高频渐近线的方程是一条斜率为 -40 dB/十倍频程的直线。因为在 $\omega = \omega_n$ 时

$$-40\log\frac{\omega_n}{\omega_n} = -40\log 1 = 0 \text{ dB}$$

所以高频渐近线与低频渐近线在 $\omega = \omega_n$ 处相交。这个频率 ω_n,就是上述二阶因子的转角频率。

上面导出的两条渐近线都是与 ζ 值无关的。然而,当频率接近 $\omega = \omega_n$ 时,正如从方程(7.7)可以预料到的,将会产生谐振峰值,阻尼比 ζ 确定了谐振峰值的大小。显然,当用渐近直线来近似表示时,必然产生误差。误差的大小与 ζ 值有关,大的误差对应于小的 ζ 值。对于由方程(7.7)给出的二阶因子和具体的 ζ 值,图7.9表示了相应的精确对数幅值曲线及其渐近直线,以及精确的相角曲线。如果需要对渐近线进行修正,则可以根据图7.9在足够多的频率点上获得必要的校正量。

二阶因子 $[1 + 2\zeta(j\omega/\omega_n) + (j\omega/\omega_n)^2]^{-1}$ 的相角为

$$\phi = \left/\frac{1}{1 + 2\zeta\left(j\dfrac{\omega}{\omega_n}\right) + \left(j\dfrac{\omega}{\omega_n}\right)^2}\right. = -\arctan\left[\frac{2\zeta\dfrac{\omega}{\omega_n}}{1 - \left(\dfrac{\omega}{\omega_n}\right)^2}\right] \tag{7.8}$$

相角 ϕ 是 ω 和 ζ 的函数。当 $\omega = 0$ 时, 相角等于 $0°$。在转角频率 $\omega = \omega_n$ 时, 相角等于 $-90°$, 且与 ζ 无关。这是因为

$$\phi = -\arctan\left(\frac{2\zeta}{0}\right) = -\arctan\infty = -90°$$

当 $\omega = \infty$ 时, 相角为 $-180°$。对于 $\phi = -90°$ 的转折点来说, 相角曲线是斜对称的。现在尚无简单方法绘出这类相角曲线, 需要参考图 7.9 所示的相角曲线。

对于二阶因子
$$1 + 2\zeta\left(j\frac{\omega}{\omega_n}\right) + \left(j\frac{\omega}{\omega_n}\right)^2$$

其频率响应曲线可以根据下列因子的频率响应曲线求得:

$$\frac{1}{1 + 2\zeta\left(j\frac{\omega}{\omega_n}\right) + \left(j\frac{\omega}{\omega_n}\right)^2}$$

这时只要改变上述因子的对数幅值和相角的符号, 就可以得到欲求二阶因子的频率响应曲线。

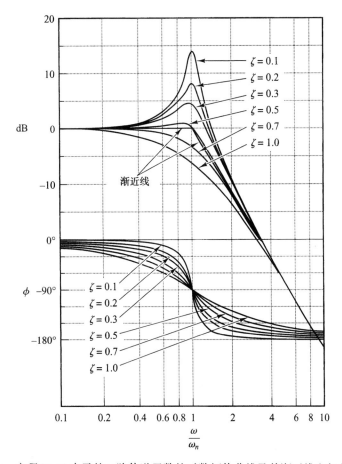

图 7.9 方程(7.7)表示的二阶传递函数的对数幅值曲线及其渐近线和相角曲线

为了求已知二阶传递函数的频率响应曲线, 首先必须确定转角频率 ω_n 的值和阻尼比 ζ 的值, 然后利用图 7.9 给出的曲线族, 绘出频率响应曲线。

7.2.7　谐振频率 ω_r 和谐振峰值 M_r

设二阶因子为

$$G(j\omega) = \frac{1}{1 + 2\zeta\left(j\dfrac{\omega}{\omega_n}\right) + \left(j\dfrac{\omega}{\omega_n}\right)^2}$$

该二阶因子的幅值为

$$|G(j\omega)| = \frac{1}{\sqrt{\left(1 - \dfrac{\omega^2}{\omega_n^2}\right)^2 + \left(2\zeta\dfrac{\omega}{\omega_n}\right)^2}} \tag{7.9}$$

如果 $|G(j\omega)|$ 在某一频率上具有峰值,则该频率称为谐振频率。因为 $|G(j\omega)|$ 的分子为常数,所以当函数

$$g(\omega) = \left(1 - \frac{\omega^2}{\omega_n^2}\right)^2 + \left(2\zeta\frac{\omega}{\omega_n}\right)^2 \tag{7.10}$$

达到最小值时, $|G(j\omega)|$ 将达到峰值。因为方程(7.10)可以写成下列形式:

$$g(\omega) = \left[\frac{\omega^2 - \omega_n^2(1 - 2\zeta^2)}{\omega_n^2}\right]^2 + 4\zeta^2(1 - \zeta^2) \tag{7.11}$$

所以 $g(\omega)$ 的最小值发生在 $\omega = \omega_n\sqrt{1 - 2\zeta^2}$ 处。因此,谐振频率为

$$\omega_r = \omega_n\sqrt{1 - 2\zeta^2}, \qquad 0 \leqslant \zeta \leqslant 0.707 \tag{7.12}$$

当阻尼比 ζ 趋近于零时,谐振频率趋近于 ω_n。当 $0 < \zeta \leqslant 0.707$ 时,谐振频率 ω_r 小于阻尼自然频率 $\omega_d = \omega_n\sqrt{1 - \zeta^2}$,阻尼自然频率在瞬态响应中才呈现出来。由方程(7.12)可以看出,当 $\zeta > 0.707$ 时,不产生谐振峰值,幅值 $|G(j\omega)|$ 随着频率 ω 的增大而单调减小(对于所有 $\omega > 0$ 时的频率 ω,幅值总小于 0 dB。当 $0.7 < \zeta < 1$ 时,阶跃响应是振荡的,但是这种振荡具有良好的阻尼特性,并且很难觉察出来)。

当 $0 \leqslant \zeta \leqslant 0.707$ 时,谐振峰值的幅值 $M_r = |G(j\omega_r)|$ 可以由方程(7.12)和方程(7.9)求得。当 $0 \leqslant \zeta \leqslant 0.707$ 时,有

$$M_r = |G(j\omega)|_{\max} = |G(j\omega_r)| = \frac{1}{2\zeta\sqrt{1 - \zeta^2}} \tag{7.13}$$

当 $\zeta > 0.707$ 时,则有

$$M_r = 1 \tag{7.14}$$

当 ζ 趋近于零时, M_r 趋近于无穷大。这表明,无阻尼系统在其自然频率上被激励而振荡时, $G(j\omega)$ 的幅值将变成无穷大。 M_r 与 ζ 之间的关系如图 7.10 所示。

在发生谐振峰值的频率上, $G(j\omega)$ 的相角可以通过将方程(7.12)代入方程(7.8)求得。因此,在谐振频率 ω_r 上, $G(j\omega)$ 的相角为

$$\underline{/G(j\omega_r)} = -\arctan\frac{\sqrt{1 - 2\zeta^2}}{\zeta} = -90° + \arcsin\frac{\zeta}{\sqrt{1 - \zeta^2}}$$

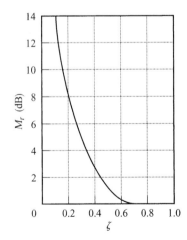

图 7.10　二阶系统 $1/[1 + 2\zeta(j\omega/\omega_n) + (j\omega/\omega_n)^2]$ 的 M_r 与 ζ 的关系曲线

7.2.8　绘制伯德图的一般步骤

MATLAB 提供了绘制伯德图的简单方法(MATLAB 方法在本节后面介绍)。但是,在这里考虑用手绘制伯德图,不采用MATLAB 的情况。

首先将正弦传递函数 $G(j\omega)H(j\omega)$ 改写成上述基本因子的乘积,然后找出与这些基本因子相关的转角频率,最后在转角频率之间,以适当的斜率绘出渐近对数幅值曲线。对渐近线进行适当修正,就可以得到精确曲线,精确曲线与渐近线靠得很近。

把各单个因子的相角曲线进行叠加,就可以绘出 $G(j\omega)H(j\omega)$ 的相角曲线。

与其他用来计算传递函数频率响应的方法比较,采用渐近线近似绘制伯德图,花费的时间少得多。在实践中,经常采用伯德图的主要原因是对于给定的传递函数,绘制频率响应曲线比较容易,并且在增加校正时,改变频率响应曲线也比较容易。

例7.3　绘出下列传递函数的伯德图:

$$G(j\omega) = \frac{10(j\omega + 3)}{(j\omega)(j\omega + 2)\left[(j\omega)^2 + j\omega + 2\right]}$$

并且进行修正,使对数幅值曲线成为精确曲线。

为了避免在绘制对数幅值曲线时发生任何可能出现的错误,需要将 $G(j\omega)$ 表示成下列标准化形式:

$$G(j\omega) = \frac{7.5\left(\dfrac{j\omega}{3} + 1\right)}{(j\omega)\left(\dfrac{j\omega}{2} + 1\right)\left[\dfrac{(j\omega)^2}{2} + \dfrac{j\omega}{2} + 1\right]}$$

式中一阶因子和二阶因子的低频渐近线为 0 dB 线。上述函数 $G(j\omega)$ 由下列因子组成:

$$7.5, \quad (j\omega)^{-1}, \quad 1 + j\frac{\omega}{3}, \quad \left(1 + j\frac{\omega}{2}\right)^{-1}, \quad \left[1 + j\frac{\omega}{2} + \frac{(j\omega)^2}{2}\right]^{-1}$$

上述第三项至第五项的转角频率分别为 $\omega = 3$,$\omega = 2$ 和 $\omega = \sqrt{2}$。应当指出,上述最后一项的阻尼比为 0.3536。

为了绘制伯德图,首先绘出每个因子的单独渐近线,如图7.11 所示。然后,将每个单独的曲线进行代数相加,得到合成曲线,如图7.11 所示。当各条独立的渐近线在每个频率上相加时,合成曲线的斜率也是叠加出来的。低于 $\omega = \sqrt{2}$ 的频率时,合成直线的斜率为 −20 dB/十倍频程。在第一个转角频率 $\omega = \sqrt{2}$ 处,其斜率变成 −60 dB/十倍频程,并且该斜率一直延续到下一个转角频率 $\omega = 2$。在 $\omega = 2$ 处,斜率变成 −80 dB/十倍频程。在最后一个转角频率 $\omega = 3$ 处,斜率又变成 −60 dB/十倍频程。

一旦绘出了上述近似对数幅值曲线,就可以在每个转角频率以及低于和高于转角频率一倍频程的地方进行修正,从而得到实际曲线。对于一阶因子 $(1 + j\omega T)^{\mp 1}$,在转角频率处的修正值为 ±3 dB,而在低于和高于转角频率一倍频程处的修正值为 ±1 dB。对于二阶因子,其必要的修正值可以从图7.9 得到。在图7.11 上用虚线表示了 $G(j\omega)$ 的精确对数幅值曲线。

幅值曲线斜率的任何变化仅发生在传递函数 $G(j\omega)$ 的转角频率上。因此,我们可以不必像上面介绍的那样,先绘出单个的幅值曲线,然后对它进行叠加,而是直接绘出 $G(j\omega)$ 的幅值曲线。为此,首先绘出低频部分的直线(也就是说,对于 $\omega < \sqrt{2}$,先绘出斜率为 −20 dB/十倍频程的直线)。当频率增加时,在转角频率 $\omega = \sqrt{2}$ 处,共轭复数极点(二次项)开始产生影响。共轭复数极点使幅值曲线的斜率从 −20 dB/十倍频程改变到 −60 dB/十倍频程。在下一个转角频率

$\omega = 2$ 处, 由于极点的影响, 直线的斜率改变到 -80 dB/十倍频程。最后, 在转角频率 $\omega = 3$ 处, 由于零点的影响, 斜率从 -80 dB/十倍频程改变到 -60 dB/倍频程。

为了绘制完整的相角曲线, 必须先绘出所有因子的相角曲线。求所有因子的相角曲线的代数和, 就可以得到完整的相角曲线, 如图 7.11 所示。

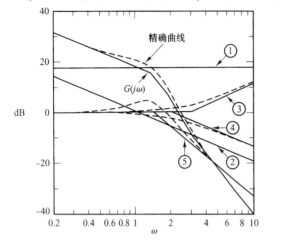
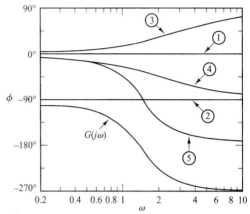

图 7.11　例 7.3 所讨论系统的伯德图

7.2.9　最小相位系统和非最小相位系统

在 s 右半平面内既无极点也无零点的传递函数, 称为最小相位传递函数; 反之, 在 s 右半平面内有极点和(或)零点的传递函数, 称为非最小相位传递函数。具有最小相位传递函数的系统, 称为最小相位系统; 反之, 具有非最小相位传递函数的系统, 称为非最小相位系统。

在具有相同幅值特性的系统中, 最小相位传递函数的相角范围, 在所有这类系统中是最小的。任何非最小相位传递函数的相角范围, 都大于最小相位传递函数的相角范围。

对于最小相位系统, 其传递函数由单一的幅值曲线唯一确定。对于非最小相位系统, 则不是这种情况。用全通滤波器乘以任意传递函数, 不会改变幅值曲线, 但是会改变相角曲线。

作为例子, 考虑下列两个系统, 它们的正弦传递函数分别为

$$G_1(j\omega) = \frac{1 + j\omega T}{1 + j\omega T_1}, \qquad G_2(j\omega) = \frac{1 - j\omega T}{1 + j\omega T_1}, \qquad 0 < T < T_1$$

这两个系统的零-极点分布如图 7.12 所示。这两个正弦传递函数具有相同的幅值特性, 但是具有不同的相角特性, 如图 7.13 所示。这两个系统之间的差异用下列因子表示:

$$G(j\omega) = \frac{1 - j\omega T}{1 + j\omega T}$$

因子 $(1 - j\omega T)/(1 + j\omega T)$ 的幅值总等于 1, 相角则等于 $-2\arctan \omega T$。当 ω 从 0 增加到无穷大时, 相角由 0° 变到 $-180°$。

如前所述, 对于最小相位系统, 幅值特性和相角特性之间具有唯一对应关系。这意味着, 如果系统的幅值曲线在从零到无穷大的全部频率范围上给定, 则相角曲线被唯一确定, 反之亦然。但是, 这个结论对于非最小相位系统不成立。

非最小相位情况可能发生在两种不同的条件下。一是当系统中包含一个或多个非最小相位元件时, 这种情况比较简单。另一种情况可能发生在系统的小回路不稳定时。

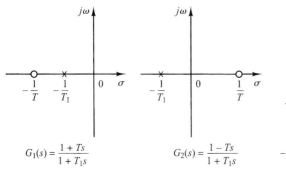

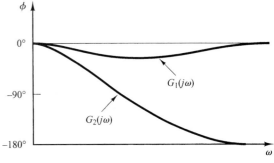

图 7.12　最小相位系统 $G_1(s)$ 和非最小相
位系统 $G_2(s)$ 的零-极点分布图

图 7.13　图 7.12 所示系统 $G_1(s)$
和 $G_2(s)$ 的相角特征

对于一个最小相位系统，相角在 $\omega = \infty$ 时将变为 $-90°(q-p)$，其中 p 和 q 分别表示传递函数中分子和分母多项式的次数。对于一个非最小相位系统，在 $\omega = \infty$ 时，相角不再等于 $-90°(q-p)$。在两者中的任何一个系统中，其对数幅值曲线在 $\omega = \infty$ 时的斜率都等于 $-20(q-p)$ dB/十倍频程。因此，为了确定系统是不是最小相位的，既需要检查对数幅值曲线高频渐近线的斜率，又需要检查 $\omega = \infty$ 时的相角。如果当 ω 趋近于无穷大时，对数幅值曲线的斜率为 $-20(q-p)$ dB/十倍频程，并且当 $\omega = \infty$ 时，相角等于 $-90°(q-p)$，那么该系统就是最小相位系统。

因为在响应的开始阶段，非最小相位系统的启动性能不好，所以非最小相位系统的响应缓慢。在大多数实际控制系统中，应当注意防止过大的相位滞后。在设计系统时，如果响应的快速性是最重要的性能要求，那么就不应该采用非最小相位元件（在控制系统中，最常见的一种非最小相位元件是产生传递延迟或滞后时间的元件）。

这一章和下一章讨论的频率响应分析和设计方法，对最小相位系统和非最小相位系统都适用。

7.2.10　传递延迟

传递延迟又称为滞后时间，是一种非最小相位特性。如果不采取对消措施，高频时将造成严重的相位滞后。这类传递延迟通常存在于热力、液压和气动系统中。

考虑由下式表示的传递延迟：

$$G(j\omega) = \mathrm{e}^{-j\omega T}$$

其幅值总是等于 1。这是因为

$$|G(j\omega)| = |\cos \omega T - j \sin \omega T| = 1$$

因此，传递延迟 $\mathrm{e}^{-j\omega T}$ 的对数值等于 0 dB。传递延迟的相角为

$$\underline{/G(j\omega)} = -\omega T\,(\mathrm{rad})$$

$$= -57.3\omega T\,(°)$$

显然，相角随着频率 ω 线性变化。传递延迟的相角特性如图 7.14 所示。

例 7.4　绘出下列传递函数的伯德图：

$$G(j\omega) = \frac{\mathrm{e}^{-j\omega L}}{1 + j\omega T}$$

其对数幅值为

$$20\log|G(j\omega)| = 20\log|\mathrm{e}^{-j\omega L}| + 20\log\left|\frac{1}{1 + j\omega T}\right|$$

$$= 0 + 20\log\left|\frac{1}{1 + j\omega T}\right|$$

$G(j\omega)$ 的相角为

$$\underline{/G(j\omega)} = \underline{/\mathrm{e}^{-j\omega L}} + \underline{/\dfrac{1}{1 + j\omega T}}$$

$$= -\omega L - \arctan \omega T$$

当 $L = 0.5$ 且 $T = 1$ 时,该传递函数的对数幅值和相角曲线如图 7.15 所示。

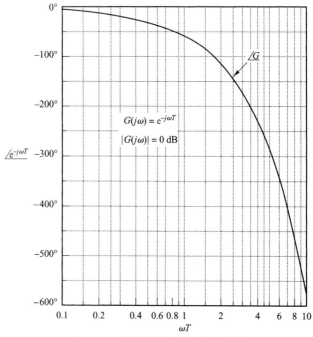

图 7.14　传递延迟的相角特性曲线

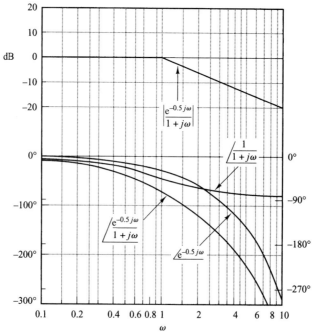

图 7.15　$L = 0.5$ 和 $T = 1$ 时,系统 $\mathrm{e}^{-j\omega T}/(1 + j\omega T)$ 的伯德图

7.2.11　系统类型与对数幅值曲线之间的关系

考虑单位反馈控制系统。静态位置、速度和加速度误差常数分别描述了 0 型、1 型和 2 型系统的低频特性。对于一个给定的系统，只有一个静态误差常数是有限值，且具有重要意义（当 ω 趋近于零时，回路的增益越高，有限静态误差常数的值就越大）。

系统的类型确定了低频时对数幅值曲线的斜率。因此，对于给定的输入信号，控制系统是否存在稳态误差，以及稳态误差的大小，都可以从观察对数幅值曲线的低频区特性予以确定。

7.2.12　静态位置误差常数的确定

考虑图 7.16 所示的单位反馈控制系统。假设系统的开环传递函数为

$$G(s) = \frac{K(T_a s + 1)(T_b s + 1)\cdots(T_m s + 1)}{s^N(T_1 s + 1)(T_2 s + 1)\cdots(T_p s + 1)}$$

即

$$G(j\omega) = \frac{K(T_a j\omega + 1)(T_b j\omega + 1)\cdots(T_m j\omega + 1)}{(j\omega)^N(T_1 j\omega + 1)(T_2 j\omega + 1)\cdots(T_p j\omega + 1)}$$

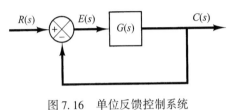

图 7.16　单位反馈控制系统

图 7.17 所示为一个 0 型系统对数幅值曲线的例子。在这个系统中，$G(j\omega)$ 的幅值在低频时等于 K_p，即

$$\lim_{\omega \to 0} G(j\omega) = K = K_p$$

由此得知，低频渐近线是一条幅值为 $20 \log K_p$ dB 的水平线。

7.2.13　静态速度误差常数的确定

考虑图 7.16 所示的单位反馈系统。图 7.18 所示为一个 1 型系统的对数幅值曲线的例子。斜率为 -20 dB/十倍频程的起始线段（或其延长线）与 $\omega = 1$ 的直线的交点处的幅值为 $20 \log K_v$。这可以证明如下：

在 1 型系统中，　　　　　　　　$G(j\omega) = \dfrac{K_v}{j\omega}$,　　　　　　$\omega \ll 1$

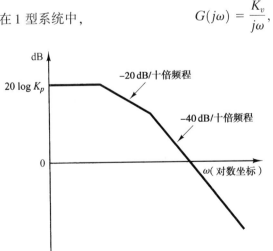

图 7.17　0 型系统的对数幅值曲线

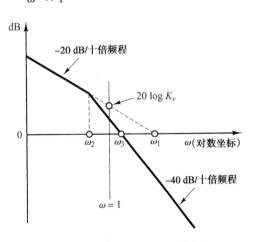

图 7.18　1 型系统的对数幅值曲线

因此
$$20 \log \left| \frac{K_v}{j\omega} \right|_{\omega=1} = 20 \log K_v$$

斜率为 -20 dB/十倍频程的起始线段(或其延长线)与 0 dB 直线交点的频率在数值上等于 K_v。为了证明这一点,假设该交点上的频率为 ω_1,于是
$$\left| \frac{K_v}{j\omega_1} \right| = 1$$

即
$$K_v = \omega_1$$

作为一个例子,考虑具有单位反馈的 1 型系统,其开环传递函数为
$$G(s) = \frac{K}{s(Js + F)}$$

如果定义转角频率为 ω_2,假设斜率为 -40 dB/十倍频程的直线(或其延长线)与 0 dB 线的交点为 ω_3,则
$$\omega_2 = \frac{F}{J}, \qquad \omega_3^2 = \frac{K}{J}$$

因为
$$\omega_1 = K_v = \frac{K}{F}$$

由此得到
$$\omega_1 \omega_2 = \omega_3^2$$

即
$$\frac{\omega_1}{\omega_3} = \frac{\omega_3}{\omega_2}$$

在伯德图上,
$$\log \omega_1 - \log \omega_3 = \log \omega_3 - \log \omega_2$$

因此,ω_3 点恰好是 ω_2 点与 ω_1 点之间的中点。系统阻尼比 ζ 为
$$\zeta = \frac{F}{2\sqrt{KJ}} = \frac{\omega_2}{2\omega_3}$$

7.2.14　静态加速度误差常数的确定

考虑图 7.16 所示的单位反馈系统。图 7.19 所示为一个 2 型系统对数幅值曲线的例子,斜率为 -40 dB/十倍频程的起始线段(或其延长线)与 $\omega = 1$ 的直线的交点处的幅值为 $20 \log K_a$,由于低频时
$$G(j\omega) = \frac{K_a}{(j\omega)^2}, \qquad \omega \ll 1$$

所以
$$20 \log \left| \frac{K_a}{(j\omega)^2} \right|_{\omega=1} = 20 \log K_a$$

频率为 -40 dB/十倍频程的起始线段(或其延长线)与 0 dB 直线交点处的频率为 ω_a,它在数值上等于 K_a 的平方根。这可以证明如下:
$$20 \log \left| \frac{K_a}{(j\omega_a)^2} \right| = 20 \log 1 = 0$$

于是

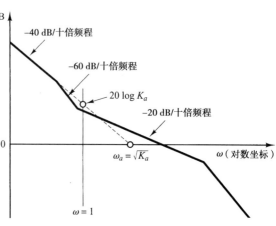

图 7.19　2 型系统的对数幅值曲线

$$\omega_a = \sqrt{K_a}$$

7.2.15　用 MATLAB 绘制伯德图

bode 命令可以计算连续线性定常系统频率响应的幅值和相角。

当把 bode 命令(不带左方变量)输入计算机后，MATLAB 可以在屏幕上产生伯德图。常用
bode 命令是

$$bode(num,den)$$
$$bode(num,den,w)$$
$$bode(A,B,C,D)$$
$$bode(A,B,C,D,w)$$
$$bode(A,B,C,D,iu,w)$$
$$bode(sys)$$

当包含左方变量时，即

$$[mag,phase,w] = bode(num,den,w)$$

bode 命令将把系统的频率响应转变成 mag、phase 和 w 三个矩阵，这时在屏幕上不显示频率响
应图。mag 和 phase 矩阵包含系统频率响应的幅值和相角，这些幅值和相角值是在用户指定的
频率点上计算得到的。这时的相角以度来表示。利用下列语句可以把幅值转变成分贝：

$$magdB = 20*log10(mag)$$

其他一些带左端变量的 bode 命令是：

$$[mag,phase,w] = bode(num,den)$$
$$[mag,phase,w] = bode(num,den,w)$$
$$[mag,phase,w] = bode(A,B,C,D)$$
$$[mag,phase,w] = bode(A,B.C,D,w)$$
$$[mag,phase,w] = bode(A,B,C,D,iu,w)$$
$$[mag,phase,w] = bode(sys)$$

为了指明频率范围，采用命令 logspace(d1,d2) 或 logspace(d1,d2,n)。
logspace(d1,d2) 在两个十进制数 10^{d1} 和 10^{d2} 之间产生一个由 50 个点组成的向量，这 50 个
点彼此在对数上有相等的距离(50 个点中包括两个端点，实际在两个端点之间有 48 个点)。
为了在 0.1 ~ 100 rad/s 之间产生 50 个点，输入命令：

$$w = logspace(-1,2)$$

logspace(d1,d2,n) 在十进制数 10^{d1} 和 10^{d2} 之间，产生 n 个在对数上相等距离的点(n 点中包
含两个端点)。例如，为了在 1 ~ 1000 rad/s 之间产生 100 个点(包含两个端点)，输入下列命令：

$$w = logspace(0,3,100)$$

当绘制伯德图时，为了把用户指定的频率点包括进去，bode 命令必须包括频率向量 w，例
如 bode(num, den, w) 和 [mag, phase, w] = bode(A, B, C, D, w)。

例 7.5　考虑下列传递函数：

$$G(s) = \frac{25}{s^2 + 4s + 25}$$

绘出该传递函数对应的伯德图。

当定义上述系统具有下列形式时：

$$G(s) = \frac{num(s)}{den(s)}$$

可以采用 bode(num, den) 命令绘制伯德图(当分子和分母中包含以 s 降幂排列的多项式系数
时，应用 bode(num, den) 绘制伯德图)。MATLAB 程序 7.1 为绘制该系统伯德图的程序。用此
程序绘出的伯德图如图 7.20 所示。

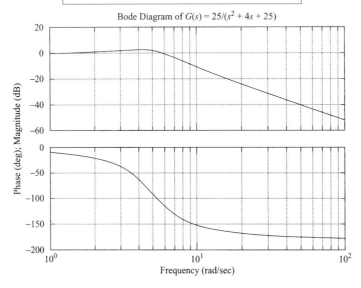

```
MATLAB程序7.1
num = [25];
den = [1  4  25];
bode(num,den)
title('Bode Diagram of G(s) = 25/(s^2 + 4s + 25)')
```

图 7.20　$G(s) = 25/(s^2 + 4s + 25)$ 的伯德图

例 7.6　考虑图 7.21 所示的系统。该系统的开环传递函数为

$$G(s) = \frac{9(s^2 + 0.2s + 1)}{s(s^2 + 1.2s + 9)}$$

试绘出伯德图。

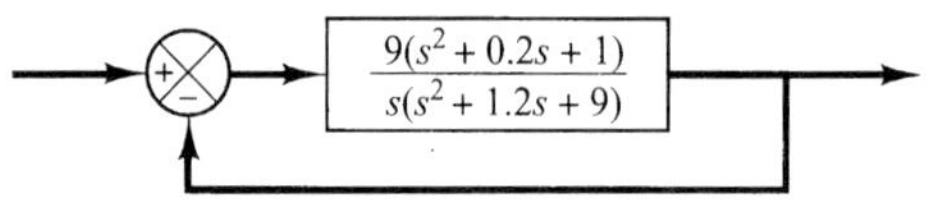

MATLAB 程序 7.2 可以绘出该系统的伯德图。

图 7.21　控制系统

绘出的伯德图示于图 7.22。这时的频率范围是自动确定的，为 0.01～10 rad/s。

```
MATLAB程序7.2
num = [9  1.8  9];
den = [1  1.2  9  0];
bode(num,den)
title('Bode Diagram of G(s) = 9(s^2 + 0.2s + 1)/[s(s^2 + 1.2s + 9)]')
```

如果希望从 0.01～1000 rad/s 绘制伯德图，则输入下列命令：

$$w = logspace(-2, 3, 100)$$

该命令在 0.01～1000 rad/s 之间产生 100 个在对数上等距离的点(应当指出，这里的向量 w 规定了以 rad/s 为单位的频率值，正是在这些频率值上计算系统的频率响应)。

如果利用下列命令：

$$bode(num, den, w)$$

则频率范围将由用户指定，但是幅值范围和相角范围将会自动确定，见 MATLAB 程序 7.3 及其产生的图 7.23 所示的伯德图。

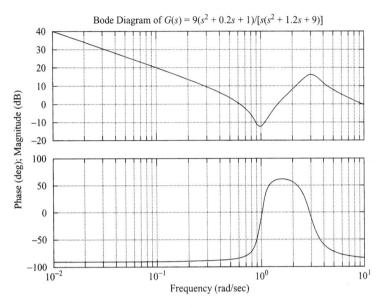

图 7.22　$G(s) = \dfrac{9(s^2 + 0.2s + 1)}{s(s^2 + 1.2s + 9)}$ 的伯德图

MATLAB程序7.3

```
num = [9  1.8  9];
den = [1  1.2  9  0];
w = logspace(-2,3,100);
bode(num,den,w)
title('Bode Diagram of G(s) = 9(s^2 + 0.2s + 1)/[s(s^2 + 1.2s + 9)]')
```

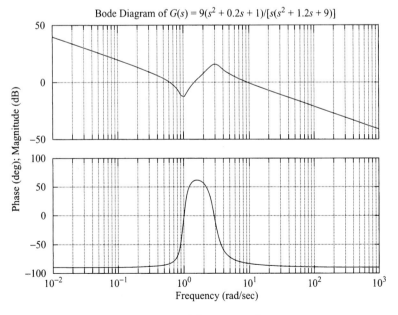

图 7.23　$G(s) = \dfrac{9(s^2 + 0.2s + 1)}{s(s^2 + 1.2s + 9)}$ 的伯德图

7.2.16　绘制定义在状态空间中的系统的伯德图

考虑由下列状态空间方程定义的系统:

$$\dot{\mathbf{x}} = \mathbf{Ax} + \mathbf{Bu}$$
$$\mathbf{y} = \mathbf{Cx} + \mathbf{Du}$$

式中,$\mathbf{x}$ 为状态向量(n 维向量),$\mathbf{y}$ 为输出向量(m 维向量),$\mathbf{u}$ 为控制向量(r 维向量),$\mathbf{A}$ 为状态矩阵($n \times n$ 矩阵),$\mathbf{B}$ 为控制矩阵($n \times r$ 矩阵),$\mathbf{C}$ 为输出矩阵($m \times n$ 矩阵),$\mathbf{D}$ 为直接传输矩阵($m \times r$ 矩阵)。

该系统的伯德图通过输入下列命令得到:

bode(A,B,C,D)

或者通过输入本节开始时列出的其他命令求得。

命令 bode(A, B, C, D)将产生一系列伯德图,一个伯德图对应于系统中的一个输入量,并且这些伯德图都是在一定的频率范围内自动确定的(当响应的变化较快时,将采用较多的计算点)。

在命令 bode(A, B, C, D, iu)中,iu 表示系统的第 i 个输入量。这个命令产生的伯德图,包括输入量 iu 到系统的所有输出量(y_1, y_2, $\cdots$, y_m),也是在一定频率范围内自动确定的(标量 iu 是系统输入量的一个标号,表明将用哪个输入量来绘制伯德图)。如果控制向量 $\mathbf{u}$ 有三个输入量,从而有

$$\mathbf{u} = \begin{bmatrix} u_1 \\ u_2 \\ u_3 \end{bmatrix}$$

则 iu 必须设定为 1、2 或 3 中的任何一个。

如果系统只有一个输入量 u,则下列命令中的任何一种均可采用:

bode(A,B,C,D)

或　　　　　　　　　　　　　　　bode(A,B,C,D,1)

例7.7　考虑下列系统:

$$\begin{bmatrix} \dot{x}_1 \\ \dot{x}_2 \end{bmatrix} = \begin{bmatrix} 0 & 1 \\ -25 & -4 \end{bmatrix} \begin{bmatrix} x_1 \\ x_2 \end{bmatrix} + \begin{bmatrix} 0 \\ 25 \end{bmatrix} u$$

$$y = \begin{bmatrix} 1 & 0 \end{bmatrix} \begin{bmatrix} x_1 \\ x_2 \end{bmatrix}$$

该系统有一个输入量 u 和一个输出量 y。通过应用命令

bode(A,B,C,D)

并且将 MATLAB 程序 7.4 输入计算机,可以得到图 7.24 所示的伯德图。

```
MATLAB程序7.4

A = [0  1;-25 -4];
B = [0;25];
C = [1  0];
D = [0];
bode(A,B,C,D)
title('Bode Diagram')
```

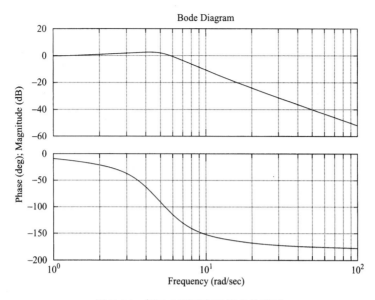

图 7.24 例 7.7 所研究系统的伯德图

7.3 极坐标图

正弦传递函数 $G(j\omega)$ 的极坐标图，是当 ω 由零变化到无穷大时，表示在极坐标上的 $G(j\omega)$ 的幅值与 $G(j\omega)$ 的相角的关系图。因此，极坐标图是当 ω 由零变化到无穷大时，向量 $|G(j\omega)|\underline{/G(j\omega)}$ 的轨迹。在极坐标上，正（负）相角是从正实轴开始，以逆时针（顺时针）旋转定义的。极坐标图通常称为奈奎斯特图。图 7.25 是这类极坐标图的一个例子。$G(j\omega)$ 的极坐标图上的每一个点，都代表一个特定 ω 值上的向量端点。在极坐标图上，表示出轨迹上的频率刻度是很重要的。$G(j\omega)$ 在实轴和虚轴上的投影，就是 $G(j\omega)$ 的实部和虚部。

当然，利用 MATLAB 也可以得到极坐标图 $G(j\omega)$，即在我们感兴趣的频率范围内，针对各种不同的 ω 值，精确地求出 $|G(j\omega)|$ 和 $\underline{/G(j\omega)}$ 。

采用极坐标图的优点是它能够在一幅图上表示出系统在整个频率范围内的频率响应特性。但是，它不能清楚地表明开环传递函数中每个单独因子对系统的具体影响，这是它的一个缺点。

7.3.1 积分和微分因子 $(j\omega)^{\mp 1}$

因为
$$G(j\omega) = \frac{1}{j\omega} = -j\frac{1}{\omega} = \frac{1}{\omega}\ \underline{/-90°}$$

所以 $G(j\omega) = 1/j\omega$ 的极坐标图是负虚轴。$G(j\omega) = j\omega$ 的极坐标图是正虚轴。

7.3.2 一阶因子 $(1+j\omega T)^{\mp 1}$

对于正弦传递函数
$$G(j\omega) = \frac{1}{1+j\omega T} = \frac{1}{\sqrt{1+\omega^2 T^2}}\ \underline{/-\arctan \omega T}$$

当 $\omega = 0$ 和 $\omega = 1/T$ 时，$G(j\omega)$ 的值分别为
$$G(j0) = 1\ \underline{/0°}\quad \text{和}\quad G\left(j\frac{1}{T}\right) = \frac{1}{\sqrt{2}}\ \underline{/-45°}$$

如果 ω 趋近于无穷大, 则 $G(j\omega)$ 的幅值趋近于零, 且相角趋近于 $-90°$。当频率 ω 从零变化到无穷大时, 这个传递函数的极坐标图是一个半圆, 如图 7.26(a)所示。圆心位于实轴上 0.5 处, 半径等于 0.5。

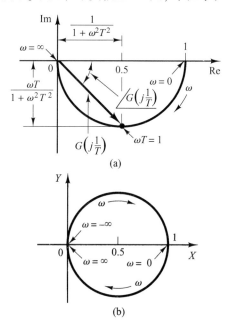

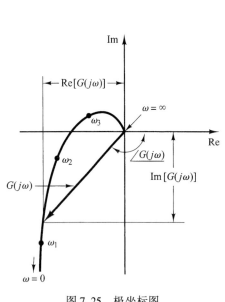

图 7.25　极坐标图

图 7.26　(a) $1/(1 + j\omega T)$ 的极坐标图;
(b) $G(j\omega)$ 在 X-Y 平面的图形

为了证明一阶因子 $G(j\omega) = 1/(1 + j\omega T)$ 的极坐标图是一个半圆, 定义

$$G(j\omega) = X + jY$$

式中,

$$X = \frac{1}{1 + \omega^2 T^2} = G(j\omega) \text{ 的实部}$$

$$Y = \frac{-\omega T}{1 + \omega^2 T^2} = G(j\omega) \text{ 的虚部}$$

于是我们得到

$$\left(X - \frac{1}{2}\right)^2 + Y^2 = \left(\frac{1}{2}\frac{1 - \omega^2 T^2}{1 + \omega^2 T^2}\right)^2 + \left(\frac{-\omega T}{1 + \omega^2 T^2}\right)^2 = \left(\frac{1}{2}\right)^2$$

所以, 在 X-Y 平面上, $G(j\omega)$ 是一个圆心在 $X = \dfrac{1}{2}$, $Y = 0$ 处且半径为 $\dfrac{1}{2}$ 的圆, 如图 7.26(b)所示。下半圆对应于 $0 \leqslant \omega \leqslant \infty$, 上半圆对应于 $-\infty \leqslant \omega \leqslant 0$。

传递函数 $1 + j\omega T$ 的极坐标图, 是复平面上通过 $(1, 0)$ 点且平行于虚轴的一条上半部直线, 如图 7.27 所示。$1 + j\omega T$ 的极坐标图与 $1/(1 + j\omega T)$ 的极坐标图全然不同。

7.3.3　二阶因子 $[1 + 2\zeta(j\omega/\omega_n) + (j\omega/\omega_n)^2]^{\mp 1}$

设正弦传递函数为

$$G(j\omega) = \frac{1}{1 + 2\zeta\left(j\dfrac{\omega}{\omega_n}\right) + \left(j\dfrac{\omega}{\omega_n}\right)^2}, \qquad \zeta > 0$$

它的极坐标图的低频和高频部分分别为

$$\lim_{\omega \to 0} G(j\omega) = 1\underline{/0°} \quad \text{和} \quad \lim_{\omega \to \infty} G(j\omega) = 0\underline{/-180°}$$

当 ω 从零变化到 ∞ 时, 这个正弦传递函数的极坐标图从 $1\underline{/0°}$ 开始, 到 $0\underline{/-180°}$ 结束。因此, $G(j\omega)$ 的高频部分与负实轴相切。

作为例子, 图 7.28 所示为刚才讨论的传递函数的极坐标图。极坐标图的精确形状与阻尼比 ζ 的值有关, 但是对于欠阻尼情况 $(1 > \zeta >)$ 和过阻尼情况 $(\zeta > 1)$, 极坐标图的大致形状是相同的。

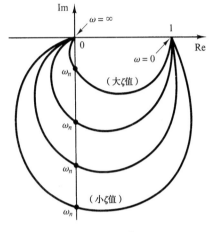

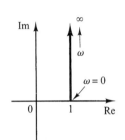

图 7.27　$1 + j\omega T$ 的极坐标图

图 7.28　当 $\zeta > 0$ 时 $\dfrac{1}{1 + 2\zeta\left(j\dfrac{\omega}{\omega_n}\right) + \left(j\dfrac{\omega}{\omega_n}\right)^2}$ 的极坐标图

对于欠阻尼情况, 当 $\omega = \omega_n$ 时, 可得到 $G(j\omega_n) = 1/(j2\zeta)$, 且 $\omega = \omega_n$ 时相角为 $-90°$。因此可以看出, $G(j\omega)$ 的轨迹与虚轴的交点处的频率, 就是无阻尼自然频率 ω_n。在极坐标图上, 距原点最远的频率点相应于谐振频率 ω_r。这时 $G(j\omega)$ 的峰值, 可以用谐振频率 ω_r 处的向量幅值, 与 $\omega = 0$ 处的向量幅值之比来确定。在图 7.29 所示的极坐标图中示出了谐振频率 ω_r。

对于过阻尼情况, 当 ζ 增加到远大于 1 时, $G(j\omega)$ 的轨迹趋近于半圆。这是因为对于强阻尼系统, 特征方程的根为实根, 并且其中一个根远小于另一个根。因为对于足够大的 ζ 值, 比较大的(就绝对值而言)一个根对系统响应的影响很小, 因此系统的特征与一阶系统相似。

考虑下列正弦传递函数:

$$G(j\omega) = 1 + 2\zeta\left(j\frac{\omega}{\omega_n}\right) + \left(j\frac{\omega}{\omega_n}\right)^2$$

$$= \left(1 - \frac{\omega^2}{\omega_n^2}\right) + j\left(\frac{2\zeta\omega}{\omega_n}\right)$$

极坐标曲线的低频部分为

$$\lim_{\omega \to 0} G(j\omega) = 1\underline{/0°}$$

高频部分为

$$\lim_{\omega \to \infty} G(j\omega) = \infty\underline{/180°}$$

因为当 $\omega > 0$ 时, $G(j\omega)$ 的虚部是正的且为单调增加的, $G(j\omega)$ 的实部是由 1 开始单调减小的, 所以 $G(j\omega)$ 的极坐标图的一般形状如图 7.30 所示, 其相角在 $0°$ 与 $180°$ 之间。

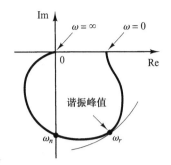

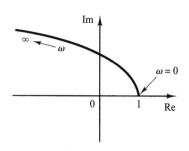

图 7.29　表明谐振峰值和谐振频率 ω_r 的极坐标图　　图 7.30　$\zeta > 0$ 时, $1 + 2\zeta\left(j\dfrac{\omega}{\omega_n}\right) + \left(j\dfrac{\omega}{\omega_n}\right)^2$ 的极坐标图

例 7.8　考虑下列二阶传递函数:

$$G(s) = \frac{1}{s(Ts + 1)}$$

试绘出这个传递函数的极坐标图。

　　因为该正弦传递函数可以写成

$$G(j\omega) = \frac{1}{j\omega(1 + j\omega T)} = -\frac{T}{1 + \omega^2 T^2} - j\frac{1}{\omega(1 + \omega^2 T^2)}$$

所以, 极坐标图的低频部分为　　　$\displaystyle\lim_{\omega \to 0} G(j\omega) = -T - j\infty$

高频部分为　　　　　　　　　　　$\displaystyle\lim_{\omega \to \infty} G(j\omega) = 0 - j0$

　　图 7.31 表示了 $G(j\omega)$ 的极坐标图的一般形状。$G(j\omega)$ 的极坐标图是一条趋近于通过 $(-T, 0)$ 的垂直线的渐近线。由于传递函数中包含积分因子 $(1/s)$, 所以它的极坐标图的一般形状与不包含积分因子的二阶传递函数相比, 有着本质的不同。

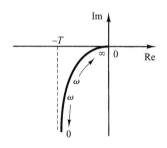

图 7.31　$1/[j\omega(1 + j\omega T)]$ 的极坐标图

例 7.9　求下列传递函数的极坐标图:

$$G(j\omega) = \frac{e^{-j\omega L}}{1 + j\omega T}$$

因为 $G(j\omega)$ 可以写成　　　　$G(j\omega) = \left(e^{-j\omega L}\right)\left(\dfrac{1}{1 + j\omega T}\right)$

所以它的幅值和相角可分别表示为

$$\left|G(j\omega)\right| = \left|e^{-j\omega L}\right| \cdot \left|\frac{1}{1 + j\omega T}\right| = \frac{1}{\sqrt{1 + \omega^2 T^2}}$$

和　　　$\underline{/G(j\omega)} = \underline{/e^{-j\omega L}} + \underline{/\dfrac{1}{1 + j\omega T}} = -\omega L - \arctan \omega T$

因为幅值是从 1 开始单调减小的, 相角也是单调无限地减小的, 所以该传递函数的极坐标图是一条螺旋线, 如图 7.32 所示。

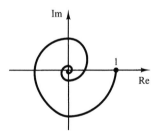

图 7.32　$e^{-j\omega L}/(1 + j\omega T)$ 的极坐标图

7.3.4　极坐标图的一般形状

　　假设传递函数的形式为

$$G(j\omega) = \frac{K(1 + j\omega T_a)(1 + j\omega T_b)\cdots}{(j\omega)^{\lambda}(1 + j\omega T_1)(1 + j\omega T_2)\cdots} = \frac{b_0(j\omega)^m + b_1(j\omega)^{m-1} + \cdots}{a_0(j\omega)^n + a_1(j\omega)^{n-1} + \cdots}$$

$n > m$，即分母多项式的阶次大于分子多项式的阶次，这类传递函数的极坐标图的一般形状有以下几种。

1. **$\lambda = 0$，即 0 型系统**。极坐标图的起点（对应于 $\omega = 0$）是一个位于正实轴上的有限值。在 $\omega = 0$ 处与极坐标图曲线相切的切线，是一条垂直于实轴的垂线。对应于 $\omega = \infty$ 的极坐标图曲线的终点位于坐标原点，并且在这点上曲线与一个坐标轴相切。

2. **$\lambda = 1$，即 1 型系统**。$0 \le \omega \le \infty$ 时，在 $G(j\omega)$ 的总相角中，$-90°$ 的相角是分母中的 $j\omega$ 项产生的。当 $\omega = 0$ 时，$G(j\omega)$ 的幅值为无穷大，相角变为 $-90°$。在低频时，极坐标图是一条渐近于平行于负虚轴的直线的线段。当 $\omega = \infty$ 时，幅值为零，且曲线收敛于原点并与一个坐标轴相切。

3. **$\lambda = 2$，即 2 型系统**。$0 \le \omega \le \infty$ 时，在 $G(j\omega)$ 的总相角中，$-180°$ 的相角是分母中的 $(j\omega)^2$ 项产生的。当 $\omega = 0$ 时，$G(j\omega)$ 的幅值为无穷大，相角等于 $-180°$。在低频时，极坐标图趋近于负实轴。当 $\omega = \infty$ 时，幅值为零，且曲线与一个坐标轴相切。

0 型、1 型和 2 型系统极坐标图低频部分的一般形状如图 7.33 所示。可以看出，如果 $G(j\omega)$ 的分母多项式阶次高于分子多项式阶次，那么 $G(j\omega)$ 的轨迹将沿着顺时针方向收敛于原点。当 $\omega = \infty$ 时，$G(j\omega)$ 轨迹将与实轴或虚轴相切，如图 7.34 所示。

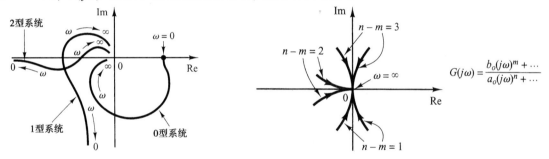

图 7.33　0 型、1 型和 2 型系统的极坐标图　　　图 7.34　高频区域内的极坐标图

极坐标图曲线的任何复杂形状都是由分子的动态特性引起的，也就是说，是由传递函数中分子的时间常数引起的。图 7.35 就是传递函数的极坐标图与分子的动态特性关系的一个例子。在分析控制系统时，对于人们关心的频率范围内的极坐标图，必须精确地确定。

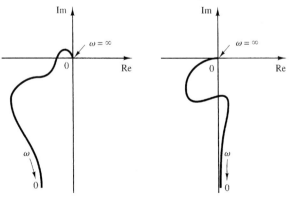

图 7.35　带分子动态特性的传递函数的极坐标图

表 7.1 所示为几种传递函数的极坐标草图。

表 7.1　一些简单传递函数的极坐标图

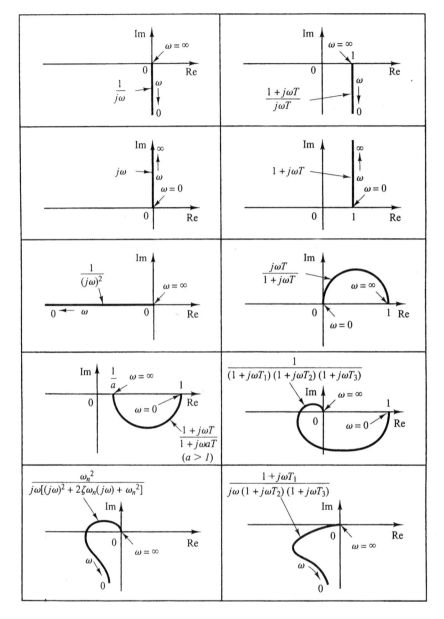

7.3.5　用 MATLAB 绘制奈奎斯特图

在线性定常反馈控制系统的频率响应表示中,正如伯德图那样,奈奎斯特图也得到了广泛应用。奈奎斯特图是极坐标图,伯德图则是直角坐标图。对于某一种具体的运行状态,这两种图示中可能有一种更为方便;但是对于一种给定的运行状态,总是可以选取任何一种图来进行研究。

MATLAB 命令 nyquist 可以计算连续时间的线性定常系统的频率响应。当命令中不包含左端变量时,nyquist 将在屏幕上产生奈奎斯特图。

nyquist(num,den)

命令将绘出下列传递函数的奈奎斯特图:

$$G(s) = \frac{\text{num}(s)}{\text{den}(s)}$$

式中 num 和 den 包含以 s 的降幂排列的多项式系数。其他常用的 nyquist 命令尚有

nyquist(num,den,w)

nyquist(A,B,C,D)

nyquist(A,B,C,D,w)

nyquist(A,B,C,D,iu,w)

nyquist(sys)

包含有用户指定频率向量 w 的命令, 例如

nyquist(num,den,w)

可以在指定的以 rad/s 表示的频率点上计算频率响应。

　　当包含左端变量时, 例如

[re,im,w] = nyquist(num,den)

[re,im,w] = nyquist(num,den,w)

[re,im,w] = nyquist(A,B,C,D)

[re,im,w] = nyquist(A,B,C,D,w)

[re,im,w] = nyquist(A,B,C,D,iu,w)

[re,im,w] = nyquist(sys)

MATLAB 将把系统的频率响应表示成矩阵 re、im 和 w, 这时在屏幕上不产生图形。矩阵 re 和 im 包含系统频率响应的实部和虚部, 它们都是在向量 w 中指定的频率点上计算得到的。应当指出, 矩阵 re 和 im 包含的列数与输出量的数目相同, 而 w 中的每一个元素与 re 和 im 中的一行相对应。

例 7.10　考虑下列开环传递函数:

$$G(s) = \frac{1}{s^2 + 0.8s + 1}$$

试利用 MATLAB 绘出奈奎斯特图。

　　因为系统已经以传递函数的形式给出, 所以利用下列命令绘制奈奎斯特图:

nyquist(num,den)

MATLAB 程序 7.5 产生的奈奎斯特图示于图 7.36。在这幅图上, 实轴的范围和虚轴的范围都是自动确定的。

MATLAB程序7.5

```
num = [1];
den = [1  0.8  1];
nyquist(num,den)
grid
title('Nyquist Plot of G(s) = 1/(s^2 + 0.8s + 1)')
```

　　如果采用手工确定的范围绘制奈奎斯特图, 例如实轴从 -2 到 2, 在虚轴上也从 -2 到 2, 则可以把下列命令输入计算机:

v = [-2 2 -2 2];

axis(v);

或者将这两行命令合并成一行, 即

axis([-2 2 -2 2]);

详见 MATLAB 程序 7.6, 该程序产生的奈奎斯特图如图 7.37 所示。

```
MATLAB程序7.6

% ---------- Nyquist plot ----------

num = [1];
den = [1  0.8  1];
nyquist(num,den)
v = [-2  2  -2  2]; axis(v)
grid
title('Nyquist Plot of G(s) = 1/(s^2 + 0.8s + 1)')
```

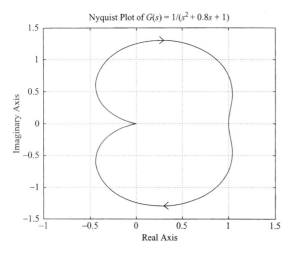

图7.36　$G(s) = 1/(s^2 + 0.8s + 1)$ 的奈奎斯特图

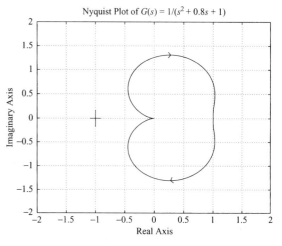

图7.37　$G(s) = 1/(s^2 + 0.8s + 1)$ 的奈奎斯特图

7.3.6　注意事项

在绘制奈奎斯特图时，如果 MATLAB 运算中包含"被零除"，则得到的奈奎斯特图可能是错误的。例如，如果传递函数已知为

$$G(s) = \frac{1}{s(s + 1)}$$

则 MATLAB 命令

```
num = [1];
den = [1  1  0];
nyquist(num,den)
```

将产生一个错误的奈奎斯特图。作为例子，图7.38 表示了一个错误的奈奎斯特图。当这种错误的奈奎斯特图出现在计算机上时，如果给定 axis(v)，则可以对该图进行修正。例如，如果在计算机中输入 axis 命令，即

$$v = [-2\ \ 2\ \ -5\ \ 5]; axis(v)$$

则可以获得正确的奈奎斯特图，详见例7.11。

例7.11　试绘制出下列 $G(s)$ 的奈奎斯特图：

$$G(s) = \frac{1}{s(s + 1)}$$

这时即使在屏幕上出现"被零除"的报警信息，MATLAB 程序7.7 也将在计算机上产生正确的奈奎斯特图。图7.39 所示为由该程序产生的奈奎斯特图。

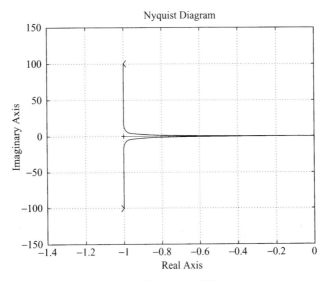

图 7.38 错误的奈奎斯特图

MATLAB程序7.7
% ---------- Nyquist plot----------
num = [1];
den = [1 1 0];
nyquist(num,den)
v = [-2 2 -5 5]; axis(v)
grid
title('Nyquist Plot of G(s) = 1/[s(s + 1)]')

注意，图 7.39 中的奈奎斯特图既包含 $\omega > 0$ 时的轨迹，也包含 $\omega < 0$ 时的轨迹。如果希望只绘出正频率范围($\omega > 0$) 内的奈奎斯特图，必须利用下列命令：

$$[re,im,w]=nyquist(num,den,w)$$

利用该 nyquist 命令的 MATLAB 程序见 MATLAB 程序7.8，产生的奈奎斯特图如图 7.40 所示。

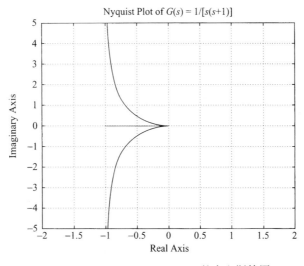

图 7.39 $G(s) = 1/[s(s+1)]$ 的奈奎斯特图

```
MATLAB程序7.8
% ---------- Nyquist plot----------

num = [1];
den = [1  1  0];
w = 0.1:0.1:100;
[re,im,w] = nyquist(num,den,w);
plot(re,im)
v = [-2  2  -5  5]; axis(v)
grid
title('Nyquist Plot of G(s) = 1/[s(s + 1)]')
xlabel('Real Axis')
ylabel('Imag Axis')
```

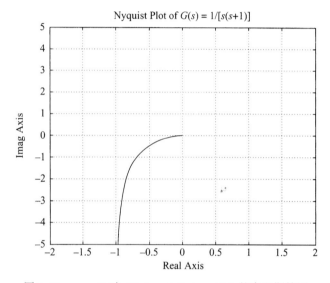

图 7.40　$\omega > 0$ 时，$G(s) = 1/[s(s+1)]$ 的奈奎斯特图

7.3.7　绘制定义在状态空间中的系统的奈奎斯特图

考虑由下列状态空间表达式定义的系统：

$$\dot{\mathbf{x}} = \mathbf{A}\mathbf{x} + \mathbf{B}\mathbf{u}$$
$$\mathbf{y} = \mathbf{C}\mathbf{x} + \mathbf{D}\mathbf{u}$$

式中，$\mathbf{x}$ 为状态向量(n 维向量)，$\mathbf{y}$ 为输出向量(m 维向量)，$\mathbf{u}$ 为控制向量(r 维向量)，$\mathbf{A}$ 为状态矩阵($n \times n$ 矩阵)，$\mathbf{B}$ 为控制矩阵($n \times r$ 矩阵)，$\mathbf{C}$ 为输出矩阵($m \times n$ 矩阵)，$\mathbf{D}$ 为直接传输矩阵($m \times r$ 矩阵)。

该系统的奈奎斯特图通过输入下列命令得到：

nyquist(A,B,C,D)

这个命令将产生一系列奈奎斯特图，分别对应于系统的每个输入量和输出量的组合。计算时的频率范围是自动确定的。

nyquist(A,B,C,D,iu)

命令产生的奈奎斯特图，是根据系统单一输入量 iu 对系统所有的输出量绘出的，频率范围自动确定。标量 iu 是系统输入量的一个标号，表明将用哪个输入量计算频率响应。

nyquist(A,B,C,D,iu,w)

命令采用了用户提供的频率向量 w。向量 w 指定的频率以 rad/s 为单位, 频率响应就是在这些指定的频率上计算得到的。

例 7.12　考虑由下列方程定义的系统：

$$\begin{bmatrix} \dot{x}_1 \\ \dot{x}_2 \end{bmatrix} = \begin{bmatrix} 0 & 1 \\ -25 & -4 \end{bmatrix} \begin{bmatrix} x_1 \\ x_2 \end{bmatrix} + \begin{bmatrix} 0 \\ 25 \end{bmatrix} u$$

$$y = \begin{bmatrix} 1 & 0 \end{bmatrix} \begin{bmatrix} x_1 \\ x_2 \end{bmatrix} + \begin{bmatrix} 0 \end{bmatrix} u$$

试绘出系统的奈奎斯特图。

这个系统具有单一的输入量 u 和单一的输出量 y, 其奈奎斯特图通过输入下列命令得到：

nyquist(A,B,C,D)

或

nyquist(A,B,C,D,1)

MATLAB 程序 7.9 将产生该系统的奈奎斯特图 (应当指出, 应用上述两条命令中的任何一条, 可得到相同的结果)。图 7.41 所示为由 MATLAB 程序 7.9 产生的奈奎斯特图。

```
MATLAB程序7.9

A = [0  1;–25  –4];
B = [0;25];
C = [1  0];
D = [0];
nyquist(A,B,C,D)
grid
title('Nyquist Plot')
```

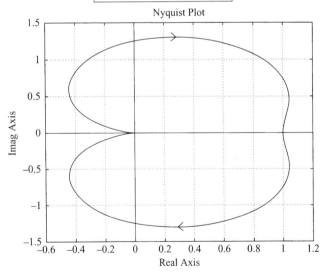

图 7.41　例 7.12 所研究系统的奈奎斯特图

例 7.13　考虑由下列方程定义的系统：

$$\begin{bmatrix} \dot{x}_1 \\ \dot{x}_2 \end{bmatrix} = \begin{bmatrix} -1 & -1 \\ 6.5 & 0 \end{bmatrix} \begin{bmatrix} x_1 \\ x_2 \end{bmatrix} + \begin{bmatrix} 1 & 1 \\ 1 & 0 \end{bmatrix} \begin{bmatrix} u_1 \\ u_2 \end{bmatrix}$$

$$\begin{bmatrix} y_1 \\ y_2 \end{bmatrix} = \begin{bmatrix} 1 & 0 \\ 0 & 1 \end{bmatrix} \begin{bmatrix} x_1 \\ x_2 \end{bmatrix} + \begin{bmatrix} 0 & 0 \\ 0 & 0 \end{bmatrix} \begin{bmatrix} u_1 \\ u_2 \end{bmatrix}$$

该系统包含两个输入量和两个输出量。这里存在 4 种正弦输出 – 输入关系: $Y_1(j\omega)/U_1(j\omega)$、$Y_2(j\omega)/U_1(j\omega)$、$Y_1(j\omega)/U_2(j\omega)$ 和 $Y_2(j\omega)/U_2(j\omega)$。试绘出该系统的奈奎斯特图(当考虑输入量 u_1 时,假设输入量 u_2 为零,反之亦然)。

应用下列命令: nyquist(A,B,C,D)

可求得 4 个单独的奈奎斯特图。MATLAB 程序 7.10 将产生 4 个奈奎斯特图,这些图示于图 7.42。

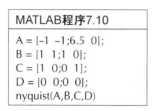

```
MATLAB程序7.10
A = [-1 -1;6.5  0];
B = [1  1;1  0];
C = [1  0;0  1];
D = [0  0;0  0];
nyquist(A,B,C,D)
```

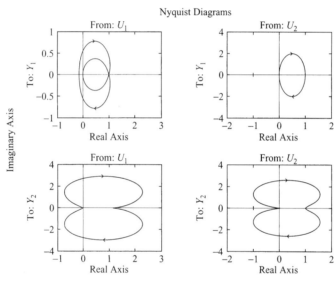

图 7.42　例 7.13 所讨论系统的奈奎斯特图

7.4　对数幅–相图

图解描述频率响应特性的另一种方法是采用对数幅–相图。这是一种在所关心的频率范围内,以分贝数表示的对数幅值与相角或相位裕量之间的关系图[相位裕量是实际的相角 ϕ 与 $-180°$ 之差,即 $\phi - (-180°) = 180° + \phi$]。对数幅–相曲线以频率 ω 为参数表示。这种对数幅–相图通常称为尼柯尔斯(Nichols)图。

在伯德图上,$G(j\omega)$ 的频率响应特性是在半对数坐标纸上用两个分开的曲线,即用对数幅值曲线和相角曲线来表示的。而在对数幅–相图上,则是将伯德图中的两条曲线合并成一条曲线。在手工方法中,根据伯德图上的对数幅值和相角读数,可以很容易地绘出对数幅–相图。应当指出,在对数幅–相图中,改变($j\omega$)的增益常数,只能使曲线向上(当增大增益时)或向下(当减少增益时)移动,曲线的形状保持不变。

对数幅–相图的优点是能够迅速地确定闭环系统的相对稳定性,并且很容易地解决系统的校正问题。

正弦传递函数 $G(j\omega)$ 和 $1/G(j\omega)$ 的对数幅–相图对原点而言是斜对称的,因为

$$\left| \frac{1}{G(j\omega)} \right| (\mathrm{dB}) = - \left| G(j\omega) \right| (\mathrm{dB})$$

且

$$\underline{/\frac{1}{G(j\omega)}} = - \underline{/G(j\omega)}$$

图 7.43 比较了下列正弦传递函数的三种不同的频率响应曲线的表达形式：

$$G(j\omega) = \frac{1}{1 + 2\zeta \left(j\dfrac{\omega}{\omega_n} \right) + \left(j\dfrac{\omega}{\omega_n} \right)^2}$$

在对数幅-相图中，点 $\omega = 0$ 与点 $\omega = \omega_r$ 之间的垂直距离（ω_r 为谐振频率）是以分贝数表示的 $G(j\omega)$ 的峰值。

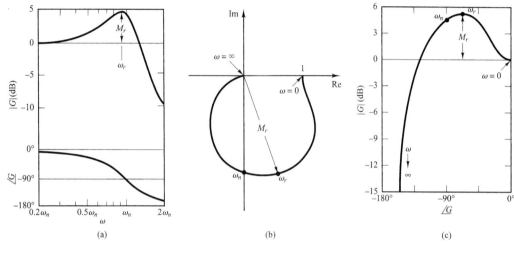

图 7.43　$G(j\omega) = \dfrac{1}{1 + 2\zeta(j\dfrac{\omega}{\omega_n}) + (j\dfrac{\omega}{\omega_n})^2}$（当 $\zeta > 0$ 时）的三种频率响应

表达形式。（a）伯德图；（b）极坐标图；（c）对数幅-相图

　　因为基本传递函数的对数幅值和相角特性已经在 7.2 节和 7.3 节中详细地讨论过，所以这里完全有条件提供一些对数幅-相图的例子，如表 7.2 所示。然而，有关尼柯尔斯图的更多内容，将在 7.6 节中讨论。

表 7.2　一些简单传递函数的对数幅-相图

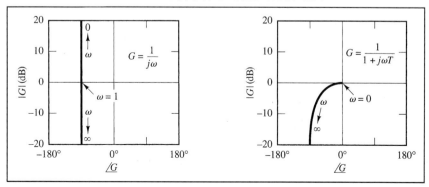

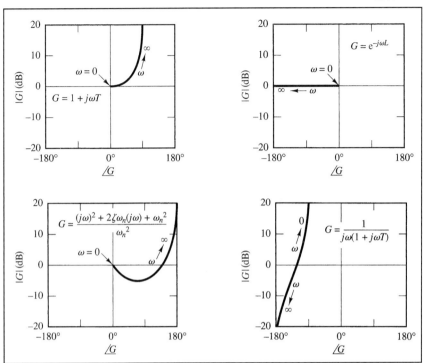

7.5 奈奎斯特稳定判据

奈奎斯特稳定判据可以根据开环频率响应和开环极点,确定闭环系统的稳定性。

本书将介绍奈奎斯特稳定判据及其有关的数学基础。考虑图7.44所示的闭环系统,其闭环传递函数为

$$\frac{C(s)}{R(s)} = \frac{G(s)}{1 + G(s)H(s)}$$

为了保证系统稳定,特征方程

$$1 + G(s)H(s) = 0$$

的全部根,都必须位于 s 左半平面(虽然开环传递函数
$G(s)H(s)$ 的极点和零点可能位于 s 右半平面,但是如果闭

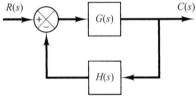

图7.44 闭环系统

环传递函数的所有极点(即特征方程的根)均位于 s 左半平面内,则系统是稳定的)。奈奎斯特稳定判据正是一种将开环频率响应 $G(j\omega)H(j\omega)$ 与 $1 + G(s)H(s)$ 在 s 右半平面内的零点数和极点数联系起来的判据。这一判据是由 H. Nyquist 首先提出来的。因为闭环系统的绝对稳定性可以由开环频率响应曲线图解确定,无须实际求出闭环极点,所以这种判据在控制工程中得到了广泛应用。由解析的方法或实验的方法得到的开环频率响应曲线,都可以用来进行稳定性分析。因为在控制系统设计中,一些元件的数学表达式往往是未知的,仅仅知道它们的频率响应数据,所以采用这种稳定性分析方法比较方便。

奈奎斯特稳定判据建立在由复变量理论导出的定理的基础上,为了阐明这一判据,首先必须研发复平面上的图形映射。

假设开环传递函数 $G(s)H(s)$ 可以表示为 s 的多项式之比。对于物理上可实现的系统，闭环传递函数的分母多项式的阶数必须大于或等于分子多项式的阶数。这表时，当 s 趋近于无穷大时，任何物理上可实现系统的 $G(s)H(s)$ 的极限，或趋近于零，或趋近于常数。

7.5.1　预备知识

图 7.44 所示的系统的特征方程为

$$F(s) = 1 + G(s)H(s) = 0$$

可以证明，对于 s 平面上给定的一条不通过任何奇点的连续封闭曲线，在 $F(s)$ 平面上必存在一条封闭曲线与之对应。$F(s)$ 平面上的原点被封闭曲线包围的次数和包围的方向，在下面的讨论中具有特别重要的意义。以后，我们将把包围的次数和方向与系统的稳定性联系起来。

例如，考虑下列开环传递函数：

$$G(s)H(s) = \frac{2}{s-1}$$

其特征方程为

$$
\begin{aligned}
F(s) &= 1 + G(s)H(s) \\
&= 1 + \frac{2}{s-1} = \frac{s+1}{s-1} = 0
\end{aligned}
\tag{7.15}
$$

函数 $F(s)$ 在 s 平面上除了奇点以外，处处解析[①]。对于 s 平面上的每一个解析点，$F(s)$ 平面上必有一点与之对应。例如，若设 $s = 2 + j1$，则 $F(s)$ 变为

$$F(2 + j1) = \frac{2 + j1 + 1}{2 + j1 - 1} = 2 - j1$$

因此，s 平面上的点 $s = 2 + j1$ 在 $F(s)$ 平面上的映射点为 $2 - j1$。

这样，正如前面谈到的，对于 s 平面上给定的连续封闭轨迹，只要它不通过任何奇点，在 $F(s)$ 平面上就有一个封闭曲线与之对应。

对于方程(7.15)给出的特征方程 $F(s)$，s 平面上的直线 $\omega = 0$，$\omega = \pm 2$ 和直线 $\sigma = 0$，$\sigma = \pm 1$，$\sigma = \pm 2$［见图 7.45(a)的保角映射］，将在 $F(s)$ 平面上产生出一系列圆，如图 7.45(b)所示，假设变点 s 在 s 平面上顺时针方向描绘出一条封闭曲线。如果在 s 平面上这条封闭曲线包围 $F(s)$ 的一个极点，那么 $F(s)$ 的轨迹就会逆时针包围 $F(s)$ 平面上的原点一次，见图 7.46(a)。如果在 s 平面上的这条封闭曲线包围 $F(s)$ 的一个零点，那么 $F(s)$ 的轨迹就会顺时针包围 $F(s)$ 平面上的原点一次，见图 7.46(b)。如果 s 平面上的封闭曲线既包围一个零点，又包围一个极点，或者这条封闭曲线既不包围零点也不包围极点，那么 $F(s)$ 的轨迹将不包围 $F(s)$ 平面上的原点，见图 7.46(c)和图 7.46(d)。

根据前面的分析可以看出，$F(s)$ 的轨迹包围 $F(s)$ 平面上的原点的方向，取决于 s 平面上的封闭曲线包围的是一个极点还是一个零点。应当指出，s 平面上极点或零点的位置，不论是在 s 右半平面，还是在 s 左半平面，都没有什么区别，但是包围的是极点还是零点却是有区别的。如果 s 平面上的闭曲线包围的极点数与零点数相等，那么在 $F(s)$ 平面上的相应的封闭曲线将不包围 $F(s)$ 平面上的原点。上述讨论就是映射定理的图解说明，它是奈斯特稳定判据的基础。

---

① 如果复函数 $F(s)$ 及其所有导数在某一区域内存在，则称该复函数 $F(s)$ 在这一区域内是解析的。

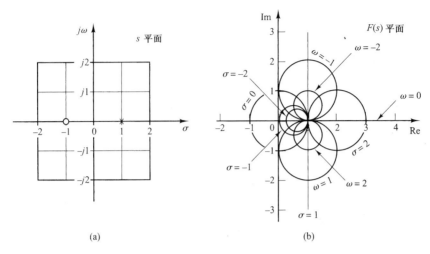

图 7.45 s 平面内的网格在 $F(s)$ 平面内的保角映射, 其中 $F(s) = \dfrac{(s+1)}{(s-1)}$

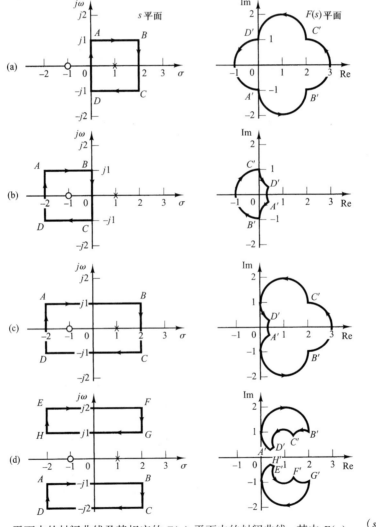

图 7.46 s 平面内的封闭曲线及其相应的 $F(s)$ 平面内的封闭曲线, 其中 $F(s) = \dfrac{(s+1)}{(s-1)}$

7.5.2　映射定理

设 $F(s)$ 为两个 s 的多项式之比，并设 P 为 $F(s)$ 的极点数，Z 为 $F(s)$ 的零点数，它们位于 s 平面上的某一封闭曲线内，且有多重极点和多重零点的情况。又设上述封闭曲线不通过 $F(s)$ 任何极点或零点。于是，s 平面上的这一封闭曲线映射到 $F(s)$ 平面上，也是一条封闭曲线。当变量 s 顺时针通过封闭曲线时，在 $F(s)$ 平面上，相应的轨迹顺时针包围 $F(s)$ 的原点的总次数 N 等于 $Z - P$（注意，利用该映射定理，不能确定零点和极点数，只能确定它们的差值）。

这里不对此定理进行正式的证明，留在例题 $A.7.6$ 中证明。若 N 为正数，则表示函数 $F(s)$ 的零点数超过了极点数；若 N 为负数，则表示函数 $F(s)$ 的极点数超过了零点数。在控制系统应用中，由函数 $G(s)H(s)$ 可以很容易地确定关于 $F(s) = 1 + G(s)H(s)$ 的极点数 P。因此，如果从 $F(s)$ 的轨迹图中确定了 N，则 s 平面上封闭曲线内的零点数就可以很容易地确定下来。s 平面上的封闭曲线和 $F(s)$ 轨迹的精确形状，对原点的包围来讲是无关紧要的，因为对原点的包围情况，仅取决于 s 平面内的封闭曲线对 $F(s)$ 的极点和（或）零点的包围情况。

7.5.3　映射定理在闭环系统稳定性分析中的应用

为了分析线性控制系统的稳定性，令 s 平面上的封闭曲线包围整个 s 右半平面。这时的封闭曲线由整个 $j\omega$ 轴（从 $\omega = -\infty$ 到 $\omega = +\infty$）和 s 右半平面上半径为无穷大的半圆轨迹构成。该封闭曲线称为奈奎斯特轨迹（轨迹的方向为顺时针方向）。因为奈奎斯特轨迹包围了整个 s 右半平面，所以它包围了 $1 + G(s)H(s)$ 的所有具有正实部的极点和零点［如果 $1 + G(s)H(s)$ 在 s 右半平面内没有零点，则不存在闭环极点，因而系统是稳定的］。必须指出，封闭曲线，即奈奎斯特轨迹，不能通过 $1 + G(s)H(s)$ 的任何零点和极点。如果 $G(s)H(s)$ 在 s 平面的原点处有一个或多个极点，则 $s = 0$ 点的映射就是不定的。在这种情况下，可以通过绘制一个绕过原点的迂回半圆，使奈奎斯特轨迹避开原点（关于此特殊情况的详细讨论，以后还要介绍）。

如果将映射定理应用到 $F(s) = 1 + G(s)H(s)$ 的特殊情况，则可以陈述如下。如果 s 平面上的封闭曲线包围整个 s 右半平面，如图 7.47 所示，则函数 $F(s) = 1 + G(s)H(s)$ 在 s 右半平面上的零点数，等于函数 $F(s) = 1 + G(s)H(s)$ 在 s 右半平面上的极点数，加上在 $1 + G(s)H(s)$ 平面上的对应封闭曲线对该平面上的原点的顺时针方向包围次数。

根据前面的假设条件，有

$$\lim_{s \to \infty} [1 + G(s)H(s)] = 常数$$

即当 s 沿半径为无穷大的半圆运动时，函数 $1 + G(s)H(s)$ 保持为常数，因此函数 $1 + G(s)H(s)$ 的轨迹是否包围了 $1 + G(s)H(s)$ 平面上的原点，可以通过只考虑 s 平面上封闭曲线的一部分，即只考虑 $j\omega$ 轴来确定，如果在 $j\omega$ 轴上不存在零点或极点，则对原点的包围（如果存在包围），仅发生在当变量沿 $j\omega$ 轴从 $-j\infty$ 运动到 $+j\infty$ 时。

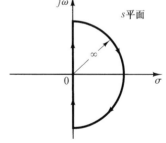

图 7.47　s 平面内的封闭曲线

对于函数 $1 + G(s)H(s)$，当 ω 从 $\omega = -\infty$ 变化到 $\omega = \infty$ 时，所得到的一部分曲线正是 $1 + G(j\omega)H(j\omega)$。因为 $1 + G(j\omega)H(j\omega)$ 是单位向量与向量 $G(j\omega)H(j\omega)$ 的向量和，所以 $1 + G(j\omega)H(j\omega)$ 恒等于从 $-1 + j0$ 点到向量 $G(j\omega)H(j\omega)$ 的端点所引出的向量，如图 7.48 所示。$1 + G(j\omega)H(j\omega)$ 曲线对原点的包围，恰等于 $G(j\omega)H(j\omega)$ 轨迹对 $-1 + j0$ 点的包围。因此，闭环

系统的稳定性可以通过研究 $G(j\omega)H(j\omega)$ 的轨迹对 $-1+j0$ 点的包围情况进行判断。顺时针包围 $-1+j0$ 点的次数确定如下:从 $-1+j0$ 点向 $G(j\omega)H(j\omega)$ 的轨迹引出向量,然后令 ω 从 $\omega=-\infty$ 开始,经过 $\omega=0$ 而终止于 $\omega=+\infty$,这样计算得到的向量顺时针转过的周数,就是欲求的对 $-1+j0$ 点的包围次数。

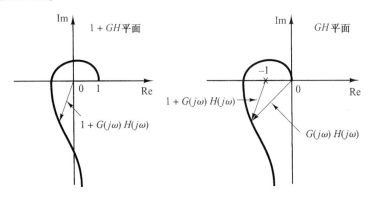

图 7.48　$1+GH$ 平面和 GH 平面内的 $1+G(j\omega)H(j\omega)$ 曲线

　　沿着奈奎斯特轨迹绘制 $G(j\omega)H(j\omega)$ 的图形比较简便。对于实轴,负 $j\omega$ 轴的映射与正 $j\omega$ 轴的映射是镜像对称的,即 $G(j\omega)H(j\omega)$ 的图形与 $G(-j\omega)H(-j\omega)$ 的图形对实轴而言彼此对称。具有无穷大半径的半圆,或者映射到 GH 平面的原点,或者映射到 GH 平面的实轴上。

　　前面的讨论曾假设 $G(s)H(s)$ 是以 s 为变量的两个多项式之比,因此传递延迟 e^{-Ts} 被排除在讨论之外。但是应当指出,对于具有传递延迟的系统,可以采用类似的方法讨论,虽然在这里没有证明它。对于具有传递延迟系统的稳定性,同样可以通过考虑其开环频率响应曲线对 $-1+j0$ 点的包围次数来确定,正如在开环传递函数是两个以 s 为变量的多项式之比的系统中那样。

7.5.4　奈奎斯特稳定判据

　　上述利用 $G(j\omega)H(j\omega)$ 的轨迹对 $-1+j0$ 点的包围情况,对系统进行分析的方法,可以概括为下列奈奎斯特稳定判据。

　　奈奎斯特稳定判据(对于 $G(s)H(s)$ 在 $j\omega$ 轴上既无极点也无零点的特殊情况)。在图 7.44 所示的系统中,如果开环传递函数 $G(s)H(s)$ 在 s 右半平面内有 k 个极点,并且 $\lim\limits_{s\to\infty}G(s)H(s)=$ 常数,则为了使闭环系统稳定,当 ω 从 $-\infty$ 变到 ∞ 时,$G(j\omega)H(j\omega)$ 的轨迹必须逆时针包围 $-1+j0$ 点 k 次。

7.5.5　关于奈奎斯特稳定判据的几点说明

　　1. 这一判据可以表示为

$$Z=N+P$$

式中,Z 为函数 $1+G(s)H(s)$ 在 s 右半平面内的零点数,N 为对 $-1+j0$ 点顺时针包围的次数,P 为函数 $G(s)H(s)$ 在 s 右半平面内的极点数。

　　如果 P 不等于零,那么对于稳定的控制系统,必须有 $Z=0$ 或 $N=-P$,这意味着必须逆时针方向包围 $-1+j0$ 点 P 次。

　　如果 $G(s)H(s)$ 在 s 右半平面内无任何极点,则 $Z=N$。因此,为了保证系统稳定,$G(j\omega)H(j\omega)$ 的轨迹必须不包围 $-1+j0$ 点。在这种情况下,没有必要研究对全部 $j\omega$ 轴的轨迹，只要针对正频率部分进行研究就可以了。观察 $-1+j0$ 点是否被 $G(j\omega)H(j\omega)$ 的奈奎斯特图包围，就能够确定系统的稳定性。图 7.49 所示为被奈奎斯图包围的部分。为了保证系统稳定，$-1+j0$ 点必须落在阴影区域的外面。

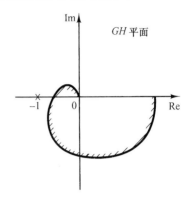

图 7.49　奈奎斯特图包围的区域

2. 当检查多回路系统的稳定性时，必须谨慎，因为它们在 s 右半平面内可能包含极点（虽然内回路可能是不稳定的，但是整个闭环系统在经过适当设计后，却可能是稳定的）。在多回路系统中，简单地检查 $G(j\omega)H(j\omega)$ 轨迹对 $-1+j0$ 点的包围情况，是不足以判定系统的不稳定性的。在这种情况下，对 $G(s)H(s)$ 的分母应用劳斯稳定判据，可以很容易地确定函数 $1+G(s)H(s)$ 是否有极点位于 s 右半平面。

   如果在 $G(s)H(s)$ 中包含像传递延迟 e^{-Ts} 这样的超越函数，则在应用劳斯稳定判据之前，应先将其展开成级数形式进行近似。

3. 如果 $G(j\omega)H(j\omega)$ 的轨迹通过 $-1+j0$ 点，则特征方程的零点，即闭环极点，将位于 $j\omega$ 轴上。这是实际控制系统所不希望的。对于设计得很好的闭环系统，不会有特征方程的根位于 $j\omega$ 轴上。

7.5.6　$G(s)H(s)$ 含有位于 $j\omega$ 轴上的极点和（或）零点的特殊情况

在前面的讨论中，假设开环传递函数 $G(s)H(s)$ 既无极点也无零点位于原点上。现在我们来研究 $G(s)H(s)$ 含有位于 $j\omega$ 轴上的极点和（或）零点的情况。

因为奈奎斯特轨迹不能通过 $G(s)H(s)$ 的极点或零点，所以如果函数 $G(s)H(s)$ 有极点或零点位于原点上（或者位于 $j\omega$ 轴上除原点以外的其他点上），则 s 平面上的封闭曲线形状必须加以改变。在原点附近改变封闭曲线形状的方法通常是采用具有无限小半径 ε 的半圆，如图 7.50 所示（这个半圆可以位于 s 右半平面，也可以位于 s 左半平面。这里我们选择位于 s 右半平面）。变量 s 沿着负 $j\omega$ 轴从 $-j\omega$ 运动到 $j0_{-}$。从 $s=j0_{-}$ 到 $s=j0_{+}$，变量 s 沿着半径为 $\varepsilon(\varepsilon\ll1)$ 的半圆运动，再沿着正 $j\omega$ 轴从 $j0_{+}$ 运动到 $j\infty$。最后，从 $s=j\infty$ 开始，轨迹为半径为无穷大的半圆，变量沿着此轨迹返回到起始点 $s=-j\infty$。由于改变封闭曲线而回避的面积很小，当半径 ε 趋近于零时，该面积也趋近于零。因此，位于 s 右半平面内的极点和零点均被包围在这一封闭曲线内。

作为例子，研究具有下列开环传递函数的闭环系统：

$$G(s)H(s)=\frac{K}{s(Ts+1)}$$

在 $G(s)H(s)$ 平面的 $G(s)H(s)$ 轨迹上，与 $s=j0_{+}$ 和 $s=j0_{-}$ 相对应的点分别为 $-j\infty$ 和 $j\infty$。在半径为 $\varepsilon(\varepsilon\ll1)$ 的半圆轨迹上，复变量 s 可以写成

$$s=\varepsilon\mathrm{e}^{j\theta}$$

式中 θ 从 $-90°$ 变化到 $+90°$。因此，$G(s)H(s)$ 变为

$$G(\varepsilon\mathrm{e}^{j\theta})H(\varepsilon\mathrm{e}^{j\theta})=\frac{K}{\varepsilon\mathrm{e}^{j\theta}}=\frac{K}{\varepsilon}\mathrm{e}^{-j\theta}$$

当 ε 趋近于零时，K/ε 的值趋近于无穷大。而当变量 s 沿 s 平面内的半圆运动时，$-\theta$ 从 $90°$ 变化到 $-90°$。因此，点 $G(j0_{-})H(j0_{-})=j\infty$ 和点 $G(j0_{+})H(j0_{+})=-j\infty$，并且在 GH 右半平面

上与半径为无穷大的半圆连接在一起。s 平面内环绕原点的无限小半圆映射到 GH 平面上,就变成了具有无穷大半径的半圆。图 7.51 表示了 s 平面上的封闭曲线和 GH 平面上的 $G(s)H(s)$ 轨迹。s 平面内曲线上的 A、B 和 C,在 $G(s)H(s)$ 轨迹上的映射点分别为 A'、B' 和 C'。由图 7.51 可以看出,在 s 平面上,半径为无穷大的半圆上的点 $D'E$ 和 F 映射到 GH 平面上,都落在原点,因为在 s 右半平面上没有极点,且 $G(s)H(s)$ 轨迹不包围 $-1+j0$ 点,所以函数 $1+G(s)H(s)$ 没有零点位于 s 右半平面。因此,系统是稳定的。

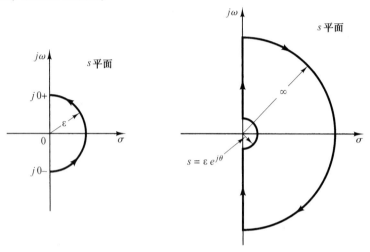

图 7.50 s 平面上原点附近的曲线和 s 平面上绕过位于原点上的极点和零点的封闭曲线

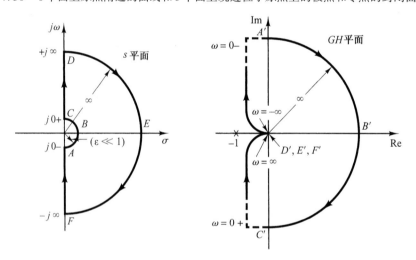

图 7.51 s 平面上的封闭曲线和 GH 平面上的 $G(s)H(s)$ 轨迹,其中 $G(s)H(s) = K/[s(Ts+1)]$

对于包含因子 $1/s^n (n = 2, 3, \cdots)$ 的开环传递函数 $G(s)H(s)$,当变量 s 沿半径为 $\varepsilon(\varepsilon \ll 1)$ 的半圆运动时,$G(s)H(s)$ 的图形中将有 n 个半径为无穷大的顺时针方向半圆环绕原点。例如,考虑下列开环传递函数:

$$G(s)H(s) = \frac{K}{s^2(Ts+1)}$$

于是

$$\lim_{s \to \varepsilon e^{j\theta}} G(s)H(s) = \frac{K}{\varepsilon^2 e^{2j\theta}} = \frac{K}{\varepsilon^2} e^{-2j\theta}$$

当 s 平面上的 θ 从 $-90°$ 变化到 $90°$ 时，$G(s)H(s)$ 的相角从 $180°$ 变化到 $-180°$，如图 7.52 所示。因为这时在 s 右半平面内没有极点，并且对于任何正的 K 值，轨迹顺时针包围 $-1+j0$ 点两次，所以函数 $1+G(s)H(s)$ 在 s 右半平面内存在两个零点。因此，该系统总是不稳定的。

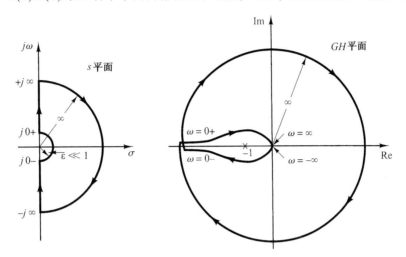

图 7.52　s 平面上的封闭曲线和 GH 平面上的 $G(s)H(s)$ 轨迹，其中 $G(s)H(s) = K/\left[s^2(Ts+1)\right]$

如果 $G(s)H(s)$ 含有位于 $j\omega$ 轴上的极点和(或)零点，则可以采用类似的方法进行分析。现在将奈奎斯特稳定判据概括如下。

奈奎斯特稳定判据(对于 $G(s)H(s)$ 含有位于 $j\omega$ 轴上的极点和(或)零点的一般情况)。在图 7.44 所示的系统中，如果开环传递函数 $G(s)H(s)$ 在 s 右半平面内有 k 个极点，则为了使系统稳定，当变量 s 顺时针通过变化后的奈奎斯特轨迹时，$G(s)H(s)$ 轨迹必须逆时针方向包围 $-1+j0$ 点 k 次。

7.6　稳定性分析

这一节中将介绍几个例子，说明怎样应用奈奎斯特稳定判据分析控制系统的稳定性。

如果在 s 平面内，奈奎斯特轨迹包含 $1+G(s)H(s)$ 的 Z 个零点和 P 个极点，并且当变量 s 顺时针方向沿奈奎斯特轨迹运动时，不通过 $1+G(s)H(s)$ 的任何极点或零点，则在 $G(s)H(s)$ 平面上相对应的曲线将沿顺时针方向包围 $-1+j0$ 点 $N = Z - P$ 次(负 N 值表示逆时针包围 $-1+j0$ 点)。

在应用奈奎斯特稳定判据检查线性控制系统的稳定性时，可能发生三种情况。

1. 不包围 $-1+j0$ 点。如果这时 $G(s)H(s)$ 在 s 右半平面内没有极点，则说明系统是稳定的，否则系统是不稳定的。
2. 逆时针方向包围 $-1+j0$ 点一次或多次。在这种情况下，如果逆时针方向包围的次数，等于 $G(s)H(s)$ 在 s 右半平面内的极点数，则系统是稳定的，否则系统是不稳定的。
3. 顺时针方向包围 $-1+j0$ 点一次或多次。在这种情况下，系统是不稳定的。

在下面的例子中，我们假设增益 K 和时间常数(如 T、T_1 和 T_2)都是正值。

例 7.14　设闭环系统的开环传递函数如下，试判别系统的稳定性。

$$G(s)H(s) = \frac{K}{(T_1 s + 1)(T_2 s + 1)}$$

$G(j\omega)H(j\omega)$ 的轨迹如图 7.53 所示。因为 $G(s)H(s)$ 在 s 右半平面内没有任何极点存在，并且 $G(j\omega)H(j\omega)$ 轨迹不包围 $-1+j0$ 点，所以对于任何正的 K、T_1 和 T_2 值，该系统都是稳定的。

例 7.15 设系统具有下列开环传递函数：

$$G(s)H(s) = \frac{K}{s(T_1 s + 1)(T_2 s + 1)}$$

试确定在以下两种情况下系统的稳定性：(1) 增益 K 值较小；(2) 增益 K 值较大。

与小 K 值和大 K 值对应的开环传递函数的奈奎斯特图如图 7.54 所示。$G(s)H(s)$ 在 s 右半平面内的极点数等于零。因此，为了使该系统稳定，必须保证 $N = Z = 0$，或者说必须使 $G(s)H(s)$ 的轨迹不包围 $-1+j0$ 点。

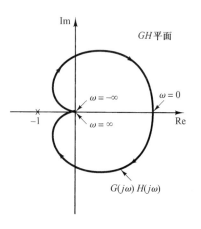

图 7.53 例 7.14 中的 $G(j\omega)$ $H(j\omega)$ 的极坐标图

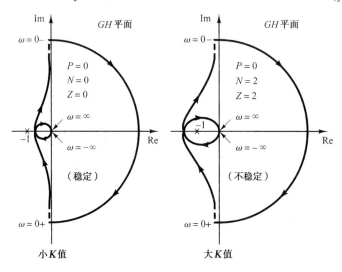

图 7.54 例 7.15 所研究系统的极坐标图

对于小 K 值，$G(s)H(s)$ 轨迹不包围 $-1+j0$ 点，因此系统在小 K 值时是稳定的。对于大 K 值，$G(s)H(s)$ 轨迹顺时针包围 $-1+j0$ 点两次，说明有两个闭环极点位于 s 右半平面，因而系统是不稳定的(为确保系统有良好的精确度，K 值应该大一些。但从稳定性的角度考虑，大 K 值会降低系统的稳定性，甚至会使系统变成不稳定的。为了兼顾到精确度和稳定性，需要在系统中加入校正网络)。频率域中的校正方法，将在 7.11 节到 7.13 节中进行讨论。

例 7.16 设闭环系统的开环传递函数为

$$G(s)H(s) = \frac{K(T_2 + 1)}{s^2(T_1 s + 1)}$$

该闭环系统的稳定性取决于 T_1 和 T_2 的相对大小。试绘出该系统的奈奎斯特图并确定系统的稳定性。

图 7.55 所示为 $G(s)H(s)$ 在 $T_1 < T_2$、$T_1 = T_2$ 和 $T_1 > T_2$ 这三种情况下的轨迹图。当 $T_1 < T_2$ 时，$G(s)H(s)$ 的轨迹不包围 $-1+j0$ 点，因此闭环系统是稳定的。当 $T_1 = T_2$ 时，$G(s)H(s)$ 的轨迹通过 $-1+j0$ 点，这表明闭环极点位于 $j\omega$ 轴上。当 $T_1 > T_2$ 时，$G(s)H(s)$ 的轨迹顺时针方向包围 $-1+j0$ 点两次，因此闭环系统有两个闭环极点位于 s 右半平面，系统是不稳定的。

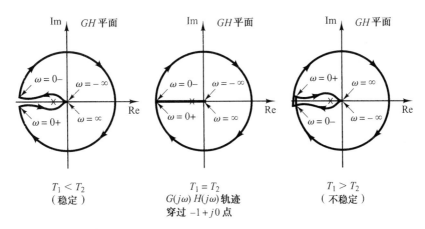

图 7.55　例 7.16 中所研究系统的极坐标图

例 7.17　设一个闭环系统具有下列开环传递函数：

$$G(s)H(s) = \frac{K}{s(Ts - 1)}$$

试确定该闭环系统的稳定性。

　　函数 $G(s)H(s)$ 在 s 右半平面内有一个极点（$s = 1/T$），因此 $P = 1$。图 7.56 中的奈奎斯特图表明，$G(s)H(s)$ 轨迹顺时针方向包围 $-1 + j0$ 点一次，因此 $N = 1$。因为 $Z = N + P$，所以求得 $Z = 2$。这表明闭环系统有两个闭环极点位于 s 右半平面内，因此系统是不稳定的。

例 7.18　设有一个闭环系统，其开环传递函数为

$$G(s)H(s) = \frac{K(s + 3)}{s(s - 1)}, \quad K > 1$$

试研究该闭环系统的稳定性。

　　开环传递函数在 s 右半平面内有一个极点（$s = 1$），即 $P = 1$。开环系统是不稳定的。图 7.57 所示的奈奎斯特图表明，$G(s)H(s)$ 轨迹逆时针方向包围 $-1 + j0$ 点一次，因此 $N = -1$。于是 Z 由 $Z = N + P$ 求得为 0，这说明 $1 + G(s)H(s)$ 没有零点位于 s 右半平面内，闭环系统是稳定的。这是一个开环系统不稳定，但是回路闭合后，变成稳定系统的例子。

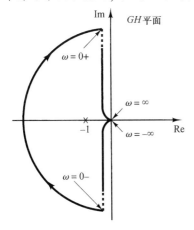

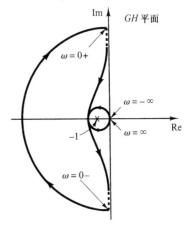

图 7.56　例 7.17 所讨论系统的极坐标图　　　　图 7.57　例 7.18 所讨论系统的极坐标图

7.6.1 条件稳定系统

在图 7.58 所示的 $G(j\omega)H(j\omega)$ 轨迹的例子中，改变开环增益可以使闭环系统变成不稳定系统。如果开环增益增加到足够大，则 $G(j\omega)H(j\omega)$ 轨迹将包围 $-1+j0$ 点两次，因而系统变成不稳定的。如果开环增益减到足够小，则 $G(j\omega)H(j\omega)$ 的轨迹也将包围 $-1+j0$ 点两次。为了使该系统能够稳定地工作，在图 7.58 中，临界点 $-1+j0$ 不能位于 OA 和 BC 的区间内。这种只有当开环增益在一定的范围内取值，从而使 $-1+j0$ 点完全落在 $G(j\omega)H(j\omega)$ 轨迹的外面后才稳定的系统，称为条件稳定系统。

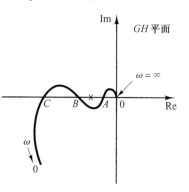

图 7.58　条件稳定系统的极坐标图

对于条件稳定系统，只有当开环增益落在两个临界值之间时，系统才是稳定的。当开环增益减到足够小，或者增加到足够大时，系统均变成不稳定的。当有大的输入信号加到该系统上时，由于大信号可能引起饱和，而饱和又会导致系统的开环增益下降，所以系统会变成不稳定的。因此，在实践中应避免发生饱和现象。

7.6.2 多回路系统

考虑图 7.59 所示的系统。这是一个多回路系统，其内回路的传递函数为

$$G(s) = \frac{G_2(s)}{1 + G_2(s)H_2(s)}$$

如果 $G(s)$ 是不稳定的，则在 s 右半平面内必定存在极点。因此，内回路的特征方程 $1 + G_2(s)H_2(s) = 0$ 在 s 右半平面内将有零点存在。如果 $G_2(s)$ 和 $H_2(s)$ 在这里有 P_1 个极点，则 $1 + G_2(s)H_2(s)$ 在 s 右半平面内的零点数 Z_1 可以求得为 $Z_1 = N_1 + P_1$，式中 N_1 为 $G_2(s)H_2(s)$ 轨迹顺时针方向包围 $-1+j0$ 点的次数。因为整个系统的开环传递函数为 $G_1(s)G(s)H_1(s)$，所以这个闭环系统的闭环稳定性由 $G_1(s)G(s)H_1(s)$ 的奈奎斯特图和 $G_1(s)G(s)H_1(s)$ 在 s 右半平面内的极点分布情况来确定。

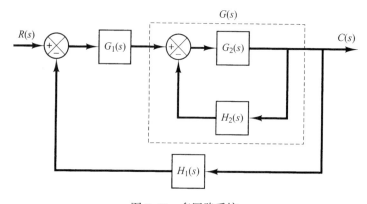

图 7.59　多回路系统

如果利用方框图简化的方法，把反馈回路消掉，则有可能引入不稳定极点；如果利用方框图简化方法消去前向支路，则有可能在 s 右半平面内引入零点。因此，我们必须注意因为辅助的回路简化过程而产生的所有 s 右半平面内的极点和零点。这些信息对于确定多回路系统的稳定性是必不可少的。

例 7.19　考虑图 7.60 所示的控制系统。该系统包含两个回路。试利用奈奎斯特稳定判据，确定使该系统稳定的增益 K 范围(增益 K 为正值)。

为了检验控制系统的稳定性，必须绘出 $G(s)$ 的奈奎斯特轨迹。其中

$$G(s) = G_1(s)G_2(s)$$

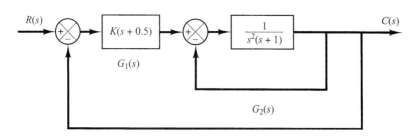

图 7.60　控制系统

但是，目前我们还不知道 $G(s)$ 的极点。因此，必须检验小回路，看看在 s 右半平面内是否存在极点。通过应用劳斯稳定判据很容易做到这一点。因为

$$G_2(s) = \frac{1}{s^3 + s^2 + 1}$$

所以劳斯阵列为

$$\begin{array}{cc} s^3 & 1 \quad 0 \\ s^2 & 1 \quad 1 \\ s^1 & -1 \quad 0 \\ s^0 & 1 \end{array}$$

注意：在第一列中有两次符号变化。因此，$G_2(s)$ 有两个极点位于 s 右半平面内。

一旦求出了 $G_2(s)$ 在 s 右半平面内的极点数，就可以着手绘制 $G(s)$ 的奈奎斯特轨迹，其中

$$G(s) = G_1(s)G_2(s) = \frac{K(s + 0.5)}{s^3 + s^2 + 1}$$

我们的任务是确定增益 K 的稳定范围。因此，绘制 $G(j\omega)/K$ 的奈奎斯特轨迹，以代替绘制对应于各种 K 值时的 $G(j\omega)$ 奈奎斯特轨迹。图 7.61 所示为 $G(j\omega)/K$ 的奈奎斯特图，即极坐标图。

因为 $G(s)$ 在 s 右半平面内有两个极点，所以 $P = 2$。注意到

$$Z = N + P$$

所以，为了保证系统稳定，需要 $Z = 0$，即 $N = -2$。这就是说，$G(j\omega)$ 的奈奎斯特轨迹必须逆时针方向包围 $-1 + j0$ 点两次。从图 7.61 可以看出，如果临界点位于 0 与 -0.5 之间，则 $G(j\omega)/K$ 的轨迹逆时针方向包围临界点两次。因此，要求

$$-0.5K < -1$$

增益 K 的稳定范围为

$$2 < K$$

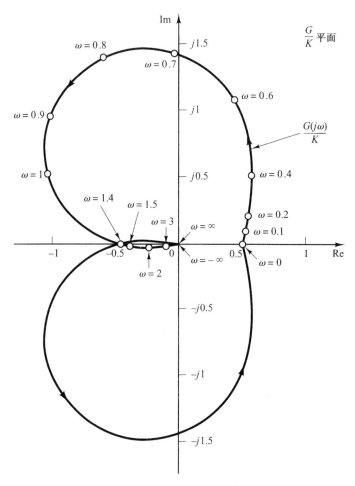

图 7.61　$G(j\omega)/K$ 的极坐标图

7.6.3　应用于逆极坐标图上的奈奎斯特稳定判据

在前面的分析中,奈奎斯特稳定判据被应用于开环传递函数 $G(s)H(s)$ 的极坐标图。

在分析多回路系统时,为了图解分析,有时需要采用逆传递函数,以避免大量的数值计算(奈奎斯特稳定判据同样可以应用到逆极坐标图中,逆极坐标图中奈奎斯特特稳定判据的数学推导方法与普通极坐标图中的相同)。

$G(j\omega)H(j\omega)$ 的逆极坐标图是 $1/[G(j\omega)H(j\omega)]$ 与 ω 之间的函数关系图。例如,如果 $G(j\omega)H(j\omega)$ 为

$$G(j\omega)H(j\omega) = \frac{j\omega T}{1 + j\omega T}$$

则

$$\frac{1}{G(j\omega)H(j\omega)} = \frac{1}{j\omega T} + 1$$

当 $\omega \geqslant 0$ 时,逆极坐标图是起自实轴上(1,0)点的垂直线的下半部分。

应用于逆极坐标图的奈奎斯特稳定判据陈述如下。为了使闭环系统稳定, $1/[G(s)H(s)]$ 的轨迹(当 s 沿奈奎斯特轨迹运动时)对 $-1+j0$ 点的包围(如果存在包围)必须是逆时针方向的,并且包围的次数必须等于位于 s 右半平面内的 $1/[G(s)H(s)]$ 的极点数,即 $G(s)H(s)$ 的零点数。 $G(s)H(s)$ 在 s 右半平面内的零点数,可以根据劳斯稳定判据确定。如果开环传递函数 $G(s)H(s)$

在 s 右半平面内没有零点, 则为了使闭环系统稳定, $1/[\,G(s)H(s)\,]$ 的轨迹对 $-1+j0$ 点的包围次数必须等于零。

虽然奈奎斯特稳定判据可以应用于逆极坐标图, 但如果采用的是实验响应数据, 由于 s 平面上无穷大半圆轨迹对应的相位移很难测量, 所以要计算 $1/[\,G(s)H(s)\,]$ 轨迹的包围次数, 可能会很困难。例如, 如果开环传递函数 $G(s)H(s)$ 包含传递延迟, 使得

$$G(s)H(s) = \frac{Ke^{-j\omega L}}{s(Ts+1)}$$

则 $1/[\,G(s)H(s)\,]$ 轨迹对 $-1+j0$ 点的包围次数变成无穷大, 因此奈奎斯特稳定判据不能应用到这类开环传递函数的逆极坐标图中。

一般来说, 如果实验频率响应数据不能够归纳成解析形式, 则 $G(j\omega)H(j\omega)$ 的轨迹和 $1/[\,G(j\omega)H(j\omega)\,]$ 的轨迹都必须绘制出来。此外, 必须确定 $G(s)H(s)$ 在 s 右半平面内的零点数。确定 $G(s)H(s)$ 在 s 右半平面内的零点(即确定给定元件是否为最小相位系统), 比确定 $G(s)H(s)$ 在 s 右半平面内的极点(即确定给定元件是否稳定)更加困难。

对于多回路系统, 可以根据给出的数据是图解的还是解析的, 以及是否包含非最小相位元件, 来确定必须采用的适当的稳定性实验。如果数据以解析的形式给出, 或者所有元件的数学表达式均为已知的, 则将奈奎斯特稳定判据应用于逆极坐标图不会产生困难, 并且可以在逆 GH 平面内分析和设计多回路系统(见例题 A.7.15)。

7.7　相对稳定性分析

7.7.1　相对稳定性

在设计控制系统时, 我们要求系统是稳定的。此外, 系统还必须具备适当的相对稳定性。

本书将阐明奈奎斯特图不仅表明了系统是否稳定, 而且还表明了稳定系统的稳定程度。如果有必要, 奈奎斯特图还能提供有关如何改善稳定性的信息。

在下面的讨论中, 我们假设所讨论的系统具有单位反馈。将具有反馈元件的系统简化成单位反馈系统, 总是可以做到的, 如图 7.62 所示。因此, 对单位反馈系统的相对稳定性分析, 可以推广到非单位反馈系统。

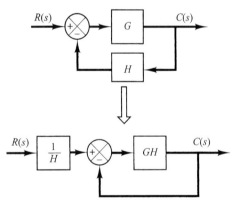

图 7.62　将具有反馈元件的系统变成单位反馈系统

除非另有说明, 我们还假设系统为最小相位系统, 这就是说, 开环传递函数 $G(s)$ 在 s 右半平面内既没有极点, 也没有零点。

7.7.2　通过保角变换进行相对稳定性分析

在分析控制系统时, 重要问题之一就是要求出所有的闭环极点, 或者至少求出那些最靠近 $j\omega$ 轴的极点(即一对主导闭环极点)。如果系统的开环频率响应特性是已知的, 则可以估计最靠近 $j\omega$ 轴的闭环极点。奈奎斯特轨迹 $G(j\omega)$ 不必是 ω 的已知解析函数, 整个奈奎斯特轨迹可以通过实验得到。这里介绍的方法基本上是一种图解方法, 它是以从 s 平面到 $G(s)$ 平面的保角变换为基础的。

　　研究 s 平面上的等 σ 直线(即直线 $s = \sigma + j\omega$,式中 σ 为常数, ω 为变量)和等 ω 直线(即直线 $s = \sigma + j\omega$,式中 ω 为常数, σ 为变量)的保角变换。s 平面上的 $\sigma = 0$ 直线(即 $j\omega$ 轴)映射到 $G(s)$ 平面上即为奈奎斯特图。s 平面上的等 σ 直线映射到 $G(s)$ 平面是一些与奈奎斯特图相似的曲线,并且在某种意义上,它们平行于奈奎斯特图,如图 7.63 所示。s 平面上的等 ω 直线在 $G(s)$ 平面上的映射曲线也表示在图 7.63 上。

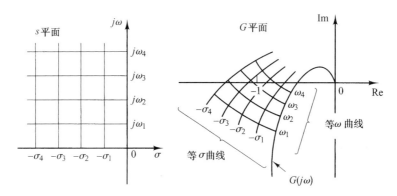

图 7.63　s 平面上的格线在 $G(s)$ 平面上的保角变换

　　虽然 $G(s)$ 平面上的等 σ 和等 ω 轨迹的形状,以及 $G(j\omega)$ 轨迹对 $-1 + j0$ 点的靠近程度取决于具体的 $G(s)$,但是 $G(j\omega)$ 轨迹对 $-1 + j0$ 点的靠近程度却表征了稳定系统的相对稳定性。一般来说,可以预料,$G(j\omega)$ 轨迹靠 $-1 + j0$ 点越近,阶跃瞬态响应中的最大过调量便越大,阻尼衰减时间也越长。

　　考虑图 7.64(a) 和图 7.64(b) 所示的两个系统(在图 7.64 中,符号 × 代表闭环极点)。因为系统(a) 的闭环极点比系统(b) 的闭环极点更靠左方,所以系统(a) 显然比系统(b) 更稳定。在图 7.65(a) 和图 7.65(b) 上表示了 s 平面上的格线在 $G(s)$ 平面上的保角变换。闭环极点离 $j\omega$ 轴越近,$G(j\omega)$ 轨迹离 $-1 + j0$ 点便越近。

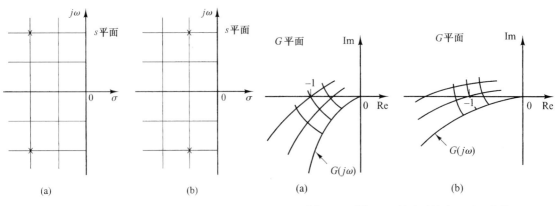

图 7.64　具有两个闭环极点　　　　　图 7.65　图 7.64 所示系统在 s 平面的格
　　　　　的两个不同的系统　　　　　　　　　　线在 $G(s)$ 平面上的保角变换

7.7.3　相位裕量和增益裕量

　　图 7.66 所示为三种具有不同开环增益 K 值的 $G(j\omega)$ 的极坐标图。对于大的增益 K 值,系统

是不稳定的。当增益减小到一定值时，$G(j\omega)$
的轨迹通过 $-1+j0$ 点。这表明在这一增益值
时，系统处于不稳定边缘，并且呈现为持续的
等幅振荡。对于小的增益 K 值，系统是稳定的。

　　一般来说，$G(j\omega)$ 的轨迹越靠近 $-1+j0$
点，系统响应的振荡性便越大。因此，$G(j\omega)$
轨迹对 $-1+j0$ 点的靠近程度，可以用来度量稳
定裕量（但这不适用于条件稳定系统）。通常，
在实际中以相位裕量和增益裕量的形式表示这
种靠近程度。

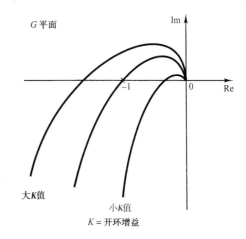

图 7.66　$\dfrac{K(1+j\omega T_a)(1+j\omega T_b)\cdots}{(j\omega)(1+j\omega T_1)(1+j\omega T_2)\cdots}$ 的极坐标图

　　相位裕量。在增益交界频率上，使系统达
到不稳定边缘所需的额外相位滞后量称
为相位裕量。所谓增益交界频率，是指开
环传递函数的幅值 $|G(j\omega)|$ 等于 1 时的频率。设开环传递函数在增益交界频率处的相角
为 ϕ，则相位裕量 γ 等于 $180°$ 加相角 ϕ，即

$$\gamma = 180° + \phi$$

图 7.67(a) 至图 7.67(c) 所示为稳定系统和不稳定系统在伯德图、极坐标图和对数幅-相图中
的相位裕量。在极坐标图中，可以从原点到单位圆与 $G(j\omega)$ 轨迹的交点画一条直线，如果这条直
线位于负实轴的下方（上方），则角度 γ 为正（负）。从负实轴到这条直线间的夹角就是相位裕量。
当 $\gamma > 0$ 时，相位裕量为正值；当 $\gamma < 0$ 时，相位裕量为负值。为了使最小相位系统稳定，相位裕
量必须为正值。在对数坐标图中，复平面上的临界点相应于 0 dB 和 $-180°$ 线。

　　增益裕量。在相角等于 $-180°$ 的频率上，幅值 $|G(j\omega)|$ 的倒数称为增益裕量。开环传递
函数的相角等于 $-180°$ 时的频率 ω_1 定义为相位交界频率。根据相位交界频率，求得增
益裕量 K_g 为

$$K_g = \frac{1}{|G(j\omega_1)|}$$

若以分贝表示，则有

$$K_g(\text{dB}) = 20\log K_g = -20\log|G(j\omega_1)|$$

当增益裕量以分贝表示时，如果 K_g 大于 1，则增益裕量为正值；如果 K_g 小于 1，则增益裕量为负
值。因此，正增益裕量（以分贝表示）表示系统是稳定的，负增益裕量（以分贝表示）表示系统是
不稳定的。图 7.67(a) 至图 7.67(c) 表示了增益裕量。

　　对于稳定的最小相位系统，增益裕量指出了系统在变成不稳定之前，增益能够增加到多大。
对于不稳定的系统，增益裕量指出了为使系统稳定，增益应当减小多少。

　　一阶或二阶系统的增益裕量为无穷大，因为这类系统的极坐标图与负实轴不相交。因此，理
论上一阶或二阶系统不可能是不稳定的（当然，所谓一阶或二阶系统在一定意义上说只能是近似
的，因为在推导系统方程时忽略了一些小的时间滞后，因此它们不是真正的一阶或二阶系统。如
果考虑这些小的滞后，则所谓的一阶或二阶系统可能是不稳定的）。

　　注意，对于具有不稳定开环的非最小相位系统，除非 $G(j\omega)$ 图包围 $-1+j0$ 点，否则不能满
足稳定条件。因此，这种稳定的非最小相位系统将具有负的相位和增益裕量。

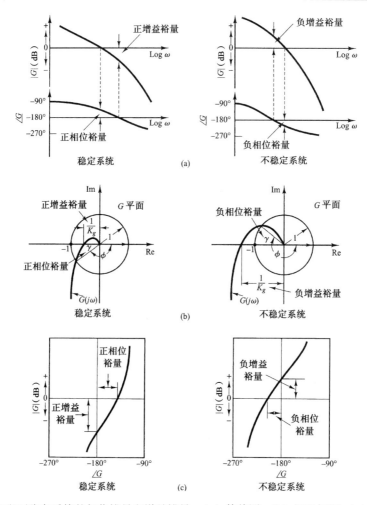

图 7.67　稳定和不稳定系统的相位裕量和增益裕量。(a) 伯德图；(b) 极坐标图；(c) 对数幅-相图

　　条件稳定系统将具有两个或多个相位交界频率，并且某些具有复杂分子动态特性的高阶系统还可能具有两个或多个增益交界频率，如图 7.68 所示。对于具有两个或多个增益交界频率的稳定系统，相位裕量应在最高的增益交界频率上测量。

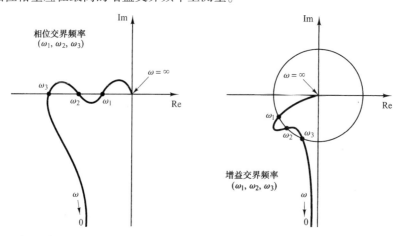

图 7.68　表示多于两个以上的相位或增益交界频率的极坐标图

7.7.4　关于相位裕量和增益裕量的几点说明

控制系统的相位裕量和增益裕量是系统的极坐标图对 $-1+j0$ 点靠近程度的度量。因此，这两个裕量可用来作为设计准则。

只用增益裕量或者只用相位裕量，都不足以说明系统的相对稳定性。为了确定系统的相对稳定性，必须同时给出这两个量。

对于最小相位系统，只有当相位裕量和增益裕量都是正值时，系统才是稳定的。负的裕量表示系统不稳定。

适当的相位裕量和增益裕量可以防止系统中元件变化造成的影响，并且被规定具有一定的正值。这两个值将闭环系统的工作状态限定在谐振频率附近。为了得到满意的性能，相位裕量应当在 30° 与 60° 之间，增益裕量应当大于 6 dB。对于具有上述裕量的最小相位系统，即使开环增益和元件的时间常数在一定范围内发生变化，也能保证系统的稳定性。虽然相位裕量和增益裕量只能给出闭环系统有效阻尼比的粗略估值，但是它在设计控制系统或调整系统的增益常数时，确实提供了一种方便的方法。

对于最小相位系统，开环传递函数的幅值和相位特性有一定关系。要求相位裕量在 30° 与 60° 之间，即在伯德图中，对数幅值曲线在增益交界频率处的斜率应大于 −40 dB/十倍频程。在大多数实际情况中，为了保证系统稳定，要求增益交界频率处的斜率为 −20 dB/十倍频程。如果增益交界频率处的斜率为 −40 dB/十倍频程，则系统既可能是稳定的，也可能是不稳定的（即使系统是稳定的，相位裕量也比较小）。如果在增益交界频率处的斜率为 −60 dB/十倍频程，或者更陡，则系统多半是不稳定的。

对于非最小相位系统，稳定裕量的正确解释需要仔细地进行研究。确定非最小相位系统稳定性的最好方法是采用奈奎斯特图法，而不是伯德图法。

例 7.20　设控制系统如图 7.69 所示。当 $K=10$ 和 $K=100$ 时，试求在这两种情况下系统的相位裕量和增益裕量。

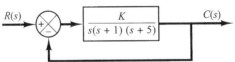

$$R(s) \xrightarrow{\;+\;}\bigotimes\xrightarrow{\;\;}\boxed{\dfrac{K}{s(s+1)(s+5)}}\xrightarrow{\;\;}C(s)$$

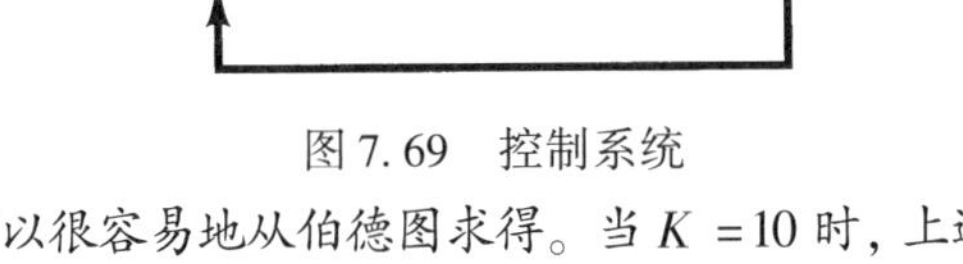

图 7.69　控制系统

相位裕量和增益裕量可以很容易地从伯德图求得。当 $K=10$ 时，上述系统开环传递函数的伯德图如图 7.70(a) 所示。这时系统的相位和增益裕量为

相位裕量 =21°，增益裕量 =8 dB

因此，系统在发生不稳定之前，增益可以增加 8 dB。

当增益从 $K=10$ 增大到 $K=100$ 时，0 dB 轴线向下移动 20 dB，如图 7.70(b) 所示。这时系统的相位和增益裕量为

相位裕量 = −30°，增益裕量 = −12 dB

因此，系统在 $K=10$ 时是稳定的，但是在 $K=100$ 时不稳定。

应当指出，采用伯德图法具有诸多方便之处，其中之一是很容易评估出增益变化的影响。人们注意到，为了获得满意的系统性能，必须把相位裕量增加到 30°～60°。这可以通过减小增益 K 做到。但是，减小增益 K 不是我们希望的办法，因为小的 K 值会造成大的斜坡输入误差。因此，建议通过加入校正装置，以改变开环频率响应曲线的形状。校正方法将在 7.11 节至 7.13 节中详细讨论。

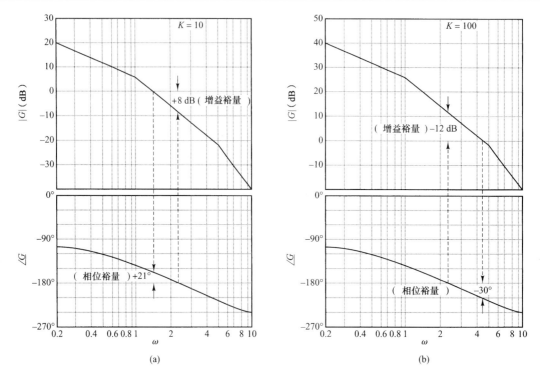

图 7.70　图 7.69 所示的系统在(a) $K = 10$ 和(b) $K = 100$ 时的伯德图

7.7.5　用 MATLAB 求增益裕量、相位裕量、相位交界频率和增益交界频率

利用 MATLAB 可以容易地求出增益裕量、相位裕量、相位交界频率和增益交界频率。这时采用的命令是

$$[Gm,pm,wcp,wcg] = margin(sys)$$

其中 Gm 是增益裕量,pm 是相位裕量,wcp 是相位交界频率,wcg 是增益交界频率。关于如何应用这个命令的详细情况,可参考例 7.21。

例 7.21　设一闭环系统如图 7.71 所示。试绘出其开环传递函数 $G(s)$ 的伯德图,并且利用 MATLAB 确定其增益裕量、相位裕量、相位交界频率和增益交界频率。

MATLAB 程序 7.11 能够绘制伯德图并求

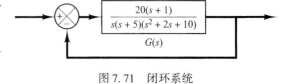

图 7.71　闭环系统

增益裕量、相位裕量、相位交界频率和增益频率。$G(s)$ 的伯德图示于图 7.72。

```
MATLAB程序7.11

num = [20 20];
den = conv([1 5 0],[1 2 10]);
sys = tf(num,den);
w = logspace(-1,2,100);
bode(sys,w)
[Gm,pm,wcp,wcg] = margin(sys);
GmdB = 20*log10(Gm);
[GmdB pm wcp wcg]

ans =

  9.9293 103.6573 4.0131 0.4426
```

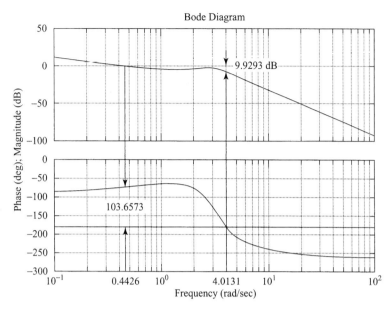

图 7.72 图 7.71 所示 $G(s)$ 的伯德图

7.7.6 谐振峰值幅值 M_r 和谐振峰值频率 ω_r

考虑图 7.73 所示的标准二阶系统。系统的闭环传递函数为

$$\frac{C(s)}{R(s)} = \frac{\omega_n^2}{s^2 + 2\zeta\omega_n s + \omega_n^2} \tag{7.16}$$

式中 ζ 和 ω_n 分别为阻尼比和无阻尼自然频率。
系统的闭环频率响应为

$$\frac{C(j\omega)}{R(j\omega)} = \frac{1}{\left(1 - \dfrac{\omega^2}{\omega_n^2}\right) + j2\zeta\dfrac{\omega}{\omega_n}} = Me^{j\alpha}$$

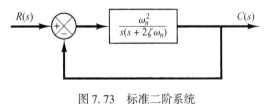

图 7.73 标准二阶系统

式中

$$M = \frac{1}{\sqrt{\left(1 - \dfrac{\omega^2}{\omega_n^2}\right)^2 + \left(2\zeta\dfrac{\omega}{\omega_n}\right)^2}}, \qquad \alpha = -\arctan\frac{2\zeta\dfrac{\omega}{\omega_n}}{1 - \dfrac{\omega^2}{\omega_n^2}}$$

根据方程(7.12)可知，当 $0 \leqslant \zeta \leqslant 0.707$ 时，M 的最大值发生在频率 ω_r 上，其中

$$\omega_r = \omega_n \sqrt{1 - 2\zeta^2} \tag{7.17}$$

频率 ω_r 为谐振频率。根据方程(7.13)，在谐振频率上，M 的值为最大值，因此

$$M_r = \frac{1}{2\zeta\sqrt{1 - \zeta^2}} \tag{7.18}$$

式中 M_r 定义为谐振峰值幅值，谐振峰值幅值与系统的阻尼比有关。

谐振峰值的幅值表征了系统的相对稳定性。大的谐振峰值幅值表示存在一对具有较小阻尼比的主导闭环极点，从而使系统产生不理想的瞬态响应。另一方面，比较小的谐振峰值幅值表示不存在一对具有较小阻尼比的主导闭环极点，从而表明系统具有良好的阻尼。

只有当 $\zeta < 0.707$ 时，ω_r 才是实数。因此，当 $\zeta > 0.707$ 时，闭环系统是不会产生谐振现象的 [当 $\zeta > 0.707$ 时，M_r 的值等于 1。见方程(7.14)]。因为在实际系统中很容易测定 M_r 和 ω_r 的值，所以对于检验理论分析和实验分析之间的吻合是相当有用的。

但是，我们已经指出，在实际的设计问题中，更常给出的是相位裕量和增益裕量，而不是用来表征系统中阻尼程度的谐振峰值幅值。

7.7.7　标准二阶系统中阶跃瞬态响应与频率响应之间的关系

在图 7.73 所示的标准二阶系统中，单位阶跃响应中的最大过调量可以精确地与频率响应中的谐振峰值联系在一起。因此，从本质上看，在频率响应中包含的系统动态特性信息，与在瞬态响应中包含的系统动态特性信息是相同的。

对于单位阶跃输入信号，图 7.73 所示系统的输出量由方程(5.12)给出，即

$$c(t) = 1 - e^{-\zeta \omega_n t}\left(\cos \omega_d t + \frac{\zeta}{\sqrt{1 - \zeta^2}} \sin \omega_d t\right), \quad t \geq 0$$

式中，

$$\omega_d = \omega_n \sqrt{1 - \zeta^2} \tag{7.19}$$

另一方面，根据方程(5.21)，求得单位阶跃响应的最大过调量 M_p 为

$$M_p = e^{-(\zeta/\sqrt{1-\zeta^2})\pi} \tag{7.20}$$

这个最大过调量发生在瞬态响应中，这时的阻尼自然频率为 $\omega_d = \omega_n \sqrt{1 - \zeta^2}$。当 $\zeta < 0.4$ 时，最大过调量变得很大。

因为图 7.73 所示的二阶系统具有下列开环传递函数：

$$G(s) = \frac{\omega_n^2}{s(s + 2\zeta\omega_n)}$$

所以在正弦工作状态，并且当

$$\omega = \omega_n \sqrt{\sqrt{1 + 4\zeta^4} - 2\zeta^2}$$

时，$G(j\omega)$ 的幅值为 1。上述 ω 值可以通过令 $|G(j\omega)| = 1$，对 ω 求解得到。在此频率上，$G(j\omega)$ 的相角为

$$\underline{/G(j\omega)} = -\underline{/j\omega} - \underline{/j\omega + 2\zeta\omega_n} = -90° - \arctan \frac{\sqrt{\sqrt{1 + 4\zeta^4} - 2\zeta^2}}{2\zeta}$$

因此，相位裕量 γ 为

$$\begin{aligned}
\gamma &= 180° + \underline{/G(j\omega)} \\
&= 90° - \arctan \frac{\sqrt{\sqrt{1 + 4\zeta^4} - 2\zeta^2}}{2\zeta} \\
&= \arctan \frac{2\zeta}{\sqrt{\sqrt{1 + 4\zeta^4} - 2\zeta^2}}
\end{aligned} \tag{7.21}$$

方程(7.21)表示了阻尼比 ζ 与相位裕量 γ 之间的关系(相位裕量 γ 仅仅是阻尼比 ζ 的函数)。

下面总结由方程(7.16)定义的标准二阶系统的阶跃瞬态响应与频率响应之间的关系。

1. 相位裕量与阻尼比直接相关。图 7.74 表示了相位裕量 γ 与阻尼比 ζ 的函数关系。对于图 7.73 所示的标准二阶系统，当 $0 \leqslant \zeta \leqslant 0.6$ 时，相位裕量 γ 和阻尼比 ζ 之间的关系近似地用直线表示如下：

$$\zeta = \frac{\gamma}{100°}$$

因此，相位裕量 $60°$ 相当于阻尼比为 0.6。对于具有一对主导闭环极点的高阶系统，当根据频率响应估计瞬态响应中的相对稳定性(即阻尼比)时，根据经验可以应用这个关系。

2. 参考方程(7.17)和方程(7.19)可以看出，对于小的 ζ 值，ω_r 的值和 ω_d 的值几乎是相同的。因此，对于小的 ζ 值，ω_r 的值表征了系统瞬态响应的速度。

3. 从方程(7.18)和方程(7.20)可以看出，ζ 的值越小，M_r 和 M_p 的值便越大。M_r 和 M_p 与 ζ 之间的函数关系如图 7.75 所示。可以看出，当 $\zeta > 0.4$ 时，M_r 和 M_p 之间存在相近的关系。对于很小的 ζ 值，M_r 将变得很大 ($M_r \geqslant 1$)，M_p 的值却不会超过 1。

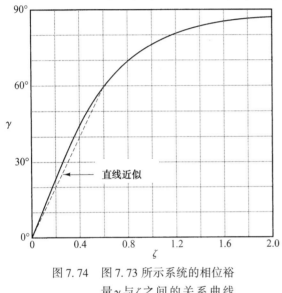
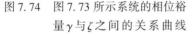

图 7.74　图 7.73 所示系统的相位裕量 γ 与 ζ 之间的关系曲线

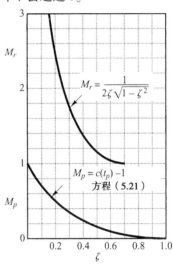

图 7.75　图 7.73 所示系统的 $M_r \sim \zeta$ 和 $M_p \sim \zeta$ 关系曲线

7.7.8　一般系统中的阶跃瞬态响应与频率响应之间的关系

以频率响应为基础进行控制系统设计是最常用的方法，主要原因是这种方法比其他方法简单。因为在许多工程应用中，经常碰到的是系统对非周期输入信号的瞬态响应，而不是我们经常涉及的对正弦输入信号的稳态响应，因此便产生了瞬态响应与频率响应之间的联系问题。

对于图 7.73 所示的标准二阶系统，很容易得到阶跃瞬态响应与频率响应之间的数学关系。从闭环频率响应中的 M_r 和 ω_r 数据，可以精确地推算出标准二阶系统的时间响应。

对于非标准二阶系统和高阶系统，它们之间的关系比较复杂。这时瞬态响应不能从频率响应容易地推算出来，因为附加的一些极点和(或)零点可以改变存在于标准二阶系统中的阶跃瞬态响应与频率响应之间的关系。现在已经能够提供数学方法，求出它们之间的精确关系，但是这要花费很多时间，因而实际意义很小。

图 7.73 所示的标准二阶系统的瞬态响应与频率响应的关系对高阶系统的适用程度，取决于在高阶系统中是否存在一对主导共轭复数闭环极点。显然，如果高阶系统的频率响应由一对共轭复数闭环极点支配，则标准的二阶系统的瞬态响应与频率响应之间的关系可以推广到高阶系统。

对于具有一对共轭复数闭环极点的线性定常高阶系统，阶跃瞬态响应与频率响应之间通常存在下列关系。

1. M_r 值表征了相对稳定性。如果 M_r 的值在 $1.0 < M_r < 1.4 (0\text{ dB} < M_r < 3\text{ dB})$ 范围内，这相当于有效阻尼比 ζ 在 $0.4 < \zeta < 0.7$ 范围内，则通常可以获得满意的瞬态性能。当 M_r 的值大于 1.5 时，阶跃瞬态响应可能呈现出若干次过调(一般来说，M_r 的值越大，对应的阶跃瞬态响应中的过调量便越大。如果系统受到噪声信号的干扰，且噪声信号的频率接近于谐振频率 ω_r，则在输出端上，噪声被放大，因而造成严重的问题)。

2. 谐振频率 ω_r 的大小表征了瞬态响应的速度。ω_r 的值越大，时间响应便越快。换句话说，上升时间随 ω_r 成反比变化。在开环频率响应中，瞬态响应中的阻尼自然频率将位于增益交界频率与相位交界频率之间的某一位置上。

3. 对于弱阻尼系统，谐振峰值频率 ω_r 与阶跃瞬态响应中的阻尼自然频率 ω_d 很接近。

如果高阶系统可用标准二阶系统近似，或者说可以用一对共轭复数闭环极点近似，则可以利用上述三条关系，将高阶系统的阶跃瞬态响应与频率响应联系起来。如果高阶系统满足上述条件，则一组时域性能指标可以转换成频域性能指标。这样，高阶系统的设计或校正工作就得到大大简化。

除了相位裕量、增益裕量、谐振峰值 M_r 和谐振频率 ω_r 以外，在性能指标中，通常还采用其他一些频域量。这些频域量是截止频率、带宽和剪切率，下面分别进行介绍。

7.7.9 截止频率和带宽

如图 7.76 所示，当闭环频率响应的幅值下降到零频率值以下 3 dB 时，对应的频率 ω_b 称为截止频率。因此

$$\left|\frac{C(j\omega)}{R(j\omega)}\right| < \left|\frac{C(j0)}{R(j0)}\right| - 3\text{ dB}, \qquad \omega > \omega_b$$

对于 $|C(j0)/R(j0)| = 0\text{ dB}$ 的系统，

$$\left|\frac{C(j\omega)}{R(j\omega)}\right| < -3\text{ dB}, \qquad \omega > \omega_b$$

闭环系统过滤掉频率大于截止频率的信号，但是可以使频率低于截止频率的信号分量通过。

$C(j\omega)/R(j\omega)$ 的幅值大于 -3 dB 时，对应的频率范围 $0 \leqslant \omega \leqslant \omega_b$ 称为系统的带宽。带宽表示了这样一个频率，从此频率开始，增益从其低频值下降。因此，带宽表示系统跟踪正弦输入信号的能力，对于给定的 ω_n，上升时间随着阻尼比 ζ 的增加而增大。另一方面，带宽随着 ζ 的增加而减小。因此，上升时间与带宽之间成反比关系。

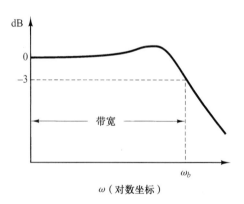

图 7.76 表示截止频率 ω_b 和带宽的闭环频率响应曲线

带宽的指标取决于下列因素。

1. 对输入信号的再现能力。大的带宽相应于小的上升时间，即相应于快速响应特性。粗略地说，带宽与响应速度成正比(例如，若使阶跃响应中的上升时间减小到原来的一半，则带宽必须增加到约为原来的 2 倍)。

2. 对高频噪声必要的滤波特性。

为了使系统能够精确地跟踪任意输入信号，系统必须具有大的带宽。但是，从噪声的角度来

看，带宽不应当太大。因此，对带宽的要求是矛盾的，好的设计通常需要折中考虑。具有大带宽的系统需要有高性能的元件，因此元件的成本通常随着带宽的增加而增大。

7.7.10 剪切率

剪切率是对数幅值曲线在截止频率附近的斜率。剪切率表征了系统从噪声中辨别信号的能力。

当闭环频率响应曲线具有锐截止特性时，可能具有很大的谐振峰值幅值，这意味着系统具有相当小的稳定裕量。

例 7.22 研究下列两个系统：

$$\text{系统 I:} \quad \frac{C(s)}{R(s)} = \frac{1}{s+1}, \qquad \text{系统 II:} \quad \frac{C(s)}{R(s)} = \frac{1}{3s+1}$$

试比较这两个系统的带宽，并且证明具有较宽带宽的系统比具有较窄带宽的系统有更快的响应速度，且对输入信号的跟踪性能也远比具有较窄带宽的系统更好。

图 7.77(a)所示为上述两个系统的闭环频率响应曲线(图中虚线表示渐近线)。我们求得，系统 I 的带宽为 $0 \leqslant \omega \leqslant 1\ \text{rad/s}$，系统 II 的带宽为 $0 \leqslant \omega \leqslant 0.33\ \text{rad/s}$。图 7.77(b)和图 7.77(c)所示分别为两个系统的单位阶跃响应和单位斜坡响应曲线。显然，系统 I 是系统 II 带宽的 3 倍，系统 I 具有较快的响应速度，并且能够比较好地跟踪输入信号的变化。

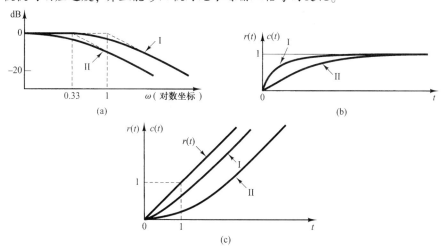

图 7.77 例 7.22 中所研究的两个系统的动态特性比较。(a)闭环频率
响应曲线；(b)单位阶跃响应曲线；(c)单位斜坡响应曲线

7.7.11 获得谐振峰值、谐振频率和带宽的 MATLAB 方法

谐振峰值是闭环频率响应的最大幅值(分贝)。谐振频率是产生最大幅值的频率。用来求谐振峰值和谐振频率的 MATLAB 命令如下：

```
[mag,phase,w] = bode(num,den,w);    或    [mag,phase,w] = bode(sys,w);
[Mp,k] = max(mag);
resonant_peak = 20*log10(Mp);
resonant_frequency = w(k)
```

通过在程序中输入下列诸行，可以求出带宽：

```
n = 1;
while 20*log10(mag(n)) > = −3; n = n + 1;
end
bandwidth = w(n)
```

关于详细的 MATLAB 程序, 可以参见例 7.23。

例 7.23　考虑图 7.78 所示的系统。试利用 MATLAB 求出闭环传递函数的伯德图, 并且求谐振峰值、谐振频率和带宽。

　　MATLAB 程序 7.12 产生了闭环系统的伯德图, 并且产生了谐振峰值、谐振频率和带宽。

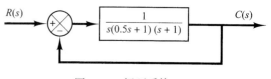

图 7.78　闭环系统

图 7.79 为由该程序产生的伯德图。谐振峰值求得为 5.2388 dB, 谐振频率求得为 0.7906 rad/s, 而带宽求得为 1.2649 rad/s。这些数值可以由图 7.79 验证。

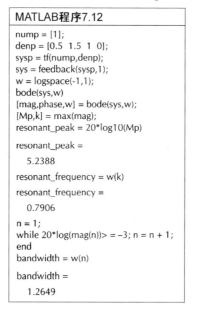

```
MATLAB程序7.12
nump = [1];
denp = [0.5  1.5  1  0];
sysp = tf(nump,denp);
sys = feedback(sysp,1);
w = logspace(-1,1);
bode(sys,w)
[mag,phase,w] = bode(sys,w);
[Mp,k] = max(mag);
resonant_peak = 20*log10(Mp)

resonant_peak =
   5.2388

resonant_frequency = w(k)

resonant_frequency =
   0.7906

n = 1;
while 20*log(mag(n))> = −3; n = n + 1;
end
bandwidth = w(n)

bandwidth =
   1.2649
```

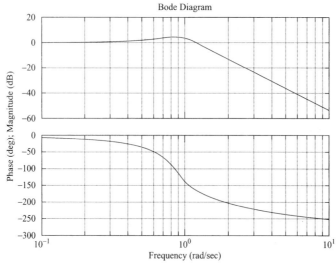

图 7.79　图 7.78 所示系统闭环传递函数的伯德图

7.8 单位反馈系统的闭环频率响应

7.8.1 闭环频率响应

对于一个稳定的单位反馈闭环系统，其闭环频率响应可以很容易地由其开环频率响应求得。考虑图 7.80(a)所示的单位反馈系统，其闭环传递函数为

$$\frac{C(s)}{R(j\omega)} = \frac{G(s)}{1 + G(s)}$$

在图 7.80(b)所示的奈奎斯特图即极坐标图中，向量 $\overrightarrow{OA}$ 表示 $G(j\omega_1)$ ，其中 ω_1 为 A 点的频率。向量 $\overrightarrow{OA}$ 的长度为 $|G(j\omega_1)|$ ，向量 $\overrightarrow{OA}$ 的相角为 $\underline{/G(j\omega_1)}$ 。从 $-1 + j\,0$ 到奈奎斯特轨迹的向量 $\overrightarrow{PA}$ 表示 $1 + G(j\omega_1)$ 。因此，$\overrightarrow{OA}$ 与 $\overrightarrow{PA}$ 之比就表示了闭环频率响应，即

$$\frac{\overrightarrow{OA}}{\overrightarrow{PA}} = \frac{G(j\omega_1)}{1 + G(j\omega_1)} = \frac{G(j\omega_1)}{R(j\omega_1)}$$

闭环传递函数在 $\omega = \omega_1$ 时的幅值是 $\overrightarrow{OA}$ 与 $\overrightarrow{PA}$ 的幅值之比。闭环传递函数在 $\omega = \omega_1$ 时的相角，就是向量 $\overrightarrow{OA}$ 与 $\overrightarrow{PA}$ 之间的夹角，即为 $\phi - \theta$ ，如图 7.80(b)所示。当测量出不同频率处向量的幅值和相角后，就可以求出闭环频率响应曲线。

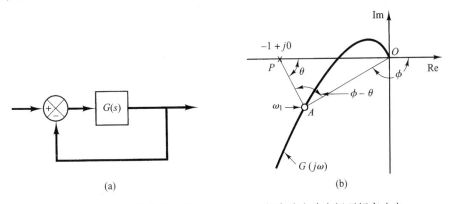

图 7.80 (a)单位反馈系统；(b)由开环频率响应确定闭环频率响应

设闭环频率响应的幅值为 M ，相角为 α ，这时的频率响应为

$$\frac{G(j\omega)}{R(j\omega)} = Me^{j\alpha}$$

下面求等幅值轨迹和等相角轨迹。由极坐标图即由奈奎斯特图确定闭环频率响应时，利用这些轨迹是很方便的。

7.8.2 等幅值轨迹(M 圆)

为了求等幅值轨迹，应注意到 $G(j\omega)$ 是一个复数量，因而可以写成下列形式：

$$G(j\omega) = X + jY$$

式中 X 和 Y 为实数量。因此，M 表示为

$$M = \frac{|X + jY|}{|1 + X + jY|}$$

M^2表示为

$$M^2 = \frac{X^2 + Y^2}{(1 + X)^2 + Y^2}$$

因此

$$X^2(1 - M^2) - 2M^2X - M^2 + (1 - M^2)Y^2 = 0 \qquad (7.22)$$

如果 $M = 1$，由方程(7.22)可求得 $X = -\frac{1}{2}$，这是一条通过点$(-\frac{1}{2}, 0)$且平行于 Y 轴的直线。

如果 $M \neq 1$，则方程(7.22)可以写成

$$X^2 + \frac{2M^2}{M^2 - 1}X + \frac{M^2}{M^2 - 1} + Y^2 = 0$$

如果在上式两端同时加上 $M^2/(M^2 - 1)^2$，得到

$$\left(X + \frac{M^2}{M^2 - 1}\right)^2 + Y^2 = \frac{M^2}{(M^2 - 1)^2} \qquad (7.23)$$

方程(7.23)表示一个圆的方程，其圆心位于 $X = -M^2/(M^2 - 1)$，$Y = 0$，半径为 $|M/(M^2 - 1)|$。

因此，在 $G(s)$ 平面上，等 M 轨迹是一族圆。对于一个给定的 M 值，很容易算出它的圆心和半径。例如，对于 $M = 1.3$，其圆心为 $(-2.45, 0)$ 且半径为 1.88。图 7.81 表示了一族等 M 圆。可以看出，当 $M > 1$ 时，随着 M 的增大，M 圆逐渐减小，并且最后收敛到 $-1 + j0$ 点。当 $M > 1$ 时，M 圆的圆心位于 $-1 + j0$ 点的左边。类似地，当 $M < 1$ 时，随着 M 的减小，M 圆逐渐减小，最后收敛到原点。当 $0 < M < 1$ 时，M 圆的圆心位于原点的右边。$M = 1$ 时，对应于与原点和 $(-1 + j0)$ 点等距离的点的轨迹。如前所述，它是一条通过 $(-\frac{1}{2}, 0)$ 点且平行于虚轴的直线(与 $M > 1$ 对应的等 M 圆位于 $M = 1$ 直线的左边，与 $0 < M < 1$ 对应的等 M 圆位于 $M = 1$ 直线的右边)。各个等 M 圆既对称于 $M = 1$ 直线，又对称于实轴。

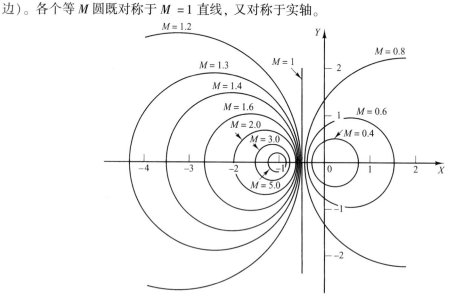

图 7.81 一族等 M 圆

7.8.3 等相角轨迹(N 圆)

首先求以 X 和 Y 为参量的相角 α。因为

$$\angle e^{j\alpha} = \angle \frac{X + jY}{1 + X + jY}$$

所以相角 α 为

$$\alpha = \arctan\left(\frac{Y}{X}\right) - \arctan\left(\frac{Y}{1+X}\right)$$

如果设

$$\tan \alpha = N$$

则

$$N = \tan\left[\arctan\left(\frac{Y}{X}\right) - \arctan\left(\frac{Y}{1+X}\right)\right]$$

因为

$$\tan(A - B) = \frac{\tan A - \tan B}{1 + \tan A \tan B}$$

所以

$$N = \frac{\dfrac{Y}{X} - \dfrac{Y}{1+X}}{1 + \dfrac{Y}{X}\left(\dfrac{Y}{1+X}\right)} = \frac{Y}{X^2 + X + Y^2}$$

即

$$X^2 + X + Y^2 - \frac{1}{N}Y = 0$$

在上述方程的两端同时加上 $(1/4) + 1/(2N)^2$，得到

$$\left(X + \frac{1}{2}\right)^2 + \left(Y - \frac{1}{2N}\right)^2 = \frac{1}{4} + \left(\frac{1}{2N}\right)^2 \tag{7.24}$$

这是一个圆方程，其圆心位于 $X = -\dfrac{1}{2}$，$Y = 1/(2N)$，半径为 $\sqrt{\dfrac{1}{4} + 1/(2N)^2}$。例如，当 $\alpha = 30°$ 时，$N = \tan\alpha = 0.577$，且与 $\alpha = 30°$ 对应的圆的圆心和半径分别求得为 $(-0.5, 0.866)$ 和 1。不管 N 值的大小如何，当 $X = Y = 0$ 和 $X = -1$，$Y = 0$ 时，方程 (7.24) 总是成立的，所以每一个圆都通过原点和 $-1 + j0$ 点。当 N 值给定时，等 α 轨迹可以很容易地画出来。图 7.82 表示的是一族以 α 为参数的等 N 圆。

对于给定的 α 值，等 N 轨迹实际上不是一个完整的圆，而只是一段圆弧。换句话说，$\alpha = 30°$ 和 $\alpha = -150°$ 的圆弧是同一个圆的部分圆弧。这是因为一个角度加上 $\pm 180°$（或者它的倍数）后，其正切值保持不变。

利用 M 圆和 N 圆，根据开环频率响应 $G(j\omega)$，可以直接求出全部闭环频率响应，而不必计算闭环传递函数在每一个频率上的幅值和相角。$G(j\omega)$ 的轨迹与 M 圆和 N 圆的交点，给出了 $G(j\omega)$ 轨迹上相应频率点的 M 值和 N 值。

因为在 $\alpha = \alpha_1$ 和 $\alpha = \alpha_1 \pm 180°n$（$n = 1, 2, \cdots$）时，$N$ 圆是相同的，所以在这种意义上说，N 圆是多值的。在利用 N 圆确定闭环系统的相角时，必须恰当地选取 α 的具体数值。为了避免错误，应从对应于 $\alpha = 0°$ 的零频率开始，进行到比较高的频率。相角曲线必须是连续的。

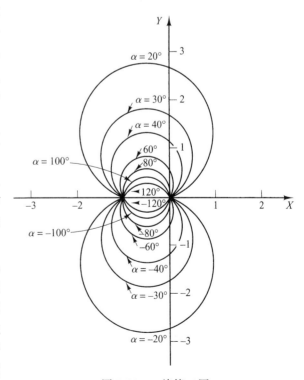

图 7.82　一族等 N 圆

$G(j\omega)$ 的轨迹与 M 圆的交点,图解给出了 $G(j\omega)$ 轨迹上指定频率点的 M 值。因此,具有最小半径,且与 $G(j\omega)$ 轨迹相切的等 M 圆,给出了谐振峰值的幅值 M_r。如果要求谐振峰值始终小于某个值,则系统不应该包含临界点($-1+j0$ 点),同时不能有特定的 M 圆与 $G(j\omega)$ 轨迹相交。

图 7.83(a)表示了叠加在一族 M 圆上的 $G(j\omega)$ 轨迹。图 7.83(b)表示了叠加在一族 N 圆上的 $G(j\omega)$ 轨迹。根据这两幅图,通过观察,可以求出闭环频率响应。$M=1.1$ 这个圆在频率点 $\omega=\omega_1$ 处与 $G(j\omega)$ 轨迹相交。这意味着在此频率上,闭环传递函数的幅值等于1.1。在图 7.83(a)中,$M=2$ 的圆恰好与 $G(j\omega)$ 的轨迹相切。因此在 $G(j\omega)$ 轨迹上,只有一个点能使 $|C(j\omega)R(j\omega)|$ 等于2。图 7.83(c)所示为该系统的闭环频率响应曲线,其中上部的曲线为 M 对频率 ω 的关系曲线,下部的曲线为相角 α 对频率 ω 的关系曲线。

对应于与 $G(j\omega)$ 轨迹相切,且具有最小半径的 M 圆上的 M 值就是谐振峰值。因此,在奈奎斯特图上,谐振峰值 M_r 和谐振频率 ω_r 可以由与 $G(j\omega)$ 轨迹相切的 M 圆求得(在本例中,$M_r=2$ 和 $\omega_r=\omega_4$)。

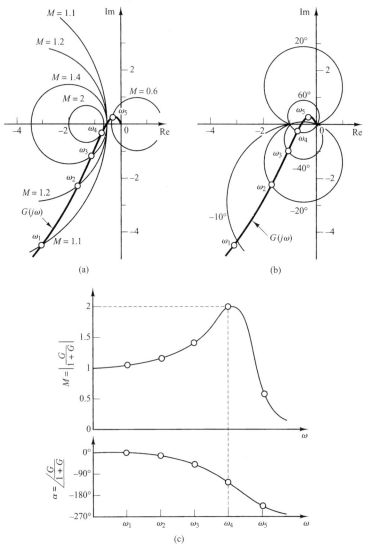

图 7.83　(a) 叠加在一族 M 圆上的 $G(j\omega)$ 轨迹;(b) 叠加在一族 N 圆上的 $G(j\omega)$ 轨迹;(c) 闭环频率响应曲线

7.8.4　尼柯尔斯图

处理设计问题时我们发现，在对数幅-相平面上绘制 M 轨迹和 N 轨迹是很方便的。在对数幅-相图上，由 M 轨迹和 N 轨迹组成的图线称为尼柯尔斯图。描绘在尼柯尔斯图线上的 $G(j\omega)$ 轨迹，同时给出了闭环传递函数的增益特性和相位特性。图 7.84 表示了这种图，它对应的相角是 $0° \sim -240°$。

临界点 $(-1+j0)$ 映射到尼柯尔斯图上就是 $(0\ dB, -180°)$ 这一点。尼柯尔斯图包含等闭环幅值曲线和等闭环相角曲线，由开环轨迹图 $G(j\omega)$，设计者可以图解确定闭环系统的相位裕量、增益裕量、谐振峰值幅值、谐振频率和带宽。

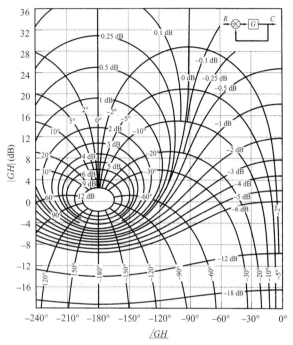

图 7.84　尼柯尔斯图

尼柯尔斯图对称于 $-180°$ 轴线。每经过 $360°$，M 轨迹和 N 轨迹重复一次，且在每一个 $180°$ 间隔上都是对称的。M 轨迹环绕在临界点 $(0\ dB, -180°)$ 周围。由开环频率响应确定闭环频率响应时，尼柯尔斯图是相当有用的。如果把开环频率响应曲线叠加在尼柯尔斯图线上，那么开环频率响应曲线 $G(j\omega)$ 与 M 轨迹和 N 轨迹的交点，就给出了闭环频率响应在每一个频率点上的幅值 M 和相角 α。如果 $G(j\omega)$ 轨迹不与 $M = M_r$ 轨迹相交，但是与它相切，那么闭环频率响应 M 的谐振峰值由 M_r 给定。谐振频率就是切点上的频率。

作为例子，考虑一个单位反馈系统，其开环传递函数为

$$G(j\omega) = \frac{K}{s(s+1)(0.5s+1)}, \qquad K = 1$$

为了应用尼柯尔斯图求闭环频率响应，用 MATLAB 或根据伯德图，在对数幅-相平面上绘制 $G(j\omega)$ 轨迹。图 7.85(a) 所示为 $G(j\omega)$ 轨迹和 M 与 N 轨迹。根据 M 与 N 轨迹，在 $G(j\omega)$ 轨迹上的各个频率处读取幅值与相角后，就可以绘出闭环频率响应曲线，如图 7.85(b) 所示。因为与 $G(j\omega)$ 轨迹相切的最大幅值曲线是 5 dB 曲线，所以谐振峰值幅值 M_r 为 5 dB，相对应的谐振峰值频率为 0.8 rad/s。

相位交界点是 $G(j\omega)$ 轨迹与 $-180°$ 轴线的交点（对于目前讨论的系统，$\omega = 1.4$ rad/s），增益交界点则是 $G(j\omega)$ 轨迹与 0 dB 轴线的交点（对于目前讨论的系统，$\omega = 0.76$ rad/s）。相位裕量是增益交界点与临界点 $(0\ dB, -180°)$ 之间的水平距离（以度为单位），增益裕量是增益交界点与临界点之间的距离（以分贝为单位）。

闭环系统的带宽很容易从尼柯尔斯图中的 $G(j\omega)$ 轨迹求得。$G(j\omega)$ 轨迹与 $M = -3$ dB 轨迹交点上的频率就是系统的带宽。

如果改变开环增益 K，在对数幅-相图中，$G(j\omega)$ 轨迹的形状将保持不变，但是它沿着垂直轴线向上（当 K 增大时）或向下（当 K 减小时）移动。因此，由于 $G(j\omega)$ 轨迹与 M 和 N 轨迹交点的不

同,导致了不同的闭环频率响应曲线。对于小的增益 K 值,$G(j\omega)$ 轨迹将不与任何一条 M 轨迹相切,这表明在闭环频率响应中不会产生谐振现象。

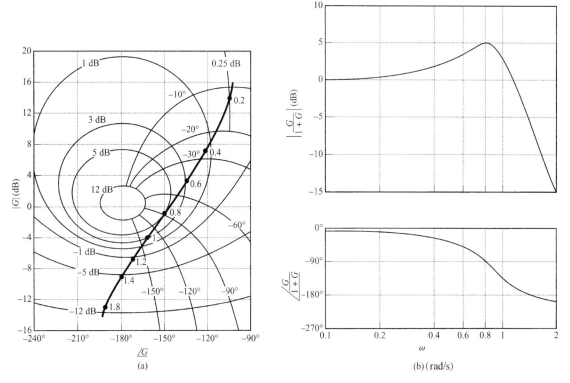

图 7.85　(a) 叠加在尼柯尔斯图上的 $G(j\omega)$ 图;(b) 闭环频率响应曲线

例 7.24　考虑一个单位反馈控制系统,其开环传递函数为

$$G(j\omega) = \frac{K}{j\omega(1 + j\omega)}$$

试确定增益 K 值,使得 $M_r = 1.4$。

为了确定增益 K,第一步工作是绘出下列函数的极坐标图:

$$\frac{G(j\omega)}{K} = \frac{1}{j\omega(1 + j\omega)}$$

图 7.86 表示了 $M_r = 1.4$ 的轨迹和 $G(j\omega)/K$ 的轨迹。改变增益值不影响相角,仅使曲线在垂直方向移动。当 $K > 1$ 时,曲线垂直向上移动;当 $K < 1$ 时,曲线垂直向下移动。

在图 7.86 上,为了能使 $G(j\omega)/K$ 轨迹与所需要的 M_r 轨迹相切,$G(j\omega)/K$ 轨迹必须升高 4 dB。这时,整个 $G(j\omega)/K$ 轨迹位于 $M_r = 1.4$ 的轨迹外侧。根据 $G(j\omega)/K$ 轨迹垂直移动的值,可以确定能够提供必要的 M_r 值的增益。因此,求解方程

$$20 \log K = 4$$

得到

$$K = 1.59$$

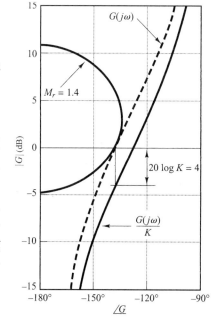

图 7.86　利用尼柯尔斯图确定增益 K

7.9　传递函数的实验确定法

在分析和设计控制系统时，第一步工作是确定被研究系统的数学模型。用解析方法求数学模型可能相当困难，我们可以采用实验分析的方法来确定系统的数学模型。频率响应法的重要意义就在于它可以通过简单的频率响应实验，确定被控对象或系统中任何其他元件的传递函数。

如果在人们感兴趣的频率范围内足够多的频率上测量出幅值比和相位移，就可以据此绘出伯德图。然后利用渐近线可以确定传递函数。绘出的渐近对数幅值曲线由若干线段组成。通过对转角频率的一些试探处理，通常可以求出很满意的渐近曲线。注意，如果在绘图时所用的频率以周/秒（circle/s）而不是弧度/秒（rad/s）为单位，在计算时间常数之前，必须将转角频率的单位转化为弧度/秒（rad/s）。

7.9.1　正弦信号产生器

在进行频率响应实验时，必须提供适当的正弦信号产生器。信号可以是机械的、电气的或者气动的形式。对于大时间常数系统，实验时所需的频率范围约为 0.001 ~ 10 Hz；对于小时间常数系统，约为 0.1 ~ 1000 Hz。正弦信号必须没有谐波或波形畸变。

对于超低频范围（低于 0.01 Hz），可以采用机械正弦信号产生器（如果需要，可配以适当的气动或电气转换器）。对于 0.01 ~ 1000 Hz 的频率范围，可以采用适当的电气信号产生器（如果需要，可配以适当的转换器）。

7.9.2　由伯德图求最小相位传递函数

如前所述，一个系统是不是最小相位系统，可以通过检查频率响应曲线的高频特性来确定。

为了确定传递函数，首先绘出实验得到的对数幅值曲线的渐近线。渐近线的斜率必须是 ± 20 dB/十倍频程的倍数。如果在 $\omega = \omega_1$ 时，实验对数幅值曲线从 -20 dB/十倍频程变化到 -40 dB/十倍频程，那么很明显，在传递函数中应包含因子 $1/[1 + j(\omega/\omega_1)]$。如果在 $\omega = \omega_2$ 处，斜率变化了 -40 dB/十倍频程，那么在传递函数中必然包含下列二阶因子：

$$\frac{1}{1 + 2\zeta\left(j\dfrac{\omega}{\omega_2}\right) + \left(j\dfrac{\omega}{\omega_2}\right)^2}$$

这个二阶因子的无阻尼自然频率等于转角频率 ω_2。阻尼比 ζ 可以根据实验得到的对数幅值曲线，通过测量转角频率 ω_2 附近的谐振峰值大小，并且将此值与图 7.9 所示的曲线进行比较后得到。

一旦确定了传递函数 $G(j\omega)$ 中的各个因子，就可以从对数幅值曲线的低频部分求得增益。因为当 ω 趋近于零时，诸如 $1 + j(\omega/\omega_1)$ 和 $1 + 2\zeta(j\omega/\omega_2) + (j\omega/\omega_2)^2$ 这样的一些因子，在超低频时将变成 1，所以正弦传递函数 $G(j\omega)$ 可以写成

$$\lim_{\omega \to 0} G(j\omega) = \frac{K}{(j\omega)^\lambda}$$

在许多实际系统中，λ 等于 0，1 或 2。

1. 对于 $\lambda = 0$，即 0 型系统，

$$G(j\omega) = K, \qquad \omega \ll 1$$

即　　　　　　　　　　　　$20 \log|G(j\omega)| = 20 \log K, \qquad \omega \ll 1$

因此，低频渐近线是一条 $20 \log K$ dB 的水平线。K 值可以根据这条水平渐近线求出。

2. 对于 $\lambda = 1$，即 1 型系统，

$$G(j\omega) = \frac{K}{j\omega}, \qquad \omega \ll 1$$

即
$$20\log|G(j\omega)| = 20\log K - 20\log\omega, \qquad \omega \ll 1$$

这表明，低频渐近线的斜率为 -20 dB/十倍频程。低频渐近线(或其延长线)与 0 dB 直线交点处的频率，在数值上等于 K。

3. 对于 $\lambda = 2$，即 2 型系统，

$$G(j\omega) = \frac{K}{(j\omega)^2}, \qquad \omega \ll 1$$

即
$$20\log|G(j\omega)| = 20\log K - 40\log\omega, \qquad \omega \ll 1$$

因此，低频渐近线的斜率为 -40 dB/十倍频程。渐近线(或其延长线)与 0 dB 直线的交点处的频率，在数值上等于 $\sqrt{K}$。

图 7.87 给出了 0 型、1 型和 2 型系统的对数幅值曲线，同时也表示了频率与增益 K 之间的关系。

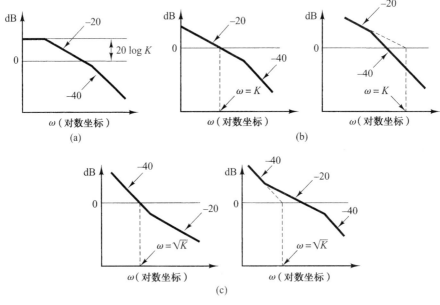

图 7.87　(a) 0 型系统的对数幅值曲线；(b) 1 型系统的对数幅值曲线；
(c) 2 型系统的对数–值曲线(图中斜率的单位是dB/十倍频程)

由实验得到的相角曲线，为我们提供了一种检查由对数幅值曲线求出的传递函数的方法。对于最小相位系统，实验得到的相角曲线必须与刚才导出的由传递函数求得的理论相角曲线相当好地吻合。这两条相角曲线在超低频范围和超高频范围内都应当严格地相符。如果由实验得到的相角在很高的频率(与转角频率比较)上不等于 $-90°(q-p)$(式中 q 和 p 分别表示传递函数分子多项式和分母多项式的阶次)，则传递函数必定是一个非最小相位传递函数。

7.9.3　非最小相位传递函数

如果在高频末端，由计算得到的相位滞后比实验得到的相位滞后小 180°，那么在传递函数中一定有一个零点位于 s 右半平面内，而不是位于 s 左半平面内。

如果计算出的相位滞后与实验得到的相位滞后相差一个定常的相位变化率，则系统中一定存在传递延迟或停歇时间。如果假设传递函数的形式为

$$G(s)\,\mathrm{e}^{Ts}$$

式中 $G(s)$ 为 s 的两个多项式之比，于是

$$\lim_{\omega\to\infty}\frac{\mathrm{d}}{\mathrm{d}\omega}\underline{/G(j\omega)\mathrm{e}^{-j\omega T}} = \lim_{\omega\to\infty}\frac{\mathrm{d}}{\mathrm{d}\omega}\left[\underline{/G(j\omega)} + \underline{/\mathrm{e}^{-j\omega T}}\right]$$

$$= \lim_{\omega\to\infty}\frac{\mathrm{d}}{\mathrm{d}\omega}\left[\underline{/G(j\omega)} - \omega T\right]$$

$$= 0 - T = -T$$

式中应用了 $\lim\limits_{\omega\to\infty}\underline{/G(j\omega)}=$ 常量这一事实。因此，由上述方程可计算出传递延迟 T 的大小。

7.9.4　关于实验确定传递函数的几点说明

1. 通常，幅值的精确测量比相移的精确测量更容易。这是因为在相移测量中包含误差，这些误差可能是由测量仪器或实验记录的误差造成的。
2. 用来测量系统输出的测量设备，其频率响应当具有比较平坦的幅频曲线。此外，相角必须与频率近似成比例关系。
3. 物理系统可能具有数种非线性因素，因此必须认真考虑输入正弦信号的振幅。如果输入信号的振幅太大，将会使系统饱和，从而使频率响应实验给出不精确的结果。另一方面，小的输入信号会引起由死区而造成的误差。因此，对于输入正弦信号的振幅，必须认真选择。在实验期间，必须对系统输出的波形进行取样，以保证波形是正弦的，并且保证系统工作在线性范围内(当系统工作在非线性范围时，系统输出的波形就不再是正弦的了)。
4. 如果被研究的系统处在连续几天甚至几周的工作状态下，那么进行频率响应实验时，不必停止系统的正常工作状态。这时可以将正弦实验信号叠加在正常的输入信号上。于是，对于线性系统而言，由实验信号引起的输出量也被叠加在正常的输出量上。当系统处于正常工作状态时，为了确定传递函数，也常常采用随机信号(白噪声信号)。这时，利用相关函数，在不中断系统的正常工作状态的情况下，也可以确定系统的传递函数。

例 7.25　假设系统的实验频率响应曲线如图 7.88 所示，试确定该系统的传递函数。

求传递函数的第一步工作，是以斜率为 ±20 dB/十倍频程及其倍数的渐近线逼近对数幅值曲线，如图 7.88 所示，然后估计转角频率。对于图 7.88 所示的系统，估计出了下列形式的传递函数：

$$G(j\omega) = \frac{K(1 + 0.5j\omega)}{j\omega(1 + j\omega)\left[1 + 2\zeta\left(j\dfrac{\omega}{8}\right) + \left(j\dfrac{\omega}{8}\right)^2\right]}$$

通过检验谐振峰值约为 $\omega = 6$ rad/s，可以估计出阻尼比 ζ 的值。参考图 7.9，确定 ζ 为 0.5。增益 K 在数值上等于斜率 20 dB/十倍频程的低频渐近线的延长线与 0 dB 直线交点处的频率值，因此求得 K 值为 10。于是，$G(j\omega)$ 可以暂时确定为

$$G(j\omega) = \frac{10(1 + 0.5j\omega)}{j\omega(1 + j\omega)\left[1 + \left(j\dfrac{\omega}{8}\right) + \left(j\dfrac{\omega}{8}\right)^2\right]}$$

即

$$G(s) = \frac{320(s + 2)}{s(s + 1)(s^2 + 8s + 64)}$$

因为没有检验相角曲线，所以这个传递函数还是一个暂时性的。

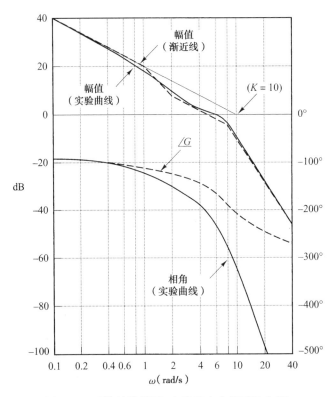

图 7.88　系统的伯德图(实线是实验得到的曲线)

一旦知道了对数幅值曲线上的各个转角频率, 很容易绘出传递函数中每一个组成因子的相角曲线。这些因子的相角曲线之和, 就是所设传递函数的相角曲线。在图 7.88 中, $G(j\omega)$ 的相角曲线用 $\underline{/G}$ 表示。由图 7.88 可以清楚地看出, 计算出的相角曲线与实验得到的相角曲线之间存在差别。在超高频时, 这两条曲线之间的差别呈现为一种定常的变化率。因此, 相角曲线之间的差别必定是由传递延迟引起的。

因此, 假设完整的传递函数为 $G(s)e^{-Ts}$。因为在超高频时, 计算出的相角与实验得到的相角之间相差 $-0.2\,\omega$ rad, 所以求得 T 值为

$$\lim_{\omega \to \infty} \frac{\mathrm{d}}{\mathrm{d}\omega} \underline{/G(j\omega)e^{-j\omega T}} = -T = -0.2$$

即
$$T = 0.2 \text{ s}$$

这就证明了确实存在传递延迟, 于是由实验曲线可以确定完整的传递函数为

$$G(s)e^{-Ts} = \frac{320(s+2)e^{-0.2s}}{s(s+1)(s^2+8s+64)}$$

7.10　利用频率响应法设计控制系统

在第 6 章中, 我们介绍了根轨迹分析和设计。在改造闭环控制系统的瞬态响应特性时, 实践证明根轨迹法是很有用的。根轨迹提供了有关闭环系统瞬态响应方面的直接信息。另一方面, 频率响应法则间接地提供了这方面的信息。但是, 正如我们在本章最后三节内将会看到的那样, 在设计控制系统时, 频率响应法是很有用的。

对于任何设计问题，设计者既要很好地利用设计方法，同时也要很好地利用选择校正装置的方法，从而产生出最接近于人们希望的闭环响应。

在大多数控制系统设计中，瞬态响应特性通常是很重要的。在频率响应法中，我们以间接的方式来描述瞬态响应特性。也就是说，瞬态响应特性这时是以频域量的形式表征的，这些频域量包括相位裕量、增益裕量、谐振峰值幅值（给出系统阻尼的精略估计）、增益交界频率、谐振频率、带宽（给出瞬态响应速度的粗略估计）和静态误差常数（给出稳态精度）。虽然瞬态响应和频率响应之间的关系是间接的，但是频域指标可以方便地适用于伯德图方法。

当应用频率响应法设计开环以后，就可以进一步确定闭环极点和零点了。一旦系统被设计出来，就要检查它的瞬态响应特性，看是否满足时域内的要求，如果不能满足要求，则必须改变校正装置并重新分析，直至获得满意的结果。

频域内的设计是简单的并且是直截了当的。频率响应图虽然不能对瞬态响应特性做出确切的定量预测，但是它可以清楚地指出系统应当如何改变。当系统或者元件的动态特性是以频率响应数据的形式给出时，就可以在系统或元件中采用频率响应法。因为某些元件，如气动和液压元件的动态方程，推导起来比较困难，所以这些元件的动态特性通常通过频率响应实验确定。当采用伯德图法时，由实验得到的频率响应图可以容易地与其他频率响应图综合。在涉及高频噪声时，我们发现频率响应法比其他方法更方便。

在频域设计中，基本上有两种方法，一种是极坐标图法，另外一种是伯德图法。当需要加校正装置时，极坐标图就不再保持其原来的形状，因此需要绘制新的极坐标图，这会花费时间，因而不方便。另一方面，校正装置的伯德图可以容易地叠加到原来的伯德图上，因此绘出完整的伯德图是一件简单的事情。此外，如果改变开环增益，幅值曲线将上升或下降，但不改变曲线的斜率，相角曲线也保持不变。因此，从设计的角度看，最好采用伯德图法。

应用伯德图进行设计的通常方法是首先调整开环增益，以满足对稳态精度的要求。然后绘出未校正开环（开环增益已经调整）系统的幅值曲线和相角曲线。如果对相位裕量和增益裕量提出的性能指标不能满足，则可确定改变开环传递函数的适当的校正装置。最后，如果还需要满足其他要求，则在彼此不产生矛盾的条件下，应力图满足这些要求。

7.10.1　从开环频率响应可以获得的信息

轨迹的低频区（远低于增益转角频率的区域）表征了闭环系统的稳态特性，轨迹的中频区（靠近增益交界频率的区域）表征了相对稳定性，轨迹的高频区（远高于增益交界频率的区域）表征了系统的复杂性。

7.10.2　对开环频率响应的要求

在大多数的实际情况中，校正问题实质上是一个在稳态精度与相对稳定性之间取折中的问题。为了获得比较高的速度误差常数值及满意的相对稳定性，必须改变开环频率响应曲线的形状。

在低频区，增益应该足够大，并且在增益交频率附近，伯德图中对数幅值曲线的斜率应为 $-20\,dB/$ 十倍频程。这个斜率应当延伸到足够宽的频带，以保证适当的相位裕量。在高频区域，应当使增益尽可能地衰减下来，以便使噪声的影响达到最小。

在图 7.89 中，表示了一些通常希望的和不希望的开环和闭环频率响应曲线的例子。

参考图 7.90，如果轨迹的高频部分遵循 $G_1(j\omega)$ 轨迹变化，轨迹的低频部分遵循 $G_2(j\omega)$ 轨迹变化，则可以绘出开环频率响应曲线的变形曲线。变化后的轨迹 $G_c(j\omega)G_1(j\omega)$ 应当具有适当的相位和增益裕量，或者说应当与适当的 M 圆相切，如图 7.90 所示。

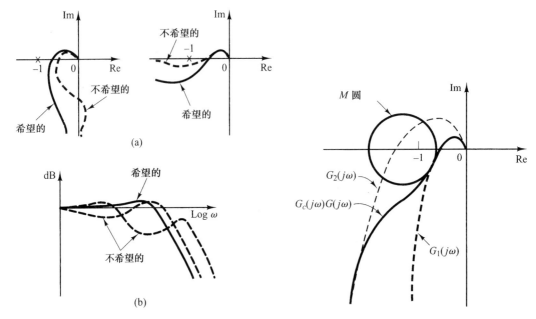

图7.89　(a) 希望的和不希望的开环频率响应曲线例子;　　图7.90　开环频率响应曲线的变形
　　　　(b) 希望的和不希望的闭环频率响应曲线例子

7.10.3　超前、滞后和滞后-超前校正的基本特性

超前校正能使瞬态响应得到显著改善,稳态精确度的改变则很小,它可以增强高频噪声效应。另一方面,滞后校正使稳态精确度得到显著提高,但瞬态响应的时间却随之增加,滞后校正能抑制高频噪声信号的影响。滞后-超前校正综合了超前校正和滞后校正两者的特性。采用超前或滞后校正装置后,系统的阶次增加一阶(阶非校正装置的零点与未校正开环传递函数的极点之间产生了抵消)。采用滞后-超前校正后,系统的阶次增加两阶(除非滞后-超前校正装置的零点与未校正开环传递函数的极点之间产生了抵消),这意味着系统将变得更加复杂,并且对其瞬态响应特性的控制更加困难。需要采用的校正形式,取决于具体的情况。

7.11　超前校正

我们首先讨论超前校正装置的频率特性,然后介绍应用伯德图设计超前校正的方法。

7.11.1　超前校正装置特性

考虑一个超前校正装置,它具有下列传递函数:

$$K_c \alpha \frac{Ts + 1}{\alpha Ts + 1} = K_c \frac{s + \dfrac{1}{T}}{s + \dfrac{1}{\alpha T}} \qquad (0 < \alpha < 1)$$

式中 α 称为超前校正装置的衰减因子。超前校正装置的零点位于 $s = -1/T$,极点位于 $s = -/(\alpha T)$ 。因为 $0 < \alpha < 1$,所以在复平面上,零点总是位于极点的右方。当 α 的值很小时,极点将位于左方很远的地方。α 的最小值受到超前校正装置物理结构的限制,通常取为 0.05 左右,这意味着超前校正装置可以产生的最大相位超前大约为 $65°$[见方程(7.25)]。

图 7.91 画出了下列传递函数的极坐标图：

$$K_c\alpha \frac{j\omega T + 1}{j\omega\alpha T + 1} \qquad (0 < \alpha < 1)$$

图 7.91 是在 $K_c = 1$ 的条件下绘出的。对于给定的 α 值，正实轴与从零点到半圆所作切线之间的夹角，给出了最大相位超前角 ϕ_m。设切点的频率为 ω_m。由图 7.91 可以看出，$\omega = \omega_m$ 时的相角为 ϕ_m，其中

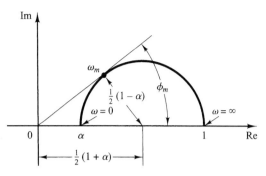

图 7.91　超前校正装置 $\alpha(j\omega T + 1)/(j\omega\alpha T + 1)$ 的极坐标图，其中 $0 < \alpha < 1$

$$\sin\phi_m = \frac{\dfrac{1-\alpha}{2}}{\dfrac{1+\alpha}{2}} = \frac{1-\alpha}{1+\alpha} \qquad (7.25)$$

方程(7.25)表示了最大相位超前角与 α 值的关系。

图 7.92 所示为当 $K_c = 1$ 和 $\alpha = 0.1$ 时，超前校正装置的伯德图。超前校正装置的转角频率为 $\omega = 1/T$ 和 $\omega = 1(\alpha T) = 10/T$。观察图 7.92 可以发现，$\omega_m$ 是两个转角频率的几何中点，即

$$\log\omega_m = \frac{1}{2}\left(\log\frac{1}{T} + \log\frac{1}{\alpha T}\right)$$

因此，

$$\omega_m = \frac{1}{\sqrt{\alpha}T} \qquad (7.26)$$

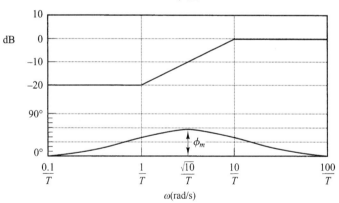

图 7.92　超前校正装置 $\alpha(j\omega T + 1)/(j\omega\alpha T + 1)$ 的伯德图，其中 $\alpha = 0.1$

由图 7.92 可以看出，超前校正装置基本上是一个高通滤波器(高频部分通过，低频部分被衰减)。

7.11.2　基于频率响应法的超前校正

超前校正装置的主要作用是改变频率响应曲线的形状，产生足够大的相位超前角，以补偿原系统中的元件造成的过大的相角滞后。

考虑图 7.93 所示的系统。假设性能指标是以相位裕量、增益裕量、静态速度误差常数等形式给出的。利用频率响应法设计超前校正装置的步骤描述如下。

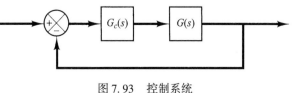

图 7.93　控制系统

1. 假设有下列超前校正装置:

$$G_c(s) = K_c\alpha \frac{Ts+1}{\alpha Ts+1} = K_c \frac{s+\dfrac{1}{T}}{s+\dfrac{1}{\alpha T}} \qquad (0 < \alpha < 1)$$

定义
$$K_c\alpha = K$$

于是
$$G_c(s) = K \frac{Ts+1}{\alpha Ts+1}$$

校正系统的开环传递函数为

$$G_c(s)G(s) = K\frac{Ts+1}{\alpha Ts+1}G(s) = \frac{Ts+1}{\alpha Ts+1}KG(s) = \frac{Ts+1}{\alpha Ts+1}G_1(s)$$

式中
$$G_1(\alpha) = KG(s)$$

确定增益 K, 使其满足给定静态误差常数的要求。

2. 利用已经确定的增益 K, 绘出增益已经调整, 但尚未校正的系统 $G_1(j\omega)$ 的伯德图。求相位裕量。

3. 确定需要对系统增加的相位超前角。因为增加超前校正装置后, 使增益交界频率向右方移动, 并且减小了相位裕量, 所以要求额外增加相位超前角5°~12°。

4. 利用方程(7.25)确定衰减因子 α。确定未校正系统 $G_1(j\omega)$ 的幅值等于 $-20\log(1/\sqrt{\alpha})$ 的频率, 选择此频率作为新的增益交界频率。该频率相应于 $\omega_m = 1/(\sqrt{\alpha}\,T)$, 最大相位移 ϕ_m 就发生在这个频率上。

5. 超前校正装置的转角频率确定如下:

$$\text{超前校正装置的零点:} \omega = \frac{1}{T}$$

$$\text{超前校正装置的极点:} \omega = \frac{1}{\alpha T}$$

6. 利用在第一步中确定的 K 值和第四步中确定的 α 值, 再根据下式, 计算常数 K_c:

$$K_c = \frac{K}{\alpha}$$

7. 检查增益裕量, 确认它是否满足要求。如果不满足要求, 通过改变校正装置的零-极点位置, 重复上述设计过程, 直到获得满意的结果为止。

例7.26 考虑图7.94所示的系统。该系统的开环传递函数为

$$G(s) = \frac{4}{s(s+2)}$$

如果要使系统的静态速度误差常数 K_v 为 $20\ \text{s}^{-1}$, 相位裕量不小于50°, 增裕量不小于10 dB, 试设计一个系统校正装置。

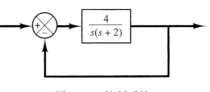

图7.94　控制系统

我们将采用下列形式的超前校正装置:

$$G_c(s) = K_c\alpha \frac{Ts+1}{\alpha Ts+1} = K_c \frac{s+\dfrac{1}{T}}{s+\dfrac{1}{\alpha T}}$$

已校正系统具有的开环传递函数为 $G_c(s)G(s)$。

定义
$$G_1(s) = KG(s) = \frac{4K}{s(s+2)}$$

式中 $K = K_c\,\alpha$。

设计的第一步工作是调整增益 K，以满足稳态性能指标，即提供要求的静态速度误差常数。因为该常数给定为 $20\ \text{s}^{-1}$，所以

$$K_v = \lim_{s \to 0} sG_c(s)G(s) = \lim_{s \to 0} s\,\frac{Ts+1}{\alpha Ts+1}\,G_1(s) = \lim_{s \to 0}\frac{s4K}{s(s+2)} = 2K = 20$$

即
$$K = 10$$

当 $K = 10$ 时，已校正的系统将满足稳态要求。

下面绘出下列函数的伯德图：

$$G_1(j\omega) = \frac{40}{j\omega(j\omega+2)} = \frac{20}{j\omega(0.5j\omega+1)}$$

图 7.95 表示了 $G_1(j\omega)$ 的幅值和相角曲线。由此图求出系统的相位和增益裕量分别为 17°和 $+\infty$ dB(17°的相位裕量意味着系统具有相当强烈的振荡。因此，虽然系统满足稳态性能指标，

但是却提供了不良的瞬态响应特性)，性能指标要求相位裕量不低于 50°。因此，为了满足相对稳定性要求，需要补充增加的相位超前为 33°。为了能在不减小 K 值的情况下，获得 50°的相位裕量，超前校正装置必须提供必要的相角。

增加超前校正装置会改变伯德图中的幅值曲线，这时增益交界频率将向右移动，必须对增益交界频率增加造成的 $G_1(j\omega)$ 的相位滞后增量进行补偿。考虑增益交界频率的移动，可以假设需要的最大相位超前量 ϕ_m 近似等于 38°(这意味着其中 5°是为了补偿增益交界频率的移动)。

因为　　　　　$\sin\phi_m = \dfrac{1-\alpha}{1+\alpha}$

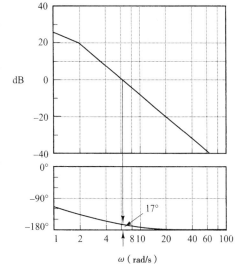

图 7.95　$G_1(j\omega) = 10G(j\omega) = 40/$ $[j\omega(j\omega+2)]$ 的伯德图

所以 $\phi_m = 38°$ 相应于 $\alpha = 0.24$。一旦根据必要的相位超前角，将衰减系数 α 确定下来，就可以确定超前校正装置的转角频率 $\omega = 1/T$ 和 $\omega = 1/(\alpha T)$。可以看出，最大相位超前角 ϕ_m 发生在两个转角频率的几何中点上，即 $\omega = 1\,(\sqrt{\alpha}T)$ [见方程(7.26)]。在 $\omega = 1/(\sqrt{\alpha}T)$ 点上，由于包含 $(Ts+1)/(\alpha Ts+1)$ 项，所以幅值曲线的变化量为

$$\left|\frac{1+j\omega T}{1+j\omega\alpha T}\right|_{\omega=1/(\sqrt{\alpha}T)} = \left|\frac{1+j\dfrac{1}{\sqrt{\alpha}}}{1+j\alpha\dfrac{1}{\sqrt{\alpha}}}\right| = \frac{1}{\sqrt{\alpha}}$$

注意到
$$\frac{1}{\sqrt{\alpha}} = \frac{1}{\sqrt{0.24}} = \frac{1}{0.49} = 6.2\ \text{dB}$$

并且 $|G_1(j\omega)| = -6.2$ dB 相应于 $\omega = 9$ rad/s，我们将选择此频率作为新的增益交界频率 ω_c。这一频率相应于 $1/(\sqrt{\alpha}T)$，即 $\omega_c = 1/(\sqrt{\alpha}T)$，于是

$$\frac{1}{T} = \sqrt{\alpha}\,\omega_c = 4.41$$

且
$$\frac{1}{\alpha T} = \frac{\omega_c}{\sqrt{\alpha}} = 18.4$$

因此，相位超前校正装置确定为

$$G_c(s) = K_c \frac{s + 4.41}{s + 18.4} = K_c \alpha \frac{0.227s + 1}{0.054s + 1}$$

式中 K_c 为

$$K_c = \frac{K}{\alpha} = \frac{10}{0.24} = 41.7$$

因此，校正装置的传递函数为

$$G_c(s) = 41.7 \frac{s + 4.41}{s + 18.4} = 10 \frac{0.227s + 1}{0.054s + 1}$$

注意到
$$\frac{G_c(s)}{K} G_1(s) = \frac{G_c(s)}{10} 10G(s) = G_c(s)G(s)$$

$G_c(j\omega)/10$ 的幅值曲线和相角曲线如图 7.96 所示。已校正系统具有下列开环传递函数：

$$G_c(s)G(s) = 41.7 \frac{s + 4.41}{s + 18.4} \frac{4}{s(s + 2)}$$

图 7.96 中的实线表示已校正系统的幅值曲线和相角曲线。应当指出，带宽近似于增益交界频率。超前校正装置使增益交界频率从 6.3 rad/s 增加到 9 rad/s。这一频率的增大，意味着增加了系统的带宽，即增大了系统的响应速度。由图 7.96 可见，系统的相位和增益裕量分别等于约 $50°$和 $+\infty$ dB。已校正系统如图 7.97 所示，它既能满足稳态要求，也能满足相对稳定性要求。

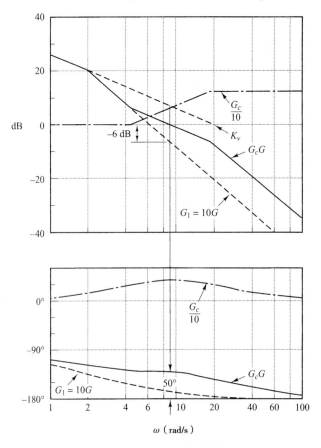

图 7.96　已校正系统的伯德图

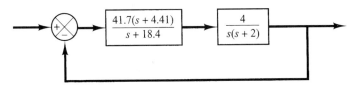

图 7.97　已校正系统

对于 1 型系统, 如刚才讨论的系统, 其静态速度误差常数 K_v 的值恰等于第一条 -20 dB/十倍频程斜率的直线与 0 dB 直线交点上的频率值, 如图 7.96 所示。还应当指出, 在接近增益交界频率处, 我们把幅值曲线的斜率从 -40 dB/十倍频程改变为 -20 dB/十倍频程。

图 7.98 所示为已调整了增益但未校正开环传递函数 $G_1(j\omega) = 10G(j\omega)$ 和已校正开环传递函数 $G_c(j\omega)G(j\omega)$ 的极坐标图。由图 7.98 可以看出, 未校正系统的谐振频率约为 6 rad/s, 已校正系统的谐振频率约为 7 rad/s(这也表明, 系统的带宽增大了)。

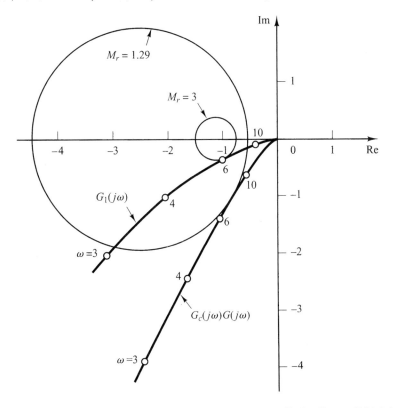

图 7.98　调整了增益但未校正开环传递函数 G_1 和已校正开环传递函数 G_cG 的极坐标图

由图 7.98 还可以看出, 当 $K = 10$ 时, 对于未校正系统, 其谐振峰值 M_r 的值等于 3;对于已校正系统, M_r 的值等于 1.29。这清楚地表明, 已校正系统的相对稳定性得到了改善。

如果在增益交界频率附近 $G_1(j\omega)$ 的相角减小得很快, 超前校正就无效了, 因为随着增益交界频率向右方移动, 使其在新的增益交界频率上很难产生足够的相位超前。这表明, 为了产生希望的相位裕量, 必须采用很小的 α 值。当然, α 的值不应太小(不应小于 0.05), 最大相位超前角 ϕ_m 也不应太大(不应大于 65°), 否则将要求系统具有过大的附加增益值[如果需要 65°以上的相位超前, 可以采用两个(或两个以上的)相位超前网络, 并且通过隔离放大器串联连接]。

最后，我们检查已设计系统的瞬态响应特性，利用 MATLAB 求已校正系统和未校正系统的单位阶跃响应曲线和单位斜坡响应曲线。未校正系统和已校系统的闭环传递函数分别为

$$\frac{C(s)}{R(s)} = \frac{4}{s^2 + 2s + 4}$$

和

$$\frac{C(s)}{R(s)} = \frac{166.8s + 735.588}{s^3 + 20.4s^2 + 203.6s + 735.588}$$

MATLAB 程序7.13 给出了求单位阶跃响应曲线和单位斜坡响应曲线的 MATLAB 程序。图 7.99 所示为系统在校正前后的单位阶跃响应曲线，图 7.100 所示为系统在校正前后的单位斜坡响应曲线。这些响应曲线表明设计出的系统是令人满意的。

```
MATLAB程序7.13

%*****Unit-step responses*****

num = [4];
den = [1  2  4];
numc = [166.8 735.588];
denc = [1  20.4  203.6  735.588];
t = 0:0.02:6;
[c1,x1,t] = step(num,den,t);
[c2,x2,t] = step(numc,denc,t);
plot (t,c1,'.',t,c2,'-')
grid
title('Unit-Step Responses of Compensated and Uncompensated Systems')
xlabel('t Sec')
ylabel('Outputs')
text(0.4,1.31,'Compensated system')
text(1.55,0.88,'Uncompensated system')

%*****Unit-ramp responses*****

num1 = [4];
den1 = [1  2  4  0];
num1c = [166.8 735.588];
den1c = [1  20.4  203.6  735.588  0];
t = 0:0.02:5;
[y1,z1,t] = step(num1,den1,t);
[y2,z2,t] = step(num1c,den1c,t);
plot(t,y1,'.',t,y2,'-',t,t,'--')
grid
title('Unit-Ramp Responses of Compensated and Uncompensated Systems')
xlabel('t Sec')
ylabel('Outputs')
text(0.89,3.7,'Compensated system')
text(2.25,1.1,'Uncompensated system')
```

已校正系统的闭环极点位置如下：

$$s = -6.9541 \pm j8.0592$$

$$s = -6.4918$$

因为主导闭环极点的位置远离 $j\omega$ 轴，所以响应衰减得很快。

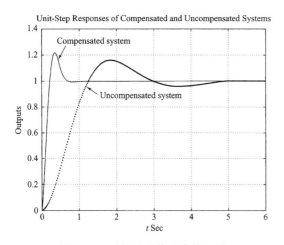

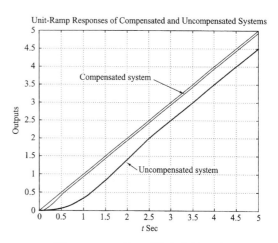

图 7.99　已校正系统和未校正系
统的单位阶跃响应曲线

图 7.100　已校正系统和未校正系
统的单位斜坡响应曲线

7.12　滞后校正

本节将首先讨论滞后校正装置的奈奎斯特图和伯德图，然后介绍基于频率响应法的滞后校正方法。

7.12.1　滞后校正装置的特性

设滞后校正装置具有下列传递函数：

$$G_c(s) = K_c\beta\frac{Ts+1}{\beta Ts+1} = K_c\frac{s+\dfrac{1}{T}}{s+\dfrac{1}{\beta T}}\qquad(\beta>1)$$

在复平面上，滞后校正装置的零点位于 $s = -1/T$，极点位于 $s = -1(\beta T)$。极点位于零点的右边。

图 7.101 所示为滞后校正装置的极坐标图。图 7.102 所示为滞后校正装置的伯德图，其中 $K_c=1$ 和 $\beta=10$，滞后校正装置的转角频率为 $\omega = 1/T$ 和 $\omega = 1/(\beta T)$。在图 7.102 中，设 K_c 和 β 的值分别为 1 和 10。由图 7.102 可以看出，低频时，滞后校正装置的幅值为 10（或 20 dB）；高频时，其幅值为 1（0 dB）。因此，滞后校正装置基本上是一个低通滤波器。

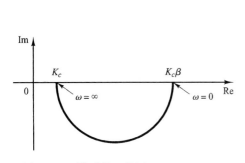

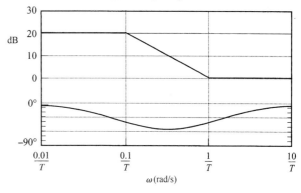

图 7.101　滞后校正装置 $K_c\beta(j\omega T+1)/$
$(j\omega\beta T+1)$ 的极坐标图

图 7.102　当 $\beta = 10$ 时，滞后校正装置
$\beta(j\omega T+1)/(j\omega\beta T+1)$ 的伯德图

7.12.2 基于频率响应法的滞后校正

滞后校正的主要作用是在高频段造成衰减，从而使系统获得足够的相位裕量。相位滞后特性在滞后校正中不重要。

用频率响应法为图 7.93 所示的系统设计滞后校正装置的步骤如下。

1. 假设有下列滞后校正装置：

$$G_c(s) = K_c\beta\frac{Ts + 1}{\beta Ts + 1} = K_c\frac{s + \dfrac{1}{T}}{s + \dfrac{1}{\beta T}} \qquad (\beta > 1)$$

定义
$$K_c\beta = K$$

于是
$$G_c(s) = K\frac{Ts + 1}{\beta Ts + 1}$$

已校正系统的开环传递函数为

$$G_c(s)G(s) = K\frac{Ts + 1}{\beta Ts + 1}G(s) = \frac{Ts + 1}{\beta Ts + 1}KG(s) = \frac{Ts + 1}{\beta Ts + 1}G_1(s)$$

式中
$$G_1(s) = KG(s)$$

确定增益 K，使系统满足给定静态误差常数的要求。

2. 如果经过增益调整的未校正系统 $G_1(j\omega) = KG(j\omega)$ 不满足有关相位裕量和增益裕量的性能指标，则应寻找一个频率点，在这一点上，开环传递函数的相角等于 $-180°$ 加要求的相位裕量。要求的相位裕量等于指定的相位裕量加 $5° \sim 12°$（$5° \sim 12°$ 是为了补偿滞后校正装置的相位滞后）。选择此频率作为新增益交界频率。

3. 为了防止由滞后校正装置造成的相位滞后的有害影响，滞后校正装置的极点和零点必须配置得明显低于新增益交界频率，因此选择转角频率 $\omega = 1/T$（相应于滞后校正装置的零点）低于新的增益交界频率一倍频程到十倍频程（如果滞后校正装置的时间常数不会变得很大，则转角频率 $\omega = 1/T$ 可以选择在新的增益交界频率之下十倍频程处）。

   我们把校正装置的极点和零点选择得足够小。这样，相位滞后就发生在低频范围内，从而将不会影响到相位裕量。

4. 确定使幅值曲线在新的增益交界频率处下降到 0 dB 所必需的衰减量。这一衰减量等于 $-20\log\beta$，从而可以确定 β 值。另一个转角频率（相应于滞后校正装置的极点）可以由 $\omega = 1/(\beta T)$ 确定。

5. 利用在第一步中确定的 K 值和在第 4 步中确定的 β 值，根据下式计算常数 K_c：

$$K_c = \frac{K}{\beta}$$

例 7.27 考虑图 7.103 所示的系统。其开环传递函数为

$$G(s) = \frac{1}{s(s + 1)(0.5s + 1)}$$

要求对该系统进行校正，使其静态速度误差常数 K_v 等于 5 s^{-1}，相位裕量不小于 40°，并且增益裕量不小于 10 dB。

我们将采用的滞后校正装置具有下列形式：

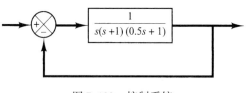

图 7.103 控制系统

$$G_c(s) = K_c\beta\frac{Ts+1}{\beta Ts+1} = K_c\frac{s+\dfrac{1}{T}}{s+\dfrac{1}{\beta T}} \qquad (\beta > 1)$$

定义
$$K_c\beta = K$$

又定义
$$G_1(s) = KG(s)\frac{K}{s(s+1)(0.5s+1)}$$

设计的第一步是调整增益 K，使系统满足要求的静态速度误差常数。因此，

$$K_v = \lim_{s\to 0} sG_c(s)G(s) = \lim_{s\to 0} s\frac{Ts+1}{\beta Ts+1}G_1(s) = \lim_{s\to 0} sG_1(s)$$

$$= \lim_{s\to 0}\frac{sK}{s(s+1)(0.5s+1)} = K = 5$$

即
$$K = 5$$

当 $K = 5$ 时，已校正系统满足静态速度误差常数要求。

绘出下列函数的伯德图：

$$G_1(j\omega) = \frac{5}{j\omega(j\omega+1)(0.5j\omega+1)}$$

图 7.104 所示为 $G_1(j\omega)$ 的幅值曲线和相角曲线。由该图可以看出，相位裕量等于 $-20°$，这表明经过增益调整但未校正的系统是不稳定的。

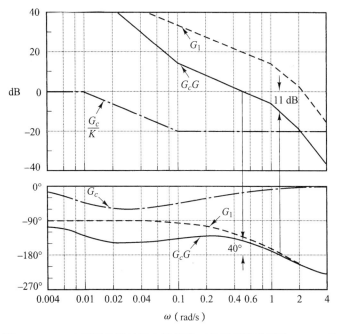

图 7.104　G_1（已调整增益但未进行校正的开环传递函数），G_c（校正装置）和 G_cG（已校正的开环传递函数）的伯德图

增加一个滞后校正装置，改变了伯德图的相位曲线。因此，在规定的相位裕量中，必须允许有 5° 到 12° 的相位用来补偿相位曲线的变化。因为相应于 40° 相位裕量的频率是 0.7 rad/s，所以新的增益交界频率（已校正系统的增益交界频率）必须选择得靠近该值。为了避免滞后校正装置的时间常数过大，选择转角频率 $\omega = 1/T$（相应于滞后校正装置的零点）等于 0.1 rad/s。因为此

转角频率位于新的增益交界频率以下不太远的地方, 所以相位曲线的变化可能较大。因此, 考虑到滞后校正装置造成的相角滞后, 需要在给定的相位裕量上增加约12°。这样, 需要的相位裕量就变成52°。未校正开环传递函数在 $\omega = 0.5$ rad/s 附近的相角等于 $-128°$, 因此, 选择新的增益交界频率为 0.5 rad/s。为了在这一新的增益交界频率上使幅值曲线下降到 0 dB 以下, 滞后校正装置必须产生必要的衰减, 在当前情况下, 其衰减量应为 -20 dB。因此,

$$20 \log \frac{1}{\beta} = -20$$

即

$$\beta = 10$$

另一个转角频率 $\omega = 1/(\beta T)$ 相应于滞后校正装置的极点, 其值确定如下:

$$\frac{1}{\beta T} = 0.01 \text{ rad/s}$$

因此, 滞后校正装置的传递函数为

$$G_c(s) = K_c(10) \frac{10s + 1}{100s + 1} = K_c \frac{s + \dfrac{1}{10}}{s + \dfrac{1}{100}}$$

因为增益 K 被确定为 5, β 被确定为 10, 所以

$$K_c = \frac{K}{\beta} = \frac{5}{10} = 0.5$$

已校正系统的开环传递函数为

$$G_c(s)G(s) = \frac{5(10s + 1)}{s(100s + 1)(s + 1)(0.5s + 1)}$$

$G_c(j\omega)G(j\omega)$ 的幅值和相角曲线也表示在图 7.104 上。

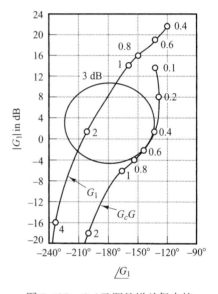

图 7.105 　G_1(已调整增益但未校正的开环传递函数)和 G_cG(已校正开环传递函数)的对数幅-相图

已校正系统的相位裕量约为40°, 这正是所需的量。增益裕量约为11 dB, 这个量是相当令人满意的。静态速度误差常数为 5 s^{-1}, 这正是所要求的。因此, 已校正系统既能满足稳态要求, 又能满足相对稳定性要求。

新的增益交界频率大约从 1 rad/s 减到 0.5 rad/s, 这意味着系统的带宽减小了。

为了进一步说明滞后校正的影响, 在图 7.105 上示出了已调整增益但尚未校正系统 $G_1(j\omega)$ 和已校正系统 $G_c(j\omega)G(j\omega)$ 的对数幅-相图。$G_1(j\omega)$ 的图清楚地表明, 已调整增益但未校正系统是不稳定的, 增加滞后校正装置后可使系统得到稳定。$G_c(j\omega)G(j\omega)$ 图与 $M = 3$ dB 轨迹相切。因此, 谐振峰值为 3 dB, 即为 1.4, 并且该峰值发生在 $\omega = 0.5$ rad/s 处。

采用不同的方法, 或者由不同的设计人员(即使采用相同的方法)设计出的校正装置, 可能是完全不同的。当然, 任何一种设计得比较好的系统, 它们的瞬态和稳态性能将是相似的。在多种可行方案中, 应当根据经济条件, 选择一种最佳方案, 此时滞后校正装置的时间常数不应当太大。

最后, 应该对已校正系统和原来未进行增益调整的未校正系统的单位阶跃响应和单位斜坡响应进行检验。已校正系统和未校正系统的闭环传递函数分别为

$$\frac{C(s)}{R(s)} = \frac{50s + 5}{50s^4 + 150.5s^3 + 101.5s^2 + 51s + 5}$$

和

$$\frac{C(s)}{R(s)} = \frac{1}{0.5s^3 + 1.5s^2 + s + 1}$$

MATLAB 程序 7.14 将给出已校正系统和未校正系统的单位阶跃响应和单位斜坡响应。由此产生的单位阶跃响应曲线和单位斜坡响应曲线分别如图 7.106 和图 7.107 所示。由这些响应曲线可以看出，设计出来的系统满足给定的性能指标，因而是令人满意的。

```
MATLAB程序7.14

%*****Unit-step response*****

num = [1];
den = [0.5 1.5 1 1];
numc = [50 5];
denc = [50 150.5 101.5 51 5];
t = 0:0.1:40;
[c1,x1,t] = step(num,den,t);
[c2,x2,t] = step(numc,denc,t);
plot(t,c1,'.',t,c2,'-')
grid
title('Unit-Step Responses of Compensated and Uncompensated Systems')
xlabel('t Sec')
ylabel('Outputs')
text(12.7,1.27,'Compensated system')
text(12.2,0.7,'Uncompensated system')

%*****Unit-ramp response*****

num1 = [1];
den1 = [0.5 1.5 1 1 0];
num1c = [50 5];
den1c = [50 150.5 101.5 51 5 0];
t = 0:0.1:20;
[y1,z1,t] = step(num1,den1,t);
[y2,z2,t] = step(num1c,den1c,t);
plot(t,y1,'.',t,y2,'-',t,t,'--');
grid
title('Unit-Ramp Responses of Compensated and Uncompensated Systems')
xlabel('t Sec')
ylabel('Outputs')
text(8.3,3,'Compensated system')
text(8.3,5,'Uncompensated system')
```

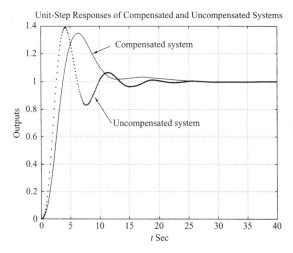

图 7.106　已校正系统和未校正系统的
单位阶跃响应曲线(见例7.27)

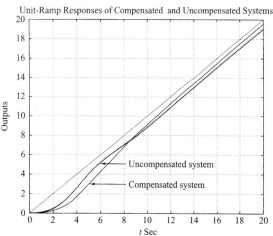

图 7.107　已校正系统和未校正系统的
单位斜坡响应曲线(见例7.27)

设计出的闭环系统的零点和极点如下：

零点位置：$s = 0.1$

极点位置：$s = -0.2859 \pm j0.5196$，$s = -0.1228$，$s = -2.3155$

主导闭环极点距 $j\omega$ 轴很近，因而导致系统响应缓慢。此外，由于存在闭环极点 $s = -0.1228$ 和零点 $s = -0.1$，所以造成了缓慢衰减的小幅度拖尾现象。

7.12.3 关于滞后校正的一些说明

1. 滞后校正装置实质上是一种低通滤波器。因此，滞后校正使低频信号具有较高的增益(改善了稳态性能)，而同时降低了较高临界频率范围内的增益，因而改善了相位裕量。在滞后校正中，我们利用的是滞后校正装置在高频段的衰减特性，而不是其相位滞后特性(相位滞后特性未被用来达到校正目的)。

2. 假设滞后校正装置的零点和极点分别位于 $s = -z$ 和 $s = -p$。如果零点和极点都靠近原点，并且比值 z/p 等于要求的静态速度误差常数的乘子，则零点和极点的精确位置不重要。

    当然，滞后校正装置的零点和极点不应该无故地靠近原点，因为那样会在滞后校正装置的零、极点区域内产生附加的闭环极点。

    位置靠近原点的闭环极点将产生非常缓慢的衰减瞬态响应，尽管由于滞后校正装置的零点几乎与此极点的作用相抵消，而使得瞬态响应的幅值变得很小。不管怎样，由于这个极点的作用，还是会使瞬态响应(衰减)缓慢，对调整时间造成不利的影响。

    在滞后校正装置校正过的系统中，控制对象的扰动量与系统误差之间的传递函数可能不包含靠近该极点的零点。因此，系统对扰动输入量的瞬态响应可能延续很长时间。

3. 由于滞后校正装置的衰减作用，使增益交界频率向低频点移动，从而使相位裕量满足要求。但是，滞后校正装置将降低系统的带宽，并且导致比较缓慢的瞬态响应[$G_c(j\omega)G(j\omega)$ 的相角曲线在新的增益交界频率附近及其以上部分基本上保持不变]。

4. 因为滞后校正装置的输入信号有积分效应，所以其作用近似于一个比例-加-积分控制器。因此，滞后校正后的系统具有降低稳定性的倾向。为了防止这种不希望的性能，滞后校正装置的时间常数 T 应当远大于系统的最大时间常数。

5. 当采用滞后校正装置对具有饱和或限幅作用的系统进行校正时，可能会产生条件稳定性问题。当系统内发生饱和或限幅时，将减小有效环路增益。于是系统的稳定性下降，系统的运行甚至变成不稳定的，如图 7.108 所示。为了防止这种现象发生，在设计系统时，必须保证滞后校正装置只有在饱和元件的输入信号幅度较小时，才有明显的作用(采用小反馈回路校正可以做到这一点)。

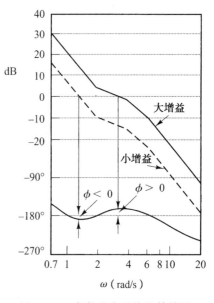

图 7.108 条件稳定系统的伯德图

7.13　滞后-超前校正

下面首先研究滞后-超前校正的频率响应特性,然后介绍基于频率响应法的滞后-超前校正方法。

7.13.1　滞后-超前校正装置的特性

考虑一个滞后-超前校正装置,其传递函数为

$$G_c(s) = K_c \left(\frac{s + \dfrac{1}{T_1}}{s + \dfrac{\gamma}{T_1}} \right) \left(\frac{s + \dfrac{1}{T_2}}{s + \dfrac{1}{\beta T_2}} \right) \tag{7.27}$$

式中 $\gamma > 1$ 和 $\beta > 1$。式中右端第一项分式为

$$\frac{s + \dfrac{1}{T_1}}{s + \dfrac{\gamma}{T_1}} = \frac{1}{\gamma} \left(\frac{T_1 s + 1}{\dfrac{T_1}{\gamma} s + 1} \right) \qquad (\gamma > 1)$$

它起到超前网络的作用,式中右端第二项分式为

$$\frac{s + \dfrac{1}{T_2}}{s + \dfrac{1}{\beta T_2}} = \beta \left(\frac{T_2 s + 1}{\beta T_2 s + 1} \right) \qquad (\beta > 1)$$

它起到滞后网络的作用。

设计滞后-超前校正装置时,通常选择 $\gamma = \beta$(当然,这不是必须的,也可以选择 $\gamma \neq \beta$)。下面讨论 $\gamma = \beta$ 的情况。当 $K_c = 1$ 和 $\gamma = \beta$ 时,滞后-超前校正装置的极坐标图如图 7.109 所示。由图可看出,当 $0 < \omega < \omega_1$ 时,该校正装置作为一个滞后校正装置;当 $\omega_1 < \omega < \infty$ 时,该校正装置作为一个超前校正装置。频率 ω_1 是当相角等于零时的频率,它由下式确定:

$$\omega_1 = \frac{1}{\sqrt{T_1 T_2}}$$

关于这个方程的导出,可参考例题 A.7.21。

图 7.110 所示为当 $K_c = 1$,$\gamma = \beta = 10$ 和 $T_2 = 10 T_1$ 时,滞后-超前校正装置的伯德图。在低频区和高频区,幅值曲线具有 0 dB 值。

7.13.2　基于频率响应法的滞后-超前校正

用频率响应法设计滞后-超前校正装置,实际上是前面讨论过的超前校正和滞后校正设计方法的综合。

假设滞后-超前校正装置具有下列形式:

$$G_c(s) = K_c \frac{(T_1 s + 1)(T_2 s + 1)}{\left(\dfrac{T_1}{\beta} s + 1 \right)(\beta T_2 s + 1)} = K_c \frac{\left(s + \dfrac{1}{T_1} \right) \left(s + \dfrac{1}{T_2} \right)}{\left(s + \dfrac{\beta}{T_1} \right) \left(s + \dfrac{1}{\beta T_2} \right)} \tag{7.28}$$

式中 $\beta > 1$。滞后-超前校正装置的相位超前部分(包含 T_1 的部分)改变了频率响应曲线,这是因为它增加了相位超前角,并且在增益交界频率上增大了相位裕量。滞后-超前校正装置的相位滞后部分(包含 T_2 的部分)在接近和高于增益交界频率时,会引起响应的衰减。因此,它允许在低频范围内增大增益,从而改善系统的稳态特性。

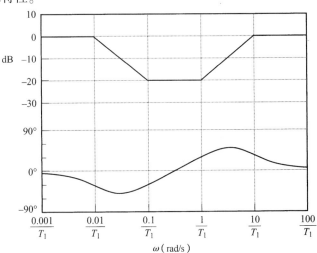

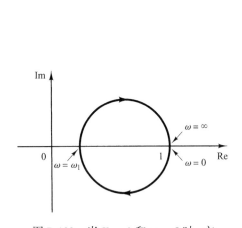

图 7.109　当 $K_c = 1$ 和 $\gamma = \beta$ 时,方程(7.27)给出的滞后-超前校正装置的极坐标图

图 7.110　当 $K_c = 1$, $\gamma = \beta = 10$ 和 $T_2 = 10 T_1$ 时,方程(7.27)给出的滞后-超前校正装置的伯德图

下面通过一个例题,说明设计滞后-超前校正装置的详细步骤。

例 7.28　考虑一个单位反馈系统,其开环传递函数为

$$G(s) = \frac{K}{s(s+1)(s+2)}$$

现在希望静态速度误差常数为 $10\ \mathrm{s}^{-1}$,相位裕量为 $50°$,增益裕量大于或等于 $10\ \mathrm{dB}$,试设计一个校正装置。

假设采用方程(7.28)表示的滞后-超前校正装置。相位超前部分既增大了相位裕量,也增大了系统带宽(意味着增大了响应速度)。相位滞后部分保持了低频增益。已校正系统的开环传递函数为 $G_c(s)G(s)$。因为控制对象的增益 K 是可调的,所以假设 $K_c = 1$,于是 $\lim_{s \to 0} G_c(s) = 1$。

根据对静态速度误差常数的要求,我们得到

$$K_v = \lim_{s \to 0} sG_c(s)G(s) = \lim_{s \to 0} sG_c(s) \frac{K}{s(s+1)(s+2)} = \frac{K}{2} = 10$$

因此,　　　　　　　　　　　　　　　$K = 20$

当 $K = 20$ 时,绘出未校正系统的伯德图如图 7.111 所示。已调整了增益但未校正系统的相位裕量求得为 $-32°$,这表明已调整了增益但未校正系统是不稳定的。

设计滞后-超前校正装置的下一步工作是选择新的增益交界频率。从 $G(j\omega)$ 的相角曲线可以求出,当 $\omega = 1.5\ \mathrm{rad/s}$ 时,$\underline{/G(j\omega)} = -180°$。选择新的增益交界频率等于 $1.5\ \mathrm{rad/s}$ 较为方便,这样在 $\omega = 1.5\ \mathrm{rad/s}$ 时,所需的相位超前角约为 $50°$,因此采用一个单一的滞后-超前网络是完全可以做到的。

一旦选择了增益交界频率等于 $1.5\ \mathrm{rad/s}$,就可以确定滞后-超前校正装置相位滞后部分的转角频率。选择转角频率 $\omega = 1/T_2$(相应于校正装置相位滞后部分的零点)在新的增益交界频率以下十倍频程处,即在 $\omega = 0.15\ \mathrm{rad/s}$ 处。

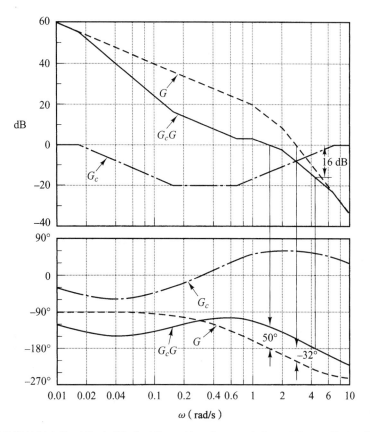

图 7.111　已调整增益但未校正的开环传递函数 G，校正装置 G_c 和校正后的开环传递函数 G_cG 的伯德图

在超前校正装置中，最大相位超前角 ϕ_m 由方程(7.25)确定，这时方程(7.25)中的 α 等于 $1/\beta$。将 $\alpha = 1/\beta$ 代入方程(7.25)，得到

$$\sin\phi_m = \frac{1 - \dfrac{1}{\beta}}{1 + \dfrac{1}{\beta}} = \frac{\beta - 1}{\beta + 1}$$

$\beta = 10$ 相应于 $\phi_m = 54.9°$。因为我们需要 $50°$ 的相位裕量，所以可以选择 $\beta = 10$（将采用的相角比最大相角 $54.9°$ 小几度）。因此，

$$\beta = 10$$

于是转角频率 $\omega = 1/\beta T_2$（相应于校正装置相位滞后部分的极点）变成 $\omega = 0.015$ rad/s。所以，滞后–超前校正装置相位滞后部分的传递函数为

$$\frac{s + 0.15}{s + 0.015} = 10\left(\frac{6.67s + 1}{66.7s + 1}\right)$$

相位超前部分确定如下：因为新的增益交界频率为 $\omega = 1.5$ rad/s，所以由图 7.111 可以求得 $G(j1.5) = 13$ dB。因此，如果在 $\omega = 1.5$ rad/s 上，滞后–超前校正装置能够产生 -13 dB 的幅值，则新的增益交界频率就是所要求的。根据这一要求，可以绘制一条斜率为 20 dB/十倍频程，且通过 $(-13$ dB, 1.5 rad/s)点的直线。该直线与 0 dB 线及 -20 dB 线的交点，就确定了所要求的转角频率。因此，相位超前部分的转角频率为 $\omega = 0.7$ rad/s 和 $\omega = 7$ rad/s。所以，滞后–超前校正装置相位超前部分的传递函数为

$$\frac{s + 0.7}{s + 7} = \frac{1}{10}\left(\frac{1.43s + 1}{0.143s + 1}\right)$$

将校正装置滞后和超前部分的传递函数组合在一起,可以得到滞后–超前校正装置的传递函数。因为我们选取 $K_c = 1$,所以

$$G_c(s) = \left(\frac{s + 0.7}{s + 7}\right)\left(\frac{s + 0.15}{s + 0.015}\right) = \left(\frac{1.43s + 1}{0.143s + 1}\right)\left(\frac{6.67s + 1}{66.7s + 1}\right)$$

上面设计出来的滞后–超前校正装置的幅值和相角曲线如图 7.111 所示。已校正系统的开环传递函数为

$$\begin{aligned}
G_c(s)G(s) &= \frac{(s + 0.7)(s + 0.15)20}{(s + 7)(s + 0.015)s(s + 1)(s + 2)} \\
&= \frac{10(1.43s + 1)(6.67s + 1)}{s(0.143s + 1)(66.7s + 1)(s + 1)(0.5s + 1)}
\end{aligned} \tag{7.29}$$

方程(7.29)所描述的系统的幅值和相角曲线也表示在图 7.111 上。已校正系统的相位裕量为 50°,增益裕量为 16 dB,静态速度误差常数为 10 s^{-1}。因为所有要求均得到满足,故设计宣告完成。

图 7.112 所示为 $G(j\omega)$(已调整增益但未校正开环传递函数)和 $G_c(j\omega)G(j\omega)$(已校正开环传递函数)的极坐标图。$G_c(j\omega)G(j\omega)$ 的轨迹大约在 $\omega = 2$ rad/s 上与 $M = 1.2$ 圆相切,这表明已校正系统具有满意的相对稳定性。已校正系统的带宽略大于 2 rad/s。

下面检验已校正系统的瞬态响应特性(已调整增益但未校正系统是不稳定的)。已校正系统的闭环传递函数为

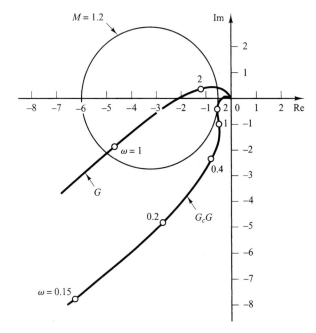

图 7.112　G(已调整增益)和 G_cG 的极坐标图

$$\frac{C(s)}{R(s)} = \frac{95.381s^2 + 81s + 10}{4.7691s^5 + 47.7287s^4 + 110.3026s^3 + 163.724s^2 + 82s + 10}$$

用 MATLAB 得到的单位阶跃响应曲线和单位斜坡响应曲线分别如图 7.113 和图 7.114 所示。

已设计出来的闭环控制系统具有下列闭环零点和极点。

　　　零点位置:$s = -0.1499$,$s = -0.6993$

　　　极点位置:$s = -0.8973 \pm j1.4439$

　　　　　　　$s = -0.1785$,$s = -0.5425$,$s - 7.4923$

极点 $s = -0.1785$ 和零点 $s = -0.1499$ 彼此相距很近。这样一对极点和零点在阶跃响应中将产生一种幅值很小但持续时间很长的拖尾,如图 7.113 所示。同样,极点 $s = -0.5425$ 与零点 $s = -0.6993$ 彼此也相距很近,这一对零、极点使长时间拖尾的幅值进一步增大。

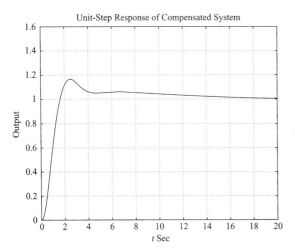

图 7.113 已校正系统的单位阶跃响应(见例 7.28)

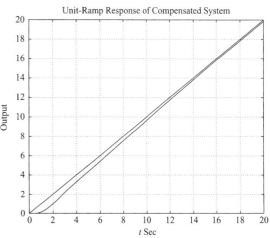

图 7.114 已校正系统的单位斜坡响应(见例 7.28)

7.13.3 用频率响应法设计控制系统小结

本章最后三节,通过一些简单的例子,详细地介绍了设计超前、滞后和滞后-超前校正装置的步骤。本章表明,为了设计满足给定性能指标(以相位裕量和增益裕量的形式给出)的校正装置,可以在伯德图上以简单的方式直接进行。但是应当指出,并非每一个系统都可以用超前、滞后或滞后-超前校正装置进行校正。在某些情况下,可能需要采用具有复杂极点和零点的校正装置。对于那些不能采用根轨迹法或频率响应法进行设计的系统,可以采用极点配置法(见第 10 章)。对于一个给定的设计问题,如果既可以采用常规的设计方法,也可以采用极点配置法,则常规方法(根轨迹法或频率响应法)通常会导致比较低阶的稳定的校正装置。对于一个复杂的系统,为了设计出满意的校正装置,可能需要创造性地应用这些可供选择的设计方法。

7.13.4 超前、滞后和滞后-超前校正的比较

1. 超前校正通常用来改善稳定性裕量,滞后校正用来改善稳态性能。超前校正通过其相位超前特性,获得所需的结果;滞后校正则通过其高频衰减特性,获得所需的结果。

2. 在某些设计问题中,既采用超前校正又采用滞后校正才能满足性能要求。超前校正比滞后校正有可能提供更高的增益交界频率。比较高的增益交界频率意味着比较大的带宽,大的带宽意味着调整时间的减小。具有超前校正的系统的带宽,总是大于具有滞后校正的系统的带宽。因此,如果需要具有大的带宽,或者说具有快速的响应特性,应当采用超前校正。当然,如果存在噪声信号,则不需要大的带宽,因为随着高频增益的增大,系统对噪声信号更加敏感。因此,这时应该采用滞后校正。

3. 超前校正需要有一个附加的增益增量,以补偿超前网络本身的衰减。这表明超前校正比滞后校正需要更大的增益。在大多数情况下,增益越大,意味着系统的体积和质量越大,成本也越高。

4. 超前校正可能会在系统中产生比较大的信号,这种大信号不是我们所希望的,因为它们会造成系统中的饱和现象。

5. 滞后校正降低了系统在高频区的增益,但是并不降低系统在低频区的增益。因为系统的带宽减小,所以系统具有较低的响应速度。因为降低了高频增益,系统的总增益可以增

大，因此低频增益可以增加，故改善了稳态精度。此外，系统中包含的任何高频噪声，都可以得到衰减。

6. 滞后校正将会在原点附近引进零-极点组合，这将会在瞬态响应中产生小振幅的长时间拖尾。

7. 如果既需要获得快速响应特性，又需要获得良好的静态精度，则可以采用滞后-超前校正装置。通过应用滞后-超前校正装置，低频增益增大(这意味着改善了稳态精度)，同时也增大了系统的带宽和稳定性裕量。

8. 虽然利用超前、滞后或滞后-超前校正装置可以完成大量的实际校正任务，但是对于复杂的系统，采用由这些校正装置构成的简单校正，可能得不到满意的结果。因此，必须采用具有不同零-极点配置的各种不同的校正装置。

7.13.5　图形对比

图7.115(a)所示为未校正系统的单位阶跃响应曲线和单位斜坡响应曲线。对于采用超前、滞后和滞后-超前校正装置的校正系统，其典型的单位阶跃响应曲线和单位斜坡响应曲线分别如图7.115(b)至图7.115(d)所示。具有超前校正装置的系统呈现出最快的响应；具有滞后校正装置的系统呈现出最缓慢的响应，但它的单位斜坡响应却得到了明显的改善；具有滞后-超前校正装置的系统将给出折中的响应特性，即在瞬态响应和稳态响应两方面都能够得到适当的改善。图7.115中的各响应曲线表明了采用不同形式的校正装置时，预期达到的改进特性。

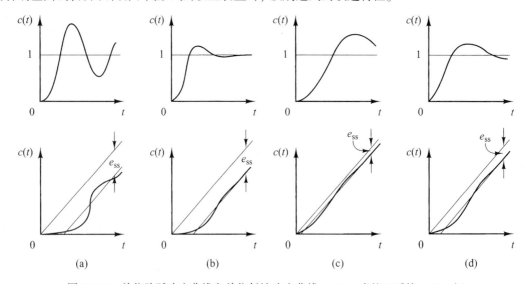

图7.115　单位阶跃响应曲线和单位斜坡响应曲线。(a) 未校正系统；(b) 超前校正系统；(c) 滞后校正系统；(d) 滞后-超前校正系统

7.13.6　反馈校正

测速发电机是一种速度反馈装置。另外一种经常采用的速度反馈装置是速度陀螺，它通常应用在飞机自动驾驶仪系统中。

在位置式伺服系统中，经常采用测速发电机作为速度反馈。如果系统受到噪声信号的作用，则当采用特定的速度反馈方案完成对输出信号的微分时，速度反馈可能会产生麻烦(其反馈结果是增强噪声效应)。

7.13.7　不希望极点的抵消

因为串联元件的传递函数等于各单独元件传递函数的乘积,所以通过在系统中配置串联校正元件,并将其极点和零点调整到与原系统中不希望的极点或零点相互抵消的位置,就可以消掉系统中某些不希望极点或零点。例如,大时间常数 T_1 可以用超前网络 $(T_1s + 1)/(T_2s + 1)$ 抵消如下:

$$\left(\frac{1}{T_1s + 1}\right)\left(\frac{T_1s + 1}{T_2s + 1}\right) = \frac{1}{T_2s + 1}$$

如果 T_2 比 T_1 小得多,通过此方法,可以有效地消除大时间常数 T_1。图 7.116 表示了消除大时间常数后,对阶跃瞬态响应的影响。

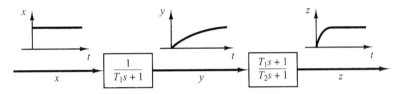

图 7.116　表示抵消大时间常数效果的阶跃响应曲线

如果原系统中不希望的极点位于 s 右半平面,则不应该采用这种校正方案,因为虽然在数学上通过增加零点能消掉不希望的极点,但是由于极点和零点位置的不精确性,将极点与零点完全抵消,实际上是不可能的。如果 s 右半平面上的极点不能被校正的零点完全抵消,则由于系统的响应中包含随时间增加而逐渐增大的指数项,最终将导致系统工作的不稳定。

如果 s 左半平面内的极点被抵消,但是没有被完全抵消,这也正是通常遇到的情况,这时未被完全抵消的零-极点组合将产生一个持续时间很长并且幅值很小的瞬态响应分量。如果这种零、极点抵消不完全,但是抵消的程度相当理想,则该瞬态响应分量相当小。

理想控制系统的传递函数不会等于 1,因为控制系统不可能将能量从输入端立刻传递到输出端,所以实际上是做不出传递函数等于 1 的控制系统的。此外,因为噪声几乎总是以某种形式存在,所以具有单位传递函数的系统也是不希望的。在多数实际情况下,希望的控制系统应具有一对共轭复数闭环主导极点,并且具有适当的阻尼比和无阻尼自然频率。闭环零-极点配置图的重要部分,如闭环主导极点位置的确定,建立在所需系统的性能指标的基础上。

7.13.8　不希望的共轭复数极点的抵消

如果被控对象的传递函数中包含一对或一对以上的共轭复数极点,则利用超前、滞后或滞后-超前校正装置可能不会有满意的效果。在这种情况下,采用具有两个零点和两个极点的网络可能是有益的。如果零点选择得恰与对象不希望的共轭复数极点互相抵消,则基本上能够以满意的极点取代不希望的极点。这就是说,如果不希望的共轭复数极点位于 s 左半平面,并且具有下列形式:

$$\frac{1}{s^2 + 2\zeta_1\omega_1 s + \omega_1^2}$$

则加到系统中的校正网络应具有下列传递函数:

$$\frac{s^2 + 2\zeta_1\omega_1 s + \omega_1^2}{s^2 + 2\zeta_2\omega_2 s + \omega_2^2}$$

其结果是把不希望的共轭复数极点有效地改变为满意的共轭复数极点。即使这时的抵消不精确，已校正系统也将呈现出比较好的响应特性(如前所述，如果不希望的共轭复数极点位于 s 右半平面，则不能采用这种方法)。

桥式 T 形网络是大家熟悉的仅由 RC 元件组成的网络，它的传递函数具有两个零点和两个极点。桥式 T 形网络及其传递函数的例子如图 7.117 所示(在例题 A.3.5 中，给出了桥式 T 形网络传递函数的推导过程)。

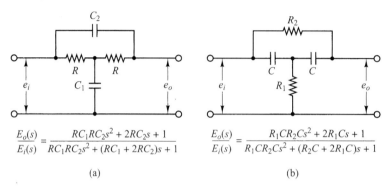

$$\frac{E_o(s)}{E_i(s)} = \frac{RC_1RC_2s^2 + 2RC_2s + 1}{RC_1RC_2s^2 + (RC_1 + 2RC_2)s + 1}$$

$$\frac{E_o(s)}{E_i(s)} = \frac{R_1CR_2Cs^2 + 2R_1Cs + 1}{R_1CR_2Cs^2 + (R_2C + 2R_1C)s + 1}$$

(a)　　　　　　　　　　　　　　　　(b)

图 7.117　桥式 T 形网络

7.13.9　结束语

在本章介绍的设计实例中，主要讨论了校正装置的传递函数。在实际的设计问题中，还必须选择硬件。因此，校正装置的设计必须满足一些附加的设计约束，如成本、尺寸、质量和可靠性等。

在正常的工作条件下，已设计出来的系统可以满足性能指标，但是当环境变化很大时，系统的工作可能会远远偏离其性能指标。因为环境的变化将影响系统的增益和时间常数，所以需要通过自动或手工方法调整增益，以补偿如环境变化以及在设计时未予考虑的非线性因素等的影响，对系统中各元件在生产时造成的制造公差也需要进行补偿(在闭环系统中，制造公差的影响受到抑制。因此，在闭环运行时，公差的影响并不重要，但在开环运行时，这种影响是严重的)。此外，设计人员必须记住，任何系统都处在微小的变化中，这主要是因为系统在通常情况下会产生老化。

例题和解答

A.7.1　设有一个系统，其闭环传递函数为

$$\frac{C(s)}{R(j\omega)} = \frac{10(s+1)}{(s+2)(s+5)}$$

显然，闭环极点位于 $s = -2$ 和 $s = -5$，因而系统是非振荡的。试证明，虽然闭环极点的阻尼比大于 1，但是该系统的闭环频率响应仍将呈现谐振峰值。

解:图 7.118 所示为此系统的伯德图，谐振峰值约为 3.5 dB(在没有零点的情况下，$\zeta > 0.7$ 的二阶系统将不会呈现谐振峰值。但是，由于存在闭环零点，所以将引起这种谐振峰值)。

A.7.2　设系统的状态空间表达式为

$$\begin{bmatrix} \dot{x}_1 \\ \dot{x}_2 \end{bmatrix} = \begin{bmatrix} 0 & 1 \\ -25 & -4 \end{bmatrix} \begin{bmatrix} x_1 \\ x_2 \end{bmatrix} + \begin{bmatrix} 1 & 1 \\ 0 & 1 \end{bmatrix} \begin{bmatrix} u_1 \\ u_2 \end{bmatrix}$$

$$\begin{bmatrix} y_1 \\ y_2 \end{bmatrix} = \begin{bmatrix} 1 & 0 \\ 0 & 1 \end{bmatrix} \begin{bmatrix} x_1 \\ x_2 \end{bmatrix}$$

试求正弦传递函数 $Y_1(j\omega)/U_1(j\omega)$、$Y_2(j\omega)/U_1(j\omega)$、$Y_1(j\omega)/U_2(j\omega)$ 和 $Y_2(j\omega)/U_2(j\omega)$。在推导 $Y_1(j\omega)/U_1(j\omega)$ 和 $Y_2(j\omega)/U_1(j\omega)$ 时，假设 $U_2(j\omega) = 0$。类似地，求 $Y_1(j\omega)/U_2(j\omega)$ 和 $Y_2(j\omega)/U_2(j\omega)$ 时，假设 $U_1(j\omega) = 0$。

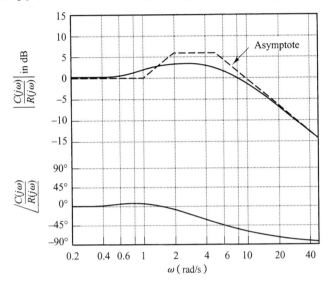

图 7.118　$10(1 + j\omega)/[(2 + j\omega)(5 + j\omega)]$ 的伯德图

解: 设系统由下列状态空间表达式描述:

$$\dot{\mathbf{x}} = \mathbf{Ax} + \mathbf{Bu}$$
$$\dot{\mathbf{y}} = \mathbf{Cx} + \mathbf{Du}$$

系统的传递矩阵表达式为

$$\mathbf{Y}(s) = \mathbf{G}(s)\mathbf{U}(s)$$

式中 $\mathbf{G}(s)$ 为传递矩阵, 它由下式确定:

$$\mathbf{G}(s) = \mathbf{C}(s\mathbf{I} - \mathbf{A})^{-1}\mathbf{B} + \mathbf{D}$$

对于这里所研究的系统, 传递矩阵为

$$\mathbf{C}(s\mathbf{I} - \mathbf{A})^{-1}\mathbf{B} + \mathbf{D} = \begin{bmatrix} 1 & 0 \\ 0 & 1 \end{bmatrix} \begin{bmatrix} s & -1 \\ 25 & s+4 \end{bmatrix}^{-1} \begin{bmatrix} 1 & 1 \\ 0 & 1 \end{bmatrix}$$

$$= \frac{1}{s^2 + 4s + 25} \begin{bmatrix} s+4 & 1 \\ -25 & s \end{bmatrix} \begin{bmatrix} 1 & 1 \\ 0 & 1 \end{bmatrix}$$

$$= \begin{bmatrix} \dfrac{s+4}{s^2+4s+25} & \dfrac{s+5}{s^2+4s+25} \\ \dfrac{-25}{s^2+4s+25} & \dfrac{s-25}{s^2+4s+25} \end{bmatrix}$$

因此

$$\begin{bmatrix} Y_1(s) \\ Y_2(s) \end{bmatrix} = \begin{bmatrix} \dfrac{s+4}{s^2+4s+25} & \dfrac{s+5}{s^2+4s+25} \\ \dfrac{-25}{s^2+4s+25} & \dfrac{s-25}{s^2+4s+25} \end{bmatrix} \begin{bmatrix} U_1(s) \\ U_2(s) \end{bmatrix}$$

假设 $U_2(j\omega) = 0$, 求得 $Y_1(j\omega)/U_1(j\omega)$ 和 $Y_2(j\omega)/U_1(j\omega)$ 如下:

$$\frac{Y_1(j\omega)}{U_1(j\omega)} = \frac{j\omega + 4}{(j\omega)^2 + 4j\omega + 25}$$

$$\frac{Y_2(j\omega)}{U_1(j\omega)} = \frac{-25}{(j\omega)^2 + 4j\omega + 25}$$

类似地,假设 $U_1(j\omega) = 0$,求得 $Y_1(j\omega)/U_2(j\omega)$ 和 $Y_2(j\omega)/U_2(j\omega)$ 如下:

$$\frac{Y_1(j\omega)}{U_2(j\omega)} = \frac{j\omega + 5}{(j\omega)^2 + 4j\omega + 25}$$

$$\frac{Y_2(j\omega)}{U_2(j\omega)} = \frac{j\omega - 25}{(j\omega)^2 + 4j\omega + 25}$$

注意,$Y_2(j\omega)/U_2(j\omega)$ 是一个非最小相位传递函数。

A. 7. 3 用 MATLAB 绘出例题 A. 7. 2 中系统的伯德图

解: MATLAB 程序 7.15 产生出该系统的伯德图。这里有四组伯德图:两组对应输入 1,两组对应输入 2。这些伯德图示于图 7. 119。

```
MATLAB程序7.15

A = [0  1;-25 -4];
B = [1  1;0  1];
C = [1  0;0  1];
D = [0  0;0  0];
bode(A,B,C,D)
```

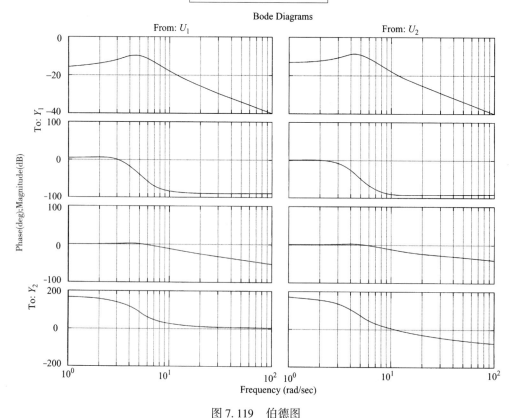

图 7. 119　伯德图

A. 7. 4 试利用 MATLAB 绘出图 7.120 所示闭环系统在 $K = 1$、$K = 10$ 和 $K = 20$ 时的伯德图,并且把三条幅值曲线画到一幅图上,把三条相角曲线画到另一幅图上。

解：系统的闭环传递函数为

$$\frac{C(s)}{R(s)} = \frac{K}{s(s+1)(s+5)+K}$$

$$= \frac{K}{s^3 + 6s^2 + 5s + K}$$

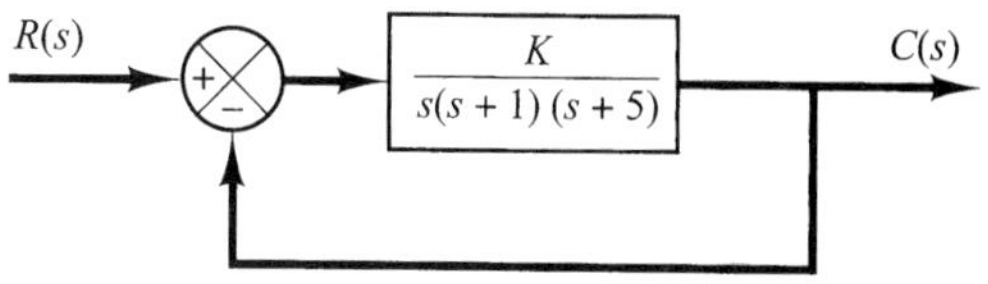

因此，$C(s)/R(s)$ 的分子和分母为

$$\text{num} = [K]$$
$$\text{den} = [1 \quad 6 \quad 5 \quad K]$$

图 7.120　闭环系统

一种可行的 MATLAB 程序示于 MATLAB 程序 7.16。求得的伯德图示于图 7.121(a) 和图 7.121(b)。

```
MATLAB程序7.16
w = logspace(–1,2,200);
for i = 1:3;
    if i = 1; K = 1;[mag,phase,w] = bode([K],[1  6  5  K],w);
        mag1dB = 20*log10(mag); phase1 = phase; end;
    if i = 2; K = 10;[mag,phase,w] = bode([K],[1  6  5  K],w);
        mag2dB = 20*log10(mag); phase2 = phase; end;
    if i = 3; K = 20;[mag,phase,w] = bode([K],[1  6  5  K],w);
        mag3dB = 20*log10(mag); phase3 = phase; end;
end
semilogx(w,mag1dB,'-',w,mag2dB,'-',w,mag3dB,'-')
grid
title('Bode Diagrams of G(s) = K/[s(s + 1)(s + 5)], where K = 1, K = 10, and K = 20')
xlabel('Frequency (rad/sec)')
ylabel('Gain (dB)')
text(1.2,–31,'K = 1')
text(1.1,–8,'K = 10')
text(11,–31,'K = 20')
semilogx(w,phase1,'-',w,phase2,'-',w,phase3,'-')
grid
xlabel('Frequency (rad/sec)')
ylabel('Phase (deg)')
text(0.2,–90,'K = 1')
text(0.2,–20,'K =10')
text(1.6,–20,'K = 20')
```

A.7.5　试证明下列正弦传递函数的极坐标图是一个半圆：

$$G(j\omega) = \frac{j\omega T}{1 + j\omega T}, \qquad 0 \leqslant \omega \leqslant \infty$$

并且求圆心和半径。

解：给定的正弦传递函数 $G(j\omega)$ 可以写成下列形式：

$$G(j\omega) = X + jY$$

式中，

$$X = \frac{\omega^2 T^2}{1 + \omega^2 T^2}, \qquad Y = \frac{\omega T}{1 + \omega^2 T^2}$$

于是，

$$\left(X - \frac{1}{2}\right)^2 + Y^2 = \frac{(\omega^2 T^2 - 1)^2}{4(1 + \omega^2 T^2)^2} + \frac{\omega^2 T^2}{(1 + \omega^2 T^2)^2} = \frac{1}{4}$$

因此，我们看出 $G(j\omega)$ 的图是一个圆心位于 $(0.5, 0)$ 的半径等于 0.5 的圆。上半圆对应于 $0 \leqslant \omega \leqslant \infty$，下半圆则对应于 $-\infty \leqslant \omega \leqslant 0$。

A.7.6　试证明下列映射定理：设 $F(s)$ 是 s 的多项式之比，并设 P 为 $F(s)$ 的极点数，Z 为 $F(s)$ 的零点数，P 和 Z 均位于 s 平面上的封闭曲线内，要将重极(零)点情况考虑在内。假设封闭曲线不通过 $F(s)$ 的任何极点或零点，于是 s 平面上的封闭曲线映射到 $F(s)$ 的平面上，也是一条封闭曲线。当变量 s 顺时针方向通过 s 平面的整个封闭曲线时，在 $F(s)$ 平面上 $F(s)$ 轨迹顺时针方向包围原点的次数 N 等于 $Z - P$。

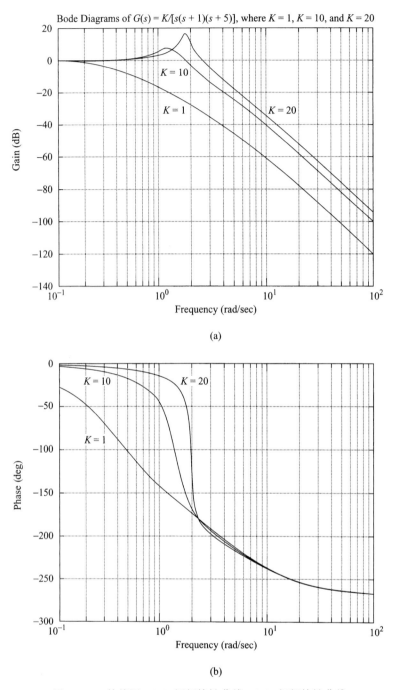

图 7.121　伯德图。(a) 幅频特性曲线;(b) 相频特性曲线

解:为了证明这个定理,应用柯西定理和留数定理。柯西定理陈述如下:如果 $F(s)$ 在封闭曲线内和封闭曲线上解析,则 $F(s)$ 沿 s 平面上任意封闭曲线的积分等于零[①],即

$$\oint F(s)\,\mathrm{d}s = 0$$

---

①　关于解析函数的定义,参见本书 335 页的脚注。

假设 $F(s)$ 表示为
$$F(s) = \frac{(s+z_1)^{k_1}(s+z_2)^{k_2}\cdots}{(s+p_1)^{m_1}(s+p_2)^{m_2}\cdots}X(s)$$

式中 $X(s)$ 在 s 平面上的封闭曲线内是解析的, 并且所有极点和零点均位于封闭曲线内。于是, 比值 $F'(s)/F(s)$ 写成

$$\frac{F'(s)}{F(s)} = \left(\frac{k_1}{s+z_1} + \frac{k_2}{s+z_2} + \cdots\right) - \left(\frac{m_1}{s+p_1} + \frac{m_2}{s+p_2} + \cdots\right) + \frac{X'(s)}{X(s)} \tag{7.30}$$

这可以从下面的讨论看出:如果给定 $\hat{F}(s)$ 为

$$\hat{F}(s) = (s+z_1)^k X(s)$$

则 $\hat{F}(s)$ 在 $s = z_1$ 处有 k 阶零点。将 $\hat{F}(s)$ 对 s 微分, 得到

$$\hat{F}'(s) = k(s+z_1)^{k-1}X(s) + (s+z_1)^k X'(s)$$

因此,
$$\frac{\hat{F}'(s)}{\hat{F}(s)} = \frac{k}{s+z_1} + \frac{X'(s)}{X(s)} \tag{7.31}$$

由此可以看出, 通过取比值 $\hat{F}'(s)/\hat{F}(s)$, $\hat{F}(s)$ 的 k 阶零点成为 $\hat{F}'(s)/\hat{F}(s)$ 的一个简单极点。

如果方程(7.31)右边的最后一项在 s 平面上的封闭曲线内不包含任何极点或零点, 则除了在零点 $s = -z_1$ 外, $F'(s)/F(s)$ 在此封闭曲线内处解析。因此, 参考方程(7.30)并且利用留数定理:$F'(s)/F(s)$ 在 s 平面内顺时针方向沿着封闭曲线的积分, 等于 $F'(s)/F(s)$ 的简单极点上的留数的 $-2\pi j$ 倍, 即

$$\oint \frac{F'(s)}{F(s)}\mathrm{d}s = -2\pi j\left(\sum 留数\right)$$

于是
$$\oint \frac{F'(s)}{F(s)}\mathrm{d}s = -2\pi j\left[(k_1+k_2+\cdots) - (m_1+m_2+\cdots)\right] = -2\pi j(Z-P)$$

式中,

$Z = k_1 + k_2 + \cdots = s$ 平面内被封闭曲线包围的 $F(s)$ 的零点总数

$P = m_1 + m_2 + \cdots = s$ 平面内被封闭曲线包围的 $F(s)$ 的极点总数

k 重零点(或极点)可以看成位于同一点上的 k 个零点(或极点)。因为 $F(s)$ 是一个复数, 所以 $F(s)$ 可以写成
$$F(s) = |F(s)|e^{j\theta}$$

并且
$$\ln F(s) = \ln|F| + j\theta$$

注意到 $F'(s)/F(s)$ 可以写成

$$\frac{F'(s)}{F(s)} = \frac{\mathrm{d}\ln F(s)}{\mathrm{d}s}$$

所以

$$\frac{F'(s)}{F(s)} = \frac{\mathrm{d}\ln|F|}{\mathrm{d}s} + j\frac{\mathrm{d}\theta}{\mathrm{d}s}$$

如果 s 平面上的封闭曲线在 $F(s)$ 平面上的映射是封闭曲线 Γ, 则

$$\oint \frac{F'(s)}{F(s)}\mathrm{d}s = \oint_\Gamma \mathrm{d}\ln|F| + j\oint_\Gamma \mathrm{d}\theta = j\int \mathrm{d}\theta = 2\pi j(P-Z)$$

因为在封闭曲线 Γ 的起点和终点上, $\ln|F|$ 的大小是相同的, 所以积分 $\oint_\Gamma \mathrm{d}\ln|F|$ 等于零。因此可以得到

$$\frac{\theta_2 - \theta_1}{2\pi} = P - Z$$

因此, 角 θ 的最终值与最初值之差, 就等于 s 平面上的变量 s 沿封闭曲线运动时, $F'(s)/F(s)$ 相角的总变化。注意到 N 是顺时针包围 $F(s)$ 平面上的原点的次数, 而 $\theta_2 - \theta_1$ 等于零或者等于 2π 弧度的倍数, 所以

$$\frac{\theta_2 - \theta_1}{2\pi} = -N$$

因此得到关系式

$$N = Z - P$$

这就证明了上述映射定理。

　　利用上述映射定理不可能求出具体的零点和极点数，只能求出它们之间的差数。由图 7.122 (a) 和图 7.122(b)可以看出，如果 θ 的变化不是 2π 弧度，则不会包围 $F(s)$ 平面上的原点。

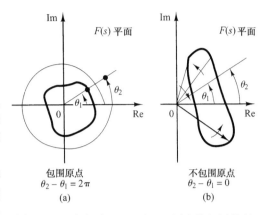

图 7.122　确定对 $F(s)$ 平面上原点的包围情况

A.7.7　设单位反馈控制系统开环频率响应的奈奎斯特图(极坐标图)如图 7.123(a)所示，并且假设在 s 平面内，奈奎斯特轨迹包围整个 s 右半平面。试在 G 平面上画出完整的奈奎斯特图，然后回答下列问题。

　　(a) 如果开环传递函数在 s 右半平面内没有极点，试问闭环系统是否稳定。

　　(b) 如果开环传递函数在 s 右半平面内有一个极点但无零点，试问闭环系统是否稳定。

　　(c) 如果开环传递函数在 s 右半平面内有一个零点但无极点，试问闭环系统是否稳定。

　　解：图 7.123(b)表示了 G 平面上的完整奈奎斯特图。上述三个问题的答案是：

　　(a) 因为奈奎斯特图不包围临界点 $(-1 + j0)$，所以闭环系统是稳定的。即因为 $P = 0$ 和 $N = 0$，所以有 $Z = N + P = 0$。

　　(b) 开环传递函数在 s 右半平面有一个极点，因此 $P = 1$(开环系统是不稳定的)。为了使闭环系统稳定，奈奎斯特图必须逆时针方向包围临界点 $(-1 + j0)$ 一次。但是这里的奈奎斯特图不包围临界点，因此 $N = 0$，所以 $Z = N + P = 1$。闭环系统是不稳定的。

　　(c) 因为开环传递函数在 s 右半平面内有一个零点，但无极点，所以 $Z = N + P = 0$。因此，闭环系统是稳定的(应当指出，开环传递函数的零点不影响闭环系统的稳定性)。

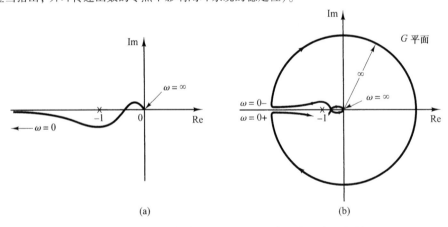

图 7.123　(a) 奈奎斯特图；(b) G 平面内的完整奈奎斯特图

A.7.8　设有一个闭环系统，其开环传递函数为

$$G(s)H(s) = \frac{K}{s(s + 1)(2s + 1)}$$

且 $K = 2$，试判断该闭环系统是否稳定，并求出使系统保持稳定的临界增益 K 的值。

　　解：开环传递函数为

$$G(j\omega)H(j\omega) = \frac{K}{j\omega(j\omega + 1)(2j\omega + 1)}$$

$$= \frac{K}{-3\omega^2 + j\omega(1 - 2\omega^2)}$$

这个开环传递函数在 s 右半平面内没有极点。因此,为了保证系统稳定,奈奎斯特图不应包围 $-1 + j0$ 点。现在来求奈奎斯特图与负实轴的交点。令 $G(j\omega)H(j\omega)$ 的虚部等于零,即

$$1 - 2\omega^2 = 0$$

由此得到

$$\omega = \pm \frac{1}{\sqrt{2}}$$

将 $\omega = 1/\sqrt{2}$ 代入 $G(j\omega)H(j\omega)$,得到

$$G\left(j\frac{1}{\sqrt{2}}\right)H\left(j\frac{1}{\sqrt{2}}\right) = -\frac{2K}{3}$$

令 $-2K/3 = -1$,得到增益 K 的临界值,即令

$$-\frac{2}{3}K = -1$$

得到

$$K = \frac{3}{2}$$

当 $0 < K < \frac{3}{2}$ 时,系统是稳定的,当 $K = 2$ 时,系统是不稳定的。

A. 7. 9 考虑图 7.124 所示的闭环系统。试利用奈奎斯特稳定判据,确定使系统稳定的临界 K 值。

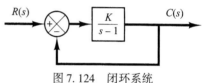

解: 传递函数

$$G(j\omega) = \frac{K}{j\omega - 1}$$

图 7.124 闭环系统

的极坐标图,是一个圆心位于负实轴 $-K/2$ 处,且半径为 $K/2$ 的圆,如图 7.125(a) 所示。当频率 ω 从 $-\infty$ 增加到 ∞ 时,$G(j\omega)$ 轨迹以逆时针方向旋转。在此系统中,由于在 s 右半平面内只有一个 $G(s)$ 的极点,所以 $P = 1$。为了保证闭环系统稳定,Z 必须等于零。因此,为了保证系统稳定,$N = Z - P$ 必须等于 -1,或者说必须逆时针方向包围 $-1 + j0$ 点一次(如果不包围 $-1 + j0$ 点,则系统是不稳定的)。因此,为了使系统稳定,K 必须大于 1,而 $K = 1$ 是系统稳定的临界值。图 7.125(b) 所示为稳定和不稳定两种情况下的 $G(j\omega)$ 图。

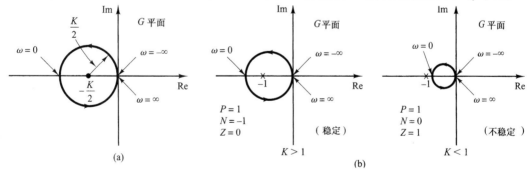

图 7.125 (a) $K/(j\omega - 1)$ 的极坐标图;(b) 对应稳定和不稳定两种情况的 $K/(j\omega - 1)$ 的极坐标图

A. 7. 10 考虑一个单位反馈系统,其开环传递函数为

$$G(s) = \frac{Ke^{-0.8s}}{s + 1}$$

解: 对于该系统

$$G(j\omega) = \frac{Ke^{-0.8j\omega}}{j\omega + 1}$$

$$= \frac{K(\cos 0.8\omega - j\sin 0.8\omega)(1 - j\omega)}{1 + \omega^2}$$

$$= \frac{K}{1 + \omega^2}\big[(\cos 0.8\omega - \omega \sin 0.8\omega) - j(\sin 0.8\omega + \omega \cos 0.8\omega)\big]$$

如果
$$\sin 0.8\omega + \omega \cos 0.8\omega = 0$$

成立,则 $G(j\omega)$ 的虚部等于零。因此,
$$\omega = -\tan 0.8\omega$$

从上述方程中求出 ω 的最小正值,得到
$$\omega = 2.4482$$

将 $\omega = 2.4482$ 代入 $G(j\omega)$,得到

$$G(j2.4482) = \frac{K}{1 + 2.4482^2}(\cos 1.9586 - 2.4482 \sin 1.9586) = -0.378K$$

令 $G(j2.4482) = -1$,求出使系统稳定的增益 K 的临界值。因此,

$$0.378K = 1$$

即
$$K = 2.65$$

图 7.126 表示了 $2.65\mathrm{e}^{-0.8j\omega}/(1 + j\omega)$ 和 $2.65/(1 + j\omega)$ 的奈奎斯特图即极坐标图。对于不带传递延迟的一阶系统,对所有的 K 值,它都是稳定的。但是对于一个具有 0.8 s 传递延迟的一阶系统,当 $K > 2.65$ 时,它就变成了不稳定系统。

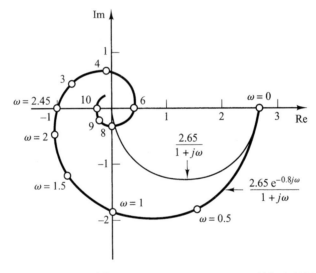

图 7.126 $2.65\mathrm{e}^{-0.8j\omega}/(1 + j\omega)$ 和 $2.65/(1 + j\omega)$ 的极坐标图

A.7.11   考虑一个单位反馈系统,其开环传递函数为

$$G(s) = \frac{20(s^2 + s + 0.5)}{s(s + 1)(s + 10)}$$

试利用 MATLAB 绘出奈奎斯特图,并且检查闭环系统的稳定性。

解: 首先把 MATLAB 程序 7.17 输入计算机。生成的奈奎斯特图如图 7.127 所示。由这个图可以看出,奈奎斯特图不包围 $-1 + j0$ 点。因此,在奈奎斯特稳定判据中 $N = 0$。因为在 s 右半平面内没有开环极点,$P = 0$,所以 $Z = N + P = 0$,闭环系统是稳定的。

```
MATLAB程序7.17

num = [20  20  10];
den = [1  11  10  0];
nyquist(num,den)
v = [-2  3 -3  3]; axis(v)
grid
```

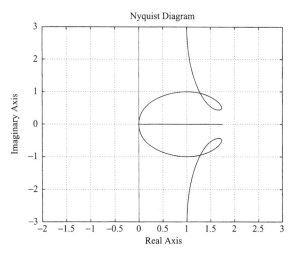

图 7.127　$G(s) = \dfrac{20(s^2 + s + 0.5)}{s(s + 1)(s + 10)}$ 的奈奎斯特图

A. 7. 12　考虑例题 A. 7. 11 讨论的同一个系统。试绘出仅对应于正频率范围的奈奎斯特图。

　　解:为了绘出仅对应正频率范围的奈奎斯特图,采用下列命令:

$$[re,im,w] = nyquist(num,den,w)$$

利用不同的增量可将频率范围划分为几个子区域。例如,可以把感兴趣的频率范围划分成下列三个子区域:

$$w1 = 0.1:0.1:10;$$
$$w2 = 10:2:100;$$
$$w3 = 100:10:500;$$
$$w = [w1\ \ w2\ \ w3]$$

MATLAB 程序 7. 18 采用了上述频率范围。应用这个程序得到的奈奎斯特图如图 7. 128 所示。

MATLAB程序7.18

```
num = [20  20  10];
den = [1  11  10  0];
w1 = 0.1:0.1:10; w2 = 10:2:100; w3 = 100:10:500;
w = [w1  w2  w3];
[re,im,w] = nyquist(num,den,w);
plot(re,im)
v = [-3  3  -5  1]; axis(v);
grid
title('Nyquist Plot of G(s) = 20(s^2 + s + 0.5)/[s(s + 1)(s + 10)]')
xlabel('Real Axis')
ylabel('Imag Axis')
```

A. 7. 13　参考例题 A. 7. 12,绘出下列 $G(s)$ 的极坐标图:

$$G(s) = \frac{20(s^2 + s + 0.5)}{s(s + 1)(s + 10)}$$

并且在极坐标图上找出下列频率点的位置: $\omega = 0.2, 0.3, 0.5, 1, 2, 6, 10$ 和 20 rad/s。同时,求出在指定频率点上 $G(j\omega)$ 的幅值和相角。

　　解:在 MATLAB 程序 7. 19 中,我们采用了频率向量 w,它由三个频率子向量 $w1$、$w2$ 和 $w3$ 组成。我们可以简单地用频率向量 $w = \text{lgscale}(d_1, d_2, n)$ 代替上述频率向量 w。MATLAB 程序 7. 19 采用了下列频率向量:

$$w = \text{lgscale}(-1, 2, 100)$$

这个 MATLAB 程序绘出了极坐标轨迹,并且在极坐标轨迹上找出了指定的频率点,如图 7. 129 所示。

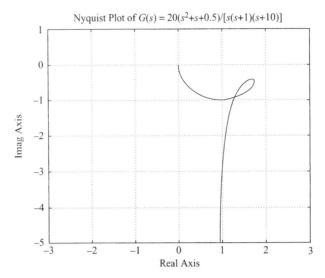

图 7. 128　对应于正频率范围的奈奎斯特图

```
MATLAB程序7.19

num = [20  20  10];
den = [1  11  10  0];
ww = logspace(–1,2,100);
nyquist(num,den,ww)
v = [–2  3  –5  0]; axis(v);
grid
hold
Current plot held
w = [0.2  0.3  0.5  1  2  6  10  20];
[re,im,w] = nyquist(num,den,w);
plot(re,im,'o')
text(1.1,–4.8,'w = 0.2')
text(1.1,–3.1,'0.3')
text(1.25,–1.7,'0.5')
text(1.37,–0.4,'1')
text(1.8,–0.3,'2')
text(1.4,–1.1,'6')
text(0.77,–0.8,'10')
text(0.037,–0.8,'20')

% ----- To get the values of magnitude and phase (in degrees) of G(jw)
% at the specified w values, enter the command [mag,phase,w]
% = bode(num,den,w) ------

[mag,phase,w] = bode(num,den,w);

% ----- The following table shows the specified frequency values w and
% the corresponding values of magnitude and phase (in degrees) -----

[w  mag  phase]

ans =

    0.2000  4.9176 –78.9571
    0.3000  3.2426 –72.2244
    0.5000  1.9975 –55.9925
    1.0000  1.5733 –24.1455
    2.0000  1.7678 –14.4898
    6.0000  1.6918 –31.0946
   10.0000  1.4072 –45.0285
   20.0000  0.8933 –63.4385
```

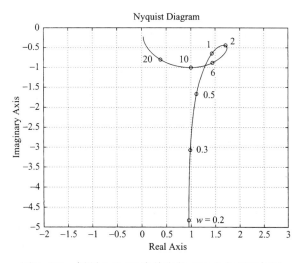

图 7.129　例题 A.7.13 中给出的 $G(j\omega)$ 的极坐标图

A.7.14　考虑一个单位正反馈系统，其开环传递函数为

$$G(s) = \frac{s^2 + 4s + 6}{s^2 + 5s + 4}$$

试绘出系统的奈奎斯特图。

　　解：通过定义下列 num 和 den：

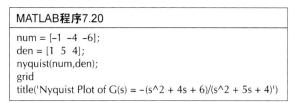

$$num = \begin{bmatrix} -1 & -4 & -6 \end{bmatrix}$$
$$den = \begin{bmatrix} 1 & 5 & 4 \end{bmatrix}$$

并且应用命令 nyguist(num,den)，可以绘出正反馈系统的奈奎斯特图。MATLAB 程序 7.20 将产生奈奎斯特图，如图 7.130 所示。

MATLAB程序7.20

```
num = [-1 -4 -6];
den = [1 5 4];
nyquist(num,den);
grid
title('Nyquist Plot of G(s) = -(s^2 + 4s + 6)/(s^2 + 5s + 4)')
```

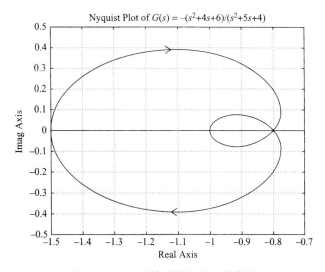

图 7.130　正反馈系统的奈奎斯特图

因为 $-1+j0$ 点被顺时针方向包围一次,所以这个系统是不稳定的。应当指出,这时的奈奎斯特图既通过 $-1+j0$ 点,又顺时针方向包围 $-1+j0$ 点一次,所以它是一种特殊情况。这意味着该闭环系统是一种退化系统,系统的动态特性就像一个不稳定的一阶系统。查看下列正反馈系统的闭环传递函数:

$$\frac{C(s)}{R(s)} = \frac{s^2 + 4s + 6}{s^2 + 5s + 4 - (s^2 + 4s + 6)}$$

$$= \frac{s^2 + 4s + 6}{s - 2}$$

注意,正反馈情况下的奈奎斯特图是负反馈情况下奈奎斯特图关于虚轴的镜像,从图 7.131 中可以清楚地看出这一点。图 7.131 是由 MATLAB 程序 7.21 产生的(注意,正反馈情况是不稳定的,但负反馈情况是稳定的)。

MATLAB程序7.21

```
num1 = [1  4  6];
den1 = [1  5  4];
num2 = [-1 -4 -6];
den2 = [1  5  4];
nyquist(num1,den1);
hold on
nyquist(num2,den2);
v = [-2  2 -1  1];
axis(v);
grid
title('Nyquist Plots of G(s) and -G(s)')
text(1.0,0.5,'G(s)')
text(0.57,-0.48,'Use this Nyquist')
text(0.57,-0.61,'plot for negative')
text(0.57,-0.73,'feedback system')
text(-1.3,0.5,'-G(s)')
text(-1.7,-0.48,'Use this Nyquist')
text(-1.7,-0.61,'plot for positive')
text(-1.7,-0.73,'feedback system')
```

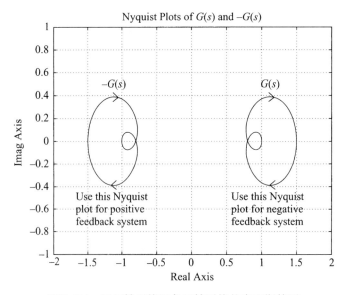

图 7.131　正反馈系统和负反馈系统的奈奎斯特图

A. 7. 15　考虑图 7.60 所示的控制系统(参考例 7.19),试采用逆极坐标图,确定增益 K 的稳定范围。

　　解: 因为

$$G_2(s) = \frac{1}{s^3 + s^2 + 1}$$

所以

$$G(s) = G_1(s)G_2(s) = \frac{K(s + 0.5)}{s^3 + s^2 + 1}$$

因此,前向传递函数之逆为

$$\frac{1}{G(s)} = \frac{s^3 + s^2 + 1}{K(s + 0.5)}$$

注意,$1/G(s)$ 具有一个极点 $s = -0.5$,它在 s 右半平面内无任何极点,因此奈奎斯特稳定性方程

$$Z = N + P$$

简化为 $Z = N$,这里 $P = 0$。简化方程表明,$1 + [1/G(s)]$ 在 s 右半平面内的零点数 Z 等于对 $-1 + j0$ 点顺时针方向的包围次数 N。为了保证系统的稳定,N 必须等于零,即不存在对 $-1 + j0$ 点的包围。图 7.132 所示为 $K/G(j\omega)$ 的奈奎斯特图,即极坐标图。

　　因为

$$\frac{K}{G(j\omega)} = \left[\frac{(j\omega)^3 + (j\omega)^2 + 1}{j\omega + 0.5}\right]\left(\frac{0.5 - j\omega}{0.5 - j\omega}\right)$$

$$= \frac{0.5 - 0.5\omega^2 - \omega^4 + j\omega(-1 + 0.5\omega^2)}{0.25 + \omega^2}$$

所以 $K/G(j\omega)$ 的轨迹在 $\omega\sqrt{2}$ 处与负实轴相交,负实轴上的交点坐标为 -2。

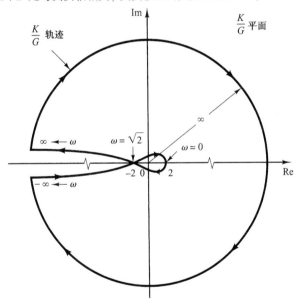

图 7.132　$K/G(j\omega)$ 的极坐标图

　　由图 7.132 可以看出,如果临界点位于 -2 与 $-\infty$ 之间的区域内,则临界点不会被轨迹包围。因此,为了保证系统稳定,要求

$$-1 < \frac{-2}{K}$$

于是增益 K 的稳定范围为

$$2 < K$$

这和我们在例 7.19 中得到的结果是相同的。

A. 7. 16　图 7.133 所示为一个宇宙飞船控制系统的方框图。为了使相位裕量等于 $50°$,试确定增益 K。在这种情况下,增益裕量是多大?

解:因为

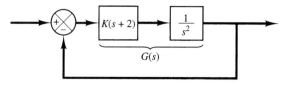

图 7.133　宇宙飞船控制系统

$$G(j\omega) = \frac{K(j\omega + 2)}{(j\omega)^2}$$

所以得到

$$\underline{/G(j\omega)} = \underline{/j\omega + 2} - 2\underline{/j\omega} = \arctan\frac{\omega}{2} - 180°$$

要求相位裕量为 $50°$，意味着 $\underline{/G(j\omega_c)}$ 必须等于 $-130°$，其中 ω_c 为增益交界频率，即

$$\underline{/G(j\omega_c)} = -130°$$

因此，设

$$\arctan\frac{\omega_c}{2} = 50°$$

由此得到

$$\omega_c = 2.3835 \text{ rad/s}$$

因为相位曲线永远不和 $-108°$ 线相交，所以增益裕量为 $+\infty$ dB。当 $\omega = 2.3835$ 时，$G(j\omega)$ 的幅值必须等于 0 dB，所以

$$\left|\frac{K(j\omega + 2)}{(j\omega)^2}\right|_{\omega = 2.3835} = 1$$

由此得到

$$K = \frac{2.3835^2}{\sqrt{2^2 + 2.3835^2}} = 1.8259$$

这个 K 值将产生相位裕量 $50°$。

A.7.17 对于下列标准的二阶系统：

$$\frac{C(s)}{R(s)} = \frac{\omega_n^2}{s^2 + 2\zeta\omega_n s + \omega_n^2}$$

试证明其带宽 ω_b 为

$$\omega_b = \omega_n(1 - 2\zeta^2 + \sqrt{4\zeta^4 - 4\zeta^2 + 2})^{1/2}$$

注意，ω_b/ω_n 仅为 ζ 的函数。试绘出 ω_b/ω_n 与 ζ 之间的关系曲线。

解:带宽 ω_b 可以由 $|C(j\omega_b)/R(j\omega_b)| = -3$ dB 确定。通常，我们用 -3.01 dB，即用 0.707 代替 -3 dB。因此，

$$\left|\frac{C(j\omega_b)}{R(j\omega_b)}\right| = \left|\frac{\omega_n^2}{(j\omega_b)^2 + 2\zeta\omega_n(j\omega_b) + \omega_n^2}\right| = 0.707$$

于是

$$\frac{\omega_n^2}{\sqrt{(\omega_n^2 - \omega_b^2)^2 + (2\zeta\omega_n\omega_b)^2}} = 0.707$$

由此得到

$$\omega_n^4 = 0.5[(\omega_n^2 - \omega_b^2)^2 + 4\zeta^2\omega_n^2\omega_b^2]$$

用 ω_n^4 除上述方程的两边，得到

$$1 = 0.5\left\{\left[1 - \left(\frac{\omega_b}{\omega_n}\right)^2\right]^2 + 4\zeta^2\left(\frac{\omega_b}{\omega_n}\right)^2\right\}$$

上述方程解出 $(\omega_b/\omega_n)^2$，得到

$$\left(\frac{\omega_b}{\omega_n}\right)^2 = -2\zeta^2 + 1 \pm \sqrt{4\zeta^4 - 4\zeta^2 + 2}$$

因为 $(\omega_b/\omega_n)^2 > 0$，所以上述方程取加号。于是

$$\omega_b^2 = \omega_n^2(1 - 2\zeta^2 + \sqrt{4\zeta^4 - 4\zeta^2 + 2})$$

即

$$\omega_b = \omega_n(1 - 2\zeta^2 + \sqrt{4\zeta^4 - 4\zeta^2 + 2})^{1/2}$$

图 7.134 所示为 ω_b/ω_n 与 ζ 之间的关系曲线。

A.7.18 图 7.135 所示为单位反馈控制系统开环传递函数 $G(s)$ 的伯德图。众所周知，这个开环传递函数是最小相位的。由图可以看出，在 $\omega = 2$ rad/s 上存在一对共轭复数极点。试确定包含这对共轭复数极点的二阶函数的阻尼比，并确定传递函数 $G(s)$。

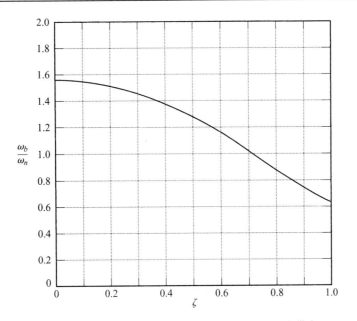

图 7.134　ω_b/ω_n 与 ζ 之间的关系曲线, 其中 ω_b 为带宽

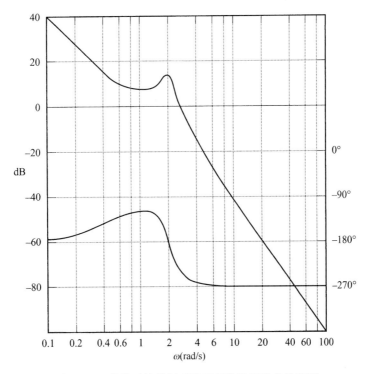

图 7.135　单位反馈控制系统开环传递函数的伯德图

解: 参考图 7.9, 并且检查图 7.135 中的伯德图, 我们求得二阶函数的阻尼比 ζ 和无阻尼自然频率 ω_n 为

$$\zeta = 0.1, \quad \omega_n = 2 \text{ rad/s}$$

在 $\omega = 0.5 \text{ rad/s}$ 上存在另一个转角频率, 并且在低频段上, 幅值曲线的斜率为 -40 dB/十倍频程, 于是 $G(j\omega)$ 暂时确定如下:

$$G(j\omega) = \frac{K\left(\dfrac{j\omega}{0.5} + 1\right)}{(j\omega)^2\left[\left(\dfrac{j\omega}{2}\right)^2 + 0.1(j\omega) + 1\right]}$$

因为从图7.135可求得$\left|G(j0.1)\right| = 40$ dB，所以增益K的值可以确定为1。此外，计算出的相角曲线，即$\underline{/G(j\omega)}$与ω之间的关系曲线，与给定的相角曲线是一致的。因此，传递函数$G(s)$可以确定为

$$G(s) = \frac{4(2s + 1)}{s^2(s^2 + 0.4s + 4)}$$

A.7.19 在闭环控制系统的回路中，可能包含不稳定元件。当把奈奎斯特稳定判据应用到这类系统时，必须得到不稳定元件的频率响应曲线。

怎样才能通过实验的方法，获得这类不稳定元件的频率响应曲线呢？试提出一种可行的方法，实验确定不稳定线性元件的频率响应。

解：一种可行的方法是把它作为稳定系统的一部分，测量不稳定元件的频率响应特性。

考虑图7.136所示的系统。假设元件$G_1(s)$是不稳定的。通过选择适当的线性元件$G_2(s)$，可以使整个系统成为稳定的。在系统的输入端加正弦信号。稳态时，回路中的所有信号都将是正弦的。测量不稳定元件的输入信号$e(t)$，以及不稳定元件的输出信号

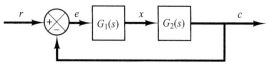

图7.136　控制系统

号$x(t)$。改变输入正弦信号的频率[为了便于对$e(t)$和$x(t)$进行测量，也许还要改变输入正弦信号的振幅]，重复此过程，就可以得到不稳定线性元件的频率响应。

A.7.20 证明在开环系统中串联插入超前网络和滞后网络后，其作用效果分别如同一个比例-加-微分控制器（在小ω范围内）和一个比例-加-积分控制器（在大ω范围内）。

解：在小ω范围内，超前网络的极坐标图与比例-加-微分控制器的极坐标图相近，如图7.137(a)所示。

类似地，在大ω范围内，滞后网络的极坐标图近似于比例-加-积分控制器的极坐标图，如图7.137(b)所示。

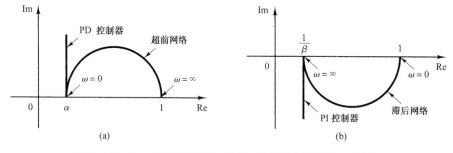

图7.137　（a）超前网络和比例-加-微分控制器的极坐标图；
（b）滞后网络和比例-加-积分控制器的极坐标图

A.7.21 考虑由下列$G_c(s)$定义的滞后-超前校正装置：

$$G_c(s) = K_c \frac{\left(s + \dfrac{1}{T_1}\right)\left(s + \dfrac{1}{T_2}\right)}{\left(s + \dfrac{\beta}{T_1}\right)\left(s + \dfrac{1}{\beta T_2}\right)}$$

在频率ω_1时，ω_1为

$$\omega_1 = \frac{1}{\sqrt{T_1 T_2}}$$

试证明 $G_c(j\omega)$ 的相角为零（这个校正装置在 $0 < \omega < \omega_1$ 时，其作用为滞后校正装置；而在 $\omega_1 < \omega < \infty$ 时，其作用为超前校正装置）。参考图 7.109。

　　解： $G_c(j\omega)$ 的相角为

$$\underline{/G_c(j\omega)} = \underline{/j\omega + \frac{1}{T_1}} + \underline{/j\omega + \frac{1}{T_2}} - \underline{/j\omega + \frac{\beta}{T_1}} - \underline{/j\omega + \frac{1}{\beta T_2}}$$

$$= \arctan \omega T_1 + \arctan \omega T_2 - \arctan \omega T_1 / \beta - \arctan \omega T_2 \beta$$

当 $\omega = \omega_1 = 1/\sqrt{T_1 T_2}$ 时，得到

$$\underline{/G_c(j\omega_1)} = \arctan \sqrt{\frac{T_1}{T_2}} + \arctan \sqrt{\frac{T_2}{T_1}} - \arctan \frac{1}{\beta}\sqrt{\frac{T_1}{T_2}} - \arctan \beta \sqrt{\frac{T_2}{T_1}}$$

因为

$$\tan\left(\arctan \sqrt{\frac{T_1}{T_2}} + \arctan \sqrt{\frac{T_2}{T_1}}\right) = \frac{\sqrt{\dfrac{T_1}{T_2}} + \sqrt{\dfrac{T_2}{T_1}}}{1 - \sqrt{\dfrac{T_1}{T_2}}\sqrt{\dfrac{T_2}{T_1}}} = \infty$$

即

$$\arctan \sqrt{\frac{T_1}{T_2}} + \arctan \sqrt{\frac{T_2}{T_1}} = 90°$$

同时

$$\arctan \frac{1}{\beta}\sqrt{\frac{T_1}{T_2}} + \arctan \beta \sqrt{\frac{T_2}{T_1}} = 90°$$

所以

$$\underline{/G_c(j\omega_1)} = 0°$$

当 $\omega = \omega_1 = 1/\sqrt{T_1 T_2}$ 时，$G_c(j\omega_1)$ 的相角为 $0°$。

A.7.22　考虑图 7.138 所示的控制系统。为了使系统的相位裕量等于 $60°$，试确定增益 K 的值。在此增益 K 值的条件下，增益裕量是多大？

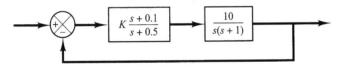

图 7.138　控制系统

　　解： 系统的开环传递函数为

$$G(s) = K \frac{s + 0.1}{s + 0.5} \frac{10}{s(s + 1)}$$

$$= \frac{K(10s + 1)}{s^3 + 1.5s^2 + 0.5s}$$

当 $K = 1$ 时，绘出 $G(s)$ 的伯德图。为此采用 MATLAB 程序 7.22。图 7.139 所示为由该程序绘出的伯德图。由此图看出，希望的 $60°$ 相位裕量发生在频率 $\omega = 1.15$ rad/s 时。在此频率上，$G(j\omega)$ 的幅值等于 14.5 dB。于是增益 K 必须满足下列方程：

$$20 \log K = -14.5 \text{ dB}$$

即

$$K = 0.188$$

由此确定了增益 K 的值。因为相角曲线不与 $-180°$ 线相交，所以增益裕量为 $+\infty$ dB。

MATLAB程序7.22

num = [10 1];
den = [1 1.5 0.5 0];
bode(num,den)
title('Bode Diagram of G(s) = (10s + 1)/[s(s + 0.5)(s + 1)]')

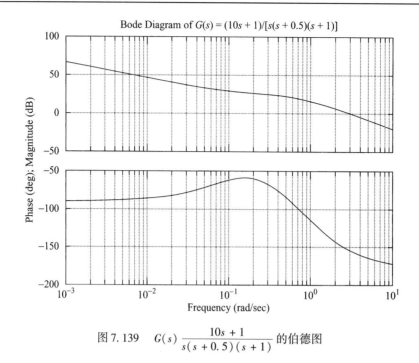

图 7.139　$G(s)\dfrac{10s+1}{s(s+0.5)(s+1)}$ 的伯德图

为了检验上述结果,在下列频率范围内绘制 G 的奈奎斯特图:

$$w = 0.5{:}0.01{:}1.15$$

轨迹的端点($\omega = 1.15$ rad/s)位于奈奎斯特平面的单位圆上。为了检验相位裕量,在极坐标图上画出奈奎斯特图,并利用极坐标网格是比较方便的。

为了在极坐标图上画奈奎斯特图,首先定义复向量 z 如下:

$$z = re + i*im = re^{i\theta}$$

式中 r 和 θ (theta)由下式给出:

$$r = abs(z)$$
$$theta = angle(z)$$

式中 abs 表示实部平方与虚部平方之和的平方根。angle 表示 arctan(虚部/实部)。

如果利用下列命令:

$$polar(theta,r)$$

MATLAB 将在极坐标上产生一幅图。随后应用 grid 命令绘出极坐标格线和格圆。

MATLAB 程序 7.23 产生了 $G(j\omega)$ 的奈奎斯特图,式中 ω 介于 $0.5 \sim 1.15$ rad/s 之间。图 7.140 所示为得到的奈奎斯特图,点 $G(j1.15)$ 位于单位圆上,该点的相角等于 $-120°$,因此相位裕量为 $60°$。点 $G(j1.15)$ 位于单位圆这一事实,证明了当 $\omega = 1.15$ rad/s 时,幅值为 1 dB 或 0 dB(因此,$\omega = 1.15$ 是增益交界频率)。所以,$K = 0.188$ 给出了希望的 $60°$ 相位裕量。

```
MATLAB程序7.23

%*****Nyquist plot in rectangular coordinates*****
num = [1.88 0.188];
den = [1 1.5 0.5 0];
w = 0.5:0.01:1.15;
[re,im,w] = nyquist(num,den,w);
%*****Convert rectangular coordinates into polar coordinates
% by defining z, r, theta as follows*****
z = re + i*im;
r = abs(z);
```

```
theta = angle(z);
%*****To draw polar plot, enter command 'polar(theta,r)'*****
polar(theta,r)
text(-1,3,'Check of Phase Margin')
text(0.3,-1.7,'Nyquist plot')
text(-2.2,-0.75,'Phase margin')
text(-2.2,-1.1,'is 60 degrees')
text(1.45,-0.7,'Unit circle')
```

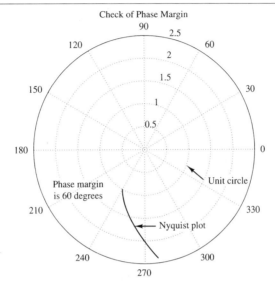

图 7.140　$G(j\omega)$ 的奈奎斯特图,该图表明其相位裕量为 60°

为了在极坐标图上写入文本,可输入下列 text 命令:

$$\text{text(x,y,' ')}$$

例如,为了从点(0.3, −1.7)开始写入"Nyquist plot",输入下列命令:

$$\text{text(0.3, −1.7,'Nyquist plot')}$$

这时,文本被水平地写在屏幕上。

A. 7. 23　如果开环传递函数 $G(s)$ 包含弱阻尼共轭复数极点,则可能有一个以上的 M 轨迹与 $G(j\omega)$ 轨迹相切。

考虑一个单位反馈系统,其开环传递函数为

$$G(s) = \frac{9}{s(s + 0.5)(s^2 + 0.6s + 10)} \tag{7.32}$$

试绘出该开环传递函数的伯德图,并且绘出它的对数幅-相图,证明有两个 M 轨迹与 $G(j\omega)$ 轨迹相切。绘出闭环传递函数的伯德图。

解: 图 7.141 所示为 $G(j\omega)$ 的伯德图。图 7.142 所示为 $G(j\omega)$ 的对数幅-相图。可以看出,$G(j\omega)$ 轨迹在 $\omega = 0.97$ rad/s 上与 $M = 8$ dB 轨迹相切,并且在 $\omega = 2.8$ rad/s 上与 $M = −4$ dB 轨迹相切。

图 7.143 所示为闭环传递函数的伯德图。闭环频率响应的幅值曲线呈现出两个谐振峰值。当闭环传递函数包含两个弱阻尼二阶项的乘积,并且两个相应的谐振频率彼此充分地隔开时,将会发生这种情况。事实上,这一系统的闭环传递函数可以写成

$$\frac{C(s)}{R(s)} = \frac{G(s)}{1 + G(s)}$$

$$= \frac{9}{(s^2 + 0.487s + 1)(s^2 + 0.613s + 9)}$$

显然,闭环传递函数的分母是两个弱阻尼二阶项的乘积(阻尼比分别为 0.243 和 0.102),并且两个谐振频率充分地分开。

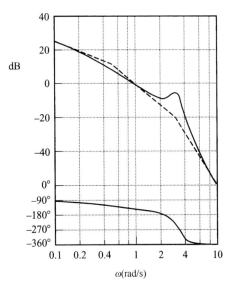

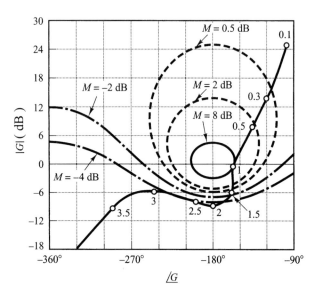

图 7.141　由方程(7.32)给出的 $G(s)$ 的伯德图　　　图 7.142　由方程(7.32)给出的 $G(s)$ 的对数幅-相图

A.7.24　考虑图 7.144(a)所示的系统。试设计一个校正装置，使得闭环系统满足下列要求：

$$静态速度误差常数 = 20 \ s^{-1}$$

$$相位裕量 = 50°$$

$$增益裕量 \geq 10 \ dB$$

解: 为了满足上述要求，我们试探地采用下列形式的超前校正装置 $G_c(s)$：

$$G_c(s) = K_c \alpha \frac{Ts + 1}{\alpha Ts + 1}$$

$$= K_c \frac{s + \dfrac{1}{T}}{s + \dfrac{1}{\alpha T}}$$

如果超前校正装置不能满足要求，则需要采用不同形式的校正装置。已校正系统如图 7.144(b)所示。

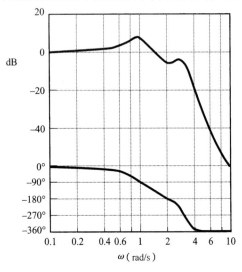

图 7.143　$G(s)/[1 + G(s)]$ 的伯德图，
式中 $G(s)$ 由方程(7.32)给出

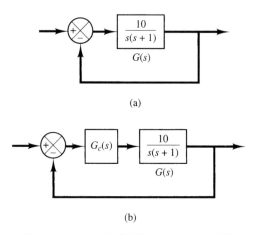

图 7.144　(a) 控制系统；(b) 已校正系统

定义

$$G_1(s) = KG(s) = \frac{10K}{s(s + 1)}$$

式中 $K = K_c\alpha$。

设计工作的第一步是调整增益 K，以满足稳态性能指标，即产生要求的静态速度误差常数。因为静态速度误差常数 K_v 给定为 $20\ \mathrm{s}^{-1}$，所以

$$
\begin{aligned}
K_v &= \lim_{s \to 0} sG_c(s)G(s) \\
&= \lim_{s \to 0} s\,\frac{Ts + 1}{\alpha Ts + 1}\,G_1(s) \\
&= \lim_{s \to 0} \frac{s10K}{s(s + 1)} \\
&= 10K = 20
\end{aligned}
$$

即

$$K = 2$$

当 $K = 2$ 时，已校正系统满足稳态要求。

下面绘出下列函数的伯德图：

$$G_1(s) = \frac{20}{s(s + 1)}$$

MATLAB 程序 7.24 产生的伯德图如图 7.145 所示。由这个图可以得到相位裕量为 14°，增益裕量为 $+\infty$ dB。

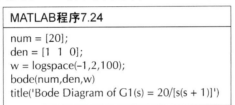

```
MATLAB程序7.24

num = [20];
den = [1  1  0];
w = logspace(-1,2,100);
bode(num,den,w)
title('Bode Diagram of G1(s) = 20/[s(s + 1)]')
```

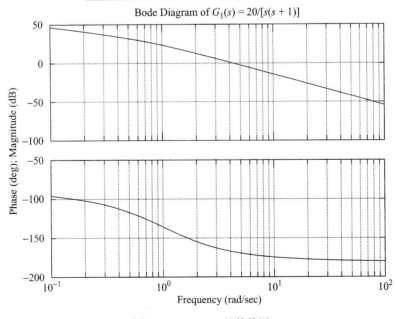

图 7.145　$G_1(s)$ 的伯德图

因为性能指标要求相位裕量为 50°，所以为满足此要求，需要的附加相位超前为 36°，该超前角度由超前校正装置提供。

增加一个超前校正装置后，改变了伯德图中的幅值曲线，这时增益交界频率将向右边移动。必须补偿因这种增益交界频率增大而造成的 $G_1(j\omega)$ 的相位滞后增量。考虑到增益交界频率的这种移动，可以假设需要的最大相位超前 ϕ_m 约为41°(这意味着为了补偿增益交界频率的移动，大约需要增加5°)。因为

$$\sin\phi_m = \frac{1 - \alpha}{1 + \alpha}$$

所以，$\phi_m = 41°$ 对应于 $\alpha = 0.2077$，注意到 $\alpha = 0.21$ 对应于 $\phi_m = 40.76°$。不论是取 $\phi_m = 41°$，还是取 $\phi_m = 40.76°$，最后的求解结果不会有太大区别。因此，我们选取 $\alpha = 0.21$。

一旦在需要的相位超前角的基础上确定了衰减因子 α，就可以确定超前校正装置的转角频率 $\omega = 1/T$ 和 $\omega = 1/(\alpha T)$。最大相位超前角 ϕ_m 发生在两个转角频率的几何中点，即发生在 $\omega = 1/(\sqrt{\alpha} T)$ 处。

由于包含了 $(Ts + 1)/(\alpha Ts + 1)$ 一项，所以在 $\omega = 1/(\sqrt{\alpha} T)$ 这一点上，幅值曲线的改变量为

$$\left| \frac{1 + j\omega T}{1 + j\omega\alpha T} \right|_{\omega = \frac{1}{\sqrt{\alpha}T}} = \left| \frac{1 + j\frac{1}{\sqrt{\alpha}}}{1 + j\alpha\frac{1}{\sqrt{\alpha}}} \right| = \frac{1}{\sqrt{\alpha}}$$

注意到

$$\frac{1}{\sqrt{\alpha}} = \frac{1}{\sqrt{0.21}} = 6.7778 \text{ dB}$$

当加入超前校正装置后，需要求出总幅值变为 0 dB 的频率点。

由图 7.145 可以看出，$G_1(j\omega)$ 的幅值等于 -6.7778 dB 的频率点，发生在 $\omega = 1$ rad/s 和 $\omega = 10$ rad/s 之间。因此，在 $\omega = 1$ 和 $\omega = 10$ 的频率范围内，绘出 $G_1(j\omega)$ 的新伯德图，并且找出 $|G_1(j\omega)| = -6.7778$ dB 的精确位置。MATLAB 程序 7.25 产生这一频率范围内的伯德图，图 7.146 所示为此伯德图。由该图可以看出，$|G_1(j\omega)| = -6.7778$ dB 的频率点发生在 $\omega = 6.5686$ rad/s 处。选择该频率作为新增益交界频率，即 $\omega_c = 6.5686$ rad/s。该频率相应于 $1/(\sqrt{\alpha} T)$，即

$$\omega_c = \frac{1}{\sqrt{\alpha}T}$$

于是可以得到

$$\frac{1}{T} = \omega_c\sqrt{\alpha} = 6.5686\sqrt{0.21} = 3.0101$$

和

$$\frac{1}{\alpha T} = \frac{\omega_c}{\sqrt{\alpha}} = \frac{6.5686}{\sqrt{0.21}} = 14.3339$$

因此，可以确定超前校正装置为

$$G_c(s) = K_c \frac{s + 3.0101}{s + 14.3339} = K_c \alpha \frac{0.3322s + 1}{0.06976s + 1}$$

式中 K_c 确定如下:

$$K_c = \frac{K}{\alpha} = \frac{2}{0.21} = 9.5238$$

因此，校正装置的传递函数为

$$G_c(s) = 9.5238 \frac{s + 3.0101}{s + 14.3339} = 2 \frac{0.3322s + 1}{0.06976s + 1}$$

MATLAB程序7.25

```
num = [20];
den = [1 1 0];
w = logspace(0,1,100);
bode(num,den,w)
title('Bode Diagram of G1(s) = 20/[s(s + 1)]')
```

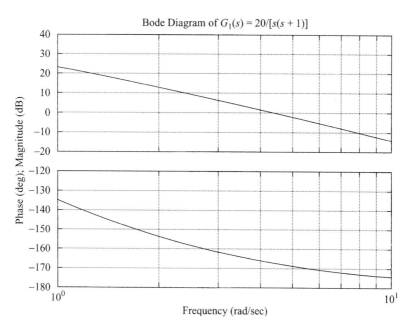

图 7.146　$G_1(s)$ 的伯德图

MATLAB 程序 7.26 产生了这个超前校正装置的伯德图，如图 7.147 所示。

```
MATLAB程序7.26

numc = [9.5238  28.6676];
denc = [1  14.3339];
w = logspace(–1,3,100);
bode(numc,denc,w)
title('Bode Diagram of Gc(s) = 9.5238(s + 3.0101)/(s + 14.3339')
```

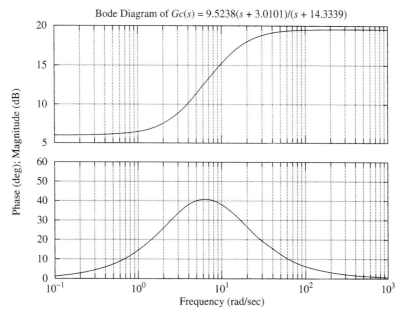

图 7.147　$G_c(s)$ 的伯德图

设计出的系统的开环传递函数为

$$G_c(s)G(s) = 9.5238 \frac{s + 3.0101}{s + 14.3339} \frac{10}{s(s + 1)}$$

$$= \frac{95.238s + 286.6759}{s^3 + 15.3339s^2 + 14.3339s}$$

MATLAB 程序 7.27 将产生 $G_c(s)G(s)$ 的伯德图,如图 7.148 所示。

```
MATLAB程序7.27

num = [95.238  286.6759];
den = [1  15.3339  14.3339  0];
sys = tf(num,den);
w = logspace(−1,3,100);
bode(sys,w);
grid;
title('Bode Diagram of Gc(s)G(s)')
[Gm,pm,wcp,wcg] = margin(sys);
GmdB = 20*log10(Gm);
[Gmdb,pm,wcp,wcg]
ans =
    Inf   49.4164   Inf   6.5686
```

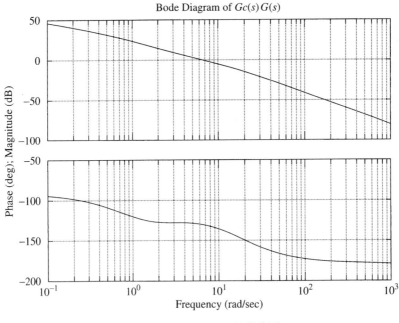

图 7.148　$G_c(s)G(s)$ 的伯德图

由 MATLAB 程序 7.27 和图 7.148 可以清楚地看出,系统的相应裕量约为 $50°$,增益裕量为 $+\infty$ dB。因为静态速度误差常数 K_v 为 20 s^{-1},所以所有性能指标均得到满足。在结束本例题的讨论之前,必须对瞬态响应特性进行检查。

1. **单位阶跃响应**。我们将对已校正系统的单位阶跃响应,与原来的未校正系统的单位阶跃响应进行比较。

原未校正系统的闭环传递函数为

$$\frac{C(s)}{R(s)} = \frac{10}{s^2 + s + 10}$$

已校正系统的闭环传递函数为

$$\frac{C(s)}{R(s)} = \frac{95.238s + 286.6759}{s^3 + 15.3339s^2 + 110.5719s + 286.6759}$$

MATLAB 程序 7.28 产生了未校正和已校正系统的单位阶跃响应。图 7.149 表示了这组响应曲线。显然，已校正系统的响应曲线是令人满意的。闭环零点和极点的位置如下：

零点位置: $s = -3.0101$

极点位置: $s = -5.2880 \pm j5.6824$,　$s = -4.7579$

```
MATLAB程序7.28

%*****Unit-step responses*****

num1 = [10];
den1 = [1  1  10];
num2 = [95.238  286.6759];
den2 = [1  15.3339  110.5719  286.6759];
t = 0:0.01:6;
[c1,x1,t] = step(num1,den1,t);
[c2,x2,t] = step(num2,den2,t);
plot(t,c1,'.',t,c2,'-')
grid;
title('Unit-Step Responses of Uncompensated System and Compensated System')
xlabel('t Sec');
ylabel('Outputs')
text(1.70,1.45,'Uncompensated System')
text(1.1,0.5,'Compensated System')
```

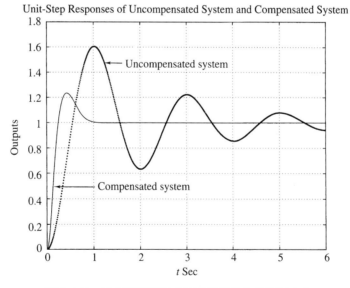

图 7.149　已校正系统和未校正系统的单位阶跃响应

2. **单位斜坡响应**。现在有必要对已校正系统的单位斜坡响应进行检查。因为 $K_v = 20 \text{ s}^{-1}$，所以系统跟踪单位斜坡输入信号的稳态误差等于 $1/K_v = 0.05$。未校正系统的静态速度误差常数等于 10 s^{-1}。因此，在跟踪单位斜坡输入信号时，原未校正系统的稳态误差是已校正系统的两倍。

MATLAB 程序 7.29 产生了单位斜坡响应曲线[注意，单位斜坡响应曲线是以求 $G(s)/sR(s)$ 的单位阶跃响应曲线的方式得到的]。图 7.150 所示为求出的响应曲线。已校正系统的稳态误差是原来未校正系统稳态误差的一半。

MATLAB程序7.29

```
%*****Unit-ramp responses*****
num1 = [10];
den1 = [1  1  10  0];
num2 = [95.238  286.6759];
den2 = [1  15.3339  110.5719  286.6759  0];
t = 0:0.01:3;
[c1,x1,t] = step(num1,den1,t);
[c2,x2,t] = step(num2,den2,t);
plot(t,c1,'.',t,c2,'-',t,t,'--');
grid;
title('Unit-Ramp Responses of Uncompensated System and Compensated System');
xlabel('t Sec');
ylabel('Outputs')
text(1.2,0.65,'Uncompensated System')
text(0.1,1.3,'Compensated System')
```

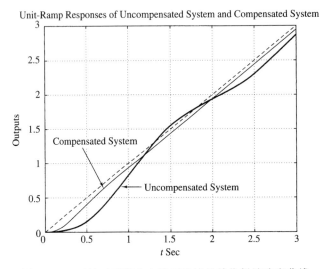

图 7.150　已校正系统和未校正系统的单位斜坡响应曲线

A. 7. 25　考虑一个单位反馈系统，其开环传递函数为

$$G(s) = \frac{K}{s(s + 1)(s + 4)}$$

试设计一个滞后–超前校正装置 $G_c(s)$，使得系统的静态速度误差常数为 $10\ \mathrm{s}^{-1}$，相位裕量为 $50°$，增益裕量等于或大于 $10\ \mathrm{dB}$。

　　解：我们将设计一个滞后–超前校正装置，其传递函数形式为

$$G_c(s) = K_c \frac{\left(s + \dfrac{1}{T_1}\right)\left(s + \dfrac{1}{T_2}\right)}{\left(s + \dfrac{\beta}{T_1}\right)\left(s + \dfrac{1}{\beta T_2}\right)}$$

于是已校正的开环传递函数为 $G_c(s)G(s)$。因为被控对象的增益 K 是可调整的，所以设 $K_c = 1$，因此 $\lim\limits_{s \to 0} G_c(s) = 1$。根据对静态误差常数的要求，得到

$$K_v = \lim_{s \to 0} sG_c(s)G(s) = \lim_{s \to 0} sG_c(s)\frac{K}{s(s + 1)(s + 4)}$$

$$= \frac{K}{4} = 10$$

因此，$$K = 40$$

首先绘出未校正系统在 $K = 40$ 时的伯德图。该伯德图可以利用 MATLAB 程序 7.30 绘出来。图 7.151 所示为用上述程序绘出的伯德图。

MATLAB程序7.30

```
num = [40];
den = [1  5  4  0];
w = logspace(-1,1,100);
bode(num,den,w)
title('Bode Diagram of G(s) = 40/[s(s + 1)(s + 4)]')
```

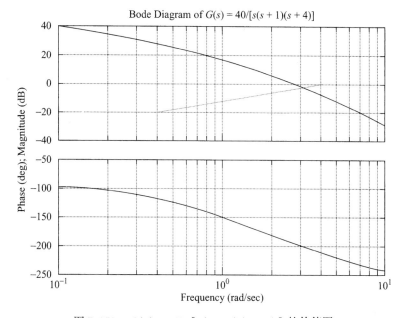

图 7.151　$G(s) = 40/[s(s + 1)(s + 4)]$ 的伯德图

由图 7.151 可以求出增益已调整但未校正系统的相位裕量为 $-16°$，这表明未校正系统是不稳定的。设计滞后-超前校正装置的下一步任务是选择新的增益交界频率。由 $G(j\omega)$ 的相角曲线可以看到，相位转角频率为 $\omega = 2$ rad/s。选择新的增益交界频率为 2 rad/s，这样，在 $\omega = 2$ rad/s 时，要求的相位超前角大约等于 $50°$。单独的滞后-超前校正装置可以相当容易地提供这么大的相位超前角。

一旦选定增益交界频率为 2 rad/s，就可以确定滞后-超前校正装置相位滞后部分的转角频率。选择转角频率 $\omega = 1/T_2$（它相应于校正装置相位滞后部分的零点）位于新增益交界频率以下十倍频程处，即位于 $\omega = 0.2$ rad/s 处。对于另一个转角频率 $\omega = 1/(\beta T_2)$，我们需要知道 β 的值。β 的值取决于对校正装置超前部分的考虑，如下所示。

对于超前校正装置，最大相位超前角 ϕ_m 由下式确定：

$$\sin\phi_m = \frac{\beta - 1}{\beta + 1}$$

注意，$\beta = 10$ 对应于 $\phi_m = 54.9°$。因为需要 $50°$ 的相位裕量，所以可以选择 $\beta = 10$（我们需要的相位裕量比最大相角 $54.9°$ 小几度）。因此，

$$\beta = 10$$

于是转角频率 $\omega = 1/(\beta T_2)$（它相应于校正装置相位滞后部分的极点）为

$$\omega = 0.02$$

这时，滞后-超前校正装置相位滞后部分的传递函数为

$$\frac{s + 0.2}{s + 0.02} = 10\left(\frac{5s + 1}{50s + 1}\right)$$

相位超前部分确定如下:因为新增益交界频率为 $\omega = 2$ rad/s,所以由图 7.151 可求得 $|G(j2)|$ 为 6 dB。因此,如果滞后-超前校正装置在 $\omega = 2$ rad/s 时产生 -6 dB,则新的增益交界频率就是所希望的。根据这个要求,绘出通过(-6 dB, 2 rad/s)点,且斜率为 20 dB/十倍频程的直线(这条直线在图 7.151 上已经用手画了出来)。这条直线与 0 dB 线以及 -20 dB 线的交点确定了转角频率。根据上述考虑,超前部分的转角频率确定为 $\omega = 0.4$ rad/s 和 $\omega = 4$ rad/s。因此,滞后-超前校正装置超前部分的传递函数为

$$\frac{s + 0.4}{s + 4} = \frac{1}{10}\left(\frac{2.5s + 1}{0.25s + 1}\right)$$

把校正装置滞后部分和超前部分的传递函数结合起来,可以得到滞后-超前校正装置的传递函数 $G_c(s)$。因为我们选择 $K_c = 1$,所以得到

$$G_c(s) = \frac{s + 0.4}{s + 4}\frac{s + 0.2}{s + 0.02} = \frac{(2.5s + 1)(5s + 1)}{(0.25s + 1)(50s + 1)}$$

将 MATLAB 程序 7.31 输入计算机中,可以得到滞后-超前校正装置 $G_c(s)$ 的伯德图,如图 7.152 所示。

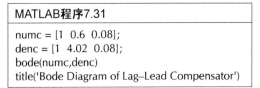

```
MATLAB程序7.31

numc = [1  0.6  0.08];
denc = [1  4.02  0.08];
bode(numc,denc)
title('Bode Diagram of Lag–Lead Compensator')
```

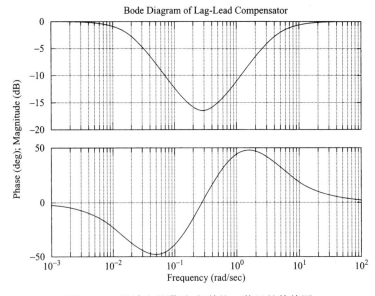

图 7.152　设计出的滞后-超前校正装置的伯德图

已校正系统的开环传递函数为

$$G_c(s)G(s) = \frac{(s + 0.4)(s + 0.2)}{(s + 4)(s + 0.02)}\frac{40}{s(s + 1)(s + 4)}$$

$$= \frac{40s^2 + 24s + 3.2}{s^5 + 9.02s^4 + 24.18s^3 + 16.48s^2 + 0.32s}$$

利用 MATLAB 程序 7.32,求出设计的开环传递函数 $G_c(s)G(s)$ 的幅值和相角曲线,如图 7.153 所示。注意,分母多项式 den1 利用 conv 命令求得如下:

```
a = [1  4.02  0.08];
b = [1  5  4  0];
conv(a,b)

ans =

    1.0000  9.0200  24.1800  16.4800  0.320000  0
```

MATLAB程序7.32

```
num1 = [40  24  3.2];
den1 = [1  9.02  24.18  16.48  0.32  0];
bode(num1,den1)
title('Bode Diagram of Gc(s)G(s)')
```

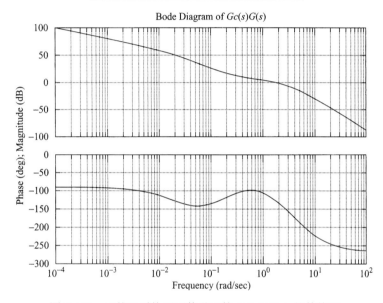

图 7.153　已校正系统开环传递函数 $G_c(s)G(s)$ 的伯德图

因为已校正系统的相位裕量为 $50°$，增益裕量为 12 dB，静态速度误差常数为 $10\ \mathrm{s}^{-1}$，所以全部要求均得到满足。

下面对设计出的系统的瞬态响应特性进行研究。

1. 单位阶跃响应。注意到

$$G_c(s)G(s) = \frac{40(s + 0.4)(s + 0.2)}{(s + 4)(s + 0.02)s(s + 1)(s + 4)}$$

可得到

$$\frac{C(s)}{R(s)} = \frac{G_c(s)G(s)}{1 + G_c(s)G(s)}$$

$$= \frac{40(s + 0.4)(s + 0.2)}{(s + 4)(s + 0.02)s(s + 1)(s + 4) + 40(s + 0.4)(s + 0.2)}$$

为了用 MATLAB 确定分母多项式，进行如下处理：

定义

$$a(s) = (s + 4)(s + 0.02) = s^2 + 4.02s + 0.08$$

$$b(s) = s(s + 1)(s + 4) = s^3 + 5s^2 + 4s$$

$$c(s) = 40(s + 0.4)(s + 0.2) = 40s^2 + 24s + 3.2$$

于是

$$a = [1 \quad 4.02 \quad 0.08]$$
$$b = [1 \quad 5 \quad 4 \quad 0]$$
$$c = [40 \quad 24 \quad 3.2]$$

利用下列 MATLAB 程序, 可得到分母多项式

```
a = [1  4.02  0.08];
b = [1  5  4  0];
c = [40  24  3.2];
p = [conv(a,b)] + [0  0  0  c]
p =
    1.0000  9.0200  24.1800  56.4800  24.3200  3.2000
```

MATLAB 程序 7.33 被用来获得已校正系统的单位阶跃响应。图 7.154 所示为由上述程序得到的单位阶跃响应曲线(已调整增益但未校正系统是不稳定的)。

```
MATLAB程序7.33

%*****Unit-step response****

num = [40  24  3.2];
den = [1  9.02  24.18  56.48  24.32  3.2];
t = 0:0.2:40;
step(num,den,t)
grid
title('Unit-Step Response of Compensated System')
```

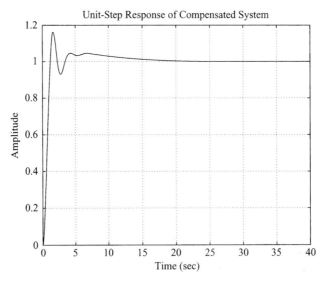

图 7.154 已校正系统的单位阶跃响应曲线

2. **单位斜坡响应**。将 MATLAB 程序 7.34 输入计算机, 可以得到系统的单位斜坡响应。这里把 $G_cG/(1 + G_cG)$ 的单位斜坡响应转换成 $G_cG/[s(1 + G_cG)]$ 的单位阶跃响应。图 7.155 是利用此程序得到的单位斜坡响应曲线。

```
MATLAB程序7.34

%*****Unit-ramp response*****

num = [40  24  3.2];
den = [1  9.02  24.18  56.48  24.32  3.2  0];
t = 0:0.05:20;
c = step(num,den,t);
plot(t,c,'-',t,t,'.')
```

```
grid
title('Unit-Ramp Response of Compensated System')
xlabel('Time (sec)')
ylabel('Unit-Ramp Input and Output c(t)')
```

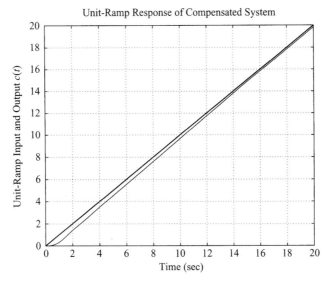

图 7.155　已校正系统的单位斜坡响应

习题

B.7.1　设单位反馈系统的开环传递函数为

$$G(s) = \frac{10}{s + 1}$$

试求系统受到下列输入信号作用时的稳态输出。

(a)　$r(t) = \sin(t + 30°)$

(b)　$r(t) = 2\cos(2t - 45°)$

(c)　$r(t) = \sin(t + 30°) - 2\cos(2t - 45°)$

B.7.2　设有一个系统，其闭环传递函数为

$$\frac{C(s)}{R(s)} = \frac{K(T_2 s + 1)}{T_1 s + 1}$$

当系统受到输入信号 $r(t) = R\sin\omega t$ 的作用时，试求系统的稳态输出。

B.7.3　试利用 MATLAB 绘出下列 $G_1(s)$ 和 $G_2(s)$ 的伯德图：

$$G_1(s) = \frac{1 + s}{1 + 2s}$$

$$G_2(s) = \frac{1 - s}{1 + 2s}$$

其中 $G_1(s)$ 为最小相位系统，$G_2(s)$ 为非最小相位系统。

B.7.4　绘出下列传递函数的伯德图：

$$G(s) = \frac{10(s^2 + 0.4s + 1)}{s(s^2 + 0.8s + 9)}$$

B. 7. 5 已知

$$G(s) = \frac{\omega_n^2}{s^2 + 2\zeta\omega_n s + \omega_n^2}$$

试证明

$$|G(j\omega_n)| = \frac{1}{2\zeta}$$

B. 7. 6 考虑一个单位反馈控制系统,其开环传递函数为

$$G(s) = \frac{s + 0.5}{s^3 + s^2 + 1}$$

这是一个非最小相位系统。三个开环极点中,有两个位于 s 右半平面。三个开环极点的位置是

$$s = -1.4656$$

$$s = 0.2328 + j0.7926$$

$$s = 0.2328 - j0.7926$$

试应用 MATLAB 绘出 $G(s)$ 的伯德图。说明为什么相角曲线始于 $0°$ 而趋近于 $+180°$。

B. 7. 7 已知开环传递函数为

$$G(s)H(s) = \frac{K(T_a s + 1)(T_b s + 1)}{s^2(Ts + 1)}$$

试在下列两种情况下画出其极坐标图。

(a) $T_a > T > 0$, $T_b > T > 0$

(b) $T > T_a > 0$, $T > T_b > 0$

B. 7. 8 设单位反馈控制系统的开环传递函数为

$$G(s) = \frac{K(1 - s)}{s + 1}$$

试绘出单位反馈控制系统的奈奎斯特轨迹,并且应用奈奎斯特稳定判据确定闭环系统的稳定性。

B. 7. 9 设系统具有下列开环传递函数:

$$G(s)H(s) = \frac{K}{s^2(T_1 s + 1)}$$

该系统是一个固有的不稳定系统。通过增加微分控制,可以使这个系统稳定下来。试绘出带微分控制和不带微分控制两种情况下,开环传递函数的极坐标图。

B. 7. 10 设有一个闭环系统,其开环传递函数为

$$G(s)H(s) = \frac{10K(s + 0.5)}{s^2(s + 2)(s + 10)}$$

试绘出 $G(s)H(s)$ 在 $K = 1$ 和 $K = 10$ 时的极坐标图和逆极坐标图,并对极坐标图应用奈奎斯特稳定判据,判定系统在这两个 K 值下的稳定性。

B. 7. 11 设闭环系统的开环传递函数为

$$G(s)H(s) = \frac{Ke^{-2s}}{s}$$

试求使系统稳定的最大 K 值。

B. 7. 12 已知下列传递函数 $G(s)$:

$$G(s) = \frac{1}{s(s^2 + 0.8s + 1)}$$

试绘出它的奈奎斯特图。

B. 7. 13 设单位反馈控制系统的开环传递函数为

$$G(s) = \frac{1}{s^3 + 0.2s^2 + s + 1}$$

试绘出 $G(s)$ 的奈奎斯特图,并检验系统的稳定性。

B. 7. 14 设一个单位反馈控制系统,其开环传递函数为

$$G(s) = \frac{s^2 + 2s + 1}{s^3 + 0.2s^2 + s + 1}$$

试绘出 $G(s)$ 的奈奎斯特图,并检验闭环系统的稳定性。

B. 7. 15 设单位反馈系统具有下列 $G(s)$:

$$G(s) = \frac{1}{s(s - 1)}$$

假设我们选择图 7.156 上表示的奈奎斯特轨迹,试在 $G(s)$ 平面
上绘出相应的 $G(j\omega)$ 轨迹,并且利用奈奎斯特稳定判据,确定系
统的稳定性。

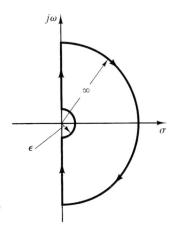

图 7.156   奈奎斯特轨迹

B. 7. 16 考虑图 7.157 表示的闭环系统。$G(s)$ 在 s 右半平面内没有极点。
如果 $G(s)$ 的奈奎斯特图如图 7.158(a)所示,试问该系统
是否稳定?
如果 $G(s)$ 的奈奎斯特图如图 7.158(b)所示,试问该系统是
否稳定?

B. 7. 17 设单位反馈系统的前向传递函数为 $G(s)$,且单位反馈系统
的奈奎斯特图如图 7.159 所示。
如果 $G(s)$ 在 s 右半平面内有一个极点,试问系统是否稳定?
如果 $G(s)$ 在 s 右半平面内没有极点,但是在 s 右半平面内有一个零点,试问系统是否稳定?

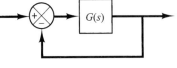

图 7.157   闭环系统

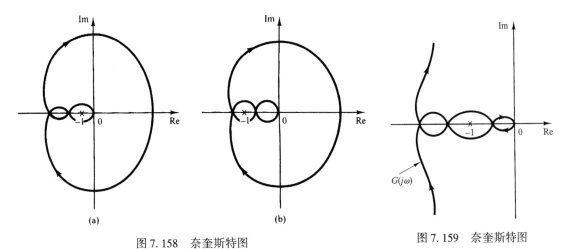

图 7.158   奈奎斯特图   图 7.159   奈奎斯特图

B. 7. 18 设有一个单位反馈控制系统,其开环传递函数 $G(s)$ 为

$$G(s) = \frac{K(s + 2)}{s(s + 1)(s + 10)}$$

当 $K = 1$, 10 和 100 时,试绘出 $G(s)$ 的奈奎斯特图。

B. 7. 19 考虑一个负反馈系统,它具有下列开环传递函数:

$$G(s) = \frac{2}{s(s + 1)(s + 2)}$$

试绘出 $G(s)$ 的奈奎斯特图。如果系统是正反馈系统,并且具有同样的开环传递函数 $G(s)$,试问奈奎斯特图又是什么样子?

B.7.20 考虑图 7.160 表示的控制系统,已知 $G(s)$ 为

$$G(s) = \frac{10}{s[(s + 1)(s + 5) + 10k]}$$

$$= \frac{10}{s^3 + 6s^2 + (5 + 10k)s}$$

试在 $k = 0.3$, 0.5 和 0.7 时,绘出 $G(s)$ 的奈奎斯特图。

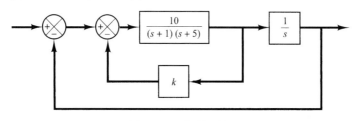

图 7.160　控制系统

B.7.21 考虑由下列状态空间表达式描述的系统:

$$\begin{bmatrix} \dot{x}_1 \\ \dot{x}_2 \end{bmatrix} = \begin{bmatrix} -1 & -1 \\ 6.5 & 0 \end{bmatrix} \begin{bmatrix} x_1 \\ x_2 \end{bmatrix} + \begin{bmatrix} 1 & 1 \\ 1 & 0 \end{bmatrix} \begin{bmatrix} u_1 \\ u_2 \end{bmatrix}$$

$$\begin{bmatrix} y_1 \\ y_2 \end{bmatrix} = \begin{bmatrix} 1 & 0 \\ 0 & 1 \end{bmatrix} \begin{bmatrix} x_1 \\ x_2 \end{bmatrix} + \begin{bmatrix} 0 & 0 \\ 0 & 0 \end{bmatrix} \begin{bmatrix} u_1 \\ u_2 \end{bmatrix}$$

在这个系统中,包含 4 个单独的奈奎斯特图。试针对 u_1 在一个图上绘出两个奈奎斯特图,针对 u_2 在另一个图上绘出另外两个奈奎斯特图。写出绘制这两个图的 MATLAB 程序。

B.7.22 参考习题 B.7.21,现在要求在 $\omega > 0$,只绘出 $Y_1(j\omega)/U_1(j\omega)$ 的图,试写出产生这种图的 MAT-LAB 程序。

如果要求在 $-\infty < \omega < \infty$ 时,绘出 $Y_1(j\omega)/U_1(j\omega)$ 的图,试问应怎样修改上述 MATLAB 程序?

B.7.23 考虑一个单位反馈控制系统,其开环传递函数为

$$G(s) = \frac{as + 1}{s^2}$$

为了使相位裕量等于 $45°$,试确定必要的 a 值。

B.7.24 考虑图 7.161 所示的系统。试绘出开环传递函数 $G(s)$ 的伯德图,并且确定相位裕量和增益裕量。

B.7.25 考虑图 7.162 所示的系统。试绘出开环传递函数 $G(s)$ 的伯德图,并利用 MATLAB 确定系统的相位裕量和增益裕量。

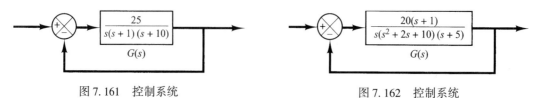

图 7.161　控制系统　　　　　　　　　　　　图 7.162　控制系统

B.7.26 考虑一个单位反馈控制系统,其开环传递函数为

$$G(s) = \frac{K}{s(s^2 + s + 4)}$$

为了使系统的相位裕量等于 $50°$,试确定增益 K 的值。在此增益 K 值的条件下,系统的增益裕量是多大?

B. 7. 27　考虑图 7.163 所示的系统。试绘出开环传递函数的伯德图，并且确定增益 K 的值，以便使相位裕量等于 50°。在此增益 K 值的条件下，系统的增益裕量是多大？

B. 7. 28　考虑一个单位反馈控制系统，其开环传递函数为

$$G(s) = \frac{K}{s(s^2 + s + 0.5)}$$

为了使频率响应中的谐振峰值为 2 分贝，即 $M_r = 2$ dB，试确定增益 K 的值。

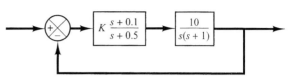

图 7.163　控制系统

B. 7. 29　图 7.164 所示为单位反馈控制系统开环传递函数 $G(s)$ 的伯德图。众所周知，这个传递函数是最小相位的。由图可以看出，在 $\omega = 2$ rad/s 上存在一对共轭复数极点。试确定包含这对共轭复数极点的二阶项的阻尼比，并确定传递函数 $G(s)$。

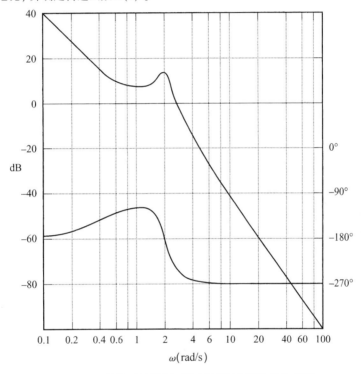

图 7.164　单位反馈控制系统开环传递函数的伯德图

B. 7. 30　已知 PI 控制器为

$$G_c(s) = 5\left(1 + \frac{1}{2s}\right)$$

PD 控制器为

$$G_c(s) = 5(1 + 0.5s)$$

试绘出它们的伯德图。

B. 7. 31　图 7.165 所示为一个宇宙飞船姿态控制系统的方框图。为了使闭环系统的带宽为 0.4 ~ 0.5 rad/s，试确定相应的比例增益常数 K_p 和微分时间常数 T_d（闭环带宽接近于增益交界频率）。系统必须具有适当的相位裕量。试在伯德图上绘出开环和闭环频率响应曲线。

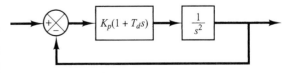

图 7.165　宇宙飞船姿态控制系统方框图

B.7.32 参考图 7.166 所示的闭环系统。试设计一个超前校正装置 $G_c(s)$，使得相位裕量为 45°，增益裕量不小于 8 dB，静态速度误差常数 K_v 为 4.0 s^{-1}。利用 MATLAB 绘出已校正系统的单位阶跃和单位斜坡响应曲线。

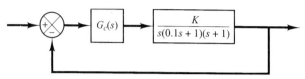

图 7.166　闭环系统

B.7.33 考虑图 7.167 所示的系统。要求设计一个校正装置，使得静态速度误差常数为 4 s^{-1}，相位裕量为 50°，增益裕量等于或大于 8 dB。利用 MATLAB 绘出已校正系统的单位阶跃和单位斜坡响应曲线。

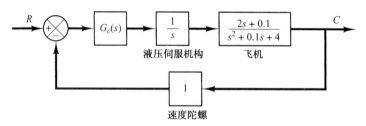

图 7.167　控制系统

B.7.34 考虑图 7.168 所示的系统，试设计一个滞后-超前校正装置，使得静态速度误常数 K_v 为 20 s^{-1}，相位裕量为 60°，增益裕量不小于 8 dB。利用 MATLAB 绘出已校正系统的单位阶跃和单位斜坡响应曲线。

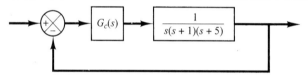

图 7.168　控制系统

第8章　PID 控制器和变形 PID 控制器

本章要点

本章 8.1 节介绍了与本章内容相关的基本知识。8.2 节涉及用齐格勒–尼柯尔斯法则设计 PID 控制器。8.3 节讨论用频率响应法设计 PID 控制器。8.4 节介绍用计算最佳化方法获得 PID 控制器的最佳参数值。8.5 节讨论多自由度控制系统，包括变形 PID 控制系统。

8.1　引言

在前面各章中，我们偶尔讨论过基本的 PID 控制器。例如，介绍过电子、液压和气动 PID 控制器，还设计了包含 PID 控制器的控制系统。

值得注意的是，在当今应用的工业控制器中，有半数以上采用了 PID 或变形 PID 控制器。

因为大多数 PID 控制器是现场调节的，所以在文献中推荐了许多不同类型的调节法则。利用这些调节法则，可以对 PID 控制器进行精确细致的现场调节。此外，一些自动调节方法也已经研究出来，因此某些 PID 控制器可以具有在线自动调节能力。PID 控制器的变形，如 I-PD 控制和多自由度 PID 控制，已在工业中得到应用，许多有关无碰撞切换（从手工操作到自动操作）和增益预置的实际方法在市场上已经出现。

PID 控制的价值取决于它们对大多数控制系统的广泛适用性。特别是当控制对象的数学模型不知道，而不能应用解析设计方法时，PID 控制就显得特别有用。众所周知，在过程控制系统领域，基本的和变形的 PID 控制方案已经证明具有良好的适用性，它们可以提供满意的控制，虽然它们在许多给定的情况下还不能提供最佳控制。

这一章首先介绍利用齐格勒（Ziegler）和尼柯尔斯调节法则的 PID 控制系统设计。然后讨论利用常规的频率响应法设计 PID 控制器，随后应用计算最佳化法设计 PID 控制器。最后介绍多自由度控制系统，它可以满足单自由度控制系统不能满足的相互矛盾的一些要求（关于多自由度控制系统的定义，参见 8.6 节）。

在一些实际的情况中，可能会存在两种要求，一种是对扰动输入响应的要求，另一种是对参考输入响应的要求。通常这两种要求是相互矛盾的，在单自由度情况下，不可能同时得到满足。但是，通过增加自由度，可以同时满足这两种要求。本章将详细介绍二自由度控制系统。

这一章还介绍了设计控制系统的计算最佳化方法（例如搜索最佳参数值集合，以满足给定的瞬态响应指标），它在已知相当精确的控制对象的数学模型时，既可以用来设计单自由度控制系统，也可以用来设计多自由度控制系统。

8.2　PID 控制器的齐格勒–尼柯尔斯调节法则

8.2.1　控制对象的 PID 控制

图 8.1 表示了一种控制对象的 PID 控制。如果推导出控制对象的数学模型，则可以采用各种不同的设计方法，确定控制器的参数，以满足闭环系统的瞬态和稳态性能指标。但是，如果控制

对象很复杂,其数学模型不易得到,那么就不能应用 PID 控制器设计的解析或计算方法。这时,必须借助于实验的方法调节 PID 控制器。

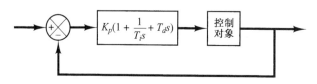

图 8.1　对象的 PID 控制

为了满足给定的性能指标,选择控制器参数的过程通常称为控制器调整。齐格勒和尼柯尔斯提出了调整 PID 控制器(即设置 K_p、T_i 和 T_d 的值)的法则,这些法则是在实验阶跃响应的基础上,或者是在仅采用比例控制作用的条件下,根据临界稳定性中的 K_p 值建立起来的。当不知道控制对象的数学模型时,采用下面介绍的齐格勒-尼柯尔斯法则很方便(这些法则当然也可以应用到已知对象数学模型时的系统设计)。这些法则提供了一组 K_p、T_i 和 T_d 的值,这些值将会使系统具有稳定的工作状态。但是,这时得到的系统,在阶跃响应中可能会呈现出比较大的最大过调量,这是人们所不能接受的。在这种情况下,我们必须进行一系列的精细调节,直到获得满意的结果。实际上,齐格勒-尼柯尔斯调节法则,给出的是参数值的一种合理的估值,并且提供了一种进行精细调节的起点,而不是在一次尝试中给出 K_p、T_i 和 T_d 的最终设置。

8.2.2　用来调整 PID 控制器的齐格勒-尼柯尔斯法则

根据给定对象的瞬态响应特性,齐格勒和尼柯尔斯提出了确定比例增益 K_p、积分时间 T_i 和微分时间 T_d 数值的一些法则。这种确定 PID 控制器参数或调整 PID 控制器的方法,可以由工程技术人员通过对控制对象的现场实验进行(自从齐格勒-尼柯尔斯法则提出后,又提出了许多种 PID 控制器调节法则。这些法则在一些文献中有相关介绍,并且可以从这些控制器的制造厂家获得相关相息)。

有两种方法被称为齐格勒-尼柯尔斯调节法则,它们分别称为第一种方法和第二种方法。我们将对这两种方法进行简单介绍。

8.2.3　第一种方法

在第一种方法中,我们将通过实验,求控制对象对单位阶跃输入信号的响应,如图 8.2 所示。如果控制对象中既不包括积分器,又不包括主导共轭复数极点,则这时的单位阶跃响应曲线看起来像一条 S 形曲线,如图 8.3 所示(如果响应曲线不呈现为 S 形,则不能应用此方法)。这种阶跃响应曲线可以通过实验产生,也可以通过控制对象的动态仿真得到。

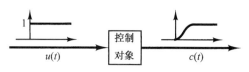

图 8.2　控制对象的单位阶跃响应

S 形曲线可以用两个常数,即延迟时间 L 和时间常数 T 描述。通过 S 形曲线的转折点画切线,确定切线与时间轴和直线 $c(t) = K$ 的交点,就可以求得延迟时间和时间常数,如图 8.3 所示。传递函数 $C(s)/U(s)$ 用具有传递延迟的一阶系统近似表示如下:

$$\frac{C(s)}{U(s)} = \frac{Ke^{-Ls}}{Ts + 1}$$

齐格勒和尼柯尔斯提出用表 8.1 中的公式确定 K_p、T_i 和 T_d 的值。

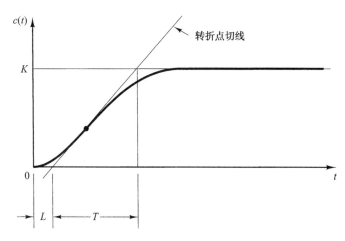

图 8.3   S 形响应曲线

表 8.1   基于控制对象阶跃响应的齐格勒–尼柯尔斯调整法则(第一种方法)

控制器和类型	K_p	T_i	T_d
P	$\dfrac{T}{L}$	∞	0
PI	$0.9\dfrac{T}{L}$	$\dfrac{L}{0.3}$	0
PID	$1.2\dfrac{T}{L}$	$2L$	$0.5L$

用齐格勒–尼柯尔斯法则的第一种方法调整 PID 控制器，将给出下列公式：

$$G_c(s) = K_p\left(1 + \frac{1}{T_i s} + T_d s\right)$$

$$= 1.2\frac{T}{L}\left(1 + \frac{1}{2Ls} + 0.5Ls\right)$$

$$= 0.6T\frac{\left(s + \dfrac{1}{L}\right)^2}{s}$$

因此，PID 控制器有一个位于原点的极点和一对位于 $s = -1/L$ 的零点。

8.2.4   第二种方法

在第二种方法中，首先设 $T_i = \infty$ 和 $T_d = 0$。只采用比例控制作用(见图 8.4)，使 K_p 从 0 增加到临界值 K_{cr}。这里的临界值 K_{cr} 是使系统的输出首次呈现持续振荡的增益值(如果不论怎样选取 K_p 的值，系统的输出都不会呈现持续振荡，则不能应用这种方法)。因此，临界增益 K_{cr} 和相应的周期 P_{cr} 是通过实验确定的(见图 8.5)。齐格勒和尼柯尔斯提出，参数 K_p、T_i 和 T_d 的值可以根据表 8.2 中给出的公式确定。

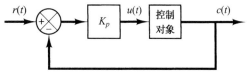

图 8.4   带比例控制的闭环系统

表8.2 基于临界增益 K_{cr} 和临界周期 P_{cr} 的齐格勒-尼柯尔斯调整法则(第二种方法)

控制器类型	K_p	T_i	T_d
P	$0.5K_{cr}$	∞	0
PI	$0.45K_{cr}$	$\dfrac{1}{1.2}P_{cr}$	0
PID	$0.6K_{cr}$	$0.5P_{cr}$	$0.125P_{cr}$

用齐格勒-尼柯尔斯法则第二种方法调整的 PID 控制器将给出下列公式:

$$
\begin{aligned}
G_c(s) &= K_p\left(1 + \frac{1}{T_i s} + T_d s\right) \\
&= 0.6K_{cr}\left(1 + \frac{1}{0.5P_{cr}s} + 0.125P_{cr}s\right) \\
&= 0.075K_{cr}P_{cr}\frac{\left(s + \dfrac{4}{P_{cr}}\right)^2}{s}
\end{aligned}
$$

因此,PID 控制器具有一个位于原点的极点和一对位于 $s = -4/P_{cr}$ 的零点。

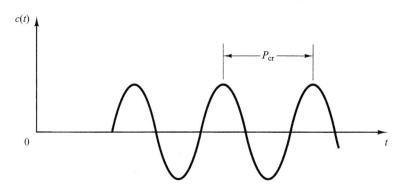

图 8.5 具有周期 P_{cr} 的持续振荡(P_{cr} 的测量单位为秒)

如果系统具有已知的数学模型(如传递函数),则我们可以利用根轨迹法求临界增益 K_{cr} 和持续振荡频率 ω_{cr},其中 $2\pi/\omega_{cr} = P_{cr}$。这些值可以从根轨迹分支与 $j\omega$ 轴的交点求得。如果根轨迹分支不与 $j\omega$ 轴相交,则不能应用这种方法。

8.2.5 说明

在控制对象的动态特性不能精确确定的过程控制系统中,齐格勒-尼柯尔斯调节法则(和在文献中介绍的其他一些调节法则)被广泛地用来对 PID 控制器进行调整。多年来的实践证明,这种调节法则是很有用的。当然,齐格勒-尼柯尔斯调节法则适用于控制对象的动态特性为已知的情况(如果控制对象的动态特性已知,则除了应用齐格勒-尼柯尔斯调节法则以外,还有许多解析和图解方法用来设计 PID 控制器)。

例8.1　考虑图 8.6 所示的控制系统，在该系统中采用了 PID 控制器。PID 控制器的传递函数为

$$G_c(s) = K_p\left(1 + \frac{1}{T_i s} + T_d s\right)$$

虽然有许多解析方法可以用来设计这个系统的 PID 控制器，我们还是选择了齐格勒–尼柯尔斯调节法则确定参数 K_p、T_i 和 T_d 的值。求出单位阶跃响应曲线，并检查设计出来的系统是否呈现大约 25% 的最大过调量。如果最大过调量过大（大于或等于 40%），则应精确调整，使最大过调量减小到小于或等于 25%。

因为控制对象具有一个积分器，所以采用齐格勒–尼柯尔斯调节法则的第二种方法。设 $T_i = \infty$ 和 $T_d = 0$，得到下列闭环传递函数

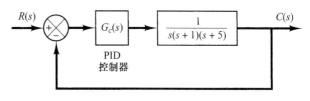

$$\frac{C(s)}{R(s)} = \frac{K_p}{s(s+1)(s+5) + K_p}$$

图 8.6　PID 控制系统

利用劳斯稳定判据，求出使系统达到临界状态，即使系统产生持续振荡的 K_p 值。因为闭环系统的特征方程为

$$s^3 + 6s^2 + 5s + K_p = 0$$

所以劳斯阵列为

$$
\begin{array}{ccc}
s^3 & 1 & 5 \\
s^2 & 6 & K_p \\
s^1 & \dfrac{30 - K_p}{6} & \\
s^0 & K_p &
\end{array}
$$

通过检验劳斯阵列第一列中的系数，求出当 $K_p = 30$ 时发生持续振荡。因此，临界增益 K_{cr} 为

$$K_{cr} = 30$$

当设增益 $K_p = K_{cr}(= 30)$ 时，特征方程式变成

$$s^3 + 6s^2 + 5s + 30 = 0$$

为了求出系统持续振荡时的频率，把 $s = j\omega$ 代入特征方程式，于是得到

$$(j\omega)^3 + 6(j\omega)^2 + 5(j\omega) + 30 = 0$$

即

$$6(5 - \omega^2) + j\omega(5 - \omega^2) = 0$$

由此求得持续振荡时的频率为 $\omega^2 = 5$，即 $\omega = \sqrt{5}$。因此，持续振荡的周期为

$$P_{cr} = \frac{2\pi}{\omega} = \frac{2\pi}{\sqrt{5}} = 2.8099$$

参考表 8.2，确定 K_p、T_i 和 T_d 如下：

$$K_p = 0.6K_{cr} = 18$$

$$T_i = 0.5P_{cr} = 1.405$$

$$T_d = 0.125P_{cr} = 0.35124$$

因此，PID 控制器的传递函数为

$$G_c(s) = K_p\left(1 + \frac{1}{T_i s} + T_d s\right)$$

$$= 18\left(1 + \frac{1}{1.405 s} + 0.35124 s\right)$$

$$= \frac{6.3223(s + 1.4235)^2}{s}$$

PID 控制器具有一个位于原点的极点和两个位于 $s = -1.4235$ 的零点。图 8.7 所示为带有上述 PID 控制器的控制系统方框图。

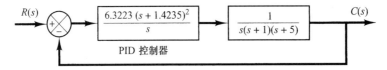

图 8.7　带有用齐格勒-尼柯尔斯调节法则(第二种方法)设计的 PID 控制器的系统的方框图

下面检验系统的单位阶跃响应。系统的闭环传递函数 $C(s)/R(s)$ 为

$$\frac{C(s)}{R(s)} = \frac{6.3223 s^2 + 18 s + 12.811}{s^4 + 6 s^3 + 11.3223 s^2 + 18 s + 12.811}$$

利用 MATLAB 很容易求出该系统的单位阶跃响应，见 MATLAB 程序 8.1。图 8.8 所示为利用该程序得到的单位阶跃响应曲线。单位阶跃响应曲线的最大过调量大约为 62%。最大过调量的量值过大，可以通过精确地调节控制器参数使其减小。这种精确的调节可以在计算机上进行。当保持 $K_p = 18$，并且将 PID 控制器的一对零点移动到 $s = -0.65$ 时，即当采用下列 PID 控制器时：

$$G_c(s) = 18\left(1 + \frac{1}{3.077 s} + 0.7692 s\right) = 13.846 \frac{(s + 0.65)^2}{s} \tag{8.1}$$

单位阶跃响应的最大过调量可以降低到大约 18%(见图 8.9)。如果比例增益 K_p 增加到 39.42，并且不改变一对零点($s = -0.65$)的位置，即采用下列 PID 控制器：

$$G_c(s) = 39.42\left(1 + \frac{1}{3.077 s} + 0.7692 s\right) = 30.322 \frac{(s + 0.65)^2}{s} \tag{8.2}$$

则系统的响应速度增大，但是最大过调量也增大到约 28%，如图 8.10 所示。因为这时的最大过调量相当接近 25%，并且其响应速度大于由方程(8.1)给出的 $G_c(s)$ 校正的系统，所以我们认为由方程(8.2)给出的 $G_c(s)$ 是比较令人满意的。于是 K_p、T_i 和 T_d 的调整值为

$$K_p = 39.42, \qquad T_i = 3.077, \qquad T_d = 0.7692$$

可以看到一个有趣的结果，上述数值分别为用齐格勒-尼柯尔斯调节法则第二种方法求得的数值的两倍左右。齐格勒-尼柯尔斯调节法则提供了精确调整的起点。

```
MATLAB程序8.1

% ---------- Unit-step response ----------
num = [6.3223  18  12.811];
den = [1  6  11.3223  18  12.811];
step(num,den)
grid
title('Unit-Step Response')
```

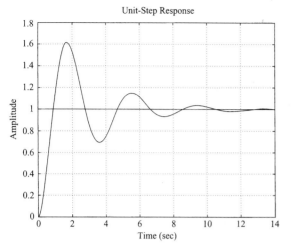

图 8.8　利用齐格勒-尼柯尔斯调节法则(第二种方法)设计的PID控制系统的单位阶跃响应曲线

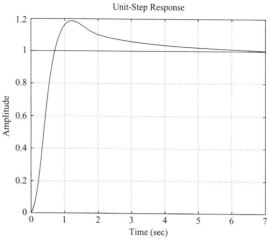

图 8.9　图 8.6 所示系统的单位阶跃响应(其中 PID 控制器参数为 $K_p = 18, T_i = 3.077, T_d = 0.7692$)

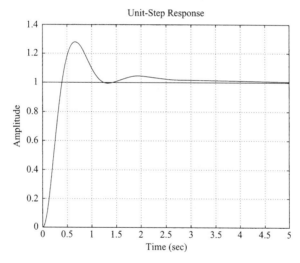

图 8.10　图 8.6 所示系统的单位阶跃响应(其中 PID 控制器参数为 $K_p = 39.42, T_i = 3.077, T_d = 0.7692$)

指出下列事实是有益的:在双零点位于 $s = -1.4235$ 时,增大 K_p 的值会使响应速度增加,但是就最大过调量百分比来说,改变增益 K_p 对它的影响很小。其原因可以从根轨迹分析中看出。图 8.11 表示了用齐格勒-尼柯尔斯调节法则的第二种方法设计出的系统的根轨迹图。因为 K 值在相当大的范围变化时,根轨迹的主导分支沿着 $\zeta = 0.3$ 的直线分布,所以改变 K 的值(从 6 到 30)不会使主导闭环极点的阻尼比产生太大变化。但是改变双零点的位置却会对最大过调量产生重大影响,因为主导闭环极点的阻尼比可能会发生重大变化。这也可以从根轨迹图分析中看出。图 8.12 表示的根轨迹图,是当系统的 PID 控制器具有双零点 $s = -0.65$ 时得到的。注意根轨迹图形的变化,这种图形变化使主导闭环极点阻尼比的变化成为可能。

应当指出,在图 8.12 中,当系统的增益 $K = 30.322$ 时,闭环极点 $s = -2.35 \pm j4.82$ 为一对主导极点。另外两个附加的闭环极点非常靠近双零点 $s = -0.65$,因此这两个闭环极点几乎与双零点相互抵消。所以这对主导闭环极点确实决定了响应的性质。另一方面,当系统的增益 $K = 13.846$ 时,闭环极点 $s = -2.35 \pm j2.62$ 的主导作用不甚明显,这是因为其他两个靠近双零

点 $s = -0.65$ 的闭环极点，对系统的响应产生了明显的影响。在这种情况下，阶跃响应中的最大过调量(18%)远大于仅具有主导闭环极点的二阶系统(在后一种情况下，阶跃响应中的最大过调量约为 6%)。

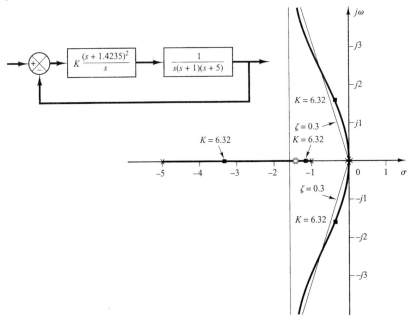

图 8.11　PID 控制器的双零点位于 $s = -1.4234$ 时系统的根轨迹图

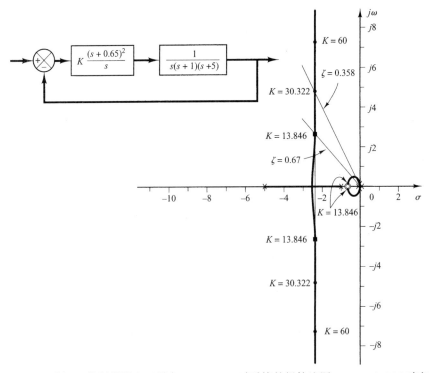

图 8.12　当 PID 控制器具有双零点 $s = -0.65$ 时系统的根轨迹图。$K = 13.846$ 对应于由方程(8.1)给出的 $G_c(s)$，$K = 30.322$ 对应于由方程(8.2)给出的 $G_c(s)$

为了获得比较好的响应，可以进行第三次、第四次乃至更多次试验。但是这将会要求进行更多的计算并且花费更多的时间。如果要求进行更多次试验，那么采用 8.5 节中介绍的计算方法比较合适。在例题 A.8.12 中，用 MATLAB 采用了计算方法来求解这个问题。在那里求出的一组参数值，将能提供 10% 或更小的最大过调量，以及 3 s 或更少的调整时间。在例题 A.8.12 中，针对该问题求得的一个解是相应于下式定义的 PID 控制器：

$$G_c(s) = K\,\frac{(s + a)^2}{s}$$

式中 K 和 a 的值为　　　　　　　　　$K = 29, \qquad a = 0.25$

它的最大过调量等于 9.52%，调整时间等于 1.78 s。在得到的另外一种可能的解中，K 和 a 的值为

$$K = 27, \qquad a = 0.2$$

且其最大过调量为 5.5%，调整时间为 2.89 s。详见例题 A.8.12。

8.3　用频率响应法设计 PID 控制器

在这一节中介绍基于频率响应法的 PID 控制器设计。

考虑图 8.13 所示的系统。利用频率响应法设计一个 PID 控制器，使得系统的静态速度误差常数为 4 s^{-1}，相位裕量为 50° 或更大，增益裕量为 10 dB 或更大。用 MATLAB 求 PID 控制系统的单位阶跃和单位斜坡响应曲线。

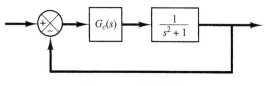

图 8.13　控制系统

我们选择 PID 控制器的形式为

$$G_c(s) = \frac{K(as + 1)(bs + 1)}{s}$$

因为静态速度误差常数 K_v 指定为 4 s^{-1}，所以得到

$$K_v = \lim_{s \to 0} sG_c(s)\,\frac{1}{s^2 + 1} = \lim_{s \to 0} s\,\frac{K(as + 1)(bs + 1)}{s}\,\frac{1}{s^2 + 1}$$

$$= K = 4$$

因此　　　　　　　　　　$$G_c(s) = \frac{4(as + 1)(bs + 1)}{s}$$

下面绘制如下函数的伯德图：

$$G(s) = \frac{4}{s(s^2 + 1)}$$

MATLAB 程序 8.2 将生成 $G(s)$ 的伯德图。生成的伯德图示于图 8.14。

```
MATLAB程序8.2

num = [4];
den = [1  0.00000000001  1  0];
w = logspace(–1,1,200);
bode(num,den,w)
title('Bode Diagram of 4/[s(s^2+1)]')
```

我们需要相位裕量最少为 50°，增益裕量大于或等于 10 dB。由图 8.14 所示的伯德图可以看出，增益交界频率约为 $\omega = 1.8$ rad/s。我们假设已校正系统的增益交界频率位于 $\omega = 1$ rad/s 与 $\omega = 10$ rad/s 之间的某处。

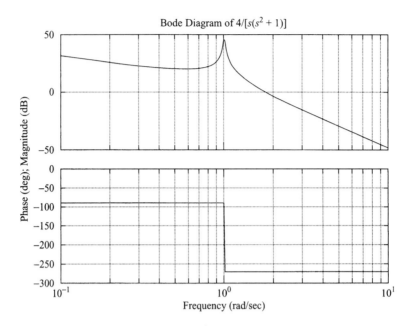

图 8.14　$4/[s(s^2+1)]$ 的伯德图

注意到
$$G_c(s) = \frac{4(as+1)(bs+1)}{s}$$

并且选择 $a=5$。于是 $(as+1)$ 将在高频区产生接近 90° 的相位超前。MATLAB 程序 8.3 将生成下列函数的伯德图:

$$\frac{4(5s+1)}{s(s^2+1)}$$

在图 8.15 中表示了生成的伯德图。

```
MATLAB程序8.3

num = [20  4];
den = [1 0.00000000001  1  0];
w = logspace(-2,1,101);
bode(num,den,w)
title('Bode Diagram of G(s) = 4(5s+1)/[s(s^2+1)]')
```

根据图 8.15,我们选择 b 的值。$(bs+1)$ 这一项需要产生出至少 50° 的相位裕量。通过简单的MATLAB 试验,可以发现 $b=0.25$ 能产生至少 50° 的相位裕量和 $+\infty$ dB 的增益裕量。因此,通过选择 $b=0.25$,可以得到

$$G_c(s) = \frac{4(5s+1)(0.25s+1)}{s}$$

已设计出的系统的开环传递函数变为

$$开环传递函数 = \frac{4(5s+1)(0.25s+1)}{s} \frac{1}{s^2+1}$$

$$= \frac{5s^2+21s+4}{s^3+s}$$

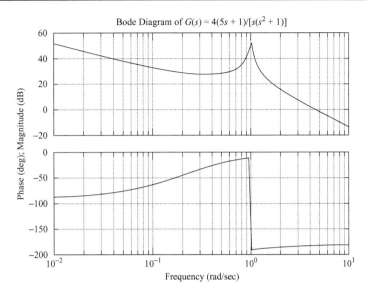

图 8.15　$G(s) = 4(5s + 1/s[s^2 + 1])$ 的伯德图

MATLAB 程序 8.4 生成了上述开环传递函数的伯德图,该伯德图示于图 8.16。由图 8.16 可以看出,静态速度误差常数为 4 s^{-1},相位裕量为 55°,而增益裕量为 $+\infty$ dB。因此,已设计出的系统满足所有的性能要求。所以,设计出来的系统是令人满意的(应当指出,存在着无穷多个能满足所有要求的系统,现在设计出的这个系统只是其中之一)。

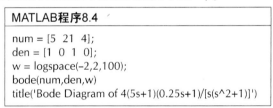

MATLAB程序8.4

```
num = [5  21  4];
den = [1  0  1  0];
w = logspace(-2,2,100);
bode(num,den,w)
title('Bode Diagram of 4(5s+1)(0.25s+1)/[s(s^2+1)]')
```

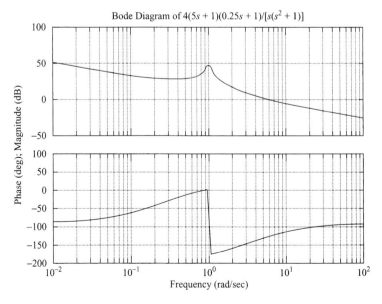

图 8.16　$4(5s + 1)(0.25s + 1)/[s(s^2 + 1)]$ 的伯德图

下面求设计出来的系统的单位阶跃响应和单位斜坡响应。系统的闭环传递函数为

$$\frac{C(s)}{R(s)} = \frac{5s^2 + 21s + 4}{s^3 + 5s^2 + 22s + 4}$$

注意到闭环零点位于

$$s = -4, \qquad s = -0.2$$

闭环极点位于

$$s = -2.4052 + j3.9119$$

$$s = -2.4052 - j3.9119$$

$$s = -0.1897$$

注意到共轭复数闭环极点的阻尼比为 0.5237。MATLAB 程序 8.5 将生成单位阶跃响应和单位斜坡响应。由该程序生成的单位阶跃响应曲线示于图 8.17，而单位斜坡响应曲线则示于图 8.18。应当指出，闭环极点 $s = -0.1897$ 和闭环零点 $s = -0.2$，在单位阶跃响应中将产生一种振幅很小但持续时间很长的拖尾。

作为利用频率响应法设计 PID 控制器的另一个例子，读者可以参考例题 A.8.7。

```
MATLAB程序8.5

%***** Unit-step response *****

num = [5  21  4];
den = [1  5  22  4];
t = 0:0.01:14;
c = step(num,den,t);
plot(t,c)
grid
title('Unit-Step Response of Compensated System')
xlabel('t (sec)')
ylabel('Output c(t)')

%***** Unit-ramp response *****

num1 = [5  21  4];
den1 = [1  5  22  4  0];
t = 0:0.02:20;
c = step(num1,den1,t);
plot(t,c,'-',t,t,'--')
title('Unit-Ramp Response of Compensated System')
xlabel('t (sec)')
ylabel('Unit-Ramp Input and Output c(t)')
text(10.8,8,'Compensated System')
```

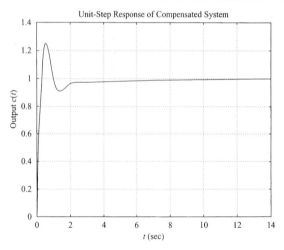

图 8.17　单位阶跃响应曲线

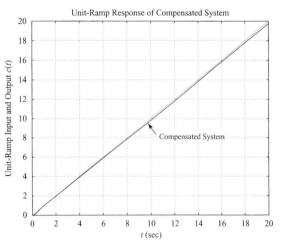

图 8.18　单位斜坡输入和输出曲线

8.4　利用计算最佳化方法设计 PID 控制器

在这一节中，将探讨如何用 MATLAB 求参数值的最佳集合，以满足瞬态响应指标。我们将通过两个例子来阐明这种方法。

例 8.2　考虑图 8.19 所示的 PID 控制系统。PID 控制器由下式描述：

$$G_c(s) = K \frac{(s + a)^2}{s}$$

现在希望求 K 和 a 的组合，使得闭环系统在单位阶跃响应中的最大过调量小于或等于 10%（在本例中没有包含任何其他条件。但是其他条件也可以很容易地包含进去，例如让调整时间小于某一特定值。作为例子，见例 8.3）。

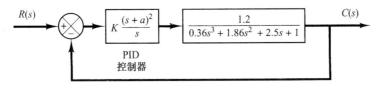

图 8.19　PID 控制系统

实际上有可能存在一种以上的参数组合，能够满足性能指标，在本例中，我们将求出所有能满足给定性能指标的参数组合。

为了利用 MATLAB 求解这个问题，首先要指定针对适当的 K 和 a 的搜索范围。然后编写 MATLAB 程序，在单位阶跃响应中求出 K 和 a 的组合，从而使得满足最大过调量小于或等于 10% 的标准。

应当指出，增益 K 不应过大，以避免系统要求过分大的功率元件。

假设 K 和 a 的搜索范围为

$$2 \leqslant K \leqslant 3 \quad \text{和} \quad 0.5 \leqslant a \leqslant 1.5$$

若在这个范围内不存在解，则需要扩展范围。当然有一些问题是没有解的，不管设置何种搜索范围。

在计算方法中，需要对 K 和 a 中每一个参数确定步长。在实际设计过程中，需要把步长选择得足够小，但在本例中，为了避免过大的计算数量，对于 K 和 a 均选取步长为适当的值，比如 0.2。

为了求解这个问题，可以编写出许多不同的 MATLAB 程序。这里介绍一种此类程序，即 MATLAB 程序 8.6。在这个程序中采用了两个 for 循环。以外循环开始启动程序，改变 K 值。然后改变内循环中的 a 值。通过编写 MATLAB 程序，使嵌套循环从 K 和 a 的最低值开始运行，并且步进到最高值。注意，由于系统的不同和选定 K 及 a 搜索范围与步长的不同，MATLAB 计算出所需的一组数据，要花费的时间长短不等，可能从几秒到几分钟。

```
MATLAB程序8.6

%'K' and 'a' values to test

K = [2.0 2.2 2.4 2.6 2.8 3.0];
a = [0.5 0.7 0.9 1.1 1.3 1.5];

% Evaluate closed-loop unit-step response at each 'K' and 'a' combination
% that will yield the maximum overshoot less than 10%

t = 0:0.01:5;
g = tf([1.2],[0.36 1.86 2.5 1]);
k = 0;
```

```
for i = 1:6;
   for j = 1:6;
      gc = tf(K(i)*[1  2*a(j)  a(j)^2], [1  0]);  % controller
        G = gc*g/(1 + gc*g);  % closed-loop transfer function
        y = step(G,t);
        m = max(y);
        if m < 1.10
        k = k+1;
        solution(k,:) = [K(i)  a(j)  m];
        end
      end
   end
solution  % Print solution table

solution =

   2.0000  0.5000  0.9002
   2.0000  0.7000  0.9807
   2.0000  0.9000  1.0614
   2.2000  0.5000  0.9114
   2.2000  0.7000  0.9837
   2.2000  0.9000  1.0772
   2.4000  0.5000  0.9207
   2.4000  0.7000  0.9859
   2.4000  0.9000  1.0923
   2.6000  0.5000  0.9283
   2.6000  0.7000  0.9877
   2.8000  0.5000  0.9348
   2.8000  0.7000  1.0024
   3.0000  0.5000  0.9402
   3.0000  0.7000  1.0177
sortsolution = sortrows(solution,3)  % Print solution table sorted by
                                     % column 3

sortsolution =

   2.0000  0.5000  0.9002
   2.2000  0.5000  0.9114
   2.4000  0.5000  0.9207
   2.6000  0.5000  0.9283
   2.8000  0.5000  0.9348
   3.0000  0.5000  0.9402
   2.0000  0.7000  0.9807
   2.2000  0.7000  0.9837
   2.4000  0.7000  0.9859
   2.6000  0.7000  0.9877
   2.8000  0.7000  1.0024
   3.0000  0.7000  1.0177
   2.0000  0.9000  1.0614
   2.2000  0.9000  1.0772
   2.4000  0.9000  1.0923

% Plot the response with the largest overshoot that is less than 10%

K = sortsolution(k,1)

K =

   2.4000

a = sortsolution(k,2)

a =

   0.9000

gc = tf(K*[1  2*a  a^2], [1  0]);
G = gc*g/(1 + gc*g);
step(G,t)
grid  % See Figure 8–20
```

```
% If you wish to plot the response with the smallest overshoot that is
% greater than 0%, then enter the following values of 'K' and 'a'
K = sortsolution(11,1)
K =
    2.8000
a = sortsolution(11,2)
a =
    0.7000
gc = tf(K*[1  2*a  a^2], [1  0]);
G = gc*g/(1 + gc*g);
step(G,t)
grid  % See Figure 8–21
```

在这个程序中, 语句

$$solution(k,:) = [K(i) \ a(j) \ m]$$

将产生一个 K, a, m 数值表(在现在这个系统中, 有 15 组 K 和 a, 它显示出 m<1.10, 即最大过调量小于 10%)。

为了能按照最大过调量的大小(从 m 的最小值开始, 到 m 的最大值结束)对解组合进行分类, 采用了下列命令:

$$sortsolution = sortrows(solution,3)$$

为了绘出分类表中最后一组 K 和 a 值的单位阶跃响应曲线, 输入下列命令:

$$K = sortsolution \ (k,1)$$
$$a = sortsolution \ (k,2)$$

并且采用 step 命令(得到的单位阶跃响应曲线示于图 8.20)。为了绘出具有最小过调量(即在分类表中出现的大于 0%)时的单位阶跃响应曲线, 输入下列命令:

$$K = sortsolution \ (11,1)$$
$$a = sortsolution \ (11,2)$$

并且采用 step 命令(得到的单位阶跃响应曲线示于图 8.21)。

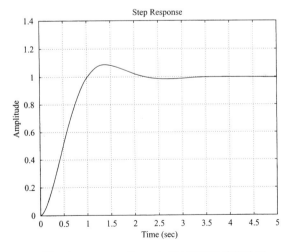

图 8.20　$K=2.4$ 和 $a=0.9$ 时系统的单位阶跃
响应曲线(最大过调量为 9.23%)

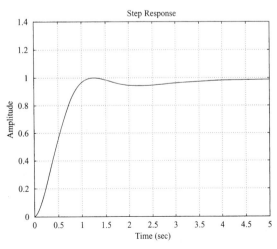

图 8.21　$K=2.8$ 和 $a=0.7$ 时系统的单位阶跃
响应曲线(最大过调量为 0.24%)

为了绘出分类表中任何一组数据相应的系统的单位阶跃响应曲线, 应当输入适当的 sortsolution 命令, 指明 K 和 a 的数值。

应当指出, 当技术指标要求最大过调量在 10% 与 5% 之间时, 将会有三组解存在, 它们是

$$K = 2.0000, \qquad a = 0.9000, \qquad m = 1.0614$$
$$K = 2.2000, \qquad a = 0.9000, \qquad m = 1.0772$$
$$K = 2.4000, \qquad a = 0.9000, \qquad m = 1.0923$$

图 8.22 表示了这三种情况下的单位阶跃响应曲线。有较大增益 K 的系统, 具有较小的上升时间和较大的最大过调量。这三种系统中哪一种最好, 取决于系统的用途。

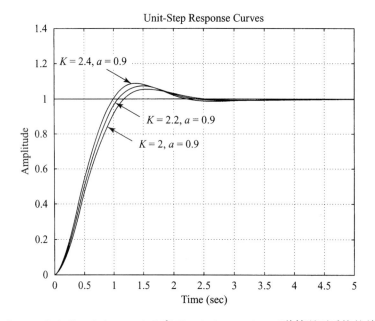

图 8.22　在 $K = 2$, $a = 0.9$；$K = 2.2$, $a = 0.9$ 和 $K = 2.4$, $a = 0.9$ 三种情况下系统的单位阶跃响应曲线

例 8.3　考虑图 8.23 所示的系统, 希望求出能使闭环系统在单位阶跃响应中, 具有的最大过调量小于 15% 但大于 10% 的所有 K 和 a 值组合。此外, 调整时间应小于 3 s。在本例题中, 假设搜索范围为

$$3 \leqslant K \leqslant 5 \quad \text{和} \quad 0.1 \leqslant a \leqslant 3$$

确定参数 K 和 a 的最佳选择。

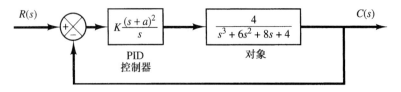

图 8.23　具有简化 PID 控制器的 PID 控制系统

在这个例题中, 我们选择步长为适当的数值, 比如说对于 K 选择步长为 0.2, 对于 a 选择步长为 0.1。MATLAB 程序 8.7 给出了本例题的解。由 sortsolution 表可以看出, 第 1 行似乎是一种好的选择。图 8.24 表示了当 $K = 3.2$ 和 $a = 0.9$ 时的单位阶跃响应曲线。因为这种选择要求的 K 值比大多数其他选择要小, 所以可以确定第 1 行是最好的选择。

```
MATLAB程序8.7
t = 0:0.01:8;
k = 0;
for K = 3:0.2:5;
    for a = 0.1:0.1:3;
        num = [4*K  8*K*a  4*K*a^2];
        den = [1  6  8+4*K  4+8*K*a  4*K*a^2];
            y = step(num,den,t);
            s = 801;while y(s)>0.98 & y(s)<1.02; s = s – 1;end;
        ts = (s–1)*0.01; % ts = settling time;
        m = max(y);
        if m<1.15 & m>1.10; if ts<3.00;
            k = k+1;
            solution(k,:) = [K  a  m  ts];
        end
        end
    end
end
solution

solution =
    3.0000    1.0000    1.1469    2.7700
    3.2000    0.9000    1.1065    2.8300
    3.4000    0.9000    1.1181    2.7000
    3.6000    0.9000    1.1291    2.5800
    3.8000    0.9000    1.1396    2.4700
    4.0000    0.9000    1.1497    2.3800
    4.2000    0.8000    1.1107    2.8300
    4.4000    0.8000    1.1208    2.5900
    4.6000    0.8000    1.1304    2.4300
    4.8000    0.8000    1.1396    2.3100
    5.0000    0.8000    1.1485    2.2100
sortsolution = sortrows(solution,3)

sortsolution =
    3.2000    0.9000    1.1065    2.8300
    4.2000    0.8000    1.1107    2.8300
    3.4000    0.9000    1.1181    2.7000
    4.4000    0.8000    1.1208    2.5900
    3.6000    0.9000    1.1291    2.5800
    4.6000    0.8000    1.1304    2.4300
    4.8000    0.8000    1.1396    2.3100
    3.8000    0.9000    1.1396    2.4700
    3.0000    1.0000    1.1469    2.7700
    5.0000    0.8000    1.1485    2.2100
    4.0000    0.9000    1.1497    2.3800

% Plot the response curve with the smallest overshoot shown in
sortsolution table.
    K = sortsolution(1,1), a = sortsolution(1,2)
K =
    3.2000
a =
    0.9000
    num = [4*K   8*K*a   4*K*a^2];
    den = [1   6   8+4*K   4+8*K*a   4*K*a^2];
    num
num =
    12.8000    23.0400    10.3680
    den
```

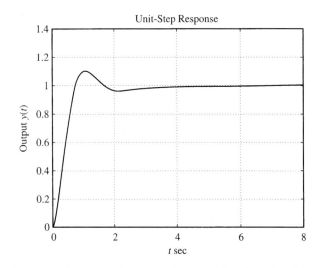

图 8.24　在 $K = 3.2$ 和 $a = 0.9$ 时系统的单位阶跃响应曲线

8.5　PID 控制方案的变形

考虑图 8.25(a)所示的基本 PID 控制系统,图中系统受到扰动和噪声的作用。图 8.25(b)是同一系统的变形方框图。在图 8.25(b)所示的基本 PID 控制系统中,如果参考输入信号是阶跃函数,则由于在控制作用中存在导数项,所以操作变量 $u(t)$ 将包含一个脉冲函数(δ 函数)。在实际的 PID 控制器中,我们用下列函数取代纯导数项 $T_d s$:

$$\frac{T_d s}{1 + \gamma T_d s}$$

式中 γ 的值约等于 0.1。因此,当参考输入为阶跃函数时,操作变量 $u(t)$ 不包含脉冲函数,但是包含一个尖脉动函数。这种现象称为定点冲击。

8.5.1　PI-D 控制

为了避免发生定点冲击现象,我们把导数作用只安排在反馈通路中,这样微分作用就只发生在反馈信号上,而不会发生在参考信号上。按照这种设想构成的控制方案称为 PI-D 控制。图 8.26所示为一个 PI-D 控制系统。

由图 8.26 可以看出,操作信号 $U(s)$ 可表示为

$$U(s) = K_p\left(1 + \frac{1}{T_i s}\right)R(s) - K_p\left(1 + \frac{1}{T_i s} + T_d s\right)B(s)$$

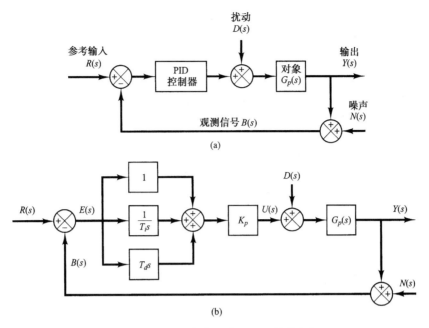

图 8.25 （a）PID 控制系统；（b）等效方框图

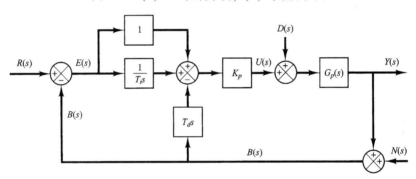

图 8.26 PI-D 控制系统

在不存在扰动和噪声的情况下，图 8.25(b)所示基本 PID 控制系统和图 8.26 所示 PI-D 控制系统的闭环传递函数分别为

$$\frac{Y(s)}{R(s)} = \left(1 + \frac{1}{T_i s} + T_d s\right) \frac{K_p G_p(s)}{1 + \left(1 + \frac{1}{T_i s} + T_d s\right) K_p G_p(s)}$$

和

$$\frac{Y(s)}{R(s)} = \left(1 + \frac{1}{T_i s}\right) \frac{K_p G_p(s)}{1 + \left(1 + \frac{1}{T_i s} + T_d s\right) K_p G_p(s)}$$

应当特别指出，在不存在参考输入和噪声的情况下，对于任何一种情况，扰动 $D(s)$ 与输出 $Y(s)$ 之间的闭环传递函数是相同的，并且为

$$\frac{Y(s)}{D(s)} = \frac{G_p(s)}{1 + K_p G_p(s)\left(1 + \frac{1}{T_i s} + T_d s\right)}$$

8.5.2   I-PD 控制

再次考虑参考输入为阶跃函数的情况。不论是 PID 控制还是 PI-D 控制, 在它们的操作信号中都包含一个阶跃函数。操作信号中的这个阶跃变化, 在许多场合可能是人们不希望的。因此, 把比例控制作用和导数控制作用移到反馈通路中, 使它们只作用于反馈信号可能更有利。图 8.27 表示了这种控制方案, 称为 I-PD 控制。这时的操作信号为

$$U(s) = K_p \frac{1}{T_i s} R(s) - K_p \left(1 + \frac{1}{T_i s} + T_d s\right) B(s)$$

参考输入 $R(s)$ 仅出现在积分控制部分内。因此在 I-PD 控制中, 为了使控制系统运行正常, 积分控制作用必不可少。

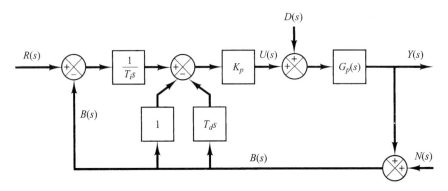

图 8.27   I-PD 控制系统

在不存在扰动输入和噪声输入的情况下, 求得闭环传递函数 $Y(s)/R(s)$ 为

$$\frac{Y(s)}{R(s)} = \left(\frac{1}{T_i s}\right) \frac{K_p G_p(s)}{1 + K_p G_p(s)\left(1 + \frac{1}{T_i s} + T_d s\right)}$$

在不存在参考输入和噪声信号的情况下, 求得扰动输入和输出之间的闭环传递函数为

$$\frac{Y(s)}{D(s)} = \frac{G_p(s)}{1 + K_p G_p(s)\left(1 + \frac{1}{T_i s} + T_d s\right)}$$

这个表达式与 PID 控制或 PI-D 控制时的表达式相同。

8.5.3   二自由度 PID 控制

我们已经阐明, 通过将导数控制作用移到反馈通路, 可以获得 PI-D 控制;而通过将比例控制和导数控制作用移动到反馈通路, 可以获得 I-PD 控制。一种替代方法是, 不把全部导数控制作用或比例控制作用移到反馈通路, 而是只把这些控制作用中的一部分移到反馈通路, 而将其余部分仍留在前向通路中。在文献中提出了 PI-PD 控制的概念, 这种控制方案的特点体现在 PID 控制和 I-PD 控制两者之间。类似地, 我们可以设想一种 PID-PD 控制。在此控制方案中, 有一个控制器位于前向通路, 另一个控制器位于反馈通路。通过此方案, 可以得到一种更为一般的二自由度控制方案。在本章后几节中, 将详细讨论这种二自由度控制方案。

8.6　二自由度控制

考虑图 8.28 所示的系统, 图中系统受到扰动输入 $D(s)$ 和噪声输入 $N(s)$ 的作用。此外, 还受到参考输入 $R(s)$ 的作用。$G_c(s)$ 是控制器的传递函数, $G_p(s)$ 是控制对象的传递函数。假设 $G_p(s)$ 是固定且不可改变的。

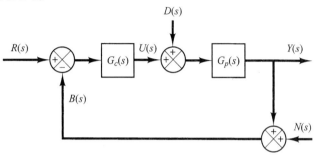

图 8.28　单自由度控制系统

对于此系统, 可以导出三个闭环传递函数, 即 $Y(s)/R(s) = G_{yr}$, $Y(s)/D(s) = G_{yd}$ 和 $Y(s)/N(s) = G_{yn}$。它们是

$$G_{yr} = \frac{Y(s)}{R(s)} = \frac{G_c G_p}{1 + G_c G_p}$$

$$G_{yd} = \frac{Y(s)}{D(s)} = \frac{G_p}{1 + G_c G_p}$$

$$G_{yn} = \frac{Y(s)}{N(s)} = -\frac{G_c G_p}{1 + G_c G_p}$$

在推导 $Y(s)/R(s)$ 时, 假设 $D(s) = 0$ 和 $N(s) = 0$。在推导 $Y(s)/D(s)$ 和 $Y(s)/N(s)$ 时, 可以应用类似的假设条件。控制系统的自由度涉及这些闭环传递函数中有多少个是独立的。在当前情况下, 有如下两个:

$$G_{yr} = \frac{G_p - G_{yd}}{G_p}$$

$$G_{yn} = \frac{G_{yd} - G_p}{G_p}$$

在三个闭环传递函数 G_{yr}、G_{yn} 和 G_{yd} 中, 如果给定其中一个, 其余两个便被固定。这意味着图 8.28 所示的系统是一个单自由度系统。

下面讨论图 8.29 所示的系统, 图中 $G_p(s)$ 为控制对象的传递函数。对于这个系统, 闭环传递函数 G_{yr}、G_{yd} 和 G_{yn} 分别给定为

$$G_{yr} = \frac{Y(s)}{R(s)} = \frac{G_{c1} G_p}{1 + (G_{c1} + G_{c2}) G_p}$$

$$G_{yd} = \frac{Y(s)}{D(s)} = \frac{G_p}{1 + (G_{c1} + G_{c2}) G_p}$$

$$G_{yn} = \frac{Y(s)}{N(s)} = -\frac{(G_{c1} + G_{c2}) G_p}{1 + (G_{c1} + G_{c2}) G_p}$$

因此，我们得到
$$G_{yr} = G_{c1}G_{yd}$$

$$G_{yn} = \frac{G_{yd} - G_p}{G_p}$$

在这种情况下，如果给定 G_{yd}，则 G_{yn} 便被固定，但是 G_{yr} 不是固定的，因为 G_{c1} 与 G_{yd} 无关。因此，在这三个闭环传递函数 G_{yr}、G_{yd} 和 G_{yn} 中，有两个闭环传递函数是独立的。因此，该系统是一个二自由度控制系统。

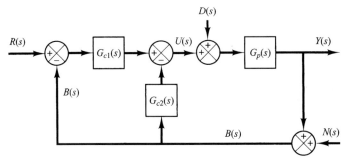

图 8.29　二自由度控制系统

类似地，图 8.30 所示的系统也是一个二自由度控制系统，因为对于该系统存在下列关系式：
$$G_{yr} = \frac{Y(s)}{R(s)} = \frac{G_{c1}G_p}{1 + G_{c1}G_p} + \frac{G_{c2}G_p}{1 + G_{c1}G_p}$$

$$G_{yd} = \frac{Y(s)}{D(s)} = \frac{G_p}{1 + G_{c1}G_p}$$

$$G_{yn} = \frac{Y(s)}{N(s)} = -\frac{G_{c1}G_p}{1 + G_{c1}G_p}$$

因此
$$G_{yr} = G_{c2}G_{yd} + \frac{G_p - G_{yd}}{G_p}$$

$$G_{yn} = \frac{G_{yd} - G_p}{G_p}$$

显然，如果给定 G_{yd}，则 G_{yn} 便被固定，但是 G_{yr} 不是固定的，因为 G_{c2} 与 G_{yd} 无关。

在 8.7 节中将会看到，在这种二自由度控制系统中，为了改善系统的响应特性，闭环特性与反馈特性均可以独立进行调整。

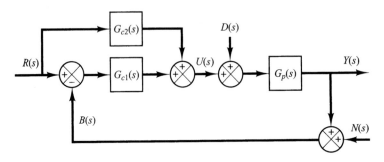

图 8.30　二自由度控制系统

8.7　改善响应特性的零点配置法

这里将证明,利用本节后面介绍的零点配置法,可以得到下列性能:对斜坡参考输入和加速度参考输入的响应不呈现稳态误差。

在高性能控制系统中,总是希望系统的输出能以最小的误差跟踪变化着的输入量。对于阶跃、斜坡和加速度输入信号,希望系统的输出量能呈现无稳态误差。

下面将说明,怎样设计控制系统才能使系统在跟踪斜坡和加速度输入信号时,不产生稳态误差,同时又能迫使系统对阶跃扰动输入的响应迅速地趋近于零。

考虑图 8.31 所示的二自由度控制系统。假设控制对象的传递函数 $G_p(s)$ 是一个最小相位传递函数,并且可以表示为

$$G_p(s) = K \frac{A(s)}{B(s)}$$

式中,
$$A(s) = (s + z_1)(s + z_2) \cdots (s + z_m)$$
$$B(s) = s^N(s + p_{N+1})(s + p_{N+2}) \cdots (s + p_n)$$

在上式中, N 可以是 0、1 和 2 且 $n \geq m$。又假设 G_{c1} 是一个 PID 控制器,紧随其后的是一个滤波器 $1/A(s)$,即

$$G_{c1}(s) = \frac{\alpha_1 s + \beta_1 + \gamma_1 s^2}{s} \frac{1}{A(s)}$$

G_{c2} 是一个 PID、PI、PD、I、D 或 P 控制器,紧随其后的是一个滤波器 $1/A(s)$ 。这就是说

$$G_{c2}(s) = \frac{\alpha_2 s + \beta_2 + \gamma_2 s^2}{s} \frac{1}{A(s)}$$

式中, α_2、β_2 和 γ_2 中的某些系数可能为零。于是 $G_{c1} + G_{c2}$ 可以写成

$$G_{c1} + G_{c2} = \frac{\alpha s + \beta + \gamma s^2}{s} \frac{1}{A(s)} \tag{8.3}$$

式中, α、β 和 γ 为常数。因此

$$\frac{Y(s)}{D(s)} = \frac{G_p}{1 + (G_{c1} + G_{c2})G_p} = \frac{K \dfrac{A(s)}{B(s)}}{1 + \dfrac{\alpha s + \beta + \gamma s^2}{s} \dfrac{K}{B(s)}}$$

$$= \frac{sKA(s)}{sB(s) + (\alpha s + \beta + \gamma s^2)K}$$

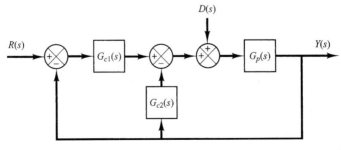

图 8.31　二自由度控制系统

因为在分子中存在有 s，所以正如下面将要证明的，当 t 趋近于无穷大时，对阶跃扰动输入的响应 $y(t)$ 将趋近于零。因为

$$Y(s) = \frac{sKA(s)}{sB(s) + (\alpha s + \beta + \gamma s^2)K} D(s)$$

如果扰动输入是一个量值为 d 的阶跃函数，即

$$D(s) = \frac{d}{s}$$

并且假设系统是稳定的，那么

$$y(\infty) = \lim_{s \to 0} s \left[\frac{sKA(s)}{sB(s) + (\alpha s + \beta + \gamma s^2)K} \right] \frac{d}{s}$$

$$= \lim_{s \to 0} \frac{sKA(0)d}{sB(0) + \beta K}$$

$$= 0$$

对阶跃扰动输入的响应 $y(t)$ 所具有的一般形式，如图 8.32 所示。

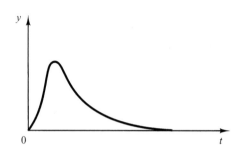

图 8.32　对阶跃扰动输入的典型响应曲线

应当指出，$Y(s)/R(s)$ 和 $Y(s)/D(s)$ 可以表示为

$$\frac{Y(s)}{R(s)} = \frac{G_{c1}G_p}{1 + (G_{c1} + G_{c2})G_p}, \qquad \frac{Y(s)}{D(s)} = \frac{G_p}{1 + (G_{c1} + G_{c2})G_p}$$

注意到 $Y(s)/R(s)$ 和 $Y(s)/D(s)$ 的分母是相同的。在选择 $Y(s)/R(s)$ 的极点之前，我们需要配置 $Y(s)/R(s)$ 的零点。

8.7.1　零点配置

考虑下列系统：

$$\frac{Y(s)}{R(s)} = \frac{p(s)}{s^{n+1} + a_n s^n + a_{n-1}s^{n-1} + \cdots + a_2 s^2 + a_1 s + a_0}$$

如果选择 $p(s)$ 为

$$p(s) = a_2 s^2 + a_1 s + a_0 = a_2(s + s_1)(s + s_2)$$

即选择零点 $s = -s_1$ 和 $s = -s_2$ 与 a_2 一起，使得分子多项式 $p(s)$ 等于分母多项式的最后三项之和，于是系统对阶跃输入、斜坡输入和加速度输入的响应将呈现出无稳态误差。

8.7.2　对系统响应特性的要求

假设在对单位阶跃参考输入的响应中，要求最大过调量处于任意选择的上限和下限之间，例如

$$2\% < 最大过调量 < 10\%$$

我们选择下限略大于零以避免变成过阻尼系统。上限越小，确定系数 a 越困难。在某些情况下，可能不存在一组系数 a 满足性能指标，因此必须允许最大过调量有更高的上限。利用 MATLAB 去搜寻至少一组 a 值满足性能指标。作为一种实际的计算方式，取代对系数 a 的搜寻，还可以通过在 s 左半平面内针对每一个闭环极点对适当区域的搜寻，去寻求满意的闭环极点。一旦确定出所有的闭环极点，那么所有的系数 a_n，a_{n-1}，…，a_1，a_0 就将被确定。

8.7.3　确定 G_{c2}

现在传递函数 $Y(s)/R(s)$ 的系数全都为已知，并且 $Y(s)/R(s)$ 可以表示为

$$\frac{Y(s)}{R(s)} = \frac{a_2 s^2 + a_1 s + a_0}{s^{n+1} + a_n s^n + a_{n-1} s^{n-1} + \cdots + a_2 s^2 + a_1 s + a_0} \tag{8.4}$$

于是得到

$$\frac{Y(s)}{R(s)} = G_{c1} \frac{Y(s)}{D(s)}$$

$$= \frac{G_{c1} s K A(s)}{s B(s) + (\alpha s + \beta + \gamma s^2) K}$$

$$= \frac{G_{c1} s K A(s)}{s^{n+1} + a_n s^n + a_{n-1} s^{n-1} + \cdots + a_2 s^2 + a_1 s + a_0}$$

因为 G_{c1} 是一个 PID 控制器，并且可以表示为

$$G_{c1} = \frac{\alpha_1 s + \beta_1 + \gamma_1 s^2}{s} \frac{1}{A(s)}$$

所以 $Y(s)/R(s)$ 可以写成

$$\frac{Y(s)}{R(s)} = \frac{K(\alpha_1 s + \beta_1 + \gamma_1 s^2)}{s^{n+1} + a_n s^n + a_{n-1} s^{n-1} + \cdots + a_2 s^2 + a_1 s + a_0}$$

因此，我们选择

$$K\gamma_1 = a_2, \qquad K\alpha_1 = a_1, \qquad K\beta_1 = a_0$$

于是得到

$$G_{c1} = \frac{a_1 s + a_0 + a_2 s^2}{Ks} \frac{1}{A(s)} \tag{8.5}$$

这个系统对单位阶跃参考输入的响应，可以达到使其最大过调量处于选定的上限与下限之间，例如

$$2\% < 最大过调量 < 10\%$$

系统对斜坡参考输入或加速度参考输入的响应，可以达到无稳态误差。方程(8.4)描述的系统特性，一般来说呈现出比较短的调整时间。如果希望进一步缩短其调整时间，则需要使系统允许比较大的最大过调量，例如，

$$2\% < 最大过调量 < 20\%$$

控制器 G_{c2} 现在可以根据方程(8.3)和方程(8.5)确定。因为

$$G_{c1} + G_{c2} = \frac{\alpha s + \beta + \gamma s^2}{s} \frac{1}{A(s)}$$

所以得到

$$G_{c2} = \left[\frac{\alpha s + \beta + \gamma s^2}{s} - \frac{a_1 s + a_0 + a_2 s^2}{Ks} \right] \frac{1}{A(s)}$$

$$= \frac{(K\alpha - a_1)s + (K\beta - a_0) + (K\gamma - a_2)s^2}{Ks} \frac{1}{A(s)} \tag{8.6}$$

两个控制器 G_{c1} 和 G_{c2} 分别由方程(8.5)和方程(8.6)给出。

例8.4 考虑图 8.33 所示的二自由度控制系统。控制对象的传递函数 $G_p(s)$ 为

$$G_p(s) = \frac{10}{s(s+1)}$$

试设计控制器 $G_{c1}(s)$ 和 $G_{c2}(s)$，使得在对单位阶跃参考输入的响应中，最大过调量小于 19%，但大于 2%，并且调整时间小于 1 s。要求系统在跟踪斜坡参考输入和加速度参考输入时的稳态误差为零。此外，系统对单位阶跃扰动输入的响应，应当具有很小的振幅，并且能很快衰减到零。

为了设计出适当的控制器 $G_{c1}(s)$ 和 $G_{c2}(s)$，首先注意到

$$\frac{Y(s)}{D(s)} = \frac{G_p}{1 + G_p(G_{c1} + G_{c2})}$$

为了简化符号，定义

$$G_c = G_{c1} + G_{c2}$$

于是得到

$$\frac{Y(s)}{D(s)} = \frac{G_p}{1 + G_p G_c} = \frac{\dfrac{10}{s(s+1)}}{1 + \dfrac{10}{s(s+1)} G_c}$$

$$= \frac{10}{s(s+1) + 10G_c}$$

其次，注意到

$$\frac{Y(s)}{R(s)} = \frac{G_p G_{c1}}{1 + G_p G_c} = \frac{10 G_{c1}}{s(s+1) + 10G_c}$$

应当指出，$Y(s)/D(s)$ 的特征方程和 $Y(s)/R(s)$ 的特征方程是等同的。

我们希望选择 $G_c(s)$ 的零点位于 $s = -1$ 这一点上，以便消除控制对象 $G_p(s)$ 的极点 $s = -1$。但是正如下面将要看到的，消除的极点 $s = -1$ 会成为整个系统的闭环极点。如果定义 $G_c(s)$ 为 PID 控制器且使得

$$G_c(s) = \frac{K(s+1)(s+\beta)}{s} \tag{8.7}$$

则有

$$\frac{Y(s)}{D(s)} = \frac{10}{s(s+1) + \dfrac{10K(s+1)(s+\beta)}{s}}$$

$$= \frac{10s}{(s+1)[s^2 + 10K(s+\beta)]}$$

闭环极点 $s = -1$ 是一个缓慢响应极点，如果这个闭环极点包含在系统中，那么调整时间将不会小于 1 s。因此，不应该选择像方程(8.7)表示的那种 $G_c(s)$。

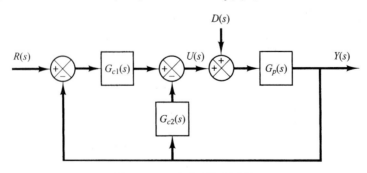

图 8.33 二自由度控制系统

控制器 $G_{c1}(s)$ 和 $G_{c2}(s)$ 的设计由两步组成。

设计步骤 1。设计 $G_c(s)$，使其满足对阶跃扰动输入 $D(s)$ 的要求。在这个设计阶段，假设参考输入为零。

设 $G_c(s)$ 是一个具有下列函数形式的 PID 控制器：

$$G_c(s) = \frac{K(s + \alpha)(s + \beta)}{s}$$

则闭环传递函数 $Y(s)/D(s)$ 变成

$$\frac{Y(s)}{D(s)} = \frac{10}{s(s + 1) + 10G_c}$$

$$= \frac{10}{s(s + 1) + \dfrac{10K(s + \alpha)(s + \beta)}{s}}$$

$$= \frac{10s}{s^2(s + 1) + 10K(s + \alpha)(s + \beta)}$$

应当指出，$Y(s)/D(s)$ 的分子中存在的 "s"，保证了系统对阶跃扰动输入的稳态响应为零。

假设希望的主导闭环极点为复数共轭极点，并且表示为

$$s = -a \pm jb$$

其余的一个闭环极点为实极点，且位于 　　　$s = -c$

注意到在这个例题中有三项要求。第一项要求是系统对阶跃扰动输入的响应能迅速衰减。第二项要求是系统在对单位阶跃参考输入的响应中，最大过调量处于 19% 和 2% 之间，并且调整时间小于 1 s。第三项要求是在对斜坡和加速度参考输入的响应中，稳态误差为零。

一组（或多组）合理的 a、b 和 c 值，必须利用计算方法进行搜索。为了满足第一项要求，选择 a、b 和 c 的搜索范围为

$$2 \leqslant a \leqslant 6, \quad 2 \leqslant b \leqslant 6, \quad 6 \leqslant c \leqslant 12$$

这个范围示于图 8.34。如果主导闭环极点 $s = -a \pm jb$ 位于阴影区域内某处，则系统对阶跃扰动输入的响应，将会迅速衰减（第一项要求将得到满足）。

注意到 $Y(s)/D(s)$ 的分母可以写成

$$s^2(s + 1) + 10K(s + \alpha)(s + \beta)$$

$$= s^3 + (1 + 10K)s^2 + 10K(\alpha + \beta)s + 10K\alpha\beta$$

$$= (s + a + jb)(s + a - jb)(s + c)$$

$$= s^3 + (2a + c)s^2 + (a^2 + b^2 + 2ac)s + (a^2 + b^2)c$$

因为 $Y(s)/D(s)$ 的分母与 $Y(s)/R(s)$ 的分母是相同的，所以 $Y(s)/D(s)$ 的分母也确定了系统对参考输入的响应特性。为了满足第三项要求，会涉及零点配置方法，并且选择闭环传递函数 $Y(s)/R(s)$ 具有下列形式：

$$\frac{Y(s)}{R(s)} = \frac{(2a + c)s^2 + (a^2 + b^2 + 2ac)s + (a^2 + b^2)c}{s^3 + (2a + c)s^2 + (a^2 + b^2 + 2ac)s + (a^2 + b^2)c}$$

在这种情况下，第三项要求会自动地得到满足。

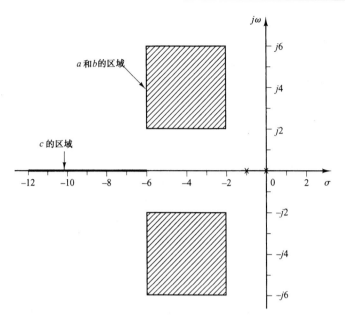

图 8.34   *a*、*b* 和 *c* 的搜索范围

下面的问题是在指定的区域，寻找一组或者多组用 *a*、*b* 和 *c* 表示的希望的闭环极点，使得系统满足其对单位阶跃参考输入响应的要求，从而保证最大过调量处于 19% 与 2% 之间，并且调整时间小于 1 s(如果在搜索域内找不到一组满意的闭环极点，那么必须扩大其搜索范围)。

在计算搜索中，必须设定合理的计算步长。这里，我们设其为 0.2。

MATLAB 程序 8.8 生成了满意的 *a*、*b* 和 *c* 数值的集合表。表中给出的 23 组数值中的任何一组，均能满足对单位阶跃参考输入的响应要求。应当指出，表中最后一行对应于最后一个搜索点。但这一点不满足要求，因此应当直接予以排除(在所编写的程序中，最后一个搜索点生成了表中的最后一行数值，而不管它是不是满足要求)。

```
MATLAB程序8.8
t = 0:0.01:4;
k = 0;
for i = 1:21;
    a(i) = 6.2-i*0.2;
    for j = 1:21;
        b(j) = 6.2-j*0.2;
        for h = 1:31;
            c(h) = 12.2-h*0.2;
    num = [0  2*a(i)+c(h)  a(i)^2+b(j)^2+2*a(i)*c(h)  (a(i)^2+b(j)^2)*c(h)];
    den = [1  2*a(i)+c(h)  a(i)^2+b(j)^2+2*a(i)*c(h)  (a(i)^2+b(j)^2)*c(h)];
            y = step(num,den,t);
            m = max(y);
            s = 401; while y(s) > 0.98 & y(s) < 1.02;
            s = s-1; end;
            ts = (s-1)*0.01;
        if m < 1.19 & m > 1.02 & ts < 1.0;
        k = k+1;
        table(k,:) = [a(i)  b(j)  c(h)  m  ts];
            end
        end
    end
end
table(k,:) = [a(i)  b(j)  c(h)  m  ts]
```

```
table =

    4.2000  2.0000  12.0000  1.1896  0.8500
    4.0000  2.0000  12.0000  1.1881  0.8700
    4.0000  2.0000  11.8000  1.1890  0.8900
    4.0000  2.0000  11.6000  1.1899  0.9000
    3.8000  2.2000  12.0000  1.1883  0.9300
    3.8000  2.2000  11.8000  1.1894  0.9400
    3.8000  2.0000  12.0000  1.1861  0.8900
    3.8000  2.0000  11.8000  1.1872  0.9100
    3.8000  2.0000  11.6000  1.1882  0.9300
    3.8000  2.0000  11.4000  1.1892  0.9400
    3.6000  2.4000  12.0000  1.1893  0.9900
    3.6000  2.2000  12.0000  1.1867  0.9600
    3.6000  2.2000  11.8000  1.1876  0.9800
    3.6000  2.2000  11.6000  1.1886  0.9900
    3.6000  2.0000  12.0000  1.1842  0.9200
    3.6000  2.0000  11.8000  1.1852  0.9400
    3.6000  2.0000  11.6000  1.1861  0.9500
    3.6000  2.0000  11.4000  1.1872  0.9700
    3.6000  2.0000  11.2000  1.1883  0.9800
    3.4000  2.0000  12.0000  1.1820  0.9400
    3.4000  2.0000  11.8000  1.1831  0.9600
    3.4000  2.0000  11.6000  1.1842  0.9800
    3.2000  2.0000  12.0000  1.1797  0.9600
    2.0000  2.0000   6.0000  1.2163  1.8900
```

正如上面指出的, 23 组变量 a、b 和 c 满足要求。用 23 组数据中的任何一组, 得到的单位阶跃响应曲线都是大致相同的。图 8.35(a) 表示的是用下列数据得到的单位阶跃响应曲线:

$$a = 4.2, \qquad b = 2, \qquad c = 12$$

其最大过调量为 18.96%, 调整时间为 0.85 s。利用 a、b 和 c 的上述数值, 可以求出希望的闭环极点位于

$$s = -4.2 \pm j2, \qquad s = -12$$

利用这些闭环极点, $Y(s)/D(s)$ 的分母变成

$$s^2(s + 1) + 10K(s + \alpha)(s + \beta) = (s + 4.2 + j2)(s + 4.2 - j2)(s + 12)$$

即 $\qquad s^3 + (1 + 10K)s^2 + 10K(\alpha + \beta)s + 10K\alpha\beta = s^3 + 20.4s^2 + 122.44s + 259.68$

令上述方程两边 s 的同次幂项相等, 得到

$$1 + 10K = 20.4$$

$$10K(\alpha + \beta) = 122.44$$

$$10K\alpha\beta = 259.68$$

因此 $\qquad\qquad K = 1.94, \qquad \alpha + \beta = \dfrac{122.44}{19.4}, \qquad \alpha\beta = \dfrac{259.68}{19.4}$

于是 $G_c(s)$ 可以写成

$$
\begin{aligned}
G_c(s) &= K\,\frac{(s + \alpha)(s + \beta)}{s} \\[2mm]
&= \frac{K\big[s^2 + (\alpha + \beta)s + \alpha\beta\big]}{s} \\[2mm]
&= \frac{1.94s^2 + 12.244s + 25.968}{s}
\end{aligned}
$$

闭环传递函数 $Y(s)/D(s)$ 变为

$$\frac{Y(s)}{D(s)} = \frac{10}{s(s+1) + 10G_c}$$

$$= \frac{10}{s(s+1) + 10\dfrac{1.94s^2 + 12.244s + 25.968}{s}}$$

$$= \frac{10s}{s^3 + 20.4s^2 + 122.44s + 259.68}$$

利用这个表达式, 可以求出对单位阶跃扰动输入的响应 $y(t)$, 如图 8.35(b) 所示。

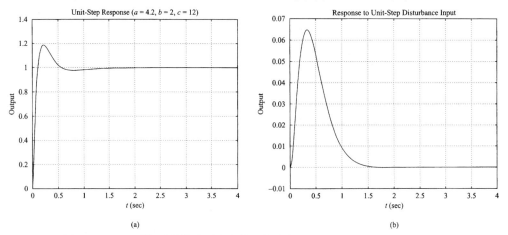

图 8.35　(a) 系统对单位阶跃参考输入的响应 ($a = 4.2$, $b = 2$, $c = 12$);
(b) 系统对单位阶跃扰动输入的响应 ($a = 4.2$, $b = 2$, $c = 12$)

图 8.36(a) 表示当 a、b 和 c 选择为下列值时, 系统对单位阶跃参考输入的响应:

$$a = 3.2, \qquad b = 2, \qquad c = 12$$

图 8.36(b) 表示当系统受到单位阶跃扰动输入作用时的响应。比较图 8.35(a) 和图 8.36(a), 会发现它们大致是相同的。但是, 比较图 8.35(b) 和图 8.36(b), 会发现前者比后者要好一些。针对表中每一组数据的系统响应进行比较, 得知第一组数据 ($a = 4.2$, $b = 2$, $c = 12$) 对应的系统响应是最好的一种响应。因此, 作为本题的解, 我们选取

$$a = 4.2, \qquad b = 2, \qquad c = 12$$

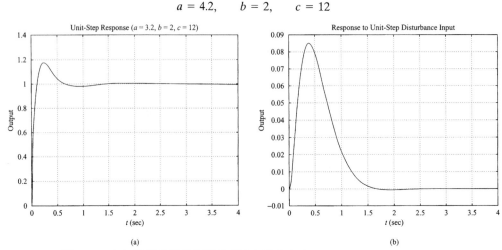

图 8.36　(a) 系统对单位阶跃参考输入的响应 ($a = 3.2$, $b = 2$, $c = 12$);
(b) 系统对单位阶跃扰动输入的响应 ($a = 3.2$, $b = 2$, $c = 12$)

设计步骤 2。下面来确定 G_{c1}。因为 $Y(s)/R(s)$ 可以表示为

$$\frac{Y(s)}{R(s)} = \frac{G_p G_{c1}}{1 + G_p G_c}$$

$$= \frac{\dfrac{10}{s(s+1)} G_{c1}}{1 + \dfrac{10}{s(s+1)} \dfrac{1.94s^2 + 12.244s + 25.968}{s}}$$

$$= \frac{10 s G_{c1}}{s^3 + 20.4s^2 + 122.44s + 259.68}$$

于是我们的问题变成设计 $G_{c1}(s)$，使系统满足对阶跃、斜坡和加速度输入信号响应的要求。

因为分子中包含"s"，所以 $G_{c1}(s)$ 必须包含一个积分器去抵消这个"s"。虽然希望在闭环传递函数 $Y(s)/D(s)$ 的分子中有"s"，以获得对阶跃扰动输入的零稳态误差，但是不希望在闭环传递函数 $Y(s)/R(s)$ 的分子中有"s"。为了消除系统对阶跃参考输入响应中的偏差，并消除系统跟踪斜坡参考输入和加速度参考输入时的稳态误差，如前所述，$Y(s)/R(s)$ 的分子必须等于分母中的最后三项。这就是说

$$10 s G_{c1}(s) = 20.4s^2 + 122.44s + 259.68$$

即

$$G_{c1}(s) = 2.04s + 12.244 + \frac{25.968}{s}$$

因此，$G_{c1}(s)$ 是一个 PID 控制器。因为 $G_c(s)$ 给定为

$$G_c(s) = G_{c1}(s) + G_{c2}(s) = \frac{1.94s^2 + 12.244s + 25.968}{s}$$

所以得到

$$G_{c2}(s) = G_c(s) - G_{c1}(s)$$

$$= \left(1.94s + 12.244 + \frac{25.968}{s} \right) - \left(2.04s + 12.244 + \frac{25.968}{s} \right)$$

$$= -0.1s$$

因此，$G_{c2}(s)$ 是一个微分控制器。已设计出的系统的方框图示于图 8.37。

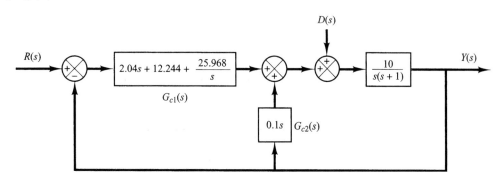

图 8.37　已设计出的系统的方框图

闭环传递函数 $Y(s)/R(s)$ 现在变为

$$\frac{Y(s)}{R(s)} = \frac{20.4s^2 + 122.44s + 259.68}{s^3 + 20.4s^2 + 122.44s + 259.68}$$

系统对单位斜坡参考输入和单位加速参考输入的响应，分别示于图 8.38(a)和图 8.38(b)。系统

跟踪斜坡输入和加速度输入的稳态误差为零。因此，本例题中提出的所有要求均得到满足。所以设计出的控制器 $G_{c1}(s)$ 和 $G_{c2}(s)$ 是令人满意的。

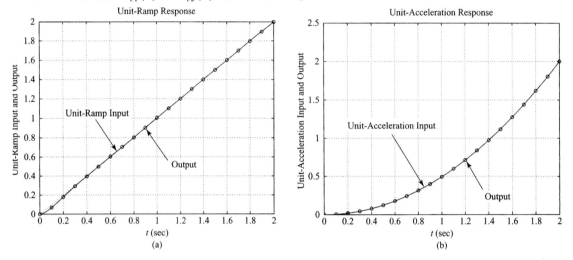

图 8.38　　(a) 系统对单位斜坡参考输入的响应；(b) 系统对单位加速度参考输入的响应

例 8.5　考虑图 8.39 所示的控制系统。这是一个二自由度系统。在这里考虑的设计问题中，假设噪声输入 $N(s)$ 为零，控制对象的传递函数为

$$G_p(s) = \frac{5}{(s+1)(s+5)}$$

且假设控制器 $G_{c1}(s)$ 为 PID 型控制器，即

$$G_{c1}(s) = K_p\left(1 + \frac{1}{T_i s} + T_d s\right)$$

控制器 $G_{c2}(s)$ 为 P 型或 PD 型控制器。如果 $G_{c2}(s)$ 包含积分控制作用，那么这将会在输入信号中引入斜坡成分，这不是我们希望的。因此，$G_{c2}(s)$ 不应该包含积分控制作用。所以假设

$$G_{c2}(s) = \hat{K}_p(1 + \hat{T}_d s)$$

式中 $\hat{T}_d$ 可能为零。

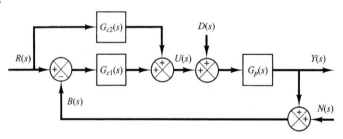

图 8.39　二自由度控制系统

现在我们来设计控制器 $G_{c1}(s)$ 和 $G_{c2}(s)$，使得系统对阶跃扰动输入和阶跃参考输入的响应，在下述意义上成为"希望的特性"。

1. 对阶跃扰动输入的响应具有较小的峰值，并且最终能趋近于零(这意味着无稳态误差)。

2. 对阶跃参考输入的响应呈现出小于 25% 的过调量，且调整时间小于 2 s。对斜坡参考输入和加速度参考输入的稳态误差应该为零。

二自由度控制系统可以依照下列两个步骤进行设计。

1. 确定 $G_{c1}(s)$，使对阶跃扰动输入的响应具有希望的特性。
2. 设计 $G_{c2}(s)$，使对参考输入的响应具有希望的特性，但是不改变在上一步中考虑的阶跃扰动响应。

$G_{c1}(s)$ 的设计。首先，注意假设噪声输入 $N(s)$ 为零。为了求得对阶跃扰动输入的响应，设参考输入为零。于是可以画出联系 $Y(s)$ 和 $D(s)$ 的方框图（见图 8.40）。传递函数 $Y(s)/D(s)$ 可以表示为

$$\frac{Y(s)}{D(s)} = \frac{G_p}{1 + G_{c1}G_p}$$

式中，

$$G_{c1}(s) = K_p\left(1 + \frac{1}{T_i s} + T_d s\right)$$

这个控制器包含一个位于原点的极点和两个零点。如果设两个零点位于同一位置（双零点），那么 $G_{c1}(s)$ 可以写成

$$G_{c1}(s) = K\frac{(s+a)^2}{s}$$

于是系统的特征方程变成

$$1 + G_{c1}(s)G_p(s) = 1 + \frac{K(s+a)^2}{s}\frac{5}{(s+1)(s+5)} = 0$$

即

$$s(s+1)(s+5) + 5K(s+a)^2 = 0$$

上式可以改写成

$$s^3 + (6+5K)s^2 + (5+10Ka)s + 5Ka^2 = 0 \tag{8.8}$$

如果将双零点配置到 $s = -3$ 与 $s = -6$ 之间，则 $G_{c1}(s)G_p(s)$ 的根轨迹图会如图 8.41 所示。响应速度应该快，但是不能比需要的还快，因为比较快的响应通常意味着要求比较大的（即比较昂贵的）元件予以支持。因此，可以选择主导闭环极点位于

$$s = -3 \pm j2$$

（注意，这种选择不是唯一的。实际上存在着无穷多可能的闭环极点供我们选择。）

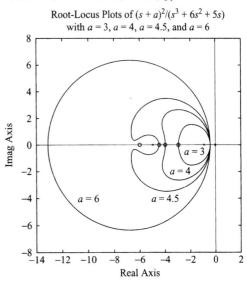

图 8.41　当 $a = 3$，$a = 4$，$a = 4.5$ 和 $a = 6$ 时，$5K(s+a)^2/[s(s+1)(s+5)]$ 的根轨迹图

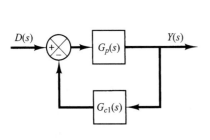

图 8.40　控制系统

因为系统是三阶的,所以有三个闭环极点。第三个极点位于负实轴上点 $s = -5$ 的左方。

把 $s = -3 + j2$ 代入方程(8.8),得到

$$(-3 + j2)^3 + (6 + 5K)(-3 + j2)^2 + (5 + 10Ka)(-3 + j2) + 5Ka^2 = 0$$

上式可以简化为

$$24 + 25K - 30Ka + 5Ka^2 + j(-16 - 60K + 20Ka) = 0$$

令实部和虚部分别等于零,得到

$$24 + 25K - 30Ka + 5Ka^2 = 0 \tag{8.9}$$

$$-16 - 60K + 20Ka = 0 \tag{8.10}$$

由方程(8.10),得到

$$K = \frac{4}{5a - 15} \tag{8.11}$$

将方程(8.11)代入方程(8.9),得到

$$a^2 = 13$$

即 $a = 3.6056$ 或 -3.6056。注意到 K 值变为

$$K = 1.3210, \qquad a = 3.6056$$

$$K = -0.1211, \qquad a = -3.6056$$

因为 $G_{c1}(s)$ 位于前向通路中,所以 K 应该是正值。因此,我们选择

$$K = 1.3210, \qquad a = 3.6056$$

于是 $G_{c1}(s)$ 可以表示为

$$G_{c1}(s) = K\frac{(s + a)^2}{s}$$

$$= 1.3210\frac{(s + 3.6056)^2}{s}$$

$$= \frac{1.3210s^2 + 9.5260s + 17.1735}{s}$$

为了确定 K_p、T_i 和 T_d,需进行下列处理:

$$G_{c1}(s) = \frac{1.3210(s^2 + 7.2112s + 13)}{s}$$

$$= 9.5260\left(1 + \frac{1}{0.5547s} + 0.1387s\right) \tag{8.12}$$

因此得到

$$K_p = 9.5260, \qquad T_i = 0.5547, \qquad T_d = 0.1387$$

为了对单位阶跃扰动输入的响应进行检验,我们求闭环传递函数 $Y(s)/D(s)$:

$$\frac{Y(s)}{D(s)} = \frac{G_p}{1 + G_{c1}G_p}$$

$$= \frac{5s}{s(s + 1)(s + 5) + 5K(s + a)^2}$$

$$= \frac{5s}{s^3 + 12.605s^2 + 52.63s + 85.8673}$$

系统对单位阶跃扰动输入的响应如图8.42所示。响应曲线看起来是令人满意的。注意到闭环极点位于 $s = -3 \pm j2$ 和 $s = -6.6051$。共轭复数闭环极点起到主导闭环极点的作用。

$G_{c2}(s)$ 的设计。现在我们来设计 $G_{c2}(s)$,以便获得希望的对参考输入信号的响应。闭环传递函数 $Y(s)/R(s)$ 可以用下式表示:

$$\frac{Y(s)}{R(s)} = \frac{(G_{c1} + G_{c2})G_p}{1 + G_{c1}G_p}$$

$$= \frac{\left[\dfrac{1.321s^2 + 9.526s + 17.1735}{s} + \hat{K}_p(1 + \hat{T}_d s)\right]\dfrac{5}{(s+1)(s+5)}}{1 + \dfrac{1.321s^2 + 9.526s + 17.1735}{s}\dfrac{5}{(s+1)(s+5)}}$$

$$= \frac{(6.6051 + 5\hat{K}_p\hat{T}_d)s^2 + (47.63 + 5\hat{K}_p)s + 85.8673}{s^3 + 12.6051s^2 + 52.63s + 85.8673}$$

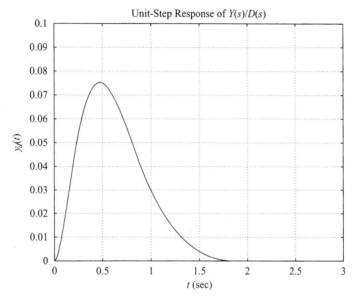

图 8.42　对单位阶跃扰动输入的响应

零点配置。对两个零点与直流增益常数一起进行配置,使得分子与分母中最后三项之和相等,即

$$(6.6051 + 5\hat{K}_p\hat{T}_d)s^2 + (47.63 + 5\hat{K}_p)s + 85.8673 = 12.6051s^2 + 52.63s + 85.8673$$

令上述方程两边的 s^2 项和 s 项的系数相等,得到

$$6.6051 + 5\hat{K}_p\hat{T}_d = 12.6051$$

$$47.63 + 5\hat{K}_p = 52.63$$

于是得到

$$\hat{K}_p = 1, \qquad \hat{T}_d = 1.2$$

因此,

$$G_{c2}(s) = 1 + 1.2s \tag{8.13}$$

借助于这个控制器 $G_{c2}(s)$,闭环传递函数 $Y(s)/R(s)$ 变为

$$\frac{Y(s)}{R(s)} = \frac{12.6051s^2 + 52.63s + 85.8673}{s^3 + 12.6051s^2 + 52.63s + 85.8673}$$

系统对单位阶跃参考输入的响应如图 8.43(a)所示。响应呈现出的最大过调量为 21%,而调整时间约为 1.6 s。图 8.43(b)和图 8.43(c)表示了斜坡响应和加速度响应。在这两种响应中的稳态误差均为零。对阶跃扰动的响应是令人满意的。因此,分别由方程(8.12)和方程(8.13)设计出的控制器 $G_{c1}(s)$ 和 $G_{c2}(s)$ 是令人满意的。

　　如果对单位阶跃参考输入的响应特性不能令人满意，那么就需要改变主导闭环极点的位置，并且重复进行设计过程。主导闭环极点应当位于 s 左半平面的一定区域内(例如 $2 \leqslant a \leqslant 6$，$2 \leqslant b \leqslant 6$，$6 \leqslant c \leqslant 12$)。如果希望进行计算搜索，则应编写出计算机程序(类似于 MATLAB 程序8.8)，并且执行搜索过程。这样才可能获得一组或多组希望的变量 a、b 和 c 值，使系统对单位阶跃参考输入的响应满足对最大过调量和调整时间的所有要求。

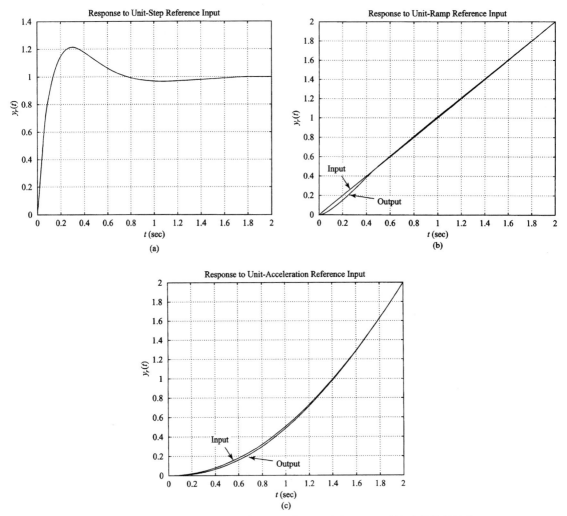

图8.43　(a) 系统对单位阶跃参考输入信号的响应；(b) 系统对单位斜坡参考输入信号的响应；(c) 系统对单位加速度参考输入信号的响应

例题和解答

A.8.1　试简要叙述 PI 控制器、PD 控制器和 PID 控制器的动态特性。

　　解：PI 控制器用下列传递函数描述：

$$G_c(s) = K_p\left(1 + \frac{1}{T_i s}\right)$$

PI 控制器是一种滞后校正装置，它具有一个位于 $s = -1/T_i$ 的零点和一个位于 $s = 0$ 的极点。因此，PI 控制器的特性是在零频率处具有无穷大增益，这改善了稳态特性。但是，在系统中包含 PI 控制作用会使被校正系统的型号增加 1，从而使被校正系统的稳定性降低，甚至会使系统变成不稳定的。因此，必须小心地选择 K_p 和 T_i 的值，以保证系统具有适当的瞬态响应。通过适当地设计 PI 控制器，可使系统对阶跃输入的响应呈现相当小的过调量，甚至于无过调量。但是，这时的响应速度很低。这是因为作为低通滤波器的 PI 控制器将对信号的高频分量进行衰减。

　　PD 控制器是超前校正装置的一种简化形式。PD 控制器的传递函数 $G_c(s)$ 为

$$G_c(s) = K_p(1 + T_d s)$$

通常以满足稳态要求为条件来确定 K_p 的值。转角频率 $1/T_d$ 的选择应当使相位超前发生在增益交界频率附近。在频率域 $1/T_d < \omega$ 时，虽然相位裕量可以增大，但是校正装置的幅值将继续增加（因此，PD 控制器是一种高通滤波器）。这种幅值的增加是我们不希望的，因为它放大了可能存在于系统内部的高频噪声。超前校正可以提供充分的相位超前，它在高频域的幅值增加比 PD 控制小得多。因此，超前校正优于 PD 控制。

　　因为 PD 控制器的传递函数包含一个零点，但不包含极点，所以不可能仅采用无源 RLC 元件，用电气方法实现它。通常用运算放大器、电阻和电容实现 PD 控制器，但因为 PD 控制器是一种高通滤波器，如前所述，所以包含的微分过程在某些情况下可能会造成严重的噪声问题。如果采用液压或气动元件实现 PD 控制器，则不会产生上述问题。

　　如同在超前校正装置中那样，PD 控制可以改善瞬态响应特性，增加系统的稳定性，并且增大系统的带宽，后者意味着减少了系统的上升时间。

　　PID 控制器是 PI 控制器和 PD 控制器的组合，是一种滞后-超前校正装置。PI 控制作用和 PD 控制作用发生在不同的频域，PI 控制作用发生在低频区域，而 PD 控制作用发生在高频区域。当系统既需要改善瞬态特性，又需要改善稳态特性时，可采用 PID 控制。

A.8.2　已知 PID 控制器如图 8.44 所示，试证明其传递函数 $U(s)/E(s)$ 为

$$\frac{U(s)}{E(s)} = K_0 \frac{T_1 + T_2}{T_1}\left[1 + \frac{1}{(T_1 + T_2)s} + \frac{T_1 T_2 s}{T_1 + T_2}\right]$$

假设增益 K 远大于 1，即 $K \gg 1$。

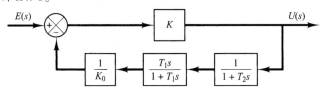

图 8.44　PID 控制器

　　解：

$$\frac{U(s)}{E(s)} = \frac{K}{1 + K\left(\dfrac{1}{K_0}\dfrac{T_1 s}{1 + T_1 s}\dfrac{1}{1 + T_2 s}\right)}$$

$$\approx \frac{K}{K\left(\dfrac{1}{K_0}\dfrac{T_1 s}{1 + T_1 s}\dfrac{1}{1 + T_2 s}\right)}$$

$$= \frac{K_0(1 + T_1 s)(1 + T_2 s)}{T_1 s}$$

$$= K_0\left(1 + \frac{1}{T_1 s}\right)(1 + T_2 s)$$

$$= K_0\left(1 + \frac{1}{T_1 s} + T_2 s + \frac{T_2}{T_1}\right)$$

$$= K_0 \frac{T_1 + T_2}{T_1}\left[1 + \frac{1}{(T_1 + T_2)s} + \frac{T_1 T_2 s}{T_1 + T_2}\right]$$

A.8.3 考虑图 8.45 所示的电路，它包含两个运算放大器。这是一个变形 PID 控制器，其传递函数包含一个积分器和一个一阶滞后项。试求此 PID 控制器的传递函数。

解： 因为

$$Z_1 = \frac{1}{\dfrac{1}{R_1} + C_1 s} + R_3 = \frac{R_1 + R_3 + R_1 R_3 C_1 s}{1 + R_1 C_1 s}$$

且

$$Z_2 = R_2 + \frac{1}{C_2 s}$$

所以

$$\frac{E(s)}{E_i(s)} = -\frac{Z_2}{Z_1} = -\frac{(R_2 C_2 s + 1)(R_1 C_1 s + 1)}{C_2 s (R_1 + R_3 + R_1 R_3 C_1 s)}$$

同时，

$$\frac{E_o(s)}{E(s)} = -\frac{R_5}{R_4}$$

因此，

$$\frac{E_o(s)}{E_i(s)} = \frac{E_o(s)}{E(s)} \frac{E(s)}{E_i(s)} = \frac{R_5}{R_4(R_1 + R_3)C_2} \frac{(R_1 C_1 s + 1)(R_2 C_2 s + 1)}{s\left(\dfrac{R_1 R_3}{R_1 + R_3}C_1 s + 1\right)}$$

$$= \frac{R_5 R_2}{R_4 R_3} \frac{\left(s + \dfrac{1}{R_1 C_1}\right)\left(s + \dfrac{1}{R_2 C_2}\right)}{s\left(s + \dfrac{R_1 + R_3}{R_1 R_3 C_1}\right)}$$

$R_1 C_1$ 和 $R_2 C_2$ 确定控制器零点的位置，R_1、R_3 和 C_1 影响负轴实轴上极点的位置。R_5/R_4 可以调整控制器的增益。

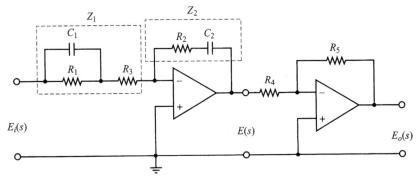

图 8.45 变形 PID 控制器

A.8.4 在实践中，不可能实现真正的微分器。因此，我们总是以某种函数如

$$\frac{T_d s}{1 + \gamma T_d s}$$

去近似真正的微分器 $T_d s$，在反馈通路中采用积分器，是实现这种近似微分器的一种方法。试证明图 8.46 所示系统的闭环传递函数恰如本题给出的表达式(在市场上提供的微分器中，γ 的值为 0.1)。

解： 图 8.46 所示系统的闭环传递函数为

$$\frac{C(s)}{R(s)} = \frac{\dfrac{1}{\gamma}}{1 + \dfrac{1}{\gamma T_d s}} = \frac{T_d s}{1 + \gamma T_d s}$$

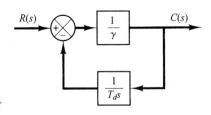

图 8.46 近似微分器

这种带有一阶延迟的微分器降低了闭环控制系统的带宽，同时减小了噪声信号的有害影响。

A. 8. 5 考虑图 8. 47 所示的系统。这是一个二阶控制对象 $G(s)$ 的 PID 控制。假设扰动量 $D(s)$ 作用于系统，如图所示。又假设参考输入量 $R(s)$ 在正常状态下保持常量，并且系统对扰动量的响应特性在该系统中具有重要意义。

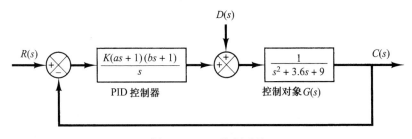

图 8. 47 PID 控制系统

试设计一个控制系统，使系统对任何阶跃扰动的响应均呈现迅速的阻尼衰减过程(按照 2% 调整时间标准，应为 2 ~ 3 s)。选择一种闭环极点配置方案，保证存在一对主导闭环极点。求对单位阶跃扰动输入的响应，并求对单位阶跃参考输入的响应。

解: PID 控制器具有下列传递函数:

$$G_c(s) = \frac{K(as + 1)(bs + 1)}{s}$$

当不存在参考输入信号而只有扰动输入信号时，闭环传递函数为

$$\frac{C_d(s)}{D(s)} = \frac{s}{s(s^2 + 3.6s + 9) + K(as + 1)(bs + 1)}$$
$$= \frac{s}{s^3 + (3.6 + Kab)s^2 + (9 + Ka + Kb)s + K} \tag{8.14}$$

性能指标要求系统对单位阶跃扰动的响应具有 2 ~ 3 s 的调整时间，并且系统具有适当的阻尼。我们可以把这种性能指标转化为主导闭环极点的 $\zeta = 0.5$ 和 $\omega_n = 4 \text{ rad/s}$。选择第三个极点位于 $s = -10$，从而使得此实极点对响应的影响很小。于是希望的特征方程为

$$(s + 10)(s^2 + 2 \times 0.5 \times 4s + 4^2) = (s + 10)(s^2 + 4s + 16) = s^3 + 14s^2 + 56s + 160$$

系统的特征方程由方程(8. 14)确定为

$$s^3 + (3.6 + Kab)s^2 + (9 + Ka + Kb)s + K = 0$$

因此，要求

$$3.6 + Kab = 14$$
$$9 + Ka + Kb = 56$$
$$K = 160$$

由此得到

$$ab = 0.065, \quad a + b = 0.29375$$

PID 控制器现在为

$$G_c(s) = \frac{K[abs^2 + (a + b)s + 1]}{s}$$
$$= \frac{160(0.065s^2 + 0.29375s + 1)}{s}$$
$$= \frac{10.4(s^2 + 4.5192s + 15.385)}{s}$$

当系统具有这一 PID 控制器时，系统对扰动量的响应为

$$C_d(s) = \frac{s}{s^3 + 14s^2 + 56s + 160} D(s)$$
$$= \frac{s}{(s + 10)(s^2 + 4s + 16)} D(s)$$

显然，对于单位阶跃扰动输入，稳态输出量为零，因为

$$\lim_{t \to \infty} c_d(t) = \lim_{s \to 0} sC_d(s) = \lim_{s \to 0} \frac{s^2}{(s + 10)(s^2 + 4s + 16)} \frac{1}{s} = 0$$

利用 MATLAB 很容易得到系统对单位阶跃扰动输入的响应。MATLAB 程序 8.9 产生的响应曲线如图 8.48(a)所示。由响应曲线可以看出，系统的调整时间约为 2.7 s，响应衰减很快。因此，设计出的系统是令人满意的。

```
MATLAB程序8.9

% ***** Response to unit-step disturbance input *****

numd = [1  0];
dend = [1  14  56  160];
t = 0:0.01:5;
[c1,x1,t] = step(numd,dend,t);
plot(t,c1)
grid
title('Response to Unit-Step Disturbance Input')
xlabel('t Sec')
ylabel('Output to Disturbance Input')

% ***** Response to unit-step reference input *****

numr = [10.4  47  160];
denr = [1  14  56  160];
[c2,x2,t] = step(numr,denr,t);
plot(t,c2)
grid
title('Response to Unit-Step Reference Input')
xlabel('t Sec')
ylabel('Output to Reference Input')
```

对于参考输入信号 $r(t)$，闭环传递函数为

$$\frac{C_r(s)}{R(s)} = \frac{10.4(s^2 + 4.5192s + 15.385)}{s^3 + 14s^2 + 56s + 160}$$

$$= \frac{10.4s^2 + 47s + 160}{s^3 + 14s^2 + 56s + 160}$$

系统对单位阶跃参考输入的响应也可以利用 MATLAB 程序 8.9 得到。图 8.48(b)所示为利用此程序得到的响应曲线。响应曲线表明，最大过调量为 7.3%，调整时间约为 1.2 s。系统具有相当令人满意的响应特性。

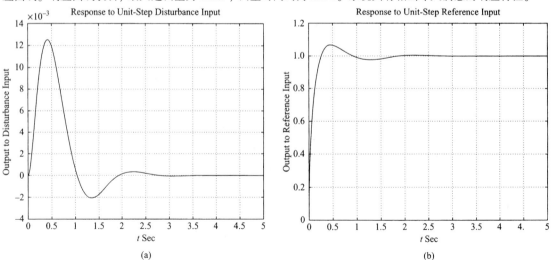

图 8.48　(a) 系统对单位阶跃扰动输入信号的响应；(b) 系统对单位阶跃参考输入信号的响应

A.8.6　考虑图 8.49 所示的系统。要求设计一个 PID 控制器 $G_c(s)$。使得主导闭环极点位于 $s = -1 \pm j\sqrt{3}$。对于 PID 控制器，选择 $a = 1$，然后确定 K 和 b 的值。试绘出设计出的系统的根轨迹图。

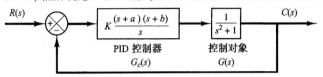

图 8.49　PID 控制系统

解： 因为

$$G_c(s)G(s) = K\frac{(s+1)(s+b)}{s}\frac{1}{s^2+1}$$

所以零点 $s = -1$，极点 $s = 0$，$s = j$ 和 $s = -j$ 到希望的闭环极点之一 $s = -1 + j\sqrt{3}$ 的幅角之和为

$$90° - 143.794° - 120° - 110.104° = -283.898°$$

因此，零点 $s = -b$ 必须产生的幅角为 $103.898°$。这就要求零点位于

$$b = 0.5714$$

增益常数 K 可以根据幅值条件确定如下：

$$\left| K\frac{(s+1)(s+0.5714)}{s}\frac{1}{s^2+1} \right|_{s=-1+j\sqrt{3}} = 1$$

即

$$K = 2.3333$$

校正装置可以写成下列形式：

$$G_c(s) = 2.3333\frac{(s+1)(s+0.5714)}{s}$$

开环传递函数变成

$$G_c(s)G(s) = \frac{2.3333(s+1)(s+0.5714)}{s}\frac{1}{s^2+1}$$

由这个方程可以绘出图 8.50 所示的已校正系统的根轨迹图。

闭环传递函数由下式给出：

$$\frac{C(s)}{R(s)} = \frac{2.3333(s+1)(s+0.5714)}{s^3 + s + 2.3333(s+1)(s+0.5714)}$$

闭环极点位于 $s = -1 \pm j\sqrt{3}$ 和 $s = -0.3333$。单位阶跃响应曲线示于图 8.51。闭环极点 $s = -0.3333$ 和零点 $s = -0.5714$ 产生了小振幅持续时间长的拖尾现象。

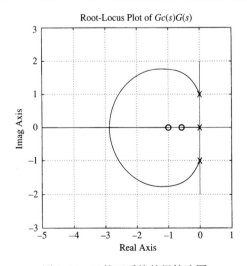

图 8.50　已校正系统的根轨迹图

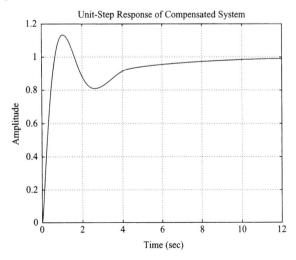

图 8.51　已校正系统的单位阶跃响应

A.8.7　考虑图 8.52 所示的系统。设计一个校正装置,使得系统的静态速度误差常数为 4 s^{-1},相位裕量为 50°且增益裕量大于或等于 10 dB。用 MATLAB 绘出已校正系统的单位阶跃和单位斜坡响应曲线。另外用 MATLAB 绘出已校正系统的奈奎斯特图。利用奈奎斯特稳定判据,证明设计出的系统是稳定的。

　　解: 因为控制对象不含积分器,所以在校正装置中必须有积分器。我们选择校正装置为

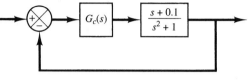

图 8.52　控制系统

$$G_c(s) = \frac{K}{s}\hat{G}_c(s), \quad \lim_{s \to 0}\hat{G}_c(s) = 1$$

式中 $\hat{G}_c(s)$ 是后面要确定的函数。因为静态速度误差常数指定为 4 s^{-1},所以得到

$$K_v = \lim_{s \to 0}sG_c(s)\frac{s + 0.1}{s^2 + 1} = \lim_{s \to 0}s\frac{K}{s}\hat{G}_c(s)\frac{s + 0.1}{s^2 + 1} = 0.1K = 4$$

因此,$K = 40$。于是

$$G_c(s) = \frac{40}{s}\hat{G}_c(s)$$

　　下面绘制下列函数的伯德图:

$$G(s) = \frac{40(s + 0.1)}{s(s^2 + 1)}$$

MATLAB 程序 8.10 生成了 $G(s)$ 的伯德图,如图 8.53 所示。

MATLAB程序8.10

```
% ***** Bode Diagram *****

num = [40  4];
den = [1  0.000000001  1  0];
bode(num,den)
title('Bode Diagram of G(s) = 40(s+0.1)/[s(s^2+1)]')
```

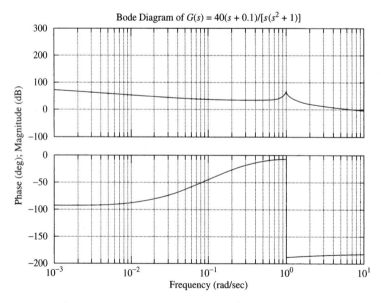

图 8.53　$G(s) = 40(s + 0.1)/[s(s^2 + 1)]$ 的伯德图

　　我们需要相位裕量为 50°且增益裕量大于或等于 10 dB。选择 $\hat{G}(s)$ 为

$$\hat{G}_c(s) = as + 1 \quad (a > 0)$$

于是在高频区 $G_c(s)$ 将提供达到 90°的相位超前。通过简单的 MATLAB 试验可以发现, a = 0.1526 给出的相位裕量为 50°且增益裕量为 + ∞ dB。见 MATLAB 程序 8.11 和生成的示于图 8.54 的伯德图, 从这个伯德图可以看到, 静态速度误差常数为 4 s^{-1}, 相位裕量为 50°且增益裕量为 + ∞ dB。因此, 设计出的系统满足所有要求。

```
MATLAB程序8.11

% ***** Bode Diagram *****
num = conv([40 4],[0.1526 1]);
den = [1 0.000000001 1 0];
sys = tf(num,den);
w = logspace(-2,2,100);
bode(sys,w)
[Gm,pm,wcp,wcg] = margin(sys);
GmdB = 20*log10(Gm);
[GmdB,pm,wcp,wcg]

ans =

    Inf   50.0026   NaN   8.0114

title('Bode Diagram of G(s) = 40(s+0.1)(0.1526s+1)/[s(s^2+1)]')
```

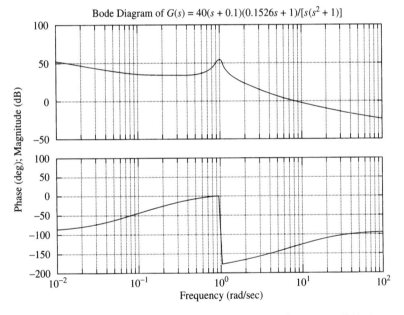

图 8.54　$G(s) = 40(s + 0.1)(0.1526s + 1)/[s(s^2 + 1)]$ 的伯德图

设计出的校正装置具有下列传递函数

$$G_c(s) = \frac{40}{s} \hat{G}_c(s) = \frac{40(0.1526s + 1)}{s}$$

设计出的系统的开环传递函数为

$$\text{开环传递函数} = \frac{40(0.1526s + 1)}{s} \frac{s + 0.1}{s^2 + 1}$$

$$= \frac{6.104s^2 + 40.6104s + 4}{s(s^2 + 1)}$$

下面来检查设计出的系统的单位阶跃响应和单位斜坡响应。闭环传递函数为

$$\frac{C(s)}{R(s)} = \frac{6.104s^2 + 40.6104s + 4}{s^3 + 6.104s^2 + 41.6104s + 4}$$

闭环极点位于

$$s = -3.0032 + j5.6573$$
$$s = -3.0032 - j5.6573$$
$$s = -0.0975$$

MATLAB 程序 8.12 将生成设计出系统的单位阶跃响应曲线。生成的单位阶跃响应曲线示于图 8.55。注意，闭环极点位于 $s = -0.0975$，控制对象零点位于 $s = -0.1$，它们将会产生小振幅长时间的拖尾。

```
MATLAB程序8.12

% ***** Unit-Step Response *****

num = [6.104  40.6104  4];
den = [1  6.104  41.6104  4];
t = 0:0.01:10;
step(num,den,t)
grid
```

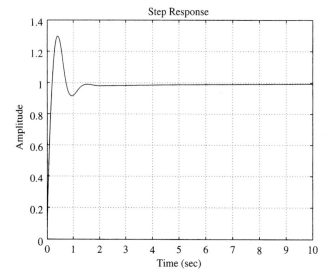

图 8.55　$C(s)/R(s) = (6.104s^2 + 40.6104s + 4)/(s^3 + 6.104s^2 + 41.6104s + 4)$ 的单位阶跃响应

MATLAB 程序 8.13 生成设计出的系统的单位斜坡响应曲线。生成的响应曲线示于图 8.56。

```
MATLAB程序8.13

% ***** Unit-Ramp Response *****

num = [0  0  6.104  40.6104  4];
den = [1  6.104  41.6104  4  0];
t = 0:0.01:20;
c = step(num,den,t);
plot(t,c,'-.',t,t,'-')
title('Unit-Ramp Response')
xlabel('t(sec)')
ylabel('Input Ramp Function and Output')
text(3,11.5,'Input Ramp Function')
text(13.8,11.2,'Output')
```

奈奎斯特图　前面我们发现，设计系统的三个闭环极点全部位于 s 左半平面。因此，设计系统是稳定的。这里绘出奈奎斯特图的目的不是为了检验系统的稳定性，而是为了增强我们对奈奎斯特稳定分析的理解。对于一个复杂的系统，奈奎斯特图看起来会相当复杂，计算对 $-1 + j0$ 点的包围次数是不容易的。

因为设计出的系统包含三个位于 $j\omega$ 轴上的极点，所以正如下面将会看到的，其奈奎斯特图相当复杂。

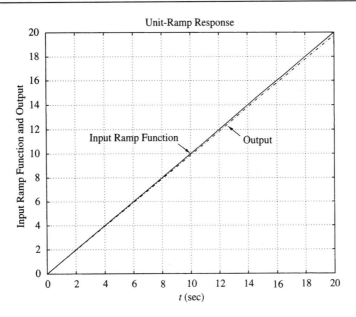

图 8.56　$C(s)/R(s) = (6.104s^2 + 40.6104s + 4)/(s^3 + 6.104s^2 + 41.6104s + 4)$ 的单位斜坡响应

定义设计出的系统的开环传递函数为 $G(s)$。于是

$$G(s) = G_c(s)\frac{s + 0.1}{s^2 + 1} = \frac{6.104s^2 + 40.6104s + 4}{s(s^2 + 1)}$$

在 s 平面上选取变形奈奎斯特轨迹，如图 8.57(a)所示。该变形轨迹包围三个开环极点（$s = 0$, $s = j1$, $s = -j1$）。现在定义 $s_1 = s + \sigma_0$。于是，s_1 平面上的奈奎斯特轨迹变成图 8.57(b)所示的样子。在 s_1 平面内，开环传递函数在 s_1 右半平面内具有三个极点。

我们选择 $\sigma_0 = 0.01$，因为 $s = s_1 - \sigma_0$，所以有

$$G(s) = G(s_1 - 0.01)$$

s_1 平面内的开环传函数

$$= \frac{6.104(s_1^2 - 0.02s_1 + 0.0001) + 40.6104(s_1 - 0.01) + 4}{(s_1 - 0.01)(s_1^2 - 0.02s_1 + 1.0001)}$$

$$= \frac{6.104s_1^2 + 40.48832s_1 + 3.5945064}{s_1^3 - 0.03s_1^2 + 1.0003s_1 - 0.010001}$$

MATLAB 程序 8.14 是一个获得奈奎斯特图的 MATLAB 程序。得到的奈奎斯特图示于图 8.58。

MATLAB程序8.14

```
% ***** Nyquist Plot *****

num = [6.104  40.48832  3.5945064];
den = [1 −0.03  1.0003 −0.010001];
nyquist(num,den)
v = [−1500  1500 −2500  2500]; axis(v)
```

利用这里得到的奈奎斯特图，不容易确定奈奎斯特轨迹对 $-1 + j0$ 点的包围情况。因此需要重绘这个奈奎斯特图，定性地表示出 $-1 + j0$ 点附近的详细情况。图 8.59 表示了这种重绘的奈奎斯特图。

由这个图可以看出，$-1 + j0$ 点被逆时针方向包围三次。因此，$N = -3$。因为开环传递函数在 s_1 右半平面内有三个极点，所以有 $P = 3$。因此，我们得到 $Z = N + P = 0$。这意味着在 s_1 右半平面内没有闭环极点，因此系统是稳定的。

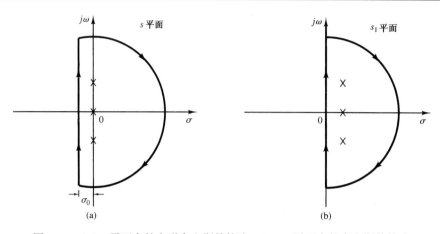

图 8.57 （a）s 平面内的变形奈奎斯特轨迹；（b）s_1 平面内的奈奎斯特轨迹

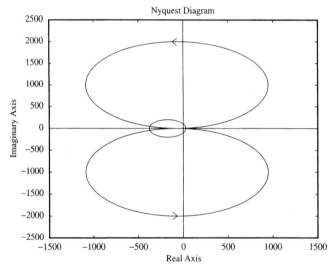

图 8.58 奈奎斯特图

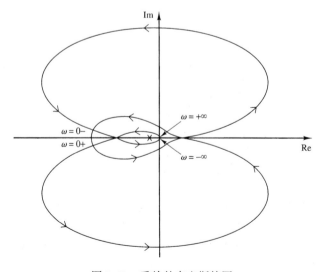

图 8.59 重绘的奈奎斯特图

A. 8. 8　图 8.60(a)表示了一个 I-PD 控制系统,图 8.60(b)表示了一个带输入滤波器的 PID 控制系统。试证明这两个系统是等效的。

解:I-PD 控制系统的闭环传递函数 $C(s)/R(s)$ 为

$$\frac{C(s)}{R(s)} = \frac{\dfrac{K_p}{T_i s} G_p(s)}{1 + K_p\left(1 + \dfrac{1}{T_i s} + T_d s\right) G_p(s)}$$

在图 8.60(b)中,带输入滤波器的 PID 控制系统的闭环传递函数为

$$\frac{C(s)}{R(s)} = \frac{1}{1 + T_i s + T_i T_d s^2} \frac{K_p\left(1 + \dfrac{1}{T_i s} + T_d s\right) G_p(s)}{1 + K_p\left(1 + \dfrac{1}{T_i s} + T_d s\right) G_p(s)}$$

$$= \frac{\dfrac{K_p}{T_i s} G_p(s)}{1 + K_p\left(1 + \dfrac{1}{T_i s} + T_d s\right) G_p(s)}$$

显然,两个系统的闭环传递函数是相同的。因此,两个系统是等效的。

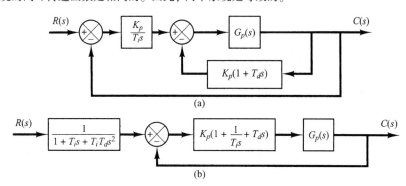

图 8.60　(a) I-PD 控制系统;(b) 带输入滤波器的 PID 控制系统

A. 8. 9　I-PD 控制的基本概念是可以在系统中避免大控制信号(这种信号会引起饱和现象)。通过在反馈通路中引入比例和微分控制作用,可以选择比较大的 K_p 和 T_d 值,因而不同于 PID 控制方案。

试定性地比较 PID 控制系统和 I-PD 控制系统对扰动输入量和参考输入量的响应。

解:首先考虑 I-PD 控制系统对扰动输入量的响应。因为与 PID 控制的情况相比较,在控制对象的 I-PD 控制中,有可能选择比较大的 K_p 和 T_d 值,所以 I-PD 控制系统将比 PID 控制系统更快地衰减扰动的影响。

其次,考虑 I-PD 控制系统对参考输入量的响应。因为 I-PD 控制系统等效于带输入滤波器的 PID 控制系统(参考例题 A.8.8),所以当在 PID 控制系统中不发生饱和现象时,PID 控制系统将比相应的 I-PD 控制系统具有更快的响应。

A. 8. 10　在某些情况下,需要在系统中提供输入滤波器,如图 8.61(a)所示。注意,输入滤波器 $G_f(s)$ 在环路的外面,因此它不会影响系统闭环部分的稳定性。带输入滤波器的优点是可以改变闭环传递函数的零点(抵消零点,或者用其他零点取代),从而使闭环响应令人满意。

试证明图 8.61(a)所示的方框图可以改成图 8.61(b)所示的方框图,图中 $G_d(s) = [G_f(s) - 1] G_c(s)$,图 8.61(b)所示的校正结构有时称为指令校正。

解:对于图 8.61(a)所示的系统,　$\dfrac{C(s)}{R(s)} = G_f(s) \dfrac{G_c(s) G_p(s)}{1 + G_c(s) G_p(s)}$

(8.15)

对于图 8.61(b)所示的系统,

$$U(s) = G_d(s)R(s) + G_c(s)E(s)$$

$$E(s) = R(s) - C(s)$$

$$C(s) = G_p(s)U(s)$$

因此

$$C(s) = G_p(s)\{G_d(s)R(s) + G_c(s)[R(s) - C(s)]\}$$

即

$$\frac{C(s)}{R(s)} = \frac{[G_d(s) + G_c(s)]G_p(s)}{1 + G_c(s)G_p(s)} \tag{8.16}$$

把 $G_d(s) = [G_f(s) - 1]G_c(s)$ 代入方程(8.16),得到

$$\frac{C(s)}{R(s)} = \frac{[G_f(s)G_c(s) - G_c(s) + G_c(s)]G_p(s)}{1 + G_c(s)G_p(s)}$$

$$= G_f(s)\frac{G_c(s)G_p(s)}{1 + G_c(s)G_p(s)}$$

这个方程与方程(8.15)相同。因此证明了图 8.61(a)和图 8.61(b)所示的系统是等效的。

图 8.61(b)所示的系统有一个前向控制器 $G_d(s)$。在这种情况下,$G_d(s)$ 不影响系统闭环部分的稳定性。

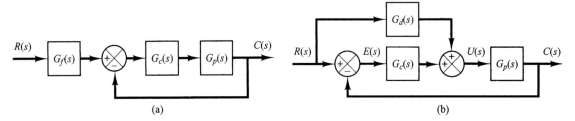

图 8.61　(a) 带输入滤波器的控制系统方框图;(b) 改变后的方框图

A. 8. 11　闭环系统具有下列特性,即当开环增益远大于 1 时,闭环传递函数近似等于反馈传递函数的倒数。

通过增加一个内部反馈回路,且内部反馈回路的传递函数等于希望的开环传递函数的倒数,可以改变开环特性。设单位反馈系统具有下列开环传递函数:

$$G(s) = \frac{K}{(T_1 s + 1)(T_2 s + 1)}$$

试确定内反馈回路中元件的传递函数 $H(s)$,使得内回路在低频和高频时均无效。

解:图 8.62(a)表示一个原始系统,图 8.62(b)表示环绕 $G(s)$ 增加了内反馈回路。因为

$$\frac{C(s)}{E(s)} = \frac{G(s)}{1 + G(s)H(s)} = \frac{1}{H(s)}\frac{G(s)H(s)}{1 + G(s)H(s)}$$

如果环绕内回路的增益大于 1,则 $G(s)H(s)/[1 + G(s)H(s)]$ 近似等于 1,因此传递函数 $C(s)/E(s)$ 近似等于 $1/H(s)$。

另一方面,如果增益 $|G(s)H(s)|$ 远小于 1,则内回路无效,因而 $C(s)/E(s)$ 近似等于 $G(s)$。

为了使内回路在低频和高频范围内均无效,要求

$$|G(j\omega)H(j\omega)| \ll 1, \qquad \omega \ll 1 \text{和} \omega \gg 1\text{时}$$

因为对于本例

$$G(j\omega) = \frac{K}{(1 + j\omega T_1)(1 + j\omega T_2)}$$

所以当选取 $H(s)$ 为下式时:

$$H(s) = ks$$

可以满足要求。因为

$$\lim_{\omega \to 0} G(j\omega)H(j\omega) = \lim_{\omega \to 0} \frac{Kkj\omega}{(1 + j\omega T_1)(1 + j\omega T_2)} = 0$$

$$\lim_{\omega \to \infty} G(j\omega)H(j\omega) = \lim_{\omega \to \infty} \frac{Kkj\omega}{(1 + j\omega T_1)(1 + j\omega T_2)} = 0$$

因此，当 $H(s) = ks$（速度反馈）时，内回路在低频范围和高频范围内均无效。它仅在中频范围内有效。

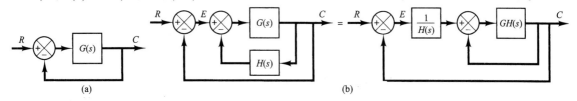

图 8.62　（a）控制系统；（b）增加内反馈回路，以改变闭环特性

A. 8. 12　考虑图 8.63 所示的控制系统。这个系统与例 8.1 中研究的系统相同。在那个例子中，我们用齐格勒–尼柯尔斯法则第二种方法，设计出了 PID 控制器。这里将用 MATLAB 通过计算的方法设计 PID 控制器。我们来确定下列 PID 控制器的 K 值和 a 值：

$$G_c(s) = K \frac{(s + a)^2}{s}$$

以使单位阶跃响应中呈现出的最大过调量在 10% 与 2% 之间（1.02 ≤ 最大输出 ≤ 1.10），而调整时间小于 3 s。搜索范围如下：

$$2 \leqslant K \leqslant 50, \quad 0.05 \leqslant a \leqslant 2$$

我们选择 K 的步长为 1，a 的步长为 0.05。

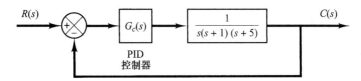

图 8.63　控制系统

　　试编写 MATLAB 程序，求出第一组变量 K 和 a 值，以满足给定的性能指标。另外，编写一个 MATLAB 程序求出变量 K 和 a 的所有可能组合，它们均满足给定的性能指标。以选定的变量 K 和 a 的组合为基础，绘出已设计出的系统的单位阶跃响应曲线。

　　解：控制对象的传递函数为

$$G_p(s) = \frac{1}{s^3 + 6s^2 + 5s}$$

闭环传递函数 $C(s)/R(s)$ 为

$$\frac{C(s)}{R(s)} = \frac{Ks^2 + 2Kas + Ka^2}{s^4 + 6s^3 + (5 + K)s^2 + 2Kas + Ka^2}$$

MATLAB 程序 8.15 给出了一种可行的 MATLAB 程序，它将生成第一组变量 K 和 a 的值，并且满足给定的性能指标。在这个程序中采用了两个 for 循环。调整时间的指标可以用下列 4 行指令说明：

s = 501; while y(s) > 0.98 and y(s) < 1.02;

s = s − 1; end;

ts = (s − 1) * 0.01

ts < 3.0

注意，对于 $t = 0:0.01:5$，我们有 501 个计算时间点，$s = 501$ 相应于最后一个计算时间点。

这个程序求出的解为

$$K = 32, \qquad a = 0.2$$

这时的最大过调量为 9.69%，调整时间为 2.64 s。生成的单位阶跃响应曲线如图 8.64 所示。

```
MATLAB程序8.15

t = 0:0.01:5;
for K = 50:-1:2;
   for a = 2:-0.05:0.05;
      num = [K  2*K*a  K*a^2];
      den = [1  6  5+K  2*K*a  K*a^2];
         y = step(num,den,t);
         m = max(y);
         s = 501; while y(s) > 0.98 & y(s) < 1.02;
         s = s-1; end;
         ts = (s-1)*0.01;
      if m < 1.10 & m > 1.02 & ts < 3.0
      break;
      end
      end
   if m < 1.10 & m > 1.02 & ts < 3.0
   break
   end
   end
plot(t,y)
grid
title('Unit-Step Response')
xlabel('t sec')
ylabel('Output')
solution = [K;a;m;ts]

solution =

32.0000
 0.2000
 1.0969
 2.6400
```

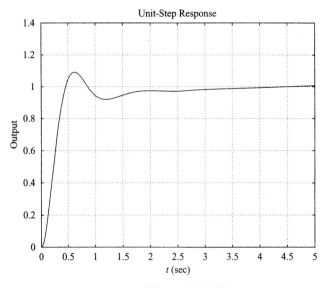

图 8.64　单位阶跃响应曲线

下面来讨论要求求出所有变量组合，且均满足给定性能指标的情况。为此目的而编写的一种可行的 MATLAB 程序由 MATLAB 程序 8.16 给出。应当指出，在程序内的表中，table(k,:)的最后一行或分类表的第一行，应予以略去（这是为进行搜索而求出的最后的 K 和 a 值）。

```
MATLAB程序8.16

t = 0:0.01:5;
k = 0;
for i = 1:49;
   K(i) = 51-i*1;
       for j = 1:40;
       a(j) = 2.05-j*0.05;
       num = [K(i) 2*K(i)*a(j) K(i)*a(j)*a(j)];
       den = [1  6  5+K(i) 2*K(i)*a(j) K(i)*a(j)*a(j)];
          y = step(num,den,t);
          m = max(y);
          s = 501; while y(s) > 0.98 & y(s) < 1.02;
          s = s-1; end;
          ts = (s-1)*0.01;
       if m < 1.10 & m > 1.02 & ts < 3.0
       k = k+1;
       table(k,:) = [K(i) a(j) m ts];
       end
   end
 end
table(k,:) = [K(i) a(j) m ts]

table =

   32.0000  0.2000  1.0969  2.6400
   31.0000  0.2000  1.0890  2.6900
   30.0000  0.2000  1.0809  2.7300
   29.0000  0.2500  1.0952  1.7800
   29.0000  0.2000  1.0726  2.7800
   28.0000  0.2000  1.0639  2.8300
   27.0000  0.2000  1.0550  2.8900
    2.0000  0.0500  0.3781  5.0000

sorttable = sortrows(table,3)

sorttable =

    2.0000  0.0500  0.3781  5.0000
   27.0000  0.2000  1.0550  2.8900
   28.0000  0.2000  1.0639  2.8300
   29.0000  0.2000  1.0726  2.7800
   30.0000  0.2000  1.0809  2.7300
   31.0000  0.2000  1.0890  2.6900
   29.0000  0.2500  1.0952  1.7800
   32.0000  0.2000  1.0969  2.6400

K = sorttable(7,1)

K =

   29

a = sorttable(7,2)

a=

   0.2500

num = [K  2*K*a  K*a^2];
den = [1  6  5+K  2*K*a  K*a^2];
```

```
y = step(num,den,t);
plot(t,y)
grid
hold
Current plot held
K = sorttable(2,1)

K=

    27

a = sorttable(2,2)

a=

    0.2000

num = [K  2*K*a  K*a^2];
den = [1  6  5+K  2*K*a  K*a^2];
y = step(num,den,t);
plot(t,y)
title('Unit-Step Response Curves')
xlabel('t (sec)')
ylabel('Output')
text(1.22,1.22,'K = 29, a = 0.25')
text(1.22,0.72,'K = 27, a = 0.2')
```

由分类表(sorttable)可以看出

$$K = 29, \ a = 0.25 \ (最大过调量 = 9.52\%, \ 调整时间 = 1.78 \ s)$$

和

$$K = 27, a = 0.2 \ (最大过调量 = 5.5\%, \ 调整时间 = 2.89 \ s)$$

似乎是两组最好的选择。这两种情况下的单位阶跃响应示于图 8.65。由这两条曲线可以得出结论,即最好的选择取决于系统的应用目的。如果希望获得较小的最大过调量,则 $K = 27$, $a = 0.2$ 将是最好的选择。如果更看重比较短的调整时间,则 $K = 29$, $a = 0.25$ 将是最好的选择。

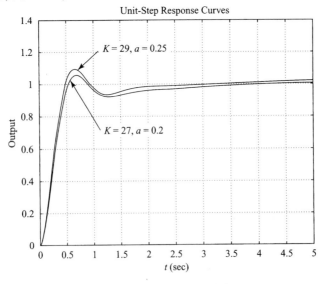

图 8.65 单位阶跃响应曲线

A. 8. 13 考虑图 8.66 所示的二自由度控制系统。控制对象 $G_p(s)$ 由下式给出:

$$G_p(s) = \frac{100}{s(s + 1)}$$

假设噪声输入 $N(s)$ 为零，试设计控制器 $G_{c1}(s)$ 和 $G_{c2}(s)$，使得设计出的系统满足下列性能指标：

　　1. 对阶跃扰动输入的响应具有很小的振幅而且能很快地衰减到零（在 1~2 s 的时间内）。

　　2. 对单位阶跃参考输入的响应具有的最大过调量为 25% 或者更小，调整时间为 1 s 或者更小。

　　3. 跟踪斜坡参考输入信号和加速度参考输入信号的稳态误差为零。

　　解： 系统对扰动输入和参考输入的闭环传递函数分别为

$$\frac{Y(s)}{D(s)} = \frac{G_p(s)}{1 + G_{c1}(s)G_p(s)}$$

$$\frac{Y(s)}{R(s)} = \frac{\big[G_{c1}(s) + G_{c2}(s)\big]G_p(s)}{1 + G_{c1}(s)G_p(s)}$$

假设 G_{c1} 为 PID 控制器，并且具有下列形式：

$$G_{c1}(s) = \frac{K(s + a)^2}{s}$$

系统的特征方程为　　　　　　$$1 + G_{c1}(s)G_p(s) = 1 + \frac{K(s + a)^2}{s}\frac{100}{s(s + 1)}$$

注意到开环极点位于 $s = 0$（双极点）和 $s = -1$。零点位于 $s = -a$（双零点）。

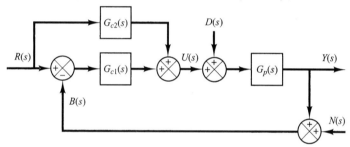

图 8.66　二自由度控制系统

　　下面将利用根轨迹法确定 a 和 K 的值。选择主导闭环极点为 $s = -5 \pm j5$。于是，在希望的闭环极点 $s = -5 + j5$ 上，角度的缺额为

$$-135° - 135° - 128.66° + 180° = -218.66°$$

双零点 $s = -a$ 必须产生出 218.66°（每个零点必须产生 109.33°）。通过简单计算，求得

$$a = -3.2460$$

于是控制器 $G_{c1}(s)$ 可以确定为

$$G_{c1}(s) = \frac{K(s + 3.2460)^2}{s}$$

常数 K 必须利用幅值条件确定。这个条件是

$$\big|G_{c1}(s)G_p(s)\big|_{s=-5+j5} = 1$$

因为

$$G_{c1}(s)G_p(s) = \frac{K(s + 3.2460)^2}{s}\frac{100}{s(s + 1)}$$

所以得到

$$K = \left|\frac{s^2(s + 1)}{100(s + 3.2460)^2}\right|_{s=-5+j5}$$

$$= 0.11403$$

因此控制器 $G_{c1}(s)$ 变为

$$G_{c1}(s) = \frac{0.11403(s + 3.2460)^2}{s}$$

$$= \frac{0.11403s^2 + 0.74028s + 1.20148}{s}$$

$$= 0.74028 + \frac{1.20148}{s} + 0.11403s \qquad (8.17)$$

于是, 可以求得闭环传递函数 $Y(s)/D(s)$:

$$\frac{Y(s)}{D(s)} = \frac{G_p(s)}{1 + G_{c1}(s)G_p(s)}$$

$$= \frac{\dfrac{100}{s(s + 1)}}{1 + \dfrac{0.11403(s + 3.2460)^2}{s} \dfrac{100}{s(s + 1)}}$$

$$= \frac{100s}{s^3 + 12.403s^2 + 74.028s + 120.148}$$

当 $D(s)$ 为单位阶跃扰动时, 系统的响应曲线如图 8.67 所示。

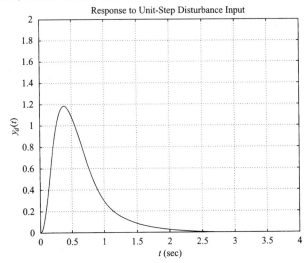

图 8.67　系统对单位阶跃扰动输入的响应

其次, 考虑系统对参考输入的响应。这时闭环传递函数 $Y(s)/R(s)$ 为

$$\frac{Y(s)}{R(s)} = \frac{[G_{c1}(s) + G_{c2}(s)]G_p(s)}{1 + G_{c1}(s)G_p(s)}$$

定义　　　　　　　　　　$$G_{c1}(s) + G_{c2}(s) = G_c(s)$$

于是　　　　　　　　　　$$\frac{Y(s)}{R(s)} = \frac{G_c(s)G_p(s)}{1 + G_{c1}(s)G_p(s)}$$

$$= \frac{100sG_c(s)}{s^3 + 12.403s^2 + 74.028s + 120.148}$$

为了满足系统对斜坡参考输入和加速度参考输入响应的要求, 我们采用零点配置法。也就是说, 选择 $Y(s)/R(s)$ 的分子等于其分母中最后三项之和, 即

$$100sG_c(s) = 12.403s^2 + 74.028s + 120.148$$

由上式得到

$$G_c(s) = \frac{0.12403s^2 + 0.74028s + 1.20148}{s}$$

$$= 0.74028 + \frac{1.20148}{s} + 0.12403s \qquad (8.18)$$

因此,闭环传递函数 $Y(s)/R(s)$ 变为

$$\frac{Y(s)}{R(s)} = \frac{12.403s^2 + 74.028s + 120.148}{s^3 + 12.403s^2 + 74.028s + 120.148}$$

　　系统对单位阶跃参考输入、单位斜坡参考输入和单位加速度参考输入的响应曲线,分别示于图 8.68(a) 至图 8.68(c)。单位阶跃响应中的最大过调量约为 25%,调整时间约为 1.2 s。斜坡响应和加速度响应中的稳态误差为零。因此,由方程(8.18)表示的设计出的控制器 $G_c(s)$ 是令人满意的。

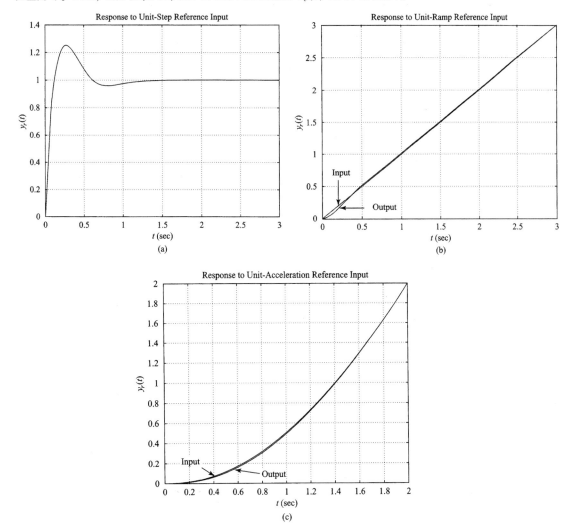

图 8.68　(a) 系统对单位阶跃参考输入的响应;(b) 系统对单位斜坡参
　　　　考输入的响应;(c) 系统对单位加速度参考输入的响应

　　最后,我们来确定 $G_{c2}(s)$。注意到

$$G_{c2}(s) = G_c(s) - G_{c1}(s)$$

并且根据方程(8.17)

$$G_{c1}(s) = 0.7403 + \frac{1.20148}{s} + 0.11403s$$

得到

$$G_{c2}(s) = \left(0.7403 + \frac{1.20148}{s} + 0.12403s \right) -$$

$$\left(0.7403 + \frac{1.20148}{s} + 0.11403s \right)$$

$$= 0.01s \qquad (8.19)$$

方程(8.17)和方程(8.19)分别给出了控制器 G_{c1} 和 G_{c2} 的传递函数,设计出系统的方框图示于图8.69。

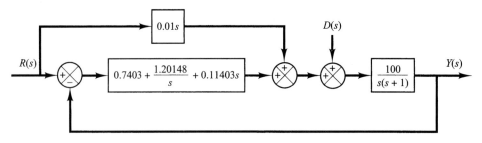

图 8.69 设计出的系统的方框图

应当指出,如果最大过调量远大于25%,并且(或者)调整时间远大于1.2 s,那么我们可以假设搜索范围(比如 $3 \leqslant a \leqslant 6$, $3 \leqslant b \leqslant 6$, $6 \leqslant c \leqslant 12$),并且采用例8.4中介绍的计算方法,求出一组或多组变量,以给出希望的对单位阶跃参考输入的响应。

习题

B.8.1 考虑图8.70所示的电子 PID 控制器。试确定控制器中 R_1、R_2、R_3、R_4、C_1 和 C_2 的值,使得控制器的传递函数 $G_c(s) = E_o(s)/E_i(s)$ 为

$$G_c(s) = 39.42\left(1 + \frac{1}{3.077s} + 0.7692s \right)$$

$$= 30.3215 \frac{(s + 0.65)^2}{s}$$

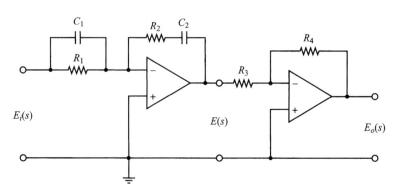

图 8.70 电子 PID 控制器

B. 8. 2　考虑图 8.71 所示的系统。假设扰动量 $D(s)$ 如图所示作用于系统。试确定参数 K、a 和 b，使得系统对单位阶跃扰动输入的响应和对单位阶跃参考输入的响应满足下列性能指标：对阶跃扰动输入的响应迅速衰减且无稳态误差，对阶跃参考输入的响应呈现的最大过调量小于或等于 20%，调整时间为 2 s。

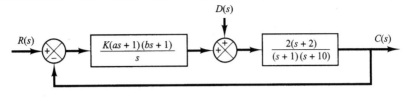

图 8.71　控制系统

B. 8. 3　试证明图 8.72(a)所示的 PID 控制系统与图 8.72(b)所示的带前馈控制的 I-PD 控制系统是等效的。

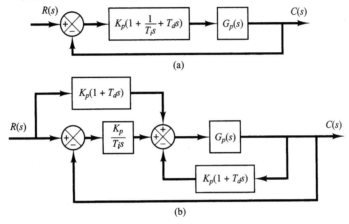

图 8.72　(a) PID 控制系统；(b) 带前馈控制的 I-PD 控制系统

B. 8. 4　考虑图 8.73(a)和图 8.73(b)所示的系统。图 8.73(a)所示的系统是在例 8.1 中设计出的系统。在无扰动输入的情况下，系统对单位阶跃参考输入的响应如图 8.10 所示。图 8.73(b)所示的系统是一个 I-PD 控制系统，它的参数 K_p、T_i 和 T_d 与图 8.73(a)中的系统相同。

试利用 MATLAB 求 I-PD 控制系统对单位阶跃参考输入信号的响应。试对上述两个系统的单位阶跃响应曲线进行比较。

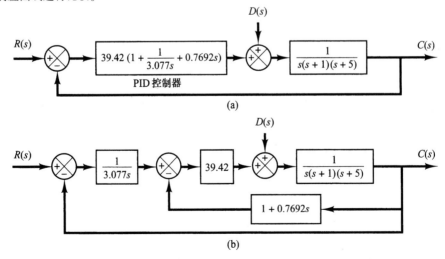

图 8.73　(a) PID 控制系统；(b) I-PD 控制系统

B.8.5　参考习题 B.8.4，试求图 8.73(a) 所示 PID 控制系统对单位阶跃扰动输入的响应。试证明：对于扰动输入信号，图 8.73(a) 所示 PID 控制系统的响应与图 8.73(b) 所示 I-PD 控制系统的响应完全相同(当考虑系统对扰动输入信号 $D(s)$ 的响应时，假设参考输入信号 $R(s)$ 为零，反之亦然)。此外，试比较两个系统的闭环传递函数 $C(s)/R(s)$。

B.8.6　考虑图 8.74 所示的系统，此系统受到三个输入信号的作用：参考输入信号、扰动输入信号和噪声输入信号。试证明：在这三种输入信号中，不论选哪一种信号作为输入信号，系统的特征方程都是相同的。

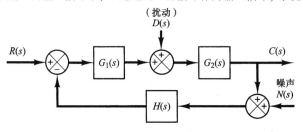

图 8.74　控制系统

B.8.7　考虑图 8.75 所示的系统。试针对参考输入信号，求闭环传递函数 $C(s)/R(s)$，并且针对扰动输入信号，求闭环传递函数 $C(s)/D(s)$。当考虑 $R(s)$ 作为输入信号时，假设 $D(s)$ 为零，反之亦然。

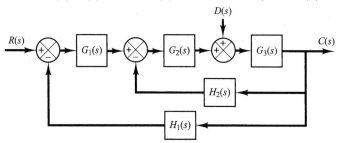

图 8.75　控制系统

B.8.8　考虑图 8.76(a) 所示的系统，图中 K 为可调整增益，$G(s)$ 和 $H(s)$ 为固定部件。系统对于扰动量的闭环传递函数为

$$\frac{C(s)}{D(s)} = \frac{1}{1 + KG(s)H(s)}$$

为了把扰动的影响减到最小，可调整增益 K 应当选择得尽可能大。试问对于图 8.76(b) 所示的系统，上述事实也成立吗？

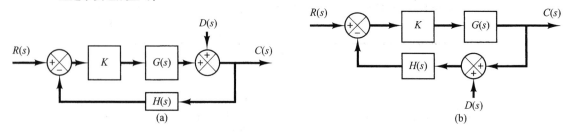

图 8.76　(a) 在前馈通路中加入扰动的控制系统；(b) 在反馈通路中加入扰动的控制系统

B.8.9　试证明图 8.77(a) 至图 8.77(c) 所示的系统都是二自由度系统。图中 G_{c1} 和 G_{c2} 为控制器，G_p 为控制对象。

B.8.10　试证明图 8.78 所示的控制系统是一个三自由度系统。传递函数 G_{c1}、G_{c2} 和 G_{c3} 为控制器。控制对象由传递函数 G_1 和 G_2 组成。

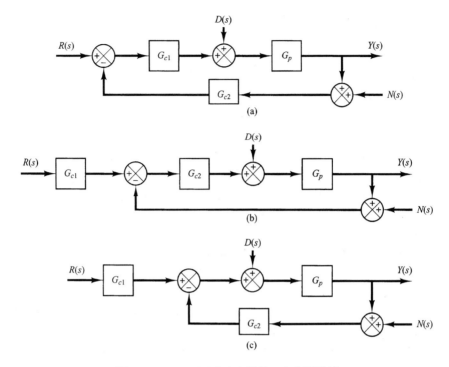

图 8.77　(a)、(b)和(c)都是二自由度系统

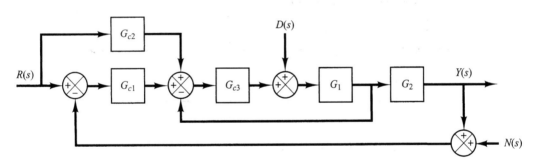

图 8.78　三自由度系统

B. 8. 11　考虑图 8.79 所示的控制系统。假设 PID 控制器由下式给出：

$$G_c(s) = K \frac{(s + a)^2}{s}$$

现在要求系统的单位阶跃响应呈现出的最大过调量小于 10%，但是大于 2%(避免接近于过阻尼系统的情况发生)，并且调整时间小于 2 s。

试应用 8.4 节中介绍的计算方法，编写一种 MATLAB 程序，确定 K 和 a 的值，以满足给定的性能指标。选取搜索范围为

$$2 \leqslant K \leqslant 4, \quad 0.4 \leqslant a \leqslant 4$$

并且对 K 和 a 选择步长为 0.05。编写程序，使得嵌套循环从 K 和 a 的最大数值开始，并逐步向最小值运行。

利用首次得到的解，绘出单位阶跃响应曲线。

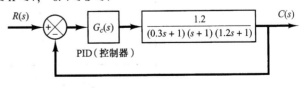

图 8.79　控制系统

B.8.12 考虑习题 B.8.11 中讨论过的同一控制系统(见图 8.79)。设 PID 控制器由下式给定：

$$G_c(s) = K\frac{(s+a)^2}{s}$$

现在要求确定 K 和 a 的值，使得系统在单位阶跃响应中，呈现出的最大过调量小于 8%，但是大于 3%，并且调整时间小于 2 s。选取搜索范围为

$$2 \leqslant K \leqslant 4, \quad 0.5 \leqslant a \leqslant 3$$

并且选择 K 和 a 的步长为 0.05。

首先，编写 MATLAB 程序，使得程序中的嵌套循环从 K 和 a 的最大值开始计算，然后逐步向最小值运行，直到首次找到一组希望的 K 和 a 值为止。

其次，编写 MATLAB 程序，以找出所有满足给定性能指标的可能的 K 和 a 的组合。

在众多满足给定性能指标的 K 和 a 组合中，确定出最佳选择。然后，利用 K 和 a 的最佳选择，绘出系统的单位阶跃响应曲线。

B.8.13 考虑图 8.80 所示的二自由度控制系统。控制对象 $G_p(s)$ 由下式给出：

$$G_p(s) = \frac{3(s+5)}{s(s+1)(s^2+4s+13)}$$

试设计控制器 $G_{c1}(s)$ 和 $G_{c2}(s)$，使得系统对单位阶跃扰动输入的响应具有很小的振幅，并且能迅速地衰减到零(约在 2 s 内)。使得系统对单位阶跃参考输入的响应具有的最大过调量为 25%(或者更小)，调整时间为 2 s。此外，在系统对斜坡和加速度参考输入的响应中，稳态误差应该为零。

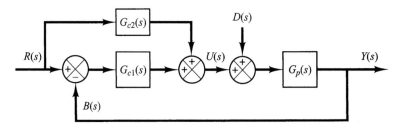

图 8.80 二自由度控制系统

B.8.14 考虑图 8.81 所示的系统。控制对象 $G_p(s)$ 由下式给定：

$$G_p(s) = \frac{2(s+1)}{s(s+3)(s+5)}$$

试确定控制器 G_{c1} 和 G_{c2}，使得系统在对阶跃扰动输入的响应中，呈现出很小的振幅，并且能迅速地趋近于零(在 1~2 s 内)。在对单位阶跃参考输入的响应中，希望的最大过调量为 20% 或者更小，调整时间为 1 s 或者更小。对于斜坡参考输入和加速度参考输入，稳态误差应该为零。

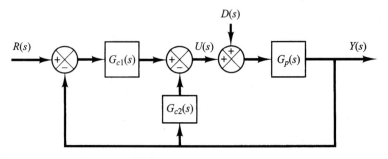

图 8.81 二自由度控制系统

B. 8. 15 考虑图 8. 82 所示的二自由度控制系统。试设计控制器 $G_{c1}(s)$ 和 $G_{c2}(s)$，使得系统对阶跃扰动输入的响应呈现出很小的振幅，并能迅速地衰减到零(在 1 ~ 2 s 之内)；对阶跃参考输入的响应，呈现出 25% 或者更小的最大过调量，并且调整时间小于 1 s。系统跟踪斜坡参考输入或加速度参考输入的稳态误差应该为零。

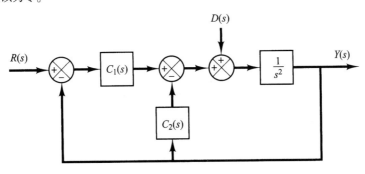

图 8. 82　二自由度控制系统

第9章　控制系统的状态空间分析

本章要点

本章 9.1 节简要介绍作为控制系统状态空间分析。9.2 节介绍传递函数的状态空间表达式，并给出状态空间方程的各种标准形。9.3 节讨论用 MATLAB 进行系统模型的变换（如从传递函数变换为状态空间模型，反之亦然）。9.4 节给出定常状态方程的解。9.5 节给出向量矩阵分析中的一些有用结果，这些结果在研究控制系统的状态空间分析时是必需的。9.6 节和 9.7 节分别讨论控制系统的可控性和可观测性。

9.1　引言①

一个现代的复杂系统可能有多个输入和多个输出，并且以某种复杂的方式相互关联。为了分析这样的系统，必须简化其复杂的数学表达式，并且借助于计算机来解决分析中的大量而乏味的计算。从这个角度来看，状态空间法对于分析系统是最适宜的。

经典控制理论是建立在系统的输入-输出关系或传递函数的基础上的。而现代控制理论以 n 个一阶微分方程来描述系统，这些微分方程又组合成一个一阶向量矩阵微分方程。应用向量矩阵表示的方法，可极大地简化方程组的数学表达式。状态变量、输入或输出数量的增多并不增加方程的复杂性。事实上，分析复杂的多输入-多输出系统，可以按照一定步骤进行，仅比分析用一阶纯量微分方程描述的系统稍复杂一些。

本章和下一章将涉及控制系统的状态空间分析和设计。本章将给出状态空间分析所需的基本知识，包括系统的状态空间表达式、可控性和可观测性。第 10 章将给出基于状态反馈控制的有效的设计方法。

9.2　传递函数的状态空间表达式

为获得传递函数的状态空间表达式，可以采用多种方法。第 2 章曾介绍过几种。本节将介绍状态空间的可控标准形、可观测标准形、对角线标准形或若尔当标准形（在例题 A.9.1 至例题 A.9.4 中将详细讨论由传递函数获得这些状态空间表达式的方法）。

9.2.1　状态空间标准形的表达式

考虑由下式定义的系统：

$$\overset{(n)}{y} + a_1 \overset{(n-1)}{y} + \cdots + a_{n-1}\dot{y} + a_n y = b_0 \overset{(n)}{u} + b_1 \overset{(n-1)}{u} + \cdots + b_{n-1}\dot{u} + b_n u \tag{9.1}$$

式中，u 为输入，y 为输出。该式也可写为

$$\frac{Y(s)}{U(s)} = \frac{b_0 s^n + b_1 s^{n-1} + \cdots + b_{n-1}s + b_n}{s^n + a_1 s^{n-1} + \cdots + a_{n-1}s + a_n} \tag{9.2}$$

---

① 矩阵加星号上标，表示矩阵 **A** 的共轭转置矩阵。共轭转置为矩阵转置的共轭。对实矩阵 **A**（所有元素均为实数的矩阵），其共轭转置 $\mathbf{A}^*$ 和转置矩阵 $\mathbf{A}^{\mathrm{T}}$ 相同。

下面给出由方程(9.1)或方程(9.2)定义的系统的状态空间可控标准形、可观测标准形和对角线(或若尔当)标准形表达式。

9.2.1.1　可控标准形

下列状态空间表达式称为可控标准形:

$$
\begin{bmatrix} \dot{x}_1 \\ \dot{x}_2 \\ \vdots \\ \dot{x}_{n-1} \\ \dot{x}_n \end{bmatrix} = \begin{bmatrix} 0 & 1 & 0 & \cdots & 0 \\ 0 & 0 & 1 & \cdots & 0 \\ \vdots & \vdots & \vdots & & \vdots \\ 0 & 0 & 0 & \cdots & 1 \\ -a_n & -a_{n-1} & -a_{n-2} & \cdots & -a_1 \end{bmatrix} \begin{bmatrix} x_1 \\ x_2 \\ \vdots \\ x_{n-1} \\ x_n \end{bmatrix} + \begin{bmatrix} 0 \\ 0 \\ \vdots \\ 0 \\ 1 \end{bmatrix} u \tag{9.3}
$$

$$
y = \begin{bmatrix} b_n - a_n b_0 & \vdots & b_{n-1} - a_{n-1} b_0 & \vdots & \cdots & \vdots & b_1 - a_1 b_0 \end{bmatrix} \begin{bmatrix} x_1 \\ x_2 \\ \vdots \\ x_n \end{bmatrix} + b_0 u \tag{9.4}
$$

在讨论控制系统设计的极点配置方法时,这种可控标准形是很重要的。

9.2.1.2　可观测标准形

下列状态空间表达式称为可观测标准形:

$$
\begin{bmatrix} \dot{x}_1 \\ \dot{x}_2 \\ \vdots \\ \dot{x}_n \end{bmatrix} = \begin{bmatrix} 0 & 0 & \cdots & 0 & -a_n \\ 1 & 0 & \cdots & 0 & -a_{n-1} \\ \vdots & \vdots & & \vdots & \vdots \\ 0 & 0 & \cdots & 1 & -a_1 \end{bmatrix} \begin{bmatrix} x_1 \\ x_2 \\ \vdots \\ x_n \end{bmatrix} + \begin{bmatrix} b_n - a_n b_0 \\ b_{n-1} - a_{n-1} b_0 \\ \vdots \\ b_1 - a_1 b_0 \end{bmatrix} u \tag{9.5}
$$

$$
y = \begin{bmatrix} 0 & 0 & \cdots & 0 & 1 \end{bmatrix} \begin{bmatrix} x_1 \\ x_2 \\ \vdots \\ x_{n-1} \\ x_n \end{bmatrix} + b_0 u \tag{9.6}
$$

注意,方程(9.5)给出的状态方程中的 $n \times n$ 维状态矩阵是方程(9.3)所给出的相应矩阵的转置。

9.2.1.3　对角线标准形

考虑由方程(9.2)定义的传递函数。这里,考虑分母多项式中只含相异根的情况。对此,方程(9.2)可写为

$$
\frac{Y(s)}{U(s)} = \frac{b_0 s^n + b_1 s^{n-1} + \cdots + b_{n-1} s + b_n}{(s + p_1)(s + p_2) \cdots (s + p_n)}
$$

$$
= b_0 + \frac{c_1}{s + p_1} + \frac{c_2}{s + p_2} + \cdots + \frac{c_n}{s + p_n} \tag{9.7}
$$

该系统的状态空间表达式中的对角线标准形由下式确定:

$$
\begin{bmatrix} \dot{x}_1 \\ \dot{x}_2 \\ \vdots \\ \dot{x}_n \end{bmatrix} = \begin{bmatrix} -p_1 & & & 0 \\ & -p_2 & & \\ & & \ddots & \\ 0 & & & -p_n \end{bmatrix} \begin{bmatrix} x_1 \\ x_2 \\ \vdots \\ x_n \end{bmatrix} + \begin{bmatrix} 1 \\ 1 \\ \vdots \\ 1 \end{bmatrix} u \tag{9.8}
$$

$$y = \begin{bmatrix} c_1 & c_2 & \cdots & c_n \end{bmatrix} \begin{bmatrix} x_1 \\ x_2 \\ \vdots \\ x_n \end{bmatrix} + b_0 u \tag{9.9}$$

9.2.1.4　若尔当标准形

下面考虑方程(9.2)的分母多项式中含有重根的情况。对此，必须将前面的对角线标准形修改为若尔当标准形。例如，假设除了前三个 p_i，即 $p_1 = p_2 = p_3$ 相等外，其余极点 p_i 相异。于是，$Y(s)/U(s)$ 因式分解后为

$$\frac{Y(s)}{U(s)} = \frac{b_0 s^n + b_1 s^{n-1} + \cdots + b_{n-1} s + b_n}{(s + p_1)^3 (s + p_4)(s + p_5) \cdots (s + p_n)}$$

该方程的部分分式展开式为

$$\frac{Y(s)}{U(s)} = b_0 + \frac{c_1}{(s + p_1)^3} + \frac{c_2}{(s + p_1)^2} + \frac{c_3}{s + p_1} + \frac{c_4}{s + p_4} + \cdots + \frac{c_n}{s + p_n}$$

该系统状空间的若尔当标准形由下式确定：

$$\begin{bmatrix} \dot{x}_1 \\ \dot{x}_2 \\ \dot{x}_3 \\ \dot{x}_4 \\ \vdots \\ \dot{x}_n \end{bmatrix} = \left[\begin{array}{ccc:ccc} -p_1 & 1 & 0 & 0 & \cdots & 0 \\ 0 & -p_1 & 1 & & & \vdots \\ 0 & 0 & -p_1 & 0 & \cdots & 0 \\ \hdashline 0 & \cdots & 0 & -p_4 & & 0 \\ \vdots & & \vdots & & \ddots & \\ 0 & \cdots & 0 & 0 & & -p_n \end{array} \right] \begin{bmatrix} x_1 \\ x_2 \\ x_3 \\ x_4 \\ \vdots \\ x_n \end{bmatrix} + \begin{bmatrix} 0 \\ 0 \\ 1 \\ 1 \\ \vdots \\ 1 \end{bmatrix} u \tag{9.10}$$

$$y = \begin{bmatrix} c_1 & c_2 & \cdots & c_n \end{bmatrix} \begin{bmatrix} x_1 \\ x_2 \\ \vdots \\ x_n \end{bmatrix} + b_0 u \tag{9.11}$$

例 9.1　考虑由下式确定的系统：

$$\frac{Y(s)}{U(s)} = \frac{s + 3}{s^2 + 3s + 2}$$

求状态空间可控标准形、可观测标准形和对角线标准形。

可控标准形为

$$\begin{bmatrix} \dot{x}_1(t) \\ \dot{x}_2(t) \end{bmatrix} = \begin{bmatrix} 0 & 1 \\ -2 & -3 \end{bmatrix} \begin{bmatrix} x_1(t) \\ x_2(t) \end{bmatrix} + \begin{bmatrix} 0 \\ 1 \end{bmatrix} u(t)$$

$$y(t) = \begin{bmatrix} 3 & 1 \end{bmatrix} \begin{bmatrix} x_1(t) \\ x_2(t) \end{bmatrix}$$

可观测标准形为

$$\begin{bmatrix} \dot{x}_1(t) \\ \dot{x}_2(t) \end{bmatrix} = \begin{bmatrix} 0 & -2 \\ 1 & -3 \end{bmatrix} \begin{bmatrix} x_1(t) \\ x_2(t) \end{bmatrix} + \begin{bmatrix} 3 \\ 1 \end{bmatrix} u(t)$$

$$y(t) = \begin{bmatrix} 0 & 1 \end{bmatrix} \begin{bmatrix} x_1(t) \\ x_2(t) \end{bmatrix}$$

对角线标准形为

$$\begin{bmatrix} \dot{x}_1(t) \\ \dot{x}_2(t) \end{bmatrix} = \begin{bmatrix} -1 & 0 \\ 0 & -2 \end{bmatrix} \begin{bmatrix} x_1(t) \\ x_2(t) \end{bmatrix} + \begin{bmatrix} 1 \\ 1 \end{bmatrix} u(t)$$

$$y(t) = \begin{bmatrix} 2 & -1 \end{bmatrix} \begin{bmatrix} x_1(t) \\ x_2(t) \end{bmatrix}$$

9.2.2 $n \times n$ 维矩阵 A 的特征值

$n \times n$ 维矩阵 **A** 的特征值是下列特征方程的根:

$$|\lambda \mathbf{I} - \mathbf{A}| = 0$$

这些特征值也称为特征根。

例如,考虑下列矩阵 **A**:

$$\mathbf{A} = \begin{bmatrix} 0 & 1 & 0 \\ 0 & 0 & 1 \\ -6 & -11 & -6 \end{bmatrix}$$

特征方程为

$$|\lambda \mathbf{I} - \mathbf{A}| = \begin{vmatrix} \lambda & -1 & 0 \\ 0 & \lambda & -1 \\ 6 & 11 & \lambda + 6 \end{vmatrix}$$

$$= \lambda^3 + 6\lambda^2 + 11\lambda + 6$$

$$= (\lambda + 1)(\lambda + 2)(\lambda + 3) = 0$$

A 的特征值就是特征方程的根,即 -1、-2 和 -3。

9.2.3 $n \times n$ 维矩阵的对角化

如果一个具有相异特征值的 $n \times n$ 维矩阵 **A** 由下式给出:

$$\mathbf{A} = \begin{bmatrix} 0 & 1 & 0 & \cdots & 0 \\ 0 & 0 & 1 & \cdots & 0 \\ \vdots & \vdots & \vdots & & \vdots \\ 0 & 0 & 0 & \cdots & 1 \\ -a_n & -a_{n-1} & -a_{n-2} & \cdots & -a_1 \end{bmatrix} \tag{9.12}$$

作变换 $\mathbf{x} = \mathbf{Pz}$,式中的

$$\mathbf{P} = \begin{bmatrix} 1 & 1 & \cdots & 1 \\ \lambda_1 & \lambda_2 & \cdots & \lambda_n \\ \lambda_1^2 & \lambda_2^2 & \cdots & \lambda_n^2 \\ \vdots & \vdots & & \vdots \\ \lambda_1^{n-1} & \lambda_2^{n-1} & \cdots & \lambda_n^{n-1} \end{bmatrix}$$

λ_1,λ_2,$\cdots$,λ_n 是矩阵 **A** 的 n 个相异特征值。将 $\mathbf{P}^{-1}\mathbf{AP}$ 变换为对角线矩阵,即

$$\mathbf{P}^{-1}\mathbf{AP} = \begin{bmatrix} \lambda_1 & & & 0 \\ & \lambda_2 & & \\ & & \ddots & \\ 0 & & & \lambda_n \end{bmatrix}$$

如果由方程(9.12)定义的矩阵 $\mathbf{A}$ 含有多重特征值,则不能将矩阵对角线化。例如,3×3 维矩阵

$$\mathbf{A} = \begin{bmatrix} 0 & 1 & 0 \\ 0 & 0 & 1 \\ -a_3 & -a_2 & -a_1 \end{bmatrix}$$

有特征值 λ_1,λ_2,λ_3,求变换 $\mathbf{x} = \mathbf{Sz}$,其中

$$\mathbf{S} = \begin{bmatrix} 1 & 0 & 1 \\ \lambda_1 & 1 & \lambda_3 \\ \lambda_1^2 & 2\lambda_1 & \lambda_3^2 \end{bmatrix}$$

得到

$$\mathbf{S}^{-1}\mathbf{AS} = \begin{bmatrix} \lambda_1 & 1 & 0 \\ 0 & \lambda_1 & 0 \\ 0 & 0 & \lambda_3 \end{bmatrix}$$

该式是一个若尔当标准形。

例9.2 考虑下列系统的状态空间表达式:

$$\begin{bmatrix} \dot{x}_1 \\ \dot{x}_2 \\ \dot{x}_3 \end{bmatrix} = \begin{bmatrix} 0 & 1 & 0 \\ 0 & 0 & 1 \\ -6 & -11 & -6 \end{bmatrix} \begin{bmatrix} x_1 \\ x_2 \\ x_3 \end{bmatrix} + \begin{bmatrix} 0 \\ 0 \\ 6 \end{bmatrix} u \tag{9.13}$$

$$y = \begin{bmatrix} 1 & 0 & 0 \end{bmatrix} \begin{bmatrix} x_1 \\ x_2 \\ x_3 \end{bmatrix} \tag{9.14}$$

方程(9.13)和方程(9.14)可写为如下标准形式:

$$\dot{\mathbf{x}} = \mathbf{Ax} + \mathbf{B}u \tag{9.15}$$

$$y = \mathbf{Cx} \tag{9.16}$$

式中

$$\mathbf{A} = \begin{bmatrix} 0 & 1 & 0 \\ 0 & 0 & 1 \\ -6 & -11 & -6 \end{bmatrix}, \quad \mathbf{B} = \begin{bmatrix} 0 \\ 0 \\ 6 \end{bmatrix}, \quad \mathbf{C} = \begin{bmatrix} 1 & 0 & 0 \end{bmatrix}$$

矩阵 $\mathbf{A}$ 的特征值为

$$\lambda_1 = -1, \qquad \lambda_2 = -2, \qquad \lambda_3 = -3$$

因此,这三个特征值相异。如果通过变换

$$\begin{bmatrix} x_1 \\ x_2 \\ x_3 \end{bmatrix} = \begin{bmatrix} 1 & 1 & 1 \\ -1 & -2 & -3 \\ 1 & 4 & 9 \end{bmatrix} \begin{bmatrix} z_1 \\ z_2 \\ z_3 \end{bmatrix}$$

或者,

$$\mathbf{x} = \mathbf{Pz} \tag{9.17}$$

定义一组新的状态变量 z_1、z_2 和 z_3,式中

$$\mathbf{P} = \begin{bmatrix} 1 & 1 & 1 \\ \lambda_1 & \lambda_2 & \lambda_3 \\ \lambda_1^2 & \lambda_2^2 & \lambda_3^2 \end{bmatrix} = \begin{bmatrix} 1 & 1 & 1 \\ -1 & -2 & -3 \\ 1 & 4 & 9 \end{bmatrix} \tag{9.18}$$

那么,通过将方程(9.17)代入方程(9.15),可得

$$\mathbf{P\dot{z}} = \mathbf{APz} + \mathbf{B}u$$

将上式两端左乘 $\mathbf{P}^{-1}$，得

$$\dot{\mathbf{z}} = \mathbf{P}^{-1}\mathbf{A}\mathbf{P}\mathbf{z} + \mathbf{P}^{-1}\mathbf{B}u \tag{9.19}$$

或者

$$\begin{bmatrix} \dot{z}_1 \\ \dot{z}_2 \\ \dot{z}_3 \end{bmatrix} = \begin{bmatrix} 3 & 2.5 & 0.5 \\ -3 & -4 & -1 \\ 1 & 1.5 & 0.5 \end{bmatrix} \begin{bmatrix} 0 & 1 & 0 \\ 0 & 0 & 1 \\ -6 & -11 & -6 \end{bmatrix} \begin{bmatrix} 1 & 1 & 1 \\ -1 & -2 & -3 \\ 1 & 4 & 9 \end{bmatrix} \begin{bmatrix} z_1 \\ z_2 \\ z_3 \end{bmatrix} +$$
$$\begin{bmatrix} 3 & 2.5 & 0.5 \\ -3 & -4 & -1 \\ 1 & 1.5 & 0.5 \end{bmatrix} \begin{bmatrix} 0 \\ 0 \\ 6 \end{bmatrix} u$$

化简得

$$\begin{bmatrix} \dot{z}_1 \\ \dot{z}_2 \\ \dot{z}_3 \end{bmatrix} = \begin{bmatrix} -1 & 0 & 0 \\ 0 & -2 & 0 \\ 0 & 0 & -3 \end{bmatrix} \begin{bmatrix} z_1 \\ z_2 \\ z_3 \end{bmatrix} + \begin{bmatrix} 3 \\ -6 \\ 3 \end{bmatrix} u \tag{9.20}$$

方程(9.20)也是一个状态方程，它描述了由方程(9.13)定义的同一个系统。

输出方程(9.16)可修改为

$$y = \mathbf{C}\mathbf{P}\mathbf{z}$$

或者

$$y = \begin{bmatrix} 1 & 0 & 0 \end{bmatrix} \begin{bmatrix} 1 & 1 & 1 \\ -1 & -2 & -3 \\ 1 & 4 & 9 \end{bmatrix} \begin{bmatrix} z_1 \\ z_2 \\ z_3 \end{bmatrix}$$
$$= \begin{bmatrix} 1 & 1 & 1 \end{bmatrix} \begin{bmatrix} z_1 \\ z_2 \\ z_3 \end{bmatrix} \tag{9.21}$$

注意，由方程(9.18)定义的变换矩阵 $\mathbf{P}$ 将 $\mathbf{z}$ 的系数矩阵转变为对角线矩阵。由方程(9.20)显然可以看出，三个纯量状态方程是解耦的。注意，方程(9.19)中的矩阵 $\mathbf{P}^{-1}\mathbf{A}\mathbf{P}$ 的对角线元素和矩阵 $\mathbf{A}$ 的三个特征值相同。强调 $\mathbf{A}$ 和 $\mathbf{P}^{-1}\mathbf{A}\mathbf{P}$ 的特征值相同，这一点非常重要。作为一般情况，下面我们将证明这一点。

9.2.4　特征值的不变性

为证明线性变换下的特征值不变性，必须证明 $|\lambda\mathbf{I} - \mathbf{A}|$ 和 $|\lambda\mathbf{I} - \mathbf{P}^{-1}\mathbf{A}\mathbf{P}|$ 的特征多项式相同。由于乘积的行列式等于各行列式的乘积，可得

$$|\lambda\mathbf{I} - \mathbf{P}^{-1}\mathbf{A}\mathbf{P}| = |\lambda\mathbf{P}^{-1}\mathbf{P} - \mathbf{P}^{-1}\mathbf{A}\mathbf{P}|$$
$$= |\mathbf{P}^{-1}(\lambda\mathbf{I} - \mathbf{A})\mathbf{P}|$$
$$= |\mathbf{P}^{-1}||\lambda\mathbf{I} - \mathbf{A}||\mathbf{P}|$$
$$= |\mathbf{P}^{-1}||\mathbf{P}||\lambda\mathbf{I} - \mathbf{A}|$$

注意到行列式 $|\mathbf{P}^{-1}|$ 和 $|\mathbf{P}|$ 的乘积等于乘积 $|\mathbf{P}^{-1}\mathbf{P}|$ 的行列式，可得

$$|\lambda\mathbf{I} - \mathbf{P}^{-1}\mathbf{A}\mathbf{P}| = |\mathbf{P}^{-1}\mathbf{P}||\lambda\mathbf{I} - \mathbf{A}|$$
$$= |\lambda\mathbf{I} - \mathbf{A}|$$

因此就证明了在线性变换下矩阵 $\mathbf{A}$ 的特征值是不变的。

9.2.5　状态变量组的非唯一性

前面已阐述过,给定系统的状态变量组不是唯一的。设 x_1, x_2, $\cdots$, x_n 是一组状态变量,可取任一组函数

$$\hat{x}_1 = X_1(x_1, x_2, \cdots, x_n)$$
$$\hat{x}_2 = X_2(x_1, x_2, \cdots, x_n)$$
$$\vdots$$
$$\hat{x}_n = X_n(x_1, x_2, \cdots, x_n)$$

作为系统的另一组状态变量,这里假设对每一组变量 $\hat{x}_1$, $\hat{x}_2$, $\cdots$, $\hat{x}_n$ 都对应于唯一的一组 x_1, x_2, $\cdots$, x_n 的值。反之亦然。如果 **x** 是一个状态向量,那么

$$\hat{\mathbf{x}} = \mathbf{Px}$$

也是一个状态向量,这里假设矩阵 **P** 是非奇异的。这两个不同的状态向量都能表达系统行为的同一信息。

9.3　用 MATLAB 进行系统模型变换

本节将讨论系统模型由传递函数变换为状态方程及其逆变换。首先讨论如何由传递函数变换为状态方程。

将闭环传递函数写为

$$\frac{Y(s)}{U(s)} = \frac{含s的分子多项式}{含s的分母多项式} = \frac{\text{num}}{\text{den}}$$

当有了这一传递函数表达式后,MATLAB 命令

$$[A, B, C, D] = tf2ss(num,den)$$

就可以给出状态空间表达式。应着重强调,任何系统的状态空间表达式都不是唯一的。对于同一系统,可有许多个(无穷多个)状态空间表达式。上述 MATLAB 命令给出了其中一种可能的状态空间表达式。

9.3.1　传递函数系统的状态空间表达式

考虑以下传递函数:

$$\frac{Y(s)}{U(s)} = \frac{10s + 10}{s^3 + 6s^2 + 5s + 10} \tag{9.22}$$

对于该系统,有多个(无穷多个)可能的状态空间表达式,其中一个可能的状态空间表达式为

$$\begin{bmatrix} \dot{x}_1 \\ \dot{x}_2 \\ \dot{x}_3 \end{bmatrix} = \begin{bmatrix} 0 & 1 & 0 \\ 0 & 0 & 1 \\ -10 & -5 & -6 \end{bmatrix} \begin{bmatrix} x_1 \\ x_2 \\ x_3 \end{bmatrix} + \begin{bmatrix} 0 \\ 10 \\ -50 \end{bmatrix} u$$

$$y = \begin{bmatrix} 1 & 0 & 0 \end{bmatrix} \begin{bmatrix} x_1 \\ x_2 \\ x_3 \end{bmatrix} + \begin{bmatrix} 0 \end{bmatrix} u$$

另外一个可能的状态空间表达式（在无穷个中的一个）为

$$\begin{bmatrix} \dot{x}_1 \\ \dot{x}_2 \\ \dot{x}_3 \end{bmatrix} = \begin{bmatrix} -6 & -5 & -10 \\ 1 & 0 & 0 \\ 0 & 1 & 0 \end{bmatrix} \begin{bmatrix} x_1 \\ x_2 \\ x_3 \end{bmatrix} + \begin{bmatrix} 1 \\ 0 \\ 0 \end{bmatrix} u \qquad (9.23)$$

$$y = \begin{bmatrix} 0 & 10 & 10 \end{bmatrix} \begin{bmatrix} x_1 \\ x_2 \\ x_3 \end{bmatrix} + \begin{bmatrix} 0 \end{bmatrix} u \qquad (9.24)$$

MATLAB 将方程(9.22)给出的传递函数变换为由方程(9.23)和方程(9.24)给出的状态空间表达式。对于这里考虑的系统，MATLAB 程序 9.1 将产生矩阵 **A**、**B**、**C** 和 D。

```
MATLAB程序9.1

num = [10 10];
den = [1 6 5 10];
[A,B,C,D] = tf2ss(num,den)

A =

  -6   -5  -10
   1    0    0
   0    1    0

B =

   1
   0
   0

C =

   0   10   10

D =

   0
```

9.3.2　由状态空间表达式到传递函数的变换

为了从状态空间方程得到传递函数，采用以下命令：

$$[num,den] = ss2tf(A,B,C,D,iu)$$

对多个输入的系统，必须具体化 iu。例如，如果系统有三个输入（$u1$，$u2$，$u3$），则 iu 必须为 1、2 或 3 中的一个，其中 1 表示 $u1$，2 表示 $u2$，3 表示 $u3$。

如果系统只有一个输入，则可采用

$$[num,den] = ss2tf(A,B,C,D)$$

或者　　　　　　　　　　$$[num,den] = ss2tf(A,B,C,D,1)$$

（见例 9.3 和 MATLAB 程序 9.2）。

对于系统有多个输入和多个输出的情况，见例 9.4。

例 9.3　求下列状态空间方程所定义的系统的传递函数：

$$\begin{bmatrix} \dot{x}_1 \\ \dot{x}_2 \\ \dot{x}_3 \end{bmatrix} = \begin{bmatrix} 0 & 1 & 0 \\ 0 & 0 & 1 \\ -5.008 & -25.1026 & -5.03247 \end{bmatrix} \begin{bmatrix} x_1 \\ x_2 \\ x_3 \end{bmatrix} + \begin{bmatrix} 0 \\ 25.04 \\ -121.005 \end{bmatrix} u$$

$$y = \begin{bmatrix} 1 & 0 & 0 \end{bmatrix} \begin{bmatrix} x_1 \\ x_2 \\ x_3 \end{bmatrix}$$

MATLAB 程序 9.2 将产生给定系统的传递函数。所得传递函数为

$$\frac{Y(s)}{U(s)} = \frac{25.04s + 5.008}{s^3 + 5.0325s^2 + 25.1026s + 5.008}$$

```
MATLAB程序9.2

A = [0 1 0;0 0 1;-5.008 -25.1026 -5.03247];
B = [0;25.04; -121.005];
C = [1 0 0];
D = [0];
[num,den] = ss2tf(A,B,C,D)

num =

        0   -0.0000   25.0400   5.0080

den =

    1.0000   5.0325   25.1026   5.0080

% ***** The same result can be obtained by entering the following command *****


[num,den] = ss2tf(A,B,C,D,1)

num =

        0   -0.0000   25.0400   5.0080

den =

    1.0000   5.0325   25.1026   5.0080
```

例 9.4　考虑一个多输入-多输出系统。当系统输出多于 1 个时，MATLAB 命令

$$[NUM,den] = ss2tf(A,B,C,D,iu)$$

产生所有输出对每个输入的传递函数(分子系数转变为行数与输出量个数相同的矩阵 NUM)。

　　考虑由下式定义的系统：

$$\begin{bmatrix} \dot{x}_1 \\ \dot{x}_2 \end{bmatrix} = \begin{bmatrix} 0 & 1 \\ -25 & -4 \end{bmatrix} \begin{bmatrix} x_1 \\ x_2 \end{bmatrix} + \begin{bmatrix} 1 & 1 \\ 0 & 1 \end{bmatrix} \begin{bmatrix} u_1 \\ u_2 \end{bmatrix}$$

$$\begin{bmatrix} y_1 \\ y_2 \end{bmatrix} = \begin{bmatrix} 1 & 0 \\ 0 & 1 \end{bmatrix} \begin{bmatrix} x_1 \\ x_2 \end{bmatrix} + \begin{bmatrix} 0 & 0 \\ 0 & 0 \end{bmatrix} \begin{bmatrix} u_1 \\ u_2 \end{bmatrix}$$

　　该系统有两个输入和两个输出，包括 4 个传递函数：$Y_1(s)/U_1(s)$、$Y_2(s)/U_1(s)$、$Y_1(s)/U_2(s)$ 和 $Y_2(s)/U_2(s)$（当考虑输入 u_1 时，假设 u_2 为零；反之亦然），见 MATLAB 程序 9.3 的输出。

```
MATLAB程序9.3

A = [0 1;-25 -4];
B = [1 1;0 1];
C = [1 0;0 1];
D = [0 0;0 0];
[NUM,den] = ss2tf(A,B,C,D,1)

NUM =
```

```
        0   1    4
        0   0  –25
   den =
       1  4  25
   [NUM,den] = ss2tf(A,B,C,D,2)
   NUM =
        0   1.0000    5.0000
        0   1.0000  –25.0000
   den =
       1  4  25
```

以上就是下列 4 个传递函数的 MATLAB 表达式：

$$\frac{Y_1(s)}{U_1(s)} = \frac{s+4}{s^2+4s+25}, \qquad \frac{Y_2(s)}{U_1(s)} = \frac{-25}{s^2+4s+25}$$

$$\frac{Y_1(s)}{U_2(s)} = \frac{s+5}{s^2+4s+25}, \qquad \frac{Y_2(s)}{U_2(s)} = \frac{s-25}{s^2+4s+25}$$

9.4　定常系统状态方程的解

这一节来求线性定常系统状态方程的通解。首先考虑齐次状态方程，再考虑非齐次状态方程。

9.4.1　齐次状态方程的解

在解向量矩阵微分方程前，首先回顾纯量微分方程

$$\dot{x} = ax \tag{9.25}$$

的解。在解该方程时，设解 $x(t)$ 的形式为

$$x(t) = b_0 + b_1 t + b_2 t^2 + \cdots + b_k t^k + \cdots \tag{9.26}$$

将所设解代入方程(9.25)，可得

$$b_1 + 2b_2 t + 3b_3 t^2 + \cdots + k b_k t^{k-1} + \cdots$$
$$= a(b_0 + b_1 t + b_2 t^2 + \cdots + b_k t^k + \cdots) \tag{9.27}$$

如果所设解是方程的真实解，则对任意 t，方程(9.27) 成立。因此，使 t 有相同幂次项的各系数相等，可求得

$$b_1 = ab_0$$

$$b_2 = \frac{1}{2} ab_1 = \frac{1}{2} a^2 b_0$$

$$b_3 = \frac{1}{3} ab_2 = \frac{1}{3 \times 2} a^3 b_0$$

$$\vdots$$

$$b_k = \frac{1}{k!} a^k b_0$$

将 $t = 0$ 时的 b_0 值代入方程(9.26)，可确定

$$x(0) = b_0$$

因此，方程的解 $x(t)$ 可写为

$$x(t) = \left(1 + at + \frac{1}{2!}a^2t^2 + \cdots + \frac{1}{k!}a^kt^k + \cdots\right)x(0)$$
$$= e^{at}x(0)$$

现在来求下列向量矩阵微分方程的解：

$$\dot{\mathbf{x}} = \mathbf{A}\mathbf{x} \tag{9.28}$$

其中，$\mathbf{x}$ 为 n 维向量，$\mathbf{A}$ 为 $n \times n$ 维定常矩阵。

与纯量微分方程的解法相似，设方程解为 t 的向量幂级数形式，即

$$\mathbf{x}(t) = \mathbf{b}_0 + \mathbf{b}_1t + \mathbf{b}_2t^2 + \cdots + \mathbf{b}_kt^k + \cdots \tag{9.29}$$

将所设解代入方程(9.28)，可得

$$\mathbf{b}_1 + 2\mathbf{b}_2t + 3\mathbf{b}_3t^2 + \cdots + k\mathbf{b}_kt^{k-1} + \cdots$$
$$= \mathbf{A}(\mathbf{b}_0 + \mathbf{b}_1t + \mathbf{b}_2t^2 + \cdots + \mathbf{b}_kt^k + \cdots) \tag{9.30}$$

若所设解为真实解，那么对所有 t，方程(9.30)必成立。因此，t 的同幂项系数相等，可求得

$$\mathbf{b}_1 = \mathbf{A}\mathbf{b}_0$$
$$\mathbf{b}_2 = \frac{1}{2}\mathbf{A}\mathbf{b}_1 = \frac{1}{2}\mathbf{A}^2\mathbf{b}_0$$
$$\mathbf{b}_3 = \frac{1}{3}\mathbf{A}\mathbf{b}_2 = \frac{1}{3 \times 2}\mathbf{A}^3\mathbf{b}_0$$
$$\vdots$$
$$\mathbf{b}_k = \frac{1}{k!}\mathbf{A}^k\mathbf{b}_0$$

将 $t = 0$ 代入方程(9.29)，得

$$\mathbf{x}(0) = \mathbf{b}_0$$

因此，方程解 $\mathbf{x}(t)$ 可写为

$$\mathbf{x}(t) = \left(\mathbf{I} + \mathbf{A}t + \frac{1}{2!}\mathbf{A}^2t^2 + \cdots + \frac{1}{k!}\mathbf{A}^kt^k + \cdots\right)\mathbf{x}(0)$$

该方程右边括号里的展开式是 $n \times n$ 维矩阵。由于它类似于纯量指数的无穷级数，所以称为矩阵指数，且写为

$$\mathbf{I} + \mathbf{A}t + \frac{1}{2!}\mathbf{A}^2t^2 + \cdots + \frac{1}{k!}\mathbf{A}^kt^k + \cdots = e^{\mathbf{A}t}$$

利用矩阵指数符号时，方程(9.28)的解可写为

$$\mathbf{x}(t) = e^{\mathbf{A}t}\mathbf{x}(0) \tag{9.31}$$

由于矩阵指数在线性系统状态空间分析中的重要性，所以首先阐述矩阵指数的性质。

9.4.2 矩阵指数

可以证明，一个 $n \times n$ 维矩阵 $\mathbf{A}$ 的矩阵指数

$$e^{\mathbf{A}t} = \sum_{k=0}^{\infty} \frac{\mathbf{A}^kt^k}{k!}$$

对所有有限时间是绝对收敛的(因此，$e^{\mathbf{A}t}$ 级数展开式中的每一项易于用计算机计算)。

由于无穷级数 $\sum\limits_{k=0}^{\infty} \mathbf{A}^k t^k / k!$ 是收敛的，因此级数可逐项微分，于是可得

$$\frac{\mathrm{d}}{\mathrm{d}t} \mathrm{e}^{\mathbf{A}t} = \mathbf{A} + \mathbf{A}^2 t + \frac{\mathbf{A}^3 t^2}{2!} + \cdots + \frac{\mathbf{A}^k t^{k-1}}{(k-1)!} + \cdots$$

$$= \mathbf{A}\left[\mathbf{I} + \mathbf{A}t + \frac{\mathbf{A}^2 t^2}{2!} + \cdots + \frac{\mathbf{A}^{k-1} t^{k-1}}{(k-1)!} + \cdots \right] = \mathbf{A}\mathrm{e}^{\mathbf{A}t}$$

$$= \left[\mathbf{I} + \mathbf{A}t + \frac{\mathbf{A}^2 t^2}{2!} + \cdots + \frac{\mathbf{A}^{k-1} t^{k-1}}{(k-1)!} + \cdots \right]\mathbf{A} = \mathrm{e}^{\mathbf{A}t}\mathbf{A}$$

矩阵指数具有如下性质：

$$\mathrm{e}^{\mathbf{A}(t+s)} = \mathrm{e}^{\mathbf{A}t}\mathrm{e}^{\mathbf{A}s}$$

这可证明如下：

$$\mathrm{e}^{\mathbf{A}t}\mathrm{e}^{\mathbf{A}s} = \left(\sum_{k=0}^{\infty} \frac{\mathbf{A}^k t^k}{k!} \right)\left(\sum_{k=0}^{\infty} \frac{\mathbf{A}^k s^k}{k!} \right)$$

$$= \sum_{k=0}^{\infty} \mathbf{A}^k \left(\sum_{i=0}^{\infty} \frac{t^i s^{k-i}}{i!\,(k-i)!} \right)$$

$$= \sum_{k=0}^{\infty} \mathbf{A}^k \frac{(t+s)^k}{k!}$$

$$= \mathrm{e}^{\mathbf{A}(t+s)}$$

特别地，如果 $s = -t$，那么

$$\mathrm{e}^{\mathbf{A}t}\mathrm{e}^{-\mathbf{A}t} = \mathrm{e}^{-\mathbf{A}t}\mathrm{e}^{\mathbf{A}t} = \mathrm{e}^{\mathbf{A}(t-t)} = \mathbf{I}$$

因此，$\mathrm{e}^{\mathbf{A}t}$ 的逆为 $\mathrm{e}^{-\mathbf{A}t}$。由于 $\mathrm{e}^{\mathbf{A}t}$ 的逆总是存在的，所以 $\mathrm{e}^{\mathbf{A}t}$ 为非奇异矩阵。

特别应当记住，

$$\mathrm{e}^{(\mathbf{A}+\mathbf{B})t} = \mathrm{e}^{\mathbf{A}t}\mathrm{e}^{\mathbf{B}t}, \quad \text{如果}\,\mathbf{A}\mathbf{B} = \mathbf{B}\mathbf{A}$$

$$\mathrm{e}^{(\mathbf{A}+\mathbf{B})t} \neq \mathrm{e}^{\mathbf{A}t}\mathrm{e}^{\mathbf{B}t}, \quad \text{如果}\,\mathbf{A}\mathbf{B} \neq \mathbf{B}\mathbf{A}$$

为了证明此结果，只要注意

$$\mathrm{e}^{(\mathbf{A}+\mathbf{B})t} = \mathbf{I} + (\mathbf{A}+\mathbf{B})t + \frac{(\mathbf{A}+\mathbf{B})^2}{2!}t^2 + \frac{(\mathbf{A}+\mathbf{B})^3}{3!}t^3 + \cdots$$

$$\mathrm{e}^{\mathbf{A}t}\mathrm{e}^{\mathbf{B}t} = \left(\mathbf{I} + \mathbf{A}t + \frac{\mathbf{A}^2 t^2}{2!} + \frac{\mathbf{A}^3 t^3}{3!} + \cdots \right)\left(\mathbf{I} + \mathbf{B}t + \frac{\mathbf{B}^2 t^2}{2!} + \frac{\mathbf{B}^3 t^3}{3!} + \cdots \right)$$

$$= \mathbf{I} + (\mathbf{A}+\mathbf{B})t + \frac{\mathbf{A}^2 t^2}{2!} + \mathbf{A}\mathbf{B}t^2 + \frac{\mathbf{B}^2 t^2}{2!} + \frac{\mathbf{A}^3 t^3}{3!} +$$

$$\frac{\mathbf{A}^2\mathbf{B}t^3}{2!} + \frac{\mathbf{A}\mathbf{B}^2 t^3}{2!} + \frac{\mathbf{B}^3 t^3}{3!} + \cdots$$

因此，

$$\mathrm{e}^{(\mathbf{A}+\mathbf{B})t} - \mathrm{e}^{\mathbf{A}t}\mathrm{e}^{\mathbf{B}t} = \frac{\mathbf{B}\mathbf{A} - \mathbf{A}\mathbf{B}}{2!}t^2 +$$

$$\frac{\mathbf{B}\mathbf{A}^2 + \mathbf{A}\mathbf{B}\mathbf{A} + \mathbf{B}^2\mathbf{A} + \mathbf{B}\mathbf{A}\mathbf{B} - 2\mathbf{A}^2\mathbf{B} - 2\mathbf{A}\mathbf{B}^2}{3!}t^3 + \cdots$$

如果 $\mathbf{A}$ 和 $\mathbf{B}$ 是可交换的，那么 $\mathrm{e}^{(\mathbf{A}+\mathbf{B})t}$ 和 $\mathrm{e}^{\mathbf{A}t} \cdot \mathrm{e}^{\mathbf{B}t}$ 的差为零。

9.4.3 齐次状态方程的拉普拉斯变换解法

首先考虑纯量情况:

$$\dot{x} = ax \tag{9.32}$$

将方程(9.32)两边取拉普拉斯变换,得

$$sX(s) - x(0) = aX(s) \tag{9.33}$$

式中, $X(s) = \mathscr{L}[x]$,由方程(9.33)解出 $X(s)$ 为

$$X(s) = \frac{x(0)}{s - a} = (s - a)^{-1}x(0)$$

对上式取拉普拉斯反变换,得到解

$$x(t) = \mathrm{e}^{at}x(0)$$

上述求齐次纯量微分方程解的方法,也可推广到求齐次状态方程的解。设齐次状态方程为

$$\dot{\mathbf{x}}(t) = \mathbf{A}\mathbf{x}(t) \tag{9.34}$$

将方程(9.34)两边取拉普拉斯变换,得

$$s\mathbf{X}(s) - \mathbf{x}(0) = \mathbf{A}\mathbf{X}(s)$$

式中, $\mathbf{X}(s) = \mathscr{L}[\mathbf{x}]$ 。因此,

$$(s\mathbf{I} - \mathbf{A})\mathbf{X}(s) = \mathbf{x}(0)$$

用 $(s\mathbf{I} - \mathbf{A})^{-1}$ 左乘上式两端,可得

$$\mathbf{X}(s) = (s\mathbf{I} - \mathbf{A})^{-1}\mathbf{x}(0)$$

$\mathbf{X}(s)$ 的拉普拉斯反变换即解 $\mathbf{x}(t)$ 。因此,

$$\mathbf{x}(t) = \mathscr{L}^{-1}\big[(s\mathbf{I} - \mathbf{A})^{-1}\big]\mathbf{x}(0) \tag{9.35}$$

注意到

$$(s\mathbf{I} - \mathbf{A})^{-1} = \frac{\mathbf{I}}{s} + \frac{\mathbf{A}}{s^2} + \frac{\mathbf{A}^2}{s^3} + \cdots$$

所以 $(s\mathbf{I} - \mathbf{A})^{-1}$ 的拉普拉斯反变换为

$$\mathscr{L}^{-1}\big[(s\mathbf{I} - \mathbf{A})^{-1}\big] = \mathbf{I} + \mathbf{A}t + \frac{\mathbf{A}^2 t^2}{2!} + \frac{\mathbf{A}^3 t^3}{3!} + \cdots = \mathrm{e}^{\mathbf{A}t} \tag{9.36}$$

一个矩阵的拉普拉斯反变换为所有元素拉普拉斯反变换所组成的矩阵。由方程(9.35)和方程(9.36)求得方程(9.34)的解为

$$\mathbf{x}(t) = \mathrm{e}^{\mathbf{A}t}\mathbf{x}(0)$$

方程(9.36)的重要性在于它提供了求矩阵指数的闭合解的一种简便方法。

9.4.4 状态转移矩阵

将齐次状态方程

$$\dot{\mathbf{x}} = \mathbf{A}\mathbf{x} \tag{9.37}$$

的解写为

$$\mathbf{x}(t) = \mathbf{\Phi}(t)\mathbf{x}(0) \tag{9.38}$$

式中, $\mathbf{\Phi}(t)$ 是 $n \times n$ 维矩阵,且是

$$\dot{\mathbf{\Phi}}(t) = \mathbf{A}\mathbf{\Phi}(t), \qquad \mathbf{\Phi}(0) = \mathbf{I}$$

的唯一解，注意

$$\mathbf{x}(0) = \mathbf{\Phi}(0)\mathbf{x}(0) = \mathbf{x}(0)$$

且

$$\dot{\mathbf{x}}(t) = \dot{\mathbf{\Phi}}(t)\mathbf{x}(0) = \mathbf{A}\mathbf{\Phi}(t)\mathbf{x}(0) = \mathbf{A}\mathbf{x}(t)$$

因此，证实了方程(9.38)是方程(9.37)的解。

由方程(9.31)、方程(9.35)和方程(9.38)可得

$$\mathbf{\Phi}(t) = \mathrm{e}^{\mathbf{A}t} = \mathscr{L}^{-1}\big[(s\mathbf{I} - \mathbf{A})^{-1}\big]$$

注意

$$\mathbf{\Phi}^{-1}(t) = \mathrm{e}^{-\mathbf{A}t} = \mathbf{\Phi}(-t)$$

由方程(9.38)可以看出，方程(9.37)的解仅是初始状态的转移。因此，将唯一的矩阵 $\mathbf{\Phi}(t)$ 称为状态转移矩阵。状态转移矩阵包含由方程(9.37)所描述系统的自由运动的全部信息。

如果矩阵 $\mathbf{A}$ 的所有特征值 λ_1，λ_2，$\cdots$，λ_n 相异，那么 $\mathbf{\Phi}(t)$ 将包含 n 个指数函数：

$$\mathrm{e}^{\lambda_1 t}, \mathrm{e}^{\lambda_2 t}, \cdots, \mathrm{e}^{\lambda_n t}$$

特别地，如果 $\mathbf{A}$ 是对角线矩阵，则

$$\mathbf{\Phi}(t) = \mathrm{e}^{\mathbf{A}t} = \begin{bmatrix} \mathrm{e}^{\lambda_1 t} & & & 0 \\ & \mathrm{e}^{\lambda_2 t} & & \\ & & \ddots & \\ 0 & & & \mathrm{e}^{\lambda_n t} \end{bmatrix} \quad (\mathbf{A}\text{为对角线矩阵})$$

如果有多重特征值，例如 $\mathbf{A}$ 的特征值为

$$\lambda_1, \lambda_1, \lambda_1, \lambda_4, \lambda_5, \cdots, \lambda_n$$

那么 $\mathbf{\Phi}(t)$ 除包含 $\mathrm{e}^{\lambda_1 t}$，$\mathrm{e}^{\lambda_4 t}$，$\mathrm{e}^{\lambda_5 t}$，$\cdots$，$\mathrm{e}^{\lambda_n t}$ 外，还包含 $t\mathrm{e}^{\lambda_1 t}$ 和 $t^2 \mathrm{e}^{\lambda_1 t}$ 的项。

9.4.5　状态转移矩阵的性质

下面概括状态转移矩阵 $\mathbf{\Phi}(t)$ 的重要性质。对于定常系统

$$\dot{\mathbf{x}} = \mathbf{A}\mathbf{x}$$

其转移矩阵为

$$\mathbf{\Phi}(t) = \mathrm{e}^{\mathbf{A}t}$$

于是，

1. $\mathbf{\Phi}(0) = \mathrm{e}^{\mathbf{A}0} = \mathbf{I}$
2. $\mathbf{\Phi}(t) = \mathrm{e}^{\mathbf{A}t} = \big(\mathrm{e}^{-\mathbf{A}t}\big)^{-1} = \big[\mathbf{\Phi}(-t)\big]^{-1}$ 或 $\mathbf{\Phi}^{-1}(t) = \mathbf{\Phi}(-t)$
3. $\mathbf{\Phi}(t_1 + t_2) = \mathrm{e}^{\mathbf{A}(t_1 + t_2)} = \mathrm{e}^{\mathbf{A}t_1}\mathrm{e}^{\mathbf{A}t_2} = \mathbf{\Phi}(t_1)\mathbf{\Phi}(t_2) = \mathbf{\Phi}(t_2)\mathbf{\Phi}(t_1)$
4. $\big[\mathbf{\Phi}(t)\big]^n = \mathbf{\Phi}(nt)$
5. $\mathbf{\Phi}(t_2 - t_1)\mathbf{\Phi}(t_1 - t_0) = \mathbf{\Phi}(t_2 - t_0) = \mathbf{\Phi}(t_1 - t_0)\mathbf{\Phi}(t_2 - t_1)$

例9.5　求系统

$$\begin{bmatrix} \dot{x}_1 \\ \dot{x}_2 \end{bmatrix} = \begin{bmatrix} 0 & 1 \\ -2 & -3 \end{bmatrix} \begin{bmatrix} x_1 \\ x_2 \end{bmatrix}$$

的状态转移矩阵 $\mathbf{\Phi}(t)$ 和状态转移矩阵的逆 $\mathbf{\Phi}^{-1}(t)$。

对于该系统，

$$\mathbf{A} = \begin{bmatrix} 0 & 1 \\ -2 & -3 \end{bmatrix}$$

其状态转移矩阵由下式确定：

$$\mathbf{\Phi}(t) = \mathrm{e}^{\mathbf{A}t} = \mathscr{L}^{-1}\big[(s\mathbf{I} - \mathbf{A})^{-1}\big]$$

由于

$$s\mathbf{I} - \mathbf{A} = \begin{bmatrix} s & 0 \\ 0 & s \end{bmatrix} - \begin{bmatrix} 0 & 1 \\ -2 & -3 \end{bmatrix} = \begin{bmatrix} s & -1 \\ 2 & s+3 \end{bmatrix}$$

$(s\mathbf{I} - \mathbf{A})$ 的逆为
$$(s\mathbf{I} - \mathbf{A})^{-1} = \frac{1}{(s+1)(s+2)}\begin{bmatrix} s+3 & 1 \\ -2 & s \end{bmatrix}$$

$$= \begin{bmatrix} \dfrac{s+3}{(s+1)(s+2)} & \dfrac{1}{(s+1)(s+2)} \\ \dfrac{-2}{(s+1)(s+2)} & \dfrac{s}{(s+1)(s+2)} \end{bmatrix}$$

因此,
$$\mathbf{\Phi}(t) = e^{\mathbf{A}t} = \mathscr{L}^{-1}\big[(s\mathbf{I} - \mathbf{A})^{-1}\big]$$

$$= \begin{bmatrix} 2e^{-t} - e^{-2t} & e^{-t} - e^{-2t} \\ -2e^{-t} + 2e^{-2t} & -e^{-t} + 2e^{-2t} \end{bmatrix}$$

由于 $\mathbf{\Phi}^{-1}(t) = \mathbf{\Phi}(-t)$,所以求得状态转移矩阵的逆为

$$\mathbf{\Phi}^{-1}(t) = e^{-\mathbf{A}t} = \begin{bmatrix} 2e^{t} - e^{2t} & e^{t} - e^{2t} \\ -2e^{t} + 2e^{2t} & -e^{t} + 2e^{2t} \end{bmatrix}$$

9.4.6 非齐次状态方程的解

考虑纯量的情况:
$$\dot{x} = ax + bu \tag{9.39}$$

将方程(9.39)重写为
$$\dot{x} - ax = bu$$

在方程两边同乘以 e^{-at},可得
$$e^{-at}\big[\dot{x}(t) - ax(t)\big] = \frac{\mathrm{d}}{\mathrm{d}t}\big[e^{-at}x(t)\big] = e^{-at}bu(t)$$

将该方程从 0 积分到 t,得到
$$e^{-at}x(t) - x(0) = \int_0^t e^{-a\tau}bu(\tau)\,\mathrm{d}\tau$$

即
$$x(t) = e^{at}x(0) + e^{at}\int_0^t e^{-a\tau}bu(\tau)\,\mathrm{d}\tau$$

上式右边第一项为对初始条件的响应,第二项为对输入 $u(t)$ 的响应。

再考虑非齐次状态方程
$$\dot{\mathbf{x}} = \mathbf{A}\mathbf{x} + \mathbf{B}\mathbf{u} \tag{9.40}$$

的情况。式中,$\mathbf{x}$ 为 n 维向量,$\mathbf{u}$ 为 r 维向量,$\mathbf{A}$ 为 $n \times n$ 维常数矩阵,$\mathbf{B}$ 为 $n \times r$ 维常数矩阵。

将方程(9.40)写为
$$\dot{\mathbf{x}}(t) - \mathbf{A}\mathbf{x}(t) = \mathbf{B}\mathbf{u}(t)$$

并在方程两边左乘 $e^{-\mathbf{A}t}$,可得
$$e^{-\mathbf{A}t}\big[\dot{\mathbf{x}}(t) - \mathbf{A}\mathbf{x}(t)\big] = \frac{\mathrm{d}}{\mathrm{d}t}\big[e^{-\mathbf{A}t}\mathbf{x}(t)\big] = e^{-\mathbf{A}t}\mathbf{B}\mathbf{u}(t)$$

将上式由 0 积分到 t,得
$$e^{-\mathbf{A}t}\mathbf{x}(t) - \mathbf{x}(0) = \int_0^t e^{-\mathbf{A}\tau}\mathbf{B}\mathbf{u}(\tau)\,\mathrm{d}\tau$$

即
$$\mathbf{x}(t) = e^{\mathbf{A}t}\mathbf{x}(0) + \int_0^t e^{\mathbf{A}(t-\tau)}\mathbf{B}\mathbf{u}(\tau)\,\mathrm{d}\tau \tag{9.41}$$

方程(9.41)也可写为
$$\mathbf{x}(t) = \mathbf{\Phi}(t)\mathbf{x}(0) + \int_0^t \mathbf{\Phi}(t-\tau)\mathbf{B}\mathbf{u}(\tau)\,\mathrm{d}\tau \tag{9.42}$$

式中 $\mathbf{\Phi}(t) = \mathrm{e}^{\mathbf{A}t}$。方程(9.41)或方程(9.42)是方程(9.40)的解。显然，解 $\mathbf{x}(t)$ 中包含初始状态的转移项和起因于输入向量的项。

9.4.7　非齐次状态方程的拉普拉斯变换解法

非齐次状态方程　　　　　　　　　　$\dot{\mathbf{x}} = \mathbf{A}\mathbf{x} + \mathbf{B}\mathbf{u}$

的解也可以用拉普拉斯变换法求得。上式的拉普拉斯变换为

$$s\mathbf{X}(s) - \mathbf{x}(0) = \mathbf{A}\mathbf{X}(s) + \mathbf{B}\mathbf{U}(s)$$

或者

$$(s\mathbf{I} - \mathbf{A})\mathbf{X}(s) = \mathbf{x}(0) + \mathbf{B}\mathbf{U}(s)$$

上式两边左乘 $(s\mathbf{I} - \mathbf{A})^{-1}$，可得

$$\mathbf{X}(s) = (s\mathbf{I} - \mathbf{A})^{-1}\mathbf{x}(0) + (s\mathbf{I} - \mathbf{A})^{-1}\mathbf{B}\mathbf{U}(s)$$

利用方程(9.36)给出的关系式，可得

$$\mathbf{X}(s) = \mathscr{L}[\mathrm{e}^{\mathbf{A}t}]\mathbf{x}(0) + \mathscr{L}[\mathrm{e}^{\mathbf{A}t}]\mathbf{B}\mathbf{U}(s)$$

上式的拉普拉斯反变换可用卷积积分求出：

$$\mathbf{x}(t) = \mathrm{e}^{\mathbf{A}t}\mathbf{x}(0) + \int_0^t \mathrm{e}^{\mathbf{A}(t-\tau)}\mathbf{B}\mathbf{u}(\tau)\,\mathrm{d}\tau$$

9.4.8　初始状态为 $x(t_0)$ 的解

在此以前，我们总是假设初始时刻为零。当初始时刻 t_0 为非零时，方程(9.40)的解必须改写为

$$\mathbf{x}(t) = \mathrm{e}^{\mathbf{A}(t-t_0)}\mathbf{x}(t_0) + \int_{t_0}^t \mathrm{e}^{\mathbf{A}(t-\tau)}\mathbf{B}\mathbf{u}(\tau)\,\mathrm{d}\tau \tag{9.43}$$

例9.6　求下述系统的时间响应：

$$\begin{bmatrix} \dot{x}_1 \\ \dot{x}_2 \end{bmatrix} = \begin{bmatrix} 0 & 1 \\ -2 & -3 \end{bmatrix}\begin{bmatrix} x_1 \\ x_2 \end{bmatrix} + \begin{bmatrix} 0 \\ 1 \end{bmatrix}u$$

式中，$u(t)$ 为 $t = 0$ 时施加于系统的单位阶跃函数，即 $u(t) = 1(t)$。

对该系统　　　　　　$\mathbf{A} = \begin{bmatrix} 0 & 1 \\ -2 & -3 \end{bmatrix}, \qquad \mathbf{B} = \begin{bmatrix} 0 \\ 1 \end{bmatrix}$

状态转移矩阵 $\mathbf{\Phi}(t) = \mathrm{e}^{\mathbf{A}t}$ 已在例9.5中求得，为

$$\mathbf{\Phi}(t) = \mathrm{e}^{\mathbf{A}t} = \begin{bmatrix} 2\mathrm{e}^{-t} - \mathrm{e}^{-2t} & \mathrm{e}^{-t} - \mathrm{e}^{-2t} \\ -2\mathrm{e}^{-t} + 2\mathrm{e}^{-2t} & -\mathrm{e}^{-t} + 2\mathrm{e}^{-2t} \end{bmatrix}$$

因此，系统对单位阶跃输入的响应为

$$\mathbf{x}(t) = \mathrm{e}^{\mathbf{A}t}\mathbf{x}(0) + \int_0^t \begin{bmatrix} 2\mathrm{e}^{-(t-\tau)} - \mathrm{e}^{-2(t-\tau)} & \mathrm{e}^{-(t-\tau)} - \mathrm{e}^{-2(t-\tau)} \\ -2\mathrm{e}^{-(t-\tau)} + 2\mathrm{e}^{-2(t-\tau)} & -\mathrm{e}^{-(t-\tau)} + 2\mathrm{e}^{-2(t-\tau)} \end{bmatrix}\begin{bmatrix} 0 \\ 1 \end{bmatrix}[1]\,\mathrm{d}\tau$$

即　　$\begin{bmatrix} x_1(t) \\ x_2(t) \end{bmatrix} = \begin{bmatrix} 2\mathrm{e}^{-t} - \mathrm{e}^{-2t} & \mathrm{e}^{-t} - \mathrm{e}^{-2t} \\ -2\mathrm{e}^{-t} + 2\mathrm{e}^{-2t} & -\mathrm{e}^{-t} + 2\mathrm{e}^{-2t} \end{bmatrix}\begin{bmatrix} x_1(0) \\ x_2(0) \end{bmatrix} + \begin{bmatrix} \frac{1}{2} - \mathrm{e}^{-t} + \frac{1}{2}\mathrm{e}^{-2t} \\ \mathrm{e}^{-t} - \mathrm{e}^{-2t} \end{bmatrix}$

如果初始状态为零，即 $\mathbf{x}(0) = \mathbf{0}$，可将 $\mathbf{x}(t)$ 简化为

$$\begin{bmatrix} x_1(t) \\ x_2(t) \end{bmatrix} = \begin{bmatrix} \frac{1}{2} - \mathrm{e}^{-t} + \frac{1}{2}\mathrm{e}^{-2t} \\ \mathrm{e}^{-t} - \mathrm{e}^{-2t} \end{bmatrix}$$

9.5 向量矩阵分析中的若干结果

本节介绍将在 9.6 节用到的向量矩阵分析中的一些有用结果。具体地说，将介绍凯莱-哈密顿(Cayley-Hamilton)定理，最小多项式，用于计算矩阵指数 e^{At} 的西尔维斯特(sylvester)内插方法，以及向量线性无关等问题。

9.5.1 凯莱-哈密顿定理

在证明有关矩阵方程的定理或求解有关矩阵方程的问题时，凯莱-哈密顿定理是非常有用的。

考虑 $n \times n$ 维矩阵 $\mathbf{A}$ 及其特征方程：

$$|\lambda \mathbf{I} - \mathbf{A}| = \lambda^n + a_1\lambda^{n-1} + \cdots + a_{n-1}\lambda + a_n = 0$$

凯莱-哈密顿定理指出，矩阵 $\mathbf{A}$ 满足其自身特征方程，即

$$\mathbf{A}^n + a_1\mathbf{A}^{n-1} + \cdots + a_{n-1}\mathbf{A} + a_n\mathbf{I} = \mathbf{0} \tag{9.44}$$

为证明此定理，注意到 $(\lambda \mathbf{I} - \mathbf{A})$ 的伴随矩阵 $\mathrm{adj}(\lambda \mathbf{I} - \mathbf{A})$ 是 λ 的 $n-1$ 次多项式，即

$$\mathrm{adj}(\lambda \mathbf{I} - \mathbf{A}) = \mathbf{B}_1\lambda^{n-1} + \mathbf{B}_2\lambda^{n-2} + \cdots + \mathbf{B}_{n-1}\lambda + \mathbf{B}_n$$

式中，$\mathbf{B}_1 = \mathbf{I}$。由于

$$(\lambda \mathbf{I} - \mathbf{A})\,\mathrm{adj}(\lambda \mathbf{I} - \mathbf{A}) = \left[\mathrm{adj}(\lambda \mathbf{I} - \mathbf{A})\right](\lambda \mathbf{I} - \mathbf{A}) = |\lambda \mathbf{I} - \mathbf{A}|\mathbf{I}$$

可得

$$\begin{aligned}
|\lambda \mathbf{I} - \mathbf{A}|\mathbf{I} &= \mathbf{I}\lambda^n + a_1\mathbf{I}\lambda^{n-1} + \cdots + a_{n-1}\mathbf{I}\lambda + a_n\mathbf{I} \\
&= (\lambda \mathbf{I} - \mathbf{A})(\mathbf{B}_1\lambda^{n-1} + \mathbf{B}_2\lambda^{n-2} + \cdots + \mathbf{B}_{n-1}\lambda + \mathbf{B}_n) \\
&= (\mathbf{B}_1\lambda^{n-1} + \mathbf{B}_2\lambda^{n-2} + \cdots + \mathbf{B}_{n-1}\lambda + \mathbf{B}_n)(\lambda \mathbf{I} - \mathbf{A})
\end{aligned}$$

从上式可看出，$\mathbf{A}$ 和 $\mathbf{B}_i$ $(i = 1, 2, \cdots, n)$ 相乘的次序是可交换的。因此，如果 $(\lambda \mathbf{I} - \mathbf{A})$ 及其伴随矩阵 $\mathrm{adj}(\lambda \mathbf{I} - \mathbf{A})$ 中有一个为零，则其乘积为零。如果在上式中用 $\mathbf{A}$ 代替 λ，显然 $\lambda \mathbf{I} - \mathbf{A}$ 为零。这样

$$\mathbf{A}^n + a_1\mathbf{A}^{n-1} + \cdots + a_{n-1}\mathbf{A} + a_n\mathbf{I} = \mathbf{0}$$

这就证明了凯莱-哈密顿定理，即方程(9.44)。

9.5.2 最小多项式

参考凯莱-哈密顿定理，任一 $n \times n$ 维矩阵 $\mathbf{A}$ 满足其自身的特征方程，然而特征方程不一定是 $\mathbf{A}$ 满足的最小阶次的纯量方程。我们将矩阵 $\mathbf{A}$ 为其根的最小阶次多项式称为最小多项式，也就是说，定义 $n \times n$ 维矩阵 $\mathbf{A}$ 的最小多项式为最小阶次的多项式 $\phi(\lambda)$：

$$\phi(\lambda) = \lambda^m + a_1\lambda^{m-1} + \cdots + a_{m-1}\lambda + a_m, \qquad m \leqslant n$$

使得 $\phi(\mathbf{A}) = \mathbf{0}$，即

$$\phi(\mathbf{A}) = \mathbf{A}^m + a_1\mathbf{A}^{m-1} + \cdots + a_{m-1}\mathbf{A} + a_m\mathbf{I} = \mathbf{0}$$

最小多项式在 $n \times n$ 维矩阵多项式的计算中起着重要作用。

假设 λ 的多项式 $d(\lambda)$ 是 $\mathrm{adj}(\lambda \mathbf{I} - \mathbf{A})$ 的所有元素的最高公约式。可以证明，如果将 $d(\lambda)$ 的 λ 最高阶次项的系数选为 1，则最小多项式 $\phi(\lambda)$ 由下式给出：

$$\phi(\lambda) = \frac{|\lambda \mathbf{I} - \mathbf{A}|}{d(\lambda)} \tag{9.45}$$

方程(9.45)的推导见例题 A.9.8。

注意,$n \times n$ 维矩阵 $\mathbf{A}$ 的最小多项式 $\phi(\lambda)$ 可以按下列步骤求出:

1. 根据伴随矩阵 adj($\lambda\mathbf{I} - \mathbf{A}$),写出作为 λ 的因式分解多项式的 adj($\lambda\mathbf{I} - \mathbf{A}$) 的各元素。

2. 确定作为伴随矩阵 adj($\lambda\mathbf{I} - \mathbf{A}$)各元素的最高公约式 $d(\lambda)$。选择 $d(\lambda)$ 的 λ 最高阶次项系数为 1。如果不存在公约式,则 $d(\lambda) = 1$。

3. 最小多项式 $\phi(\lambda)$ 可由 $|\lambda\mathbf{I} - \mathbf{A}|$ 除以 $d(\lambda)$ 得到。

9.5.3 矩阵指数 $e^{\mathbf{A}t}$

在求解控制工程问题中,经常需要计算矩阵指数 $e^{\mathbf{A}t}$。如果给定矩阵 $\mathbf{A}$ 中所有元素的值,则 MATLAB 将提供一种计算 $e^{\mathbf{A}t}$ 的简便方法,其中 t 为常数。

除了计算方法,对 $e^{\mathbf{A}t}$ 的计算还有几种分析方法可以使用。这里我们将介绍三种方法。

方法 1 如果可将矩阵 $\mathbf{A}$ 变换为对角线形式,那么 $e^{\mathbf{A}t}$ 可由下式给出:

$$e^{\mathbf{A}t} = \mathbf{P}e^{\mathbf{D}t}\mathbf{P}^{-1} = \mathbf{P}\begin{bmatrix} e^{\lambda_1 t} & & & 0 \\ & e^{\lambda_2 t} & & \\ & & \ddots & \\ 0 & & & e^{\lambda_n t} \end{bmatrix}\mathbf{P}^{-1} \tag{9.46}$$

式中,$\mathbf{P}$ 是使 $\mathbf{A}$ 对角化的变换矩阵[方程(9.46)的推导见例题 A.9.11]。

如果矩阵 $\mathbf{A}$ 可变换为若尔当标准形,则 $e^{\mathbf{A}t}$ 可由下式确定:

$$e^{\mathbf{A}t} = \mathbf{S}e^{\mathbf{J}t}\mathbf{S}^{-1}$$

式中 $\mathbf{S}$ 是使矩阵 $\mathbf{A}$ 变成若尔当标准形 $\mathbf{J}$ 的变换矩阵。

作为一个例子,考虑下列矩阵 $\mathbf{A}$:

$$\mathbf{A} = \begin{bmatrix} 0 & 1 & 0 \\ 0 & 0 & 1 \\ 1 & -3 & 3 \end{bmatrix}$$

该矩阵的特征方程为

$$|\lambda\mathbf{I} - \mathbf{A}| = \lambda^3 - 3\lambda^2 + 3\lambda - 1 = (\lambda - 1)^3 = 0$$

因此,矩阵 $\mathbf{A}$ 有一个三重特征值 $\lambda = 1$。可以证明,矩阵 $\mathbf{A}$ 具有三重特征向量。将矩阵 $\mathbf{A}$ 变换为若尔当标准形的变换矩阵为

$$\mathbf{S} = \begin{bmatrix} 1 & 0 & 0 \\ 1 & 1 & 0 \\ 1 & 2 & 1 \end{bmatrix}$$

矩阵 $\mathbf{S}$ 的逆为

$$\mathbf{S}^{-1} = \begin{bmatrix} 1 & 0 & 0 \\ -1 & 1 & 0 \\ 1 & -2 & 1 \end{bmatrix}$$

于是,

$$\mathbf{S}^{-1}\mathbf{A}\mathbf{S} = \begin{bmatrix} 1 & 0 & 0 \\ -1 & 1 & 0 \\ 1 & -2 & 1 \end{bmatrix}\begin{bmatrix} 0 & 1 & 0 \\ 0 & 0 & 1 \\ 1 & -3 & 3 \end{bmatrix}\begin{bmatrix} 1 & 0 & 0 \\ 1 & 1 & 0 \\ 1 & 2 & 1 \end{bmatrix}$$

$$= \begin{bmatrix} 1 & 1 & 0 \\ 0 & 1 & 1 \\ 0 & 0 & 1 \end{bmatrix} = \mathbf{J}$$

注意到

$$e^{\mathbf{J}t} = \begin{bmatrix} e^t & te^t & \frac{1}{2}t^2e^t \\ 0 & e^t & te^t \\ 0 & 0 & e^t \end{bmatrix}$$

可得

$$e^{\mathbf{A}t} = \mathbf{S}e^{\mathbf{J}t}\mathbf{S}^{-1}$$

$$= \begin{bmatrix} 1 & 0 & 0 \\ 1 & 1 & 0 \\ 1 & 2 & 1 \end{bmatrix} \begin{bmatrix} e^t & te^t & \frac{1}{2}t^2e^t \\ 0 & e^t & te^t \\ 0 & 0 & e^t \end{bmatrix} \begin{bmatrix} 1 & 0 & 0 \\ -1 & 1 & 0 \\ 1 & -2 & 1 \end{bmatrix}$$

$$= \begin{bmatrix} e^t - te^t + \frac{1}{2}t^2e^t & te^t - t^2e^t & \frac{1}{2}t^2e^t \\ \frac{1}{2}t^2e^t & e^t - te^t - t^2e^t & te^t + \frac{1}{2}t^2e^t \\ te^t + \frac{1}{2}t^2e^t & -3te^t - t^2e^t & e^t + 2te^t + \frac{1}{2}t^2e^t \end{bmatrix}$$

方法2 第二种计算 $e^{\mathbf{A}t}$ 的方法是采用拉普拉斯变换法。参照方程(9.36)，$e^{\mathbf{A}t}$ 可由下式确定：

$$e^{\mathbf{A}t} = \mathscr{L}^{-1}\big[(s\mathbf{I} - \mathbf{A})^{-1}\big]$$

因此，为求出 $e^{\mathbf{A}t}$，首先求 $(s\mathbf{I} - \mathbf{A})$ 的逆。结果是生成一个其各元素为 s 的有理函数的矩阵。将该矩阵中的各元素取拉普拉斯反变换，即可求出 $e^{\mathbf{A}t}$。

例9.7 考虑矩阵 $\mathbf{A}$：

$$\mathbf{A} = \begin{bmatrix} 0 & 1 \\ 0 & -2 \end{bmatrix}$$

用前面介绍的两种分析方法计算 $e^{\mathbf{A}t}$。

方法1 $\mathbf{A}$ 的特征值为 0 和 -2 ($\lambda_1 = 0$，$\lambda_2 = -2$)，可求得所需的变换矩阵 $\mathbf{P}$ 为

$$\mathbf{P} = \begin{bmatrix} 1 & 1 \\ 0 & -2 \end{bmatrix}$$

因此，由方程(9.46)求得 $e^{\mathbf{A}t}$ 如下：

$$e^{\mathbf{A}t} = \begin{bmatrix} 1 & 1 \\ 0 & -2 \end{bmatrix} \begin{bmatrix} e^0 & 0 \\ 0 & e^{-2t} \end{bmatrix} \begin{bmatrix} 1 & \frac{1}{2} \\ 0 & -\frac{1}{2} \end{bmatrix} = \begin{bmatrix} 1 & \frac{1}{2}(1 - e^{-2t}) \\ 0 & e^{-2t} \end{bmatrix}$$

方法2 由于

$$s\mathbf{I} - \mathbf{A} = \begin{bmatrix} s & 0 \\ 0 & s \end{bmatrix} - \begin{bmatrix} 0 & 1 \\ 0 & -2 \end{bmatrix} = \begin{bmatrix} s & -1 \\ 0 & s+2 \end{bmatrix}$$

可得

$$(s\mathbf{I} - \mathbf{A})^{-1} = \begin{bmatrix} \dfrac{1}{s} & \dfrac{1}{s(s+2)} \\ 0 & \dfrac{1}{s+2} \end{bmatrix}$$

因此，

$$e^{\mathbf{A}t} = \mathscr{L}^{-1}\big[(s\mathbf{I} - \mathbf{A})^{-1}\big] = \begin{bmatrix} 1 & \frac{1}{2}(1 - e^{-2t}) \\ 0 & e^{-2t} \end{bmatrix}$$

方法3 第三种是基于西尔维斯特的内插方法(西尔维斯特内插公式见例题 A.9.12)。首先考虑 $\mathbf{A}$ 的最小多项式 $\phi(\lambda)$ 的相异根的情况，再处理重根的情况。

情况 1：$\mathbf{A}$ 的最小多项式只含相异根

设 $\mathbf{A}$ 的最小多项式阶数为 m。可以证明，采用西尔维斯特内插公式，通过解行列式公式：

$$\begin{vmatrix} 1 & \lambda_1 & \lambda_1^2 & \cdots & \lambda_1^{m-1} & \mathrm{e}^{\lambda_1 t} \\ 1 & \lambda_2 & \lambda_2^2 & \cdots & \lambda_2^{m-1} & \mathrm{e}^{\lambda_2 t} \\ \vdots & \vdots & \vdots & & \vdots & \vdots \\ 1 & \lambda_m & \lambda_m^2 & \cdots & \lambda_m^{m-1} & \mathrm{e}^{\lambda_m t} \\ \mathbf{I} & \mathbf{A} & \mathbf{A}^2 & \cdots & \mathbf{A}^{m-1} & \mathrm{e}^{\mathbf{A}t} \end{vmatrix} = \mathbf{0} \tag{9.47}$$

可求出 $\mathrm{e}^{\mathbf{A}t}$。利用方程(9.47)求解时，所得 $\mathrm{e}^{\mathbf{A}t}$ 是以 $\mathbf{A}^k$（$k = 0, 1, 2, \cdots, m-1$）和 $\mathrm{e}^{\lambda_i t}$（$i = 1, 2,$ $3, \cdots, m$）的形式表示的。例如，可将方程(9.47)围绕最后一列展开。

注意，针对 $\mathrm{e}^{\mathbf{A}t}$ 解方程(9.47)，其结果与下式写法相同：

$$\mathrm{e}^{\mathbf{A}t} = \alpha_0(t)\mathbf{I} + \alpha_1(t)\mathbf{A} + \alpha_2(t)\mathbf{A}^2 + \cdots + \alpha_{m-1}(t)\mathbf{A}^{m-1} \tag{9.48}$$

通过解下列 m 个方程组：

$$\alpha_0(t) + \alpha_1(t)\lambda_1 + \alpha_2(t)\lambda_1^2 + \cdots + \alpha_{m-1}(t)\lambda_1^{m-1} = \mathrm{e}^{\lambda_1 t}$$
$$\alpha_0(t) + \alpha_1(t)\lambda_2 + \alpha_2(t)\lambda_2^2 + \cdots + \alpha_{m-1}(t)\lambda_2^{m-1} = \mathrm{e}^{\lambda_2 t}$$
$$\vdots$$
$$\alpha_0(t) + \alpha_1(t)\lambda_m + \alpha_2(t)\lambda_m^2 + \cdots + \alpha_{m-1}(t)\lambda_m^{m-1} = \mathrm{e}^{\lambda_m t}$$

可确定 $\alpha_k(t)$（$k = 0, 1, 2, \cdots, m-1$）。如果 $\mathbf{A}$ 为 $n \times n$ 维矩阵，且具有相异特征值，则所需确定的 $\alpha_k(t)$ 的个数为 $m = n$。如果 $\mathbf{A}$ 含有重特征值，但其最小多项式只有单根，则所需确定的 $\alpha_k(t)$ 的个数小于 n。

情况 2：$\mathbf{A}$ 的最小多项式含有重根

作为一个例子，考虑 $\mathbf{A}$ 的最小多项式包含三个重根（$\lambda_1 = \lambda_2 = \lambda_3$），其他根（$\lambda_4, \lambda_5, \cdots,$ λ_m）都相异的情况。可以证明，应用西尔维斯特内插公式，通过求解下列行列式方程：

$$\begin{vmatrix} 0 & 0 & 1 & 3\lambda_1 & \cdots & \dfrac{(m-1)(m-2)}{2}\lambda_1^{m-3} & \dfrac{t^2}{2}\mathrm{e}^{\lambda_1 t} \\ 0 & 1 & 2\lambda_1 & 3\lambda_1^2 & \cdots & (m-1)\lambda_1^{m-2} & t\mathrm{e}^{\lambda_1 t} \\ 1 & \lambda_1 & \lambda_1^2 & \lambda_1^3 & \cdots & \lambda_1^{m-1} & \mathrm{e}^{\lambda_1 t} \\ 1 & \lambda_4 & \lambda_4^2 & \lambda_4^3 & \cdots & \lambda_4^{m-1} & \mathrm{e}^{\lambda_4 t} \\ \vdots & \vdots & \vdots & \vdots & \cdots & \vdots & \vdots \\ 1 & \lambda_m & \lambda_m^2 & \lambda_m^3 & \cdots & \lambda_m^{m-1} & \mathrm{e}^{\lambda_m t} \\ \mathbf{I} & \mathbf{A} & \mathbf{A}^2 & \mathbf{A}^3 & \cdots & \mathbf{A}^{m-1} & \mathrm{e}^{\mathbf{A}t} \end{vmatrix} = \mathbf{0} \tag{9.49}$$

可以求得 $\mathrm{e}^{\mathbf{A}t}$。将方程(9.49)按最后一列展开即可求得 $\mathrm{e}^{\mathbf{A}t}$。

注意，正如情况 1 那样，对 $\mathrm{e}^{\mathbf{A}t}$ 求解方程组(9.49)，其结果与下列写法相同：

$$\mathrm{e}^{\mathbf{A}t} = \alpha_0(t)\mathbf{I} + \alpha_1(t)\mathbf{A} + \alpha_2(t)\mathbf{A}^2 + \cdots + \alpha_{m-1}(t)\mathbf{A}^{m-1} \tag{9.50}$$

并且由

$$\alpha_2(t) + 3\alpha_3(t)\lambda_1 + \cdots + \frac{(m-1)(m-2)}{2}\alpha_{m-1}(t)\lambda_1^{m-3} = \frac{t^2}{2}\mathrm{e}^{\lambda_1 t}$$

$$\alpha_1(t) + 2\alpha_2(t)\lambda_1 + 3\alpha_3(t)\lambda_1^2 + \cdots + (m-1)\alpha_{m-1}(t)\lambda_1^{m-2} = t\mathrm{e}^{\lambda_1 t}$$

$$\alpha_0(t) + \alpha_1(t)\lambda_1 + \alpha_2(t)\lambda_1^2 + \cdots + \alpha_{m-1}(t)\lambda_1^{m-1} = \mathrm{e}^{\lambda_1 t}$$

$$\alpha_0(t) + \alpha_1(t)\lambda_4 + \alpha_2(t)\lambda_4^2 + \cdots + \alpha_{m-1}(t)\lambda_4^{m-1} = e^{\lambda_4 t}$$
$$\vdots$$
$$\alpha_0(t) + \alpha_1(t)\lambda_m + \alpha_2(t)\lambda_m^2 + \cdots + \alpha_{m-1}(t)\lambda_m^{m-1} = e^{\lambda_m t}$$

确定 $\alpha_k(t)$ $(k = 0, 1, 2, \cdots, m-1)$。上述方法显然可推广到其他情况,例如 $\mathbf{A}$ 的最小多项式含有两个或更多组的重根。注意,如果找不到 $\mathbf{A}$ 的最小多项式,可采用特征多项式来代替最小多项式。当然,这会增加计算量。

例9.8　考虑矩阵
$$\mathbf{A} = \begin{bmatrix} 0 & 1 \\ 0 & -2 \end{bmatrix}$$

采用西尔维斯特内插公式计算 $e^{\mathbf{A}t}$。

由方程(9.47),可得
$$\begin{vmatrix} 1 & \lambda_1 & e^{\lambda_1 t} \\ 1 & \lambda_2 & e^{\lambda_2 t} \\ \mathbf{I} & \mathbf{A} & e^{\mathbf{A}t} \end{vmatrix} = \mathbf{0}$$

在上式中,设 $\lambda_1 = 0$,$\lambda_2 = -2$,可得
$$\begin{vmatrix} 1 & 0 & 1 \\ 1 & -2 & e^{-2t} \\ \mathbf{I} & \mathbf{A} & e^{\mathbf{A}t} \end{vmatrix} = \mathbf{0}$$

将行列式展开,可得
$$-2e^{\mathbf{A}t} + \mathbf{A} + 2\mathbf{I} - \mathbf{A}e^{-2t} = \mathbf{0}$$

即
$$e^{\mathbf{A}t} = \frac{1}{2}(\mathbf{A} + 2\mathbf{I} - \mathbf{A}e^{-2t})$$
$$= \frac{1}{2}\left\{ \begin{bmatrix} 0 & 1 \\ 0 & -2 \end{bmatrix} + \begin{bmatrix} 2 & 0 \\ 0 & 2 \end{bmatrix} - \begin{bmatrix} 0 & 1 \\ 0 & -2 \end{bmatrix}e^{-2t} \right\}$$
$$= \begin{bmatrix} 1 & \frac{1}{2}(1 - e^{-2t}) \\ 0 & e^{-2t} \end{bmatrix}$$

另一种可选用的方法是采用方程(9.48)。首先,由
$$\alpha_0(t) + \alpha_1(t)\lambda_1 = e^{\lambda_1 t}$$
$$\alpha_0(t) + \alpha_1(t)\lambda_2 = e^{\lambda_2 t}$$

确定 $\alpha_0(t)$ 和 $\alpha_1(t)$。由于 $\lambda_1 = 0$,$\lambda_2 = -2$,上两式变为
$$\alpha_0(t) = 1$$
$$\alpha_0(t) - 2\alpha_1(t) = e^{-2t}$$

对 $\alpha_0(t)$ 和 $\alpha_1(t)$ 解方程组,可得
$$\alpha_0(t) = 1, \qquad \alpha_1(t) = \frac{1}{2}(1 - e^{-2t})$$

因此,可以将 $e^{\mathbf{A}t}$ 写为
$$e^{\mathbf{A}t} = \alpha_0(t)\mathbf{I} + \alpha_1(t)\mathbf{A} = \mathbf{I} + \frac{1}{2}(1 - e^{-2t})\mathbf{A} = \begin{bmatrix} 1 & \frac{1}{2}(1 - e^{-2t}) \\ 0 & e^{-2t} \end{bmatrix}$$

9.5.4　向量的线性无关

如果
$$c_1\mathbf{x}_1 + c_2\mathbf{x}_2 + \cdots + c_n\mathbf{x}_n = \mathbf{0}$$
式中 c_1,c_2,$\cdots$,c_n 为常量,且意味着

$$c_1 = c_2 = \cdots = c_n = 0$$

则称向量组 $\mathbf{x}_1$, $\mathbf{x}_2$, $\cdots$, $\mathbf{x}_n$ 是线性无关的。反之，当且仅当 $\mathbf{x}_i$ 可用 $\mathbf{x}_j (j = 1, 2, \cdots, n; j \neq i)$ 的线性组合表示时，即

$$\mathbf{x}_i = \sum_{\substack{j=1 \\ j \neq i}}^{n} c_j \mathbf{x}_j$$

则对某一组常数 c_j，称向量 $\mathbf{x}_1$, $\mathbf{x}_2$, $\cdots$, $\mathbf{x}_n$ 是线性相关的。这意味着，如果可用向量组中的其他向量的线性组合表示 $\mathbf{x}_i$，则 $\mathbf{x}_i$ 与它们是线性相关的，或者说该向量不是向量组中的一个独立向量。

例9.9 向量
$$\mathbf{x}_1 = \begin{bmatrix} 1 \\ 2 \\ 3 \end{bmatrix}, \quad \mathbf{x}_2 = \begin{bmatrix} 1 \\ 0 \\ 1 \end{bmatrix}, \quad \mathbf{x}_3 = \begin{bmatrix} 2 \\ 2 \\ 4 \end{bmatrix}$$

是线性相关的，因为
$$\mathbf{x}_1 + \mathbf{x}_2 - \mathbf{x}_3 = \mathbf{0}$$

向量
$$\mathbf{y}_1 = \begin{bmatrix} 1 \\ 2 \\ 3 \end{bmatrix}, \quad \mathbf{y}_2 = \begin{bmatrix} 1 \\ 0 \\ 1 \end{bmatrix}, \quad \mathbf{y}_3 = \begin{bmatrix} 2 \\ 2 \\ 2 \end{bmatrix}$$

是线性无关的，因为
$$c_1 \mathbf{y}_1 + c_2 \mathbf{y}_2 + c_3 \mathbf{y}_3 = \mathbf{0}$$

这意味着
$$c_1 = c_2 = c_3 = 0$$

注意，如果一个 $n \times n$ 维矩阵是非奇异的(即该矩阵的秩为 n 或者其行列式不为零)，则 n 个列(或行)向量是线性无关的。如果该 $n \times n$ 维矩阵是奇异的(即该矩阵的秩小于 n 或其行列式等于零)，则 n 个列(或行)向量是线性相关的。为了说明这一点，可看下式：

$$\begin{bmatrix} \mathbf{x}_1 & \vdots & \mathbf{x}_2 & \vdots & \mathbf{x}_3 \end{bmatrix} = \begin{bmatrix} 1 & 1 & 2 \\ 2 & 0 & 2 \\ 3 & 1 & 4 \end{bmatrix} = 奇异的$$

$$\begin{bmatrix} \mathbf{y}_1 & \vdots & \mathbf{y}_2 & \vdots & \mathbf{y}_3 \end{bmatrix} = \begin{bmatrix} 1 & 1 & 2 \\ 2 & 0 & 2 \\ 3 & 1 & 2 \end{bmatrix} = 非奇异的$$

9.6 可控性

9.6.1 可控性和可观测性

如果在一个有限的时间间隔内施加一个无约束的控制向量，使得系统由任意初始状态 $\mathbf{x}(t_0)$ 转移到任意其他状态，则称该系统在时刻 t_0 是可控的。

如果系统的状态 $\mathbf{x}(t_0)$ 在有限的时间间隔内可由输出的观测值确定，那么称系统在时刻 t_0 是可观测的。

可控性和可观测性的概念是由卡尔曼提出的。在用状态空间法设计控制系统时，这两个概念起到很重要的作用。实际上，可控性和可观测性条件，可以决定控制系统设计问题完全解的存在。如果所研究的系统不可控，那么控制系统设计问题的解不存在。虽然大多数物理系统是可控和可观测的，然而其对应的数学模型可能不具有可控性和可观测性。因此，必须了解系统在什么条件下是可控和可观测的。这一节讨论可控性，下一节将讨论可观测性。

首先导出状态完全可控的条件，然后导出状态完全可控条件的另一种形式，接着讨论输出完全可控性，最后介绍可稳定性概念。

9.6.2 连续时间系统的状态完全可控性

考虑连续时间系统

$$\dot{\mathbf{x}} = \mathbf{A}\mathbf{x} + \mathbf{B}u \tag{9.51}$$

式中，$\mathbf{x}$ 为状态向量(n 维)，u 为控制信号(纯量)，$\mathbf{A}$ 为 $n \times n$ 维矩阵，$\mathbf{B}$ 为 $n \times 1$ 维矩阵。

如果在有限的时间间隔 $t_0 \leqslant t \leqslant t_1$ 内，对由方程(9.51)描述的系统施加一个无约束控制信号，使该系统从初始状态转移到任一终止状态，则称系统在 $t = t_0$ 时为状态可控的。如果每一个状态都可控，则称该系统为状态完全可控的。

下面推导状态完全可控性的条件。不失一般性，设终止状态为状态空间原点，并设初始时刻为零，即 $t_0 = 0$。

方程(9.51)的解为

$$\mathbf{x}(t) = \mathrm{e}^{\mathbf{A}t}\mathbf{x}(0) + \int_0^t \mathrm{e}^{\mathbf{A}(t-\tau)}\mathbf{B}u(\tau)\mathrm{d}\tau$$

应用状态完全可控性定义，可得

$$\mathbf{x}(t_1) = \mathbf{0} = \mathrm{e}^{\mathbf{A}t_1}\mathbf{x}(0) + \int_0^{t_1} \mathrm{e}^{\mathbf{A}(t_1-\tau)}\mathbf{B}u(\tau)\mathrm{d}\tau$$

即

$$\mathbf{x}(0) = -\int_0^{t_1} \mathrm{e}^{-\mathbf{A}\tau}\mathbf{B}u(\tau)\mathrm{d}\tau \tag{9.52}$$

参考方程(9.48)或方程(9.50)，将 $\mathrm{e}^{-\mathbf{A}\tau}$ 写为

$$\mathrm{e}^{-\mathbf{A}\tau} = \sum_{k=0}^{n-1} \alpha_k(\tau)\mathbf{A}^k \tag{9.53}$$

将方程(9.53)代入方程(9.52)，可得

$$\mathbf{x}(0) = -\sum_{k=0}^{n-1} \mathbf{A}^k\mathbf{B}\int_0^{t_1} \alpha_k(\tau)u(\tau)\mathrm{d}\tau \tag{9.54}$$

记

$$\int_0^{t_1} \alpha_k(\tau)u(\tau)\mathrm{d}\tau = \beta_k$$

则方程(9.54)变为

$$\mathbf{x}(0) = -\sum_{k=0}^{n-1} \mathbf{A}^k\mathbf{B}\beta_k$$

$$= -\begin{bmatrix} \mathbf{B} & \vdots & \mathbf{A}\mathbf{B} & \vdots & \cdots & \vdots & \mathbf{A}^{n-1}\mathbf{B} \end{bmatrix} \begin{bmatrix} \beta_0 \\ \hline \beta_1 \\ \hline \vdots \\ \hline \beta_{n-1} \end{bmatrix} \tag{9.55}$$

如果系统是状态完全可控的，那么给定任一初始状态 $\mathbf{x}(0)$，都应满足方程(9.55)。这就要求 $n \times n$ 维矩阵

$$\begin{bmatrix} \mathbf{B} & \vdots & \mathbf{A}\mathbf{B} & \vdots & \cdots & \vdots & \mathbf{A}^{n-1}\mathbf{B} \end{bmatrix}$$

的秩为 n。

由此分析，可以将状态完全可控性的条件阐述为：当且仅当向量 $\mathbf{B}$，$\mathbf{A}\mathbf{B}$，$\cdots$，$\mathbf{A}^{-1}\mathbf{B}$ 是线性无关的，或 $n \times n$ 维矩阵

$$\begin{bmatrix} \mathbf{B} & \vdots & \mathbf{AB} & \vdots & \cdots & \vdots & \mathbf{A}^{n-1}\mathbf{B} \end{bmatrix}$$

的秩为 n 时，由方程(9.51)确定的系统才是状态完全可控的。

　　上述结论也可推广到控制向量 $\mathbf{u}$ 为 r 维的情况。如果系统的方程为

$$\dot{\mathbf{x}} = \mathbf{Ax} + \mathbf{Bu}$$

式中，$\mathbf{u}$ 为 r 维向量，那么可以证明，状态完全可控性的条件为 $n \times nr$ 维矩阵

$$\begin{bmatrix} \mathbf{B} & \vdots & \mathbf{AB} & \vdots & \cdots & \vdots & \mathbf{A}^{n-1}\mathbf{B} \end{bmatrix}$$

的秩为 n，或者包含 n 个线性无关的列向量。通常，称矩阵

$$\begin{bmatrix} \mathbf{B} & \vdots & \mathbf{AB} & \vdots & \cdots & \vdots & \mathbf{A}^{n-1}\mathbf{B} \end{bmatrix}$$

为可控性矩阵。

例9.10　考虑由下式确定的系统：

$$\begin{bmatrix} \dot{x}_1 \\ \dot{x}_2 \end{bmatrix} = \begin{bmatrix} 1 & 1 \\ 0 & -1 \end{bmatrix} \begin{bmatrix} x_1 \\ x_2 \end{bmatrix} + \begin{bmatrix} 1 \\ 0 \end{bmatrix} u$$

由于

$$\begin{bmatrix} \mathbf{B} & \vdots & \mathbf{AB} \end{bmatrix} = \begin{bmatrix} 1 & 1 \\ 0 & 0 \end{bmatrix} = \text{奇异矩阵}$$

所以该系统是状态不完全可控的。

例9.11　考虑由下式确定的系统：

$$\begin{bmatrix} \dot{x}_1 \\ \dot{x}_2 \end{bmatrix} = \begin{bmatrix} 1 & 1 \\ 2 & -1 \end{bmatrix} \begin{bmatrix} x_1 \\ x_2 \end{bmatrix} + \begin{bmatrix} 0 \\ 1 \end{bmatrix} [u]$$

对于该情况，

$$\begin{bmatrix} \mathbf{B} & \vdots & \mathbf{AB} \end{bmatrix} = \begin{bmatrix} 0 & 1 \\ 1 & -1 \end{bmatrix} = \text{非奇异矩阵}$$

因此系统是状态完全可控的。

9.6.3　状态完全可控性条件的另一种形式

　　设系统为

$$\dot{\mathbf{x}} = \mathbf{Ax} + \mathbf{Bu} \tag{9.56}$$

式中，$\mathbf{x}$ 为状态向量（n 维），$\mathbf{u}$ 为控制信号（r 维），$\mathbf{A}$ 为 $n \times n$ 维矩阵，$\mathbf{B}$ 为 $n \times r$ 维矩阵。

　　如果 $\mathbf{A}$ 的特征向量互不相同，则可找到一个变换矩阵 $\mathbf{P}$，使得

$$\mathbf{P}^{-1}\mathbf{AP} = \mathbf{D} = \begin{bmatrix} \lambda_1 & & & & 0 \\ & \lambda_2 & & & \\ & & \cdot & & \\ & & & \cdot & \\ & & & & \cdot \\ 0 & & & & \lambda_n \end{bmatrix}$$

注意，如果 $\mathbf{A}$ 的特征值相异，那么 $\mathbf{A}$ 的特征向量也互不相同；然而逆定理不成立。例如，具有多重特征值的 $n \times n$ 维实对称矩阵有 n 个互不相同的特征向量。还应注意，矩阵 $\mathbf{P}$ 的每一列都是与 $\lambda_i (i = 1, 2, \cdots, n)$ 有联系的 $\mathbf{A}$ 的一个特征向量。

　　设

$$\mathbf{x} = \mathbf{Pz} \tag{9.57}$$

将方程(9.57)代入方程(9.56)，可得

$$\dot{\mathbf{z}} = \mathbf{P}^{-1}\mathbf{APz} + \mathbf{P}^{-1}\mathbf{Bu} \tag{9.58}$$

定义

$$\mathbf{P}^{-1}\mathbf{B} = \mathbf{F} = (f_{ij})$$

可将方程(9.58)重写为

$$\dot{z}_1 = \lambda_1 z_1 + f_{11}u_1 + f_{12}u_2 + \cdots + f_{1r}u_r$$
$$\dot{z}_2 = \lambda_2 z_2 + f_{21}u_1 + f_{22}u_2 + \cdots + f_{2r}u_r$$
$$\vdots$$
$$\dot{z}_n = \lambda_n z_n + f_{n1}u_1 + f_{n2}u_2 + \cdots + f_{nr}u_r$$

如果 $n \times r$ 维矩阵 $\mathbf{F}$ 的任一行元素全为零，那么对应的状态变量就不能由任意的 u_i 来控制。由于状态完全可控的条件是 $\mathbf{A}$ 的特征向量互异，因此当且仅当 $\mathbf{P}^{-1}\mathbf{B}$ 没有一行的所有元素均为零时，系统才是状态完全可控的。在应用状态完全可控性的这一条件时，应特别注意，必须将方程(9.58)的矩阵 $\mathbf{P}^{-1}\mathbf{AP}$ 转换成对角线形式。

如果方程(9.56)中的矩阵 $\mathbf{A}$ 不具有互异的特征向量，则不能将矩阵转化为对角线形式。在这种情况下，可将 $\mathbf{A}$ 转化为若尔当标准形。例如，若 $\mathbf{A}$ 的特征值分别为 λ_1，λ_1，λ_1，λ_4，λ_4，λ_6，$\cdots$，λ_n，并且有 $n-3$ 个互异的特征向量，那么 $\mathbf{A}$ 的若尔当标准形为

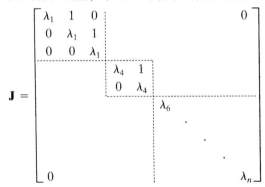

在主对角线上的方形子矩阵称为若尔当块。

假设能找到一个变换矩阵 $\mathbf{S}$，使得

$$\mathbf{S}^{-1}\mathbf{AS} = \mathbf{J}$$

如果用

$$\mathbf{x} = \mathbf{Sz} \tag{9.59}$$

定义一个新的状态向量 $\mathbf{z}$，将方程(9.59)代入方程(9.56)中，可得到

$$\dot{\mathbf{z}} = \mathbf{S}^{-1}\mathbf{ASz} + \mathbf{S}^{-1}\mathbf{Bu}$$
$$= \mathbf{Jz} + \mathbf{S}^{-1}\mathbf{Bu} \tag{9.60}$$

于是方程(9.56)确定的系统的状态完全可控性条件可表述为：当且仅当(1)方程(9.60)中的矩阵 $\mathbf{J}$ 中没有两个若尔当块与同一特征值有关；(2)与每个若尔当块最后一行相对应的 $\mathbf{S}^{-1}\mathbf{B}$ 的任一行的元素不全为零时；(3)对应于不同特征值的 $\mathbf{S}^{-1}\mathbf{B}$ 的每一行的元素不全为零时，系统是状态完全可控的。

例 9.12　下列系统是状态完全可控的：

$$\begin{bmatrix} \dot{x}_1 \\ \dot{x}_2 \end{bmatrix} = \begin{bmatrix} -1 & 0 \\ 0 & -2 \end{bmatrix} \begin{bmatrix} x_1 \\ x_2 \end{bmatrix} + \begin{bmatrix} 2 \\ 5 \end{bmatrix} u$$

$$\begin{bmatrix} \dot{x}_1 \\ \dot{x}_2 \\ \dot{x}_3 \end{bmatrix} = \begin{bmatrix} -1 & 1 & 0 \\ 0 & -1 & 0 \\ 0 & 0 & -2 \end{bmatrix} \begin{bmatrix} x_1 \\ x_2 \\ x_3 \end{bmatrix} + \begin{bmatrix} 0 \\ 4 \\ 3 \end{bmatrix} u$$

$$\begin{bmatrix} \dot{x}_1 \\ \dot{x}_2 \\ \dot{x}_3 \\ \dot{x}_4 \\ \dot{x}_5 \end{bmatrix} = \left[\begin{array}{ccc:cc} -2 & 1 & 0 & & 0 \\ 0 & -2 & 1 & & \\ 0 & 0 & -2 & & \\ \hdashline & & & -5 & 1 \\ 0 & & & 0 & -5 \end{array} \right] \begin{bmatrix} x_1 \\ x_2 \\ x_3 \\ x_4 \\ x_5 \end{bmatrix} + \begin{bmatrix} 0 & 1 \\ 0 & 0 \\ 3 & 0 \\ 0 & 0 \\ 2 & 1 \end{bmatrix} \begin{bmatrix} u_1 \\ u_2 \end{bmatrix}$$

下列系统是状态不完全可控的：

$$\begin{bmatrix} \dot{x}_1 \\ \dot{x}_2 \end{bmatrix} = \begin{bmatrix} -1 & 0 \\ 0 & -2 \end{bmatrix} \begin{bmatrix} x_1 \\ x_2 \end{bmatrix} + \begin{bmatrix} 2 \\ 0 \end{bmatrix} u$$

$$\begin{bmatrix} \dot{x}_1 \\ \dot{x}_2 \\ \dot{x}_3 \end{bmatrix} = \begin{bmatrix} -1 & 1 & 0 \\ 0 & -1 & 0 \\ 0 & 0 & -2 \end{bmatrix} \begin{bmatrix} x_1 \\ x_2 \\ x_3 \end{bmatrix} + \begin{bmatrix} 4 & 2 \\ 0 & 0 \\ 3 & 0 \end{bmatrix} \begin{bmatrix} u_1 \\ u_2 \end{bmatrix}$$

$$\begin{bmatrix} \dot{x}_1 \\ \dot{x}_2 \\ \dot{x}_3 \\ \dot{x}_4 \\ \dot{x}_5 \end{bmatrix} = \left[\begin{array}{ccc:cc} -2 & 1 & 0 & & 0 \\ 0 & -2 & 1 & & \\ 0 & 0 & -2 & & \\ \hdashline & & & -5 & 1 \\ 0 & & & 0 & -5 \end{array} \right] \begin{bmatrix} x_1 \\ x_2 \\ x_3 \\ x_4 \\ x_5 \end{bmatrix} + \begin{bmatrix} 4 \\ 2 \\ 1 \\ 3 \\ 0 \end{bmatrix} u$$

9.6.4　在 s 平面上状态完全可控的条件

状态完全可控的条件也可用传递函数或传递矩阵描述。

状态完全可控性的充分必要条件是在传递函数或传递矩阵中不出现相约现象。如果发生相约，那么在相约的模态上，系统不可控。

例 9.13　考虑下列传递函数：

$$\frac{X(s)}{U(s)} = \frac{s + 2.5}{(s + 2.5)(s - 1)}$$

显然，在此传递函数的分子和分母中存在可约的因子 $(s + 2.5)$（因此失去了一个自由度）。由于有相约因子，所以该系统状态不完全可控。

当然，通过将该传递函数写成状态方程的形式，可得到同样的结论。状态空间表达式为

$$\begin{bmatrix} \dot{x}_1 \\ \dot{x}_2 \end{bmatrix} = \begin{bmatrix} 0 & 1 \\ 2.5 & -1.5 \end{bmatrix} \begin{bmatrix} x_1 \\ x_2 \end{bmatrix} + \begin{bmatrix} 1 \\ 1 \end{bmatrix} u$$

由于

$$[\mathbf{B} \vdots \mathbf{AB}] = \begin{bmatrix} 1 & 1 \\ 1 & 1 \end{bmatrix}$$

矩阵 $[\mathbf{B} \vdots \mathbf{AB}]$ 的秩为 1，所以可得到状态不完全可控的同样结论。

9.6.5　输出可控性

在实际的控制系统设计中，可能要控制的是系统的输出，而不是系统的状态。对于控制系统的输出，状态完全可控性既不是必要的，也不是充分的。因此，有必要单独地定义输出完全可控性。

考虑下列方程所描述的系统：

$$\dot{\mathbf{x}} = \mathbf{A}\mathbf{x} + \mathbf{B}\mathbf{u} \tag{9.61}$$

$$\mathbf{y} = \mathbf{Cx} + \mathbf{Du} \tag{9.62}$$

式中,$\mathbf{x}$ 为状态向量(n 维),$\mathbf{u}$ 为控制向量(r 维),$\mathbf{y}$ 为输出向量(m 维),$\mathbf{A}$ 为 $n \times n$ 维矩阵,$\mathbf{B}$ 为 $n \times r$ 维矩阵,$\mathbf{C}$ 为 $m \times n$ 维矩阵,$\mathbf{D}$ 为 $m \times r$ 维矩阵。

对于由方程(9.61)和方程(9.62)所描述的系统,如果能构成一个无约束的控制向量 $\mathbf{u}(t)$,在有限的时间间隔 $t_0 \le t \le t_1$ 内,使该系统从任一给定的初始输出 $\mathbf{y}(t_0)$ 转移到任一最终输出 $\mathbf{y}(t_1)$,那么就称该系统为输出完全可控的。

可以证明,输出完全可控的条件为:当且仅当 $m \times (n+1)r$ 维矩阵

$$\begin{bmatrix} \mathbf{CB} & \vdots & \mathbf{CAB} & \vdots & \mathbf{CA^2B} & \vdots & \cdots & \vdots & \mathbf{CA^{n-1}B} & \vdots & \mathbf{D} \end{bmatrix}$$

的秩为 m 时,由方程(9.61)和方程(9.62)描述的系统才是输出完全可控的(作为证明,参见例题 A.9.16)。注意,在方程(9.62)中存在 $\mathbf{Du}$ 项对于确立输出可控性总是有帮助的。

9.6.6　不可控系统

不可控系统包含着这样一种子系统,这种子系统在物理上与输入量不相连接。

9.6.7　可稳定性

对于一个部分可控的系统,如果其不可控的模态是稳定的,而且不稳定的模态是可控的,那么就称这个系统是可稳定的。例如,由下述方程描述的系统是一个状态不完全可控的系统:

$$\begin{bmatrix} \dot{x}_1 \\ \dot{x}_2 \end{bmatrix} = \begin{bmatrix} 1 & 0 \\ 0 & -1 \end{bmatrix} \begin{bmatrix} x_1 \\ x_2 \end{bmatrix} + \begin{bmatrix} 1 \\ 0 \end{bmatrix} u$$

与特征值 -1 对应的稳定模态是不可控的。与特征值 1 对应的不稳定模态是可控的。通过采用适当的反馈,可以使这个系统变成稳定的。因此,这个系统是可稳定的。

9.7　可观测性

本节讨论线性系统的可观测性。设无外作用时,系统方程为

$$\dot{\mathbf{x}} = \mathbf{Ax} \tag{9.63}$$

$$\mathbf{y} = \mathbf{Cx} \tag{9.64}$$

式中,$\mathbf{x}$ 为状态向量(n 维),$\mathbf{y}$ 为输出向量(m 维),$\mathbf{A}$ 为 $n \times n$ 维矩阵,$\mathbf{C}$ 为 $m \times n$ 维矩阵。

如果每一个状态 $\mathbf{x}(t_0)$ 都可通过在有限时间间隔 $t_0 \le t \le t_1$ 内,由 $\mathbf{y}(t)$ 观测值确定,则称系统为完全可观测的。当每一个状态的转移最终都影响输出向量的所有分量时,系统是完全可观测的。在最短可能时间间隔内,根据可测量变量求不可测量状态变量的重构问题时,可观测性概念是很有用的。本节仅讨论线性定常系统。因此,不失一般性,设 $t_0 = 0$。

可观测性的概念非常重要,这是由于在实际问题中,状态反馈控制遇到的困难是一些状态变量不易直接测量。因而在构造控制信号时,必须估计出不可测量的状态变量。10.5 节将证明,当且仅当系统完全可观测时,才能对状态变量进行估计。

在讨论可观测性条件时,考虑由方程(9.63)和方程(9.64)给定的无外作用的系统,其理由是:如果系统方程为

$$\dot{\mathbf{x}} = \mathbf{Ax} + \mathbf{Bu}$$

$$\mathbf{y} = \mathbf{Cx} + \mathbf{Du}$$

那么，
$$\mathbf{x}(t) = \mathrm{e}^{\mathbf{A}t}\mathbf{x}(0) + \int_0^t \mathrm{e}^{\mathbf{A}(t-\tau)}\mathbf{B}\mathbf{u}(\tau)\,\mathrm{d}\tau$$

$\mathbf{y}(t)$ 为
$$\mathbf{y}(t) = \mathbf{C}\mathrm{e}^{\mathbf{A}t}\mathbf{x}(0) + \mathbf{C}\int_0^t \mathrm{e}^{\mathbf{A}(t-\tau)}\mathbf{B}\mathbf{u}(\tau)\,\mathrm{d}\tau + \mathbf{D}\mathbf{u}$$

由于矩阵 $\mathbf{A}$、$\mathbf{B}$、$\mathbf{C}$ 和 $\mathbf{D}$ 均已知，$\mathbf{u}(t)$ 也已知，所以上式右端的最后两项已知。因而它们可从 $\mathbf{y}(t)$ 的观测值中消去。因此，为研究可观测性的充分必要条件，只要考虑方程(9.63)和方程(9.64)所描述的系统就可以了。

9.7.1 连续时间系统的完全可观测性

考虑由方程(9.63)和方程(9.64)描述的系统，其输出向量 $\mathbf{y}(t)$ 为
$$\mathbf{y}(t) = \mathbf{C}\mathrm{e}^{\mathbf{A}t}\mathbf{x}(0)$$

参考方程(9.48)或方程(9.50)，有
$$\mathrm{e}^{\mathbf{A}t} = \sum_{k=0}^{n-1} \alpha_k(t)\mathbf{A}^k$$

式中 n 为特征多项式的阶次[注意，将方程(9.48)和方程(9.50)中的 m 用 n 取代，利用特征多项式可以导出]。

因此得到
$$\mathbf{y}(t) = \sum_{k=0}^{n-1} \alpha_k(t)\mathbf{C}\mathbf{A}^k\mathbf{x}(0)$$

即
$$\mathbf{y}(t) = \alpha_0(t)\mathbf{C}\mathbf{x}(0) + \alpha_1(t)\mathbf{C}\mathbf{A}\mathbf{x}(0) + \cdots + \alpha_{n-1}(t)\mathbf{C}\mathbf{A}^{n-1}\mathbf{x}(0) \tag{9.65}$$

如果系统是完全可观测的，那么在 $0 \le t \le t_1$ 时间间隔内，给定输出 $\mathbf{y}(t)$，就可由方程(9.65)唯一地确定 $\mathbf{x}(0)$。可以证明，这就要求 $nm \times n$ 维矩阵

$$\begin{bmatrix} \mathbf{C} \\ \hline \mathbf{C}\mathbf{A} \\ \hline \cdot \\ \cdot \\ \cdot \\ \hline \mathbf{C}\mathbf{A}^{n-1} \end{bmatrix}$$

的秩为 n（关于这一条件的推导，可参见例题 A.9.19）。

由上述分析，我们可将完全可观测性条件表述为：由方程(9.63)和方程(9.64)描述的系统，当且仅当 $n \times nm$ 维矩阵

$$\begin{bmatrix} \mathbf{C}^* \mid \mathbf{A}^*\mathbf{C}^* \mid \cdots \mid (\mathbf{A}^*)^{n-1}\mathbf{C}^* \end{bmatrix}$$

的秩为 n，或具有 n 个线性无关的列向量时，才是完全可观测的。这个矩阵称为可观测性矩阵。

例 9.14 由方程
$$\begin{bmatrix} \dot{x}_1 \\ \dot{x}_2 \end{bmatrix} = \begin{bmatrix} 1 & 1 \\ -2 & -1 \end{bmatrix}\begin{bmatrix} x_1 \\ x_2 \end{bmatrix} + \begin{bmatrix} 0 \\ 1 \end{bmatrix}u$$
$$y = \begin{bmatrix} 1 & 0 \end{bmatrix}\begin{bmatrix} x_1 \\ x_2 \end{bmatrix}$$

描述的系统是可控和可观测的吗？

由于矩阵
$$[\mathbf{B} \ \vdots \ \mathbf{AB}] = \begin{bmatrix} 0 & 1 \\ 1 & -1 \end{bmatrix}$$

的秩为 2,所以该系统是状态完全可控的。

对于输出可控性,可由矩阵$[\mathbf{CB} \ \vdots \ \mathbf{CAB}]$的秩确定。由于

$$[\mathbf{CB} \ \vdots \ \mathbf{CAB}] = \begin{bmatrix} 0 & 1 \end{bmatrix}$$

的秩为 1,所以该系统是输出完全可控的。

为了检验可观测性条件,我们来验算矩阵$[\mathbf{C}^* \ \vdots \ \mathbf{A}^*\mathbf{C}^*]$的秩。由于矩阵

$$[\mathbf{C}^* \ \vdots \ \mathbf{A}^*\mathbf{C}^*] = \begin{bmatrix} 1 & 1 \\ 0 & 1 \end{bmatrix}$$

的秩为 2,因此系统是完全可观测的。

9.7.2 在 s 平面上完全可观测性的条件

完全可观测性条件也可用传递函数或传递矩阵阐述。完全可观测性的充分必要条件是:在传递函数或传递矩阵中不发生相约现象。如果存在相约,在输出中约去的模态就不可观测了。

例9.15 证明下列系统不是完全可观测的:

$$\dot{\mathbf{x}} = \mathbf{Ax} + \mathbf{B}u$$
$$y = \mathbf{Cx}$$

式中, $\mathbf{x} = \begin{bmatrix} x_1 \\ x_2 \\ x_3 \end{bmatrix}$, $\mathbf{A} = \begin{bmatrix} 0 & 1 & 0 \\ 0 & 0 & 1 \\ -6 & -11 & -6 \end{bmatrix}$, $\mathbf{B} = \begin{bmatrix} 0 \\ 0 \\ 1 \end{bmatrix}$, $\mathbf{C} = \begin{bmatrix} 4 & 5 & 1 \end{bmatrix}$

注意,控制函数 u 不影响系统的完全可观测性。为检验完全可观测性,取 $u = 0$。对该系统,有

$$[\mathbf{C}^* \ \vdots \ \mathbf{A}^*\mathbf{C}^* \ \vdots \ (\mathbf{A}^*)^2\mathbf{C}^*] = \begin{bmatrix} 4 & -6 & 6 \\ 5 & -7 & 5 \\ 1 & -1 & -1 \end{bmatrix}$$

注意到

$$\begin{vmatrix} 4 & -6 & 6 \\ 5 & -7 & 5 \\ 1 & -1 & -1 \end{vmatrix} = 0$$

因此,矩阵$[\mathbf{C}^* \ \vdots \ \mathbf{A}^*\mathbf{C}^* \ \vdots \ (\mathbf{A}^*)^2\mathbf{C}^*]$的秩小于 3,所以该系统不是完全可观测的。

事实上,在该系统的传递函数中存在相约因子。$X_1(s)$ 和 $U(s)$ 间的传递函数为

$$\frac{X_1(s)}{U(s)} = \frac{1}{(s+1)(s+2)(s+3)}$$

$Y(s)$ 和 $X_1(s)$ 间的传递函数为

$$\frac{Y(s)}{X_1(s)} = (s+1)(s+4)$$

所以输出 $Y(s)$ 与输入 $U(s)$ 间的传递函数为

$$\frac{Y(s)}{U(s)} = \frac{(s+1)(s+4)}{(s+1)(s+2)(s+3)}$$

显然,分子、分母多项式中的因子 $(s+1)$ 可以约去。这意味着,有一些不为零的初始状态 $\mathbf{x}(0)$ 不能由 $y(t)$ 的测量值确定。

说明: 当且仅当系统是状态完全可控和完全可观测时,其传递函数才没有相约因子。这意味着,可相约的传递函数不能够表征动态系统的所有信息。

9.7.3 完全可观测性条件的另一种形式

考虑由方程(9.63)和方程(9.64)描述的系统,将其重写为

$$\dot{\mathbf{x}} = \mathbf{A}\mathbf{x} \tag{9.66}$$

$$\mathbf{y} = \mathbf{C}\mathbf{x} \tag{9.67}$$

设变换矩阵 $\mathbf{P}$ 使 $\mathbf{A}$ 化为对角线矩阵,

$$\mathbf{P}^{-1}\mathbf{A}\mathbf{P} = \mathbf{D}$$

式中,$\mathbf{D}$ 为对角线矩阵。定义 $\mathbf{x} = \mathbf{P}\mathbf{z}$

方程(9.66)和方程(9.67)可写为

$$\dot{\mathbf{z}} = \mathbf{P}^{-1}\mathbf{A}\mathbf{P}\mathbf{z} = \mathbf{D}\mathbf{z}$$

$$\mathbf{y} = \mathbf{C}\mathbf{P}\mathbf{z}$$

因此,

$$\mathbf{y}(t) = \mathbf{C}\mathbf{P}e^{\mathbf{D}t}\mathbf{z}(0)$$

即

$$\mathbf{y}(t) = \mathbf{C}\mathbf{P}\begin{bmatrix} e^{\lambda_1 t} & & & 0 \\ & e^{\lambda_2 t} & & \\ & & \ddots & \\ 0 & & & e^{\lambda_n t} \end{bmatrix}\mathbf{z}(0) = \mathbf{C}\mathbf{P}\begin{bmatrix} e^{\lambda_1 t}z_1(0) \\ e^{\lambda_2 t}z_2(0) \\ \vdots \\ e^{\lambda_n t}z_n(0) \end{bmatrix}$$

如果 $m \times n$ 维矩阵 $\mathbf{C}\mathbf{P}$ 的任一列中都不含全为零的元素,那么系统是完全可观测的。这是因为,如果 $\mathbf{C}\mathbf{P}$ 的第 i 列含全为零的元素,则在输出方程中将不出现状态变量 $z_i(0)$,因而不能由 $\mathbf{y}(t)$ 的观测值确定。因此,$\mathbf{x}(0)$ 不可能通过非奇异矩阵 $\mathbf{P}$ 和与其相关的 $\mathbf{z}(0)$ 来确定(这种判断方法只适用于矩阵 $\mathbf{P}^{-1}\mathbf{A}\mathbf{P}$ 为对角线形的情况)。

如果不能将矩阵 $\mathbf{A}$ 变换为对角线矩阵,那么通过采用一个合适的变换矩阵 $\mathbf{S}$,将矩阵 $\mathbf{A}$ 变换为若尔当标准形,

$$\mathbf{S}^{-1}\mathbf{A}\mathbf{S} = \mathbf{J}$$

式中,$\mathbf{J}$ 为若尔当标准形。

定义 $\mathbf{x} = \mathbf{S}\mathbf{z}$

那么方程(9.66)和方程(9.67)可写为

$$\dot{\mathbf{z}} = \mathbf{S}^{-1}\mathbf{A}\mathbf{S}\mathbf{z} = \mathbf{J}\mathbf{z}$$

$$\mathbf{y} = \mathbf{C}\mathbf{S}\mathbf{z}$$

因此,

$$\mathbf{y}(t) = \mathbf{C}\mathbf{S}e^{\mathbf{J}t}\mathbf{z}(0)$$

系统完全可观测的条件为:(1) $\mathbf{J}$ 中没有两个若尔当块与同一特征值有关;(2)与每个若尔当块的第一行相对应的矩阵 $\mathbf{C}\mathbf{S}$ 列中,没有一列元素全为零;(3)与相异特征值对应的矩阵 $\mathbf{C}\mathbf{S}$ 列中,没有一列包含的元素全为零。

为了说明条件(2),在例 9.16 中,对应于每个若尔当块的第一行的 $\mathbf{C}\mathbf{S}$ 列用虚线环绕。

例 9.16 下列系统是完全可观测的:

$$\begin{bmatrix} \dot{x}_1 \\ \dot{x}_2 \end{bmatrix} = \begin{bmatrix} -1 & 0 \\ 0 & -2 \end{bmatrix} \begin{bmatrix} x_1 \\ x_2 \end{bmatrix}, \qquad y = \begin{bmatrix} 1 & 3 \end{bmatrix} \begin{bmatrix} x_1 \\ x_2 \end{bmatrix}$$

$$\begin{bmatrix} \dot{x}_1 \\ \dot{x}_2 \\ \dot{x}_3 \end{bmatrix} = \begin{bmatrix} 2 & 1 & 0 \\ 0 & 2 & 1 \\ 0 & 0 & 2 \end{bmatrix} \begin{bmatrix} x_1 \\ x_2 \\ x_3 \end{bmatrix}, \qquad \begin{bmatrix} y_1 \\ y_2 \end{bmatrix} = \begin{bmatrix} 3 & 0 & 0 \\ 4 & 0 & 0 \end{bmatrix} \begin{bmatrix} x_1 \\ x_2 \\ x_3 \end{bmatrix}$$

$$\begin{bmatrix} \dot{x}_1 \\ \dot{x}_2 \\ \dot{x}_3 \\ \dot{x}_4 \\ \dot{x}_5 \end{bmatrix} = \begin{bmatrix} 2 & 1 & 0 & & 0 \\ 0 & 2 & 1 & & \\ 0 & 0 & 2 & & \\ & & & -3 & 1 \\ 0 & & & 0 & -3 \end{bmatrix} \begin{bmatrix} x_1 \\ x_2 \\ x_3 \\ x_4 \\ x_5 \end{bmatrix}, \qquad \begin{bmatrix} y_1 \\ y_2 \end{bmatrix} = \begin{bmatrix} 1 & 1 & 1 & 0 & 0 \\ 0 & 1 & 1 & 1 & 0 \end{bmatrix} \begin{bmatrix} x_1 \\ x_2 \\ x_3 \\ x_4 \\ x_5 \end{bmatrix}$$

下列系统不是完全可观测的:

$$\begin{bmatrix} \dot{x}_1 \\ \dot{x}_2 \end{bmatrix} = \begin{bmatrix} -1 & 0 \\ 0 & -2 \end{bmatrix} \begin{bmatrix} x_1 \\ x_2 \end{bmatrix}, \qquad y = \begin{bmatrix} 0 & 1 \end{bmatrix} \begin{bmatrix} x_1 \\ x_2 \end{bmatrix}$$

$$\begin{bmatrix} \dot{x}_1 \\ \dot{x}_2 \\ \dot{x}_3 \end{bmatrix} = \begin{bmatrix} 2 & 1 & 0 \\ 0 & 2 & 1 \\ 0 & 0 & 2 \end{bmatrix} \begin{bmatrix} x_1 \\ x_2 \\ x_3 \end{bmatrix}, \qquad \begin{bmatrix} y_1 \\ y_2 \end{bmatrix} = \begin{bmatrix} 0 & 1 & 3 \\ 0 & 2 & 4 \end{bmatrix} \begin{bmatrix} x_1 \\ x_2 \\ x_3 \end{bmatrix}$$

$$\begin{bmatrix} \dot{x}_1 \\ \dot{x}_2 \\ \dot{x}_3 \\ \dot{x}_4 \\ \dot{x}_5 \end{bmatrix} = \begin{bmatrix} 2 & 1 & 0 & & 0 \\ 0 & 2 & 1 & & \\ 0 & 0 & 2 & & \\ & & & -3 & 1 \\ 0 & & & 0 & -3 \end{bmatrix} \begin{bmatrix} x_1 \\ x_2 \\ x_3 \\ x_4 \\ x_5 \end{bmatrix}, \qquad \begin{bmatrix} y_1 \\ y_2 \end{bmatrix} = \begin{bmatrix} 1 & 1 & 1 & 0 & 0 \\ 0 & 1 & 1 & 0 & 0 \end{bmatrix} \begin{bmatrix} x_1 \\ x_2 \\ x_3 \\ x_4 \\ x_5 \end{bmatrix}$$

9.7.4 对偶原理

下面讨论可控性和可观测性之间的关系。为了阐明可控性和可观测之间明显的相似性,我们将介绍由卡尔曼提出的对偶原理。

考虑由下列方程描述的系统 S_1:

$$\dot{\mathbf{x}} = \mathbf{A}\mathbf{x} + \mathbf{B}\mathbf{u}$$

$$\mathbf{y} = \mathbf{C}\mathbf{x}$$

式中,$\mathbf{x}$ 为状态向量(n 维向量),$\mathbf{u}$ 为控制向量(r 维向量),$\mathbf{y}$ 为输出向量(m 维向量),$\mathbf{A}$ 为 $n \times n$ 维矩阵,$\mathbf{B}$ 为 $n \times r$ 维矩阵,$\mathbf{C}$ 为 $m \times n$ 维矩阵。

再考虑由下列方程定义的对偶系统 S_2:

$$\dot{\mathbf{z}} = \mathbf{A}^*\mathbf{z} + \mathbf{C}^*\mathbf{v}$$

$$\mathbf{n} = \mathbf{B}^*\mathbf{z}$$

式中,$\mathbf{z}$ 为状态向量(n 维向量),$\mathbf{v}$ 为控制向量(m 维向量),$\mathbf{n}$ 为输出向量(r 维向量),$\mathbf{A}^*$ 为 $\mathbf{A}$ 的共轭转置矩阵,$\mathbf{B}^*$ 为 $\mathbf{B}$ 的共轭转置矩阵,$\mathbf{C}^*$ 为 $\mathbf{C}$ 的共轭转置矩阵。

对偶原理表明:当且仅当系统 S_2 完全可观测(状态完全可控)时,系统 S_1 才是状态完全可控(完全可观测)的。

为了验证这个原理,写出系统 S_1 和 S_2 的状态完全可控性和完全可观测性的充分必要条件。

对于系统 S_1:

1. 状态完全可控性的充分必要条件是 $n \times nr$ 维矩阵

$$\begin{bmatrix} \mathbf{B} & \vdots & \mathbf{AB} & \vdots & \cdots & \vdots & \mathbf{A}^{n-1}\mathbf{B} \end{bmatrix}$$

的秩为 n 。

2. 完全可观测性的充分必要条件是 $n \times nm$ 维矩阵

$$\begin{bmatrix} \mathbf{C}^* & \vdots & \mathbf{A}^*\mathbf{C}^* & \vdots & \cdots & \vdots & (\mathbf{A}^*)^{n-1}\mathbf{C}^* \end{bmatrix}$$

的秩为 n 。

对于系统 S_2 ：

1. 状态完全可控性的充分必要条件是 $n \times nm$ 维矩阵

$$\begin{bmatrix} \mathbf{C}^* & \vdots & \mathbf{A}^*\mathbf{C}^* & \vdots & \cdots & \vdots & (\mathbf{A}^*)^{n-1}\mathbf{C}^* \end{bmatrix}$$

的秩为 n 。

2. 完全可观测性的充分必要条件是 $n \times nr$ 维矩阵

$$\begin{bmatrix} \mathbf{B} & \vdots & \mathbf{AB} & \vdots & \cdots & \vdots & \mathbf{A}^{n-1}\mathbf{B} \end{bmatrix}$$

的秩为 n 。

对比这些条件，可以很明显地看出对偶原理的正确性。利用此原理，一个给定系统的可观测性可用其对偶系统的状态可控性来检验。

9.7.5　可检测性

对于一个局部可观测的系统，如果其不可观测的模态是稳定的，而其可观测的模态是不稳定的，那么就称该系统是可检测的。应当指出，可检测性概念与可稳定性概念是互为对偶的。

例题和解答

A.9.1　考虑由方程(9.2)定义的传递函数，将其重写为

$$\frac{Y(s)}{U(s)} = \frac{b_0 s^n + b_1 s^{n-1} + \cdots + b_{n-1}s + b_n}{s^n + a_1 s^{n-1} + \cdots + a_{n-1}s + a_n} \tag{9.68}$$

对该传递函数，推导下列状态空间的可控标准形：

$$\begin{bmatrix} \dot{x}_1 \\ \dot{x}_2 \\ \vdots \\ \dot{x}_{n-1} \\ \dot{x}_n \end{bmatrix} = \begin{bmatrix} 0 & 1 & 0 & \cdots & 0 \\ 0 & 0 & 1 & \cdots & 0 \\ \vdots & \vdots & \vdots & & \vdots \\ 0 & 0 & 0 & \cdots & 1 \\ -a_n & -a_{n-1} & -a_{n-2} & \cdots & -a_1 \end{bmatrix} \begin{bmatrix} x_1 \\ x_2 \\ \vdots \\ x_{n-1} \\ x_n \end{bmatrix} + \begin{bmatrix} 0 \\ 0 \\ \vdots \\ 0 \\ 1 \end{bmatrix} u \tag{9.69}$$

$$y = \begin{bmatrix} b_n - a_n b_0 & \vdots & b_{n-1} - a_{n-1} b_0 & \vdots & \cdots & \vdots & b_1 - a_1 b_0 \end{bmatrix} \begin{bmatrix} x_1 \\ x_2 \\ \vdots \\ x_n \end{bmatrix} + b_0 u \tag{9.70}$$

解： 将方程(9.68)写为

$$\frac{Y(s)}{U(s)} = b_0 + \frac{(b_1 - a_1 b_0)s^{n-1} + \cdots + (b_{n-1} - a_{n-1}b_0)s + (b_n - a_n b_0)}{s^n + a_1 s^{n-1} + \cdots + a_{n-1}s + a_n}$$

将其改写为

$$Y(s) = b_0 U(s) + \hat{Y}(s) \tag{9.71}$$

式中，
$$\hat{Y}(s) = \frac{(b_1 - a_1 b_0)s^{n-1} + \cdots + (b_{n-1} - a_{n-1}b_0)s + (b_n - a_n b_0)}{s^n + a_1 s^{n-1} + \cdots + a_{n-1}s + a_n} U(s)$$

将上式重写为下列形式：

$$\frac{\hat{Y}(s)}{(b_1 - a_1 b_0)s^{n-1} + \cdots + (b_{n-1} - a_{n-1}b_0)s + (b_n - a_n b_0)}$$

$$= \frac{U(s)}{s^n + a_1 s^{n-1} + \cdots + a_{n-1}s + a_n} = Q(s)$$

由上式可得以下两个方程：

$$s^n Q(s) = -a_1 s^{n-1}Q(s) - \cdots - a_{n-1}sQ(s) - a_n Q(s) + U(s) \tag{9.72}$$

$$\hat{Y}(s) = (b_1 - a_1 b_0)s^{n-1}Q(s) + \cdots + (b_{n-1} - a_{n-1}b_0)sQ(s) +$$
$$(b_n - a_n b_0)Q(s) \tag{9.73}$$

定义下列状态变量：

$$X_1(s) = Q(s)$$
$$X_2(s) = sQ(s)$$
$$\vdots$$
$$X_{n-1}(s) = s^{n-2}Q(s)$$
$$X_n(s) = s^{n-1}Q(s)$$

显然有

$$sX_1(s) = X_2(s)$$
$$sX_2(s) = X_3(s)$$
$$\vdots$$
$$sX_{n-1}(s) = X_n(s)$$

将其重写为

$$\dot{x}_1 = x_2$$
$$\dot{x}_2 = x_3$$
$$\vdots$$
$$\dot{x}_{n-1} = x_n \tag{9.74}$$

注意到 $s^n Q(s) = sX_n(s)$，方程(9.72)可重写为

$$sX_n(s) = -a_1 X_n(s) - \cdots - a_{n-1}X_2(s) - a_n X_1(s) + U(s)$$

即
$$\dot{x}_n = -a_n x_1 - a_{n-1}x_2 - \cdots - a_1 x_n + u \tag{9.75}$$

此外，由方程(9.71)和方程(9.73)可得

$$Y(s) = b_0 U(s) + (b_1 - a_1 b_0)s^{n-1}Q(s) + \cdots + (b_{n-1} - a_{n-1}b_0)sQ(s) +$$
$$(b_n - a_n b_0)Q(s)$$

$$= b_0 U(s) + (b_1 - a_1 b_0)X_n(s) + \cdots + (b_{n-1} - a_{n-1}b_0)X_2(s) +$$
$$(b_n - a_n b_0)X_1(s)$$

对该输出方程两端取拉普斯反变换，可得

$$y = (b_n - a_n b_0)x_1 + (b_{n-1} - a_{n-1}b_0)x_2 + \cdots + (b_1 - a_1 b_0)x_n + b_0 u \tag{9.76}$$

将方程(9.74)和方程(9.75)组合成一个向量矩阵微分方程，得到方程(9.69)。将方程(9.76)重写为方程(9.70)。方程(9.69)和方程(9.70)称为可控标准形。由方程(9.69)和方程(9.70)定义的系统的方框图如图9.1所示。

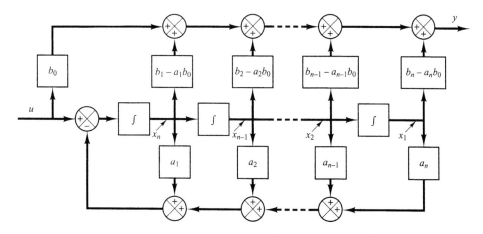

图 9.1　由方程(9.69)和方程(9.70)(可控标准形)定义的系统的方框图

A.9.2　考虑下列传递函数:

$$\frac{Y(s)}{U(s)} = \frac{b_0 s^n + b_1 s^{n-1} + \cdots + b_{n-1} s + b_n}{s^n + a_1 s^{n-1} + \cdots + a_{n-1} s + a_n} \tag{9.77}$$

试推导该传递函数的状态空间表达式可观测标准形:

$$\begin{bmatrix} \dot{x}_1 \\ \dot{x}_2 \\ \vdots \\ \dot{x}_n \end{bmatrix} = \begin{bmatrix} 0 & 0 & \cdots & 0 & -a_n \\ 1 & 0 & \cdots & 0 & -a_{n-1} \\ \vdots & \vdots & & \vdots & \vdots \\ 0 & 0 & \cdots & 1 & -a_1 \end{bmatrix} \begin{bmatrix} x_1 \\ x_2 \\ \vdots \\ x_n \end{bmatrix} + \begin{bmatrix} b_n - a_n b_0 \\ b_{n-1} - a_{n-1} b_0 \\ \vdots \\ b_1 - a_1 b_0 \end{bmatrix} u \tag{9.78}$$

$$y = \begin{bmatrix} 0 & 0 & \cdots & 0 & 1 \end{bmatrix} \begin{bmatrix} x_1 \\ x_2 \\ \vdots \\ x_{n-1} \\ x_n \end{bmatrix} + b_0 u \tag{9.79}$$

解:方程(9.77)可改写为

$$s^n \big[Y(s) - b_0 U(s) \big] + s^{n-1} \big[a_1 Y(s) - b_1 U(s) \big] + \cdots +$$

$$s \big[a_{n-1} Y(s) - b_{n-1} U(s) \big] + a_n Y(s) - b_n U(s) = 0$$

用 s^n 除上面整个方程,重新整理后,可得

$$Y(s) = b_0 U(s) + \frac{1}{s} \big[b_1 U(s) - a_1 Y(s) \big] + \cdots +$$

$$\frac{1}{s^{n-1}} \big[b_{n-1} U(s) - a_{n-1} Y(s) \big] + \frac{1}{s^n} \big[b_n U(s) - a_n Y(s) \big] \tag{9.80}$$

定义一组状态变量

$$X_n(s) = \frac{1}{s} \big[b_1 U(s) - a_1 Y(s) + X_{n-1}(s) \big]$$

$$X_{n-1}(s) = \frac{1}{s} \big[b_2 U(s) - a_2 Y(s) + X_{n-2}(s) \big]$$

$$\vdots \tag{9.81}$$

$$X_2(s) = \frac{1}{s} \big[b_{n-1} U(s) - a_{n-1} Y(s) + X_1(s) \big]$$

$$X_1(s) = \frac{1}{s} \big[b_n U(s) - a_n Y(s) \big]$$

方程(9.80)可写为

$$Y(s) = b_0 U(s) + X_n(s) \tag{9.82}$$

将方程(9.82)代入方程(9.81), 并在方程两端同乘 s, 得

$$sX_n(s) = X_{n-1}(s) - a_1 X_n(s) + (b_1 - a_1 b_0)U(s)$$

$$sX_{n-1}(s) = X_{n-2}(s) - a_2 X_n(s) + (b_2 - a_2 b_0)U(s)$$

$$\vdots$$

$$sX_2(s) = X_1(s) - a_{n-1} X_n(s) + (b_{n-1} - a_{n-1} b_0)U(s)$$

$$sX_1(s) = -a_n X_n(s) + (b_n - a_n b_0)U(s)$$

将上述 n 个方程取拉普拉斯反变换, 并以倒置顺序写出, 得

$$\dot{x}_1 = -a_n x_n + (b_n - a_n b_0)u$$

$$\dot{x}_2 = x_1 - a_{n-1} x_n + (b_{n-1} - a_{n-1} b_0)u$$

$$\vdots$$

$$\dot{x}_{n-1} = x_{n-2} - a_2 x_n + (b_2 - a_2 b_0)u$$

$$\dot{x}_n = x_{n-1} - a_1 x_n + (b_1 - a_1 b_0)u$$

此外, 方程(9.82)的拉普拉斯反变换为

$$y = x_n + b_0 u$$

以标准向量矩阵形式重写状态方程和输出方程, 得到方程(9.78)和方程(9.79)。由方程(9.78)和方程(9.79)定义的系统的方框图如图9.2所示。

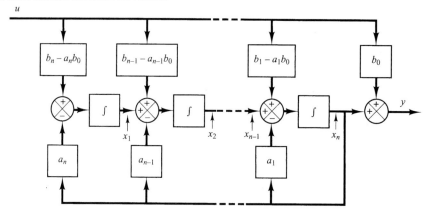

图9.2 由方程(9.78)和方程(9.79)(可观测标准形)定义的系统的方框图

A.9.3 考虑由下式定义的传递函数:

$$\frac{Y(s)}{U(s)} = \frac{b_0 s^n + b_1 s^{n-1} + \cdots + b_{n-1} s + b_n}{(s + p_1)(s + p_2) \cdots (s + p_n)}$$

$$= b_0 + \frac{c_1}{s + p_1} + \frac{c_2}{s + p_2} + \cdots + \frac{c_n}{s + p_n} \tag{9.83}$$

式中, $p_i \neq p_j$。推导该系统的下列对角线状态空间表达式:

$$\begin{bmatrix} \dot{x}_1 \\ \dot{x}_2 \\ \vdots \\ \dot{x}_n \end{bmatrix} = \begin{bmatrix} -p_1 & & & 0 \\ & -p_2 & & \\ & & \ddots & \\ 0 & & & -p_n \end{bmatrix} \begin{bmatrix} x_1 \\ x_2 \\ \vdots \\ x_n \end{bmatrix} + \begin{bmatrix} 1 \\ 1 \\ \vdots \\ 1 \end{bmatrix} u \tag{9.84}$$

$$y = \begin{bmatrix} c_1 & c_2 & \cdots & c_n \end{bmatrix} \begin{bmatrix} x_1 \\ x_2 \\ \vdots \\ x_n \end{bmatrix} + b_0 u \tag{9.85}$$

解:方程(9.83)可写为

$$Y(s) = b_0 U(s) + \frac{c_1}{s + p_1} U(s) + \frac{c_2}{s + p_2} U(s) + \cdots + \frac{c_n}{s + p_n} U(s) \tag{9.86}$$

定义一组状态变量为

$$X_1(s) = \frac{1}{s + p_1} U(s)$$

$$X_2(s) = \frac{1}{s + p_2} U(s)$$

$$\vdots$$

$$X_n(s) = \frac{1}{s + p_n} U(s)$$

也可改写为

$$sX_1(s) = -p_1 X_1(s) + U(s)$$
$$sX_2(s) = -p_2 X_2(s) + U(s)$$
$$\vdots$$
$$sX_n(s) = -p_n X_n(s) + U(s)$$

对上列方程取拉普拉斯反变换, 得到

$$\begin{aligned} \dot{x}_1 &= -p_1 x_1 + u \\ \dot{x}_2 &= -p_2 x_2 + u \\ &\vdots \\ \dot{x}_n &= -p_n x_n + u \end{aligned} \tag{9.87}$$

这 n 个方程组成一个状态方程。

依据状态变量 $X_1(s)$, $X_2(s)$, $\cdots$, $X_n(s)$, 方程(9.86)可写为

$$Y(s) = b_0 U(s) + c_1 X_1(s) + c_2 X_2(s) + \cdots + c_n X_n(s)$$

上式的拉普拉斯反变换为

$$y = c_1 x_1 + c_2 x_2 + \cdots + c_n x_n + b_0 u \tag{9.88}$$

这就是输出方程。

方程(9.87)可记为如方程(9.84)给出的向量矩阵方程, 方程(9.88)可记为方程(9.85)的形式。

由方程(9.84)和方程(9.85)定义的系统的方框图如图9.3所示。

应注意, 如果所选取的状态变量为

$$\hat{X}_1(s) = \frac{c_1}{s + p_1} U(s)$$

$$\hat{X}_2(s) = \frac{c_2}{s + p_2} U(s)$$

$$\vdots$$

$$\hat{X}_n(s) = \frac{c_n}{s + p_n} U(s)$$

则可得到稍有不同的状态空间表达式。对于所选择的这一组状态变量,

$$s\hat{X}_1(s) = -p_1\hat{X}_1(s) + c_1U(s)$$
$$s\hat{X}_2(s) = -p_2\hat{X}_2(s) + c_2U(s)$$
$$\vdots$$
$$s\hat{X}_n(s) = -p_n\hat{X}_n(s) + c_nU(s)$$

由此可得

$$\dot{\hat{x}}_1 = -p_1\hat{x}_1 + c_1u$$
$$\dot{\hat{x}}_2 = -p_2\hat{x}_2 + c_2u$$
$$\vdots$$
$$\dot{\hat{x}}_n = -p_n\hat{x}_n + c_nu \tag{9.89}$$

参照方程(9.86),输出方程变为

$$Y(s) = b_0U(s) + \hat{X}_1(s) + \hat{X}_2(s) + \cdots + \hat{X}_n(s)$$

由此可得

$$y = \hat{x}_1 + \hat{x}_2 + \cdots + \hat{x}_n + b_0u \tag{9.90}$$

对该系统,方程(9.89)和方程(9.90)给出下列状态空间表达式:

$$\begin{bmatrix} \dot{\hat{x}}_1 \\ \dot{\hat{x}}_2 \\ \vdots \\ \dot{\hat{x}}_n \end{bmatrix} = \begin{bmatrix} -p_1 & & & 0 \\ & -p_2 & & \\ & & \ddots & \\ 0 & & & -p_n \end{bmatrix} \begin{bmatrix} \hat{x}_1 \\ \hat{x}_2 \\ \vdots \\ \hat{x}_n \end{bmatrix} + \begin{bmatrix} c_1 \\ c_2 \\ \vdots \\ c_n \end{bmatrix} u$$

$$y = \begin{bmatrix} 1 & 1 & \cdots & 1 \end{bmatrix} \begin{bmatrix} \hat{x}_1 \\ \hat{x}_2 \\ \vdots \\ \hat{x}_n \end{bmatrix} + b_0u$$

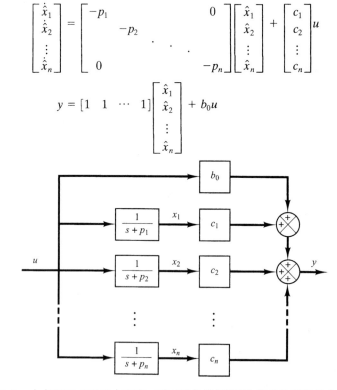

图 9.3　由方程(9.84)和方程(9.85)(对角线标准形)定义的系统的方框图

A. 9. 4　考虑下式定义的系统:

$$\frac{Y(s)}{U(s)} = \frac{b_0s^n + b_1s^{n-1} + \cdots + b_{n-1}s + b_n}{(s + p_1)^3(s + p_4)(s + p_5)\cdots(s + p_n)} \tag{9.91}$$

式中,在 $s = -p_1$ 处系统含有一个三重极点(这里假设除前三个极点 p_i 相同外,其他极点 p_i 互异)。求该系统状态空间表达式的若尔当标准形。

解：方程(9.91)的部分分式展开式为

$$\frac{Y(s)}{U(s)} = b_0 + \frac{c_1}{(s + p_1)^3} + \frac{c_2}{(s + p_1)^2} + \frac{c_3}{s + p_1} + \frac{c_4}{s + p_4} + \cdots + \frac{c_n}{s + p_n}$$

也可将其写为

$$Y(s) = b_0 U(s) + \frac{c_1}{(s + p_1)^3} U(s) + \frac{c_2}{(s + p_1)^2} U(s) +$$

$$\frac{c_3}{s + p_1} U(s) + \frac{c_4}{s + p_4} U(s) + \cdots + \frac{c_n}{s + p_n} U(s) \tag{9.92}$$

定义

$$X_1(s) = \frac{1}{(s + p_1)^3} U(s)$$

$$X_2(s) = \frac{1}{(s + p_1)^2} U(s)$$

$$X_3(s) = \frac{1}{s + p_1} U(s)$$

$$X_4(s) = \frac{1}{s + p_4} U(s)$$

$$\vdots$$

$$X_n(s) = \frac{1}{s + p_n} U(s)$$

注意到在 $X_1(s)$、$X_2(s)$ 和 $X_3(s)$ 之间存在以下关系：

$$\frac{X_1(s)}{X_2(s)} = \frac{1}{s + p_1}$$

$$\frac{X_2(s)}{X_3(s)} = \frac{1}{s + p_1}$$

因此，由前面定义的状态变量和关系式，得到

$$sX_1(s) = -p_1 X_1(s) + X_2(s)$$

$$sX_2(s) = -p_1 X_2(s) + X_3(s)$$

$$sX_3(s) = -p_1 X_3(s) + U(s)$$

$$sX_4(s) = -p_4 X_4(s) + U(s)$$

$$\vdots$$

$$sX_n(s) = -p_n X_n(s) + U(s)$$

上述 n 个方程的拉普拉斯反变换为

$$\dot{x}_1 = -p_1 x_1 + x_2$$

$$\dot{x}_2 = -p_1 x_2 + x_3$$

$$\dot{x}_3 = -p_1 x_3 + u$$

$$\dot{x}_4 = -p_4 x_4 + u$$

$$\vdots$$

$$\dot{x}_n = -p_n x_n + u$$

输出方程(9.92)可重写为

$$Y(s) = b_0 U(s) + c_1 X_1(s) + c_2 X_2(s) + c_3 X_3(s) + c_4 X_4(s) + \cdots + c_n X_n(s)$$

该输出方程的拉普拉斯反变换为

$$y = c_1 x_1 + c_2 x_2 + c_3 x_3 + c_4 x_4 + \cdots + c_n x_n + b_0 u$$

因此,对分母多项式中含有一个三重根 $-p_1$ 的情况,系统的状态空间表达式为

$$\begin{bmatrix} \dot{x}_1 \\ \dot{x}_2 \\ \dot{x}_3 \\ \dot{x}_4 \\ \vdots \\ \dot{x}_n \end{bmatrix} = \left[\begin{array}{ccc|cccc} -p_1 & 1 & 0 & 0 & \cdots & & 0 \\ 0 & -p_1 & 1 & & & & \cdot \\ 0 & 0 & -p_1 & 0 & \cdots & & 0 \\ \hline 0 & \cdots & 0 & -p_4 & & & \\ \vdots & & \vdots & & \ddots & & \\ 0 & \cdots & 0 & 0 & & & -p_n \end{array}\right] \begin{bmatrix} x_1 \\ x_2 \\ x_3 \\ x_4 \\ \vdots \\ x_n \end{bmatrix} + \begin{bmatrix} 0 \\ 0 \\ 1 \\ 1 \\ \vdots \\ 1 \end{bmatrix} u \tag{9.93}$$

$$y = \begin{bmatrix} c_1 & c_2 & \cdots & c_n \end{bmatrix} \begin{bmatrix} x_1 \\ x_2 \\ \vdots \\ x_n \end{bmatrix} + b_0 u \tag{9.94}$$

由方程(9.93)和方程(9.94)给出的状态空间表达式称为若尔当标准形。由方程(9.93)和方程(9.94)确定的系统的方框图如图9.4所示。

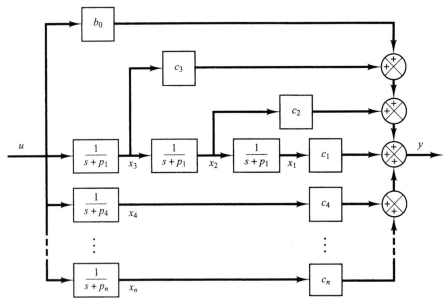

图9.4　由方程(9.93)和方程(9.94)(若尔当标准形)定义的系统的方框图

A.9.5　考虑传递函数

$$\frac{Y(s)}{U(s)} = \frac{25.04s + 5.008}{s^3 + 5.03247s^2 + 25.1026s + 5.008}$$

用 MATLAB 求该系统的状态空间表达式。

　　解:MATLAB 命令

$$[A,B,C,D] = \text{tf2ss(num,den)}$$

将产生该系统的状态空间表达式。参见 MATLAB 程序9.4。

> **MATLAB程序9.4**
>
> num = [25.04 5.008];
> den = [1 5.03247 25.1026 5.008];
> [A,B,C,D] = tf2ss(num,den)
>
> A =
>
> | | | |
> |---|---|---|
> | −5.0325 | −25.1026 | −5.0080 |
> | 1.0000 | 0 | 0 |
> | 0 | 1.0000 | 0 |
>
> B =
>
> 1
> 0
> 0
>
> C =
>
> 0   25.0400   5.0080
>
> D =
>
> 0

这就是下列状态空间方程的 MATLAB 表达式:

$$\begin{bmatrix} \dot{x}_1 \\ \dot{x}_2 \\ \dot{x}_3 \end{bmatrix} = \begin{bmatrix} -5.0325 & -25.1026 & -5.008 \\ 1 & 0 & 0 \\ 0 & 1 & 0 \end{bmatrix} \begin{bmatrix} x_1 \\ x_2 \\ x_3 \end{bmatrix} + \begin{bmatrix} 1 \\ 0 \\ 0 \end{bmatrix} u$$

$$y = \begin{bmatrix} 0 & 25.04 & 5.008 \end{bmatrix} \begin{bmatrix} x_1 \\ x_2 \\ x_3 \end{bmatrix} + \begin{bmatrix} 0 \end{bmatrix} u$$

A.9.6　考虑由下式定义的系统:

$$\dot{\mathbf{x}} = \mathbf{A}\mathbf{x} + \mathbf{B}\mathbf{u}$$

式中, $\mathbf{x}$ 为状态向量(n 维向量) , $\mathbf{u}$ 为控制向量(r 维向量) , $\mathbf{A}$ 为 $n \times n$ 维定常矩阵, $\mathbf{B}$ 为 $n \times r$ 维定常矩阵。求系统对下列每一个输入的响应:

(a) $\mathbf{u}$ 的 r 个分量是不同幅值的脉冲函数,

(b) $\mathbf{u}$ 的 r 个分量是不同幅值的阶跃函数,

(c) $\mathbf{u}$ 的 r 个分量是不同幅值的斜坡函数。

解: (a) 脉冲响应:参照方程(9.43) , 所给状态方程的解为

$$\mathbf{x}(t) = \mathrm{e}^{\mathbf{A}(t-t_0)}\mathbf{x}(t_0) + \int_{t_0}^{t} \mathrm{e}^{\mathbf{A}(t-\tau)}\mathbf{B}\mathbf{u}(\tau)\,\mathrm{d}\tau$$

将 $t_0 = 0_-$ 代入该解, 得

$$\mathbf{x}(t) = \mathrm{e}^{\mathbf{A}t}\mathbf{x}(0_-) + \int_{0_-}^{t} \mathrm{e}^{\mathbf{A}(t-\tau)}\mathbf{B}\mathbf{u}(\tau)\,\mathrm{d}\tau$$

将脉冲输入 $\mathbf{u}(t)$ 写为

$$\mathbf{u}(t) = \delta(t)\mathbf{w}$$

式中, $\mathbf{w}$ 是向量, 其各分量为 r 个脉冲函数在 $t = 0$ 时的幅值。在 $t = 0$ 给出脉冲输入 $\delta(t)\mathbf{w}$ 时, 状态方程的解为

$$\mathbf{x}(t) = \mathrm{e}^{\mathbf{A}t}\mathbf{x}(0_-) + \int_{0_-}^{t} \mathrm{e}^{\mathbf{A}(t-\tau)}\mathbf{B}\delta(\tau)\mathbf{w}\,\mathrm{d}\tau$$

$$= \mathrm{e}^{\mathbf{A}t}\mathbf{x}(0_-) + \mathrm{e}^{\mathbf{A}t}\mathbf{B}\mathbf{w} \tag{9.95}$$

（b）阶跃响应：将阶跃输入 $\mathbf{u}(t)$ 写为

$$\mathbf{u}(t) = \mathbf{k}$$

式中，$\mathbf{k}$ 是向量，其各分量为 r 个阶跃函数在 $t = 0$ 时的幅值。在 $t = 0$ 时施加阶跃输入时，状态方程的解为

$$\mathbf{x}(t) = e^{\mathbf{A}t}\mathbf{x}(0) + \int_0^t e^{\mathbf{A}(t-\tau)}\mathbf{B}\mathbf{k}\,d\tau$$

$$= e^{\mathbf{A}t}\mathbf{x}(0) + e^{\mathbf{A}t}\left[\int_0^t \left(\mathbf{I} - \mathbf{A}\tau + \frac{\mathbf{A}^2\tau^2}{2!} - \cdots\right)d\tau\right]\mathbf{B}\mathbf{k}$$

$$= e^{\mathbf{A}t}\mathbf{x}(0) + e^{\mathbf{A}t}\left(\mathbf{I}t - \frac{\mathbf{A}t^2}{2!} + \frac{\mathbf{A}^2t^3}{3!} - \cdots\right)\mathbf{B}\mathbf{k}$$

如果矩阵 $\mathbf{A}$ 是非奇异的，可将上式简化为

$$\mathbf{x}(t) = e^{\mathbf{A}t}\mathbf{x}(0) + e^{\mathbf{A}t}\left[-(\mathbf{A}^{-1})(e^{-\mathbf{A}t} - \mathbf{I})\right]\mathbf{B}\mathbf{k}$$

$$= e^{\mathbf{A}t}\mathbf{x}(0) + \mathbf{A}^{-1}(e^{\mathbf{A}t} - \mathbf{I})\mathbf{B}\mathbf{k} \tag{9.96}$$

（c）斜坡响应：将斜坡输入 $\mathbf{u}(t)$ 写为

$$\mathbf{u}(t) = t\mathbf{v}$$

式中，$\mathbf{v}$ 是向量，其各分量为斜坡函数在 $t = 0$ 时的幅值。对 $t = 0$ 时的斜坡输入 $t\mathbf{v}$，状态方程的解为

$$\mathbf{x}(t) = e^{\mathbf{A}t}\mathbf{x}(0) + \int_0^t e^{\mathbf{A}(t-\tau)}\mathbf{B}\tau\mathbf{v}\,d\tau$$

$$= e^{\mathbf{A}t}\mathbf{x}(0) + e^{\mathbf{A}t}\int_0^t e^{-\mathbf{A}\tau}\tau\,d\tau\,\mathbf{B}\mathbf{v}$$

$$= e^{\mathbf{A}t}\mathbf{x}(0) + e^{\mathbf{A}t}\left(\frac{\mathbf{I}}{2}t^2 - \frac{2\mathbf{A}}{3!}t^3 + \frac{3\mathbf{A}^2}{4!}t^4 - \frac{4\mathbf{A}^3}{5!}t^5 + \cdots\right)\mathbf{B}\mathbf{v}$$

如果 $\mathbf{A}$ 是非奇异的，上式可简化为

$$\mathbf{x}(t) = e^{\mathbf{A}t}\mathbf{x}(0) + (\mathbf{A}^{-2})(e^{\mathbf{A}t} - \mathbf{I} - \mathbf{A}t)\mathbf{B}\mathbf{v}$$

$$= e^{\mathbf{A}t}\mathbf{x}(0) + \left[\mathbf{A}^{-2}(e^{\mathbf{A}t} - \mathbf{I}) - \mathbf{A}^{-1}t\right]\mathbf{B}\mathbf{v} \tag{9.97}$$

A.9.7 求系统 $\quad \begin{bmatrix} \dot{x}_1 \\ \dot{x}_1 \end{bmatrix} = \begin{bmatrix} -1 & -0.5 \\ 1 & 0 \end{bmatrix}\begin{bmatrix} x_1 \\ x_2 \end{bmatrix} + \begin{bmatrix} 0.5 \\ 0 \end{bmatrix}u, \quad \begin{bmatrix} x_1(0) \\ x_2(0) \end{bmatrix} = \begin{bmatrix} 0 \\ 0 \end{bmatrix}$

$$y = \begin{bmatrix} 1 & 0 \end{bmatrix}\begin{bmatrix} x_1 \\ x_2 \end{bmatrix}$$

的响应 $y(t)$，式中的 $u(t)$ 为 $t = 0$ 时的单位阶跃输入，即 $u(t) = 1(t)$。

解：对该系统，

$$\mathbf{A} = \begin{bmatrix} -1 & -0.5 \\ 1 & 0 \end{bmatrix}, \qquad \mathbf{B} = \begin{bmatrix} 0.5 \\ 0 \end{bmatrix}$$

状态转移矩阵 $\mathbf{\Phi}(t) = e^{\mathbf{A}t}$ 由下式求得：

$$\mathbf{\Phi}(t) = e^{\mathbf{A}t} = \mathscr{L}^{-1}\left[(s\mathbf{I} - \mathbf{A})^{-1}\right]$$

由于

$$(s\mathbf{I} - \mathbf{A})^{-1} = \begin{bmatrix} s+1 & 0.5 \\ -1 & s \end{bmatrix}^{-1} = \frac{1}{s^2 + s + 0.5}\begin{bmatrix} s & -0.5 \\ 1 & s+1 \end{bmatrix}$$

$$= \begin{bmatrix} \dfrac{s + 0.5 - 0.5}{(s + 0.5)^2 + 0.5^2} & \dfrac{-0.5}{(s + 0.5)^2 + 0.5^2} \\[4mm] \dfrac{1}{(s + 0.5)^2 + 0.5^2} & \dfrac{s + 0.5 + 0.5}{(s + 0.5)^2 + 0.5^2} \end{bmatrix}$$

可得

$$\boldsymbol{\Phi}(t) = \mathrm{e}^{\mathbf{A}t} = \mathscr{L}^{-1}\big[(s\mathbf{I} - \mathbf{A})^{-1}\big]$$

$$= \begin{bmatrix} \mathrm{e}^{-0.5t}(\cos 0.5t - \sin 0.5t) & -\mathrm{e}^{-0.5t}\sin 0.5t \\ 2\mathrm{e}^{-0.5t}\sin 0.5t & \mathrm{e}^{-0.5t}(\cos 0.5t + \sin 0.5t) \end{bmatrix}$$

由于 $\mathbf{x}(\mathbf{0}) = \mathbf{0}$ 和 $k = 1$，参照方程(9.96)可得

$$\mathbf{x}(t) = \mathrm{e}^{\mathbf{A}t}\mathbf{x}(0) + \mathbf{A}^{-1}(\mathrm{e}^{\mathbf{A}t} - \mathbf{I})\mathbf{B}k$$

$$= \mathbf{A}^{-1}(\mathrm{e}^{\mathbf{A}t} - \mathbf{I})\mathbf{B}$$

$$= \begin{bmatrix} 0 & 1 \\ -2 & -2 \end{bmatrix}\begin{bmatrix} 0.5\mathrm{e}^{-0.5t}(\cos 0.5t - \sin 0.5t) - 0.5 \\ \mathrm{e}^{-0.5t}\sin 0.5t \end{bmatrix}$$

$$= \begin{bmatrix} \mathrm{e}^{-0.5t}\sin 0.5t \\ -\mathrm{e}^{-0.5t}(\cos 0.5t + \sin 0.5t) + 1 \end{bmatrix}$$

因此，输出 $y(t)$ 为

$$y(t) = \begin{bmatrix} 1 & 0 \end{bmatrix}\begin{bmatrix} x_1 \\ x_2 \end{bmatrix} = x_1 = \mathrm{e}^{-0.5t}\sin 0.5t$$

A.9.8　凯莱–哈密顿定理说明，每一个 $n \times n$ 维矩阵 $\mathbf{A}$ 都满足其自身的特征方程。然而，特征方程不一定是 $\mathbf{A}$ 所满足的最小阶次的纯量方程。称使 $\mathbf{A}$ 为其根的最小阶次的多项式为最小多项式。也就是说，$n \times n$ 维矩阵 $\mathbf{A}$ 的最小多项式，被定义为最小阶次的多项式 $\phi(\lambda)$，

$$\phi(\lambda) = \lambda^m + a_1\lambda^{m-1} + \cdots + a_{m-1}\lambda + a_m, \qquad m \leqslant n$$

它使得 $\phi(\mathbf{A}) = \mathbf{0}$，即

$$\phi(\mathbf{A}) = \mathbf{A}^m + a_1\mathbf{A}^{m-1} + \cdots + a_{m-1}\mathbf{A} + a_m\mathbf{I} = \mathbf{0}$$

在计算 $n \times n$ 维矩阵多项式时，最小多项式起着重要的作用。

设 λ 的多项式 $d(\lambda)$ 是 $\mathrm{adj}(\lambda\mathbf{I} - \mathbf{A})$ 所有元素的最高公约式。证明，如果选 $d(\lambda)$ 的 λ 最高阶次项的系数为 1，则最小多项式 $\phi(\lambda)$ 为

$$\phi(\lambda) = \left|\frac{\lambda\mathbf{I} - \mathbf{A}}{d(\lambda)}\right|$$

解：由假设知，矩阵 $\mathrm{adj}(\lambda\mathbf{I} - \mathbf{A})$ 的最高公约式为 $d(\lambda)$。因此，

$$\mathrm{adj}(\lambda\mathbf{I} - \mathbf{A}) = d(\lambda)\mathbf{B}(\lambda)$$

式中，$\mathbf{B}(\lambda)$ 的 n^2 个元素(为 λ 的函数)的最高公约式为 $\mathbf{I}$。由于

$$(\lambda\mathbf{I} - \mathbf{A})\,\mathrm{adj}(\lambda\mathbf{I} - \mathbf{A}) = |\lambda\mathbf{I} - \mathbf{A}|\mathbf{I}$$

可得

$$d(\lambda)(\lambda\mathbf{I} - \mathbf{A})\mathbf{B}(\lambda) = |\lambda\mathbf{I} - \mathbf{A}|\mathbf{I} \tag{9.98}$$

由上式可以发现，$|\lambda\mathbf{I} - \mathbf{A}|$ 可被 $d(\lambda)$ 整除。记

$$|\lambda\mathbf{I} - \mathbf{A}| = d(\lambda)\psi(\lambda) \tag{9.99}$$

由于已选 $d(\lambda)$ 的 λ 最高阶次项的系数为 1，所以 $\psi(\lambda)$ 的 λ 最高阶次项的系数也应为 1。由方程(9.98)和方程(9.99)可得

$$(\lambda\mathbf{I} - \mathbf{A})\mathbf{B}(\lambda) = \psi(\lambda)\mathbf{I}$$

因此　　　　　　　　　　　　　　　　$$\psi(\mathbf{A}) = \mathbf{0}$$

注意到 $\psi(\lambda)$ 可写为　　　　　　$$\psi(\lambda) = g(\lambda)\phi(\lambda) + \alpha(\lambda)$$

式中，$\alpha(\lambda)$ 的阶次比 $\phi(\lambda)$ 低。由于 $\psi(\mathbf{A}) = \mathbf{0}$ 和 $\phi(\mathbf{A}) = \mathbf{0}$，所以必有 $\alpha(\mathbf{A}) = \mathbf{0}$。又因为 $\phi(\lambda)$ 为最小多项式，所以 $\alpha(\lambda)$ 必为零，即

$$\psi(\lambda) = g(\lambda)\phi(\lambda)$$

注意, 由于 $\phi(\mathbf{A}) = \mathbf{0}$, 所以可写为　　　　$\phi(\lambda)\mathbf{I} = (\lambda\mathbf{I} - \mathbf{A})\mathbf{C}(\lambda)$

因此,　　　　　　　　$\psi(\lambda)\mathbf{I} = g(\lambda)\phi(\lambda)\mathbf{I} = g(\lambda)(\lambda\mathbf{I} - \mathbf{A})\mathbf{C}(\lambda)$

注意到 $(\lambda\mathbf{I} - \mathbf{A})\mathbf{B}(\lambda) = \psi(\lambda)\mathbf{I}$, 所以得到

$$\mathbf{B}(\lambda) = g(\lambda)\mathbf{C}(\lambda)$$

因为 $\mathbf{B}(\lambda)$ 的 n^2 个元素的最高公约式为单位矩阵 $\mathbf{I}$, 因此

$$g(\lambda) = 1$$

于是　　　　　　　　　　　　　$\psi(\lambda) = \phi(\lambda)$

因此, 由上式和方程(9.99)可证得

$$\phi(\lambda) = \frac{|\lambda\mathbf{I} - \mathbf{A}|}{d(\lambda)}$$

A.9.9　如果 $n \times n$ 维矩阵 $\mathbf{A}$ 有 n 个互异特征值, 那么 $\mathbf{A}$ 的最小多项式和特征多项式是相同的。此外, 如果 $\mathbf{A}$ 的重特征值连接在若尔当链中, 那么其最小多项式和特征多项式也是相同的。但是, 如果 $\mathbf{A}$ 的重特征值不连接于若尔当链中, 那么其最小多项式的阶次小于特征多项式的阶次。

作为例子, 利用下列矩阵 $\mathbf{A}$ 和 $\mathbf{B}$:

$$\mathbf{A} = \begin{bmatrix} 2 & 1 & 4 \\ 0 & 2 & 0 \\ 0 & 3 & 1 \end{bmatrix}, \qquad \mathbf{B} = \begin{bmatrix} 2 & 0 & 0 \\ 0 & 2 & 0 \\ 0 & 3 & 1 \end{bmatrix}$$

验证上述当含有重特征值时关于最小多项式的论述。

解: 首先考虑矩阵 $\mathbf{A}$, 其特征多项式为

$$|\lambda\mathbf{I} - \mathbf{A}| = \begin{vmatrix} \lambda - 2 & -1 & -4 \\ 0 & \lambda - 2 & 0 \\ 0 & -3 & \lambda - 1 \end{vmatrix} = (\lambda - 2)^2(\lambda - 1)$$

$\mathbf{A}$ 的特征值为 **2、2** 和 **1**。可以证明, $\mathbf{A}$ 的若尔当标准形为

$$\begin{bmatrix} 2 & 1 & 0 \\ 0 & 2 & 0 \\ 0 & 0 & 1 \end{bmatrix}$$

并且正如表示出的那样, 其重特征值连接于若尔当链中。

为了确定最小多项式, 首先求 $\mathrm{adj}(\lambda\mathbf{I} - \mathbf{A})$, 它可以求得为

$$\mathrm{adj}(\lambda\mathbf{I} - \mathbf{A}) = \begin{bmatrix} (\lambda - 2)(\lambda - 1) & (\lambda + 11) & 4(\lambda - 2) \\ 0 & (\lambda - 2)(\lambda - 1) & 0 \\ 0 & 3(\lambda - 2) & (\lambda - 2)^2 \end{bmatrix}$$

注意到 $\mathrm{adj}(\lambda\mathbf{I} - \mathbf{A})$ 的所有元素无公约式, 因此 $d(\lambda) = 1$。从而最小多项式 $\phi(\lambda)$ 与特征多项式相同, 即

$$\phi(\lambda) = |\lambda\mathbf{I} - \mathbf{A}| = (\lambda - 2)^2(\lambda - 1)$$

$$= \lambda^3 - 5\lambda^2 + 8\lambda - 4$$

经简单计算验证

$$\mathbf{A}^3 - 5\mathbf{A}^2 + 8\mathbf{A} - 4\mathbf{I}$$

$$= \begin{bmatrix} 8 & 72 & 28 \\ 0 & 8 & 0 \\ 0 & 21 & 1 \end{bmatrix} - 5\begin{bmatrix} 4 & 16 & 12 \\ 0 & 4 & 0 \\ 0 & 9 & 1 \end{bmatrix} + 8\begin{bmatrix} 2 & 1 & 4 \\ 0 & 2 & 0 \\ 0 & 3 & 1 \end{bmatrix} - 4\begin{bmatrix} 1 & 0 & 0 \\ 0 & 1 & 0 \\ 0 & 0 & 1 \end{bmatrix}$$

$$= \begin{bmatrix} 0 & 0 & 0 \\ 0 & 0 & 0 \\ 0 & 0 & 0 \end{bmatrix} = \mathbf{0}$$

但　　　　　　　　　　　　　　　$\mathbf{A}^2 - 3\mathbf{A} + 2\mathbf{I}$

$$= \begin{bmatrix} 4 & 16 & 12 \\ 0 & 4 & 0 \\ 0 & 9 & 1 \end{bmatrix} - 3 \begin{bmatrix} 2 & 1 & 4 \\ 0 & 2 & 0 \\ 0 & 3 & 1 \end{bmatrix} + 2 \begin{bmatrix} 1 & 0 & 0 \\ 0 & 1 & 0 \\ 0 & 0 & 1 \end{bmatrix}$$

$$= \begin{bmatrix} 0 & 13 & 0 \\ 0 & 0 & 0 \\ 0 & 0 & 0 \end{bmatrix} \neq \mathbf{0}$$

从而证明矩阵 $\mathbf{A}$ 的最小多项式和特征多项式相同。

其次考虑矩阵 $\mathbf{B}$，其特征多项式为

$$|\lambda\mathbf{I} - \mathbf{B}| = \begin{vmatrix} \lambda - 2 & 0 & 0 \\ 0 & \lambda - 2 & 0 \\ 0 & -3 & \lambda - 1 \end{vmatrix} = (\lambda - 2)^2(\lambda - 1)$$

简单计算后显示矩阵 $\mathbf{B}$ 有三个特征向量，且 $\mathbf{B}$ 的若尔当标准形为

$$\begin{bmatrix} 2 & 0 & 0 \\ 0 & 2 & 0 \\ 0 & 0 & 1 \end{bmatrix}$$

因而重特征值不连接于若尔当链。为了求出最小多项式，首先计算 $\mathrm{adj}(\lambda\mathbf{I} - \mathbf{B})$：

$$\mathrm{adj}(\lambda\mathbf{I} - \mathbf{B}) = \begin{bmatrix} (\lambda - 2)(\lambda - 1) & 0 & 0 \\ 0 & (\lambda - 2)(\lambda - 1) & 0 \\ 0 & 3(\lambda - 2) & (\lambda - 2)^2 \end{bmatrix}$$

由上式，显然有　　　　　　　　　　　　$d(\lambda) = \lambda - 2$

因此，　　　　$\phi(\lambda) = \dfrac{|\lambda\mathbf{I} - \mathbf{B}|}{d(\lambda)} = \dfrac{(\lambda - 2)^2(\lambda - 1)}{\lambda - 2} = \lambda^2 - 3\lambda + 2$

作为验算，计算 $\phi(\mathbf{B})$：

$$\phi(\mathbf{B}) = \mathbf{B}^2 - 3\mathbf{B} + 2\mathbf{I} = \begin{bmatrix} 4 & 0 & 0 \\ 0 & 4 & 0 \\ 0 & 9 & 1 \end{bmatrix} - 3 \begin{bmatrix} 2 & 0 & 0 \\ 0 & 2 & 0 \\ 0 & 3 & 1 \end{bmatrix} + 2 \begin{bmatrix} 1 & 0 & 0 \\ 0 & 1 & 0 \\ 0 & 0 & 1 \end{bmatrix} = \begin{bmatrix} 0 & 0 & 0 \\ 0 & 0 & 0 \\ 0 & 0 & 0 \end{bmatrix} = \mathbf{0}$$

对于给定的矩阵 $\mathbf{B}$，最小多项式的阶次比特征多项式的阶次低 1。正如所证明的，如果 $n \times n$ 维矩阵的重特征值不连接于若尔当链，那么最小多项式的阶次比特征多项式阶次低。

A. 9. 10　通过利用最小多项式，证明非奇异矩阵 $\mathbf{A}$ 的逆可表示为如下含有纯量系数的 $\mathbf{A}$ 的多项式：

$$\mathbf{A}^{-1} = -\frac{1}{a_m}\left(\mathbf{A}^{m-1} + a_1\mathbf{A}^{m-2} + \cdots + a_{m-2}\mathbf{A} + a_{m-1}\mathbf{I}\right) \tag{9.100}$$

式中，$a_1, a_2, \cdots, a_m$ 是最小多项式

$$\phi(\lambda) = \lambda^m + a_1\lambda^{m-1} + \cdots + a_{m-1}\lambda + a_m$$

的系数。其次，求下列矩阵 $\mathbf{A}$ 的逆：

$$\mathbf{A} = \begin{bmatrix} 1 & 2 & 0 \\ 3 & -1 & -2 \\ 1 & 0 & -3 \end{bmatrix}$$

解：对非奇异矩阵 $\mathbf{A}$，其最小多项式 $\phi(\mathbf{A})$ 可写为

$$\phi(\mathbf{A}) = \mathbf{A}^m + a_1\mathbf{A}^{m-1} + \cdots + a_{m-1}\mathbf{A} + a_m\mathbf{I} = \mathbf{0}$$

式中 $a_m \neq 0$。因此,

$$\mathbf{I} = -\frac{1}{a_m}\left(\mathbf{A}^m + a_1\mathbf{A}^{m-1} + \cdots + a_{m-2}\mathbf{A}^2 + a_{m-1}\mathbf{A}\right)$$

上式两端左乘 $\mathbf{A}^{-1}$,可得

$$\mathbf{A}^{-1} = -\frac{1}{a_m}\left(\mathbf{A}^{m-1} + a_1\mathbf{A}^{m-2} + \cdots + a_{m-2}\mathbf{A} + a_{m-1}\mathbf{I}\right)$$

上式即为方程(9.100)。

对于给定的矩阵 $\mathbf{A}$,adj $(\lambda\mathbf{I} - \mathbf{A})$ 为

$$\text{adj}(\lambda\mathbf{I} - \mathbf{A}) = \begin{bmatrix} \lambda^2 + 4\lambda + 3 & 2\lambda + 6 & -4 \\ 3\lambda + 7 & \lambda^2 + 2\lambda - 3 & -2\lambda + 2 \\ \lambda + 1 & 2 & \lambda^2 - 7 \end{bmatrix}$$

显然,adj $(\lambda\mathbf{I} - \mathbf{A})$ 的所有元素没有公约式 $d(\lambda) = 1$。从而,最小多项式为

$$\phi(\lambda) = \frac{|\lambda\mathbf{I} - \mathbf{A}|}{d(\lambda)} = |\lambda\mathbf{I} - \mathbf{A}|$$

因此,$\mathbf{A}$ 的最小多项式 $\phi(\lambda)$ 和特征多项式相同。

由于特征多项式为

$$|\lambda\mathbf{I} - \mathbf{A}| = \lambda^3 + 3\lambda^2 - 7\lambda - 17$$

所以

$$\phi(\lambda) = \lambda^3 + 3\lambda^2 - 7\lambda - 17$$

通过确认多项式系数 a_i (此时,最小多项式与特征多项式相同),可得

$$a_1 = 3, \quad a_2 = -7, \quad a_3 = -17$$

由方程(9.100)可得 $\mathbf{A}$ 的逆为

$$\mathbf{A}^{-1} = -\frac{1}{a_3}\left(\mathbf{A}^2 + a_1\mathbf{A} + a_2\mathbf{I}\right) = \frac{1}{17}\left(\mathbf{A}^2 + 3\mathbf{A} - 7\mathbf{I}\right)$$

$$= \frac{1}{17}\left\{\begin{bmatrix} 7 & 0 & -4 \\ -2 & 7 & 8 \\ -2 & 2 & 9 \end{bmatrix} + 3\begin{bmatrix} 1 & 2 & 0 \\ 3 & -1 & -2 \\ 1 & 0 & -3 \end{bmatrix} - 7\begin{bmatrix} 1 & 0 & 0 \\ 0 & 1 & 0 \\ 0 & 0 & 1 \end{bmatrix}\right\}$$

$$= \frac{1}{17}\begin{bmatrix} 3 & 6 & -4 \\ 7 & -3 & 2 \\ 1 & 2 & -7 \end{bmatrix}$$

$$= \begin{bmatrix} \frac{3}{17} & \frac{6}{17} & -\frac{4}{17} \\ \frac{7}{17} & -\frac{3}{17} & \frac{2}{17} \\ \frac{1}{17} & \frac{2}{17} & -\frac{7}{17} \end{bmatrix}$$

A. 9. 11 证明:如果矩阵 $\mathbf{A}$ 可对角线化,则

$$e^{\mathbf{A}t} = \mathbf{P}e^{\mathbf{D}t}\mathbf{P}^{-1}$$

式中,$\mathbf{P}$ 是使 $\mathbf{A}$ 变换为对角线矩阵的对角线化变换矩阵,即 $\mathbf{P}^{-1}\mathbf{A}\mathbf{P} = \mathbf{D}$, $\mathbf{D}$ 是对角线矩阵。

证明:如果矩阵 $\mathbf{A}$ 可变换为若尔当标准形,则

$$e^{\mathbf{A}t} = \mathbf{S}e^{\mathbf{J}t}\mathbf{S}^{-1}$$

式中,$\mathbf{S}$ 是使 $\mathbf{A}$ 变换为若尔当标准形 $\mathbf{J}$ 的变换矩阵,即 $\mathbf{S}^{-1}\mathbf{A}\mathbf{S} = \mathbf{J}$。

解:考虑状态方程

$$\dot{\mathbf{x}} = \mathbf{A}\mathbf{x}$$

如果方阵可对角线化,则存在一个对角线化矩阵(变换矩阵),且可用一种标准方法得到。设 **P** 是使 **A** 对角线化的变换矩阵。定义

$$\mathbf{x} = \mathbf{P}\hat{\mathbf{x}}$$

则

$$\hat{\dot{\mathbf{x}}} = \mathbf{P}^{-1}\mathbf{A}\mathbf{P}\hat{\mathbf{x}} = \mathbf{D}\hat{\mathbf{x}}$$

式中的 **D** 是对角线矩阵。上式的解为

$$\hat{\mathbf{x}}(t) = \mathrm{e}^{\mathbf{D}t}\hat{\mathbf{x}}(0)$$

因此,

$$\mathbf{x}(t) = \mathbf{P}\hat{\mathbf{x}}(t) = \mathbf{P}\mathrm{e}^{\mathbf{D}t}\mathbf{P}^{-1}\mathbf{x}(0)$$

注意到 $\mathbf{x}(t)$ 也可由方程

$$\mathbf{x}(t) = \mathrm{e}^{\mathbf{A}t}\mathbf{x}(0)$$

得到,可得 $\mathrm{e}^{\mathbf{A}t} = \mathbf{P}\mathrm{e}^{\mathbf{D}t}\mathbf{P}^{-1}$,即

$$\mathrm{e}^{\mathbf{A}t} = \mathbf{P}\mathrm{e}^{\mathbf{D}t}\mathbf{P}^{-1} = \mathbf{P}\begin{bmatrix} \mathrm{e}^{\lambda_1 t} & & & 0 \\ & \mathrm{e}^{\lambda_2 t} & & \\ & & \ddots & \\ 0 & & & \mathrm{e}^{\lambda_n t} \end{bmatrix}\mathbf{P}^{-1} \tag{9.101}$$

其次,考虑矩阵 **A** 可化为若尔当标准形的情况。再次考虑状态方程

$$\dot{\mathbf{x}} = \mathbf{A}\mathbf{x}$$

首先求一个使矩阵 **A** 化为若尔当标准形的变换矩阵 **S**,使得

$$\mathbf{S}^{-1}\mathbf{A}\mathbf{S} = \mathbf{J}$$

式中的 **J** 是若尔当标准形矩阵。现定义

$$\mathbf{x} = \mathbf{S}\hat{\mathbf{x}}$$

则

$$\hat{\dot{\mathbf{x}}} = \mathbf{S}^{-1}\mathbf{A}\mathbf{S}\hat{\mathbf{x}} = \mathbf{J}\hat{\mathbf{x}}$$

上式的解为

$$\hat{\mathbf{x}}(t) = \mathrm{e}^{\mathbf{J}t}\hat{\mathbf{x}}(0)$$

因此,

$$\mathbf{x}(t) = \mathbf{S}\hat{\mathbf{x}}(t) = \mathbf{S}\mathrm{e}^{\mathbf{J}t}\mathbf{S}^{-1}\mathbf{x}(0)$$

由于解 $\mathbf{x}(t)$ 也可由方程

$$\mathbf{x}(t) = \mathrm{e}^{\mathbf{A}t}\mathbf{x}(0)$$

得到,因此可得

$$\mathrm{e}^{\mathbf{A}t} = \mathbf{S}\mathrm{e}^{\mathbf{J}t}\mathbf{S}^{-1}$$

注意到 $\mathrm{e}^{\mathbf{J}t}$ 是一个三角形矩阵,这意味着,位于主对角线以下(或者以上,视具体情况而定)的所有元素全为零,这个矩阵的元素为 $\mathrm{e}^{\lambda t}$、$t\mathrm{e}^{\lambda t}$、$\frac{1}{2}t^2\mathrm{e}^{\lambda t}$,等等。例如,若矩阵 **J** 有如下若尔当标准形:

$$\mathbf{J} = \begin{bmatrix} \lambda_1 & 1 & 0 \\ 0 & \lambda_1 & 1 \\ 0 & 0 & \lambda_1 \end{bmatrix}$$

$$\mathrm{e}^{\mathbf{J}t} = \begin{bmatrix} \mathrm{e}^{\lambda_1 t} & t\mathrm{e}^{\lambda_1 t} & \frac{1}{2}t^2\mathrm{e}^{\lambda_1 t} \\ 0 & \mathrm{e}^{\lambda_1 t} & t\mathrm{e}^{\lambda_1 t} \\ 0 & 0 & \mathrm{e}^{\lambda_1 t} \end{bmatrix}$$

则

类似地,如果

$$\mathbf{J} = \begin{bmatrix} \lambda_1 & 1 & 0 & & & & 0 \\ 0 & \lambda_1 & 1 & & & & \\ 0 & 0 & \lambda_1 & & & & \\ & & & \lambda_4 & 1 & & \\ & & & 0 & \lambda_4 & & \\ & & & & & \lambda_6 & \\ 0 & & & & & & \lambda_7 \end{bmatrix}$$

则

$$
\mathrm{e}^{\mathbf{J}t} = \begin{bmatrix} \mathrm{e}^{\lambda_1 t} & t\mathrm{e}^{\lambda_1 t} & \frac{1}{2}t^2\mathrm{e}^{\lambda_1 t} & & & & \\ 0 & \mathrm{e}^{\lambda_1 t} & t\mathrm{e}^{\lambda_1 t} & & & \huge{0} & \\ 0 & 0 & \mathrm{e}^{\lambda_1 t} & & & & \\ & & & \mathrm{e}^{\lambda_4 t} & t\mathrm{e}^{\lambda_4 t} & & \\ & & & 0 & \mathrm{e}^{\lambda_4 t} & & \\ & & & & & \mathrm{e}^{\lambda_6 t} & 0 \\ & \huge{0} & & & & 0 & \mathrm{e}^{\lambda_7 t} \end{bmatrix}
$$

A.9.12 考虑下列 λ 的 $m-1$ 阶多项式

$$
p_k(\lambda) = \frac{(\lambda - \lambda_1)\cdots(\lambda - \lambda_{k-1})(\lambda - \lambda_{k+1})\cdots(\lambda - \lambda_m)}{(\lambda_k - \lambda_1)\cdots(\lambda_k - \lambda_{k-1})(\lambda_k - \lambda_{k+1})\cdots(\lambda_k - \lambda_m)}
$$

式中，假设 $\lambda_1, \lambda_2, \cdots, \lambda_m$ 互异，$k = 1, 2, \cdots, m$。注意到

$$
p_k(\lambda_i) = \begin{cases} 1, & \text{当} i = k \text{时} \\ 0, & \text{当} i \neq k \text{时} \end{cases}
$$

则 $m-1$ 阶的多项式 $f(\lambda)$ 为

$$
f(\lambda) = \sum_{k=1}^{m} f(\lambda_k) p_k(\lambda)
$$

$$
= \sum_{k=1}^{m} f(\lambda_k) \frac{(\lambda - \lambda_1)\cdots(\lambda - \lambda_{k-1})(\lambda - \lambda_{k+1})\cdots(\lambda - \lambda_m)}{(\lambda_k - \lambda_1)\cdots(\lambda_k - \lambda_{k-1})(\lambda_k - \lambda_{k+1})\cdots(\lambda_k - \lambda_m)}
$$

在点 λ_k 上的取值为 $f(\lambda_k)$。通常称上式为拉格朗日插值公式。$m-1$ 阶多项式 $f(\lambda)$ 由 m 个相互独立的数值 $f(\lambda_1), f(\lambda_2), \cdots, f(\lambda_m)$ 确定。即多项式 $f(\lambda)$ 通过 m 个点 $f(\lambda_1), f(\lambda_2), \cdots, f(\lambda_m)$。因为 $f(\lambda)$ 是一个 $m-1$ 阶多项式，所以可唯一确定。任何其他的 $m-1$ 阶多项式的表达式都可简化为拉格朗日多项式。

假设 $n \times n$ 维矩阵 $\mathbf{A}$ 的特征值互异，在多项式 $p_k(\lambda)$ 中用 $\mathbf{A}$ 替换 λ。于是

$$
p_k(\mathbf{A}) = \frac{(\mathbf{A} - \lambda_1\mathbf{I})\cdots(\mathbf{A} - \lambda_{k-1}\mathbf{I})(\mathbf{A} - \lambda_{k+1}\mathbf{I})\cdots(\mathbf{A} - \lambda_m\mathbf{I})}{(\lambda_k - \lambda_1)\cdots(\lambda_k - \lambda_{k-1})(\lambda_k - \lambda_{k+1})\cdots(\lambda_k - \lambda_m)}
$$

注意到 $p_k(\mathbf{A})$ 是 $\mathbf{A}$ 的 $m-1$ 阶多项，并且

$$
p_k(\lambda_i\mathbf{I}) = \begin{cases} \mathbf{I}, & \text{当} i = k \text{时} \\ \mathbf{0}, & \text{当} i \neq k \text{时} \end{cases}
$$

现定义

$$
f(\mathbf{A}) = \sum_{k=1}^{m} f(\lambda_k) p_k(\mathbf{A})
$$

$$
= \sum_{k=1}^{m} f(\lambda_k) \frac{(\mathbf{A} - \lambda_1\mathbf{I})\cdots(\mathbf{A} - \lambda_{k-1}\mathbf{I})(\mathbf{A} - \lambda_{k+1}\mathbf{I})\cdots(\mathbf{A} - \lambda_m\mathbf{I})}{(\lambda_k - \lambda_1)\cdots(\lambda_k - \lambda_{k-1})(\lambda_k - \lambda_{k+1})\cdots(\lambda_k - \lambda_m)} \tag{9.102}
$$

方程(9.102)称为西尔维斯特内插公式。方程(9.102)等价于下列方程:

$$
\begin{vmatrix} 1 & 1 & \cdots & 1 & \mathbf{I} \\ \lambda_1 & \lambda_2 & \cdots & \lambda_m & \mathbf{A} \\ \lambda_1^2 & \lambda_2^2 & \cdots & \lambda_m^2 & \mathbf{A}^2 \\ \cdot & \cdot & & \cdot & \cdot \\ \cdot & \cdot & & \cdot & \cdot \\ \cdot & \cdot & & \cdot & \cdot \\ \lambda_1^{m-1} & \lambda_2^{m-1} & \cdots & \lambda_m^{m-1} & \mathbf{A}^{m-1} \\ f(\lambda_1) & f(\lambda_2) & \cdots & f(\lambda_m) & f(\mathbf{A}) \end{vmatrix} = \mathbf{0} \tag{9.103}
$$

方程(9.102)和方程(9.103)经常被用于计算矩阵 $\mathbf{A}$ 的函数 $f(\mathbf{A})$，例如 $(\lambda\mathbf{I}-\mathbf{A})^{-1}$、$\mathrm{e}^{\mathbf{A}t}$，等等。注意到方程(9.103)也可写为

$$\begin{vmatrix} 1 & \lambda_1 & \lambda_1^2 & \cdots & \lambda_1^{m-1} & f(\lambda_1) \\ 1 & \lambda_2 & \lambda_2^2 & \cdots & \lambda_2^{m-1} & f(\lambda_2) \\ \cdot & \cdot & \cdot & & \cdot & \cdot \\ \cdot & \cdot & \cdot & & \cdot & \cdot \\ \cdot & \cdot & \cdot & & \cdot & \cdot \\ 1 & \lambda_m & \lambda_m^2 & \cdots & \lambda_m^{m-1} & f(\lambda_m) \\ \mathbf{I} & \mathbf{A} & \mathbf{A}^2 & \cdots & \mathbf{A}^{m-1} & f(\mathbf{A}) \end{vmatrix} = \mathbf{0} \tag{9.104}$$

证明方程(9.102)和方程(9.103)等价。为简化计算，设 $m=4$。

解：当 $m=4$ 时，方程(9.103)展开为

$$\Delta = \begin{vmatrix} 1 & 1 & 1 & 1 & \mathbf{I} \\ \lambda_1 & \lambda_2 & \lambda_3 & \lambda_4 & \mathbf{A} \\ \lambda_1^2 & \lambda_2^2 & \lambda_3^2 & \lambda_4^2 & \mathbf{A}^2 \\ \lambda_1^3 & \lambda_2^3 & \lambda_3^3 & \lambda_4^3 & \mathbf{A}^3 \\ f(\lambda_1) & f(\lambda_2) & f(\lambda_3) & f(\lambda_4) & f(\mathbf{A}) \end{vmatrix}$$

$$= f(\mathbf{A}) \begin{vmatrix} 1 & 1 & 1 & 1 \\ \lambda_1 & \lambda_2 & \lambda_3 & \lambda_4 \\ \lambda_1^2 & \lambda_2^2 & \lambda_3^2 & \lambda_4^2 \\ \lambda_1^3 & \lambda_2^3 & \lambda_3^3 & \lambda_4^3 \end{vmatrix} - f(\lambda_4) \begin{vmatrix} 1 & 1 & 1 & \mathbf{I} \\ \lambda_1 & \lambda_2 & \lambda_3 & \mathbf{A} \\ \lambda_1^2 & \lambda_2^2 & \lambda_3^2 & \mathbf{A}^2 \\ \lambda_1^3 & \lambda_2^3 & \lambda_3^3 & \mathbf{A}^3 \end{vmatrix} +$$

$$f(\lambda_3) \begin{vmatrix} 1 & 1 & 1 & \mathbf{I} \\ \lambda_1 & \lambda_2 & \lambda_4 & \mathbf{A} \\ \lambda_1^2 & \lambda_2^2 & \lambda_4^2 & \mathbf{A}^2 \\ \lambda_1^3 & \lambda_2^3 & \lambda_4^3 & \mathbf{A}^3 \end{vmatrix} - f(\lambda_2) \begin{vmatrix} 1 & 1 & 1 & \mathbf{I} \\ \lambda_1 & \lambda_3 & \lambda_4 & \mathbf{A} \\ \lambda_1^2 & \lambda_3^2 & \lambda_4^2 & \mathbf{A}^2 \\ \lambda_1^3 & \lambda_3^3 & \lambda_4^3 & \mathbf{A}^3 \end{vmatrix} +$$

$$f(\lambda_1) \begin{vmatrix} 1 & 1 & 1 & \mathbf{I} \\ \lambda_2 & \lambda_3 & \lambda_4 & \mathbf{A} \\ \lambda_2^2 & \lambda_3^2 & \lambda_4^2 & \mathbf{A}^2 \\ \lambda_2^3 & \lambda_3^3 & \lambda_4^3 & \mathbf{A}^3 \end{vmatrix}$$

由于　　$\begin{vmatrix} 1 & 1 & 1 & 1 \\ \lambda_1 & \lambda_2 & \lambda_3 & \lambda_4 \\ \lambda_1^2 & \lambda_2^2 & \lambda_3^2 & \lambda_4^2 \\ \lambda_1^3 & \lambda_2^3 & \lambda_3^3 & \lambda_4^3 \end{vmatrix} = (\lambda_4 - \lambda_3)(\lambda_4 - \lambda_2)(\lambda_4 - \lambda_1)(\lambda_3 - \lambda_2)(\lambda_3 - \lambda_1)(\lambda_2 - \lambda_1)$

且　　$\begin{vmatrix} 1 & 1 & 1 & \mathbf{I} \\ \lambda_i & \lambda_j & \lambda_k & \mathbf{A} \\ \lambda_i^2 & \lambda_j^2 & \lambda_k^2 & \mathbf{A}^2 \\ \lambda_i^3 & \lambda_j^3 & \lambda_k^3 & \mathbf{A}^3 \end{vmatrix} = (\mathbf{A} - \lambda_k\mathbf{I})(\mathbf{A} - \lambda_j\mathbf{I})(\mathbf{A} - \lambda_i\mathbf{I})(\lambda_k - \lambda_j)(\lambda_k - \lambda_i)(\lambda_j - \lambda_i)$

可得　　$\Delta = f(\mathbf{A})[(\lambda_4 - \lambda_3)(\lambda_4 - \lambda_2)(\lambda_4 - \lambda_1)(\lambda_3 - \lambda_2)(\lambda_3 - \lambda_1)(\lambda_2 - \lambda_1)] -$

$\qquad\qquad f(\lambda_4)[(\mathbf{A} - \lambda_3\mathbf{I})(\mathbf{A} - \lambda_2\mathbf{I})(\mathbf{A} - \lambda_1\mathbf{I})(\lambda_3 - \lambda_2)(\lambda_3 - \lambda_1)(\lambda_2 - \lambda_1)] +$

$\qquad\qquad f(\lambda_3)[(\mathbf{A} - \lambda_4\mathbf{I})(\mathbf{A} - \lambda_2\mathbf{I})(\mathbf{A} - \lambda_1\mathbf{I})(\lambda_4 - \lambda_2)(\lambda_4 - \lambda_1)(\lambda_2 - \lambda_1)] -$

$\qquad\qquad f(\lambda_2)[(\mathbf{A} - \lambda_4\mathbf{I})(\mathbf{A} - \lambda_3\mathbf{I})(\mathbf{A} - \lambda_1\mathbf{I})(\lambda_4 - \lambda_3)(\lambda_4 - \lambda_1)(\lambda_3 - \lambda_1)] +$

$\qquad\qquad f(\lambda_1)[(\mathbf{A} - \lambda_4\mathbf{I})(\mathbf{A} - \lambda_3\mathbf{I})(\mathbf{A} - \lambda_2\mathbf{I})(\lambda_4 - \lambda_3)(\lambda_4 - \lambda_2)(\lambda_3 - \lambda_2)]$

$\qquad\quad = \mathbf{0}$

对 $f(\mathbf{A})$ 解上述方程,可得

$$f(\mathbf{A}) = f(\lambda_1)\frac{(\mathbf{A} - \lambda_2\mathbf{I})(\mathbf{A} - \lambda_3\mathbf{I})(\mathbf{A} - \lambda_4\mathbf{I})}{(\lambda_1 - \lambda_2)(\lambda_1 - \lambda_3)(\lambda_1 - \lambda_4)} + f(\lambda_2)\frac{(\mathbf{A} - \lambda_1\mathbf{I})(\mathbf{A} - \lambda_3\mathbf{I})(\mathbf{A} - \lambda_4\mathbf{I})}{(\lambda_2 - \lambda_1)(\lambda_2 - \lambda_3)(\lambda_2 - \lambda_4)} +$$

$$f(\lambda_3)\frac{(\mathbf{A} - \lambda_1\mathbf{I})(\mathbf{A} - \lambda_2\mathbf{I})(\mathbf{A} - \lambda_4\mathbf{I})}{(\lambda_3 - \lambda_1)(\lambda_3 - \lambda_2)(\lambda_3 - \lambda_4)} + f(\lambda_4)\frac{(\mathbf{A} - \lambda_1\mathbf{I})(\mathbf{A} - \lambda_2\mathbf{I})(\mathbf{A} - \lambda_3\mathbf{I})}{(\lambda_4 - \lambda_1)(\lambda_4 - \lambda_2)(\lambda_4 - \lambda_3)}$$

$$= \sum_{k=1}^{m} f(\lambda_k)\frac{(\mathbf{A} - \lambda_1\mathbf{I})\cdots(\mathbf{A} - \lambda_{k-1}\mathbf{I})(\mathbf{A} - \lambda_{k+1}\mathbf{I})\cdots(\mathbf{A} - \lambda_m\mathbf{I})}{(\lambda_k - \lambda_1)\cdots(\lambda_k - \lambda_{k-1})(\lambda_k - \lambda_{k+1})\cdots(\lambda_k - \lambda_m)}$$

式中 $m = 4$。因此,我们证明了方程(9.102)和方程(9.103)的等价性。虽然这里假设 $m = 4$,但是上述所有论证均可扩展到任意正整数 m(对于矩阵 $\mathbf{A}$ 含有重特征值的情况,见例题 A.9.13)。

A. 9. 13 考虑方程(9.104)给出的西尔维斯特内插公式:

$$\begin{vmatrix} 1 & \lambda_1 & \lambda_1^2 & \cdots & \lambda_1^{m-1} & f(\lambda_1) \\ 1 & \lambda_2 & \lambda_2^2 & \cdots & \lambda_2^{m-1} & f(\lambda_2) \\ \cdot & \cdot & \cdot & & & \cdot \\ \cdot & \cdot & \cdot & & \cdot & \cdot \\ \cdot & \cdot & \cdot & & \cdot & \cdot \\ 1 & \lambda_m & \lambda_m^2 & \cdots & \lambda_m^{m-1} & f(\lambda_m) \\ \mathbf{I} & \mathbf{A} & \mathbf{A}^2 & \cdots & \mathbf{A}^{m-1} & f(\mathbf{A}) \end{vmatrix} = \mathbf{0}$$

这个确定 $f(\mathbf{A})$ 的公式适用于 $\mathbf{A}$ 的最小多项式只包含相异根的情况。

假设 $\mathbf{A}$ 的最小多项式含有重根,行列式中相应于重根的行变成相同的,因而必须修改方程(9.104)中的行列式。

当 $\mathbf{A}$ 的最小多项式含有重根时,需修改由方程(9.104)确定的西尔维斯特内插公式形式。在推导修改的行列式方程时,假设 $\mathbf{A}$ 的最小多项式有三个相等根($\lambda_1 = \lambda_2 = \lambda_3$),其他根($\lambda_4,\lambda_5,\cdots,\lambda_m$)相异。

解: 由于 $\mathbf{A}$ 的最小多项式含有三个相等根,所以可将最小多项式 $\phi(\lambda)$ 写为

$$\phi(\lambda) = \lambda^m + a_1\lambda^{m-1} + \cdots + a_{m-1}\lambda + a_m$$

$$= (\lambda - \lambda_1)^3(\lambda - \lambda_4)(\lambda - \lambda_5)\cdots(\lambda - \lambda_m)$$

$n \times n$ 维矩阵 $\mathbf{A}$ 的任意函数 $f(\mathbf{A})$ 可写为

$$f(\mathbf{A}) = g(\mathbf{A})\phi(\mathbf{A}) + \alpha(\mathbf{A})$$

式中,最小多项式 $\phi(\mathbf{A})$ 是 m 阶的, $\alpha(\mathbf{A})$ 是 $\mathbf{A}$ 的 $m - 1$ 阶或更低阶的多项式。因而

$$f(\lambda) = g(\lambda)\phi(\lambda) + \alpha(\lambda)$$

式中, $\alpha(\lambda)$ 是 λ 的 $m - 1$ 阶或更低阶的多项式。因此,它可以写为

$$\alpha(\lambda) = \alpha_0 + \alpha_1\lambda + \alpha_2\lambda^2 + \cdots + \alpha_{m-1}\lambda^{m-1} \tag{9.105}$$

在此情况中,有

$$f(\lambda) = g(\lambda)\phi(\lambda) + \alpha(\lambda)$$

$$= g(\lambda)[(\lambda - \lambda_1)^3(\lambda - \lambda_4)\cdots(\lambda - \lambda_m)] + \alpha(\lambda) \tag{9.106}$$

通过用 $\lambda_1,\lambda_4,\cdots,\lambda_m$ 替换方程(9.106)中的 λ,可得下列 $m - 2$ 个方程:

$$f(\lambda_1) = \alpha(\lambda_1)$$

$$f(\lambda_4) = \alpha(\lambda_4) \tag{9.107}$$

$$\vdots$$

$$f(\lambda_m) = \alpha(\lambda_m)$$

利用方程(9.106)对 λ 求导,可得

$$\frac{\mathrm{d}}{\mathrm{d}\lambda}f(\lambda) = (\lambda - \lambda_1)^2 h(\lambda) + \frac{\mathrm{d}}{\mathrm{d}\lambda}\alpha(\lambda) \tag{9.108}$$

式中，
$$(\lambda - \lambda_1)^2 h(\lambda) = \frac{\mathrm{d}}{\mathrm{d}\lambda}\big[g(\lambda)(\lambda - \lambda_1)^{3}(\lambda - \lambda_4)\cdots(\lambda - \lambda_m)\big]$$

在方程(9.108)中，用 λ_1 替代 λ，

$$\frac{\mathrm{d}}{\mathrm{d}\lambda}f(\lambda)\bigg|_{\lambda = \lambda_1} = f'(\lambda_1) = \frac{\mathrm{d}}{\mathrm{d}\lambda}\alpha(\lambda)\bigg|_{\lambda = \lambda_1}$$

参考方程(9.105)，上式变为

$$f'(\lambda_1) = \alpha_1 + 2\alpha_2\lambda_1 + \cdots + (m-1)\alpha_{m-1}\lambda_1^{m-2} \tag{9.109}$$

类似地，利用方程(9.106)对 λ 求二次导数，并用 λ_1 替代 λ，可得

$$\frac{\mathrm{d}^2}{\mathrm{d}^2\lambda}f(\lambda)\bigg|_{\lambda = \lambda_1} = f''(\lambda_1) = \frac{\mathrm{d}^2}{\mathrm{d}\lambda^2}\alpha(\lambda)\bigg|_{\lambda = \lambda_1}$$

上式可写为

$$f''(\lambda_1) = 2\alpha_2 + 6\alpha_3\lambda_1 + \cdots + (m-1)(m-2)\alpha_{m-1}\lambda_1^{m-3} \tag{9.110}$$

重新写出方程(9.110)、方程(9.109)和方程(9.107)，可得

$$\alpha_2 + 3\alpha_3\lambda_1 + \cdots + \frac{(m-1)(m-2)}{2}\alpha_{m-1}\lambda_1^{m-3} = \frac{f''(\lambda_1)}{2}$$

$$\alpha_1 + 2\alpha_2\lambda_1 + \cdots + (m-1)\alpha_{m-1}\lambda_1^{m-2} = f'(\lambda_1)$$

$$\alpha_0 + \alpha_1\lambda_1 + \alpha_2\lambda_1^2 + \cdots + \alpha_{m-1}\lambda_1^{m-1} = f(\lambda_1)$$

$$\alpha_0 + \alpha_1\lambda_4 + \alpha_2\lambda_4^2 + \cdots + \alpha_{m-1}\lambda_4^{m-1} = f(\lambda_4) \tag{9.111}$$

$$\vdots$$

$$\alpha_0 + \alpha_1\lambda_m + \alpha_2\lambda_m^2 + \cdots + \alpha_{m-1}\lambda_m^{m-1} = f(\lambda_m)$$

这 m 个联立方程确定了 $\alpha_k(k = 0,1,2,\cdots,m-1)$ 的值。注意，由于 $\phi(\mathbf{A})$ 是最小多项式，所以 $\phi(\mathbf{A}) = \mathbf{0}$。我们得到下面的 $f(\mathbf{A})$：

$$f(\mathbf{A}) = g(\mathbf{A})\phi(\mathbf{A}) + \alpha(\mathbf{A}) = \alpha(\mathbf{A})$$

因此，参照方程(9.105)有

$$f(\mathbf{A}) = \alpha(\mathbf{A}) = \alpha_0\mathbf{I} + \alpha_1\mathbf{A} + \alpha_2\mathbf{A}^2 + \cdots + \alpha_{m-1}\mathbf{A}^{m-1} \tag{9.112}$$

式中 α_k 的值是根据 $f(\lambda_1), f'(\lambda_1), f''(\lambda_1), f(\lambda_4), f(\lambda_5), \cdots, f(\lambda_m)$ 得到的。根据行列式方程，$f(\mathbf{A})$ 可通过解下列方程得到：

$$\begin{vmatrix} 0 & 0 & 1 & 3\lambda_1 & \cdots & \dfrac{(m-1)(m-2)}{2}\lambda_1^{m-3} & \dfrac{f''(\lambda_1)}{2} \\ 0 & 1 & 2\lambda_1 & 3\lambda_1^2 & \cdots & (m-1)\lambda_1^{m-2} & f'(\lambda_1) \\ 1 & \lambda_1 & \lambda_1^2 & \lambda_1^3 & \cdots & \lambda_1^{m-1} & f(\lambda_1) \\ 1 & \lambda_4 & \lambda_4^2 & \lambda_4^3 & \cdots & \lambda_4^{m-1} & f(\lambda_4) \\ \vdots & \vdots & \vdots & \vdots & & \vdots & \vdots \\ 1 & \lambda_m & \lambda_m^2 & \lambda_m^3 & \cdots & \lambda_m^{m-1} & f(\lambda_m) \\ \mathbf{I} & \mathbf{A} & \mathbf{A}^2 & \mathbf{A}^3 & \cdots & \mathbf{A}^{m-1} & f(\mathbf{A}) \end{vmatrix} = \mathbf{0} \tag{9.113}$$

方程(9.113)是以行列式形式表示的所希望的修正形式。这个方程给出了当 $\mathbf{A}$ 的最小多项式含有三个相同根时的西尔维斯特内插公式形式(在其他情况下，显然应对行列式形式进行必要的修改)。

A.9.14　用西尔维斯特内插公式计算 $e^{\mathbf{A}t}$，其中

$$\mathbf{A} = \begin{bmatrix} 2 & 1 & 4 \\ 0 & 2 & 0 \\ 0 & 3 & 1 \end{bmatrix}$$

解：参照例题 A.9.9，对矩阵 $\mathbf{A}$ 而言，特征多项式和最小多项式相同，其最小多项式(特征多项式)为

$$\phi(\lambda) = (\lambda - 2)^2(\lambda - 1)$$

注意，$\lambda_1 = \lambda_2 = 2$，$\lambda_3 = 1$。参照方程(9.112)，且注意到在本例中 $f(\mathbf{A})$ 为 $e^{\mathbf{A}t}$，有

$$e^{\mathbf{A}t} = \alpha_0(t)\mathbf{I} + \alpha_1(t)\mathbf{A} + \alpha_2(t)\mathbf{A}^2$$

式中 $\alpha_0(t)$、$\alpha_1(t)$ 和 $\alpha_2(t)$ 由下列方程确定：

$$\alpha_1(t) + 2\alpha_2(t)\lambda_1 = te^{\lambda_1 t}$$

$$\alpha_0(t) + \alpha_1(t)\lambda_1 + \alpha_2(t)\lambda_1^2 = e^{\lambda_1 t}$$

$$\alpha_0(t) + \alpha_1(t)\lambda_3 + \alpha_2(t)\lambda_3^2 = e^{\lambda_3 t}$$

将 $\lambda_1 = 2$ 和 $\lambda_3 = 1$ 代入这三个方程，得到

$$\alpha_1(t) + 4\alpha_2(t) = te^{2t}$$

$$\alpha_0(t) + 2\alpha_1(t) + 4\alpha_2(t) = e^{2t}$$

$$\alpha_0(t) + \alpha_1(t) + \alpha_2(t) = e^t$$

解出 $\alpha_0(t)$、$\alpha_1(t)$ 和 $\alpha_2(t)$，可得

$$\alpha_0(t) = 4e^t - 3e^{2t} + 2te^{2t}$$

$$\alpha_1(t) = -4e^t + 4e^{2t} - 3te^{2t}$$

$$\alpha_2(t) = e^t - e^{2t} + te^{2t}$$

因此，

$$e^{\mathbf{A}t} = \left(4e^t - 3e^{2t} + 2te^{2t}\right)\begin{bmatrix} 1 & 0 & 0 \\ 0 & 1 & 0 \\ 0 & 0 & 1 \end{bmatrix} + \left(-4e^t + 4e^{2t} - 3te^{2t}\right)\begin{bmatrix} 2 & 1 & 4 \\ 0 & 2 & 0 \\ 0 & 3 & 1 \end{bmatrix} +$$

$$\left(e^t - e^{2t} + te^{2t}\right)\begin{bmatrix} 4 & 16 & 12 \\ 0 & 4 & 0 \\ 0 & 9 & 1 \end{bmatrix} = \begin{bmatrix} e^{2t} & 12e^t - 12e^{2t} + 13te^{2t} & -4e^t + 4e^{2t} \\ 0 & e^{2t} & 0 \\ 0 & -3e^t + 3e^{2t} & e^t \end{bmatrix}$$

A.9.15　已知系统的描述方程为

$$\dot{\mathbf{x}} = \mathbf{A}\mathbf{x} + \mathbf{B}\mathbf{u} \tag{9.114}$$

$$\mathbf{y} = \mathbf{C}\mathbf{x} \tag{9.115}$$

式中，$\mathbf{x}$ 为状态向量(n 维向量)，$\mathbf{u}$ 为控制向量(r 维向量)，$\mathbf{y}$ 为输出向量(m 维向量，$m \leqslant n$)，$\mathbf{A}$ 为 $n \times n$ 维矩阵，$\mathbf{B}$ 为 $n \times r$ 维矩阵，$\mathbf{C}$ 为 $m \times n$ 维矩阵。

试证明当且仅当下列 $m \times nr$ 维矩阵

$$\mathbf{P} = \begin{bmatrix} \mathbf{CB} & \vdots & \mathbf{CAB} & \vdots & \mathbf{CA}^2\mathbf{B} & \vdots & \cdots & \vdots & \mathbf{CA}^{n-1}\mathbf{B} \end{bmatrix}$$

的秩为 m 时，该系统才是输出完全可控的(注意，状态完全可控性对于输出完全可控性既不是必要的，也不是充分的)。

解：设系统是输出可控的，并设在有限的时间间隔 $0 \leqslant t \leqslant T$ 内，由任一初始输出 $\mathbf{y}(0)$ 出发的输出 $\mathbf{y}(t)$ 可转移到输出空间的原点，即

$$\mathbf{y}(T) = \mathbf{C}\mathbf{x}(T) = \mathbf{0} \tag{9.116}$$

因为方程(9.114)的解为

$$\mathbf{x}(t) = e^{\mathbf{A}t}\left[\mathbf{x}(0) + \int_0^t e^{-\mathbf{A}\tau}\mathbf{B}\mathbf{u}(\tau)\,d\tau\right]$$

在 $t = T$ 时，有

$$\mathbf{x}(T) = e^{\mathbf{A}T}\left[\mathbf{x}(0) + \int_0^T e^{-\mathbf{A}\tau}\mathbf{B}\mathbf{u}(\tau)\mathrm{d}\tau\right] \tag{9.117}$$

将方程(9.117)代入方程(9.116)，得

$$\mathbf{y}(T) = \mathbf{C}\mathbf{x}(T)$$

$$= \mathbf{C}e^{\mathbf{A}T}\left[\mathbf{x}(0) + \int_0^T e^{-\mathbf{A}\tau}\mathbf{B}\mathbf{u}(\tau)\mathrm{d}\tau\right] = \mathbf{0} \tag{9.118}$$

另一方面，$\mathbf{y}(0) = \mathbf{C}\mathbf{x}(0)$。应注意，输出完全可控性意味着向量 $\mathbf{C}\mathbf{x}(0)$ 张成 m 维输出空间。由于 $e^{\mathbf{A}t}$ 是非奇异的，所以如果 $\mathbf{C}\mathbf{x}(0)$ 张成 m 维输出空间，则 $\mathbf{C}e^{\mathbf{A}T}\mathbf{x}(0)$ 也如此，反之亦然。由方程(9.118)可得

$$\mathbf{C}e^{\mathbf{A}T}\mathbf{x}(0) = -\mathbf{C}e^{\mathbf{A}T}\int_0^T e^{-\mathbf{A}\tau}\mathbf{B}\mathbf{u}(\tau)\mathrm{d}\tau$$

$$= -\mathbf{C}\int_0^T e^{\mathbf{A}\tau}\mathbf{B}\mathbf{u}(T - \tau)\mathrm{d}\tau$$

注意 $\int_0^T e^{\mathbf{A}\tau}\mathbf{B}\mathbf{u}(T - \tau)\mathrm{d}\tau$ 可表示为 $\mathbf{A}^i\mathbf{B}_j$ 的和，即

$$\int_0^T e^{\mathbf{A}\tau}\mathbf{B}\mathbf{u}(T - \tau)\mathrm{d}\tau = \sum_{i=0}^{p-1}\sum_{j=1}^r \gamma_{ij}\mathbf{A}^i\mathbf{B}_j$$

式中，

$$\gamma_{ij} = \int_0^T \alpha_i(\tau)u_j(T - \tau)\mathrm{d}\tau \quad \textbf{(为纯量)}$$

且 $\alpha_i(\tau)$ 满足

$$e^{\mathbf{A}\tau} = \sum_{i=0}^{p-1}\alpha_i(\tau)\mathbf{A}^i \quad (p\text{ 为 }\mathbf{A}\text{ 的最小多项式的阶次})$$

$\mathbf{B}_j$ 是 $\mathbf{B}$ 的第 j 列。因此，可将 $\mathbf{C}e^{\mathbf{A}T}\mathbf{x}(0)$ 写为

$$\mathbf{C}e^{\mathbf{A}T}\mathbf{x}(0) = -\sum_{i=0}^{p-1}\sum_{j=1}^r \gamma_{ij}\mathbf{C}\mathbf{A}^i\mathbf{B}_j$$

由上式可见，$\mathbf{C}e^{\mathbf{A}T}\mathbf{x}(0)$ 是 $\mathbf{C}\mathbf{A}^i\mathbf{B}_j(i = 0,1,2,\cdots,p-1; j = 1,2,\cdots,r)$ 的线性组合。注意，如果

$$\mathbf{Q} = \begin{bmatrix}\mathbf{CB} & \vdots & \mathbf{CAB} & \vdots & \mathbf{CA}^2\mathbf{B} & \vdots & \cdots & \vdots & \mathbf{CA}^{p-1}\mathbf{B}\end{bmatrix} \quad (p \leqslant n)$$

的秩为 m，则矩阵 $\mathbf{P}$ 的秩也为 m，反之亦然(如果 $p = n$，那么这是显然的；如果 $p < n$，那么 $\mathbf{CA}^h\mathbf{B}_j(p \leqslant h \leqslant n - 1)$ 与 $\mathbf{CB}_j,\mathbf{CAB}_j,\cdots,\mathbf{CA}^{p-1}\mathbf{B}_j$ 线性相关。因此，$\mathbf{P}$ 的秩等于 $\mathbf{Q}$ 的秩)。如果 $\mathbf{P}$ 的秩为 m，那么 $\mathbf{C}e^{\mathbf{A}T}\mathbf{x}(0)$ 张成 m 维输出空间。这意味着，如果 $\mathbf{P}$ 的秩为 m，那么 $\mathbf{C}\mathbf{x}(0)$ 也张成 m 维输出空间。因而系统是输出完全可控的。

相反地，假设系统是输出完全可控的。但 $\mathbf{P}$ 的秩为 k，其中 $k < m$，则可转移到输出空间原点的所有初始输出的集合是 k 维空间，因此这个集合的维数小于 m。这与系统是输出完全可控的假设相矛盾。这就完成了证明。

注意，还可立即证明，在由方程(9.114)和方程(9.115)描述的系统中，当且仅当 $\mathbf{C}$ 的 m 行向量线性无关时，在 $0 \leqslant t \leqslant T$ 内的状态完全可控性才意味着在 $0 \leqslant t \leqslant T$ 内的输出完全可控性。

A.9.16　讨论下列系统的状态可控性：

$$\begin{bmatrix}\dot{x}_1 \\ \dot{x}_2\end{bmatrix} = \begin{bmatrix}-3 & 1 \\ -2 & 1.5\end{bmatrix}\begin{bmatrix}x_1 \\ x_2\end{bmatrix} + \begin{bmatrix}1 \\ 4\end{bmatrix}u \tag{9.119}$$

解：对于该系统，　　　　　　　$\mathbf{A} = \begin{bmatrix}-3 & 1 \\ -2 & 1.5\end{bmatrix}, \quad \mathbf{B} = \begin{bmatrix}1 \\ 4\end{bmatrix}$

因为　　　　　　　　　　　　$\mathbf{AB} = \begin{bmatrix}-3 & 1 \\ -2 & 1.5\end{bmatrix}\begin{bmatrix}1 \\ 4\end{bmatrix} = \begin{bmatrix}1 \\ 4\end{bmatrix}$

可见向量 **B** 和 **AB** 不是线性无关的，并且矩阵 $[\mathbf{B} \vdots \mathbf{AB}]$ 的秩为 1。因此，该系统不是状态完全可控的。事实上，从方程(9.119)或者下面的联立方程：

$$\dot{x}_1 = -3x_1 + x_2 + u$$

$$\dot{x}_2 = -2x_1 + 1.5x_2 + 4u$$

中消去 x_2，可得到

$$\ddot{x}_1 + 1.5\dot{x}_1 - 2.5x_1 = \dot{u} + 2.5u$$

或者表示为传递函数形式

$$\frac{X_1(s)}{U(s)} = \frac{s + 2.5}{(s + 2.5)(s - 1)}$$

注意，在传递函数的分子和分母中出现了相约因子 $(s + 2.5)$。由于相约，所以系统是状态不完全可控的。这是一个不稳定的系统。应记住，稳定性和可控性是完全不同的两个概念。有许多系统是不稳定的，但却是状态完全可控的。

A. 9. 17　一个以可控标准形式给出的系统的状态空间表达式为

$$\begin{bmatrix} \dot{x}_1 \\ \dot{x}_2 \end{bmatrix} = \begin{bmatrix} 0 & 1 \\ -0.4 & -1.3 \end{bmatrix} \begin{bmatrix} x_1 \\ x_2 \end{bmatrix} + \begin{bmatrix} 0 \\ 1 \end{bmatrix} u \tag{9.120}$$

$$y = \begin{bmatrix} 0.8 & 1 \end{bmatrix} \begin{bmatrix} x_1 \\ x_2 \end{bmatrix} \tag{9.121}$$

同一个系统的可观测标准形的状态空间表达式为

$$\begin{bmatrix} \dot{x}_1 \\ \dot{x}_2 \end{bmatrix} = \begin{bmatrix} 0 & -0.4 \\ 1 & -1.3 \end{bmatrix} \begin{bmatrix} x_1 \\ x_2 \end{bmatrix} + \begin{bmatrix} 0.8 \\ 1 \end{bmatrix} u \tag{9.122}$$

$$y = \begin{bmatrix} 0 & 1 \end{bmatrix} \begin{bmatrix} x_1 \\ x_2 \end{bmatrix} \tag{9.123}$$

试证明：方程(9.120)和方程(9.121)给定的状态空间表达式，给出了一个状态可控但不可观测的系统。另一方面，证明方程(9.122)和方程(9.123)所定义的状态空间表达式，给出了一个状态不完全可控但却可观测的系统。试解释是什么原因引起了同一系统可控性和可观测性之间的这种显著差别。

解：考虑由方程(9.120)和方程(9.121)定义的系统。可控性矩阵

$$[\mathbf{B} \vdots \mathbf{AB}] = \begin{bmatrix} 0 & 1 \\ 1 & -1.3 \end{bmatrix}$$

的秩为 2，因此该系统是状态完全可控的。可观测矩阵

$$[\mathbf{C}^* \vdots \mathbf{A}^*\mathbf{C}^*] = \begin{bmatrix} 0.8 & -0.4 \\ 1 & -0.5 \end{bmatrix}$$

的秩为 1，因此该系统是不可观测的。

其次考虑由方程(9.122)和方程(9.123)定义的系统。可控性矩阵

$$[\mathbf{B} \vdots \mathbf{AB}] = \begin{bmatrix} 0.8 & -0.4 \\ 1 & -0.5 \end{bmatrix}$$

的秩为 1，因此该系统是状态不完全可控的。可观测性矩阵

$$[\mathbf{C}^* \vdots \mathbf{A}^*\mathbf{C}^*] = \begin{bmatrix} 0 & 1 \\ 1 & -1.3 \end{bmatrix}$$

的秩为 2，因此该系统是可观测的。

同一个系统的可控性和可观测性之间的明显差异，是因为原系统的传递函数中有零-极点相约。参照方程(2.29)，当 $D = 0$ 时有

$$G(s) = \mathbf{C}(s\mathbf{I} - \mathbf{A})^{-1}\mathbf{B}$$

结合方程(9.120)和方程(9.121)，有

$$G(s) = \begin{bmatrix} 0.8 & 1 \end{bmatrix} \begin{bmatrix} s & -1 \\ 0.4 & s + 1.3 \end{bmatrix}^{-1} \begin{bmatrix} 0 \\ 1 \end{bmatrix}$$

$$= \frac{1}{s^2 + 1.3s + 0.4} \begin{bmatrix} 0.8 & 1 \end{bmatrix} \begin{bmatrix} s + 1.3 & 1 \\ -0.4 & s \end{bmatrix} \begin{bmatrix} 0 \\ 1 \end{bmatrix}$$

$$= \frac{s + 0.8}{(s + 0.8)(s + 0.5)}$$

注意，同样的传递函数也可利用方程(9.122)和方程(9.123)获得。显然，在该传递函数中有相约现象发生。

如果在传递函数中有零-极点相约现象，则可控性和可观测性的变化取决于状态变量的选取。应记住，为使系统既是状态完全可控又是可观测的，传递函数中必须没有任何零-极点相约。

A. 9. 18 已知由下列状态空间表达式定义的系统：

$$\dot{\mathbf{x}} = \mathbf{A}\mathbf{x}$$

$$\mathbf{y} = \mathbf{C}\mathbf{x}$$

式中，$\mathbf{x}$ 为状态向量（n 维向量），$\mathbf{y}$ 为输出向量（m 维向量，$m \le n$），$\mathbf{A}$ 为 $n \times n$ 维矩阵，$\mathbf{C}$ 为 $m \times n$ 维矩阵。

试证明当且仅当下列 $mn \times n$ 维矩阵 $\mathbf{P}$

$$\mathbf{P} = \begin{bmatrix} \mathbf{C} \\ \mathbf{CA} \\ \cdot \\ \cdot \\ \cdot \\ \mathbf{CA}^{n-1} \end{bmatrix}$$

的秩为 n 时，该系统才是完全可观测的。

解： 首先求证其必要条件。设　　　　　　　　　rank $\mathbf{P} < n$

那么存在 $\mathbf{x(0)}$，使得　　　　　　　　　　　$\mathbf{Px(0)} = \mathbf{0}$

即　　　$$\mathbf{Px}(0) = \begin{bmatrix} \mathbf{C} \\ \mathbf{CA} \\ \cdot \\ \cdot \\ \cdot \\ \mathbf{CA}^{n-1} \end{bmatrix} \mathbf{x}(0) = \begin{bmatrix} \mathbf{Cx}(0) \\ \mathbf{CAx}(0) \\ \cdot \\ \cdot \\ \cdot \\ \mathbf{CA}^{n-1}\mathbf{x}(0) \end{bmatrix} = \mathbf{0}$$

因此，对某一 $\mathbf{x}(0)$，得到　　　　$\mathbf{CA}^i\mathbf{x}(0) = \mathbf{0}, \qquad i = 0, 1, 2, \cdots, n - 1$

注意到由方程(9.48)或者方程(9.50)，可得

$$e^{\mathbf{A}t} = \alpha_0(t)\mathbf{I} + \alpha_1(t)\mathbf{A} + \alpha_2(t)\mathbf{A}^2 + \cdots + \alpha_{m-1}(t)\mathbf{A}^{m-1}$$

式中的 $m(m \le n)$ 为 $\mathbf{A}$ 的最小多项式的阶次。因此，对某一 $\mathbf{x}(0)$，有

$$\mathbf{C}e^{\mathbf{A}t}\mathbf{x}(0) = \mathbf{C}\big[\alpha_0(t)\mathbf{I} + \alpha_1(t)\mathbf{A} + \alpha_2(t)\mathbf{A}^2 + \cdots + \alpha_{m-1}(t)\mathbf{A}^{m-1}\big]\mathbf{x}(0) = \mathbf{0}$$

从而对某一 $\mathbf{x}(0)$ 有　　　　　　　　$\mathbf{y}(t) = \mathbf{Cx}(t) = \mathbf{C}e^{\mathbf{A}t}\mathbf{x}(0) = \mathbf{0}$

这意味着，对某一 $\mathbf{x}(0)$，$\mathbf{x}(0)$ 不可能由 $\mathbf{y}(t)$ 确定。因此，矩阵 $\mathbf{P}$ 的秩必须等于 n。

再求证其充分条件。设 rank $\mathbf{P} = n$。由于　$\mathbf{y}(t) = \mathbf{C}e^{\mathbf{A}t}\mathbf{x}(0)$

上式两端都左乘 $e^{\mathbf{A}^*t}\mathbf{C}^*$，得　　　　$e^{\mathbf{A}^*t}\mathbf{C}^*\mathbf{y}(t) = e^{\mathbf{A}^*t}\mathbf{C}^*\mathbf{C}e^{\mathbf{A}t}\mathbf{x}(0)$

如果将上式从 0 积分到 t，得到

$$\int_0^t e^{\mathbf{A}^*t}\mathbf{C}^*\mathbf{y}(t)\,\mathrm{d}t = \int_0^t e^{\mathbf{A}^*t}\mathbf{C}^*\mathbf{C}e^{\mathbf{A}t}\mathbf{x}(0)\,\mathrm{d}t \tag{9.124}$$

注意到此方程左边为一个已知量。定义

$$\mathbf{Q}(t) = \int_0^t e^{\mathbf{A}^*t} \mathbf{C}^* \mathbf{y}(t)\, dt = \text{已知量} \qquad (9.125)$$

则由方程(9.124)和方程(9.125),有

$$\mathbf{Q}(t) = \mathbf{W}(t)\mathbf{x}(0) \qquad (9.126)$$

式中,

$$\mathbf{W}(t) = \int_0^t e^{\mathbf{A}^*\tau} \mathbf{C}^* \mathbf{C} e^{\mathbf{A}\tau}\, d\tau$$

下面证明 $\mathbf{W}(t)$ 是非奇异矩阵。如果 $|\mathbf{W}(t)| = 0$,则

$$\mathbf{x}^* \mathbf{W}(t_1)\mathbf{x} = \int_0^{t_1} \|\mathbf{C} e^{\mathbf{A}t}\mathbf{x}\|^2\, dt = 0$$

这说明

$$\mathbf{C} e^{\mathbf{A}t}\mathbf{x} = \mathbf{0}, \qquad 0 \leqslant t \leqslant t_1$$

这意味着 rank $\mathbf{P} < n$ 。因此, $|\mathbf{W}(t)| \neq 0$,即 $\mathbf{W}(t)$ 是非奇异的。其次,由方程(9.126)得到

$$\mathbf{x}(0) = \big[\mathbf{W}(t)\big]^{-1} \mathbf{Q}(t) \qquad (9.127)$$

于是 $\mathbf{x}(0)$ 可由方程(9.127)确定。

因此证明了:当且仅当 rank $\mathbf{P} = n$ 时, $\mathbf{x}(0)$ 可由 $\mathbf{y}(t)$ 确定。注意, $\mathbf{x}(0)$ 和 $\mathbf{y}(t)$ 有下列关系:

$$\mathbf{y}(t) = \mathbf{C} e^{\mathbf{A}t}\mathbf{x}(0) = \alpha_0(t)\mathbf{C}\mathbf{x}(0) + \alpha_1(t)\mathbf{C}\mathbf{A}\mathbf{x}(0) + \cdots + \alpha_{n-1}(t)\mathbf{C}\mathbf{A}^{n-1}\mathbf{x}(0)$$

习题

B.9.1 考虑传递函数系统:

$$\frac{Y(s)}{U(s)} = \frac{s + 6}{s^2 + 5s + 6}$$

试求该系统状态空间的(a)可控标准形和(b)可观测标准形。

B.9.2 考虑由下式定义的系统:

$$\dddot{y} + 6\ddot{y} + 11\dot{y} + 6y = 6u$$

试求该系统状态空间的对角线标准形。

B.9.3 考虑由下式定义的系统:

$$\dot{\mathbf{x}} = \mathbf{A}\mathbf{x} + \mathbf{B}u$$

$$y = \mathbf{C}\mathbf{x}$$

式中

$$\mathbf{A} = \begin{bmatrix} 1 & 2 \\ -4 & -3 \end{bmatrix}, \qquad \mathbf{B} = \begin{bmatrix} 1 \\ 2 \end{bmatrix}, \qquad \mathbf{C} = \begin{bmatrix} 1 & 1 \end{bmatrix}$$

试将该系统的方程变换为可控标准形。

B.9.4 考虑由下式定义的系统:

$$\dot{\mathbf{x}} = \mathbf{A}\mathbf{x} + \mathbf{B}u$$

$$y = \mathbf{C}\mathbf{x}$$

式中

$$\mathbf{A} = \begin{bmatrix} -1 & 0 & 1 \\ 1 & -2 & 0 \\ 0 & 0 & -3 \end{bmatrix}, \qquad \mathbf{B} = \begin{bmatrix} 0 \\ 0 \\ 1 \end{bmatrix}, \qquad \mathbf{C} = \begin{bmatrix} 1 & 1 & 0 \end{bmatrix}$$

试求其传递函数 $Y(s)/U(s)$ 。

B.9.5 考虑矩阵:

$$\mathbf{A} = \begin{bmatrix} 0 & 1 & 0 & 0 \\ 0 & 0 & 1 & 0 \\ 0 & 0 & 0 & 1 \\ 1 & 0 & 0 & 0 \end{bmatrix}$$

试求矩阵 $\mathbf{A}$ 的特征值 $\lambda_1, \lambda_2, \lambda_3$ 和 λ_4。再求变换矩阵 $\mathbf{P}$，使得

$$\mathbf{P}^{-1}\mathbf{A}\mathbf{P} = \operatorname{diag}(\lambda_1, \lambda_2, \lambda_3, \lambda_4)$$

B. 9. 6　考虑下列矩阵：

$$\mathbf{A} = \begin{bmatrix} 0 & 1 \\ -2 & -3 \end{bmatrix}$$

试用三种方法计算 $e^{\mathbf{A}t}$。

B. 9. 7　给定系统方程为

$$\begin{bmatrix} \dot{x}_1 \\ \dot{x}_2 \\ \dot{x}_3 \end{bmatrix} = \begin{bmatrix} 2 & 1 & 0 \\ 0 & 2 & 1 \\ 0 & 0 & 2 \end{bmatrix} \begin{bmatrix} x_1 \\ x_2 \\ x_3 \end{bmatrix}$$

试求基于初始条件 $x_1(0)$、$x_2(0)$ 和 $x_3(0)$ 的解。

B. 9. 8　试求下列描述的系统的 $x_1(t)$ 和 $x_2(t)$：

$$\begin{bmatrix} \dot{x}_1 \\ \dot{x}_2 \end{bmatrix} = \begin{bmatrix} 0 & 1 \\ -3 & -2 \end{bmatrix} \begin{bmatrix} x_1 \\ x_2 \end{bmatrix}$$

式中的初始条件为

$$\begin{bmatrix} x_1(0) \\ x_2(0) \end{bmatrix} = \begin{bmatrix} 1 \\ -1 \end{bmatrix}$$

B. 9. 9　考虑下列状态方程和输出方程：

$$\begin{bmatrix} \dot{x}_1 \\ \dot{x}_2 \\ \dot{x}_3 \end{bmatrix} = \begin{bmatrix} -6 & 1 & 0 \\ -11 & 0 & 1 \\ -6 & 0 & 0 \end{bmatrix} \begin{bmatrix} x_1 \\ x_2 \\ x_3 \end{bmatrix} + \begin{bmatrix} 2 \\ 6 \\ 2 \end{bmatrix} u$$

$$y = \begin{bmatrix} 1 & 0 & 0 \end{bmatrix} \begin{bmatrix} x_1 \\ x_2 \\ x_3 \end{bmatrix}$$

试证明：通过采用适当的变换矩阵，状态方程可转换为下列形式：

$$\begin{bmatrix} \dot{z}_1 \\ \dot{z}_2 \\ \dot{z}_3 \end{bmatrix} = \begin{bmatrix} 0 & 0 & -6 \\ 1 & 0 & -11 \\ 0 & 1 & -6 \end{bmatrix} \begin{bmatrix} z_1 \\ z_2 \\ z_3 \end{bmatrix} + \begin{bmatrix} 1 \\ 0 \\ 0 \end{bmatrix} u$$

求基于 z_1、z_2 和 z_3 的输出 y。

B. 9. 10　试用 MATLAB 求下列系统的状态空间表达式：

$$\frac{Y(s)}{U(s)} = \frac{10.4s^2 + 47s + 160}{s^3 + 14s^2 + 56s + 160}$$

B. 9. 11　试用 MATLAB 求下列系统的传递函数表达式：

$$\begin{bmatrix} \dot{x}_1 \\ \dot{x}_2 \\ \dot{x}_3 \end{bmatrix} = \begin{bmatrix} 0 & 1 & 0 \\ -1 & -1 & 0 \\ 1 & 0 & 0 \end{bmatrix} \begin{bmatrix} x_1 \\ x_2 \\ x_3 \end{bmatrix} + \begin{bmatrix} 0 \\ 1 \\ 0 \end{bmatrix} u$$

$$y = \begin{bmatrix} 0 & 0 & 1 \end{bmatrix} \begin{bmatrix} x_1 \\ x_2 \\ x_3 \end{bmatrix}$$

B. 9. 12　试用 MATLAB 求下列系统的传递函数表达式：

$$\begin{bmatrix} \dot{x}_1 \\ \dot{x}_2 \\ \dot{x}_3 \end{bmatrix} = \begin{bmatrix} 2 & 1 & 0 \\ 0 & 2 & 0 \\ 0 & 1 & 3 \end{bmatrix} \begin{bmatrix} x_1 \\ x_2 \\ x_3 \end{bmatrix} + \begin{bmatrix} 0 & 1 \\ 1 & 0 \\ 0 & 1 \end{bmatrix} \begin{bmatrix} u_1 \\ u_2 \end{bmatrix}$$

$$y = \begin{bmatrix} 1 & 0 & 0 \end{bmatrix} \begin{bmatrix} x_1 \\ x_2 \\ x_3 \end{bmatrix}$$

B. 9. 13 考虑由

$$\begin{bmatrix} \dot{x}_1 \\ \dot{x}_2 \\ \dot{x}_3 \end{bmatrix} = \begin{bmatrix} -1 & -2 & -2 \\ 0 & -1 & 1 \\ 1 & 0 & -1 \end{bmatrix} \begin{bmatrix} x_1 \\ x_2 \\ x_3 \end{bmatrix} + \begin{bmatrix} 2 \\ 0 \\ 1 \end{bmatrix} u$$

$$y = \begin{bmatrix} 1 & 1 & 0 \end{bmatrix} \begin{bmatrix} x_1 \\ x_2 \\ x_3 \end{bmatrix}$$

定义的系统。试问该系统是状态完全可控和完全可观测的吗?

B. 9. 14 考虑由

$$\begin{bmatrix} \dot{x}_1 \\ \dot{x}_2 \\ \dot{x}_3 \end{bmatrix} = \begin{bmatrix} 2 & 0 & 0 \\ 0 & 2 & 0 \\ 0 & 3 & 1 \end{bmatrix} \begin{bmatrix} x_1 \\ x_2 \\ x_3 \end{bmatrix} + \begin{bmatrix} 0 & 1 \\ 1 & 0 \\ 0 & 1 \end{bmatrix} \begin{bmatrix} u_1 \\ u_2 \end{bmatrix}$$

$$\begin{bmatrix} y_1 \\ y_2 \end{bmatrix} = \begin{bmatrix} 1 & 0 & 0 \\ 0 & 1 & 0 \end{bmatrix} \begin{bmatrix} x_1 \\ x_2 \\ x_3 \end{bmatrix}$$

确定的系统。该系统是状态完全可控和完全可观测的吗? 该系统是输出完全可控的吗?

B. 9. 15 下列系统

$$\begin{bmatrix} \dot{x}_1 \\ \dot{x}_2 \\ \dot{x}_3 \end{bmatrix} = \begin{bmatrix} 0 & 1 & 0 \\ 0 & 0 & 1 \\ -6 & -11 & -6 \end{bmatrix} \begin{bmatrix} x_1 \\ x_2 \\ x_3 \end{bmatrix} + \begin{bmatrix} 0 \\ 0 \\ 1 \end{bmatrix} u$$

$$y = \begin{bmatrix} 20 & 9 & 1 \end{bmatrix} \begin{bmatrix} x_1 \\ x_2 \\ x_3 \end{bmatrix}$$

是状态完全可控和完全可观测的吗?

B. 9. 16 考虑由

$$\begin{bmatrix} \dot{x}_1 \\ \dot{x}_2 \\ \dot{x}_3 \end{bmatrix} = \begin{bmatrix} 0 & 1 & 0 \\ 0 & 0 & 1 \\ -6 & -11 & -6 \end{bmatrix} \begin{bmatrix} x_1 \\ x_2 \\ x_3 \end{bmatrix} + \begin{bmatrix} 0 \\ 0 \\ 1 \end{bmatrix} u$$

$$y = \begin{bmatrix} c_1 & c_2 & c_3 \end{bmatrix} \begin{bmatrix} x_1 \\ x_2 \\ x_3 \end{bmatrix}$$

定义的系统。除了明显地选择 $c_1 = c_2 = c_3 = 0$ 外,试找出使得该系统不可观测的一组 c_1, c_2 和 c_3。

B. 9. 17 考虑系统

$$\begin{bmatrix} \dot{x}_1 \\ \dot{x}_2 \\ \dot{x}_3 \end{bmatrix} = \begin{bmatrix} 2 & 0 & 0 \\ 0 & 2 & 0 \\ 0 & 3 & 1 \end{bmatrix} \begin{bmatrix} x_1 \\ x_2 \\ x_3 \end{bmatrix}$$

其输出为

$$y = \begin{bmatrix} 1 & 1 & 1 \end{bmatrix} \begin{bmatrix} x_1 \\ x_2 \\ x_3 \end{bmatrix}$$

(a) 证明该系统不是完全可观测的。

(b) 如果其输出由

$$\begin{bmatrix} y_1 \\ y_2 \end{bmatrix} = \begin{bmatrix} 1 & 1 & 1 \\ 1 & 2 & 3 \end{bmatrix} \begin{bmatrix} x_1 \\ x_2 \\ x_3 \end{bmatrix}$$

给出,证明该系统是完全可观测的。

第 10 章　控制系统的状态空间设计

本章要点

本章 10.1 节介绍基础知识。10.2 节讨论控制系统设计中的极点配置方法，首先推导任意配置极点的必要和充分条件，然后导出用于极点配置的状态反馈增益矩阵 **K** 的方程。10.3 节介绍用 MATLAB 求解极点配置问题。10.4 节讨论利用极点配置方法设计伺服系统。10.5 节介绍状态观测器，讨论全阶和最小阶状态观测器，此外还将导出观测器控制器的传递函数。10.6 节介绍带观测器的调节器系统的设计。10.7 节研究带观测器的控制系统设计。10.8 节讨论二次型最佳调节器系统。应当指出，状态反馈增益矩阵 **K** 既可以利用极点配置方法求得，也可以利用二次型最佳控制方法求得。最后，10.9 节介绍鲁棒控制系统，这里的讨论仅限于初步知识。

10.1　引言

本章讨论的状态空间设计方法，是基于极点配置方法、观测器、二次型最佳调节器系统和鲁棒控制系统初步知识之上的。极点配置方法在某种程度上类似于根轨迹法，它们都是把闭环极点配置到希望的位置上。它们的基本区别是：根轨迹法设计只把主导闭环极点配置到希望的位置，而极点配置设计则是把所有的闭环极点都配置到希望的位置。

我们将从介绍调节器系统极点配置的基础知识开始。然后讨论状态观测器的设计，接着介绍调节器系统的设计和利用极点配置与状态观测器方法的控制系统设计。最后，介绍鲁棒控制系统初步知识。

10.2　极点配置

本节将介绍通常称为极点配置的方法。假设所有状态变量都是可观测的并且可以用于状态反馈。这里将证明，如果所考虑的系统是状态完全可控的，那么可通过一个适当的状态反馈增益矩阵，利用状态反馈方法，将闭环系统的极点配置到任意期望的位置。

本节介绍的设计方法，是根据瞬态响应和/或频率响应的要求，例如速度、阻尼比或者带宽以及稳态要求，确定所期望的闭环极点。

假设所期望的闭环极点位于 $s = \mu_1$, $s = \mu_2$, $\cdots$, $s = \mu_n$。如果原系统是状态完全可控的，那么可以通过选取一个适当的状态反馈增益矩阵，使系统具有的闭环极点位于期望的位置上。

这一章只限于讨论单输入-单输出系统。这就是说，假设控制信号 $u(t)$ 和输出信号 $y(t)$ 为纯量。在本节的推导中，假设参考输入 $r(t)$ 为零[10.7 节将讨论参考输入 $r(t)$ 不为零的情况]。

下面，证明在 s 平面上将一个系统的闭环极点配置到任意位置的充分必要条件，是该系统状态完全可控。然后，还将讨论确定所需状态反馈增益矩阵的方法。

应注意，当控制信号是向量时，极点配置方案的数学表达式变得很复杂。因此，在本书中不讨论这种情况(当控制信号是向量时，状态反馈增益矩阵不是唯一的。有可能自由地选择 n 个以上的参数，也就是说，除了可以适当地配置 n 个闭环极点以外，如果闭环系统还有其他需求，也可满足其中部分或全部要求)。

10.2.1　极点配置设计

在单输入-单输出控制系统的经典设计方法中,可以设计一个控制器(补偿器),使得该系统的主导闭环极点具有所期望的阻尼比 ζ 和无阻尼自然频率 ω_n 。在此方法中,系统的阶次可能增加 1 次或者 2 次,除非有零-极点相约现象发生。注意,在此方法中,假设非主导闭环极点对系统响应的影响可忽略不计。

与只关注主导闭环极点(经典设计方法)不同,这里所介绍的极点配置方法是关注所有的闭环极点(当然,配置所有闭环极点是有代价的。这是因为配置所有闭环极点需要有效地测量所有状态变量,否则需要在系统中包括状态观测器)。此外,把闭环极点配置到任意所选位置时,还有来自对系统方面的要求,这种要求是系统状态完全可控。本节将证明这些内容。

考虑控制系统

$$\dot{\mathbf{x}} = \mathbf{A}\mathbf{x} + \mathbf{B}u \tag{10.1}$$
$$y = \mathbf{C}\mathbf{x} + Du$$

式中, $\mathbf{x}$ 为状态向量(n 维向量), y 为输出信号(纯量), u 为控制信号(纯量), $\mathbf{A}$ 为 $n \times n$ 维定常矩阵, $\mathbf{B}$ 为 $n \times 1$ 维定常矩阵, $\mathbf{C}$ 为 $1 \times n$ 维定常矩阵, $D =$ 常数(纯量)。

选取控制信号为:

$$u = -\mathbf{K}\mathbf{x} \tag{10.2}$$

这意味着控制信号 u 由瞬时状态确定。该方法称为状态反馈法。称 $1 \times n$ 维矩阵 $\mathbf{K}$ 为状态反馈增益矩阵。我们假设所有的状态变量都是可以用来进行反馈的。在下面的分析中,假设 u 不受约束。图 10.1 绘出了这个系统的方框图。

这个闭环系统无输入量。它的目的是保持输出量为零。由于可能会存在扰动量,所以输出会偏离零值。这种非零输出将会返回到零参考输入,因为系统具有状态反馈结构。这种参考输入始终为零的系统称为调节器系统(如果进入到系统的参考输入始终保持某一非零常量,那么这个系统也称为调节器系统)。

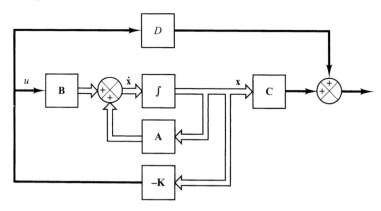

图 10.1　$u = -\mathbf{K}\mathbf{x}$ 时的闭环控制系统

将方程(10.2)代入方程(10.1),得到

$$\dot{\mathbf{x}}(t) = (\mathbf{A} - \mathbf{B}\mathbf{K})\mathbf{x}(t)$$

该方程的解为

$$\mathbf{x}(t) = e^{(\mathbf{A}-\mathbf{B}\mathbf{K})t}\mathbf{x}(0) \tag{10.3}$$

式中 $\mathbf{x}(0)$ 是外部扰动引起的初始状态。系统的稳态响应和瞬态响应特性由矩阵 $\mathbf{A} - \mathbf{B}\mathbf{K}$ 的特征值决定。如果矩阵 $\mathbf{K}$ 选取适当,则可使矩阵 $\mathbf{A} - \mathbf{B}\mathbf{K}$ 构成一个渐近稳定矩阵,并且对所有的 $\mathbf{x}(0) \neq \mathbf{0}$,当

t 趋近于无穷时，都可使 $\mathbf{x}(t)$ 趋近于零。称矩阵 $\mathbf{A} - \mathbf{BK}$ 的特征值为调节器极点。如果这些调节器极点均位于 s 左半平面内，则当 t 趋近于无穷时，$\mathbf{x}(t)$ 趋近于零。将调节器极点（闭环极点）配置到所期望的位置的问题，称为极点配置问题。

下面证明，当且仅当给定的系统是状态完全可控的时，该系统任意配置极点才是可能的。

10.2.2　任意配置极点的充分必要条件

现证明，任意极点配置的充分必要条件是系统状态完全可控。首先推导必要条件。先从证明下面的命题开始：如果系统不是状态完全可控的，则矩阵 $\mathbf{A} - \mathbf{BK}$ 的特征值不可能由状态反馈来控制。

假设方程(10.1)表示的系统不是完全可控的，则可控性矩阵的秩小于 n，即

$$\text{rank}\begin{bmatrix} \mathbf{B} & \vdots & \mathbf{AB} & \vdots & \cdots & \vdots & \mathbf{A}^{n-1}\mathbf{B} \end{bmatrix} = q < n$$

这意味着，在可控性矩阵中存在 q 个线性无关的列向量。现定义这 q 个线性无关的列向量为 $\mathbf{f}_1$，$\mathbf{f}_2$，$\cdots$，$\mathbf{f}_q$，并且选择 $n-q$ 个附加的 n 维向量 $\mathbf{V}_{q+1}$，$\mathbf{V}_{q+2}$，$\cdots$，$\mathbf{V}_n$，使得

$$\mathbf{P} = \begin{bmatrix} \mathbf{f}_1 & \vdots & \mathbf{f}_2 & \vdots & \cdots & \vdots & \mathbf{f}_q & \vdots & \mathbf{v}_{q+1} & \vdots & \mathbf{v}_{q+2} & \vdots & \cdots & \vdots & \mathbf{v}_n \end{bmatrix}$$

的秩为 n。因此，可证明

$$\hat{\mathbf{A}} = \mathbf{P}^{-1}\mathbf{AP} = \begin{bmatrix} \mathbf{A}_{11} & \mathbf{A}_{12} \\ \hline \mathbf{0} & \mathbf{A}_{22} \end{bmatrix}, \qquad \hat{\mathbf{B}} = \mathbf{P}^{-1}\mathbf{B} = \begin{bmatrix} \mathbf{B}_{11} \\ \hline \mathbf{0} \end{bmatrix}$$

这些方程的推导见例题 A.10.1。现定义

$$\hat{\mathbf{K}} = \mathbf{KP} = \begin{bmatrix} \mathbf{k}_1 & \vdots & \mathbf{k}_2 \end{bmatrix}$$

则有
$$\begin{aligned}
|s\mathbf{I} - \mathbf{A} + \mathbf{BK}| &= |\mathbf{P}^{-1}(s\mathbf{I} - \mathbf{A} + \mathbf{BK})\mathbf{P}| \\
&= |s\mathbf{I} - \mathbf{P}^{-1}\mathbf{AP} + \mathbf{P}^{-1}\mathbf{BKP}| \\
&= |s\mathbf{I} - \hat{\mathbf{A}} + \hat{\mathbf{B}}\hat{\mathbf{K}}| \\
&= \left| s\mathbf{I} - \begin{bmatrix} \mathbf{A}_{11} & \mathbf{A}_{12} \\ \hline \mathbf{0} & \mathbf{A}_{22} \end{bmatrix} + \begin{bmatrix} \mathbf{B}_{11} \\ \hline \mathbf{0} \end{bmatrix}\begin{bmatrix} \mathbf{k}_1 & \vdots & \mathbf{k}_2 \end{bmatrix} \right| \\
&= \begin{vmatrix} s\mathbf{I}_q - \mathbf{A}_{11} + \mathbf{B}_{11}\mathbf{k}_1 & -\mathbf{A}_{12} + \mathbf{B}_{11}\mathbf{k}_2 \\ \mathbf{0} & s\mathbf{I}_{n-q} - \mathbf{A}_{22} \end{vmatrix} \\
&= |s\mathbf{I}_q - \mathbf{A}_{11} + \mathbf{B}_{11}\mathbf{k}_1| \cdot |s\mathbf{I}_{n-q} - \mathbf{A}_{22}| = 0
\end{aligned}$$

式中，$\mathbf{I}_q$ 是一个 q 维单位矩阵，$\mathbf{I}_{n-q}$ 是一个 $n-q$ 维单位矩阵。

注意到 $\mathbf{A}_{22}$ 的特征值不依赖于 $\mathbf{K}$。因此，如果一个系统不是状态完全可控的，则有些矩阵 $\mathbf{A}$ 的特征值就不能任意配置。所以，为了任意配置矩阵 $\mathbf{A} - \mathbf{BK}$ 的特征值，系统必须是状态完全可控的(必要条件)。

再证明充分条件。如果系统是状态完全可控的，那么矩阵 $\mathbf{A}$ 的所有特征值可任意配置。

在证明充分条件时，一种简便的方法是将由方程(10.1)给出的状态方程变换为可控标准形。

定义变换矩阵 $\mathbf{T}$ 为

$$\mathbf{T} = \mathbf{MW} \tag{10.4}$$

其中 $\mathbf{M}$ 是可控性矩阵

$$\mathbf{M} = \begin{bmatrix} \mathbf{B} & \vdots & \mathbf{AB} & \vdots & \cdots & \vdots & \mathbf{A}^{n-1}\mathbf{B} \end{bmatrix} \tag{10.5}$$

$\mathbf{W}$ 为

$$\mathbf{W} = \begin{bmatrix} a_{n-1} & a_{n-2} & \cdots & a_1 & 1 \\ a_{n-2} & a_{n-3} & \cdots & 1 & 0 \\ \vdots & \vdots & & \vdots & \vdots \\ a_1 & 1 & \cdots & 0 & 0 \\ 1 & 0 & \cdots & 0 & 0 \end{bmatrix} \tag{10.6}$$

式中 a_i 是特征多项式

$$|s\mathbf{I} - \mathbf{A}| = s^n + a_1 s^{n-1} + \cdots + a_{n-1}s + a_n$$

的系数。用

$$\mathbf{x} = \mathbf{T}\hat{\mathbf{x}}$$

定义一个新的状态向量 $\hat{\mathbf{x}}$。如果可控性矩阵 $\mathbf{M}$ 的秩为 n(意味着系统是状态完全可控的),则矩阵 $\mathbf{T}$ 的逆存在,并且可将方程(10.1)改写为

$$\dot{\hat{\mathbf{x}}} = \mathbf{T}^{-1}\mathbf{A}\mathbf{T}\hat{x} + \mathbf{T}^{-1}\mathbf{B}u \tag{10.7}$$

式中,

$$\mathbf{T}^{-1}\mathbf{A}\mathbf{T} = \begin{bmatrix} 0 & 1 & 0 & \cdots & 0 \\ 0 & 0 & 1 & \cdots & 0 \\ \vdots & \vdots & \vdots & & \vdots \\ 0 & 0 & 0 & \cdots & 1 \\ -a_n & -a_{n-1} & -a_{n-2} & \cdots & -a_1 \end{bmatrix} \tag{10.8}$$

$$\mathbf{T}^{-1}\mathbf{B} = \begin{bmatrix} 0 \\ 0 \\ \vdots \\ 0 \\ 1 \end{bmatrix} \tag{10.9}$$

方程(10.8)和方程(10.9)的推导见例题 A.10.2 和例题 A.10.3。方程(10.7)为可控标准形。这样,如果系统是状态完全可控的,且利用由方程(10.4)给出的变换矩阵 $\mathbf{T}$,使状态向量 $\mathbf{x}$ 变换为状态向量 $\hat{\mathbf{x}}$,则可将方程(10.1)变换为可控标准形。

选取一组期望的特征值为 μ_1, μ_2, $\cdots$, μ_n,则所期望的特征方程为

$$(s - \mu_1)(s - \mu_2)\cdots(s - \mu_n) = s^n + \alpha_1 s^{n-1} + \cdots + \alpha_{n-1}s + \alpha_n = 0 \tag{10.10}$$

设

$$\mathbf{K}\mathbf{T} = \begin{bmatrix} \delta_n & \delta_{n-1} & \cdots & \delta_1 \end{bmatrix} \tag{10.11}$$

当用 $u = -\mathbf{K}\mathbf{T}\hat{\mathbf{x}}$ 来控制由方程(10.7)给出的系统时,该系统的方程变为

$$\dot{\hat{\mathbf{x}}} = \mathbf{T}^{-1}\mathbf{A}\mathbf{T}\hat{\mathbf{x}} - \mathbf{T}^{-1}\mathbf{B}\mathbf{K}\mathbf{T}\hat{\mathbf{x}}$$

特征方程为

$$|s\mathbf{I} - \mathbf{T}^{-1}\mathbf{A}\mathbf{T} + \mathbf{T}^{-1}\mathbf{B}\mathbf{K}\mathbf{T}| = 0$$

当用 $u = -\mathbf{K}\mathbf{x}$ 作为控制信号时,该特征方程和由方程(10.1)确定的系统的特征方程相同。这一点可理解如下:由于

$$\dot{\mathbf{x}} = \mathbf{A}\mathbf{x} + \mathbf{B}u = (\mathbf{A} - \mathbf{B}\mathbf{K})\mathbf{x}$$

该系统的特征方程为

$$|s\mathbf{I} - \mathbf{A} + \mathbf{B}\mathbf{K}| = |\mathbf{T}^{-1}(s\mathbf{I} - \mathbf{A} + \mathbf{B}\mathbf{K})\mathbf{T}| = |s\mathbf{I} - \mathbf{T}^{-1}\mathbf{A}\mathbf{T} + \mathbf{T}^{-1}\mathbf{B}\mathbf{K}\mathbf{T}| = 0$$

化简该可控标准形系统的特征方程。参见方程(10.8)、方程(10.9)和方程(10.11),可得

$$|s\mathbf{I} - \mathbf{T}^{-1}\mathbf{A}\mathbf{T} + \mathbf{T}^{-1}\mathbf{B}\mathbf{K}\mathbf{T}|$$

$$= \left| s\mathbf{I} - \begin{bmatrix} 0 & 1 & \cdots & 0 \\ \vdots & \vdots & & \vdots \\ 0 & 0 & \cdots & 1 \\ -a_n & -a_{n-1} & \cdots & -a_1 \end{bmatrix} + \begin{bmatrix} 0 \\ \vdots \\ 0 \\ 1 \end{bmatrix} \begin{bmatrix} \delta_n & \delta_{n-1} & \cdots & \delta_1 \end{bmatrix} \right|$$

$$= \begin{vmatrix} s & -1 & \cdots & 0 \\ 0 & s & \cdots & 0 \\ \vdots & \vdots & & \vdots \\ a_n + \delta_n & a_{n-1} + \delta_{n-1} & \cdots & s + a_1 + \delta_1 \end{vmatrix}$$

$$= s^n + (a_1 + \delta_1)s^{n-1} + \cdots + (a_{n-1} + \delta_{n-1})s + (a_n + \delta_n) = 0 \qquad (10.12)$$

这是具有状态反馈系统的特征方程。因此,它一定和由方程(10.10)给出的期望特征方程相等。通过使 s 的同次幂系数相等,可得

$$a_1 + \delta_1 = \alpha_1$$
$$a_2 + \delta_2 = \alpha_2$$
$$\vdots$$
$$a_n + \delta_n = \alpha_n$$

针对 δ_i 解上述方程,并将其代入方程(10.11),可得

$$\mathbf{K} = \begin{bmatrix} \delta_n & \delta_{n-1} & \cdots & \delta_1 \end{bmatrix}\mathbf{T}^{-1}$$

$$= \begin{bmatrix} \alpha_n - a_n & \vdots & \alpha_{n-1} - a_{n-1} & \vdots & \cdots & \vdots & \alpha_2 - a_2 & \vdots & \alpha_1 - a_1 \end{bmatrix}\mathbf{T}^{-1} \qquad (10.13)$$

因此,如果系统是状态完全可控的,则通过根据方程(10.13)所选取的矩阵 $\mathbf{K}$,可以任意配置所有的特征值(充分条件)。

从而可证明,任意极点配置的充分必要条件为系统状态完全可控。

如果系统不是状态完全可控的,但是可稳定的,则通过把 q 个可控模态的闭环极点配置到期望的位置,可使整个系统稳定。因为其余的 $n-q$ 个不可控模态是稳定的,所以整个系统可以构成稳定的。

10.2.3 用变换矩阵 T 确定矩阵 K

设系统是由

$$\dot{\mathbf{x}} = \mathbf{A}\mathbf{x} + \mathbf{B}u$$

定义的,并且控制信号由

$$u = -\mathbf{K}\mathbf{x}$$

给出,那么可由下列步骤确定使 $\mathbf{A} - \mathbf{B}\mathbf{K}$ 的特征值为 μ_1,μ_2,$\cdots$,μ_n(期望值)的反馈增益矩阵 $\mathbf{K}$(如果 μ_i 是一个复数特征值,则其共轭复数必定也是 $\mathbf{A} - \mathbf{B}\mathbf{K}$ 的一个特征值):

步骤 1:检验系统的可控性条件。如果系统是状态完全可控的,则可按下列步骤继续进行。

步骤 2:由矩阵 $\mathbf{A}$ 的特征多项式

$$|s\mathbf{I} - \mathbf{A}| = s^n + a_1 s^{n-1} + \cdots + a_{n-1}s + a_n$$

确定 a_1,a_2,$\cdots$,a_n 的值。

步骤3:确定使系统状态方程变为可控标准形的变换矩阵 $\mathbf{T}$(如果给定的系统方程已是可控标准形,那么 $\mathbf{T} = \mathbf{I}$)。这时无须再写出系统状态方程的可控标准形形式。这里我们只要找到矩阵 $\mathbf{T}$。变换矩阵 $\mathbf{T}$ 由方程(10.4)定义,即

$$\mathbf{T} = \mathbf{MW}$$

式中 $\mathbf{M}$ 由方程(10.5)定义,$\mathbf{W}$ 由方程(10.6)定义。

步骤4:利用所期望的特征值(期望的闭环极点),写出期望的特征多项式

$$(s - \mu_1)(s - \mu_2) \cdots (s - \mu_n) = s^n + \alpha_1 s^{n-1} + \cdots + \alpha_{n-1} s + \alpha_n$$

并确定 $a_1, a_2, \cdots, a_n$ 的值。

步骤5:需要的状态反馈增益矩阵 $\mathbf{K}$ 可由方程(10.13)确定,重写为

$$\mathbf{K} = \begin{bmatrix} \alpha_n - a_n & \vdots & \alpha_{n-1} - a_{n-1} & \vdots & \cdots & \vdots & \alpha_2 - a_2 & \vdots & \alpha_1 - a_1 \end{bmatrix} \mathbf{T}^{-1}$$

10.2.4 用直接代入法确定矩阵 K

如果是低阶系统($n \leqslant 3$),则将矩阵 $\mathbf{K}$ 直接代入期望的特征多项式,可能更为简便。例如,若 $n = 3$,则将状态反馈增益矩阵 $\mathbf{K}$ 写为

$$\mathbf{K} = \begin{bmatrix} k_1 & k_2 & k_3 \end{bmatrix}$$

将该矩阵 $\mathbf{K}$ 代入期望的特征多项式 $|s\mathbf{I} - \mathbf{A} + \mathbf{BK}|$,使其等于 $(s - \mu_1)(s - \mu_2)(s - \mu_3)$,即

$$|s\mathbf{I} - \mathbf{A} + \mathbf{BK}| = (s - \mu_1)(s - \mu_2)(s - \mu_3)$$

由于该特征方程的两端均为 s 的多项式,所以可通过使其两端的 s 同次幂系数相等来确定 k_1、k_2 和 k_3 的值。如果 $n = 2$ 或 $n = 3$,则这种方法很简便(对于 $n = 4, 5, 6, \cdots$,这种方法可能变得非常烦琐)。

如果系统不是完全可控的,则不能确定矩阵 $\mathbf{K}$(不存在解)。

10.2.5 用阿克曼公式确定矩阵 K

有一个著名的公式称为阿克曼公式,它可以用来确定状态反馈增益矩阵 $\mathbf{K}$。下面将介绍这个公式。

考虑下列系统:

$$\dot{\mathbf{x}} = \mathbf{Ax} + \mathbf{B}u$$

假设该系统是状态完全可控的,又设所期望的闭环极点为 $s = \mu_1, s = \mu_2, \cdots, s = \mu_n$。

利用状态反馈控制 $$u = -\mathbf{Kx}$$

将系统方程改写为

$$\dot{\mathbf{x}} = (\mathbf{A} - \mathbf{BK})\mathbf{x} \tag{10.14}$$

定义 $$\tilde{\mathbf{A}} = \mathbf{A} - \mathbf{BK}$$

则所期望的特征方程为

$$|s\mathbf{I} - \mathbf{A} + \mathbf{BK}| = |s\mathbf{I} - \tilde{\mathbf{A}}| = (s - \mu_1)(s - \mu_2) \cdots (s - \mu_n)$$
$$= s^n + \alpha_1 s^{n-1} + \cdots + \alpha_{n-1} s + \alpha_n = 0$$

由于凯莱–哈密顿定理阐明 $\tilde{\mathbf{A}}$ 应满足其自身的特征方程,所以

$$\phi(\tilde{\mathbf{A}}) = \tilde{\mathbf{A}}^n + \alpha_1 \tilde{\mathbf{A}}^{n-1} + \cdots + \alpha_{n-1} \tilde{\mathbf{A}} + \alpha_n \mathbf{I} = \mathbf{0} \tag{10.15}$$

我们用方程(10.15)来推导阿克曼公式。为简化推导,考虑 $n = 3$ 的情况(对任意其他正整数 n,下面的推导可方便地得到推广)。

考虑下列恒等式：

$$\mathbf{I} = \mathbf{I}$$

$$\widetilde{\mathbf{A}} = \mathbf{A} - \mathbf{BK}$$

$$\widetilde{\mathbf{A}}^2 = (\mathbf{A} - \mathbf{BK})^2 = \mathbf{A}^2 - \mathbf{ABK} - \mathbf{BK}\widetilde{\mathbf{A}}$$

$$\widetilde{\mathbf{A}}^3 = (\mathbf{A} - \mathbf{BK})^3 = \mathbf{A}^3 - \mathbf{A}^2\mathbf{BK} - \mathbf{ABK}\widetilde{\mathbf{A}} - \mathbf{BK}\widetilde{\mathbf{A}}^2$$

将上述方程依次分别乘以 α_3，α_2，α_1，$\alpha_0(\alpha_0 = 1)$ 并相加，可得

$$\alpha_3\mathbf{I} + \alpha_2\widetilde{\mathbf{A}} + \alpha_1\widetilde{\mathbf{A}}^2 + \widetilde{\mathbf{A}}^3$$

$$= \alpha_3\mathbf{I} + \alpha_2(\mathbf{A} - \mathbf{BK}) + \alpha_1(\mathbf{A}^2 - \mathbf{ABK} - \mathbf{BK}\widetilde{\mathbf{A}}) + \mathbf{A}^3 - \mathbf{A}^2\mathbf{BK} -$$

$$\mathbf{ABK}\widetilde{\mathbf{A}} - \mathbf{BK}\widetilde{\mathbf{A}}^2$$

$$= \alpha_3\mathbf{I} + \alpha_2\mathbf{A} + \alpha_1\mathbf{A}^2 + \mathbf{A}^3 - \alpha_2\mathbf{BK} - \alpha_1\mathbf{ABK} - \alpha_1\mathbf{BK}\widetilde{\mathbf{A}} - \mathbf{A}^2\mathbf{BK} -$$

$$\mathbf{ABK}\widetilde{\mathbf{A}} - \mathbf{BK}\widetilde{\mathbf{A}}^2 \tag{10.16}$$

参照方程(10.15)可得

$$\alpha_3\mathbf{I} + \alpha_2\widetilde{\mathbf{A}} + \alpha_1\widetilde{\mathbf{A}}^2 + \widetilde{\mathbf{A}}^3 = \phi(\widetilde{\mathbf{A}}) = \mathbf{0}$$

也可得

$$\alpha_3\mathbf{I} + \alpha_2\mathbf{A} + \alpha_1\mathbf{A}^2 + \mathbf{A}^3 = \phi(\mathbf{A}) \neq \mathbf{0}$$

将上述最后两式代入方程(10.16)，可得

$$\phi(\widetilde{\mathbf{A}}) = \phi(\mathbf{A}) - \alpha_2\mathbf{BK} - \alpha_1\mathbf{BK}\widetilde{\mathbf{A}} - \mathbf{BK}\widetilde{\mathbf{A}}^2 - \alpha_1\mathbf{ABK} - \mathbf{ABK}\widetilde{\mathbf{A}} - \mathbf{A}^2\mathbf{BK}$$

由于 $\phi(\widetilde{\mathbf{A}}) = \mathbf{0}$，故

$$\phi(\mathbf{A}) = \mathbf{B}(\alpha_2\mathbf{K} + \alpha_1\mathbf{K}\widetilde{\mathbf{A}} + \mathbf{K}\widetilde{\mathbf{A}}^2) + \mathbf{AB}(\alpha_1\mathbf{K} + \mathbf{K}\widetilde{\mathbf{A}}) + \mathbf{A}^2\mathbf{BK}$$

$$= \begin{bmatrix} \mathbf{B} & \vdots & \mathbf{AB} & \vdots & \mathbf{A}^2\mathbf{B} \end{bmatrix} \begin{bmatrix} \alpha_2\mathbf{K} + \alpha_1\mathbf{K}\widetilde{\mathbf{A}} + \mathbf{K}\widetilde{\mathbf{A}}^2 \\ \alpha_1\mathbf{K} + \mathbf{K}\widetilde{\mathbf{A}} \\ \mathbf{K} \end{bmatrix} \tag{10.17}$$

由于系统是状态完全可控的，所以可控性矩阵

$$\begin{bmatrix} \mathbf{B} & \vdots & \mathbf{AB} & \vdots & \mathbf{A}^2\mathbf{B} \end{bmatrix}$$

的逆存在，在方程(10.17)的两端左乘可控性矩阵的逆，可得

$$\begin{bmatrix} \mathbf{B} & \vdots & \mathbf{AB} & \vdots & \mathbf{A}^2\mathbf{B} \end{bmatrix}^{-1}\phi(\mathbf{A}) = \begin{bmatrix} \alpha_2\mathbf{K} + \alpha_1\mathbf{K}\widetilde{\mathbf{A}} + \mathbf{K}\widetilde{\mathbf{A}}^2 \\ \alpha_1\mathbf{K} + \mathbf{K}\widetilde{\mathbf{A}} \\ \mathbf{K} \end{bmatrix}$$

在上式两端左乘 $[0 \quad 0 \quad 1]$，可得

$$[0 \quad 0 \quad 1]\begin{bmatrix} \mathbf{B} & \vdots & \mathbf{AB} & \vdots & \mathbf{A}^2\mathbf{B} \end{bmatrix}^{-1}\phi(\mathbf{A}) = [0 \quad 0 \quad 1]\begin{bmatrix} \alpha_2\mathbf{K} + \alpha_1\mathbf{K}\widetilde{\mathbf{A}} + \mathbf{K}\widetilde{\mathbf{A}}^2 \\ \alpha_1\mathbf{K} + \mathbf{K}\widetilde{\mathbf{A}} \\ \mathbf{K} \end{bmatrix} = \mathbf{K}$$

上式可以重写为

$$\mathbf{K} = [0 \quad 0 \quad 1]\begin{bmatrix} \mathbf{B} & \vdots & \mathbf{AB} & \vdots & \mathbf{A}^2\mathbf{B} \end{bmatrix}^{-1}\phi(\mathbf{A})$$

上述方程给出了所需的状态反馈增益矩阵 $\mathbf{K}$。

对任一正整数 n，有

$$\mathbf{K} = \begin{bmatrix} 0 & 0 & \cdots & 0 & 1 \end{bmatrix} \begin{bmatrix} \mathbf{B} \vdots \mathbf{AB} \vdots \cdots \vdots \mathbf{A}^{n-1}\mathbf{B} \end{bmatrix}^{-1} \phi(\mathbf{A}) \qquad (10.18)$$

方程(10.18)就是著名的用于确定状态反馈增益矩阵 $\mathbf{K}$ 的阿克曼公式。

10.2.6　调节器系统和控制系统

包含控制器的系统可以分为两类：调节器系统(其参考输入为常量，包括零)和控制系统(其参考输入为时变的)。下面来讨论调节器系统。控制系统将在 10.7 节中进行讨论。

10.2.7　选择希望的闭环极点的位置

极点配置设计方法的第一步，是选择希望的闭环极点的位置。最常采用的选择这类极点的方法，是基于根轨迹设计中的经验，对一对主导闭环极点进行配置，并且选择其他一些极点，使它们处于远离主导闭环极点的左方。

注意，如果把主导闭环极点配置得远离 $j\omega$ 轴，那么系统的响应会变得很快，系统中的信号也会变得很大，其结果会使系统变为非线性系统。这种情况应当予以避免。

另一种方法是基于二次型最佳控制方法。这种方法确定希望的闭环极点的原则是，在可以接受的响应速度与要求的控制能量之间采取折中(见 10.8 节)。注意，要求快的响应速度也就意味着要求大的控制能量。另外，一般来说，增大响应速度需要比较大而笨重的执行机构，并导致成本增大。

例 10.1　考虑图 10.2 所示的调节器系统。控制对象的描述方程为

$$\dot{\mathbf{x}} = \mathbf{Ax} + \mathbf{B}u$$

式中，
$$\mathbf{A} = \begin{bmatrix} 0 & 1 & 0 \\ 0 & 0 & 1 \\ -1 & -5 & -6 \end{bmatrix}, \qquad \mathbf{B} = \begin{bmatrix} 0 \\ 0 \\ 1 \end{bmatrix}$$

利用状态反馈控制 $\mathbf{u} = -\mathbf{Kx}$，希望该系统的闭环极点为 $s = -2 \pm j4$ 和 $s = -10$(根据经验，选择这样一组闭环极点将能获得合理的、令人满意的瞬态响应)。确定状态反馈增益矩阵 $\mathbf{K}$。

首先需要检验该系统的可控性矩阵。由于可控性矩阵为

$$\mathbf{M} = \begin{bmatrix} \mathbf{B} \vdots \mathbf{AB} \vdots \mathbf{A}^2\mathbf{B} \end{bmatrix} = \begin{bmatrix} 0 & 0 & 1 \\ 0 & 1 & -6 \\ 1 & -6 & 31 \end{bmatrix}$$

所以得出 $|\mathbf{M}| = -1$。因此，rank $\mathbf{M} = 3$。因而该系统是状态完全可控的，可以任意配置极点。

下面来解这个问题，并用本章介绍的三种方法中的每一种求解。

方法 1：第一种方法是利用方程(10.13)。该系统的特征方程为

$$|s\mathbf{I} - \mathbf{A}| = \begin{vmatrix} s & -1 & 0 \\ 0 & s & -1 \\ 1 & 5 & s+6 \end{vmatrix}$$

$$= s^3 + 6s^2 + 5s + 1$$

$$= s^3 + a_1 s^2 + a_2 s + a_3 = 0$$

因此　　　　$a_1 = 6, \qquad a_2 = 5, \qquad a_3 = 1$

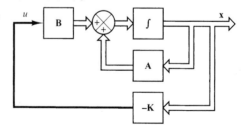

图 10.2　调节器系统

所期望的特征方程为

$$(s + 2 - j4)(s + 2 + j4)(s + 10) = s^3 + 14s^2 + 60s + 200$$

$$= s^3 + \alpha_1 s^2 + \alpha_2 s + \alpha_3 = 0$$

因此　　　　　　　　　　　　$\alpha_1 = 14, \qquad \alpha_2 = 60, \qquad \alpha_3 = 200$

参照方程(10.13)，可得

$$\mathbf{K} = \begin{bmatrix} \alpha_3 - a_3 & \vdots & \alpha_2 - a_2 & \vdots & \alpha_1 - a_1 \end{bmatrix} \mathbf{T}^{-1}$$

对于本例题，式中 $\mathbf{T} = \mathbf{I}$。因为给出的状态方程是可控标准形，所以

$$\mathbf{K} = \begin{bmatrix} 200 - 1 & \vdots & 60 - 5 & \vdots & 14 - 6 \end{bmatrix}$$

$$= \begin{bmatrix} 199 & 55 & 8 \end{bmatrix}$$

方法2：利用确定的期望状态反馈增益矩阵

$$\mathbf{K} = \begin{bmatrix} k_1 & k_2 & k_3 \end{bmatrix}$$

并使 $|s\mathbf{I} - \mathbf{A} + \mathbf{BK}|$ 和所期望的特征方程相等，可得

$$|s\mathbf{I} - \mathbf{A} + \mathbf{BK}| = \left| \begin{bmatrix} s & 0 & 0 \\ 0 & s & 0 \\ 0 & 0 & s \end{bmatrix} - \begin{bmatrix} 0 & 1 & 0 \\ 0 & 0 & 1 \\ -1 & -5 & -6 \end{bmatrix} + \begin{bmatrix} 0 \\ 0 \\ 1 \end{bmatrix} \begin{bmatrix} k_1 & k_2 & k_3 \end{bmatrix} \right|$$

$$= \begin{vmatrix} s & -1 & 0 \\ 0 & s & -1 \\ 1 + k_1 & 5 + k_2 & s + 6 + k_3 \end{vmatrix}$$

$$= s^3 + (6 + k_3)s^2 + (5 + k_2)s + 1 + k_1$$

$$= s^3 + 14s^2 + 60s + 200$$

因此　　　　　　　$6 + k_3 = 14, \qquad 5 + k_2 = 60, \qquad 1 + k_1 = 200$

从中可得　　　　　　$k_1 = 199, \qquad k_2 = 55, \qquad k_3 = 8$

即　　　　　　　　　　　　$\mathbf{K} = \begin{bmatrix} 199 & 55 & 8 \end{bmatrix}$

方法3：第三种方法是利用阿克曼公式。参考方程(10.18)，可得

$$\mathbf{K} = \begin{bmatrix} 0 & 0 & 1 \end{bmatrix} \begin{bmatrix} \mathbf{B} & \vdots & \mathbf{AB} & \vdots & \mathbf{A}^2\mathbf{B} \end{bmatrix}^{-1} \phi(\mathbf{A})$$

由于　　　　　　　$\phi(\mathbf{A}) = \mathbf{A}^3 + 14\mathbf{A}^2 + 60\mathbf{A} + 200\mathbf{I}$

$$= \begin{bmatrix} 0 & 1 & 0 \\ 0 & 0 & 1 \\ -1 & -5 & -6 \end{bmatrix}^3 + 14 \begin{bmatrix} 0 & 1 & 0 \\ 0 & 0 & 1 \\ -1 & -5 & -6 \end{bmatrix}^2 +$$

$$60 \begin{bmatrix} 0 & 1 & 0 \\ 0 & 0 & 1 \\ -1 & -5 & -6 \end{bmatrix} + 200 \begin{bmatrix} 1 & 0 & 0 \\ 0 & 1 & 0 \\ 0 & 0 & 1 \end{bmatrix}$$

$$= \begin{bmatrix} 199 & 55 & 8 \\ -8 & 159 & 7 \\ -7 & -43 & 117 \end{bmatrix}$$

且　　　　　　　$\begin{bmatrix} \mathbf{B} & \vdots & \mathbf{AB} & \vdots & \mathbf{A}^2\mathbf{B} \end{bmatrix} = \begin{bmatrix} 0 & 0 & 1 \\ 0 & 1 & -6 \\ 1 & -6 & 31 \end{bmatrix}$

可得　　　　$\mathbf{K} = \begin{bmatrix} 0 & 0 & 1 \end{bmatrix} \begin{bmatrix} 0 & 0 & 1 \\ 0 & 1 & -6 \\ 1 & -6 & 31 \end{bmatrix}^{-1} \begin{bmatrix} 199 & 55 & 8 \\ -8 & 159 & 7 \\ -7 & -43 & 117 \end{bmatrix}$

$$= \begin{bmatrix} 0 & 0 & 1 \end{bmatrix} \begin{bmatrix} 5 & 6 & 1 \\ 6 & 1 & 0 \\ 1 & 0 & 0 \end{bmatrix} \begin{bmatrix} 199 & 55 & 8 \\ -8 & 159 & 7 \\ -7 & -43 & 117 \end{bmatrix}$$

$$= \begin{bmatrix} 199 & 55 & 8 \end{bmatrix}$$

当然这三种方法所得到的反馈增益矩阵 **K** 是相同的。使用状态反馈方法，正如所期望的那样，可将闭环极点配置在 $s = -2 \pm j4$ 和 $s = -10$ 处。

应注意，如果系统的阶次 n 等于或大于4，推荐采用方法1和方法3，因为所有的矩阵计算可由计算机实现。如果使用方法2，由于计算机不能处理含有未知参数 k_1，k_2，…，k_n 的特征方程，所以必须进行手工计算。

10.2.8 说明

应当特别指出，对于一个给定的系统，矩阵 **K** 不是唯一的，而是依赖于期望的闭环极点的位置(它决定了响应速度和阻尼)选择。应当指出，期望的闭环极点，即期望的特征方程的选择，是在误差向量的快速性和扰动以及测量噪声的灵敏性之间的一种折中。也就是说，如果加快误差响应速度，则干扰和测量噪声的不利影响通常也随之增大。如果系统是二阶的，那么系统的动态特性(响应特性)正好与被控对象所期望的闭环极点和零点的位置联系起来。对于更高阶的系统，闭环极点位置不能和系统的动态特性(响应特性)很容易地联系起来。因此，在决定给定系统的状态反馈增益矩阵 **K** 时，最好通过计算机仿真来检验系统在几种不同矩阵 **K**(基于几种不同期望的特征方程)下的响应特性，并且选出使系统总体性能最好的一种。

10.3 用 MATLAB 解极点配置问题

极点配置问题可以用 MATLAB 很容易地进行求解。MATLAB 有两个命令，即 acker 和 place，用来计算反馈增益矩阵 **K**。命令 acker 基于阿克曼公式，且只适用于单输入系统。希望的闭环极点可以包括多重极点(位于同一位置的多个极点)。

如果系统包含多个输入，则对于指定的一组闭环极点，状态反馈增益矩阵 **K** 不是唯一的，因而有一个(或多个)附加的自由度去选定 **K**。存在着多种方法，在构造系统时利用这种(或这些)附加的自由度确定 **K**。一种经常采用的方法是使稳定性裕量达到最大。基于这种方法的极点配置称为鲁棒极点配置。鲁棒极点配置的 MATLAB 命令是 place。

虽然命令 place 可以用于单输入系统，也可以用于多输入系统，但是这个命令要求在希望的闭环极点中，极点的重数不大于 **B** 的秩。也就是说，如果矩阵 **B** 是一个 $n \times 1$ 的矩阵，那么命令 place 要求，在希望的闭环极点集合中不存在重极点。

对于单输入系统，命令 acker 和 place 生成的 **K** 是相同的(但是，在多输入系统中，必须采用命令 place 而不能采用 acker)。

应当指出，当单输入系统处于勉强可控的状态时，如果采用命令 acker，则可能会产生某些计算方面的问题。在这种情况下，如果在希望的闭环极点集合中不包含重极点，则采用 place 命令比较理想。

为了采用命令 acker 或 place，首先应在程序中输入下列矩阵：

$$\mathbf{A}, \qquad \mathbf{B}, \qquad \mathbf{J}$$

其中 **J** 矩阵是由希望的闭环极点组成的矩阵，如

$$\mathbf{J} = \begin{bmatrix} \mu_1 & \mu_2 & \dots & \mu_n \end{bmatrix}$$

然后输入   K = acker(A,B,J)

或   K = place(A,B,J)

应当指出，可以采用命令 eig(A - B*K)，证明求得的 K 给出了希望的特征值。

例 10.2 考虑在例 10.1 中讨论过的同一系统。系统的方程为

$$\dot{\mathbf{x}} = \mathbf{A}\mathbf{x} + \mathbf{B}u$$

式中，

$$\mathbf{A} = \begin{bmatrix} 0 & 1 & 0 \\ 0 & 0 & 1 \\ -1 & -5 & -6 \end{bmatrix}, \quad \mathbf{B} = \begin{bmatrix} 0 \\ 0 \\ 1 \end{bmatrix}$$

通过利用状态反馈控制 $u = -\mathbf{K}\mathbf{x}$，使希望具有的闭环极点位于 $s = \mu_i (i = 1, 2, 3)$，其中

$$\mu_1 = -2 + j4, \qquad \mu_2 = -2 - j4, \qquad \mu_3 = -10$$

试用 MATLAB 确定状态反馈增益矩阵 $\mathbf{K}$。

产生矩阵 $\mathbf{K}$ 的 MATLAB 程序示于 MATLAB 程序 10.1 和 MATLAB 程序 10.2。MATLAB 程序 10.1 采用了命令 acker，而 MATLAB 程序 10.2 则采用了命令 place。

MATLAB程序10.1

```
A = [0 1 0;0 0 1;-1 -5 -6];
B = [0;0;1];
J = [-2+j*4 -2-j*4 -10];
K = acker(A,B,J)

K =

   199   55   8
```

MATLAB程序10.2

```
A = [0 1 0;0 0 1;-1 -5 -6];
B = [0;0;1];
J = [-2+j*4 -2-j*4 -10];
K = place(A,B,J)
 place: ndigits = 15

K =

   199.0000   55.0000   8.0000
```

例 10.3 考虑在例 10.1 中讨论过的同一系统。希望这个调节器系统具有下列闭环极点：

$$s = -2 + j4, \qquad s = -2 - j4, \qquad s = -10$$

需要的状态反馈增益矩阵 $\mathbf{K}$ 在例 10.1 中已经求得为

$$\mathbf{K} = \begin{bmatrix} 199 & 55 & 8 \end{bmatrix}$$

试利用 MATLAB 求系统对下列初始条件的响应：

$$\mathbf{x}(0) = \begin{bmatrix} 1 \\ 0 \\ 0 \end{bmatrix}$$

对初始条件的响应： 为了获得对给定初始条件 $\mathbf{x}(0)$ 的响应，将 $u = -\mathbf{K}\mathbf{x}$ 代入控制对象的方程，得到

$$\dot{\mathbf{x}} = (\mathbf{A} - \mathbf{B}\mathbf{K})\mathbf{x}, \qquad \mathbf{x}(0) = \begin{bmatrix} 1 \\ 0 \\ 0 \end{bmatrix}$$

为了绘出响应曲线（x_1-t，x_2-t 和 x_3-t），可以采用命令 initial。首先定义系统的状态空间方程如下：

$$\dot{\mathbf{x}} = (\mathbf{A} - \mathbf{B}\mathbf{K})\mathbf{x} + \mathbf{I}u$$

$$\mathbf{y} = \mathbf{I}\mathbf{x} + \mathbf{I}u$$

式中包含了 $\mathbf{u}$（三维输入向量）。在计算对初始条件的响应时，这个向量 $\mathbf{u}$ 被认为等于 $\mathbf{0}$。然后，定义

$$\text{sys} = \text{ss}(\mathbf{A} - \mathbf{B}\mathbf{K}, \text{eye}(3), \text{eye}(3), \text{eye}(3))$$

并且采用 `initial` 命令如下：

$$x = \text{initial}(sys, [1;0;0],t)$$

其中 `t` 为希望采用的持续时间，例如

$$t = 0:0.01:4;$$

于是得到 x1，x2 和 x3 如下：

$$x1 = [1 \ 0 \ 0]*x';$$

$$x2 = [0 \ 1 \ 0]*x';$$

$$x3 = [0 \ 0 \ 1]*x';$$

并且采用 `plot` 命令，这个程序示于 MATLAB 10.3。得到的响应曲线如图 10.3 所示。

MATLAB程序10.3

```
% Response to initial condition:

A = [0  1  0;0  0  1;-1 -5 -6];
B = [0;0;1];
K = [199  55  8];
sys = ss(A–B*K, eye(3), eye(3), eye(3));
t = 0:0.01:4;
x = initial(sys,[1;0;0],t);
x1 = [1  0  0]*x';
x2 = [0  1  0]*x';
x3 = [0  0  1]*x';

subplot(3,1,1); plot(t,x1), grid
title('Response to Initial Condition')
ylabel('state variable x1')

subplot(3,1,2); plot(t,x2),grid
ylabel('state variable x2')

subplot(3,1,3); plot(t,x3),grid
xlabel('t (sec)')
ylabel('state variable x3')
```

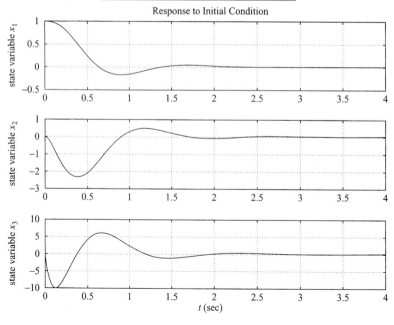

图 10.3　对初始条件的响应

10.4 伺服系统设计

这一节将对 I 型伺服系统设计的极点配置法进行讨论。这里将限制所讨论的每一个系统具有纯量控制信号 u 和纯量输出信号 y。

下面首先讨论当控制对象含有一个积分器时，I 型伺服系统的设计问题。然后讨论当控制对象不含积分器时，I 型伺服系统的设计。

10.4.1 当控制对象含有一个积分器时的 I 型伺服系统设计

假设控制对象由下式定义：

$$\dot{\mathbf{x}} = \mathbf{Ax} + \mathbf{B}u \tag{10.19}$$

$$y = \mathbf{Cx} \tag{10.20}$$

式中，$\mathbf{x}$ 为控制对象的状态向量（n 维向量），u 为控制信号（纯量），y 为输出信号（纯量），$\mathbf{A}$ 为 $n \times n$ 维定常矩阵，$\mathbf{B}$ 为 $n \times 1$ 维定常矩阵，$\mathbf{C}$ 为 $1 \times n$ 维定常矩阵。

如前所述，假设控制信号 u 和输出信号 y 均为纯量。通过适当地选择一组状态变量，可以使输出量等于一个状态变量（见第 2 章介绍的求传递函数系统的状态空间表达式的方法，在那里输出量 y 等于 x_1）。

当控制对象具有一个积分器时，I 型伺服系统的一般结构如图 10.4 所示。这里假设 $y = x_1$。在当前的分析中，假设参考输入 r 为阶跃函数。在该系统中采用下列状态反馈控制方案：

$$u = -\begin{bmatrix} 0 & k_2 & k_3 & \cdots & k_n \end{bmatrix} \begin{bmatrix} x_1 \\ x_2 \\ \cdot \\ \cdot \\ \cdot \\ x_n \end{bmatrix} + k_1(r - x_1) \tag{10.21}$$

$$= -\mathbf{Kx} + k_1 r$$

式中，

$$\mathbf{K} = \begin{bmatrix} k_1 & k_2 & \cdots & k_n \end{bmatrix}$$

假设参考输入（阶跃函数）在 $t = 0$ 时作用于系统。于是，当 $t > 0$ 时，系统的动态特性可以用方程（10.19）和方程（10.21）来描述，即

$$\dot{\mathbf{x}} = \mathbf{Ax} + \mathbf{B}u = (\mathbf{A} - \mathbf{BK})\mathbf{x} + \mathbf{B}k_1 r \tag{10.22}$$

我们要设计的 I 型伺服系统，使闭环极点位于希望的位置上。设计出的系统将是一个渐近稳定系统，$y(\infty)$ 将趋近于常值 r，而 $u(\infty)$ 将趋近于零（r 为阶跃输入）。

在稳态时，可得

$$\dot{\mathbf{x}}(\infty) = (\mathbf{A} - \mathbf{BK})\mathbf{x}(\infty) + \mathbf{B}k_1 r(\infty) \tag{10.23}$$

$r(t)$ 是一个阶跃输入，所以当 $t > 0$ 时，得到 $r(\infty) = r(t) = r$（常量）。用方程（10.22）减去方程（10.23），得到

$$\dot{\mathbf{x}}(t) - \dot{\mathbf{x}}(\infty) = (\mathbf{A} - \mathbf{BK})[\mathbf{x}(t) - \mathbf{x}(\infty)] \tag{10.24}$$

定义

$$\mathbf{x}(t) - \mathbf{x}(\infty) = \mathbf{e}(t)$$

于是方程(10.24)变成

$$\dot{\mathbf{e}} = (\mathbf{A} - \mathbf{BK})\mathbf{e} \qquad (10.25)$$

方程(10.25)描述了误差动态特性。

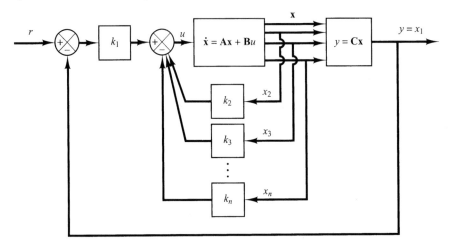

图 10.4　当控制对象具有一个积分器时的 I 型伺服系统

这里 I 型伺服系统的设计转换成了在给定的任意初始条件 $\mathbf{e}(0)$ 下, 使 $\mathbf{e}(t)$ 趋近于零的渐近稳定调节器系统的设计。如果由方程(10.19)定义的系统是状态完全可控的, 那么在指定了矩阵 $\mathbf{A} - \mathbf{BK}$ 的希望特征值 μ_1, μ_2, $\cdots$, μ_n 时, 利用 10.2 节介绍的极点配置方法, 就可以确定矩阵 $\mathbf{K}$。

$\mathbf{x}(t)$ 和 $u(t)$ 的稳态值可以确定如下:根据方程(10.22), 在稳态时($t = \infty$), 得到

$$\dot{\mathbf{x}}(\infty) = \mathbf{0} = (\mathbf{A} - \mathbf{BK})\mathbf{x}(\infty) + \mathbf{B}k_1 r$$

因为 $\mathbf{A} - \mathbf{BK}$ 的希望特征值全都位于 s 左半平面, 所以 $\mathbf{A} - \mathbf{BK}$ 的逆存在。因此 $\mathbf{x}(\infty)$ 可以确定为

$$\mathbf{x}(\infty) = -(\mathbf{A} - \mathbf{BK})^{-1}\mathbf{B}k_1 r$$

另外, $u(\infty)$ 可以求得为

$$u(\infty) = -\mathbf{K}\mathbf{x}(\infty) + k_1 r = 0$$

上述方程的证明可参阅例 10.4。

例 10.4　当控制对象的传递函数具有一个积分器时, 试设计一个 I 型伺服系统。设控制对象的传递函数为

$$\frac{Y(s)}{U(s)} = \frac{1}{s(s + 1)(s + 2)}$$

希望的闭环极点为:$s = -2 \pm j2\sqrt{3}$ 和 $s = -10$。假设系统的结构与图 10.4 中表示的相同, 并且参考输入 r 为阶跃函数。试求设计出的系统的单位阶跃响应。

定义状态变量 x_1, x_2 和 x_3 如下:

$$x_1 = y$$
$$x_2 = \dot{x}_1$$
$$x_3 = \dot{x}_2$$

于是系统的状态空间表达式变为

$$\dot{\mathbf{x}} = \mathbf{A}\mathbf{x} + \mathbf{B}u \qquad (10.26)$$

$$y = \mathbf{C}\mathbf{x} \qquad (10.27)$$

式中，　　　　　　$\mathbf{A} = \begin{bmatrix} 0 & 1 & 0 \\ 0 & 0 & 1 \\ 0 & -2 & -3 \end{bmatrix}$，　　$\mathbf{B} = \begin{bmatrix} 0 \\ 0 \\ 1 \end{bmatrix}$，　　$\mathbf{C} = \begin{bmatrix} 1 & 0 & 0 \end{bmatrix}$

参考图 10.4，并且注意到 $n = 3$，控制信号 u 由下式给出：

$$u = -(k_2 x_2 + k_3 x_3) + k_1(r - x_1) = -\mathbf{K}\mathbf{x} + k_1 r \tag{10.28}$$

式中，　　　　　　　　　　$\mathbf{K} = \begin{bmatrix} k_1 & k_2 & k_3 \end{bmatrix}$

用 MATLAB 很容易求出状态反馈增益矩阵 $\mathbf{K}$。见 MATLAB 程序 10.4。

MATLAB程序10.4

```
A = [0 1 0;0 0 1;0 -2 -3];
B = [0;0;1];
J = [-2+j*2*sqrt(3) -2-j*2*sqrt(3) -10];
K = acker(A,B,J)

K =

   160.0000   54.0000   11.0000
```

于是得到状态反馈增益矩阵 $\mathbf{K}$ 为

$$K = [160 \quad 54 \quad 11]$$

设计出的系统的单位阶跃响应

设计出的系统的单位阶跃响应可以求得如下。

因为　　$\mathbf{A} - \mathbf{B}\mathbf{K} = \begin{bmatrix} 0 & 1 & 0 \\ 0 & 0 & 1 \\ 0 & -2 & -3 \end{bmatrix} - \begin{bmatrix} 0 \\ 0 \\ 1 \end{bmatrix} \begin{bmatrix} 160 & 54 & 11 \end{bmatrix} = \begin{bmatrix} 0 & 1 & 0 \\ 0 & 0 & 1 \\ -160 & -56 & -14 \end{bmatrix}$

所以根据方程(10.22)，已设计出的系统的状态方程为

$$\begin{bmatrix} \dot{x}_1 \\ \dot{x}_2 \\ \dot{x}_3 \end{bmatrix} = \begin{bmatrix} 0 & 1 & 0 \\ 0 & 0 & 1 \\ -160 & -56 & -14 \end{bmatrix} \begin{bmatrix} x_1 \\ x_2 \\ x_3 \end{bmatrix} + \begin{bmatrix} 0 \\ 0 \\ 160 \end{bmatrix} r \tag{10.29}$$

并且输出方程为

$$y = \begin{bmatrix} 1 & 0 & 0 \end{bmatrix} \begin{bmatrix} x_1 \\ x_2 \\ x_3 \end{bmatrix} \tag{10.30}$$

当 r 为单位阶跃函数时，从方程(10.29)和方程(10.30)中求解 $y(t)$，可以得到单位阶跃响应曲线 $y(t)$-t。由 MATLAB 程序 10.5 可得出单位阶跃响应。求得的单位阶跃响应曲线如图 10.5 所示。

MATLAB程序10.5

```
% ---------- Unit-step response ----------

% ***** Enter the state matrix, control matrix, output matrix,
% and direct transmission matrix of the designed system *****

AA = [0 1 0;0 0 1;-160 -56 -14];
BB = [0;0;160];
CC = [1 0 0];
DD = [0];

% ***** Enter step command and plot command *****

t = 0:0.01:5;
y = step(AA,BB,CC,DD,1,t);
plot(t,y)
grid
title('Unit-Step Response')
xlabel('t Sec')
ylabel('Output y')
```

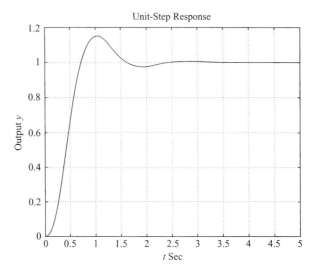

图 10.5　在例 10.4 中,设计出的系统的单位阶跃响应曲线 $y(t)$-t

因为　　　　　　　　　$u(\infty) = -\mathbf{K}\mathbf{x}(\infty) + k_1 r(\infty) = -\mathbf{K}\mathbf{x}(\infty) + k_1 r$

所以得到　　　　　　$u(\infty) = -[160 \quad 54 \quad 11]\begin{bmatrix} x_1(\infty) \\ x_2(\infty) \\ x_3(\infty) \end{bmatrix} + 160r$

$$= -[160 \quad 54 \quad 11]\begin{bmatrix} r \\ 0 \\ 0 \end{bmatrix} + 160r = 0$$

稳态时,控制信号 u 变为零。

10.4.2　当控制对象无积分器时的 I 型伺服系统设计

如果控制对象无积分器(0 型控制对象),I 型伺服系统的基本设计原则是,在控制对象与误差比较器之间的前向通路中插入一个积分器,如图 10.6 所示(图 10.6 所示的方框图,是控制对象无积分器的 I 型伺服系统的基本形式)。由该图可以得到

$$\dot{\mathbf{x}} = \mathbf{A}\mathbf{x} + \mathbf{B}u \tag{10.31}$$
$$y = \mathbf{C}\mathbf{x} + Du \tag{10.32}$$
$$u = -\mathbf{K}\mathbf{x} + k_I \xi \tag{10.33}$$
$$\dot{\xi} = r - y = r - \mathbf{C}\mathbf{x} \tag{10.34}$$

式中,$\mathbf{x}$ 为控制对象的状态微量(n 维向量),u 为控制信号(纯量),y 为输出信号(纯量),ξ 为积分器的输出(系统的状态变量,纯量),r 为参考输入信号(阶跃函数,纯量),$\mathbf{A}$ 为 $n \times n$ 维定常矩阵,$\mathbf{B}$ 为 $n \times 1$ 维定常矩阵,$\mathbf{C}$ 为 $1 \times n$ 维定常矩阵。

假设由方程(10.31)给出的控制对象是状态完全可控的。控制对象的传递函数可以由下式给出:

$$G_p(s) = \mathbf{C}(s\mathbf{I} - \mathbf{A})^{-1}\mathbf{B}$$

为了避免插入的积分器被位于原点的控制对象的零点相抵消,假设 $G_p(s)$ 在原点处没有零点。

设参考输入信号(阶跃函数)在 $t = 0$ 时作用于系统,于是,当 $t > 0$ 时,系统的动态特性可以用方程(10.31)和方程(10.34)的组合方程来描述:

$$\begin{bmatrix} \dot{\mathbf{x}}(t) \\ \dot{\xi}(t) \end{bmatrix} = \begin{bmatrix} \mathbf{A} & \mathbf{0} \\ -\mathbf{C} & 0 \end{bmatrix} \begin{bmatrix} \mathbf{x}(t) \\ \xi(t) \end{bmatrix} + \begin{bmatrix} \mathbf{B} \\ 0 \end{bmatrix} u(t) + \begin{bmatrix} \mathbf{0} \\ 1 \end{bmatrix} r(t) \qquad (10.35)$$

我们将设计一个渐近稳定系统, 使得 $\mathbf{x}(\infty)$, $\xi(\infty)$ 和 $u(\infty)$ 分别趋近于定常值。因此, 在稳态时, $\dot{\xi}(t) = 0$, 并且得到 $y(\infty) = r$。

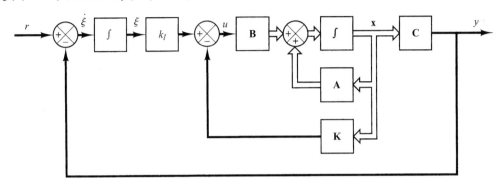

图 10.6　I 型伺服系统

在稳态时有

$$\begin{bmatrix} \dot{\mathbf{x}}(\infty) \\ \dot{\xi}(\infty) \end{bmatrix} = \begin{bmatrix} \mathbf{A} & \mathbf{0} \\ -\mathbf{C} & 0 \end{bmatrix} \begin{bmatrix} \mathbf{x}(\infty) \\ \xi(\infty) \end{bmatrix} + \begin{bmatrix} \mathbf{B} \\ 0 \end{bmatrix} u(\infty) + \begin{bmatrix} \mathbf{0} \\ 1 \end{bmatrix} r(\infty) \qquad (10.36)$$

$r(t)$ 是一个阶跃输入, 所以当 $t > 0$ 时, 得到 $r(\infty) = r(t) = r$ (常量)。从方程(10.35)减去方程(10.36), 得到

$$\begin{bmatrix} \dot{\mathbf{x}}(t) - \dot{\mathbf{x}}(\infty) \\ \dot{\xi}(t) - \dot{\xi}(\infty) \end{bmatrix} = \begin{bmatrix} \mathbf{A} & \mathbf{0} \\ -\mathbf{C} & 0 \end{bmatrix} \begin{bmatrix} \mathbf{x}(t) - \mathbf{x}(\infty) \\ \xi(t) - \xi(\infty) \end{bmatrix} + \begin{bmatrix} \mathbf{B} \\ 0 \end{bmatrix} [u(t) - u(\infty)] \qquad (10.37)$$

定义

$$\mathbf{x}(t) - \mathbf{x}(\infty) = \mathbf{x}_e(t)$$
$$\xi(t) - \xi(\infty) = \xi_e(t)$$
$$u(t) - u(\infty) = u_e(t)$$

则方程(10.37)可以写成

$$\begin{bmatrix} \dot{\mathbf{x}}_e(t) \\ \dot{\xi}_e(t) \end{bmatrix} = \begin{bmatrix} \mathbf{A} & \mathbf{0} \\ -\mathbf{C} & 0 \end{bmatrix} \begin{bmatrix} \mathbf{x}_e(t) \\ \xi_e(t) \end{bmatrix} + \begin{bmatrix} \mathbf{B} \\ 0 \end{bmatrix} u_e(t) \qquad (10.38)$$

式中,

$$u_e(t) = -\mathbf{K}\mathbf{x}_e(t) + k_I\xi_e(t) \qquad (10.39)$$

定义一个新的 $(n+1)$ 维误差向量 $\mathbf{e}(t)$ 为

$$\mathbf{e}(t) = \begin{bmatrix} \mathbf{x}_e(t) \\ \xi_e(t) \end{bmatrix} = (n+1)\text{维向量}$$

于是方程(10.38)变为

$$\dot{\mathbf{e}} = \hat{\mathbf{A}}\mathbf{e} + \hat{\mathbf{B}}u_e \qquad (10.40)$$

式中,

$$\hat{\mathbf{A}} = \begin{bmatrix} \mathbf{A} & \mathbf{0} \\ -\mathbf{C} & 0 \end{bmatrix}, \qquad \hat{\mathbf{B}} = \begin{bmatrix} \mathbf{B} \\ 0 \end{bmatrix}$$

而方程(10.39)则变为

$$u_e = -\hat{\mathbf{K}}\mathbf{e} \qquad (10.41)$$

式中
$$\hat{\mathbf{K}} = \begin{bmatrix} \mathbf{K} & \vdots & -k_I \end{bmatrix}$$

状态误差方程可以通过将方程(10.41)代入方程(10.40)后得到：

$$\dot{\mathbf{e}} = (\hat{\mathbf{A}} - \hat{\mathbf{B}}\hat{\mathbf{K}})\mathbf{e} \qquad (10.42)$$

如果希望矩阵 $\hat{\mathbf{A}} - \hat{\mathbf{B}}\hat{\mathbf{K}}$ 的特征值(即希望的闭环极点)为指定的 $\mu_1, \mu_2, \cdots, \mu_{n+1}$，那么状态反馈增益矩阵 $\mathbf{K}$ 和积分增益常数 k_I，在方程(10.40)定义的系统是状态完全可控的条件下，可以用10.2节中介绍的极点配置法确定。应当指出，如果下列矩阵的秩为 $n + 1$：

$$\begin{bmatrix} \mathbf{A} & \mathbf{B} \\ -\mathbf{C} & 0 \end{bmatrix}$$

那么方程(10.40)定义的系统就是状态完全可控的(见例题 A.10.12)。

通常，并不是所有的状态变量都可以直接测量。如果发生这种情况，就需要采用状态观测器。图10.7所示为一种状态观测器的 I 型伺服系统的方框图。在这个方框图中，每个带有积分符号的方框，表示一个积分器($1/s$)。在10.5节中将对状态观测器进行详细讨论。

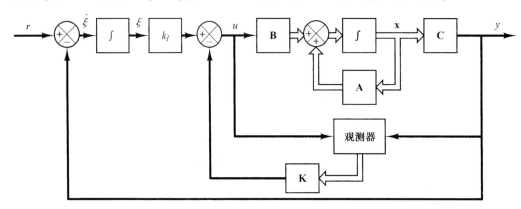

图 10.7　带状态观测器的 I 型伺服系统

例 10.5　考虑图10.8所示的倒立摆控制系统。在这个例子中，只考虑摆和小车在图面内的运动。

我们希望尽可能地把倒立摆保持在垂直的位置上，为此，将对小车的位置进行控制，例如使小车做步进式运动。为了控制小车的位置，需要建立 I 型伺服系统。倒立摆系统安装在小车上，它没有积分器。因此，把位置信号 y(它表示小车的位置)反馈到输入端，并且把一个积分器插入到前向通路中，如图10.9所示。假设倒立摆的角度为 θ，并且设其角速度 $\dot{\theta}$ 很小，因此 $\sin\theta \doteq \theta$，$\cos\theta \doteq 1$ 且 $\theta\dot{\theta}^2 \doteq 0$。另外假设 M，m 和 l 的数值给定为

$$M = 2\ \text{kg}, \qquad m = 0.1\ \text{kg}, \qquad l = 0.5\ \text{m}$$

图10.8中的倒立摆系统与图3.6相同，前面在例3.6中已经导出了图3.6所示的倒立摆系统的方程。参考图3.6，在那里我们从力平

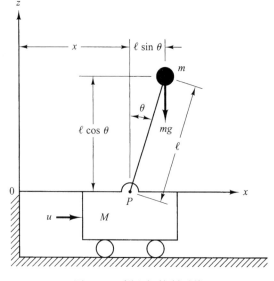

图 10.8　倒立摆控制系统

衡方程和力矩平衡方程开始进行推导,最后导出了方程(3.20)和方程(3.21),作为倒立摆系统的数学模型。参考方程(3.20)和方程(3.21),图 10.8 所示的倒立摆控制系统的方程为

$$Ml\ddot{\theta} = (M + m)g\theta - u \tag{10.43}$$

$$M\ddot{x} = u - mg\theta \tag{10.44}$$

代入给定的数值后,方程(10.43)和方程(10.44)变为

$$\ddot{\theta} = 20.601\theta - u \tag{10.45}$$

$$\ddot{x} = 0.5u - 0.4905\theta \tag{10.46}$$

定义状态变量 x_1, x_2, x_3 和 x_4 为

$$x_1 = \theta$$
$$x_2 = \dot{\theta}$$
$$x_3 = x$$
$$x_4 = \dot{x}$$

于是,参考方程(10.45)和方程(10.46)以及图 10.9,并且把小车位置 x 看成系统的输出量,得到系统的方程如下:

$$\dot{\mathbf{x}} = \mathbf{A}\mathbf{x} + \mathbf{B}u \tag{10.47}$$

$$y = \mathbf{C}\mathbf{x} \tag{10.48}$$

$$u = -\mathbf{K}\mathbf{x} + k_I\xi \tag{10.49}$$

$$\dot{\xi} = r - y = r - \mathbf{C}\mathbf{x} \tag{10.50}$$

式中,

$$\mathbf{A} = \begin{bmatrix} 0 & 1 & 0 & 0 \\ 20.601 & 0 & 0 & 0 \\ 0 & 0 & 0 & 1 \\ -0.4905 & 0 & 0 & 0 \end{bmatrix}, \quad \mathbf{B} = \begin{bmatrix} 0 \\ -1 \\ 0 \\ 0.5 \end{bmatrix}, \quad \mathbf{C} = \begin{bmatrix} 0 & 0 & 1 & 0 \end{bmatrix}$$

对于 I 型伺服系统,得到的状态误差方程,如方程(10.40)给出的那样,即

$$\dot{\mathbf{e}} = \hat{\mathbf{A}}\mathbf{e} + \hat{\mathbf{B}}u_e \tag{10.51}$$

式中,

$$\hat{\mathbf{A}} = \begin{bmatrix} \mathbf{A} & \mathbf{0} \\ -\mathbf{C} & 0 \end{bmatrix} = \begin{bmatrix} 0 & 1 & 0 & 0 & 0 \\ 20.601 & 0 & 0 & 0 & 0 \\ 0 & 0 & 0 & 1 & 0 \\ -0.4905 & 0 & 0 & 0 & 0 \\ 0 & 0 & -1 & 0 & 0 \end{bmatrix}, \quad \hat{\mathbf{B}} = \begin{bmatrix} \mathbf{B} \\ 0 \end{bmatrix} = \begin{bmatrix} 0 \\ -1 \\ 0 \\ 0.5 \\ 0 \end{bmatrix}$$

而控制信号则由方程(10.41)给出,即

$$u_e = -\hat{\mathbf{K}}\mathbf{e}$$

式中,

$$\hat{\mathbf{K}} = \begin{bmatrix} \mathbf{K} & \vdots & -k_I \end{bmatrix} = \begin{bmatrix} k_1 & k_2 & k_3 & k_4 & \vdots & -k_I \end{bmatrix}$$

　　为了使设计出的系统得到合理的响应速度和阻尼(例如小车在阶跃响应中的调整时间约为 4～5 s 且最大过调量为 15%～16%),我们选择希望的闭环极点为 $s = \mu_i (i = 1, 2, 3, 4, 5)$,其中

$$\mu_1 = -1 + j\sqrt{3}, \quad \mu_2 = -1 - j\sqrt{3}, \quad \mu_3 = -5, \quad \mu_4 = -5, \quad \mu_5 = -5$$

利用 MATLAB 可以确定出必需的状态反馈增益矩阵。

　　在进一步求解之前,必须检查矩阵 $\mathbf{P}$ 的秩,其中

$$\mathbf{P} = \begin{bmatrix} \mathbf{A} & \mathbf{B} \\ -\mathbf{C} & 0 \end{bmatrix}$$

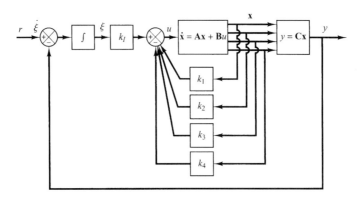

图 10.9 倒立摆控制系统(控制对象无积分器的 I 型伺服系统)

矩阵 **P** 由下式给出:

$$\mathbf{P} = \begin{bmatrix} \mathbf{A} & \mathbf{B} \\ -\mathbf{C} & 0 \end{bmatrix} = \begin{bmatrix} 0 & 1 & 0 & 0 & 0 \\ 20.601 & 0 & 0 & 0 & -1 \\ 0 & 0 & 0 & 1 & 0 \\ -0.4905 & 0 & 0 & 0 & 0.5 \\ 0 & 0 & -1 & 0 & 0 \end{bmatrix} \tag{10.52}$$

上述矩阵的秩可以求得为 5。因此,由方程(10.51)定义的系统是状态完全可控的,因而可以任意配置极点。MATLAB 程序 10.6 生成了状态反馈增益矩阵 $\hat{\mathbf{K}}$。

```
MATLAB程序10.6
A = [0 1 0 0; 20.601 0 0 0; 0 0 0 1; -0.4905 0 0 0];
B = [0;-1;0;0.5];
C = [0 0 1 0];
Ahat = [A zeros(4,1); -C 0];
Bhat = [B;0];
J = [-1+j*sqrt(3) -1-j*sqrt(3) -5 -5 -5];
Khat = acker(Ahat,Bhat,J)

Khat =

 -157.6336 -35.3733 -56.0652 -36.7466 50.9684
```

因此,得到

$$\mathbf{K} = \begin{bmatrix} k_1 & k_2 & k_3 & k_4 \end{bmatrix} = \begin{bmatrix} -157.6336 & -35.3733 & -56.0652 & -36.7466 \end{bmatrix}$$

和

$$k_I = -50.9684$$

设计出的系统的单位阶跃响应特性

一旦确定出反馈增益矩阵 **K** 和积分增益常数 k_I,小车位置的阶跃响应就可以通过求解下列方程得到:

$$\begin{bmatrix} \dot{\mathbf{x}} \\ \dot{\xi} \end{bmatrix} = \begin{bmatrix} \mathbf{A} - \mathbf{BK} & \mathbf{B}k_I \\ -\mathbf{C} & 0 \end{bmatrix} \begin{bmatrix} \mathbf{x} \\ \xi \end{bmatrix} + \begin{bmatrix} \mathbf{0} \\ 1 \end{bmatrix} r \tag{10.53}$$

方程(10.53)是把方程(10.49)代入方程(10.35)后得到的。系统的输出 $y(t)$ 为 $x_3(t)$,即

$$y = \begin{bmatrix} 0 & 0 & 1 & 0 & 0 \end{bmatrix} \begin{bmatrix} \mathbf{x} \\ \xi \end{bmatrix} + \begin{bmatrix} 0 \end{bmatrix} r \tag{10.54}$$

在由方程(10.53)和方程(10.54)给出的系统中,分别定义状态矩阵、控制矩阵、输出矩阵和直接传输矩阵为 AA, BB, CC 和 DD。MATLAB 程序 10.7 可以用来求解已设计出的系统的阶跃响应曲线。注意,为了求解单位阶跃响应,可输入下列命令:

$$[y,x,t] = step(AA,BB,CC,DD,1,t)$$

MATLAB程序10.7

```
%**** The following program is to obtain step response
% of the inverted-pendulum system just designed *****

A = [0  1  0  0;20.601  0  0  0;0  0  0  1;-0.4905  0  0  0];
B = [0;-1;0;0.5];
C = [0  0  1  0]
D = [0];
K = [-157.6336  -35.3733  -56.0652  -36.7466];
KI = -50.9684;
AA = [A – B*K  B*KI;-C  0];
BB = [0;0;0;0;1];
CC = [C  0];
DD = [0];

%***** To obtain response curves x1 versus t, x2 versus t,
% x3 versus t, x4 versus t, and x5 versus t, separately, enter
% the following command *****

t = 0:0.02:6;
[y,x,t] = step(AA,BB,CC,DD,1,t);

x1 = [1  0  0  0  0]*x';
x2 = [0  1  0  0  0]*x';
x3 = [0  0  1  0  0]*x';
x4 = [0  0  0  1  0]*x';
x5 = [0  0  0  0  1]*x';

subplot(3,2,1); plot(t,x1); grid
title('x1 versus t')
xlabel('t Sec'); ylabel('x1')

subplot(3,2,2); plot(t,x2); grid
title('x2 versus t')
xlabel('t Sec'); ylabel('x2')

subplot(3,2,3); plot(t,x3); grid
title('x3 versus t')
xlabel('t Sec'); ylabel('x3')

subplot(3,2,4); plot(t,x4); grid
title('x4 versus t')
xlabel('t Sec'); ylabel('x4')

subplot(3,2,5); plot(t,x5); grid
title('x5 versus t')
xlabel('t Sec'); ylabel('x5')
```

图 10.10 所示为曲线 x_1-t，x_2-t，x_3（等于输出 y）-t，x_4-t 和 x_5（等于 ξ）-t。注意到 $y(t)$ [等于 $x_3(t)$] 有大约 15% 的过调量和大约 4.5 s 的调整时间。$\xi(t)$ [等于 $x_5(t)$] 趋近于 1.1。这个结果推导如下：

因为
$$\dot{\mathbf{x}}(\infty) = \mathbf{0} = \mathbf{A}\mathbf{x}(\infty) + \mathbf{B}u(\infty)$$

即
$$\begin{bmatrix} 0 \\ 0 \\ 0 \\ 0 \end{bmatrix} = \begin{bmatrix} 0 & 1 & 0 & 0 \\ 20.601 & 0 & 0 & 0 \\ 0 & 0 & 0 & 1 \\ -0.4905 & 0 & 0 & 0 \end{bmatrix} \begin{bmatrix} 0 \\ 0 \\ r \\ 0 \end{bmatrix} + \begin{bmatrix} 0 \\ -1 \\ 0 \\ 0.5 \end{bmatrix} u(\infty)$$

所以得到
$$u(\infty) = 0$$

因为 $u(\infty) = 0$，所以由方程(10.33)可以得到

$$u(\infty) = 0 = -\mathbf{Kx}(\infty) + k_I\xi(\infty)$$

于是

$$\xi(\infty) = \frac{1}{k_I}\big[\mathbf{Kx}(\infty)\big] = \frac{1}{k_I}k_3x_3(\infty) = \frac{-56.0652}{-50.9684}r = 1.1r$$

因此，对于 $r = 1$，得到

$$\xi(\infty) = 1.1$$

应当指出，在任何一种设计问题中，如果响应速度和阻尼不十分令人满意，那么就必须改变希望的特征方程，并确定一个新的矩阵 $\hat{\mathbf{K}}$。计算机仿真必须反复地进行，直到获得满意的结果为止。

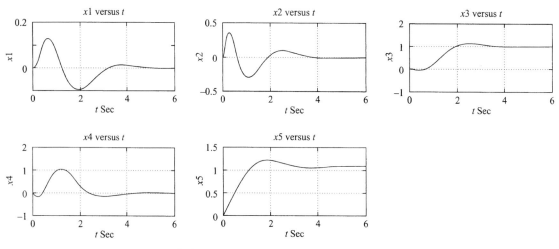

图 10.10　曲线 x_1-t，x_2-t，x_3(等于输出 y)-t，x_4-t 和 $x_5(=\xi)$-t

10.5　状态观测器

在控制系统设计的极点配置方法中，曾假设所有的状态变量都可以用于反馈。然而在实际情况中，不是所有的状态变量都能提供用于反馈，因此需要估计不能提供的状态变量。不可测量状态变量的估计通常称为观测。估计或者观测状态变量的装置(即计算机程序)称为状态观测器，或简称观测器。如果状态观测器能观测到系统的所有状态变量，无论某些状态变量能否直接测量得到，这种状态观测器就称为全阶状态观测器。有时，只需观测不可测量的状态变量，而不是可直接测量的状态变量，这时不需要全阶观测器。例如，由于输出变量是可观测的，并且它们与状态变量线性相关，所以无须观测所有的状态变量，而只观测 $n - m$ 个状态变量，其中 n 为状态向量的维数，m 为输出向量的维数。

估计小于 n 个状态变量(n 为状态向量的维数)的观测器称为降阶状态观测器，或简称为降阶观测器。如果降阶状态观测器的阶数是最小可能的观测器，则称该观测器为最小阶状态观测器或最小阶观测器。本节将讨论全阶状态观测器和最小阶状态观测器。

10.5.1　状态观测器原理

状态观测器是根据输出量和控制变量的测量来估计状态变量的。在9.7节中讨论过的可观测性概念在这里有重要作用。正如下面将看到的，当且仅当满足可观测性条件时，才能设计状态观测器。

在下面关于状态观测器的讨论中，我们用 $\tilde{\mathbf{x}}$ 表示观测到的状态向量。在许多实际情况中，将观测到的状态向量 $\tilde{\mathbf{x}}$ 用于状态反馈，以产生所期望的控制向量。

考虑由下列方程描述的系统:

$$\dot{\mathbf{x}} = \mathbf{Ax} + \mathbf{B}u \tag{10.55}$$

$$y = \mathbf{Cx} \tag{10.56}$$

观测器是一个重构控制对象的状态向量的子系统。观测器的数学模型与控制对象的数学模型基本上相同,但在观测器中还多包括一个含有估计误差的附加项,以便用来补偿矩阵 $\mathbf{A}$ 和 $\mathbf{B}$ 的不精确性以及初始误差欠缺造成的影响。估计误差或观测误差是测量到的输出量与估计的输出量之间的差值。初始误差是初始状态与初始估计状态之间的差值。因此,定义观测器的数学模型为

$$\dot{\tilde{\mathbf{x}}} = \mathbf{A}\tilde{\mathbf{x}} + \mathbf{B}u + \mathbf{K}_e(y - \mathbf{C}\tilde{\mathbf{x}})$$

$$= (\mathbf{A} - \mathbf{K}_e\mathbf{C})\tilde{\mathbf{x}} + \mathbf{B}u + \mathbf{K}_e y \tag{10.57}$$

式中 $\tilde{\mathbf{x}}$ 为估计状态, $\mathbf{C}\tilde{\mathbf{x}}$ 为估计输出。观测器的输入量是输出量 y 和控制输入量 u。矩阵 $\mathbf{K}_e$ 称为观测器增益矩阵,它是一个加权矩阵,用来对包含测量输出 y 与估计输出 $\mathbf{C}\tilde{\mathbf{x}}$ 之间差值的修正项进行加权。这一项可以连续不断地对模型输出进行修正,并改善观测器的性能。图 10.11 所示为系统和全阶状态观测器的方框图。

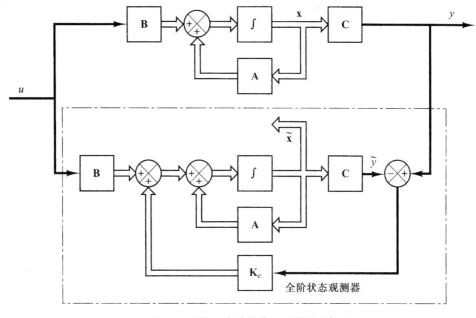

图 10.11　系统和全阶状态观测器的方框图

10.5.2　全阶状态观测器

在此讨论的状态观测器的阶数和控制对象的阶数相等。假设控制对象由方程(10.55)和方程(10.56)定义,观测器模型由方程(10.57)定义。

为了得到观测器的误差方程,用方程(10.55)减去方程(10.57),可得

$$\dot{\mathbf{x}} - \dot{\tilde{\mathbf{x}}} = \mathbf{Ax} - \mathbf{A}\tilde{\mathbf{x}} - \mathbf{K}_e(\mathbf{Cx} - \mathbf{C}\tilde{\mathbf{x}})$$

$$= (\mathbf{A} - \mathbf{K}_e\mathbf{C})(\mathbf{x} - \tilde{\mathbf{x}}) \tag{10.58}$$

定义 $\mathbf{x}$ 和 $\tilde{\mathbf{x}}$ 的差为误差向量 $\mathbf{e}$,即

$$\mathbf{e} = \mathbf{x} - \tilde{\mathbf{x}}$$

则方程(10.58)变为

$$\dot{\mathbf{e}} = (\mathbf{A} - \mathbf{K}_e\mathbf{C})\mathbf{e} \tag{10.59}$$

由方程(10.59)可看出,误差向量的动态特性由矩阵 $\mathbf{A} - \mathbf{K}_e\mathbf{C}$ 的特征值决定。如果矩阵 $\mathbf{A} - \mathbf{K}_e\mathbf{C}$ 是稳定矩阵,则对任意初始误差向量 $\mathbf{e}(0)$,误差向量都将收敛于零。也就是说,无论 $\mathbf{x}(0)$ 和 $\tilde{\mathbf{x}}(0)$ 的值如何,$\tilde{\mathbf{x}}(t)$ 都将收敛到 $\mathbf{x}(t)$。如果所选的矩阵 $\mathbf{A} - \mathbf{K}_e\mathbf{C}$ 的特征值使得误差向量的动态特性渐近稳定且足够快,则任意误差向量都将以足够快的速度趋于零(原点)。

如果控制对象是完全可观测的,则可证明,可以选择 $\mathbf{K}_e$,使得 $\mathbf{A} - \mathbf{K}_e\mathbf{C}$ 具有任意期望的特征值。也就是说,可以确定观测器的增益矩阵 $\mathbf{K}_e$,以产生所期望的矩阵 $\mathbf{A} - \mathbf{K}_e\mathbf{C}$。下面讨论这个问题。

10.5.3 对偶问题

全阶状态观测器的设计问题,变为确定观测器增益矩阵 $\mathbf{K}_e$,使得由方程(10.59)定义的误差动态特性以足够快的响应速度渐近稳定(渐近稳定性和误差动态特性响应速度由矩阵 $\mathbf{A} - \mathbf{K}_e\mathbf{C}$ 的特征值决定)。因此,全阶观测器的设计就变为确定一个合适的 $\mathbf{K}_e$,使得 $\mathbf{A} - \mathbf{K}_e\mathbf{C}$ 具有所期望的特征值。因而,全阶状态观测器的设计问题变为与10.2节讨论的极点配置问题相同。事实上,两个问题在数学上是相同的,这种性质称为对偶性。

考虑由

$$\dot{\mathbf{x}} = \mathbf{A}\mathbf{x} + \mathbf{B}u$$

$$y = \mathbf{C}\mathbf{x}$$

定义的系统。在设计全阶状态观测器时,可以求解其对偶问题。也就是说,解对偶系统

$$\dot{\mathbf{z}} = \mathbf{A}^*\mathbf{z} + \mathbf{C}^*v$$

$$n = \mathbf{B}^*\mathbf{z}$$

的极点配置问题。假设控制信号 v 为

$$v = -\mathbf{K}\mathbf{z}$$

如果对偶系统是状态完全可控的,则可确定状态反馈增益矩阵 $\mathbf{K}$,使得矩阵 $\mathbf{A}^* - \mathbf{C}^*\mathbf{K}$ 提供一组所期望的特征值。

如果 $\mu_1, \mu_2, \cdots, \mu_n$ 是所期望的状态观测器矩阵的特征值,则通过取相同的 μ_i 作为对偶系统的状态反馈增益矩阵的期望特征值,可得

$$\left| s\mathbf{I} - (\mathbf{A}^* - \mathbf{C}^*\mathbf{K}) \right| = (s - \mu_1)(s - \mu_2)\cdots(s - \mu_n)$$

注意到 $\mathbf{A}^* - \mathbf{C}^*\mathbf{K}$ 和 $\mathbf{A} - \mathbf{K}^*\mathbf{C}$ 的特征值相同,可得

$$\left| s\mathbf{I} - (\mathbf{A}^* - \mathbf{C}^*\mathbf{K}) \right| = \left| s\mathbf{I} - (\mathbf{A} - \mathbf{K}^*\mathbf{C}) \right|$$

比较特征多项式 $|s\mathbf{I} - (\mathbf{A} - \mathbf{K}^*\mathbf{C}|$ 和观测器系统[参见方程(10.57)]的特征多项式 $|s\mathbf{I} - (\mathbf{A} - \mathbf{K}_e\mathbf{C})|$,可找出 $\mathbf{K}_e$ 和 $\mathbf{K}^*$ 的关系为

$$\mathbf{K}_e = \mathbf{K}^*$$

因此,采用在对偶系统中由极点配置方法确定矩阵 $\mathbf{K}$,原系统的观测器增益矩阵 $\mathbf{K}_e$ 可通过关系式 $\mathbf{K}_e = \mathbf{K}^*$ 确定(详细情况可参见例题A.10.10)。

10.5.4 状态观测的充分必要条件

如前所述,对于 $\mathbf{A} - \mathbf{K}_e\mathbf{C}$ 所期望的特征值,确定其观测器增益矩阵 $\mathbf{K}_e$ 的充分必要条件为:原系统的对偶系统

$$\dot{\mathbf{z}} = \mathbf{A}^*\mathbf{z} + \mathbf{C}^*v$$

是状态完全可控的。该对偶系统的状态完全可控条件是

$$\begin{bmatrix} \mathbf{C}^* & \vdots & \mathbf{A}^*\mathbf{C}^* & \vdots & \cdots & \vdots & (\mathbf{A}^*)^{n-1}\mathbf{C}^* \end{bmatrix}$$

的秩为 n。这是由方程(10.55)和方程(10.56)定义的原系统的完全可观测性条件。这意味着，由方程(10.55)和方程(10.56)定义的系统的状态观测的充分必要条件是系统完全可观测。

如果控制对象是完全可观测的，那么当我们选定了希望的特征值(或希望的特征方程)后，就可以设计全阶观测器。选择特征方程的希望特征值时，应保证状态观测器的响应速度至少比所考虑的闭环系统快 2~5 倍。如前所述，全阶状态观测器的描述方程为

$$\dot{\tilde{\mathbf{x}}} = (\mathbf{A} - \mathbf{K}_e\mathbf{C})\tilde{\mathbf{x}} + \mathbf{B}u + \mathbf{K}_e y \qquad (10.60)$$

应当指出，迄今为止我们都假设观测器中的矩阵 $\mathbf{A}$, $\mathbf{B}$ 和 $\mathbf{C}$ 与实际控制对象中的完全相同。如果观测器中的矩阵 $\mathbf{A}$, $\mathbf{B}$ 和 $\mathbf{C}$ 与实际控制对象中的矩阵不吻合，那么观测器误差的动态特性就不能再用方程(10.59)来描述。这意味着误差不能像预期的那样趋近于零。因此，在选择 $\mathbf{K}_e$ 时，应能保证观测器是稳定的，并且在存在小的模型误差时，使误差保持在可以接受的小范围内。

10.5.5　求状态观测器增益矩阵 $\mathbf{K}_e$ 的变换法

采用求状态反馈增益矩阵 $\mathbf{K}$ 的方程时用过的相同方法，我们可以得到

$$\mathbf{K}_e = \mathbf{Q}\begin{bmatrix} \alpha_n - a_n \\ \alpha_{n-1} - a_{n-1} \\ \vdots \\ \alpha_1 - a_1 \end{bmatrix} = (\mathbf{WN}^*)^{-1}\begin{bmatrix} \alpha_n - a_n \\ \alpha_{n-1} - a_{n-1} \\ \vdots \\ \alpha_1 - a_1 \end{bmatrix} \qquad (10.61)$$

式中 $\mathbf{K}_e$ 为 $n \times 1$ 维矩阵，

$$\mathbf{Q} = (\mathbf{WN}^*)^{-1}$$

并且

$$\mathbf{N} = \begin{bmatrix} \mathbf{C}^* & \vdots & \mathbf{A}^*\mathbf{C}^* & \vdots & \cdots & \vdots & (\mathbf{A}^*)^{n-1}\mathbf{C}^* \end{bmatrix}$$

$$\mathbf{W} = \begin{bmatrix} a_{n-1} & a_{n-2} & \cdots & a_1 & 1 \\ a_{n-2} & a_{n-3} & \cdots & 1 & 0 \\ \vdots & \vdots & & \vdots & \vdots \\ a_1 & 1 & \cdots & 0 & 0 \\ 1 & 0 & \cdots & 0 & 0 \end{bmatrix}$$

式(10.61)的推导参见例题 A.10.10。

10.5.6　求状态观测器增益矩阵 $\mathbf{K}_e$ 的直接代入法

与极点配置的情况类似，如果系统是低阶的，将矩阵 $\mathbf{K}_e$ 直接代入期望的特征多项式可能比较简便。例如，若 $\mathbf{x}$ 是一个三维向量，则观测器增益矩阵 $\mathbf{K}_e$ 可写为

$$\mathbf{K}_e = \begin{bmatrix} k_{e1} \\ k_{e2} \\ k_{e3} \end{bmatrix}$$

将该矩阵 $\mathbf{K}_e$ 代入期望的特征多项式

$$|s\mathbf{I} - (\mathbf{A} - \mathbf{K}_e\mathbf{C})| = (s - \mu_1)(s - \mu_2)(s - \mu_3)$$

通过使上式两端 s 的同幂次系数相等,可确定 k_{e1}、k_{e2} 和 k_{e3} 的值。如果 $n = 1, 2$ 或 3,其中 n 是状态向量 $\mathbf{x}$ 的维数,则该方法很方便(虽然该方法可用于 $n = 4, 5, 6, \cdots$ 的情况,但涉及的计算可能非常烦琐)。

确定状态观测器增益矩阵 $\mathbf{K}_e$ 的另一种方法是采用阿克曼公式。下面就介绍这种方法。

10.5.7　阿克曼公式

考虑下式定义的系统:

$$\dot{\mathbf{x}} = \mathbf{Ax} + \mathbf{B}u \tag{10.62}$$

$$y = \mathbf{Cx} \tag{10.63}$$

10.2 节已经推导了由方程(10.62)定义的系统的极点配置阿克曼公式,其结果已由方程(10.18)给出,现重写为

$$\mathbf{K} = \begin{bmatrix} 0 & 0 & \cdots & 0 & 1 \end{bmatrix} \begin{bmatrix} \mathbf{B} \ \vdots \ \mathbf{AB} \ \vdots \ \cdots \ \vdots \ \mathbf{A}^{n-1}\mathbf{B} \end{bmatrix}^{-1} \phi(\mathbf{A})$$

对于由方程(10.62)和方程(10.63)定义的对偶系统

$$\dot{\mathbf{z}} = \mathbf{A}^*\mathbf{z} + \mathbf{C}^*v$$

$$n = \mathbf{B}^*\mathbf{z}$$

前述关于极点配置的阿克曼公式可改写为

$$\mathbf{K} = \begin{bmatrix} 0 & 0 & \cdots & 0 & 1 \end{bmatrix} \begin{bmatrix} \mathbf{C}^* \ \vdots \ \mathbf{A}^*\mathbf{C}^* \ \vdots \ \cdots \ \vdots \ (\mathbf{A}^*)^{n-1}\mathbf{C}^* \end{bmatrix}^{-1} \phi(\mathbf{A}^*) \tag{10.64}$$

如前所述,状态观测器的增益矩阵 $\mathbf{K}_e$ 由 $\mathbf{K}^*$ 给出,而 $\mathbf{K}$ 由方程(10.64)确定。因此,

$$\mathbf{K}_e = \mathbf{K}^* = \phi(\mathbf{A}^*)^* \begin{bmatrix} \mathbf{C} \\ \mathbf{CA} \\ \vdots \\ \mathbf{CA}^{n-2} \\ \mathbf{CA}^{n-1} \end{bmatrix}^{-1} \begin{bmatrix} 0 \\ 0 \\ \vdots \\ 0 \\ 1 \end{bmatrix} = \phi(\mathbf{A}) \begin{bmatrix} \mathbf{C} \\ \mathbf{CA} \\ \vdots \\ \mathbf{CA}^{n-2} \\ \mathbf{CA}^{n-1} \end{bmatrix}^{-1} \begin{bmatrix} 0 \\ 0 \\ \vdots \\ 0 \\ 1 \end{bmatrix} \tag{10.65}$$

式中,$\phi(s)$ 是状态观测器所期望的特征多项式,即

$$\phi(s) = (s - \mu_1)(s - \mu_2)\cdots(s - \mu_n)$$

式中,$\mu_1, \mu_2, \cdots, \mu_n$ 是所期望的特征值。方程(10.65)称为确定观测器增益矩阵 $\mathbf{K}_e$ 的阿克曼公式。

10.5.8　最佳 $\mathbf{K}_e$ 选择的注释

参考图 10.11,应当指出,反馈信号通过观测器增益矩阵 $\mathbf{K}_e$,作为对控制对象模型的修正信号,把控制对象中的未知因素考虑在内。如果含有显著的未知因素,那么通过矩阵 $\mathbf{K}_e$ 的反馈信号也应该比较大。然而,如果由于扰动和测量噪声使输出信号受到严重干扰,则输出 y 是不可靠的。因此通过矩阵 $\mathbf{K}_e$ 的反馈信号应该相当小。在确定矩阵 $\mathbf{K}_e$ 时,应该仔细检查包含在输出 y 中的扰动和噪声的影响。

应当强调的是,观测器增益矩阵 $\mathbf{K}_e$ 依赖于所期望的特征方程

$$(s - \mu_1)(s - \mu_2)\cdots(s - \mu_n) = 0$$

在多数情况下,$\mu_1, \mu_2, \cdots, \mu_n$ 这一组数据的选取不是唯一的。作为一般规则,观测器极点必须比控制器极点快 2~5 倍,以保证观测误差(估计误差)能迅速地收敛到零。这意味着观测器的估计误差,比状态向量 $\mathbf{x}$ 的衰减要快 2~5 倍。与期望的动态特性相比,观测器误差的这种比较快的衰减,使得控制器极点得以主导系统的响应。

应当强调指出，如果传感器噪声相当大，那么我们可以把观测器极点选择得比控制器极点慢 2 倍，以便使系统的带宽变得比较窄，并且对噪声进行平滑。但在这种情况下，系统的响应将会受到观测器极点的严重影响。如果在 s 左半平面上，观测器的极点位于控制器极点的右边，那么系统的响应将会由观测器极点支配而不是由控制器极点支配。

在设计状态观测器时，要求在几个不同的期望特征方程的基础上决定几个观测器增益矩阵 $\mathbf{K}_e$。然后对这几种不同的矩阵 $\mathbf{K}_e$ 进行仿真试验，以评估出最终系统的性能。当然，应从系统总体性能的角度出发，选取最好的 $\mathbf{K}_e$。在许多实际问题中，最好的矩阵 $\mathbf{K}_e$ 的选取，归结为在快速响应与对扰动和噪声灵敏性之间采取折中。

例 10.6　考虑系统

$$\dot{\mathbf{x}} = \mathbf{A}\mathbf{x} + \mathbf{B}u$$

$$y = \mathbf{C}\mathbf{x}$$

式中，

$$\mathbf{A} = \begin{bmatrix} 0 & 20.6 \\ 1 & 0 \end{bmatrix}, \quad \mathbf{B} = \begin{bmatrix} 0 \\ 1 \end{bmatrix}, \quad \mathbf{C} = \begin{bmatrix} 0 & 1 \end{bmatrix}$$

采用观测状态反馈，使得

$$u = -\mathbf{K}\tilde{\mathbf{x}}$$

试设计一个全阶状态观测器。设系统结构和图 10.11 所示的相同。又设观测器矩阵所期望的特征值为

$$\mu_1 = -10, \quad \mu_2 = -10$$

这时状态观测器的设计，归结为确定一个合适的观测器增益矩阵 $\mathbf{K}_e$。

先检验可观测性矩阵。矩阵

$$[\mathbf{C}^* \vdots \mathbf{A}^*\mathbf{C}^*] = \begin{bmatrix} 0 & 1 \\ 1 & 0 \end{bmatrix}$$

的秩为 2。因此，该系统是完全可观测的，因此可以确定期望的观测器增益矩阵。我们将用三种方法来解决该问题。

方法 1：采用方程(10.61)来确定观测器的增益矩阵。由于给定系统已是可观测标准形，因此变换矩阵 $\mathbf{Q} = (\mathbf{W}\mathbf{N}^*)^{-1}$ 为 $\mathbf{I}$。因为给定系统的特征方程为

$$|s\mathbf{I} - \mathbf{A}| = \begin{vmatrix} s & -20.6 \\ -1 & s \end{vmatrix} = s^2 - 20.6 = s^2 + a_1 s + a_2 = 0$$

因此

$$a_1 = 0, \quad a_2 = -20.6$$

所期望的特征方程为

$$(s + 10)^2 = s^2 + 20s + 100 = s^2 + \alpha_1 s + \alpha_2 = 0$$

因此

$$\alpha_1 = 20, \quad \alpha_2 = 100$$

于是，观测器增益矩阵 $\mathbf{K}_e$ 可由方程(10.61)求得如下：

$$\mathbf{K}_e = (\mathbf{W}\mathbf{N}^*)^{-1} \begin{bmatrix} \alpha_2 - a_2 \\ \alpha_1 - a_1 \end{bmatrix} = \begin{bmatrix} 1 & 0 \\ 0 & 1 \end{bmatrix} \begin{bmatrix} 100 + 20.6 \\ 20 - 0 \end{bmatrix} = \begin{bmatrix} 120.6 \\ 20 \end{bmatrix}$$

方法 2：参考方程(10.59)

$$\dot{\mathbf{e}} = (\mathbf{A} - \mathbf{K}_e\mathbf{C})\mathbf{e}$$

观测器的特征方程为

$$|s\mathbf{I} - \mathbf{A} + \mathbf{K}_e\mathbf{C}| = 0$$

定义

$$\mathbf{K}_e = \begin{bmatrix} k_{e1} \\ k_{e2} \end{bmatrix}$$

则特征方程为

$$\left| \begin{bmatrix} s & 0 \\ 0 & s \end{bmatrix} - \begin{bmatrix} 0 & 20.6 \\ 1 & 0 \end{bmatrix} + \begin{bmatrix} k_{e1} \\ k_{e2} \end{bmatrix} [0 \quad 1] \right| = \begin{vmatrix} s & -20.6 + k_{e1} \\ -1 & s + k_{e2} \end{vmatrix}$$

$$= s^2 + k_{e2}s - 20.6 + k_{e1} = 0 \tag{10.66}$$

由于所期望的特征方程为

$$s^2 + 20s + 100 = 0$$

比较方程(10.66)和以上方程,可得

$$k_{e1} = 120.6, \qquad k_{e2} = 20$$

即

$$\mathbf{K}_e = \begin{bmatrix} 120.6 \\ 20 \end{bmatrix}$$

方法 3:采用由方程(10.65)给出的阿克曼公式:

$$\mathbf{K}_e = \phi(\mathbf{A}) \begin{bmatrix} \mathbf{C} \\ \mathbf{CA} \end{bmatrix}^{-1} \begin{bmatrix} 0 \\ 1 \end{bmatrix}$$

式中

$$\phi(s) = (s - \mu_1)(s - \mu_2) = s^2 + 20s + 100$$

因此,

$$\phi(\mathbf{A}) = \mathbf{A}^2 + 20\mathbf{A} + 100\mathbf{I}$$

且

$$\mathbf{K}_e = (\mathbf{A}^2 + 20\mathbf{A} + 100\mathbf{I}) \begin{bmatrix} 0 & 1 \\ 1 & 0 \end{bmatrix}^{-1} \begin{bmatrix} 0 \\ 1 \end{bmatrix}$$

$$= \begin{bmatrix} 120.6 & 412 \\ 20 & 120.6 \end{bmatrix} \begin{bmatrix} 0 & 1 \\ 1 & 0 \end{bmatrix} \begin{bmatrix} 0 \\ 1 \end{bmatrix} = \begin{bmatrix} 120.6 \\ 20 \end{bmatrix}$$

当然,无论采用什么方法,所得的 $\mathbf{K}_e$ 是相同的。

全阶状态观测器的方程由方程(10.57)给出:

$$\dot{\tilde{\mathbf{x}}} = (\mathbf{A} - \mathbf{K}_e \mathbf{C}) \tilde{\mathbf{x}} + \mathbf{B}u + \mathbf{K}_e y$$

即

$$\begin{bmatrix} \dot{\tilde{x}}_1 \\ \dot{\tilde{x}}_2 \end{bmatrix} = \begin{bmatrix} 0 & -100 \\ 1 & -20 \end{bmatrix} \begin{bmatrix} \tilde{x}_1 \\ \tilde{x}_2 \end{bmatrix} + \begin{bmatrix} 0 \\ 1 \end{bmatrix} u + \begin{bmatrix} 120.6 \\ 20 \end{bmatrix} y$$

与极点配置的情况类似,如果系统阶数 $n \geqslant 4$,则推荐采用方法 1 和方法 3,这是因为在采用这两种方法时,所有矩阵计算都可由计算机实现;而方法 2 总是需要手工计算包含未知参数 k_{e1},k_{e2},$\cdots$,k_{en} 的特征方程。

10.5.9 观测器的引入对闭环系统的影响

在极点配置的设计过程中,假设实际状态 $\mathbf{x}(t)$ 可用于反馈。然而实际上,实际状态 $\mathbf{x}(t)$ 可能无法测量,所以必须设计一个观测器,并且将观测器状态 $\tilde{\mathbf{x}}(t)$ 用于反馈,如图 10.12 所示。因此,该设计过程分为两个阶段,第一个阶段是确定反馈增益矩阵 $\mathbf{K}$,以产生所期望的特征方程;第二个阶段是确定观测器的增益矩阵矩 $\mathbf{K}_e$,以产生所期望的观测器特征方程。

现在不采用实际状态 $\mathbf{x}(t)$,而采用观测状态 $\tilde{\mathbf{x}}(t)$ 研究对闭环控制系统特征方程的影响。

考虑由方程

$$\dot{\mathbf{x}} = \mathbf{A}\mathbf{x} + \mathbf{B}u$$

$$y = \mathbf{C}\mathbf{x}$$

定义的状态完全可控和完全可观测的系统。对基于观测状态 $\tilde{\mathbf{x}}$ 的状态反馈控制,有

$$u = -\mathbf{K}\tilde{\mathbf{x}}$$

利用该控制,状态方程为

$$\dot{\mathbf{x}} = \mathbf{A}\mathbf{x} - \mathbf{B}\mathbf{K}\tilde{\mathbf{x}} = (\mathbf{A} - \mathbf{B}\mathbf{K})\mathbf{x} + \mathbf{B}\mathbf{K}(\mathbf{x} - \tilde{\mathbf{x}}) \tag{10.67}$$

将实际状态 $\mathbf{x}(t)$ 和观测状态 $\widetilde{\mathbf{x}}(t)$ 的差定义为误差 $\mathbf{e}(t)$:

$$\mathbf{e}(t) = \mathbf{x}(t) - \widetilde{\mathbf{x}}(t)$$

将误差向量 $\mathbf{e}(t)$ 代入方程(10.67), 得

$$\dot{\mathbf{x}} = (\mathbf{A} - \mathbf{BK})\mathbf{x} + \mathbf{BKe} \tag{10.68}$$

注意, 观测器的误差方程由方程(10.59)给出, 重写为

$$\dot{\mathbf{e}} = (\mathbf{A} - \mathbf{K}_e\mathbf{C})\mathbf{e} \tag{10.69}$$

将方程(10.68)和方程(10.69)合并, 可得

$$\begin{bmatrix} \dot{\mathbf{x}} \\ \dot{\mathbf{e}} \end{bmatrix} = \begin{bmatrix} \mathbf{A} - \mathbf{BK} & \mathbf{BK} \\ \mathbf{0} & \mathbf{A} - \mathbf{K}_e\mathbf{C} \end{bmatrix} \begin{bmatrix} \mathbf{x} \\ \mathbf{e} \end{bmatrix} \tag{10.70}$$

方程(10.70)描述了观测–状态反馈控制系统的动态特性。该系统的特征方程为

$$\begin{vmatrix} s\mathbf{I} - \mathbf{A} + \mathbf{BK} & -\mathbf{BK} \\ \mathbf{0} & s\mathbf{I} - \mathbf{A} + \mathbf{K}_e\mathbf{C} \end{vmatrix} = 0$$

即

$$|s\mathbf{I} - \mathbf{A} + \mathbf{BK}||s\mathbf{I} - \mathbf{A} + \mathbf{K}_e\mathbf{C}| = 0$$

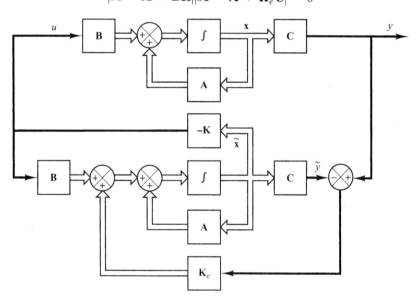

图 10.12 观测–状态反馈控制系统

注意, 观测–状态反馈控制系统的闭环极点包括由极点配置单独设计产生的极点和由观测器单独设计产生的极点。这意味着, 极点配置和观测器设计是相互独立的。它们可分别进行设计, 并合并为观测–状态反馈控制系统。注意, 如果控制对象的阶次为 n , 则观测器也是 n 阶的(如果采用全阶状态观测器), 于是整个闭环系统的特征方程变为 $2n$ 阶的。

10.5.10 基于观测器的控制器传递函数

考虑由

$$\dot{\mathbf{x}} = \mathbf{A}\mathbf{x} + \mathbf{B}u$$

$$y = \mathbf{C}\mathbf{x}$$

定义的控制对象。假设该控制对象完全可观测。又设采用观测–状态反馈控制

$$u = -\mathbf{K}\widetilde{\mathbf{x}}$$

于是观测器方程为

$$\dot{\tilde{\mathbf{x}}} = (\mathbf{A} - \mathbf{K}_e\mathbf{C} - \mathbf{BK})\tilde{\mathbf{x}} + \mathbf{K}_e y \tag{10.71}$$

$$u = -\mathbf{K}\tilde{\mathbf{x}} \tag{10.72}$$

方程(10.71)是将 $u = -\mathbf{K}\tilde{\mathbf{x}}$ 代入方程(10.57)得到的。

对方程(10.71)取拉普拉斯变换,设初始条件为零,并对 $\tilde{\mathbf{X}}(s)$ 求解,可得

$$\tilde{\mathbf{X}}(s) = (s\mathbf{I} - \mathbf{A} + \mathbf{K}_e\mathbf{C} + \mathbf{BK})^{-1}\mathbf{K}_e Y(s)$$

将上述 $\tilde{\mathbf{X}}(s)$ 代入方程(10.72)的拉普拉斯变换式,可得

$$U(s) = -\mathbf{K}(s\mathbf{I} - \mathbf{A} + \mathbf{K}_e\mathbf{C} + \mathbf{BK})^{-1}\mathbf{K}_e Y(s) \tag{10.73}$$

于是求得传递函数 $U(s)/Y(s)$ 为

$$\frac{U(s)}{Y(s)} = -\mathbf{K}(s\mathbf{I} - \mathbf{A} + \mathbf{K}_e\mathbf{C} + \mathbf{BK})^{-1}\mathbf{K}_e$$

图10.13所示为这个系统的方框图。应当指出,传递函数

$$\mathbf{K}(s\mathbf{I} - \mathbf{A} + \mathbf{K}_e\mathbf{C} + \mathbf{BK})^{-1}\mathbf{K}_e$$

用来作为系统的控制器。因此,我们称下列传递函数为基于观测器的控制器传递函数,或简单地称为观测器–控制器传递函数:

$$\frac{U(s)}{-Y(s)} = \frac{\text{num}}{\text{den}} = \mathbf{K}(s\mathbf{I} - \mathbf{A} + \mathbf{K}_e\mathbf{C} + \mathbf{BK})^{-1}\mathbf{K}_e \tag{10.74}$$

注意到观测器–控制器矩阵　　　　　$\mathbf{A} - \mathbf{K}_e\mathbf{C} - \mathbf{BK}$

可能稳定也可能不稳定,虽然 $\mathbf{A} - \mathbf{BK}$ 和 $\mathbf{A} - \mathbf{K}_e\mathbf{C}$ 被选定为稳定矩阵。事实上,在某些情况下,矩阵 $\mathbf{A} - \mathbf{K}_e\mathbf{C} - \mathbf{BK}$ 可能稳定性很差,甚至是不稳定的。

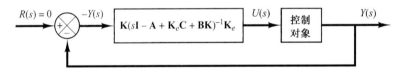

图10.13　具有控制器–观测器的系统方框图

例10.7　考虑下列控制对象的调节器系统设计:

$$\dot{\mathbf{x}} = \mathbf{A}\mathbf{x} + \mathbf{B}u \tag{10.75}$$

$$y = \mathbf{C}\mathbf{x} \tag{10.76}$$

式中,　　　　　$\mathbf{A} = \begin{bmatrix} 0 & 1 \\ 20.6 & 0 \end{bmatrix}, \quad \mathbf{B} = \begin{bmatrix} 0 \\ 1 \end{bmatrix}, \quad \mathbf{C} = [1 \quad 0]$

假设采用极点配置方法来设计该系统,并且该系统的期望闭环极点为 $s = \mu_i(i = 1, 2)$,其中 $\mu_1 = -1.8 + j2.4, \mu_2 = -1.8 - j2.4$。在此情况下,可得状态反馈增益矩阵 $\mathbf{K}$ 为

$$\mathbf{K} = [29.6 \quad 3.6]$$

采用该状态反馈增益矩阵 $\mathbf{K}$,可得控制信号 u 为

$$u = -\mathbf{K}\mathbf{x} = -[29.6 \quad 3.6]\begin{bmatrix} x_1 \\ x_2 \end{bmatrix}$$

假设采用观测–状态反馈控制替代实际反馈控制,即

$$u = -\mathbf{K}\tilde{\mathbf{x}} = -[29.6 \quad 3.6]\begin{bmatrix} \tilde{x}_1 \\ \tilde{x}_2 \end{bmatrix}$$

其中, 选择观测器的极点为

$$s = -8, \qquad s = -8$$

试求观测器增益矩阵 $\mathbf{K}_e$, 并画出观测–状态反馈控制系统的方框图。然后求该观测器–控制器的传递函数 $U(s)/[-Y(s)]$, 并且在前向路径中, 以观测器–控制器作为串联控制器, 画出另一种方框图。最后求该系统对下列初始条件的响应:

$$\mathbf{x}(0) = \begin{bmatrix} 1 \\ 0 \end{bmatrix}, \qquad \mathbf{e}(0) = \mathbf{x}(0) - \tilde{\mathbf{x}}(0) = \begin{bmatrix} 0.5 \\ 0 \end{bmatrix}$$

对于由方程(10.75)定义的系统, 其特征多项式为

$$|s\mathbf{I} - \mathbf{A}| = \begin{vmatrix} s & -1 \\ -20.6 & s \end{vmatrix} = s^2 - 20.6 = s^2 + a_1 s + a_2$$

因此,

$$a_1 = 0, \qquad a_2 = -20.6$$

该观测器所期望的特征方程为

$$(s - \mu_1)(s - \mu_2) = (s + 8)(s + 8) = s^2 + 16s + 64$$

$$= s^2 + \alpha_1 s + \alpha_2$$

因此,

$$\alpha_1 = 16, \qquad \alpha_2 = 64$$

为了确定观测器增益矩阵, 我们采用方程(10.61), 即

$$\mathbf{K}_e = (\mathbf{WN*})^{-1} \begin{bmatrix} \alpha_2 - a_2 \\ \alpha_1 - a_1 \end{bmatrix}$$

式中,

$$\mathbf{N} = [\mathbf{C*} \,\vdots\, \mathbf{A*C*}] = \begin{bmatrix} 1 & 0 \\ 0 & 1 \end{bmatrix}$$

$$\mathbf{W} = \begin{bmatrix} a_1 & 1 \\ 1 & 0 \end{bmatrix} = \begin{bmatrix} 0 & 1 \\ 1 & 0 \end{bmatrix}$$

因此,

$$\mathbf{K}_e = \left\{ \begin{bmatrix} 0 & 1 \\ 1 & 0 \end{bmatrix} \begin{bmatrix} 1 & 0 \\ 0 & 1 \end{bmatrix} \right\}^{-1} \begin{bmatrix} 64 + 20.6 \\ 16 - 0 \end{bmatrix}$$

$$= \begin{bmatrix} 0 & 1 \\ 1 & 0 \end{bmatrix} \begin{bmatrix} 84.6 \\ 16 \end{bmatrix} = \begin{bmatrix} 16 \\ 84.6 \end{bmatrix} \tag{10.77}$$

方程(10.77)给出了观测器增益矩阵 $\mathbf{K}_e$。观测器的方程由方程(10.60)给出:

$$\dot{\tilde{\mathbf{x}}} = (\mathbf{A} - \mathbf{K}_e\mathbf{C})\tilde{\mathbf{x}} + \mathbf{B}u + \mathbf{K}_e y \tag{10.78}$$

因为

$$u = -\mathbf{K}\tilde{\mathbf{x}}$$

所以方程(10.78)变为

$$\dot{\tilde{\mathbf{x}}} = (\mathbf{A} - \mathbf{K}_e\mathbf{C} - \mathbf{B}\mathbf{K})\tilde{\mathbf{x}} + \mathbf{K}_e y$$

即

$$\begin{bmatrix} \dot{\tilde{x}}_1 \\ \dot{\tilde{x}}_2 \end{bmatrix} = \left\{ \begin{bmatrix} 0 & 1 \\ 20.6 & 0 \end{bmatrix} - \begin{bmatrix} 16 \\ 84.6 \end{bmatrix} [1 \quad 0] - \begin{bmatrix} 0 \\ 1 \end{bmatrix} [29.6 \quad 3.6] \right\} \begin{bmatrix} \tilde{x}_1 \\ \tilde{x}_2 \end{bmatrix} + \begin{bmatrix} 16 \\ 84.6 \end{bmatrix} y$$

$$= \begin{bmatrix} -16 & 1 \\ -93.6 & -3.6 \end{bmatrix} \begin{bmatrix} \tilde{x}_1 \\ \tilde{x}_2 \end{bmatrix} + \begin{bmatrix} 16 \\ 84.6 \end{bmatrix} y$$

具有观测–状态反馈的系统方框图如图 10.14(a)所示。

参考方程(10.74), 可以看到观测器–控制器的传递函数为

$$\frac{U(s)}{-Y(s)} = \mathbf{K}(s\mathbf{I} - \mathbf{A} + \mathbf{K}_e\mathbf{C} + \mathbf{B}\mathbf{K})^{-1}\mathbf{K}_e$$

$$= [29.6 \quad 3.6] \begin{bmatrix} s + 16 & -1 \\ 93.6 & s + 3.6 \end{bmatrix}^{-1} \begin{bmatrix} 16 \\ 84.6 \end{bmatrix}$$

$$= \frac{778.2s + 3690.7}{s^2 + 19.6s + 151.2}$$

应用 MATLAB 可以得到同一传递函数。例如，MATLAB 程序10.8 可以生成观测器-控制器传递函数。图 10.14(b)表示的是系统的方框图。

```
MATLAB程序10.8

% Obtaining transfer function of observer controller --- full-order observer
A = [0  1;20.6  0];
B = [0;1];
C = [1  0];
K = [29.6  3.6];
Ke = [16;84.6];
AA = A–Ke*C–B*K;
BB = Ke;
CC = K;
DD = 0;
[num,den] = ss2tf(AA,BB,CC,DD)

num =

    1.0e+003*

      0   0.7782   3.6907

den =

    1.0000   19.6000   151.2000
```

刚才设计出的观测-状态反馈控制系统的动态特性，可以用下面的方程描述：对于控制对象，

$$\begin{bmatrix} \dot{x}_1 \\ \dot{x}_2 \end{bmatrix} = \begin{bmatrix} 0 & 1 \\ 20.6 & 0 \end{bmatrix} \begin{bmatrix} x_1 \\ x_2 \end{bmatrix} + \begin{bmatrix} 0 \\ 1 \end{bmatrix} u$$

$$y = \begin{bmatrix} 1 & 0 \end{bmatrix} \begin{bmatrix} x_1 \\ x_2 \end{bmatrix}$$

对于观测器，

$$\begin{bmatrix} \dot{\tilde{x}}_1 \\ \dot{\tilde{x}}_2 \end{bmatrix} = \begin{bmatrix} -16 & 1 \\ -93.6 & -3.6 \end{bmatrix} \begin{bmatrix} \tilde{x}_1 \\ \tilde{x}_2 \end{bmatrix} + \begin{bmatrix} 16 \\ 84.6 \end{bmatrix} y$$

$$u = -\begin{bmatrix} 29.6 & 3.6 \end{bmatrix} \begin{bmatrix} \tilde{x}_1 \\ \tilde{x}_2 \end{bmatrix}$$

作为整体而言，该系统是四阶的，其系统特征方程为

$$|s\mathbf{I} - \mathbf{A} + \mathbf{BK}||s\mathbf{I} - \mathbf{A} + \mathbf{K}_e\mathbf{C}| = (s^2 + 3.6s + 9)(s^2 + 16s + 64)$$

$$= s^4 + 19.6s^3 + 130.6s^2 + 374.4s + 576 = 0$$

该系统方程也可由图 10.14(b)所示系统的方框图得到。由于闭环传递函数为

$$\frac{Y(s)}{R(s)} = \frac{778.2s + 3690.7}{(s^2 + 19.6s + 151.2)(s^2 - 20.6) + 778.2s + 3690.7}$$

所以特征方程为

$$(s^2 + 19.6s + 151.2)(s^2 - 20.6) + 778.2s + 3690.7$$

$$= s^4 + 19.6s^3 + 130.6s^2 + 374.4s + 576 = 0$$

当然，不论是用状态空间表达式描述系统，还是用传递函数表达式描述系统，其特征方程是相同的。

最后，我们来求系统对下列初始条件的响应：

$$\mathbf{x}(0) = \begin{bmatrix} 1 \\ 0 \end{bmatrix}, \qquad \mathbf{e}(0) = \begin{bmatrix} 0.5 \\ 0 \end{bmatrix}$$

参考方程(10.70)，系统对初始条件的响应可以由下式确定：

$$\begin{bmatrix} \dot{\mathbf{x}} \\ \dot{\mathbf{e}} \end{bmatrix} = \begin{bmatrix} \mathbf{A} - \mathbf{BK} & \mathbf{BK} \\ \mathbf{0} & \mathbf{A} - \mathbf{K}_e\mathbf{C} \end{bmatrix} \begin{bmatrix} \mathbf{x} \\ \mathbf{e} \end{bmatrix}, \qquad \begin{bmatrix} \mathbf{x}(0) \\ \mathbf{e}(0) \end{bmatrix} = \begin{bmatrix} 1 \\ 0 \\ 0.5 \\ 0 \end{bmatrix}$$

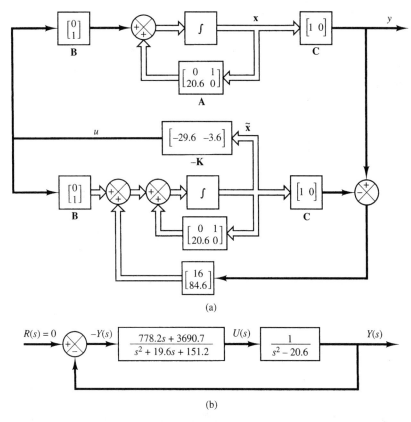

图 10.14　（a）具有观测–状态反馈的系统方框图；（b）传递函数系统的方框图

MATLAB 程序 10.9 给出了一种求系统响应的 MATLAB 程序。求得的响应曲线如图 10.15 所示。

```
MATLAB程序10.9

A = [0  1; 20.6  0];
B = [0;1];
C = [1  0];
K = [29.6  3.6];
Ke = [16; 84.6];
sys = ss([A–B*K  B*K; zeros(2,2)  A –Ke*C],eye(4),eye(4),eye(4));
t = 0:0.01:4;
z = initial(sys,[1;0;0.5;0],t);
x1 = [1  0  0  0]*z';
x2 = [0  1  0  0]*z';
e1 = [0  0  1  0]*z';
e2 = [0  0  0  1]*z';

subplot(2,2,1); plot(t,x1),grid
title('Response to Initial Condition')
ylabel('state variable x1')

subplot(2,2,2); plot(t,x2),grid
title('Response to Initial Condition')
ylabel('state variable x2')

subplot(2,2,3); plot(t,e1),grid
xlabel('t (sec)'), ylabel('error state variable e1')

subplot(2,2,4); plot(t,e2),grid
xlabel('t (sec)'), ylabel('error state variable e2')
```

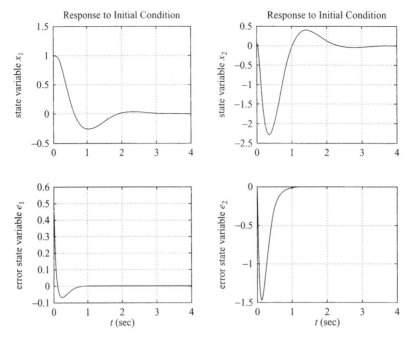

图 10.15　系统对初始条件的响应曲线

10.5.11　最小阶观测器

迄今为止，我们所讨论的观测器设计都是重构所有的状态变量。实际上，有一些状态变量可以精确测量。对这些精确测量的状态变量就不必估计了。

假设状态向量 $\mathbf{x}$ 为 n 维向量，$\mathbf{y}$ 为可测量的 m 维向量。由于 m 个输出变量是状态变量的线性组合，所以 m 个状态变量就不必进行估计，只需估计 $n-m$ 个状态变量即可。因此，该降阶观测器为 $n-m$ 阶观测器。这样的 $n-m$ 阶观测器就是最小阶观测器。图 10.16 所示为具有最小阶观测器系统的方框图。

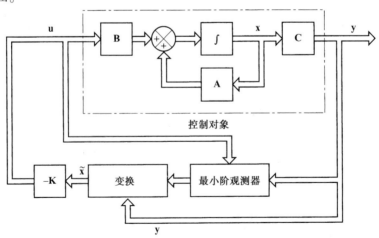

图 10.16　具有最小阶观测器的观测-状态反馈控制系统

如果输出变量的测量中含有严重的噪声，而且比较不精确，那么利用全阶观测器可以得到更好的系统性能。

　　为了介绍最小阶观测器的基本概念, 又不涉及过于复杂的数学推导, 我们将介绍输出为纯量(即 $m = 1$) 的情况, 并推导最小阶观测器的状态方程。考虑系统

$$\dot{\mathbf{x}} = \mathbf{A}\mathbf{x} + \mathbf{B}u \tag{10.79}$$

$$y = \mathbf{C}\mathbf{x} \tag{10.80}$$

式中, 状态向量 $\mathbf{x}$ 可划分为 x_a (纯量) 和 $\mathbf{x}_b$ ($n-1$ 维向量) 两部分。这里, 状态变量 x_a 等于输出 y, 因而可直接测量, 而 $\mathbf{x}_b$ 是状态向量的不可测量部分。于是, 经过划分的状态方程和输出方程为

$$\begin{bmatrix} \dot{x}_a \\ \dot{\mathbf{x}}_b \end{bmatrix} = \begin{bmatrix} A_{aa} & \mathbf{A}_{ab} \\ \mathbf{A}_{ba} & \mathbf{A}_{bb} \end{bmatrix} \begin{bmatrix} x_a \\ \mathbf{x}_b \end{bmatrix} + \begin{bmatrix} B_a \\ \mathbf{B}_b \end{bmatrix} u \tag{10.81}$$

$$y = \begin{bmatrix} 1 & \vdots & \mathbf{0} \end{bmatrix} \begin{bmatrix} x_a \\ \mathbf{x}_b \end{bmatrix} \tag{10.82}$$

式中, A_{aa} 为纯量, $\mathbf{A}_{ab}$ 为 $1 \times (n-1)$ 维矩阵, $\mathbf{A}_{ba}$ 为 $(n-1) \times 1$ 维矩阵, $\mathbf{A}_{bb}$ 为 $(n-1) \times (n-1)$ 维矩阵, B_a 为纯量, $\mathbf{B}_b$ 为 $(n-1) \times 1$ 维矩阵。

　　由方程(10.81), 状态可测部分的方程为

$$\dot{x}_a = A_{aa}x_a + \mathbf{A}_{ab}\mathbf{x}_b + B_a u$$

即

$$\dot{x}_a - A_{aa}x_a - B_a u = \mathbf{A}_{ab}\mathbf{x}_b \tag{10.83}$$

方程(10.83)左端各项是可测的。方程(10.83)可看成输出方程。在设计最小阶观测器时, 可认为方程(10.83)左端是已知量。因此, 方程(10.83)可将状态的可测量和不可测量部分联系起来。

　　由方程(10.81), 状态的不可测部分的方程为

$$\dot{\mathbf{x}}_b = \mathbf{A}_{ba}x_a + \mathbf{A}_{bb}\mathbf{x}_b + \mathbf{B}_b u \tag{10.84}$$

注意, $\mathbf{A}_{ba}x_a$ 和 $\mathbf{B}_b u$ 这两项是已知量, 方程(10.84)为状态的不可测量部分的动态方程。

　　下面将介绍设计最小阶观测器的一种方法。如果采用全阶状态观测器的设计方法, 则最小阶观测器的设计步骤可以简化。

　　现在比较全阶观测器的状态方程和最小阶观测器的状态方程。全阶观测器的状态方程为

$$\dot{\mathbf{x}} = \mathbf{A}\mathbf{x} + \mathbf{B}u$$

最小阶观测器的"状态方程"为

$$\dot{\mathbf{x}}_b = \mathbf{A}_{bb}\mathbf{x}_b + \mathbf{A}_{ba}x_a + \mathbf{B}_b u$$

全阶观测器的输出方程为

$$y = \mathbf{C}\mathbf{x}$$

最小阶观测器的"输出方程"为

$$\dot{x}_a - A_{aa}x_a - B_a u = \mathbf{A}_{ab}\mathbf{x}_b$$

最小阶观测器的设计步骤如下。首先, 注意到全阶观测器的观测器方程由方程(10.57)给出, 将其重写为

$$\dot{\tilde{\mathbf{x}}} = (\mathbf{A} - \mathbf{K}_e\mathbf{C})\tilde{\mathbf{x}} + \mathbf{B}u + \mathbf{K}_e y \tag{10.85}$$

然后, 将表 10.1 所做的替换代入方程(10.85), 可得

$$\dot{\tilde{\mathbf{x}}}_b = (\mathbf{A}_{bb} - \mathbf{K}_e\mathbf{A}_{ab})\tilde{\mathbf{x}}_b + \mathbf{A}_{ba}x_a + \mathbf{B}_b u + \mathbf{K}_e(\dot{x}_a - A_{aa}x_a - B_a u) \tag{10.86}$$

式中, 状态观测器增益矩阵 $\mathbf{K}_e$ 是 $(n-1) \times 1$ 维矩阵。在方程(10.86)中, 注意到为估计 $\tilde{\mathbf{x}}_b$, 需对 x_a 微分, 这会带来麻烦, 因为微分会使噪声放大。如果 x_a ($=y$) 是噪声, 则采用 $\dot{x}_a$ 是不允许的。

表 10.1　为写出最小阶状态观测器的观测器方程所做的替换

全阶状态观测器	最小阶状态观测器
$\widetilde{\mathbf{x}}$	$\widetilde{\mathbf{x}}_b$
$\mathbf{A}$	$\mathbf{A}_{bb}$
$\mathbf{B}u$	$\mathbf{A}_{ba}x_a + \mathbf{B}_b u$
y	$\dot{x}_a - A_{aa}x_a - B_a u$
$\mathbf{C}$	$\mathbf{A}_{ab}$
$\mathbf{K}_e\,(n \times 1\,矩阵)$	$\mathbf{K}_e\,[(n-1) \times 1\,矩阵]$

为了避免产生这种麻烦,我们应用下列方法消除 $\dot{x}_a$。

首先将方程(10.86)重写如下:

$$\dot{\widetilde{\mathbf{x}}}_b - \mathbf{K}_e\dot{x}_a = (\mathbf{A}_{bb} - \mathbf{K}_e\mathbf{A}_{ab})\widetilde{\mathbf{x}}_b + (\mathbf{A}_{ba} - \mathbf{K}_e A_{aa})y + (\mathbf{B}_b - \mathbf{K}_e B_a)u$$
$$= (\mathbf{A}_{bb} - \mathbf{K}_e\mathbf{A}_{ab})(\widetilde{\mathbf{x}}_b - \mathbf{K}_e y) +$$
$$\big[(\mathbf{A}_{bb} - \mathbf{K}_e\mathbf{A}_{ab})\mathbf{K}_e + \mathbf{A}_{ba} - \mathbf{K}_e A_{aa}\big]y +$$
$$(\mathbf{B}_b - \mathbf{K}_e B_a)u \qquad (10.87)$$

定义
$$\mathbf{x}_b - \mathbf{K}_e y = \mathbf{x}_b - \mathbf{K}_e x_a = \boldsymbol{\eta}$$
和
$$\widetilde{\mathbf{x}}_b - \mathbf{K}_e y = \widetilde{\mathbf{x}}_b - \mathbf{K}_e x_a = \widetilde{\boldsymbol{\eta}} \qquad (10.88)$$

于是方程(10.87)变为
$$\dot{\widetilde{\boldsymbol{\eta}}} = (\mathbf{A}_{bb} - \mathbf{K}_e\mathbf{A}_{ab})\widetilde{\boldsymbol{\eta}} + \big[(\mathbf{A}_{bb} - \mathbf{K}_e\mathbf{A}_{ab})\mathbf{K}_e +$$
$$\mathbf{A}_{ba} - \mathbf{K}_e A_{aa}\big]y + (\mathbf{B}_b - \mathbf{K}_e B_a)u \qquad (10.89)$$

定义
$$\hat{\mathbf{A}} = \mathbf{A}_{bb} - \mathbf{K}_e\mathbf{A}_{ab}$$
$$\hat{\mathbf{B}} = \hat{\mathbf{A}}\mathbf{K}_e + \mathbf{A}_{ba} - \mathbf{K}_e A_{aa}$$
$$\hat{\mathbf{F}} = \mathbf{B}_b - \mathbf{K}_e B_a$$

则方程(10.89)变为
$$\dot{\widetilde{\boldsymbol{\eta}}} = \hat{\mathbf{A}}\widetilde{\boldsymbol{\eta}} + \hat{\mathbf{B}}y + \hat{\mathbf{F}}u \qquad (10.90)$$

方程(10.90)和方程(10.88)共同定义了最小阶观测器。

因为
$$y = \begin{bmatrix} 1 & \vdots & \mathbf{0} \end{bmatrix}\begin{bmatrix} x_a \\ \hline \mathbf{x}_b \end{bmatrix}$$

$$\widetilde{\mathbf{x}} = \begin{bmatrix} x_a \\ \hline \widetilde{\mathbf{x}}_b \end{bmatrix} = \begin{bmatrix} y \\ \hline \widetilde{\mathbf{x}}_b \end{bmatrix} = \begin{bmatrix} \mathbf{0} \\ \hline \mathbf{I}_{n-1} \end{bmatrix}\big[\widetilde{\mathbf{x}}_b - \mathbf{K}_e y\big] + \begin{bmatrix} 1 \\ \hline \mathbf{K}_e \end{bmatrix}y$$

式中 $\mathbf{0}$ 为行向量,它由 $n-1$ 个零组成,如果定义

$$\hat{\mathbf{C}} = \begin{bmatrix} \mathbf{0} \\ \hline \mathbf{I}_{n-1} \end{bmatrix}, \qquad \hat{\mathbf{D}} = \begin{bmatrix} 1 \\ \hline \mathbf{K}_e \end{bmatrix}$$

则我们可以用 $\widetilde{\boldsymbol{\eta}}$ 和 y 将 $\widetilde{\mathbf{x}}$ 表示成下列形式:

$$\widetilde{\mathbf{x}} = \hat{\mathbf{C}}\widetilde{\boldsymbol{\eta}} + \hat{\mathbf{D}}y \qquad (10.91)$$

这个方程给出了从 $\widetilde{\boldsymbol{\eta}}$ 到 $\widetilde{\mathbf{x}}$ 的变换关系。

图 10.17 表示了观测－状态反馈控制系统与最小阶观测器构成的方框图，它是根据方程(10.79)、方程(10.80)、方程(10.90)、方程(10.91)和 $u = -\mathbf{K}\widetilde{\mathbf{x}}$ 的关系做出的。

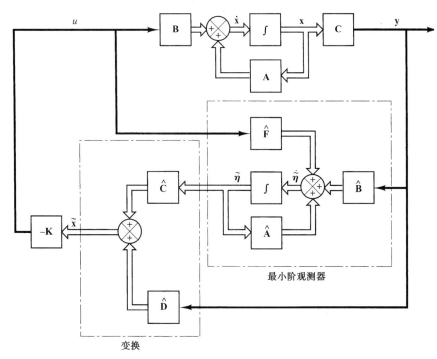

图 10.17　具有观测－状态反馈的系统(其中的观测器为最小阶观测器)

下面推导观测器的误差方程。利用方程(10.83)，将方程(10.86)改写为

$$\dot{\widetilde{\mathbf{x}}}_b = (\mathbf{A}_{bb} - \mathbf{K}_e \mathbf{A}_{ab})\widetilde{\mathbf{x}}_b + \mathbf{A}_{ba}x_a + \mathbf{B}_b u + \mathbf{K}_e \mathbf{A}_{ab}\mathbf{x}_b \qquad (10.92)$$

用方程(10.84)减去方程(10.92)，可得

$$\dot{\mathbf{x}}_b - \dot{\widetilde{\mathbf{x}}}_b = (\mathbf{A}_{bb} - \mathbf{K}_e \mathbf{A}_{ab})(\mathbf{x}_b - \widetilde{\mathbf{x}}_b) \qquad (10.93)$$

定义
$$\mathbf{e} = \mathbf{x}_b - \widetilde{\mathbf{x}}_b = \boldsymbol{\eta} - \widetilde{\boldsymbol{\eta}}$$

于是，方程(10.93)变为

$$\dot{\mathbf{e}} = (\mathbf{A}_{bb} - \mathbf{K}_e \mathbf{A}_{ab})\mathbf{e} \qquad (10.94)$$

这就是最小阶观测器的误差方程。注意，$\mathbf{e}$ 是 $n-1$ 维向量。

如果矩阵
$$\begin{bmatrix} \mathbf{A}_{ab} \\ \mathbf{A}_{ab}\mathbf{A}_{bb} \\ \vdots \\ \mathbf{A}_{ab}\mathbf{A}_{bb}^{n-2} \end{bmatrix}$$

的秩为 $n-1$(这是适用于最小阶观测器的完全可观测性条件)，则仿照在全阶观测器设计中提出的方法，可根据要求选定最小阶观测器的误差动态方程。

由方程(10.94)得到的最小阶观测器的特征方程为

$$\begin{aligned} |s\mathbf{I} - \mathbf{A}_{bb} + \mathbf{K}_e \mathbf{A}_{ab}| &= (s - \mu_1)(s - \mu_2)\cdots(s - \mu_{n-1}) \\ &= s^{n-1} + \hat{\alpha}_1 s^{n-2} + \cdots + \hat{\alpha}_{n-2}s + \hat{\alpha}_{n-1} = 0 \end{aligned} \qquad (10.95)$$

式中，μ_1，μ_2，$\cdots$，μ_{n-1} 是最小阶观测器所期望的特征值。观测器的增益矩阵 $\mathbf{K}_e$ 确定如下：首先选择最小阶观测器所期望的特征值[即将特征方程(10.95)的根置于所期望的位置]，然后采用在全阶观测器设计中提出并经过适当修改的方法。例如，若采用由方程(10.61)给出的确定矩阵 $\mathbf{K}_e$ 的公式，则应将其修改为

$$\mathbf{K}_e = \hat{\mathbf{Q}} \begin{bmatrix} \hat{\alpha}_{n-1} - \hat{a}_{n-1} \\ \hat{\alpha}_{n-2} - \hat{a}_{n-2} \\ \vdots \\ \hat{\alpha}_1 - \hat{a}_1 \end{bmatrix} = (\hat{\mathbf{W}}\hat{\mathbf{N}}^*)^{-1} \begin{bmatrix} \hat{\alpha}_{n-1} - \hat{a}_{n-1} \\ \hat{\alpha}_{n-2} - \hat{a}_{n-2} \\ \vdots \\ \hat{\alpha}_1 - \hat{a}_1 \end{bmatrix} \tag{10.96}$$

式中的 $\mathbf{K}_e$ 是 $(n-1) \times 1$ 维矩阵，并且

$$\hat{\mathbf{N}} = \begin{bmatrix} \mathbf{A}_{ab}^* & \vdots & \mathbf{A}_{bb}^*\mathbf{A}_{ab}^* & \vdots & \cdots & \vdots & (\mathbf{A}_{bb}^*)^{n-2}\mathbf{A}_{ab}^* \end{bmatrix} = (n-1) \times (n-1) \text{ 维矩阵}$$

$$\hat{\mathbf{W}} = \begin{bmatrix} \hat{a}_{n-2} & \hat{a}_{n-3} & \cdots & \hat{a}_1 & 1 \\ \hat{a}_{n-3} & \hat{a}_{n-4} & \cdots & 1 & 0 \\ \vdots & \vdots & & \vdots & \vdots \\ \hat{a}_1 & 1 & \cdots & 0 & 0 \\ 1 & 0 & \cdots & 0 & 0 \end{bmatrix} = (n-1) \times (n-1) \text{ 维矩阵}$$

注意，$\hat{a}_1$，$\hat{a}_2$，$\cdots$，$\hat{a}_{n-2}$ 是状态方程的特征方程

$$|s\mathbf{I} - \mathbf{A}_{bb}| = s^{n-1} + \hat{a}_1 s^{n-2} + \cdots + \hat{a}_{n-2}s + \hat{a}_{n-1} = 0$$

的系数。同样，如果采用方程(10.65)给出的阿克曼公式，则应将其修改为

$$\mathbf{K}_e = \phi(\mathbf{A}_{bb}) \begin{bmatrix} \mathbf{A}_{ab} \\ \mathbf{A}_{ab}\mathbf{A}_{bb} \\ \vdots \\ \mathbf{A}_{ab}\mathbf{A}_{bb}^{n-3} \\ \mathbf{A}_{ab}\mathbf{A}_{bb}^{n-2} \end{bmatrix}^{-1} \begin{bmatrix} 0 \\ 0 \\ \vdots \\ 0 \\ 1 \end{bmatrix} \tag{10.97}$$

式中，
$$\phi(\mathbf{A}_{bb}) = \mathbf{A}_{bb}^{n-1} + \hat{\alpha}_1 \mathbf{A}_{bb}^{n-2} + \cdots + \hat{\alpha}_{n-2}\mathbf{A}_{bb} + \hat{\alpha}_{n-1}\mathbf{I}$$

10.5.12 具有最小阶观测器的观测-状态反馈控制系统

对于具有全阶状态观测器的观测-状态反馈控制系统，我们已经指出，其闭环极点包括由极点配置设计单独产生的极点，加上由观测器设计单独产生的极点。因此，极点配置设计和全阶观测器的设计是相互独立的。

对于具有最小阶观测器的观测-状态反馈控制系统，可运用同样的结论。该系统的特征方程可推导为

$$|s\mathbf{I} - \mathbf{A} + \mathbf{B}\mathbf{K}||s\mathbf{I} - \mathbf{A}_{bb} + \mathbf{K}_e\mathbf{A}_{ab}| = 0 \tag{10.98}$$

详细情况参见例题 A.10.11。具有最小阶观测器的观测-状态反馈控制系统的闭环极点，包括由极点配置产生的闭环极点[矩阵$(\mathbf{A} - \mathbf{B}\mathbf{K})$的特征值]和由最小阶观测器产生的闭环极点[矩阵$(\mathbf{A}_{bb} - \mathbf{K}_e\mathbf{K}_{ab})$的特征值]两部分组成。因此，极点配置设计和最小阶观测器设计是互相独立的。

10.5.13 用 MATLAB 确定观测器增益矩阵 $\mathbf{K}_e$

由于极点配置和观测器设计的对偶性，所以同一个算法既可以应用于极点配置问题，也可以应用于观测器设计问题。因此，命令 acker 和 place 可以用来确定观测器增益矩阵 $\mathbf{K}_e$。

观测器的闭环极点是矩阵 $\mathbf{A} - \mathbf{K}_e\mathbf{C}$ 的特征值。极点配置的闭环极点是矩振 $\mathbf{A} - \mathbf{BK}$ 的特征值。

参考极点配置问题与观测器设计问题之间的对偶性，可以通过考虑对偶系统的极点配置问题确定 $\mathbf{K}_e$。也就是说，可以通过把 $\mathbf{A}^* - \mathbf{C}^*\mathbf{K}_e$ 的特征值配置到希望的位置来确定 $\mathbf{K}_e$。因为 $\mathbf{K}_e = \mathbf{K}^*$，所以对于全阶观测器，采用下列命令：

$$Ke = acker(A',C',L)'$$

式中 L 为观测器希望的特征值向量。类似地，对于全阶观测器，如果 L 不包含多重极点，则可以采用下列命令

$$Ke = place(A',C',L)'$$

（在上述命令中，符号"'"表示转置）。对于最小阶（或降价）观测器，可以采用下列命令：

$$Ke = acker(Abb',Aab',L)'$$

或

$$Ke = place(Abb',Aab',L)'$$

例 10.8 考虑下列系统：

$$\dot{\mathbf{x}} = \mathbf{A}\mathbf{x} + \mathbf{B}u$$
$$y = \mathbf{C}\mathbf{x}$$

式中

$$\mathbf{A} = \begin{bmatrix} 0 & 1 & 0 \\ 0 & 0 & 1 \\ -6 & -11 & -6 \end{bmatrix}, \quad \mathbf{B} = \begin{bmatrix} 0 \\ 0 \\ 1 \end{bmatrix}, \quad \mathbf{C} = \begin{bmatrix} 1 & 0 & 0 \end{bmatrix}$$

假设希望把闭环极点配置到下列位置：

$$s_1 = -2 + j2\sqrt{3}, \quad s_2 = -2 - j2\sqrt{3}, \quad s_3 = -6$$

那么必要的状态反馈增益矩阵 $\mathbf{K}$ 可以求得如下：

$$\mathbf{K} = \begin{bmatrix} 90 & 29 & 4 \end{bmatrix}$$

关于矩阵 $\mathbf{K}$ 的 MATLAB 计算，见 MATLAB 程序 10.10。

其次，假设输出量 y 可以精确地测量，因此状态变量 x_1（它等于 y）不必进行估计。我们来设计一个最小阶观测器（最小阶观测器是二阶的）。假设选择期望的观测器极点位于

$$s = -10, \quad s = -10$$

参考方程（10.95），最小阶观测器的特征方程为

$$|s\mathbf{I} - \mathbf{A}_{bb} + \mathbf{K}_e\mathbf{A}_{ab}| = (s - \mu_1)(s - \mu_2)$$
$$= (s + 10)(s + 10)$$
$$= s^2 + 20s + 100 = 0$$

下面应用方程（10.97）给出的阿克曼公式：

$$\mathbf{K}_e = \phi(\mathbf{A}_{bb})\begin{bmatrix} \mathbf{A}_{ab} \\ \hline \mathbf{A}_{ab}\mathbf{A}_{bb} \end{bmatrix}^{-1}\begin{bmatrix} 0 \\ 1 \end{bmatrix} \tag{10.99}$$

式中

$$\phi(\mathbf{A}_{bb}) = \mathbf{A}_{bb}^2 + \hat{\alpha}_1\mathbf{A}_{bb} + \hat{\alpha}_2\mathbf{I} = \mathbf{A}_{bb}^2 + 20\mathbf{A}_{bb} + 100\mathbf{I}$$

因为

$$\tilde{\mathbf{x}} = \begin{bmatrix} x_a \\ \hline \tilde{\mathbf{x}}_b \end{bmatrix} = \begin{bmatrix} x_1 \\ \hline \tilde{x}_2 \\ \tilde{x}_3 \end{bmatrix}, \quad \mathbf{A} = \begin{bmatrix} 0 & 1 & 0 \\ \hline 0 & 0 & 1 \\ -6 & -11 & -6 \end{bmatrix}, \quad \mathbf{B} = \begin{bmatrix} 0 \\ \hline 0 \\ 1 \end{bmatrix}$$

所以得到 $\qquad A_{aa} = 0, \qquad \mathbf{A}_{ab} = [1 \quad 0], \qquad \mathbf{A}_{ba} = \begin{bmatrix} 0 \\ -6 \end{bmatrix}$

$$\mathbf{A}_{bb} = \begin{bmatrix} 0 & 1 \\ -11 & -6 \end{bmatrix}, \qquad B_a = 0, \qquad \mathbf{B}_b = \begin{bmatrix} 0 \\ 1 \end{bmatrix}$$

方程(10.99)现在变为

$$\mathbf{K}_e = \left\{ \begin{bmatrix} 0 & 1 \\ -11 & -6 \end{bmatrix}^2 + 20 \begin{bmatrix} 0 & 1 \\ -11 & -6 \end{bmatrix} + 100 \begin{bmatrix} 1 & 0 \\ 0 & 1 \end{bmatrix} \right\} \begin{bmatrix} 1 & 0 \\ 0 & 1 \end{bmatrix}^{-1} \begin{bmatrix} 0 \\ 1 \end{bmatrix}$$

$$= \begin{bmatrix} 89 & 14 \\ -154 & 5 \end{bmatrix} \begin{bmatrix} 0 \\ 1 \end{bmatrix} = \begin{bmatrix} 14 \\ 5 \end{bmatrix}$$

在 MATLAB 程序 10.10 中, 给出了一种用 MATLAB 计算 $\mathbf{K}_e$ 的程序。

```
MATLAB程序10.10

A = [0 1 0;0 0 1;-6 -11 -6];
B = [0;0;1];
J = [-2+j*2*sqrt(3) -2-j*2*sqrt(3) -6];
K = acker(A,B,J)

K =

      90.0000    29.0000     4.0000

Abb = [0  1;-11 -6];
Aab = [1  0];
L = [-10 -10];
Ke = acker(Abb',Aab',L)'

Ke =

      14
       5
```

参考方程(10.88)和方程(10.89), 最小阶观测器的方程可以由下式给出:

$$\dot{\tilde{\boldsymbol{\eta}}} = (\mathbf{A}_{bb} - \mathbf{K}_e \mathbf{A}_{ab})\tilde{\boldsymbol{\eta}} + [(\mathbf{A}_{bb} - \mathbf{K}_e \mathbf{A}_{ab})\mathbf{K}_e + \mathbf{A}_{ba} - \mathbf{K}_e A_{aa}]y + (\mathbf{B}_b - \mathbf{K}_e B_a)u \qquad (10.100)$$

式中 $\qquad\qquad\qquad \tilde{\boldsymbol{\eta}} = \tilde{\mathbf{x}}_b - \mathbf{K}_e y = \tilde{\mathbf{x}}_b - \mathbf{K}_e x_1$

注意到 $\qquad\qquad \mathbf{A}_{bb} - \mathbf{K}_e \mathbf{A}_{ab} = \begin{bmatrix} 0 & 1 \\ -11 & -6 \end{bmatrix} - \begin{bmatrix} 14 \\ 5 \end{bmatrix}[1 \quad 0] = \begin{bmatrix} -14 & 1 \\ -16 & -6 \end{bmatrix}$

于是最小阶观测器的方程(10.100)变为

$$\begin{bmatrix} \dot{\tilde{\eta}}_2 \\ \dot{\tilde{\eta}}_3 \end{bmatrix} = \begin{bmatrix} -14 & 1 \\ -16 & -6 \end{bmatrix} \begin{bmatrix} \tilde{\eta}_2 \\ \tilde{\eta}_3 \end{bmatrix} + \left\{ \begin{bmatrix} -14 & 1 \\ -16 & -6 \end{bmatrix} \begin{bmatrix} 14 \\ 5 \end{bmatrix} + \right.$$

$$\left. \begin{bmatrix} 0 \\ -6 \end{bmatrix} - \begin{bmatrix} 14 \\ 5 \end{bmatrix}0 \right\} y + \left\{ \begin{bmatrix} 0 \\ 1 \end{bmatrix} - \begin{bmatrix} 14 \\ 5 \end{bmatrix}0 \right\}u$$

即 $\qquad\qquad\qquad \begin{bmatrix} \dot{\tilde{\eta}}_2 \\ \dot{\tilde{\eta}}_3 \end{bmatrix} = \begin{bmatrix} -14 & 1 \\ -16 & -6 \end{bmatrix} \begin{bmatrix} \tilde{\eta}_2 \\ \tilde{\eta}_3 \end{bmatrix} + \begin{bmatrix} -191 \\ -260 \end{bmatrix}y + \begin{bmatrix} 0 \\ 1 \end{bmatrix}u$

式中, $\qquad\qquad\qquad\qquad \begin{bmatrix} \tilde{\eta}_2 \\ \tilde{\eta}_3 \end{bmatrix} = \begin{bmatrix} \tilde{x}_2 \\ \tilde{x}_3 \end{bmatrix} - \mathbf{K}_e y$

即 $\qquad\qquad\qquad\qquad \begin{bmatrix} \tilde{x}_2 \\ \tilde{x}_3 \end{bmatrix} = \begin{bmatrix} \tilde{\eta}_2 \\ \tilde{\eta}_3 \end{bmatrix} + \mathbf{K}_e x_1$

如果采用观测状态反馈, 则控制信号 u 变为

$$u = -\mathbf{K}\tilde{\mathbf{x}} = -\mathbf{K} \begin{bmatrix} x_1 \\ \tilde{x}_2 \\ \tilde{x}_3 \end{bmatrix}$$

式中 $\mathbf{K}$ 为状态反馈增益矩阵。图 10.18 表示了带观测–状态反馈系统的配置方框图,图中的观测器为最小阶观测器。

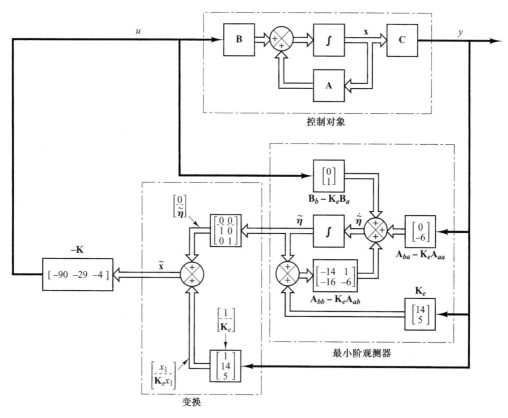

图 10.18　带观测–状态反馈的系统,系统中的观测器是在例 10.8 中设计出来的最小阶观测器

10.5.14　基于最小阶观测器的控制器传递函数

在方程(10.89)给出的最小阶观测器方程中,

$$\dot{\tilde{\boldsymbol{\eta}}} = \left(\mathbf{A}_{bb} - \mathbf{K}_e\mathbf{A}_{ab}\right)\tilde{\boldsymbol{\eta}} + \left[\left(\mathbf{A}_{bb} - \mathbf{K}_e\mathbf{A}_{ab}\right)\mathbf{K}_e + \mathbf{A}_{ba} - \mathbf{K}_e\mathbf{A}_{aa}\right]y + \left(\mathbf{B}_b - \mathbf{K}_eB_a\right)u$$

与推导方程(10.90)时的情况相似,定义

$$\hat{\mathbf{A}} = \mathbf{A}_{bb} - \mathbf{K}_e\mathbf{A}_{ab}$$

$$\hat{\mathbf{B}} = \hat{\mathbf{A}}\mathbf{K}_e + \mathbf{A}_{ba} - \mathbf{K}_eA_{aa}$$

$$\hat{\mathbf{F}} = \mathbf{B}_b - \mathbf{K}_eB_a$$

于是,下列三个方程定义了最小阶观测器:

$$\dot{\tilde{\boldsymbol{\eta}}} = \hat{\mathbf{A}}\tilde{\boldsymbol{\eta}} + \hat{\mathbf{B}}y + \hat{\mathbf{F}}u \tag{10.101}$$

$$\tilde{\boldsymbol{\eta}} = \tilde{\mathbf{x}}_b - \mathbf{K}_ey \tag{10.102}$$

$$u = -\mathbf{K}\tilde{\mathbf{x}} \tag{10.103}$$

因为方程(10.103)可以改写成下列形式:

$$u = -\mathbf{K}\tilde{\mathbf{x}} = -\begin{bmatrix} K_a & \mathbf{K}_b \end{bmatrix}\begin{bmatrix} y \\ \tilde{\mathbf{x}}_b \end{bmatrix} = -K_ay - \mathbf{K}_b\tilde{\mathbf{x}}_b$$

$$= -\mathbf{K}_b\tilde{\boldsymbol{\eta}} - \left(K_a + \mathbf{K}_b\mathbf{K}_e\right)y \tag{10.104}$$

将方程(10.104)代入方程(10.101),得到

$$\dot{\tilde{\boldsymbol{\eta}}} = \hat{\mathbf{A}}\tilde{\boldsymbol{\eta}} + \hat{\mathbf{B}}y + \hat{\mathbf{F}}\big[-\mathbf{K}_b\tilde{\boldsymbol{\eta}} - (K_a + \mathbf{K}_b\mathbf{K}_e)y\big]$$

$$= (\hat{\mathbf{A}} - \hat{\mathbf{F}}\mathbf{K}_b)\tilde{\boldsymbol{\eta}} + \big[\hat{\mathbf{B}} - \hat{\mathbf{F}}(K_a + \mathbf{K}_b\mathbf{K}_e)\big]y \qquad (10.105)$$

定义

$$\tilde{\mathbf{A}} = \hat{\mathbf{A}} - \hat{\mathbf{F}}\mathbf{K}_b$$

$$\tilde{\mathbf{B}} = \hat{\mathbf{B}} - \hat{\mathbf{F}}(K_a + \mathbf{K}_b\mathbf{K}_e)$$

$$\tilde{\mathbf{C}} = -\mathbf{K}_b$$

$$\tilde{D} = -(K_a + \mathbf{K}_b\mathbf{K}_e)$$

于是方程(10.105)和方程(10.104)可以写成下列形式:

$$\dot{\tilde{\boldsymbol{\eta}}} = \tilde{\mathbf{A}}\tilde{\boldsymbol{\eta}} + \tilde{\mathbf{B}}y \qquad (10.106)$$

$$u = \tilde{\mathbf{C}}\tilde{\boldsymbol{\eta}} + \tilde{D}y \qquad (10.107)$$

方程(10.106)和方程(10.107)定义了基于最小阶观测器的控制器。若把 u 看成输出量,把 $-y$ 看成输入量,则 $U(s)$ 可以写成

$$U(s) = \big[\tilde{\mathbf{C}}(s\mathbf{I} - \tilde{\mathbf{A}})^{-1}\tilde{\mathbf{B}} + \tilde{D}\big]Y(s)$$

$$= -\big[\tilde{\mathbf{C}}(s\mathbf{I} - \tilde{\mathbf{A}})^{-1}\tilde{\mathbf{B}} + \tilde{D}\big][-Y(s)]$$

因为观测器控制器的输入量为 $-Y(s)$,而不是 $Y(s)$,所以观测器控制器的传递函数为

$$\frac{U(s)}{-Y(s)} = \frac{\text{num}}{\text{den}} = -\big[\tilde{\mathbf{C}}(s\mathbf{I} - \tilde{\mathbf{A}})^{-1}\tilde{\mathbf{B}} + \tilde{D}\big] \qquad (10.108)$$

利用下列 MATLAB 语句:

$$[\text{num,den}] = \text{ss2tf(Atilde, Btilde, } -\text{Ctilde, } -\text{Dtilde)} \qquad (10.109)$$

可以容易地求出这个传递函数。

10.6 带观测器的调节器系统设计

这一节将利用极点配置与观测器方法,讨论调节器系统的设计问题。

考虑图 10.19 所示的调节器系统(参考输入为零)。控制对象的传递函数为

$$G(s) = \frac{10(s + 2)}{s(s + 4)(s + 6)}$$

利用极点配置方法设计一个控制器,使得系统在下列初始条件下:

$$\mathbf{x}(0) = \begin{bmatrix} 1 \\ 0 \\ 0 \end{bmatrix}, \qquad \mathbf{e}(0) = \begin{bmatrix} 1 \\ 0 \end{bmatrix}$$

$y(t)$ 的最大过调量为 $25\% \sim 35\%$,调整时间约为 $4\,s$。上式中的 $\mathbf{x}$ 为控制对象的状态向量,$\mathbf{e}$ 为观测器误差向量(假设我们采用的是最小阶观测器,并设只有输出量 y 是可以测量的)。

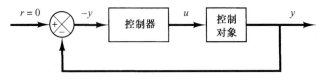

图 10.19 调节器系统

带观测器的调节器系统设计步骤如下:

1. 推导控制对象的状态空间模型。
2. 选择希望的闭环极点进行极点配置,同时选择希望的观测器极点。
3. 确定状态反馈增益矩阵 **K** 和观测器增益矩阵 $\mathbf{K}_e$。
4. 利用在第 3 步中求出的增益矩阵 **K** 和 $\mathbf{K}_e$,推导观测器控制器的传递函数。如果控制器是稳定的,检验其对给定初始条件的响应。如果响应不能令人满意,则应调整闭环极点的位置和(或)观测器极点的位置,直到获得满意的响应为止。

设计步骤 1:导出控制对象的状态空间表达式。因为控制对象的传递函数为

$$\frac{Y(s)}{U(s)} = \frac{10(s + 2)}{s(s + 4)(s + 6)}$$

所以相应的微分方程为

$$\dddot{y} + 10\ddot{y} + 24\dot{y} = 10\dot{u} + 20u$$

参考 2.5 节,定义状态变量 x_1, x_2 和 x_3 如下:

$$x_1 = y - \beta_0 u$$
$$x_2 = \dot{x}_1 - \beta_1 u$$
$$x_3 = \dot{x}_2 - \beta_2 u$$

另外,定义 $\dot{x}_3$ 为

$$\dot{x}_3 = -a_3 x_1 - a_2 x_2 - a_1 x_3 + \beta_3 u$$
$$= -24 x_2 - 10 x_3 + \beta_3 u$$

式中　　　　　　　　$\beta_0 = 0,\ \beta_1 = 0,\ \beta_2 = 10$ 且　$\beta_3 = -80$

[关于各 β 的计算,参见方程(2.35)]。于是状态空间方程和输出方程可以求得为

$$\begin{bmatrix} \dot{x}_1 \\ \dot{x}_2 \\ \dot{x}_3 \end{bmatrix} = \begin{bmatrix} 0 & 1 & 0 \\ 0 & 0 & 1 \\ 0 & -24 & -10 \end{bmatrix} \begin{bmatrix} x_1 \\ x_2 \\ x_3 \end{bmatrix} + \begin{bmatrix} 0 \\ 10 \\ -80 \end{bmatrix} u$$

$$y = \begin{bmatrix} 1 & 0 & 0 \end{bmatrix} \begin{bmatrix} x_1 \\ x_2 \\ x_3 \end{bmatrix} + \begin{bmatrix} 0 \end{bmatrix} u$$

设计步骤 2:作为第一次试探,选择希望的闭环极点位于

$$s = -1 + j2, \qquad s = -1 - j2, \qquad s = -5$$

并且选择希望的观测器极点位于

$$s = -10, \qquad s = -10$$

设计步骤 3:利用 MATLAB 计算状态反馈增益矩阵 **K** 和观测器增益矩阵 $\mathbf{K}_e$。矩阵 **K** 和 $\mathbf{K}_e$ 由 MATLAB 程序 10.11 生成。在上述程序中,矩阵 **J** 和 **L** 分别代表极点配置的期望闭环极点和观测器的期望极点。矩阵 **K** 和 $\mathbf{K}_e$ 可以求得如下:

$$\mathbf{K} = \begin{bmatrix} 1.25 & 1.25 & 0.19375 \end{bmatrix}$$

$$\mathbf{K}_e = \begin{bmatrix} 10 \\ -24 \end{bmatrix}$$

```
MATLAB程序10.11

% Obtaining the state feedback gain matrix K

A = [0  1  0;0  0  1;0 −24 −10];
B = [0;10;−80];
C = [1  0  0];
J = [−1+j*2  −1−j*2  −5];
K = acker(A,B,J)

K =

    1.2500    1.2500    0.19375

% Obtaining the observer gain matrix Ke

Aaa = 0; Aab = [1  0]; Aba = [0;0]; Abb = [0  1;−24 −10];Ba = 0; Bb = [10;−80];
L = [−10 −10];
Ke = acker(Abb',Aab',L)'

Ke =

   10
  −24
```

设计步骤 4：确定观测器控制器的传递函数。参考方程(10.108)，观测器控制器的传递函数可以由下式给出：

$$G_c(s) = \frac{U(s)}{-Y(s)} = \frac{\text{num}}{\text{den}} = -\big[\widetilde{\mathbf{C}}(s\mathbf{I} - \widetilde{\mathbf{A}})^{-1}\widetilde{\mathbf{B}} + \widetilde{D}\big]$$

我们将利用 MATLAB 计算观测器控制器的传递函数。MATLAB 程序 10.12 生成了这个传递函数。求出的结果是

$$G_c(s) = \frac{9.1s^2 + 73.5s + 125}{s^2 + 17s - 30}$$

$$= \frac{9.1(s + 5.6425)(s + 2.4344)}{(s + 18.6119)(s - 1.6119)}$$

定义具有这个观测器控制器的系统为系统 1。图 10.20 所示为系统 1 的方框图。

```
MATLAB程序10.12

% Determination of transfer function of observer controller

A = [0  1  0;0  0  1;0 −24 −10];
B = [0;10;−80];
Aaa = 0; Aab = [1  0]; Aba = [0;0]; Abb = [0  1;−24 −10];
Ba = 0; Bb = [10;−80];
Ka = 1.25; Kb = [1.25   0.19375];
Ke = [10;−24];
Ahat = Abb − Ke*Aab;
Bhat = Ahat*Ke + Aba − Ke*Aaa;
Fhat = Bb − Ke*Ba;
Atilde = Ahat − Fhat*Kb;
Btilde = Bhat − Fhat*(Ka + Kb*Ke);
Ctilde = −Kb;
Dtilde = −(Ka + Kb*Ke);
[num,den] = ss2tf(Atilde, Btilde, −Ctilde, −Dtilde)

num =
   9.1000  73.5000  125.0000

den =
   1.0000  17.0000  −30.0000
```

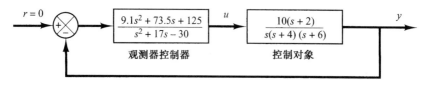

图 10.20　系统 1 的方框图

观测器控制器在 s 右半平面内有一个极点($s=1.6119$)。在观测器控制器中存在一个 s 右半平面的开环极点,这意味着系统是开环不稳定的,尽管闭环系统是稳定的。后者可以从该系统的特征方程看出:

$$\left| s\mathbf{I} - \mathbf{A} + \mathbf{B}\mathbf{K} \right| \cdot \left| s\mathbf{I} - \mathbf{A}_{bb} + \mathbf{K}_e \mathbf{A}_{ab} \right|$$
$$= s^5 + 27s^4 + 255s^3 + 1025s^2 + 2000s + 2500$$
$$= (s + 1 + j2)(s + 1 - j2)(s + 5)(s + 10)(s + 10) = 0$$

关于特征方程的计算,参见 MATLAB 程序 10.13。

MATLAB程序10.13

```
% Obtaining the characteristic equation

[num1,den1] = ss2tf(A-B*K,eye(3),eye(3),eye(3),1);
[num2,den2] = ss2tf(Abb-Ke*Aab,eye(2),eye(2),eye(2),1);
charact_eq = conv(den1,den2)

charact_eq =

   1.0e+003*

   0.0010   0.0270   0.2550   1.0250   2.0000   2.5000
```

采用不稳定控制器的缺点是,当系统的直流增益变小时,系统会变成不稳定的。这种控制系统既不是人们所希望的,也不是人们愿意接受的。因此,为了获得满意的系统,必须改变闭环极点的位置和(或)观测器极点的位置。

第二次试探:对于极点配置,我们保持前面所设的希望闭环极点位置,但是将观测器的极点位置改变如下:

$$s = -4.5, \qquad s = -4.5$$

因此,
$$\mathbf{L} = \begin{bmatrix} -4.5 & -4.5 \end{bmatrix}$$

利用 MATLAB 求得新的 $\mathbf{K}_e$ 为

$$\mathbf{K}_e = \begin{bmatrix} -1 \\ 6.25 \end{bmatrix}$$

其次,求观测器控制器的传递函数。利用 MATLAB 程序 10.14 可以生成如下传递函数:

$$G_c(s) = \frac{1.2109s^2 + 11.2125s + 25.3125}{s^2 + 6s + 2.1406}$$

$$= \frac{1.2109(s + 5.3582)(s + 3.9012)}{(s + 5.619)(s + 0.381)}$$

```
MATLAB程序10.14

% Determination of transfer function of observer controller.
A = [0  1  0;0  0  1;0 –24 –10];
B = [0;10;–80];
Aaa = 0; Aab = [1  0]; Aba = [0;0]; Abb = [0  1;–24 –10];
Ba = 0; Bb = [10;–80];
Ka = 1.25; Kb = [1.25  0.19375];
Ke = [–1;6.25];
Ahat = Abb – Ke*Aab;
Bhat = Ahat*Ke + Aba – Ke*Aaa;
Fhat = Bb – Ke*Ba;
Atilde = Ahat – Fhat*Kb;
Btilde = Bhat – Fhat*(Ka + Kb*Ke);
Ctilde = –Kb;
Dtilde = –(Ka + Kb*Ke);
[num,den] = ss2tf(Atilde,Btilde,–Ctilde,–Dtilde)

num =

    1.2109  11.2125  25.3125

den =

    1.0000  6.0000  2.1406
```

注意，这是一个稳定的控制器。定义具有这个观测器控制器的系统为系统 2。求解系统 2 对下列给定初始条件的响应：

$$\mathbf{x}(0) = \begin{bmatrix} 1 \\ 0 \\ 0 \end{bmatrix}, \qquad \mathbf{e}(0) = \begin{bmatrix} 1 \\ 0 \end{bmatrix}$$

将 $u = -\mathbf{K}\bar{\mathbf{x}}$ 代入控制对象的状态方程，得到

$$\dot{\mathbf{x}} = \mathbf{A}\mathbf{x} - \mathbf{B}\mathbf{K}\widetilde{\mathbf{x}} = \mathbf{A}\mathbf{x} - \mathbf{B}\mathbf{K}\begin{bmatrix} x_a \\ \widetilde{\mathbf{x}}_b \end{bmatrix} = \mathbf{A}\mathbf{x} - \mathbf{B}\mathbf{K}\begin{bmatrix} x_a \\ \mathbf{x}_b - \mathbf{e} \end{bmatrix}$$

$$= \mathbf{A}\mathbf{x} - \mathbf{B}\mathbf{K}\left\{ \mathbf{x} - \begin{bmatrix} 0 \\ \mathbf{e} \end{bmatrix} \right\} = \mathbf{A}\mathbf{x} - \mathbf{B}\mathbf{K}\mathbf{x} + \mathbf{B}\begin{bmatrix} K_a & K_b \end{bmatrix}\begin{bmatrix} 0 \\ \mathbf{e} \end{bmatrix} \qquad (10.110)$$

最小阶观测器的误差方程为

$$\dot{\mathbf{e}} = (\mathbf{A}_{bb} - \mathbf{K}_e\mathbf{A}_{ab})\mathbf{e} \qquad (10.111)$$

将方程(10.110)与方程(10.111)结合在一起，得到

$$\begin{bmatrix} \dot{\mathbf{x}} \\ \dot{\mathbf{e}} \end{bmatrix} = \begin{bmatrix} \mathbf{A} - \mathbf{B}\mathbf{K} & \mathbf{B}\mathbf{K}_b \\ \mathbf{0} & \mathbf{A}_{bb} - \mathbf{K}_e\mathbf{A}_{ab} \end{bmatrix}\begin{bmatrix} \mathbf{x} \\ \mathbf{e} \end{bmatrix}$$

这时的初始条件为

$$\begin{bmatrix} \mathbf{x}(0) \\ \mathbf{e}(0) \end{bmatrix} = \begin{bmatrix} 1 \\ 0 \\ 0 \\ 1 \\ 0 \end{bmatrix}$$

MATLAB 程序 10.15 生成了对给定初始条件的响应。生成的响应曲线如图 10.21 所示。它们看起来是令人满意的。

MATLAB程序10.15

```
% Response to initial condition.
A = [0  1  0;0  0  1;0 −24 −10];
B = [0;10;−80];
K = [1.25  1.25  0.19375];
Kb = [1.25  0.19375];
Ke = [−1;6.25];
Aab = [1  0]; Abb = [0  1;−24 −10];
AA = [A−B*K  B*Kb; zeros(2,3)  Abb−Ke*Aab];
sys = ss(AA,eye(5),eye(5),eye(5));
t = 0:0.01:8;
x = initial(sys,[1;0;0;1;0],t);
x1 = [1  0  0  0  0]*x';
x2 = [0  1  0  0  0]*x';
x3 = [0  0  1  0  0]*x';
e1 = [0  0  0  1  0]*x';
e2 = [0  0  0  0  1]*x';

subplot(3,2,1); plot(t,x1); grid
xlabel ('t (sec)'); ylabel('x1')

subplot(3,2,2); plot(t,x2); grid
xlabel ('t (sec)'); ylabel('x2')

subplot(3,2,3); plot(t,x3); grid
xlabel ('t (sec)'); ylabel('x3')

subplot(3,2,4); plot(t,e1); grid
xlabel('t (sec)'); ylabel('e1')

subplot(3,2,5); plot(t,e2); grid
xlabel('t (sec)'); ylabel('e2')
```

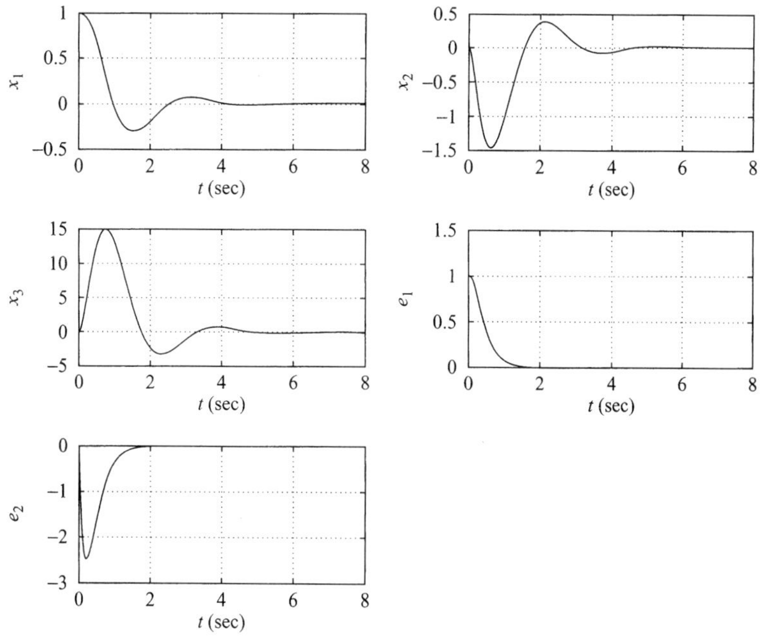

图 10.21　系统对给定初始条件 $[x_1(0)=1, x_2(0)=0, x_3(0)=0, e_1(0)=1, e_2(0)=0]$ 的响应曲线

　　下面将检验频率响应特性。对于刚才设计出来的开环系统，其伯德图如图 10.22 所示。相位裕量大约为 40°，增益裕量为 +∞ dB。闭环系统的伯德图如图 10.23 所示。这个系统的带宽约为 3.8 rad/s。

最后,我们来比较第一个系统($\mathbf{L} = \begin{bmatrix} -10 & -10 \end{bmatrix}$)与第二个系统($\mathbf{L} = \begin{bmatrix} -4.5 & -4.5 \end{bmatrix}$)的根轨迹图。对于第一个系统,图10.24(a)表明,该系统在小的直流增益条件下是不稳定的,而在大的直流增益条件下,该系统变为稳定的。另一方面,第二个系统的根轨迹图示于图10.24(b),该图表明,对于任意的正直流增益,系统都是稳定的。

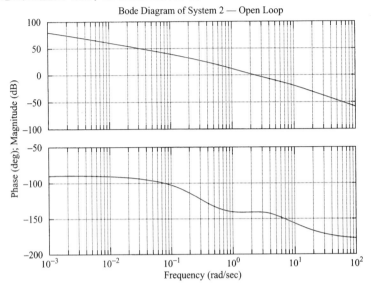

图10.22 系统2开环传递函数的伯德图

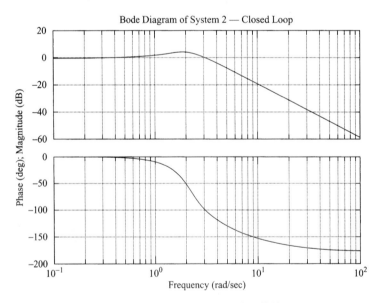

图10.23 系统2闭环传递函数的伯德图

说明:

1. 在设计调节器系统时,如果控制器主导极点位于 $j\omega$ 轴左方很远的地方,则状态反馈增益矩阵 $\mathbf{K}$ 的元素将会变大。大的增益值将使驱动器的输出量变大,从而可能造成饱和现象发生。于是设计出的系统将不具备期望的动态特性。

2. 同样,当把观测器的极点配置到 $j\omega$ 轴左方远离 $j\omega$ 轴的位置时,观测器控制器会变成不稳定的,尽管这时的闭环系统是稳定的,一个不稳定的观测器控制器不是人们所期望的。

3. 如果观测器控制器是不稳定的, 则可以在 s 左半平面内使观测器的极点向右方移动, 直到观测器控制器变成稳定的为止。另外, 期望的闭环极点的位置可能也需要进行变更。

4. 如果观测器极点位于远离 $j\omega$ 轴的左方, 则观测器的带宽将会增大, 因而会产生噪声问题。如果存在严重的噪声问题, 则观测器极点就不应该配置在左方远离 $j\omega$ 轴的地方。通常的要求是带宽要足够窄, 从而使传感器的噪声不至于造成问题。

5. 具有最小阶观测器的系统的带宽与具有全阶观测器的系统的带宽进行比较时, 我们发现, 当两种观测器的多重观测器极点配置到相同的位置时, 前者的带宽要高于后者。如果传感器噪声存在严重问题, 则建议采用全阶观测器。

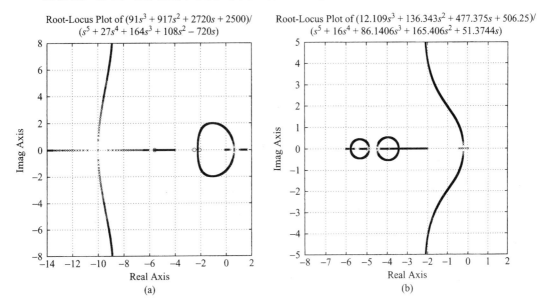

图 10.24　(a) 系统在其观测器极点位于 $s=-10$ 和 $s=-10$ 时的根轨迹图;
(b) 系统在其观测器极点位于 $s=-4.5$ 和 $s=-4.5$ 时的根轨迹图

10.7　带观测器的控制系统设计

在 10.6 节中讨论了带观测器的调节器系统的设计(系统无参考输入或指令输入)。在这一节中将讨论带观测器的控制系统, 在具有参考输入或指令输入时的设计问题。控制系统的输出量必须跟随着时变输入信号而变化。在跟踪指令输入信号方面, 系统必须呈现出令人满意的性能(合理的上升时间、过调量和调整时间, 等等)。

本节将讨论采用极点配置和观测器方法设计出的控制系统, 特别要讨论采用观测器控制器的控制系统。在 10.6 节中讨论了调节器系统, 其方框图如图 10.25 所示。这个系统没有参考输入量, 即 $r=0$。当系统具有参考输

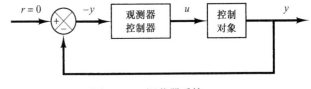

图 10.25　调节器系统

入时, 可以设想出若干不同的方框图配置方案, 每个方案都有一个观测器控制器。在图 10.26(a) 和图 10.26(b) 中, 表示了其中两种方框图配置方案。本节将讨论这两种方案。

配置方案 1　考虑由图 10.27 表示的系统。在这个系统中, 参考输入量在相加点上直接进行

相加。我们希望设计一个观测器控制器，使得在单位阶跃响应中，最大过调量小于 30% ，而调整时间则约为 5 s。

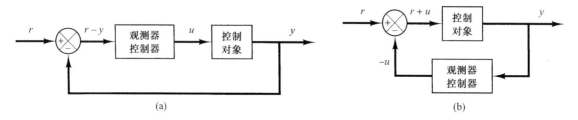

图 10.26 　（a）在前向通路中具有观测器控制器的控制系统；
（b）在反馈通路中具有观测器控制器的控制系统

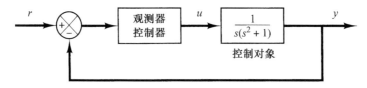

图 10.27 　在前向通路中具有观测器控制器的控制系统

首先设计调节器系统。然后，利用设计出的观测器控制器，直接把参考输入量 r 加到相加点上。在设计观测器控制器之前，必须求出控制对象的状态空间表达式。因为

$$\frac{Y(s)}{U(s)} = \frac{1}{s(s^2 + 1)}$$

所以得到

$$\ddot{y} + \dot{y} = u$$

通过选择下列状态变量：

$$x_1 = y$$
$$x_2 = \dot{y}$$
$$x_3 = \ddot{y}$$

得到

$$\dot{\mathbf{x}} = \mathbf{A}\mathbf{x} + \mathbf{B}u$$
$$y = \mathbf{C}\mathbf{x}$$

式中

$$\mathbf{A} = \begin{bmatrix} 0 & 1 & 0 \\ 0 & 0 & 1 \\ 0 & -1 & 0 \end{bmatrix}, \quad \mathbf{B} = \begin{bmatrix} 0 \\ 0 \\ 1 \end{bmatrix}, \quad \mathbf{C} = \begin{bmatrix} 1 & 0 & 0 \end{bmatrix}$$

其次，把选择的希望闭环极点配置到

$$s = -1 + j, \quad s = -1 - j, \quad s = -8$$

并选择期望的观测器极点为

$$s = -4, \quad s = -4$$

状态反馈增益矩阵 $\mathbf{K}$ 和观测器增益矩阵 $\mathbf{K}_e$ 可以求得如下（见 MATLAB 程序 10.16）：

$$\mathbf{K} = \begin{bmatrix} 16 & 17 & 10 \end{bmatrix}$$

$$\mathbf{K}_e = \begin{bmatrix} 8 \\ 15 \end{bmatrix}$$

```
MATLAB程序10.16

A = [0  1  0;0  0  1;0 –1  0];
B = [0;0;1];
J = [–1+j  –1–j  –8];
K = acker(A,B,J)

K =
    16  17  10

Aab = [1  0];
Abb = [0  1;–1  0];
L = [–4  –4];
Ke = acker(Abb',Aab',L)'

Ke =
     8
    15
```

观测器控制器的传递函数，可以采用 MATLAB 程序 10.17 得到。求得的传递函数为

$$G_c(s) = \frac{302s^2 + 303s + 256}{s^2 + 18s + 113}$$

$$= \frac{302(s + 0.5017 + j0.772)(s + 0.5017 - j0.772)}{(s + 9 + j5.6569)(s + 9 - j5.6569)}$$

```
MATLAB程序10.17

% Determination of transfer function of observer controller

A = [0  1  0;0  0  1;0 –1  0];
B = [0;0;1];
Aaa = 0; Aab = [1  0]; Aba = [0;0]; Abb = [0  1;–1  0];
Ba = 0; Bb = [0;1];
Ka = 16; Kb=[17  10];
Ke = [8;15];
Ahat = Abb – Ke*Aab;
Bhat = Ahat*Ke + Aba – Ke*Aaa;
Fhat = Bb – Ke*Ba;
Atilde = Ahat – Fhat*Kb;
Btilde = Bhat – Fhat*(Ka + Kb*Ke);
Ctilde = –Kb;
Dtilde = –(Ka + Kb*Ke);
[num,den] = ss2tf(Atilde,Btilde, –Ctilde, –Dtilde)

num =
   302.0000  303.0000  256.0000
den =
   1  18  113
```

图 10.28 表示了设计出的调节器系统的方框图。图 10.29 表示了由图 10.28 所示的调节器系统构成的控制系统可能配置方案的方框图。这个系统的单位阶跃响应曲线如图 10.30 所示。系统的最大过调量约为 28%，而调整时间约为 4.5 s。因此，设计出的系统满足设计要求。

配置方案 2   在图 10.31 中，表示了控制系统另外一种不同的配置。这时观测器控制器位于反馈通路中。输入量 r 通过增益为 N 的单元加入闭环系统。由这个方框图可以求得闭环传递函数为

$$\frac{Y(s)}{R(s)} = \frac{N(s^2 + 18s + 113)}{s(s^2 + 1)(s^2 + 18s + 113) + 302s^2 + 303s + 256}$$

我们来确定常数 N 的值, 使得在单位阶跃输入 r 的作用下, 当 t 趋近于无穷大时, 输出量 y 为 1。于是选择

$$N = \frac{256}{113} = 2.2655$$

系统的单位阶跃响应如图 10.32 所示。这时最大过调量很小, 约为 4%。调整时间约为 5 s。

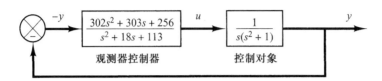

图 10.28　具有观测器控制器的调节器系统

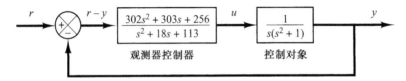

图 10.29　在前向通路中具有观测器控制器的控制系统

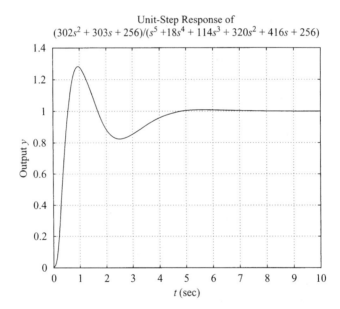

图 10.30　图 10.29 所示控制系统的单位阶跃响应

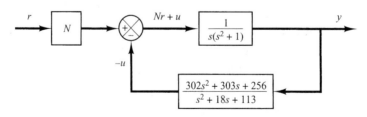

图 10.31　在反馈通路中具有观测器控制器的控制系统

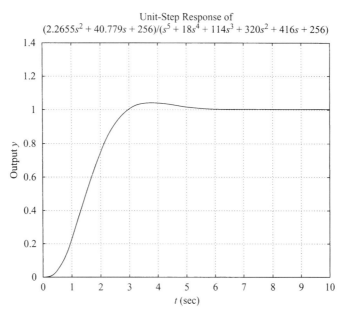

图 10.32 图 10.31 所示系统的单位阶跃响应(作为极点配置的闭环
极点为 $s = -1 \pm j$, $s = -8$, 观测器的极点为 $s = -4$, $s = -4$)

10.7.1 说明

关于利用观测器控制器的闭环控制系统, 我们考虑了两种可能方案。如前所述, 可能还存在一些其他方案。

第一种配置方案是将观测器控制器放在前向通路中, 一般来说会给出相当大的过调量。第二种配置方案是将观测器控制器放在反馈通路中, 它会给出比较小的过调量。这种响应曲线与用极点配置方法, 但不采用观测器控制器设计出的系统的响应曲线(见图 10.33), 是很相似的。图 10.33 中采用的期望的闭环极点为

$$s = -1 + j, \qquad s = -1 - j, \qquad s = -8$$

在这两个系统中, 上升时间和调整时间已经通过配置期望的闭环极点预先确定下来(见图 10.32 和图 10.33)。

闭环系统 1(见图 10.29)和闭环系统 2(见图 10.31)的伯德图, 如图 10.34 所示。由该图可以看出, 系统 1 的带宽为 5 rad/s, 系统 2 的带宽为 1.3 rad/s。

10.7.2 状态空间设计法结语

1. 基于极点配置与观测器组合的状态空间设计方法, 是一种功能很强的设计方法。它是一种时域方法。如果控制对象是状态完全可控的, 那么就可以任意配置期望的闭环极点。

2. 如果不是所有状态变量都可以测量, 那么必须在系统中加入观测器, 以便对不可测量的状态变量进行估计。

3. 在利用极点配置法设计系统时, 需要考虑若干组不同的期望闭环极点, 并对它们的响应特性进行比较, 然后选取最好的一组。

4. 由于观测器的极点选择得远离 s 平面左方, 所以观测器控制器的带宽通常比较大。大的带宽会使高频噪声通过, 从而造成噪声问题。

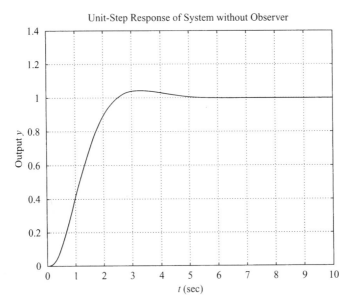

图 10.33 采用极点配置法(不采用观测器)设计出的控制系
统的单位阶跃响应(闭环极点为$s = -1 \pm j$，$s = -8$)

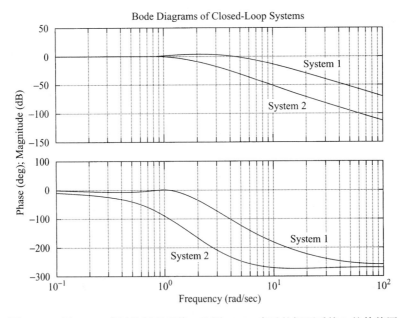

图 10.34 图 10.29 表示的闭环系统 1 和图 10.31 表示的闭环系统 2 的伯德图

5. 系统中加入观测器通常会降低稳定裕量。在某些情况下，观测器控制器可能会具有位于 s 右半平面的零点，这意味着控制器可能是稳定的，但是非最小相位的。在其他一些情况下，控制器可能具有位于 s 右半平面的极点，这意味着控制器是不稳定的。因此，设计出的系统可能会变成条件稳定系统。

6. 当采用极点配置加观测器法设计系统时，有必要采用频率响应法检查稳定裕量(相位裕量和增益裕量)。如果设计出的系统具有不良的稳定裕量，以及在数学模型中含有不确定因素，则设计出的系统可能会变成不稳定的。

7. 对于 n 阶系统，经典设计方法（根轨迹法和频率响应法）会产生出低阶校正装置（一阶或二阶）。但对于 n 阶系统，因为基于观测器的控制器是 n 阶的（如果采用最小阶观测器，则为 $N-m$ 阶的），所以设计出的系统将变成 $2n$ 阶的（或者 $2n-m$ 阶的）。因为低阶校正装置比高阶校正装置便宜，所以设计者应当优先采用经典方法，如果不能设计出令人满意的校正装置，再尝试应用本章介绍的极点配置-观测器设计方法。

10.8　二次型最佳调节器系统

与极点配置方法比较，二次型最佳控制方法的优点是，能够提供一套系统的方法，来计算状态反馈控制增益矩阵。

10.8.1　二次型最佳调节器问题

现在我们来考虑最佳调节器问题。已知系统方程为

$$\dot{\mathbf{x}} = \mathbf{A}\mathbf{x} + \mathbf{B}\mathbf{u} \qquad (10.112)$$

确定下列最佳控制向量的矩阵 $\mathbf{K}$：

$$\mathbf{u}(t) = -\mathbf{K}\mathbf{x}(t) \qquad (10.113)$$

使得下列性能指标达到最小值：

$$J = \int_0^\infty (\mathbf{x}^*\mathbf{Q}\mathbf{x} + \mathbf{u}^*\mathbf{R}\mathbf{u}) \, \mathrm{d}t \qquad (10.114)$$

式中 $\mathbf{Q}$ 为正定（或半正定）厄米特或实对称矩阵，$\mathbf{R}$ 是正定厄米特或实对称矩阵。方程（10.114）右端第二项是考虑到控制信号的能量消耗而引入的。矩阵 $\mathbf{Q}$ 和 $\mathbf{R}$ 确定了误差和能量消耗的相对重要性。在此假设控制向量 $\mathbf{u}(t)$ 是无约束的。

正如下面将要讲到的，由方程（10.113）给出的线性控制律是最佳控制律。因此，如能确定矩阵 $\mathbf{K}$ 中的未知元素，使得性能指标达到最小，则 $\mathbf{u}(t) = -\mathbf{K}\mathbf{x}(t)$ 对任意初始状态 $\mathbf{x}(0)$ 而言均为最佳的。图 10.35 表示了该最佳结构方案的方框图。

现在来求解最佳化问题。将方程（10.113）代入方程（10.112）中，得到

$$\dot{\mathbf{x}} = \mathbf{A}\mathbf{x} - \mathbf{B}\mathbf{K}\mathbf{x} = (\mathbf{A} - \mathbf{B}\mathbf{K})\mathbf{x}$$

在下面的推导中，假设矩阵 $\mathbf{A} - \mathbf{B}\mathbf{K}$ 是稳定矩阵，即 $\mathbf{A} - \mathbf{B}\mathbf{K}$ 的特征值都具有负实部。

将方程（10.113）代入方程（10.114），得到

$$J = \int_0^\infty (\mathbf{x}^*\mathbf{Q}\mathbf{x} + \mathbf{x}^*\mathbf{K}^*\mathbf{R}\mathbf{K}\mathbf{x}) \, \mathrm{d}t$$

$$= \int_0^\infty \mathbf{x}^*(\mathbf{Q} + \mathbf{K}^*\mathbf{R}\mathbf{K})\mathbf{x} \, \mathrm{d}t$$

令　　　　$$\mathbf{x}^*(\mathbf{Q} + \mathbf{K}^*\mathbf{R}\mathbf{K})\mathbf{x} = -\frac{\mathrm{d}}{\mathrm{d}t}(\mathbf{x}^*\mathbf{P}\mathbf{x})$$

式中 $\mathbf{P}$ 为正定厄米特或实对称矩阵。于是得到

$$\mathbf{x}^*(\mathbf{Q} + \mathbf{K}^*\mathbf{R}\mathbf{K})\mathbf{x} = -\dot{\mathbf{x}}^*\mathbf{P}\mathbf{x} - \mathbf{x}^*\mathbf{P}\dot{\mathbf{x}} = -\mathbf{x}^*\big[(\mathbf{A} - \mathbf{B}\mathbf{K})^*\mathbf{P} + \mathbf{P}(\mathbf{A} - \mathbf{B}\mathbf{K})\big]\mathbf{x}$$

比较上述方程的两端，并且注意到该方程对任意 $\mathbf{x}$ 均成立时，要求

$$(\mathbf{A} - \mathbf{B}\mathbf{K})^*\mathbf{P} + \mathbf{P}(\mathbf{A} - \mathbf{B}\mathbf{K}) = -(\mathbf{Q} + \mathbf{K}^*\mathbf{R}\mathbf{K}) \qquad (10.115)$$

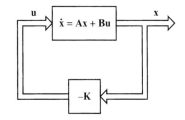

图 10.35　最佳调节器系统

可以证明,如果 $\mathbf{A} - \mathbf{BK}$ 是稳定矩阵,则必存在一个正定矩阵 $\mathbf{P}$,它满足方程(10.115)(见例题 A.10.15)。

因此,求解步骤是,由方程(10.115)确定 $\mathbf{P}$ 的元素,并检验其是否为正定的(应当指出,可能不止一个 $\mathbf{P}$ 能满足该方程。如果系统是稳定的,则总存在一个正定的矩阵 $\mathbf{P}$ 满足这个方程。这意味着,如果求解这个方程,并且找到一个正定的矩阵 $\mathbf{P}$,那么该系统就是稳定的。若满足该方程的其他矩阵 $\mathbf{P}$ 不是正定的,则必须予以舍弃)。

性能指标 J 可以计算如下:

$$J = \int_0^\infty \mathbf{x}^*(\mathbf{Q} + \mathbf{K}^*\mathbf{RK})\mathbf{x}\, \mathrm{d}t = -\mathbf{x}^*\mathbf{Px}\Big|_0^\infty = -\mathbf{x}^*(\infty)\mathbf{Px}(\infty) + \mathbf{x}^*(0)\mathbf{Px}(0)$$

因为假设 $\mathbf{A} - \mathbf{BK}$ 的所有特征值均具有负实部,所以 $\mathbf{x}(\infty)$ 趋近于零。因此得到

$$J = \mathbf{x}^*(0)\mathbf{Px}(0) \qquad (10.116)$$

于是性能指标 J 可以根据初始条件 $\mathbf{x}(0)$ 和 $\mathbf{P}$ 求得。

为了求二次型最佳控制问题的解,可以按如下方式处理:因为假设 $\mathbf{R}$ 是正定厄米特或实对称矩阵,所以可以写成

$$\mathbf{R} = \mathbf{T}^*\mathbf{T}$$

式中 $\mathbf{T}$ 为非奇异矩阵。于是,方程(10.115)可以写成

$$(\mathbf{A}^* - \mathbf{K}^*\mathbf{B}^*)\mathbf{P} + \mathbf{P}(\mathbf{A} - \mathbf{BK}) + \mathbf{Q} + \mathbf{K}^*\mathbf{T}^*\mathbf{TK} = \mathbf{0}$$

上式还可以写成

$$\mathbf{A}^*\mathbf{P} + \mathbf{PA} + \big[\mathbf{TK} - (\mathbf{T}^*)^{-1}\mathbf{B}^*\mathbf{P}\big]^*\big[\mathbf{TK} - (\mathbf{T}^*)^{-1}\mathbf{B}^*\mathbf{P}\big] - \mathbf{PBR}^{-1}\mathbf{B}^*\mathbf{P} + \mathbf{Q} = \mathbf{0}$$

求 J 对 $\mathbf{K}$ 的极小值,即求下式对 $\mathbf{K}$ 的极小值:

$$\mathbf{x}^*\big[\mathbf{TK} - (\mathbf{T}^*)^{-1}\mathbf{B}^*\mathbf{P}\big]^*\big[\mathbf{TK} - (\mathbf{T}^*)^{-1}\mathbf{B}^*\mathbf{P}\big]\mathbf{x}$$

(见例题 A.10.16)。因为上述表达式是非负的,所以只有当其为零时,即当

$$\mathbf{TK} = (\mathbf{T}^*)^{-1}\mathbf{B}^*\mathbf{P}$$

时,才出现极小值。因此

$$\mathbf{K} = \mathbf{T}^{-1}(\mathbf{T}^*)^{-1}\mathbf{B}^*\mathbf{P} = \mathbf{R}^{-1}\mathbf{B}^*\mathbf{P} \qquad (10.117)$$

方程(10.117)给出了最佳矩阵 $\mathbf{K}$。因此,当二次型最佳控制问题的性能指标由方程(10.114)给出时,二次型最佳控制律是线性的,并且由下式给出:

$$\mathbf{u}(t) = -\mathbf{Kx}(t) = -\mathbf{R}^{-1}\mathbf{B}^*\mathbf{Px}(t)$$

方程(10.117)中的 $\mathbf{P}$ 必须满足方程(10.115),即满足下列退化方程:

$$\mathbf{A}^*\mathbf{P} + \mathbf{PA} - \mathbf{PBR}^{-1}\mathbf{B}^*\mathbf{P} + \mathbf{Q} = \mathbf{0} \qquad (10.118)$$

方程(10.118)称为退化矩阵里卡蒂方程。总之,设计步骤可以陈述如下:

1. 解退化矩阵里卡蒂方程(10.118),求出矩阵 $\mathbf{P}$。如果存在正定矩阵 $\mathbf{P}$(某些系统可能没有正定矩阵 $\mathbf{P}$),则系统是稳定的,即矩阵 $\mathbf{A} - \mathbf{BK}$ 是稳定的。

2. 将该矩阵 $\mathbf{P}$ 代入方程(10.117)中,求得的矩阵 $\mathbf{K}$ 即为最佳矩阵。

例 10.9 给出一个基于这种方法的设计例子。注意,如果矩阵 $\mathbf{A} - \mathbf{BK}$ 是稳定的,则这种方法总能给出正确结果。

最后,应当指出,如果性能指标以输出向量的形式给出,而不是以状态向量的形式给出,即

$$J = \int_0^\infty (\mathbf{y}^*\mathbf{Qy} + \mathbf{u}^*\mathbf{Ru})\, \mathrm{d}t$$

则可以利用输出方程 $$\mathbf{y} = \mathbf{Cx}$$

将性能指标修改为

$$J = \int_0^\infty (\mathbf{x}^*\mathbf{C}^*\mathbf{QCx} + \mathbf{u}^*\mathbf{Ru})\,\mathrm{d}t \tag{10.119}$$

然后应用本节介绍的设计步骤去求最佳矩阵 $\mathbf{K}$。

例 10.9 考虑图 10.36 所示的系统。假设控制信号为

$$u(t) = -\mathbf{Kx}(t)$$

试确定最佳反馈增益矩阵 $\mathbf{K}$，使得下列性能指标达到极小：

$$J = \int_0^\infty (\mathbf{x}^T\mathbf{Qx} + u^2)\,\mathrm{d}t$$

式中， $$\mathbf{Q} = \begin{bmatrix} 1 & 0 \\ 0 & \mu \end{bmatrix} \quad (\mu \geqslant 0)$$

由图 10.36 可以求得控制对象的状态方程为

$$\dot{\mathbf{x}} = \mathbf{Ax} + \mathbf{B}u$$

式中， $$\mathbf{A} = \begin{bmatrix} 0 & 1 \\ 0 & 0 \end{bmatrix}, \quad \mathbf{B} = \begin{bmatrix} 0 \\ 1 \end{bmatrix}$$

下面我们来说明退化矩阵里卡蒂方程在最佳控制系统设计中的应用。首先来解方程（10.118），先重写如下：

$$\mathbf{A}^*\mathbf{P} + \mathbf{PA} - \mathbf{PBR}^{-1}\mathbf{B}^*\mathbf{P} + \mathbf{Q} = \mathbf{0}$$

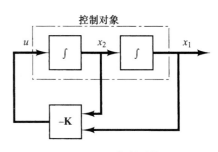

图 10.36　控制系统

式中 $\mathbf{A}$ 为实对称矩阵，$\mathbf{Q}$ 为实对称矩阵，$\mathbf{P}$ 也为实对称矩阵。因此，上述方程可以写成下列形式：

$$\begin{bmatrix} 0 & 0 \\ 1 & 0 \end{bmatrix}\begin{bmatrix} p_{11} & p_{12} \\ p_{12} & p_{22} \end{bmatrix} + \begin{bmatrix} p_{11} & p_{12} \\ p_{12} & p_{22} \end{bmatrix}\begin{bmatrix} 0 & 1 \\ 0 & 0 \end{bmatrix}$$
$$- \begin{bmatrix} p_{11} & p_{12} \\ p_{12} & p_{22} \end{bmatrix}\begin{bmatrix} 0 \\ 1 \end{bmatrix}[1][0 \quad 1]\begin{bmatrix} p_{11} & p_{12} \\ p_{12} & p_{22} \end{bmatrix} + \begin{bmatrix} 1 & 0 \\ 0 & \mu \end{bmatrix} = \begin{bmatrix} 0 & 0 \\ 0 & 0 \end{bmatrix}$$

这个方程可以简化为

$$\begin{bmatrix} 0 & 0 \\ p_{11} & p_{12} \end{bmatrix} + \begin{bmatrix} 0 & p_{11} \\ 0 & p_{12} \end{bmatrix} - \begin{bmatrix} p_{12}^2 & p_{12}p_{22} \\ p_{12}p_{22} & p_{22}^2 \end{bmatrix} + \begin{bmatrix} 1 & 0 \\ 0 & \mu \end{bmatrix} = \begin{bmatrix} 0 & 0 \\ 0 & 0 \end{bmatrix}$$

由上述方程可以得到下列三个方程：

$$1 - p_{12}^2 = 0$$
$$p_{11} - p_{12}p_{22} = 0$$
$$\mu + 2p_{12} - p_{22}^2 = 0$$

从上述三个联立方程中求解 p_{11}，p_{12} 和 p_{22}，并且要求 $\mathbf{P}$ 为正定矩阵，得到

$$\mathbf{P} = \begin{bmatrix} p_{11} & p_{12} \\ p_{12} & p_{22} \end{bmatrix} = \begin{bmatrix} \sqrt{\mu + 2} & 1 \\ 1 & \sqrt{\mu + 2} \end{bmatrix}$$

参考方程（10.117），可以求得最佳反馈增益矩阵 $\mathbf{K}$ 为

$$\mathbf{K} = \mathbf{R}^{-1}\mathbf{B}^*\mathbf{P}$$
$$= [1][0 \quad 1]\begin{bmatrix} p_{11} & p_{12} \\ p_{12} & p_{22} \end{bmatrix}$$
$$= [p_{12} \quad p_{22}]$$
$$= [1 \quad \sqrt{\mu + 2}]$$

因此，最佳控制信号为

$$u = -\mathbf{K}\mathbf{x} = -x_1 - \sqrt{\mu + 2}\ x_2 \qquad (10.120)$$

应当指出，由方程(10.120)给出的控制律，在给定的性能指标下对任意初始状态，都将得到最佳的结果。图 10.37 是这个系统的方框图。因为特征方程为

$$|s\mathbf{I} - \mathbf{A} + \mathbf{B}\mathbf{K}| = s^2 + \sqrt{\mu + 2}\ s + 1 = 0$$

如果 $\mu = 1$，则两个闭环极点位于

$$s = -0.866 + j\,0.5, \qquad s = -0.866 - j\,0.5$$

这两个极点相应于 $\mu = 1$ 时期望的闭环极点。

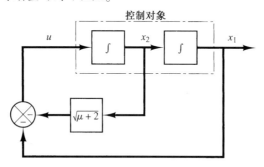

图 10.37 图 10.36 所示的控制对象的最佳控制

10.8.2 用 MATLAB 解二次型最佳调节器问题

在 MATLAB 中，命令 $\qquad$ lqr(A,B,Q,R)

可以用来求解连续时间和线性二次型调节器问题，以及相关的里卡蒂方程。这个命令计算出的最佳反馈增益矩阵 $\mathbf{K}$，使反馈控制

$$u = -\mathbf{K}\mathbf{x}$$

在约束方程 $\qquad\qquad \dot{\mathbf{x}} = \mathbf{A}\mathbf{x} + \mathbf{B}u$

的条件下，能使下列性能指标达到极小值：

$$J = \int_0^\infty (\mathbf{x}^*\mathbf{Q}\mathbf{x} + \mathbf{u}^*\mathbf{R}\mathbf{u})\,\mathrm{d}t$$

另一个命令

$$[\mathrm{K,P,E}] = \mathrm{lqr}(\mathrm{A,B,Q,R})$$

可以把增益矩阵 $\mathbf{K}$、特征值向量 $\mathbf{E}$ 和与下列矩阵里卡蒂方程：

$$\mathbf{P}\mathbf{A} + \mathbf{A}^*\mathbf{P} - \mathbf{P}\mathbf{B}\mathbf{R}^{-1}\mathbf{B}^*\mathbf{P} + \mathbf{Q} = \mathbf{0}$$

相关的唯一正定解矩阵 $\mathbf{P}$ 提供出来。如果 $\mathbf{A} - \mathbf{B}\mathbf{K}$ 为稳定矩阵，则总存在这样的正定矩阵 $\mathbf{P}$。特征值向量 $\mathbf{E}$ 给出了 $\mathbf{A} - \mathbf{B}\mathbf{K}$ 的闭环极点。

应当强调指出，对于某些系统，无论选择什么样的 $\mathbf{K}$，都不能使矩阵 $\mathbf{A} - \mathbf{B}\mathbf{K}$ 为稳定矩阵。在这种情况下，该矩阵里卡蒂方程不存在正定矩阵 $\mathbf{P}$。因此，这时命令

$$\mathrm{K} = \mathrm{lqr}(\mathrm{A,B,Q,R})$$

$$[\mathrm{K,P,E}] = \mathrm{lqr}(\mathrm{A,B,Q,R})$$

不能给出解。见 MATLAB 程序 10.18。

```
MATLAB程序10.18

% ---------- Design of quadratic optimal regulator system ----------
A = [-1 1;0  2];
B = [1;0];
Q = [1  0;0  1];
R = [1];
K = lqr(A,B,Q,R)

Warning: Matrix is singular to working precision.

K =

   NaN  NaN

% ***** If we enter the command [K,P,E] = lqr(A,B,Q,R), then *****

[K,P,E] = lqr(A,B,Q,R)

Warning: Matrix is singular to working precision.

K =

   NaN  NaN

P =

  -Inf -Inf
  -Inf -Inf

E =

  -2.0000
  -1.4142
```

例 10.10　考虑由下列方程定义的系统：

$$\begin{bmatrix} \dot{x}_1 \\ \dot{x}_2 \end{bmatrix} = \begin{bmatrix} -1 & 1 \\ 0 & 2 \end{bmatrix} \begin{bmatrix} x_1 \\ x_2 \end{bmatrix} + \begin{bmatrix} 1 \\ 0 \end{bmatrix} u$$

试证明，无论选择什么样的矩阵 $\mathbf{K}$，该系统都不可能通过状态反馈控制方案

$$u = -\mathbf{K}\mathbf{x}$$

使系统得到稳定(注意，这个系统不是状态可控的)。

　　定义　　　　　　　　　　　　　　$\mathbf{K} = \begin{bmatrix} k_1 & k_2 \end{bmatrix}$

则　　　　　　　　　$\mathbf{A} - \mathbf{B}\mathbf{K} = \begin{bmatrix} -1 & 1 \\ 0 & 2 \end{bmatrix} - \begin{bmatrix} 1 \\ 0 \end{bmatrix} \begin{bmatrix} k_1 & k_2 \end{bmatrix}$

$$= \begin{bmatrix} -1 - k_1 & 1 - k_2 \\ 0 & 2 \end{bmatrix}$$

因此，特征方程变为

$$|s\mathbf{I} - \mathbf{A} + \mathbf{B}\mathbf{K}| = \begin{vmatrix} s + 1 + k_1 & -1 + k_2 \\ 0 & s - 2 \end{vmatrix}$$

$$= (s + 1 + k_1)(s - 2) = 0$$

闭环极点位于　　　　　　　　　　$s = -1 - k_1, \qquad s = 2$

因为极点 $s = 2$ 位于 s 右半平面，所以无论选择什么样的矩阵 $\mathbf{K}$，该系统都是不稳定的。因此，二次型最佳控制方法不能应用于该系统。

　　假设在二次型性能指标中的矩阵 $\mathbf{Q}$ 和 $\mathbf{R}$ 给定为

$$\mathbf{Q} = \begin{bmatrix} 1 & 0 \\ 0 & 1 \end{bmatrix}, \qquad R = [1]$$

并且编写出 MATLAB 程序 10. 18, 则得到的 MATLAB 解为

$$K = [NaN \quad NaN]$$

(NaN 表示"不是一个数")。只要二次型最佳控制的解不存在, MATLAB 就会显示出矩阵 $\mathbf{K}$ 由 NaN 构成。

例 10. 11 考虑由下式描述的系统:

$$\dot{\mathbf{x}} = \mathbf{A}\mathbf{x} + \mathbf{B}u$$

式中,

$$\mathbf{A} = \begin{bmatrix} 0 & 1 \\ 0 & -1 \end{bmatrix}, \quad \mathbf{B} = \begin{bmatrix} 0 \\ 1 \end{bmatrix}$$

性能指标 J 为

$$J = \int_0^\infty (\mathbf{x}'\mathbf{Q}\mathbf{x} + u'Ru)\,dt$$

式中,

$$\mathbf{Q} = \begin{bmatrix} 1 & 0 \\ 0 & 1 \end{bmatrix}, \quad R = [1]$$

假设采用下列控制 u:

$$u = -\mathbf{K}\mathbf{x}$$

试确定最佳反馈增益矩阵 $\mathbf{K}$。

为了求最佳反馈增益矩阵 $\mathbf{K}$, 首先从下列里卡蒂方程中解出正定矩阵 $\mathbf{P}$:

$$\mathbf{A}'\mathbf{P} + \mathbf{P}\mathbf{A} - \mathbf{P}\mathbf{B}R^{-1}\mathbf{B}'\mathbf{P} + \mathbf{Q} = \mathbf{0}$$

于是得到

$$\mathbf{P} = \begin{bmatrix} 2 & 1 \\ 1 & 1 \end{bmatrix}$$

将上述矩阵 $\mathbf{P}$ 代入下列方程, 即可求得最佳矩阵 $\mathbf{K}$:

$$\mathbf{K} = R^{-1}\mathbf{B}'\mathbf{P}$$

$$= [1][0 \quad 1]\begin{bmatrix} 2 & 1 \\ 1 & 1 \end{bmatrix} = [1 \quad 1]$$

因此, 最佳控制信号可由下式求出: $\quad u = -\mathbf{K}\mathbf{x} = -x_1 - x_2$

MATLAB 程序 10. 19 也能给出这个问题的解。

```
MATLAB程序10.19

% ---------- Design of quadratic optimal regulator system ----------
A = [0  1;0 – 1];
B = [0;1];
Q = [1  0; 0  1];
R = [1];

K = lqr(A,B,Q,R)

K =

   1.0000    1.0000
```

例 10. 12 考虑由下式给出的系统:

$$\dot{\mathbf{x}} = \mathbf{A}\mathbf{x} + \mathbf{B}u$$

式中,

$$\mathbf{A} = \begin{bmatrix} 0 & 1 & 0 \\ 0 & 0 & 1 \\ -35 & -27 & -9 \end{bmatrix}, \quad \mathbf{B} = \begin{bmatrix} 0 \\ 0 \\ 1 \end{bmatrix}$$

性能指标 J 由下式给出:

$$J = \int_0^\infty (\mathbf{x}'\mathbf{Q}\mathbf{x} + u'Ru)\,dt$$

式中，
$$\mathbf{Q} = \begin{bmatrix} 1 & 0 & 0 \\ 0 & 1 & 0 \\ 0 & 0 & 1 \end{bmatrix}, \quad R = \begin{bmatrix} 1 \end{bmatrix}$$

试求里卡蒂方程的正定解矩阵 $\mathbf{P}$，最佳反馈增益矩阵 $\mathbf{K}$ 和矩阵 $\mathbf{A} - \mathbf{BK}$ 的特征值。

MATLAB 程序 10.20 可以求解该问题。

```
MATLAB程序10.20

% ---------- Design of quadratic optimal regulator system ----------
A = [0  1  0;0  0  1;-35  -27  -9];
B = [0;0;1];
Q = [1  0  0;0  1  0;0  0  1];
R = [1];
[K,P,E] = lqr(A,B,Q,R)

K =

    0.0143    0.1107    0.0676

P =

    4.2625    2.4957    0.0143
    2.4957    2.8150    0.1107
    0.0143    0.1107    0.0676

E =

   -5.0958
   -1.9859 + 1.7110i
   -1.9859 - 1.7110i
```

其次，我们来求调节器系统的 $\mathbf{x}$ 对初始状态 $\mathbf{x}(0)$ 的响应，其中

$$\mathbf{x}(0) = \begin{bmatrix} 1 \\ 0 \\ 0 \end{bmatrix}$$

利用状态反馈 $u = -\mathbf{Kx}$，系统的状态方程变为

$$\dot{\mathbf{x}} = \mathbf{Ax} + \mathbf{B}u = (\mathbf{A} - \mathbf{BK})\mathbf{x}$$

于是系统，即 sys，可以由下式给出：

$$\text{sys} = \text{ss(A-B*K, eye(3), eye(3), eye(3))}$$

MATLAB 程序 10.21 生成了对给定初始条件的响应。响应曲线如图 10.38 所示。

```
MATLAB程序10.21

% Response to initial condition.
A = [0  1  0;0  0  1;-35  -27  -9];
B = [0;0;1];
K = [0.0143 0.1107 0.0676];
sys = ss(A-B*K, eye(3),eye(3),eye(3));
t = 0:0.01:8;
x = initial(sys,[1;0;0],t);
x1 = [1  0  0]*x';
x2 = [0  1  0]*x';
X3 = [0  0  1]*x';

subplot(2,2,1); plot(t,x1); grid
xlabel('t (sec)'); ylabel('x1')

subplot(2,2,2); plot(t,x2); grid
xlabel('t (sec)'); ylabel('x2')

subplot(2,2,3); plot(t,x3); grid
xlabel('t (sec)'); ylabel('x3')
```

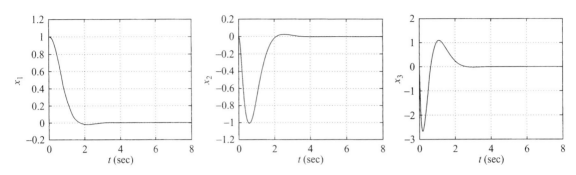

图 10.38　系统对初始条件的响应曲线

例 10.13　考虑图 10.39 所示的系统，控制对象由下列状态空间方程定义：

$$\dot{\mathbf{x}} = \mathbf{A}\mathbf{x} + \mathbf{B}u$$
$$y = \mathbf{C}\mathbf{x} + Du$$

式中　　　　　$\mathbf{A} = \begin{bmatrix} 0 & 1 & 0 \\ 0 & 0 & 1 \\ 0 & -2 & -3 \end{bmatrix}$, $\mathbf{B} = \begin{bmatrix} 0 \\ 0 \\ 1 \end{bmatrix}$, $\mathbf{C} = \begin{bmatrix} 1 & 0 & 0 \end{bmatrix}$, $D = \begin{bmatrix} 0 \end{bmatrix}$

控制信号 u 由下式给出：

$$u = k_1(r - x_1) - (k_2 x_2 + k_3 x_3) = k_1 r - (k_1 x_1 + k_2 x_2 + k_3 x_3)$$

在确定最佳控制律时，我们假设输入量为零，即 $r = 0$。

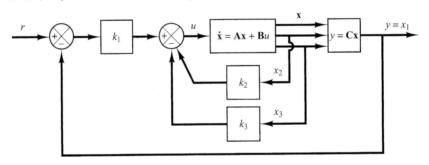

图 10.39　控制系统

我们来确定状态反馈增益矩阵 $\mathbf{K}$，其中

$$\mathbf{K} = \begin{bmatrix} k_1 & k_2 & k_3 \end{bmatrix}$$

使得下列性能指标为极小：

$$J = \int_0^\infty (\mathbf{x}'\mathbf{Q}\mathbf{x} + u'Ru)\,\mathrm{d}t$$

式中，　　　$\mathbf{Q} = \begin{bmatrix} q_{11} & 0 & 0 \\ 0 & q_{22} & 0 \\ 0 & 0 & q_{33} \end{bmatrix}$, $R = 1$, $\mathbf{x} = \begin{bmatrix} x_1 \\ x_2 \\ x_3 \end{bmatrix} = \begin{bmatrix} y \\ \dot{y} \\ \ddot{y} \end{bmatrix}$

为了获得快速响应，q_{11} 与 q_{22}，q_{33} 和 R 相比必须足够大。在本例中，我们选取

$$q_{11} = 100, \qquad q_{22} = q_{33} = 1, \qquad R = 0.01$$

在用 MATLAB 求解该问题时，采用下列命令：

```
K = lqr(A,B,Q,R)
```

MATLAB 程序 10.22 给出了这个问题的解答。

```
MATLAB程序10.22

% ---------- Design of quadratic optimal control system ----------
A = [0  1  0;0  0  1;0 –2 –3];
B = [0;0;1];
Q = [100  0  0;0  1  0;0  0  1];
R = [0.01];

K = lqr(A,B,Q,R)

K =

    100.0000    53.1200    11.6711
```

其次，我们来研究利用刚确定出的矩阵 $\mathbf{K}$ 所设计出的系统的阶跃响应特性。已设计出的系统的状态方程为

$$\dot{\mathbf{x}} = \mathbf{A}\mathbf{x} + \mathbf{B}u$$

$$= \mathbf{A}\mathbf{x} + \mathbf{B}(-\mathbf{K}\mathbf{x} + k_1 r)$$

$$= (\mathbf{A} - \mathbf{B}\mathbf{K})\mathbf{x} + \mathbf{B}k_1 r$$

输出方程为

$$y = \mathbf{C}\mathbf{x} = \begin{bmatrix} 1 & 0 & 0 \end{bmatrix} \begin{bmatrix} x_1 \\ x_2 \\ x_3 \end{bmatrix}$$

为了得到单位阶跃响应，采用下列命令：

$$[y,x,t] = step(AA,BB,CC,DD)$$

式中，　　　　　　$AA = \mathbf{A} - \mathbf{B}\mathbf{K}$,　　　$BB = \mathbf{B}k_1$,　　　$CC = \mathbf{C}$,　　　$DD = D$

MATLAB 程序 10.23 生成了已设计出的系统的单位阶跃响应。图 10.40 在一幅图上表示了响应曲线 x_1-t, x_2-t 和 x_3-t。

```
MATLAB程序10.23

% ---------- Unit-step response of designed system ----------
A = [0  1  0;0  0  1;0 –2 –3];
B = [0;0;1]
C = [1  0  0];
D = [0];
K = [100.0000  53.1200  11.6711];
k1 = K(1); k2 = K(2); k3 = K(3);

% ***** Define the state matrix, control matrix, output matrix,
% and direct transmission matrix of the designed systems as AA,
% BB, CC, and DD *****

AA = A – B*K;
BB = B*k1;
CC = C;
DD = D;
t = 0:0.01:8;
[y,x,t] = step (AA,BB,CC,DD,1,t);

plot(t,x)
grid
title('Response Curves x1, x2, x3, versus t')
xlabel('t Sec')
ylabel('x1,x2,x3')
text(2.6,1.35,'x1')
text(1.2,1.5,'x2')
text(0.6,3.5,'x3')
```

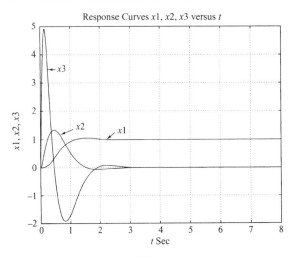

图 10.40　响应曲线 $x_1\text{-}t$, $x_2\text{-}t$ 和 $x_3\text{-}t$

10.8.3　结论

1. 给定任意初始状态 $\mathbf{x}(t_0)$ 时, 所谓最佳调节器问题, 就是寻找一个允许的控制向量 $\mathbf{u}(t)$, 把状态转移到状态空间希望的区域, 并且使性能指标达到极小。为了保证最佳控制向量 $\mathbf{u}(t)$ 存在, 系统必须是状态完全可控的。

2. 使所选性能指标达到极小(或极大、视具体情况而定)的系统, 定义为最佳系统。在许多实际应用中, 虽然在"最佳性"方面不会再对控制器提出任何要求, 但是应该强调的一点是, 基于二次型性能指标的设计, 应给出稳定的系统。

3. 基于二次型性能指标的最佳控制律的特性, 在于它是状态变量的线性函数, 这意味着必须反馈所有状态变量。即要求能提供所有这些状态变量用来进行反馈, 如果不能提供所有这些状态变量进行反馈, 则必须采用状态观测器来估计不可测量的状态变量, 并且利用估计值构成最佳控制信号。

   采用二次型最佳调节器方法设计的系统, 其闭环极点可以由下式求得:
   $$|s\mathbf{I} - \mathbf{A} + \mathbf{BK}| = 0$$
   因为这些闭环极点相应于极点配置法中期望的极点, 所以当观测器为全阶型时, 观测器控制器的传递函数由方程(10.74)求得, 当观测器为最小阶型时, 由方程(10.108)求得。

4. 当在时域设计最佳控制系统时, 还需要研究系统的频率响应特性, 以补偿噪声的影响。系统的频率响应特性, 在元件的噪声和谐振所期望的频率范围内, 必须具有很大的衰减效应(为了补偿噪声的影响, 在某些情况下, 我们既可以修改最佳方案, 采用次最佳性能, 也可以改变性能指标)。

5. 如果在方程(10.114)给出的性能指标 J 中, 积分上限是有限的, 则可以证明最佳控制向量仍然是状态变量的线性函数, 但是具有时变系数。因此, 最佳控制向量的确定包含着最佳时变矩阵的确定。

10.9　鲁棒控制系统

假设给定一个控制对象(即一个具有灵活控制臂的系统), 我们要设计一个控制系统。设计控制系统的第一步是, 根据物理定律导出控制对象的数学模型。通常模型可能是非线性的, 并且具有分布参数。这种模型可能很难进行分析。这时需要把这种系统近似成线性常系数系统, 使其相当精确地接近于实际控制对象。应当指出，虽然这种模型在应用于设计目的时，可能是一种简单模型，但是这种模型必须包含实际对象的任何一种本质的特性。假设我们能够获得一种模型，它能够相当好地近似实际系统，那么为了达到设计控制系统的目的，必须得到的应是一种简化的模型，这种模型可能将需要最低阶的校正装置。这样，控制对象的模型（不管是何种形式），可能都会包含在建模过程中造成的误差。应当指出，在用频率响应法设计控制系统时，我们利用相位和增益裕量去考虑这种建模误差。但是，在状态空间法中，因为它是建立在控制对象动态特性微分方程的基础上的，所以在设计过程中，不可能包含这种"裕量"。

因为实际对象与设计中采用的模型是不同的，所以就会出现这样的问题：利用模型设计出来的控制器能否满足实际控制对象的要求。为了保证能够满足要求，大约在 1980 年，人们研究出了鲁棒控制理论。

鲁棒控制理论采用的假设是，在设计控制系统时，利用的模型是有建模误差的。在这一节中，将介绍这个理论的初步知识。基本上，这种理论假设在实际控制对象与其数学模型之间存在着不确定性或误差，并且在控制系统的设计过程中，包含着这种不确定性或误差。

在鲁棒控制理论基础上设计出的系统，将具有下列特性：

（1）鲁棒稳定性。在存在干扰的情况下，设计出的系统是稳定的。

（2）鲁棒性能。在存在干扰的情况下，控制系统呈现出预定的响应特性。

这个理论需要在频率响应分析和时域分析的基础上进行考虑。因为与鲁棒控制理论相关的数学上的复杂性，所以关于鲁棒控制理论的详细讨论，超出了高年级工科学生的水平。在这一节中，只介绍鲁棒控制理论的初步知识。

10.9.1 控制对象的动态特性中的不确定因素

不确定性这个术语，与控制对象的模型及实际控制对象之间的差别或误差有关。

实际系统中可能出现的不确定因素可以分类为结构不确定性和非结构不确定性。结构不确定性的一个例子，是在控制对象的动态特性中任何参数的变化，例如控制对象传递函数中极点和零点的变化。非结构不确定性的例子包括频率相关不确定性，例如在控制对象动态建模时通常被忽略的高频模态。例如，在灵活控制臂系统建模时，模型可能包括有限数量的模态。振动模态作为系统的一种不确定性，没有包含在建模过程中。另外一种不确定性的例子，发生在非线性控制对象的线性化过程中。如果实际控制对象是非线性的，但它的模型是线性的，那么这种差别就可以作为一种非结构不确定性。

在这一节中，将考虑不确定性为非结构不确定性的情况。此外，我们假设控制对象只包含一种不确定性（某些控制对象可能包含多种不确定因素）。

在鲁棒控制理论中，定义非结构不确定性为 $\Delta(s)$。因为不知道 $\Delta(s)$ 的精确描述，所以采用 $\Delta(s)$ 的估计（针对幅值和相位特性），并且在设计对控制系统起稳定作用的控制器时利用这个估计。对于具有非结构不确定性的系统，其稳定性可以用小增益定理进行检查，而小增益定理是由 H_∞ 范数的下列定义给出的。

10.9.2 H_∞ 范数

稳定的单输入-单输出系统的 H_∞ 范数，是对正弦激励的稳态响应的最大可能放大因子。

对于纯量 $\Phi(s)$，$\| \Phi \|_\infty$ 给出了 $|\Phi(j\omega)|$ 的最大值。该值称为 H_∞（H 无穷大）范数，如图 10.41 所示。

在鲁棒控制理论中，我们用 H_∞ 范数测量传递函数的幅值。假设传递函数 $\Phi(s)$ 是正常的和稳定的[注意，如果 Φ_∞ 是有限的且是确定的，那么传递函数 $\Phi(s)$ 就称为正常的。如果 $\Phi(\infty)=0$，则称其为严格正常的]。$\Phi(s)$ 的范数定义为

$$\|\Phi\|_\infty = \bar{\sigma}\left[\Phi(j\omega)\right]$$

$\bar{\sigma}[\Phi(j\omega)]$ 表示 $[\Phi(j\omega)]$ 的最大奇异值（$\bar{\sigma}$ 表示 σ_{max}）。注意，传递函数 Φ 的奇异值定义为

$$\sigma_i(\Phi) = \sqrt{\lambda_i(\Phi^*\Phi)}$$

式中 $\lambda_i(\Phi^*\Phi)$ 是 $\Phi^*\Phi$ 的第 i 个最大特征值，它总是非负的实数值。通过减小 $\|\Phi\|_\infty$，可以减小输入量 w 对输出量 z 的影响。通常，我们利用下列不等式：

$$\|\Phi\|_\infty < \gamma$$

代替采用最大奇异值 $\|\Phi\|_\infty$，并且用 γ 限制 $\Phi(s)$ 的幅值。为了减小 $\|\Phi\|_\infty$ 的量值，我们选择小的 γ，并且要求 $\|\Phi\|_\infty < \gamma$。

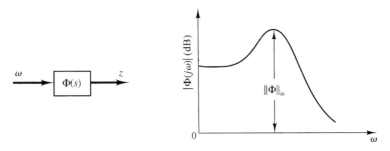

图 10.41　伯德图和 H_∞ 范数 $\|\Phi\|_\infty$

10.9.3　小增益定理

考虑图 10.42 所示的闭环系统。图中 $\Delta(s)$ 和 $M(s)$ 是稳定且正常的传递函数。

小增益定理可以陈述如下：如果

$$\|\Delta(s)M(s)\|_\infty < 1$$

则这个闭环系统是稳定的。也就是说，如果 $\Delta(s)M(s)$ 的 H_∞ 范数比 1 小，那么这个闭环系统就是稳定的。这个定理是奈奎斯特稳定判据的一种扩展。

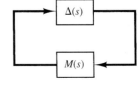

图 10.42　闭环系统

应当特别指出，小增益定理给出了稳定性的一种充分条件。也就是说，即使系统不满足这个定理，它也可能是稳定的。然而，如果系统满足小增益定理，那么它总是稳定的。

10.9.4　具有非结构不确定性的系统

在某些情况中，一种非结构不确定性误差可以看成乘性的，使得

$$\widetilde{G} = G(1 + \Delta_m)$$

式中，$\widetilde{G}$ 是真实控制对象的动态特性，G 是模型控制对象的动态特性。在另外一些情况中，非结构不确定性误差可以看成加性的，使得

$$\widetilde{G} = G + \Delta_a$$

在每一种情况下，我们均假设 Δ_m 或 Δ_a 的范数是有界的，使得

$$\|\Delta_m\| < \gamma_m, \qquad \|\Delta_a\| < \gamma_a$$

式中 γ_m 和 γ_a 是正的常数。

例 10.14　考虑一个具有非结构不确定性的控制系统。下面将考虑系统的鲁棒稳定性和鲁棒性能（具有非结构加性不确定性的系统将在例题 A.10.18 中进行讨论）。

　　鲁棒稳定性　定义，$\tilde{G}$ 为真实控制对象的动态特性，G 为控制对象模型的动态特性，Δ_m 为非结构乘性不确定性。

　　假设 Δ_m 是稳定的，并且它的上限是已知的。又设 $\tilde{G}$ 和 G 之间的关系是

$$\tilde{G} = G(I + \Delta_m)$$

考虑图 10.43(a) 所示的系统。我们来检查 A 点和 B 点之间的传递函数。注意到图 10.43(a) 可以改画成图 10.43(b)。点 A 和 B 之间的传递函数可以由下式给出：

$$\frac{KG}{1 + KG} = (1 + KG)^{-1} KG$$

定义

$$(1 + KG)^{-1} KG = T \tag{10.121}$$

利用方程 (10.121) 可以把图 10.43(b) 改画成图 10.43(c)。把小增益定理应用到图 10.43(c) 表示的由 Δ_m 和 T 组成的系统，可得到稳定性条件为

$$\|\Delta_m T\|_\infty < 1 \tag{10.122}$$

通常，不可能精确地模仿 Δ_m。因此，我们采用了一个纯量传递函数 $W_m(j\omega)$，使得

$$\bar{\sigma}\{\Delta_m(j\omega)\} < |W_m(j\omega)|$$

式中 $\bar{\sigma}\{\Delta_m(j\omega)\}$ 是 $\Delta_m(j\omega)$ 的最大奇异值。

　　代替不等式 (10.122)，考虑下列不等式：

$$\|W_m T\|_\infty < 1 \tag{10.123}$$

如果不等式 (10.123) 成立，则不等式 (10.122) 将总能得到满足。通过使 $W_m T$ 的 H_∞ 范数小于 1，可以得到使系统稳定的控制器 K。

　　假设在图 10.43(a) 中切断点 A 的连线。于是可以得到图 10.43(d)。用 $W_m I$ 取代 Δ_m，可以得到图 10.43(e)。改画图 10.43(e)，可以得到图 10.43(f)。图 10.43(f) 称为广义控制对象图。

　　参考方程 (10.121)，T 由下式给出：

$$T = \frac{KG}{1 + KG} \tag{10.124}$$

于是不等式 (10.123) 可以改写为

$$\left\| \frac{W_m K(s) G(s)}{1 + K(s) G(s)} \right\|_\infty < 1 \tag{10.125}$$

显然，对于稳定的控制对象模型，$K(s) = 0$ 将满足不等式 (10.125)。但是，$K(s) = 0$ 对于控制器来说，不是期望的传递函数。为了寻找一个可以接受的 $K(s)$ 的传递函数，我们可以增加其他条件，例如使设计出的系统具有鲁棒性能，从而系统输出将以最小的误差跟随输入量变化，或者增加其他合适的条件。下面我们来求解获得鲁棒性能的条件。

　　鲁棒性能　考虑图 10.44 所示的系统。假设我们希望输出量 $y(t)$ 尽可能地跟随着输入量 $r(t)$ 变化，即希望

$$\lim_{t \to \infty} [r(t) - y(t)] = \lim_{t \to \infty} e(t) \to 0$$

因为传递函数 $Y(s)/R(s)$ 为

$$\frac{Y(s)}{R(s)} = \frac{KG}{1 + KG}$$

所以得到

$$\frac{E(s)}{R(s)} = \frac{R(s) - Y(s)}{R(s)} = 1 - \frac{Y(s)}{R(s)} = \frac{1}{1 + KG}$$

定义

$$\frac{1}{1 + KG} = S$$

式中 S 通常称为灵敏度函数，由方程(10.124)定义的 T 称为余灵敏度函数。在这个鲁棒性能问题中，我们希望使 S 的 H_∞ 范数比期望的传递函数 W_s^{-1} 小，即 $\|S\|_\infty < W_s^{-1}$，这可以写成

$$\|W_s S\|_\infty < 1 \qquad (10.126)$$

将不等式(10.123)和不等式(10.126)组合起来，得到

$$\left\|\begin{matrix} W_m T \\ W_s S \end{matrix}\right\|_\infty < 1$$

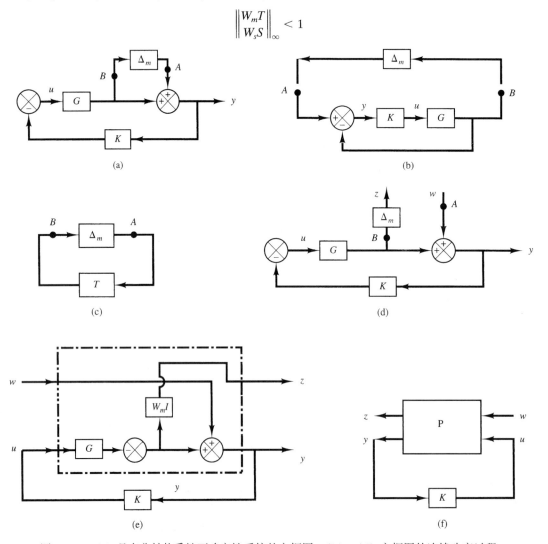

图 10.43　(a) 具有非结构乘性不确定性系统的方框图；(b) ~ (d) 方框图的连续改变过程；(e) 具有非结构乘性不确定性广义控制对象的方框图；(f) 广义控制对象图

式中 $T + S = 1$，即

$$\left\| \begin{matrix} W_m(s) \dfrac{K(s)G(s)}{1 + K(s)G(s)} \\ W_s(s) \dfrac{1}{1 + K(s)G(s)} \end{matrix} \right\|_\infty < 1 \qquad (10.127)$$

于是我们的问题变为求满足不等式(10.127)的 $K(s)$ 的问题。应当指出，根据选择的 $W_m(s)$ 和 $W_s(s)$ 的不同，可能有很多 $K(s)$ 满足不等式(10.127)，或者也可能没有 $K(s)$ 能满足不等式(10.127)。这种利用不等式(10.127)的鲁棒控制问题，称为混合灵敏度问题。

图 10.45(a)是一个广义控制对象图。图中指明了两个条件(鲁棒稳定性和鲁棒性能)。这个图的简化形式示于图 10.45(b)。

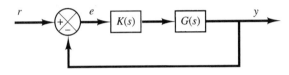

图 10.44　闭环系统

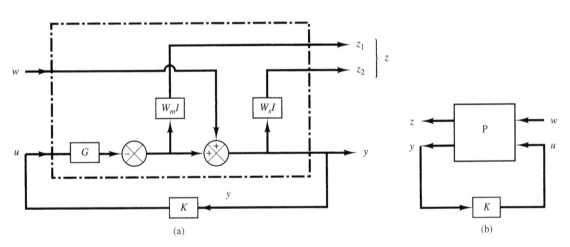

(a)

(b)

图 10.45　(a) 广义控制对象图；(b) 在(a)中表示的广义控制对象图的简化形式

10.9.5　由广义控制对象图求传递函数 $z(s)/w(s)$

考虑图 10.46 所示的广义控制对象图。

在这个图中，$w(s)$ 是外部干扰，$u(s)$ 是操作变量。$z(s)$ 是被控变量，而 $y(s)$ 则是被观测变量。

考虑这个控制系统，它由广义控制对象 $P(s)$ 和控制器 $K(s)$ 组成，联系广义控制对象 $P(s)$ 的输出量 $z(s)$ 和 $y(s)$ 及输入量 $w(s)$ 和 $u(s)$ 的方程是

$$\begin{bmatrix} z(s) \\ y(s) \end{bmatrix} = \begin{bmatrix} P_{11} & P_{12} \\ P_{21} & P_{22} \end{bmatrix} \begin{bmatrix} w(s) \\ u(s) \end{bmatrix}$$

联系 $u(s)$ 和 $y(s)$ 的方程由下式给出：

$$u(s) = K(s)y(s)$$

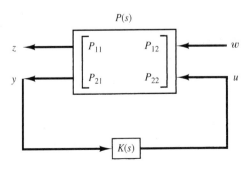

图 10.46　广义控制对象图

定义联系被控变量 $z(s)$ 与外部干扰 $w(s)$ 之间的传递函数为 $\Phi(s)$。于是

$$z(s) = \Phi(s)w(s)$$

注意，$\Phi(s)$ 可以确定如下：

$$z(s) = P_{11}w(s) + P_{12}u(s)$$

$$y(s) = P_{21}w(s) + P_{22}u(s)$$

$$u(s) = K(s)y(s)$$

所以得到

$$y(s) = P_{21}w(s) + P_{22}K(s)y(s)$$

因此，

$$[I - P_{22}K(s)]y(s) = P_{21}w(s)$$

即

$$y(s) = [I - P_{22}K(s)]^{-1}P_{21}w(s)$$

所以

$$z(s) = P_{11}w(s) + P_{12}K(s)[I - P_{22}K(s)]^{-1}P_{21}w(s)$$

$$= \{P_{11} + P_{12}K(s)[I - P_{22}K(s)]^{-1}P_{21}\}w(s)$$

于是得到

$$\Phi(s) = P_{11} + P_{12}K(s)[I - P_{22}K(s)]^{-1}P_{21} \tag{10.128}$$

例 10.15 在例 10.14 中讨论了控制系统的广义控制对象图，现在来确定该图中的 **P** 矩阵。为了使控制系统成为鲁棒稳定的，我们来推导出不等式(10.125)。重写不等式，得到

$$\left\|\frac{W_m KG}{1 + KG}\right\|_\infty < 1 \tag{10.129}$$

如果定义

$$\Phi_1 = \frac{W_m KG}{1 + KG} \tag{10.130}$$

则不等式(10.129)可以写成 $\|\Phi_1\|_\infty < 1$

参考方程(10.128)，它可以重写成

$$\Phi = P_{11} + P_{12}K(I - P_{22}K)^{-1}P_{21}$$

如果选择广义控制对象 **P** 矩阵为

$$\mathbf{P} = \begin{bmatrix} 0 & W_m G \\ I & -G \end{bmatrix} \tag{10.131}$$

则得到

$$\Phi = P_{11} + P_{12}K(I - P_{22}K)^{-1}P_{21}$$

$$= W_m KG(I + KG)^{-1}$$

它与方程(10.130)中的 Φ_1 完全相同。

在例 10.14 中已经导出，如果希望输出量 y 尽可能地跟随着输入量 r 变化，则必须使 $\Phi_2(s)$ 的 H_∞ 范数小于 1 [见不等式(10.126)]。这里的 $\Phi_2(s)$ 为

$$\Phi_2 = \frac{W_s}{1 + KG} \tag{10.132}$$

注意到被控变量 z 与外部干扰 w 有关，即

$$z = \Phi(s)w$$

并且参考方程(10.128) $\Phi(s) = P_{11} + P_{12}K(I - P_{22}K)^{-1}P_{21}$

这时如果选择 **P** 矩阵为

$$\mathbf{P} = \begin{bmatrix} W_s & -W_sG \\ I & -G \end{bmatrix} \qquad (10.133)$$

那么可得到

$$\Phi = P_{11} + P_{12}K(I - P_{22}K)^{-1}P_{21}$$

$$= W_s - W_sKG(I + KG)^{-1}$$

$$= W_s\left[1 - \frac{KG}{1 + KG}\right]$$

$$= W_s\left[\frac{1}{1 + KG}\right]$$

它与方程(10.132)中的 Φ_2 是相同的。

如果既要求鲁棒稳定性,又要求鲁棒性能,那么控制系统就必须满足由不等式(10.127)给出的条件,现将其重写如下:

$$\left\| \begin{matrix} W_m \dfrac{KG}{1 + KG} \\ W_s \dfrac{1}{1 + KG} \end{matrix} \right\| < 1 \qquad (10.134)$$

对于 **P** 矩阵,结合方程(10.133)和方程(10.131),得到

$$P = \begin{bmatrix} W_s & -W_sG \\ 0 & W_mG \\ I & -G \end{bmatrix} \qquad (10.135)$$

如果用方程(10.135)给出的方式构建 $P(s)$,那么既满足鲁棒稳定性,又满足鲁棒性能的控

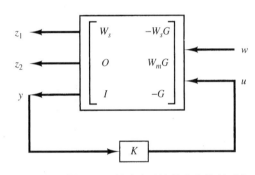

图 10.47 例 10.15 所讨论系统的广义控制对象

制系统设计问题,就可以用方程(10.135)描述。正如前面已经提到的,这类问题称为混合灵敏度问题。利用方程(10.135)给出的广义控制对象,能够确定满足不等式(10.134)的控制器 $K(s)$,对于在例 10.14 中考虑的系统,广义控制对象图变成了图 10.47 所示的那样。

10.9.6 H 无穷大控制问题

为了设计控制系统的控制器 K,满足各种稳定性和性能指标,我们采用了广义控制对象的概念。

正如前面谈到的,广义控制对象是一种线性模型,它由控制对象模型,以及与要求性能指标相应的加权函数组成。参考图 10.48 所示的广义控制对象,所谓 H 无穷大控制问题,实际上是设计一种控制器 K 的问题,这种 K 将能使从外部干扰 w 到被控变量 z 之间的传递函数的 H_∞ 范数,小于一个指定数值。

采用广义控制对象而不采用控制系统单独的方框图的理由,是因为许多具有不确定因素的控制系统,已经采用

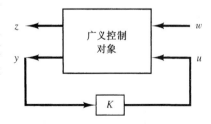

图 10.48 广义控制对象图

广义控制对象被设计出来,并且提供了已经制定的采用这种控制对象的设计方法。

应当指出,任何加权函数,例如 $W(s)$,都是对要求设计的控制器 $K(s)$ 产生影响的重要参量。实际上,设计出的系统的优良程度,取决于在设计过程中采用的加权函数的选择。

作为 H 无穷大控制问题求解结果的控制器,通常称为 H 无穷大控制器。

10.9.7　解鲁棒控制问题

存在着三种已经确立的求解鲁棒控制问题的方法。它们是

1. 通过导出里卡蒂方程并且进行求解,解鲁棒控制问题。
2. 通过采用线性矩阵不等式方法,解鲁棒控制问题。
3. 通过采用 μ 分析和 μ 综合方法,解包含结构不确定性的鲁棒控制问题。

采用上述任何一种方法求解鲁棒控制问题,都需要宽广的数学基础知识。

在这一节中,仅介绍了鲁棒控制理论的初步知识。求解任何一种鲁棒控制问题,所需的数学基础都超出了工科高年级学生的数学水平。因此,感兴趣的读者可以在正规的学院或大学选修研究生水平的控制课程,并且详细地学习这个课题。

例题和解答

A. 10. 1　考虑由

$$\dot{\mathbf{x}} = \mathbf{A}\mathbf{x} + \mathbf{B}u$$

定义的系统。假设系统不是状态完全可控的。于是,可控性矩阵的秩小于 n,即

$$\text{rank}\left[\mathbf{B} \mid \mathbf{AB} \mid \cdots \mid \mathbf{A}^{n-1}\mathbf{B}\right] = q < n \tag{10.136}$$

这意味着,在可控性矩阵中存在 q 个线性无关的列向量。将该 q 个线性无关的列向量定义为 $\mathbf{f}_1$, $\mathbf{f}_2$, $\cdots$, $\mathbf{f}_q$。同时选择 $n - q$ 个附加的 n 维向量 $\mathbf{v}_{q+1}$, $\mathbf{v}_{q+2}$, $\cdots$, $\mathbf{v}_n$,使得

$$\mathbf{P} = \left[\mathbf{f}_1 \mid \mathbf{f}_2 \mid \cdots \mid \mathbf{f}_q \mid \mathbf{v}_{q+1} \mid \mathbf{v}_{q+2} \mid \cdots \mid \mathbf{v}_n\right]$$

的秩为 n。通过用矩阵 $\mathbf{P}$ 作为变换矩阵,定义

$$\mathbf{P}^{-1}\mathbf{A}\mathbf{P} = \hat{\mathbf{A}}, \qquad \mathbf{P}^{-1}\mathbf{B} = \hat{\mathbf{B}}$$

试证明 $\hat{\mathbf{A}}$ 可由

$$\hat{\mathbf{A}} = \left[\begin{array}{c|c} \mathbf{A}_{11} & \mathbf{A}_{12} \\ \hline \mathbf{0} & \mathbf{A}_{22} \end{array}\right]$$

给出。式中,$\mathbf{A}_{11}$ 为 $q \times q$ 维矩阵,$\mathbf{A}_{12}$ 为 $q \times (n-q)$ 维矩阵,$\mathbf{A}_{22}$ 为 $(n-q) \times (n-q)$ 维矩阵,$\mathbf{0}$ 为 $(n-q) \times q$ 维矩阵。同时证明:矩阵 $\hat{\mathbf{B}}$ 为

$$\hat{\mathbf{B}} = \left[\begin{array}{c} \mathbf{B}_{11} \\ \hline \mathbf{0} \end{array}\right]$$

式中,$\mathbf{B}_{11}$ 为 $q \times 1$ 维矩阵,$\mathbf{0}$ 为 $(n-q) \times 1$ 维矩阵。

　　解:注意到

$$\mathbf{A}\mathbf{P} = \mathbf{P}\hat{\mathbf{A}}$$

即

$$\left[\mathbf{A}\mathbf{f}_1 \mid \mathbf{A}\mathbf{f}_2 \mid \cdots \mid \mathbf{A}\mathbf{f}_q \mid \mathbf{A}\mathbf{v}_{q+1} \mid \cdots \mid \mathbf{A}\mathbf{v}_n\right]$$
$$= \left[\mathbf{f}_1 \mid \mathbf{f}_2 \mid \cdots \mid \mathbf{f}_q \mid \mathbf{v}_{q+1} \mid \cdots \mid \mathbf{v}_n\right]\hat{\mathbf{A}} \tag{10.137}$$

同样地,

$$\mathbf{B} = \mathbf{P}\hat{\mathbf{B}} \tag{10.138}$$

由于有 q 个线性无关的列向量 $\mathbf{f}_1$, $\mathbf{f}_2$, $\cdots$, $\mathbf{f}_q$,所以可用凯莱-哈密顿定理以这 q 个向量的形式来表示向量 $\mathbf{A}\mathbf{f}_1$, $\mathbf{A}\mathbf{f}_2$, $\cdots$, $\mathbf{A}\mathbf{f}_q$,即

$$\mathbf{A}\mathbf{f}_1 = a_{11}\mathbf{f}_1 + a_{21}\mathbf{f}_2 + \cdots + a_{q1}\mathbf{f}_q$$

$$\mathbf{A}\mathbf{f}_2 = a_{12}\mathbf{f}_1 + a_{22}\mathbf{f}_2 + \cdots + a_{q2}\mathbf{f}_q$$

$$\vdots$$

$$\mathbf{A}\mathbf{f}_q = a_{1q}\mathbf{f}_1 + a_{2q}\mathbf{f}_2 + \cdots + a_{qq}\mathbf{f}_q$$

因此，方程(10.137)可写为

$$\begin{bmatrix} \mathbf{A}\mathbf{f}_1 & \vdots & \mathbf{A}\mathbf{f}_2 & \vdots & \cdots & \vdots & \mathbf{A}\mathbf{f}_q & \vdots & \mathbf{A}\mathbf{v}_{q+1} & \vdots & \cdots & \vdots & \mathbf{A}\mathbf{v}_n \end{bmatrix}$$

$$= \begin{bmatrix} \mathbf{f}_1 & \vdots & \mathbf{f}_2 & \vdots & \cdots & \vdots & \mathbf{f}_q & \vdots & \mathbf{v}_{q+1} & \vdots & \cdots & \vdots & \mathbf{v}_n \end{bmatrix} \begin{bmatrix} a_{11} & \cdots & a_{1q} & a_{1q+1} & \cdots & a_{1n} \\ a_{21} & \cdots & a_{2q} & a_{2q+1} & \cdots & a_{2n} \\ \vdots & & \vdots & \vdots & & \vdots \\ a_{q1} & \cdots & a_{qq} & a_{qq+1} & \cdots & a_{qn} \\ \hline 0 & \cdots & 0 & a_{q+1q+1} & \cdots & a_{q+1n} \\ \vdots & & \vdots & \vdots & & \vdots \\ 0 & \cdots & 0 & a_{nq+1} & \cdots & a_{nn} \end{bmatrix}$$

定义

$$\begin{bmatrix} a_{11} & \cdots & a_{1q} \\ a_{21} & \cdots & a_{2q} \\ \vdots & & \vdots \\ a_{q1} & \cdots & a_{qq} \end{bmatrix} = \mathbf{A}_{11} \qquad\qquad \begin{bmatrix} a_{1q+1} & \cdots & a_{1n} \\ a_{2q+1} & \cdots & a_{2n} \\ \vdots & & \vdots \\ a_{qq+1} & \cdots & a_{qn} \end{bmatrix} = \mathbf{A}_{12}$$

$$\begin{bmatrix} 0 & \cdots & 0 \\ \vdots & & \vdots \\ 0 & \cdots & 0 \end{bmatrix} = \mathbf{A}_{21} = (n-q) \times q \text{ 零矩阵} \qquad \begin{bmatrix} a_{q+1q+1} & \cdots & a_{q+1n} \\ \vdots & & \vdots \\ a_{nq+1} & \cdots & a_{nn} \end{bmatrix} = \mathbf{A}_{22}$$

则方程(10.137)可写为

$$\begin{bmatrix} \mathbf{A}\mathbf{f}_1 & \vdots & \mathbf{A}\mathbf{f}_2 & \vdots & \cdots & \vdots & \mathbf{A}\mathbf{f}_q & \vdots & \mathbf{A}\mathbf{v}_{q+1} & \vdots & \cdots & \vdots & \mathbf{A}\mathbf{v}_n \end{bmatrix}$$

$$= \begin{bmatrix} \mathbf{f}_1 & \vdots & \mathbf{f}_2 & \vdots & \cdots & \vdots & \mathbf{f}_q & \vdots & \mathbf{v}_{q+1} & \vdots & \cdots & \vdots & \mathbf{v}_n \end{bmatrix} \begin{bmatrix} \mathbf{A}_{11} & \mathbf{A}_{12} \\ \hline \mathbf{0} & \mathbf{A}_{22} \end{bmatrix}$$

于是
$$\mathbf{A}\mathbf{P} = \mathbf{P} \begin{bmatrix} \mathbf{A}_{11} & \mathbf{A}_{12} \\ \hline \mathbf{0} & \mathbf{A}_{22} \end{bmatrix}$$

因此
$$\mathbf{P}^{-1}\mathbf{A}\mathbf{P} = \hat{\mathbf{A}} = \begin{bmatrix} \mathbf{A}_{11} & \mathbf{A}_{12} \\ \hline \mathbf{0} & \mathbf{A}_{22} \end{bmatrix}$$

然后，参考方程(10.138)可得

$$\mathbf{B} = \begin{bmatrix} \mathbf{f}_1 & \vdots & \mathbf{f}_2 & \vdots & \cdots & \vdots & \mathbf{f}_q & \vdots & \mathbf{v}_{q+1} & \vdots & \cdots & \vdots & \mathbf{v}_n \end{bmatrix} \hat{\mathbf{B}} \qquad\qquad (10.139)$$

参考方程(10.136)，注意向量 $\mathbf{B}$ 可用 q 个线性无关的列向量 $\mathbf{f}_1$，$\mathbf{f}_2$，$\cdots$，$\mathbf{f}_q$ 表示。于是得到

$$\mathbf{B} = b_{11}\mathbf{f}_1 + b_{21}\mathbf{f}_2 + \cdots + b_{q1}\mathbf{f}_q$$

因此，方程(10.139)可写为

$$b_{11}\mathbf{f}_1 + b_{21}\mathbf{f}_2 + \cdots + b_{q1}\mathbf{f}_q = \begin{bmatrix} \mathbf{f}_1 & \vdots & \mathbf{f}_2 & \vdots & \cdots & \vdots & \mathbf{f}_q & \vdots & \mathbf{v}_{q+1} & \vdots & \cdots & \vdots & \mathbf{v}_n \end{bmatrix} \begin{bmatrix} b_{11} \\ b_{21} \\ \vdots \\ b_{q1} \\ 0 \\ \vdots \\ 0 \end{bmatrix}$$

于是
$$\hat{\mathbf{B}} = \begin{bmatrix} \mathbf{B}_{11} \\ \hline \mathbf{0} \end{bmatrix}$$

式中
$$\mathbf{B}_{11} = \begin{bmatrix} b_{11} \\ b_{21} \\ \vdots \\ b_{q1} \end{bmatrix}$$

A.10.2 考虑一个状态完全可控的系统:
$$\dot{\mathbf{x}} = \mathbf{A}\mathbf{x} + \mathbf{B}u$$

定义可控性矩阵为 $\mathbf{M}$
$$\mathbf{M} = \begin{bmatrix} \mathbf{B} & \vdots & \mathbf{A}\mathbf{B} & \vdots & \cdots & \vdots & \mathbf{A}^{n-1}\mathbf{B} \end{bmatrix}$$

试证明
$$\mathbf{M}^{-1}\mathbf{A}\mathbf{M} = \begin{bmatrix} 0 & 0 & \cdots & 0 & -a_n \\ 1 & 0 & \cdots & 0 & -a_{n-1} \\ 0 & 1 & \cdots & 0 & -a_{n-2} \\ \vdots & \vdots & & \vdots & \vdots \\ 0 & 0 & \cdots & 1 & -a_1 \end{bmatrix}$$

式中, a_1, a_2, $\cdots$, a_n 是下列特征多项式的系数:
$$|s\mathbf{I} - \mathbf{A}| = s^n + a_1 s^{n-1} + \cdots + a_{n-1}s + a_n$$

解: 考虑 $n = 3$ 的情况。我们将证明
$$\mathbf{A}\mathbf{M} = \mathbf{M}\begin{bmatrix} 0 & 0 & -a_3 \\ 1 & 0 & -a_2 \\ 0 & 1 & -a_1 \end{bmatrix} \tag{10.140}$$

方程(10.140)的左端为
$$\mathbf{A}\mathbf{M} = \mathbf{A}\begin{bmatrix} \mathbf{B} & \vdots & \mathbf{A}\mathbf{B} & \vdots & \mathbf{A}^2\mathbf{B} \end{bmatrix} = \begin{bmatrix} \mathbf{A}\mathbf{B} & \vdots & \mathbf{A}^2\mathbf{B} & \vdots & \mathbf{A}^3\mathbf{B} \end{bmatrix}$$

方程(10.140)的右端为
$$\begin{bmatrix} \mathbf{B} & \vdots & \mathbf{A}\mathbf{B} & \vdots & \mathbf{A}^2\mathbf{B} \end{bmatrix}\begin{bmatrix} 0 & 0 & -a_3 \\ 1 & 0 & -a_2 \\ 0 & 1 & -a_1 \end{bmatrix} = \begin{bmatrix} \mathbf{A}\mathbf{B} & \vdots & \mathbf{A}^2\mathbf{B} & \vdots & -a_3\mathbf{B} - a_2\mathbf{A}\mathbf{B} - a_1\mathbf{A}^2\mathbf{B} \end{bmatrix} \tag{10.141}$$

凯莱-哈密顿定理阐述了矩阵 $\mathbf{A}$ 满足其自身的特征方程, 即在 $n = 3$ 时,
$$\mathbf{A}^3 + a_1\mathbf{A}^2 + a_2\mathbf{A} + a_3\mathbf{I} = \mathbf{0} \tag{10.142}$$

利用方程(10.142), 方程(10.141)右端的第三列变为
$$-a_3\mathbf{B} - a_2\mathbf{A}\mathbf{B} - a_1\mathbf{A}^2\mathbf{B} = (-a_3\mathbf{I} - a_2\mathbf{A} - a_1\mathbf{A}^2)\mathbf{B} = \mathbf{A}^3\mathbf{B}$$

于是, 方程(10.141)变为
$$\begin{bmatrix} \mathbf{B} & \vdots & \mathbf{A}\mathbf{B} & \vdots & \mathbf{A}^2\mathbf{B} \end{bmatrix}\begin{bmatrix} 0 & 0 & -a_3 \\ 1 & 0 & -a_2 \\ 0 & 1 & -a_1 \end{bmatrix} = \begin{bmatrix} \mathbf{A}\mathbf{B} & \vdots & \mathbf{A}^2\mathbf{B} & \vdots & \mathbf{A}^3\mathbf{B} \end{bmatrix}$$

因此, 方程(10.140)的左端与右端相同。这就证明了方程(10.140)是正确的。因此,
$$\mathbf{M}^{-1}\mathbf{A}\mathbf{M} = \begin{bmatrix} 0 & 0 & -a_3 \\ 1 & 0 & -a_2 \\ 0 & 1 & -a_1 \end{bmatrix}$$

上述推导可以很容易地推广到任意正整数 n 的一般情况。

A.10.3 考虑一个状态完全可控的系统:
$$\dot{\mathbf{x}} = \mathbf{A}\mathbf{x} + \mathbf{B}u$$

定义
$$\mathbf{M} = \begin{bmatrix} \mathbf{B} & \vdots & \mathbf{AB} & \vdots & \cdots & \vdots & \mathbf{A}^{n-1}\mathbf{B} \end{bmatrix}$$

和
$$\mathbf{W} = \begin{bmatrix} a_{n-1} & a_{n-2} & \cdots & a_1 & 1 \\ a_{n-2} & a_{n-3} & \cdots & 1 & 0 \\ \vdots & \vdots & & \vdots & \vdots \\ a_1 & 1 & \cdots & 0 & 0 \\ 1 & 0 & \cdots & 0 & 0 \end{bmatrix}$$

式中，a_i 是特征多项式
$$|s\mathbf{I} - \mathbf{A}| = s^n + a_1 s^{n-1} + \cdots + a_{n-1}s + a_n$$

的系数。再定义
$$\mathbf{T} = \mathbf{MW}$$

试证明
$$\mathbf{T}^{-1}\mathbf{AT} = \begin{bmatrix} 0 & 1 & 0 & \cdots & 0 \\ 0 & 0 & 1 & \cdots & 0 \\ \cdot & & \cdot & & \cdot \\ \cdot & & & \cdot & \cdot \\ \cdot & & & & \cdot \\ 0 & 0 & 0 & \cdots & 1 \\ -a_n & -a_{n-1} & -a_{n-2} & \cdots & -a_1 \end{bmatrix}, \quad \mathbf{T}^{-1}\mathbf{B} = \begin{bmatrix} 0 \\ 0 \\ \cdot \\ \cdot \\ \cdot \\ 0 \\ 1 \end{bmatrix}$$

解：考虑 $n = 3$ 的情况，证明
$$\mathbf{T}^{-1}\mathbf{AT} = (\mathbf{MW})^{-1}\mathbf{A}(\mathbf{MW}) = \mathbf{W}^{-1}(\mathbf{M}^{-1}\mathbf{AM})\mathbf{W} = \begin{bmatrix} 0 & 1 & 0 \\ 0 & 0 & 1 \\ -a_3 & -a_2 & -a_1 \end{bmatrix} \tag{10.143}$$

参考例题 A.10.2，得
$$\mathbf{M}^{-1}\mathbf{AM} = \begin{bmatrix} 0 & 0 & -a_3 \\ 1 & 0 & -a_2 \\ 0 & 1 & -a_1 \end{bmatrix}$$

于是，方程(10.143)可重写为
$$\mathbf{W}^{-1}\begin{bmatrix} 0 & 0 & -a_3 \\ 1 & 0 & -a_2 \\ 0 & 1 & -a_1 \end{bmatrix}\mathbf{W} = \begin{bmatrix} 0 & 1 & 0 \\ 0 & 0 & 1 \\ -a_3 & -a_2 & -a_1 \end{bmatrix}$$

因此，需要证明
$$\begin{bmatrix} 0 & 0 & -a_3 \\ 1 & 0 & -a_2 \\ 0 & 1 & -a_1 \end{bmatrix}\mathbf{W} = \mathbf{W}\begin{bmatrix} 0 & 1 & 0 \\ 0 & 0 & 1 \\ -a_3 & -a_2 & -a_1 \end{bmatrix} \tag{10.144}$$

方程(10.144)的左端为
$$\begin{bmatrix} 0 & 0 & -a_3 \\ 1 & 0 & -a_2 \\ 0 & 1 & -a_1 \end{bmatrix}\begin{bmatrix} a_2 & a_1 & 1 \\ a_1 & 1 & 0 \\ 1 & 0 & 0 \end{bmatrix} = \begin{bmatrix} -a_3 & 0 & 0 \\ 0 & a_1 & 1 \\ 0 & 1 & 0 \end{bmatrix}$$

方程(10.144)的右端为
$$\begin{bmatrix} a_2 & a_1 & 1 \\ a_1 & 1 & 0 \\ 1 & 0 & 0 \end{bmatrix}\begin{bmatrix} 0 & 1 & 0 \\ 0 & 0 & 1 \\ -a_3 & -a_2 & -a_1 \end{bmatrix} = \begin{bmatrix} -a_3 & 0 & 0 \\ 0 & a_1 & 1 \\ 0 & 1 & 0 \end{bmatrix}$$

显然，方程(10.144)是成立的。这就证明了

$$\mathbf{T}^{-1}\mathbf{A}\mathbf{T} = \begin{bmatrix} 0 & 1 & 0 \\ 0 & 0 & 1 \\ -a_3 & -a_2 & -a_1 \end{bmatrix}$$

其次,证明

$$\mathbf{T}^{-1}\mathbf{B} = \begin{bmatrix} 0 \\ 0 \\ 1 \end{bmatrix} \tag{10.145}$$

注意到方程(10.145)可写为

$$\mathbf{B} = \mathbf{T}\begin{bmatrix} 0 \\ 0 \\ 1 \end{bmatrix} = \mathbf{M}\mathbf{W}\begin{bmatrix} 0 \\ 0 \\ 1 \end{bmatrix}$$

和 $$\mathbf{T}\begin{bmatrix} 0 \\ 0 \\ 1 \end{bmatrix} = \begin{bmatrix} \mathbf{B} & \vdots & \mathbf{A}\mathbf{B} & \vdots & \mathbf{A}^2\mathbf{B} \end{bmatrix}\begin{bmatrix} a_2 & a_1 & 1 \\ a_1 & 1 & 0 \\ 1 & 0 & 0 \end{bmatrix}\begin{bmatrix} 0 \\ 0 \\ 1 \end{bmatrix} = \begin{bmatrix} \mathbf{B} & \vdots & \mathbf{A}\mathbf{B} & \vdots & \mathbf{A}^2\mathbf{B} \end{bmatrix}\begin{bmatrix} 1 \\ 0 \\ 0 \end{bmatrix} = \mathbf{B}$$

可得 $$\mathbf{T}^{-1}\mathbf{B} = \begin{bmatrix} 0 \\ 0 \\ 1 \end{bmatrix}$$

这里所列出的推导,可以很容易地推广到任意正整数 n 的一般情况。

A.10.4 考虑状态方程 $$\dot{\mathbf{x}} = \mathbf{A}\mathbf{x} + \mathbf{B}u$$

式中, $$\mathbf{A} = \begin{bmatrix} 1 & 1 \\ -4 & -3 \end{bmatrix}, \qquad \mathbf{B} = \begin{bmatrix} 0 \\ 2 \end{bmatrix}$$

可控性矩阵 $$\mathbf{M} = \begin{bmatrix} \mathbf{B} & \vdots & \mathbf{A}\mathbf{B} \end{bmatrix} = \begin{bmatrix} 0 & 2 \\ 2 & -6 \end{bmatrix}$$

的秩为 2。因此,该系统是状态完全可控的。试将给定的状态方程变换为可控标准形。

解:由于

$$|s\mathbf{I} - \mathbf{A}| = \begin{vmatrix} s-1 & -1 \\ 4 & s+3 \end{vmatrix} = (s-1)(s+3) + 4$$

$$= s^2 + 2s + 1 = s^2 + a_1 s + a_2$$

所以 $$a_1 = 2, \qquad a_2 = 1$$

定义 $$\mathbf{T} = \mathbf{M}\mathbf{W}$$

式中 $$\mathbf{M} = \begin{bmatrix} 0 & 2 \\ 2 & -6 \end{bmatrix}, \qquad \mathbf{W} = \begin{bmatrix} 2 & 1 \\ 1 & 0 \end{bmatrix}$$

则 $$\mathbf{T} = \begin{bmatrix} 0 & 2 \\ 2 & -6 \end{bmatrix}\begin{bmatrix} 2 & 1 \\ 1 & 0 \end{bmatrix} = \begin{bmatrix} 2 & 0 \\ -2 & 2 \end{bmatrix}$$

且 $$\mathbf{T}^{-1} = \begin{bmatrix} 0.5 & 0 \\ 0.5 & 0.5 \end{bmatrix}$$

定义 $$\mathbf{x} = \mathbf{T}\hat{\mathbf{x}}$$

则状态方程变为

$$\dot{\hat{\mathbf{x}}} = \mathbf{T}^{-1}\mathbf{A}\mathbf{T}\hat{\mathbf{x}} + \mathbf{T}^{-1}\mathbf{B}u$$

由于 $$\mathbf{T}^{-1}\mathbf{A}\mathbf{T} = \begin{bmatrix} 0.5 & 0 \\ 0.5 & 0.5 \end{bmatrix}\begin{bmatrix} 1 & 1 \\ -4 & -3 \end{bmatrix}\begin{bmatrix} 2 & 0 \\ -2 & 2 \end{bmatrix} = \begin{bmatrix} 0 & 1 \\ -1 & -2 \end{bmatrix}$$

且 $$\mathbf{T}^{-1}\mathbf{B} = \begin{bmatrix} 0.5 & 0 \\ 0.5 & 0.5 \end{bmatrix}\begin{bmatrix} 0 \\ 2 \end{bmatrix} = \begin{bmatrix} 0 \\ 1 \end{bmatrix}$$

所以，
$$\begin{bmatrix} \dot{\hat{x}}_1 \\ \dot{\hat{x}}_2 \end{bmatrix} = \begin{bmatrix} 0 & 1 \\ -1 & -2 \end{bmatrix} \begin{bmatrix} \hat{x}_1 \\ \hat{x}_2 \end{bmatrix} + \begin{bmatrix} 0 \\ 1 \end{bmatrix} u$$

此即可控标准形。

A. 10. 5　考虑下式定义的系统：

$$\dot{\mathbf{x}} = \mathbf{A}\mathbf{x} + \mathbf{B}u$$

$$y = \mathbf{C}\mathbf{x}$$

式中，
$$\mathbf{A} = \begin{bmatrix} 0 & 1 \\ -2 & -3 \end{bmatrix}, \qquad \mathbf{B} = \begin{bmatrix} 0 \\ 2 \end{bmatrix}, \qquad \mathbf{C} = \begin{bmatrix} 1 & 0 \end{bmatrix}$$

该系统的特征方程为

$$|s\mathbf{I} - \mathbf{A}| = \begin{vmatrix} s & -1 \\ 2 & s+3 \end{vmatrix} = s^2 + 3s + 2 = (s+1)(s+2) = 0$$

矩阵 $\mathbf{A}$ 的特征值为 -1 和 -2。

采用状态反馈控制 $u = -\mathbf{K}\mathbf{x}$，使期望特征值为 -3 和 -5。试确定必需的反馈增益矩阵 $\mathbf{K}$ 和控制信号 u。

解：由于
$$\mathbf{M} = \begin{bmatrix} \mathbf{B} & \vdots & \mathbf{A}\mathbf{B} \end{bmatrix} = \begin{bmatrix} 0 & 2 \\ 2 & -6 \end{bmatrix}$$

的秩为 2，所以给定的系统是状态完全可控的。因此，可任意配置极点。

由于原系统特征方程为

$$s^2 + 3s + 2 = s^2 + a_1 s + a_2 = 0$$

所以，
$$a_1 = 3, \qquad a_2 = 2$$

所期望的特征方程为

$$(s+3)(s+5) = s^2 + 8s + 15 = s^2 + \alpha_1 s + \alpha_2 = 0$$

因此，
$$\alpha_1 = 8, \qquad \alpha_2 = 15$$

应当特别指出，原状态方程不是可控标准形，因为矩阵 $\mathbf{B}$ 不是

$$\begin{bmatrix} 0 \\ 1 \end{bmatrix}$$

因此，必须确定变换矩阵 $\mathbf{T}$

$$\mathbf{T} = \mathbf{M}\mathbf{W} = \begin{bmatrix} \mathbf{B} & \vdots & \mathbf{A}\mathbf{B} \end{bmatrix} \begin{bmatrix} a_1 & 1 \\ 1 & 0 \end{bmatrix} = \begin{bmatrix} 0 & 2 \\ 2 & -6 \end{bmatrix} \begin{bmatrix} 3 & 1 \\ 1 & 0 \end{bmatrix} = \begin{bmatrix} 2 & 0 \\ 0 & 2 \end{bmatrix}$$

于是
$$\mathbf{T}^{-1} = \begin{bmatrix} 0.5 & 0 \\ 0 & 0.5 \end{bmatrix}$$

参考方程(10.13)，所需反馈增益矩阵为

$$\mathbf{K} = \begin{bmatrix} \alpha_2 - a_2 & \vdots & \alpha_1 - a_1 \end{bmatrix} \mathbf{T}^{-1}$$

$$= \begin{bmatrix} 15 - 2 & \vdots & 8 - 3 \end{bmatrix} \begin{bmatrix} 0.5 & 0 \\ 0 & 0.5 \end{bmatrix} = \begin{bmatrix} 6.5 & 2.5 \end{bmatrix}$$

因而，控制信号 u 变为
$$u = -\mathbf{K}\mathbf{x} = -\begin{bmatrix} 6.5 & 2.5 \end{bmatrix} \begin{bmatrix} x_1 \\ x_2 \end{bmatrix}$$

A. 10. 6　已知调节器系统的调节对象具有如下传递函数：

$$\frac{Y(s)}{U(s)} = \frac{10}{(s+1)(s+2)(s+3)}$$

定义状态变量

$$x_1 = y$$

$$x_2 = \dot{x}_1$$

$$x_3 = \dot{x}_2$$

利用状态反馈控制 $u = -\mathbf{Kx}$，要求把闭环极点配置到

$$s = -2 + j2\sqrt{3}, \qquad s = -2 - j2\sqrt{3}, \qquad s = -10$$

试用 MATLAB 求所需的状态反馈增益矩阵 $\mathbf{K}$。

解：该系统的状态空间方程为

$$\begin{bmatrix} \dot{x}_1 \\ \dot{x}_2 \\ \dot{x}_3 \end{bmatrix} = \begin{bmatrix} 0 & 1 & 0 \\ 0 & 0 & 1 \\ -6 & -11 & -6 \end{bmatrix} \begin{bmatrix} x_1 \\ x_2 \\ x_3 \end{bmatrix} + \begin{bmatrix} 0 \\ 0 \\ 10 \end{bmatrix} u$$

$$y = \begin{bmatrix} 1 & 0 & 0 \end{bmatrix} \begin{bmatrix} x_1 \\ x_2 \\ x_3 \end{bmatrix} + 0u$$

因此，

$$\mathbf{A} = \begin{bmatrix} 0 & 1 & 0 \\ 0 & 0 & 1 \\ -6 & -11 & -6 \end{bmatrix}, \qquad \mathbf{B} = \begin{bmatrix} 0 \\ 0 \\ 10 \end{bmatrix}$$

$$\mathbf{C} = \begin{bmatrix} 1 & 0 & 0 \end{bmatrix}, \qquad D = \begin{bmatrix} 0 \end{bmatrix}$$

注意，对于极点配置，矩阵 $\mathbf{C}$ 和 D 并不影响状态反馈增益矩阵 $\mathbf{K}$。

在 MATLAB 程序10.24 和 MATLAB 程序10.25 中，给出了两个求状态反馈增益矩阵 $\mathbf{K}$ 的 MATLAB 程序。

MATLAB程序10.24

```
A = [0 1 0;0 0 1;-6 -11 -6];
B = [0;0;10];
J = [-2+j*2*sqrt(3) -2-j*2*sqrt(3) -10];
K = acker(A,B,J)

K =

   15.4000    4.5000    0.8000
```

MATLAB程序10.25

```
A = [0 1 0;0 0 1; -6 -11 -6];
B = [0;0;10];
J = [-2+j*2*sqrt(3) -2-J*2*Sqrt(3) -10];
K = place(A,B,J)
place: ndigits= 15

K =

   15.4000    4.5000    0.8000
```

A.10.7 考虑一个完全可观测的系统

$$\dot{\mathbf{x}} = \mathbf{Ax}$$

$$y = \mathbf{Cx}$$

定义可观测性矩阵为 $\mathbf{N}$，

$$\mathbf{N} = \begin{bmatrix} \mathbf{C}^* & \vdots & \mathbf{A}^*\mathbf{C}^* & \vdots & \cdots & \vdots & (\mathbf{A}^*)^{n-1}\mathbf{C}^* \end{bmatrix}$$

证明

$$N^*A(N^*)^{-1} = \begin{bmatrix} 0 & 1 & 0 & \cdots & 0 \\ 0 & 0 & 1 & \cdots & 0 \\ \vdots & \vdots & \vdots & & \vdots \\ 0 & 0 & 0 & \cdots & 1 \\ -a_n & a_{n-1} & -a_{n-2} & \cdots & -a_1 \end{bmatrix} \qquad (10.146)$$

式中，a_1，a_2，$\cdots$，a_n 为下列特征多项式的系数：

$$|s\mathbf{I} - \mathbf{A}| = s^n + a_1 s^{n-1} + \cdots + a_{n-1}s + a_n$$

解：考虑 $n = 3$ 的情况。方程(10.146)可写为

$$N^*A(N^*)^{-1} = \begin{bmatrix} 0 & 1 & 0 \\ 0 & 0 & 1 \\ -a_3 & -a_2 & -a_1 \end{bmatrix} \qquad (10.147)$$

方程(10.147)也可改写为

$$N^*A = \begin{bmatrix} 0 & 1 & 0 \\ 0 & 0 & 1 \\ -a_3 & -a_2 & -a_1 \end{bmatrix} N^* \qquad (10.148)$$

我们将证明方程(10.148)成立。方程(10.148)的左端为

$$N^*A = \begin{bmatrix} \mathbf{C} \\ \mathbf{CA} \\ \mathbf{CA^2} \end{bmatrix} \mathbf{A} = \begin{bmatrix} \mathbf{CA} \\ \mathbf{CA^2} \\ \mathbf{CA^3} \end{bmatrix} \qquad (10.149)$$

方程(10.148)的右端为

$$\begin{bmatrix} 0 & 1 & 0 \\ 0 & 0 & 1 \\ -a_3 & -a_2 & -a_1 \end{bmatrix} N^* = \begin{bmatrix} 0 & 1 & 0 \\ 0 & 0 & 1 \\ -a_3 & -a_2 & -a_1 \end{bmatrix} \begin{bmatrix} \mathbf{C} \\ \mathbf{CA} \\ \mathbf{CA^2} \end{bmatrix}$$

$$= \begin{bmatrix} \mathbf{CA} \\ \mathbf{CA^2} \\ -a_3\mathbf{C} - a_2\mathbf{CA} - a_1\mathbf{CA^2} \end{bmatrix} \qquad (10.150)$$

凯莱-哈密顿定理表明，矩阵 $\mathbf{A}$ 满足其自身的特征方程，即

$$\mathbf{A}^3 + a_1\mathbf{A}^2 + a_2\mathbf{A} + a_3\mathbf{I} = \mathbf{0}$$

因此，$\qquad\qquad -a_1\mathbf{CA}^2 - a_2\mathbf{CA} - a_3\mathbf{C} = \mathbf{CA}^3$

所以，方程(10.150)的右端和方程(10.149)的右端相同。因此，

$$N^*A = \begin{bmatrix} 0 & 1 & 0 \\ 0 & 0 & 1 \\ -a_3 & -a_2 & -a_1 \end{bmatrix} N^*$$

这就是方程(10.148)。上式可改写为

$$N^*A(N^*)^{-1} = \begin{bmatrix} 0 & 1 & 0 \\ 0 & 0 & 1 \\ -a_3 & -a_2 & -a_1 \end{bmatrix}$$

这里介绍的推导可推广到 n 为任意正整数的一般情况。

A. 10. 8　考虑由

$$\dot{\mathbf{x}} = \mathbf{A}\mathbf{x} + \mathbf{B}u \qquad (10.151)$$

$$y = \mathbf{C}\mathbf{x} + Du \qquad (10.152)$$

确定的完全可观测系统。定义

$$\mathbf{N} = \begin{bmatrix} \mathbf{C*} & \vdots & \mathbf{A*C*} & \vdots & \cdots & \vdots & (\mathbf{A*})^{n-1}\mathbf{C*} \end{bmatrix}$$

和

$$\mathbf{W} = \begin{bmatrix} a_{n-1} & a_{n-2} & \cdots & a_1 & 1 \\ a_{n-2} & a_{n-3} & \cdots & 1 & 0 \\ \cdot & \cdot & & \cdot & \cdot \\ \cdot & \cdot & & \cdot & \cdot \\ \cdot & \cdot & & \cdot & \cdot \\ a_1 & 1 & \cdots & 0 & 0 \\ 1 & 0 & \cdots & 0 & 0 \end{bmatrix}$$

式中的 $a_i(i = 1, 2, \cdots, n)$ 是下列特征多项式的系数:

$$|s\mathbf{I} - \mathbf{A}| = s^n + a_1 s^{n-1} + \cdots + a_{n-1}s + a_n$$

又定义

$$\mathbf{Q} = (\mathbf{WN*})^{-1}$$

试证明

$$\mathbf{Q}^{-1}\mathbf{A}\mathbf{Q} = \begin{bmatrix} 0 & 0 & \cdots & 0 & -a_n \\ 1 & 0 & \cdots & 0 & -a_{n-1} \\ 0 & 1 & \cdots & 0 & -a_{n-2} \\ \vdots & \vdots & & \vdots & \vdots \\ 0 & 0 & \cdots & 1 & -a_1 \end{bmatrix}$$

$$\mathbf{CQ} = \begin{bmatrix} 0 & 0 & \cdots & 0 & 1 \end{bmatrix}$$

$$\mathbf{Q}^{-1}\mathbf{B} = \begin{bmatrix} b_n - a_n b_0 \\ b_{n-1} - a_{n-1} b_0 \\ \vdots \\ b_1 - a_1 b_0 \end{bmatrix}$$

式中, $b_k(k = 0, 1, 2, \cdots, n)$ 是当 $\mathbf{C}(s\mathbf{I} - \mathbf{A})^{-1}\mathbf{B} + D$ 写为如下形式时, 出现在传递函数分子中的系数:

$$\mathbf{C}(s\mathbf{I} - \mathbf{A})^{-1}\mathbf{B} + D = \frac{b_0 s^n + b_1 s^{n-1} + \cdots + b_{n-1}s + b_n}{s^n + a_1 s^{n-1} + \cdots + a_{n-1}s + a_n}$$

式中, $D = b_0$。

解:考虑 $n = 3$ 的情况。我们将证明

$$\mathbf{Q}^{-1}\mathbf{A}\mathbf{Q} = (\mathbf{WN*})\mathbf{A}(\mathbf{WN*})^{-1} = \begin{bmatrix} 0 & 0 & -a_3 \\ 1 & 0 & -a_2 \\ 0 & 1 & -a_1 \end{bmatrix} \qquad (10.153)$$

参考例题 A.10.7, 可得

$$(\mathbf{WN*})\mathbf{A}(\mathbf{WN*})^{-1} = \mathbf{W}[\mathbf{N*}\mathbf{A}(\mathbf{N*})^{-1}]\mathbf{W}^{-1} = \mathbf{W}\begin{bmatrix} 0 & 1 & 0 \\ 0 & 0 & 1 \\ -a_3 & -a_2 & -a_1 \end{bmatrix}\mathbf{W}^{-1}$$

因此, 需证明

$$\mathbf{W}\begin{bmatrix} 0 & 1 & 0 \\ 0 & 0 & 1 \\ -a_3 & -a_2 & -a_1 \end{bmatrix}\mathbf{W}^{-1} = \begin{bmatrix} 0 & 0 & -a_3 \\ 1 & 0 & -a_2 \\ 0 & 1 & -a_1 \end{bmatrix}$$

即

$$\mathbf{W}\begin{bmatrix} 0 & 1 & 0 \\ 0 & 0 & 1 \\ -a_3 & -a_2 & -a_1 \end{bmatrix} = \begin{bmatrix} 0 & 0 & -a_3 \\ 1 & 0 & -a_2 \\ 0 & 1 & -a_1 \end{bmatrix}\mathbf{W} \qquad (10.154)$$

方程(10.154)的左端为

$$\mathbf{W}\begin{bmatrix} 0 & 1 & 0 \\ 0 & 0 & 1 \\ -a_3 & -a_2 & -a_1 \end{bmatrix} = \begin{bmatrix} a_2 & a_1 & 1 \\ a_1 & 1 & 0 \\ 1 & 0 & 0 \end{bmatrix}\begin{bmatrix} 0 & 1 & 0 \\ 0 & 0 & 1 \\ -a_3 & -a_2 & -a_1 \end{bmatrix}$$

$$= \begin{bmatrix} -a_3 & 0 & 0 \\ 0 & a_1 & 1 \\ 0 & 1 & 0 \end{bmatrix}$$

方程(10.154)的右端为

$$\begin{bmatrix} 0 & 0 & -a_3 \\ 1 & 0 & -a_2 \\ 0 & 1 & -a_1 \end{bmatrix}\mathbf{W} = \begin{bmatrix} 0 & 0 & -a_3 \\ 1 & 0 & -a_2 \\ 0 & 1 & -a_1 \end{bmatrix}\begin{bmatrix} a_2 & a_1 & 1 \\ a_1 & 1 & 0 \\ 1 & 0 & 0 \end{bmatrix}$$

$$= \begin{bmatrix} -a_3 & 0 & 0 \\ 0 & a_1 & 1 \\ 0 & 1 & 0 \end{bmatrix}$$

因此,方程(10.154)成立,这样就证明了方程(10.153)。

其次,证明

$$\mathbf{CQ} = \begin{bmatrix} 0 & 0 & 1 \end{bmatrix}$$

即证明

$$\mathbf{C}(\mathbf{WN}^*)^{-1} = \begin{bmatrix} 0 & 0 & 1 \end{bmatrix}$$

注意到

$$\begin{bmatrix} 0 & 0 & 1 \end{bmatrix}(\mathbf{WN}^*) = \begin{bmatrix} 0 & 0 & 1 \end{bmatrix}\begin{bmatrix} a_2 & a_1 & 1 \\ a_1 & 1 & 0 \\ 1 & 0 & 0 \end{bmatrix}\begin{bmatrix} \mathbf{C} \\ \mathbf{CA} \\ \mathbf{CA}^2 \end{bmatrix}$$

$$= \begin{bmatrix} 1 & 0 & 0 \end{bmatrix}\begin{bmatrix} \mathbf{C} \\ \mathbf{CA} \\ \mathbf{CA}^2 \end{bmatrix} = \mathbf{C}$$

因此,证明了

$$\begin{bmatrix} 0 & 0 & 1 \end{bmatrix} = \mathbf{C}(\mathbf{WN}^*)^{-1} = \mathbf{CQ}$$

其次定义

$$\mathbf{x} = \mathbf{Q}\hat{\mathbf{x}}$$

则方程(10.151)变为

$$\dot{\hat{\mathbf{x}}} = \mathbf{Q}^{-1}\mathbf{AQ}\hat{\mathbf{x}} + \mathbf{Q}^{-1}\mathbf{B}u \tag{10.155}$$

方程(10.152)变为

$$y = \mathbf{CQ}\hat{\mathbf{x}} + Du \tag{10.156}$$

参考方程(10.153),方程(10.155)变为

$$\begin{bmatrix} \dot{\hat{x}}_1 \\ \dot{\hat{x}}_2 \\ \dot{\hat{x}}_3 \end{bmatrix} = \begin{bmatrix} 0 & 0 & -a_3 \\ 1 & 0 & -a_2 \\ 0 & 1 & -a_1 \end{bmatrix}\begin{bmatrix} \hat{x}_1 \\ \hat{x}_2 \\ \hat{x}_3 \end{bmatrix} + \begin{bmatrix} \gamma_3 \\ \gamma_2 \\ \gamma_1 \end{bmatrix}u$$

式中,

$$\begin{bmatrix} \gamma_3 \\ \gamma_2 \\ \gamma_1 \end{bmatrix} = \mathbf{Q}^{-1}\mathbf{B}$$

由方程(10.155)和方程(10.156)确定的系统,其传递函数 $G(s)$ 为

$$G(s) = \mathbf{CQ}(s\mathbf{I} - \mathbf{Q}^{-1}\mathbf{AQ})^{-1}\mathbf{Q}^{-1}\mathbf{B} + D$$

注意到

$$\mathbf{CQ} = \begin{bmatrix} 0 & 0 & 1 \end{bmatrix}$$

可得

$$G(s) = \begin{bmatrix} 0 & 0 & 1 \end{bmatrix}\begin{bmatrix} s & 0 & a_3 \\ -1 & s & a_2 \\ 0 & -1 & s+a_1 \end{bmatrix}^{-1}\begin{bmatrix} \gamma_3 \\ \gamma_2 \\ \gamma_1 \end{bmatrix} + D$$

注意到 $D = b_0$,因为

$$\begin{bmatrix} s & 0 & a_3 \\ -1 & s & a_2 \\ 0 & -1 & s+a_1 \end{bmatrix}^{-1} = \frac{1}{s^3 + a_1 s^2 + a_2 s + a_3} \begin{bmatrix} s^2 + a_1 s + a_2 & -a_3 & -a_3 s \\ s+a_1 & s^2 + a_1 s & -a_2 s - a_3 \\ 1 & s & s^2 \end{bmatrix}$$

所以可得
$$G(s) = \frac{1}{s^3 + a_1 s^2 + a_2 s + a_3} \begin{bmatrix} 1 & s & s^2 \end{bmatrix} \begin{bmatrix} \gamma_3 \\ \gamma_2 \\ \gamma_1 \end{bmatrix} + D$$

$$= \frac{\gamma_1 s^2 + \gamma_2 s + \gamma_3}{s^3 + a_1 s^2 + a_2 s + a_3} + b_0$$

$$= \frac{b_0 s^3 + (\gamma_1 + a_1 b_0)s^2 + (\gamma_2 + a_2 b_0)s + \gamma_3 + a_3 b_0}{s^3 + a_1 s^2 + a_2 s + a_3}$$

$$= \frac{b_0 s^3 + b_1 s^2 + b_2 s + b_3}{s^3 + a_1 s^2 + a_2 s + a_3}$$

因此, $\gamma_1 = b_1 - a_1 b_0, \qquad \gamma_2 = b_2 - a_2 b_0, \qquad \gamma_3 = b_3 - a_3 b_0$

于是证明了
$$\mathbf{Q}^{-1}\mathbf{B} = \begin{bmatrix} \gamma_3 \\ \gamma_2 \\ \gamma_1 \end{bmatrix} = \begin{bmatrix} b_3 - a_3 b_0 \\ b_2 - a_2 b_0 \\ b_1 - a_1 b_0 \end{bmatrix}$$

注意,这里推导出的结论可以容易地推广到当 n 为任意正整数的情况。

A. 10. 9   考虑由下式定义的系统:

$$\dot{\mathbf{x}} = \mathbf{A}\mathbf{x} + \mathbf{B}u$$

$$y = \mathbf{C}\mathbf{x}$$

式中,
$$\mathbf{A} = \begin{bmatrix} 1 & 1 \\ -4 & -3 \end{bmatrix}, \qquad \mathbf{B} = \begin{bmatrix} 0 \\ 2 \end{bmatrix}, \qquad \mathbf{C} = \begin{bmatrix} 1 & 1 \end{bmatrix}$$

该系统的可观测性矩阵
$$\mathbf{N} = \begin{bmatrix} \mathbf{C}^* & \vdots & \mathbf{A}^*\mathbf{C}^* \end{bmatrix} = \begin{bmatrix} 1 & -3 \\ 1 & -2 \end{bmatrix}$$

的秩为 2。因此,该系统是完全可观测的。试将系统的方程变换为可观测标准形。

解:由于
$$|s\mathbf{I} - \mathbf{A}| = s^2 + 2s + 1 = s^2 + a_1 s + a_2$$

所以
$$a_1 = 2, \qquad a_2 = 1$$

定义
$$\mathbf{Q} = (\mathbf{W}\mathbf{N}^*)^{-1}$$

式中,
$$\mathbf{N} = \begin{bmatrix} 1 & -3 \\ 1 & -2 \end{bmatrix}, \qquad \mathbf{W} = \begin{bmatrix} a_1 & 1 \\ 1 & 0 \end{bmatrix} = \begin{bmatrix} 2 & 1 \\ 1 & 0 \end{bmatrix}$$

则
$$\mathbf{Q} = \left\{ \begin{bmatrix} 2 & 1 \\ 1 & 0 \end{bmatrix} \begin{bmatrix} 1 & 1 \\ -3 & -2 \end{bmatrix} \right\}^{-1} = \begin{bmatrix} -1 & 0 \\ 1 & 1 \end{bmatrix}^{-1} = \begin{bmatrix} -1 & 0 \\ 1 & 1 \end{bmatrix}$$

且
$$\mathbf{Q}^{-1} = \begin{bmatrix} -1 & 0 \\ 1 & 1 \end{bmatrix}$$

定义
$$\mathbf{x} = \mathbf{Q}\hat{\mathbf{x}}$$

则状态方程变为
$$\dot{\hat{\mathbf{x}}} = \mathbf{Q}^{-1}\mathbf{A}\mathbf{Q}\hat{\mathbf{x}} + \mathbf{Q}^{-1}\mathbf{B}u$$

即
$$\begin{bmatrix} \dot{\hat{x}}_1 \\ \dot{\hat{x}}_2 \end{bmatrix} = \begin{bmatrix} -1 & 0 \\ 1 & 1 \end{bmatrix} \begin{bmatrix} 1 & 1 \\ -4 & -3 \end{bmatrix} \begin{bmatrix} -1 & 0 \\ 1 & 1 \end{bmatrix} \begin{bmatrix} \hat{x}_1 \\ \hat{x}_2 \end{bmatrix} + \begin{bmatrix} -1 & 0 \\ 1 & 1 \end{bmatrix} \begin{bmatrix} 0 \\ 2 \end{bmatrix} u$$

$$= \begin{bmatrix} 0 & -1 \\ 1 & -2 \end{bmatrix} \begin{bmatrix} \hat{x}_1 \\ \hat{x}_2 \end{bmatrix} + \begin{bmatrix} 0 \\ 2 \end{bmatrix} u \tag{10.157}$$

输出方程为
$$y = \mathbf{CQ}\hat{\mathbf{x}}$$

即

$$y = \begin{bmatrix} 1 & 1 \end{bmatrix} \begin{bmatrix} -1 & 0 \\ 1 & 1 \end{bmatrix} \begin{bmatrix} \hat{x}_1 \\ \hat{x}_2 \end{bmatrix} = \begin{bmatrix} 0 & 1 \end{bmatrix} \begin{bmatrix} \hat{x}_1 \\ \hat{x}_2 \end{bmatrix} \tag{10.158}$$

方程(10.157)和方程(10.158)是可观测标准形。

A. 10. 10　对于由

$$\dot{\mathbf{x}} = \mathbf{A}\mathbf{x} + \mathbf{B}u$$

$$y = \mathbf{C}\mathbf{x}$$

定义的系统,设计一个状态观测器,使得观测器增益矩阵所期望的特征值为 μ_1, μ_2, $\cdots$, μ_n。

证明根据方程(10.61),该方程可以重写为

$$\mathbf{K}_e = (\mathbf{W}\mathbf{N}^*)^{-1} \begin{bmatrix} \alpha_n - a_n \\ \alpha_{n-1} - a_{n-1} \\ \cdot \\ \cdot \\ \cdot \\ \alpha_1 - a_1 \end{bmatrix} \tag{10.159}$$

所定义的观测器增益矩阵,可通过研究其对偶问题由方程(10.13)求得。也就是说,通过研究对偶系统的极点配置问题,求得状态反馈增益矩阵 $\mathbf{K}$ 并求取其共轭转置矩阵 $\mathbf{K}^*$,即可确定矩阵 $\mathbf{K}_e$,即 $\mathbf{K}_e = \mathbf{K}^*$。

解:给定系统的对偶系统为

$$\dot{\mathbf{z}} = \mathbf{A}^*\mathbf{z} + \mathbf{C}^*v \tag{10.160}$$

$$n = \mathbf{B}^*\mathbf{z}$$

采用状态反馈控制
$$v = -\mathbf{K}\mathbf{z}$$

方程(10.160)变为
$$\dot{\mathbf{z}} = (\mathbf{A}^* - \mathbf{C}^*\mathbf{K})\mathbf{z}$$

将方程(10.13)重写为

$$\mathbf{K} = \begin{bmatrix} \alpha_n - a_n & \vdots & \alpha_{n-1} - a_{n-1} & \vdots & \cdots & \vdots & \alpha_2 - a_2 & \vdots & \alpha_1 - a_1 \end{bmatrix} \mathbf{T}^{-1} \tag{10.161}$$

式中,
$$\mathbf{T} = \mathbf{M}\mathbf{W} = \begin{bmatrix} \mathbf{C}^* & \vdots & \mathbf{A}^*\mathbf{C}^* & \vdots & \cdots & \vdots & (\mathbf{A}^*)^{n-1}\mathbf{C}^* \end{bmatrix} \mathbf{W}$$

对于原系统,可观测性矩阵为

$$\begin{bmatrix} \mathbf{C}^* & \vdots & \mathbf{A}^*\mathbf{C}^* & \vdots & \cdots & \vdots & (\mathbf{A}^*)^{n-1}\mathbf{C}^* \end{bmatrix} = \mathbf{N}$$

因此,矩阵 $\mathbf{T}$ 也可以写成
$$\mathbf{T} = \mathbf{N}\mathbf{W}$$

由于 $\mathbf{W} = \mathbf{W}^*$,可得
$$\mathbf{T}^* = \mathbf{W}^*\mathbf{N}^* = \mathbf{W}\mathbf{N}^*$$

和
$$(\mathbf{T}^*)^{-1} = (\mathbf{W}\mathbf{N}^*)^{-1}$$

对方程(10.161)两端取共轭转置,可得

$$\mathbf{K}^* = (\mathbf{T}^{-1})^* \begin{bmatrix} \alpha_n - a_n \\ \alpha_{n-1} - a_{n-1} \\ \cdot \\ \cdot \\ \cdot \\ \alpha_1 - a_1 \end{bmatrix} = (\mathbf{T}^*)^{-1} \begin{bmatrix} \alpha_n - a_n \\ \alpha_{n-1} - a_{n-1} \\ \cdot \\ \cdot \\ \cdot \\ \alpha_1 - a_1 \end{bmatrix} = (\mathbf{W}\mathbf{N}^*)^{-1} \begin{bmatrix} \alpha_n - a_n \\ \alpha_{n-1} - a_{n-1} \\ \cdot \\ \cdot \\ \cdot \\ \alpha_1 - a_1 \end{bmatrix}$$

因为 $\mathbf{K}_e = \mathbf{K}^*$,所以最后这个方程与方程(10.159)相同。因此,通过考虑对偶问题,求得了方程(10.159)。

A. 10.11　考虑由下列方程描述的具有最小阶观测器的观测-状态反馈控制系统：

$$\dot{\mathbf{x}} = \mathbf{Ax} + \mathbf{Bu} \tag{10.162}$$

$$y = \mathbf{Cx}$$

$$u = -\mathbf{K}\tilde{x} \tag{10.163}$$

式中，

$$\mathbf{x} = \begin{bmatrix} x_a \\ \mathbf{x}_b \end{bmatrix}, \qquad \tilde{\mathbf{x}} = \begin{bmatrix} x_a \\ \tilde{\mathbf{x}}_b \end{bmatrix}$$

x_a 是可以直接测量的状态变量，$\tilde{\mathbf{x}}_b$ 相当于要观测的状态变量。

试证明该系统的闭环极点包括极点配置产生的闭环极点[矩阵$(\mathbf{A} - \mathbf{BK})$的特征值]和最小阶观测器产生的闭环极点[矩阵$(\mathbf{A}_{bb} - \mathbf{K}_e \mathbf{A}_{ab})$的特征值]。

解: 最小阶观测器的误差方程由方程(10.94)给出，重写为

$$\dot{\mathbf{e}} = (\mathbf{A}_{bb} - \mathbf{K}_e \mathbf{A}_{ab})\mathbf{e} \tag{10.164}$$

式中，
$$\mathbf{e} = \mathbf{x}_b - \tilde{\mathbf{x}}_b$$

由方程(10.162)和方程(10.163)，可得

$$\dot{\mathbf{x}} = \mathbf{Ax} - \mathbf{BK}\tilde{\mathbf{x}} = \mathbf{Ax} - \mathbf{BK}\begin{bmatrix} x_a \\ \tilde{\mathbf{x}}_b \end{bmatrix} = \mathbf{Ax} - \mathbf{BK}\begin{bmatrix} x_a \\ \mathbf{x}_b - \mathbf{e} \end{bmatrix}$$

$$= \mathbf{Ax} - \mathbf{BK}\left\{ \mathbf{x} - \begin{bmatrix} 0 \\ \mathbf{e} \end{bmatrix} \right\} = (\mathbf{A} - \mathbf{BK})\mathbf{x} + \mathbf{BK}\begin{bmatrix} 0 \\ \mathbf{e} \end{bmatrix} \tag{10.165}$$

将方程(10.164)和方程(10.165)组合，并且定义

$$\mathbf{K} = \begin{bmatrix} K_a & \vdots & \mathbf{K}_b \end{bmatrix}$$

可得

$$\begin{bmatrix} \dot{\mathbf{x}} \\ \dot{\mathbf{e}} \end{bmatrix} = \begin{bmatrix} \mathbf{A} - \mathbf{BK} & \mathbf{BK}_b \\ \mathbf{0} & \mathbf{A}_{bb} - \mathbf{K}_e \mathbf{A}_{ab} \end{bmatrix} \begin{bmatrix} \mathbf{x} \\ \mathbf{e} \end{bmatrix} \tag{10.166}$$

方程(10.166)描述了具有最小阶观测器的观测-状态反馈控制系统的动态特性。该系统的特征方程为

$$\begin{vmatrix} s\mathbf{I} - \mathbf{A} + \mathbf{BK} & -\mathbf{BK}_b \\ \mathbf{0} & s\mathbf{I} - \mathbf{A}_{bb} + \mathbf{K}_e \mathbf{A}_{ab} \end{vmatrix} = 0$$

即

$$|s\mathbf{I} - \mathbf{A} + \mathbf{BK}||s\mathbf{I} - \mathbf{A}_{bb} + \mathbf{K}_e \mathbf{A}_{ab}| = 0$$

具有最小阶观测器的观测-状态反馈控制系统，其闭环极点包括极点配置产生的闭环极点和最小阶观测器产生的闭环极点(因此，极点配置设计和最小阶观测器设计相互独立)。

A. 10.12　考虑由下列方程定义的状态完全可控的系统：

$$\dot{\mathbf{x}} = \mathbf{Ax} + \mathbf{Bu}$$

$$y = \mathbf{Cx} \tag{10.167}$$

式中，$\mathbf{x}$ 为状态向量(n 维向量)，u 为控制信号(纯量)，y 为输出信号(纯量)，$\mathbf{A}$ 为 $n \times n$ 维定常矩阵，$\mathbf{B}$ 为 $n \times 1$ 维定常矩阵，$\mathbf{C}$ 为 $1 \times n$ 维定常矩阵。

假设下列($n + 1$) × ($n + 1$) 维矩阵

$$\begin{bmatrix} \mathbf{A} & \mathbf{B} \\ -\mathbf{C} & 0 \end{bmatrix}$$

的秩为 $n + 1$ 。试证明下式确定的系统是状态完全可控的：

$$\dot{\mathbf{e}} = \hat{\mathbf{A}}\mathbf{e} + \hat{\mathbf{B}}u_e \tag{10.168}$$

式中，

$$\hat{\mathbf{A}} = \begin{bmatrix} \mathbf{A} & \mathbf{0} \\ -\mathbf{C} & 0 \end{bmatrix}, \qquad \hat{\mathbf{B}} = \begin{bmatrix} \mathbf{B} \\ 0 \end{bmatrix}, \qquad u_e = u(t) - u(\infty)$$

解：定义
$$\mathbf{M} = \begin{bmatrix} \mathbf{B} & \vdots & \mathbf{AB} & \vdots & \cdots & \vdots & \mathbf{A}^{n-1}\mathbf{B} \end{bmatrix}$$

因为由方程(10.167)定义的系统是状态完全可控的，所以矩阵

$$\begin{bmatrix} \mathbf{M} & \mathbf{0} \\ \mathbf{0} & 1 \end{bmatrix}$$

的秩为 $n+1$。考虑下列方程：

$$\begin{bmatrix} \mathbf{A} & \mathbf{B} \\ -\mathbf{C} & 0 \end{bmatrix} \begin{bmatrix} \mathbf{M} & \mathbf{0} \\ \mathbf{0} & 1 \end{bmatrix} = \begin{bmatrix} \mathbf{AM} & \mathbf{B} \\ -\mathbf{CM} & 0 \end{bmatrix} \qquad (10.169)$$

由于矩阵

$$\begin{bmatrix} \mathbf{A} & \mathbf{B} \\ -\mathbf{C} & 0 \end{bmatrix}$$

的秩为 $n+1$，方程(10.169)左端的秩为 $n+1$。因此方程(10.169)右端的秩也为 $n+1$。由于

$$\begin{bmatrix} \mathbf{AM} & \mathbf{B} \\ -\mathbf{CM} & 0 \end{bmatrix} = \begin{bmatrix} \mathbf{A}\begin{bmatrix} \mathbf{B} & \vdots & \mathbf{AB} & \vdots & \cdots & \vdots & \mathbf{A}^{n-1}\mathbf{B} \end{bmatrix} & \mathbf{B} \\ -\mathbf{C}\begin{bmatrix} \mathbf{B} & \vdots & \mathbf{AB} & \vdots & \cdots & \vdots & \mathbf{A}^{n-1}\mathbf{B} \end{bmatrix} & 0 \end{bmatrix}$$

$$= \begin{bmatrix} \mathbf{AB} & \vdots & \mathbf{A}^2\mathbf{B} & \vdots & \cdots & \vdots & \mathbf{A}^n\mathbf{B} & \vdots & \mathbf{B} \\ -\mathbf{CB} & \vdots & -\mathbf{CAB} & \vdots & \cdots & \vdots & -\mathbf{CA}^{n-1}\mathbf{B} & \vdots & 0 \end{bmatrix}$$

$$= \begin{bmatrix} \hat{\mathbf{A}}\hat{\mathbf{B}} & \vdots & \hat{\mathbf{A}}^2\hat{\mathbf{B}} & \vdots & \cdots & \vdots & \hat{\mathbf{A}}^n\hat{\mathbf{B}} & \vdots & \hat{\mathbf{B}} \end{bmatrix}$$

所以求得
$$\begin{bmatrix} \hat{\mathbf{B}} & \vdots & \hat{\mathbf{A}}\hat{\mathbf{B}} & \vdots & \hat{\mathbf{A}}^2\hat{\mathbf{B}} & \vdots & \cdots & \vdots & \hat{\mathbf{A}}^n\hat{\mathbf{B}} \end{bmatrix}$$

的秩为 $n+1$。因此，由方程(10.168)定义的系统是状态完全可控的。

A.10.13　考虑图10.49所示的系统。利用极点配置加观测器方法，设计一个调节器系统，使得在无扰动的情况下，系统保持在零位置上（$y_1 = 0$ 和 $y_2 = 0$）。对于极点配置部分，选择希望的闭环极点位置为

$$s = -2 + j2\sqrt{3}, \qquad s = -2 - j2\sqrt{3}, \qquad s = -10, \qquad s = -10$$

对于最小阶观测器部分，选择希望的闭环极点位置为

$$s = -15, \qquad s = -16$$

　　首先，确定状态反馈增益矩阵 $\mathbf{K}$ 和观测器增益矩阵 $\mathbf{K}_e$，然后求系统对任意初始条件的响应，例如对下列一些初始条件的响应：

$$y_1(0) = 0.1, \qquad y_2(0) = 0, \qquad \dot{y}_1(0) = 0, \qquad \dot{y}_2(0) = 0$$
$$e_1(0) = 0.1, \qquad e_2(0) = 0.05$$

式中 e_1 和 e_2 由下式定义：
$$e_1 = y_1 - \tilde{y}_1$$
$$e_2 = y_2 - \tilde{y}_2$$

假设 $m_1 = 1$ kg，$m_2 = 2$ kg，$k = 36$ N/m 和 $b = 0.6$ N·s/m。

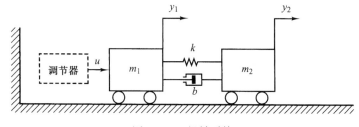

图 10.49　机械系统

解：系统的描述方程为

$$m_1\ddot{y}_1 = k(y_2 - y_1) + b(\dot{y}_2 - \dot{y}_1) + u$$
$$m_2\ddot{y}_2 = k(y_1 - y_2) + b(\dot{y}_1 - \dot{y}_2)$$

将给定的关于 m_1, m_2, k 和 b 的数值代入上式并进行简化, 得到

$$\ddot{y}_1 = -36y_1 + 36y_2 - 0.6\dot{y}_1 + 0.6\dot{y}_2 + u$$

$$\ddot{y}_2 = 18y_1 - 18y_2 + 0.3\dot{y}_1 - 0.3\dot{y}_2$$

选择下列状态变量:

$$x_1 = y_1$$
$$x_2 = y_2$$
$$x_3 = \dot{y}_1$$
$$x_4 = \dot{y}_2$$

于是状态空间方程变为

$$\begin{bmatrix} \dot{x}_1 \\ \dot{x}_2 \\ \dot{x}_3 \\ \dot{x}_4 \end{bmatrix} = \begin{bmatrix} 0 & 0 & 1 & 0 \\ 0 & 0 & 0 & 1 \\ -36 & 36 & -0.6 & 0.6 \\ 18 & -18 & 0.3 & -0.3 \end{bmatrix} \begin{bmatrix} x_1 \\ x_2 \\ x_3 \\ x_4 \end{bmatrix} + \begin{bmatrix} 0 \\ 0 \\ 1 \\ 0 \end{bmatrix} u$$

$$\begin{bmatrix} y_1 \\ y_2 \end{bmatrix} = \begin{bmatrix} 1 & 0 & 0 & 0 \\ 0 & 1 & 0 & 0 \end{bmatrix} \begin{bmatrix} x_1 \\ x_2 \\ x_3 \\ x_4 \end{bmatrix}$$

定义

$$\mathbf{A} = \left[\begin{array}{cc|cc} 0 & 0 & 1 & 0 \\ 0 & 0 & 0 & 1 \\ \hline -36 & 36 & -0.6 & 0.6 \\ 18 & -18 & 0.3 & -0.3 \end{array} \right] = \begin{bmatrix} \mathbf{A}_{aa} & \mathbf{A}_{ab} \\ \mathbf{A}_{ba} & \mathbf{A}_{bb} \end{bmatrix}, \qquad \mathbf{B} = \begin{bmatrix} 0 \\ 0 \\ \hline 1 \\ 0 \end{bmatrix} = \begin{bmatrix} \mathbf{B}_a \\ \mathbf{B}_b \end{bmatrix}$$

利用 MATLAB 可以很容易地求得状态反馈增益矩阵 $\mathbf{K}$ 和观测器增益矩阵 $\mathbf{K}_e$ 如下:

$$\mathbf{K} = \begin{bmatrix} 130.4444 & -41.5556 & 23.1000 & 15.4185 \end{bmatrix}$$

$$\mathbf{K}_e = \begin{bmatrix} 14.4 & 0.6 \\ 0.3 & 15.7 \end{bmatrix}$$

见 MATLAB 程序 10.26。

```
MATLAB程序10.26

A = [0 0 1 0;0 0 0 1;-36 36 -0.6 0.6;18 -18 0.3 -0.3];
B = [0;0;1;0];
J = [-2+j*2*sqrt(3) -2-j*2*sqrt(3) -10 -10];
K = acker(A,B,J)
K =
   130.4444   -41.5556   23.1000   15.4185
Aab = [1 0;0 1];
Abb = [-0.6 0.6;0.3 -0.3];
L = [-15 -16];
Ke = place(Abb',Aab',L)'
place: ndigits= 15
Ke =
   14.4000    0.6000
    0.3000   15.7000
```

对初始条件的响应 其次, 求已设计系统对给定初始条件的响应。因为

$$\dot{\mathbf{x}} = \mathbf{A}\mathbf{x} + \mathbf{B}u$$

$$u = -\mathbf{K}\tilde{\mathbf{x}}$$

$$\tilde{\mathbf{x}} = \begin{bmatrix} \mathbf{x}_a \\ \tilde{\mathbf{x}}_b \end{bmatrix} = \begin{bmatrix} \mathbf{y} \\ \tilde{\mathbf{x}}_b \end{bmatrix}$$

所以得到

$$\dot{\mathbf{x}} = \mathbf{Ax} - \mathbf{BK}\tilde{\mathbf{x}} = (\mathbf{A} - \mathbf{BK})\mathbf{x} - \mathbf{BK}(\mathbf{x} - \tilde{\mathbf{x}}) \qquad (10.170)$$

注意到

$$\mathbf{x} - \tilde{\mathbf{x}} = \begin{bmatrix} \mathbf{x}_a \\ \hline \mathbf{x}_b \end{bmatrix} - \begin{bmatrix} \mathbf{x}_a \\ \hline \tilde{\mathbf{x}}_b \end{bmatrix} = \begin{bmatrix} \mathbf{0} \\ \hline \mathbf{x}_b - \tilde{\mathbf{x}}_b \end{bmatrix} = \begin{bmatrix} \mathbf{0} \\ \hline \mathbf{e} \end{bmatrix} = \begin{bmatrix} \mathbf{0} \\ \hline \mathbf{I} \end{bmatrix}\mathbf{e} = \mathbf{Fe}$$

式中

$$\mathbf{F} = \begin{bmatrix} \mathbf{0} \\ \mathbf{I} \end{bmatrix}$$

于是方程(10.170)可以写成下列形式:

$$\dot{\mathbf{x}} = (\mathbf{A} - \mathbf{BK})\mathbf{x} + \mathbf{BKFe} \qquad (10.171)$$

因为由方程(10.94)得到

$$\dot{\mathbf{e}} = (\mathbf{A}_{bb} - \mathbf{K}_e\mathbf{A}_{ab})\mathbf{e} \qquad (10.172)$$

所以将方程(10.171)和方程(10.172)结合成一个方程, 得到

$$\begin{bmatrix} \dot{\mathbf{x}} \\ \dot{\mathbf{e}} \end{bmatrix} = \begin{bmatrix} \mathbf{A} - \mathbf{BK} & \mathbf{BKF} \\ \hline \mathbf{0} & \mathbf{A}_{bb} - \mathbf{K}_e\mathbf{A}_{ab} \end{bmatrix} \begin{bmatrix} \mathbf{x} \\ \mathbf{e} \end{bmatrix}$$

这里的状态矩阵是 6×6 维矩阵。利用 MATLAB 可以很容易地求得系统对初始条件的响应(见 MATLAB 程序 10.27)。图 10.50 表示了所得到的响应曲线, 看来响应曲线是令人满意的。

MATLAB程序10.27

```
% Response to initial condition

A = [0  0  1  0;0  0  0  1;–36  36  –0.6  0.6;18  –18  0.3  –0.3];
B = [0;0;1;0];
K = [130.4444  –41.5556  23.1000  15.4185];
Ke = [14.4  0.6;0.3  15.7];
F = [0  0;0  0;1  0;0  1];
Aab = [1  0;0  1];
Abb = [–0.6  0.6;0.3  –0.3];
AA = [A–B*K  B*K*F; zeros(2,4)  Abb–Ke*Aab];
sys = ss(AA,eye(6),eye(6),eye(6));
t = 0:0.01:4;
y = initial(sys,[0.1;0;0;0;0.1;0.05],t);
x1 = [1  0  0  0  0  0]*y';
x2 = [0  1  0  0  0  0]*y';
x3 = [0  0  1  0  0  0]*y';
x4 = [0  0  0  1  0  0]*y';
e1 = [0  0  0  0  1  0]*y';
e2 = [0  0  0  0  0  1]*y';

subplot(3,2,1); plot(t,x1); grid; title('Response to initial condition'),
xlabel('t (sec)'); ylabel('x1')
subplot(3,2,2); plot(t,x2); grid; title('Response to initial condition'),
xlabel('t (sec)'); ylabel('x2')
subplot(3,2,3); plot(t,x3); grid; xlabel('t (sec)'); ylabel('x3')
subplot(3,2,4); plot(t,x4); grid; xlabel('t (sec)'); ylabel('x4')
subplot(3,2,5); plot(t,e1); grid; xlabel('t (sec)');ylabel('e1')
subplot(3,2,6); plot(t,e2); grid; xlabel('t (sec)'); ylabel('e2')
```

A.10.14　考虑图 10.51 所示的系统。试针对控制对象设计全阶观测器和最小阶观测器。假设极点配置部分希望的闭环极点位于

$$s = -2 + j2\sqrt{3}, \quad s = -2 - j2\sqrt{3}$$

又设希望的观测器极点位于

(a) $s = -8, s = -8$ (对于全阶观测器)

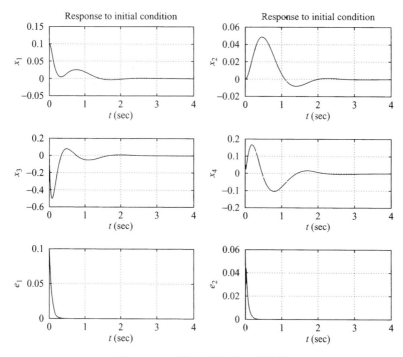

图 10.50 对初始条件的响应曲线

(b) $s = -8$(对于最小阶观测器)

比较系统对下列指定初始条件的响应:

(a) 对于全阶观测器:

$$x_1(0) = 1, \quad x_2(0) = 0, \quad e_1(0) = 1, \quad e_2(0) = 0$$

(b) 对于最小阶观测器:

$$x_1(0) = 1, \quad x_2(0) = 0, \quad e_1(0) = 1$$

另外,比较两个系统的带宽。

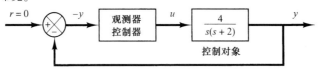

图 10.51 调节器系统

解:首先确定系统的状态空间表达式。通过定义状态变量 x_1 和 x_2 为

$$x_1 = y$$
$$x_2 = \dot{y}$$

得到

$$\begin{bmatrix} \dot{x}_1 \\ \dot{x}_2 \end{bmatrix} = \begin{bmatrix} 0 & 1 \\ 0 & -2 \end{bmatrix} \begin{bmatrix} x_1 \\ x_2 \end{bmatrix} + \begin{bmatrix} 0 \\ 4 \end{bmatrix} u$$

$$y = \begin{bmatrix} 1 & 0 \end{bmatrix} \begin{bmatrix} x_1 \\ x_2 \end{bmatrix}$$

对于极点配置部分,确定状态反馈增益矩阵 $\mathbf{K}$。利用 MATLAB 求得 $\mathbf{K}$ 为

$$\mathbf{K} = \begin{bmatrix} 4 & 0.5 \end{bmatrix}$$

见 MATLAB 程序 10.28。其次,确定全阶观测器的观测器增益矩阵 $\mathbf{K}_e$,利用 MATLAB,求得 $\mathbf{K}_e$ 为

$$\mathbf{K}_e = \begin{bmatrix} 14 \\ 36 \end{bmatrix}$$

见 MATLAB 程序 10.28。

```
MATLAB程序10.28

% Obtaining matrices K and Ke.
A = [0  1;0  -2];
B = [0;4];
C = [1  0];
J = [-2+j*2*sqrt(3)  -2-j*2*sqrt(3)];
L = [-8  -8];
K = acker(A,B,J)

K =

    4.0000  0.5000

Ke = acker(A',C',L)'

Ke =

    14
    36
```

现在求这个系统对给定初始条件的响应。参考方程(10.70)，得到

$$\begin{bmatrix} \dot{x} \\ \dot{e} \end{bmatrix} = \begin{bmatrix} A - BK & BK \\ 0 & A - K_eC \end{bmatrix} \begin{bmatrix} x \\ e \end{bmatrix}$$

这个方程确定了具有全阶观测器的已设计系统的动态特性。MATLAB 程序 10.29 生成了对给定初始条件的响应。生成的响应曲线如图 10.52 所示。

```
MATLAB程序10.29

% Response to initial condition ---- full-order observer
A = [0  1;0  -2];
B = [0;4];
C = [1  0];
K = [4  0.5];
Ke = [14;36];
AA = [A-B*K  B*K; zeros(2,2)  A-Ke*C];
sys = ss(AA, eye(4), eye(4), eye(4));
t = 0:0.01:8;
x = initial(sys, [1;0;1;0],t);
x1 = [1  0  0  0]*x';
x2 = [0  1  0  0]*x';
e1 = [0  0  1  0]*x';
e2 = [0  0  0  1]*x';

subplot(2,2,1); plot(t,x1); grid
xlabel('t (sec)'); ylabel('x1')

subplot(2,2,2); plot(t,x2); grid
xlabel('t (sec)'); ylabel('x2')

subplot(2,2,3); plot(t,e1); grid
xlabel('t (sec)'); ylabel('e1')

subplot(2,2,4); plot(t,e2); grid
xlabel('t (sec)'); ylabel('e2')
```

为了得到观测器控制器的传递函数，我们利用了 MATLAB。MATLAB 程序 10.30 生成了观测器控制器的传递函数。生成的结果为

$$\frac{\text{num}}{\text{den}} = \frac{74s + 256}{s^2 + 18s + 108} = \frac{74(s + 3.4595)}{(s + 9 + j5.1962)(s + 9 - j5.1962)}$$

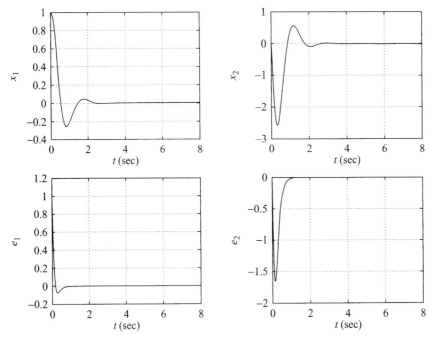

图 10.52 对初始条件的响应曲线

MATLAB程序10.30

```
% Determination of transfer function of observer controller ---- full-order observer

A = [0  1;0 –2];
B = [0;4];
C = [1  0];
K = [4  0.5];
Ke = [14;36];
[num,den] = ss2tf(A–Ke*C–B*K, Ke,K,0)

num =

    0  74.0000  256.0000

den =

    1  18  108
```

其次，求最小阶观测器的观测器增益矩阵 K_e。MATLAB 程序 10.31 生成了 K_e。生成的结果为

$$K_e = 6$$

MATLAB程序10.31

```
% Obtaining Ke ---- minimum-order observer

Aab = [1];
Abb = [–2];
LL = [–8];
Ke = acker(Abb',Aab',LL)'

Ke =

    6
```

　　具有最小阶观测器的系统对初始条件的响应可以求得如下:将 $u = -\mathbf{K}\tilde{\mathbf{x}}$ 代入由方程(10.79)表示的控制对象描述方程,得到

$$\dot{\mathbf{x}} = \mathbf{A}\mathbf{x} - \mathbf{B}\mathbf{K}\tilde{\mathbf{x}} = \mathbf{A}\mathbf{x} - \mathbf{B}\mathbf{K}\mathbf{x} + \mathbf{B}\mathbf{K}(\mathbf{x} - \tilde{\mathbf{x}})$$

$$= (\mathbf{A} - \mathbf{B}\mathbf{K})\mathbf{x} + \mathbf{B}\begin{bmatrix} K_a & K_b \end{bmatrix}\begin{bmatrix} 0 \\ e \end{bmatrix}$$

即

$$\dot{\mathbf{x}} = (\mathbf{A} - \mathbf{B}\mathbf{K})\mathbf{x} + \mathbf{B}K_b e$$

误差方程为

$$\dot{e} = (A_{bb} - K_e A_{ab})e$$

因此系统的动态特性由下式确定:

$$\begin{bmatrix} \dot{\mathbf{x}} \\ \dot{e} \end{bmatrix} = \begin{bmatrix} \mathbf{A} - \mathbf{B}\mathbf{K} & \mathbf{B}K_b \\ 0 & A_{bb} - K_e A_{ab} \end{bmatrix}\begin{bmatrix} \mathbf{x} \\ e \end{bmatrix}$$

根据上述方程,MATLAB 程序 10.32 生成了系统对给定初始条件的响应。生成的响应曲线如图 10.53 所示。

```
MATLAB程序10.32

% Response to intial condition ---- minimum-order observer

A = [0  1;0  -2];
B = [0;4];
K = [4  0.5];
Kb = 0.5;
Ke = 6;
Aab = 1; Abb = -2;
AA = [A-B*K  B*Kb; zeros(1,2)  Abb-Ke*Aab];
sys = ss(AA,eye(3),eye(3),eye(3));
t = 0:0.01:8;
x = initial(sys,[1;0;1],t);
x1 = [1  0  0]*x';
x2 = [0  1  0]*x';
e = [0  0  1]*x';

subplot(2,2,1); plot(t,x1); grid
xlabel('t (sec)'); ylabel('x1')

subplot(2,2,2); plot(t,x2); grid
xlabel('t (sec)'); ylabel('x2')

subplot(2,2,3); plot(t,e); grid
xlabel('t (sec)'); ylabel('e')
```

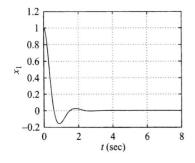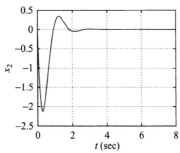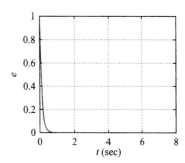

图 10.53　对初始条件的响应曲线

当系统采用最小阶观测器时，观测器控制器的传递函数可以通过 MATLAB 程序 10.33 得到，其结果为

$$\frac{\mathrm{num}}{\mathrm{den}} = \frac{7s + 32}{s + 10} = \frac{7(s + 4.5714)}{s + 10}$$

观测器控制器显然是超前校正装置。

MATLAB程序10.33

```
% Determination of transfer function of observer controller ---- minimum-order observer
A = [0  1;0 –2];
B = [0;4];
Aaa = 0; Aab = 1; Aba = 0; Abb = –2;
Ba = 0; Bb = 4;
Ka = 4; Kb = 0.5;
Ke = 6;
Ahat = Abb – Ke*Aab;
Bhat = Ahat*Ke + Aba – Ke*Aaa;
Fhat = Bb – Ke*Ba;
Atilde = Ahat – Fhat*Kb;
Btilde = Bhat – Fhat*(Ka + Kb*Ke);
Ctilde = –Kb;
Dtilde = –(Ka + Kb*Ke);
[num,den] = ss2tf(Atilde, Btilde, –Ctilde,–Dtilde)

num =
   7  32
den =
   1  10
```

系统 1(具有全阶观测器的闭环系统)和系统 2(具有最小阶观测器的闭环系统)的伯德图，如图 10.54 所示。显然，系统 2 的带宽大于系统 1。系统 1 比系统 2 具有更好的抗高频噪声特性。

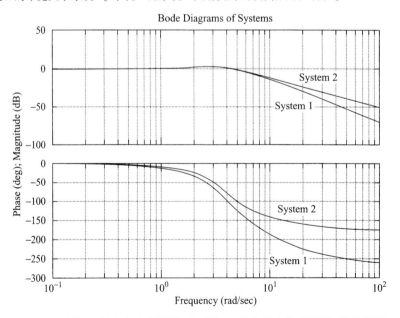

图 10.54　系统 1(具有全阶观测器)和系统 2(具有最小阶观测器)的伯德图。
系统 1 = $(296s + 1024)/(s^4 + 20s^3 + 144s^2 + 512s + 1024)$,
系统 2 = $(28s + 128)/(s^3 + 12s^2 + 48s + 128)$

A.10.15 考虑系统

$$\dot{x} = Ax$$

式中 x 为状态向量（n 维向量），A 为 $n \times n$ 维常矩阵。设 A 为非奇异矩阵。试证明当系统的平衡状态 $x = 0$ 是渐近稳定的（即 A 为稳定矩阵）时，存在一个正定的厄米特矩阵 P，使得

$$A^*P + PA = -Q$$

式中 Q 是一个正定的厄米特矩阵。

解：矩阵微分方程

$$\dot{X} = A^*X + XA, \qquad X(0) = Q$$

具有如下解：

$$X = e^{A^*t}Qe^{At}$$

将上述矩阵微分方程从 $t = 0$ 到 $t = \infty$ 进行积分，得到

$$X(\infty) - X(0) = A^*\left(\int_0^\infty X\,\mathrm{d}t\right) + \left(\int_0^\infty X\,\mathrm{d}t\right)A$$

注意到 A 为稳定矩阵，因而 $X(\infty) = 0$，于是得到

$$-X(0) = -Q = A^*\left(\int_0^\infty X\,\mathrm{d}t\right) + \left(\int_0^\infty X\,\mathrm{d}t\right)A$$

设

$$P = \int_0^\infty X\,\mathrm{d}t = \int_0^\infty e^{A^*t}Qe^{At}\,\mathrm{d}t$$

e^{At} 的诸元素是 $e^{\lambda_i t}$，$te^{\lambda_i t}$，$\cdots$，$t^{m_i-1}e^{\lambda_i t}$ 各项的有限和，其中 λ_i 是 A 的特征值，m_i 是 λ_i 的多重数。因为 λ_i 具有负实部，所以存在

$$\int_0^\infty e^{A^*t}Qe^{At}\,\mathrm{d}t$$

注意到

$$P^* = \int_0^\infty e^{A^*t}Qe^{At}\,\mathrm{d}t = P$$

因此 P 是厄米特矩阵（或者当 P 为实矩阵时它是对称矩阵）。这样就证明了，对于稳定的矩阵 A 和正定的厄米特矩阵 Q，存在一个厄米特矩阵 P，使得 $A^*P + PA = -Q$。现在需要证明 P 是正定的。考虑下面的厄米特形式：

$$x^*Px = x^*\int_0^\infty e^{A^*t}Qe^{At}\,\mathrm{d}t\,x$$

$$= \int_0^\infty (e^{At}x)^*Q(e^{At}x)\,\mathrm{d}t > 0, \qquad \text{当 } x \neq 0 \text{时}$$

$$= 0, \qquad \text{当 } x = 0 \text{时}$$

因此，P 是正定的，证明结束。

A.10.16 考虑由下述方程描述的控制系统：

$$\dot{x} = Ax + Bu \tag{10.173}$$

式中，

$$A = \begin{bmatrix} 0 & 1 \\ 0 & 0 \end{bmatrix}, \qquad B = \begin{bmatrix} 0 \\ 1 \end{bmatrix}$$

假设线性控制律

$$u = -Kx = -k_1x_1 - k_2x_2 \tag{10.174}$$

试确定常数 k_1 和 k_2，使得下列性能指标达到极小：

$$J = \int_0^\infty x^\mathrm{T}x\,\mathrm{d}t$$

只考虑当初始条件为下列值时的情况：

$$x(0) = \begin{bmatrix} c \\ 0 \end{bmatrix}$$

选择无阻尼自然频率为 2 rad/s。

解: 将方程(10.174)代入方程(10.173),得到

$$\dot{\mathbf{x}} = \mathbf{A}\mathbf{x} - \mathbf{B}\mathbf{K}\mathbf{x}$$

即

$$\begin{bmatrix} \dot{x}_1 \\ \dot{x}_2 \end{bmatrix} = \begin{bmatrix} 0 & 1 \\ 0 & 0 \end{bmatrix}\begin{bmatrix} x_1 \\ x_2 \end{bmatrix} + \begin{bmatrix} 0 \\ 1 \end{bmatrix}\begin{bmatrix} -k_1 x_1 & -k_2 x_2 \end{bmatrix}$$

$$= \begin{bmatrix} 0 & 1 \\ -k_1 & -k_2 \end{bmatrix}\begin{bmatrix} x_1 \\ x_2 \end{bmatrix} \qquad (10.175)$$

因此,

$$\mathbf{A} - \mathbf{B}\mathbf{K} = \begin{bmatrix} 0 & 1 \\ -k_1 & -k_2 \end{bmatrix}$$

从方程(10.175)中消去 x_2,得到

$$\ddot{x}_1 + k_2 \dot{x}_1 + k_1 x_1 = 0$$

因为无阻尼自然频率指定为 2 rad/s,所以得到

$$k_1 = 4$$

因此,

$$\mathbf{A} - \mathbf{B}\mathbf{K} = \begin{bmatrix} 0 & 1 \\ -4 & -k_2 \end{bmatrix}$$

如果 $k_2 > 0$,则 $\mathbf{A} - \mathbf{B}\mathbf{K}$ 为稳定矩阵。现在的问题是要确定 k_2 的值,使得下列性能指标达到极小:

$$J = \int_0^\infty \mathbf{x}^T \mathbf{x} \, dt = \mathbf{x}^T(0)\mathbf{P}(0)\mathbf{x}(0)$$

式中矩阵 $\mathbf{P}$ 由方程(10.115)确定。将该方程重写如下:

$$(\mathbf{A} - \mathbf{B}\mathbf{K})^*\mathbf{P} + \mathbf{P}(\mathbf{A} - \mathbf{B}\mathbf{K}) = -(\mathbf{Q} + \mathbf{K}^*\mathbf{R}\mathbf{K})$$

因为在这个系统中 $\mathbf{Q} = \mathbf{I}$ 且 $\mathbf{R} = \mathbf{0}$,所以上述方程可以简化为:

$$(\mathbf{A} - \mathbf{B}\mathbf{K})^*\mathbf{P} + \mathbf{P}(\mathbf{A} - \mathbf{B}\mathbf{K}) = -\mathbf{I} \qquad (10.176)$$

因为这个系统只包含实向量和实矩阵,所以 $\mathbf{P}$ 是一个实对称矩阵。于是方程(10.176)可以写成

$$\begin{bmatrix} 0 & -4 \\ 1 & -k_2 \end{bmatrix}\begin{bmatrix} p_{11} & p_{12} \\ p_{12} & p_{22} \end{bmatrix} + \begin{bmatrix} p_{11} & p_{12} \\ p_{12} & p_{22} \end{bmatrix}\begin{bmatrix} 0 & 1 \\ -4 & -k_2 \end{bmatrix} = \begin{bmatrix} -1 & 0 \\ 0 & -1 \end{bmatrix}$$

由上式解出 $\mathbf{P}$,得到

$$\mathbf{P} = \begin{bmatrix} p_{11} & p_{12} \\ p_{12} & p_{22} \end{bmatrix} = \begin{bmatrix} \dfrac{5}{2k_2} + \dfrac{k_2}{8} & \dfrac{1}{8} \\ \dfrac{1}{8} & \dfrac{5}{8k_2} \end{bmatrix}$$

于是性能指标为

$$J = \mathbf{x}^T(0)\mathbf{P}\mathbf{x}(0)$$

$$= \begin{bmatrix} c & 0 \end{bmatrix}\begin{bmatrix} p_{11} & p_{12} \\ p_{12} & p_{22} \end{bmatrix}\begin{bmatrix} c \\ 0 \end{bmatrix} = p_{11}c^2$$

$$= \left(\dfrac{5}{2k_2} + \dfrac{k_2}{8}\right)c^2 \qquad (10.177)$$

为了使 J 极小,将 J 对 k_2 求导,并且令 $\partial J/\partial k_2$ 等于零,即

$$\dfrac{\partial J}{\partial k_2} = \left(\dfrac{-5}{2k_2^2} + \dfrac{1}{8}\right)c^2 = 0$$

因此,

$$k_2 = \sqrt{20}$$

在这个 k_2 值的条件下,有 $\partial^2 J/\partial k_2^2 > 0$。因此,将 $k_2 = \sqrt{20}$ 代入方程(10.177),即可求得 J 的极小值,即

$$J_{min} = \dfrac{\sqrt{5}}{2}c^2$$

所以 $$u = -4x_1 - \sqrt{20}x_2$$

因为在设定的初始条件下，所设计的系统使性能指标 J 达到了极小值，所以该系统是最佳的。

A. 10. 17 考虑在例 10.5 中讨论过的同一个倒立摆系统。图 10.8 表示了这个系统。在这个系统中，$M = 2$ kg，$m = 0.1$ kg 和 $l = 0.5$ m。这个系统的方框图如图 10.9 所示。该系统的方程为

$$\dot{\mathbf{x}} = \mathbf{A}\mathbf{x} + \mathbf{B}u$$

$$y = \mathbf{C}\mathbf{x}$$

$$u = -\mathbf{K}\mathbf{x} + k_I\xi$$

$$\dot{\xi} = r - y = r - \mathbf{C}\mathbf{x}$$

式中，

$$\mathbf{A} = \begin{bmatrix} 0 & 1 & 0 & 0 \\ 20.601 & 0 & 0 & 0 \\ 0 & 0 & 0 & 1 \\ -0.4905 & 0 & 0 & 0 \end{bmatrix}, \quad \mathbf{B} = \begin{bmatrix} 0 \\ -1 \\ 0 \\ 0.5 \end{bmatrix}, \quad \mathbf{C} = \begin{bmatrix} 0 & 0 & 1 & 0 \end{bmatrix}$$

参考方程(10.51)，可知系统的误差方程为

$$\dot{\mathbf{e}} = \hat{\mathbf{A}}\mathbf{e} + \hat{\mathbf{B}}u_e$$

式中，

$$\hat{\mathbf{A}} = \begin{bmatrix} \mathbf{A} & \mathbf{0} \\ -\mathbf{C} & 0 \end{bmatrix} = \begin{bmatrix} 0 & 1 & 0 & 0 & 0 \\ 20.601 & 0 & 0 & 0 & 0 \\ 0 & 0 & 0 & 1 & 0 \\ -0.4905 & 0 & 0 & 0 & 0 \\ 0 & 0 & -1 & 0 & 0 \end{bmatrix}, \quad \hat{\mathbf{B}} = \begin{bmatrix} \mathbf{B} \\ 0 \end{bmatrix} = \begin{bmatrix} 0 \\ -1 \\ 0 \\ 0.5 \\ 0 \end{bmatrix}$$

控制信号由方程(10.41)给出：

$$u_e = -\hat{\mathbf{K}}\mathbf{e}$$

式中，

$$\hat{\mathbf{K}} = \begin{bmatrix} \mathbf{K} & \vdots & -k_I \end{bmatrix} = \begin{bmatrix} k_1 & k_2 & k_3 & k_4 & \vdots & -k_I \end{bmatrix}$$

$$\mathbf{e} = \begin{bmatrix} \mathbf{x}_e \\ \xi_e \end{bmatrix} = \begin{bmatrix} \mathbf{x}(t) - \mathbf{x}(\infty) \\ \xi(t) - \xi(\infty) \end{bmatrix}$$

$$\mathbf{x} = \begin{bmatrix} x_1 \\ x_2 \\ x_3 \\ x_4 \end{bmatrix} = \begin{bmatrix} \theta \\ \dot{\theta} \\ x \\ \dot{x} \end{bmatrix}$$

利用 MATLAB，确定状态反馈增益矩阵 $\hat{\mathbf{K}}$，使得下列性能指标 J 达到极小：

$$J = \int_0^\infty (\mathbf{e}*\mathbf{Q}\mathbf{e} + u*Ru)\mathrm{d}t$$

式中，

$$\mathbf{Q} = \begin{bmatrix} 100 & 0 & 0 & 0 & 0 \\ 0 & 1 & 0 & 0 & 0 \\ 0 & 0 & 1 & 0 & 0 \\ 0 & 0 & 0 & 1 & 0 \\ 0 & 0 & 0 & 0 & 1 \end{bmatrix}, \quad R = 0.01$$

试求所设计系统的单位阶跃响应。

解：MATLAB 程序 10.34 给出了确定 $\hat{\mathbf{K}}$ 的 MATLAB 程序。求得的结果为

$k_1 = -188.0799$, $\quad k_2 = -37.0738$, $\quad k_3 = -26.6767$, $\quad k_4 = -30.5824$, $\quad k_I = -10.0000$

```
MATLAB程序10.34

% Design of quadratic optimal control system
A = [0  1  0  0;20.601  0  0  0;0  0  0  1;-0.4905  0  0  0];
B = [0;-1;0;0.5];
C = [0  0  1  0];
D = [0];
Ahat = [A  zeros(4,1);-C  0];
Bhat = [B;0];
Q = [100  0  0  0  0;0  1  0  0  0;0  0  1  0  0;0  0  0  1  0;0  0  0  0  1];
R = [0.01];
Khat = lqr(Ahat,Bhat,Q,R)

Khat =

   -188.0799  -37.0738  -26.6767  -30.5824  10.0000
```

单位阶跃响应　一旦确定了反馈增益矩阵 $\mathbf{K}$ 和积分增益常数 k_I，就可以确定所设计系统的单位阶跃响应。系统的方程为

$$\begin{bmatrix} \dot{\mathbf{x}} \\ \dot{\xi} \end{bmatrix} = \begin{bmatrix} \mathbf{A} & \mathbf{0} \\ -\mathbf{C} & 0 \end{bmatrix}\begin{bmatrix} \mathbf{x} \\ \xi \end{bmatrix} + \begin{bmatrix} \mathbf{B} \\ 0 \end{bmatrix}u + \begin{bmatrix} \mathbf{0} \\ 1 \end{bmatrix}r \tag{10.178}$$

参考方程(10.35)，因为

$$u = -\mathbf{K}\mathbf{x} + k_I\xi$$

所以方程(10.178)可以写成下列形式：

$$\begin{bmatrix} \dot{\mathbf{x}} \\ \dot{\xi} \end{bmatrix} = \begin{bmatrix} \mathbf{A}-\mathbf{BK} & \mathbf{B}k_I \\ -\mathbf{C} & 0 \end{bmatrix}\begin{bmatrix} \mathbf{x} \\ \xi \end{bmatrix} + \begin{bmatrix} \mathbf{0} \\ 1 \end{bmatrix}r \tag{10.179}$$

$$y = \begin{bmatrix} \mathbf{C} & 0 \end{bmatrix}\begin{bmatrix} \mathbf{x} \\ \xi \end{bmatrix} + \begin{bmatrix} 0 \end{bmatrix}r$$

输出方程为

MATLAB 程序 10.35 给出了方程(10.179)描述的系统的单位阶跃响应。得到的响应曲线如图 10.55 所示。图中的响应曲线，包括关系曲线 $\theta\text{-}t(\theta = x_1(t))$，$\dot{\theta}\text{-}t(\dot{\theta} = x_2(t))$，$y\text{-}t(y = x_3(t))$，$\dot{y}\text{-}t(\dot{y} = x_4(t))$ 和 $\xi\text{-}t(\xi = x_5(t))$。这里，小车的输入量 $r(t)$ 为单位阶跃函数($r(t) = 1$ m)。所有初始条件均假设等于零。图 10.56 是小车位置关系曲线 $y\text{-}t(y = x_3(t))$ 的放大图。小车大约在前 0.6 s 时，向后移动一个很小的距离(注意，在前 0.4 s 小车的速度是负的)。这是因为小车上的倒立摆系统是一个非最小相位系统。

```
MATLAB程序10.35

% Unit-step response
A = [0  1  0  0;20.601  0  0  0;0  0  0  1;-0.4905  0  0  0];
B = [0;-1;0;0.5];
C = [0  0  1  0];
D = [0];
K = [-188.0799  -37.0738  -26.6767  -30.5824];
kI = -10.0000;
AA = [A-B*K  B*kI;-C  0];
BB = [0;0;0;0;1];
CC= [C  0];
DD = D;
t = 0:0.01:10;
[y,x,t] = step(AA,BB,CC,DD,1,t);
x1 = [1  0  0  0  0]*x';
x2 = [0  1  0  0  0]*x';
x3 = [0  0  1  0  0]*x';
x4 = [0  0  0  1  0]*x';
x5 = [0  0  0  0  1]*x';
```

```
subplot(3,2,1); plot(t,x1); grid;
xlabel('t (sec)'); ylabel('x1')

subplot(3,2,2); plot(t,x2); grid;
xlabel('t (sec)'); ylabel('x2')

subplot(3,2,3); plot(t,x3); grid;
xlabel('t (sec)'); ylabel('x3')

subplot(3,2,4); plot(t,x4); grid;
xlabel('t (sec)'); ylabel('x4')

subplot(3,2,5); plot(t,x5); grid;
xlabel('t (sec)'); ylabel('x5')
```

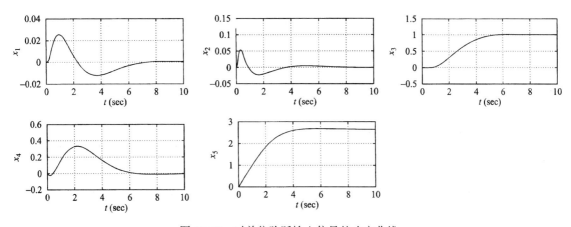

图 10.55　对单位阶跃输入信号的响应曲线

将这个系统的阶跃响应特性与例 10.5 中的阶跃响应特性进行比较，可以发现，当前系统的响应具有比较小的振荡，并且在位置响应（x_3-t）中呈现出比较小的过调量。利用二次型最佳调节器方法设计出的系统，通常都能给出这种特性，即具有较小的振荡和较好的阻尼。

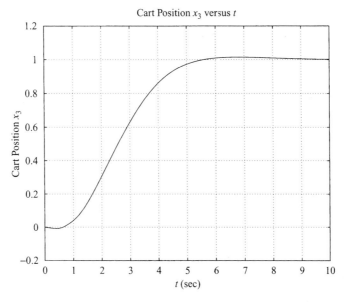

图 10.56　小车的位置与 t 的关系曲线

A. 10. 18   图 10.57(a)表示一个具有非结构加性不确定性的系统，试考虑该系统的稳定性。定义 $\widetilde{G}$ 为真实控制对象的动态特性，G 为控制对象模型的动态特性，Δ_a 为非结构加性不确定性。

假设 Δ_a 是稳定的，并且已知其上限。又假设 $\widetilde{G}$ 和 G 之间的关系是

$$\widetilde{G} = G + \Delta_a$$

试求控制器 K 必须满足鲁棒稳定性的条件。

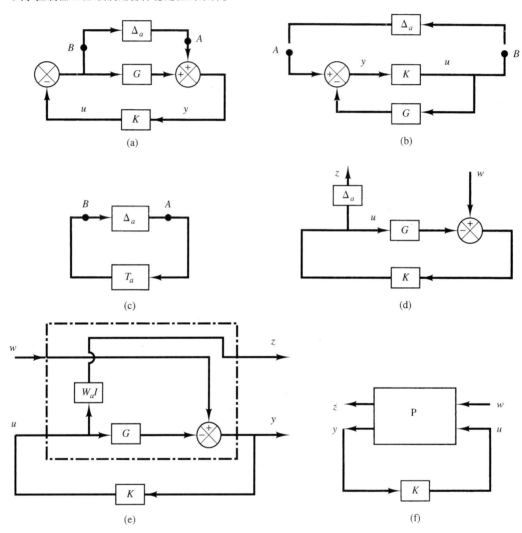

图 10.57   (a) 具有非结构加性不确定性的系统方框图；(b) ~ (d) (a)中方框图的依次变更；
(e) 具有非结构加性不确定性的广义控制对象的方框图；(f) 广义控制对象图

解：首先求图 10.57(a)中 A 点与 B 点之间的传递函数。把图 10.57(a)改画成图 10.57(b)。于是可以得到 A 点与 B 点之间的传递函数为

$$\frac{K}{1 + GK} = K(1 + GK)^{-1}$$

定义 $K(1 + GK)^{-1} = T_a$

于是图 10.57(b)可以改画成图 10.57(c)。利用小增益定理，闭环系统鲁棒稳定性的条件可以求得为

$$\|\Delta_a T_a\|_\infty < 1 \tag{10.180}$$

因为不可能精确地构成 Δ_a 的模型，所以需要求出一个纯量传递函数 $W_a(j\omega)$，使得

$$\overline{\sigma}\{\Delta_a(j\omega)\} < |W_a(j\omega)| \quad 对所有 \omega$$

并且用这个 $W_a(j\omega)$ 取代 Δ_a。于是，闭环系统鲁棒稳定性条件可以由下式给出：

$$\|W_a T_a\|_\infty < 1 \tag{10.181}$$

如果不等式(10.181)成立，则显然不等式(10.180)也成立。因此，这就是保证设计出的系统具有鲁棒稳定性的条件。在图 10.57(e)中，图 10.57(d)中的 Δ_a 被 $W_a I$ 取代。

概括起来，如果我们使从 w 到 z 的传递函数的 H_∞ 范数小于1，那么满足不等式(10.181)的控制器 K 就可以确定下来。

图 10.57(e)可以改画成图 10.57(f)，对于被考虑的系统来说这是一种广义的控制对象图。

注意，对于该问题，联系被控变量 z 和外部干扰 w 的 Φ 矩阵，由下式给出：

$$z = \Phi(s)w = (W_a T_a)w = [W_a K(I + GK)^{-1}]w$$

注意到 $u(s) = K(s)y(s)$，并且参考方程(10.128)，$\Phi(s)$ 由 P 矩阵的元素给出如下：

$$\Phi(s) = P_{11} + P_{12}K(I - P_{22}K)^{-1}P_{21}$$

为了使这个 $\Phi(s)$ 等于 $W_a K(I + GK)^{-1}$，可以选择 $P_{11} = 0$，$P_{12} = W_a$，$P_{21} = I$ 和 $P_{22} = -G$。于是，这个问题中的 P 矩阵可以求得为

$$P = \begin{bmatrix} 0 & W_a \\ I & -G \end{bmatrix}$$

习题

B. 10. 1　考虑由下式定义的系统：

$$\dot{\mathbf{x}} = \mathbf{A}\mathbf{x} + \mathbf{B}u$$
$$y = \mathbf{C}\mathbf{x}$$

式中，
$$\mathbf{A} = \begin{bmatrix} -1 & 0 & 1 \\ 1 & -2 & 0 \\ 0 & 0 & -3 \end{bmatrix}, \quad \mathbf{B} = \begin{bmatrix} 0 \\ 0 \\ 1 \end{bmatrix}, \quad \mathbf{C} = \begin{bmatrix} 1 & 1 & 0 \end{bmatrix}$$

试将该系统的方程变换为(a)可控标准形和(b)可观测标准形。

B. 10. 2　考虑由下式定义的系统：

$$\dot{\mathbf{x}} = \mathbf{A}\mathbf{x} + \mathbf{B}u$$
$$y = \mathbf{C}\mathbf{x}$$

式中，
$$\mathbf{A} = \begin{bmatrix} -1 & 0 & 1 \\ 1 & -2 & 0 \\ 0 & 0 & -3 \end{bmatrix}, \quad \mathbf{B} = \begin{bmatrix} 0 \\ 1 \\ 1 \end{bmatrix}, \quad \mathbf{C} = \begin{bmatrix} 1 & 1 & 1 \end{bmatrix}$$

试将该系统的方程变换为可观测标准形。

B. 10. 3　考虑由下式定义的系统：

$$\dot{\mathbf{x}} = \mathbf{A}\mathbf{x} + \mathbf{B}u$$

$$\mathbf{A} = \begin{bmatrix} 0 & 1 & 0 \\ 0 & 0 & 1 \\ -1 & -5 & -6 \end{bmatrix}, \quad \mathbf{B} = \begin{bmatrix} 0 \\ 1 \\ 1 \end{bmatrix}$$

式中，

通过采用状态反馈控制 $u = -\mathbf{K}\mathbf{x}$，将该系统的闭环极点配置到 $s = -2 \pm j4$，$s = -10$。试确定所需的状态反馈增益矩阵 $\mathbf{K}$。

B. 10. 4 试用 MATLAB 求解习题 B. 10. 3。

B. 10. 5 考虑由下式定义的系统:

$$\begin{bmatrix} \dot{x}_1 \\ \dot{x}_2 \end{bmatrix} = \begin{bmatrix} 0 & 1 \\ 0 & 2 \end{bmatrix} \begin{bmatrix} x_1 \\ x_2 \end{bmatrix} + \begin{bmatrix} 1 \\ 0 \end{bmatrix} u$$

试证明:无论选择什么样的矩阵 $\mathbf{K}$,该系统均不能通过状态反馈控制 $u = -\mathbf{Kx}$ 来稳定。

B. 10. 6 调节器系统控制对象的传递函数为

$$\frac{Y(s)}{U(s)} = \frac{10}{(s+1)(s+2)(s+3)}$$

定义状态变量为

$$x_1 = y$$
$$x_2 = \dot{x}_1$$
$$x_3 = \dot{x}_2$$

利用状态反馈控制 $u = -\mathbf{Kx}$,将闭环极点配置到

$$s = -2 + j2\sqrt{3}, \qquad s = -2 - j2\sqrt{3}, \qquad s = -10$$

试确定所需的状态反馈增益矩阵 $\mathbf{K}$。

B. 10. 7 试用 MATLAB 求解习题 B. 10. 6。

B. 10. 8 考虑图 10.58 所示的 I 型伺服系统。图中的矩阵 $\mathbf{A}$、$\mathbf{B}$ 和 $\mathbf{C}$ 为:

$$\mathbf{A} = \begin{bmatrix} 0 & 1 & 0 \\ 0 & 0 & 1 \\ 0 & -5 & -6 \end{bmatrix}, \qquad \mathbf{B} = \begin{bmatrix} 0 \\ 0 \\ 1 \end{bmatrix}, \qquad \mathbf{C} = \begin{bmatrix} 1 & 0 & 0 \end{bmatrix}$$

试确定反馈增益常数 k_1、k_2 和 k_3,使得闭环极点为 $s = -2 \pm j4, s = -10$。
求出单位阶跃响应并绘出 $y(t)$-t 的曲线。

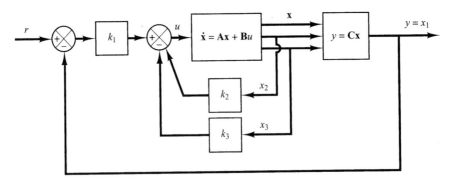

图 10.58　I 型伺服系统

B. 10. 9 考虑图 10.59 所示的倒立摆系统原理图。假设

$$M = 2\,\mathrm{kg}, \quad m = 0.5\,\mathrm{kg}, \quad l = 1\,\mathrm{m}$$

定义状态变量为

$$x_1 = \theta, \qquad x_2 = \dot{\theta}, \qquad x_3 = x, \qquad x_4 = \dot{x}$$

输出变量为

$$y_1 = \theta = x_1, \qquad y_2 = x = x_3$$

试推导该系统的状态空间表达式。

要求闭环极点配置到

$$s = -4 + j4, \quad s = -4 - j4, \quad s = -20, \quad s = -20$$

试确定状态反馈增益矩阵 $\mathbf{K}$。

利用确定的状态反馈增益矩阵 $\mathbf{K}$，用计算机仿真检验该系统的性能。试编写一个 MATLAB 程序，以求出该系统对任意初始条件的响应。针对下列一组初始条件：

$$x_1(0) = 0, \quad x_2(0) = 0, \quad x_3(0) = 0, \quad x_4(0) = 1\,\text{m/s}$$

试求 $x_1(t)$、$x_2(t)$、$x_3(t)$ 和 $x_4(t)$ 对 t 的响应曲线。

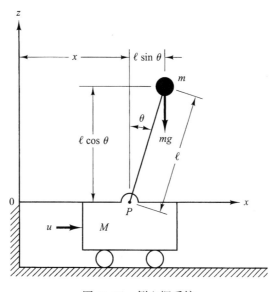

图 10.59　倒立摆系统

B. 10. 10　考虑由下式定义的系统：

$$\dot{\mathbf{x}} = \mathbf{Ax}$$

$$y = \mathbf{Cx}$$

式中，
$$\mathbf{A} = \begin{bmatrix} -1 & 1 \\ 1 & -2 \end{bmatrix}, \quad \mathbf{C} = \begin{bmatrix} 1 & 0 \end{bmatrix}$$

试设计一个全阶状态观测器。假设希望的观测器极点位于 $s = -5, s = -5$。

B. 10. 11　考虑由下式定义的系统：

$$\dot{\mathbf{x}} = \mathbf{Ax} + \mathbf{B}u$$

$$y = \mathbf{Cx}$$

式中，
$$\mathbf{A} = \begin{bmatrix} 0 & 1 & 0 \\ 0 & 0 & 1 \\ -5 & -6 & 0 \end{bmatrix}, \quad \mathbf{B} = \begin{bmatrix} 0 \\ 0 \\ 1 \end{bmatrix}, \quad \mathbf{C} = \begin{bmatrix} 1 & 0 & 0 \end{bmatrix}$$

试设计一个全阶状态观测器，假设期望的极点位于 $s = -10, s = -10, s = -15$。

B. 10. 12　考虑由下式定义的系统：

$$\begin{bmatrix} \dot{x}_1 \\ \dot{x}_2 \\ \dot{x}_3 \end{bmatrix} = \begin{bmatrix} 0 & 1 & 0 \\ 0 & 0 & 1 \\ 1.244 & 0.3956 & -3.145 \end{bmatrix} \begin{bmatrix} x_1 \\ x_2 \\ x_3 \end{bmatrix} + \begin{bmatrix} 0 \\ 0 \\ 1.244 \end{bmatrix} u$$

$$y = \begin{bmatrix} 1 & 0 & 0 \end{bmatrix} \begin{bmatrix} x_1 \\ x_2 \\ x_3 \end{bmatrix}$$

给定一组期望的观测器极点为 $s = -5 + j5\sqrt{3}$，$s = -5 - j5\sqrt{3}$，$s = -10$。试设计一个全阶观测器。

B. 10. 13 考虑由下式定义的双积分器系统：

$$\ddot{y} = u$$

如果选择状态变量为

$$x_1 = y$$
$$x_2 = \dot{y}$$

则系统的状态空间表达式变为下列形式：

$$\begin{bmatrix} \dot{x}_1 \\ \dot{x}_2 \end{bmatrix} = \begin{bmatrix} 0 & 1 \\ 0 & 0 \end{bmatrix} \begin{bmatrix} x_1 \\ x_2 \end{bmatrix} + \begin{bmatrix} 0 \\ 1 \end{bmatrix} u$$

$$y = \begin{bmatrix} 1 & 0 \end{bmatrix} \begin{bmatrix} x_1 \\ x_2 \end{bmatrix}$$

现在希望为该系统设计一个调节器。试利用极点配置加观测器方法，设计一个观测器控制器。

选择极点配置部分的希望极点为

$$s = -0.7071 + j0.7071, \qquad s = -0.7071 - j0.7071$$

并且假设采用最小阶观测器，且选择希望的观测器极点为

$$s = -5$$

B. 10. 14 考虑系统

$$\dot{\mathbf{x}} = \mathbf{A}\mathbf{x} + \mathbf{B}u$$

$$y = \mathbf{C}\mathbf{x}$$

式中，

$$\mathbf{A} = \begin{bmatrix} 0 & 1 & 0 \\ 0 & 0 & 1 \\ -6 & -11 & -6 \end{bmatrix}, \quad \mathbf{B} = \begin{bmatrix} 0 \\ 0 \\ 1 \end{bmatrix}, \quad \mathbf{C} = \begin{bmatrix} 1 & 0 & 0 \end{bmatrix}$$

试利用极点配置加观测器方法设计一个调节器系统。假设极点配置部分的希望的闭环极点位于

$$s = -1 + j, \qquad s = -1 - j, \qquad s = -5$$

希望的观测器极点位于

$$s = -6, \qquad s = -6, \qquad s = -6$$

另外，求观测器控制器的传递函数。

B. 10. 15 试利用极点配置加观测器方法，为图 10.60 所示系统设计两个观测器控制器(一个具有全阶观测器，另一个具有最小阶观测器)。极点配置部分的希望的闭环极点为

$$s = -1 + j2, \qquad s = -1 - j2, \qquad s = -5$$

希望的观测器极点为对于全阶观测器：$s = -10$，$s = -10$，$s = -10$

对于最小阶观测器：$s = -10$，$s = -10$

试比较设计出的系统的单位阶跃响应，并比较两个系统的带宽。

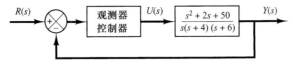

图 10. 60 在前向通路中具有观测器控制器的控制系统

B. 10. 16 利用极点配置加观测器方法, 设计图 10.61(a) 和图 10.61(b) 所示的控制系统。假设极点配置部分的希望的闭环极点位于

$$s = -2 + j2, \qquad s = -2 - j2$$

希望的观测器极点位于

$$s = -8, \qquad s = -8$$

试求观测控制器的传递函数, 并且比较两个系统的单位阶跃响应。在图 10.61(b) 所示的系统中, 当输入量为单位阶跃输入时, 试确定常数 N, 使稳态输出 $y(\infty)$ 为 1。

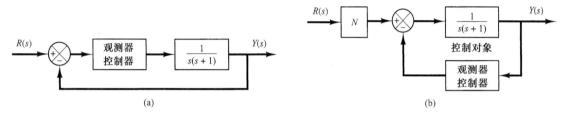

图 10.61 具有观测器控制器的控制系统。(a) 在前向通路中具有观测器控制器;(b) 在反馈通路中具有观测器控制器

B. 10. 17 考虑由下列方程描述的系统:

$$\dot{\mathbf{x}} = \mathbf{A}\mathbf{x}$$

式中,

$$\mathbf{A} = \begin{bmatrix} 0 & 1 & 0 \\ 0 & 0 & 1 \\ -1 & -2 & -a \end{bmatrix}$$

$$a = 可调参数 > 0$$

试确定参数 a 的值, 使得下列性能指标达到极小:

$$J = \int_0^\infty \mathbf{x}^{\mathrm{T}} \mathbf{x}\, \mathrm{d}t$$

假设初始状态 $\mathbf{x}(0)$ 为

$$\mathbf{x}(0) = \begin{bmatrix} c_1 \\ 0 \\ 0 \end{bmatrix}$$

B. 10. 18 考虑图 10.62 所示的系统。确定增益 $\mathbf{K}$ 的值, 使得闭环系统的阻尼比 ζ 等于 0.5。然后确定闭环系统的无阻尼自然频率 ω_n。假设 $e(0) = 1$ 和 $\dot{e}(0) = 0$, 计算

$$\int_0^\infty e^2(t)\, \mathrm{d}t$$

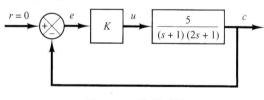

图 10.62 控制系统

B. 10. 19 已知系统的描述方程为

$$\dot{\mathbf{x}} = \mathbf{A}\mathbf{x} + \mathbf{B}u$$

式中,

$$\mathbf{A} = \begin{bmatrix} 0 & 1 \\ 0 & -1 \end{bmatrix}, \qquad \mathbf{B} = \begin{bmatrix} 0 \\ 1 \end{bmatrix}$$

试确定该系统的最佳控制信号 u, 使得下列性能指标达到极小:

$$J = \int_0^\infty \left(\mathbf{x}^{\mathrm{T}} \mathbf{x} + u^2 \right) \mathrm{d}t$$

B. 10. 20 考虑系统

$$\begin{bmatrix} \dot{x}_1 \\ \dot{x}_2 \end{bmatrix} = \begin{bmatrix} 0 & 1 \\ 0 & 0 \end{bmatrix} \begin{bmatrix} x_1 \\ x_2 \end{bmatrix} + \begin{bmatrix} 0 \\ 1 \end{bmatrix} u$$

现在希望求最佳控制信号 u, 使得下列性能指标达到极小:

$$J = \int_0^\infty (\mathbf{x}^T \mathbf{Q} \mathbf{x} + u^2) \mathrm{d}t, \qquad \mathbf{Q} = \begin{bmatrix} 1 & 0 \\ 0 & \mu \end{bmatrix}$$

试确定最佳控制信号 $u(t)$。

B. 10. 21 考虑图 10. 59 所示的倒立摆系统。现在希望设计一个调节器系统, 使系统在存在角度 θ 和(或)角度 $\dot{\theta}$ 形式的扰动时, 能把倒立摆保持在垂直位置上, 并且要求调节器系统在每一次控制过程结束时, 能使小车返回到它的参考位置(小车上无参考输入信号作用)。

系统的状态空间方程为

$$\dot{\mathbf{x}} = \mathbf{A}\mathbf{x} + \mathbf{B}u$$

式中,

$$\mathbf{A} = \begin{bmatrix} 0 & 1 & 0 & 0 \\ 20.601 & 0 & 0 & 0 \\ 0 & 0 & 0 & 1 \\ -0.4905 & 0 & 0 & 0 \end{bmatrix}$$

$$\mathbf{B} = \begin{bmatrix} 0 \\ -1 \\ 0 \\ 0.5 \end{bmatrix}, \qquad \mathbf{x} = \begin{bmatrix} \theta \\ \dot{\theta} \\ x \\ \dot{x} \end{bmatrix}$$

我们将采用状态反馈控制方案:

$$u = -\mathbf{K}\mathbf{x}$$

试利用 MATLAB, 确定状态反馈增益矩阵 $\mathbf{K} = \begin{bmatrix} k_1 & k_2 & k_3 & k_4 \end{bmatrix}$, 使得下列性能指标 J 达到极小:

$$J = \int_0^\infty (\mathbf{x} * \mathbf{Q} \mathbf{x} + u * Ru) \mathrm{d}t$$

式中,

$$\mathbf{Q} = \begin{bmatrix} 100 & 0 & 0 & 0 \\ 0 & 1 & 0 & 0 \\ 0 & 0 & 1 & 0 \\ 0 & 0 & 0 & 1 \end{bmatrix}, \qquad R = 1$$

然后, 求系统对下列初始条件的响应:

$$\begin{bmatrix} x_1(0) \\ x_2(0) \\ x_3(0) \\ x_4(0) \end{bmatrix} = \begin{bmatrix} 0.1 \\ 0 \\ 0 \\ 0 \end{bmatrix}$$

并画出响应曲线 θ-t, $\dot{\theta}$-t, x-t 和 $\dot{x}$-t。

附录 A 拉普拉斯变换表

在阶录 A 中, 首先介绍了复变量和复变函数。然后介绍了拉普拉斯变换对照表和拉普拉斯变换的性质。最后, 介绍了常用的拉普拉斯变换定理, 以及脉动函数和脉冲函数的拉普拉斯变换。

复变量

复数有实部和虚部两部分, 两部分都是常数。如果实部和(或)虚部是变量, 则称其为复变量。在拉普拉斯变换中, 用符号 s 表示复变量, 即

$$s = \sigma + j\omega$$

式中, σ 为实部, ω 为虚部。

复变函数

复变函数 $G(s)$ 是 s 的函数, 它具有实部和虚部, 即

$$G(s) = G_x + jG_y$$

式中, G_x 和 G_y 为实数。$G(s)$ 的幅值为 $\sqrt{G_x^2 + G_y^2}$, $G(s)$ 的角度 θ 为 $\arctan(G_y/G_x)$。角度是从正实轴开始, 沿逆时针方向计算的。$G(s)$ 的共轭复数为 $\overline{G}(s) = G_x - jG_y$。

在线性控制系统分析中, 通常遇到的复变函数是 s 的单值函数, 因此对于一个给定的 s 值, 它被唯一确定。

如果在某一域内复变函数 $G(s)$ 及其所有导数均存在, 则称该复变函数在该域内是解析的。解析函数 $G(s)$ 的导数可由下式确定:

$$\frac{\mathrm{d}}{\mathrm{d}s} G(s) = \lim_{\Delta s \to 0} \frac{G(s + \Delta s) - G(s)}{\Delta s} = \lim_{\Delta s \to 0} \frac{\Delta G}{\Delta s}$$

因为 $\Delta s = \Delta\sigma + j\Delta\omega$, 所以 Δs 可以沿无穷多个不同的路径趋近于零。可以证明(但在这里不予证明), 当沿着两条特殊的途径, 即沿着 $\Delta s = \Delta\sigma$ 和 $\Delta s = j\Delta\omega$ 求得的导数相等时, 对于任何其他路径 $\Delta s = \Delta\sigma + j\Delta\omega$ 求得的导数是唯一的, 因而导数是存在的。

对于特殊的路径 $\Delta s = \Delta\sigma$(这意味着该路径平行于实轴), 则

$$\frac{\mathrm{d}}{\mathrm{d}s} G(s) = \lim_{\Delta\sigma \to 0} \left(\frac{\Delta G_x}{\Delta\sigma} + j\frac{\Delta G_y}{\Delta\sigma} \right) = \frac{\partial G_x}{\partial\sigma} + j\frac{\partial G_y}{\partial\sigma}$$

对于另外一条特殊路径 $\Delta s = j\Delta\omega$(这意味着该路径平行于虚轴), 则

$$\frac{\mathrm{d}}{\mathrm{d}s} G(s) = \lim_{j\Delta\omega \to 0} \left(\frac{\Delta G_x}{j\Delta\omega} + j\frac{\Delta G_y}{j\Delta\omega} \right) = -j\frac{\partial G_x}{\partial\omega} + \frac{\Delta G_y}{\partial\omega}$$

如果这两个导数值是相等的, 则

$$\frac{\partial G_x}{\partial\sigma} + j\frac{\partial G_y}{\partial\sigma} = \frac{\partial G_y}{\partial\omega} - j\frac{\partial G_x}{\partial\omega}$$

或者说, 如果满足下面两个条件:

$$\frac{\partial G_x}{\partial\sigma} = \frac{\partial G_y}{\partial\omega} \qquad 和 \qquad \frac{\partial G_y}{\partial\sigma} = -\frac{\partial G_x}{\partial\omega}$$

则导数 $dG(s)/ds$ 可以被唯一确定。这两个条件就是众所周知的柯西-黎曼(Cauchy-Riemann)条件。如果这两个条件得到满足,那么函数 $G(s)$ 就是解析的。

作为一个例子,我们来研究下列函数 $G(s)$:

$$G(s) = \frac{1}{s+1}$$

于是

$$G(\sigma + j\omega) = \frac{1}{\sigma + j\omega + 1} = G_x + jG_y$$

式中,

$$G_x = \frac{\sigma + 1}{(\sigma + 1)^2 + \omega^2} \qquad 且 \qquad G_y = \frac{-\omega}{(\sigma + 1)^2 + \omega^2}$$

可以看出,除了 $s = -1$(即 $\sigma = -1$, $\omega = 0$)外,$G(s)$ 满足柯西-黎曼条件:

$$\frac{\partial G_x}{\partial \sigma} = \frac{\partial G_y}{\partial \omega} = \frac{\omega^2 - (\sigma + 1)^2}{[(\sigma + 1)^2 + \omega^2]^2}$$

$$\frac{\partial G_y}{\partial \sigma} = -\frac{\partial G_x}{\partial \omega} = \frac{2\omega(\sigma + 1)}{[(\sigma + 1)^2 + \omega^2]^2}$$

因此,除了 $s = -1$ 以外,在整个 s 平面上 $G(s) = 1/(s+1)$ 都是解析的。导数 $dG(s)/ds$ 除了 $s = -1$ 外,可以解得为

$$\frac{d}{ds}G(s) = \frac{\partial G_x}{\partial \sigma} + j\frac{\partial G_y}{\partial \sigma} = \frac{\partial G_y}{\partial \omega} - j\frac{\partial G_x}{\partial \omega}$$

$$= -\frac{1}{(\sigma + j\omega + 1)^2} = -\frac{1}{(s+1)^2}$$

应当指出,解析函数的导数可以通过 $G(s)$ 对 s 微分简单地求得。在这个例子中,

$$\frac{d}{ds}\left(\frac{1}{s+1}\right) = -\frac{1}{(s+1)^2}$$

在 s 平面上,使函数 $G(s)$ 解析的点称为普通点,在 s 平面上使函数 $G(s)$ 为非解析的点称为奇点,使函数 $G(s)$ 或其导数趋近于无穷大的奇点称为极点。使函数 $G(s)$ 等于零的奇点称为零点。

如果当 s 趋近于 $-p$ 时,$G(s)$ 趋近于无穷大,并且函数

$$G(s)(s+p)^n, \qquad n = 1, 2, 3, \cdots$$

在 $s = -p$ 处具有一个有限的非零值,则 $s = -p$ 称为 n 阶极点。如果 $n = 1$,则该极点称为简单极点。如果 $n = 2, 3, \cdots$,则这些极点分别称为二阶极点、三阶极点,等等。

为了说明问题,我们来讨论下列复变函数:

$$G(s) = \frac{K(s+2)(s+10)}{s(s+1)(s+5)(s+15)^2}$$

$G(s)$ 在 $s = -2$, $s = -10$ 处具有零点;在 $s = 0$, $s = -1$, $s = -5$ 处具有简单极点;在 $s = -15$ 处具有双重极点(二阶多重极点)。应当指出,当 $s = \infty$ 时,$G(s)$ 为零,因为当 s 的值很大时

$$G(s) \doteq \frac{K}{s^3}$$

所以在 $s = \infty$ 时,$G(s)$ 具有三重零点(三阶多重零点)。如果将无穷远处的点包括在内,则 $G(s)$ 具有的极点数与零点数相同。总之,$G(s)$ 具有 5 个零点($s = -2$, $s = -10$, $s = \infty$, $s = \infty$, $s = \infty$)和 5 个极点($s = 0$, $s = -1$, $s = -5$, $s = -15$, $s = -15$)。

拉普拉斯变换

我们定义

$f(t)$ = 时间 t 的函数，并且当 $t < 0$ 时 $f(t) = 0$；

s = 复变量；

$\mathscr{L}$ = 运算符号，放在某个量之前表示该量用拉普拉斯积分 $\int_0^\infty \mathrm{e}^{-st}\,\mathrm{d}t$ 进行变换；

$F(s)$ = $f(t)$ 的拉普拉斯变换。

于是，$f(t)$ 的拉普拉斯变换为

$$\mathscr{L}\big[f(t)\big] = F(s) = \int_0^\infty \mathrm{e}^{-st}\,\mathrm{d}t\big[f(t)\big] = \int_0^\infty f(t)\mathrm{e}^{-st}\,\mathrm{d}t$$

从拉普拉斯变换 $F(s)$ 求时间函数 $f(t)$ 的反变换过程称为拉普拉斯反变换。拉普拉斯反变换的符号是 $\mathscr{L}^{-1}$，可以通过下列反演积分，从 $F(s)$ 求得拉普拉斯反变换：

$$\mathscr{L}^{-1}\big[F(s)\big] = f(t) = \frac{1}{2\pi j}\int_{c-j\infty}^{c+j\infty} F(s)\mathrm{e}^{st}\,\mathrm{d}s, \qquad t > 0$$

式中，收敛横坐标 c 为实常量，它选择的实部比 $F(s)$ 所有奇点的实部都大。因此，积分路径平行于 $j\omega$ 轴，且与 $j\omega$ 轴之间的距离为 c。这条积分路径位于所有奇点的右面。

计算反演积分看起来比较复杂，实际上很少采用这个积分去求 $f(t)$。我们经常采用的是在附录 B 中给出的部分分式展开法。

下面给出的表 A.1 提供了常用函数的拉普拉斯变换对照关系，表 A.2 介绍了拉普拉斯变换的一些性质。

表 A. 1　拉普拉斯变换对照表

	$f(t)$	$F(s)$
1	单位脉冲 $\delta(t)$	1
2	单位阶跃 $1(t)$	$\dfrac{1}{s}$
3	t	$\dfrac{1}{s^2}$
4	$\dfrac{t^{n-1}}{(n-1)!}$　$(n=1,2,3,\cdots)$	$\dfrac{1}{s^n}$
5	t^n　$(n=1,2,3,\cdots)$	$\dfrac{n!}{s^{n+1}}$
6	e^{-at}	$\dfrac{1}{s+a}$
7	te^{-at}	$\dfrac{1}{(s+a)^2}$
8	$\dfrac{1}{(n-1)!}t^{n-1}e^{-at}$　$(n=1,2,3,\cdots)$	$\dfrac{1}{(s+a)^n}$
9	$t^n e^{-at}$　$(n=1,2,3,\cdots)$	$\dfrac{n!}{(s+a)^{n+1}}$
10	$\sin \omega t$	$\dfrac{\omega}{s^2+\omega^2}$
11	$\cos \omega t$	$\dfrac{s}{s^2+\omega^2}$
12	$\sinh \omega t$	$\dfrac{\omega}{s^2-\omega^2}$
13	$\cosh \omega t$	$\dfrac{s}{s^2-\omega^2}$
14	$\dfrac{1}{a}\left(1-e^{-at}\right)$	$\dfrac{1}{s(s+a)}$
15	$\dfrac{1}{b-a}\left(e^{-at}-e^{-bt}\right)$	$\dfrac{1}{(s+a)(s+b)}$
16	$\dfrac{1}{b-a}\left(be^{-bt}-ae^{-at}\right)$	$\dfrac{s}{(s+a)(s+b)}$
17	$\dfrac{1}{ab}\left[1+\dfrac{1}{a-b}\left(be^{-at}-ae^{-bt}\right)\right]$	$\dfrac{1}{s(s+a)(s+b)}$
18	$\dfrac{1}{a^2}\left(1-e^{-at}-ate^{-at}\right)$	$\dfrac{1}{s(s+a)^2}$

19	$\dfrac{1}{a^2}\left(at - 1 + \mathrm{e}^{-at}\right)$	$\dfrac{1}{s^2(s + a)}$
20	$\mathrm{e}^{-at}\sin\omega t$	$\dfrac{\omega}{(s + a)^2 + \omega^2}$
21	$\mathrm{e}^{-at}\cos\omega t$	$\dfrac{s + a}{(s + a)^2 + \omega^2}$
22	$\dfrac{\omega_n}{\sqrt{1 - \zeta^2}}\,\mathrm{e}^{-\zeta\omega_n t}\sin\omega_n\sqrt{1 - \zeta^2}\,t \quad (0 < \zeta < 1)$	$\dfrac{\omega_n^2}{s^2 + 2\zeta\omega_n s + \omega_n^2}$
23	$-\dfrac{1}{\sqrt{1 - \zeta^2}}\,\mathrm{e}^{-\zeta\omega_n t}\sin\left(\omega_n\sqrt{1 - \zeta^2}\,t - \phi\right)$ $\phi = \arctan\dfrac{\sqrt{1 - \zeta^2}}{\zeta}$ $(0 < \zeta < 1,\ \ 0 < \phi < \pi/2)$	$\dfrac{s}{s^2 + 2\zeta\omega_n s + \omega_n^2}$
24	$1 - \dfrac{1}{\sqrt{1 - \zeta^2}}\,\mathrm{e}^{-\zeta\omega_n t}\sin\left(\omega_n\sqrt{1 - \zeta^2}\,t + \phi\right)$ $\phi = \arctan\dfrac{\sqrt{1 - \zeta^2}}{\zeta}$ $(0 < \zeta < 1,\ \ 0 < \phi < \pi/2)$	$\dfrac{\omega_n^2}{s\left(s^2 + 2\zeta\omega_n s + \omega_n^2\right)}$
25	$1 - \cos\omega t$	$\dfrac{\omega^2}{s\left(s^2 + \omega^2\right)}$
26	$\omega t - \sin\omega t$	$\dfrac{\omega^3}{s^2\left(s^2 + \omega^2\right)}$
27	$\sin\omega t - \omega t\cos\omega t$	$\dfrac{2\omega^3}{\left(s^2 + \omega^2\right)^2}$
28	$\dfrac{1}{2\omega}\,t\sin\omega t$	$\dfrac{s}{\left(s^2 + \omega^2\right)^2}$
29	$t\cos\omega t$	$\dfrac{s^2 - \omega^2}{\left(s^2 + \omega^2\right)^2}$
30	$\dfrac{1}{\omega_2^2 - \omega_1^2}\left(\cos\omega_1 t - \cos\omega_2 t\right) \quad \left(\omega_1^2 \neq \omega_2^2\right)$	$\dfrac{s}{\left(s^2 + \omega_1^2\right)\left(s^2 + \omega_2^2\right)}$
31	$\dfrac{1}{2\omega}\left(\sin\omega t + \omega t\cos\omega t\right)$	$\dfrac{s^2}{\left(s^2 + \omega^2\right)^2}$

表 A. 2 拉普拉斯变换的性质

1	$\mathscr{L}[Af(t)] = AF(s)$
2	$\mathscr{L}[f_1(t) \pm f_2(t)] = F_1(s) \pm F_2(s)$
3	$\mathscr{L}_{\pm}\left[\dfrac{\mathrm{d}}{\mathrm{d}t}f(t)\right] = sF(s) - f(0\pm)$
4	$\mathscr{L}_{\pm}\left[\dfrac{\mathrm{d}^2}{\mathrm{d}t^2}f(t)\right] = s^2F(s) - sf(0\pm) - \dot{f}(0\pm)$
5	$\mathscr{L}_{\pm}\left[\dfrac{\mathrm{d}^n}{\mathrm{d}t^n}f(t)\right] = s^nF(s) - \displaystyle\sum_{k=1}^{n} s^{n-k}\overset{(k-1)}{f}(0\pm)$ 式中 $\overset{(k-1)}{f}(t) = \dfrac{\mathrm{d}^{k-1}}{\mathrm{d}t^{k-1}}f(t)$
6	$\mathscr{L}_{\pm}\left[\displaystyle\int f(t)\,\mathrm{d}t\right] = \dfrac{F(s)}{s} + \dfrac{1}{s}\left[\displaystyle\int f(t)\,\mathrm{d}t\right]_{t=0\pm}$
7	$\mathscr{L}_{\pm}\left[\displaystyle\int\cdots\int f(t)(\mathrm{d}t)^n\right] = \dfrac{F(s)}{s^n} + \displaystyle\sum_{k=1}^{n}\dfrac{1}{s^{n-k+1}}\left[\displaystyle\int\cdots\int f(t)(\mathrm{d}t)^k\right]_{t=0\pm}$
8	$\mathscr{L}\left[\displaystyle\int_0^t f(t)\,\mathrm{d}t\right] = \dfrac{F(s)}{s}$
9	$\displaystyle\int_0^\infty f(t)\,\mathrm{d}t = \lim_{s\to 0} F(s)$ 如果 $\displaystyle\int_0^\infty f(t)\,\mathrm{d}t$ 存在
10	$\mathscr{L}[\mathrm{e}^{-\alpha t}f(t)] = F(s + a)$
11	$\mathscr{L}[f(t - \alpha)1(t - \alpha)] = \mathrm{e}^{-\alpha s}F(s) \qquad \alpha \geqslant 0$
12	$\mathscr{L}[tf(t)] = -\dfrac{\mathrm{d}F(s)}{\mathrm{d}s}$
13	$\mathscr{L}[t^2f(t)] = \dfrac{\mathrm{d}^2}{\mathrm{d}s^2}F(s)$
14	$\mathscr{L}[t^nf(t)] = (-1)^n\dfrac{\mathrm{d}^n}{\mathrm{d}s^n}F(s) \qquad (n = 1, 2, 3, \cdots)$
15	$\mathscr{L}\left[\dfrac{1}{t}f(t)\right] = \displaystyle\int_s^\infty F(s)\,\mathrm{d}s$ 如果 $\lim\limits_{t\to 0}\dfrac{1}{t}f(t)$ 存在
16	$\mathscr{L}\left[f\left(\dfrac{1}{a}\right)\right] = aF(as)$
17	$\mathscr{L}\left[\displaystyle\int_0^t f_1(t - \tau)f_2(\tau)\,\mathrm{d}\tau\right] = F_1(s)F_2(s)$
18	$\mathscr{L}[f(t)g(t)] = \dfrac{1}{2\pi j}\displaystyle\int_{c-j\infty}^{c+j\infty} F(p)G(s - p)\,\mathrm{d}p$

最后，我们介绍两个常用的定理以及脉动函数与脉冲函数的拉普拉斯变换。

初值定理	$f(0+) = \lim_{t \to 0+} f(t) = \lim_{s \to \infty} sF(s)$
终值定理	$f(\infty) = \lim_{t \to \infty} f(t) = \lim_{s \to 0} sF(s)$
脉动函数 $$f(t) = \frac{A}{t_0} 1(t) - \frac{A}{t_0} 1(t - t_0)$$	$$\mathscr{L}\big[f(t)\big] = \frac{A}{t_0 s} - \frac{A}{t_0 s} e^{-st_0}$$
脉冲函数 $$g(t) = \lim_{t_0 \to 0} \frac{A}{t_0}, \qquad 当 \; 0 < t < t_0 时$$ $$= 0, \qquad 当 \; t < 0, t_0 < t 时$$	$$\mathscr{L}\big[g(t)\big] = \lim_{t_0 \to 0} \left[\frac{A}{t_0 s}\left(1 - e^{-st_0}\right) \right]$$ $$= \lim_{t_0 \to 0} \frac{\dfrac{d}{dt_0}\big[A(1 - e^{-st_0})\big]}{\dfrac{d}{dt_0}(t_0 s)}$$ $$= \frac{As}{s} = A$$

附录 B　部分分式展开

在介绍传递函数部分分式展开的 MATLAB 方法之前，先来讨论传递函数部分分式展开的手工方法。

只包含不同极点的 $F(s)$ 的部分分式展开

考虑下列写成因式形式的 $F(s)$：

$$F(s) = \frac{B(s)}{A(s)} = \frac{K(s + z_1)(s + z_2) \cdots (s + z_m)}{(s + p_1)(s + p_2) \cdots (s + p_n)}, \qquad m < n$$

式中，p_1，p_2，$\cdots$，p_n 和 z_1，z_2，$\cdots$，z_m 或为实数或为复数，但是对于每一个复数 p_i 或 z_j，将分别存在其各自的共轭复数。如果 $F(s)$ 只包含不同的极点，则 $F(s)$ 可以展开成下列简单的部分分式之和：

$$F(s) = \frac{B(s)}{A(s)} = \frac{a_1}{s + p_1} + \frac{a_2}{s + p_2} + \cdots + \frac{a_n}{s + p_n} \tag{B.1}$$

式中，$a_k(k = 1, 2, \cdots, n)$ 为常数。系数 a_k 称为极点 $s = -p_k$ 上的留数。用 $(s + p_k)$ 乘以方程（B.1）的两边，并且令 $s = -p_k$，即可求得 a_k 的值如下：

$$\left[(s + p_k) \frac{B(s)}{A(s)} \right]_{s=-p_k} = \left[\frac{a_1}{s + p_1} (s + p_k) + \frac{a_2}{s + p_2} (s + p_k) \right.$$

$$\left. + \cdots + \frac{a_k}{s + p_k} (s + p_k) + \cdots + \frac{a_n}{s + p_n} (s + p_k) \right]_{s=-p_k}$$

$$= a_k$$

我们看到，除了 a_k 以外，所有的展开项都消失了。因此，留数 a_k 可以根据下式确定：

$$a_k = \left[(s + p_k) \frac{B(s)}{A(s)} \right]_{s=-p_k}$$

应当指出，因为 $f(t)$ 是一个实时间函数，如果 p_1 和 p_2 是共轭复数，则留数 a_1 和 a_2 也是共轭复数。这时，只要计算共轭复数 a_1 或 a_2 中的一个就可以了，因为另外一个可以自动地得到。

因为

$$\mathscr{L}^{-1} \left[\frac{a_k}{s + p_k} \right] = a_k \mathrm{e}^{-p_k t}$$

所以 $f(t)$ 可以求得如下：

$$f(t) = \mathscr{L}^{-1} [F(s)] = a_1 \mathrm{e}^{-p_1 t} + a_2 \mathrm{e}^{-p_2 t} + \cdots + a_n \mathrm{e}^{-p_n t}, \qquad t \geqslant 0$$

例 B.1　求下列函数的拉普拉斯反变换：

$$F(s) = \frac{s + 3}{(s + 1)(s + 2)}$$

$F(s)$ 的部分分式展开为

$$F(s) = \frac{s + 3}{(s + 1)(s + 2)} = \frac{a_1}{s + 1} + \frac{a_2}{s + 2}$$

式中，a_1 和 a_2 可以求得为

$$a_1 = \left[(s+1)\frac{s+3}{(s+1)(s+2)} \right]_{s=-1} = \left[\frac{s+3}{s+2} \right]_{s=-1} = 2$$

$$a_2 = \left[(s+2)\frac{s+3}{(s+1)(s+2)} \right]_{s=-2} = \left[\frac{s+3}{s+1} \right]_{s=-2} = -1$$

因此,
$$f(t) = \mathscr{L}^{-1}\big[F(s) \big]$$

$$= \mathscr{L}^{-1}\left[\frac{2}{s+1} \right] + \mathscr{L}^{-1}\left[\frac{-1}{s+2} \right]$$

$$= 2\mathrm{e}^{-t} - \mathrm{e}^{-2t}, \qquad t \geqslant 0$$

例 B. 2 求下列函数的拉普拉斯反变换:

$$G(s) = \frac{s^3 + 5s^2 + 9s + 7}{(s+1)(s+2)}$$

这里,因为分子多项式的阶次比分母多项式的阶次高,所以必须用分母去除分子。于是

$$G(s) = s + 2 + \frac{s+3}{(s+1)(s+2)}$$

注意,单位脉冲函数 $\delta(t)$ 的拉普拉斯变换为 1,$\mathrm{d}\delta(t)/\mathrm{d}t$ 的拉普拉斯变换为 s。上述方程中的右边第三项恰为例 B.1 中的 $F(s)$,于是 $G(s)$ 的拉普拉斯反变换可以求得如下:

$$g(t) = \frac{\mathrm{d}}{\mathrm{d}t}\delta(t) + 2\delta(t) + 2\mathrm{e}^{-t} - \mathrm{e}^{-2t}, \qquad t \geqslant 0-$$

例 B. 3 求下列函数的拉普拉斯反变换:

$$F(s) = \frac{2s+12}{s^2 + 2s + 5}$$

注意,分母多项式可以进行下列因式分解:

$$s^2 + 2s + 5 = (s + 1 + j2)(s + 1 - j2)$$

如果函数 $F(s)$ 包含一对共轭复数极点,为了方便,可以不必将 $F(s)$ 展成通常的部分分式,而将其展开成阻尼正弦函数与阻尼余弦函数之和。

注意:$s^2 + 2s + 5 = (s+1)^2 + 2^2$,并且参考函数 $\mathrm{e}^{-\alpha t}\sin\omega t$ 和 $\mathrm{e}^{-\alpha t}\cos\omega t$ 的拉普拉斯变换:

$$\mathscr{L}\big[\mathrm{e}^{-\alpha t}\sin\omega t \big] = \frac{\omega}{(s+\alpha)^2 + \omega^2}$$

$$\mathscr{L}\big[\mathrm{e}^{-\alpha t}\cos\omega t \big] = \frac{s+\alpha}{(s+\alpha)^2 + \omega^2}$$

给定的 $F(s)$ 可以写成阻尼正弦函数与阻尼余弦函数之和:

$$F(s) = \frac{2s+12}{s^2+2s+5} = \frac{10 + 2(s+1)}{(s+1)^2 + 2^2}$$

$$= 5\frac{2}{(s+1)^2 + 2^2} + 2\frac{s+1}{(s+1)^2 + 2^2}$$

由此得到
$$f(t) = \mathscr{L}^{-1}\big[F(s) \big]$$

$$= 5\mathscr{L}^{-1}\left[\frac{2}{(s+1)^2 + 2^2} \right] + 2\mathscr{L}^{-1}\left[\frac{s+1}{(s+1)^2 + 2^2} \right]$$

$$= 5\mathrm{e}^{-t}\sin 2t + 2\mathrm{e}^{-t}\cos 2t, \qquad t \geqslant 0$$

包含多重极点的 $F(s)$ 的部分分式展开

我们通过一个例子说明如何求 $F(s)$ 的部分分式展开,而不讨论一般的情况。

考虑函数 $F(s)$

$$F(s) = \frac{s^2 + 2s + 3}{(s+1)^3}$$

$F(s)$ 的部分分式展开包括 3 项, 即

$$F(s) = \frac{B(s)}{A(s)} = \frac{b_1}{s+1} + \frac{b_2}{(s+1)^2} + \frac{b_3}{(s+1)^3}$$

式中, $b_3 、 b_2$ 和 b_1 可以确定如下:用 $(s+1)^3$ 乘以上述方程的两边, 得到

$$(s+1)^3 \frac{B(s)}{A(s)} = b_1(s+1)^2 + b_2(s+1) + b_3 \qquad (\text{B.2})$$

令 $s = -1$, 则方程(B.2)变成

$$\left[(s+1)^3 \frac{B(s)}{A(s)} \right]_{s=-1} = b_3$$

另外, 将方程(B.2)两边对 s 微分, 得到

$$\frac{\mathrm{d}}{\mathrm{d}s}\left[(s+1)^3 \frac{B(s)}{A(s)} \right] = b_2 + 2b_1(s+1) \qquad (\text{B.3})$$

如果在方程(B.3)中令 $s = -1$, 则

$$\frac{\mathrm{d}}{\mathrm{d}s}\left[(s+1)^3 \frac{B(s)}{A(s)} \right]_{s=-1} = b_2$$

再将方程(B.3)两边对 s 微分, 则有

$$\frac{\mathrm{d}^2}{\mathrm{d}s^2}\left[(s+1)^3 \frac{B(s)}{A(s)} \right] = 2b_1$$

由上述分析可看出, $b_3 、 b_2$ 和 b_1 的值可以依照下列方法求得:

$$b_3 = \left[(s+1)^3 \frac{B(s)}{A(s)} \right]_{s=-1}$$

$$= \left(s^2 + 2s + 3 \right)_{s=-1}$$

$$= 2$$

$$b_2 = \left\{ \frac{\mathrm{d}}{\mathrm{d}s}\left[(s+1)^3 \frac{B(s)}{A(s)} \right] \right\}_{s=-1}$$

$$= \left[\frac{\mathrm{d}}{\mathrm{d}s}\left(s^2 + 2s + 3 \right) \right]_{s=-1}$$

$$= (2s + 2)_{s=-1}$$

$$= 0$$

$$b_1 = \frac{1}{2!}\left\{ \frac{\mathrm{d}^2}{\mathrm{d}s^2}\left[(s+1)^3 \frac{B(s)}{A(s)} \right] \right\}_{s=-1}$$

$$= \frac{1}{2!}\left[\frac{\mathrm{d}^2}{\mathrm{d}s^2}\left(s^2 + 2s + 3 \right) \right]_{s=-1}$$

$$= \frac{1}{2}(2) = 1$$

因此得到

$$f(t) = \mathscr{L}^{-1}[F(s)]$$

$$= \mathscr{L}^{-1}\left[\frac{1}{s+1} \right] + \mathscr{L}^{-1}\left[\frac{0}{(s+1)^2} \right] + \mathscr{L}^{-1}\left[\frac{2}{(s+1)^3} \right]$$

$$= \mathrm{e}^{-t} + 0 + t^2\mathrm{e}^{-t}$$

$$= (1 + t^2)\mathrm{e}^{-t}, \qquad t \geq 0$$

说明

对于分母中包含较高阶次多项式的复杂函数，进行部分分式展开可能会相当费时间。在这种情况下，建议采用 MATLAB。

用 MATLAB 进行部分分式展开

MATLAB 有一个命令用来求 $B(s)/A(s)$ 的部分分式展开。考虑下列函数 $B(s)/A(s)$：

$$\frac{B(s)}{A(s)} = \frac{\text{num}}{\text{den}} = \frac{b_0 s^n + b_1 s^{n-1} + \cdots + b_n}{s^n + a_1 s^{n-1} + \cdots + a_n}$$

式中，a_i 和 b_j 的某些值可能为零。在 MATLAB 的行向量中，num 和 den 分别表示传递函数的分子和分母的系数，即

$$\text{num} = [b_0 \ b_1 \ ... \ b_n]$$
$$\text{den} = [1 \ a_1 \ ... \ a_n]$$

命令

$$[r,p,k] = \text{residue(num,den)}$$

将求出多项式 $B(s)$ 和 $A(s)$ 之比的部分分式展开式中的留数(r)、极点(p)和余项(k)。

$B(s)/A(s)$ 的部分分式展开式由下式给出：

$$\frac{B(s)}{A(s)} = \frac{r(1)}{s - p(1)} + \frac{r(2)}{s - p(2)} + \cdots + \frac{r(n)}{s - p(n)} + k(s) \tag{B.4}$$

将方程(B.1)和方程(B.4)进行比较，可以看出 $p(1) = -p_1$，$p(2) = -p_2$，$\cdots$，$p(n) = -p_n$；$r(1) = a_1$，$r(2) = a_2$，$\cdots$，$r(n) = a_n$。$k(s)$ 是余项。

例 B.4　考虑下列传递函数：

$$\frac{B(s)}{A(s)} = \frac{2s^3 + 5s^2 + 3s + 6}{s^3 + 6s^2 + 11s + 6}$$

对于该函数有

$$\text{num} = [2 \ 5 \ 3 \ 6]$$
$$\text{den} = [1 \ 6 \ 11 \ 6]$$

命令为

$$[r,p,k] = \text{residue(num,den)}$$

于是得到下列结果：

```
[r,p,k] = residue(num,den)

r =

   –6.0000
   –4.0000
    3.0000

p =

   –3.0000
   –2.0000
   –1.0000

k =

    2
```

应当指出，留数变成列向量 r，极点位置变为列向量 p，而余项变为行向量 k。这就是下列 $B(s)/A(s)$ 的部分分式展开式的 MATLAB 表达式：

$$\frac{B(s)}{A(s)} = \frac{2s^3 + 5s^2 + 3s + 6}{s^3 + 6s^2 + 11s + 6}$$

$$= \frac{-6}{s + 3} + \frac{-4}{s + 2} + \frac{3}{s + 1} + 2$$

应当指出,如果 $p(j) = p(j+1) = \cdots = p(j+m-1)$($即 p_j = p_{j+1} = \cdots = p_{j+m-1}$),则极点 $p(j)$ 是一个 m 重极点。在这种情况下,部分分式展开式将包括下列各项:

$$\frac{r(j)}{s - p(j)} + \frac{r(j+1)}{[s - p(j)]^2} + \cdots + \frac{r(j+m-1)}{[s - p(j)]^m}$$

详细内容可参阅例 B.5。

例 B.5 用 MATLAB 将 $B(s)/A(s)$ 展开成部分分式:

$$\frac{B(s)}{A(s)} = \frac{s^2 + 2s + 3}{(s+1)^3} = \frac{s^2 + 2s + 3}{s^3 + 3s^2 + 3s + 1}$$

对此函数,有

num = [1 2 3]
den = [1 3 3 1]

应用命令

[r,p,k] = residue(num,den)

将得到下列结果:

```
num = [1  2  3];
den = [1  3  3  1];
[r,p,k] = residue(num,den)

r =

    1.0000
    0.0000
    2.0000

p =

   -1.0000
   -1.0000
   -1.0000

k =

    []
```

这就是下列 $B(s)/A(s)$ 的部分分式展开式的 MATLAB 表达式:

$$\frac{B(s)}{A(s)} = \frac{1}{s + 1} + \frac{0}{(s + 1)^2} + \frac{2}{(s + 1)^3}$$

注意,这里的余项 k 为零。

附录 C 向量矩阵代数

在这个附录中首先回顾矩阵的行列式，然后定义伴随矩阵、矩阵的逆矩阵、矩阵的微分和积分。

矩阵的行列式 对于每一个方阵都存在一个行列式，方阵 $\mathbf{A}$ 的行列式通常写成 $|\mathbf{A}|$ 或 $\det \mathbf{A}$。这个行列式具有下列性质：

1. 如果任意两个相邻的行或列进行交换，那么行列式将改变符号。
2. 如果任意一行或一列中的元素全为零，那么行列式的值为零。
3. 如果任意一行（或任意一列）的元素刚好是另一行（或另一列）的 k 倍，那么行列式的值为零。
4. 如果在任一行（或任一列）上加上另一行（或另一列）的常数倍，那么行列式的值保持不变。
5. 如果行列式用一个常数相乘，那么只有一行（或一列）与该常数相乘。但是应当注意，k 倍的 $n \times n$ 矩阵 $\mathbf{A}$ 的行列式，是 k^n 倍的 $\mathbf{A}$ 的行列式，即

$$|k\mathbf{A}| = k^n |\mathbf{A}|$$

这是因为
$$k\mathbf{A} = \begin{bmatrix} ka_{11} & ka_{12} & \dots & ka_{1m} \\ ka_{21} & ka_{22} & \dots & ka_{2m} \\ \vdots & \vdots & & \vdots \\ ka_{n1} & ka_{n2} & \dots & ka_{nm} \end{bmatrix}$$

6. 两个方阵 $\mathbf{A}$ 和 $\mathbf{B}$ 的乘积的行列式，等于两个行列式的乘积，即

$$|\mathbf{AB}| = |\mathbf{A}| |\mathbf{B}|$$

如果 $\mathbf{B}$ 为 $n \times m$ 矩阵且 $\mathbf{C}$ 为 $m \times n$ 矩阵，则
$$\det(\mathbf{I}_n + \mathbf{BC}) = \det(\mathbf{I}_m + \mathbf{CB})$$

如果 $\mathbf{A} \neq \mathbf{0}$ 且 $\mathbf{D}$ 为 $m \times m$ 矩阵，则

$$\det \begin{bmatrix} \mathbf{A} & \mathbf{B} \\ \mathbf{C} & \mathbf{D} \end{bmatrix} = \det \mathbf{A} \cdot \det \mathbf{S}$$

式中 $\mathbf{S} = \mathbf{D} - \mathbf{CA}^{-1}\mathbf{B}$。

如果 $\mathbf{D} \neq \mathbf{0}$，则
$$\det \begin{bmatrix} \mathbf{A} & \mathbf{B} \\ \mathbf{C} & \mathbf{D} \end{bmatrix} = \det \mathbf{D} \cdot \det \mathbf{T}$$

式中 $\mathbf{T} = \mathbf{A} - \mathbf{BD}^{-1}\mathbf{C}$。

如果 $\mathbf{B} = \mathbf{0}$ 或 $\mathbf{C} = \mathbf{0}$，则

$$\det \begin{bmatrix} \mathbf{A} & \mathbf{0} \\ \mathbf{C} & \mathbf{D} \end{bmatrix} = \det \mathbf{A} \cdot \det \mathbf{D}$$

$$\det \begin{bmatrix} \mathbf{A} & \mathbf{B} \\ \mathbf{0} & \mathbf{D} \end{bmatrix} = \det \mathbf{A} \cdot \det \mathbf{D}$$

矩阵的秩 如果矩阵 $\mathbf{A}$ 的 $m \times m$ 子矩阵 $\mathbf{M}$ 存在，并且这个矩阵 $\mathbf{M}$ 的行列式不为零，而 $\mathbf{A}$ 的每一个 $r \times r$ 子矩阵（$r \geq m + 1$）的行列式均为零，就称矩阵 $\mathbf{A}$ 具有秩 m。

作为例子，考虑下列矩阵：

$$\mathbf{A} = \begin{bmatrix} 1 & 2 & 3 & 4 \\ 0 & 1 & -1 & 0 \\ 1 & 0 & 1 & 2 \\ 1 & 1 & 0 & 2 \end{bmatrix}$$

应当指出，$|\mathbf{A}| = 0$。行列式不等于零的一些最大的子矩阵中，有一个子矩阵是

$$\begin{bmatrix} 1 & 2 & 3 \\ 0 & 1 & -1 \\ 1 & 0 & 1 \end{bmatrix}$$

所以矩阵 $\mathbf{A}$ 的秩是 3。

子式 M_{ij}   如果从 $n \times n$ 矩阵 $\mathbf{A}$ 中去掉第 i 行和第 j 列后所得到的矩阵是一个 $(n-1) \times (n-1)$ 矩阵，则称 $(n-1) \times (n-1)$ 矩阵的行列式为矩阵 $\mathbf{A}$ 的子式 M_{ij}。

余因子 A_{ij} $n \times n$ 矩阵 $\mathbf{A}$ 的元素 a_{ij} 的余因子 A_{ij} 是用方程

$$A_{ij} = (-1)^{i+j} M_{ij}$$

来定义的，也就是说，元素 a_{ij} 的余因子 A_{ij} 是用 $(-1)^{i+j}$ 乘以从矩阵 $\mathbf{A}$ 中去掉第 i 行和第 j 列后构成的矩阵的行列式。注意，元素 a_{ij} 的余因子 A_{ij} 是行列式 $|\mathbf{A}|$ 的展开式中的 a_{ij} 项的系数。因为 $|\mathbf{A}|$ 可表示成

$$a_{i1}A_{i1} + a_{i2}A_{i2} + \cdots + a_{in}A_{in} = |\mathbf{A}|$$

如果 a_{i1}，a_{i2}，$\cdots$，a_{in} 用 a_{j1}，a_{j2}，$\cdots$，a_{jn} 来代替，那么

$$a_{j1}A_{i1} + a_{j2}A_{i2} + \cdots + a_{jn}A_{in} = 0, \qquad i \neq j$$

因为 $\mathbf{A}$ 的行列式在这种情况下具有两个相同的行，所以可得到

$$\sum_{k=1}^{n} a_{jk}A_{ik} = \delta_{ji}|\mathbf{A}|$$

同样地，

$$\sum_{k=1}^{n} a_{ki}A_{kj} = \delta_{ij}|\mathbf{A}|$$

伴随矩阵   矩阵 $\mathbf{B}$，当它的第 i 行和第 j 列的元素等于 A_{ji} 时，矩阵 $\mathbf{B}$ 就称为矩阵 $\mathbf{A}$ 的伴随矩阵，并且用 adj $\mathbf{A}$ 或

$$\mathbf{B} = (b_{ij}) = (A_{ji}) = \text{adj } \mathbf{A}$$

来表示，也就是说，$\mathbf{A}$ 的伴随矩阵是以 $\mathbf{A}$ 的余因子为元素所组成的矩阵的转置矩阵，即

$$\text{adj } \mathbf{A} = \begin{bmatrix} A_{11} & A_{21} & \cdots & A_{n1} \\ A_{12} & A_{22} & \cdots & A_{n2} \\ \vdots & \vdots & & \vdots \\ A_{1n} & A_{2n} & \cdots & A_{nn} \end{bmatrix}$$

注意，乘积 $\mathbf{A}(\text{adj } \mathbf{A})$ 的第 j 行和第 i 列的元素是

$$\sum_{k=1}^{n} a_{jk}b_{ki} = \sum_{k=1}^{n} a_{jk}A_{ik} = \delta_{ji}|\mathbf{A}|$$

因此，$\mathbf{A}(\text{adj } \mathbf{A})$ 是一个对角线元素等于 $|\mathbf{A}|$ 的对角线矩阵。于是

$$\mathbf{A}(\text{adj } \mathbf{A}) = |\mathbf{A}|\,\mathbf{I}$$

类似地，乘积 $(\text{adj } \mathbf{A})\mathbf{A}$ 的第 j 行和第 i 列元素是

$$\sum_{k=1}^{n} b_{jk}a_{ki} = \sum_{k=1}^{n} A_{kj}a_{ki} = \delta_{ij}|\mathbf{A}|$$

所以，我们有下列关系式：

$$\mathbf{A}(\text{adj } \mathbf{A}) = (\text{adj } \mathbf{A})\mathbf{A} = |\mathbf{A}|\,\mathbf{I} \tag{C.1}$$

因此，
$$\mathbf{A}^{-1} = \frac{\mathrm{adj}\ \mathbf{A}}{|\mathbf{A}|} = \begin{bmatrix} \dfrac{A_{11}}{|\mathbf{A}|} & \dfrac{A_{21}}{|\mathbf{A}|} & \cdots & \dfrac{A_{n1}}{|\mathbf{A}|} \\ \dfrac{A_{12}}{|\mathbf{A}|} & \dfrac{A_{22}}{|\mathbf{A}|} & \cdots & \dfrac{A_{n2}}{|\mathbf{A}|} \\ \vdots & \vdots & & \vdots \\ \dfrac{A_{1n}}{|\mathbf{A}|} & \dfrac{A_{2n}}{|\mathbf{A}|} & \cdots & \dfrac{A_{nn}}{|\mathbf{A}|} \end{bmatrix}$$

式中 A_{ij} 是矩阵 $\mathbf{A}$ 的 a_{ij} 的余因子。因此 $\mathbf{A}^{-1}$ 的第 i 列中的项，是原矩阵 $\mathbf{A}$ 的第 i 行的余因子的 $1/|\mathbf{A}|$ 倍。例如，如果

$$\mathbf{A} = \begin{bmatrix} 1 & 2 & 0 \\ 3 & -1 & -2 \\ 1 & 0 & -3 \end{bmatrix}$$

则 $\mathbf{A}$ 的伴随矩阵和行列式 $|A|$ 可以分别求得为

$$\mathrm{adj}\ \mathbf{A} = \begin{bmatrix} \begin{vmatrix} -1 & -2 \\ 0 & -3 \end{vmatrix} & -\begin{vmatrix} 2 & 0 \\ 0 & -3 \end{vmatrix} & \begin{vmatrix} 2 & 0 \\ -1 & -2 \end{vmatrix} \\ -\begin{vmatrix} 3 & -2 \\ 1 & -3 \end{vmatrix} & \begin{vmatrix} 1 & 0 \\ 1 & -3 \end{vmatrix} & -\begin{vmatrix} 1 & 0 \\ 3 & -2 \end{vmatrix} \\ \begin{vmatrix} 3 & -1 \\ 1 & 0 \end{vmatrix} & -\begin{vmatrix} 1 & 2 \\ 1 & 0 \end{vmatrix} & \begin{vmatrix} 1 & 2 \\ 3 & -1 \end{vmatrix} \end{bmatrix}$$

$$= \begin{bmatrix} 3 & 6 & -4 \\ 7 & -3 & 2 \\ 1 & 2 & -7 \end{bmatrix}$$

和
$$|\mathbf{A}| = 17$$

因此，$\mathbf{A}$ 的逆矩阵为
$$\mathbf{A}^{-1} = \frac{\mathrm{adj}\ \mathbf{A}}{|\mathbf{A}|} = \begin{bmatrix} \frac{3}{17} & \frac{6}{17} & -\frac{4}{17} \\ \frac{7}{17} & -\frac{3}{17} & \frac{2}{17} \\ \frac{1}{17} & \frac{2}{17} & -\frac{7}{17} \end{bmatrix}$$

下面我们将针对 2×2 矩阵和 3×3 矩阵，给出求解其逆矩阵的公式。对于 2×2 矩阵，
$$\mathbf{A} = \begin{bmatrix} a & b \\ c & d \end{bmatrix} \qquad \text{其中} \quad ad - bc \neq 0$$

其逆矩阵由下式给出：
$$\mathbf{A}^{-1} = \frac{1}{ad - bc} \begin{bmatrix} d & -b \\ -c & a \end{bmatrix}$$

对于 3×3 矩阵，
$$\mathbf{A} = \begin{bmatrix} a & b & c \\ d & e & f \\ g & h & i \end{bmatrix} \qquad \text{其中} |\mathbf{A}| \neq 0$$

其逆矩阵由下式给出：
$$\mathbf{A}^{-1} = \frac{1}{|\mathbf{A}|} \begin{bmatrix} \begin{vmatrix} e & f \\ h & i \end{vmatrix} & -\begin{vmatrix} b & c \\ h & i \end{vmatrix} & \begin{vmatrix} b & c \\ e & f \end{vmatrix} \\ -\begin{vmatrix} d & f \\ g & i \end{vmatrix} & \begin{vmatrix} a & c \\ g & i \end{vmatrix} & -\begin{vmatrix} a & c \\ d & f \end{vmatrix} \\ \begin{vmatrix} d & e \\ g & h \end{vmatrix} & -\begin{vmatrix} a & b \\ g & h \end{vmatrix} & \begin{vmatrix} a & b \\ d & e \end{vmatrix} \end{bmatrix}$$

注意，
$$(\mathbf{A}^{-1})^{-1} = \mathbf{A}$$

$$(\mathbf{A}^{-1})' = (\mathbf{A}')^{-1}$$

$$(\mathbf{A}^{-1})* = (\mathbf{A}*)^{-1}$$

下面还提供了另外一些可供利用的公式。假设 $\mathbf{A}$ 为 $n \times n$ 矩阵，$\mathbf{B}$ 为 $n \times m$ 矩阵，$\mathbf{C}$ 为 $m \times n$ 矩阵且 $\mathbf{D}$ 为 $m \times m$ 矩阵。则有

$$[\mathbf{A} + \mathbf{BC}]^{-1} = \mathbf{A}^{-1} - \mathbf{A}^{-1}\mathbf{B}[\mathbf{I}_m + \mathbf{CA}^{-1}\mathbf{B}]^{-1}\mathbf{CA}^{-1}$$

如果 $|\mathbf{A}| \neq 0$ 且 $|\mathbf{D}| \neq 0$，则有

$$\begin{bmatrix} \mathbf{A} & \mathbf{B} \\ \mathbf{0} & \mathbf{D} \end{bmatrix}^{-1} = \begin{bmatrix} \mathbf{A}^{-1} & -\mathbf{A}^{-1}\mathbf{BD}^{-1} \\ \mathbf{0} & \mathbf{D}^{-1} \end{bmatrix}$$

$$\begin{bmatrix} \mathbf{A} & \mathbf{0} \\ \mathbf{C} & \mathbf{D} \end{bmatrix}^{-1} = \begin{bmatrix} \mathbf{A}^{-1} & \mathbf{0} \\ -\mathbf{D}^{-1}\mathbf{CA}^{-1} & \mathbf{D}^{-1} \end{bmatrix}$$

如果 $|\mathbf{A}| \neq 0$，$\mathbf{S} = \mathbf{D} - \mathbf{CA}^{-1}\mathbf{B}$，$|\mathbf{S}| \neq 0$，则有

$$\begin{bmatrix} \mathbf{A} & \mathbf{B} \\ \mathbf{C} & \mathbf{D} \end{bmatrix}^{-1} = \begin{bmatrix} \mathbf{A}^{-1} + \mathbf{A}^{-1}\mathbf{BS}^{-1}\mathbf{CA}^{-1} & -\mathbf{A}^{-1}\mathbf{BS}^{-1} \\ -\mathbf{S}^{-1}\mathbf{CA}^{-1} & \mathbf{S}^{-1} \end{bmatrix}$$

如果 $|\mathbf{D}| \neq 0$，$\mathbf{T} = \mathbf{A} - \mathbf{BD}^{-1}\mathbf{C}$ 且 $|\mathbf{T}| \neq 0$，则有

$$\begin{bmatrix} \mathbf{A} & \mathbf{B} \\ \mathbf{C} & \mathbf{D} \end{bmatrix}^{-1} = \begin{bmatrix} \mathbf{T}^{-1} & -\mathbf{T}^{-1}\mathbf{BD}^{-1} \\ -\mathbf{D}^{-1}\mathbf{CT}^{-1} & \mathbf{D}^{-1} + \mathbf{D}^{-1}\mathbf{CT}^{-1}\mathbf{BD}^{-1} \end{bmatrix}$$

最后，我们来介绍求方阵的逆矩阵的 MATLAB 方法。如果矩阵的所有元素以数值的形式给出，则采用这种方法最好。

求解方阵逆矩阵的 MATLAB 方法　一个方阵 $\mathbf{A}$ 的逆矩阵，可以利用下列命令求得：

$$\mathrm{inv}(A)$$

例如，如果矩阵 $\mathbf{A}$ 给定为
$$\mathbf{A} = \begin{bmatrix} 1 & 1 & 2 \\ 3 & 4 & 0 \\ 1 & 2 & 5 \end{bmatrix}$$

则矩阵 $\mathbf{A}$ 的逆矩阵可以求得如下：

```
A = [1 1 2;3 4 0;1 2 5];
inv(A)

ans =

    2.2222    −0.1111    −0.8889
   −1.6667     0.3333     0.6667
    0.2222    −0.1111     0.1111
```

也就是
$$\mathbf{A}^{-1} = \begin{bmatrix} 2.2222 & -0.1111 & -0.8889 \\ -1.6667 & 0.3333 & 0.6667 \\ 0.2222 & -0.1111 & 0.1111 \end{bmatrix}$$

MATLAB 区分大小写字母　应当特别指出，MATLAB 可以区分大小写字母。因此，X 和 x 不是相同的变量。所有函数名称必须用小写字母，诸如 $\mathrm{inv}(A)$，$\mathrm{eig}(A)$ 和 $\mathrm{poly}(A)$。

矩阵的微分和积分　$n \times m$ 矩阵 $\mathbf{A}(t)$ 的导数被定义为这样一种 $n \times m$ 矩阵，这个矩阵的每一个元素是原矩阵对应元素的导数，假如所有的元素 $a_{ij}(t)$ 相对于 t 都是有导数的，即

$$\frac{\mathrm{d}}{\mathrm{d}t}\mathbf{A}(t) = \left(\frac{\mathrm{d}}{\mathrm{d}t}a_{ij}(t)\right) = \begin{bmatrix} \dfrac{\mathrm{d}}{\mathrm{d}t}a_{11}(t) & \dfrac{\mathrm{d}}{\mathrm{d}t}a_{12}(t) & \dots & \dfrac{\mathrm{d}}{\mathrm{d}t}a_{1m}(t) \\ \dfrac{\mathrm{d}}{\mathrm{d}t}a_{21}(t) & \dfrac{\mathrm{d}}{\mathrm{d}t}a_{22}(t) & \dots & \dfrac{\mathrm{d}}{\mathrm{d}t}a_{2m}(t) \\ \vdots & \vdots & & \vdots \\ \dfrac{\mathrm{d}}{\mathrm{d}t}a_{n1}(t) & \dfrac{\mathrm{d}}{\mathrm{d}t}a_{n2}(t) & \dots & \dfrac{\mathrm{d}}{\mathrm{d}t}a_{nm}(t) \end{bmatrix}$$

类似地, $n \times m$ 矩阵 $\mathbf{A}(t)$ 的积分是用下面的矩阵来定义的:

$$\int \mathbf{A}(t)\,\mathrm{d}t = \left(\int a_{ij}(t)\,\mathrm{d}t\right) = \begin{bmatrix} \displaystyle\int a_{11}(t)\,\mathrm{d}t & \displaystyle\int a_{12}(t)\,\mathrm{d}t & \dots & \displaystyle\int a_{1m}(t)\,\mathrm{d}t \\ \displaystyle\int a_{21}(t)\,\mathrm{d}t & \displaystyle\int a_{22}(t)\,\mathrm{d}t & \dots & \displaystyle\int a_{2m}(t)\,\mathrm{d}t \\ \vdots & \vdots & & \vdots \\ \displaystyle\int a_{n1}(t)\,\mathrm{d}t & \displaystyle\int a_{n2}(t)\,\mathrm{d}t & \dots & \displaystyle\int a_{nm}(t)\,\mathrm{d}t \end{bmatrix}$$

两矩阵乘积的微分　如果矩阵 $\mathbf{A}(t)$ 和 $\mathbf{B}(t)$ 对 t 是可微的, 那么

$$\frac{\mathrm{d}}{\mathrm{d}t}[\mathbf{A}(t)\mathbf{B}(t)] = \frac{\mathrm{d}\mathbf{A}(t)}{\mathrm{d}t}\mathbf{B}(t) + \mathbf{A}(t)\frac{\mathrm{d}\mathbf{B}(t)}{\mathrm{d}t}$$

式中 $\mathbf{A}(t)$ 和 $\mathrm{d}\mathbf{B}(t)/\mathrm{d}t$[或者 $\mathrm{d}\mathbf{A}(t)/\mathrm{d}t$ 和 $\mathbf{B}(t)$] 的乘积一般是不可交换的。

$\mathbf{A}^{-1}(t)$ 的微分　如果矩阵 $\mathbf{A}(t)$ 和它的逆矩阵 $\mathbf{A}^{-1}(t)$ 对 t 是可微的, 那么 $\mathbf{A}^{-1}(t)$ 的导数由下式给出:

$$\frac{\mathrm{d}\mathbf{A}^{-1}(t)}{\mathrm{d}t} = -\mathbf{A}^{-1}(t)\frac{\mathrm{d}\mathbf{A}(t)}{\mathrm{d}t}\mathbf{A}^{-1}(t)$$

这可由 $\mathbf{A}(t)\mathbf{A}^{-1}(t)$ 对 t 微分来得到。因为

$$\frac{\mathrm{d}}{\mathrm{d}t}[\mathbf{A}(t)\mathbf{A}^{-1}(t)] = \frac{\mathrm{d}\mathbf{A}(t)}{\mathrm{d}t}\mathbf{A}^{-1}(t) + \mathbf{A}(t)\frac{\mathrm{d}\mathbf{A}^{-1}(t)}{\mathrm{d}t}$$

而且

$$\frac{\mathrm{d}}{\mathrm{d}t}[\mathbf{A}(t)\mathbf{A}^{-1}(t)] = \frac{\mathrm{d}}{\mathrm{d}t}\mathbf{I} = \mathbf{0}$$

于是

$$\mathbf{A}(t)\frac{\mathrm{d}\mathbf{A}^{-1}(t)}{\mathrm{d}t} = -\frac{\mathrm{d}\mathbf{A}(t)}{\mathrm{d}t}\mathbf{A}^{-1}(t)$$

即

$$\frac{\mathrm{d}\mathbf{A}^{-1}(t)}{\mathrm{d}t} = -\mathbf{A}^{-1}(t)\frac{\mathrm{d}\mathbf{A}(t)}{\mathrm{d}t}\mathbf{A}^{-1}(t)$$

参 考 文 献

A–1 Anderson, B. D. O., and J. B. Moore, *Linear Optimal Control*. Upper Saddle River, NJ: Prentice Hall, 1971.

A–2 Athans, M., and P. L. Falb, *Optimal Control: An Introduction to the Theory and Its Applications*. New York: McGraw-Hill Book Company, 1965.

B–1 Barnet, S., "Matrices, Polynomials, and Linear Time-Invariant Systems," *IEEE Trans. Automatic Control*, **AC-18** (1973), pp. 1–10.

B–2 Bayliss, L. E., *Living Control Systems*. London: English Universities Press Limited, 1966.

B–3 Bellman, R., *Introduction to Matrix Analysis*. New York: McGraw-Hill Book Company, 1960.

B–4 Bode, H. W., *Network Analysis and Feedback Design*. New York: Van Nostrand Reinhold, 1945.

B–5 Brogan, W. L., *Modern Control Theory*. Upper Saddle River, NJ: Prentice Hall, 1985.

B–6 Butman, S., and R. Sivan (Sussman), "On Cancellations, Controllability and Observability," *IEEE Trans. Automatic Control*, **AC-9** (1964), pp. 317–8.

C–1 Campbell, D. P, *Process Dynamics*. New York: John Wiley & Sons, Inc., 1958.

C–2 Cannon, R., *Dynamics of Physical Systems*. New York: McGraw-Hill Book Company, 1967.

C–3 Chang, P. M., and S. Jayasuriya, "An Evaluation of Several Controller Synthesis Methodologies Using a Rotating Flexible Beam as a Test Bed," *ASME J. Dynamic Systems, Measurement, and Control*, **117** (1995), pp. 360–73.

C–4 Cheng, D. K., *Analysis of Linear Systems*. Reading, MA: Addison-Wesley Publishing Company, Inc., 1959.

C–5 Churchill, R. V., *Operational Mathematics*, 3rd ed. New York: McGraw-Hill Book Company, 1972.

C–6 Coddington, E. A., and N. Levinson, *Theory of Ordinary Differential Equations*. New York: McGraw-Hill Book Company, 1955.

C–7 Craig, J. J., *Introduction to Robotics, Mechanics and Control*. Reading, MA: AddisonWesley Publishing Company, Inc., 1986.

C–8 Cunningham, W J., *Introduction to Nonlinear Analysis*. New York: McGraw-Hill Book Company, 1958.

D–1 Dorf, R. C., and R. H. Bishop, *Modern Control Systems*, 9th ed. Upper Saddle River, NJ: Prentice Hall, 2001.

E–1 Enns, M., J. R. Greenwood III, J. E. Matheson, and F. T. Thompson, " Practical Aspects of State-Space Methods Part I: System Formulation and Reduction," *IEEE Trans. Military Electronics*, **MIL-8** (1964), pp. 81–93.

E–2 Evans, W. R., "Graphical Analysis of Control Systems," *AIEE Trans. Part II*, **67** (1948), pp. 547-51.

E–3 Evans, W. R., "Control System Synthesis by Root Locus Method," *AIEE Trans Part II*, **69** (1950), pp. 66–9.

E–4 Evans, W. R., "The Use of Zeros and Poles for Frequency Response or Transient Response, " *ASME Trans.* **76** (1954), pp. 1135–44.

E–5 Evans, W. R., *Control System Dynamics*. New York: McGraw-Hill Book Company, 1954.

F–1 Franklin, G. F, J. D. Powell, and A. Emami-Naeini, *Feedback Control of Dynamic Systems*, 3rd ed. Reading, MA: Addison-Wesley Publishing Company, Inc., 1994.

F–2 Friedland, B., *Control System Design*. New York: McGraw-Hill Book Company, 1986.

F–3 Fu, K. S., R. C. Gonzalez, and C. S. G. Lee, Robotics: Control, Sensing, Vision, and Intelligence. New York: McGraw-Hill Book Company, 1987.

G–1 Gantmacher, F. R., *Theory of Matrices*, Vols. I and II. NewYork: Chelsea Publishing Company, Inc., 1959.

G–2 Gardner, M. F, and J. L. Barnes, *Transients in Linear Systems*. New York: John Wiley & Sons, Inc., 1942.

G–3 Gibson, J. E., *Nonlinear Automatic Control*. New York: McGraw-Hill Book Company, 1963.

G–4 Gilbert, E. G., "Controllability and Observability in Multivariable Control Systems," *J.SIAM Control*, ser. A, **1** (1963) , pp. 128–51.

G–5 Graham, D., and R. C. Lathrop, "The Synthesis of Optimum Response: Criteria and Standard Forms," *AIEE Trans. Part II*, **72** (1953), pp. 273–88.

H–1 Hahn, W., *Theory and Application of Liapunov's Direct Method*. Upper Saddle River, NJ: Prentice Hall, 1963.

H–2 Halmos, P. R., *Finite Dimensional Vector Spaces*. New York: Van Nostrand Reinhold, 1958.

H–3 Higdon, D. T., and R. H. Cannon, Jr., "On the Control of Unstable Multiple-Output Mechanical Systems," *ASME Paper no. 63-WA-148*, 1963.

I–1 Irwin, J. D., *Basic Engineering Circuit Analysis*. New York: Macmillan, Inc., 1984.

J–1 Jayasuriya, S., "Frequency Domain Design for Robust Performance Under Parametric, Unstructured, or Mixed Uncertainties," *ASME J. Dynamic Systems, Measurement, and Control*, **115** (1993), pp. 439–51.

K–1 Kailath, T., *Linear Systems*. Upper Saddle River, NJ: Prentice Hall, 1980.

K–2 Kalman, R. E., "Contributions to the Theory of Optimal Control," *Bol. Soc Mat. Mex.*, **5** (1960), pp. 102–19.

K–3 Kalman, R. E., "On the General Theory of Control Systems," *Proc. First Intern. Cong. IFAC, Moscow*, 1960, *Automatic and Remote Control*. London: Butterworths & Company Limited, 1961, pp. 481–92.

K–4 Kalman, R. E., "Canonical Structure of Linear Dynamical Systems," *Proc. Natl. Acad. Sci., USA*, **48** (1962), pp. 596–600.

K–5 Kalman, R. E., "When Is a Linear Control System Optimal?" *ASMEJ. Basic Engineering*, ser. D, **86** (1964), pp. 51–60.

K–6 Kalman, R. E., and J. E. Bertram, "Control System Analysis and Design via the Second Method of Lyapunov: I Continuous-Time Systems," *ASME J. Basic Engineering*, ser. D, **82** (1960), pp. 371–93.

K–7 Kalman, R. E., Y. C. Ho, and K. S. Narendra, "Controllability of Linear Dynamic Systems," in *Contributions to Differential Equations*, Vol. 1. New York: Wiley-Interscience Publishers, Inc., 1962.

K–8 Kautsky, J., and N. Nichols, "Robust Pole Assignment in Linear State Feedback," *Intern. J. Control*, **41** (1985), pp 1129–55.

K–9 Kreindler, E., and P. E. Sarachick, "On the Concepts of Controllability and Observability of Linear Systems," *IEEE Trans. Automatic Control*, **AC-9** (1964), pp. 129–36.

K–10 Kuo, B. C., *Automatic Control Systems*, 6th ed. Upper Saddle River, NJ: Prentice Hall, 1991.

L–1 LaSalle, J. P, and S. Lefschetz, *Stability by Liapunov's Direct Method with Applications*. New York: Academic Press, Inc., 1961.

L–2 Levin, W. S., *The Control Handbook*. Boca Raton, FL: CRC Press, 1996.

L–3 Levin, W. S. *Control System Fundamentals*. Boca Raton, FL: CRC Press, 2000.

L–4 Luenberger, D. G., "Observing the State of a Linear System," *IEEE Trans. Military Electr.*, **MIL-8** (1964), pp. 74–80.

L–5 Luenberger, D. G., "An Introduction to Observers," *IEEE Trans. Automatic Control*, **AC-16** (1971), pp. 596–602.

L–6 Lur'e, A. I., and E. N. Rozenvasser, "On Methods of Constructing Liapunov Functions in the Theory of Nonlinear Control Systems," *Proc. First Intern. Cong. IFAC*, Moscow, 1960, *Automatic and Remote Control*. London: Butterworths & Company Limited, 1961, pp. 928–33.

M–1 MathWorks, Inc., *The Student Edition of MATLAB*, version 5. Upper Saddle River, NJ: Prentice Hall, 1997.

M–2 Melbourne, W. G., "Three Dimensional Optimum Thrust Trajectories for Power-Limited Propulsion Systems," *ARS J.*, **31** (1961), pp. 1723–8.

M–3 Melbourne, W. G., and C. G. Sauer, Jr., "Optimum Interplanetary Rendezvous with Power-Limited Vehicles," *AIAA J.*, **1** (1963), pp. 54–60.

M–4 Minorsky, N., *Nonlinear Oscillations*. New York: Van Nostrand Reinhold, 1962.

M–5 Monopoli, R. V., "Controller Design for Nonlinear and Time-Varying Plants," *NASA* **CR152**, Jan., 1965.

N–1 Noble, B., and J. Daniel, *Applied Linear Algebra*, 2nd ed. Upper Saddle River, NJ: Prentice Hall, 1977.

N–2 Nyquist, H., "Regeneration Theory," *Bell System Tech. J.*, **11** (1932), pp. 126–47.

O–1 Ogata, K., *State Space Analysis of Control Systems*. Upper Saddle River, NJ: Prentice Hall, 1967.

O–2 Ogata, K., *Solving Control Engineering Problems with MATLAB*. Upper Saddle River, NJ: Prentice Hall, 1994.

O–3 Ogata, K., *Designing Linear Control Systems with MATLAB*. Upper Saddle River, NJ: Prentice Hall, 1994.

O–4 Ogata, K., *Discrete-Time Control Systems*, 2nd ed. Upper Saddle River, NJ: Prentice Hall, 1995.

O–5 Ogata, K., *System Dynamics*, 4th ed. Upper Saddle River, NJ: Prentice Hall, 2004.

O–6 Ogata, K., *MATLAB for Control Engineers*. Upper Saddle River, NJ: Pearson Prentice Hall, 2008.

P–1 Phillips, C. L., and R. D. Harbor, *Feedback Control Systems*. Upper Saddle River, NJ: Prentice Hall, 1988.

P–2 Pontryagin, L. S., V. G. Boltyanskii, R. V. Gamkrelidze, and E. F. Mishchenko, *The Mathematical Theory of Optimal Processes*. New York: John Wiley & Sons, Inc., 1962.

R–1 Rekasius, Z. V., "A General Performance Index for Analytical Design of Control Systems," *IRE Trans. Automatic Control*, **AC-6** (1961), pp. 217–22.

R–2 Rowell, G., and D. Wormley, *System Dynamics*. Upper Saddle River, NJ: Prentice Hall, 1997.

S–1 Schultz, W. C., and V. C. Rideout, "Control System Performance Measures: Past, Present, and Future," *IRE Trans. Automatic Control*, **AC-6** (1961), pp. 22–35.

S–2 Smith, R. J., *Electronics: Circuits and Devices*, 2d ed. New York: John Wiley & Sons, Inc., 1980.

S–3 Staats, P. F. "A Survey of Adaptive Control Topics," *Plan B paper*, Dept. of Mech. Eng., University of Minnesota, March 1966.

S–4 Strang, G., *Linear Algebra and Its Applications*. New York: Academic Press, Inc., 1976.

T–1 Truxal, J. G., *Automatic Feedback Systems Synthesis*. New York: McGraw-Hill Book Company, 1955.

U–1 Umez-Eronini, E., *System Dynamics and Control*. Pacific Grove, CA: Brooks/Cole Publishing Company, 1999.

V–1 Valkenburg, M. E., *Network Analysis*. Upper Saddle River, NJ: Prentice Hall, 1974.

V–2 Van Landingham, H. F., and W. A. Blackwell, "Controller Design for Nonlinear and Time-Varying Plants," *Educational Monograph*, College of Engineering, Oklahoma State University, 1967.

W–1 Webster, J. G., *Wiley Encyclopedia of Electrical and Electronics Engineering*, Vol. 4. New York: John Wiley & Sons, Inc., 1999.

W–2 Wilcox, R. B., "Analysis and Synthesis of Dynamic Performance of Industrial Organizations—The Application of Feedback Control Techniques to Organizational Systems," *IRE Trans. Automatic Control*, **AC-7** (1962), pp. 55–67.

W–3 Willems, J. C., and S. K. Mitter, "Controllability, Observability, Pole Allocation, and State Reconstruction," *IEEE Trans. Automatic Control*, **AC-16** (1971), pp. 582–95.

W–4 Wojcik, C. K., "Analytical Representation of the Root Locus," *ASME J. Basic Engineering*, ser. D, **86** (1964), pp. 37–43.

W–5 Wonham, W. M., "On Pole Assignment in Multi-Input Controllable Linear Systems," *IEEE Trans. Automatic Control*, **AC-12** (1967), pp. 660–65.

Z–1 Zhou, K., J. C. Doyle, and K. Glover, *Robust and Optimal Control*. Upper Saddle River, NJ: Prentice Hall, 1996.

Z–2 Zhou, K., and J. C. Doyle, *Essentials of Robust Control*, Upper Saddle River, NJ: Prentice Hall, 1998.

Z–3 Ziegler, J. G., and N. B. Nichols, "Optimum Settings for Automatic Controllers," *ASME Trans.* **64** (1942), pp. 759–68.

Z–4 Ziegler, J. G., and N. B. Nichols, "Process Lags in Automatic Control Circuits," *ASME Trans.* **65** (1943) pp. 433–44.